ISBN: 9789358705089

भारत का भूगोल

INDIAN GEOGRAPHY

आलोक सिंह

S. CHAND PUBLISHING

एस चन्द एण्ड कम्पनी लिमिटेड

(ISO 9001 Certified Company)

एस चन्द एण्ड कम्पनी लिमिटेड
(ISO 9001 Certified Company)
Head Office: D-92, Sector–2, Noida 201301, U.P. (India), Ph. 91-120-4682700
Registered Office: A-27, 2nd Floor, Mohan Co-operative Industrial Estate, New Delhi – 110 044, Phone: 011-49731800
www.schandpublishing.com; e-mail: info@schandpublishing.com

मार्केटिंग ऑफिसः

चेन्नई : Ph: 23632120, chennai@schandpublishing.com
गुवाहाटी : Ph: 2738811, 2735640 guwahati@schandpublishing.com
हैदराबाद : Ph: 40186018, hyderabad@schandpublishing.com
जालंधर : Ph: 4645630, jalandhar@schandpublishing.com
कोलकाता : Ph: 23357458, 23353914, kolkata@schandpublishing.com
लखनऊ : Ph: 4003633, lucknow@schandpublishing.com
मुम्बई : Ph: 25000297, mumbai@schandpublishing.com
पटना : Ph: 2260011, patna@schandpublishing.com

प्रथम संस्करण 2025

ISBN : 978-93-5870-508-9 **Product Code:** H1BKB47GEOG20ENAA25O

भारत में,
विकास पब्लिशिंग हाउस प्राइवेट लिमिटेड, प्लाट नं. 20/4, साइट-4, इंडस्ट्रियल एरिया, साहिबाबाद, गाजियाबाद-201010 द्वारा मुद्रित एवं एस चंद एण्ड कम्पनी लिमिटेड, ए-27, द्वितीय तल, मोहन कोऑपरेटिव इंडस्ट्रियल एस्टेट, नई दिल्ली-110 044 द्वारा प्रकाशित।

भूमिका

''जिस दिन से चला हूँ मेरी मंजिल पे नजर है
आँखों ने कभी मील का पत्थर नहीं देखा।''

-बशीर बद्र

संभवत: मैं पहला व्यक्ति था, जिसने वर्ष 2017 में 'भारत का भूगोल' (Indian Geography) जैसे विषय को सोशल मीडिया प्लेटफॉर्म YouTube पर मजबूती के साथ उठाया और लगभग 80 वीडियोज में पढ़ाकर न केवल समाप्त किया, बल्कि भूगोल को देशभर में छात्रों के बीच लोकप्रिय और रसपूर्ण विषय के रूप में प्रतिष्ठित किया। YouTube पर उन वीडियो क्लासेज (Playlist & Indian Geography by Alok Sir) को ज्वाइन करने के बाद भूगोल विषय के बारे में उन लाखों छात्रों की सोच में व्यापक परिवर्तन आया, जो पहले मानते थे कि भूगोल एक दुष्कर और नीरस विषय है। लगभग सभी राज्यों से छात्रों ने मुझे मेल (alok1182@gmail.com) और पत्र भेजकर बताया कि किस तरह से भूगोल अब उनका सबसे पसंदीदा विषय बन चुका था। अतिशयोक्ति नहीं होगी, अगर मैं कहूँ कि उस दौरान छात्रों के बीच 'आलोक सर' शब्द भूगोल का पर्यायवाची समझा जाने लगा था।

'भारत का भूगोल' विषय को प्रतियोगी छात्रों के लिए अधिक परिणामदायक और विश्लेषणपरक बनाने की दिशा में अपनी पुस्तक प्रकाशित करने के लिए मैं वर्ष 2019 से ही प्रयत्नशील था और उसी वर्ष मैंने कुछ अध्याय भी लिखे। लेकिन कहा गया है कि ''हम सबके लिए ईश्वर की एक योजना होती है, जो नियत समय पर घटित होती है।'' संभवत: मेरी इस पुस्तक के लिए ईश्वरीय योजना वर्ष 2024 की थी। एक अच्छी किताब वह होती है जो आपको सिर्फ तथ्य और जानकारियाँ प्रदान करने तक सीमित न रहे, बल्कि ज्ञान के प्रति आपकी भूख बढ़ा दे और आपके सीखने की इच्छा को तीव्र करके मस्तिष्क की विश्लेषण क्षमता को चलायमान कर दे। प्रिय विद्यार्थियो! इसी ध्येय के साथ अपने 40वें जन्मदिन (11 जुलाई, 2024) की पूर्व संध्या पर मैं अपने जीवन की पहली पुस्तक आपको समर्पित कर रहा हूँ। यूँ तो यह पुस्तक खास तौर पर संघ और राज्य स्तरीय सिविल सेवा परीक्षाओं में आपके बेहतर प्रदर्शन को केंद्र में रखकर लिखी गई है, लेकिन मुझे पूर्ण विश्वास है कि भारत जैसे विशाल और विविधता वाले देश को जानने-समझने में यह पुस्तक देश के प्रत्येक नागरिक की अद्वितीय मदद करेगी।

इस पुस्तक में भारतवर्ष के क्षेत्रीय विस्तार और अंतरराष्ट्रीय सीमाओं; तटरेखा के साथ खुले समुद्र और संकरी खाड़ियों; उच्चावच (पर्वत, पठार, मैदान) और भारत के द्वीपीय क्षेत्रों; दर्रों और घाटियों; जलवायु (तापमान और वर्षण); नदियों और झीलों; जल संसाधन, देश की प्राकृतिक वनस्पति, वन संपदा और जैविक विविधता; खनिज संपदा, ऊर्जा स्रोत और औद्योगिक विकास जैसे टॉपिक्स को मोटे तौर पर 22 अध्यायों में समेटने का प्रयास किया गया है और अथक परिश्रम के बाद इसे लगभग 6 माह में पूरा किया जा सका।

मेरा पूर्ण विश्वास है कि 'भारतीय भूगोल' पर इस पुस्तक को आत्मसात् करने के बाद **भूगोल (Geography)** आपके जीवन में सबसे रुचिकर, ज्ञानवर्द्धक और आनंददायक विषय के रूप में स्थान बना पाने में सफल होगा। यह संभव है कि इस पुस्तक को पढ़ने के बाद आपको अन्य विषय कुछ समय के लिए नीरस लगने लगें।

इस पुस्तक का प्रथम संस्करण अब आपकी अध्ययन टेबल पर विराजमान है। किसी भी सिविल सेवक से अपेक्षा की जाती है कि वह भारत की **'भौगोलिक विशेषताओं और विविधताओं'** से भलीभाँति परिचित हो, इसलिए आपके भौगोलिक ज्ञान का गहन परीक्षण करने के लिए सिविल सेवा परीक्षा में प्रश्नों की प्रकृति लगातार बदलती जा रही है। मैं आपको आश्वस्त करना चाहूँगा कि पुस्तक को पढ़कर समाप्त करने के बाद आप पाएँगे कि सिविल सेवा परीक्षा में भूगोल के प्रश्नों की व्यापकता और जटिलता अब आपके लिए कोई समस्या नहीं रही। पुस्तक में पाठ्यक्रम एवं अध्ययन सामग्री इस प्रकार परिवर्धित एवं परिमार्जित की गई है कि यह सिविल सेवा परीक्षा की आवश्यकताओं और मानदंडों पर खरी उतर सकेगी। पुस्तक में लेखन शैली को रसपूर्ण, प्रवाहमान और सरल-सुबोध बनाए रखने के लिए विशेष प्रयास किया गया है। इसके लिए निरंतर 6 माह तक रात्रि काल और ब्रह्ममुहूर्त का सदुपयोग मैंने अपनी कल्पनाओं में गोते लगाने में किया है। इसमें अद्यतन तथ्यों और आँकड़ों को इस प्रकार व्यवस्थित किया गया है कि पुस्तक पढ़ने का रस फीका न पड़ जाए।

पुस्तक में सुधार की जो भी गुंजाइशें हैं, उसे पूर्ण करने के लिए आप सुधी पाठकों के बहुमूल्य सुझावों का बेसब्री से इंतजार रहेगा। बात लंबी न खिंच जाए इसलिए अपने शब्दों को विराम देता हूँ। आपके उज्ज्वल भविष्य की शुभकामनाओं के साथ.......

e-mail : alok1182@gmail.com

आलोक सिंह
Target with Alok Institute

आभार

मैं ऋणी हूँ, इस विशाल भारत भूमि का, जिसकी भौतिक विविधता, बहुलवादी संस्कृति और ममतामयी प्रकृति ने मुझे सदैव इसे सीखने और आत्मसात करने के लिए प्रेरित किया है। मैं ऋणी हूँ, भारत भूमि पर खड़े विशाल गगनचुंबी पर्वतों का, जिन्होंने हमेशा मुझे अपनी तरफ खींचा और सिखाया कि ''जीवन में ऊँचा उठो और अपनी अलग पहचान बनाओ।'' मैं ऋणी हूँ, भारत भूमि पर गंगा से कावेरी तक कल-कल, छल-छल बहती सरिताओं का, जिन्होंने मुझे सिखाया कि ''जीवन को प्रवाहमान बनाओ, इसे भरकर जियो और उस पल का इंतजार मत करो जब सारी समस्याएँ खत्म हो जाएँगी।'' मैं ऋणी हूँ भारत के विशाल समुद्रों का जिन्होंने मुझे इशारा किया कि ''जितनी गहराई में उतरोगे, उतने ही नए तथ्यों का उद्घाटन होगा और तुम उतने ही शांत और ऊँचे बनोगे।''

भारत के भौतिक पर्यावरण की विलक्षणता ने ही मुझे इसे सीखने, समझने और यात्राएँ करने के लिए प्रेरित किया। भारतीय भूगोल को सीखने और सोचने के कार्य में NCERT की पुस्तकों से मुझे विशेष मदद मिली। मैं धन्यवाद देना चाहता हूँ भारतीय भूगोल पर NCERT की उस पहली पुस्तक (भारत का भौतिक पर्यावरण -कक्षा 11) का जिसे पढ़ने के बाद मुझमें भारतीय भूगोल की बेसिक समझ विकसित हुई और मेरी लालसा बढ़ गई। यही वह प्रारंभ बिंदु था, जहाँ से भारतीय भूगोल को निरंतर पढ़ने-सीखने और कल्पना करने की वह यात्रा प्रारंभ हुई जिसके परिणामस्वरूप आज मैं भारतीय भूगोल जैसे विषय पर पुस्तक लिखने का साहस जुटा पाया।

मैं तहेदिल से आभार प्रकट करता हूँ, देश के उन हजारों-लाखों छात्रों का जिन्होंने मेरे भीतर छिपे 'भूगोलवेत्ता' से मेरा परिचय कराया, अन्यथा भगवान हनुमान जी की तरह मुझे अपनी शक्तियाँ स्वयं पता नहीं चलतीं। YouTube पर मुझसे ऑनलाइन पढ़ने वाले हजारों छात्रों ने ही यह कहकर मुझमें विश्वास जगाया कि ''जबसे आपसे भूगोल पढ़ने लगा हूँ, तबसे कुछ और पढ़ने का मन नहीं करता।''

इसके अलावा मैं इन सभी गुरुजनों, मित्रों और व्यक्तियों के प्रति आभार प्रकट करता हूँ-

Ensemble IAS Academy (मुखर्जी नगर, दिल्ली) के डायरेक्टर और भूगोल के मेंटर **Shrit K. Siddhartha Sir** का... जिनसे मुझे इस विषय की संकल्पनाओं और व्यावहारिक पक्षों को बारीकी से समझने में मदद मिली।

मेरे व्यावसायिक जीवन में प्रत्येक स्तर पर मेरा हाथ देने वाले Target with Alok संस्थान के सह-निदेशक **श्री रवि पी. तिवारी जी** और **श्री संदीप तिवारी जी** (Target with Alok संस्थान में मैथमेटिक्स फैकल्टी) का... जिन्होंने मुझे हमेशा इस पुस्तक को लिखने के लिए प्रेरित किया।

गौरव निरंजन जी (Target with Alok संस्थान में भूगोल फैकल्टी) का... जिन्होंने इस पुस्तक को लिखने के क्रम में प्रारंभ से अंत तक तथ्यों के संकलन और उनकी जाँच करने में मेरी मदद की।

मेरी **दीदी अंजू सिंह** का... जो मेरे महत्त्वपूर्ण निर्णयों में मेरे साथ खड़ी रहीं और सदैव मुझे जीवन में बेहतर करने के लिए प्रेरित किया।

दिल्ली में मेरे संघर्ष के दिनों के साथी और अभिन्न मित्र मनीष सिंह (राजू) जी का... जिनके साथ मैं प्रत्येक दिन भूगोल विषय में प्रतियोगिता करने और प्रश्नोत्तर के माध्यम से नई चीजें सीखने की कोशिश करता था, जिस कारण इस विषय में मेरी रुचि बढ़ती गई।

इसके अलावा इस पुस्तक के टाइपिस्ट आर्यन ओझा, अरविंद कुमार और संदीप कुमार; प्रूफ रीडिंग में विशेष भूमिका निभाने वाले महेश कुमार यादव और सटीक मानचित्रों के निर्माण में विशेष भूमिका निभाने वाले ग्राफिक डिजाइनर रवि मिश्रा और मनमोहन कनौजिया को भी मैं विशेष धन्यवाद देता हूँ। पुस्तक को अंतिम रूप देने में इन सभी ने अपना बहुमूल्य योगदान और समय दिया।

भारत के सबसे बड़े प्रकाशन संस्थान **S. Chand** के प्रति भी मैं विशेष आभार प्रकट करता हूँ, जिन्होंने इस पुस्तक को लिखने के लिए मुझे पर्याप्त समय और प्रोत्साहन प्रदान किया और अंततः इनके सहयोग से ही यह पुस्तक पूरे भारत में वितरित और उपलब्ध हो पा रही है।

आलोक सिंह

Target with Alok Institute

विषय-सूची

1

भारत की अवस्थिति एवं विस्तार

ग्लोब पर भारतीय उपमहाद्वीप को **एशिया महाद्वीप के दक्षिणी विस्तार** के रूप में प्रदर्शित किया जाता है। भारतीय उपमहाद्वीप की उत्तरी सीमा पर नवीन पर्वतों की श्रृंखला भारतीय भूखण्ड को हजारों किमी. तक घेरे हुए है। इसके अंतर्गत उत्तर में **हिमालय पर्वत**, उत्तर-पश्चिम में **हिन्दुकुश पर्वत** और उत्तर-पूर्व में **पूर्वांचल पहाड़ियाँ** शामिल हैं। ये पर्वतश्रृंखलाएँ प्राकृतिक रूप से भारतीय उपमहाद्वीप को शेष एशिया से अलग करती हैं।

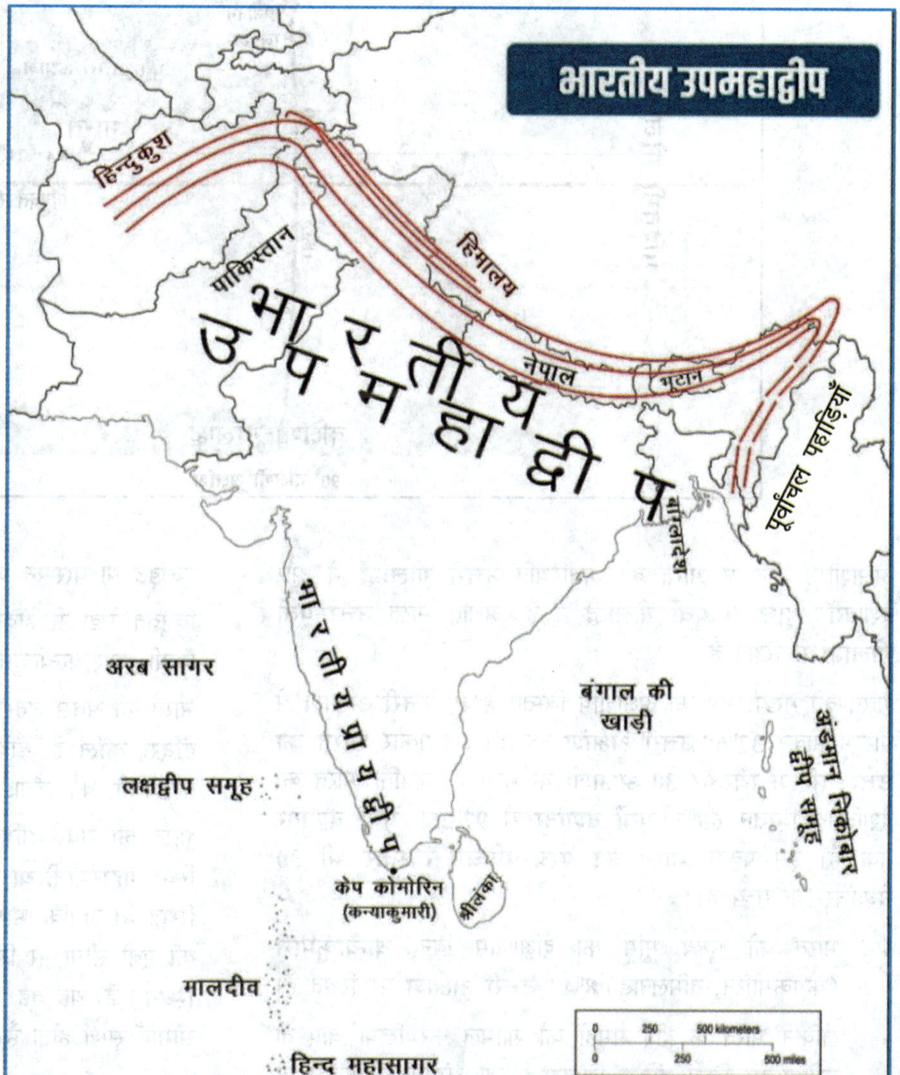

किसी भी महाद्वीप का वह भाग जो **तीन तरफ से समुद्र** से घिरा होता है, उसे **प्रायद्वीप (Peninsula)** कहते हैं। भारत का दक्षिणी भाग प्रायद्वीपीय होने के कारण पूर्व में बंगाल की खाड़ी, पश्चिम में अरब सागर और दक्षिण में हिन्द महासागर से घिरा हुआ है। भारतीय प्रायद्वीप हिन्द महासागर की ओर पतला होता जाता है, जिस कारण हिन्द महासागर दो सीमांत समुद्रों में विभक्त हो गया है- **पूर्व में बंगाल की खाड़ी** और **पश्चिम में अरब सागर**। ये दोनों समुद्र भारत के क्रमशः पूर्वी और पश्चिमी तटों को स्पर्श करते हैं और भारत की दक्षिणी सीमा बनाते हैं। भारतीय प्रायद्वीप ने अपने दक्षिणी छोर पर **अंतरीप (Cape)** का रूप ले लिया है, जिसे **Cape Comorin** या **कुमारी अंतरीप** या **कन्याकुमारी** कहते हैं।

उत्तर में हिमालय की अपारगम्य श्रृंखलाओं और दक्षिण में हिन्द महासागर से घिरे इस एशियाई भूखण्ड को **भारतीय उपमहाद्वीप** की संज्ञा दी जाती है।

अंतरीप (Cape)

प्रायद्वीप का अंतिम संकरा भाग अंतरीप कहलाता है, यहाँ तीनों समुद्र आपस में मिल जाते हैं। यहाँ से सूर्य पूर्व में समुद्र से निकलते हुए और पश्चिम में समुद्र में डूबते हुए दिखाई देता है।

भारतीय उपमहाद्वीप के अंतर्गत कुल 7 देश शामिल हैं- **भारत, पाकिस्तान, बांग्लादेश, नेपाल, भूटान, श्रीलंका** और **मालदीव।** इन्हें दक्षिण एशियाई देश कहते हैं। भारत क्षेत्रफल और जनसंख्या की दृष्टि से दक्षिण एशिया का सबसे बड़ा देश है।

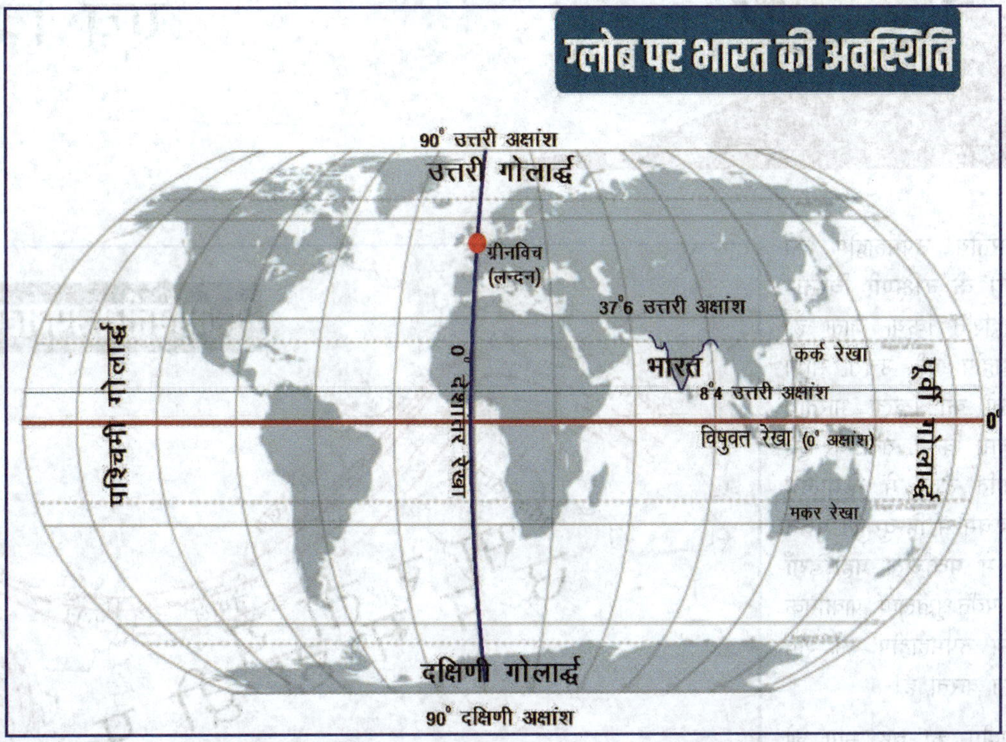

अक्षांशीय दृष्टि से भारत की अवस्थिति **उत्तरी गोलार्द्ध** में और देशांतरीय दृष्टि से **पूर्वी गोलार्द्ध** में है, अर्थात् भारत **उत्तर-पूर्वी गोलार्द्ध** में स्थित है।

भारत की मुख्य भूमि का अक्षांशीय विस्तार **$8^0$4" उत्तरी अक्षांश** से प्रारम्भ होकर **$37^0$6" उत्तरी अक्षांश** तक है। इस प्रकार **भारत का उत्तर-दक्षिण विस्तार 30 अक्षांशों** के मध्य है। जबकि भारत का देशांतरीय विस्तार **$68^0$7" पूर्वी देशांतर** से **$97^0$25" पूर्वी देशांतर** तक है। इस प्रकार **भारत का पूरब-पश्चिम विस्तार भी 30 देशांतरों** के मध्य है।

- भारत की मुख्य भूमि का दक्षिणतम बिन्दु **कन्याकुमारी** (केपकेमोरिन, तमिलनाडु) **$8^0$4" उत्तरी अक्षांश** पर स्थित है।
- लेकिन भारत के द्वीप समूहों को शामिल कर लिया जाए तो **दक्षिणतम बिन्दु इंदिरा प्वाइंट** है, जो अंडमान निकोबार के सबसे दक्षिणी द्वीप ग्रेट निकोबार पर स्थित है। इंदिरा प्वाइंट **$6^0$4" उत्तरी अक्षांश** पर स्थित है। अतः द्वीप समूहों समेत भारत का अक्षांशीय विस्तार $6^0$4" उत्तरी अक्षांश से $37^0$6" उत्तरी अक्षांश के मध्य है। इंदिरा प्वाइट को पहले **पिग्मेलियन प्वाइंट** या **पारसन प्वाइंट** के नाम से जाना जाता था।
- विषुवत रेखा से इंदिरा प्वाइंट (ग्रेट निकोबार) की दूरी 876 किमी. और कन्याकुमारी की दूरी 899 किमी. है।
- भारत का सबसे उत्तरी बिन्दु केंद्रशासित प्रदेश लद्दाख में स्थित **इंदिरा कॉल** है। इंदिरा कॉल सियाचीन ग्लेशियर के उत्तर में **5764 मी.** की ऊँचाई पर एक पर्वतीय दर्रे का नाम है।
- भारत का सबसे पश्चिमी बिन्दु कच्छ के लवणीय दलदल में स्थित **गुहारमोती या गौरमोता** है। यह **$68^0$7" पूर्वी देशांतर** पर स्थित है। जबकि भारत का सबसे पूर्वी बिन्दु अरुणाचल प्रदेश की पूर्वी सीमा पर स्थित **किबिथु ($97^0$25" पूर्वी देशांतर पर स्थित)** है। यह वह स्थान है जहाँ भारत, चीन और म्यांमार की सीमाएँ स्पर्श होती हैं।
- मुख्य भूमि पर देश के सबसे उत्तरी बिन्दु (इंदिरा कॉल) और सबसे दक्षिणी बिन्दु (कन्याकुमारी) के बीच की दूरी **3214 किमी.** है। जबकि सबसे पूर्वी बिन्दु (किबिथु)और सबसे पश्चिमी बिन्दु (गुहारमोती) के बीच की दूरी **2933 किमी.** है।

- भारत का अक्षांशीय और देशांतरीय विस्तार लगभग समान (30^0) है। लेकिन भूमि पर दोनों की वास्तविक दूरी समान नहीं है। ऐसा इसलिए, क्योंकि **भारत उत्तरी गोलार्द्ध में स्थित** है और विषुवत रेखा से ध्रुवों की ओर दो देशांतरों के बीच की दूरी घटती चली जाती है। जबकि दो अक्षांशों के बीच की दूरी समान होती है।

देश के चतुर्दिक अंतिम सीमा बिन्दु		
	बिन्दु	स्थिति
1.	उत्तरतम बिन्दु	इंदिरा कॉल (लद्दाख)
2.	दक्षिणतम बिन्दु	इंदिरा प्वाइंट (ग्रेट निकोबार द्वीप)
3.	पश्चिमी बिन्दु	गौरमोता या गुहार मोती (गुजरात)
4.	पूर्वी बिन्दु	किबिथु (अरुणाचल प्रदेश)
5.	मुख्य भूमि का दक्षिणतम बिन्दु	कन्याकुमारी (तमिलनाडु $8^04"$ उत्तरी अक्षांश)

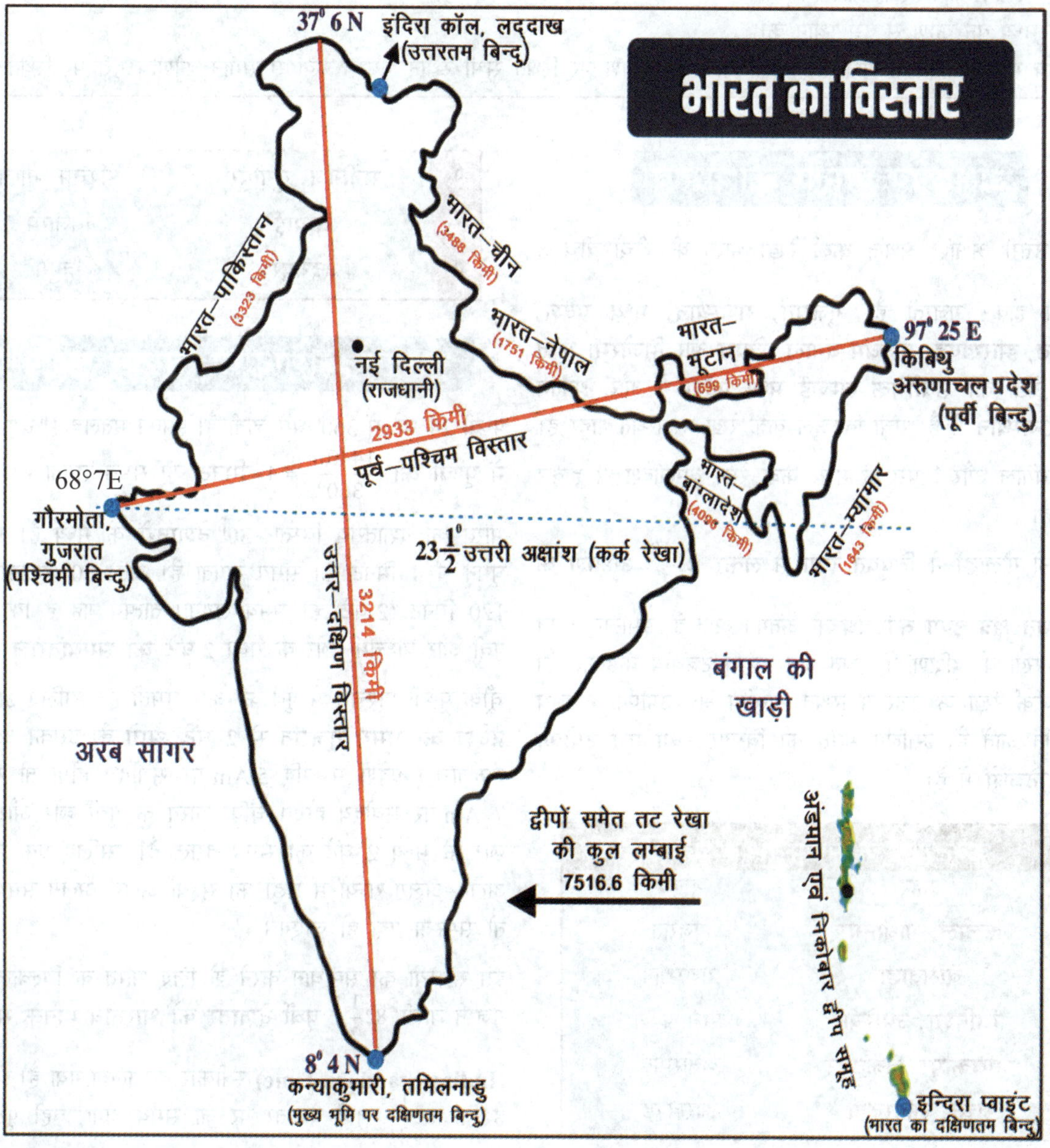

ग्लोब पर किसी स्थान का अक्षांशीय मान

0^0 अक्षांश वृत्त पृथ्वी को दो गोलार्द्धों में विभक्त करता है- उत्तरी और दक्षिणी गोलार्द्ध। इसे भूमध्य रेखा या **विषुवत** (Equator) कहते हैं। विषुवत रेखा से लेकर दोनों ध्रुवों तक 90 अक्षांश रेखाएँ हैं। अक्षांश रेखाओं की **कुल संख्या 90 + 90 + 1 = 181** होती है। विषुवत सबसे बड़ा अक्षांश वृत्त है। दोनों ध्रुवों की ओर अक्षांश वृत्त छोटे होते हैं, क्योंकि पृथ्वी गोल है। ध्रुवों पर अक्षांश वृत्त के रूप में न होकर बिंदु के रूप में है। दोनों ध्रुवों पर स्थित 90° अक्षांश को यदि रेखा न मानकर बिंदु माना जाए तो अक्षांश रेखाओं की संख्या 179 है।

अब प्रश्न यह है कि किसी स्थान का अक्षांशीय मान कैसे निकाला जाता है? कैसे पता चलेगा कि कोई स्थान किस अक्षांश पर स्थित है? किसी भी स्थान का अक्षांशीय मान धरती के केंद्र भाग में बने कोण से ज्ञात किया जाता है।

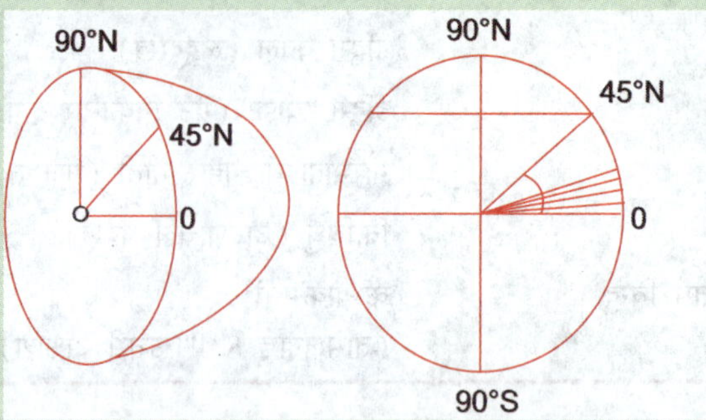

इस चित्र में किसी स्थान की भूमध्य रेखा से कोणीय दूरी 45° उत्तरी अक्षांश दिखाई गई है, अब इस कोणीय दूरी पर जितने भी स्थान होंगे उन्हें मिलाने वाली रेखा 45° उत्तरी अक्षांश होगी।

पृथ्वी पर किसी भी स्थान को धरती के केंद्र से मिलाने वाली रेखा और विषुवत रेखा के मध्य बने कोण से उस स्थान का अक्षांशीय मान ज्ञात किया जाता है। किसी भी एक अक्षांश पर स्थित सभी स्थान भूमध्य रेखा से समान कोणीय दूरी पर स्थित होते हैं।

अक्षांशीय विस्तार का प्रभाव

$23\frac{1}{2}^\circ$ उत्तरी अक्षांश अर्थात् **कर्क रेखा** भारत के बीचों-बीच 8 राज्यों से होकर गुजरती है- **गुजरात, राजस्थान, मध्य प्रदेश, छत्तीसगढ़, झारखण्ड, पश्चिम बंगाल, त्रिपुरा** और **मिजोरम**। भारत में कर्क रेखा की **सर्वाधिक लम्बाई मध्य प्रदेश** में और न्यूनतम लम्बाई **राजस्थान** में है। रांची बिल्कुल कर्क रेखा पर स्थित शहर है। पश्चिम बंगाल और त्रिपुरा के मध्य कर्क रेखा बांग्लादेश से होकर गुजरती है।

चूँकि दोनों गोलार्द्धों में **विषुवत रेखा से लेकर** $23\frac{1}{2}^\circ$ **अक्षांश के मध्य स्थित क्षेत्र उष्ण कटिबंध** के अंतर्गत आते हैं, इसलिए भारत में कर्क रेखा के दक्षिण में स्थित क्षेत्र उष्णकटिबंधीय कहलाते हैं। जबकि कर्क रेखा के उत्तर में स्थित भारतीय क्षेत्र उपोष्ण कटिबंध के अंतर्गत आते हैं। इसलिए भारत का विस्तार **उष्ण एवं उपोष्ण दोनों कटिबंधों** में है।

कर्क रेखा के समीप स्थित शहर

	शहर	राज्य
1.	कलोल, गांधीनगर	गुजरात
2.	बांसवाड़ा	राजस्थान
3.	विदिशा, उमरिया	मध्य प्रदेश
4.	अंबिकापुर, बैकुंठपुर	छत्तीसगढ़
5.	रांची, लोहरदगा	झारखण्ड
6.	रानीगंज, दुर्गापुर	पश्चिम बंगाल
7.	चम्पाई	मिजोरम
8.	उदयपुर	त्रिपुरा

भारत के देशांतरीय विस्तार का प्रभाव

पृथ्वी 24 घंटे में 360^0 घूम जाती है। इसका मतलब **1^0 देशांतर घूमने में पृथ्वी को** $\frac{1440m}{360^\circ} = 4$ **मिनट** का समय लगता है।

भारत का देशांतरीय विस्तार **30^0 देशांतरों** के मध्य है। 1^0 देशांतर घूमने में 4 मिनट का समय लगता है। अत: 30^0 देशांतर घूमने में 120 मिनट (2 घंटे) का समय लगेगा। तात्पर्य यह है कि भारत के पूर्वी और पश्चिमी छोर के मध्य **2 घंटे का समयांतराल** है।

चूँकि पृथ्वी पश्चिम से पूर्व की ओर घूमती है, इसलिए **अरुणाचल प्रदेश का समय गुजरात से 2 घंटे आगे** है। इसका अर्थ है कि अरुणाचल प्रदेश में यदि 5 Am पर सूर्योदय होगा तो गुजरात में 7 Am पर सूर्योदय होगा। चूँकि भारत के पूर्वी छोर और पश्चिमी छोर के मध्य 2 घंटे का समयान्तराल है। इसलिए एक ही देश में अलग-अलग राज्यों में घड़ी की सुइयाँ अलग-अलग समय बताएँगी तो समस्या पैदा हो जाएगी।

इस समस्या का समाधान करने के लिए भारत के बिल्कुल मध्य से गुजरने वाली $82\frac{1}{2}^\circ$ **पूर्वी देशांतर** को **भारतीय मानक समय रेखा (Indian Standard Time)** स्वीकार कर लिया गया है। इसका अर्थ है कि $82\frac{1}{2}^\circ$ पूर्वी देशांतर पर जो समय होगा, वही पूरे देश का

समय माना जाएगा। अब प्रश्न यह है कि $82\frac{1}{2}^\circ$ **पूर्वी देशांतर का समय कैसे ज्ञात किया जाता है?**

लंदन के ग्रीनविच से गुजरने वाली 0^0 देशांतर को **'अंतरराष्ट्रीय मानक समय' (International Standard Time)** रेखा स्वीकार किया गया है। इसे **'ग्रीनविच मीन टाइम'** भी कहते हैं। दुनिया के सभी देश ग्रीनविच मीन टाइम से अपनी देशांतरीय दूरी के आधार पर अपना समय निर्धारित करते हैं। 0^0 देशांतर से लेकर $82\frac{1}{2}^\circ$ पूर्वी देशांतर के मध्य **5 घंटा, 30 मिनट** ($82\frac{1}{2}^\circ \times 4$ मिनट) का समयांतराल है।

भारत पूर्वी गोलार्द्ध में स्थित है, इसलिए भारतीय समय ग्रीनविच मीन टाइम से **5 घंटा, 30 मिनट आगे** है। इसका मतलब है कि यदि भारत में सुबह के 10 बज रहे हैं तो लंदन में सुबह के 4:30 बज रहे होंगे।

भारतीय मानक समय रेखा ($82\frac{1}{2}^\circ$ पूर्वी देशांतर) भारत के 5 राज्यों से होकर गुजरती है- **उत्तर प्रदेश, मध्य प्रदेश, छत्तीसगढ़, उड़ीसा** और **आंध्र प्रदेश**।

(आगे भारत : राजनैतिक मानचित्र में देखें)

देशांतर

दोनों ध्रुवों को मिलाने वाली काल्पनिक रेखाओं को देशांतर रेखाएँ कहते हैं।

पृथ्वी गोल है अर्थात् कुल 360^0 की है। इसलिए पूरे ग्लोब पर 1^0 के अंतराल पर एक ध्रुव से दूसरे ध्रुव को मिलाने वाली कुल **360^0 देशांतर रेखाओं** की कल्पना की गई है।

अक्षांश के विपरीत सभी देशांतर रेखाओं की लम्बाई समान होती है। देशांतर रेखाएँ अक्षांश रेखाओं की भाँति वृत्त नहीं बनातीं। तीसरा अंतर यह है कि देशांतर रेखाओं के बीच की दूरी सर्वत्र समान नहीं होती है। दो देशांतरों के मध्य सर्वाधिक दूरी विषुवत पर होती है, जबकि ध्रुवों पर सभी देशांतर एक बिन्दु पर आकर मिल जाते हैं।

सभी 360^0 देशांतर रेखाओं की लम्बाई समान होने के कारण 0^0 देशांतर किसे माना जाए?

इसलिए **लंदन के ग्रीनविच** से होकर गुजरने वाली देशांतर को 0^0 देशांतर रेखा मान लिया गया है। इसे **प्रधान मध्याह्न रेखा (Prime Meridian Line)** भी कहते हैं। 0^0 देशांतर के पूर्व में पूर्वी गोलार्द्ध और उसके पश्चिम में पश्चिमी गोलार्द्ध है।

जनसंख्या एवं आकार

संयुक्त राष्ट्र जनसंख्या कोष की रिपोर्ट के अनुसार 2023 में चीन को पछाड़ते हुए भारत विश्व में सर्वाधिक आबादी वाला देश बन गया। भारत की जनसंख्या **142.86 करोड़** है। 2011 की जनगणना के अनुसार विश्व की **17.5% जनसंख्या** भारत में निवास करती है।

क्षेत्रफल की दृष्टि से भारत **विश्व का 7वाँ बड़ा देश** है, इसका क्षेत्रफल 32,87,263 वर्ग किमी. है जो विश्व के स्थलीय धरातल का **2.4%** है।

भारत की **आकृति चतुष्कोणीय** है, जबकि प्रायद्वीपीय भारत **त्रिभुजाकार** है। भारत का पूर्वोत्तर भाग एक संकरे गलियारे (सिलीगुड़ी गलियारा, पश्चिम बंगाल) के द्वारा शेष भारत से जुड़ा हुआ है, जिसे 'चिकन नेक' कहते हैं। भारत की **पूर्व-पश्चिम की लम्बाई 2933 किमी.** और **उत्तर-दक्षिण की लम्बाई 3214 किमी.** है। द्वीप समूहों समेत भारतीय तटरेखा की लम्बाई **7516.6 किमी.** है। स्थलीय सीमा की लम्बाई **लगभग 15200 किमी.** है।

भारत की तटीय सीमा रेखा

हिन्द महासागर में भारत सर्वाधिक महत्त्वपूर्ण स्थिति में है, क्योंकि भारत हिन्द महासागर में सर्वाधिक लम्बी तटरेखा वाला देश है। हिन्द महासागर के दोनों **सीमांत समुद्र (अरब सागर और बंगाल की खाड़ी)** भारत को पृथ्वी की त्रिज्या के बराबर तट रेखा प्रदान करते हैं। (पृथ्वी की त्रिज्या - 6371 किमी.)।

- भारत की **मुख्य भूमि की तटरेखा की लम्बाई 6100 किमी.** है लेकिन मुख्य भूमि से अलग कुछ द्वीप भी हैं। **उदाहरण के लिए - अरब सागर** में लक्षद्वीप और **बंगाल की खाड़ी** में अंडमान निकोबार द्वीप समूह।
- अतः **द्वीपों समेत भारतीय तट रेखा की कुल लम्बाई 7516.6 किमी.** है (लगभग-7517 किमी.)।
- पश्चिमी तट पर 5 (गुजरात, महाराष्ट्र, गोवा, कर्नाटक, केरल) और पूर्वी तट पर 4 (तमिलनाडु, आंध्र प्रदेश, ओडिशा, पश्चिम बंगाल) राज्यों के पास तट रेखा है।
- **भारत के 9 राज्यों**- गुजरात, महाराष्ट्र, कर्नाटक, गोवा, केरल, तमिलनाडु, आन्ध्र प्रदेश, ओडिशा, पश्चिम बंगाल तथा **4 केंद्रशासित प्रदेशों**- पुदुचेरी, दादरा और नगर हवेली एवं दमन और दीव, लक्षद्वीप और अंडमान एवं निकोबार की सीमाएँ तटरेखा से लगी हुई हैं।
- द्वीप समूहों को शामिल करके **सर्वाधिक लम्बी तटरेखा** वाला राज्य/केंद्रशासित प्रदेश **अंडमान एवं निकोबार (1962 किमी.)** है। जबकि मुख्य भूमि पर सर्वाधिक लम्बी तट रेखा **गुजरात**

(1214 किमी.) के पास है। गुजरात के बाद **क्रमशः आंध्र प्रदेश, तमिलनाडु, महाराष्ट्र, केरल, ओडिशा, कर्नाटक, पश्चिम बंगाल की** तटरेखा लम्बी है।

- दक्षिण भारत अथवा प्रायद्वीपीय भारत में सबसे लम्बी तटरेखा वाला राज्य **आंध्र प्रदेश** है।
- **गोवा** (101 किमी.) न्यूनतम तटरेखा वाला राज्य है।

भारत की स्थलीय सीमा रेखा

भारत की स्थलीय सीमा रेखा की लम्बाई तट रेखा की लगभग दो गुनी है। **स्थलीय सीमा की कुल लम्बाई लगभग 15200 किमी.** है। विभिन्न देशों से स्पर्श करने के कारण इसे अंतरराष्ट्रीय सीमा भी कहते हैं।

भारत के तटीय राज्य/केंद्रशासित प्रदेश

1.	अंडमान एवं निकोबार द्वीप समूह	1962.00 किमी.
2.	गुजरात	1214.70 किमी.
3.	आंध्र प्रदेश	973.70 किमी.
4.	तमिलनाडु	906.90 किमी.
5.	महाराष्ट्र	652.60 किमी.
6.	केरल	569.70 किमी.
7.	ओडिशा	476.40 किमी.
8.	कर्नाटक	280.00 किमी.
9.	पश्चिम बंगाल	157.50 किमी.
10.	लक्षद्वीप	132.00 किमी.
11.	गोवा	101.00 किमी.
12.	पुदुचेरी	47.60 किमी.
13.	दादरा और नगर हवेली तथा दमन और दीव	42.50 किमी.
	कुल लम्बाई	7516.6 किमी.

- क्षेत्रफल के लिहाज से भारत **एशिया का तीसरा सबसे बड़ा** और दक्षिण एशिया का सबसे बड़ा देश है। इसकी 15200 किमी. स्थलीय सीमा **7 पड़ोसी देशों** से लगी हुई है।
- **उत्तर-पश्चिम में**-पाकिस्तान और अफगानिस्तान से।
- **उत्तर में**-चीन, नेपाल और भूटान से।
- **पूर्व में**-म्यांमार और बांग्लादेश से।
- इनमें से अफगानिस्तान, चीन, नेपाल, भूटान और म्यांमार के साथ भारत की सीमाएँ या तो हिमालय के ऊँचे शिखरों द्वारा निर्धारित हैं या हिमालय की तलहटी द्वारा अर्थात **ये सीमाएँ प्राकृतिक** हैं। जबकि **पाकिस्तान और बांग्लादेश के साथ भारत की सीमाएँ मानव निर्मित** हैं।
- भारत के साथ सर्वाधिक लम्बी स्थलीय सीमा बनाने वाला देश **बांग्लादेश** है। **भारत-बांग्लादेश सीमा की लंबाई 4096 किमी.** है।
- बांग्लादेश के बाद भारत के साथ सर्वाधिक लम्बी सीमा क्रमशः **चीन, पाकिस्तान, नेपाल, म्यांमार, भूटान** और **अफगानिस्तान** की है।

(आगे- भारत : राजनैतिक मानचित्र में देखें)

भारत की अंतरराष्ट्रीय सीमाएँ

पड़ोसी देश	सीमा की लम्बाई (किमी. में)	सीमा रेखा का नाम	सीमा से संबद्ध भारतीय राज्य/केंद्रशासित प्रदेश
1. बांग्लादेश	4,096.7	रेडक्लिफ रेखा	5 (पश्चिम बंगाल, असम, मेघालय, मिजोरम, त्रिपुरा)
2. चीन	3,488	मैकमोहन रेखा	5 (लद्दाख, हिमाचल प्रदेश, उत्तराखण्ड, सिक्किम, अरुणाचल प्रदेश)
3. पाकिस्तान	3,323	रेडक्लिफ रेखा	5 (गुजरात, राजस्थान, पंजाब, जम्मू-कश्मीर, लद्दाख)
4. नेपाल	1,751	–	5 (उत्तराखण्ड, उत्तर प्रदेश, बिहार, पश्चिम बंगाल, सिक्किम)
5. म्यांमार	1,643	–	4 (अरुणाचल प्रदेश, नागालैण्ड, मिजोरम, मणिपुर)
6. भूटान	699	–	4 (सिक्किम, पश्चिम बंगाल, असम, अरुणाचल प्रदेश)
7. अफगानिस्तान	106	डूरण्ड रेखा	1 (लद्दाख)
कुल लम्बाई	15,106.7	–	–

प्रशासनिक विभाजन

जम्मू-कश्मीर राज्य पुनर्गठन अधिनियम, 2019 के बाद से भारत में **28 राज्य** और **8 केंद्रशासित प्रदेश** हैं।

क्षेत्रफल की दृष्टि से भारत के 5 सबसे बड़े राज्य क्रमशः **राजस्थान, मध्यप्रदेश, महाराष्ट्र, उत्तरप्रदेश** और **गुजरात** हैं।

- **क्षेत्रफल की दृष्टि से केंद्रशासित प्रदेशों का घटता हुआ क्रम-** लद्दाख, जम्मू-कश्मीर, अंडमान निकोबार, दिल्ली, दादरा नगर हवेली और दमनदीव, पुदुचेरी, चण्डीगढ़, लक्षद्वीप।
- क्षेत्रफल की दृष्टि से 3 सबसे छोटे राज्य (बढ़ते हुए क्रम में)- **गोवा, सिक्किम और त्रिपुरा**।
- 2019 में जम्मू-कश्मीर राज्य के विशेष दर्जे अर्थात् **अनुच्छेद 370** की समाप्ति के साथ ही संसद ने जम्मू-कश्मीर पुनर्गठन अधिनियम, 2019 के माध्यम से राज्य को दो हिस्सों में बाँटकर दो नये केंद्रशासित प्रदेशों का गठन कर दिया-

a. **लद्दाख**- इसके अंतर्गत कारगिल और लेह जिलों के भूभागों को शामिल किया गया है। इसकी राजधानी लेह है।

b. **जम्मू और कश्मीर**- केंद्रशासित प्रदेश जम्मू और कश्मीर की **राजधानी श्रीनगर** है।

- 26 जनवरी, 2020 को भारतीय संसद ने अनुच्छेद-3 के द्वारा प्राप्त शक्तियों का प्रयोग करते हुए दो केंद्रशासित प्रदेशों **दादरा और नगर हवेली** तथा **दमन और दीव** का विलय करके दोनों को एक केंद्रशासित प्रदेश घोषित कर दिया और नये केंद्रशासित प्रदेश का नाम **'दादरा और नगर हवेली तथा दमन और दीव'** रखा गया। इसकी **राजधानी दमन** है।

अंडमान और निकोबार द्वीप समूह

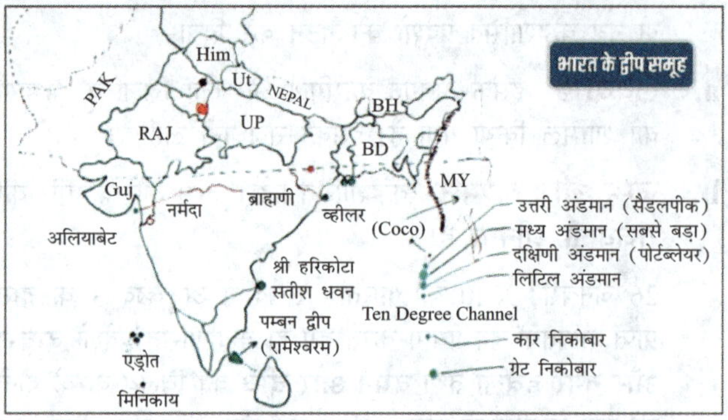

यह बंगाल की खाड़ी में स्थित भारत का **सबसे बड़ा द्वीप समूह** है। इसके उत्तरी द्वीपों को अंडमान द्वीप और दक्षिणी द्वीपों को निकोबार द्वीप कहा जाता है। **उत्तर से दक्षिण की ओर** इन द्वीपों का क्रम इस प्रकार है- अंडमान द्वीपों में उत्तरी अंडमान, मध्य अंडमान, दक्षिणी अंडमान और लिटिल अंडमान तथा निकोबार द्वीपों में कार निकोबार, लिटिल निकोबार और ग्रेट निकोबार।

- 10^0 चैनल (10^0 उत्तरी अक्षांश पर स्थित सागरीय क्षेत्र) अंडमान द्वीप को उत्तर निकोबार द्वीपों से अलग करता है।
- **कोको चैनल (कोको स्ट्रेट)** म्यांमार के कोको द्वीप और उत्तरी अंडमान द्वीप के मध्य में स्थित है और भारत-म्यांमार के मध्य जलीय सीमा निर्धारित करता है।
- **6^0 चैनल (ग्रेट चैनल)** ग्रेट निकोबार तथा सुमात्रा द्वीप (इंडोनेशिया) के मध्य में स्थित है और भारत-इंडोनेशिया के मध्य जलीय सीमा निर्धारित करता है।
- भारत का एकमात्र सक्रिय ज्वालामुखी **'बैरन द्वीप'** मध्य अंडमान के पूर्वी भाग में स्थित है।

लक्षद्वीप समूह

- यह मालाबार तट (केरल) के पश्चिम में अरब सागर में स्थित भारत का **सबसे छोटा केंद्रशासित प्रदेश** है। इसके अंतर्गत **कुल 36 द्वीप** हैं, जिनका सम्मिलित क्षेत्रफल मात्र **32 वर्ग किमी.** है। **कवारत्ती** लक्षद्वीप की राजधानी है।
- **8^0 चैनल** (80 उत्तरी अक्षांश) भारत के **मिनिकॉय द्वीप** और **मालदीव** के मध्य स्थित है और दोनों देशों की जलीय सीमा बनाता है।
- **'मिनिकॉय द्वीप'** लक्षद्वीप का सबसे बड़ा द्वीप है जो, लक्षद्वीप के मुख्य द्वीपों से **200 किमी.** दक्षिण में स्थित है।
- **9^0 चैनल** (9^0 उत्तरी अक्षांश) मिनिकॉय द्वीप को लक्षद्वीप के मुख्य द्वीप समूह से अलग करता है।

पुदुचेरी

पुदुचेरी भारत का एक ऐसा केंद्रशासित प्रदेश है, जिसका विस्तार **तीन राज्यों में** है। पुदुचेरी के अंतर्गत चार अलग-अलग क्षेत्र शामिल हैं - **पुदुचेरी (मुख्य), कराइकल, यनम** तथा **माहे**। ये चारों क्षेत्र तीन राज्यों में अवस्थित हैं।

पुदुचेरी (मुख्य)- तमिलनाडु की सीमा में कोरोमण्डल तट पर अवस्थित है। इसकी अवस्थिति **चेन्नई के दक्षिण में** है।

कराइकल- तमिलनाडु की सीमा में पूर्वी तट पर ही अवस्थित है।

यनम- आंध्र प्रदेश की सीमा में **गोदावरी नदी के मुहाने पर** स्थित है। इसकी अवस्थिति पूर्वी तट पर काकीनाड़ा के समीप है।

माहे- यह केरल में **मालाबार तट पर** अवस्थित है।

इस प्रकार पुदुचेरी भारत के पूर्वी और पश्चिमी दोनों तटों पर अवस्थित है।

नोटः अंडमान-निकोबार द्वीप समूह एवं लक्षद्वीप समूह समेत भारत के द्वीपों का विस्तृत अध्ययन 'भारत का भूआकृतिक विभाजन' (अध्याय 3) में 'भारत के द्वीप समूह' शीर्षक के अंतर्गत किया जाएगा।

राष्ट्रीय राजधानी क्षेत्र

दिल्ली संघ राज्य क्षेत्र होने के साथ-साथ राष्ट्रीय राजधानी प्रदेश (NCT) भी है। इसका क्षेत्रफल 1483 वर्ग किलोमीटर है। देश की आजादी के बाद से ही न केवल पास के दूसरे राज्यों से बल्कि दूर के राज्यों से भी बड़ी संख्या में लोग दिल्ली की तरफ पलायन करते आ रहे हैं। कारण - रोजगार, शिक्षा, स्वास्थ्य सुविधाओं की तलाश में। परिणाम यह हुआ कि आजादी के बाद से ही दिल्ली की दशकीय जनसंख्या वृद्धि दर 50% के आस-पास रही है। इसका परिणाम यह हुआ कि दिल्ली में आवास, परिवहन, स्वास्थ्य और शिक्षा संबंधी ढांचे पर काफी दबाव बढ़ने लगा। पेयजल और जलनिकासी की समस्याएँ भी बढ़ने लगीं। इसका एक समाधान यह था कि राष्ट्रीय राजधानी क्षेत्र (NCR) का विस्तार राष्ट्रीय राजधानी प्रदेश (NCT) के बाहरी क्षेत्रों में किया जाए। सरकार के प्रयासों से अंत में 1985 में राष्ट्रीय राजधानी क्षेत्र बोर्ड अधिनियम, 1985 लाकर राष्ट्रीय राजधानी क्षेत्र का विस्तार दिल्ली से सटे राज्यों में करने की योजना बनाई गई।

NCR के अंतर्गत NCT (राष्ट्रीय राजधानी प्रदेश - दिल्ली) के साथ-साथ उत्तर प्रदेश, हरियाणा और राजस्थान के कुछ जिलों को भी शामिल किया गया है। NCT दिल्ली की सर्वाधिक सीमा हरियाणा राज्य से लगी हुई है। इसलिए **हरियाणा के सर्वाधिक 14 जिलों** को NCR में शामिल किया गया है। उत्तर प्रदेश के 8 जिलों को NCR में शामिल किया गया है- गाजियाबाद, गौतमबुद्ध नगर, मेरठ, बागपत, हापुड़, बुलंदशहर, मुजफरनगर और शामली। राजस्थान की सीमा NCT दिल्ली से नहीं लगी है, फिर भी इसके 2 जिलों **अलवर** और **भरतपुर** को NCR में शामिल किया गया है।

अंतरराष्ट्रीय सीमाओं से लगे हुए भारतीय राज्य/केंद्रशासित प्रदेश

1. बांग्लादेश- बांग्लादेश सीमा **(4096 किमी.)** से भारत के **5 राज्य** लगे हुए हैं- पश्चिम बंगाल, असम, मेघालय, त्रिपुरा और मिजोरम। इनमें से **क्रमशः पश्चिम बंगाल** और **त्रिपुरा** राज्यों की सीमाएँ बांग्लादेश के साथ सर्वाधिक लम्बी हैं। बांग्लादेश के साथ सबसे छोटी सीमा बनाने वाला राज्य मिजोरम है। त्रिपुरा-बांग्लादेश की सीमा को **Zero Line** कहते हैं।

2. चीन- भारत-चीन सीमा की लम्बाई 3488 किमी. है। पश्चिम में लद्दाख, हिमाचल प्रदेश, उत्तराखण्ड और पूर्व में सिक्किम व अरुणाचल प्रदेश से चीन की सीमा लगी हुई है।

3. पाकिस्तान- भारत-पाकिस्तान सीमा की लम्बाई 3323 किमी. है। दक्षिण से उत्तर की ओर **गुजरात, राजस्थान, पंजाब, जम्मू-कश्मीर** और **लद्दाख** की सीमाएँ पाकिस्तान से लगी हुई हैं। भारत के तीन राज्यों और दो केंद्रशासित प्रदेशों की सीमाएँ पाकिस्तान से लगी हुई हैं।

4. नेपाल- यह तीन तरफ से भारतीय राज्यों से घिरा हुआ है। **पश्चिम में** उत्तराखण्ड, **दक्षिण में** उत्तर प्रदेश, बिहार, पश्चिम बंगाल और **पूर्व में** सिक्किम से नेपाल की सीमा लगी हुई है। भारत-नेपाल सीमा की लम्बाई 1751 किमी. है।

5. म्यांमार- भारत की पूर्वी सीमा पर स्थित है। भारत-म्यांमार सीमा पूर्वोत्तर भारत में स्थित पूर्वांचल पहाड़ियों द्वारा निर्धारित की गई है- **मिजो हिल, मणिपुर हिल, नगा हिल, पटकोई बूम हिल**। ये चारों पहाड़ियाँ क्रमशः मिजोरम, मणिपुर, नागालैण्ड, अरुणाचल प्रदेश राज्यों में स्थित हैं। भारत, म्यांमार के साथ 1643 किमी. लम्बी सीमा साझा करता है।

6. भूटान- यह भी 3 तरफ से भारतीय राज्यों से घिरा हुआ है- **पश्चिम में** सिक्किम, **दक्षिण में** पश्चिम बंगाल और असम तथा **पूर्व में** अरुणाचल प्रदेश। भारत, भूटान के साथ 699 किमी. लम्बी सीमा साझा करता है।

7. अफगानिस्तान- इसकी सीमा भारत के **एकमात्र केंद्रशासित प्रदेश** लद्दाख से लगती है। भारत-अफगानिस्तान सीमा की लम्बाई 106 किमी. है।

भारत में 4 राज्यों/केंद्रशासित प्रदेशों की सीमाएँ 3 देशों से लगी हुई हैं-

पश्चिम बंगाल- बांग्लादेश, नेपाल और भूटान

सिक्किम- नेपाल, चीन और भूटान

लद्दाख - चीन, अफगानिस्तान और पाकिस्तान

अरुणाचल प्रदेश - भूटान, चीन और म्यांमार

इस प्रकार भारत के **16 राज्यों और 2 केंद्रशासित प्रदेशों** (जम्मू-कश्मीर, लद्दाख) की सीमाएँ पड़ोसी देशों से लगी हुई हैं।

भारत-पाकिस्तान सीमा निर्धारण

रेडक्लिफ लाइन

भारत के विभाजन के बाद 17 अगस्त, 1947 को भारत और पाकिस्तान के बीच निर्धारित की गई सीमा को ही **रेडक्लिफ लाइन** कहते हैं। भारत-पाकिस्तान विभाजन के अंतर्गत **पंजाब और बंगाल प्रांतों का विभाजन** हिंदू-मुस्लिम जनसंख्या के आधार पर किया जाना था। इस काम के लिए **बॉर्डर कमीशन** का गठन किया गया था, जिसके अध्यक्ष सर रेडक्लिफ थे। इस कमीशन द्वारा **पंजाब और बंगाल में हिन्दू बहुल क्षेत्रों और मुस्लिम बहुल क्षेत्रों के बीच जो लाइन खींची गई,** उसे रेडक्लिफ लाइन नाम दिया गया।

पाक अधिकृत कश्मीर (POK)

वर्ष 1947 में देश आजाद होते ही पाकिस्तान ने जम्मू और कश्मीर प्रांत के स्थानीय कबायलियों की सहायता से आक्रमण करके पश्चिमी कश्मीर के एक बड़े भूभाग पर अधिकार कर लिया, जिसे **पाक अधिकृत कश्मीर (POK)** कहते हैं। इसकी राजधानी **मुजफ्फराबाद** है। गिलगित-बाल्तिस्तान का क्षेत्र POK के अंतर्गत ही है।

नियंत्रण रेखा (LOC)

भारत के दो केंद्रशासित प्रदेशों जम्मू-कश्मीर और लद्दाख में **भारत के नियंत्रण वाले क्षेत्रों और पाक अधिकृत कश्मीर के मध्य** यथास्थिति को दर्शाने वाली नियंत्रण रेखा है। यह रेखा 1947 में पाकिस्तान द्वारा POK पर अवैध रूप से अधिकार करने के बाद 1948 में संयुक्त राष्ट्र द्वारा तत्कालीन नियंत्रण स्थिति पर खींची गई थी। दोनों देशों के बीच 1972 में हुए **शिमला समझौते** के बाद इसे 'लाइन ऑफ कंट्रोल' नाम दिया गया था। LOC का सीमांकन दुनिया के सबसे ऊँचे युद्धक्षेत्र **सियाचिन ग्लेशियर** तक किया गया है। इस रेखा की लंबाई 740 किमी. है। पहले इसे सीजफायर लाइन भी कहा जाता था। लाइन ऑफ कंट्रोल के दोनों तरफ दोनों देशों के सैनिक तैनात रहते हैं। इस रेखा को अंतरराष्ट्रीय मान्यता प्राप्त नहीं है।

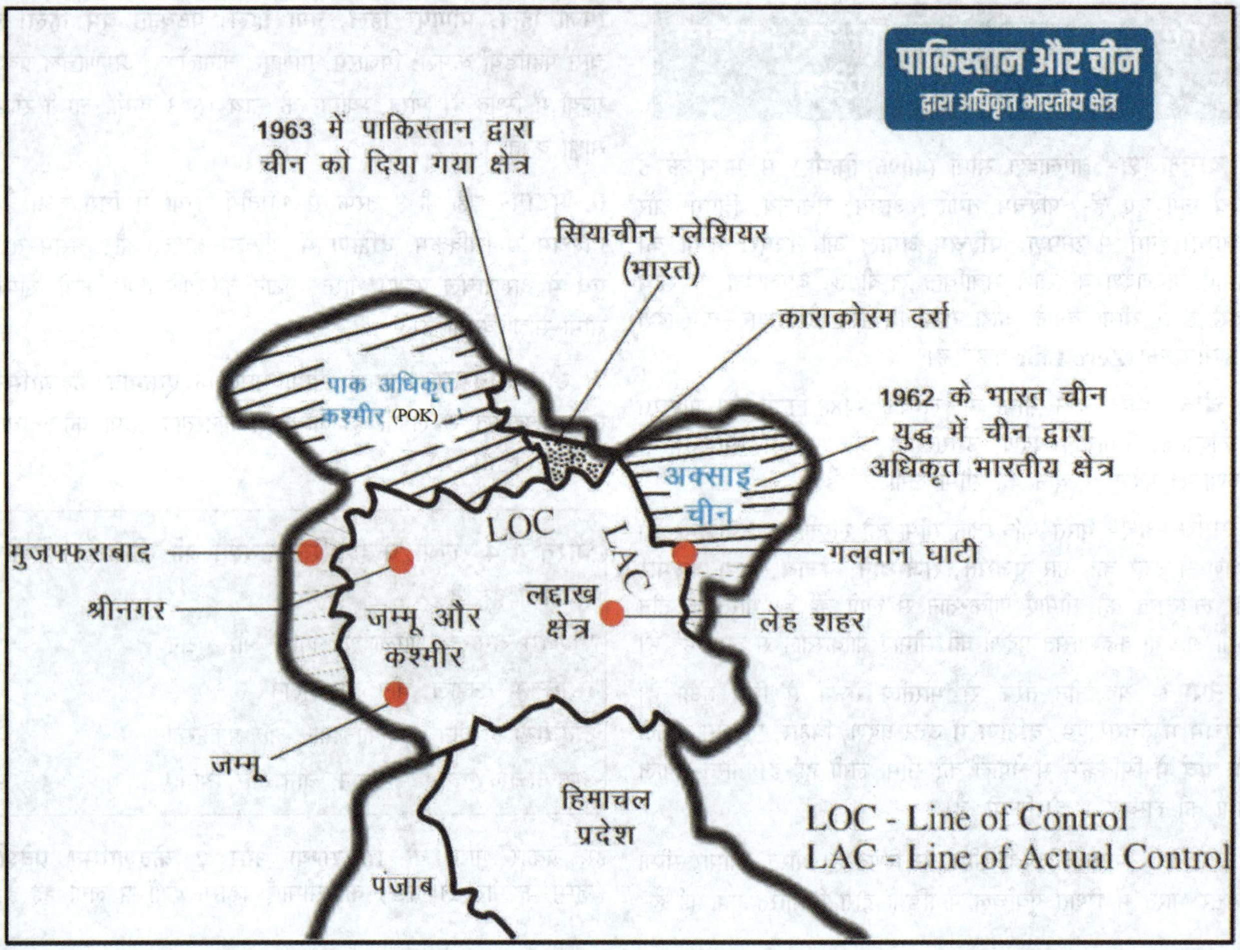

मैकमोहन रेखा

भूटान के पूर्वी भाग में भारत-चीन सीमा **हिमालय के ऊँचे शिखरों को मिलाने वाली रेखा** के सहारे निर्धारित की गई है, जिसे **मैकमोहन रेखा** कहते हैं। इसकी लंबाई 890 किमी. है। अंग्रेजी शासन के दौरान **सर हेनरी मैकमोहन** ने दोनों देशों के बीच यह सीमा निर्धारित की थी। 1914 में हुए शिमला समझौते में दोनों देशों ने इस सीमा रेखा को स्वीकार कर लिया था। लेकिन तत्कालीन चीनी प्रतिनिधि द्वारा शिमला समझौते पर हस्ताक्षर करने के बावजूद चीन सरकार ने इस सीमा रेखा का अनुमोदन नहीं किया। वर्तमान में चीन वास्तविक नियंत्रण रेखा (LAC) को दोनों देशों के बीच सीमा रेखा मानता है।

वास्तविक नियंत्रण रेखा (LAC)

वास्तविक नियंत्रण रेखा (लाइन ऑफ एक्चुअल कंट्रोल-LAC) भारत और चीन के बीच की वास्तविक सीमा रेखा है। **4,057 किमी.** लंबी यह सीमा रेखा लद्दाख में भारत अधिकृत क्षेत्र और अक्साई चिन (चीन अधिकृत क्षेत्र) को पृथक करती है। LAC लद्दाख, उत्तराखंड, हिमाचल, सिक्किम और अरुणाचल प्रदेश से होकर गुजरती है। यह भी एक प्रकार की युद्ध विराम रेखा ही है, क्योंकि 1962 के भारत-चीन युद्ध के बाद दोनों देशों की सेनाएँ जहाँ तैनात थीं, उसे वास्तविक नियंत्रण रेखा मान लिया गया।

सेवन सिस्टर्स

पूर्वोत्तर भारत के **7 राज्यों** को सेवन सिस्टर्स के नाम से जाना जाता है- **असम, मेघालय, त्रिपुरा, मिजोरम, मणिपुर, नागालैण्ड** और **अरुणाचल प्रदेश**। इन 7 राज्यों में से असम एक ऐसा राज्य है, जिसकी सीमाएँ अन्य 6 राज्यों से मिलती हैं। पूर्वोत्तर भारत में कुल 8 राज्यों को शामिल किया जाता है, लेकिन **सिक्किम** सेवन सिस्टर्स में शामिल नहीं है।

चिकेन नेक

पूर्वोत्तर भारत, भारत की मुख्य भूमि का हिस्सा होते हुए भी नेपाल एवं बांग्लादेश के मध्य एक संकरे भूखंड के माध्यम से भारत से जुड़ा हुआ है। इसे ही **चिकेन नेक** या **सिलीगुड़ी गलियारा** कहते हैं।

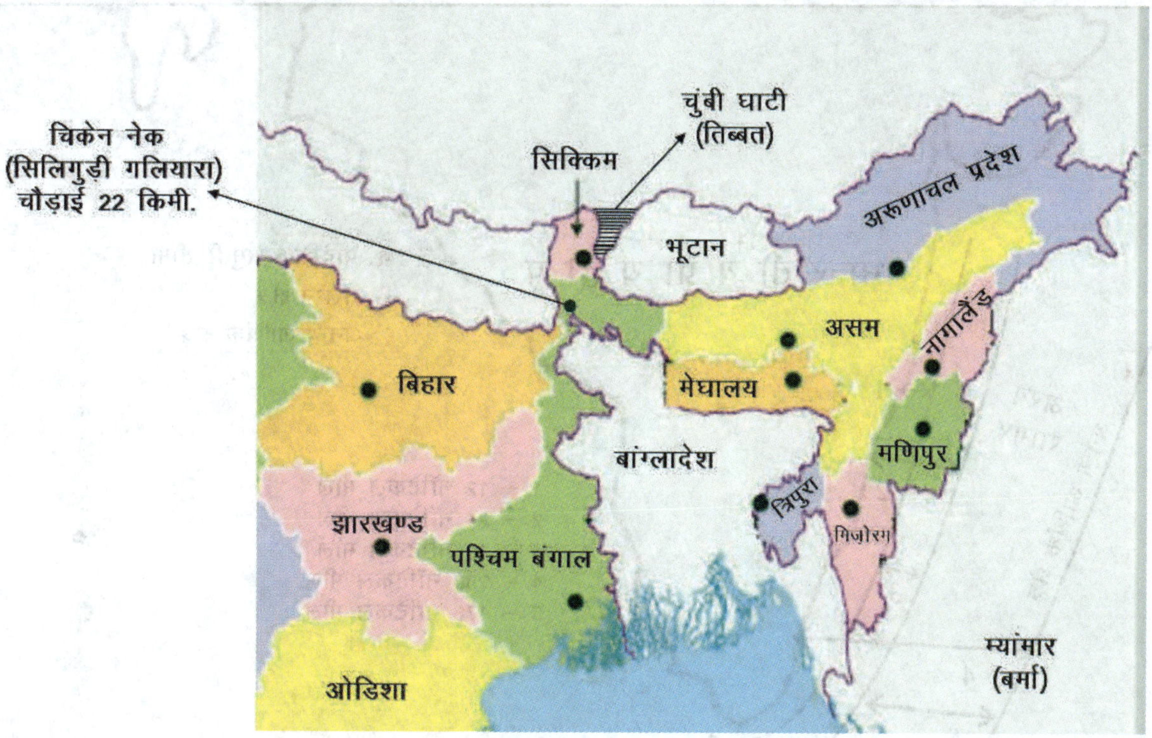

नेपाल एवं बांग्लादेश के मध्य में फंसे हुए इस संकरे गलियारे की चौड़ाई लगभग 22 किमी. है और **पश्चिम बंगाल का सिलीगुड़ी शहर** (दार्जिलिंग जिला) इसी गलियारे में बसा हुआ है। 22 किमी. चौड़ा यही सिलीगुड़ी गलियारा पूर्वोत्तर भारत को शेष भारत से जोड़ने का एकमात्र पुल है, चाहे वह रेल परिवहन के रूप में हो या सड़क परिवहन के रूप में।

सिलीगुड़ी गलियारा

1947 के पहले अविभाजित भारत में सिलीगुड़ी गलियारा अस्तित्व में नहीं था, क्योंकि उससे पहले पूर्वी बंगाल (बांग्लादेश) भारत से अलग नहीं हुआ था। 1947 में भारत के विभाजन के बाद पूर्वी बंगाल पाकिस्तान का भाग बन गया। परिणामस्वरूप पूर्वोत्तर भारत और शेष भारत के मध्य भौगोलिक अवरोध बन गया। 1947 में ही पूर्वोत्तर भारत को शेष भारत से जोड़ने के लिए **सिलीगुड़ी कारिडोर** का विकास किया गया। 1947 में यह गलियारा पश्चिम में नेपाल, उत्तर में चीन और दक्षिण में पूर्वी बंगाल (बांग्लादेश) के मध्य एक फंसा हुआ क्षेत्र था, क्योंकि तब सिक्किम भी भारत में शामिल नहीं था। **1975 में** जब एक **जनमत संग्रह** के माध्यम से सिक्किम ने भारतीय संघ में अपना विलय कर लिया, तब जाकर भारत को सिलीगुड़ी कारिडोर के उत्तर में एक बफर जोन मिल गया।

- सिक्किम और भूटान के मध्य तिब्बत का खंजर जैसा घुसा हुआ क्षेत्र है। इसे **चुंबी घाटी** कहते हैं। जहाँ पर चीनी सैनिकों की छावनियाँ हैं।

भारत के जल क्षेत्र या समुद्री सीमा

'समुद्र' ऊर्जा संसाधन, पेट्रोलियम, जैविक संसाधन तथा धात्विक एवं अधात्विक संसाधनों के भण्डार हैं। विशेषकर **पेट्रोलियम और प्राकृतिक गैस का अधिकांश भण्डार विश्वभर में अपतटीय क्षेत्रों में** ही संचित है। तट के पास **छिछले सागरों को अपतट (Offshore)** कहते हैं। उदाहरण के लिए भारत का सर्वाधिक पेट्रोलियम और प्राकृतिक गैस उत्पादक क्षेत्र **मुंबई हाई** महाराष्ट्र तट के समीप अरब सागर के अपतटीय क्षेत्र में ही स्थित है। इसी तरह गोदावरी और कृष्णा नदियों के मुहाने पर बंगाल की खाड़ी में **रावा अपतट में प्राकृतिक गैस** का विशाल भण्डार पाया जाता है।

इसलिए किसी देश का अधिकार क्षेत्र केवल उसके स्थलखण्ड तक ही सीमित नहीं रहता है बल्कि तटरेखा वाले देशों को समुद्रों में भी कुछ सीमा तक अधिकार मिला हुआ है।

टेढ़े-मेढ़े तटों को मिलाने वाली रेखा को **आधार रेखा (Base Line)** कहते हैं। तट और आधार रेखा के मध्य स्थित जल को **आंतरिक जल** कहते हैं। भारत हिन्द महासागर में सबसे लंबी तटरेखा वाला देश है।

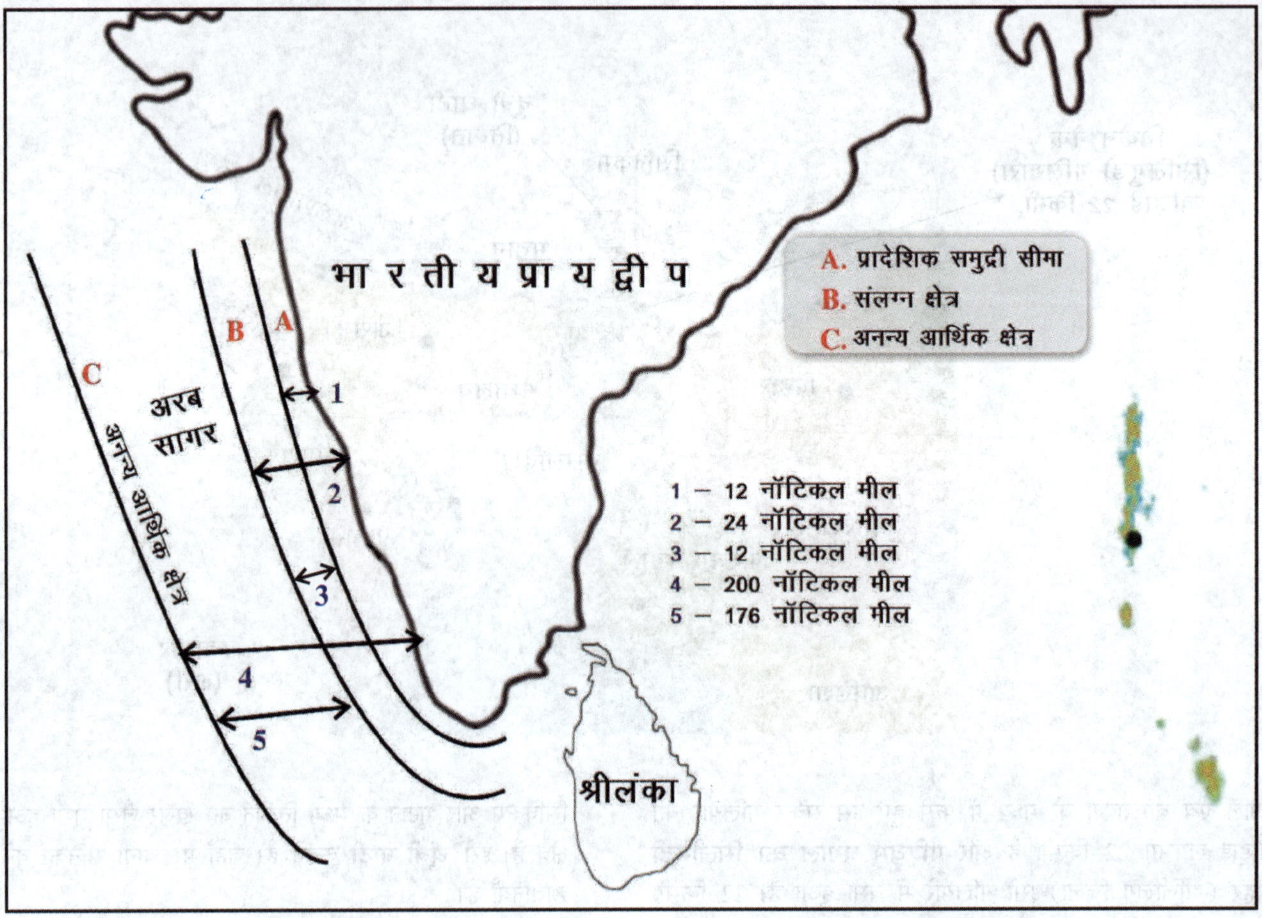

विश्व के देशों को समुद्रों में अधिकार देने के लिए अर्थात उनकी समुद्री सीमाएँ निर्धारित करने के लिए 1982 में UNO के सदस्य देशों ने मिलकर एक समझौते पर हस्ताक्षर किए, जिसे **UNCLOS (United Nation Convention On the Law of Sea)** कहा जाता है। UNCLOS के आधार पर भारत की समुद्री सीमा 3 प्रकार की है–

a. प्रादेशिक समुद्री सीमा (Territorial Sea)- आधार रेखा से समुद्र में **12 समुद्री मील** (नाटिकल मील) तक भारत की प्रादेशिक समुद्री सीमा है। 12 समुद्री मील तक भारत का सम्पूर्ण अधिकार है।

b. अविच्छिन्न मण्डल या संलग्न क्षेत्र (Contiguous Zone) - प्रादेशिक जल सीमा से आगे तथा **आधार रेखा से 24 समुद्री मील** तक भारत का संलग्न क्षेत्र है। इस क्षेत्र में भारत को प्रदूषण नियंत्रण (साफ-सफाई) सीमा शुल्क वसूलने का और वित्तीय अधिकार प्राप्त है (कारोबार करने का अधिकार)।

c. अनन्य आर्थिक क्षेत्र (EEZ) - अविच्छिन्न मण्डल के आगे और **आधार रेखा से 200 समुद्री मील** तक भारत का अनन्य आर्थिक क्षेत्र है। इस क्षेत्र में अर्थात् 200 समुद्री मील तक भारत को समुद्री संसाधनों का दोहन करने, **नये द्वीपों का निर्माण** करने और **वैज्ञानिक अनुसंधान** (जैसे परमाणु परीक्षण) करने का अधिकार प्राप्त है।

भारत के पड़ोसी देश

- **चीन** भारत का सबसे बड़ा पड़ोसी देश है। **हिमालय पर्वत** दोनों के बीच प्राकृतिक सीमा निर्धारित करता है। हिमालय की गोद में स्थित नेपाल और भूटान जैसे देश चीन तथा भारत के मध्य **अंतःस्थ राज्य (Buffer State)** के रूप में हैं।
- दक्षिण में हिमालय और उत्तर में कुनलुन पर्वतों के मध्य में स्थित **तिब्बत** एक पठारी भूभाग है। नेपाल के उत्तर में स्थित तिब्बत **पवित्र मानसरोवर** और **कैलाश का देश** है। तिब्बत में मानसरोवर झील क्षेत्र से तीन नदियाँ **सिंधु, सतलुज** और **ब्रह्मपुत्र** निकल कर भारत में प्रवाहित होती हैं। ये तीनों अंतरराष्ट्रीय नदियाँ तीन देशों में प्रवाहित होती हैं। इसके अलावा तिब्बत **ह्वांगहो और मीकांग** जैसी बड़ी नदियों का भी उद्गम स्थल है।
- पहले तिब्बत भी भारत और चीन के मध्य बफर स्टेट था, लेकिन जब चीन ने **1951 में** इस पर कब्जा कर लिया तो चीन की सीमा भारत से स्पर्श करने लगी। तिब्बत के साथ भारत के आर्थिक और सांस्कृतिक संबंधों का लंबा इतिहास रहा है। उसकी राजधानी **ल्हासा** भारतीय सीमा रेखा से केवल **300 किमी.** की दूरी पर ही स्थित है।

बफर राज्य (अंत:स्थ राज्य)

अंत:स्थ राज्य उन छोटे स्थलरुद्ध देशों (Landlocked Country) को कहते हैं, जो दो बड़े और शक्तिशाली देशों के मध्य स्थित होते हैं और दोनों देशों की स्थलीय सीमा को दूर रखते हैं। बफर राज्य दोनों शक्तिशाली देशों के मध्य संघर्ष की संभावना को कम करने का काम करते हैं। बफर राज्य प्राय: स्वतंत्र विदेश नीति का पालन नहीं कर पाते, क्योंकि दोनों शक्तिशाली देश उन्हें अपने प्रभाव में रखने के लिए प्रयासरत होते हैं। बफर राज्य दोनों शक्तिशाली देशों से मोलभाव करने की स्थिति में होते हैं ताकि आर्थिक रियायतें हासिल की जा सकें। बफर राज्य स्थलरुद्ध होते हैं और इनकी भौगोलिक स्थिति परिवहन और व्यापार की दृष्टि से सुगम नहीं होती है। ये देश प्राय: पहाड़ों, घाटियों, घने जंगलों, दलदल आदि से भरे होते हैं। समुद्री व्यापार के लिए ये देश शक्तिशाली देशों के बंदरगाहों पर निर्भर रहते हैं।

- **भूटान** पूर्वी हिमालय पर बसा हुआ भारत का मित्र देश है। यह भारत के सिक्किम, पश्चिम बंगाल, असम और अरुणाचल प्रदेश राज्यों से घिरा हुआ है।
- भूटान के पूर्व में वृहद् हिमालय के ऊँचे शिखर भारत और चीन को अलग करते हैं। यानी पूर्वी भाग में भारत-चीन सीमा हिमालय के ऊँचे शिखरों को मिलाने वाली रेखा के सहारे निर्धारित की गई है। **1914 में** अंग्रेजी शासन के दौरान **सर हेनरी मैकमोहन** ने यह सीमा निर्धारित की थी, जिसे दोनों देशों ने स्वीकार कर लिया था।
- भारत की पूर्वी सीमा पर म्यांमार देश स्थित है। भारत-म्यांमार सीमा पूर्वोत्तर भारत की हिमालय की पहाड़ियों की लगातार शृंखला से निर्धारित होती है, जो दक्षिण से उत्तर की ओर इस प्रकार हैं - **मिजो हिल, मणिपुर हिल, नगा हिल, पटकोई बूम हिल (अरुणाचल)**।

पामीर पठार

केंद्रशासित प्रदेश लद्दाख के उत्तर-पश्चिम में मध्य एशिया में पामीर का पर्वतीय भाग है। इस पर्वतीय गांठ से चारों दिशाओं में पर्वत श्रेणियाँ निकली हुई हैं। **काराकोरम श्रेणी** दक्षिण पूर्व की तरफ लद्दाख होते हुए तिब्बत तक चली जाती है। काराकोरम के उत्तर में **कुनलुन** और **तिएनशान पर्वत** भी इसी पर्वतीय गांठ से निकलकर चीन में फैले हुए हैं। **सुलेमान पर्वत,** पाकिस्तान और अफगानिस्तान की सीमा पर विस्तृत हैं। **हिन्दुकुश पर्वत** अफगानिस्तान में चला गया है। पामीर पठार का केंद्रीय भाग **ताजिकिस्तान और अफगानिस्तान** में स्थित है।

भारतीय तट पर स्थित खाड़ियाँ

ऐसे समुद्री क्षेत्र जो तीन तरफ से स्थलखण्ड से घिरे रहते हैं, उन्हें खाड़ी कहते हैं। जैसे- बंगाल की खाड़ी जो पश्चिम में भारत, उत्तर में बांग्लादेश और पूर्व में क्रमश: म्यांमार, थाइलैण्ड और मलाया प्रायद्वीप से घिरी हुई है।

बड़ी खाड़ियों को अंग्रेजी में **Bay** कहते हैं- जैसे- बंगाल की खाड़ी **(Bay of Bengal)**। जबकि बंद और संकरी खाड़ियों को सामान्यत: **Gulf** कहते हैं- जैसे- खम्भात की खाड़ी **(Gulf of Khambhat)** और मन्नार की खाड़ी **(Gulf of Mannar)**।

a. कच्छ की खाड़ी-काठियावाड़ प्रायद्वीप और कच्छ प्रायद्वीप के मध्य संकरे सागरीय क्षेत्र को कच्छ की खाड़ी कहते हैं। यह गुजरात के **पश्चिमी तट पर** स्थित है। कच्छ की खाड़ी गुजरात राज्य से तीन तरफ से घिरी हुई है। इस खाड़ी के उत्तर में गुजरात का **कच्छ जिला** है, जो क्षेत्रफल की दृष्टि से भारत का सबसे बड़ा जिला है। खाड़ी के दक्षिण में **जामनगर जिला** है और खाड़ी के सबसे पूर्वी छोर पर **कांडला बंदरगाह** स्थित है, जो देश का सबसे बड़ा बंदरगाह है। जबकि खाड़ी के सबसे बाहरी किनारे पर गुजरात का **ओखा बंदरगाह** है।

कच्छ की खाड़ी गुजरात के पश्चिमी भाग में अरब सागर का ही भाग है। खाड़ी के **तटीय क्षेत्र मैंग्रोव वनों से ढके हुए हैं**। कच्छ की यह संकरी खाड़ी भारत में **ज्वारीय ऊर्जा उत्पादन** वाला क्षेत्र है।

b. खम्भात की खाड़ी-यह खाड़ी भी गुजरात के दक्षिणी भाग में **अरब सागर का संकरा विस्तार** है। यह खाड़ी तीन तरफ से गुजरात राज्य से घिरी है। खम्भात खाड़ी के पूर्वी तट पर **नर्मदा और ताप्ती नदियों** का मुहाना है, जबकि खाड़ी के उत्तरी तट पर **साबरमती और माही नदियाँ** मुहाना बनाती हैं। खाड़ी के उत्तरी छोर पर **खम्भात बंदरगाह (गुजरात)** और पूर्वी तट पर **भड़ौच बंदरगाह (गुजरात)** और **सूरत शहर** स्थित है। दमन और दीव के मध्य में खाड़ी का मुहाना है। खम्भात की खाड़ी में ही अलियाबेट द्वीप है, जिसके निकट पेट्रोलियम के बड़े भण्डारों का पता चला है।

खम्भात की खाड़ी भारत में **ज्वारीय ऊर्जा की सर्वाधिक उत्पादन क्षमता** वाला क्षेत्र है।

c. अरब सागर- पूर्व में भारतीय प्रायद्वीप और पश्चिम में अरब प्रायद्वीप के मध्य में अरब सागर का विस्तार है। यह हिन्द महासागर के दो उत्तरी सीमांत समुद्रों में से एक है। **तिब्बत, भारत** और **पाकिस्तान में बहने वाली सिंधु नदी अरब सागर में गिरने वाली सबसे महत्त्वपूर्ण नदी** है।

कच्छ की खाड़ी, मन्नार की खाड़ी, खम्भात की खाड़ी, अरब प्रायद्वीप के पूर्व में **ओमान की खाड़ी** और **फारस की खाड़ी** तथा दक्षिण में **अदन की खाड़ी** ये सभी खाड़ियाँ भूमिखण्डों की तरफ अरब सागर का ही विस्तार हैं। भारत का सबसे छोटा केंद्रशासित प्रदेश **लक्षद्वीप** अरब सागर में ही स्थित है। भारत का सबसे दक्षिणी बिन्दु **केपकेमोरिन** भी अरब सागर के तट पर ही स्थित है। प्राचीन यूनानी यात्रियों ने इसे **इरीथ्रियन सागर** नाम दिया था।

d. बंगाल की खाड़ी- यह खाड़ी पश्चिम में भारत-श्रीलंका, उत्तर में बांग्लादेश और पूर्व में क्रमशः म्यांमार, थाइलैण्ड, मलाया प्रायद्वीप और इंडोनिशिया के सुमात्रा द्वीप से सीमांकित होती है। भारत का **अंडमान-निकोबार** और म्यांमार का **कोको द्वीप,** बंगाल की खाड़ी में प्रमुख द्वीप समूह हैं।

भारत और बांग्लादेश में बहने वाली **गंगा नदी बंगाल की खाड़ी में गिरने वाली दूसरी सबसे बड़ी नदी है,** जिसे बंगाल की खाड़ी के मुहाने पर **मेघना नदी (बांग्लादेश)** के नाम से जानते हैं। तिब्बत से

निकलने वाली **सांग्पो नदी (ब्रह्मपुत्र)** भी इसी खाड़ी में अपना जल गिराती है। गंगा के अलावा भारत की **हुगली, स्वर्णरेखा, महानदी, गोदावरी, कृष्णा, कावेरी, पेन्नार नदियाँ** भी इसी खाड़ी में अपना जल गिराती हैं।

तिब्बत पठार से निकलने वाली **म्यांमार की इरावदी नदी भी बंगाल की खाड़ी में डेल्टा बनाती** है।

खाड़ी के उत्तरी छोर पर **गंगा-ब्रह्मपुत्र का डेल्टा विश्व का सबसे बड़ा डेल्टा** है, जिसे **सुंदरवन डेल्टा** भी कहते हैं। बांग्लादेश और पश्चिम बंगाल राज्य में विस्तृत यह डेल्टा मैंग्रोव के घने जंगलों से ढका हुआ है। तटीय क्षेत्रों में सागर के खारे पानी में उगने वाली वनस्पितियों को **मैंग्रोव वन** कहते हैं।

प्राचीन हिन्दू ग्रंथों में इस खाड़ी को **महोदधि** और चोल राजवंश के ग्रंथों में इसे **चोल झील** नाम दिया गया है।

e. मन्नार की खाड़ी- यह खाड़ी भारत और श्रीलंका के मध्य **रामसेतु के दक्षिण में** स्थित है और अरब सागर का भाग है। इसका नाम **श्रीलंका के तलाईमन्नार द्वीप** के नाम पर पड़ा है। भारत के **रामेश्वरम द्वीप से लेकर तलाईमन्नार द्वीप तक** चूना पत्थर से बने द्वीपों की एक शृंखला को **रामसेतु** कहते हैं।

रामसेतु (आदमपुल)-यह तमिलनाडु और श्रीलंका के मध्य **चूना पत्थर (प्रवालभित्ति)** से बनी द्वीपों की एक शृंखला है, जिसके आस-पास का समुद्र काफी छिछला है। तमिलनाडु राज्य के दक्षिण-पूर्वी तट पर **पम्बन द्वीप** स्थित है। पम्बन द्वीप पर ही **रामेश्वरम्** स्थित है। इस द्वीप के दक्षिण-पूर्वी छोर पर भारत का अंतिम गाँव **धनुषकोडि** है। रामसेतु धनुषकोडि से प्रारम्भ होकर श्रीलंका के तलाइमन्नार द्वीप तक जाता है। पम्बन द्वीप भी आदमपुल का ही हिस्सा है। प्रवालभित्ति (चूना चट्टान) से बने द्वीपों की इस शृंखला (आदमपुल) के उत्तर में पाक की खाड़ी और दक्षिण में मन्नार की खाड़ी है। इस प्राकृतिक पुल का पता सबसे पहले एक अंग्रेज नाविक एडम्स ने लगाया था, इसलिए इसे **एडम्स ब्रिज** भी कहते हैं।

f. पाक की खाड़ी- यह खाड़ी तमिलनाडु तट पर भारत एवं श्रीलंका के मध्य स्थित है। **पाक जलसंधि** द्वारा यह बंगाल की खाड़ी से जुड़ी हुई है। **रामेश्वरम द्वीप से लेकर कैलीमर प्वाइंट तक** का तमिलनाडु तट पाक की खाड़ी में ही स्थित है। कैलीमर प्वाइंट एक अंतरीप की भांति है, इसलिए इसे **कैप कैलीमर** भी कहते हैं। यहाँ कोरोमण्डल तट **90^0 पश्चिम की तरफ** घूम जाता है।

पाक स्ट्रेट (पाक जलसंधि)-भारत और श्रीलंका के मध्य स्थित यह जलसंधि पाक की खाड़ी को बंगाल की खाड़ी से जोड़ती है और श्रीलंका के **जाफना प्रायद्वीप** को भारत की मुख्यभूमि से अलग करती है।

समुद्री चैनल

दो द्वीपीय क्षेत्रों के बीच में **संकरे समुद्री भाग को चैनल** कहते हैं, क्योंकि यह दो बड़े सागरों को आपस में जोड़ता है। जैसे- यूनाइटेड किंगडम और फ्रांस के मध्य स्थित **इंगलिश चैनल** उत्तरी सागर को अटलांटिक महासागर से जोड़ता है।

भारत के समीप स्थित चैनलों का नाम वहाँ से गुजरने वाले अक्षांश रेखाओं के नाम पर रखा गया है।

भारत के समुद्री चैनल एवं जलसंधियाँ

1.	8^0 चैनल	मालदीव एवं मिनिकॉय द्वीपों के मध्य
2.	9^0 चैनल	लक्षद्वीप एवं मिनिकॉय द्वीपों के मध्य
3.	10^0 चैनल	अंडमान एवं निकोबार द्वीपों के मध्य
4.	ग्रेट चैनल	सुमात्रा (इण्डोनेशिया) एवं निकोबार द्वीपों के मध्य
5.	डंकन पास	दक्षिणी अंडमान एवं लघु अंडमान द्वीपों के मध्य
6.	कोको स्ट्रेट (जलडमरूमध्य)	कोको (म्यांमार) एवं उत्तरी अंडमान द्वीपों के मध्य

भारत के 28 राज्य व 8 केंद्रशासित प्रदेश

क्र.	राज्य	राजधानी	भाषा	जिलों की संख्या	क्षेत्रफल (वर्ग किमी.)	कुल क्षेत्रफल का %
1.	राजस्थान	जयपुर	हिन्दी	33	3,42,239	10.41
2.	मध्य प्रदेश	भोपाल	हिन्दी	52	3,08,245	9.37

3.	महाराष्ट्र	मुंबई	मराठी	36	3,07,713	9.36
4.	उत्तर प्रदेश	लखनऊ	हिन्दी, उर्दू	75	2,36,286	7.18
5.	गुजरात	गांधीनगर	गुजराती	33	1,96,024	5.96
6.	कर्नाटक	बंगलुरू	कन्नड़	31	1,91,791	5.83
7.	आंध्र प्रदेश	हैदराबाद	तेलुगू	26	1,60,205	4.87
8.	ओडिशा	भुवनेश्वर	ओडिशी	30	1,55,707	4.73
9.	छत्तीसगढ़	रायपुर	हिन्दी	32	1,35,191	4.11
10.	तमिलनाडु	चेन्नई	तमिल	38	1,30,058	3.95
11.	तेलंगाना	हैदराबाद	तेलुगू, उर्दू	33	1,12,077	3.40
12.	बिहार	पटना	हिन्दी	38	94,163	2.86
13.	पश्चिम बंगाल	कोलकाता	बांग्ला	23	88,752	2.69
14.	अरुणाचल प्रदेश	ईटानगर	अंग्रेजी	25	83,743	2.54
15.	झारखण्ड	राँची	हिन्दी	24	79,714	2.42
16.	असम	दिसपुर	असामिया	34	78,438	2.38
17.	हिमाचल प्रदेश	शिमला/धर्मशाला	हिन्दी	12	55,673	1.69
18.	उत्तराखण्ड	देहरादून/गैरसैण	हिन्दी, संस्कृत	13	55,483	1.62
19.	पंजाब	चंडीगढ़	पंजाबी	23	50,362	1.53
20.	हरियाणा	चंडीगढ़	हिन्दी	22	44,212	1.34
21.	केरल	तिरुवनंतपुरम	मलयालम	14	38,863	1.18
22.	मेघालय	शिलांग	गारो	11	22,429	0.68
23.	मणिपुर	इंफाल	मणिपुरी	16	22,327	0.67
24.	मिजोरम	आइजोल	मिजो	8	21,081	0.64
25.	नागालैण्ड	कोहिमा	अंग्रेजी	11	16,579	0.50
26.	त्रिपुरा	अगरतला	बांग्ला	8	10,491	0.31
27.	सिक्किम	गंगटोक	नेपाली	4	7,096	0.21
28.	गोवा	पणजी	कोंकणी	2	3,702	0.11

क्र.	केंद्रशासित प्रदेश	राजधानी	जिलों की संख्या	क्षेत्रफल (वर्ग किमी.)
1.	लद्दाख	लेह	2	1,68,055
2.	जम्मू-कश्मीर	श्रीनगर/जम्मू	22	54,624
3.	अंडमान व निकोबार	पोर्ट ब्लेयर	3	8,249
4.	दिल्ली	नई दिल्ली	11	1,483
5.	दादरा और नगर हवेली तथा दमन और दीव	दमन	3	603
6.	पुदुचेरी	पुदुचेरी	4	492
7.	चंडीगढ़	चंडीगढ़	1	114
8.	लक्षद्वीप	कवरत्ती	1	32

भारत : एक दृष्टि में

- **राजधानी:** नई दिल्ली
- **राज्य:** 28 और **केंद्रशासित प्रदेश:** 8
- **क्षेत्रफल:** 32,87,263 वर्ग किमी. (विश्व का 2.4%)
- **भौगोलिक स्थिति:** उत्तरी-पूर्वी गोलार्द्ध में अवस्थित
- **ज्यामितीय आकार:** चतुष्कोणीय
- **भोगोलिक विस्तार:** उत्तर से दक्षिण 3,214 किमी. एवं पूर्व से पश्चिम 2,933 किमी.।
- **अक्षांशीय विस्तार:** $8^0$4" उत्तरी अक्षांश से $37^0$6" उत्तरी अक्षांश
- **देशांतरीय विस्तार:** $68^0$7" पूर्वी देशांतर से $97^0$25" पूर्वी देशांतर
- **मानक समय:** $82½^0$ पूर्वी देशांतर (ग्रीनविच माध्य समय से 5 घंटा 30 मिनट आगे)
- **स्थलीय सीमा:** 15,106.7 किमी.
- **जलीय सीमा:** 7,516.6 किमी.
- **अनन्य आर्थिक क्षेत्र:** संलग्न क्षेत्र से आगे 200 समुद्री मील तक
- **जलवायु:** उष्ण कटिबंधीय मानसूनी जलवायु
- **क्षेत्रफल की दृष्टि से विश्व का** 7वाँ देश
- **लिंगानुपात:** 943 प्रति हजार पुरुषों पर
- **जनसंख्या घनत्व:** 382 व्यक्ति/वर्ग किमी.
- **कुल साक्षरता:** 74.04% (**पुरुष**- 82.14%, **महिला**- 64.46%)
- **अंतरराष्ट्रीय सीमा से जुड़े राज्य/केंद्रशासित प्रदेश:** 18
- **कर्क रेखा पर स्थित 8 राज्य:** गुजरात, राजस्थान, मध्य प्रदेश, छत्तीसगढ़, झारखण्ड, पश्चिम बंगाल, त्रिपुरा एवं मिजोरम
- **समय रेखा (IST) पर स्थित 5 राज्य:** उत्तर प्रदेश, मध्य प्रदेश, छत्तीसगढ़, ओडिशा एवं आंध्र प्रदेश
- **राष्ट्रीय चिह्न:** अशोक स्तम्भ
- **राष्ट्रीय गान:** जन-गण-मन
- **राष्ट्रीय गीत:** वंदे मातरम्

- **राजकीय भाषा:** हिन्दी
- **राष्ट्रीय लिपि:** देवनागरी
- **राष्ट्रीय वाक्य:** सत्यमेव जयते
- **राष्ट्रीय विरासत पशु:** हाथी (Elephant)
- **तेल शोधनशालाओं की संख्या:** 23
- **राष्ट्रीय राजमार्गों की संख्या:** 599
- **बड़े बंदरगाहों की संख्या:** 13

आलोक सर द्वारा YouTube पर अपलोड की गई Indian Geography की वीडियो कक्षाएँ लोकप्रिय, रुचिकर और भूगोल के बारे में जिज्ञासा को बढ़ाने वाली हैं। YouTube पर इन वीडियोज को देखने के बाद आप स्वयं को भूगोल की अलग दुनिया में पाएँगे। ईयरफोन का प्रयोग अवश्य करें। **'भारत की अवस्थिति और विस्तार'** पर Alok Sir की YouTube वीडियो क्लास देखने के लिए QR Scan करें।

2 भारत की भूगर्भिक संरचना

पृथ्वी के भूगर्भीय (Geological) इतिहास को पाँच प्रमुख कल्पों (Era) में विभाजित किया गया है-

i. एजोइक (अजैविक कल्प) ii. पैल्योजोइक
iii. मेसोजोइक iv. सेनोजोइक
v. निओजोइक (नूतन कल्प)

इन पाँच प्रमुख कल्पों को कई शकों (Periods) के अंतर्गत विभाजित किया गया है-

कल्प (Era)	युग (Epoch)	शक (Period)	कल्प के प्रारम्भ होने का समय
1. एजोइक	-	i. प्री कैम्ब्रियन या एलोगोनिकन ii. आर्कियन	-
2. पैल्योजोइक	प्रथम युग	i. कैम्ब्रियन ii. आर्डोविसियन iii. सिल्यूरियन iv. डियोनियन v. कार्बोनिफेरस vi. पर्मियन	600 मिलियन वर्ष पूर्व
3. मेसोजोइक	द्वितीय युग	i. ट्रियासिक ii. जुरैसिक iii. क्रिटैशियस	225 मिलियन वर्ष पूर्व
4. सेनोजोइक	तृतीय युग	i. इयोसीन ii. ओलिगोसीन iii. मायोसीन iv. प्लायोसीन	70 मिलियन वर्ष पूर्व
5. निओजोइक	चतुर्थ युग	i. प्लीस्टोसीन ii. होलोसीन (आधुनिक युग)	1 मिलियन वर्ष पूर्व

अजैविक कल्प (एजोइक) में महाद्वीपीय (Continental) भूपटल की उत्पत्ति हुई। इसी कल्प में पैंजिया का निर्माण हुआ था किन्तु इस कल्प में जीवों की उत्पत्ति नहीं हुई थी। **रीढ़ की हड्डी** वाले जीवों का उद्‌भव **पैल्योजोइक कल्प** के अंतर्गत **सिल्यूरियन शक** में हुआ। इसी काल में **मोलस्का वर्ग, प्रवालों** एवं शार्क मछली का उद्‌भव हुआ। पैल्योजोइक कल्प के कार्बोनिफेरस काल में पैंजिया के विखण्डन के परिणामस्वरूप **लारेशिया** और **गोण्डवानालैण्ड** अस्तित्व में आए, अर्थात् पैंजिया के विखण्डन के पहले ही रीढ़ वाले जीवों का उद्‌भव हो चुका था।

मेसोजोइक कल्प के जुरैसिक युग में गोण्डवानालैण्ड का भी विखण्डन हो गया, जिसके परिणामस्वरूप **प्रायद्वीपीय भारत, मेडागास्कर द्वीप, ऑस्ट्रेलिया, दक्षिण अमेरिका** और **अंटार्कटिका** जैसे दक्षिणी गोलार्द्ध के महाद्वीपों का निर्माण हुआ।

चट्‌टानों का निर्माण

चट्‌टानों का निर्माण मुख्य रूप से दो प्रकार से होता है। एक तो आग्नेय चट्‌टानें हैं, जिनका निर्माण पृथ्वी के भीतर लावा के ठंडा होने से होता है और दूसरी वे चट्‌टानें हैं, जिनका निर्माण ताप और दाब के परिणामस्वरूप आग्नेय चट्‌टानों के रूपांतरण से होता है या आग्नेय चट्‌टानों के अपरदन (Erosion) और निक्षेपण (Deposition) से होता है। एक लंबे समय तक आग्नेय चट्‌टानों पर ताप और दाब के प्रभाव से जब चट्‌टानों का रूपांतरण (Conversion) हो जाता है तो उसे रूपांतरित या कायांतरित चट्‌टानें (Metamorphic Rocks) कहते हैं। आग्नेय चट्‌टानों के अपरदन और निक्षेपण के परिणामस्वरूप जिन चट्‌टानों का निर्माण होता है, उन्हें **परतदार** या **अवसादी चट्‌टानें (Sedimentary Rocks)** कहते हैं।

आग्नेय चट्‌टानें रवेदार होती हैं। इन चट्‌टानों के अपक्षय (Weathering) से निर्मित होने वाली मृदा उपजाऊ नहीं होती, लेकिन इनमें धात्विक खनिजों (लोहा, सोना, मैंगनीज इत्यादि) की बहुलता पाई जाती है। वहीं आग्नेय चट्‌टानों के अपक्षय और अपरदन से निर्मित परतदार या अवसादी चट्‌टानों से उपजाऊ मिट्‌टी का निर्माण होता है। जब चट्‌टानों के अपरदन के बाद तलछट का जमाव सागरीय क्षेत्रों में होता है तो वहाँ बनने वाली परतदार चट्‌टानों में सागर जीवों के अवशेष दबते चले जाते हैं। इन अवशेषों पर एक लंबे समय तक ताप और दाब के परिणामस्वरूप पेट्रोलियम भंडारों का निर्माण हुआ है जैसे- भारत में खंभात की खाड़ी, मुंबई हाई और बसीन (अरब सागर) अपतट (Offshore) में पेट्रोलियम और प्राकृतिक गैस के भंडार पाए जाते हैं।

देश के विभिन्न भागों में पाई जाने वाली चट्टानों के स्वरूप एवं प्रकृति की जानकारी के लिए उस देश की भूगर्भिक संरचना का अध्ययन आवश्यक है।

किसी भी देश के आर्थिक विकास में धात्विक और अधात्विक खनिजों का महत्वपूर्ण योगदान होता है। **प्रत्येक खनिज पदार्थ किसी विशिष्ट चट्टान समूह में ही संचित रहता है।** अत: भूगर्भिक संरचना का अध्ययन महत्वपूर्ण हो जाता है।

भारत की भूगर्भिक संरचना का अध्ययन तीन भागों में बाँट कर किया जा सकता है-

A. प्रायद्वीपीय भारत का पठार

B. हिमालय पर्वत

C. उत्तर भारत का विशाल मैदान

A. प्रायद्वीपीय भारत का पठार

यह पैंजिया के विखण्डन के बाद अस्तित्व में आए **गोण्डवानालैण्ड का ही एक भाग है** जो कि अफ्रीका महाद्वीप से टूटकर उत्तर-पूर्व की ओर प्रवाहित हुआ। भारत की प्राचीनतम भूगर्भिक चट्टानें प्रायद्वीपीय पठार के अंतर्गत ही पाई जाती हैं, जो इस प्रकार हैं-

1. आर्कियन क्रम की चट्टानें- पृथ्वी प्रारम्भ में आग का तप्त गोला थी और ठण्डा होने के पश्चात् जिन चट्टानों का सर्वप्रथम निर्माण हुआ, उन्हें **आर्कियन क्रम** की चट्टानें कहते हैं। ये सबसे पुरानी चट्टानें हैं, जिनमें जीवाश्म (Fossils) नहीं पाए जाते हैं। इसे प्राचीनतम या मूलभूत चट्टान भी कहते हैं। अत्यधिक प्राचीन होने के कारण **आर्कियन क्रम** की चट्टानों का मूल स्वरूप नष्ट हो चुका है और ये **नीस एवं शिष्ट चट्टानों** में रूपांतरित हो चुकी हैं। उदाहरण के लिए **बुंदेलखण्ड नीस सबसे प्राचीन** है। आर्कियन क्रम की चट्टानें लगभग पूरे पठारी भारत में पाई जाती हैं। इन चट्टानों में भी **लोहा, सोना, चाँदी, सीसा, जस्ता, मैंगनीज** इत्यादि धातुओं का भण्डार पाया जाता है।

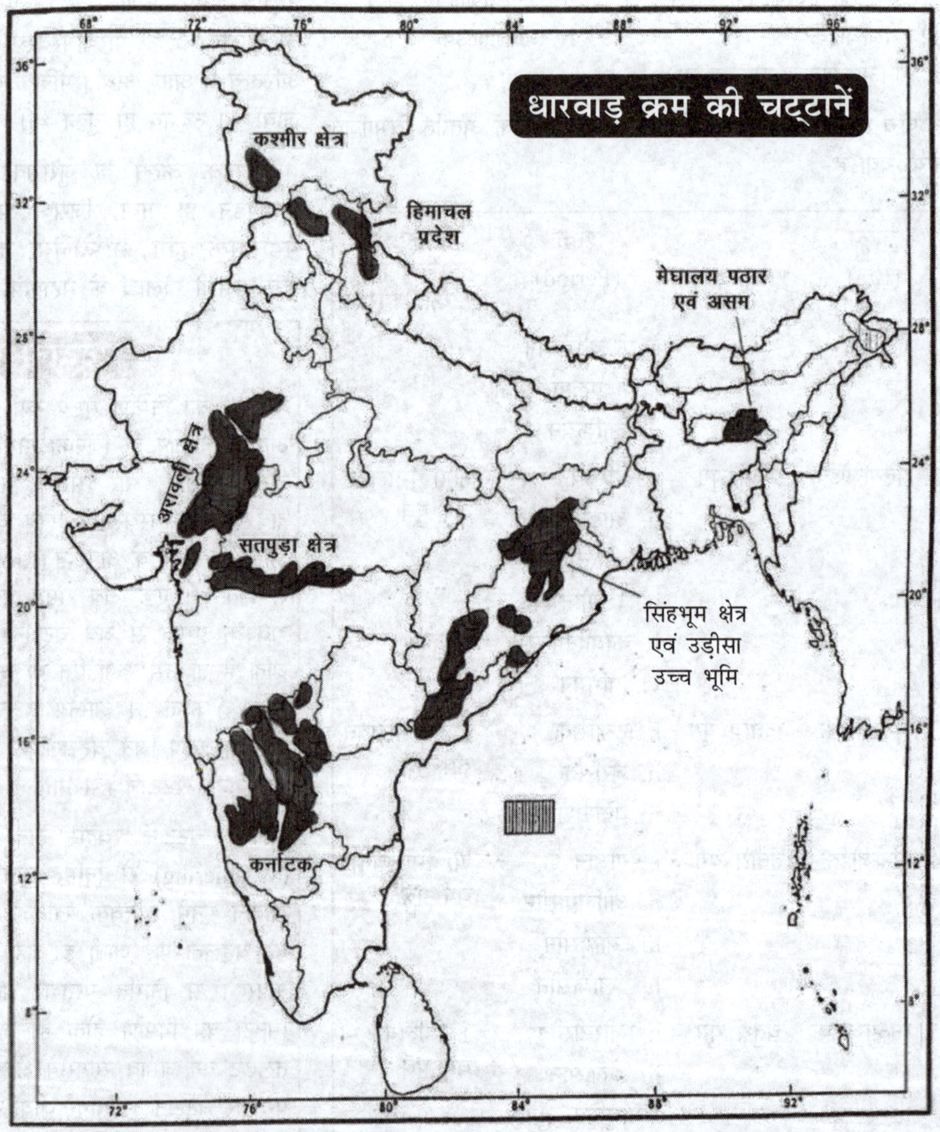

2. धारवाड़ क्रम की चट्टानें- इन चट्टानों का निर्माण आर्कियन क्रम की चट्टानों के अपरदन एवं निक्षेपण के फलस्वरूप हुआ। अत: ये भारत में **प्राचीनतम परतदार चट्टानें** हैं, लेकिन इसमें भी जीवाश्म नहीं पाए जाते हैं। इन चट्टानों का नामकरण कर्नाटक के **धारवाड़ जिले के नाम पर** हुआ है, क्योंकि ये चट्टानें सबसे पहले यहीं पाई गई थीं। धारवाड़ क्रम की चट्टानें निम्नलिखित क्षेत्रों में पाई जाती हैं-

a. कर्नाटक का धारवाड़, बेलारी और शिमोगा जिला

b. अरावली क्षेत्र

c. छोटानागपुर पठार के अंतर्गत ओडिशा में

d. शिलांग पठार

विश्व के प्राचीनतम वलित पर्वतों में से एक **अरावली पर्वत** का निर्माण इन्हीं चट्टानों से हुआ है। धारवाड़ चट्टानों को **भारत की सबसे समृद्ध चट्टानें** कहा जाता है, क्योंकि अधिकतर धात्विक खनिज (Metallic Minerals) जैसे- **लोहा, मैंगनीज, तांबा, जस्ता, सीसा, टंगस्टन, क्रोमियम** और **कोबाल्ट** इन्हीं चट्टानों में पाए जाते हैं। स्वर्ण से समृद्ध कोलार और हट्टी क्षेत्र कर्नाटक में इन्हीं चट्टानों के अंतर्गत आते हैं। धारवाड़ क्रम की चट्टानें आर्थिक दृष्टि से सर्वाधिक महत्वपूर्ण हैं।

3. कुड़प्पा क्रम की चट्टानें- इन चट्टानों का निर्माण धारवाड़ क्रम की चट्टानों के अपरदन एवं निक्षेपण के फलस्वरूप हुआ। अतः ये भी परतदार (अवसादी) चट्टानें हैं। ये चट्टानें **आंध्र प्रदेश के कुड़प्पा जिले** के आस-पास **अर्द्ध चंद्राकार पेटी** में पाई जाती हैं। कुड़प्पा क्रम की चट्टानें **बलुआ पत्थर, चूना पत्थर, संगमरमर, एस्बेस्टस** आदि गैरधात्विक खनिजों (Non Metallic Minerals) से समृद्ध हैं। कुड़प्पा क्रम की चट्टानें राजस्थान में भी अरावली क्षेत्र में पाई जाती हैं।

4. विंध्यन क्रम की चट्टानें- इन चट्टानों का निर्माण कुड़प्पा चट्टानों के बाद नदी घाटियों में तलछट (अवसाद) के निक्षेपण से हुआ था। भारत में विंध्यन क्रम की चट्टानें विंध्य पर्वत क्षेत्र, मालवा पठार, बुंदेलखण्ड पठार, सोन नदी घाटी और मैकाल श्रेणी में पाई जाती हैं। ये चट्टानें **भवन निर्माण सामग्री** जैसे- लाल बलुआ पत्थर, चूना पत्थर, संगमरमर, डोलोमाइट, चीनी मिट्टी से समृद्ध हैं। प्राचीन भारत में अशोक के स्तम्भलेख, सांची स्तूप, लाल किला आदि के निर्माण में लाल बलुआ पत्थर का प्रयोग किया गया है। **पन्ना** (मध्य प्रदेश) और **गोलकुण्डा** (आंध्र प्रदेश) जैसी हीरे की खानें भी विंध्यन संरचना के अंतर्गत पाई जाती हैं।

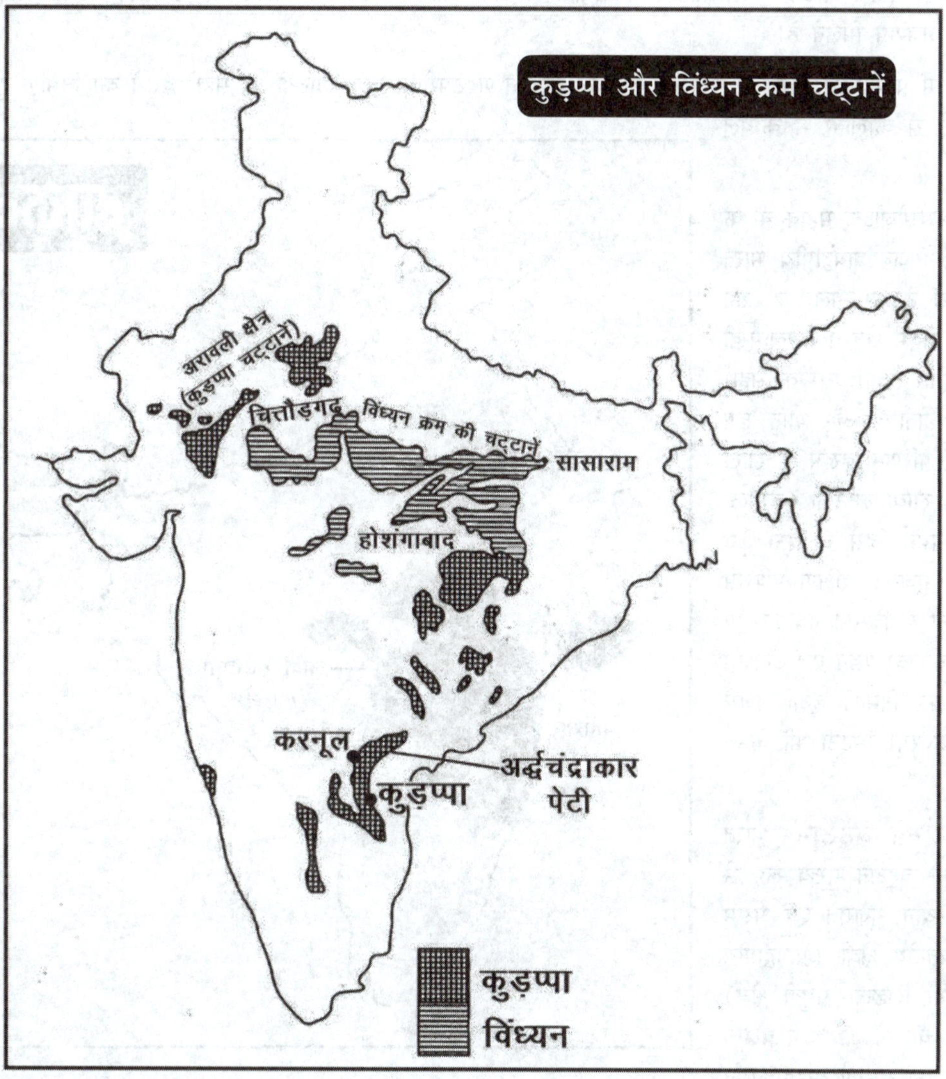

5. गोण्डवाना क्रम की चट्टानें- कार्बोनिफेरस युग से जुरैसिक युग के मध्य निर्मित गोण्डवाना क्रम की चट्टानों में भारत का 98% कोयला भण्डार संचित है जो कि अधिकांश **बिटुमिनस** प्रकार का कोयला है। भारत में गोण्डवाना क्रम की चट्टानें मुख्य रूप से दामोदर (झारखण्ड), सोन (मध्य प्रदेश), ब्राह्मणी (ओडिशा), गोदावरी और कृष्णा (आंध्र प्रदेश) नदियों की घाटियों के सहारे पाई जाती हैं। अत: गोण्डवाना कोयला (बिटुमिनस) भी इन्हीं नदी- घाटियों में संचित है। गोण्डवाना चट्टानें परतदार चटटानें हैं, जिनमें **रेंगने वाले जीवों** (Reptiles Animals) और **मछलियों** के अवशेष मिलते हैं।

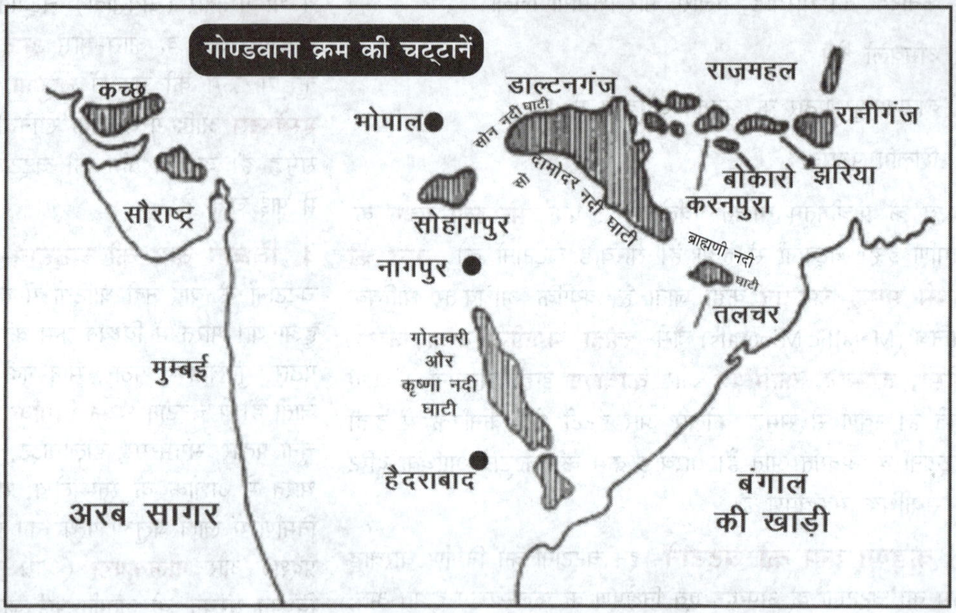

कार्बोनिफेरस युग में प्रायद्वीपीय भारत में भूगर्भिक हलचल के कारण उपरोक्त नदी-घाटियों के सहारे दरारों का निर्माण हुआ। इन दरारों में वनस्पतियों के दबने से कालांतर में कोयले का निर्माण हुआ।

6. दक्कन ट्रैप- मेसोजोइक महाकल्प के **क्रिटैशियस कल्प** में जब प्रायद्वीपीय भारत अफ्रीका महाद्वीप से टूटकर अलग हो रहा था तो महाराष्ट्र के विदर्भ क्षेत्र में ज्वालामुखी लावा का दरारी उद्गार हुआ। दरार के सहारे निसृत लावा तरल होता है और शांत रूप में बाहर आता है। परिणामस्वरूप 5 लाख वर्ग किमी. का क्षेत्र लावा चट्टानों (बेसाल्ट चट्टान) से ढक गया, जिसे **दक्कन ट्रैप** कहते हैं। महाराष्ट्र, गुजरात, दक्षिण-पश्चिम मध्य प्रदेश, तेलंगाना में विस्तृत दक्कन ट्रैप की लावा चट्टानों के विखण्डन एवं अपक्षय से काली मिट्टी का निर्माण हुआ, जिसे लावा मिट्टी अथवा रेगुर मिट्टी भी कहते हैं।

7. टर्शियरी क्रम की चट्टानें- भारत में टर्शियरी क्रम की चट्टानें मुख्य रूप से हिमालय क्षेत्र, राजस्थान, गुजरात एवं असम के साथ-साथ अपतटीय क्षेत्रों (प्रायद्वीपीय भारत के दोनों तरफ छिछला समुद्री क्षेत्र) में पाई जाती हैं। ये चट्टानें **जीवाश्म प्रधान** होती हैं और भारत का सम्पूर्ण हाइड्रोकार्बन

ईंधन (पेट्रोलियम एवं प्राकृतिक गैस) का भण्डार इन्हीं चट्टानों में पाया जाता है। पेट्रोलियम एवं प्राकृतिक गैस का निर्माण समुद्रों में जमा होते अवसादों के मध्य समुद्री जीवों के अस्थिपंजरों के रूपांतरण से हुआ है। यही कारण है कि भारत के अपतटीय क्षेत्रों में टर्शियरी क्रम की जलज अवसादी चट्टानों में भारत का लगभग **60% पेट्रोलियम एवं प्राकृतिक गैस का भण्डार** संचित है। इसके अलावा राजस्थान, गुजरात एवं असम के मैदानी क्षेत्र भी अतीत में टेथिस सागर के भाग थे। इसलिए इन क्षेत्रों में भी पेट्रोलियम भण्डार मौजूद हैं।

B. हिमालय पर्वत

हिमालय का निर्माण **सेनोजोइक महाकल्प** में सम्पन्न हुआ। आज से लगभग 3 करोड़ वर्ष पूर्व जब **इण्डियन प्लेट** उत्तर-पूर्व की ओर प्रवाहित होते हुए यूरेशियन प्लेट के निकट आई तो दोनों के मध्य स्थित **टेथिस सागर** में जमे अवसादी मलबे में वलन की क्रिया हुई और हिमालय जैसे **नवीन वलित पर्वत** का निर्माण हुआ।

सेनोजोइक महाकल्प को चार युगों में बाँटा गया है- **इयोसीन, ओलिगोसीन, मायोसीन** और **प्लायोसीन**।

इयोसीन और ओलिगोसीन युग में **वृहद् हिमालय** का उत्थान हुआ। मायोसीन युग में **लघु हिमालय** का उत्थान हुआ। जबकि उपरोक्त दोनों पर्वत श्रेणियों से नदियों द्वारा काटकर लाए गए अवसादों के वलन से प्लायोसीन युग में **शिवालिक** का निर्माण हुआ। हिमालय क्षेत्र में टर्शियरी क्रम की चटटानें पाई जाती हैं।

C. उत्तर भारत का विशाल मैदान

इस मैदान का निर्माण क्वार्टनरी महाकल्प (नियोजोइक) के **प्लीस्टोसीन एवं होलोसीन** युग में हुआ था। हिमालय के उत्थान के पश्चात् **टेथिस सागर के संकरे अवशेष भाग (Residual Part) में नदियों द्वारा अवसादों के निक्षेप से बना** यह विशाल मैदान भारत की नवीनतम भूगर्भिक संरचना है। इस मैदान के पुराने जलोढ़ को बांगर जबकि नवीन जलोढ़ को **खादर** कहते हैं। चूँकि यह पहले समुद्री क्षेत्र था, अतः इस मैदान के नीचे भी पेट्रोलियम के भण्डार मिलने की संभावना है।

उत्तर भारत के मैदान के अलावा **कश्मीर घाटी, थार मरुस्थल** तथा **कच्छ के रन** का निर्माण भी प्लीस्टोसीन काल में ही प्रारम्भ हुआ। कश्मीर घाटी प्रारम्भ में एक झील थी, जो अवसादी निक्षेपों के जमाव से विशाल भर गई। कश्मीर घाटी में स्थित वूलर झील उसी विशाल झील का अवशिष्ट भाग है। इन झील निक्षेपों को **'करेवा'** कहा जाता है। इसी तरह 'कच्छ का रन' भी पहले समुद्री भाग था जो बाद में अवसादी निक्षेप से भरकर दलदली भूमि में परिवर्तित हो गया।

ооо

3 भारत का भू-आकृतिक विभाजन

हिमालय के दक्षिण में कन्याकुमारी तक व्याप्त भारतीय उपहाद्वीप की भू-आकृतिक बनावट में काफी विविधता है। इसके अलग-अलग हिस्से **अलग-अलग कालखण्डों में निर्मित** हुए हैं। इसकी उत्तरी सीमा पर **विश्व की सबसे नवीन पर्वत शृंखला** है, जिसे **हिमालय** कहते हैं। हिमालय का उत्थान टर्शियरी काल में केवल 6 करोड़ वर्ष पहले हुआ है, जबकि प्रायद्वीपीय भारत विश्व के प्राचीनतम पठार से बना हुआ है जोकि प्राचीन **गोण्डवानालैण्ड** का हिस्सा है और अफ्रीका से टूटकर उत्तर-पूर्व में प्रवाहित हुआ है। वहीं उत्तर भारत के मैदान का निर्माण हिमालय क्षेत्र से निकलने वाली नदियों द्वारा बिछाए गए **जलोढ़ अवसादों (Alluvial Sediment)** से हुआ है। यह मैदान हिमालय और प्रायद्वीपीय पठार के मध्य एक नीची भूमि का क्षेत्र है, जिसकी सागर तल से औसत ऊँचाई मात्र 200 मी. है।

देश के लगभग 10.6% क्षेत्रफल पर पर्वत, 18.5% क्षेत्रफल पर पहाड़ियाँ, 27.7% क्षेत्र पर पठार और 43.2% क्षेत्रफल पर मैदानी भागों का विस्तार है।

भूआकृति विज्ञान के आधार पर भारत भूमि को पाँच भागों में विभाजित किया जा सकता है-

A. उत्तरी पर्वत शृंखला

B. प्रायद्वीपीय भारत का पठार

C. उत्तर का विशाल मैदान

D. तटवर्ती मैदान

E. द्वीप समूह

A. उत्तरी पर्वत शृंखला

उत्तरी पर्वत शृंखला भारत की उत्तरी सीमा के सहारे **पश्चिम में सिंधु नदी के मोड़** से लेकर **पूर्व में ब्रह्मपुत्र नदी के मोड़** तक फैली हुई है। हिमालय के नाम से जानी जाने वाली यह पर्वत शृंखला तलवार की भाँति चापाकार **(Arched)** है और **नंगा पर्वत से लेकर नामचा बरवा चोटी तक** अविच्छिन्न रूप से विस्तृत है।

हिमालय विश्व की सबसे ऊँची और **पूर्व-पश्चिम में विस्तृत विश्व की सबसे लम्बी पर्वत शृंखला** है। हिमालय के अलावा विश्व की अन्य पर्वत शृंखलाएँ जैसे- एण्डीज पर्वत, रॉकीज पर्वत, ग्रेट डिवाइडिंग रेंज और यूराल पर्वत ये सभी **उत्तर-दक्षिण दिशा** में विस्तृत हैं। कुल लम्बाई की दृष्टि से क्रमशः **एण्डीज, राकीज, ग्रेट डिवाइडिंग रेंज** के बाद हिमालय विश्व की चौथी सबसे लम्बी पर्वत श्रेणी है।

हिमालय की **लम्बाई 2500 किमी.** है और इसकी औसत **चौड़ाई 150-400 किमी.** है। पश्चिमी भाग में हिमालय अधिक चौड़ा है, जबकि पूर्वी भाग में इसकी तीनों शृंखलाएँ इतनी करीब आ गई हैं कि यहाँ हिमालय की चौड़ाई कम पाई जाती है। भारत में यह पर्वतीय प्रदेश लगभग **5 लाख वर्ग किमी.** क्षेत्रफल में विस्तृत है।

हिमालय कुल सात देशों- भारत, पाकिस्तान, अफगानिस्तान, नेपाल, भूटान, तिब्बत (चीन) और म्यांमार में फैला हुआ है। लेकिन इसका 55% भाग भारत में स्थित है। भारत के बाद इसका सर्वाधिक विस्तार नेपाल में (30%) है। भारत में हिमालय 11 राज्यों और 2 केंद्रशासित प्रदेशों में फैला हुआ है, जोकि इस प्रकार है- जम्मू-कश्मीर, लद्दाख, हिमाचल प्रदेश, उत्तराखण्ड, सिक्किम, पश्चिम बंगाल, असम, अरुणाचल प्रदेश, मेघालय, त्रिपुरा, मिजोरम, मणिपुर और नागालैण्ड।

उत्तरी पर्वत शृंखला में पश्चिम में नंगा पर्वत के निकट और पूर्व में **नामचा बरवा** चोटी के निकट दो **तीखे अक्षसंघीय मोड़ (Syntaxial Bend)** अथवा हेयरपिन की भाँति मोड़ मिलते हैं। ये दोनों अक्षसंघीय मोड़ प्रायद्वीपीय भारत के दबाव के कारण निर्मित हुए थे, क्योंकि **भूगर्भिक इण्डियन प्लेट** उत्तर-पूर्व की तरफ प्रवाहित हो रही है।

अपने दोनों छोरों पर अक्षसंघीय मोड़ के सहारे हिमालय दक्षिण की तरफ मुड़ गया है। पश्चिमी भाग में दक्षिणवर्ती मोड़ के बाद **हिमालय को पाकिस्तान में सुलेमान श्रेणी** और **किरथार श्रेणी** के नाम से जानते हैं। जबकि पूर्वी भाग में दक्षिणवर्ती मोड़ के बाद हिमालय को पूर्वोत्तर भारत में **पूर्वांचल पहाड़ियाँ** (मिजो, नगाहिल, मणिपुर हिल तथा पटकोईबूम) और म्यांमार में **अराकानयोमा पहाड़ी** के नाम से जाना जाता है।

हिमालय के उत्तर में तिब्बत का पठार जबकि दक्षिण में सिंधु-गंगा-ब्रह्मपुत्र का मैदान स्थित है। उत्तर भारत के मैदान की तरफ हिमालय का ढाल **उत्तल (Convex)** जबकि तिब्बत की तरफ इसका ढाल **अवतल (Concave)** है।

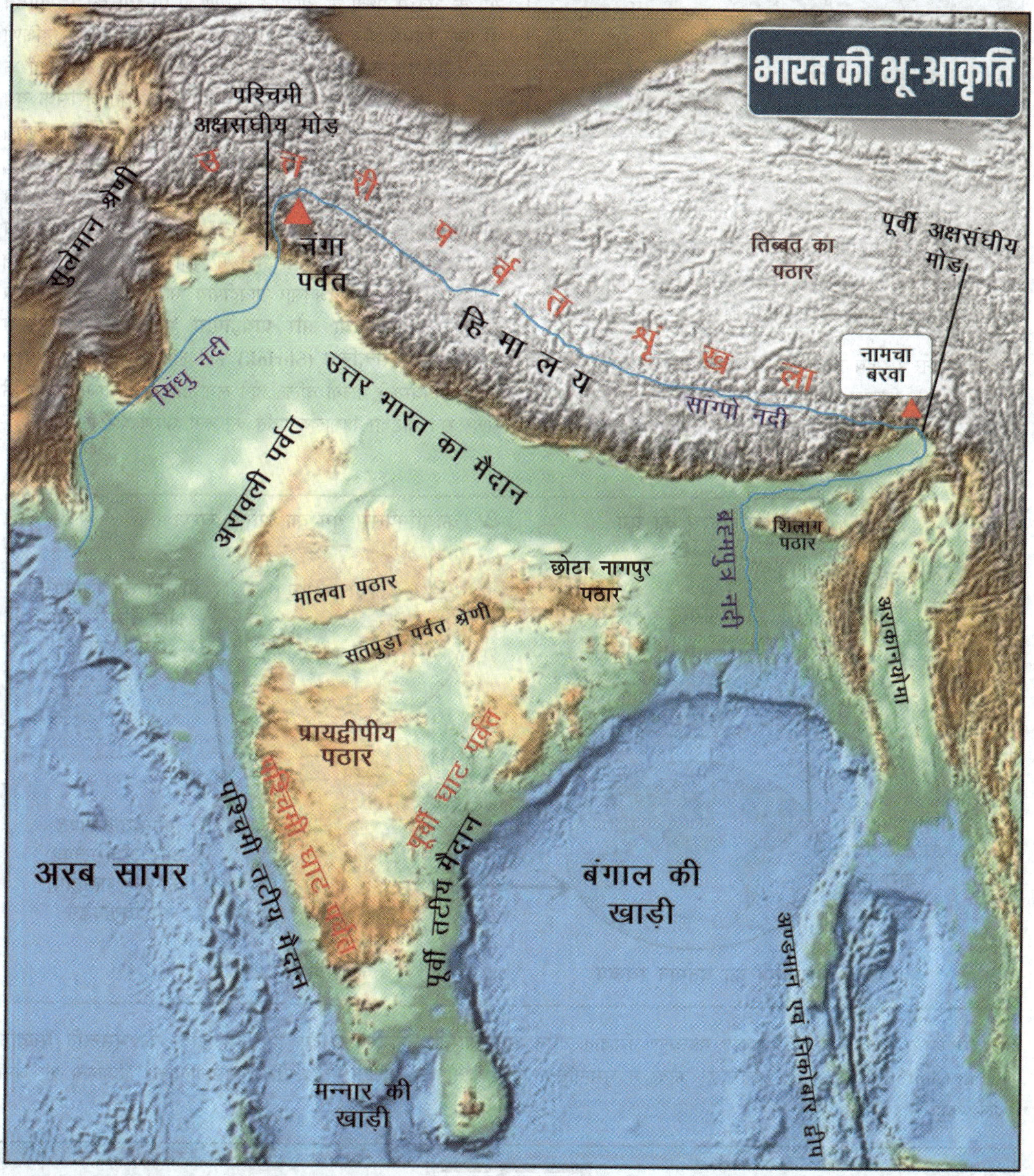

हिमालय की उत्पत्ति

हिमालय विश्व की **नवीनतम मोड़दार (वलित) (Folded) पर्वत श्रृंखला** है। हिमालय को अपनी अल्पायु के कारण **युवा पर्वत की संज्ञा** दी जाती है। इसका निर्माण अल्पाइन भूसंचलन के तहत **टर्शियरी काल में 6 करोड़ वर्ष पहले** प्रारम्भ हुआ था।

अल्पाइन पर्वत

विश्व के सबसे नवीन वलित पर्वतों को अल्पाइन पर्वत कहा जाता है। अल्पाइन पर्वतों का निर्माण **लगभग 6 करोड़ वर्ष पहले** प्रारम्भ हुआ था। इसके अंतर्गत **हिमालय सहित आल्प्स, एण्डीज, रॉकीज तथा पिरेनीज पर्वतों** को शामिल किया जाता है।

हिमालय जैसी विशाल पर्वतमाला की उत्पत्ति कैसे हुई? इस बारे में कई भूगर्भशास्त्रियों ने अपने सिद्धांत प्रतिपादित किए हैं। **वेगनर महोदय** ने अपने **महाद्वीपीय विस्थापन सिद्धांत (Continental Drift Theory)** के सहारे हिमालय और अन्य वलित पर्वतों की उत्पत्ति को सुलझाने का प्रयास किया है।

अल्फ्रेड वेगनर महोदय ने बताया कि **कार्बोनिफेरस युग** में समस्त स्थलखण्ड एक विशाल महाद्वीप के रूप में संलग्न था। इस विशाल महाद्वीप को वेगनर ने **'पैंजिया'** नाम दिया है और इसकी स्थिति **दक्षिणी गोलार्द्ध** में थी। 'पैंजिया' के चारों तरफ जो विशाल महासागर था, उसे वेगनर ने **'पैंथालासा'** नाम दिया है। कार्बोनिफेरस युग के अंत में पृथ्वी के आंतरिक कारणों से **पैंजिया का विखण्डन** हो गया, जिससे पैंजिया का उत्तरी भाग **(अंगारालैण्ड)** और दक्षिणी भाग **(गोण्डवानालैण्ड)** एक-दूसरे से अलग हो गए और दोनों के मध्य के क्षेत्र में **टेथिस सागर का निर्माण** हो गया। **जुरैसिक युग** में गोण्डवानालैण्ड भी कई हिस्सों में विखण्डित हो गया, जिससे वर्तमान के दक्षिणी गोलार्द्ध में स्थित महाद्वीपों - **दक्षिण अमेरिका, अफ्रीका, ऑस्ट्रेलिया और त्रिभुजाकार प्रायद्वीपीय भारत का निर्माण हुआ। इस प्रकार प्रायद्वीपीय भारत गोण्डवानालैण्ड का ही हिस्सा** है जो टूटकर उत्तर-पूर्व में यूरोशिया की तरफ प्रवाहित होने लगा। वेगनर के अनुसार प्रायद्वीपीय भारत के उत्तर की ओर खिसकने से **यूरेशिया और प्रायद्वीपीय भारत के मध्य स्थित टेथिस सागर संकुचित (Shrink)** होने लगा जिससे टेथिस सागर में जमा अवसादी मलबा वलित होने लगा और एक लम्बी अवधि के बाद इसने मोड़दार हिमालय पर्वत का रूप धारण कर लिया।

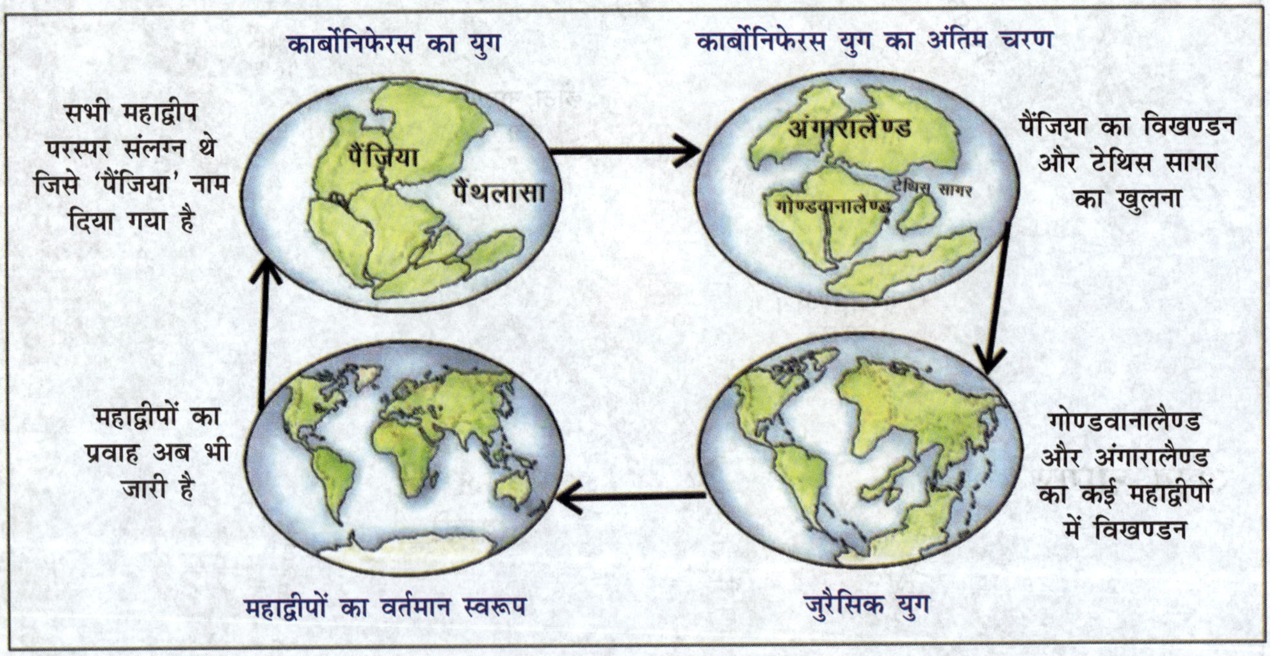

हिमालय की उत्पत्ति के संबंध में दूसरा महत्त्वपूर्ण सिद्धांत **जर्मन भूगर्भशास्त्री 'कोबर'** ने दिया है, जिसे कोबर का **भूसन्नति सिद्धांत (Earth Continuity Theory)** कहते हैं। कोबर ने भूसन्नतियों को **'पर्वतों का पालना'** तथा टेथिस भूसन्नति को 'हिमालय का जन्म स्थल' कहा है।

अल्फ्रेड वेगनर

जर्मनी के एक **जलवायुवेत्ता** थे और वे पृथ्वी पर हुए **जलवायु परिवर्तनों का अध्ययन** कर रहे थे। उन्होंने पाया कि पृथ्वी पर अलग-अलग महाद्वीपों पर एक ही स्थल अलग-अलग जलवायु के प्रभाव में रहे हैं। इसके कारणों की तलाश में उन्होंने यात्राएँ प्रारम्भ की और अंत में वे इस निष्कर्ष पर पहुँच गए कि महाद्वीपों का विस्थापन हुआ है। इस प्रकार एक जलवायुशास्त्री होते हुए भी वेगनर महोदय ने भूगर्भशास्त्र से सम्बन्धित एक नये सिद्धांत का प्रतिपादन कर दिया, जिसे **महाद्वीपीय विस्थापन सिद्धांत** कहते हैं।

कोबर के अनुसार आज जहाँ हिमालय पर्वत है वहाँ भूगर्भिक काल में **टेथिस भूसन्नति** थी जो चारों तरफ से दृढ़ भूखण्ड से घिरी हुई थी। इस दृढ़ भूखण्ड को उन्होंने **क्रैटोजेन** नाम दिया है। कोबर के अनुसार अंगारालैण्ड और गोण्डवानालैण्ड से निकलने वाली नदियों ने लम्बे समय तक **टेथिस भूसन्नति में अवसादों का निक्षेपण किया**, जिससे भूसन्नति में मलबा भरने लगा। अवसादों के भार और दबाव से भूसन्नति में धसान की क्रिया होने लगी। धसान की क्रिया से भूसन्नति में संकुचन होने लगा जिससे भूसन्नति की चौड़ाई कम होने लगी। भूसन्नति में **संकुचन के परिणामस्वरूप** उसमें जमा **अवसादी चट्टानें वलित** होकर ऊपर उठ गईं, जिससे **हिमालय पर्वत की उत्पत्ति** हुई। कोबर के अनुसार टेथिस की अवसादी चट्टानों में वलन की क्रिया दोनों किनारों पर ही अधिक हुई और बीच का भाग समतल रूप में ही ऊपर उठ गया। यही कारण है कि **हिमालय और क्युनलुन पर्वत श्रेणियों के मध्य तिब्बत का विशाल पठार** है। भूसन्नति सिद्धांत हिमालय की उत्पत्ति के संदर्भ में ही दिया गया था, क्योंकि यह **पूर्व-पश्चिम दिशा में विस्तृत** पर्वतों की ही व्याख्या कर पाता है।

लेकिन हिमालय की उत्पत्ति की सर्वश्रेष्ठ व्याख्या **प्लेट विवर्तनिकी सिद्धांत (Plate Tectonics Theory)** में मिलती है, जिसका प्रतिपादन **हैरीहेंस महोदय** द्वारा **1960 के दशक** में किया गया था। यह सिद्धांत न केवल हिमालय पर्वत बल्कि विश्व के सभी मोड़दार पर्वतों, महासागरीय मोड़दार पर्वतों, ज्वालामुखी द्वीपों, समुद्री खाइयों की उत्पत्ति समेत भूकंप, ज्वालामुखी जैसी भूगर्भिक घटनाओं की व्याख्या **भूगर्भिक प्लेटों के किनारों के सहारे** करता है।

टेथिस भूसन्नति से हिमालय की उत्पत्ति

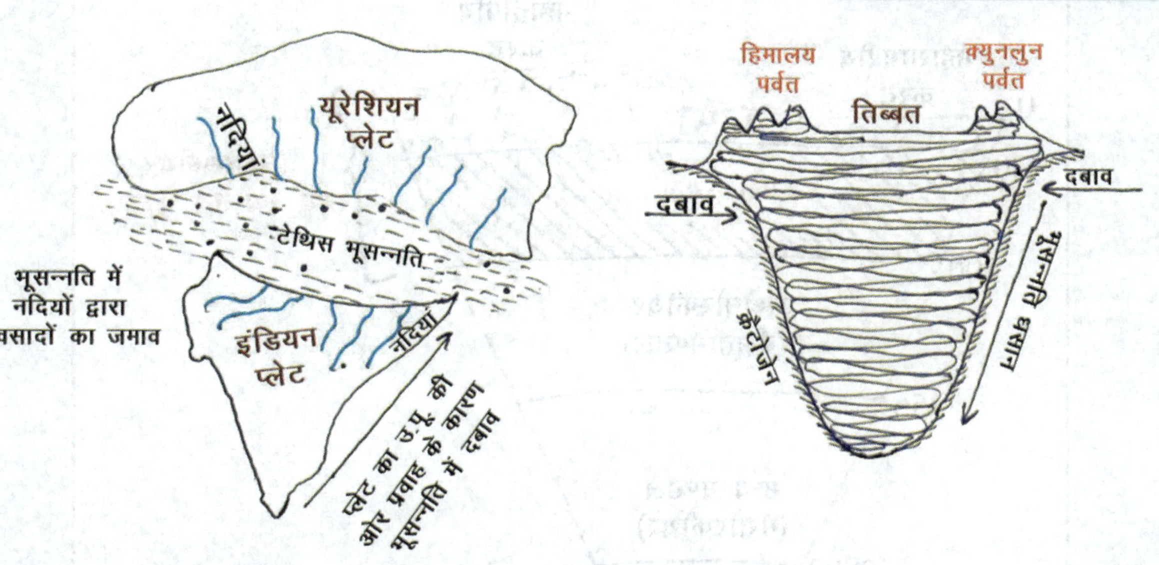

हिमालय का निर्माण **इण्डियन प्लेट** और **यूरेशियन प्लेट** के मध्य अभिसरण (टकराव) (Convergence) के परिणामस्वरूप हुआ। ये **दोनों महाद्वीपीय प्लेटें** हैं। अफ्रीकन प्लेट से टूटकर अलग होने के बाद इण्डियन प्लेट उत्तर-पूर्व दिशा में प्रवाहित हुई और इसके ऊपर स्थित प्रायद्वीपीय भारत का भूखण्ड भी प्रवाहित हुआ। लगभग 6 करोड़ वर्ष पहले जब इण्डियन प्लेट उत्तर-पूर्व दिशा में प्रवाहित होते हुए यूरेशियन प्लेट से टकराई तो दोनों के मध्य टेथिस सागर में जमा अवसादी (परतदार) मलबे में वलन की क्रिया होने लगी, जिससे हिमालय का उत्थान प्रारम्भ हो गया। पर्वतीकरण की यह प्रक्रिया तीन चरणों में सम्पन्न हुई है, जिस कारण हिमालय की तीन शृंखलाओं का निर्माण हुआ है।

हिमालय की तीनों श्रेणियों का उत्थान टर्शियरी युग के **सेनोजोइक महाकल्प** में सम्पन्न हुआ। सेनोजोइक महाकल्प (भूगर्भिक काल) को क्रमशः चार छोटे कल्प में विभाजित किया गया है- इयोसीन, ओलिगोसीन, मायोसीन, प्लायोसीन। इनमें से **ओलिगोसीन कल्प** में वृहद् हिमालय का उत्थान हुआ। **मायोसीन कल्प** में लघु हिमालय का उत्थान हुआ। पुनः इन दोनों श्रेणियों द्वारा लाए गए अवसादों के वलन से **प्लायोसीन युग** में शिवालिक श्रेणी का उत्थान हुआ।

इण्डियन प्लेट लगातार उत्तर की ओर प्रवाहित होते हुए यूरेशियन प्लेट से नीचे क्षेपित होने लगी। लेकिन चूँकि **दोनों महाद्वीपीय प्लेटें** हैं इसलिए इण्डियन प्लेट यूरेशियन प्लेट के नीचे मेंटल में न जाकर उसके नीचे समानांतर रूप से घुस गई, जिससे दो महाद्वीपीय प्लेटों की तहें बन गई। इसके परिणामस्वरूप हिमालय के पीछे **तिब्बत पठार** का निर्माण हो गया।

प्लेट टेक्टॉनिक थियरी
(Plate Tectonics Theory)

प्लेट टेक्टॉनिक थियरी के अनुसार पृथ्वी की ऊपरी **200 किमी.** की परत **दृढ़ स्थलीय भूखण्ड** के रूप में है, जिसे **लिथोस्फीयर** कहते हैं।

लिथोस्फीयर जिसके अंतर्गत **क्रस्ट और ऊपरी मेंटल के ऊपरी भाग** को शामिल किया जाता है, यांत्रिक रूप से एक ही भांति व्यवहार करता है। लिथोस्फीयर **ग्रेनाइट** और **बेसाल्ट** जैसी चट्टानों से बना होने के कारण काफी कठोर और अधिक घनत्व वाला भाग है।

पृथ्वी का यह भूपटल लिथोस्फीयर 6 बड़ी और लगभग 20 छोटी भूगर्भिक प्लेटों में विभाजित है। ये प्लेटें अपने नीचे स्थित अपेक्षाकृत अधिक घनत्व वाले **एस्थनोस्फीयर के ऊपर तैरती हुई अवस्था** में हैं। सभी महाद्वीप और महासागरीय भाग इन्हीं प्लेटों के ऊपर स्थित हैं और प्लेटों की गति के साथ स्वयं भी प्रवाहित हो रहे हैं। महाद्वीपों पर प्लेटों की मोटाई अधिक और महासागरों में मोटाई कुछ कम है। एक-दूसरे से सटे हुए और गतिशील होने के कारण इन भूगर्भिक प्लेटों के किनारों पर विवर्तनिक क्रियाएँ सम्पन्न होती हैं, जिसके परिणामस्वरूप वलित पर्वतों की उत्पत्ति होती है।

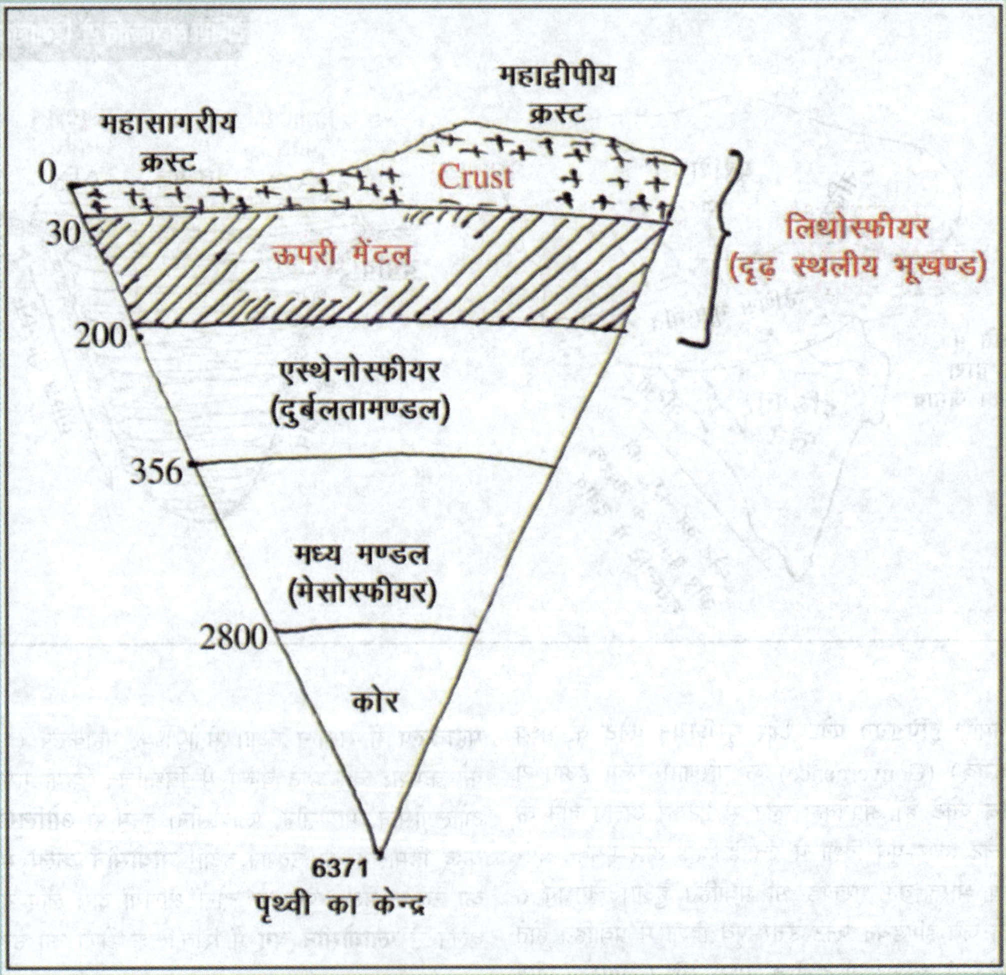

हिमालय के नीचे भारतीय प्लेट के अग्र भाग का क्षेपण अभी भी जारी है, जिससे हिमालय की ऊँचाई लगातार बढ़ रही है। यही कारण है कि हिमालय का क्षेत्र **विवर्तनिक रूप से अस्थिर** है, जिस कारण इस क्षेत्र में प्लेटों की रगड़ से भूकम्प के तीव्र झटके उत्पन्न होते हैं। हिमालय अभी भी निर्माण के दौर से गुजर रहा है। कश्मीर के **पीरपंजाल श्रेणी** में 1500 से 1850 मी. की ऊँचाई पर अतिनूतन काल (प्लीस्टोसीन युग) की झील निक्षेप की चट्टानें पाई जाती हैं, जिन्हें **'करेवां'** कहते हैं। **कश्मीर घाटी के झील निक्षेप** भी हिमालय के युवा होने का संकेत देते हैं।

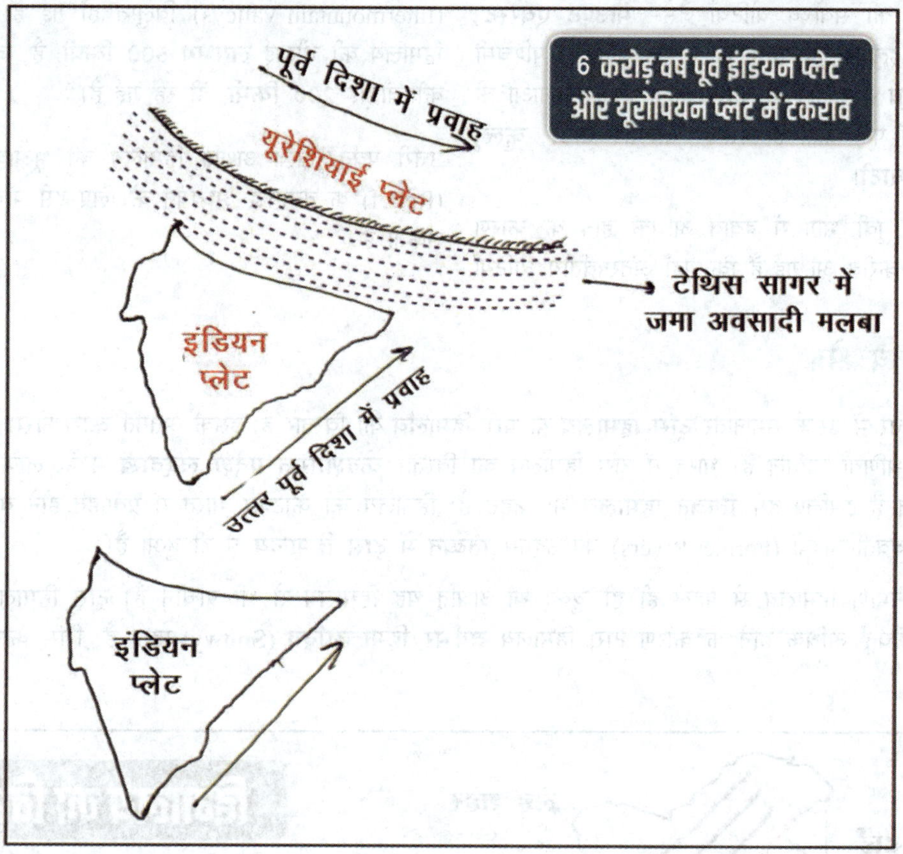

अब प्रश्न यह है कि हिमालय के पश्चिमी और पूर्वी छोर पर **तीखे हेयरपिन मोड़** क्यों पाए जाते हैं?

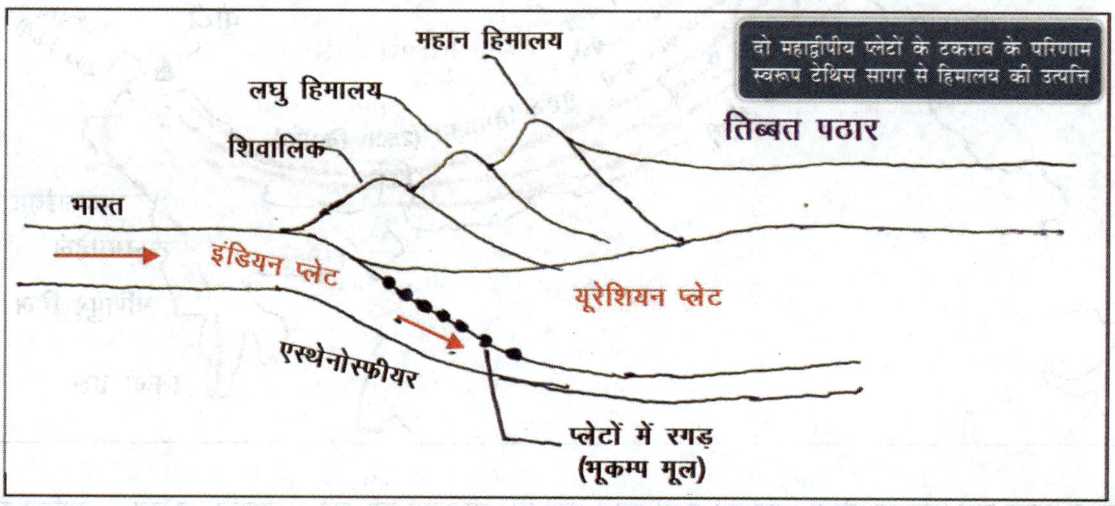

दरअसल भारतीय प्लेट के साथ-साथ उत्तर-पूर्व दिशा में प्रवाहित **प्रायद्वीपीय भारत त्रिभुजाकार** है। इस प्राचीन दृढ़ भूखण्ड के दोनों उत्तरी किनारे नुकीले कटक की भाँति उत्तर की ओर निकले हुए थे। प्रायद्वीपीय पठार के उत्तर-पश्चिमी सिरे पर स्थित **दिल्ली रिज** और उत्तर-पूर्वी सिरे पर **राजमहल गारो रिज** उसी नुकीले कटक के अवशिष्ट भाग हैं। पठारी भारत के अग्रभाग में स्थित इन्हीं नुकीले कटकों के दबाव के कारण पश्चिमी हिमालय में **नंगा पर्वत** के समीप और पूर्वी हिमालय में **नामचा बरवा चोटी (तिब्बत)** के समीप तीव्र हेयरपिन मोड़ का निर्माण हो गया। इण्डियन प्लेट के प्रवाह की दिशा उत्तर की ओर न होकर **उत्तर-पूर्व की ओर** थी, जिस कारण पश्चिमी हिमालय की अपेक्षा पूर्वी हिमालय में दबाव अधिक था। यही कारण है कि पश्चिमी हिमालय की अपेक्षा पूर्वी हिमालय की चौड़ाई कम और ऊँचाई

अधिक है। हिमालय की सर्वोच्च चोटियाँ जैसे- **माउण्ट एवरेस्ट, मकालू, कंचनजंघा** इत्यादि पूर्वी हिमालय में पाई जाती हैं। पश्चिमी हिमालय क्षेत्र में दबाव कम होने के कारण तीनों पर्वतश्रृंखलाओं के मध्य समतल घाटियाँ पाई जाती हैं जैसे - **कश्मीर घाटी, कुल्लू घाटी** और **फ्लावर घाटी**।

जबकि हिमालय के पूर्वी भाग में दबाव अधिक होने के कारण तीनों श्रृंखलाएँ इतनी करीब आ गई हैं कि यहाँ अंतरपर्वतीय घाटियाँ (Intermountain Valleys) विलुप्त हो गई हैं। **पश्चिमी भाग में** हिमालय की चौड़ाई **लगभग 500 किमी.** है, जबकि पूर्वी हिमालय की चौड़ाई **200 किमी.** ही रह गई है।

उत्तरी पर्वत श्रृंखला अर्थात हिमालय की भूआकृति और उच्चावच (Relief) के क्रमबद्ध अध्ययन के लिए इसे पाँच भागों में बाँटा जा सकता है-

1. ट्रांस हिमालय क्षेत्र

महान हिमालय के उत्तर में उसके समानांतर **ट्रांस हिमालय** या **पार हिमालय** का विस्तार है। इसके अंतर्गत **काराकोरम, लद्दाख, जास्कर** और **कैलाश पर्वत** श्रेणियाँ शामिल हैं। भारत में ट्रांस हिमालय का विस्तार **केंद्रशासित प्रदेश लद्दाख** में है, लेकिन इसका अधिकांश भाग तिब्बत में स्थित है इसलिए इसे **तिब्बत हिमालय** भी कहते हैं। हिमालय को काटकर भारत में प्रवाहित होने वाली **सिंधु, सतलुज और सांग्पो** जैसी पूर्ववर्ती नदियों (Former Rivers) का उद्गम **तिब्बत में ट्रांस हिमालय** से ही हुआ है।

ट्रांस हिमालय का निर्माण हिमालय से पहले ही हो चुका था अर्थात् यह हिमालय से भी प्राचीन है। ट्रांस हिमालय मूलतः यूरेशियन प्लेट का भाग है। ऊँचाई अधिक होने के कारण ट्रांस हिमालय **वर्षभर हिमाच्छादित (Snowy)** रहता है, जिस कारण यहाँ वनस्पतियाँ नहीं पाई जातीं।

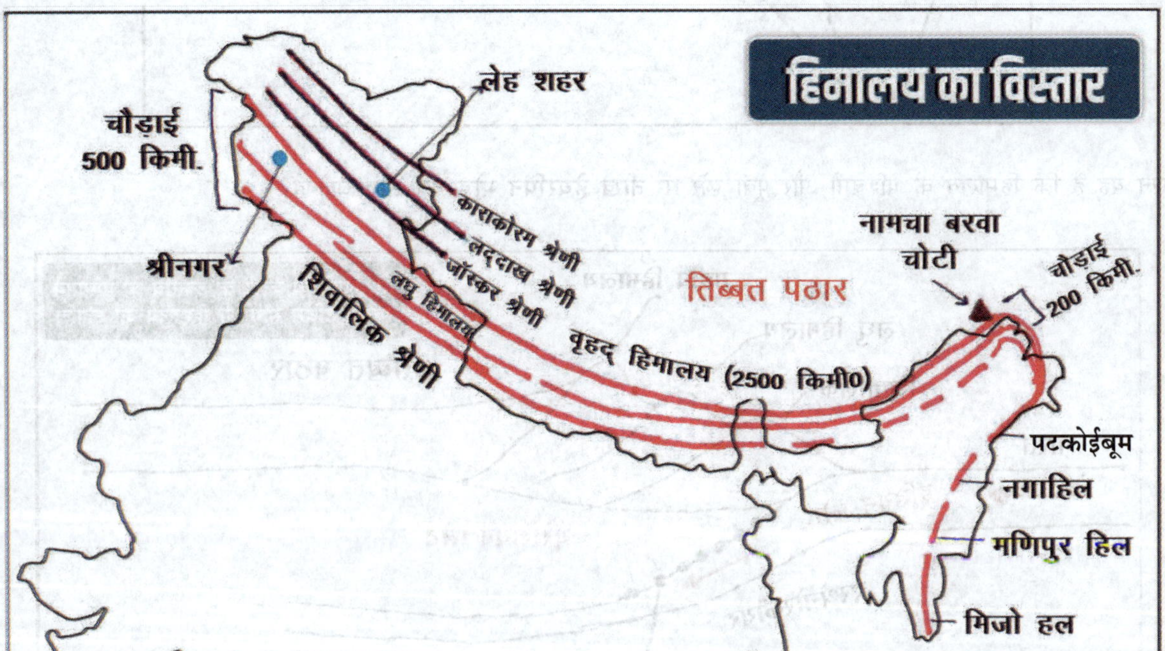

काराकोरम न केवल ट्रांस हिमालय बल्कि भारत की सबसे उत्तरी श्रेणी है। काराकोरम पूरी तरह से बेसाल्ट का बना है, इसलिए रंग काला होने के कारण इसे **कृष्ण गिरि** भी कहते हैं। काराकोरम को 'उच्च एशिया की रीढ़' भी कहा जाता है। पश्चिम में यह पामीर की गाँठ से मिल जाती है जबकि दक्षिण-पूर्व की ओर **तिब्बत में इसका विस्तार कैलाश श्रेणी** के रूप में है। काराकोरम श्रेणी अपनी ऊँची चोटियों और हिमनदियों के लिए विख्यात है। K_2 अथवा **गाडविन आस्टिन**, ब्राडपीक तथा गाशेरब्रम काराकोरम पर स्थित प्रमुख पर्वत चोटियाँ हैं। इनमें से K_2 अथवा **गाडविन आस्टिन** (8611 मी.) **भारत की सबसे ऊँची** तथा विश्व की दूसरी सबसे ऊँची चोटी है। K_2 अथवा गाडविन आस्टिन के बाद गाशेरब्रम (8068 मी.) काराकोरम की दूसरी सबसे ऊँची चोटी है।

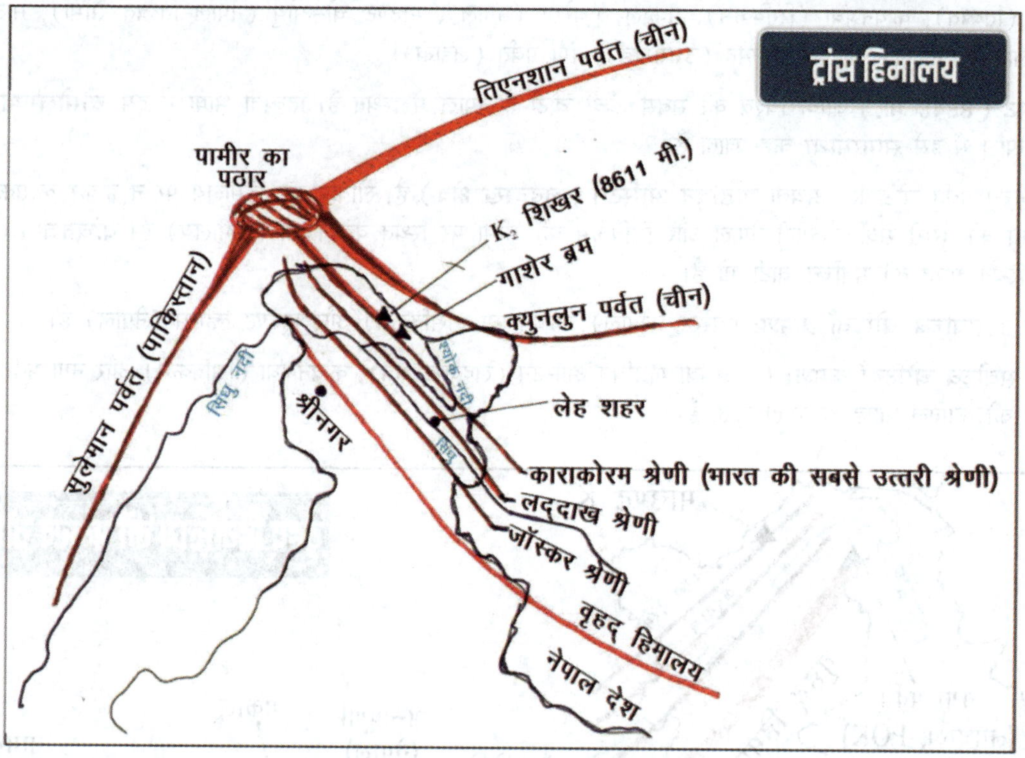

भारत में सबसे बड़े ग्लेशियर काराकोरम श्रेणी पर ही पाए जाते हैं। **सियाचीन, बाल्टोरा, बियाफो** तथा **हिस्पर** ये चारों काराकोरम श्रेणी के सबसे बड़े ग्लेशियर हैं, जिनमें से **सियाचीन (76 किमी.)** भारत का सबसे बड़ा ग्लेशियर और ध्रुवीय क्षेत्रों के बाहर विश्व का दूसरा सबसे बड़ा ग्लेशियर है। भारत का सबसे उत्तरी बिंदु **'इंदिरा कॉल'** सियाचीन ग्लेशियर पर ही स्थित है। ध्रुवीय क्षेत्रों के बाहर विश्व का सबसे बड़ा ग्लेशियर **फेदचेन्को ग्लेशियर** है, जो ताजिकिस्तान में स्थित है।

काराकोरम श्रेणी के दक्षिण में क्रमशः **लद्दाख** और **जास्कर श्रेणियाँ** स्थित हैं। लद्दाख श्रेणी सिंधु और उसकी सहायक श्योक नदियों के मध्य **जल विभाजक** का काम करती है। लद्दाख श्रेणी पर ही विश्व की सर्वाधिक खड़ी ढाल वाली **राकापोशी चोटी** स्थित है। सिंधु नदी तिब्बत में मानसरोवर के समीप **चेमायुंगडुंग ग्लेशियर** से निकलती है और लद्दाख तथा जास्कर श्रेणियों के मध्य उत्तर-पश्चिम की ओर प्रवाहित होती है। केंद्रशासित प्रदेश लद्दाख की राजधानी **'लेह' सिंधु नदी के दाहिने तट पर** ही स्थित है। सिंधु नदी पाकिस्तान में प्रवेश करने से पहले नंगा पर्वत के उत्तर में **बुन्जी के समीप** लद्दाख श्रेणी को काटकर भारत के सबसे गहरे गार्ज (गहराई 5200 मी.) का निर्माण करती है।

2. वृहद् हिमालय क्षेत्र

वृहद् हिमालय, ट्रांस हिमालय से **शचर जोन (Shuture Zone)** द्वारा अलग होता है। वृहद् हिमालय को **'सर्वोच्च हिमालय'**, **'हिमाद्रि हिमालय'**, **'आंतरिक हिमालय'** तथा **'महान हिमालय'** भी कहा जाता है। वृहद् हिमालय पश्चिम में नंगा पर्वत के समीप **सिंधु गार्ज** (Indus garge) से प्रारम्भ होकर पूर्व में नामचा बरवा चोटी के समीप ब्रह्मपुत्र नदी द्वारा बनाए गए **दिहांग गार्ज** तक 2500 किमी. की लम्बाई में फैला हुआ है। वृहद् हिमालय की चौड़ाई 120 किमी. से लेकर 190 किमी. तक है। इसका पश्चिमी भाग अपेक्षाकृत चौड़ा है।

हिमालय की तीनों मुख्य श्रेणियाँ (शिवालिक, लघु और वृहद्) चापाकार हैं और वृहद् हिमालय सबसे आतंरिक चाप के रूप में है, इसलिए इसे **आंतरिक हिमालय** कहते हैं। वृहद् हिमालय के कोर में **रवेदार आग्नेय चट्टानों** की प्रधानता है, जो ग्रेनाइट और नीस के रूप में हैं। वृहद् हिमालय, हिमालय के मध्य भाग में है, इसलिए इसे सामान्यतः **केंद्रीय रवेदार अक्ष** कहा जाता है। लघु हिमालय के उत्तर में दीवार की भाँति खड़े वृहद् हिमालय की औसत ऊँचाई 6100 मी. है और 8000 मी. से भी ऊँची विश्व की सभी चोटियाँ वृहद् हिमालय पर स्थित हैं। उदाहरण के लिए **माउण्ट एवरेस्ट, कंचनजंघा, मकालू, माउण्ट मनासलु, धौलागिरि, अन्नपूर्णा, माउण्ट चो-ओयु, माउण्ट ल्होत्से, नंगा पर्वत** इन सभी की ऊँचाई 8000 मी. से अधिक है।

नेपाल देश में स्थित वृहद् हिमालय का **मध्य भाग सबसे ऊँचा** है, क्योंकि नंगा पर्वत (लद्दाख) को छोड़कर 8000 मी. से ऊँची सभी चोटियाँ या तो नेपाल में स्थित हैं या फिर नेपाल सीमा पर। हिमालय की प्रमुख चोटियों का क्रम पूर्व से पश्चिम की ओर इस प्रकार है–

नामचा बरवा (तिब्बत), कंचनजंघा (सिक्किम), मकालू, एवरेस्ट (नेपाल), माउण्ट चो-ओयु (नेपाल-तिब्बत सीमा), माउण्ट मनासलु, अन्नपूर्णा, धौलागिरि (नेपाल), नंदादेवी, कामेत (उत्तराखंड), नंगा पर्वत (लद्दाख)।

माउण्ट एवरेस्ट (8848 मी.) जोकि विश्व की सबसे ऊँची चोटी है नेपाल में स्थित है। तिब्बती भाषा में इसे **चोमोलुंगमा (पर्वतों की रानी)** तथा नेपाल में इसे **सागरमाथा** कहा जाता है।

भारत की सर्वोच्च पर्वत चोटी K_2 अथवा **गाडविन आस्टिन (लद्दाख क्षेत्र)** है, लेकिन यह हिमालय पर न होकर काराकोरम श्रेणी पर स्थित है। भारत की दूसरी सर्वोच्च चोटी नेपाल और सिक्किम की सीमा पर स्थित कंचनजंघा (हिमालय) है। **कंचनजंघा (8586 मी.)** हिमालय पर स्थित भारत की सर्वोच्च चोटी भी है।

हिमालय की 3 सर्वोच्च चोटियाँ क्रमशः एवरेस्ट (नेपाल), कंचनजंघा (सिक्किम) और माउण्ट ल्होत्से (नेपाल) हैं।

भारत की 3 सर्वोच्च चोटियाँ क्रमशः K_2 अथवा गाडविन आस्टिन (लद्दाख क्षेत्र), कंचनजंघा (सिक्किम) और नंगा पर्वत (POK क्षेत्र) हैं। नंगा पर्वत को कातिल पहाड़ भी कहा जाता है।

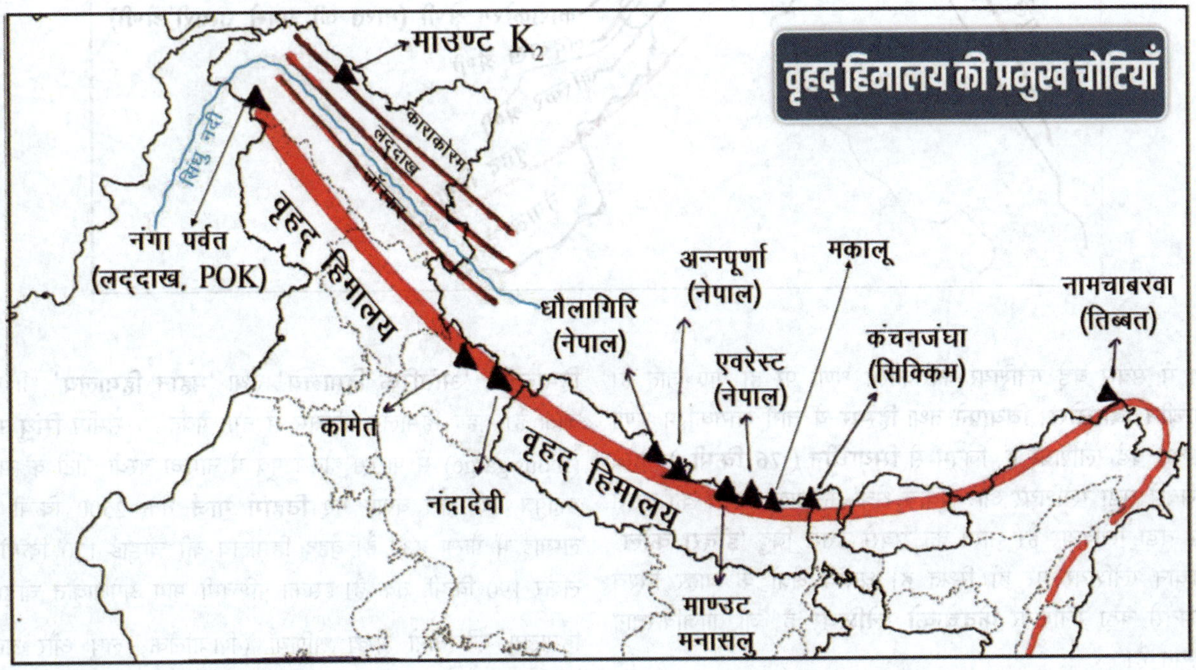

पर्वत चोटियाँ एवं उनकी अवस्थिति

क्रं.	पर्वत चोटी का नाम	अवस्थिति	ऊँचाई (मीटर में)
1.	माउण्ट एवरेस्ट	नेपाल	8848
2.	K-2 अथवा गाडविन आस्टिन	काराकोरम (पाक अधिकृत भारत)	8611
3.	कंचनजंघा	सिक्किम	8598
4.	मकालू	नेपाल	8481
5.	धौलागिरी	नेपाल	8172
6.	मनासलु	नेपाल	8156
7.	चो-ओयु	नेपाल	8201
8.	नंगा पर्वत	लद्दाख	8126
9.	अन्नपूर्णा	नेपाल	8078
10.	गशेरब्रुम	पाक अधिकृत कश्मीर	8068
11.	गोसाईधान	तिब्बत-नेपाल सीमा	8013
12.	दस्तेगिल सर	पाक-अधिकृत कश्मीर	7885
13.	महेसरब्रुम	पाक अधिकृत कश्मीर	7821
14.	नन्दादेवी	उत्तराखण्ड	7817
15.	राकापोशी	लद्दाख	7788
16.	कामेट	उत्तराखण्ड	7756
17.	नामचा बरवा	अरुणाचल प्रदेश-तिब्बत सीमा	7756

18.	साल्टोरो कांगड़ी	लद्दाख	7742
19.	मुर्लामन्धाता	तिब्बत	7728
20.	सासेर कांगड़ी	लद्दाख	7672
21.	कुला कांगड़ी	भूटान	7554
22.	हरमोश	पाक अधिकृत कश्मीर	7397
23.	चुरेन हिमाल	नेपाल	7363
24.	चोमो वा-हरि	तिब्बत-भूटान	7327
25.	नीजिन कांग-सा	पूर्वी तिब्बत	7252
26.	ग्यालापेड़ी	तिब्बत	7151
27.	गौरी शंकर	नेपाल	7144
28.	कंपीरीदिवार	पाक-अधिकृत कश्मीर	7143
29.	त्रिशूल	उत्तराखण्ड	7140
30.	बद्रीनाथ	उत्तराखण्ड	7138

तिब्बत की ओर वृहद् हिमालय का ढाल मंद है, जबकि दक्षिण दिशा में यह कगार की भाँति (तीव्र ढ़ाल) खड़ा है। **महान हिमालय** के सभी शिखर स्थायी रूप से हिमाच्छादित रहते हैं, क्योंकि **6000 मी.** के ऊपर तापमान कभी हिमांक (Freezing Point) से ऊपर नहीं जाता है। ऊँचाई अधिक और बर्फीला होने के कारण यहाँ **5000 मी.** के ऊपर वनस्पतियाँ नहीं पाई जाती हैं।

हिमालय पर हिमरेखा

लघु हिमालय के शिखर शीत ऋतु में ही हिमाच्छादित रहते हैं और ग्रीष्म ऋतु में यहाँ बर्फ पिघलने लगती है। इसलिए **हिमालय पर स्थायी हिमरेखा वृहद् हिमालय पर** ही पाई जाती है, क्योंकि इसकी ऊँचाई अधिक है। वृहद् हिमालय के पूर्वी भागों (असम हिमालय) में वर्षा अपेक्षाकृत अधिक होने के कारण यहाँ हिमरेखा अपेक्षाकृत कम ऊँचाई पर पाई जाती है। जबकि पश्चिमी हिमालय (कश्मीर हिमालय) शुष्क है, इस कारण वहाँ हिमरेखा की ऊँचाई अधिक है। असम हिमालय में **4400 मी.** की ऊँचाई पर बर्फ की चादरें मिलनी शुरू हो जाती हैं। जबकि कश्मीर हिमालय में आर्द्रता की कमी के कारण हिमरेखा **5100 मी.** की ऊँचाई पर मिलती है।

हिमरेखा (Snowline)

पहाड़ों पर **0°C तापमान** वाले स्थानों को मिलाने वाली रेखा को हिमरेखा (Snowline) कहते हैं। अर्थात् हिमरेखा, पर्वतों पर ऊँचाई की वह सीमा है, जिसके ऊपरी भाग सदैव हिमाच्छादित रहते हैं। सामान्यत: भूमध्य रेखीय क्षेत्र उष्णकटिबंधीय होते हैं, इसलिए इन क्षेत्रों में हिमरेखा काफी अधिक ऊँचाई पर पाई जाती है। भूमध्य रेखा पर हिमरेखा की ऊँचाई **4500** से **5500** मी. तक हो सकती है, जबकि ध्रुवों पर यह धरातल पर ही पाई जाती है।

हिमरेखा के ऊपर वृहद् हिमालय पर अनेक हिमनदों (ग्लेशियर) का विकास हुआ है। इनमें से अधिकांश 3 से 5 किमी. लम्बे और 1 से 4 किमी. चौड़े होते हैं, लेकिन कुछ हिमनद **20 किमी. से भी लम्बे** हैं। उदाहरण के लिए कुमाऊँ हिमालय (उत्तराखण्ड) में **मिलाम** और **गंगोत्री हिमनद** और सिक्किम में **जेमू हिमनदों** की लम्बाई 20 किमी. से भी अधिक है। ये हिमनद प्रतिदिन 10 से 30 सेमी. तक खिसकते रहते हैं।

हिमनदों के पिघलने से ही नदियों का उद्‌गम होता है। गंगा नदी का उद्‌गम स्रोत गंगोत्री हिमनद, शारदा एवं काली नदियों का उद्‌गम स्रोत मिलाम हिमनद, तीस्ता नदी का उद्‌गम स्रोत जेमू हिमनद (सिक्किम) और श्योक नदी का उद्‌गम स्रोत रेमो ग्लेशियर (लद्दाख) है।

तिब्बत में **मानसरोवर झील** के समीप से निकलने वाली पूर्ववर्ती नदियों यथा- **सिन्धु, सतलुज और ब्रह्मपुत्र (सांग्पो)** ने वृहद् हिमालय को काटकर गहरे गार्ज अथवा पूर्ववर्ती घाटियों का निर्माण किया है।

3. लघु हिमालय या हिमाचल हिमालय क्षेत्र

लघु हिमालय, वृहद् हिमालय से **'मेन सेंट्रल थ्रस्ट' (MCT)** द्वारा अलग होता है और वृहद् हिमालय के दक्षिण में उसके समानांतर पूर्व-पश्चिम दिशा में फैला हुआ है। इसे **मध्य हिमालय** और **हिमाचल हिमालय** भी कहा जाता है। लघु हिमालय की चौड़ाई 80 से 100 किमी. के बीच है। जहाँ वृहद् हिमालय की अधिकतर चोटियाँ 8000 मी. से भी ऊँची हैं, वहीं लघु हिमालय की ऊँचाई **4500 मी.** तक पाई जाती है।

लघु हिमालय, वृहद् हिमालय की भाँति अविच्छिन्न रूप में नहीं है, बल्कि पश्चिम से पूर्व की ओर यह क्रमश: **पीरपंजाल श्रेणी, धौलाधार श्रेणी, नागटिब्बा** और **महाभारत श्रेणियों** के रूप में विस्तृत है। झेलम और व्यास नदियों के मध्य स्थित **'पीरपंजाल'** लघु हिमालय की सबसे पश्चिमी और सबसे लम्बी श्रेणी है। पीरपंजाल श्रेणी मुख्य रूप से जम्मू-कश्मीर में स्थित है, लेकिन इसका दक्षिण-पूर्वी हिस्सा हिमाचल प्रदेश तक चला गया है। पीरपंजाल श्रेणी **'कश्मीर घाटी'** को जम्मू डिवीजन से अलग करती है। **पीरपंजाल** और **बनिहाल** इस श्रेणी में स्थित दो प्रमुख दर्रे हैं, जिनसे होकर पीरपंजाल श्रेणी को पार किया जा सकता है। जम्मू से कश्मीर घाटी (श्रीनगर) जाने वाला राजमार्ग (NH-44) बनिहाल दर्रे में स्थित **जवाहर सुरंग** से गुजरता है।

पीरपंजाल श्रेणी के पूर्वी भाग में **'धौलाधार श्रेणी'** का विस्तार मुख्य रूप से हिमाचल प्रदेश में है। राजधानी शिमला (2200 मी.) धौलाधार श्रेणी पर ही स्थित है। समुद्र तल से 6000 मी. की अधिकतम ऊँचाई वाला **धौलाधार** एक बेहद खूबसूरत दृश्यों वाली पर्वतमाला है। धौलाधार का अर्थ सफेद पर्वत होता है। हिमाचल प्रदेश में **कुल्लू** और **कांगड़ा** जैसी खूबसूरत घाटियाँ धौलाधार श्रेणी में ही स्थित हैं। पर्यटन स्थल मनाली कुल्लू घाटी में है जबकि **धर्मशाला** कांगड़ा घाटी में स्थित है।

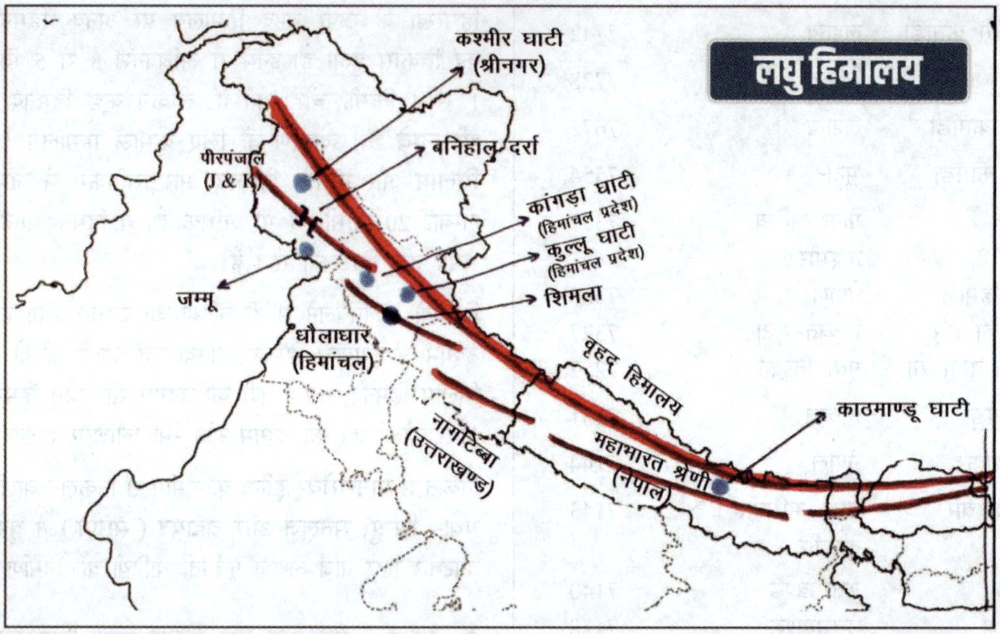

धौलाधार श्रेणी पूर्वी भाग में उत्तराखण्ड में **नागटिब्बा श्रेणी** और **मसूरी हिल** के रूप में फैली हुई है, जोकि लघु हिमालय के ही भाग हैं। नेपाल में लघु हिमालय को **महाभारत श्रेणी** के नाम से जाना जाता है।

पूर्वी हिमालय (अरुणाचल प्रदेश) में लघु हिमालय का ढाल काफी तीव्र हो गया है।

शीत ऋतु में **लघु हिमालय** बर्फ से ढक जाता है, लेकिन ग्रीष्म ऋतु आने पर जब बर्फ पिघलने लगती है तो इसकी ढालों पर छोटे-छोटे घास के मैदान दिखाई देने लगते हैं। कश्मीर में इन घास के मैदानों को **'मर्ग'** और उत्तराखण्ड में इन्हें **'बुग्याल और पयार'** कहते हैं। **'मर्ग'** और **'बुग्याल'** हिमरेखा और वनस्पति रेखा के मध्य का क्षेत्र होता है। पर्वतों पर हिमाच्छादित क्षेत्रों के नीचे शीतोष्ण घास के मैदान (मर्ग, बुग्याल) और घास क्षेत्रों के नीचे वनस्पति क्षेत्र होते हैं। ग्रीष्म ऋतु आने पर जब बर्फ पिघलती है, तो हिमरेखा और वनस्पति रेखा के बीच के क्षेत्रों में घास उग आती है। मर्ग और बुग्याल क्षेत्रों में दूर तक मखमली घास बिछी रहती है जो स्थानीय लोगों के लिए चारागाह का काम करती है। कश्मीर में पीरपंजाल की ढालों पर स्थित गुलमर्ग और सोनमर्ग पर्यटकों को विशेष रूप से आकर्षित करते हैं।

लघु हिमालय और वृहद् हिमालय के मध्य दो खुली घाटियाँ पाई जाती हैं जैसे- पश्चिम में **कश्मीर घाटी** और पूर्व में **काठमाण्डू घाटी**। इन समतल सपाट घाटियों में कृषि क्षेत्रों और नगरों का विकास हुआ है। पश्चिम में **कश्मीर की घाटी** वृहद् हिमालय और पीरपंजाल श्रेणी के मध्य लगभग 5000 वर्ग किमी. क्षेत्र में फैली हुई है। श्रीनगर, डल झील और वूलर झील कश्मीर घाटी में ही स्थित हैं। इसके अलावा सेब के बगीचों के लिए प्रसिद्ध अनंतनाग, बारामूला, पुलवामा, शोपियां और बड़गाम जैसे जिले भी कश्मीर घाटी में ही स्थित हैं। झेलम कश्मीर घाटी में बहने वाली प्रमुख नदी है। झेलम एकमात्र हिमालयी नदी है, जो विसर्पण करती है। इसके अलावा लघु हिमालय और वृहद् हिमालय के मध्य नेपाल में **काठमाण्डू घाटी** है।

लघु हिमालय के दक्षिणी ढालों पर **स्वास्थ्यवर्द्धक उपोष्ण जलवायु** पाई जाती है जहाँ शिमला, डलहौजी (हिमाचल प्रदेश), मसूरी, चकराता, नैनीताल, रानीखेत (उत्तराखण्ड) तथा दार्जिलिंग (पश्चिम बंगाल) जैसे नगरों का विकास हुआ है। शीत ऋतु में तीन-चार महीने इन नगरों में बर्फ गिरती है जबकि ग्रीष्म ऋतु में मौसम काफी सुहावना हो जाता है।

4. शिवालिक श्रेणी

लघु हिमालय के दक्षिण में स्थित **शिवालिक श्रेणी** हिमालय की सबसे **नवीन और बाहरी श्रेणी** है। इसलिए इसे **बाह्य हिमालय या उपहिमालय** भी कहा जाता है। लघु हिमालय से यह मेन **बाउण्ड्री थ्रस्ट (MBT)** या मुख्य सीमांत भ्रंश द्वारा अलग होती है। शिवालिक का विस्तार **सिन्धु नदी** से लेकर पूर्व में **कोसी नदी तक** ही है। पश्चिम से पूर्व की तरफ शिवालिक की चौड़ाई घटती जाती है। कोसी नदी के पूर्व में शिवालिक का स्वतंत्र अस्तित्व नहीं रह जाता है और यह लघु हिमालय में विलीन हो गया है। अरुणाचल प्रदेश में शिवालिक छोटी-छोटी पहाड़ियों के रूप में विद्यमान है। इन छोटी पहाड़ियों का नाम स्थानीय जनजातियों के नाम पर पड़ा है। पश्चिम से पूर्व की ओर इनका क्रम है- **डफला, मिरी, अबोर और मिश्मी पहाड़ियाँ**।

शिवालिक की औसत ऊँचाई **900** से **1500 मी.** के मध्य है। लघु हिमालय और शिवालिक के मध्य पाई जाने वाली समतल अनुदैर्ध्य घाटियों को पश्चिम में **दून** और पूर्व में **द्वार** कहते हैं। देहरादून और हरिद्वार ऐसी ही घाटियों में बसे हुए हैं।

हिमालय के ऊँचे ग्लेशियरों से निकलने वाली सतलुज, यमुना, गंगा, घाघरा, गंडक और कोसी जैसी सैकड़ों छोटी-बड़ी नदियाँ **शिवालिक के पर्वतपदीय भागों में** उत्तर भारत के मैदानों में प्रवेश करती हैं। शिवालिक के पर्वतपदीय भागों को **तराई क्षेत्र** कहते हैं, जो सघन वनों से ढका एक **दलदली क्षेत्र** (Marshy Area) है।

शिवालिक के पर्वतपदीय भागों में सिन्धु से लेकर तिस्ता नदी तक ढेर सारे गोलाश्मों का जमाव पाया जाता है, जिसे **भाबर क्षेत्र** कहते हैं। ये गोलाश्म शिवालिक से भी पुराने हैं और उसके नीचे दबे हुए हैं। शिवालिक से निकलने वाली नदियों द्वारा अपरदन क्रिया के परिणामस्वरूप इन गोलाश्मों को पर्वतपदीय भागों में बिखेर दिया गया है।

5. पूर्वांचल पहाड़ियाँ

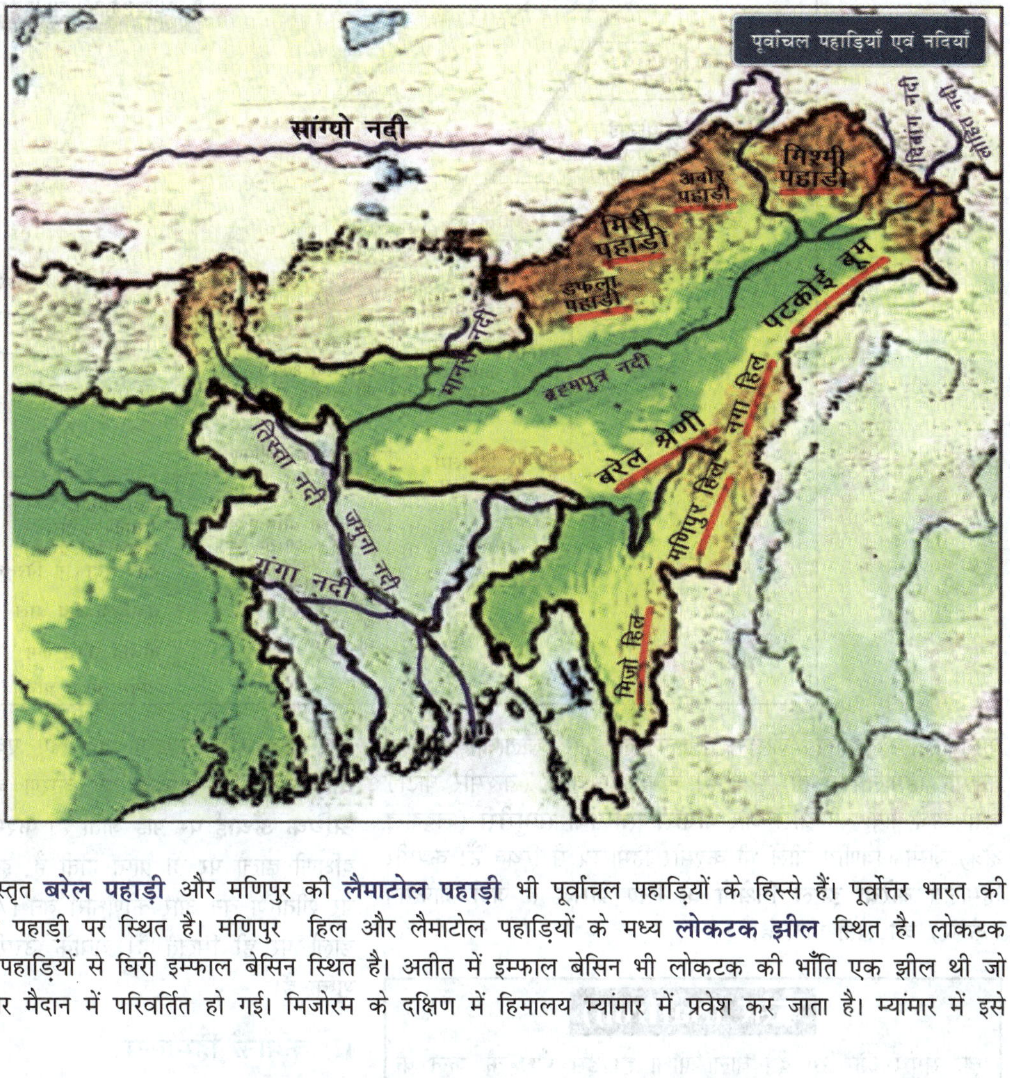

अरुणाचल प्रदेश की पूर्वी सीमा पर हिमालय अचानक से हेयरपिन की भाँति **दक्षिणावर्ती मोड़** दर्शाता है और यहाँ से हिमालय **भारत-म्यांमार सीमा** के साथ-साथ बंगाल की खाड़ी तक चला गया है। भारत-म्यांमार सीमा पर **पटकोई बूम** (अरुणाचल प्रदेश), **नगा हिल** (नागालैण्ड), **मणिपुर हिल** (मणिपुर) और मिजो हिल (मिजोरम) पहाड़ियाँ फैली हुई हैं, जो भारत और म्यांमार के मध्य जलविभाजक का काम करती हैं। पूर्वोत्तर भारत में हिमालय की इन पहाड़ियों को पूर्वांचल पहाड़ियों के नाम से जानते हैं। इसके अलावा असम और नागालैण्ड में विस्तृत **बरेल पहाड़ी** और मणिपुर की **लैमाटोल पहाड़ी** भी पूर्वांचल पहाड़ियों के हिस्से हैं। पूर्वोत्तर भारत की सर्वोच्च चोटी **सारामती** नगा पहाड़ी पर स्थित है। मणिपुर हिल और लैमाटोल पहाड़ियों के मध्य **लोकटक झील** स्थित है। लोकटक झील के उत्तर में चारों ओर पहाड़ियों से घिरी इम्फाल बेसिन स्थित है। अतीत में इम्फाल बेसिन भी लोकटक की भाँति एक झील थी जो अवसादों के जमाव से सरोवर मैदान में परिवर्तित हो गई। मिजोरम के दक्षिण में हिमालय म्यांमार में प्रवेश कर जाता है। म्यांमार में इसे **अराकान पर्वत** कहते हैं।

यहाँ यह जानना जरूरी है कि मेघालय पठार पर स्थित **गारो**, **खासी** और **जयंतिया** पहाड़ियाँ हिमालय का भाग न होकर प्रायद्वीपीय पठार का ही उत्तर-पूर्वी विस्तार हैं।

हिमालय का प्रादेशिक विभाजन

हिमालय में बहने वाली अनुवर्ती नदियों (Subsequent Rivers) ने इसकी पर्वत श्रेणियों को काटकर गहरे खड्डों का निर्माण कर दिया है। इनमें से पाँच नदियों - सिन्धु, सतलुज, काली, तिस्ता और ब्रह्मपुत्र द्वारा बनाई गई गहरी घाटियाँ सबसे महत्त्वपूर्ण हैं। ब्रिटिश सैन्य अधिकारी सर **सिडनी बुर्राड** ने नदी घाटियों के आधार पर हिमालय को चार प्रदेशों में विभाजित किया है-

I. कश्मीर हिमालय

सिन्धु और सतलुज के मध्य स्थित हिमालय को **कश्मीर हिमालय** या **पंजाब हिमालय** कहा जाता है। यह कश्मीर और हिमाचल प्रदेश में 560 किमी. की लम्बाई में फैला हुआ है। इसका उत्तर-पूर्वी भाग लद्दाख एक **शीत मरुस्थल** है। **सियाचीन, बाल्टोरो** तथा **हिस्पर** जैसे बड़े ग्लेशियर इसी प्रदेश में स्थित हैं। राजधानी लेह से सियाचीन ग्लेशियर जाने का मार्ग **नुब्रा घाटी** से होकर गुजरता है। हिमाचल प्रदेश में स्थित कुल्लू घाटी, कांगड़ा घाटी और लाहौल-स्पीति घाटी कश्मीर हिमालय के ही भाग हैं। रोहतांग दर्रा कुल्लू घाटी से लाहौल-स्पीति घाटी में प्रवेश करने का मार्ग प्रदान करता है। हिमाचल प्रदेश में रोहतांग दर्रे के उत्तर में स्थित **लाहौल-स्पीति घाटी** लद्दाख शीत मरुस्थल का ही दक्षिणी हिस्सा है, जोकि शुष्क और निर्जन क्षेत्र है। कश्मीर हिमालय की चौड़ाई सर्वाधिक है और इस प्रदेश में हिमालय क्रमिक रूप से ऊँचाई प्राप्त करता है।

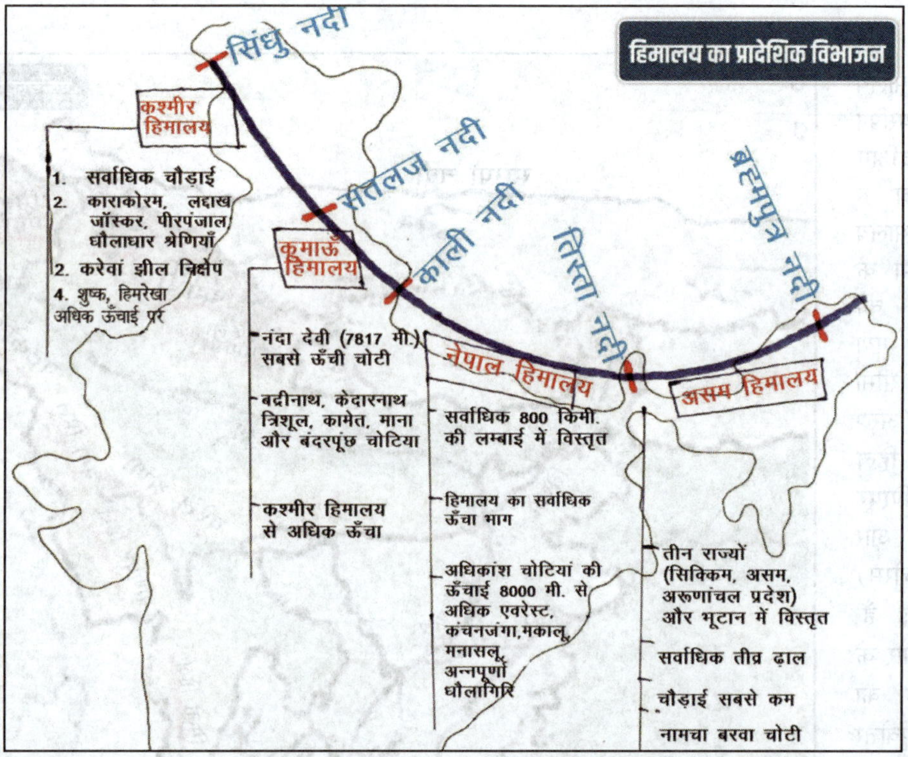

काराकोरम, लद्दाख, जास्कर, पीरपंजाल और धौलाधार श्रेणियाँ कश्मीर हिमालय में ही स्थित हैं। डल और वूलर (कश्मीर घाटी) जैसी ताजे पानी की झीलें और **पांगांस त्सो** तथा **सोमुरीरी** (लद्दाख क्षेत्र) जैसी लवणीय झीलें भी कश्मीर हिमालय में स्थित हैं। कश्मीर हिमालय **करेवां झील निक्षेपों** के लिए प्रसिद्ध है जहाँ जाफरान (केसर) की खेती होती है।

> **केसर (Saffron)**
>
> एक सुगंध और रंग देने वाला पौधा है। इसे पौधे के फूल के वर्तिकाग्र (Stigma) से प्राप्त किया जाता है। इसे कुंकुम या जाफरान भी कहते हैं। अपने औषधीय गुण और महक के कारण यह विश्व का सबसे कीमती पौधा होता है। वैश्विक बाजारों में यह 3 से 5 लाख रुपये प्रति किलोग्राम के दाम में बिकता है। भारत में केसर की खेती जम्मू के किश्तवाड़ और कश्मीर घाटी में पंपोर में की जाती है।

कश्मीर हिमालय में ही अमरनाथ गुफा, वैष्णो देवी और चरार-ए-शरीफ जैसे प्रसिद्ध तीर्थ स्थल हैं। झेलम नदी के तट पर स्थित श्रीनगर और डल झील पर्यटकों के लिए एक आकर्षक गंतव्य है। **वर्षा की कमी** और **शुष्कता** के कारण कश्मीर हिमालय में **हिमरेखा अधिक ऊँचाई पर** पाई जाती है। कश्मीर हिमालय में धूप और वर्षा दक्षिणी ढालों पर ही प्राप्त होती है, इसलिए अलग-अलग ऊँचाइयों पर शीतोष्ण वन और कोणधारी वन (Angled Forest) यहाँ दक्षिणी ढालों पर ही मिलते हैं। जबकि उत्तरी ढाल अनावृत, निर्जन और शुष्क हैं।

II. कुमाऊँ हिमालय

सतलुज नदी से लेकर काली नदी तक 320 किमी. की लम्बाई में कुमाऊँ हिमालय का विस्तार है। इसका विस्तार मुख्यतः **उत्तराखण्ड राज्य** में है। इसका पश्चिमी भाग गढ़वाल और पूर्वी भाग कुमाऊँ हिमालय कहलाता है। चूँकि पूर्व में जाने पर हिमालय की ऊँचाई बढ़ती जाती है, इसलिए कुमाऊँ हिमालय कश्मीर हिमालय से अधिक ऊँचा है। **नंदादेवी** (7817 मी.) यहाँ की सबसे ऊँची चोटी है। **बद्रीनाथ, केदारनाथ, त्रिशूल, कामेत, माना** और **बंदरपूँछ** यहाँ की अन्य प्रमुख चोटियाँ हैं।

दून जैसी अंतरपर्वतीय समतल घाटियाँ, जैसे- **कालकादून, देहरादून, हरीकेदून** और **नालागढ़दून** इसी प्रदेश में स्थित हैं। इनमें से देहरादून सबसे बड़ी अंतरपर्वतीय घाटी है। पुष्पावती नदी के दोनों किनारों पर स्थित विश्वप्रसिद्ध **फूलों की घाटी** और **नंदादेवी जैव मण्डलीय आरक्षित क्षेत्र** भी हिमालय के इसी भाग में स्थित हैं। नैनीताल, भीमताल, सातताल, देवताल, राकसताल तथा रूपकुंड जैसी झीलें कुमाऊँ हिमालय में ही स्थित हैं। गंगा नदी की पवित्र धारा **भागीरथी** का उद्गम स्थल **गंगोत्री** हिमनद और यमुना का उद्गम स्थल **यमुनोत्री** भी हिमालय के इसी भाग में स्थित हैं।

कुमाऊँ हिमालय पर **धर्मशाला, शिमला, मसूरी, रानीखेत, कसौली** और **लैंसडाउन** जैसे नगरों का विकास ब्रिटिश प्रशासकों ने ग्रीष्मकालीन सैरगाह के लिए किया था। शिमला नगर अंग्रेजों की ग्रीष्मकालीन राजधानी थी। इस प्रदेश में वृहद् हिमालय की घाटियों में खानाबदोश भोटिया जनजाति रहती है। ये लोग ग्रीष्मकाल में बर्फ पिघलने के बाद पर्वतीय ढालों पर अपने मवेशियों के साथ बुग्याल क्षेत्रों (ढालों पर घास के मैदान) में चले जाते हैं और शीत ऋतु में नीचे स्थित घाटियों में लौट आते हैं।

III. नेपाल हिमालय

काली नदी से लेकर **तिस्ता** नदी तक नेपाल हिमालय स्थित है। 800 किमी. की लम्बाई में विस्तृत नेपाल हिमालय की ऊँचाई कुमाऊँ हिमालय से भी अधिक है और यह **हिमालय का सबसे ऊँचा भाग** है। **8000 मी.** से भी ऊँची हिमालय की सर्वोच्च चोटियाँ जैसे - कंचनजंघा, मकालू, एवरेस्ट, चोयू, मनासलु, अन्नपूर्णा, धौलागिरि, गोसाईथान नेपाल हिमालय में ही स्थित हैं। गंगा नदी तंत्र की अधिकांश हिमालयी नदियाँ जैसे- घाघरा, राप्ती, गंडक, कोसी, नारायणी, सप्तकोसी, अरुण और महानंदा नेपाल हिमालय से ही निकलती हैं।

IV. असम हिमालय

तिस्ता नदी से लेकर **ब्रह्मपुत्र नदी** के मध्य 750 किमी की लम्बाई में असम हिमालय का विस्तार है। यह भारत के 3 राज्यों- **सिक्किम, असम, अरुणाचल प्रदेश** और **भूटान देश** में फैला हुआ है। नेपाल हिमालय की अपेक्षा यह कम ऊँचा है। तिस्ता नदी के पूर्व में हिमालय की तीनों श्रेणियाँ एक-दूसरे से लगभग मिल गई हैं, जिस कारण ब्रह्मपुत्र के मैदान के उत्तर में हिमालय का ढाल बहुत तीव्र है और इसकी ऊँचाई अचानक से बढ़ती जाती है।

तीस्सा (तिस्ता) नदी सिक्किम हिमालय में तीव्र प्रवाह के साथ बहते हुए गार्ज का निर्माण करती है। सिक्किम में ऊँचे शिखरों पर **लेप्चा जनजाति** निवास करती है। सिक्किम के दक्षिण में पश्चिम बंगाल के दार्जिलिंग क्षेत्र में **दुआर स्थलाकृतियों** का प्रयोग चाय के बागान लगाने के लिए किया गया है। अरुणाचल प्रदेश और तिब्बत की सीमा पर स्थित **नामचा बरवा** चोटी असम हिमालय में ही स्थित है। सांग्पो नदी तिब्बत में नामचाबरवा चोटी को पार करने के बाद **दिहांग गार्ज** का निर्माण करती हुई अरुणाचल प्रदेश में प्रवेश करती है। **सांगला, पौहुनी, काबस, जांग** यहाँ की अन्य प्रमुख चोटियाँ हैं। **दिहांग, दिबांग, लोहित** और **सुबानसिरी** असम हिमालय की प्रमुख नदियाँ हैं।

इस प्रदेश में डफला, मिरी, अबोर, मिश्मी, मोनपा और नगा जनजातियाँ **झूम कृषि** (स्थानांतरणशील कृषि) करती हैं।

हिमालय का महत्त्व

भारत की प्राकृतिक एवं राजनीतिक सीमा का निर्धारण करने वाला हिमालय पर्वत भारतीय उपमहाद्वीप को शेष एशिया से अलग करता है और इसे **उपमहाद्वीपीय** स्थिति प्रदान करता है। भारतीय जलवायु के निर्धारण में भी हिमालय प्रमुख भूमिका निभाता है। हिमालय हिन्द महासागर से आने वाली मानसूनी पवनों को रोककर भारतीय उपमहाद्वीप में वर्षा कराता है।

हिमालय के कारण ही भारत एक **उष्णकटिबंधीय मानसूनी जलवायु (Tropical Mansoon Climate)** वाला देश है। यदि हिमालय नहीं होता तो हिंद महासागर से आने वाली मानसूनी पवनें भारतीय उपमहाद्वीप को पार करके उत्तर की ओर निकल जातीं और भारतीय उपमहाद्वीप में वर्षा नहीं हो पाती। उत्तरी गोलार्द्ध में शीत ऋतु में उत्तरी ध्रुव से चलने वाली **अतिशीतल ध्रुवीय पवनें** रूस एवं चीन समेत पूरे एशिया को प्रभावित करती हैं, जिस कारण इन क्षेत्रों में कड़ाके की ठण्ड पड़ती है। लेकिन हिमालय की उपस्थिति के कारण उत्तरी ध्रुव से आने वाली ये बर्फीली पवनें भारतीय उपमहाद्वीप में प्रवेश नहीं कर पातीं जिस कारण शीत ऋतु में भी भारत में तापमान में अधिक गिरावट नहीं आती अर्थात् भारत में वास्तविक शीत ऋतु नहीं पाई जाती है।

यद्यपि हिमालय क्षेत्र में निकेल, कोबाल्ट, ताँबा, जस्ता, एंटीमनी तथा विस्मथ जैसे धात्विक खनिजों के साथ-साथ कोयला एवं पेट्रोलियम जैसे ऊर्जा खनिजों का भण्डार भी मौजूद है, लेकिन यहाँ की दुर्गम स्थिति और जटिल भूगर्भिक संरचना के कारण इन खनिजों का दोहन अभी तक नहीं हो पाया है।

B. प्रायद्वीपीय भारत का पठार

प्रायद्वीपीय भारत का अधिकांश भूभाग पठारी है, जिसे **'प्रायद्वीपीय पठार'** कहते हैं। प्रायद्वीपीय पठार उत्तर भारत के मैदान के दक्षिण से लेकर **कन्याकुमारी तक** टेबल की भाँति उठा हुआ है। यह भारत का **प्राचीनतम भूखण्ड** है और मुख्यत: प्राचीन **नीस** तथा **ग्रेनाइट** चट्टानों से बना हुआ है।

प्रायद्वीपीय पठार **गोण्डवानालैण्ड** का हिस्सा है। जुरैसिक युग में अफ्रीका से टूटकर अलग होने के बाद यह पठारी भूभाग यूरेशिया की तरफ उत्तर-पूर्व में प्रवाहित हुआ, जिस कारण यूरेशिया के दक्षिण

में स्थित टेथिस सागर में जमा अवसादी मलबा मुड़कर वलित हो गया और हिमालय जैसे वलित पर्वत की उत्पत्ति हुई। **भूगर्भिक इण्डियन प्लेट** के ऊपर स्थित पठारी भारत विवर्तनिक (Tectonic) रूप से स्थिर है, इसलिए महाराष्ट्र के **लातूर** (1993) और **कोयना** (1967)तथा गुजरात के भुज **भूकम्प** (2001) जैसे अपवादों को छोड़ दिया जाए तो पठारी भारत में भूकंप नहीं आते हैं।

प्रायद्वीपीय पठार त्रिभुजाकार है, जिसका आधार अरावली और राजमहल पहाड़ियों के मध्य स्थित है। जबकि इसका शीर्ष कार्डामम पहाड़ी के रूप में कन्याकुमारी (तमिलनाडु) तक चला गया है। प्रायद्वीपीय पठार की **उत्तरी सीमा** अरावली, विंध्याचल, कैमूर और राजमहल पहाड़ियों द्वारा सीमांकित होती है। पश्चिमी घाट पर्वत इसकी **पश्चिमी सीमा** निर्धारित करता है, जबकि **पूर्वी सीमा** पूर्वी घाट पर्वत द्वारा निर्धारित होती है। पश्चिमी घाट पर्वत सुदूर दक्षिण में पूर्वी घाट पर्वत से मिलकर **नीलगिरि पर्वतीय गाँठ** का निर्माण करता है। जो तमिलनाडु, केरल और कर्नाटक राज्यों में फैला हुआ है।

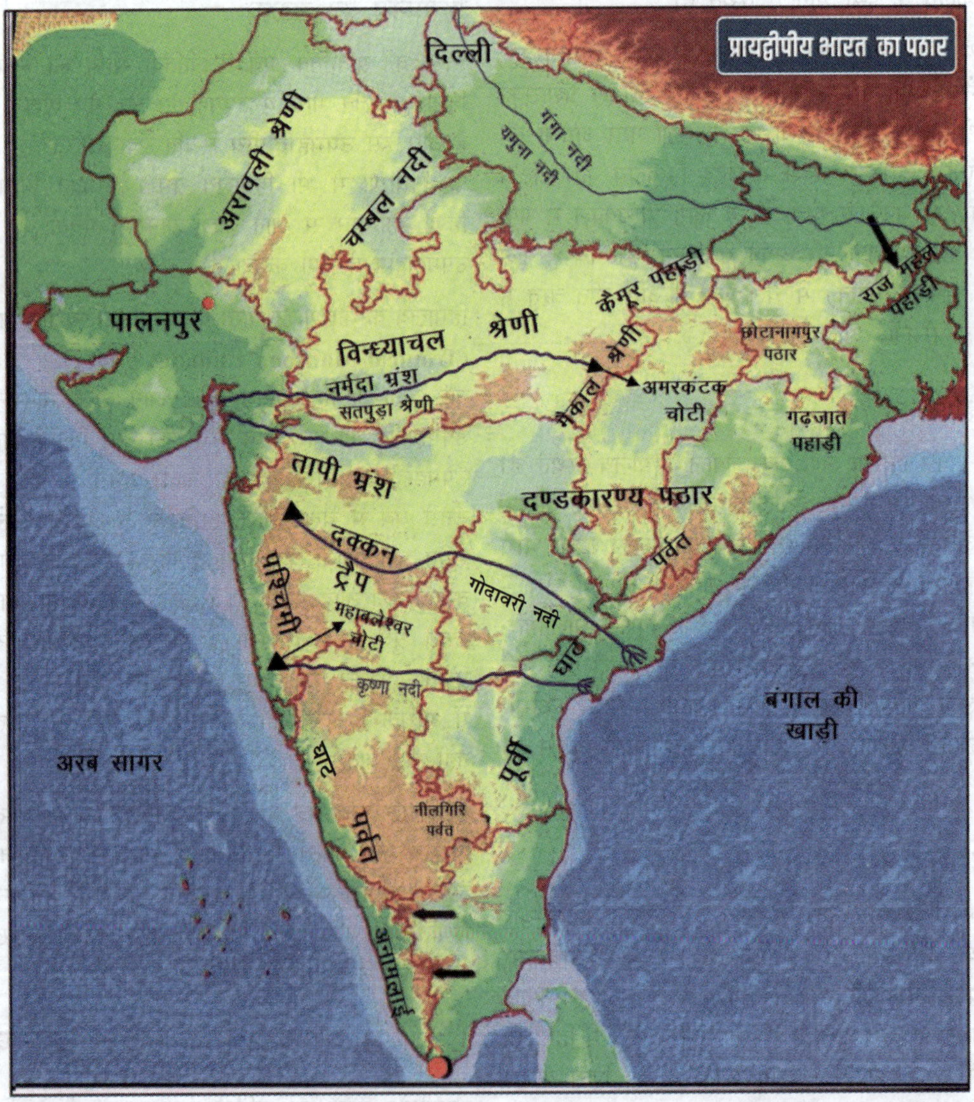

उत्तर-पश्चिम में **राजस्थान बांगर** (अरावली के पश्चिम में जलोढ़ मैदान), पश्चिम में **गिर पहाड़ियाँ** (गुजरात) और पूर्वोत्तर भारत में स्थित **मेघालय पठार** तथा **कार्बी एंगलांग पठार** भी प्रायद्वीपीय पठार का ही विस्तार हैं। पश्चिम बंगाल में **मालदा गैप** मेघालय पठार को प्रायद्वीपीय पठार से अलग करता है। पठार के उत्तर-पूर्वी सिरे पर स्थित **राजमहल पहाड़ियाँ** (झारखण्ड) अतीत में पूर्वोत्तर भारत में गोलाघाट तक (ब्रह्मपुत्र घाटी) क्रमबद्ध रूप में विस्तृत थीं। लेकिन बाद में बीच का भाग (बांग्लादेश) अवतलित हो गया, जिसे गंगा-ब्रह्मपुत्र नदियों ने जलोढ़ अवसादों से भर दिया। बांग्लादेश की भूमि इन्हीं जलोढ़ अवसादों से निर्मित है। राजमहल पहाड़ी और मेघालय पठार के बीच के भाग को **'राजमहल-गारो गैप'** या **'मालदा गैप'** कहा जाता है।

प्रायद्वीपीय पठार की एक विशेषता इसका काली मिट्टी का क्षेत्र है, जिसे **दक्कन ट्रैप** या दक्कन पठार के नाम से जाना जाता है। दक्कन ट्रैप का निर्माण ज्वालामुखी लावा से निर्मित **बेसाल्ट चट्टानों** से हुआ है, जो महाराष्ट्र के आस-पास मध्य प्रदेश, तेलंगाना और कर्नाटक तक फैला हुआ है।

जब प्रायद्वीपीय भूखण्ड अफ्रीका से टूटकर अलग हो रहा था तो उस दौरान पृथ्वी के मैंटल से बेसाल्टिक लावा का शांत उद्गार (Silent Exclamation) हुआ था, जिससे महाराष्ट्र क्षेत्र में **दक्कन ट्रैप** का निर्माण हुआ। चूँकि लावा का प्रवाह पश्चिमी घाट पर्वत के सहारे हुआ था, इसलिए प्रायद्वीपीय पठार का पश्चिमी भाग अधिक ऊँचा हो गया। बेसाल्टिक चट्टानों के अपक्षय (Weathering) से ही महाराष्ट्र और आस-पास के क्षेत्रों में **काली मिट्टी** का विकास हुआ है।

इंडो-ऑस्ट्रेलियन प्लेट के ऊपर स्थित होने के कारण यह पठार तनाव और खिंचाव की शक्तियों, ऊर्ध्वाधर हलचलों तथा भ्रंश क्रिया से प्रभावित रहा है। इसके परिणामस्वरूप यहाँ नर्मदा और तापी की भ्रंश घाटियों और इन दोनों के मध्य स्थित **सतपुड़ा ब्लॉक पर्वत** (भ्रंशोत्थ पर्वत) का विकास हुआ है। टॉर, ब्लॉक पर्वत, भ्रंश घाटियाँ, पर्वत स्कंध, नग्न चट्टानें और टेकरी पहाड़ियाँ इस पठार की मुख्य स्थलाकृतियाँ हैं।

सतपुड़ा पहाड़ियों के दक्षिण में प्रायद्वीपीय पठार का ढाल एकदिग्नत रूप से **पश्चिम से पूर्व** और **दक्षिण-पूर्व** की ओर है। यही कारण है कि दक्षिण भारत की सभी लम्बी नदियाँ जैसे- महानदी, गोदावरी, कृष्णा, कावेरी बंगाल की खाड़ी में अपना जल गिराती हैं। इसके विपरीत **नर्मदा** और **तापी (ताप्ती)** दो ऐसी नदियाँ हैं, जो पठार के मध्य भाग से निकलने के बावजूद सामान्य ढाल का अनुसरण नहीं करके अपनी भ्रंश घाटियों में अरब सागर की ओर प्रवाहित होती हैं, क्योंकि इन दोनों भ्रंश घाटियों का ढाल पश्चिम दिशा में है। सतपुड़ा पहाड़ी के उत्तर में नर्मदा भ्रंश (Fault) जबकि उसके दक्षिण में तापी नदी की भ्रंश घाटी है।

वहीं नर्मदा भ्रंश घाटी के उत्तर में प्रायद्वीपीय पठार के उत्तरी हिस्से का ढाल उत्तर भारत के मैदान की तरफ है। गंगा घाटी की तरफ प्रवाहित होने वाली **चम्बल, बेतवा, केन** और **सोन** जैसी नदियाँ इस तथ्य को प्रमाणित भी करती हैं। प्राचीन भूखण्ड होने के कारण प्रायद्वीपीय पठार एक लम्बे समय तक अनाच्छादन (अपक्षय और अपरदन) की शक्तियों से प्रभावित रहा है, जिस कारण यहाँ की पहाड़ियाँ अवशिष्ट पहाड़ियों (Relic Hills) के रूप में बची हैं। अरावली हो या पश्चिमी घाट पर्वत यहाँ की किसी भी पहाड़ी में वह विस्तार और ऊँचाई नहीं है, जो हिमालय में देखने को मिलती है।

प्रायद्वीपीय पठार भूआकृतिक विविधताओं से भरा हुआ है। इसे पाँच भूआकृतिक क्षेत्रों में बाँटा जा सकता है-

I. मध्यवर्ती उच्च भूमि

II. पूर्वी पठार

III. दक्कन पठार

IV. पश्चिमी घाट

V. पूर्वी घाट

I. मध्यवर्ती उच्च भूमि

अरावली से लेकर सतपुड़ा पर्वत श्रेणी तक विस्तृत पहाड़ी क्षेत्रों को मध्यवर्ती उच्च भूमि के अंतर्गत रखा जाता है। इसके अंतर्गत मालवा पठार, विंध्याचल पर्वत श्रेणी, बुंदेलखण्ड पठार और बघेलखण्ड पठार स्थित हैं।

क. अरावली पर्वत श्रेणी

विश्व की प्राचीनतम पर्वत श्रेणी अरावली पर्वत का निर्माण **प्री-कैम्ब्रियन काल** में हुआ था, जोकि मुख्यत: एक धारवाड़ संरचना है। प्रायद्वीपीय पठार के उत्तर-पश्चिम में गुजरात के **पालमपुर** से **दिल्ली** तक अरावली पर्वत का विस्तार है। इसकी लम्बाई 800 किमी. है और अधिकतम लम्बाई **राजस्थान** राज्य में है।

यदि भूगर्भिक रूप से देखा जाए तो अरावली का विस्तार दिल्ली के उत्तर में हरिद्वार तक है, लेकिन दिल्ली से आगे यह यमुना के अवसादों से ढक चुका है। एक लम्बे अनाच्छादन प्रक्रम (अपक्षय एवं अपरदन) से गुजरने के बाद यह एक अवशिष्ट पर्वत (Relic Mountain) के रूप में है। मध्यवर्ती उच्च भूमि का विस्तार अरावली के पश्चिम में जैसलमेर तक है, जहाँ यह बालू के टिब्बों तथा चापाकार रेतीलें टिब्बों (बरखान) से ढका हुआ है। इसे ग्रेट इंडियन डेजर्ट कहते हैं।

राजस्थान के दक्षिणी भागों में अरावली की निरंतरता अधिक है जबकि उत्तरी भाग अपेक्षाकृत कटा-छंटा है। अरावली की सर्वाधिक ऊँचाई दक्षिणी भाग में **माउण्ट आबू** के निकट है। यहाँ इसे **'जरगा पहाड़ियों'** के नाम से जाना जाता है। जबकि उत्तर की ओर इसकी

ऊँचाई कम होने के साथ-साथ यह क्रमशः संकीर्ण (Narrow) भी होती जाती है। दिल्ली के समीप इसे **'दिल्ली रिज' (Delhi Ridge)** के नाम से जानते हैं।

अरावली की सर्वोच्च चोटी **'गुरुशिखर'** माउण्ट आबू के पास में है। उदयपुर के पश्चिम में स्थित माउण्ट आबू (अर्बुद पर्वत) राजस्थान का एकमात्र हिल स्टेशन है, जहाँ **शीतल जलवायु** पाई जाती है। राजस्थान में सर्वाधिक वर्षा भी माउण्ट आबू में ही दर्ज की जाती है। दक्षिण-पश्चिमी मानसून की अरब सागर शाखा अरावली पहाड़ियों के समानांतर प्रवाहित होती है, जिस कारण इन पवनों से राजस्थान में वर्षा नहीं हो पाती। 'अरब सागर शाखा' से केवल माउण्ट आबू में ही कुछ वर्षा हो पाती है। **दिलवाड़ा मंदिर** जोकि जैनियों का प्रसिद्ध तीर्थ स्थल है, माउण्ट आबू में ही स्थित है।

अरावली श्रेणी के दक्षिणी भाग में ही गोरमघाट दर्रा (राजसमंद जिला) है जोकि राजस्थान का प्रमुख पर्यटन स्थल है। गोरमघाट को राजस्थान का कश्मीर भी कहा जाता है।

बनास नदी अरावली को पश्चिम से पूर्व दिशा में पार करती हुई (रणथम्भौर राष्ट्रीय उद्यान के पास) चम्बल नदी में मिल जाती है। बनास, चम्बल की एकमात्र सहायक नदी है, जो पश्चिम में अरावली श्रेणी से आकर मिलती है।

ख. मालवा पठार

अरावली और विंध्याचल पर्वतों के मध्य स्थित मालवा पठार का **ढाल उत्तर-पूर्व** में गंगा घाटी की तरफ है। **चम्बल नदी** इस पठार पर बहने वाली मुख्य नदी है, जो अपनी सहायक नदियों (कालीसिंध, पार्वती, शिप्रा, कूनो) के साथ मालवा पठार के जल को यमुना नदी में अपवाहित (प्रवाहित) करती है।

जबकि मालवा पठार के पश्चिमी भाग का ढाल पश्चिम की तरफ है, जिस कारण यहाँ से निकलने वाली माही नदी अरब सागर में गिरती है। मालवा पठार का निर्माण ज्वालामुखी लावा अर्थात् **बेसाल्ट चट्टानों** से हुआ है, जिस कारण इस क्षेत्र में काली मिट्टी पाई जाती है।

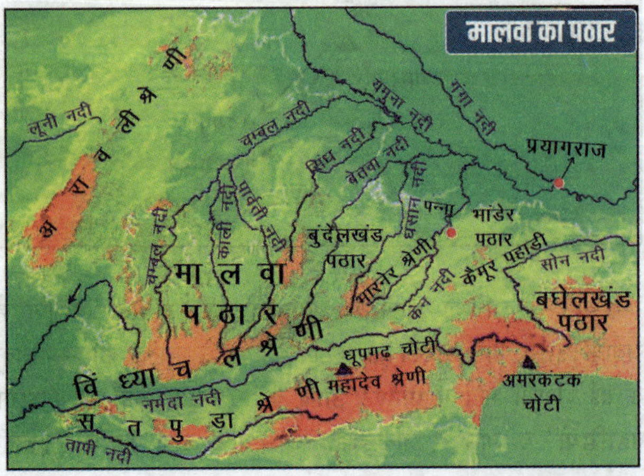

मालवा पठार एक बीहड़ भूमि है। चम्बल और उसकी सहायक नदियों ने **अवनालिका अपरदन (Gully Erosion)** द्वारा मालवा पठार को एक बीहड़ भूमि में तब्दील कर दिया है। यहाँ अवनालिकाओं के बीच-बीच में समतल शीर्ष वाले टीले पाए जाते हैं, जिन्हें मेसा-बूटी स्थलाकृतियाँ कहते हैं। अवनालिकाओं से बने इस पठार को उर्मिल पठार भी कहते हैं।

ग. बुन्देलखण्ड पठार

मालवा पठार के पूर्वी भाग में मध्य प्रदेश और उत्तर प्रदेश की सीमा पर बुन्देलखण्ड पठार स्थित है। मुख्यतः नीस चट्टानों से निर्मित होने के कारण इसे **बुन्देलखण्ड नीस** भी कहते हैं। मालवा पठार की भाँति इस पठार का जल भी **बेतवा, धसान** और **केन** नदियों द्वारा **यमुना नदी में ही अपवाहित** किया जाता है।

बुन्देलखण्ड एक प्राचीन और जीर्ण अपरदित सतह है, जिसकी सर्वाधिक ऊँचाई दक्षिणी भाग में **सिद्धबाबा पहाड़ी** के समीप मिलती है। बेतवा, धसान और केन नदियों द्वारा इस पठार पर तीखे खड्डों और जलप्रपातों (Waterfalls) का निर्माण किया गया है। **पन्ना, खजुराहो** और **झाँसी** जैसे प्रसिद्ध स्थल इसी पठार पर स्थित हैं। केन नदी पन्ना नेशनल पार्क से होकर प्रवाहित होती है।

घ. बघेलखण्ड पठार

सोन नदी घाटी और रिहन्द नदी घाटी के मध्य छत्तीसगढ़, मध्य प्रदेश और उत्तर प्रदेश की सीमा पर बघेलखण्ड पठार स्थित है। यह पठार विंध्याचल पहाड़ी के सबसे पूर्वी भाग **कैमूर पहाड़ी के दक्षिण** में स्थित है। अमरकंटक पठार से निकलने के बाद **'सोन नदी'** उत्तर और उत्तर-पूर्व दिशा में **इसी पठार** से होकर बहती है।

ङ विंध्याचल पर्वत श्रेणी

मालवा पठार के दक्षिण में और नर्मदा भ्रंश घाटी के उत्तर में स्थित विंध्याचल पर्वत वास्तव में एक **'कगार भूमि'** है, जो **नर्मदा भ्रंश** के उत्तर में एक कगार की भाँति खड़ा है। विंध्याचल पर्वत मध्यवर्ती उच्च भूमि का दक्षिणी कगार बनाता है। इसे **विंध्यन कगार** भी कहते हैं। विंध्याचल पर्वत पूर्व में **भारनेर** और **कैमूर पहाड़ियों** के रूप में मिर्जापुर में गंगा घाटी तक चला गया है। यमुना की अधिकतर सहायक नदियाँ विंध्याचल और कैमूर पहाड़ियों से निकलती हैं।

विंध्याचल पर्वत न केवल उत्तर भारत और दक्षिण भारत की संस्कृतियों के मध्य एक विभाजक के रूप में है, बल्कि यह उत्तर और दक्षिण के मध्य एक प्रमुख **जल विभाजक** भी है। इसके उत्तरी ढाल से निकलने वाली **चंबल, कालीसिंध, पार्वती, बेतवा तथा केन** जैसी नदियाँ गंगा घाटी की तरफ प्रवाहित होती हैं। जबकि विंध्याचल पर्वत के दक्षिण में बहने वाली नदियाँ सामान्य रूप से प्रायद्वीपीय पठार के सामान्य ढाल का अनुसरण करती हुई **'बंगाल की खाड़ी'**

में जल गिराती हैं। विंध्यपर्वत के दक्षिण में बहने वाली दो नदियाँ- **'नर्मदा और तापी'** इसका अपवाद हैं। प्रायद्वीपीय पठार के मध्य भाग से निकलने के बावजूद ये दोनों नदियाँ पूर्व या दक्षिण-पूर्व दिशा में प्रवाहित न होकर अपनी भ्रंश घाटियों में **अरब सागर** की तरफ प्रवाहित होती हैं, क्योंकि दोनों भ्रंश घाटियों का ढाल पश्चिम की तरफ है।

II. पूर्वी पठार

इसके अंतर्गत छोटानागपुर पठार, मेघालय पठार, गढ़जात पहाड़ी (उड़ीसा), छत्तीसगढ़ बेसिन और दण्डकारण्य पठार को शामिल किया जाता है।

क. छोटानागपुर पठार

मुख्यत: झारखण्ड राज्य में स्थित छोटानागपुर पठार के बाहरी हिस्से छत्तीसगढ़, ओडिशा, पश्चिम बंगाल राज्यों तक विस्तृत हैं। छोटानागपुर पठार का जल मुख्यत: **दामोदर** और **स्वर्णरेखा** नदियों द्वारा अपवाहित किया जाता है। दामोदर नदी पठार के बीचों-बीच पश्चिम से पूर्व दिशा में अपनी **भ्रंश घाटी** (Rift Valley) में प्रवाहित होती है और पश्चिम बंगाल की हुगली नदी में मिल जाती है।

छोटानागपुर पठार क्षेत्र में **दामोदर भ्रंश घाटी** का निर्माण कार्बोनिफेरस युग में हुआ था। दामोदर भ्रंश घाटी छोटानागपुर पठार को दो स्पष्ट भागों में बाँटती है। दामोदर भ्रंश के उत्तर में **हजारीबाग पठार** है, जबकि इसके दक्षिण में राँची पठार स्थित है। स्वर्णरेखा नदी **राँची पठार** से निकलकर दक्षिण-पूर्व में बंगाल की खाड़ी में जल गिराती है। झारखण्ड की राजधानी राँची स्वर्णरेखा नदी के तट पर स्थित है। राँची पठार का पश्चिमी भाग सर्वाधिक ऊँचा है। इसे 'पाट क्षेत्र' कहते हैं। 'पाट क्षेत्र' अपेक्षाकृत अधिक ऊँचाई वाला एक समतल मैदान है, जो भारत में **समप्राय मैदान** का उदाहरण प्रस्तुत करता है।

छोटानागपुर पठार पर **नदी घाटी के अन्दर घाटी, लटकती घाटी** (Hanging Valley) जैसी स्थलाकृतियाँ पाई जाती हैं, जो इस बात की ओर संकेत करती हैं कि छोटानागपुर पठार में कई बार **पुनरुत्थान** (Resurrection) हुआ है।

छोटानागपुर पठार के उत्तरी भाग हजारीबाग पठार पर **कोडरमा, गिरिडीह** और **बोकारो** खनन क्षेत्र हैं, जहाँ से सर्वाधिक अभ्रक उत्पादन होता है। **बराकर नदी** हजारीबाग पठार को अपवाहित करते हुए दक्षिण-पूर्व दिशा में बहती है और धनबाद के समीप दामोदर नदी में मिल जाती है।

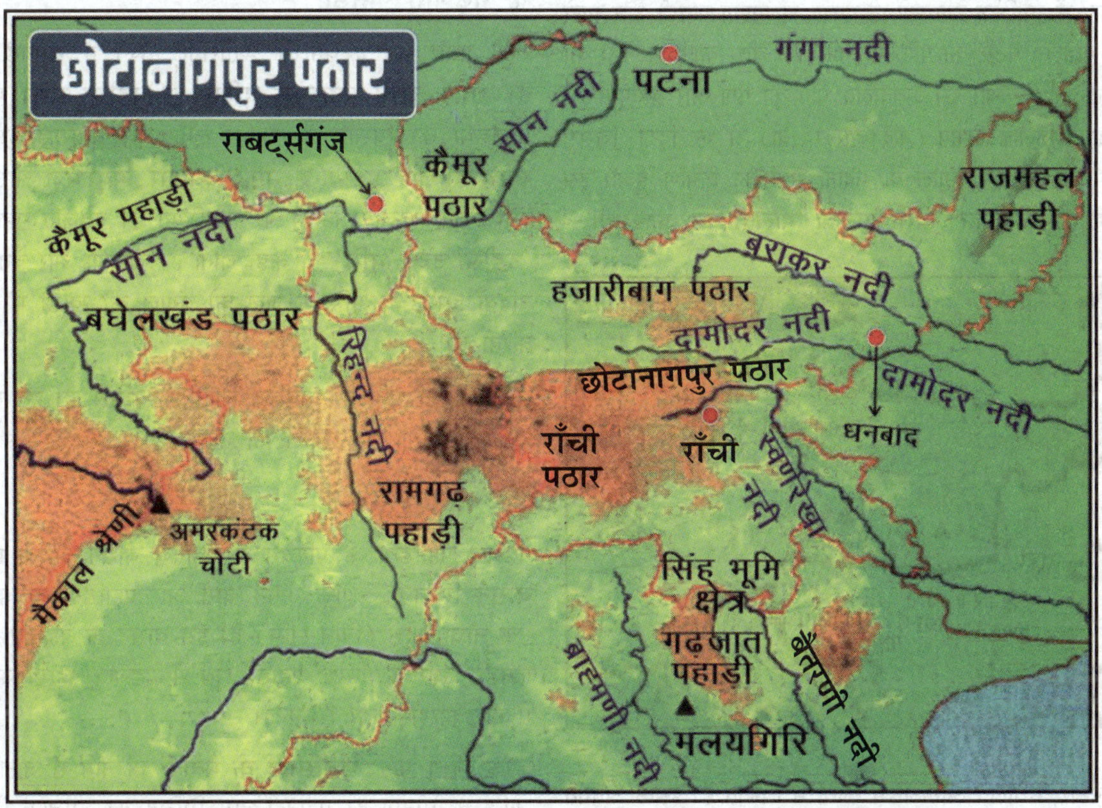

झारखण्ड राज्य की **सर्वोच्च चोटी पारसनाथ** हजारीबाग पठार के अंतर्गत ही स्थित है। पारसनाथ पहाड़ी जैनियों के 23वें तीर्थंकर पार्श्वनाथ से संबंधित है। यहाँ एक जैन मन्दिर भी है।

धात्विक और अधात्विक खनिजों से समृद्ध होने के कारण छोटानागपुर पठार को **'भारत का रूर (Ruhr) प्रदेश'** भी कहते हैं। छोटानागपुर पठार मुख्य रूप से **कोयला, लोहा** और **यूरेनियम खनिजों** के लिए जाना जाता है। यहाँ दामोदर नदी घाटी में गोण्डवाना क्रम की चट्टानें पाई जाती हैं। भारत का अधिकांश **बिटुमिनस कोयला निक्षेप** गोण्डवाना चट्टानों में ही पाया जाता है। जबकि सिंहभूमि क्षेत्र में धारवाड़ क्रम की चट्टानों में **लोहा** और **यूरेनियम** के भण्डार संचित हैं।

छोटानागपुर पठार के उत्तर-पूर्व में राजमहल पहाड़ी का विस्तार है, जो मुख्य रूप से झारखण्ड राज्य में विस्तृत है।

ख. मेघालय का पठार

पूर्वोत्तर भारत में स्थित मेघालय पठार को शिलांग पठार भी कहते हैं। मेघालय पठार स्वतंत्र पठार न होकर **छोटानागपुर पठार का ही उत्तर-पूर्वी विस्तार** है। छोटानागपुर पठार की भाँति मेघालय पठार पर भी कोयला, लौह अयस्क, यूरेनियम और सिलीमेनाइट जैसे खनिजों का भण्डार पाया जाता है।

भूगर्भिक काल में राजमहल पहाड़ी उत्तर-पूर्व में मेघालय पठार और असम के **कर्बी एंगलौंग पठार तक** निरंतर रूप से फैली हुई थी, लेकिन बाद में भूगर्भिक हलचलों के कारण राजमहल पहाड़ी और **गारो पहाड़ी** (मेघालय पठार का पश्चिमी भाग) के बीच का भाग नीचे की ओर अवतलित हो गया। इस अवतलित भाग को गंगा और ब्रह्मपुत्र नदी तंत्रों ने अपने जलोढ़ निक्षेप (गाद और मलबा) से भर दिया, जिससे बांग्लादेश और पश्चिम बंगाल के मैदानी भाग का निर्माण हुआ। इस निम्न भूमि को **'राजमहल-गारो गैप'** या **'मालदा गैप'** कहते हैं।

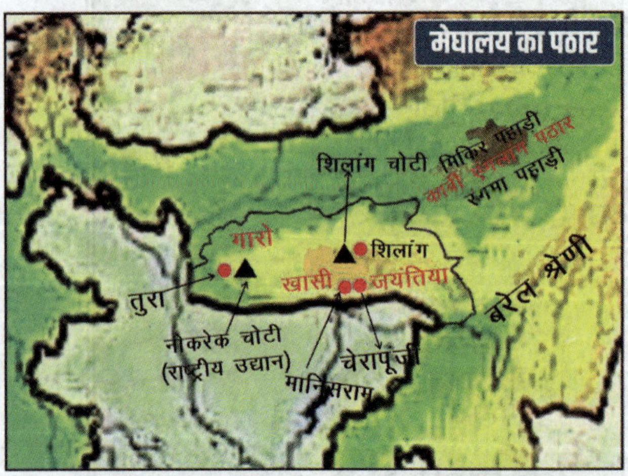

मेघालय पठार, मेघालय और असम राज्यों में विस्तृत है। इसके अंतर्गत कुल पाँच पहाड़ियाँ शामिल हैं, जो पश्चिम से पूर्व की ओर इस प्रकार विस्तृत हैं- **गारो, खासी, जयंतिया (मेघालय), मिकिर और रेंगमा (असम)**। इस प्रकार असम राज्य में स्थित **मिकिर** और **रेंगमा** पहाड़ियाँ भी हिमालय का भाग न होकर मेघालय पठार के हिस्से हैं। असम में बहने वाली जमुना-कोपिलि-कलांग नदियाँ **मिकिर** और **रेंगमा पहाड़ियों** को मुख्य मेघालय पठार से अलग करती हैं।

मेघालय राज्य के सबसे पश्चिम में स्थित गारो हिल्स पर **नोकरेक शिखर** (1515 मी.) है। इसके समीप ही तुरा नामक पर्वतीय शहर है। नोकरेक राष्ट्रीय उद्यान जाने का मार्ग तुरा शहर से होकर गुजरता है। गारो हिल्स के पूर्व में स्थित **खासी हिल पर शिलांग चोटी** (1961 मी.) स्थित है, जो मेघालय पठार की सर्वोच्च चोटी है। राजधानी शिलांग और विश्व में सर्वाधिक औसत वार्षिक वर्षा वाला स्थल मासिनराम **खासी हिल** पर ही स्थित हैं।

दक्षिण-पश्चिमी मानसून द्वारा सघन वर्षा का क्षेत्र होने के कारण मेघालय पठार एक अत्यंत अपरदित सतह है। खासी पहाड़ी पर चेरापूँजी नग्न चट्टानों से ढका हुआ है, जहाँ वनस्पतियाँ नहीं पाई जाती हैं।

मेघालय राज्य के पूर्वी सीमा पर जयंतिया पहाड़ी स्थित है। इसके उत्तर-पूर्व में असम राज्य में **कार्बी एंगलांग पठार** का विस्तार है, जिसका पूर्वी भाग मिकिर और रेंगमा पहाड़ियों के रूप में दिखाई देता है।

ग. गढ़जात पहाड़ी

राँची पठार के पश्चिम में छत्तीसगढ़ राज्य में रामगढ़ पहाड़ियाँ हैं। जबकि **राँची पठार के दक्षिण** में **उड़ीसा राज्य** में गढ़जात पहाड़ियों का विस्तार है, जोकि लौह और बॉक्साइट खनिजों से समृद्ध है। लौह अयस्क से समृद्ध **क्योंझर, मयूरभंज** और **सुंदरगढ़** जैसे जिले गढ़जात पहाड़ी पर ही स्थित हैं। गढ़जात पहाड़ियों को **'उड़ीसा उच्च भूमि'** भी कहा जाता है। ब्राह्मणी और वैतरणी जैसी नदियाँ इस उच्च भूमि के जल को बंगाल की खाड़ी में अपवाहित करती हैं।

उड़ीसा उच्च भूमि की सर्वोच्च चोटी **मलयगिरि** है। इस उच्च भूमि की पूर्वी सीमा पर 'उत्कल का मैदान' है।

घ. महानदी बेसिन

गढ़जात पहाड़ियों के पश्चिम में महानदी बेसिन अथवा **छत्तीसगढ़ बेसिन** स्थित है, जोकि अपने चारों ओर पहाड़ियों के मध्य स्थित एक नीचा प्रदेश (निम्न भूमि) है। इस बेसिन के पश्चिम में मैकाल पहाड़ी, उत्तर में रामगढ़ पहाड़ी, पूर्व में गढ़जात पहाड़ी और दक्षिण में दण्डकारण्य पठार स्थित है।

इसका मध्य भाग **'छत्तीसगढ़ के मैदान'** के नाम से जाना जाता है, जोकि कटोरीनुमा है। महानदी द्वारा सिंचित यह उपजाऊ मैदान **धान की खेती** के लिए प्रसिद्ध है। दामोदर बेसिन की भाँति महानदी बेसिन में भी कार्बोनिफेरस युगीन **गोण्डवाना क्रम की चट्टानें** पाई जाती हैं, जोकि कोयला निक्षेपों से समृद्ध हैं।

ङ दण्डकारण्य का पठार

महानदी बेसिन के दक्षिण-पश्चिम में दण्डकारण्य का पठार है। यह मुख्य रूप से **छत्तीसगढ़** में है, लेकिन इसका पूर्वी और पश्चिमी भाग क्रमशः **उड़ीसा** और **आंध्र प्रदेश** राज्यों में स्थित है। दण्डकारण्य पठार के पश्चिमी भाग को **आबुझामार** पहाड़ियों के नाम से और दक्षिणी भाग को **बस्तर पठार** के नाम से जाना जाता है। ये दोनों छत्तीसगढ़ राज्य में ही स्थित हैं। बस्तर का पठार टिन भण्डार के लिए जाना जाता है।

दण्डकारण्य पठार का जल **इंद्रावती नदी** द्वारा अपवाहित किया जाता है, जोकि गोदावरी की एक सहायक नदी है। इंद्रावती नदी उड़ीसा में पूर्वी घाट पर्वत के अंतर्गत कालाहाण्डी जिले से निकलकर पहले पश्चिम दिशा में **बस्तर पठार** को पार करती है और उसके बाद छत्तीसगढ़ की पश्चिमी सीमा पर दक्षिण दिशा में प्रवाहित होती हुई गोदावरी नदी में मिल जाती है।

दण्डकारण्य का पठार महानदी और गोदावरी नदी तंत्रों के मध्य **जल विभाजक** की भाँति है। इसके उत्तरी ढाल से निकलने वाली नदी- **तेल नदी** (महानदी की सहायक) उत्तर दिशा में प्रवाहित होती है। जबकि इस पठार के दक्षिणी ढाल से निकलने वाली नदियाँ- **इंद्रावती, साबरी** और **सिलेरू** दक्षिण की ओर बहते हुए गोदावरी नदी में मिल जाती हैं।

III. दक्कन का पठार

दक्कन पठार का विस्तार **महाराष्ट्र के आर-पार** सतपुड़ा-मैकाल श्रेणी से लेकर दक्षिण में तेलंगाना और कर्नाटक पठार तक है। इसके अंतर्गत निम्नलिखित संरचनाएँ शामिल हैं-

क. सतपुड़ा श्रेणी

सतपुड़ा श्रेणी दक्कन पठार की उत्तरी सीमा बनाती है। मुख्य रूप से **मध्य प्रदेश राज्य** में विस्तृत सतपुड़ा श्रेणी दक्कन पठार का ही भाग है, जोकि **नर्मदा** और **तापी भ्रंश घाटियों** के मध्य एक **ब्लॉक पर्वत** के रूप में है। विंध्य पर्वत के दक्षिण में नर्मदा-सोन की भ्रंश घाटियाँ हैं। नर्मदा भ्रंश के दक्षिण में सतपुड़ा की पहाड़ियाँ हैं, जो पश्चिम में **राजपीपला पहाड़ी** से प्रारम्भ होकर पूर्व में **महादेव** और **मैकाल पहाड़ी** तक चली जाती हैं। सतपुड़ा की सर्वोच्च चोटी धूपगढ़ (1350 मी.) है, जो महादेव पहाड़ी पर स्थित है। धूपगढ़ चोटी के समीप ही **पंचमढ़ी हिल स्टेशन** है, जोकि एक स्वास्थ्यवर्द्धक स्थान है। महादेव पहाड़ी के दक्षिण में ही **बैतूल का पठार** है।

बैतूल पठार से **तापी नदी** निकलकर पश्चिम में खम्भात की खाड़ी में जल गिराती है। सतपुड़ा की सबसे पूर्वी पहाड़ी **मैकाल** मध्य प्रदेश और छत्तीसगढ़ की सीमा पर स्थित है। मैकाल पहाड़ी की सर्वोच्च चोटी **अमरकंटक** (मध्य प्रदेश)है। अमरकंटक दो नदियों का उद्गम स्थल है- **नर्मदा** और **सोन नदी**।

नर्मदा नदी पश्चिम दिशा में अपनी भ्रंश घाटी में प्रवाहित होती हुई भड़ौच (गुजरात) के पास **खम्भात की खाड़ी** में विलीन हो जाती है। जबकि सोन नदी उत्तर दिशा में प्रवाहित होती है और **पटना के पास** गंगा नदी में मिल जाती है।

> **धुआँधार जलप्रपात**
>
> नर्मदा नदी जबलपुर में भेड़ाघाट के समीप संगमरमर की सफेद चट्टानों में मनोरम जलप्रपात का निर्माण करती है, जिसे **धुआँधार** जलप्रपात कहते हैं।

ख. दक्कन का पठार

सतपुड़ा श्रेणी के दक्षिण में तापी की भ्रंश घाटी है और इसके दक्षिण में महाराष्ट्र क्षेत्र में दक्कन का पठार है, जिसे महाराष्ट्र पठार भी कहते हैं। दक्कन पठार का निर्माण **क्रिटैशियस काल** में ज्वालामुखी लावा (Volcanic Lava) के दरारी उद्भेदन के परिणामस्वरूप हुआ है। इससे इस पूरे क्षेत्र में **बेसाल्ट लावा** की कई परतें फैल गईं, जिससे इस लावा पठार पर लहरदार सीढ़ीनुमा सतह पाई जाती है। इसलिए इसे **दक्कन ट्रैप** भी कहते हैं।

बेसाल्ट चट्टानों के अपक्षय और अपरदन से इस पूरे क्षेत्र में **काली मिट्टी** का विकास हुआ, जिसे स्थानीय रूप से **रेगुर** भी कहते हैं। दक्कन पठार के अंतर्गत कुछ छोटी पहाड़ियाँ भी शामिल हैं, जैसे- गविलगढ़ पहाड़ी, बालाघाट पहाड़ी, अजन्ता पहाड़ी और हरिश्चन्द्र पहाड़ी। ये चारों पहाड़ियाँ महाराष्ट्र क्षेत्र में स्थित हैं।

ग. तेलंगाना पठार

दक्कन पठार के दक्षिण पूर्व में तेलंगाना पठार है, जोकि तेलंगाना और आंध्र प्रदेश राज्यों में फैला हुआ है। मालवा पठार और दक्क्न पठार की भाँति तेलंगाना पठार पर लावा का प्रवाह नहीं हुआ है, जिस कारण यह भाग अनावृत है। तेलंगाना पठार पर जगह-जगह कटोरीनुमा स्थलाकृतियाँ पाई जाती हैं, जिनमें जलाशयों का निर्माण हो जाता है। **हैदराबाद** और **सिकंदराबाद** इसी प्रकार के अवतलन में बसे हुए हैं।

घ. कर्नाटक या मैसूर पठार

महाराष्ट्र पठार के दक्षिण में **कर्नाटक पठार** है। दक्षिण में यह नीलगिरि पर्वतीय गाँठ तक फैला हुआ है। कर्नाटक पठार के उत्तरी हिस्से का जल **कृष्णा** और उसकी सहायक **तुंगभद्रा नदियों** द्वारा अपवाहित किया जाता है।

कर्नाटक पठार के दक्षिणी हिस्से को **मैसूर पठार** के नाम से जाना जाता है। मैसूर पठार का पश्चिमी भाग अधिक ऊँचा है, जिसे **'मालनड'** कहा जाता है। जबकि मैसूर पठार का पूर्वी भाग जो अपेक्षाकृत नीचा और सपाट है, उसे **'मैदान'** कहते हैं। मालनड का भाग एक पहाड़ी क्षेत्र है, जोकि सह्याद्रि की सीमा से लगा हुआ है। जंगलों से ढकी खड़ी पहाड़ियाँ और संकरी घाटियाँ **'मालनड' प्रदेश** की विशेषताएँ हैं। **बाबाबूदन की पहाड़ियाँ**, जिसकी सर्वोच्च चोटी **मुलायनगिरि** है, मालनड क्षेत्र में ही स्थित है। कावेरी नदी इसी 'मालनड' क्षेत्र से निकलती है और मैदान से होकर दक्षिण-पूर्व दिशा में प्रवाहित होते हुए तमिलनाडु तट पर बंगाल की खाड़ी में गिर जाती है।

IV. पश्चिमी घाट पर्वत

पश्चिमी घाट पर्वत **22° उत्तरी अक्षांश पर तापी नदी के मुहाने** (गुजरात) से लेकर **केपकेमोरिन (तमिलनाडु)** तक पश्चिमी तट के साथ-साथ **1600 किमी.** की लम्बाई में फैला हुआ है। यह हिमालय के बाद भारत की दूसरी सबसे लम्बी पर्वत श्रेणी है, जोकि भारत के 6 राज्यों में विस्तृत है- गुजरात, महाराष्ट्र, गोवा, कर्नाटक, केरल और तमिलनाडु। पश्चिमी घाट पर्वत को **'सह्याद्रि'** के नाम से भी जाना जाता है। सह्याद्रि पठारी भारत की पश्चिमी सीमा निर्धारित करती है और पश्चिमी तटीय मैदान से इसे अलग करती है।

पश्चिमी घाट पर्वत सही मायने में पर्वत न होकर प्रायद्वीपीय पठार का ही **पश्चिमी भ्रंश कगार** है। इस भ्रंश कगार का निर्माण तब हुआ था, जब प्रायद्वीपीय भारत **क्रिटैरियस युग में अफ्रीका से टूटकर** अलग हुआ। विखण्डन के समय पश्चिमी घाट पर्वत के उत्तरी हिस्से में **ज्वालामुखी लावा** का क्षैतिज प्रवाह हुआ था। यही कारण है कि **उत्तरी सह्याद्रि** (महाराष्ट्र) की ऊपरी सतह **लावा** की क्षैतिज चादरों से निर्मित है। उत्तरी सह्याद्रि पर लावा का प्रवाह अधिक होने से ही यह भाग उभरा हुआ दिखाई देता है।

पश्चिमी तटीय मैदान के निकट पश्चिमी घाट पर्वत **कगार की भाँति** खड़ा है, जिस कारण अरब सागर में प्रवाहित होने वाली नदियाँ अत्यधिक प्रपाती हैं। पश्चिमी ढाल कगारनुमा होने के कारण यहाँ अनेक **छोटे-छोटे जलप्रपातों** का निर्माण हुआ है। उदाहरण के लिए कर्नाटक में शरावती नदी पर स्थित **जोग या गरसोप्पा जल प्रपात** (महात्मा गाँधी जलप्रपात)।

पश्चिमी घाट पर्वत को 3 भागों में बाँटा जा सकता है-

i. उत्तरी सह्याद्रि- यह मुख्य रूप से **महाराष्ट्र** में स्थित है और इसका विस्तार **तापी नदी से लेकर गोवा की उत्तरी सीमा** तक है। महाराष्ट्र में स्थित **कालसुबाई** (1946 मी.) उत्तरी सह्याद्रि की सर्वोच्च चोटी है। कालसुबाई के दक्षिण में ही **महाबलेश्वर चोटी** (1438 मी.) स्थित है, जहाँ से ही कृष्णा नदी का उद्‌गम होता है। **सल्हर** और **हरिश्चन्द्र** उत्तरी सह्याद्रि की अन्य चोटियाँ हैं।

ii. मध्यवर्ती सह्याद्रि- गोवा से लेकर नीलगिरि पहाड़ी के दक्षिण में स्थित **पालघाट दर्रे तक** मध्यवर्ती सह्याद्रि का विस्तार है। मध्यवर्ती सह्याद्रि के अंतर्गत कर्नाटक राज्य में **कुद्रेमुख** (1892 मी.) और **ब्रह्मगिरि** (1714 मी.) प्रमुख चोटियाँ हैं। ब्रह्मगिरि चोटी के समीप से ही **कावेरी नदी** निकलकर कर्नाटक और तमिलनाडु राज्यों में प्रवाहित होती है। नीलगिरि एक **पर्वतीय गाँठ** के रूप में है, जहाँ पूर्वी घाट पर्वत, पश्चिमी घाट पर्वत से आकर मिल जाता है। नीलगिरि पर्वत का फैलाव तीन राज्यों में है- **कर्नाटक, केरल** और **तमिलनाडु**। नीलगिरि की सर्वोच्च चोटी **'डोडाबेटा'** (2637 मी.) है, जोकि दक्षिण भारत की दूसरी सबसे ऊँची चोटी है। तमिलनाडु का प्रसिद्ध हिल स्टेशन **ऊटकमंडल** (ऊँटी) और केरल में स्थित साइलेंट वैली (शांत घाटी) नीलगिरि पहाड़ी क्षेत्र में ही स्थित हैं।

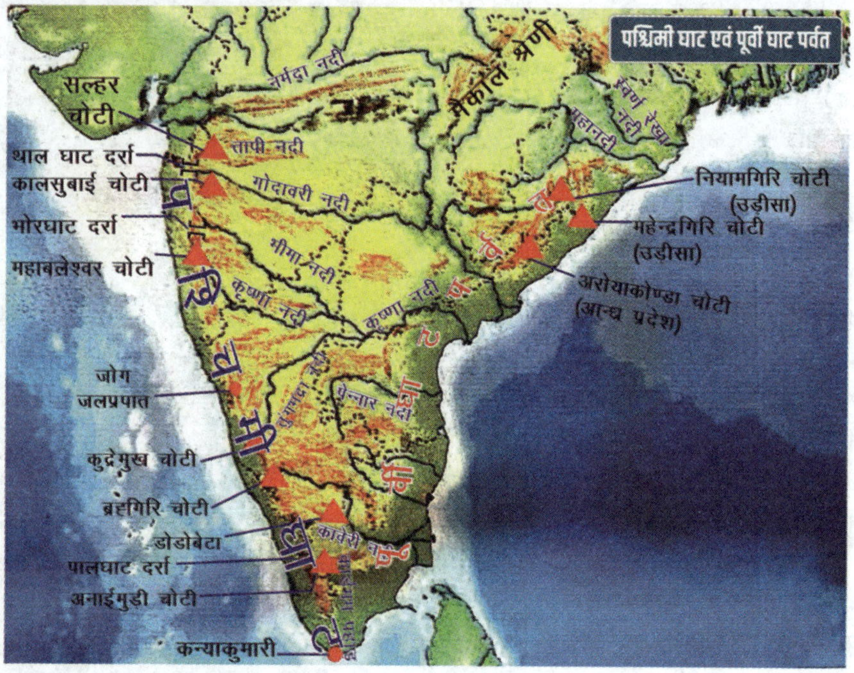

सदाबहार वर्षा वनों से आच्छादित केरल की 'शांत घाटी' अपनी जैवविविधता के लिए प्रसिद्ध है। यहाँ अनेक दुर्लभ जीवों और वनस्पतियों की प्रजातियाँ पाई जाती हैं।

कुंतीपूझां नदी शांत घाटी के मध्य से होकर प्रवाहित होती है। नीलगिरि के दक्षिण में केरल में **पालघाट नामक एक गैप** (दर्रा) है, जिसे स्थानीय रूप से पलक्काड़ गैप कहते हैं। केरल और तमिलनाडु के मध्य सड़क और रेलमार्ग सम्पर्क पालघाट दर्रे से ही होता है।

iii. दक्षिणी सह्याद्रि- पालघाट दर्रे के दक्षिण में स्थित पश्चिमी घाट पर्वत को **दक्षिणी सह्याद्रि** के नाम से जानते हैं, जोकि प्रायद्वीप के दक्षिणी बिन्दु **कन्याकुमारी तक** विस्तृत है। दक्षिणी सह्याद्रि के अंतर्गत उत्तर से दक्षिण की ओर क्रमश: **अनामलाई, कार्डामम (इलायची)** और नागरकोयल पहाड़ियाँ स्थित हैं। अनामलाई पहाड़ी की सर्वोच्च चोटी **अनाईमुडी या अनामुदी** (2695 मी.) है। अनाईमुडी न केवल पश्चिमी घाट पर्वत, बल्कि दक्षिण भारत की भी सर्वोच्च चोटी है।

अनाईमुडी चोटी भी एक **पर्वतीय गाँठ** के रूप में है, क्योंकि यहाँ से तीन दिशाओं में पहाड़ियाँ फैली हुई हैं। अनाईमुडी चोटी से **उत्तर की ओर** अनामलाई पहाड़ी (केरल) दक्षिण की ओर कार्डामम पहाड़ी (केरल) और **उत्तर-पूर्व दिशा** में पालनी पहाड़ी (तमिलनाडु)फैली हुई है। प्रसिद्ध हिल स्टेशन **कोडाइकनाल** (तमिलनाडु) पालनी पहाड़ी पर ही स्थित है। अनामलाई पहाड़ी के दक्षिण में स्थित **कार्डामम पहाड़ी** को **इलामलय पहाड़ी** भी कहते हैं। कार्डामम पहाड़ी के दक्षिण में **नागरकोइल पहाड़ी** भारत की **दक्षिणतम पहाड़ी** है, जो तमिलनाडु में कन्याकुमारी चली गई है।

पश्चिमी घाट पर जगह-जगह दर्रे हैं, जिनसे होकर पश्चिमी तटीय मैदान के नगरों को (मुम्बई, कोच्चि, त्रिवेन्द्रम) सड़क और रेल मार्गों द्वारा पठारी भारत के नगरों से जोड़ा गया है।

a. थालघाट दर्रा - उत्तरी सह्याद्रि में स्थित **थालघाट (महाराष्ट्र) दर्रे से मुंबई को नागपुर, नासिक, कोलकाता** और उत्तर भारत **के नगरों** से जोड़ा गया है। NH160 इसी दर्रे से होकर गुजरता है।

b. भोरघाट दर्रा - उत्तरी सह्याद्रि में ही स्थित भोरघाट दर्रे (महाराष्ट्र) से होकर **मुंबई** को सड़क और रेलमार्ग द्वारा **पुणे** और **चेन्नई** से जोड़ा गया है।

c. पालघाट दर्रा- नीलगिरि और अन्नामलाई पहाड़ियों के मध्य केरल में स्थित **पालघाट दर्रे** से कोच्चि (केरल तट) को कोयम्बटूर (तमिलनाडु) और चेन्नई से जोड़ा गया है। NH544 इसी दर्रे से होकर गुजरता है।

d. सेनकोट्टा गैप - कार्डामम और नागरकोयल पहाड़ियों के मध्य स्थित इस दर्रे से तिरुवनंतपुरम (केरल तट) को मदुरै (तमिलनाडु) से जोड़ा गया है। NH-744 इसी दर्रे से होकर गुजरता है।

V. पूर्वी घाट पर्वत

पूर्वी घाट पर्वत महानदी के मुहाने से लेकर नीलगिरि पर्वत तक विस्तृत है। पश्चिमी घाट की भाँति पूर्वी घाट पर्वतशृंखलाबद्ध न होकर जगह-जगह कटा-छंटा हुआ है, क्योंकि पूर्व की ओर बहने वाली **महानदी, गोदावरी, कृष्णा** और **कावेरी** जैसी नदियों ने इसे जगह-जगह काट दिया है। अपरदन के कारण पूर्वी घाट की ऊँचाई भी पश्चिमी घाट की तुलना में कम है। पूर्वी घाट को अलग-अलग राज्यों में स्थानीय नामों से जाना जाता है जैसे- आंध्र प्रदेश में **नल्लामलाई, पालकोण्डा, वेलिकोण्डा एवं शेषाचलम पहाड़ियाँ;** और तमिलनाडु में उत्तर से दक्षिण की ओर क्रमशः **जावादी, शेवाराय, पंचामलाई** और **सिरुमलाई** की पहाड़ियाँ इत्यादि।

पूर्वी घाट पर्वत की सबसे ऊँची चोटी आंध्र प्रदेश की अराकू घाटी में स्थित जिंदगड़ा चोटी है, जोकि विशाखापट्टनम जिले में स्थित है।

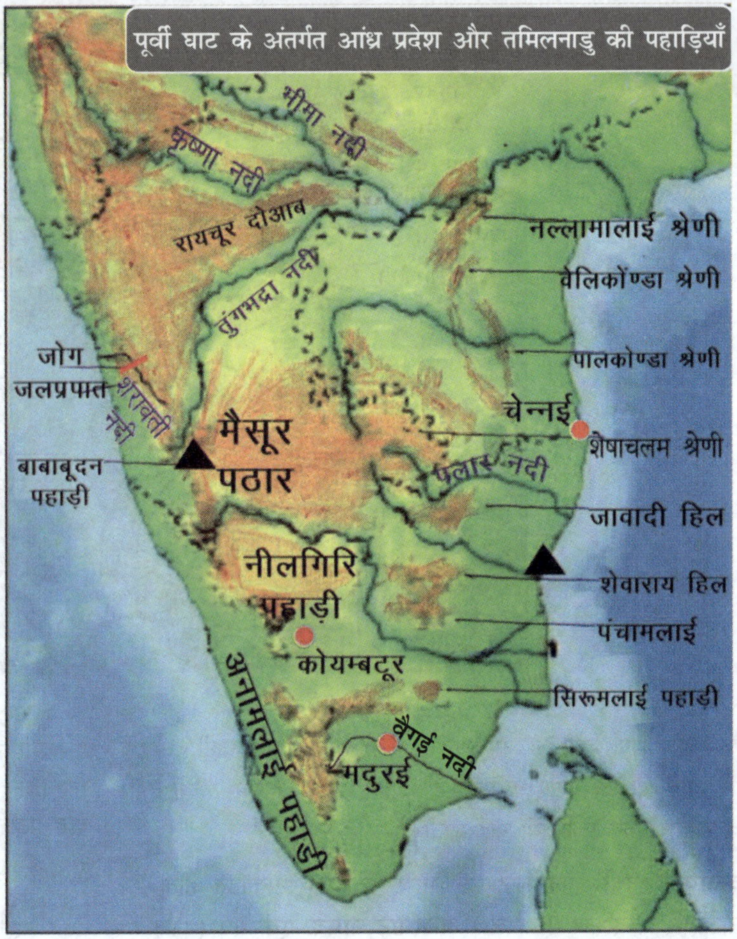

C. उत्तर भारत का विशाल मैदान

हिमालय के दक्षिण में और प्रायद्वीप पठार के उत्तर में **पंजाब से लेकर असम** तक उत्तर भारत का विशाल मैदान विस्तृत है। इसे **सिन्धु-गंगा-ब्रह्मपुत्र का विशाल मैदान** भी कहते हैं।

यह मैदान मूलतः एक **भूअभिनति** गर्त है। हिमालय के उत्थान के बाद **टेथिस सागर के शेष भाग** को हिमालय तथा पठारी भारत से निकलने वाली नदियों ने अपने अवसादों (जलोढ़ निक्षेप) से पाट दिया। वास्तव में यह मैदान टेथिस सागर का अवशिष्ट भाग है, जिसे नदियों ने अपने जलोढ़ अवसादों से भरकर समतल-सपाट मैदान बना दिया है। पंजाब से लेकर असम तक कहीं भी इस मैदान की ऊँचाई **सागर सतह से 204 मी.** से अधिक नहीं है।

मैदान में जलोढ़ निक्षेप की अधिकतम गहराई **2000 मी.** तक मिलती है। मुलायम मिट्टी से निर्मित होने के कारण यह मैदान एक जलभृत (Water Trap) अर्थात् सोखते की तरह काम करता है, जिसके गर्भ में वर्षा जल तथा नदी जल का संचयन हो जाता है। यही कारण है कि यह मैदान **भौमजल के भण्डार से समृद्ध** है। इसलिए स्वाभाविक रूप से उत्तर-भारत के मैदान में **नलकूपों एवं कुओं** द्वारा सिंचाई व्यवस्था का विकास हुआ है। पंजाब स्थित **अंबाला उच्च भूमि** इस मैदान में जलविभाजक का काम करती है, अर्थात् यह उच्चभूमि **गंगा नदी तंत्र** को बंगाल की खाड़ी में और **सिन्धु नदी तंत्र** को अरब सागर में गिरने के लिए बाध्य करती है।

संरचनात्मक विशेषताओं के आधार पर इस मैदान को चार भागों में बाँटा गया है-

1. भाबर प्रदेश
2. तराई प्रदेश
3. बांगर प्रदेश
4. खादर प्रदेश

1. भाबर प्रदेश

हिमालय क्षेत्र से निकलने वाली नदियों ने **शिवालिक के पर्वतपदीप भागों में** बड़े-बड़े गोलाश्म (गोल चट्टान) बिखेर दिए हैं, जिसे **भाबर प्रदेश** कहते हैं, अर्थात् भाबर प्रदेश **शिवालिक की तलहटी** (Foothills) में सिन्धु नदी से लेकर तिस्ता नदी तक विस्तृत गोलाश्म एवं कंकड़-पत्थरयुक्त मैदान है। 8 से 16 किमी. की औसत चौड़ाई

वाले **भाबर प्रदेश** में जल की प्रविष्यता इतनी अधिक है कि हिमालय से निकलने वाली नदियाँ जब इस प्रदेश में पहुँचती हैं तो सतह पर विलुप्त हो जाती हैं, क्योंकि गोलाश्मों के नीचे से प्रवाहित होने लगती हैं।

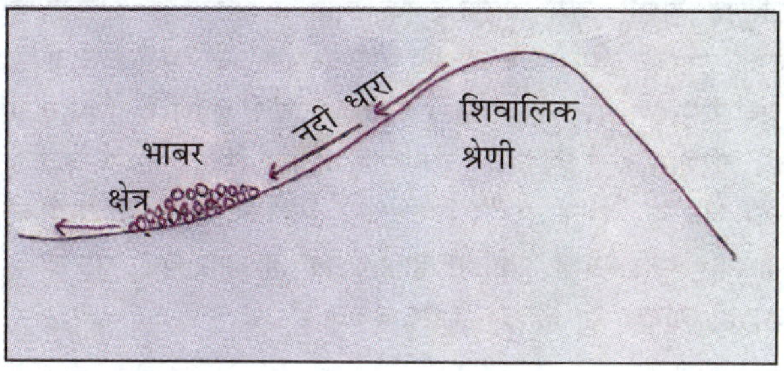

2. तराई प्रदेश

भाबर के दक्षिण में स्थित 15 से 30 किमी. चौड़ी **दलदली पट्टी को तराई क्षेत्र** कहते हैं। जब नदियाँ भाबर प्रदेश को पार करके बाहर निकलती हैं, तो स्पष्ट जलधारा के अभाव के कारण उनका जल इतना तितर-बितर हो जाता है कि दलदली क्षेत्र का निर्माण हो जाता है। अधिक वर्षा के कारण भी यह क्षेत्र दलदली भूमि है।

यह प्रदेश घने जंगलों के साथ-साथ जीवों और वनस्पतियों की विविधता से युक्त है। दलदली होने के कारण यह जहरीले जीवों, मच्छरों और बीमारियों का क्षेत्र है। यहाँ धान की अच्छी खेती होती है।

3. बांगर

उत्तर भारत के मैदान में **नदियों से दूर ऊँचाई पर स्थित पुराने जलोढ़ का मैदान**, जहाँ सामान्यत: नदी की बाढ़ का पानी नहीं पहुँच पाता, उसे **बांगर मैदान** कहते हैं। यह दो नदियों के बीच में पाया जाता है जैसे- गंगा-यमुना दोआब।

इस पुराने जलोढ़ के इस मैदान में **कैल्सियम की ग्रंथियाँ** पाई जाती हैं, जिसे 'कंकड़' कहते हैं। कंकड़ों के जमाव के कारण निर्मित असमतल अनुपजाऊ भूमि को **'भूड़'** कहते हैं। बांगर मैदान में बाढ़ का पानी नहीं पहुँच पाने के कारण सिंचाई की जरूरत पड़ती है, लेकिन अत्यधिक नहरी सिंचाई के कारण कहीं-कहीं भूमि पर नमक की सफेद परत जम जाती है, जिसे **'रेह'** या **'कल्लर'** कहते हैं।

4. खादर

जहाँ बांगर 'पुराने जलोढ़' का मैदान है, वहीं **'खादर' नवीन जलोढ़ का मैदान** है। नदियों के पास की निम्न भूमि जहाँ नदियाँ बाढ़ के माध्यम से प्रत्येक वर्ष **नये जलोढ़ का निक्षेपण** करती हैं, **खादर** (या कछारी प्रदेश) **मैदान** कहलाता है। प्रत्येक वर्ष जलोढ़ का नवीनीकरण हो जाने से खादर भूमि **अत्यधिक उपजाऊ** होती है। **पूर्वी उत्तर प्रदेश, बिहार, पश्चिम बंगाल** में नदियों के समीप खादर भूमि की बहुलता पाई जाती है। **गंगा-ब्रह्मपुत्र का डेल्टा** भी खादर भूमि ही है। पंजाब में खादर भूमि को **बेट** कहते हैं।

क्षेत्रीय आधार पर पंजाब से लेकर असम तक उत्तर भारत के मैदान की संरचना में विभिन्नताएँ पाई जाती हैं। सबसे पश्चिम में **सिंध का मैदान (पाकिस्तान)** है। इसके पूरब में भारत में पंजाब (पाँच नदियों की भूमि) का मैदान है-

1. पंजाब का मैदान

मुख्यत: पंजाब और हरियाणा राज्यों में विस्तृत इस मैदान का निर्माण सतलुज, रावी और व्यास नदियों द्वारा अवसादों के निक्षेपण से हुआ है। दिल्ली कटक (Delhi Ridge) इसे गंगा के मैदान से अलग करती है। इस मैदान में दोआबों (दो नदियों के बीच की भूमि) का क्रम पश्चिम से पूर्व की ओर इस प्रकार है-

a. **सिंधु सागर दोआब**- सिंधु और झेलम नदियों के बीच।

b. **छाज दोआब**- झेलम और चिनाब नदियों के बीच।

c. **रेचना दोआब**- चिनाब और रावी नदियों के बीच।

d. **बारी दोआब**- रावी और व्यास नदियों के बीच।

e. **बिस्त दोआब**- व्यास और सतलुज नदियों के बीच।

पंजाब के मैदान में इन दोआबों को सम्मिलित रूप से **पंच-दोआब** कहते हैं। इस मैदान में नदियों के समीप की खादर भूमि (नवीन जलोढ़ का मैदान) को स्थानीय भाषा में **बेट** और नदियों के दोनों किनारों पर खादर भूमि के समीप खड़ी कगार वाली भूमि को स्थानीय भाषा में **धाया** कहते हैं।

2. राजस्थान का मैदान

अरावली पहाड़ी के पश्चिम में स्थित राजस्थान के मैदान का सामान्य ढाल दक्षिण-पश्चिम की ओर है। इस मैदान की उत्पत्ति सागर तल के पीछे हटने से हुई है, जिसका प्रमाण यहाँ पाई जाने वाली लवणीय झीलें (प्लाया) हैं।

25 सेमी. की समवर्षा रेखा (Isohyet) इस मैदान को दो भागों में विभाजित करती है। अरावली पहाड़ी के ठीक पश्चिम में 25 सेमी. से अधिक वर्षा वाली एक सँकरी पट्टी पाई जाती है, जिसे **राजस्थान बांगर** कहते हैं। राजस्थान बांगर के पश्चिम में थार का मरुस्थल (The Great Indian Desert) स्थित है, जहाँ वर्षा की मात्रा 25 सेमी. से भी कम पाई जाती है।

अरावली पहाड़ी के पश्चिमी ढाल से निकलने वाली अनेक मानसूनी नदियाँ **राजस्थान बांगर** को सींचते हुए प्रवाहित होती हैं। अरावली और राजस्थान बांगर के मध्य में नदियों द्वारा सिंचित जलोढ़ मैदान की एक उपजाऊ पट्टी पाई जाती है, जिसे **रोही** कहते हैं। **रोही** कृषि कार्य के लिए सबसे उपयुक्त क्षेत्र है। राजस्थान बांगर **सांभर, डीडवाना** और **लूणकरणसर** जैसी नमकीन झीलों से विशिष्ट है। ये

झीलें **'प्लाया'** के उदाहरण हैं। इनमें से **सांभर** भारत की सबसे बड़ी अंत:स्थलीय (Inland) खारे पानी की झील है।

थार का उष्ण मरुस्थल **मेसोजोइक काल** में समुद्र का हिस्सा था। रेत के चापाकार टिब्बे (बरखान), क्षत्रक चट्टानें और मरु उद्यान यहाँ की प्रमुख स्थलाकृतियाँ हैं। यहाँ चापाकार बालुका स्तूप (बरखान) पवन प्रवाह की दिशा में धीरे-धीरे खिसकते रहते हैं। ये धरातलीय स्थलाकृतियाँ यहाँ की शुष्क दशाओं के कारण भौतिक अपक्षय और **पवन क्रिया द्वारा** निर्मित हैं।

थार मरुस्थल में **अंत:स्थलीय अपवाह** के उदाहरण मिलते हैं, जहाँ चारों दिशाओं से आने वाली नदियाँ किसी **झील या प्लाया** में मिल जाती हैं। **लूनी नदी** थार मरुस्थल में बहने वाली सबसे लम्बी नदी है जो कच्छ के रन में जाकर विलीन हो जाती है। यहाँ बालुका स्तूपों के मध्य में कहीं-कहीं ग्रेनाइट और नीस चट्टानों की नग्न सतहें भी दिखाई देती हैं, जो इस बात की ओर संकेत करती हैं कि राजस्थान का मैदान **प्रायद्वीपीय पठार** का ही भाग है। कम वर्षा वाला क्षेत्र होने के बावजूद थार का मरुस्थल विश्व में **सर्वाधिक जनघनत्व वाला मरुस्थल** है। जोधपुर, जैसलमेर, बीकानेर और बाड़मेर जैसे शहर इसी मरुस्थल में बसे हुए हैं।

3. गंगा का मैदान

गंगा का मैदान पश्चिम में यमुना नदी से लेकर पूर्व में बांग्लादेश सीमा तक 1400 किमी. की लंबाई और 300 किमी. की औसत चौड़ाई में विस्तृत है। इस मैदान का सामान्य ढाल दक्षिण-पूर्व दिशा में है। समुद्र तल से इस मैदान की सर्वाधिक ऊँचाई सहारनपुर के पास मिलती है, जो पूरब की ओर घटती जाती है। भाबर, तराई, बांगर, खादर, नदी तटबंध, खोल और बील इस मैदान की मुख्य स्थलाकृतियाँ हैं। यद्यपि गंगा नदी पाँच राज्यों में प्रवाहित होती है लेकिन गंगा का मैदान उत्तर प्रदेश, बिहार और पश्चिम बंगाल राज्यों में ही विस्तृत है। गंगा के मैदान को तीन भागों में बाँटा गया है-

a. ऊपरी गंगा का मैदान (पश्चिमी उत्तर प्रदेश)

b. मध्य गंगा का मैदान (पूर्वी उत्तर प्रदेश एवं बिहार)

c. निचले गंगा का मैदान (पश्चिम बंगाल)

ऊपरी गंगा मैदान (पश्चिमी उत्तर प्रदेश) के अंतर्गत रूहेलखंड मंडल तथा आगरा मंडल के कुछ भाग शामिल हैं। ऊपरी गंगा मैदान में **कंकड़युक्त असमतल और अनुपजाऊ रेत के टीलों** की अधिकता पाई जाती है, जिन्हें स्थानीय भाषा में **भूड़** कहा जाता है।

मध्यवर्ती गंगा के मैदान (पूर्वी उत्तर प्रदेश और बिहार) में **जलोढ़ का मोटा निक्षेप** है, जिसमें कंकड़ की मात्रा कम है। इसके अंतर्गत **पटना से खगड़िया तक** दलदली भूमि पाई जाती है, जिसे स्थानीय रूप से **कौर** कहा जाता है। मध्यवर्ती गंगा के मैदान में नदियों के विसर्पण के कारण अनेक **गोखुर झीलों** का निर्माण हो गया है।

गोखुर झील (Gokhur Lakes)

मैदानी क्षेत्रों में ढाल अत्यंत मंद होने के कारण नदियों की गतिज ऊर्जा काफी कम होती है। इस कारण नदियाँ अपने अवसादों को ढो नहीं पातीं, जिस कारण उनका मार्ग अवसादों से अवरुद्ध हो जाता है। परिणामस्वरूप नदियों में 'विसर्पण' प्रारम्भ हो जाता है। 'नदी विसर्पण' (River Slide) अपरदन एवं निक्षेपण दोनों क्रियाओं का परिणाम होता है। नदी विसर्प का आकार निरंतर बढ़ता रहता है और जब दो विसर्प परस्पर मिल जाते हैं तो नदी अपने विसर्प को छोड़कर पुन: सीधा प्रवाहित होने लगती है। इस छूटे हुए विसर्प को ही **गोखुर** या **छाड़न झील** कहते हैं।

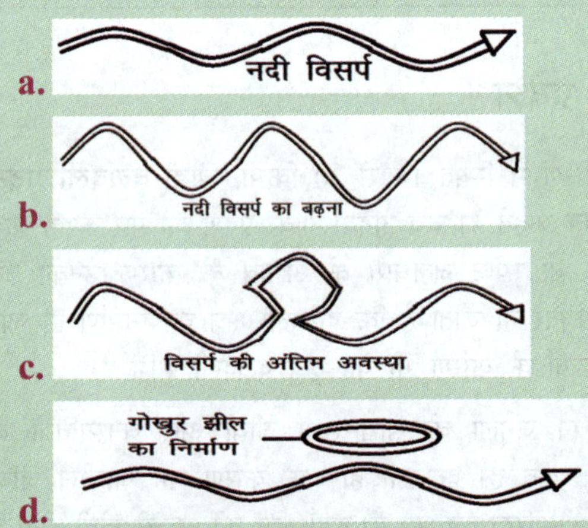

नदी विसर्पण से गोखुर झील का विकास

निचले गंगा मैदान (पश्चिम बंगाल) की उत्पत्ति **राजमहल-गारो गैप** में गंगा एवं ब्रह्मपुत्र नदियों द्वारा किए अवसादों के निक्षेपण से हुई है। छोटानागपुर पठार के पूर्वी भागों में निचले गंगा मैदान को **राढ़ का मैदान** कहते हैं, जो जलोढ़ और **लैटेराइट मिट्टी** से आच्छादित है। निचले गंगा मैदान के तटीय क्षेत्रों में सुंदरी नामक गरान वृक्षों (समुद्री खारे जल के मैंग्रोव वन) का मनोरम जंगल है, जिसे **सुंदरवन** कहते हैं। यह विश्व का सबसे बड़ा दलदली गरान वनस्पति क्षेत्र है, जहाँ रॉयल बंगाल टाइगर और मगरमच्छ पाए जाते हैं।

गंगा के मैदान में कहीं-कहीं नीची भूमि (गर्त) पाई जाती है, जिसे बिहार में **जल्ला** (पटना के निकट) और **टाल** कहते हैं। पश्चिम बंगाल में डेल्टाई क्षेत्रों में पाई जाने वाली इन नीची भूमियों को **बील** कहते हैं, जिनमें जल भरा होता है।

4. ब्रह्मपुत्र का मैदान

गंगा के मैदान के पूर्व में असम राज्य में ब्रह्मपुत्र का मैदान है। उत्तर और पूर्व में हिमालय और दक्षिण में मेघालय पठार के मध्य स्थित यह मैदान एक सँकरे **रैंप घाटी** (Ramp Valley) की भाँति है, जिसके उत्तर और दक्षिण में तीव्र ढाल वाली पहाड़ियाँ पाई जाती हैं। इस मैदान की पूरी लंबाई में प्रवाहित होने वाली ब्रह्मपुत्र नदी हिमालय

क्षेत्र से बड़ी मात्रा में अवसाद (गाद) बहाकर लाती है और असम के मैदानी क्षेत्रों में उसे निक्षेपित कर देती है। इस कारण अवसादों के जमाव से ब्रह्मपुत्र नदी के मध्य में **कई नदी द्वीपों** का निर्माण हो गया है। इन नदी द्वीपों के मध्य ब्रह्मपुत्र नदी गुंफित वाहिकाओं का निर्माण करती है। इनमें से **माजुली** (असम) विश्व का सबसे बड़ा नदी द्वीप है।

यह भारत के सबसे उपजाऊ मैदानों में से एक है, जहाँ मुख्यत: चावल और पटसन की खेती होती है। **मानस और काजीरंगा राष्ट्रीय उद्यान** इसी मैदान में स्थित हैं।

D. भारत के तटवर्ती मैदान

प्रायद्वीपीय पठार के पूर्वी और पश्चिमी किनारे पर तटीय मैदानों का विकास हुआ है। यह मैदान पश्चिम में अरब सागर से लेकर पूर्व में बंगाल की खाड़ी की तटीय रेखा के साथ-साथ विस्तृत है। भारतीय तट रेखा की लंबाई 6100 किमी. है। पश्चिमी तटीय मैदान **संकीर्ण (Narrow)** और **कटा-छँटा** है, जबकि पूर्वी तटीय मैदान अपेक्षाकृत अधिक चौड़ाई लिए हुए है।

इस संकीर्ण तटीय मैदान का निर्माण पठारी भारत से निकलने वाली नदियों द्वारा बहाकर लाए गए अवसादों के निक्षेपण (जमाव) से हुआ है। इसके अलावा तटीय मैदान के निर्माण में सागरीय तरंगों द्वारा अपरदन एवं निक्षेपण क्रिया का भी योगदान है। तटवर्ती मैदान को दो भागों में विभाजित किया जा सकता है-

1. पश्चिमी तटीय मैदान और **2.** पूर्वी तटीय मैदान

1. पश्चिमी तटीय मैदान

अरब सागर और पश्चिमी घाट के मध्य स्थित यह संकीर्ण मैदान उत्तर में **कच्छ के रण** (गुजरात) से लेकर दक्षिण में **कन्याकुमारी** (तमिलनाडु) तक विस्तृत है। इसकी औसत चौड़ाई पूर्वी तटीय मैदान की अपेक्षा कम है। इसकी चौड़ाई सामान्यत: **10-80 किलोमीटर** के मध्य पाई जाती है। पश्चिमी तटीय मैदान की अधिकतम चौड़ाई (80 किमी.) **नर्मदा** और **तापी नदियों** के मुहाने पर मिलती है।

पश्चिमी घाट पर्वत के पश्चिमी ढाल से निकलकर पश्चिमी तटीय मैदान में प्रवाहित होने वाली नदियाँ अत्यधिक तीव्रगामी होती हैं, इसलिए अधिकांश नदियाँ अरब सागर के मुहाने पर ज्वारनदमुख **(एश्चुअरी)** का निर्माण करती हैं। ज्वारनदमुख क्षेत्र नदी के मीठे जल और समुद्री खारे जल के मध्य संक्रमण क्षेत्र होते हैं।

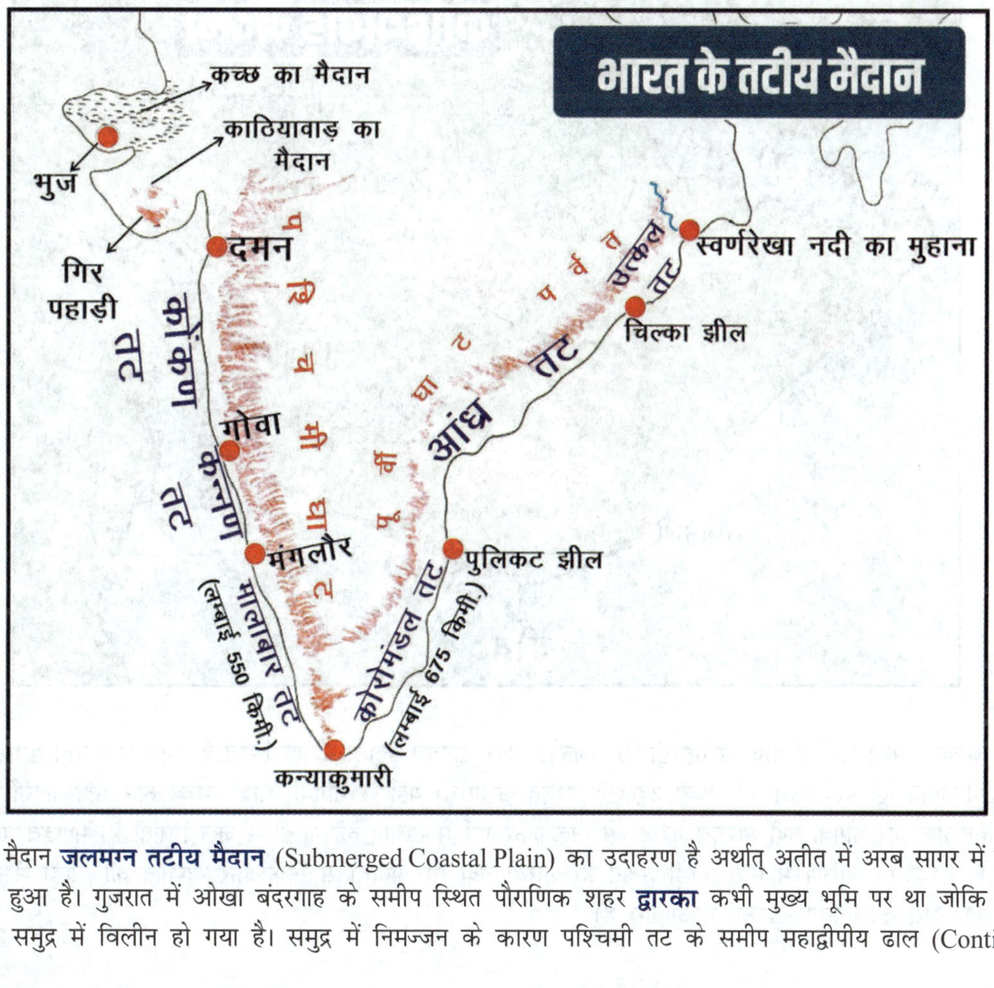

पश्चिमी तटीय मैदान **जलमग्न तटीय मैदान** (Submerged Coastal Plain) का उदाहरण है अर्थात् अतीत में अरब सागर में इसका निमज्जन (Immersion) हुआ है। गुजरात में ओखा बंदरगाह के समीप स्थित पौराणिक शहर **द्वारका** कभी मुख्य भूमि पर था जोकि तटीय निमज्जन के कारण अब समुद्र में विलीन हो गया है। समुद्र में निमज्जन के कारण पश्चिमी तट के समीप महाद्वीपीय ढाल (Continental Shelf)

की चौड़ाई कम है, जिस कारण यह बंदरगाहों के विकास के लिए अधिक अनुकूल प्राकृतिक परिस्थितियाँ प्रदान करता है। **कांडला, मझगांव, न्हावाशेवा, मर्मागाओ, मंगलौर** और **कोचीन** पश्चिमी तट पर स्थित प्रमुख प्राकृतिक बंदरगाह हैं।

उत्तर में गुजरात से लेकर केरल तक इस मैदान को पाँच भागों में बाँटा जा सकता है-

a. कच्छ का रण- यह गुजरात के **कच्छ प्रायद्वीप** में समुद्री जल से निर्मित **दलदलीय मैदान** है। इस मैदान का निर्माण समुद्री निक्षेप के उन्मज्जन (Uplifting) से हुआ है। गुजरात के पश्चिमी छोर पर स्थित कच्छ का रण प्रारंभ में समुद्री पानी से घिरा हुआ एक द्वीप था, लेकिन सिंधु और सहायक नदियों द्वारा अवसादों के जमाव से द्वीप के आस-पास का क्षेत्र अवसादों से भर गया, जिस कारण यह द्वीपीय क्षेत्र गुजरात की मुख्य भूमि से संलग्न हो गया है। ओडिशा में चिल्का लगून के दक्षिण में गोपालपुर (गंजाम जिले में) एक छोटा बंदरगाह है।

कच्छ के रण का उत्तरी हिस्सा **'महान कच्छ का रण'**, जबकि दक्षिणी हिस्सा **'छोटा कच्छ का रण'** कहलाता है। गर्मियाँ आने पर जब खारा जल सूखने लगता है तो कच्छ के रण के धरातल पर दूर तक नमक की सफेद परत का निर्माण हो जाता है। इसे **सफेद रेगिस्तान** के नाम से भी जानते हैं। गुजराती भाषा में रण शब्द का प्रयोग वीरान और रेगिस्तानी क्षेत्रों के लिए किया जाता है।

दक्षिणी-पश्चिमी मानसून के आगमन पर यह दलदलीय क्षेत्र जब वर्षा जल से जलमग्न हो जाता है तो कच्छ के रण में केवल तीन द्वीप स्थलखंड के रूप में दिखाई देते हैं- **पच्छम द्वीप** (Western Island), **खादिर द्वीप** और **बेला द्वीप**। राजस्थान के अजमेर जिले में अरावली के नाग पहाड़ी से निकलने वाली **लूनी नदी** भी दक्षिण दिशा में प्रवाहित होकर कच्छ के रण के उत्तरी भाग में विलीन हो जाती है। कच्छ के रण में ही भारतीय जंगली गधों (घुड़खर) का अभयारण्य है।

b. काठियावाड़ मैदान- कच्छ की खाड़ी काठियावाड़ प्रायद्वीप को कच्छ के रण से अलग करती है। काठियावाड़ प्रायद्वीप का मध्य भाग पहाड़ी है (माण्डव, गिरनार और गिर पहाड़ी) जबकि इस पहाड़ी क्षेत्र के चारों तरफ **काठियावाड़ का मैदान** फैला हुआ है। काठियावाड़ मैदान में लावा चट्टानों के अपक्षय के कारण काली मिट्टी पाई जाती है। काठियावाड़ मैदान के उत्तरी-पूर्वी सिरे पर **नल सरोवर पक्षी अभयारण्य**, दक्षिणी सिरे पर गिर राष्ट्रीय उद्यान और पश्चिमी सिरे पर ओखा बंदरगाह स्थित है।

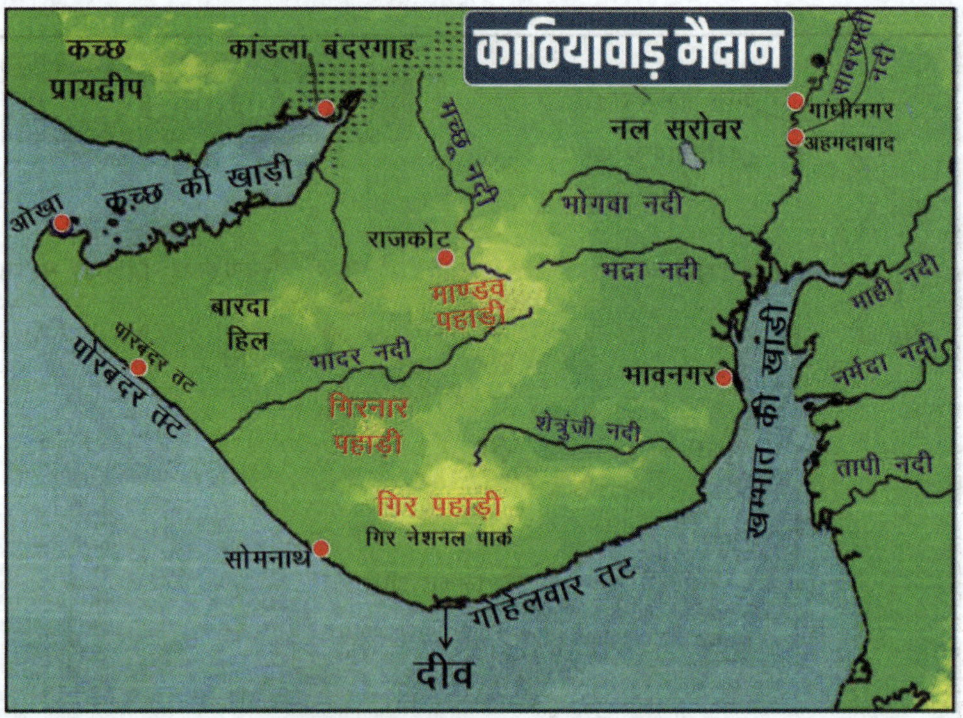

इस प्रायद्वीप के बिल्कुल मध्य भाग में **माण्डव पहाड़ी** है। राजकोट शहर माण्डव पहाड़ी पर ही स्थित है। माण्डव पहाड़ी **अपकेंद्रीय अपवाह तंत्र** (Centrifugal Drainage System) का अच्छा उदाहरण प्रस्तुत करता है। यहाँ से भोगवा, भादर, मच्छू और भद्रा नदियाँ निकलकर चारों दिशाओं में प्रवाहित होती हैं। भोगवा नदी माण्डव पहाड़ी से निकलकर पूर्व में खंभात की खाड़ी में जल गिराती है। माण्डव पहाड़ी के दक्षिण में गिरनार पहाड़ी और उसके दक्षिण में गिर पहाड़ी स्थित है। शेत्रुंजी नदी गिर पहाड़ी से निकलकर खम्भात की खाड़ी में जल गिराती है। गिर पहाड़ी एशियाई शेरों का एकमात्र प्राकृतिक आवास है।

दक्षिणी गुजरात में स्थित पश्चिमी तटीय मैदान में साबरमती, माही, नर्मदा और तापी नदियाँ प्रवाहित होती हैं। ये सभी नदियाँ गुजरात में खंभात की खाड़ी में अपना जल गिराती हैं। साबरमती नदी से लेकर तापी नदी तक खंभात की खाड़ी का पूर्वी तट **दलदलीय भूमि** से बना है और उच्च ज्वार के समय यह क्षेत्र जलमग्न हो जाता है।

c. कोंकण तट- **दमन से गोवा तक** विस्तृत पश्चिमी तटीय मैदान को **कोंकण तट** (महाराष्ट्र और गोवा में विस्तृत) कहते हैं। कोंकण तट की लम्बाई उत्तर से दक्षिण तक 530 किमी. है। पश्चिमी घाट पर्वत के पश्चिमी ढाल के सहारे निकलने वाली छोटी नदियाँ इस मैदान में प्रवाहित होते हुए अरब सागर में जल गिराती हैं, जैसे- महाराष्ट्र में वैतरणी नदी और गोवा में जुआरी और मांडवी नदी।

d. कन्नड़ तट- गोवा के दक्षिण में **काली नदी** से लेकर **नेत्रवती नदी** (अर्थात् गोवा से मंगलौर तक) तक पश्चिमी तटीय मैदान को कन्नड़ तट (कर्नाटक में विस्तृत) कहते हैं। पश्चिमी घाट पर्वत से निकलने वाली शरावती और सिता (कर्नाटक) नदियाँ कन्नड़ तट पर प्रवाहित होती है।

e. मालाबार तट- मंगलौर से लेकर कन्याकुमारी तक पश्चिमी तटीय मैदान को मालाबार तट (केरल) कहते हैं। इस मैदान की लम्बाई 550 किमी. है। यह भारत में **सर्वाधिक वार्षिक वर्षा** प्राप्त करने वाला क्षेत्र है। मालाबार मैदान की ऊँचाई समुद्र तल के लगभग बराबर है। अतः निम्न भूमि क्षेत्र होने के कारण मालाबार तट पर बहुत से लम्बे और संकरे लैगून झीलों अथवा **पश्च जल क्षेत्रों'** (Back Water) का निर्माण हो गया है, जिन्हें स्थानीय भाषा में **'कयाल'** कहते हैं, जैसे- **वेम्बनाड कयाल, अष्टमुदी कयाल, कायमकुलम** और **मूरियाड कयाल** इत्यादि। इनमें से 130 किमी. लम्बी **वेम्बनाड सबसे बड़ी कयाल (झील)** है।

निम्न भूमि वाले तटीय क्षेत्रों में जब समुद्र का जल तटीय क्षेत्रों में अंदर तक प्रवेश कर जाता है तो खारे पानी वाले लैगून (अनूप) झीलों का निर्माण होता है। लैगून तीन तरफ से भूमि से घिरा होता है और अंतिम सिरे पर यह अवरोधकों के मध्य में समुद्र से मिला होता है। लैगून और समुद्र के इस मिलन बिंदु को ही **'स्पिट'** कहते हैं। वेम्बनाड झील के स्पिट पर ही कोच्चि शहर बसा हुआ है। लैगून में मत्स्य पालन की आदर्श परिस्थितियाँ पाई जाती हैं। मत्स्यन यहाँ का प्रमुख व्यवसाय होता है। वेम्बनाड झील में ही **वेलिंगटन द्वीप** है, जहाँ प्रत्येक वर्ष वल्लमकाली नौकादौड़ प्रतियोगिता आयोजित होती है।

2. पूर्वी तटीय मैदान

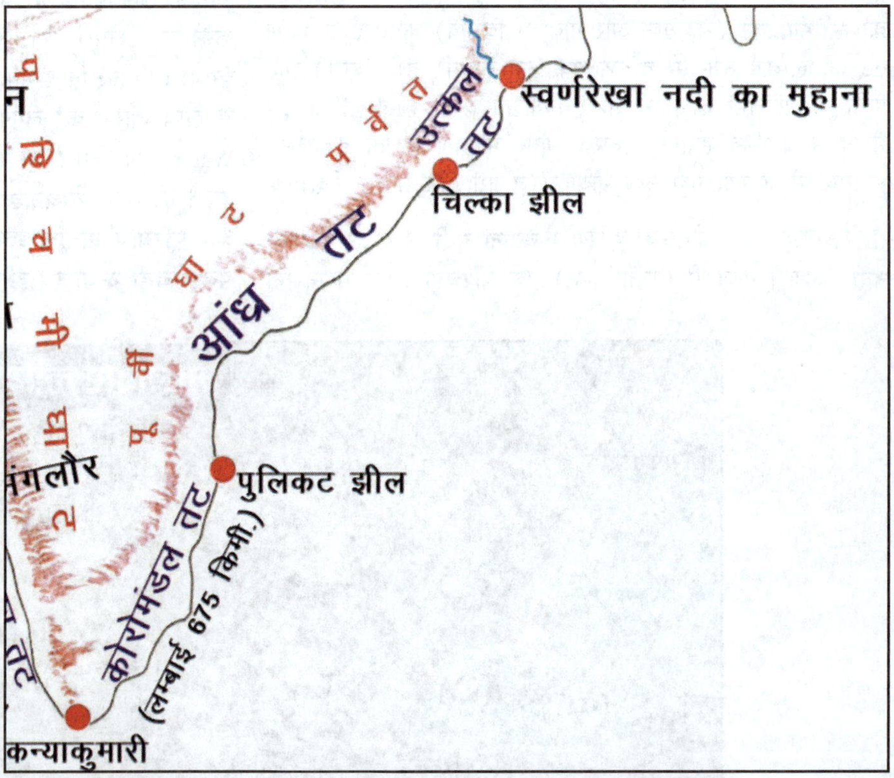

'पूर्वी तटीय मैदान' पूर्वी घाट पर्वत और बंगाल की खाड़ी के बीच **स्वर्ण रेखा नदी के मुहाने** (ओडिशा) से लेकर **कन्याकुमारी तक** फैला हुआ है। प्रायद्वीपीय पठार से निकलने वाली अधिकांश लंबी नदियाँ बंगाल की खाड़ी में प्रवाहित होती हैं। इस कारण **महानदी, गोदावरी, कृष्णा** और **कावेरी** जैसी नदियों ने पूर्वी घाट पर्वत को जगह-जगह काट-छाँटकर अपरदित कर दिया है और लाए गए अवसादों से अपने **मुहाने पर विस्तृत डेल्टा** का निर्माण कर दिया है। यही कारण है कि पूर्वी घाट पर्वत, पश्चिमी घाट पर्वत की तरह क्रमबद्ध और निरन्तर नहीं है। इसके अलावा नदियों द्वारा जगह-जगह डेल्टा क्षेत्रों के निर्माण से पश्चिमी तटीय मैदान की अपेक्षा **पूर्वी तटीय मैदान की चौड़ाई अधिक** मिलती है। इसकी औसत चौड़ाई 120 किमी. है।

पूर्वी तटीय मैदान उन्मज्जन (समुद्र से उभरा हुआ) का परिणाम है, जिस कारण पूर्वी तट के समीप महाद्वीपीय ढाल (Continental Shelf) की चौड़ाई कम है, जिस कारण पूर्वी तट पर बंदरगाहों का कम विकास हुआ है।

पूर्वी तटीय मैदान पर **चिल्का** (ओडिशा), **कोलेरू** (आंध्र प्रदेश) और **पुलिकट** (आंध्र प्रदेश और तमिलनाडु की सीमा पर) जैसी झीलें पाई जाती हैं। इनमें से महानदी डेल्टा के दक्षिण में स्थित **'चिल्का'** और चेन्नई के उत्तर में स्थित **'पुलिकट' लैगून** या **अनूप** झीलें हैं। 3560 वर्ग किमी. क्षेत्रफल में विस्तृत **चिल्का भारत की सबसे बड़ी लैगून और खारे पानी की झील** है। जबकि **कोलेरू** (आंध्र प्रदेश) गोदावरी और कृष्णा नदियों के डेल्टा क्षेत्रों के मध्य में स्थित एक **डेल्टाई** और **ताजे पानी** की झील है।

पूर्वी तटीय मैदान को तीन भागों में बाँटा जा सकता है-

a. उत्कल तट- इसका विस्तार ओडिशा राज्य में **स्वर्ण रेखा नदी के मुहाने से लेकर महानदी के डेल्टा तक** है। उत्कल मैदान की उत्तर-दक्षिण लंबाई लगभग 400 किमी. है। इस मैदान की अधिकतम चौड़ाई (100 किमी.) महानदी डेल्टा क्षेत्र में मिलती है। **चिल्का झील** महानदी डेल्टा के दक्षिण में स्थित है। पारादीप उत्कल मैदान में स्थित प्रमुख बंदरगाह है। ओडिशा में चिल्का लगून के दक्षिण में गोपालपुर (गंजाम जिले में) एक छोटा बंदरगाह है।

b. आंध्र तट- चिल्का झील से लेकर पुलिकट झील के मध्य स्थित आँध्र तट का निर्माण कृष्णा और गोदावरी नदियों के डेल्टाओं (अवसादों के निक्षेपण से) द्वारा किया गया है। इन दोनों नदियों द्वारा वर्तमान में भी अवसादों का जमाव करके बंगाल की खाड़ी की ओर मैदान का विस्तार किया जा रहा है। आंध्र मैदान में गोदावरी और कृष्णा नदियों के डेल्टा क्षेत्र विस्तृत होते हुए एक-दूसरे से मिल गए हैं। इन दोनों डेल्टाओं के मध्य में स्थित **कोलेरू झील** पहले लैगून झील थी, लेकिन समुद्र की ओर इन दोनों डेल्टाओं के प्रसार के कारण कोलेरू अब एक **अंत:स्थलीय** (Intra-terrestrial) डेल्टा झील बन चुकी है।

विशाखापट्टनम और **मछलीपट्टनम** आंध्र तट पर स्थित दो प्रमुख बंदरगाह हैं। इनमें से मछलीपट्टनम बंदरगाह गोदावरी और कृष्णा नदियों के डेल्टाओं के मध्य में स्थित है। आंध्र तट पर ही काकीनाड़ा बंदरगाह गोदावरी डेल्टा के ठीक उत्तर में स्थित एक छोटा बंदरगाह

है। उड़ीसा के दक्षिणी तट और आंध्र प्रदेश के उत्तरी तटों को सम्मिलित रूप से **'उत्तरी सरकार तट'** भी कहा जाता है।

c. कोरोमंडल तट– तमिलनाडु राज्य में पुलिकट झील से केपकेमोरिन तक 675 किमी. की लम्बाई में कोरोमंडल तट का विस्तार है। कोरोमंडल तट की औसत चौड़ाई 100 किमी. है, लेकिन कावेरी नदी के मुहाने पर इसकी सर्वाधिक चौड़ाई (130 किमी.) मिलती है। कावेरी नदी द्वारा बहाकर लाए गए अवसादों से ढका हुआ कोरोमंडल तट का मैदान काफी उपजाऊ है और यह मुख्य रूप से चावल की खेती के लिए जाना जाता है। कावेरी नदी के डेल्टा के दक्षिणी भाग में कैलीमर प्वाइंट स्थित है। इस बिंदु पर कोरोमण्डल तट 90° पश्चिम की ओर घूम जाता है। कैलीमर प्वाइंट से रामेश्वरम द्वीप तक कोरोमण्डल तट पाक की खाड़ी से घिरा हुआ है। कोरोमंडल तट केवल शीतकाल में वर्षा प्राप्त करता है, जबकि दक्षिणी पश्चिमी मानसून काल में यहाँ पर वर्षा नहीं हो पाती है।

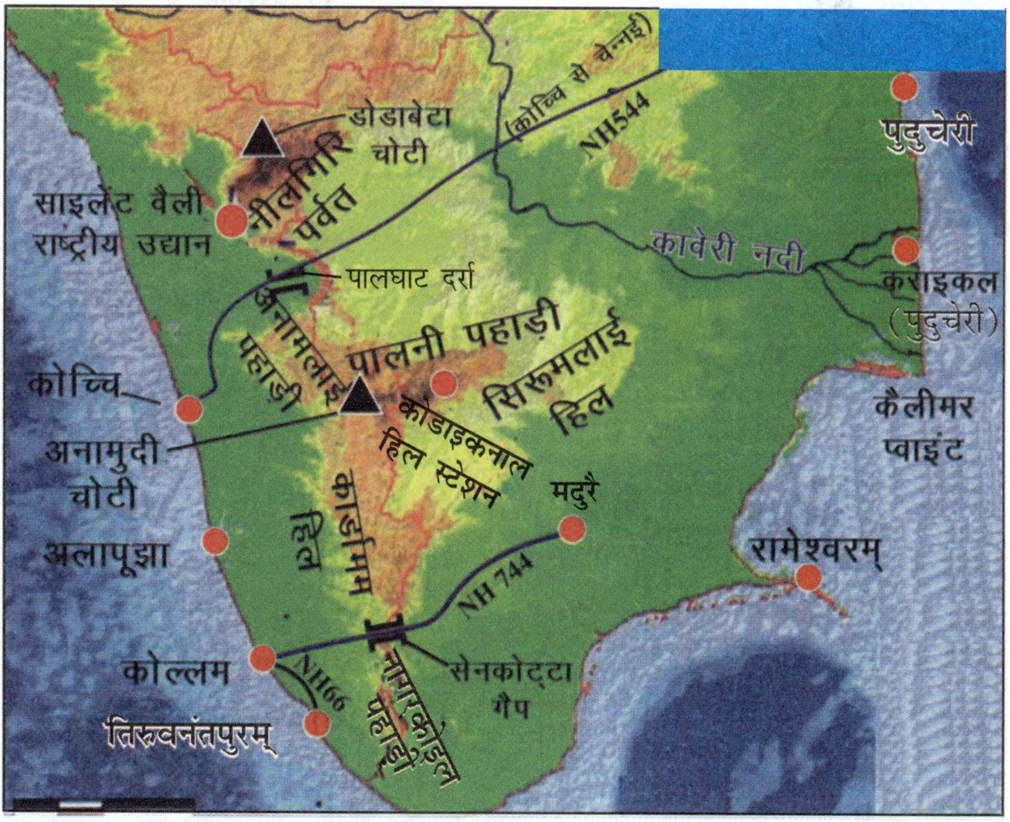

E. भारत के द्वीप समूह

भारत में मुख्य रूप से दो द्वीप समूह हैं–

1. अंडमान और निकोबार द्वीपसमूह (बंगाल की खाड़ी)
2. लक्षद्वीप (अरब सागर)

1. अंडमान और निकोबार द्वीप समूह

बंगाल की खाड़ी में **जलमग्न पर्वत के उभरे हुए भागों से** अंडमान और निकोबार द्वीप समूह का निर्माण हुआ है। इसके कुछ द्वीपों का निर्माण **ज्वालामुखी लावा** से भी हुआ है।

हिमालय पर्वत अपने पूर्वी भाग में नामचा बरवा **चोटी (तिब्बत)** के समीप दक्षिणवर्ती मोड़ दर्शाता है, जिसे पूर्वोत्तर भारत में **पूर्वांचल पहाड़ियों** और म्यांमार में **अराकानयोमा पर्वत** के नाम से जाना जाता है। अराकानयोमा पर्वत **इरावदी नदी** के डेल्टा के समीप बंगाल की खाड़ी में जलमग्न हो जाता है। लेकिन बंगाल की खाड़ी के मध्य भाग में इस पर्वत के शीर्ष भाग अनेक जगहों पर सागर सतह के ऊपर निकल गये हैं। इन्हीं उभरे हुए भागों से मिलकर **अंडमान और निकोबार द्वीप समूह** का निर्माण हुआ है। यही कारण है कि अंडमान और निकोबार द्वीपों पर पर्वत चोटियाँ पाई जाती हैं, **उदाहरण के लिए सैंडलपीक चोटी**। इस प्रकार अंडमान और निकोबार द्वीप समूह **अराकानयोमा पर्वत का ही बंगाल की खाड़ी में विस्तार** है। ये द्वीप समूह एक संकरी शृंखला के रूप में उत्तर से दक्षिण की ओर फैले हुए हैं। द्वीप समूह का अक्षांशीय विस्तार **6°4′ उत्तरी अक्षांश** से लेकर **13°3′ उत्तरी अक्षांश** तक है। द्वीप समूह का क्षेत्रफल लगभग 8249 वर्ग कि.मी. है।

अंडमान और निकोबार द्वीप समूह को **मरकत द्वीप** या **एमरॉल्ड आइलैण्ड** भी कहा जाता है। अंडमान और निकोबार **मलयाली भाषा** के शब्द हैं। अंडमान हनुमान शब्द का परिवर्तित रूप है, जबकि निकोबार का अर्थ है – नग्न लोगों की भूमि। अंडमान और निकोबार में कुल 572 द्वीप हैं। इनमें से 38 द्वीपों पर मानव आबादी पाई जाती है। विषुवत रेखा के समीप होने के कारण यहाँ विषुवतीय जलवायु पाई जाती है। ये द्वीप उच्च तापमान युक्त हैं और पूरे वर्ष वर्षा से प्रभावित रहते हैं। इसका 86% क्षेत्रफल वनों से ढका है। **ओंग, जारवा, सेंटीनली** और **शोम्पेन** यहाँ की मूल आदिवासी जनजातियाँ हैं, जो मछली पकड़ने का काम करती हैं।

10° उत्तरी अक्षांश पर स्थित **10° चैनल जलमार्ग** अंडमान द्वीपसमूह को निकोबार द्वीप समूह से अलग करता है। इनमें से अंडमान द्वीप समूह अधिक महत्त्वपूर्ण है, क्योंकि इसका क्षेत्रफल और द्वीपों का आकार अपेक्षाकृत बड़ा है। इसकी **राजधानी पोर्ट ब्लेयर** भी अंडमान में ही स्थित है।

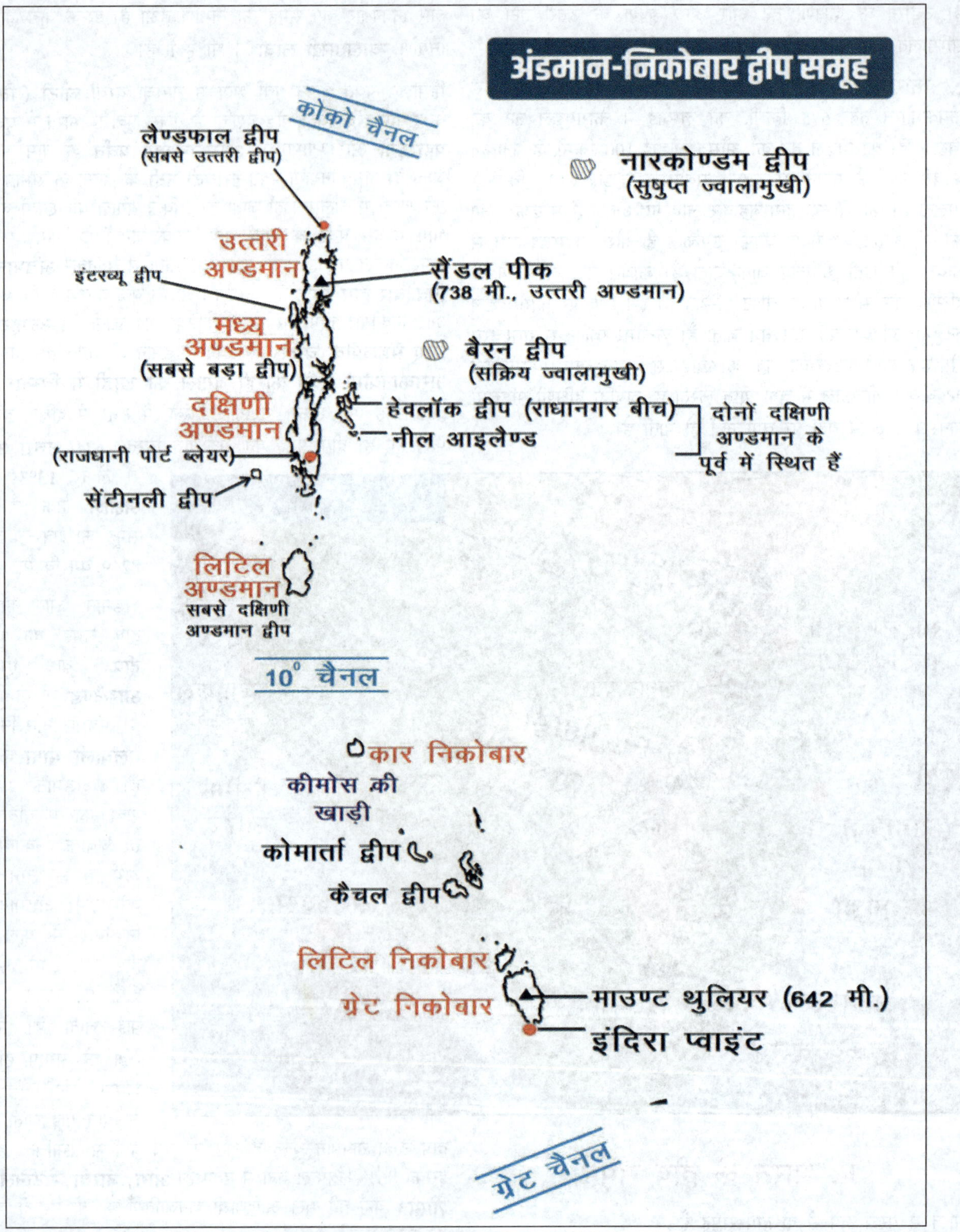

अंडमान द्वीप समूह के अंतर्गत उत्तर से दक्षिण की ओर चार बड़े द्वीप क्रमशः **उत्तरी अंडमान, मध्य अंडमान, दक्षिणी अंडमान** और **लिटिल अंडमान** हैं।

अंडमान द्वीप समूह का सबसे उत्तरी द्वीप उत्तरी **अंडमान** है। अंडमान और निकोबार द्वीप समूह की **सर्वोच्च चोटी सैंडलपीक** इसी पर स्थित है। **मध्य अंडमान,** अंडमान और निकोबार द्वीप समूह का **सबसे बड़ा द्वीप** है। राजधानी **पोर्ट ब्लेयर** दक्षिणी अंडमान पर स्थित है।

दक्षिणी अंडमान द्वीप के पूर्व में रीची द्वीप समूह अंडमान सागर में स्थित है। **रीची द्वीप समूह** के अंतर्गत **हैवलॉक आइलैण्ड, नील आइलैण्ड** और **रॉस आइलैण्ड** समेत कई छोटे-बड़े टापू और समुद्र से बाहर उभरी हुई चट्टानें हैं, जो दक्षिणी अंडमान के समानांतर उत्तर-दक्षिण दिशा में विस्तृत हैं। हैवलॉक और नील आइलैण्ड अपनी खूबसूरती और आकर्षण तटों के कारण पर्यटकों के आकर्षण का केंद्र है। हैवलॉक आइलैण्ड में **राधानगर बीच** भारत का सबसे खूबसूरत समुद्र तट है। हैवलॉक आइलैण्ड के छिछले सागरों में प्रवालभित्तियाँ पाई जाती हैं, जो गोताखोरों के लिए आकर्षण का विशेष केंद्र हैं। लिटिल अंडमान, अंडमान द्वीप समूह का सबसे दक्षिणी द्वीप है।

10° चैनल कार निकोबार द्वीप को लिटिल अंडमान से अलग करता है। **कार निकोबार** के दक्षिण में क्रमशः **कोमार्ता द्वीप, कैचल द्वीप, लिटिल निकोबार** और **ग्रेट निकोबार द्वीप** स्थित है। निकोबार समूह में ग्रेट निकोबार द्वीप सबसे बड़ा है। अंडमान और निकोबार द्वीप समूह की दूसरी सबसे ऊँची चोटी **माउण्ट थुलियर** (642 मी.) और भारत का सबसे दक्षिणी बिन्दु **इंदिरा प्वाइंट** ग्रेट निकोबार पर ही स्थित है। **ग्रेट चैनल** इण्डोनेशिया के सुमात्र द्वीप को ग्रेट निकोबार से अलग करता है।

अंडमान और निकोबार द्वीप समूह में दो ज्वालामुखी लावा निर्मित द्वीप हैं- **नारकोंडम द्वीप** और **बैरन द्वीप।** जब ज्वालामुखी क्रिया के कारण लावा क्रमिक रूप से ठोस होते हुए सागर सतह के ऊपर निक्षेपित (Deposited) होने लगता है तो ज्वालामुखी द्वीपों का निर्माण होता है। **बैरन द्वीप भारत का एकमात्र सक्रिय ज्वालामुखी है। बैरन द्वीप पर आखिरी विस्फोट 28 मई, 2005 को हुआ था। इसके बाद से अब तक इस द्वीप से लावा निकलता रहता है। यह अंडमान द्वीपों में सबसे पूर्वी द्वीप है,** जबकि **नारकोण्डम सुषुप्त ज्वालामुखी** है। ये दोनों द्वीप अंडमान द्वीप समूह के पूर्व में स्थित हैं।

लैण्डफाल द्वीप, सेंटीनली द्वीप और **इंटरव्यू द्वीप** अंडमान और निकोबार द्वीप समूह में स्थित अन्य महत्त्वपूर्ण द्वीप हैं। इनमें से **लैण्डफाल द्वीप** अंडमान निकोबार का **सबसे उत्तरी द्वीप** है। **कोको चैनल** (जलमार्ग) लैण्डफाल द्वीप को म्यांमार के कोको द्वीप से अलग करता है।

डंकन पास दक्षिणी अंडमान और लिटिल अंडमान के मध्य में स्थित है।

अंडमान द्वीप समूह में स्थित रॉस, नील और हैवलॉक द्वीपों का नाम क्रमशः सुभाष चंद्र बोस द्वीप, शहीद द्वीप और स्वराज द्वीप रखा गया है।

अंडमान और निकोबार द्वीप समूह के पर्वत शिखर

- सैंडलपीक (732 मी.) - उत्तरी अंडमान
- माउण्ट डियोवोली - मध्य अंडमान
- माउण्ट कोपोबो - दक्षिणी अंडमान
- माउण्ट हैरियट (मणिपुर) - दक्षिणी अंडमान
- माउण्ट थुलियर (642 मी.) - ग्रेट निकोबार

बंगाल की खाड़ी में निर्मल और शांत अंडमान के उष्णकटिबंधीय वर्षावन, मैंग्रोव युक्त सर्पाकार क्रीक, सुंदर रेतीले तट और प्रवालभित्तियाँ पर्यटकों के मन को असीम आनंद की अनुभूति कराती हैं।

2. लक्षद्वीप समूह

मालाबार तट से 280 किमी. दूर अरब सागर में **लक्षद्वीप समूह** स्थित है। लक्षद्वीप **प्रवालभित्ति द्वारा** निर्मित द्वीपों का समूह है। इन द्वीपों का निर्माण अरब सागर में जलमग्न पठारों के ऊपर **प्रवाल (कोरल) जीवों** के अस्थिपंजरों के निक्षेप से हुआ है। यहाँ सभी द्वीपों के चारों तरफ घोड़े की नाल की आकृति में प्रवालभित्तियाँ पाई जाती हैं, जिसे **एटॉल (Atoll)** कहते हैं।

लक्षद्वीप समूह भारत का **सबसे छोटा केंद्रशासित प्रदेश** होने के साथ-साथ एक जिला है। लक्षद्वीप के अंतर्गत 8° उत्तरी अक्षांश से लेकर 12° उत्तरी अक्षांश तक कुल 36 द्वीप हैं, जिनका कुल सतही क्षेत्रफल 32 वर्ग किमी. है। पहले इस द्वीप समूह को **लकादीव, मिनिकॉय** और **अमीनदीव** के नाम से जाना जाता था। लक्षद्वीप के उत्तरी द्वीप समूह को **अमीनदीव** तथा दक्षिणी द्वीप को **मिनिकॉय** कहा जाता है। 9° चैनल मिनिकॉय द्वीप को लक्षद्वीप से अलग करता है। जबकि 8° चैनल मिनिकॉय को मालदीव से अलग करता है।

कवारत्ती द्वीप लक्षद्वीप की राजधानी है। लक्षद्वीप समूह का **सबसे बड़ा द्वीप एण्ड्रोट** है। इसका क्षेत्रफल 4.9 वर्ग किमी. है, जबकि दूसरे सबसे बड़े द्वीप **मिनीकॉय** का क्षेत्रफल 4.8 वर्ग किमी. है। **अगात्ती द्वीप** पर लक्षद्वीप का एयरपोर्ट है।

लक्षद्वीप के **36 द्वीपों** में से केवल 10 द्वीपों पर मानव आबादी है। 2011 की जनगणना के अनुसार यहाँ की आबादी केवल 64500 है। अधिकांश आबादी मुस्लिमों की है, जो अधिकतर मालाबार तट से आकर यहाँ बसे हैं। यहाँ सभी द्वीपों में **मलयालम भाषा** बोली जाती है। केवल **मिनिकॉय द्वीप पर महल** (Mahl) भाषा बोली जाती है, जो यहाँ की **मूल भाषा** है। महल, **दिवेही** (Divehi) लिपि में लिखी जाती है।

लक्षद्वीप समूह में कोई भी अनुसूचित जाति निवास नहीं करती है। यहाँ **केवल अनुसूचित जनजाति** के लोग निवास करते हैं। यहाँ **94% जनसंख्या अनुसूचित जनजाति** की है। नारियल की खेती करना और टूना मछली पकड़ना यहाँ के लोगों का मुख्य पेशा है। **पिटली द्वीप** यहाँ का एक पक्षी अभ्यारण्य है, जहाँ मानव आबादी निवास नहीं करती।

भारत के अन्य द्वीप

पम्बन द्वीप-तमिलनाडु के तट पर **पम्बन द्वीप** है। यह भारत और श्रीलंका के मध्य **मन्नार की खाड़ी** में है। पम्बन द्वीप पर ही

रामेश्वरम् स्थित है। इस द्वीप का सबसे पूर्वी हिस्सा **धनुषकोडि** कहलाता है। **रामसेतु या एडम्स ब्रिज** मन्नार की खाड़ी में **चूना पत्थर के द्वीपों की एक शृंखला** है, जो धनुषकोडि से प्रारम्भ होकर श्रीलंका के **तलाई मन्नार द्वीप** तक जाता है। पम्बन द्वीप के पश्चिम में तमिलनाडु तट पर छोटे-छोटे द्वीपों की शृंखला को **'तलाइरी तिवु'** कहते हैं।

श्री हरिकोटा-आंध्र प्रदेश और तमिलनाडु के तट पर **पुलिकट झील** के समीप श्री हरिकोटा द्वीप स्थित है। भारत का एकमात्र उपग्रह प्रक्षेपण केंद्र **'सतीश धवन अंतरिक्ष केंद्र'** इसी द्वीप पर स्थित है। यह द्वीप पुलिकट झील को बंगाल की खाड़ी से अलग करता है। पुलिकट आंध्र प्रदेश और तमिलनाडु दोनों राज्यों में फैला हुआ है।

डॉ. अब्दुल कलाम द्वीप- ब्राह्मणी नदी (वैतरणी नदी) के मुहाने पर ओडिशा तट से 10 किमी. दूर अब्दुल कलाम द्वीप स्थित है। पहले इसे **व्हीलर द्वीप** कहा जाता था। मिसाइल परीक्षण केंद्र के रूप में प्रयोग किए जाने के कारण सरकार ने ही इसका नाम 'मिसाइलमैन' के नाम पर रखा।

न्यूमर द्वीप-बंगाल की खाड़ी में मग्न तट पर स्थित यह द्वीप **भारत-बांग्लादेश सीमा पर** स्थित है। इसका निर्माण गंगा नदी के मुहाने पर नदी द्वारा लाए गए **मलबों के जमाव** से हुआ है। रेत से निर्मित होने के कारण यह द्वीप कभी दिखाई देता है, तो कभी सागर में विलीन हो जाता है।

गंगा सागर द्वीप- गंगा नदी के बांग्लादेश में प्रवेश करने से पूर्व इसकी एक धारा पश्चिम बंगाल में दक्षिण की ओर मुड़ जाती है, जिसे हुगली नदी के नाम से जानते हैं। **हुगली नदी** द्वारा लाए गए अवसादों (Sediment) के जमाव से गंगासागर द्वीप का निर्माण हुआ है। यह गंगा के **डेल्टाई क्षेत्र में स्थित सबसे बड़ा द्वीप** है।

दीव द्वीप- यह गुजरात के **काठियावाड़ प्रायद्वीप** के दक्षिणी सिरे पर स्थित है।

अलियाबेट (द्वीप)- यह खम्भात की खाड़ी में नर्मदा नदी के मुहाने पर स्थित है। गुजराती भाषा में बेट को द्वीप कहते हैं। इस द्वीप के क्षेत्र में पेट्रोलियम और प्राकृतिक गैस के भण्डार संचित हैं।

द्वारका द्वीप- यह अरब सागर में कच्छ की खाड़ी के मुहाने पर ओखा बंदरगाह के समीप स्थित है।

सालसेट द्वीप- यह महाराष्ट्र राज्य के तट पर अरब सागर में स्थित है। मुंबई महानगर इसी द्वीप के दक्षिणी छोर पर बसा है। हाजी अली दरगाह, मुंबादेवी मंदिर, महालक्ष्मी मंदिर, गेटवे ऑफ इंडिया और जुहू चौपाटी इसी द्वीप पर स्थित हैं।

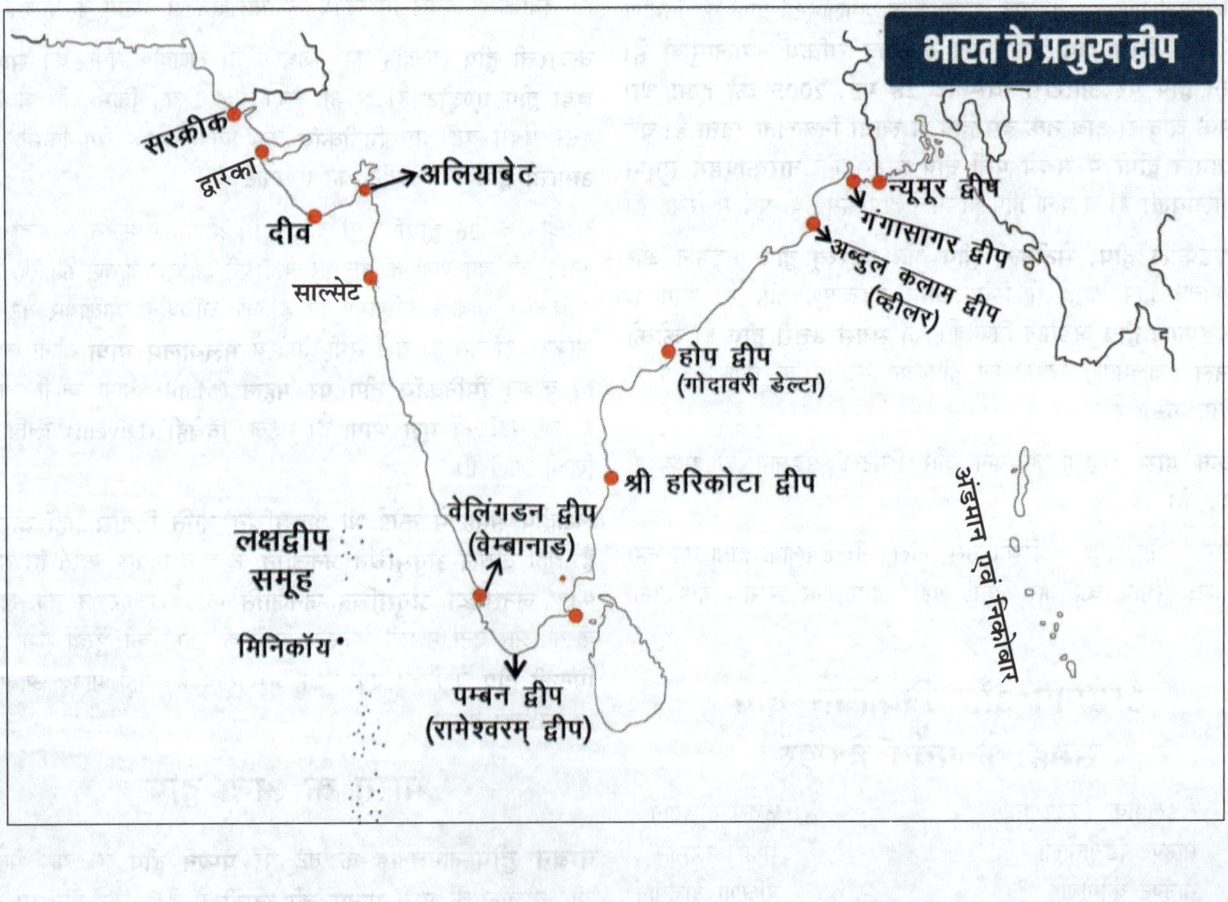

एलिफेंटा द्वीप- महाराष्ट्र की मुख्य भूमि और सोल्सेट द्वीप के मध्य में स्थित एलिफेंटा प्राचीन गुफाओं के लिए प्रसिद्ध है।

वेलिंगडन द्वीप- यह मालाबार तट पर **बेम्बानाड झील में** स्थित है। **मानव निर्मित** इस द्वीप को कोच्चि शहर के विस्तार के रूप में विकसित किया गया है।

सरक्रीक- यह 96 कि.मी. लम्बा एक दलदली क्षेत्र है, जो पाकिस्तान के सिंध प्रांत और गुजरात की सीमा पर स्थित है। सरक्रीक कच्छ के रन का सबसे पश्चिमी छोर है।

प्रवालभित्ति

समुद्रों में प्रवालभित्तियों (Coralreef) का निर्माण **प्रवाल नामक जीव** के कैल्सियम कार्बोनेट से बने खोल से होता है।

प्रवाल लगभग 1 सेन्टीमीटर के समुद्री जीव होते हैं, जो लाखों की संख्या में एक साथ कालोनी बनाकर रहते हैं। प्रवाल या कोरल **सिलेंट्रेट वर्ग** का प्राणी होता है। ये जीव अपने शरीर से कैल्सियम कार्बोनेट का निष्कर्षण करके अपने खोल का निर्माण करते हैं, जो कैल्सियम कार्बोनेट का बना हुआ एक सुरक्षा कवच होता है। महासागरों में लाखों प्रजाति के कोरल पाये जाते हैं। ये प्रवाल जीव तट के समीप **छिछले सागरों में** लाखों की संख्या में कालोनी बनाकर रहते हैं। जब एक कोरल की मृत्यु हो जाती है तो दूसरा कोरल उसके खोल के ऊपर अपने खोल का निर्माण करता है। इस प्रक्रिया से एक-दूसरे के ऊपर विकास करते हुए जब कोरल सागर सतह तक आ जाते हैं तो विशाल **प्रवालभित्ति या प्रवाल द्वीपों** का निर्माण हो जाता है। इस प्रकार प्रवालभित्तियों का विकास **चूना प्रधान जीवों के अवशेषों** के जमाव (स्तरीकरण) से होता है। प्रवालभित्ति छिछले सागरों में **कैल्सियम कार्बोनेट की बनी हुई चट्टान** संरचना होती है। इन्हें **मूंगा चट्टान** भी कहते हैं।

विकास की अनुकूल दशाएँ

1. प्रवालों को सूर्य प्रकाश की आवश्यकता होती है। प्रवालों का विकास तटरेखा के समीप छिछले सागरों में अथवा महाद्वीपीय मग्नतट (Continental Shelf) पर ही होता है, क्योंकि यहाँ सूर्य का प्रकाश समुचित रूप से पहुँचता है।

प्रवालों का विकास तटरेखा और महाद्वीपीय ढाल के मध्य स्थित क्षेत्रों में ही होता है, जहाँ गहराई 50.80 मीटर से अधिक नहीं होती। महाद्वीपीय ढाल के आगे गहरे सागरों में प्रवालों का विकास नहीं होता, क्योंकि वहाँ सूर्य का प्रकाश नहीं पहुँच पाता।

2. प्रवालों का विकास गर्म सागरीय जल में ही होता है। विशेष रूप से भूमध्य रेखा से 25 अक्षांशों के मध्य के समुद्रों में ही ये पनपते हैं। ठण्डे सागर प्रवालों के विकास के अनुकूल नहीं होते।

महाद्वीपीय मग्नतट (Continental Vows)

समुद्र में डूबे हुए महाद्वीपों के किनारों को ही महाद्वीपीय मग्नतट कहते हैं। इंसानों और सागरीय जीवों दोनों के लिए मग्नतट का क्षेत्र काफी महत्त्वपूर्ण होता है। मग्नतट का छिछला सागर इंसानों के लिए जलक्रीडा, तैराकी, मछली पकड़ने और समुद्री जीवों को देखने का अवसर उपलब्ध करता है। इसीलिए दुनिया भर में तटरेखा के सहारे पर्यटन उद्योग का विकास हुआ है। इसी आनंद को उठाने के लिए लोग **गोवा, हैवलॉक द्वीप, ऑस्ट्रेलिया** और **बैंकॉक** तक की यात्रा कर आते हैं।

महाद्वीपीय मग्नतट केवल प्रवालों के विकास के लिए ही अनुकूल नहीं है, बल्कि यह क्षेत्र अधिकांश समुद्री जीवों के प्रारम्भिक विकास के लिए नर्सरी का काम करता है क्योंकि यहाँ उन्हें सुरक्षा और भोजन दोनों प्राप्त होते हैं। नदियों द्वारा बहाकर लाए गए पोषक तत्व मग्नतट पर ही जमा होते हैं। साथ ही सूर्य प्रकाश भी यहाँ समुचित रूप में पहुँचता है। इसलिए यहाँ बहुत सारी वनस्पतियों का विकास होता है, जिन्हें खाकर मछलियाँ बड़ी होती हैं और छिपने के लिए आवास भी मिल जाता है।

3. महाद्वीपों के पूर्वी मग्नतटों पर ही प्रवालों का विकास होता है, क्योंकि वहाँ गर्म सागरीय जलधाराओं का प्रवाह होता है। महाद्वीपों के पश्चिमी तट प्रवालों के विकास के अनुकूल नहीं होते, क्योंकि वहाँ ठण्डी जलधाराएँ प्रवाहित होती हैं। उदाहरण के लिए ऑस्ट्रेलिया की ग्रेट बैरियर रीफ (प्रवालभित्ति) का विकास पूर्वी तट के पास हुआ है।

दुनिया के महासागरों में प्रवालभित्तियों का विकास मुख्य रूप से 3 तरह से होता है-

a. तटीय प्रवालभित्ति (Fringing Reef)

b. अवरोधक प्रवालभित्ति (Barrier Reef)

c. एटॉल (Atoll)

a. तटीय प्रवालभित्ति (Fringing Reef)- जब प्रवालभित्तियों का विकास बिल्कुल तटरेखा के समीप होता है तो उसे **तटीय प्रवालभित्ति** कहते हैं। विश्वभर में तटीय प्रवालभित्ति की संख्या सर्वाधिक है। भारत में अंडमान निकोबार द्वीप समूह मन्नार की खाड़ी, पाक की खाड़ी, कच्छ की खाड़ी में तटीय प्रवालभित्तियाँ पाई जाती हैं।

b. अवरोधक प्रवालभित्ति (Barrier Reef)- जब मग्नतट पर प्रवालभित्तियों का विकास तटरेखा से कुछ दूरी पर और तटरेखा के बिल्कुल समानांतर होता है तो उसे **अवरोधक प्रवालभित्ति** (Barrier Reef) कहते हैं। बैरियर रीफ सभी प्रकार की प्रवालभित्तियों से लम्बी और विस्तृत होती है। बैरियर रीफ बांध की भाँति तटीय क्षेत्रों को सागरीय लहरों से सुरक्षा प्रदान करते हैं। तट रेखा से थोड़ा दूर विकसित होने के कारण अवरोधक प्रवालभित्ति और तटरेखा के बीच में छिछले लैगून का निर्माण हो जाता है, जिसका जल निर्मल

और शांत होता है। **ऑस्ट्रेलिया का ग्रेट बैरियर रीफ** अवरोधक प्रवालभित्ति का सर्वश्रेष्ठ नमूना है।

c. एटॉल (Atoll)- जब प्रवालभित्तियों का विकास किसी द्वीप के चारों तरफ या जलमग्न पठार के ऊपर गोल छल्ले या घोड़े की नाल की आकृति में होता है, तो इसे **एटॉल** (Atoll) कहते हैं। एटॉल का कोई-न-कोई भाग खुला अवश्य होता है, जिससे बीच के भाग में लैगून का निर्माण हो जाता है। जब लैगून अवसादों से भर जाता है तो प्रवाल द्वीप का निर्माण हो जाता है। उसके ऊपरी सतह पर ताड़ और नारियल के वृक्ष पाए जाते हैं।

भारत में अरब सागर में लक्षद्वीप से लेकर मालदीव तक एटॉल की एक श्रृंखला पाई जाती है। ये सभी प्रवाल द्वीप के उदाहरण हैं।

महत्त्व: ऊष्णकटिबन्धीय क्षेत्रों में मग्नतटों पर स्थित प्रवालभित्तियों को **समुद्रों का वर्षा वन** या **समुद्री बगीचा** भी कहा जाता है, क्योंकि ये उच्च जैवविविधता के क्षेत्र होते हैं। बहुत सारी समुद्री प्रजातियों के विकास के लिए ये प्रारम्भिक नर्सरी का काम करते हैं। प्रवालभित्तियाँ इन प्रजातियों को आवास, भोजन और सुरक्षा प्रदान करती हैं।

कोरलरीफ के क्षेत्रों में विकसित होने वाली सैकड़ों प्रजाति की मछलियाँ काफी रंग-बिरंगी होती हैं, जिन्हें खाने के लिए बड़ी मछलियाँ भी समुद्र के गहरे भागों से यहाँ चली आती हैं।

मछुआरे व्यावसायिक मत्स्य पालन के लिए कोरलरीफ का प्रयोग नर्सरी ग्राउण्ड के रूप में करते हैं। प्रवालभित्तियाँ अपनी सुंदरता और विविधता के कारण पर्यटकों और गोताखोरों के आकर्षण का केंद्र होती हैं, जिससे स्थानीय लोगों को रोजगार और आय प्राप्त होती है। **प्रवालभित्तियाँ समुद्री पारिस्थितिकी तंत्र की रीढ़** हैं। लगभग एक-चौथाई समुद्री जीवन प्रवालभित्तियों में ही पनपता है, इसलिए प्रवालभित्तियों का विनाश होने से पूरा सामुद्रिक पारिस्थितिक तंत्र दुष्प्रभावित होगा।

प्रवाल विरंजन- कोरल जिस खोल या चैंबर में रहते हैं उसके ऊपर **जूक्सैंथेली नामक शैवाल (एल्गी)** का निवास होता है। जूक्सैंथेली नामक यह एल्गी प्रकाश संश्लेषण की क्रिया द्वारा शर्करा का निर्माण करता है। प्रवाल अपने भोजन का 98% भाग इसी शर्करा से प्राप्त करते हैं, जबकि जूक्सैंथेली (Zooxanthellae) जीवित रहने के लिए प्रवाल द्वारा उत्पन्न नाइट्रोजनी अपशिष्ट पर निर्भर रहते हैं। अतः दोनों में **सहजीवी सम्बन्ध** होता है। जूक्सैंथेली अपने गुलाबी, नारंगी और भूरे रंग द्वारा प्रवालों को रंग प्रदान करते हैं। इसीलिए प्रवालभित्तियाँ चमकीले रंगों की दिखाई पड़ती हैं।

प्रवाल नाजुक जीव होते हैं और सागरीय प्रदूषण तथा तापमान में वृद्धि के कारण इनकी मृत्यु होने लगती है। मृत कोरल को ब्लीच कहते हैं। सागरीय जल के तापमान में वृद्धि होने से कोरल ब्लीचिंग की प्रक्रिया शुरू हो जाती है। ग्लोबल वार्मिंग के कारण सागरीय जल का तापमान बढ़ने से प्रवालों के बाहरी आवरण पर निवास करने वाले एल्गी विषाक्त होकर सफेद हो जाते हैं, जिसे विरंजन कहा जाता है। रंग सफेद हो जाने पर प्रकाश संश्लेशण की क्रिया अवरुद्ध हो जाती है। इस कारण वे भोजन का निर्माण नहीं कर पाते और समाप्त होने लगते हैं। शैवालों के मरने पर इन्हीं पर निर्भर प्रवाल भी भुखमरी का शिकार हो जाते हैं। इसे ही कोरल ब्लीचिंग कहते हैं।

प्रत्येक वर्ष उत्पन्न होने वाले **ऊष्णकटिबंधीय चक्रवात** (Tropical Cyclone) भी महासागरों में उत्पन्न होने के बाद महाद्वीपों के पूर्वी तटों पर पहुँच जाते हैं। चक्रवात के दौरान मग्नतट पर उठने और गिरने वाली भीषण लहरें प्रवालभित्तियों को तबाह कर देती हैं। बदलते पर्यावरण और भूमण्डलीय ऊष्मन (Global Warming) के साथ ऊष्ण चक्रवातों की तीव्रता और बारम्बारता भी बढ़ती जा रही है।

इसके अलावा समुद्री जहाज अक्सर प्रवालभित्तियों से टकराकर दुर्घटनाग्रस्त हो जाते हैं, जिससे तेल रिसाव होने लगता है। सागर सतह पर तेल का आवरण सूर्य की किरणों को बाधित कर देता है, जिससे कोरल मरने लगते हैं।

इसके अलावा **अलनीनो** नामक **मौसमी परिस्थिति** के कारण भी प्रवाल विरंजन (कोरल ब्लीचिंग) बढ़ रही है। अलनीनो दक्षिणी अमेरिका के पश्चिमी तट पर असामान्य रूप से प्रवाहित होने वाली एक गर्म जलधारा है, जो दुनियाभर में महासागरों का तापमान बढ़ा देती है। चाहे ग्रेट बैरियर रीफ हो या अरब सागर में लक्षद्वीप के कोरल द्वीपों का समूह हो सभी अलनीनो से दुष्प्रभावित हैं।

धरती के तापमान में वृद्धि और उससे होने वाले जलवायु परिवर्तनों को प्रवालों के लिए सबसे बड़ा खतरा माना जा रहा है।

○○○

4 हिमालय के प्रमुख दर्रे और अंतरपर्वतीय घाटियाँ

हिमालय के प्रमुख दर्रे

अपारगम्य हिमालय को केवल कुछ प्राकृतिक दर्रों के द्वारा ही पार किया जा सकता है। हिमालय के शीर्ष पर स्थित इन दर्रों (Passes) का निर्माण **पूर्ववर्ती नदियों (Former Rivers) द्वारा** अपरदन क्रिया द्वारा किया गया था।

जम्मू और कश्मीर तथा लद्दाख के दर्रे

1. काराकोरम दर्रा

यह दर्रा भारत-चीन सीमा पर केन्द्रशासित प्रदेश **लद्दाख** में काराकोरम श्रेणी पर **5540 मीटर** की ऊँचाई पर स्थित है। **राजधानी लेह** से चीन के **तारिम बेसिन में स्थित यारकंद** तक जाने वाला प्राचीन व्यापारिक मार्ग इसी दर्रे से होकर गुजरता है। यह **35^{0}5' उत्तरी अक्षांश** पर स्थित है।

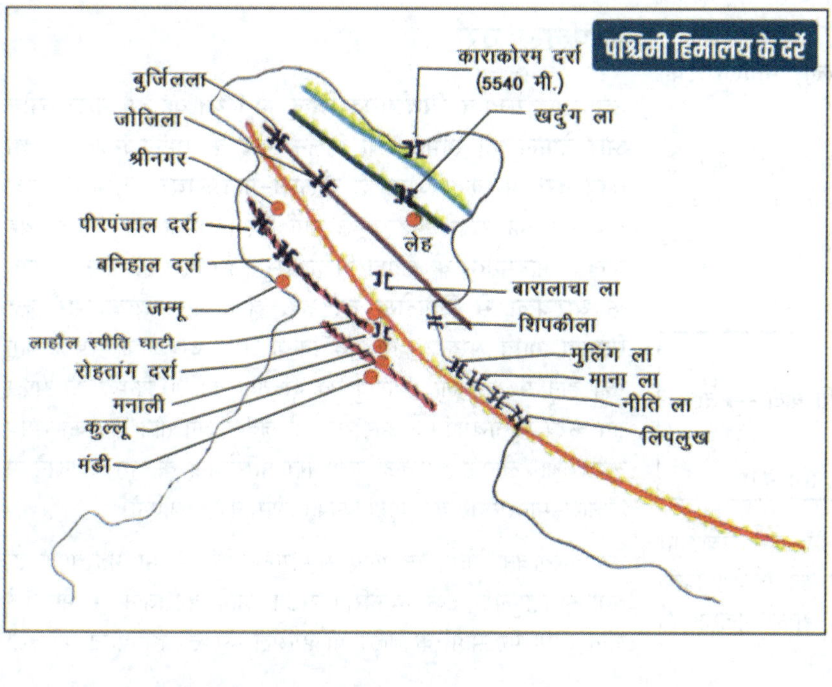

2. जोजिला दर्रा

यह दर्रा केंद्रशासित प्रदेश **लद्दाख** में **जास्कर श्रेणी** पर स्थित है, जो 3528 मीटर की ऊँचाई पर स्थित है। **श्रीनगर से लेह** तक यात्रियों को पहुँचाने वाला **राष्ट्रीय राजमार्ग NH-1** जोजिला से ही गुजरता है। इसे **जोजि दर्रा** भी कहते हैं, क्योंकि तिब्बती में ला का अर्थ दर्रा होता है। अधिक बर्फबारी के कारण यह शीत ऋतु में बंद हो जाता है। इस दर्रे की देख-भाल और बर्फ हटाने की जिम्मेदारी **सीमा सड़क संगठन (BRO)** की है।

3. खर्दुंग ला

यह दर्रा लद्दाख में **लेह शहर के उत्तर** में स्थित है, जो **नुब्रा घाटी** और **श्योक घाटी** में जाने का रास्ता प्रदान करता है। भारतीय सेना नुब्रा घाटी से होकर ही सियाचीन पहुँचती है।

4. बुर्जिल दर्रा

यह दर्रा लद्दाख में **महान हिमालय** पर स्थित है। यह दर्रा **श्रीनगर को गिलगित** से जोड़ता है, जो पाक अधिकृत कश्मीर (POK) में स्थित है।

5. बनिहाल दर्रा

यह दर्रा जम्मू और कश्मीर केंद्रशासित प्रदेश में पीरपंजाल श्रेणी पर स्थित है, जो जम्मू डिवीजन को पीरपंजाल श्रेणी के उत्तर में स्थित कश्मीर घाटी (श्रीनगर) से जोड़ता है। अधिक ऊँचाई पर स्थित होने के कारण **जम्मू-श्रीनगर मार्ग** पर स्थित यह दर्रा शीत ऋतु में बर्फबारी से बंद हो जाता था, इसलिए 1956 में पीरपंजाल श्रेणी को काटकर बनिहाल दर्रे के नीचे **जवाहर**

सुरंग बनाई गई। वर्तमान में जम्मू से श्रीनगर जाने वाला **राष्ट्रीय राजमार्ग NH-44** इसी टनल से होकर गुजरता है। बर्फबारी और असुरक्षा के कारण अब बनिहाल दर्रे से यातायात बंद कर दिया गया है। जवाहर टनल जम्मू क्षेत्र में स्थित **बनिहाल शहर** को कश्मीर क्षेत्र में स्थित **काजीकुंड शहर** से जोड़ती है।

वर्ष 2013 में जवाहर टनल से भी नीचे पीरपंजाल को काटकर **बनिहाल-काजीकुंड रेल सुरंग** का निर्माण किया गया। यह देश की **सबसे लम्बी (11.3 किमी.)** रेल सुरंग है।

6. पीरपंजाल दर्रा

यह दर्रा जम्मू और कश्मीर केंद्रशासित प्रदेश में पीरपंजाल श्रेणी पर **बनिहाल दर्रा के पश्चिम** में स्थित है। यह कश्मीर घाटी को जम्मू क्षेत्र में स्थित **पुंछ और राजौरी** से जोड़ता है। प्राचीन **मुगल रोड** इसी दर्रे से गुजरता था।

इसके अलावा केंद्रशासित प्रदेश लद्दाख के सीमावर्ती क्षेत्रों में **जारा ला, चांग ला, इमिस ला, लनक ला, कोने ला** और **अगहिल दर्रे** स्थित हैं।

हिमाचल प्रदेश के दर्रे

1. रोहतांग दर्रा

यह दर्रा हिमाचल प्रदेश में **कुल्लू घाटी** और **लाहौल-स्पीति घाटी** के मध्य पीरपंजाल श्रेणी पर स्थित है। कुल्लू घाटी में स्थित मनाली से लाहौल-स्पीति घाटी में जाने के लिए यह दर्रा प्रवेश द्वार के रूप में है।

हिमाचल प्रदेश के क्रमशः मंडी, कुल्लू और मनाली से लद्दाख के लेह शहर तक जाने वाला राजमार्ग (मनाली-लेह राजमार्ग) रोहतांग दर्रे से होकर ही गुजरता है। इस प्रकार यह दर्रा पीरपंजाल श्रेणी के दक्षिण में स्थित हिमाचल के शहरों **(मंडी, कुल्लू, मनाली)** को **लेह शहर** से जोड़ता है।

रोहतांग दर्रा कठोर मौसम और बर्फबारी के लिए जाना जाता है, जिस कारण शीत ऋतु के 6 महीने इस दर्रे के बाधित हो जाने से पीरपंजाल श्रेणी के उत्तर में स्थित लाहौल-स्पीति घाटी शेष भारत से कट जाती है।

मंडी → कुल्लू → मनाली ⟺ (रोहतांग दर्रा) ⟺ लाहौल-स्पीति घाटी → लेह

मंडी-लेह राजमार्ग के मध्य स्थित रोहतांग दर्रा

इस समस्या को दूर करने के लिए रोहतांग दर्रे के नीचे कम ऊँचाई पर पीरपंजाल की चट्टानों को काटकर **अटल सुरंग** का निर्माण किया गया है। मनाली-लेह राजमार्ग अब इसी सुरंग से होकर गुजरता है। **अटल टनल** विश्व की सबसे लम्बी (9.02 किमी.) सड़क सुरंग है।

2. बारा लाचा ला

यह दर्रा हिमाचल प्रदेश में **लाहौल-स्पीति घाटी के उत्तर** में स्थित है और इस घाटी को लद्दाख से जोड़ता है। **कुल्लू-मनाली से लेह** जाने वाला राजमार्ग रोहतांग दर्रे के बाद इसी दर्रे से होकर गुजरता है।

कुल्लू घाटी ⟺ (रोहतांग दर्रा) ⟺ लाहौल-स्पीति घाटी ⟺ (बारा लाचा ला दर्रा) ⟺ लेह

3. शिपकीला

यह दर्रा हिमाचल प्रदेश के **किन्नौर जिले** को तिब्बत से जोड़ता है। **शिमला से तिब्बत** जाने वाली सड़क इसी दर्रे से होकर निकलती है। तिब्बत के मानसरोवर से निकलने वाली **सतलुज नदी** इसी दर्रे के समीप से हिमाचल प्रदेश में प्रवेश करती है।

उत्तराखण्ड के दर्रे

उत्तराखण्ड में स्थित सभी दर्रे भारत-चीन (तिब्बत) सीमा पर स्थित हैं। महान हिमालय के अंतर्गत आने वाले ये सभी दर्रे भारतीय तीर्थ यात्रियों को तिब्बत स्थित **कैलाश-मानसरोवर** जाने के लिए मार्ग उपलब्ध कराते हैं। इनमें से **माना ला, नीति ला** और **लिपुलेख** सर्वाधिक प्रचलित दर्रे हैं। दुर्गम क्षेत्र और शीतकाल में बर्फबारी के कारण ये दर्रे 6 महीने आवागमन के लिए बंद रहते हैं। उपरोक्त तीनों दर्रों के अलावा **थागा ला, मुलिंग ला, बालचा धुरा, लंपिया धुरा** जैसे दर्रे भी भारत-चीन सीमा पर स्थित हैं।

लिपुलेख दर्रा

उत्तराखण्ड राज्य के **पिथौरागढ़ जिले** में स्थित यह दर्रा **भारत-चीन और नेपाल** की सीमाओं के मिलन बिन्दु के समीप स्थित है। इसे **लिपू दर्रा** भी कहा जाता है। **कैलाश-मानसरोवर** (तिब्बत) यात्रा के लिए यह सबसे महत्त्वपूर्ण मार्ग प्रदान करता है, क्योंकि यह कैलाश-मानसरोवर के काफी निकट स्थित है। हाल ही में उत्तराखण्ड के **धारचूला से लिपुलेख दर्रे** तक जाने वाले **सड़क मार्ग का निर्माण** भारत सरकार द्वारा पूरा किया गया। अब तक सड़क मार्ग नहीं होने से धारचूला से लिपुलेख दर्रे तक का 90 किमी. का सफर तय करने में तीर्थयात्रियों और सेना के जवानों को तीन दिन का समय लगता था। लेकिन धारचूला-लिपुलेख परियोजना के पूरा हो जाने से कैलाश-मानसरोवर की यात्रा काफी आसान हो जाएगी।

यह परियोजना भारत के लिए सामरिक दृष्टि से भी महत्त्वपूर्ण है, क्योंकि लिपुलेख तक विकसित सड़क मार्ग बन जाने से भारत ने चीन सीमा पर सामरिक बढ़त भी हासिल कर ली है। भारत की इसी

सामरिक बढ़त के कारण **नेपाल** 'धारचूला-लिपुलेख सड़क मार्ग' का विरोध कर रहा है। नेपाल को लगता है कि अब भारतीय सेना की पहुँच चीन और नेपाल की सीमा तक आसान हो जाएगी, जिससे नेपाल को भविष्य में खतरा हो सकता है।

पूर्वोत्तर भारत में स्थित दर्रे

1. नाथू दर्रा (नाथू-ला)

यह दर्रा सिक्किम राज्य की **डोगेक्या श्रेणी में** भारत और तिब्बत (चीन) सीमा पर स्थित है। यह दर्रा सिक्किम को तिब्बत की **चुंबी घाटी** से जोड़ता है।

राजधानी **गंगटोक** से चुंबी घाटी होते हुए तिब्बत की राजधानी **ल्हासा** तक जाने वाला मार्ग नाथू-ला से होकर गुजरता है। **चुंबी घाटी** सिक्किम और पड़ोसी देश भूटान के मध्य फँसा हुआ एक **तिब्बती क्षेत्र** है। बीसवीं सदी की शुरुआत में **भारत-चीन व्यापार का 80 प्रतिशत** हिस्सा नाथू-ला के जरिए ही होता था, लेकिन वर्ष 1962 के भारत-चीन युद्ध के बाद इसे बंद कर दिया गया था। आपसी सहमति के बाद वर्ष 2006 में यह दर्रा पुन: व्यापार के लिए खोल दिया गया है। वर्तमान में **नाथू-ला** भारत-चीन के मध्य तीन व्यापारिक चौकियों में से एक है। दो अन्य चौकियाँ हैं- **शिपक-ला** (हिमाचल प्रदेश) और **लिपुलेख** (उत्तराखण्ड)।

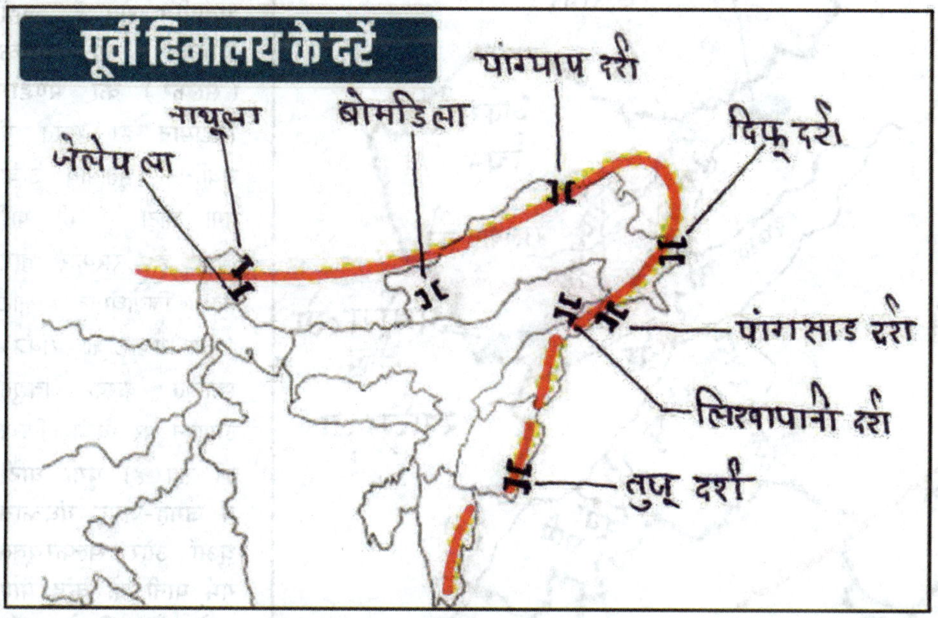

2. जेलेप-ला

यह दर्रा भी **सिक्किम** में नाथू-ला के दक्षिण में सिक्किम और चुंबी घाटी (तिब्बत) की सीमा पर स्थित है और चुंबी घाटी होते हुए ल्हासा तक जाने का मार्ग प्रदान करता है।

3. बोमडिला दर्रा

यह दर्रा अरुणाचल प्रदेश की सीमा पर स्थित नहीं है बल्कि भूटान सीमा के निकट अरुणाचल प्रदेश के **तवांग क्षेत्र** में स्थित है, जो तवांग घाटी से तिब्बत जाने का मार्ग प्रदान करता है।

4. यांग्याप दर्रा

यह दर्रा **अरुणाचल प्रदेश** में तिब्बत सीमा पर स्थित है। ब्रह्मपुत्र नदी (दिहांग नदी) इसी दर्रे के समीप अरुणाचल प्रदेश में प्रवेश करती है।

5. दिफू दर्रा

यह दर्रा **अरुणाचल प्रदेश** में **भारत-चीन-म्यांमार की सीमाओं** के मिलन बिंदु पर स्थित है। भारत और म्यांमार के बीच आवागमन के लिए यह पूरे वर्ष खुला रहता है।

6. पांगसाड और लिखापानी दर्रा

पांगसाड दर्रा अरुणाचल प्रदेश में **भारत-म्यांमार** सीमा पर स्थित **पटकोईबुम हिल** पर स्थित है। जबकि **लिखापानी दर्रा,** पांगसाड दर्रे के पश्चिम में **असम और अरुणाचल प्रदेश की सीमा पर** स्थित है। ये दोनों दर्रे असम के मैदानी भागों **(ब्रह्मपुत्र घाटी)** को म्यांमार से जोड़ते हैं। म्यांमार से असम में आने वाली **लेडो सड़क** पांगसाड और लिखापानी दर्रों से होकर ब्रह्मपुत्र घाटी में प्रवेश करती है।

7. तुजू दर्रा

मणिपुर हिल (मणिपुर राज्य) में स्थित यह दर्रा राजधानी **इम्फाल को म्यांमार से** जोड़ता है।

हिमालय पर स्थित अंतरपर्वतीय घाटियाँ

हिमालय की तीनों शृंखलाओं- महान हिमालय, लघु हिमालय और शिवालिक के मध्य समतल अतंरपर्वतीय संरचनात्मक घाटियों का विकास हुआ है। उदाहरण के लिए महान हिमालय और लघु हिमालय के मध्य कश्मीर घाटी, कुल्लू घाटी, कांगड़ा घाटी, फूलों की घाटी का विकास हुआ है।

हिमालय पर ये अंतरपर्वतीय घाटियाँ (Intermountain Valleys) **सिक्किम के पश्चिम** में ही पाई जाती हैं। सिक्किम के पूर्व में

स्थित पूर्वी हिमालय में तीनों श्रृंखलाएँ इतनी नजदीक आ गई हैं कि यहाँ अंतरपर्वतीय घाटियाँ विलुप्त हो गई हैं। पूर्वी हिमालय में अंतरपर्वतीय घाटियों के अभाव का कारण **इण्डियन प्लेट** के प्रवाह को माना जाता है। इस भूगर्भिक प्लेट (Geologic Plate) के प्रवाह की दिशा **उत्तर-पूर्व की ओर** होने के कारण **पूर्वी हिमालय** में इतना दबाव उत्पन्न हुआ कि तीनों वलन रेखाएँ बिल्कुल समीप आ गईं। सभी अवसादी मलबे वलित हो गए, जबकि पश्चिमी हिमालय में तुलनात्मक रूप से कम दबाव के कारण दो वलन रेखाओं के मध्य **संरचनात्मक घाटियों (Structural Valleys)** का निर्माण हो गया। आइए इन घाटियों के विषय में जानते हैं-

1. श्योक घाटी

काराकोरम और लद्दाख श्रेणियों के मध्य श्योक नदी की घाटी है। श्योक नदी का उद्गम सियाचीन ग्लेशियर के पूर्व में स्थित **रेमो ग्लेशियर** से होता है।

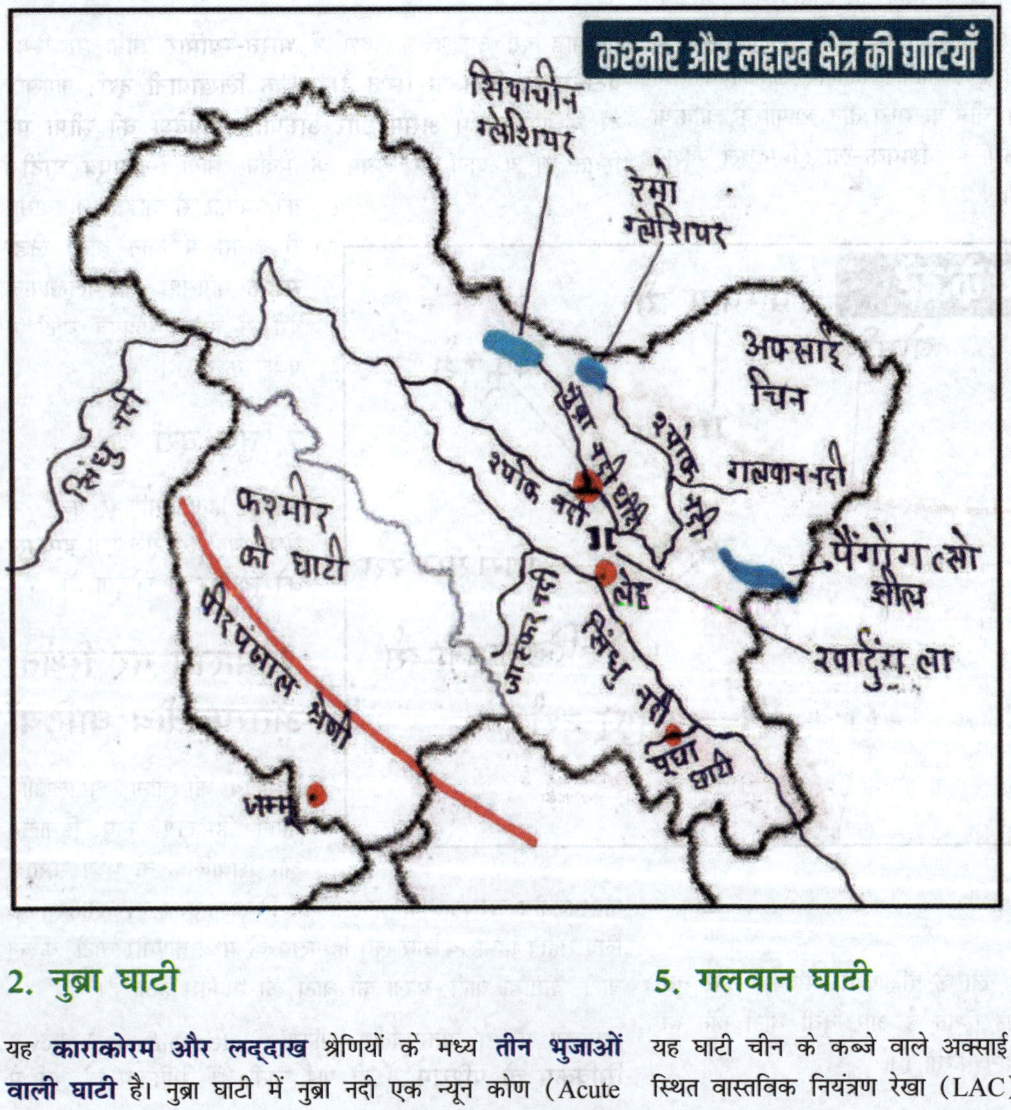

2. नुब्रा घाटी

यह **काराकोरम और लद्दाख** श्रेणियों के मध्य **तीन भुजाओं वाली घाटी** है। नुब्रा घाटी में नुब्रा नदी एक न्यून कोण (Acute Angle) पर श्योक नदी से आकर मिलती है, जिससे इस घाटी की तीन भुजाएँ बन गई हैं।

नुब्रा नदी सियाचीन ग्लेशियर से निकलकर दक्षिण-पूर्व दिशा में बहती है। लेह से खारदुंग ला दर्रे से होकर नुब्रा घाटी में प्रवेश किया जाता है।

3. कश्मीर घाटी

यह महान हिमालय और पीरपंजाल श्रेणी (लघु हिमालय) के मध्य स्थित **हिमालय क्षेत्र की सबसे बड़ी घाटी है, जो 5000 वर्ग किमी. में फैली हुई है।** कश्मीर घाटी पहले एक झील क्षेत्र की जो अवसादों (Sediments) के निक्षेपण (Deposition) से समतल मैदान बन गई। कश्मीर घाटी में स्थित **वूलर और डल** झीलें उसी वृहद् झील के अवशेष हैं। 'झेलम' कश्मीर घाटी में बहने वाली बड़ी नदी है, जो वूलर झील से होकर प्रवाहित होती है। गुलमर्ग, सोनमर्ग व पहलगाम जैसे ढालदार घास के मैदानों और हिमाच्छादित शिखरों के मध्य स्थित कश्मीर की घाटी विश्व के सबसे मनमोहक और खूबसूरत घाटियों में से एक है।

4. पूगा घाटी

पूगा घाटी लद्दाख के दक्षिण-पूर्वी हिस्से में स्थित है। **पूगा घाटी एक भूतापीय क्षेत्र है, जहाँ धरातल के नीचे गंधक (सल्फर) का भण्डार विद्यमान** है। भारत में सर्वाधिक भूतापीय ऊर्जा पूगा घाटी में ही पाई जाती है। सरकार द्वारा यहाँ जियोथर्मल प्लांट (भूतापीय ऊर्जा संयंत्र) स्थापित करके विद्युत उत्पादन पर विचार किया जा रहा है। **पूगा घाटी में जगह-जगह गंधकीय धुआँ और सल्फरयुक्त गर्म पानी के कुंड पाए जाते हैं, जिन्हें हॉट स्प्रिंग्स** कहा जाता है।

5. गलवान घाटी

यह घाटी चीन के कब्जे वाले अक्साई चिन और लद्दाख के मध्य स्थित वास्तविक नियंत्रण रेखा (LAC) पर स्थित है। गलवान नदी

चीन के कब्जे वाले अक्साई चिन क्षेत्र से निकलती है और पश्चिम में प्रवाहित होकर लद्दाख क्षेत्र में श्योक नदी से मिल जाती है। चीन गलवान घाटी को अपने नियंत्रण क्षेत्र में होने का दावा करता रहा है।

6. पार्वती घाटी

पार्वती घाटी, हिमाचल प्रदेश में कुल्लू घाटी में मनाली के समीप स्थित एक छोटी घाटी है, जिसमें पार्वती नदी बहती है। पार्वती, व्यास की सहायक नदी है। इस घाटी में मणिकर्ण नामक स्थान है, जो भूतापीय ऊर्जा, गर्म झरनों और गर्म जलकुंडों के लिए प्रसिद्ध है। मणिकर्ण सिखों और हिन्दुओं का एक पवित्र धार्मिक स्थल है। यहाँ के गुरुद्वारे में स्थित गर्म जलकुंड में लोग स्नान करने जाते हैं। पर्यटन स्थल **'कसोल'** भी पार्वती घाटी में ही है।

7. कुल्लू घाटी

यह हिमाचल प्रदेश में पीरपंजाल और धौलाधार श्रेणी (लघु हिमालय) के मध्य में स्थित है। **व्यास नदी** कुल्लू घाटी में प्रवाहित होने वाली प्रमुख नदी है, जो **रोहतांग दर्रे** के समीप से निकलती है। कुल्लू शहर व्यास नदी के किनारे पर स्थित है। यह घाटी अपने मंदिरों, देवदार से ढके ऊँचे पहाड़ों और सेब के बागानों के लिए प्रसिद्ध है। इसे **देवताओं की घाटी** और **सिल्वर वैली** के नाम से भी जाना जाता है। पर्यटन स्थल **मनाली** कुल्लू घाटी में ही स्थित है।

8. लाहौल-स्पीति घाटी

यह हिमाचल प्रदेश में कुल्लू घाटी के उत्तर में स्थित है। कुल्लू घाटी पीरपंजाल श्रेणी के दक्षिण में है, जबकि लाहौल-स्पीति घाटी पीरपंजाल श्रेणी के उत्तरी भाग में स्थित है। पीरपंजाल श्रेणी पर स्थित **रोहतांग दर्रा** कुल्लू घाटी से लाहौल-स्पीति घाटी में जाने के लिए मार्ग प्रदान करता है।

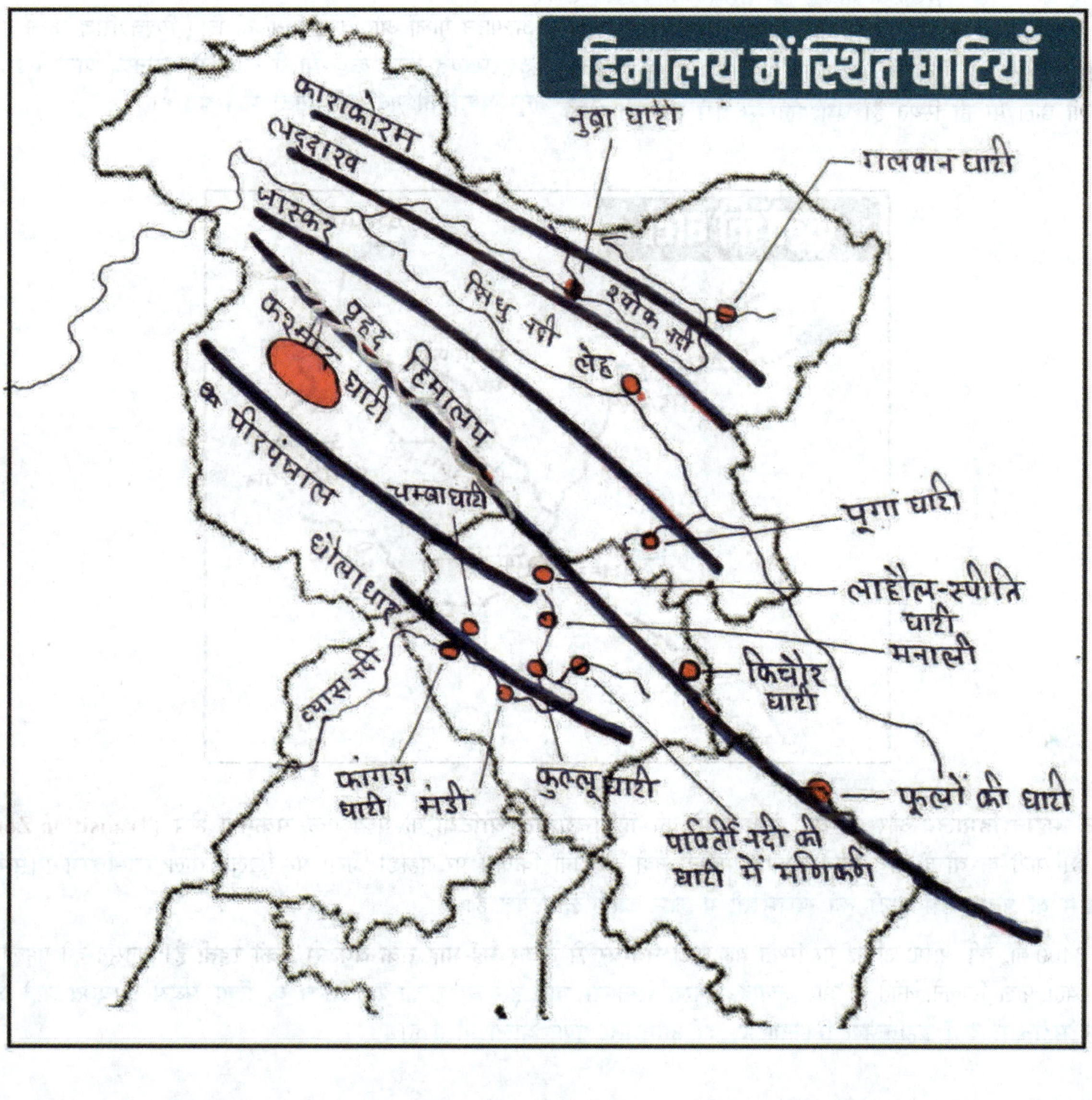

लाहौल-स्पीति की घाटियों में वर्षा नाममात्र की होती है, क्योंकि शिवालिक और लघु हिमालय के उत्तर में स्थित होने के कारण यहाँ मानसूनी पवनें पहुँच नहीं पाती हैं। परिणामस्वरूप ये दोनों घाटियाँ लद्दाख क्षेत्र की भाँति **शीत मरुस्थल के रूप में** हैं। यहाँ वृक्षों से रहित नग्न चट्टानी धरातल काफी ऊबड़-खाबड़ दिखाई पड़ता है।

लाहौल घाटी में **चंद्रा और भागा** नदियाँ, जबकि स्पीति घाटी में **स्पीति नदी** काफी वेग से प्रवाहित होती है। चंद्रा नदी लाहौल घाटी में स्थित चंद्रताल झील से निकलती है। लाहौल घाटी भारत के सबसे कम आबादी वाले क्षेत्रों में से एक है। स्थानीय आबादी बौद्ध मतावलम्बी है और यहाँ कई बौद्ध मठ भी हैं। पिन वैली राष्ट्रीय उद्यान **स्पीति घाटी** में ही स्थित है।

9. कांगड़ा घाटी

यह पश्चिमी हिमाचल प्रदेश में **धौलाधार और शिवालिक श्रेणी के मध्य में स्थित है। कांगड़ा घाटी कांगड़ा जिले का मैदानी भाग** है, जबकि कांगड़ा जिले का अधिकांश भाग धौलाधार के पहाड़ी ढालों पर स्थित है। कांगड़ा जिले का मुख्यालय धर्मशाला धौलाधार श्रेणी के दक्षिणी ढाल पर ही स्थित है। **धर्मशाला से पूरी कांगड़ा घाटी दिखाई पड़ती है। व्यास नदी रोहतांग दर्रे के समीप से निकलने के बाद पश्चिम दिशा में क्रमशः कुल्लू और कांगड़ा घाटियों में प्रवाहित होती है।**

पर्यटन स्थल पालमपुर भी कांगड़ा घाटी में स्थित है। कांगड़ा जिले के पहाड़ी ढालों पर चाय की खेती की जाती है।

10. किन्नौर घाटी

यह हिमाचल प्रदेश के पूर्वी भाग में तिब्बत सीमा के पास स्थित है। **सतलुज नदी तिब्बत में मानसरोवर के समीप राकसताल से निकलकर हिमाचल प्रदेश में किन्नौर घाटी में ही प्रवेश करती है। किन्नौर घाटी में स्पीति नदी सतलुज से आकर मिलती है। यह घाटी सेब के बागानों के लिए भी जानी जाती है।**

11. फूलों की घाटी (पुष्पावती नदी की घाटी)

अल्पाइन फूलों और वनस्पतियों के लिए विश्वप्रसिद्ध फूलों की घाटी **उत्तराखण्ड राज्य के चमोली जिले में बद्रीनाथ धाम से 20 किमी. दूर पुष्पावती नदी की घाटी में स्थित** है।

यह घाटी **महान हिमालय** और **जास्कर शृंखलाओं** की **हिमाच्छादित चोटियों** के मध्य एक **संक्रमण क्षेत्र (Transition Zone)** के रूप में है। घाटी के बीचों-बीच बहने वाली पुष्पावती नदी के दोनों किनारों पर पहाड़ी ढालों पर खिलने वाले **रंग-बिरंगे मौसमी फूल और घास के मैदान इस घाटी की खूबसूरती में चार चाँद लगा देते** हैं।

लगभग 3400 मी. की औसत ऊँचाई पर स्थित यह घाटी **नवम्बर से लेकर मई माह तक बर्फ से ढकी रहती है।** मानसून की पहली बारिश के बाद यहाँ फूल खिलने लगते हैं और **जुलाई-अगस्त-सितम्बर माह इस घाटी की सैर करने के लिए सबसे उपयुक्त माने जाते हैं। सितम्बर महीने में यहाँ ब्रह्मकमल खिलता है, जो औषधीय गुणों वाला पौधा** है।

फूलों की घाटी कुछ दुर्लभ और लुप्तप्राय जन्तुओं का प्राकृतिक आवास भी है, जिनमें **एशियाई काला भालू, हिम तेंदुआ, कस्तूरी मृग और भड़ल (नीली भेंड़) शामिल** हैं।

कहा जाता है कि रामायण काल में भगवान श्री रामचन्द्र के सेवक हनुमान जी संजीवनी बूटी की खोज में इसी घाटी में पधारे थे।

ब्रिटिश पर्वतारोही फ्रैंक स्मिथ इस घाटी की खोज करने वाले पहले व्यक्ति थे। इस घाटी की खूबसूरती से प्रभावित होकर उन्होंने 1938 में 'वैली ऑफ लावर्स' नाम से एक किताब प्रकाशित की। तभी से यह घाटी विश्वप्रसिद्ध हो गई।

1982 में फूलों की घाटी को **राष्ट्रीय उद्यान** (National Park) घोषित किया गया। यहाँ से केवल 23 किमी. दक्षिण-पूर्व में चमोली जिले में ही नंदादेवी राष्ट्रीय उद्यान स्थित है।

वर्ष 1988 में इन **दोनों राष्ट्रीय उद्यानों को मिलाकर नंदादेवी जैवमण्डल आरक्षित क्षेत्र स्थापित किया गया, जो नीलगिरि जैवमण्डल आरक्षित क्षेत्र (Biosphere Reserve) के बाद भारत का दूसरा बायोस्फीयर रिजर्व बना। नंदादेवी बायोस्फीयर रिजर्व को UNESCO के बायोस्फीयर रिजर्व के वैश्विक नेटवर्क में भी शामिल किया जा चुका है। नंदादेवी राष्ट्रीय उद्यान के मध्य से ही (धौलीगंगा) नदी प्रवाहित होती है। धौलीगंगा और पुष्पावती दोनों अलकनंदा की सहायक नदियाँ हैं।**

भारत की प्रमुख घाटियाँ

लद्दाख	मुर्खा घाटी, नुब्रा घाटी और सुरु घाटी
जम्मू-कश्मीर	कश्मीर घाटी
हिमाचल प्रदेश	चंबा घाटी, कांगड़ा घाटी, लाहुल घाटी, स्पीति घाटी, पांगी घाटी, कुल्लू घाटी, किन्नौर, पार्वती घाटी, सांगला घाटी और मालना घाटी
उत्तराखण्ड	दून घाटी, जोहर घाटी, फूलों की घाटी, धर्मा घाटी, सोर घाटी और नेलांग घाटी
पश्चिम बंगाल	न्योरा घाटी
सिक्किम	चुंबी घाटी और यूथांग घाटी
नागालैंड	जुकू घाटी
आंध्र प्रदेश	अराकू घाटी, गंडिकोटा घाटी (कैन्यन)
तमिलनाडु	कंबम घाटी
केरल	शांत घाटी
असम	सुरमा घाटी

5 भारत : अपवाह तंत्र

भारत में 4000 से भी अधिक छोटी-बड़ी नदियाँ हैं, इसलिए इसे **नदियों का देश** कहते हैं। किसी भी क्षेत्र का जल नदियों के जिस सम्मिलित तंत्र (मुख्य नदी और सहायक नदियाँ) द्वारा अपवाहित किया जाता है, उसे ही **अपवाह तंत्र (Drainage System)** कहते हैं। उदाहरण के लिए हिमालयी अपवाह तंत्र और प्रायद्वीपीय अपवाह तंत्र।

दो अपवाह तंत्रों का विभाजन 'जल विभाजक शीर्ष रेखाओं' द्वारा होता है। वह उच्चभूमि जो दो नदी तंत्रों को दो पृथक दिशाओं में प्रवाहित होने के लिए बाध्य करती है, उसे ही जलविभाजक कहते हैं। उदाहरण के लिए **अरावली पर्वत एक अच्छा जल विभाजक (Water Divider)** है, जो हिमालयी अपवाह तंत्र को दो स्पष्ट नदी तंत्रों में विभाजित करता है- **सिन्धु अपवाह तंत्र** और **गंगा अपवाह तंत्र**। अरावली पर्वत एक तरफ **सिन्धु नदी तंत्र** को दक्षिण-पश्चिम दिशा प्रदान करते हुए अरब सागर में गिरने के लिए बाध्य करता है, वहीं दूसरी तरफ यह **गंगा नदी तंत्र** को दक्षिण-पूर्वी दिशा में बंगाल की खाड़ी में गिरने के लिए बाध्य करता है।

भारतीय उपमहाद्वीप में प्राचीन सभ्यताओं के उद्भव और विकास में ही नहीं, बल्कि सामाजिक-आर्थिक विकास में भी नदियों की महत्त्वपूर्ण भूमिका रही है। उत्पत्ति के आधार पर भारतीय अपवाह तंत्र को स्पष्टत: दो भागों में बाँटा जा सकता है-

1. हिमालयी अपवाह तंत्र (Himalayan Drainage System)
2. प्रायद्वीपीय अपवाह तंत्र (Peninsular Drainage System)

1. हिमालयी अपवाह तंत्र

हिमालयी अपवाह तंत्र को भी दो भागों में बाँटा जा सकता है-

I. वे नदियाँ जो **अरब सागर** में मुहाना बनाती हैं, जैसे- सिन्धु नदी तंत्र की नदियाँ।

II. वे नदियाँ जो **बंगाल की खाड़ी** में अपना जल अर्पित करती हैं, जैसे- गंगा नदी तंत्र और ब्रह्मपुत्र नदी तंत्र।

इस प्रकार हिमालयी अपवाह तंत्र का अध्ययन तीन नदी तंत्रों के अंतर्गत किया जा सकता है-

a. सिन्धु नदी तंत्र b. गंगा नदी तंत्र c. ब्रह्मपुत्र नदी तंत्र

उपरोक्त तीनों नदी तंत्रों की मुख्य नदियों में से सिन्धु और ब्रह्मपुत्र का उद्गम स्थल भारत से बाहर **तिब्बत पठार पर मानसरोवर झील** है, जबकि गंगा नदी का उद्गम स्थल भारत (उत्तराखण्ड राज्य में गंगोत्री हिमनद) है। हिमालयी अपवाह तंत्र की तीन नदियाँ- **सिन्धु, सतलुज एवं ब्रह्मपुत्र (सांग्पो)** पूर्ववर्ती नदियों के उदाहरण हैं।

हिमालयी नदियाँ **सदानीरा** हैं अर्थात् इनमें वर्ष भर जल की मात्रा बनी रहती है। हिमालयी नदियों को दो स्रोतों से जल की प्राप्ति होती है-

(i) वर्षा जल (ii) हिमनदों के पिघलने से प्राप्त जल।

> **पूर्ववर्ती नदियाँ**
>
> वे नदियाँ जो पर्वत उत्थान (Rise Up) के पहले भी उसी स्थान पर बहती थीं, जहाँ वर्तमान में बहती हैं। इन नदियों ने पर्वत उत्थान के साथ-साथ अपनी घाटी को लम्बवत अपरदन द्वारा गहरा करके **गार्ज या महाखड्डों** (Gorges) का निर्माण कर दिया है। ऐसी नदियों को **पूर्ववर्ती नदियाँ** कहते हैं। उदाहरण के लिए हिमालय की उत्पत्ति के पूर्व भी **सिन्धु, सतलुज और ब्रह्मपुत्र नदियाँ** तिब्बत के मानसरोवर झील के समीप से निकलती थीं और टेथिस सागर में अपना जल अर्पित करती थीं। आज जहाँ पर हिमालय है वहाँ पहले **टेथिस सागर** था। हिमालय के उत्थान के बाद भी इन नदियों ने अपना मार्ग परिवर्तित नहीं किया, बल्कि हिमालय के उत्थान की सभी अवस्थाओं में इन नदियों ने पर्वत को काटकर गहरी और संकरी घाटी (गार्ज) का निर्माण कर दिया है। हिमालय क्षेत्र से निकलने वाली **ये तीनों नदियाँ अंतरराष्ट्रीय नदियाँ** हैं, जिनमें से **सिन्धु** और **सतलुज** नदियाँ चीन, भारत और पाकिस्तान में प्रवाहित होती हैं। जबकि ब्रह्मपुत्र नदी चीन, भारत और बांग्लादेश में प्रवाहित होती है।

इन नदियों को ग्रीष्म ऋतु में **दक्षिणी-पश्चिमी मानसून** और शीत ऋतु में **पश्चिमी विक्षोभ** (भूमध्य सागर से भारत में आने वाला शीतोष्ण चक्रवात) से वर्षा जल की प्राप्ति होती है। इसके अलावा पर्वतों के ऊँचे शिखरों पर स्थित ग्लेशियरों के पिघलने से भी हिमालयी नदियों को जल की प्राप्ति होती है।

हिमालयी नदियों का उद्गम स्रोत काफी ऊँचाई पर होने के कारण पर्वतीय क्षेत्रों में इनका प्रवाह वेग काफी तीव्र है। इस कारण ये तेजी से अपनी घाटी को गहरा कर रही हैं, जिससे हिमालय क्षेत्र में **आई (I)** आकार की और **वी (V)** आकार की घाटियों का निर्माण हुआ है। वहीं हिमालय की पूर्ववर्ती नदियों ने हिमालय के उत्थान के साथ-साथ अपरदन क्रिया (Erosion) द्वारा **गहरे महाखड्डों (Gorge)** का निर्माण कर दिया है। उदाहरण के लिए-POK में सिन्धु नदी द्वारा गिलगित के समीप बनाया गया गार्ज, ब्रह्मपुत्र नदी द्वारा बनाया गया **दिहांग गार्ज** (तिब्बत में नामचा बरवा चोटी के समीप) और सतलुज नदी द्वारा बनाया गया **शिपकीला गार्ज**।

हिमालयी नदियाँ पर्वतीय क्षेत्रों में अपरदन क्रिया द्वारा अपरदनात्मक स्थलाकृतियों (Erosional Topography) का निर्माण करती हैं, जैसे- **गार्ज, कैनियन, V आकार की घाटी, क्षिप्रिकाएँ और जलप्रपात**। जबकि उत्तर भारत के मैदानों में ये नदियाँ अपने अवसादों का निक्षेपण करके निक्षेपणात्मक स्थलाकृतियों (Depositional Topography) का विकास करती हैं, जैसे- **समतल घाटियाँ** (गंगा की घाटी), **बाढ़कृत मैदान, गोखुर झीलें** और अपने मुहाने पर डेल्टा का निर्माण।

a. सिन्धु नदी तंत्र

यह विश्व की सबसे बड़ी नदी द्रोणियों में से एक है, जिसका क्षेत्रफल 11 लाख 65 हजार वर्ग किमी. है। सिन्धु इस नदी तंत्र की सबसे लम्बी नदी है। मुख्य नदी सिन्धु और उसकी पाँच सहायक नदियों **झेलम, चिनाब, रावी, व्यास** और **सतलुज** (पंचनद) को मिलाकर सिन्धु नदी तंत्र का निर्माण होता है। इस नदी तंत्र की सभी नदियाँ सिन्धु नदी के माध्यम से **अरब सागर** में अपना जल गिराती हैं।

सिन्धु की सहायक नदियों में पंचनद (झेलम, चिनाब, रावी, व्यास और सतलुज) बाईं ओर से आकर सिन्धु नदी में मिलती हैं। इनमें से **सतलुज** सिन्धु की एकमात्र सहायक नदी है, जिसका उद्गम भारत से बाहर तिब्बत में है, जबकि झेलम नदी जम्मू-कश्मीर राज्य और चिनाब, रावी तथा व्यास नदियाँ हिमाचल प्रदेश से निकलती हैं। इसके अतिरिक्त **जास्कर और शिगार** जैसी सहायक नदियाँ भी बाईं ओर से ही मिलती हैं। जबकि सिन्धु नदी में दाईं ओर से आकर मिलने वाली **प्रमुख नदियाँ श्योक, गिलगित, काबुल, कुर्रम, गोमल** आदि हैं। पाकिस्तान में **मिठानकोट** के समीप पंचनद का जल सिन्धु नदी में मिल जाता है।

सिन्धु नदी तंत्र

सिन्धु नदी-तिब्बत में इसे **सिंगी खंबान** या **शेरमुख** कहते हैं। सिन्धु नदी हिमालय के उत्तर में तिब्बत स्थित मानसरोवर झील के समीप **चेमायुंगडुंग ग्लेशियर** से निकलती है और ब्रह्मपुत्र नदी के ठीक विपरीत दिशा में बहती है। भारत में यह हिमालयी नदियों में सबसे पश्चिमी नदी है। ब्रह्मपुत्र नदी (2900 किमी.) के बाद यह भारत से होकर बहने वाली दूसरी सबसे लम्बी नदी (2880 किमी.) है, लेकिन भारत में इसकी लम्बाई 1114 किमी. ही है। मानसरोवर झील से निकलकर सिन्धु नदी भारत में केंद्रशासित प्रदेश लद्दाख में दमचौक के निकट भारत में प्रवेश करती है और **लद्दाख** एवं **जास्कर श्रेणियों के मध्य** लेह से होते हुए उत्तर-पश्चिम दिशा में प्रवाहित होती है।

सिन्धु तंत्र नदी की छोटी सहायक नदियाँ

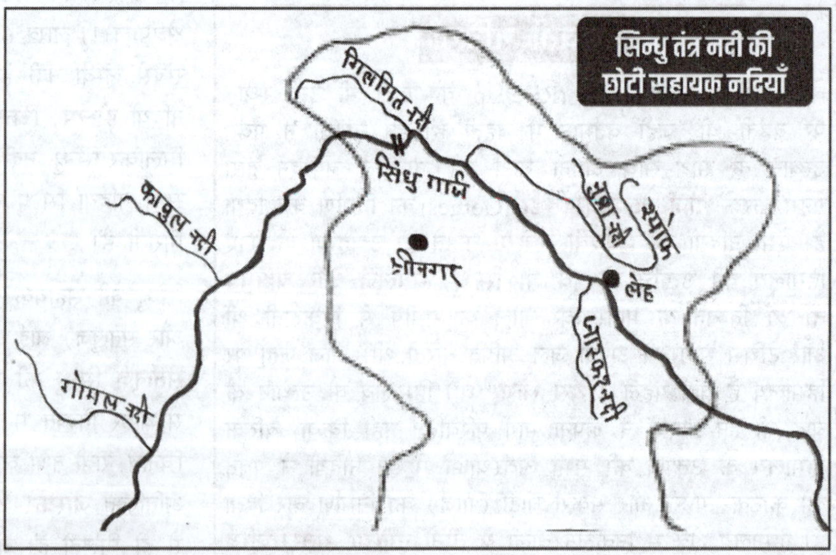

सिन्धु की अन्य कई सहायक नदियाँ हिमालय पर्वत से निकलती हैं; जैसे- **श्योक, गिलगित, जास्कर, शिगार, नुब्रा** और **द्रास**। इनमें से श्योक नदी (लद्दाख) काराकोरम ग्लेशियर के समीप रेमो ग्लेशियर से निकलकर केंद्रशासित प्रदेश लद्दाख में काफी दूर तक सिन्धु नदी के समानांतर उत्तर-पश्चिम दिशा में बहती है और अंततः पाक अधिकृत कश्मीर में पहुँचकर गिलगित क्षेत्र में **सिन्धु नदी** से मिल जाती है। काराकोरम क्षेत्र में श्योक को **मृत्यु की नदी** कहा जाता है। सिन्धु एक पूर्ववर्ती नदी है और इसने जम्मू-कश्मीर में गिलगित के समीप नंगा पर्वत के उत्तर में में बुंजी नामक स्थान पर **लद्दाख श्रेणी** को काटकर 5200 मी. गहरे गार्ज का निर्माण कर दिया है, जोकि **भारत का सबसे गहरा गार्ज** है। इसके बाद यह दक्षिणवर्ती मोड़ लेकर पाकिस्तान में प्रवेश कर जाती है। पाकिस्तान में **अटक के समीप** जैसे ही सिन्धु नदी मैदानी क्षेत्रों में प्रवेश करती है, दाईं ओर से **काबुल नदी** इसमें आकर मिलती है। इसके बाद मिठानकोट के समीप पंचनद का जल सिन्धु नदी में आकर मिलता है। पाकिस्तान में दक्षिण-पश्चिम दिशा में बहते हुए सिन्धु नदी **कराची के पूर्व में** अरब सागर में विलीन हो जाती है।

झेलम (वितस्ता) नदी- यह खूबसूरत कश्मीर घाटी (समतल सपाट घाटी) के मध्य से प्रवाहित होने वाली नदी है, जिसका उद्‌गम कश्मीर घाटी के दक्षिण-पूर्वी भाग में बेरीनाग झरने के समीप **शेषनाग झील** से होता है। झील से निकलने के बाद यह नदी उत्तर-पश्चिम दिशा में **अनन्तनाग से बारामूला तक** कश्मीर घाटी को पार करती है। कश्मीर घाटी एक मैदानी क्षेत्र है, जहाँ ढाल बहुत ही मंद होने के कारण झेलम नदी विसर्पण करती हुई प्रवाहित होती है।

कश्मीर घाटी में **श्रीनगर** से गुजरने के बाद यह **वूलर झील** में मिल जाती है। कश्मीर घाटी को पार करने के बाद यह नदी भारत-पाक सीमा के साथ-साथ प्रवाहित होती है। पाकिस्तान में प्रवेश करने के बाद यह चिनाब नदी से मिल जाती है। **किशनगंगा** झेलम की सहायक नदी है, जिसे पाकिस्तान में नीलम नदी कहते हैं।

चिनाब (अस्किनी) नदी- सिन्धु की सबसे लम्बी सहायक नदी चिनाब का उद्‌गम हिमाचल प्रदेश में **बारालाचा दर्रे** के समीप से **चन्द्र** और **भागा** नामक दो धाराओं के रूप में होता है। दोनों धाराएँ हिमाचल प्रदेश में केलांग के निकट तांडी में आपस में मिलती हैं। हिमाचल प्रदेश में इसे **चन्द्रभागा नदी** भी कहते हैं। दोनों धाराओं के संयुक्त रूप को चिनाब नदी कहते हैं।

रावी (परुष्णी) नदी- पंचनद की सबसे छोटी नदी रावी हिमाचल प्रदेश में कुल्लू पहाड़ियों के निकट रोहतांग दर्रे के पश्चिम से निकलती है और **चंबा घाटी** (हिमाचल) से होकर बहती है। पाकिस्तान में प्रवेश करने के बाद रावी चिनाब नदी से मिल जाती है।

व्यास (विपाशा) नदी- व्यास हिमाचल के कुल्लू घाटी में बहने वाली प्रमुख नदी है। इसका उद्‌गम स्थल हिमाचल प्रदेश में **रोहतांग दर्रे** के समीप व्यासकुंड है। व्यास सतलुज की सहायक नदी है और पंचनद में यही एकमात्र नदी है जो पाकिस्तान में प्रवेश नहीं करती, बल्कि रोहतांग दर्रे (हिमाचल प्रदेश) से निकलकर पंजाब में **कपूरथला के निकट हरिके नामक स्थान पर सतलुज** में मिल जाती है। हरिके बैराज से ही **इंदिरा गाँधी नहर** निकाली गई है, जिससे राजस्थान के पश्चिम शुष्क जिलों में सिंचाई सम्भव हो पाती है।

सतलुज नदी- सिंधु नदी की भाँति सतलुज भी तीन देशों (तिब्बत, भारत और पाकिस्तान) में बहने वाली एक **अंतरराष्ट्रीय एवं पूर्ववर्ती नदी** है, जो तिब्बत में मानसरोवर के समीप **राकसताल झील** से निकलती है। तिब्बत में सतलुज को लांगचेन खबाब के नाम से भी जाना जाता है। **राकसताल झील** से निकलने के बाद सतलुज नदी भारत में **शिपकीला दर्रे** (हिमाचल प्रदेश) के समीप भारत में प्रवेश करती है। हिमाचल प्रदेश में प्रवेश करते ही किन्नौर जिले में **स्पीति नदी** सतलुज से आकर मिलती है, जो सतलुज की मुख्य सहायक नदी है। पंजाब में सिंचाई और जलविद्युत उत्पादन हेतु इस नदी पर भाखड़ा-नांगल बाँध बनाया गया है, जिसका जलाशय (गोविन्द सागर) हिमाचल प्रदेश में स्थित है। पंजाब में बहने वाली पाँच नदियों में सतलुज की लम्बाई सर्वाधिक है। पंजाब में हरिके बैराज के पास व्यास नदी सतलुज में आकर मिलती है। इसके बाद पाकिस्तान में बहावलपुर के समीप चिनाब नदी आकर सतलुज से मिल जाती है। दोनों नदियाँ मिलकर **पंचनद का निर्माण** करती हैं। सतलुज नदी पंचनद का जल लेकर मिठानकोट के पास सिंधु नदी में विलीन हो जाती है।

सिन्धु नदी जल समझौता

वर्ष 1960 में भारत और पाकिस्तान के मध्य हुए सिन्धु नदी जल समझौते के तहत सिन्धु नदी तंत्र की तीन पश्चिमी नदियों- सिन्धु, झेलम और चिनाब के 20% जल और रावी तथा सतलुज नदियों के 80% जल के उपयोग का अधिकार भारत को दिया गया था।

मानसरोवर झील

हिमालय के उत्तर में तिब्बत में स्थित मानसरोवर झील समुद्र सतह से **4590 मी.** की ऊँचाई पर स्थित है। यह झील भारत की तीन नदियों का उद्‌गम स्थल है- **सिन्धु, सतलुज** और **ब्रह्मपुत्र**। सिन्धु और सतलुज नदियाँ यहाँ से निकलकर पश्चिम की ओर प्रवाहित होती हैं, जबकि ब्रह्मपुत्र नदी जिसे तिब्बत में **सांग्पो नदी** भी कहते हैं, पूर्व दिशा में हिमालय के समानांतर बहती है। मानसरोवर झील के उत्तर में कैलाश पर्वत तथा पश्चिम में राकसताल स्थित है। 320 वर्ग किमी. में फैली हुई इस झील को न केवल हिन्दू धर्म में, बल्कि बौद्ध एवं जैन धर्मों में भी पवित्र माना गया है। हिन्दू मान्यता के अनुसार मानसरोवर झील की उत्पत्ति सर्वप्रथम ब्रह्मा के मन में हुई थी। जबकि कैलाश पर्वत को भगवान शिव (आदि योगी) का निवास स्थल माना जाता है। झील की पवित्रता के कारण ही भारत से हजारों लोग प्रतिवर्ष कैलाश मानसरोवर यात्रा में भाग लेते हैं। यह यात्रा प्रतिवर्ष जून से सितम्बर माह के दौरान सम्पन्न होती है।

b. गंगा नदी तंत्र

पंडित जवाहर लाल नेहरू ने गंगा की विशेषता की व्याख्या करते हुए कहा था कि, ''अपने स्रोत से सागर तक, पुराने समय से नए समय तक, गंगा भारतीय सभ्यता की कहानी है।'' गंगा नदी भारत का सबसे बड़ा अपवाह तंत्र है। भारत के **पाँच राज्यों** उत्तराखण्ड, उत्तर प्रदेश, बिहार, झारखण्ड तथा पश्चिम बंगाल और बांग्लादेश में प्रवाहित होने वाली गंगा भारत की सबसे लम्बी (2500 किमी.) और सबसे महत्त्वपूर्ण नदी है। भारत में बहने वाली नदियों में गंगा का जलग्रहण क्षेत्र भी सबसे बड़ा है।

गंगा नदी का उद्गम उत्तराखण्ड राज्य के उत्तरकाशी जिले में स्थित गंगोत्री हिमनद से (3900 मी.) होता है। **गंगोत्री हिमनद** से यह भागीरथी नदी के नाम से निकलती है।

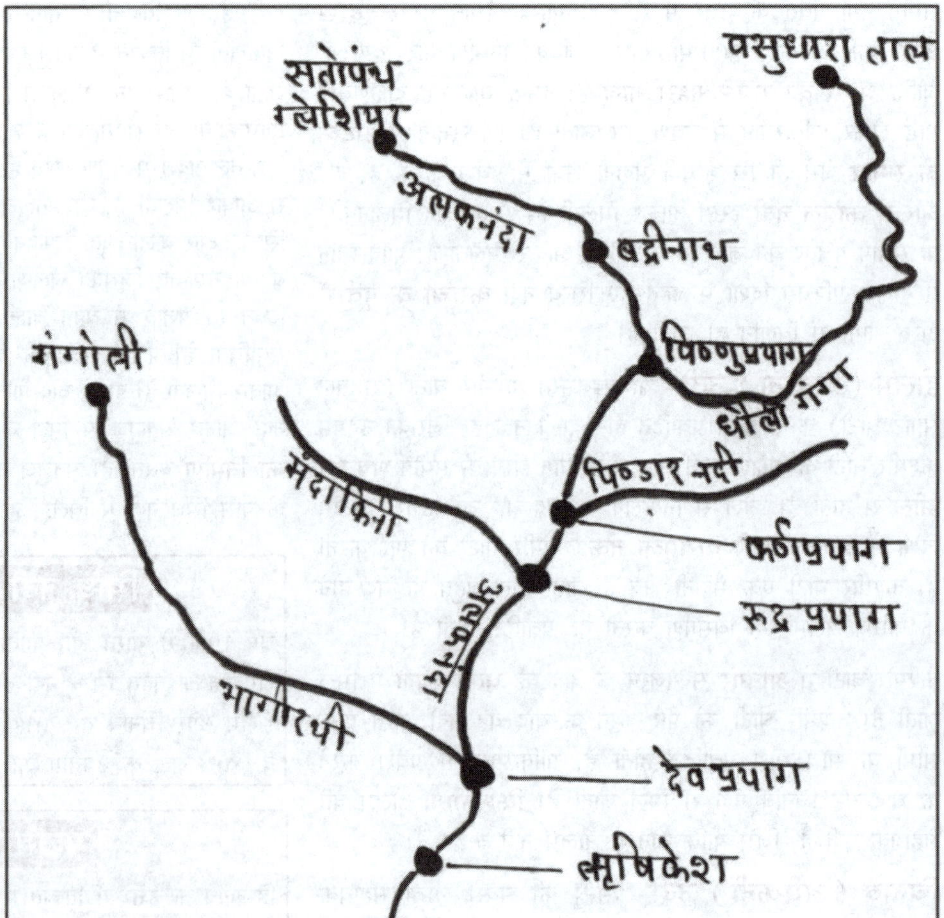

भागीरथी नदी में भिलांगना नदी टिहरी (उत्तराखण्ड) में और अलकनंदा नदी देवप्रयाग (उत्तराखण्ड) में आकर मिलती है। भागीरथी और अलकनंदा के संयुक्त रूप को ही **'गंगा'** कहते हैं। गंगा की मुख्य धारा भागीरथी नदी का उद्गम उत्तराखण्ड में उत्तरकाशी जिले में गोमुख के निकट गंगोत्री हिमनद से होता है। जबकि अलकनंदा का उद्गम स्थल **सतोपंथ हिमानी** है। अलकनंदा एक पूर्ववर्ती नदी है, जिसका उद्भव भी दो धाराओं के मिलने से होता है- **धौली गंगा** और **विष्णु गंगा**। ये दोनों धाराएँ **विष्णु प्रयाग** में जब मिलती हैं, तो इसे अलकनंदा कहते हैं। विष्णुप्रयाग से आगे **कर्णप्रयाग** में अलकनंदा के बाएँ तट पर **पिण्डार नदी** आकर मिलती है। कर्णप्रयाग से आगे **रुद्रप्रयाग** में अलकनंदा के दाहिने तट पर **मंदाकिनी नदी** मिलती है। रुद्रप्रयाग के बाद अलकनंदा नदी **देवप्रयाग** में भागीरथी नदी से मिल जाती है और दोनों की संयुक्त धारा गंगा कहलाती है।

गंगा नदी सर्वप्रथम **हरिद्वार** में पहाड़ी क्षेत्रों को छोड़कर उत्तर भारत के मैदान में प्रवेश करती है और पहले दक्षिण दिशा में फिर पूर्व दिशा में बहती हुई जब पश्चिम बंगाल में पहुँचती है तो मुर्शिदाबाद जिले के **गिरिया** नामक स्थान के पास गंगा नदी दो वितरिकाओं में विभक्त हो जाती है- **हुगली** और **पद्मा**। इनमें से **हुगली नदी** गिरिया से दक्षिण की ओर पश्चिम बंगाल राज्य में बहने लगती है और **डायमण्ड हार्बर** के समीप बंगाल की खाड़ी में गिरती है। कोलकाता हुगली नदी के तट पर ही स्थित है। जबकि **पद्मा नदी** दक्षिण-पूर्व की ओर फरक्का बैराज से छनती हुई बांग्लादेश में प्रवेश करती है। गंगा नदी की **प्रमुख वितरिका हुगली** गिरिया (मुर्शिदाबाद शहर) से हुगली शहर तक **भागीरथी नदी** के नाम से तथा हुगली शहर से मुहाने तक **हुगली नदी** के नाम से जानी जाती है। **कोलकाता** हुगली नदी के तट पर ही है।

बांग्लादेश में गंगा को **पद्मा** कहते हैं। बांग्लादेश में गोलुण्डों के समीप ब्रह्मपुत्र नदी जिसे बांग्लादेश में **जमुना** कहा जाता है, पद्मा से आकर मिलती है। **पद्मा** और **जमुना** की संयुक्त धारा को **'पद्मा'** ही कहते हैं। आगे बढ़ने पर मणिपुर से निकलने वाली **बराक** या **मेघना नदी** जब पद्मा में मिलती है तो संयुक्त धारा को **'मेघना'** कहते हैं। मेघना नदी बंगाल की खाड़ी में जल गिराती है। गंगा और ब्रह्मपुत्र नदियाँ हिमालय क्षेत्र से बाहर लाए गए अपने अवसादों के निक्षेपण द्वारा **विश्व के सबसे बड़े डेल्टा** का निर्माण करती हैं जोकि हुगली नदी से लेकर मेघना नदी के बीच भारत और बांग्लादेश में विस्तृत है। इसे **सुंदरवन डेल्टा** कहते हैं।

संगम स्थल	नदियाँ
विष्णुप्रयाग	धौलीगंगा + विष्णुगंगा
कर्णप्रयाग	अलकनंदा + पिण्डार
रुद्रप्रयाग	अलकनंदा + मंदाकिनी
देवप्रयाग	अलकनंदा + भागीरथी
प्रयागराज	गंगा + यमुना

वितरिका

मैदानी क्षेत्रों में जब भूसतह का ढाल अत्यंत मंद हो जाता है तो प्रवाह वेग मंद हो जाने के कारण नदियाँ अपने जल का भी समुचित (Apprpopriate) परिवहन नहीं कर पातीं, परिणामस्वरूप समुद्र में मिलने से पहले ही मुख्य नदी से अलग-अलग धाराओं का जन्म हो जाता है, जो पृथक मार्ग का अनुसरण करती हैं। इन धाराओं को ही वितरिका कहते हैं। **हुगली नदी गंगा की सबसे बड़ी वितरिका है,** जो तट पर पहुँचने से पहले ही साथ छोड़ देती है। इसलिए इसे विश्वासघाती नदी भी कहते हैं।

सुंदरवन डेल्टा भारत और बांग्लादेश में विस्तृत विश्व का सबसे बड़ा नदी डेल्टा है, जिसका **दो-तिहाई भाग** बांग्लादेश में है। पश्चिम बंगाल में **सुंदरवन डेल्टा** के समुद्र तट से दूर स्थित भागों को **मोरीबंद डेल्टा** कहते हैं। सुंदरवन डेल्टा क्षेत्र को भौगोलिक स्थिति के आधार पर तीन भागों में विभाजित किया गया है- मरणासन्न डेल्टा, परिपक्व डेल्टा और सक्रिय डेल्टा। डेल्टा क्षेत्र में प्रवाहित होने वाली सैकड़ों वितरिकाओं में से जब किसी धारा का संपर्क मुख्य चैनलों से टूट जाता है, तो उसे **मरणासन्न या मोरीबंद डेल्टा** कहते हैं। **सुंदरवन डेल्टा** का निर्माण **गंगा, हुगली, ब्रह्मपुत्र** और **मेघना** नदियों द्वारा हुआ है। गंगा नदी क्रमशः उत्तराखण्ड में 310 किमी., उत्तर प्रदेश में 1140 किमी., बिहार में 455 किमी. और पश्चिम बंगाल में 520 किमी. लम्बाई में बहती है। इसकी **सर्वाधिक लम्बाई उत्तर प्रदेश** में है।

उत्तराखण्ड में ऋषिकेश, हरिद्वार; **उत्तर प्रदेश में** बिजनौर, नरौरा, फर्रुखाबाद, कानपुर, फतेहपुर, प्रयागराज, मिर्जापुर, वाराणसी, गाजीपुर; **बिहार में** छपरा, पटना, हाजीपुर, भागलपुर और **पश्चिम बंगाल** में फरक्का जैसे नगर गंगा नदी के तट पर बसे हैं।

गंगा नदी तंत्र की सहायक नदियाँ

इस नदी तंत्र की सहायक नदियों को दो भागों में बाँटा जा सकता है-

क. हिमालयी सहायक नदियाँ- इसके अंतर्गत यमुना, रामगंगा, गोमती, घाघरा, गण्डक, कोसी और महानंदा गंगा की प्रमुख सहायक नदियाँ हैं, जिनमें से **यमुना को छोड़कर** अन्य सभी नदियाँ गंगा में **बाएँ तट** पर आकर मिलती हैं।

नदियाँ डेल्टा क्यों बनाती हैं?

जब नदियाँ समुद्र तट के निकट पहुँचती हैं तो मैदानी भागों में ढाल इतना मंद हो जाता है कि नदियाँ पहाड़ों से बहाकर लाए गए अपने अवसादों का परिवहन नहीं कर पाती और अपने मार्ग में ही अवसादों का निक्षेपण करने लगती हैं, परिणामस्वरूप मुख्य नदी से बहुत सारी वितरिकाओं (धाराओं) का विकास हो जाता है जो यत्र-तत्र अवसादों का निक्षेपण करते हुए समुद्र तट तक पहुँचती हैं। अवसादों के निक्षेपण से सागर तट पर दलदली उच्चभूमि का निर्माण हो जाता है। इसका आकार डेल्टा की भाँति होता है। इस डेल्टा (Δ) का आधार समुद्र तट की तरफ और शीर्ष मुख्य भूमि की तरफ होता है। गंगा-ब्रह्मपुत्र डेल्टा का अधिकतर भाग बांग्लादेश में है और थोड़ा भाग पश्चिम बंगाल राज्य में है। डेल्टा क्षेत्र **मैंग्रोव वनों** से समृद्ध होते हैं। ये वन समुद्र तट पर खारे पानी वाली दलदली भूमि में उगते हैं। गंगा-ब्रह्मपुत्र डेल्टा के मैंग्रोव वनों को **सुन्दरवन** भी कहते हैं, क्योंकि यहाँ सुन्दर वृक्षों की अधिकता है। सुन्दरवन बंगाल टाइगर का वास स्थल है। भारत में **मैंग्रोव वनों का सर्वाधिक क्षेत्रफल पश्चिम बंगाल राज्य** में है।

ख. पठारी भारत से निकलने वाली सहायक नदियाँ- इसके अंतर्गत चम्बल, सिन्ध, बेतवा, केन, टोंस और सोन नदियाँ शामिल हैं। इनमें से चम्बल, बेतवा और केन गंगा की सबसे बड़ी सहायक नदी **यमुना में दाहिने तट पर** आकर मिलती हैं, जबकि टोंस और सोन नदियाँ सीधे गंगा के दाहिने तट पर आकर मिलती हैं। राँची पठार से निकलने वाली **दामोदर नदी** गंगा की प्रमुख वितरिका **हुगली नदी** में जाकर मिल जाती है।

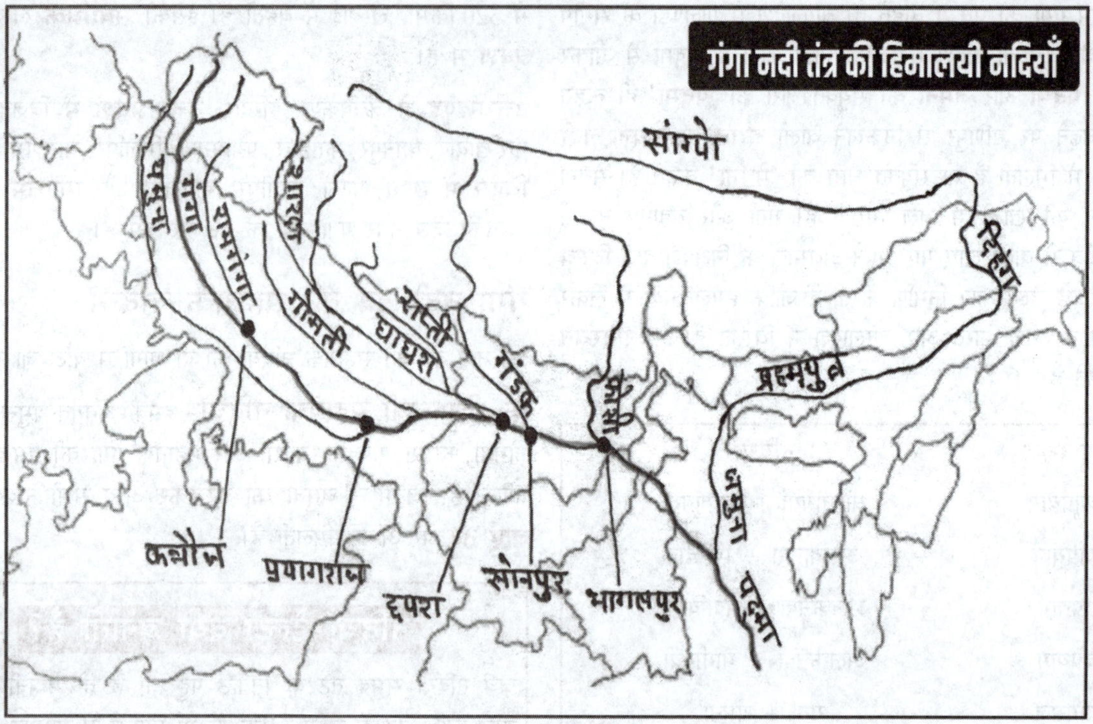

यमुना नदी- यह हिमालय से निकलने वाली गंगा की एकमात्र सहायक नदी है, जो **दाहिने तट** पर मिलती है। गंगा की अन्य सभी हिमालयी सहायक नदियाँ बाएँ तट पर आकर मिलती हैं। यह गंगा की सबसे पश्चिमी और सबसे लम्बी सहायक नदी (1370 किमी.) है। यमुना का उद्गम उत्तराखण्ड में **बन्दरपूँछ चोटी** पर स्थित **यमुनोत्री हिमनद** से होता है और यह गंगा के पश्चिम में उसके समानांतर प्रवाहित होती हुई **प्रयागराज** (उत्तर प्रदेश) में गंगा से मिलती है। यमुना की **सहायक नदी टोंस** हिमालय क्षेत्र में ही यमुना से मिल जाती है। यमुना नदी पानीपत, सोनीपत (हरियाणा), दिल्ली और उत्तर प्रदेश के आगरा, मथुरा, इटावा, बटेश्वर, कालपी, हमीरपुर और कौशाम्बी नगरों से होकर गुजरती है।

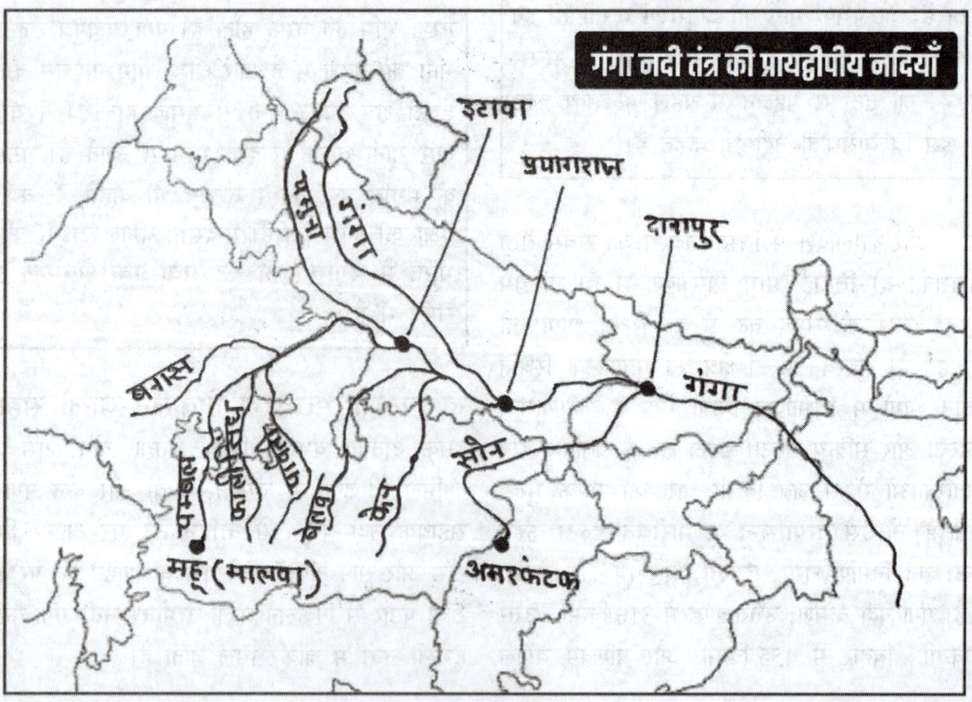

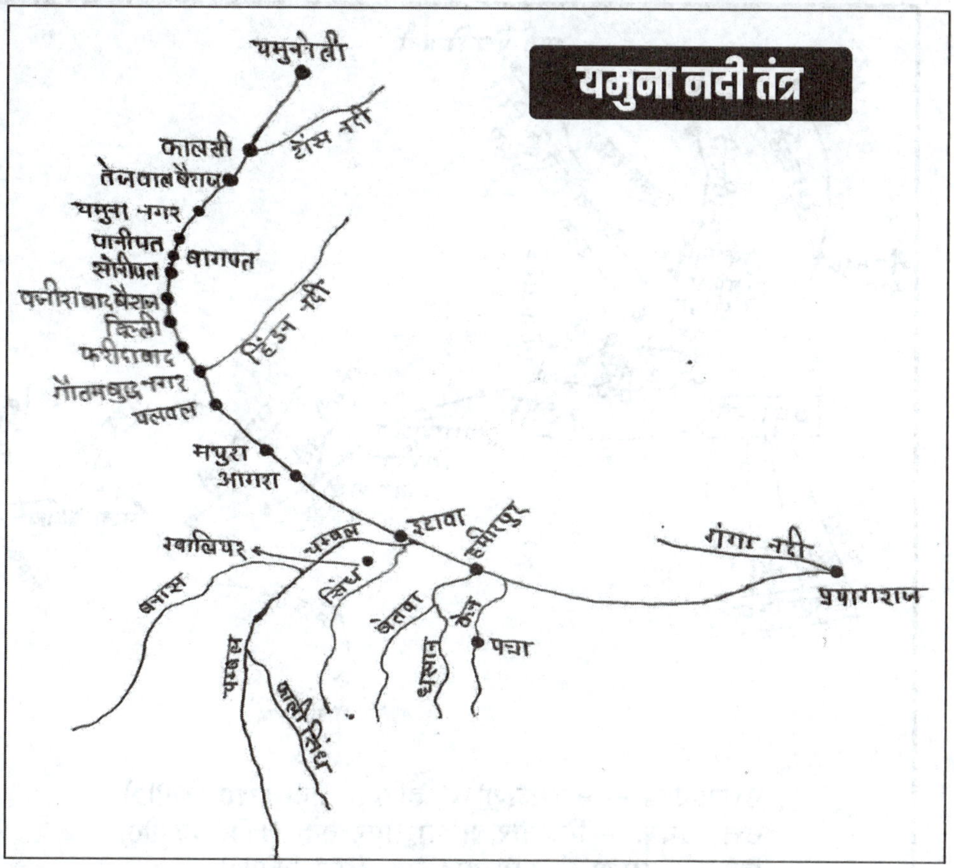

चंबल, सिंध, बेतवा, केन और **हिण्डन** यमुना की प्रमुख सहायक नदियाँ हैं। इनमें से प्रथम चार नदियाँ (चम्बल, सिंध, बेतवा, केन) **मालवा पठार** और **विंध्याचल श्रेणी** से निकलकर इसके दाहिने तट पर मिलती हैं। जबकि **हिण्डन नदी** यमुना के बाएँ तट पर मिलने वाली प्रमुख सहायक नदी है, जो गंगा और यमुना के मध्य में प्रवाहित होती है।

चंबल नदी- यह मध्य प्रदेश में **मालवा पठार** पर **'महू'** नामक स्थान के निकट जानापाव पहाड़ी से निकलती है और उत्तर की ओर राजस्थान के कोटा तक एक गार्ज से होकर बहती है। कोटा के बाद यह बूँदी, सवाईमाधोपुर और धौलपुर होते हुए उत्तर प्रदेश में **इटावा के समीप** यमुना नदी में मिल जाती है। चंबल नदी पर दो मानव निर्मित झीलों का निर्माण किया गया है। इनमें से **गाँधी सागर झील** मध्य प्रदेश में है, जबकि **राणा सागर झील** राजस्थान के कोटा में है।

चम्बल और उसकी सहायक नदियों ने **अवनालिका अपरदन** (Gully Erosion) के द्वारा मालवा पठार को उत्खात भूमि (Elevated Land) में तब्दील कर दिया है, जिसे स्थानीय रूप से **बीहड़** कहा जाता है। **बनास, क्षिप्रा, काली-सिंध** एवं **पार्वती** चम्बल की प्रमुख सहायक नदियाँ हैं। इनमें से बनास नदी अरावली पर्वत से निकलती है, जबकि क्षिप्रा, काली-सिंध और पार्वती नदियाँ मालवा पठार पर प्रवाहित होती हैं। उज्जैन **क्षिप्रा नदी के तट पर** है, जहाँ कुंभ मेला लगता है।

बेतवा नदी- बेतवा को **वेत्रवती नदी** भी कहते हैं, जो बुंदेलखण्ड पठार पर **भोपाल के समीप** से निकलती है और उत्तर में प्रवाहित होते हुए ललितपुर जिले से होकर उत्तर प्रदेश में प्रवेश करने के बाद **हमीरपुर के समीप** यमुना नदी में मिल जाती है। इस नदी को बुंदेलखण्ड की जीवन रेखा भी कहते हैं।

रामगंगा नदी- यह नदी उत्तराखण्ड में गढ़वाल की पहाड़ियों में **नैनीताल के निकट दूधा टोली श्रेणी से निकलती** है और कन्नौज के निकट गंगा में मिल जाती है। रामगंगा, गंगा के बाएँ तट पर मिलने वाली पहली सहायक नदी है।

गोमती नदी- यह नदी हिमालय से न निकलकर उत्तर प्रदेश के पीलीभीत जिले के **दलदली क्षेत्रों** (फुल्हर झील) से निकलती है और गाजीपुर के निकट गंगा में मिल जाती है। यह गंगा की एकमात्र सहायक नदी है, जिसका **उद्गम मैदान में** होता है।

शारदा नदी- यह गंगा की सहायक नदी न होकर घाघरा की सहायक नदी है। यह नदी **नेपाल हिमालय** स्थित **मिलाम हिमनद** से निकलती है। नेपाल में इसे **गौरी गंगा** कहते हैं, जबकि भारत-नेपाल सीमा पर इसे **काली गंगा** कहते हैं। जब यह बाराबंकी जिले में घाघरा नदी में मिलती है तो यह **'चौक'** के नाम से जानी जाती है।

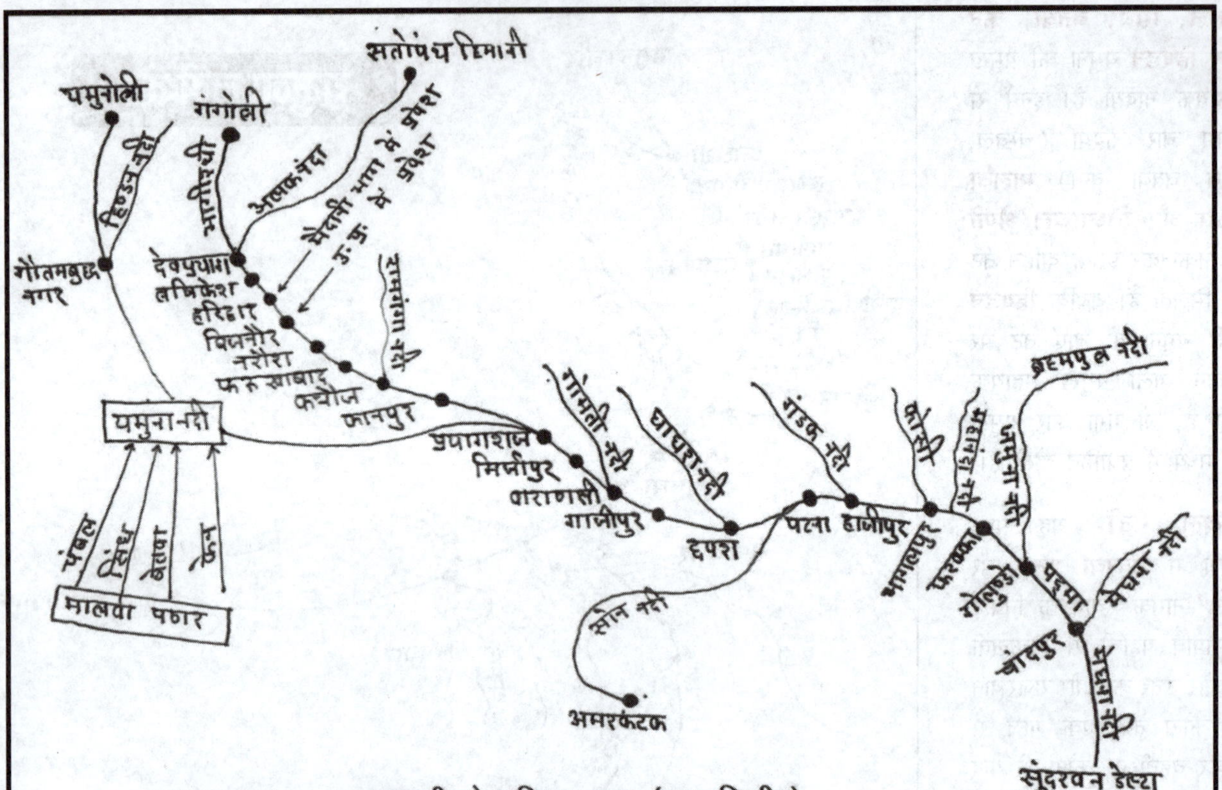

उत्तराखण्ड – उत्तरकाशी से हरिद्वार तक (310 किमी0)
उत्तर प्रदेश – बिजनौर से गाजीपुर तक (1140 किमी0)
बिहार – छपरा से भागलपुर तक (455 किमी0)
झारखण्ड – साहेबगंज और पाकुर में (40 किमी0)
प0 बंगाल – फरक्का बैराज (520 किमी0)

घाघरा नदी- यह नदी तिब्बत पठार पर स्थित 'मापचा चुंग' हिमनद से निकलती है और नेपाल को पार करते हुए बिहार के **छपरा** में गंगा नदी से मिल जाती है। नेपाल में इसे **करनाली नदी** भी कहते हैं। **शारदा** और **राप्ती** इसकी सहायक नदियाँ हैं। उत्तराखण्ड राज्य से निकलने वाली **सरयू नदी,** शारदा नदी (काली नदी) की मुख्य सहायक नदी है और शारदा, घाघरा की सहायक नदी है। शारदा नदी के मिलने के बाद घाघरा को ही निचले भागों में **सरयू नदी** कहा जाता है। अयोध्या सरयू नदी के तट पर ही स्थित है। एक अन्य सरजू नदी भी घाघरा की सहायक नदी है।

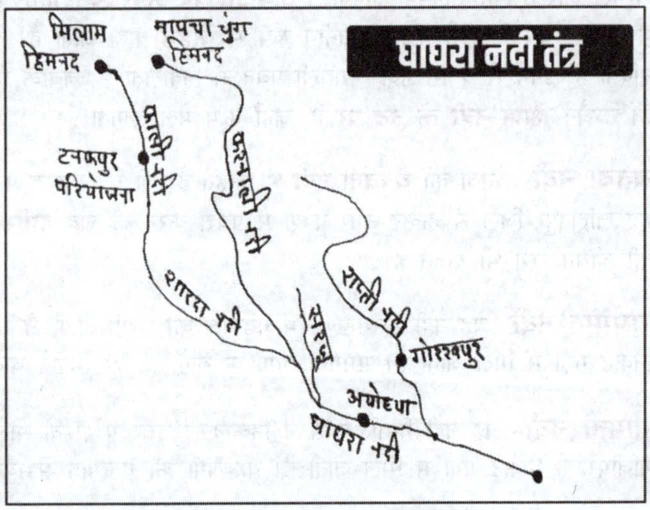

गण्डक नदी- नेपाल हिमालय में **धौलागिरि और एवरेस्ट चोटियों** के मध्य से निकलने वाली यह नदी बिहार के चंपारण जिले में उत्तर भारत के मैदान में प्रवेश करती है और पटना के निकट **सोनपुर** में गंगा से मिलती है। गण्डक को नेपाल में **शालिग्राम** या **नारायणी नदी** भी कहते हैं।

कोसी नदी- यह एक **पूर्ववर्ती नदी** है, जिसका उद्गम नेपाल की सात नदी धाराओं के मिलने से होता है, जिन्हें सामूहिक रूप से **सप्तकोसी** कहा जाता है। लेकिन इसकी **मुख्य धारा अरुण** का उद्गम स्थल एवरेस्ट चोटी के उत्तर में तिब्बत पठार पर स्थित **गोसाईंथान चोटी** है, जहाँ से पवित्र शालिग्राम पत्थर प्राप्त होता है। कोसी नदी बिहार में भागलपुर के समीप गंगा में मिल जाती है। बिहार में यह नदी

मार्ग बदलने की प्रवृत्ति के कारण कुख्यात है, इसलिए इसे **बिहार का शोक** कहते हैं। यह नदी हिमालय के ऊँचे क्षेत्रों से अत्यधिक मात्रा में अवसाद बहाकर लाती है और जब यह बिहार के मैदानी भागों में पहुँचती है तो मंद ढाल के कारण अपने ही अवसादों का परिवहन नहीं कर पाती, जिससे नदी का मार्ग अवरुद्ध (Blocked) हो जाता है, परिणामस्वरूप नदी अपना मार्ग बदल लेती है और अचानक बाढ़ आ जाती है।

महानंदा नदी- यह नदी भारत में ही **दार्जिलिंग** की पहाड़ियों से निकलने के बाद बिहार और पश्चिम बंगाल की सीमा पर प्रवाहित होती है। पश्चिम बंगाल में फरक्का के पास यह गंगा के **बाएँ तट पर मिलने वाली अंतिम सहायक नदी** है।

सोन नदी- सोन गंगा के दाहिने तट पर मिलने वाली प्रमुख सहायक नदी है, जो मध्य प्रदेश और छत्तीसगढ़ की सीमा पर स्थित **अमरकंटक पठार** से निकलकर उत्तर-पूर्व में प्रवाहित होते हुए पटना के पश्चिम में **आरा के समीप रामनगर** में गंगा से मिल जाती है। सोन नदी चार राज्यों- मध्य प्रदेश, उत्तर प्रदेश, झारखण्ड और बिहार में प्रवाहित होती है। इस नदी के रेत में **सोने के कण** पाए जाते हैं, इसलिए इसे सोन नदी कहते हैं। अमरकंटक पठार **दो नदियों का उद्गम स्थल** है- नर्मदा और सोन। **रिहन्द** और **उत्तरी कोएल** (North Koel River) सोन की सहायक नदियाँ हैं।

केन नदी- यमुना की सहायक केन नदी मध्य प्रदेश के कटनी जिले में कैमूर श्रेणी के अंतर्गत अहिरगवां नामक गाँव के समीप से निकलती है। केन नदी बुंदेलखंड पठार पर प्रवाहित होने वाली प्रमुख नदी है। मध्य प्रदेश और उत्तर प्रदेश राज्यों में बहने वाली केन नदी उत्तर प्रदेश में बाँदा के निकट यमुना नदी में मिल जाती है। इस नदी का प्राचीन नाम 'कर्णावती' है। केन नदी कटनी जिले से निकलकर 'पन्ना जिले' में प्रवेश करती है और पन्ना टाइगर रिजर्व में प्रवाहित होने वाली मुख्य नदी है।

दामोदर नदी- यह **छोटानागपुर पठार** के जल को अपवाहित करती है। यह नदी पठार के मध्य में अपनी **भ्रंश घाटी** (Rift Valley) में **पूर्व दिशा में** बहती है और पश्चिम बंगाल में फुल्हर के पास **हुगली नदी** से मिल जाती है। **धनबाद** (झारखण्ड) और **दुर्गापुर** (पश्चिम बंगाल) इसी नदी के तट पर स्थित नगर हैं। **बराकर** इसकी मुख्य सहायक नदी है, जो **धनबाद** में दामोदर नदी से आकर मिलती है। बराकर के अलावा **कोनार, बोकारो, जमुनिया** और **साली** दामोदर की अन्य सहायक नदियाँ हैं। **बंगाल का शोक** कही जाने वाली दामोदर नदी पर दामोदर घाटी निगम (DVC, झारखण्ड) नामक एक बहुउद्देशीय परियोजना का निर्माण किया गया है। छोटानागपुर औद्योगिक क्षेत्र में बहने वाली दामोदर भारत की सर्वाधिक प्रदूषित नदी है। नदी में जलीय प्राणी विलुप्त हो जाने के कारण इसे **जैविक मरुस्थल** (Biological Desert) कहा जाता है।

c. ब्रह्मपुत्र नदी तंत्र

ब्रह्मपुत्र (अन्य नाम- **यारलुंग-जंगबो, सांग्पो, दिहांग, जमुना**) जल विसर्जन के कुल आयतन की दृष्टि से विश्व की **चौथी सबसे बड़ी नदी** है। इसका जलग्रहण क्षेत्र तीन देशों- **चीन, भारत** और **बांग्लादेश** में फैला हुआ है। इसकी लम्बाई 2900 किमी. है।

ब्रह्मपुत्र नदी तिब्बत के कैलाश पर्वत में स्थित **मानसरोवर झील** के समीप **आंग्सी ग्लेशियर** से निकलकर तिब्बत पठार पर हिमालय के समानांतर पूर्व दिशा में प्रवाहित होती है। तिब्बत पठार पर ही यह सर्वाधिक दूरी (1200 किमी.) तय करती है, जहाँ इसे स्थानीय रूप से **यारलुंग-जंगबो** अथवा **सांग्पो** के नाम से जानते हैं। सांग्पो (Tsangpo) का शाब्दिक अर्थ 'शोधक' होता है।

तिब्बत पठार पर प्रवाहित होते हुए जब यह नदी हिमालय की सबसे पूर्वी चोटी **नामचा बरवा** (तिब्बत) के समीप पहुँचती है तो अचानक **दक्षिणवर्ती मोड़** लेकर वृहद् हिमालय में एक गहरे गार्ज का निर्माण करती है, जिसे **दिहांग गार्ज** कहते हैं। इसके बाद यह दक्षिण में प्रवाहित होते हुए भारत के अरुणाचल प्रदेश में प्रवेश कर जाती है, जहाँ इसे **दिहांग नदी** कहते हैं। जब यह नदी पश्चिम दिशा में घूमकर असम राज्य की सीमा में प्रवेश करती है तो अरुणाचल प्रदेश से निकलने वाली दो सहायक नदियाँ- **दिबांग** और **लोहित** पासीघाट के निकट इसके बाएँ तट पर आकर मिलती हैं। इन नदियों के मिलने के बाद दिहांग को असम में **ब्रह्मपुत्र** के नाम से जानते हैं। असम में पश्चिम दिशा में **सदिया** से लेकर **धुबरी** तक ब्रह्मपुत्र नदी 750 किमी. एक **रैम्प घाटी** (हिमालय और मेघालय पठार के मध्य स्थित संकरा समतल मैदान) में प्रवाहित होती है।

असम में ब्रह्मपुत्र नदी **गुंफित जलमार्ग** बनाती है अर्थात् यहाँ इसकी चौड़ाई इतनी अधिक है कि नदी के मध्य अनेक नदी द्वीपों का आविर्भाव हो गया है, जिनमें से **माजुली द्वीप** को विश्व के सबसे बड़े नदी द्वीप का दर्जा प्राप्त है। असम राज्य सरकार ने वर्ष 2016 में माजुली द्वीप को द्वीपीय जिला घोषित किया है। नदी के इन द्वीपों पर धान की अच्छी खेती की जाती है।

ब्रह्मपुत्र नदी

ब्रह्मपुत्र जल आयतन की दृष्टि से भारत की सबसे बड़ी नदी है अर्थात् इसमें पानी और गाद की मात्रा सर्वाधिक है। पानी में उपस्थित गाद (बालू और अवसाद) के कारण यह नदी असम में बड़ी संख्या में नदी द्वीप बनाती है, जिसे गुंफित जलमार्ग कहते हैं। तिब्बत क्षेत्र में वर्षा की कमी के कारण इस नदी में गाद कम होती है। लेकिन भारत में ब्रह्मपुत्र नदी भारी वर्षा के क्षेत्रों (असम घाटी) से होकर गुजरती है, जिस कारण या बड़े पैमाने पर जल और गाद बहाती है।

असम घाटी में कई सहायक नदियाँ ब्रह्मपुत्र में आकर मिलती हैं जैसे- **धनश्री, सुबानसिरी, मानस, संकोश, पुथीमारी, जियाभरेली** और **पगलादिया** प्रमुख हैं। इनमें से सुबानसिरी सबसे बड़ी सहायक नदी है, जो अरुणाचल प्रदेश के उत्तर में तिब्बत से निकलकर आती है। असम के **धुबरी के पास** ब्रह्मपुत्र नदी दक्षिण की ओर मुड़ती है और शिलांग पठार के पश्चिम में **गोलपारा** के पास बांग्लादेश में प्रवेश कर जाती है। बांग्लादेश में इसे **जमुना नदी** कहते हैं। बांग्लादेश में प्रवेश करते ही इसमें **तिस्ता नदी दाहिने तट पर मिलती** है। तिस्ता नदी का उद्गम **सिक्किम** में होता है। इसके बाद ब्रह्मपुत्र नदी (जमुना) बांग्लादेश में **पद्मा नदी (गंगा)** से मिल जाती है और सुन्दरवन डेल्टा का निर्माण करते हुए बंगाल की खाड़ी में विलीन हो जाती है।

बांग्लादेश में पद्मा (गंगा) नदी से मिलने के बाद **संयुक्त धारा पद्मा** ही कहलाती है। इसके बाद मणिपुर पहाड़ियों से निकलकर बांग्लादेश में बहने वाली **मेघना नदी** जब पद्मा (गंगा-ब्रह्मपुत्र संयुक्त धारा) से मिलती है तो **संयुक्त धारा मेघना** ही कहलाती है।

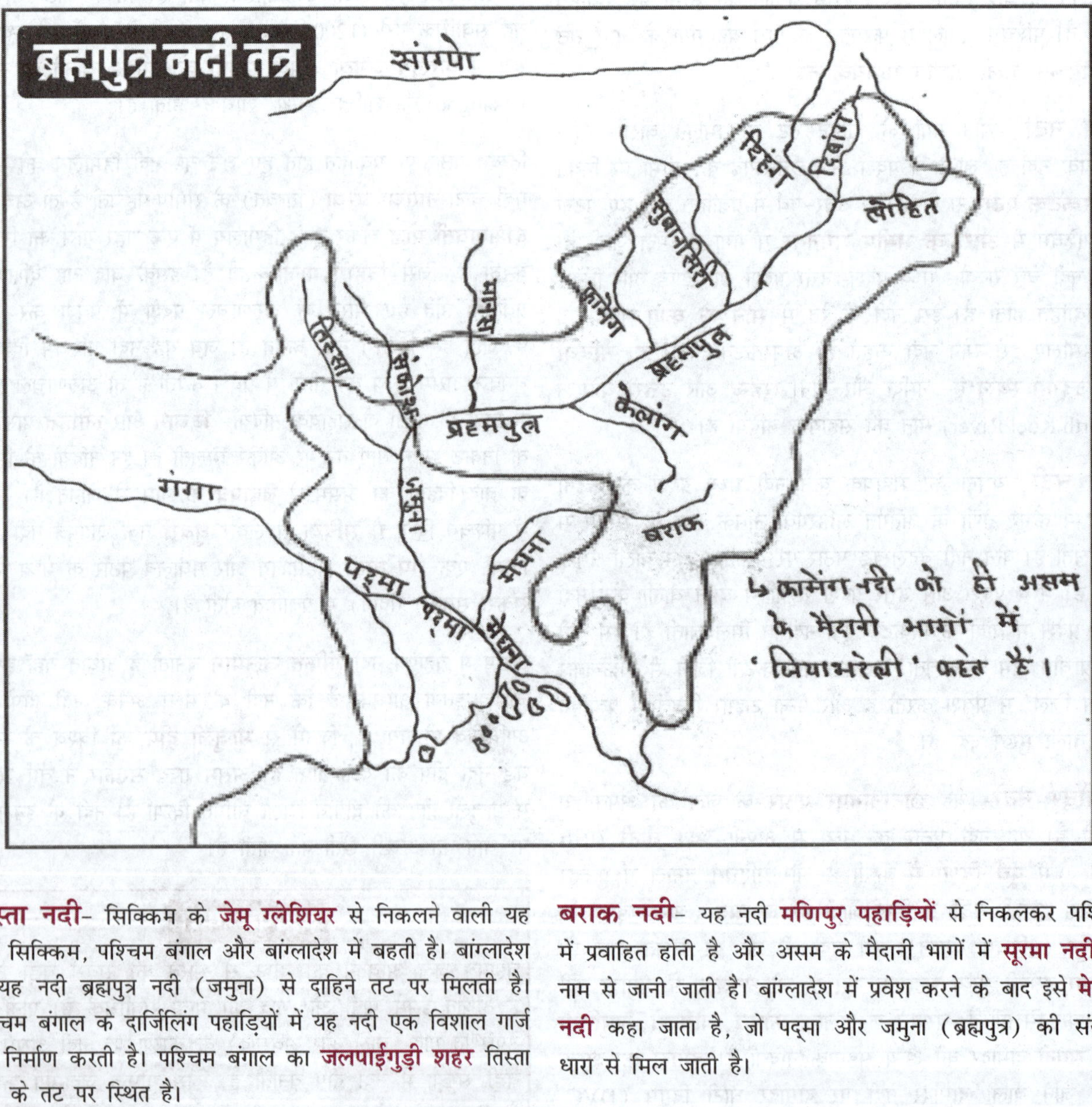

तिस्ता नदी- सिक्किम के **जेमू ग्लेशियर** से निकलने वाली यह नदी सिक्किम, पश्चिम बंगाल और बांग्लादेश में बहती है। बांग्लादेश में यह नदी ब्रह्मपुत्र नदी (जमुना) से दाहिने तट पर मिलती है। पश्चिम बंगाल के दार्जिलिंग पहाड़ियों में यह नदी एक विशाल गार्ज का निर्माण करती है। पश्चिम बंगाल का **जलपाईगुड़ी शहर** तिस्ता नदी के तट पर स्थित है।

संकोश नदी- भूटान से निकलने वाली यह नदी असम-बांग्लादेश सीमा के निकट ब्रह्मपुत्र नदी में मिल जाती है।

मानस नदी- यह भूटान में प्रवाहित होने वाली प्रमुख नदी है, जो असम के मैदान में ब्रह्मपुत्र नदी से मिल जाती है।

बराक नदी- यह नदी **मणिपुर पहाड़ियों** से निकलकर पश्चिम में प्रवाहित होती है और असम के मैदानी भागों में **सूरमा नदी** के नाम से जानी जाती है। बांग्लादेश में प्रवेश करने के बाद इसे **मेघना नदी** कहा जाता है, जो पद्मा और जमुना (ब्रह्मपुत्र) की संयुक्त धारा से मिल जाती है।

2. प्रायद्वीपीय अपवाह तंत्र

'प्रायद्वीपीय अपवाह तंत्र' **हिमालयी अपवाह तंत्र की तुलना में प्राचीन** है और यहाँ की नदियाँ लम्बे समय काल में अपनी घाटी

को गहरा और चौड़ा करके आधार तल को प्राप्त कर चुकी हैं। प्रायद्वीपीय नदियाँ हिमालयी नदियों की भाँति सदानीरा न होकर मौसमी हैं, क्योंकि ये **केवल वर्षा जल पर निर्भर** हैं। पठारी भारत की **औसत ऊँचाई 800 मी.** होने के कारण यहाँ के सभी शिखर हिमरेखा (4400 मी.) से काफी नीचे हैं, इसलिए प्रायद्वीपीय भारत में ग्लेशियर नहीं पाए जाते हैं। वर्षा ऋतु के बाद प्रायद्वीपीय नदियों में तो जल की मात्रा बहुत घट जाती है या वे सूख जाती हैं।

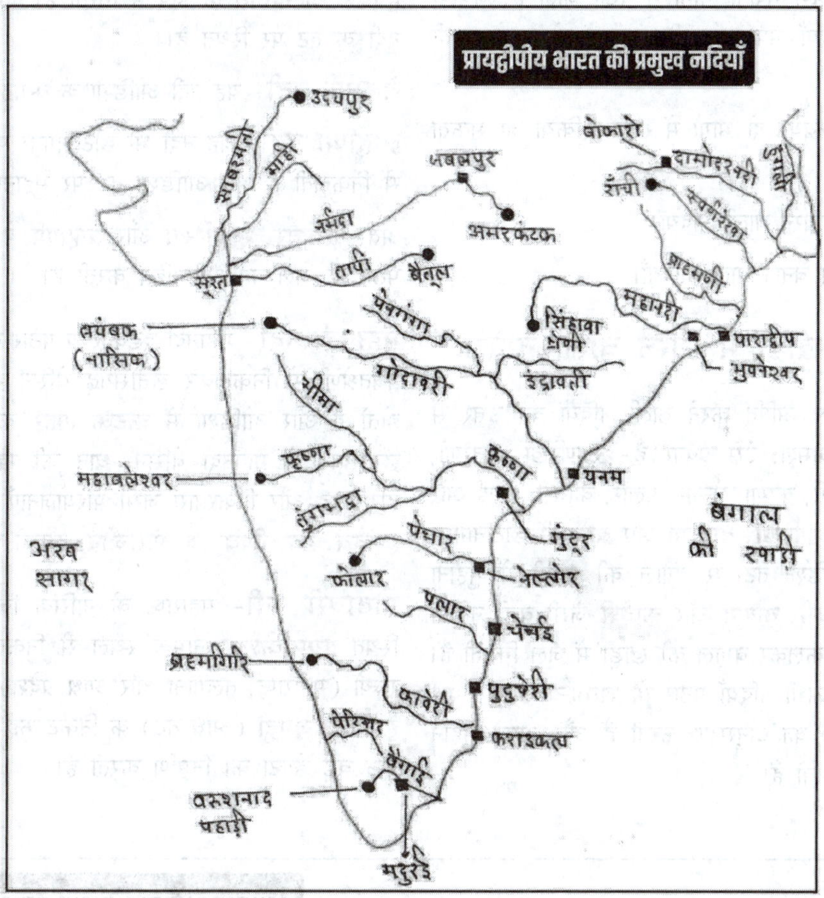

प्रायद्वीपीय भारत की प्रमुख नदियाँ

प्रायद्वीपीय भारत में **पश्चिमी घाट प्रमुख जल विभाजक** की भूमिका निभाता है। पश्चिमी घाट पर्वत के पूर्व में बहने वाली नदियाँ बंगाल की खाड़ी में और पश्चिम में बहने वाली नदियाँ अरब सागर में अपना जल गिराती हैं। प्रायद्वीपीय भारत **के पठार का सामान्य ढाल पूर्व अथवा दक्षिण-पूर्व की ओर** है। अत: यहाँ की अधिकतर बड़ी नदियाँ जैसे- **गोदावरी, कृष्णा, कावेरी** इत्यादि **पश्चिमी घाट पर्वत** से निकलकर **बंगाल की खाड़ी** की तरफ बहती हैं। **नर्मदा** और **तापी** नदियाँ इसका अपवाद हैं, क्योंकि ये दोनों नदियाँ पठार के सामान्य ढाल का अनुसरण न करके अपनी **भ्रंश घाटियों** में बहती हैं जिनका ढाल पश्चिम में **अरब सागर** की तरफ है। जहाँ बंगाल की खाड़ी में गिरने वाली प्रायद्वीपीय भारत की नदियाँ अपने मुहाने पर डेल्टा का निर्माण करती हैं, वहीं भ्रंश घाटी से होकर खम्भात की खाड़ी में गिरने वाली **नर्मदा** और **तापी** नदियाँ अपने मुहाने पर **एश्चुअरी (ज्वारनदमुख)** का निर्माण करती हैं।

नर्मदा भ्रंश के उत्तर में स्थित पठारी भारत का ढाल **उत्तर-पूर्व की तरफ** हो जाता है। इस कारण मालवा पठार और विंध्य पर्वत क्षेत्र से निकलने वाली नदियाँ उत्तर-पूर्व दिशा में बहते हुए गंगा नदी तंत्र में शामिल हो जाती हैं, जैसे- **चम्बल, सिंध, बेतवा, केन, पुनपुन** और **सोन** इत्यादि।

एश्चुअरी (ज्वारनदमुख)

डेल्टा क्षेत्र में नदी का मुहाना उथला (Shallow) होता है, क्योंकि नदी अपने मुहाने पर लगातार अवसादों का निक्षेपण करती है। लेकिन जब नदी किसी तीव्र ढाल के सहारे तट की तरफ बढ़ती है तो जल का प्रवाह वेग अधिक होता है, जिस कारण नदी सागरीय जल को पीछे की तरफ ढकेलते हुए तीव्र प्रवाह के साथ समुद्र में प्रवेश कर जाती है। ऐसा मुहाना उथला होने के बजाय गहरा होता है, जहाँ नदी के ताजे जल एवं समुद्री खारे जल का मिलन होते हुए दिखाई देता है। ऐसे गहरे मुहाने को ही **ज्वारनदमुख** या **एश्चुअरी** कहते हैं। पोषक तत्त्वों की अधिकता के कारण ज्वारनदमुख पारिस्थितिक तंत्र **उच्च जैव उत्पादकता** के क्षेत्र होते हैं।

प्रायद्वीपीय भारत की नदियाँ उत्तर भारत के मैदान में बहने वाली नदियों की तरह विसर्पण नहीं करती हैं, बल्कि इनका मार्ग सीधा (रैखिक) होता है। इसका कारण यह है कि अधिकांशतः पठारी भूभाग में प्रवाहित होने के कारण ये **कठोर संरचना द्वारा नियंत्रित** रहती हैं। नदियों में विसर्पण मैदानी भागों में देखा जाता है, जबकि प्रायद्वीपीय भारत की नदियाँ अपेक्षाकृत तीव्र ढलानों के सहारे बहती हैं।

प्रायद्वीपीय नदियों का अध्ययन दो भागों में रखकर किया जा सकता है-

क. बंगाल की खाड़ी में गिरने वाली नदियाँ।

ख. अरब सागर में मुहाना बनाने वाली नदियाँ।

क. बंगाल की खाड़ी में गिरने वाली नदियाँ

बंगाल की खाड़ी में जल अर्पित करने वाली नदियों का उत्तर से दक्षिण की ओर क्रम क्रमशः इस प्रकार है- स्वर्णरेखा, वैतरणी, ब्राह्मणी, महानदी, गोदावरी, कृष्णा, पेन्नार, पलार, कावेरी, वैगई और ताम्रपर्णी नदी। इनमें से **स्वर्णरेखा, वैतरणी** और **ब्राह्मणी** छोटानागपुर पठार से निकलकर ओडिशा तट पर बंगाल की खाड़ी में मुहाना बनाती हैं, जबकि **गोदावरी, कृष्णा** और **कावेरी** जैसी बड़ी नदियाँ पश्चिमी घाट पर्वत से निकलकर बंगाल की खाड़ी में जल गिराती हैं। प्रायद्वीपीय पठार की ये सभी नदियाँ पठार **के सामान्य ढाल (पूर्व या दक्षिण-पूर्व दिशा)** का अनुसरण करती हैं और अपने मुहाने पर डेल्टा का निर्माण करती हैं।

स्वर्णरेखा नदी- छोटानागपुर पठार पर **राँची के समीप** से निकलने वाली यह नदी क्रमशः तीन राज्यों- झारखण्ड, पश्चिम बंगाल और ओडिशा में बहते हुए बालेश्वर के पास बंगाल की खाड़ी में जल गिराती है। झारखण्ड में मुख्य पठार को छोड़ने के बाद यह **हुण्डरू जलप्रपात** के रूप में गिरती है। **जमशेदपुर** और **राँची** इसी नदी के तट पर स्थित हैं।

वैतरणी नदी- यह नदी ओडिशा के **क्योंझर पठार** से निकलती है।

ब्राह्मणी नदी- यह नदी भी छोटानागपुर पठार पर **राँची के समीप** से निकलती है और ओडिशा तट पर मुहाना बनाती है।

अतः **दामोदर, स्वर्णरेखा** और **ब्राह्मणी** ये तीनों नदियाँ छोटानागपुर पठार के जल को अपवाहित करती हैं।

महानदी नदी- महानदी दंडकारण्य पठार के उत्तर में स्थित सिंहावा पर्वतश्रेणी से निकलकर छत्तीसगढ़ बेसिन में पूर्व दिशा में प्रवाहित होती है और ओडिशा में **कटक शहर** के पास डेल्टा बनाती है। छत्तीसगढ़ में महानदी बेसिन, धान की खेती के लिए प्रसिद्ध है। हीराकुण्ड और टिकरपारा जैसी परियोजनाएँ इसी नदी पर निर्मित हैं। **हसदेव, इब, शिवनाथ** और **जोंक** इसकी प्रमुख सहायक नदियाँ हैं।

गोदावरी नदी- महाराष्ट्र के नासिक जिले में पश्चिमी घाट पर स्थित **त्रयम्बकेश्वर** नामक स्थल से निकलने वाली यह नदी तीन राज्यों (महाराष्ट्र, तेलंगाना और आंध्र प्रदेश) से होकर प्रवाहित होती है और **राजमुंद्री** (आंध्र तट) के निकट कई धाराओं में विभक्त होकर एक बड़े डेल्टा का निर्माण करती है।

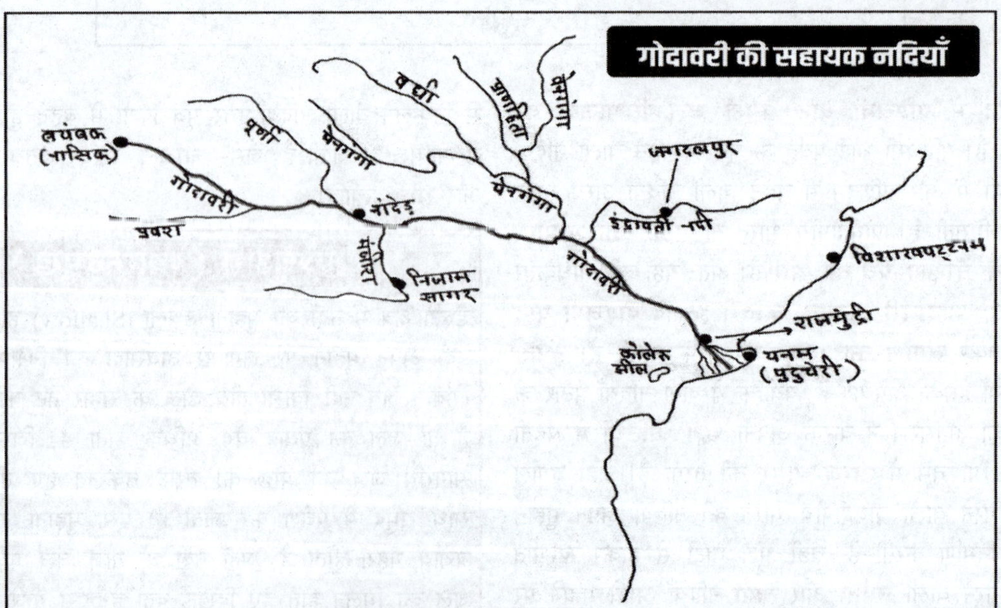

यह **दक्षिण भारत की सबसे लम्बी नदी (1465 किमी.)** और भारत से निकलने वाली दूसरी लम्बी नदी है। इसे **बूढ़ी गंगा** और **दक्षिण गंगा** भी कहते हैं। दक्षिण भारत में इसका जलग्रहण क्षेत्र सबसे बड़ा है।

प्रवरा, पूर्णा, वेनगंगा, प्राणहिता, इन्द्रावती, मंजीरा और वर्द्धा इसकी सहायक नदियाँ हैं। इनमें से **मंजीरा** और प्रवरा **दक्षिण की ओर से** आकर हैदराबाद के समीप गोदावरी से मिलती हैं, जबकि अन्य सभी नदियाँ उत्तर की ओर से आकर गोदावरी में मिलती हैं। प्राणहिता **गोदावरी की सबसे बड़ी सहायक नदी** है, अर्थात् गोदावरी की सहायक नदियों में प्राणहिता का जलग्रहण क्षेत्र सबसे बड़ा है। **इन्द्रावती नदी** ओडिशा में पूर्वी घाट पर्वत से निकलकर पश्चिम दिशा में बस्तर पठार (छत्तीसगढ़) पर प्रवाहित होती है। **जगदलपुर** इसी नदी के तट पर है। इसके बाद इन्द्रावती नदी दक्षिण की ओर मुड़कर गोदावरी नदी में मिलती है। **नासिक, त्र्यम्बकेश्वर, भद्राचलम** और **नांदेड़** जैसे तीर्थस्थल तथा **बालाघाट, नागपुर, औरंगाबाद** एवं **राजमुंद्री** जैसे नगर गोदावरी नदी के तट पर स्थित हैं। पोचमपाद और जायकवाड़ी इस नदी पर स्थित प्रमुख जलविद्युत परियोजनाएँ हैं।

कावेरी नदी- कर्नाटक के कुर्ग जिले में स्थित **ब्रह्मगिरि पहाड़ियों** (पश्चिम घाट के अंतर्गत) से निकलने वाली कावेरी नदी दक्षिण-पूर्व की ओर प्रवाहित होते हुए तमिलनाडु में **कावेरी पत्तनम** के निकट बंगाल की खाड़ी में गिरती है। इसकी लम्बाई 800 किमी. है। यद्यपि यह नदी दो ही राज्यों-कर्नाटक और तमिलनाडु में प्रवाहित होती है, लेकिन इसका अपवाह क्षेत्र तीन राज्यों-**केरल** (3 प्रतिशत), **कर्नाटक** (41 प्रतिशत) तथा **तमिलनाडु** (56 प्रतिशत) में फैला हुआ है।

लक्ष्मणतीर्थ, भवानी, काबिनी, अमरावती, हेमवती, हेरंगी, शिम्सा और अर्कावती इसकी प्रमुख सहायक नदियाँ हैं। इनमें से **भवानी तमिलनाडु की दूसरी सबसे बड़ी नदी है।** इन नदी के मार्ग में **शिवसमुद्रम** (कर्नाटक) तथा होगेनकल (तमिलनाडु) नामक दो प्रमुख जलप्रपात हैं। यह नदी श्रीरंगपट्टनम तथा शिवसमुद्रम (कर्नाटक) नामक **दो नदी द्वीपों** का भी निर्माण करती है। **द्वीपीय शहर शिवसमुद्रम** (कर्नाटक) नदी को दो भागों में बाँट देता है। दक्षिण भारत की नदियों में कावेरी एकमात्र नदी है, जिसमें **वर्ष भर जलप्रवाह** बना रहता है, क्योंकि इसके उद्गम स्रोत अर्थात् कर्नाटक स्थित ऊपरी जलग्रहण क्षेत्र (पश्चिमी घाट) में **दक्षिण-पश्चिमी मानसून** से वर्षा होती है, जबकि तमिलनाडु स्थित निचले जलग्रहण क्षेत्र (कोरोमण्डल तट) में **उत्तर-पूर्वी मानसून** से वर्षा प्राप्त होती है। पठारी भारत की अन्य नदियों की तुलना में कावेरी नदी के जलस्तर में उतार-चढ़ाव कम होता है। कावेरी नदी को **दक्षिण भारत की गंगा** भी कहते हैं। बंगाल की खाड़ी में गिरने से पहले कावेरी नदी तंजावुर के निकट समकोणिक डेल्टा (Isocentric Delta) का निर्माण करती है।

पेन्नार नदी- कर्नाटक स्थित **नंदीदुर्ग पहाड़ी** से निकलकर आंध्र प्रदेश में (1400 किमी.) कृष्णा तथा पलार नदियों के मध्य प्रवाहित होती है और आंध्र प्रदेश तट पर बंगाल की खाड़ी में गिरती है। **जयमंगली** और **पापागनी** इसकी प्रमुख सहायक नदियाँ हैं।

कृष्णा नदी- दक्षिण भारत की **दूसरी सबसे लम्बी नदी** कृष्णा महाराष्ट्र में पश्चिमी घाट पर्वत पर स्थित **महाबलेश्वर चोटी** से निकलकर चार राज्यों- महाराष्ट्र, कर्नाटक, तेलंगाना और आंध्र प्रदेश से प्रवाहित होती है और **विजयवाड़ा के समीप** डेल्टा बनाती है। कृष्णा नदी का डेल्टा गोदावरी नदी के डेल्टा के ठीक दक्षिण में है। आंध्र तट पर कृष्णा और गोदावरी के डेल्टा के मध्य ही **कोलेरू झील** है।

तुंगभद्रा और **भीमा** कृष्णा नदी की दो प्रमुख सहायक नदियाँ हैं। कृष्णा की सबसे लम्बी सहायक नदी तुंगभद्रा का उद्गम कर्नाटक में पश्चिमी घाट पर्वत से तुंगा और भद्रा नामक दो धाराओं के रूप में होता है। **तुंगभद्रा** कृष्णा नदी में दाहिने तट पर मिलती है, जबकि **भीमा** नदी महाराष्ट्र से निकलकर कृष्णा में बाएँ तट पर मिलती है।

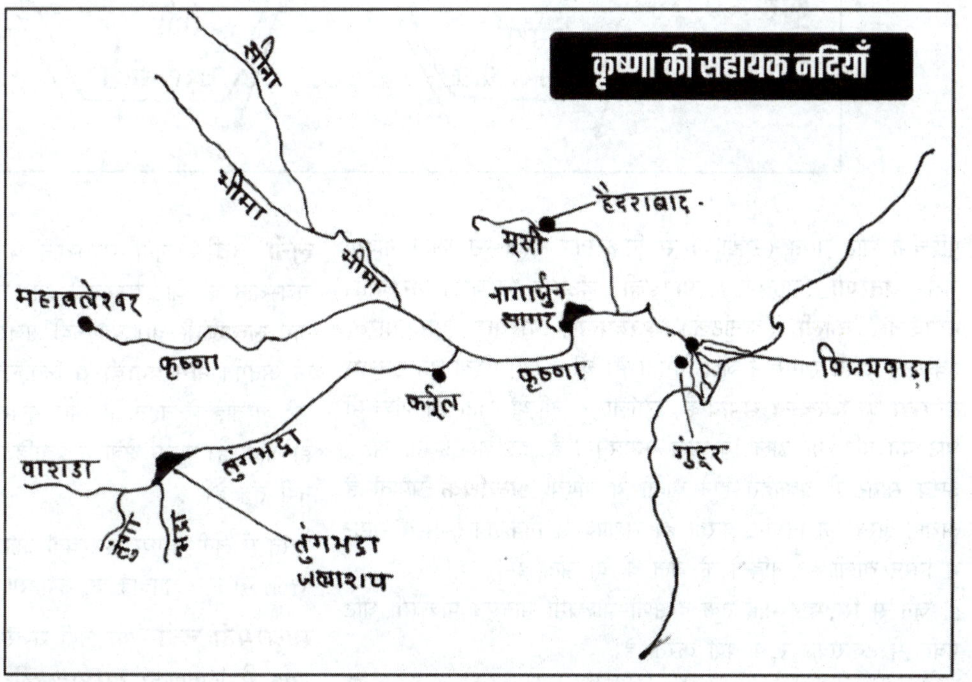

घाटप्रभा, मालप्रभा, दूधगंगा, कोयना और **मूसी** कृष्णा की अन्य सहायक नदियाँ हैं। हैदराबाद **मूसी नदी** के तट पर ही स्थित है। श्रीशैलम, नागार्जुन (आंध्र प्रदेश) और अल्माटी (कर्नाटक) कृष्णा नदी पर स्थित प्रमुख जलविद्युत परियोजनाएँ हैं।

पलार नदी– पेन्नार नदी के दक्षिण में बहने वाली पलार नदी कर्नाटक स्थित **कोलार जिले** से निकलकर चेन्नई के दक्षिण में बंगाल की खाड़ी में गिरती है। तमिलनाडु में **वेल्लोर** इसी नदी के तट पर स्थित है। **पोइनी** और **चेय्यार** इसकी प्रमुख सहायक नदियाँ हैं।

वैगई नदी– तमिलनाडु में **वरूशनाद** पहाड़ियों से निकलने वाली यह नदी **मदुरई** और रामनाथपुरम नगरों से होकर बहती है और तमिलनाडु तट पर **पम्बन द्वीप** के पास पाक की खाड़ी (पाक जलडमरूमध्य) में गिरती है।

ताम्रपर्णी नदी– यह नदी कार्डामम पहाड़ी पर स्थित **अगस्त्यमलाई चोटी** से निकलकर मन्नार की खाड़ी में जल गिराती है।

अमरावती नदी– यह कावेरी की सहायक नदी है। इसका उद्‌गम केरल और तमिलनाडु की सीमा पर होता है। औद्योगिक क्षेत्रों में प्रवाहित होने के कारण यह अत्यधिक प्रदूषित हो गई है।

ख. अरब सागर में जल गिराने वाली प्रायद्वीपीय भारत की नदियाँ

अरब सागर में जल गिराने वाली पठारी भारत की नदियों का **उत्तर से दक्षिण की ओर क्रम** क्रमशः इस प्रकार है– लूनी नदी, साबरमती, माही, नर्मदा, तापी, माण्डवी, जुआरी, शरावती, गंगावेली, पेरियार और भरतपूझा। इनमें से अरावली पर्वत से निकलकर दक्षिण-पश्चिम में बहने वाली **लूनी नदी** समुद्र तट तक पहुँचने से पहले ही कच्छ के रन (दलदली क्षेत्र) में विलीन हो जाती है। उपरोक्त में से चार नदियाँ– साबरमती, माही, नर्मदा और तापी **खम्भात की खाड़ी** में जल गिराती हैं। **नर्मदा** और **तापी** नदियाँ प्रायद्वीपीय पठार के आंतरिक क्षेत्रों से निकलती हैं। लेकिन इसके बावजूद ये दोनों नदियाँ पठार के सामान्य ढाल (दक्षिण-पूर्व की ओर) का अनुसरण न करके पश्चिम की ओर प्रवाहित होती हैं, क्योंकि ये दोनों (नर्मदा और तापी) नदियाँ अपनी भ्रंश घाटियों में बहती हैं जिनका ढाल अरब सागर की ओर है। **नर्मदा भ्रंश** सतपुड़ा पहाड़ी के उत्तर में है, जबकि **तापी भ्रंश** सतपुड़ा के दक्षिण में है।

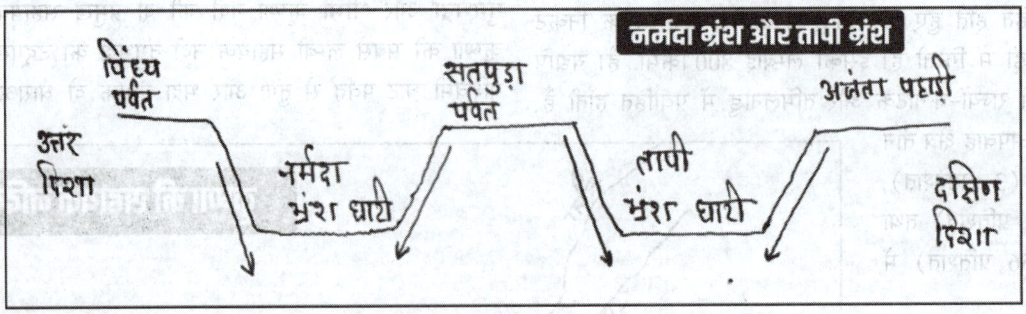

पश्चिमी घाट पर्वत (सह्याद्रि) से निकलकर बहुत-सी छोटी नदियाँ जैसे– **वैतरणा** (महाराष्ट्र), **माण्डवी, जुआरी** (गोवा), **शरावती, गंगावेली, काली** (कर्नाटक), **भरतपूझा, पेरियार** और **पाम्बा** (केरल) अरब सागर में जल गिराती हैं। चूँकि इन नदियों का **उद्‌गम तटरेखा के बिल्कुल समीप** है, इसलिए ये नदियाँ छोटी हैं। पश्चिमी घाट का पश्चिमी ढाल बिल्कुल कगारनुमा है, इसलिए इसके सहारे अरब सागर में प्रवाहित होने वाली ये नदियाँ **अत्यधिक** प्रपाती हैं अर्थात् झरने का निर्माण करती हैं। सह्याद्रि से निकलकर अरब सागर में गिरने वाली इन नदियों के जल के दो स्रोत हैं–

a. जून से सितम्बर माह तक दक्षिणी-पश्चिमी मानसून पश्चिमी घाट पर्वत से टकराकर खूब वर्षा करता है।

b. पठारी भारत में चट्टानों के मध्य बड़ी-बड़ी दरारें पाई जाती हैं, जिनमें संचित वर्षा जल इन नदियों को शुष्क ऋतु में भी मिलता रहता है।

लूनी नदी– लूनी राजस्थान का **सबसे बड़ा नदी तंत्र** है, जो राजस्थान के थार मरुस्थल और गुजरात में बहती है। इसका प्राचीन नाम **लवणवती** था। यह नदी राजस्थान के अजमेर जिले में अरावली के अंतर्गत **नाग पहाड़ी** से निकलकर दक्षिण-पश्चिम में 300 किमी. की लम्बाई में बहती है और गुजरात स्थित कच्छ के रण में विलुप्त हो जाती है। शुष्क क्षेत्रों में प्रवाहित होने के कारण लूनी अल्पकालिक नदी तंत्र है।

भारत में लूनी, घग्घर, सरस्वती और बनास नदियाँ अंतःस्थलीय (Inter-Trerrestrial) अपवाह का उदाहरण हैं, जो समुद्र तक नहीं पहुँच पातीं।

साबरमती नदी– यह नदी राजस्थान के **उदयपुर** जिले में अरावली पर्वत से निकलकर **खम्भात की खाड़ी** में जल गिराती है। गुजरात की राजधानी **गाँधीनगर** तथा **अहमदाबाद** इसी नदी के तट पर स्थित हैं।

माही नदी- यह नदी मध्य प्रदेश में विंध्य पर्वत से निकलकर **खम्भात की खाड़ी** में गिरती है। यह तीन राज्यों - मध्य प्रदेश, राजस्थान और गुजरात से गुजरती है। माही नदी राजस्थान में **कर्क रेखा** को दो बार काटती है।

नर्मदा नदी- यह अरब सागर में जल गिराने वाली प्रायद्वीपीय भारत की नदियों में सबसे लम्बी है और गोदावरी तथा कृष्णा के बाद प्रायद्वीपीय भारत की **तीसरी सबसे लम्बी नदी** (1312 किमी.) है।

नर्मदा नदी मध्य प्रदेश और छत्तीसगढ़ की सीमा पर स्थित **अमरकंटक पठार** (मैकाल पर्वत) से निकलकर पश्चिम में विन्ध्य और सतपुड़ा श्रेणी के मध्य भ्रंश घाटी में बहती है और गुजरात तट पर **भड़ौच के समीप एश्चुअरी** (ज्वारनदमुख) का निर्माण करते हुए खम्भात की खाड़ी (अरब सागर का भाग) में जल गिराती है। यह नदी तीन राज्यों- मध्य प्रदेश, महाराष्ट्र और गुजरात में प्रवाहित होती है, किन्तु इसके अपवाह क्षेत्र का 87% भाग मध्य प्रदेश में है।

भ्रंश घाटी में कठोर संरचना द्वारा नियंत्रित होने के कारण नर्मदा नदी में अवसाद नहीं पाए जाते, इसलिए यह अपने मुहाने पर डेल्टा का निर्माण नहीं करती है। यह नदी **जबलपुर के निकट भेड़ाघाट** की संगमरमर की चट्टानों में **धुआँधार** जल प्रपात का निर्माण करती है। **तवा, कोनार, दूधी, माचक** तथा **ओरिसन** इसकी छोटी सहायक नदियाँ हैं, जो भ्रंश घाटी में समकोण पर आकर मिलती हैं। सरदार सरोवर परियोजना (गुजरात) नर्मदा नदी पर बनाई गई है, जिसका उद्देश्य बाँध बनाकर नदी जल को गुजरात, राजस्थान और महाराष्ट्र के सूखाग्रस्त क्षेत्रों को सिंचित करना है।

तापी नदी- यह मध्य प्रदेश में **बैतूल पठार** से निकलकर सतपुड़ा श्रेणी के दक्षिण में स्थित **भ्रंश घाटी** में प्रवाहित होती है और **सूरत नगर** के पास खम्भात की खाड़ी में जल गिराती है। नर्मदा की भाँति यह नदी भी अपने मुहाने पर **एश्चुअरी** का निर्माण करती है। गुजरात में **उकाई** और **काकरापार परियोजनाएँ** इसी नदी पर निर्मित हैं। तापी नदी के अपवाह क्षेत्र का लगभग 80% भाग महाराष्ट्र में है।

शरावती नदी- कर्नाटक के **शिमोगा** जिले में पश्चिमी घाट से निकलकर अरब सागर में जल गिराती है। प्रसिद्ध **जोग** या **गोरसप्पा** (253 मी.) जलप्रपात इसी नदी पर है। यह भारत का सबसे भव्य जलप्रपात है।

पेरियार नदी- यह **केरल की सबसे लम्बी नदी** है, जो अन्नामलाई पहाड़ियों से निकलकर वेम्बनाद झील के उत्तर में अरब सागर में गिरती है।

भरतपूझा नदी- यह जल प्रवाह के आयतन की दृष्टि से **केरल की सबसे बड़ी नदी** है। इसे **पोन्नानी नदी** भी कहते हैं। भरतपूझा नदी अन्नामलाई पहाड़ियों से निकलकर पोन्नानी नामक स्थान पर अरब सागर में गिरती है। यह पेरियार के बाद केरल की दूसरी सबसे लम्बी नदी है।

अन्य नदियाँ- **पांबा** केरल की अन्य नदी है, जो अन्नामलाई से निकलकर वेम्बनाद झील में गिरती है। केरल का प्रसिद्ध **सबरीमाला मंदिर** पांबा नदी के तट पर ही स्थित है। **माण्डवी** और **जुआरी** गोवा की दो महत्त्वपूर्ण नदियाँ हैं। राजधानी पणजी इन्हीं दोनों नदियों के मध्य स्थित है। **शेतरूनीजी** (शतरंजी) और **भादर** गुजरात में बहने वाली अन्य छोटी नदियाँ हैं, जो खम्भात की खाड़ी में जल गिराती हैं। महाराष्ट्र के नासिक जिले में त्रयम्बक पहाड़ी से **वैतरणा नदी** निकलकर अरब सागर में गिरती है। गोवा के ठीक दक्षिण में **कालिंदी नदी** कर्नाटक के बेलगांव जिले से निकलकर कारवाड़ की खाड़ी (अरब सागर) में गिरती है। इसे **काली नदी** भी कहते हैं।

नदियों के किनारे बसे भारत के प्रमुख शहर

शहर	-	नदी
बद्रीनाथ	-	अलकनंदा
उत्तरकाशी	-	भागीरथी
टिहरी	-	भागीरथी एवं भिलंगना
देवप्रयाग	-	भागीरथी एवं अलकनंदा
रुद्रप्रयाग	-	मंदाकिनी एवं अलकनंदा
कर्णप्रयाग	-	पिण्डार एवं अलकनंदा
विष्णुप्रयाग	-	धौलीगंगा एवं अलकनंदा
कारवाड़	-	काली नदी
श्रीरंगपट्टनम	-	कावेरी
मैसूर	-	कावेरी
मैटूर	-	कावेरी
इरोड	-	कावेरी
तिरुचिरापल्ली	-	कावेरी
तंजावुर	-	कावेरी
विजयवाड़ा	-	कृष्णा
कन्नौज	-	गंगा
कानपुर	-	गंगा
प्रयागराज	-	गंगा एवं यमुना
वाराणसी	-	गंगा
बक्सर	-	गंगा

बलिया	–	गंगा
पटना	–	गंगा
मुंगेर	–	गंगा
भागलपुर	–	गंगा
हरिद्वार	–	गंगा
हाजीपुर	–	गंडक
नासिक	–	गोदावरी
नांदेड	–	गोदावरी
जौनपुर	–	गोमती
लखनऊ	–	गोमती
फैजाबाद	–	घाघरा/सरयू
कोटा	–	चम्बल
रावतभाटा	–	चम्बल
श्रीनगर	–	झेलम
सूरत	–	तापी
कुर्नूल	–	तुंगभद्रा
पंचेत	–	दामोदर
सिंदरी	–	दामोदर
आइजोल	–	धलेश्वरी
जबलपुर	–	नर्मदा
होशंगाबाद	–	नर्मदा
भरूच	–	नर्मदा
नेल्लोर	–	पेन्नेरू
गया	–	फल्गु
साँची	–	बेतवा
विदिशा	–	बेतवा
तिलैया	–	बराकर
मैथन	–	बराकर
डिब्रूगढ़	–	ब्रह्मपुत्र
माजुली	–	ब्रह्मपुत्र

गुवाहाटी	–	ब्रह्मपुत्र
धुबरी	–	ब्रह्मपुत्र
पंढरपुर	–	भीमा
सम्बलपुर	–	महानदी
कटक	–	महानदी
मानस	–	मानस
पणजी	–	मांडवी
हैदराबाद	–	मूसी
दिल्ली	–	यमुना
मथुरा	–	यमुना
आगरा	–	यमुना
चम्बा	–	रावी
श्रावस्ती	–	राप्ती
गोरखपुर	–	राप्ती
मुरादाबाद	–	रामगंगा
बरेली	–	रामगंगा
मंडी	–	व्यास
मदुरई (मदुरै)	–	वैगई
रामनाथपुरम	–	वैगई
जमशेदपुर	–	स्वर्ण रेखा एवं खरकई
नैनादेवी	–	सतलुज
फिरोजपुर	–	सतलुज
अयोध्या	–	सरयू
गाँधीनगर	–	साबरमती
अहमदाबाद	–	साबरमती
लेह	–	सिन्धु
कोरबा	–	हंसदो
गाजियाबाद	–	हिण्डन
कोलकाता	–	हुगली
हावड़ा	–	हुगली
उज्जैन	–	क्षिप्रा

भारत की प्रमुख नदियाँ और उनकी विशेषताएँ : एक दृष्टि

नदी	उद्‌गम	प्रमुख सहायक नदियाँ	संगम अथवा मुहाना	विशेषताएँ
ब्रह्मपुत्र (2900 किमी.)	मानसरोवर झील (तिब्बत) के निकट आंग्सी ग्लेशियर से।	• **बाएँ तट पर मिलने वाली सहायक नदियाँ**- दिवांग, लोहित, बूढ़ी दिहिंग, धनसरी, कालांग • **दाहिने तट पर मिलने वाली सहायक नदियाँ**- सुबनसिरी, कामांग, मानस, संकोश	बांग्लादेश में 'जमुना' के नाम से पद्‌मा नदी में मिलती है। पद्‌मा मेघना से मिलकर बंगाल की खाड़ी में गिरती है।	• धुबरी के निकट ब्रह्मपुत्र बांग्लादेश में प्रवेश करती है। • बांग्लादेश में ब्रह्मपुत्र का नाम जमुना हो जाता है। जमुना में दाहिनी ओर से तिस्ता नदी मिलती है।
सिन्धु (2880 किमी.)	तिब्बत में मानसरोवर झील के निकट।	पंचनंद (झेलम, चिनाब, रावी, व्यास, सतलुज), श्योक, गिलगिट, जास्कर, हुंजा, नुब्रा, शिकारा	अरब सागर	• बुंजी के समीप गहरे गार्ज का निर्माण करती है।
गंगा (2525 किमी.)	उत्तराखण्ड के उत्तरकाशी जिले में गोमुख के निकट भागीरथी धारा के रूप में गंगोत्री हिमनद से। देवप्रयाग में भागीरथी नदी धारा जब अलकनंदा से मिलती है तो संयुक्त धारा का नाम गंगा हो जाता है।	• **बाएँ किनारे पर मिलने वाली सहायक नदियाँ**- रामगंगा, गोमती, घाघरा, गंडक, बूढ़ी गंडक, बागमती, कोसी, महानंदा • **दाएँ किनारे पर मिलने वाली सहायक नदियाँ**- यमुना, सोन, टोंस • हुगली गंगा की प्रमुख वितरिका है	बंगाल की खाड़ी में मेघना नाम से गिरती है।	• भारत की सबसे लम्बी और सबसे पवित्र नदी है।
सतलुज (1500 किमी.)	तिब्बत में मानसरोवर झील के निकट राकस-ताल से।	व्यास और चिनाब	सिंधु नदी	• तट पर लुधियाना एवं फिरोजपुर जैसे नगर।
गोदावरी (1465 किमी.)	पश्चिमी घाट में त्रयंबक नामक स्थान से (नासिक जिला, महाराष्ट्र)।	इन्द्रावती, प्राणहिता, पूर्णा, दुधना, मंजरा, प्रवरा	बंगाल की खाड़ी	• इसे 'बूढ़ी गंगा' या 'दक्षिण गंगा' भी कहते हैं। • प्रायद्वीपीय भारत की सबसे लम्बी नदी।
कृष्णा (1400 किमी.)	महाबलेश्वर के निकट पश्चिमी घाट से।	तुंगभद्रा, भीमा, कोयना, वर्णा, पंचगंगा, घाटप्रभा, मालप्रभा, दूधगंगा, मूसी	बंगाल की खाड़ी	• प्रायद्वीपीय भारत की दूसरी सबसे लम्बी नदी।

यमुना (1385 किमी.)	बंदरपूँछ श्रेणी पर स्थित यमुनोत्री हिमनद से।	• **बाएँ तट पर मिलने वाली नदी**- टोंस, हिण्डन, करेन, संगर, रिंद • **दाहिने तट पर मिलने वाली नदी**- चम्बल, सिन्ध, बेतवा, केन • टोंस नदी हिमालयी क्षेत्र में आकर मिलती है।	गंगा नदी (प्रयागराज में)	• यमुना गंगा की सबसे बड़ी सहायक नदी है। • गंगा से दाहिने तट पर आकर मिलती है।
नर्मदा (1312 किमी.)	अमरकंटक पहाड़ी (मध्य प्रदेश)	ओरिसन, माचक, कोनार	खंभात की खाड़ी (अरब सागर)	• जबलपुर के भेड़ाघाट में कपिलधारा (धुआँधार) जलप्रपात का निर्माण। • रिफ्ट घाटी में बहती है तथा मुहाने पर ज्वारनदमुख बनाती है।
झेलम (1180 किमी.)	बेरीनाग (जम्मू एवं कश्मीर के दक्षिण-पूर्वी भाग) के निकट शेषनाग झील से।	किशनगंगा	चिनाब नदी	• वूलर झील से होकर बहती है। • कुछ दूर तक यह भारत-पाकिस्तान की सीमा के साथ बहती है। • श्रीनगर इसके तट पर बसा शहर है।
घाघरा/ कर्नाली अथवा कोरियाला (1080 किमी.)	तिब्बत पठार पर मानसरोवर झील के निकट मापचा चुंग हिमनद से।	शारदा, राप्ती, छोटी गंडक, कर्नाली, सरयू	गंगा (बिहार में छपरा के पास)	• शारदा नदी रामपुर के निकट कोरियाला में घाघरा से मिलती है। • छपरा के निकट गंगा में मिलने से पूर्व यह नदी लम्बी दूरी तक बिहार और उत्तर प्रदेश की सीमा बनाती है।
चम्बल (965 किमी.)	महू (मालवा का पठार, इंदौर जिला, मध्य प्रदेश) के निकट।	**बाएँ तट पर मिलने वाली नदी**- बनास (राजस्थान से आती है) **दाहिने तट पर मिलने वाली नदी**- पार्वती, काली-सिन्ध	यमुना नदी (यमुना जिले के साहन में)	251 किमी. तक राजस्थान एवं मध्य प्रदेश की सीमा बनाती है। 251 किमी. तक मध्य प्रदेश एवं उत्तर प्रदेश की सीमा बनाती है। चम्बल की घाटी 'उत्खात भूमि' (बीहड़) के लिए प्रसिद्ध है।

चिनाब (960 किमी.)	चंद्रा एवं भागा नामक दो नदियों से मिलकर बना है। ये दोनों केलाँग के निकट तंडी में मिलती हैं। चंद्रा एवं भागा का उद्‌गम स्रोत हिमाचल प्रदेश में हिमालय की हिमावरित चोटियाँ हैं।	झेलम, रावी, तवी	सतलुज नदी	–
गोमती (900 किमी.)	पीलीभीत जिला (उत्तर प्रदेश)	–	गंगा (गाजीपुर से पूर्व)	लखनऊ, जौनपुर, सुल्तानपुर, गाजीपुर इसके किनारे बसे उत्तर प्रदेश के प्रमुख शहर हैं।
महानदी (858 किमी.)	सिंहावा श्रेणी (छत्तीसगढ़)	शिवनाथ, हसदो, मांद, ईव, जोंकिंग, तेल	बंगाल की खाड़ी	यह नदी बाढ़ के लिए बदनाम है। निचले मार्ग में यह नदी नाव्य है।
कावेरी (805 किमी.)	ब्रह्मगिरि पहाड़ी (कुर्ग जिला, कर्नाटक)	**दाहिने तट पर मिलने वाली सहायक नदियाँ**– लक्ष्मण तीर्थ, काबिनी, सुवर्णावती, भावनी, अमरावती। **बाएँ तट पर मिलने वाली सहायक नदियाँ**– हेरेंगी, हेमावती, शिम्शा, अक्रावती।	बंगाल की खाड़ी	दक्षिण-पश्चिम मानसून एवं उत्तर-पूर्वी मानसून दोनों से वर्षाजल प्राप्त करने के कारण वर्षभर जल से भरी रहती है। अन्य प्रायद्वीपीय नदियों की तुलना में इसके प्रवाह में कम घट-बढ़ होती है। **'शिवसमुद्रम'** एवं **'होगेनकेल'** कावेरी के मार्ग में आने वाले प्रमुख जलप्रपात हैं।
सोन (780 किमी.)	मध्य प्रदेश स्थित अमरकंटक की पहाड़ी	रिहन्द, उत्तरी कोयल, जोहिला, गोपत, कान्हार	गंगा नदी में (पटना से पश्चिम दानापुर में)	इसके बालू में स्वर्ण के कण पाए जाते हैं, इसलिए इसका नाम सोन पड़ा।
कोसी (730 किमी.)	नेपाल में सात धाराओं के मिलने से उद्‌गम। मुख्य धारा 'अरुण' है जो तिब्बत के गोसाईथान चोटी से निकलती है।	नेपाल में, अरुण में सुनकोसी एवं तामूर कोसी मिलती है। अरुण इसके बाद सप्तकोसी बन जाती हैं (नेपाल के सप्तकोसी क्षेत्र की सात धाराओं से मिलकर कोसी नदी तीन नदियों का रूप धारण करती है– तामूर, अरुण एवं सुनकोसी)। सप्तकोसी कही जाने वाली सात धाराओं के नाम है– सुतकोसी, तांबा कोसी, तलखू, दूधकोसी, भोटिया, अरुण, तामूर।	गंगा नदी (काढ़ागोला, कुरसैला, बिहार के निकट।)	इसे 'बिहार का शोक' माना जाता है। नेपाल से आने वाली यह नदी बिहार के बराह क्षेत्र में समतल मैदान में उतरती है। बराह क्षेत्र, नेपाल सीमा से सटा बिहार का वह क्षेत्र है, जिसके बारे में धार्मिक मान्यता है कि भगवान विष्णु ने यहीं 'वराह-अवतार' धारण किया था।

तापी (ताप्पी) (724 किमी.)	मध्य प्रदेश के बैतूल जिले से	पूर्णा, वेघर, गिरना, बोरी, पांझर, अनेर	खंभात की खाड़ी (अरब सागर)	रिफ्ट घाटी में बहती है तथा मुहाने पर एश्चुअरी बनाती है।
रावी (720 किमी.)	हिमाचल प्रदेश की कुल्लू पहाड़ियों में रोहतांग दर्रे के निकट से	–	चिनाब नदी	हिमाचल प्रदेश की चंबा घाटी से होकर बहती है।
व्यास (625 किमी.)	रोहतांग दर्रे के निकट व्यास कुण्ड से	–	सतलुज नदी	'हरिके बैराज', जहाँ व्यास एवं सतलुज नदियों का संगम है, इंदिरा गाँधी नहर निकाली गई है।
रामगंगा (602 किमी.)	नैनीताल के निकट	खोन	गंगा (कन्नौज के निकट)	बाईं ओर से मिलने वाली यह गंगा की पहली बड़ी सहायक नदी है।
माही (553 किमी.)	मेहद झील (विन्ध्याचल पर्वत के पश्चिम स्थित)	–	खंभात की खाड़ी (अरब सागर)	यह नदी कर्क रेखा को दो बार काटती है।
दामोदर (541 किमी.)	छोटानागपुर का पठार (झारखण्ड) के पलामू जिले से	बराकर, कोनार, जमुनिया	हुगली नदी (पश्चिम बंगाल में)	पहले दामोदर नदी 'बंगाल का शोक' के नाम से प्रसिद्ध थी। 'दामोदर घाटी परियोजना (D.V.C.)' इस क्षेत्र की समृद्धि का आधार बनी। दामोदर नदी रिफ्ट घाटी में बहती है। कोयले की प्रचुर मात्रा हेतु प्रसिद्ध है। इसके किनारे अनेक कोयला खनन केन्द्र एवं औद्योगिक प्रतिष्ठान हैं, अत: यह अति प्रदूषित नदी है।
केन (427 किमी.)	कैमूर की पहाड़ी (सतना जिला, मध्य प्रदेश)	–	यमुना नदी	–
गंडक (425 किमी.)	नेपाल हिमालय	–	गंगा (पटना के समीप सोनपुर (हाजीपुर) मे गंगा से मिलती है।)	–
महानंदा (360 किमी.)	दार्जिलिंग की पहाड़ी से	–	गंगा नदी (पश्चिम बंगाल में फरक्का के पास)	भारत में यह बाएँ तट पर मिलने वाली अंतिम सहायक नदी है।
शारदा अथवा काली (350 किमी.)	मिलाम हिमानी (नेपाल हिमालय श्रेणी)	–	कर्नाली अथवा घाघरा	शारदा नदी प्रारंभ 'गौरी गंगा' तथा भारत-नेपाल सीमा पर काली नदी के नाम से जानी जाती है।

साबरमती (320 किमी.)	अरावली श्रेणी (उदयपुर जिला, राजस्थान)	–	खंभात की खाड़ी (अरब सागर)	–
लूनी (320 किमी.)	अरावली श्रेणी की नाग पहाड़ी से (अजमेर, राजस्थान)	–	कच्छ के रण में विलीन हो जाती है	–
काली नदी	बेलगाँव जिला, कर्नाटक	–	कारवाड़ की खाड़ी (अरब सागर)	–
भरतपूझा	अन्नामलाई पहाड़ी	–	अरब सागर	केरल की सबसे बड़ी नदी।
पेरियार	अन्नामलाई पहाड़ी	–	वेम्बनाद	केरल की सबसे लम्बी नदी।
माण्डवी	बेलगाँव जिला, कर्नाटक के 'सोन सागर' स्थान से	–	अरब सागर	गोवा की मुख्य नदी पणजी के पास अरब सागर में मिलती है।
वैतरणी	क्योंझर पहाड़ी (ओडिशा)	–	बंगाल की खाड़ी	–
ब्राह्मणी	राउरकेला (ओडिशा) के निकट दक्षिणी कोयल एवं शंख नदियों के मिलने से उद्‌गम।	–	बंगाल की खाड़ी	–
स्वर्ण रेखा	छोटानागपुर पठार	खरकई नदी	बंगाल की खाड़ी	–
वैगई	वरूशनाद पहाड़ी (तमिलनाडु)	–	पाक की खाड़ी (बंगाल की खाड़ी)	–
ताम्रपर्णी	पश्चिमी घाट की पूर्वी ढाल से (अलवरकुरीची के पास से)		मन्नार की खाड़ी (बंगाल की खाड़ी)	–
शरावती	शिमोगा जिला (कर्नाटक)	–	अरब सागर	गरसोप्पा जलप्रपात (जोग फॉल) इस नदी के मार्ग में है।
शतरंजी	दलकहवा (अमरेली जिला, गुजरात)	–	अरब सागर	–
भादर	पोरबन्दर जिला, गुजरात	–	अरब सागर	–
वैतरणा	त्रयम्बक पहाड़ी (नासिक जिला, महाराष्ट्र)	–	अरब सागर	–
बेढ़ती	हुबली-धारवाड़ (कर्नाटक)	–	अरब सागर	–
वंशधारा	ओडिशा (दक्षिणी भाग से)	–	बंगाल की खाड़ी	–

उत्तरी पेन्नार	नन्दी दुर्ग पहाड़ी (दक्षिणी भाग से)	–	बंगाल की खाड़ी	–
दक्षिणी पेन्नार	केशव पहाड़ी (कर्नाटक)	–	बंगाल की खाड़ी	–
पलार	कोलार जिला (कर्नाटक)	पोइनी, चेय्यार	बंगाल की खाड़ी	–
रूपनारायण	झारखंड की तिलबनी पहाड़ी	–	हुगली (दामोदर के संगल से आगे नूरपुर में)	–

हिमालयी एवं प्रायद्वीपीय नदियों की तुलना

1. कई हिमालयी नदियाँ **पूर्ववर्ती** हैं (सिंधु, सतलुज, कोसी, ब्रह्मपुत्र), जिन्होंने मैदानों में **वृक्षाकार अपवाह प्रतिरूप** का निर्माण किया है। जबकि प्रायद्वीपीय नदियों में अधिकांश **अध्यारोपित** हैं, जिन्होंने अरीय, जालीदार एवं आयताकार प्रतिरूप का निर्माण किया है।

2. हिमालयी नदियों में जल के दो स्रोत हैं- **ग्लेशियर** और **वर्षा जल**। जबकि प्रायद्वीपीय नदियों में जल का एकमात्र स्रोत वर्षा जल है। हिमालयी नदियों की उत्पत्ति ऊँचे पर्वतों पर स्थित हिमानियों से होने के कारण वे **सतत्वाहिनी** होती हैं और उनमें वर्षभर जल की पर्याप्तता बनी रहती है। जबकि प्रायद्वीपीय नदियाँ कम ऊँचाई वाली पहाड़ियों से निकलने के कारण इन्हें ग्लेशियर से जल प्राप्त नहीं होता है और ये मौसमी होती हैं। प्रायद्वीपीय भारत में प्रवाहित होने वाली गोदावरी एवं कृष्णा नदियों में वर्षभर जल प्रवाह होने के बावजूद वे सदानीरा नहीं हैं।

3. समतल जलोढ़ मैदानों एवं डेल्टाई क्षेत्रों से गुजरने के कारण हिमालयी नदियों में विसर्पण, मार्ग परिवर्तन एवं नदी अपहरण सामान्य घटना है। जबकि प्रायद्वीपीय नदियाँ कठोर संरचना द्वारा नियंत्रित होती हैं एवं इनका मार्ग नियत रहता है। इनमें विसर्पण, मार्ग परिवर्तन एवं नदी प्रग्रहण नहीं देखा जाता है।

4. हिमालयी नदियाँ उत्तर भारत के जलोढ़ मैदानों से गुजरती हैं, जिनकी शिलाएँ भेद्य हैं। इस कारण यहाँ भूमिगत जल का स्तर अपेक्षाकृत ऊँचा रहता है, जिसका उपयोग पेयजल एवं सिंचाई हेतु किया जाता है और साथ ही जलोढ़ मृदा में रन्ध्र होते हैं, जिस कारण हिमालयी नदियों की जलग्रहण क्षमता भी अधिक होती है। जबकि प्रायद्वीपीय नदियाँ **पथरीली व अप्रवेश्य चट्टानों** से होकर बहती हैं, अतः यहाँ भूमिगत जल का सीमित भण्डार संभव हो पाता है। प्रायद्वीपीय भारत में कठोर संरचना के कारण वर्षा होने पर सारा जल बह जाता है, जिस कारण यहाँ की नदियों की जल ग्रहण क्षमता भी कम होती है।

5. हिमालयी नदियाँ अभी तरुणावस्था में हैं, इसलिए अपनी घाटियों को गहरा करने में व्यस्त हैं। इन नदियों ने हिमालय क्षेत्र में **गहरे महाखड्डों** का निर्माण किया है। जबकि प्रायद्वीपीय नदियाँ वृद्धावस्था में हैं और अपने **आधार तल को प्राप्त** कर चुकी हैं।

6. हिमालयी नदियाँ गार्ज का निर्माण करती हैं, जबकि प्रायद्वीपीय नदियाँ या तो भ्रंश घाटियों से या उथले मार्गों से होकर प्रवाहित होती हैं।

7. हिमालयी नदियाँ अधिकांशतः मैदानी भागों में नौगम्य होती हैं। जबकि प्रायद्वीपीय नदियाँ सामान्यतः नौगम्य नहीं होती हैं, क्योंकि यहाँ ढाल तीव्र होता है।

8. हिमालयी नदियाँ केवल पर्वतीय भागों में प्रपाती एवं द्रुतगामी हैं, जहाँ जल विद्युत विकास की संभावनाएँ हैं। मैदानी भागों में अतिमंद ढाल के कारण इनके जल का विद्युत उत्पादन में अधिक महत्त्व नहीं है, जबकि प्रायद्वीपीय नदियाँ अपने समूचे मार्ग में प्रपाती बनी रहती हैं जिनमें जलविद्युत उत्पादन की भारी संभावना है।

9. हिमालय स्रोत की नदियों का जल स्तर दक्षिण-पश्चिम मानसून के आगमन के पूर्व ही बढ़ने लगता है, क्योंकि ग्रीष्म ऋतु में ग्लेशियर तेजी से पिघलने लगते हैं। जबकि पठारी भारत में नदियों का जलस्तर मानसून आगमन के बाद ही ऊँचा होता है।

हिमालय स्रोत से निकलने वाली कोई भी नदी किसी प्रायद्वीपीय नदी की सहायक नहीं है। जबकि कई प्रायद्वीपीय नदियाँ हिमालयी नदियों की सहायक हैं। चम्बल एवं बेतवा यमुना की, सोन एवं पुनपुन गंगा की तथा दामोदर नदी हुगली की सहायक नदियाँ हैं।

10. हिमालयी नदियों ने उत्तर भारत में विशाल ऊर्वर मैदानों का निर्माण किया है जो कृषि, उद्योग, परिवहन एवं नगरीय विकास हेतु सर्वोपयुक्त है। यही कारण है कि यह देश का सर्वाधिक जनसंकुल क्षेत्र है, जबकि प्रायद्वीपीय क्षेत्र में केवल डेल्टाई भाग ही अधिक आबाद है और शेष पठारी भाग में जनसंख्या का जमाव विरल है।

11. हिमालयी नदियाँ अधिकतर लम्बी हैं जैसे सिंधु, गंगा और ब्रह्मपुत्र। इसके दो कारण हैं- a. नदियों का उद्गम स्रोत तटीय प्रदेश से काफी दूर है। b. नदियों का घुमावदार तथा विसर्पाकार मार्ग जोकि भूसंचलन, अपरदन और निक्षेपण का परिणाम है। जबकि प्रायद्वीपीय नदियाँ तुलनात्मक रूप से छोटी हैं। जहाँ हिमालय से निकलने वाली

बड़ी नदियों की लम्बाई (गंगा, ब्रह्मपुत्र, सिंधु) **2500 किमी. या उससे भी अधिक** है, वहीं **प्रायद्वीपीय भारत** की सबसे लम्बी नदी **गोदावरी** मात्र **1500 किमी.** ही लम्बी है। इसके तीन कारण हैं- a. प्रायद्वीपीय आकार के कारण स्थलखण्ड का अधिकतर भाग समुद्र के नजदीक है। b. नदी स्रोतों का तट के समीप होना, जैसे पश्चिमी घाट और पूर्वी घाट पर्वत इसके उदाहरण हैं। c. अधिकतर नदियाँ भ्रंश घाटियों से होकर बहती हैं।

12. यद्यपि हिमालय स्रोत से अनेक नदियाँ निकलती हैं, परन्तु केवल दो हिमालयी नदियाँ ही समुद्र तट पर मुहाने का निर्माण करती हैं। अरब सागर में सिंधु नदी तथा गंगा नदी का मुहाना बंगाल की खाड़ी में है। ब्रह्मपुत्र जैसी लम्बी नदी भी अंतत: गंगा नदी के साथ मिलकर बंगाल की खाड़ी में मुहाना बनाती है। जबकि अधिकांश प्रायद्वीपीय नदियाँ सीधे अरब सागर में जल गिराती हैं। स्वर्णरेखा, महानदी, गोदावरी, कृष्णा, कावेरी नदियाँ पूर्वी तट पर तथा साबरमती, नर्मदा, माही, तापी इत्यादि नदियाँ अरब सागर तट पर मुहाना बनाती हैं।

भारत में अपवाह प्रतिरूप

नदियों के प्रवाह स्वरूप को अपवाह प्रतिरूप कहते हैं। अपवाह प्रतिरूप क्षेत्र विशेष में नदियों की ज्यामितीय व्यवस्था को दर्शाते हैं। भारत में लगभग सभी प्रकार के अपवाह प्रतिरूप पाए जाते हैं-

1. पूर्ववर्ती अपवाह प्रतिरूप (Antecedent Drainage Pattern)- यह प्रतिरूप **केवल हिमालय क्षेत्र** में पाया जाता है। हिमालय क्षेत्र में बहने वाली बहुत सी नदियों ने पर्वत उत्थान के सभी चरणों में अपनी घाटी को गहरा करके गहरे **महाखण्डों का निर्माण** कर दिया और वर्तमान में भी अपनी पूर्ववर्ती घाटी में ही प्रवाहित होती हैं। **सिन्धु, सतलुज, अलकनंदा** और **ब्रह्मपुत्र** नदियों ने पूर्ववर्ती अपवाह प्रतिरूप का उदाहरण प्रस्तुत किया है।

2. अध्यारोपित अपवाह प्रतिरूप (Superimposed Drainage Pattern)- **क्रिटैशियस काल** में जब प्रायद्वीपीय भारत गोण्डवानालैण्ड (अफ्रीका) से टूटकर अलग होने लगा तो ज्वालामुखी लावा का दरारी उद्‌भेदन हुआ, जिससे प्रायद्वीपीय भारत का एक बड़ा भाग लावा चट्टानों से ढक गया। इसके परिणामस्वरूप प्रायद्वीपीय पठार में पहले से विद्यमान नदी घाटियाँ विलुप्त हो गईं। बाद में वर्षा के कारण जब लावा चट्टानें अपरदित (Eroded) हुईं तो नदियाँ पुन: अपनी घाटी में बहने लगीं। ऐसे अपवाह प्रतिरूप को ही **अध्यारोपित अपवाह प्रतिरूप** कहते हैं। अत: प्रायद्वीपीय पठार पर बहने वाली **चम्बल, बेतवा, सोन, दामोदर, नर्मदा, तापी, गोदावरी** और **कृष्णा** जैसी नदियाँ अध्यारोपित अपवाह प्रतिरूप का उदाहरण प्रस्तुत करती हैं।

3. वृक्षाकार अपवाह प्रतिरूप (Dendritic Drainage Pattern)- जब सहायक नदियाँ मुख्य नदी (अनुवर्ती नदी) से न्यूनकोण (Acute Angle) पर इस प्रकार मिलती हैं कि समूचा नदी तंत्र वृक्ष की शाखाओं की तरह प्रतीत हो तो उसे वृक्षाकार अपवाह प्रतिरूप या द्रुमाकृतिक अपवाह प्रतिरूप कहते हैं। उत्तर भारत के मैदान में गंगा नदी और प्रायद्वीपीय भारत में गोदावरी, कृष्णा और कावेरी नदियों द्वारा वृक्षाकार अपवाह प्रतिरूप का निर्माण किया जाता है।

4. अरीय या अपकेंद्रीय अपवाह प्रतिरूप (Radial Drainage Pattern)- जब किसी पर्वत या पठार से निकलने वाली नदियाँ सभी दिशाओं में प्रवाहित होती हैं तो इसे **अरीय** या **अपकेन्द्रीय** (Centrifugal) अपवाह प्रतिरूप कहते हैं। यह अपवाह प्रतिरूप **अमरकंटक पठार** पर पाया जाता है। **महानदी, सोन** और **नर्मदा** नदियाँ इस पठार से निकलकर अलग-अलग दिशाओं में प्रवाहित होती हैं। अरीय अपवाह प्रतिरूप में किसी केन्द्रीय स्थान से नदियों का बहिर्गमन (Outflow) होता है।

5. समानांतर अपवाह प्रतिरूप (Parallel Drainage Pattern)- जब कई नदियाँ उद्‌गम से मुहाने तक तीव्र ढाल वाले क्षेत्रों में प्रवाहित होती हैं तो समानांतर प्रतिरूप का निर्माण होता है। भारत में **पश्चिमी घाट** से निकलकर पश्चिमी तटीय मैदान पर प्रवाहित होने वाली नदियाँ समानांतर अपवाह प्रतिरूप बनाती हैं, जैसे- वैतरणा, शरावती, जुआरी, माण्डवी, कालिन्दी, नर्मदा, तापी इत्यादि।

6. जालीनुमा अपवाह प्रतिरूप (Trellis Drainage Pattern)- समानांतर प्रवाहित होने वाली मुख्य नदियों की सहायक नदियाँ जब समकोण पर मिलती हैं तो जालीनुमा प्रतिरूप का निर्माण होता है।

7. खण्डित अपवाह प्रतिरूप (Intermittant Drainage Pattern)- जब बहती हुई नदी अचानक किसी बिन्दु पर सतह पर विलुप्त हो जाती है और भूसतह के नीचे प्रवाहित होने लगती है तो इसे खण्डित अपवाह प्रतिरूप कहते हैं। यह प्रतिरूप **शिवालिक के पर्वतपदीय** भागों में भाबर क्षेत्र में पाया जाता है, जहाँ हिमालयी नदियाँ अचानक से विलुप्त हो जाती हैं।

8. अभिकेंद्री अपवाह प्रतिरूप (Centripetal Drainage Pattern)- जब नदियाँ सभी दिशाओं से आकर किसी झील में जल गिराती हैं तो इसे **अभिकेंद्री प्रतिरूप** कहते हैं। मणिपुर की लोकटक झील अभिकेंद्री अपवाह प्रतिरूप का उदाहरण प्रस्तुत करती है।

OOO

6 भारत : झीलें एवं जलप्रपात

भारत की झीलें

भारत में बहुत सी प्राकृतिक एवं मानवनिर्मित झीलें पाई जाती हैं। उद्भव के आधार पर प्राकृतिक झीलें कई प्रकार की होती हैं–

1. विवर्तनिक झील (Tectonic Lake)

जब भूगर्भिक हलचल के कारण धरातल के बड़े भाग के धंसने या उठने से किसी झील का निर्माण हो जाता है तो ऐसी झीलों को **विवर्तनिक झील** कहते हैं। कश्मीर घाटी में झेलम नदी के मार्ग में स्थित **वूलर झील** का निर्माण इसी प्रक्रिया से हुआ है।

2. लैगून (Lagoon) या अनूप झील

लैगून अथवा **अनूप** झीलों का निर्माण तटीय क्षेत्रों में होता है। सागरीय लहरें बालू के कणों और चट्टानों को तट पर निक्षेपित करती रहती हैं। इस प्रक्रिया से समुद्री जल का कुछ भाग मुख्य समुद्र से अलग होकर स्थल द्वारा तीन तरफ से घेर लिया जाता है, जिससे तट पर खारे पानी वाली झील का निर्माण हो जाता है।

तट पर स्थल द्वारा घेरे गए इस समुद्री जलक्षेत्र को ही **लैगून** अथवा **अनूप झीलें** कहते हैं। इसका एक भाग समुद्र की ओर अवश्य खुला रहता है, जिससे लैगून में समुद्री जल और नौकाओं का आवागमन सम्भव हो पाता है। अत: 'लैगून' तट पर स्थित खारे पानी की झीलें होती हैं। ओडिशा में **चिल्का**, आंध्र प्रदेश और तमिलनाडु की सीमा पर **पुलिकट** और केरल में **वेम्बनाद** और **अष्टमुदी** अनूप झीलों के कुछ उदाहरण हैं। केरल की झीलों को **कयाल** कहा जाता है।

3. हिमानी निर्मित झील

जब पर्वतीय क्षेत्रों में हिमनदों (ग्लेशियर) के अपरदन अथवा पिघलने से झीलों का निर्माण होता है तो इसे **हिमानी निर्मित झीलें** कहते हैं। उत्तराखण्ड में **नैनीताल, भीमताल** एवं **राकसताल** और जम्मू कश्मीर में **शेषनाग, बेरीनाग** हिमानी निर्मित झीलों के उदाहरण हैं।

4. वायुनिर्मित झील

मरुस्थलीय प्रदेशों में **वायुनिर्मित झीलें** पाई जाती हैं। ऐसे क्षेत्रों में वायु द्वारा बालू और मिट्टी को उड़ा लिए जाने से ऐसी झीलों का निर्माण होता है। राजस्थान की सभी खारे पानी की झीलें जैसे– **सांभर, डीडवाना, लूनकरसर** इत्यादि वायुनिर्मित झीलों के उदाहरण हैं। इन्हें **प्लाया** भी कहते हैं।

5. डेल्टाई झील

डेल्टाई क्षेत्रों में वितरिकाओं के मध्य प्राय: झीलों का निर्माण हो जाता है। कृष्णा व गोदावरी डेल्टा के मध्य स्थित **कोलेरू झील** (आन्ध्र प्रदेश) डेल्टाई झील का प्रमुख उदाहरण है।

मानव निर्मित झीलें

बहुउद्देशीय परियोजनाओं (सिंचाई और जलविद्युत उत्पादन हेतु) के निर्माण हेतु पर्वतीय क्षेत्रों में बाँध कंक्रीट की दीवार बनाकर नदियों का पानी रोक दिया जाता है। इसके परिणामस्वरूप बाँध के पीछे की घाटी में विशाल जलाशय का निर्माण हो जाता है, जिसे **'मानव निर्मित झील'** कहते हैं।

कुछ प्रमुख मानव निर्मित झीलें इस प्रकार हैं–

1. गोविन्द सागर

हिमाचल प्रदेश में सतलुज नदी पर भाखड़ा नागल बाँध के पीछे निर्मित है। यह भारत की **सबसे बड़ी मानव निर्मित झील** है।

2. गाँधी सागर

मध्य प्रदेश में **चम्बल नदी** पर निर्मित है।

3. जवाहर सागर और राणाप्रताप सागर

ये दोनों झीलें राजस्थान में **चम्बल नदी** पर निर्मित हैं।

4. नागार्जुन सागर

तेलंगाना राज्य में **कृष्णा नदी** पर निर्मित है।

5. निजाम सागर

तेलंगाना में गोदावरी की सहायक नदी **मंजीरा** पर निर्मित है।

6. गोविन्द वल्लभ पंत सागर

उत्तर प्रदेश और छत्तीसगढ़ की सीमा पर **रिहन्द नदी** पर निर्मित है, जो सोन की सहायक नदी है।

7. स्टेनेल झील

तमिलनाडु में कावेरी नदी पर निर्मित है।

भारत की प्रमुख झीलें

i. चिल्का झील

यह ओडिशा के पुरी जिले **में स्थित भारत की सबसे बड़ी** लैगून (खारे पानी वाली तटीय झील) और विश्व की **दूसरी सबसे बड़ी लैगून** है। झील की **औसत गहराई 4 मीटर** ही है, लेकिन यह भारत में जैवविविधता के प्रमुख केन्द्रों में से एक है। चिल्का झील में कई छोटे द्वीप पाए जाते हैं, जिनमें **'नालाबाना' द्वीप** प्रमुख है। इस द्वीप को पक्षी अभयारण्य घोषित किया गया है। शीत ऋतु में यहाँ लाखों की संख्या में प्रवासी पक्षी आते हैं। यहाँ पक्षियों की 150 से अधिक प्रजातियाँ पाई जाती हैं। चिल्का उत्पादकता की दृष्टि से महत्त्वपूर्ण है। यह मछली पकड़ने का एक विशाल केन्द्र है और लाखों मछुआरों को आजीविका का साधन उपलब्ध कराती है। झील में जैवविविधता के संरक्षण के लिए **1981 में** इसे रामसर आर्द्रभूमि (Wetland) सूची के अंतर्गत शामिल किया गया है। रामसर **आर्द्रभूमि सूची** में शामिल होने वाली यह पहली भारतीय झील थी।

जलपक्षी बगुले, सरीसृप, झींगे, केकड़े, कछुए एवं मछलियाँ झील के खारे पानी में फलते-फूलते हैं। यह झील संकटग्रस्त **इरावदी डाल्फिनों** का भी घर है। यहाँ **ग्रीन सी टर्टल** (हरा समुद्री कछुआ), समुद्री स्तनधारी **डूगोंग** (Sea Cow) और **इरावदी डॉल्फिन** जैसे संकटग्रस्त जीव पाए जाते हैं। झील में लगातार गाद के जमाव से, झील का मुख (समुद्र की ओर खुला भाग) बन्द होते जाने से तथा लवणता में कमी आने से यहाँ की जैव-विविधता पर नकारात्मक प्रभाव पड़ा है।

ii. वेम्बनाद झील

यह केरल में स्थित एक लैगून झील अथवा पश्चजल (Bock Waters) है। कोट्टायम जिले में इस झील में **पेरियार** और **पम्बा** समेत कई नदियाँ अपना जल गिराती हैं। केरल तट पर यह झील 96.5 किमी. की लम्बाई में विस्तृत है। प्रमुख बंदरगाह कोच्चि इस लैगून के उत्तरी छोर पर स्थित है। इसके पूर्वी तट पर **'कुमारकोम पक्षी अभयारण्य'** (कोट्टायम जिला) स्थित है। जैवविविधता के प्रमुख केन्द्र के रूप में इस झील को वर्ष 2002 में रामसर अंतरराष्ट्रीय आर्द्रभूमि (International Wetland) की सूची में शामिल किया गया। केरल के अलग-अलग जिलों में इस झील को अलग-अलग नामों से जाना जाता है। कोच्चि में इसे **'कोच्चि झील'** कहा जाता है।

कोच्चि के समीप ही झील में **विलिंगडन** और **वल्लारपद्म** नामक दो द्वीप हैं। विलिंगडन द्वीप पर ही ओणम पर्व के अवसर पर नेहरू ट्राफी नौकायन प्रतियोगिता (स्नेक बोट रेस) आयोजित की जाती है, जिसे स्थानीय लोग **'वल्लम काली'** कहते हैं।

iii. सांभर झील

यह राजस्थान के जयपुर शहर के समीप भारत की सबसे बड़ी अंत:स्थलीय (Inland) खारे पानी की झील है। इस झील से भारत के 10% नमक का उत्पादन किया जाता है।

इस झील के नमक का स्रोत अरावली की नीस और शिष्ट चट्टानें हैं, जो वर्षा जल के साथ नदियों द्वारा झील में पहुँचाया जाता है। वर्ष 1990 में इस झील को रामसर आर्द्रभूमि की सूची में शामिल किया गया।

iv. लोकटक झील

यह मणिपुर राज्य (विष्णुपुर जिला) में स्थित **पूर्वोत्तर भारत की सबसे बड़ी झील** (300 वर्ग किमी.) है। यह ताजे पानी की झील है। इस झील की सतह पर अनेक तैरते हुए द्वीप पाए जाते हैं, जिन्हें **फूमडिस (Phumdis)** कहा जाता है। इन तैरते हुए द्वीपों का निर्माण जल में तैरने वाले पौधों (Hydrophytes) के ऊपर मिट्टी और जैविक पदार्थों के जमने से हुआ है। इन तैरते द्वीपों (फूमडिस) के ऊपर वनस्पतियों और जीवों की कई प्रजातियाँ पाई जाती हैं।

इनमें से **'केबुललामजाओ'** सबसे बड़ा फूमडिस (तैरता द्वीप) है, जो जैवविविधता से समृद्ध है। यह द्वीप संकटग्रस्त **संगाई हिरन** का एकमात्र प्राकृतिक आवास है। संगाई हिरन IUCN की विलुप्तप्राय जीवों की सूची में शामिल है। केबुललामजाओ राष्ट्रीय पार्क की स्थापना 1977 में की गई। यह **विश्व का एकमात्र तैरता हुआ राष्ट्रीय उद्यान** है। 1990 में इस झील को रामसर आर्द्रभूमि की सूची में शामिल किया गया। इस झील का प्रयोग जल विद्युत उत्पादन, पेयजल और सिंचाई के लिए किया जाता है। इसे मणिपुर की जीवन रेखा भी कहते हैं।

भारत की प्रमुख झीलें : एक दृष्टि

राज्य	झीलें
राजस्थान	पिछोला, फतेह सागर, रंगा सागर, स्वरूप सागर (सभी उदयपुर शहर में अवस्थित हैं); उदय सागर (उदयपुर से 13 किमी. दूर); राजसमंद, जयसमंद (उदयपुर जिले में); सरदार समंद (जोधपुर जिले में); सांभर (नागौर, जयपुर और अजमेर जिलों में विस्तृत), डीडवाना (नागौर), पुष्कर (अजमेर जिला)। पिछोला, फतेह सागर, उदय सागर, जयसमंद, राजसमंद झील आदि झीलें मानवनिर्मित हैं एवं मीठे जल की हैं।
तेलंगाना	हुसैन सागर (हैदराबाद) (मूसी नदी का जल इसमें गिरता है), उस्मान सागर (हैदराबाद), हिमायत सागर झील (हैदराबाद)
जम्मू एवं कश्मीर	वूलर, डल, शेषनाग, अनंतनाग, वेरीनाग (कश्मीर); पानगाँग, सो मरिरि (लद्दाख), मनसार, सरूइनसार झील (जम्मू)
तमिलनाडु	बेरीजाम (कोडाईकनाल, डिंडीगुल जिला), चेम्बरमबक्कम् (काँचीपुरम् जिला), उटी झील, कोडाईकनाल झील
महाराष्ट्र	लोनार, पोवई (मुम्बई), गोरेवाड़ा (नागपुर), सलीम अली सरोवर झील (औरंगाबाद)
असम	दीपर बील (पक्षी अभयारण्य, कामरूप, गुवाहाटी), सोन बील (करीमगंज), चपनाला झील (नागांव जिला)
बिहार	काँवर झील (बेगूसराय), कुशेश्वर स्थान झील (दरभंगा)
मध्य प्रदेश	भोजताल झील (भोपाल, भोज आर्द्र भूमि)
उत्तराखण्ड	नैनीताल, भीमताल, गोहना झील (डुमरी), रूपकुण्ड झील (रहस्यमयी झील)
कर्नाटक	बेलांदूर झील, पम्पा सरोवर झील (हम्पी)
केरल	वेम्बनाद, सस्थामुड़ी, अष्टामुड़ी झील
गुजरात	नल सरोवर, नारायण सरोवर, नक्की झील
हिमाचल प्रदेश	रेणुका, सूरज ताल, खज्झर, घेपन झील (बर्फ से ढकी हुई झील)
मणिपुर	लोकटक झील (मोरंग, मणिपुर)
सिक्किम	गुरूडोंगमर, चोलामू झील
पंजाब	कांजलि, हरिके, रोपड़ झील
पश्चिम बंगाल	संत्रागची झील (हावड़ा)
मेघालय	उमियम झील (शिलांग)
हरियाणा	सूरजकुंड झील
आंध्र प्रदेश	कोलेरू झील
मिजोरम	पाला झील

भारत के जलप्रपात

जब उच्चावच (Relief) में अत्यधिक भिन्नता के कारण नदी किसी ऊँचे क्षेत्र से खड़े ढाल के सहारे नीचे गिरती है तो उसे जलप्रपात (Waterfall) कहते हैं। पठारी भारत में ऊबड़-खाबड़ स्थलाकृति के कारण वहाँ जलप्रपातों की संख्या अधिक है। पश्चिमी घाट पर्वत से निकलकर पश्चिम तट पर बहने वाली नदियों ने भी अनेक जलप्रपातों का निर्माण किया है। कर्नाटक में शरावती नदी पर निर्मित **जोग** या **गरसोप्पा** (महात्मा गाँधी) **भारत का सबसे ऊँचा झरना** (253 मी.) है, जबकि कर्नाटक के ही शिमोगा जिले में वराही नदी पर निर्मित **कुंचिकल** सर्वाधिक ऊँचाई (455 मी.) पर स्थित झरना है। कुंचिकल प्रपात और अन्य कई जलप्रपात जिनकी ऊँचाई 'गरसोप्पा' से अधिक है वे कई चरणों में गिरते हुए अपनी ऊँचाई को प्राप्त करते हैं, जबकि जोग या गरसोप्पा जलप्रपात एक ही धारा के रूप में 253 मी. की ऊँचाई से सतह पर गिरता है। अतः कुल ऊँचाई को शामिल किया जाए तो **कुंचिकल** भारत का सबसे ऊँचा जलप्रपात है। भारत के अन्य जलप्रपात हैं- ओडिशा में **बरहेपानी जलप्रपात,** मेघालय की पहाड़ी पर **लंगशियांग** जलप्रपात, गोवा में माण्डवी नदी पर **दूधसागर** जलप्रपात, तमिलनाडु की पालनी पहाड़ी पर **थलैयार** जलप्रपात, केरल के वायनाड में **सोचीपारा** जलप्रपात, मध्य प्रदेश के भेड़ाघाट में नर्मदा नदी पर **धुआँधार** जलप्रपात और झारखण्ड में स्वर्णरेखा नदी पर **राजरप्पा** जलप्रपात।

भारत के प्रमुख जलप्रपात एवं उनकी अवस्थिति : एक दृष्टि

जलप्रपात		अवस्थिति	ऊँचाई (मी. में)
1.	कुंचिकल (वराह नदी मार्ग में)	शिमोगा जिला, कर्नाटक	455
2.	बरहेपानी (बुधाबलंगा नदी)	सिमलीपाल राष्ट्रीय उद्यान, मयूरभंज जिला, ओडिशा	399
3.	नोहकालिकाई	मेघालय	355
4.	लंगशियांग (किनशी नदी)	मेघालय	337
5.	दूधसागर (माण्डवी नदी)	गोवा एवं कर्नाटक की सीमा पर अवस्थित	310
6.	मीनमुट्टी	वायनाड जिला, केरल	300
7.	थलैयार (मंजलार नदी)	पालनी पहाड़ी, तमिलनाडु	297
8.	बरकाना (सीता नदी)	शिमोगा जिला, कर्नाटक	259
9.	जोग (शरावती नदी)	शिमोगा जिला, कर्नाटक	253
10.	खड़ाधार (कोरापानी नाला)	ओडिशा	244
11.	कूने	लोनावाला, पुणे, महाराष्ट्र	200
12.	सोचीपारा	वायनाड जिला, केरल	200
13.	मगोड	कर्नाटक	198
14.	शिव समुद्रम (कावेरी नदी)	कर्नाटक	98
15.	गोकक (गोकक नदी)	कर्नाटक	570
16.	भार चुक्की (कावेरी नदी)	कर्नाटक	30
17.	बालमुरी (कावेरी नदी)	कर्नाटक	1.83
18.	होगेनक्कल (कावेरी नदी)	तमिलनाडु	183
19.	पायकारा (पायकारा)	तमिलनाडु	61
20.	धुआँधार (नर्मदा)	मध्य प्रदेश	10
21.	दुग्धधारा (नर्मदा)	मध्य प्रदेश	15
22.	कपिलधारा (नर्मदा)	मध्य प्रदेश	30
23.	चचाई (बिहड़)	मध्य प्रदेश	130
24.	पेन्ना (नर्मदा)	मध्य प्रदेश	30

25.	हुंडरू (स्वर्ण रेखा नदी)	झारखण्ड	98
26.	गौतमधारा (रारू नदी)	झारखण्ड	43
27.	दसम (कांची नदी)	झारखण्ड	44
28.	साडनी (शंख नदी)	झारखण्ड	253
29.	धोसेधर (सतारा नदी)	महाराष्ट्र	-
30.	चूलिया (चंबल नदी)	राजस्थान	18
31.	पुनासा (चंबल नदी)	राजस्थान	12
32.	बिहार (चंबल नदी)	राजस्थान	150
33.	वसुधारा (अलकनंदा नदी)	उत्तराखण्ड	120
34.	चित्रकूट (इन्द्रावती नदी)	छत्तीसगढ़	29
35.	डुडुमा (मच्छकुण्ड नदी)	ओडिशा	157
36.	मंधार (नर्मदा नदी)	मध्य प्रदेश	10
37.	किलीपूर (शेवराय पहाड़ी)	तमिलनाडु	91
38.	पलानी (मांडवी नदी)	हिमाचल प्रदेश	455
39.	बूढ़ा घाघ (बुरहा नदी)	झारखण्ड	143

OOO

7 भारत : जलवायु एवं मौसम

भारत एक **'उष्णकटिबंधीय मानसूनी जलवायु'** वाला देश है। सामान्यत: ग्लोब पर कर्क और मकर रेखाओं के बीच के क्षेत्रों को ही **'उष्णकटिबंधीय क्षेत्र'** माना जाता है। चूँकि कर्क रेखा भारत के बीचोंबीच **आठ राज्यों** से होकर गुजरती है। अत: सैद्धांतिक तौर पर कर्क रेखा के दक्षिण में स्थित प्रायद्वीपीय भारत ही उष्णकटिबंध (Tropical Zone) में स्थित है, जबकि कर्क रेखा के उत्तर में स्थित भारतीय क्षेत्र **शीतोष्ण कटिबंध** (Temperate Zone) में स्थित है। इसके बावजूद भारत एक उष्णकटिबंधीय इकाई है। इसके दो कारण हैं-

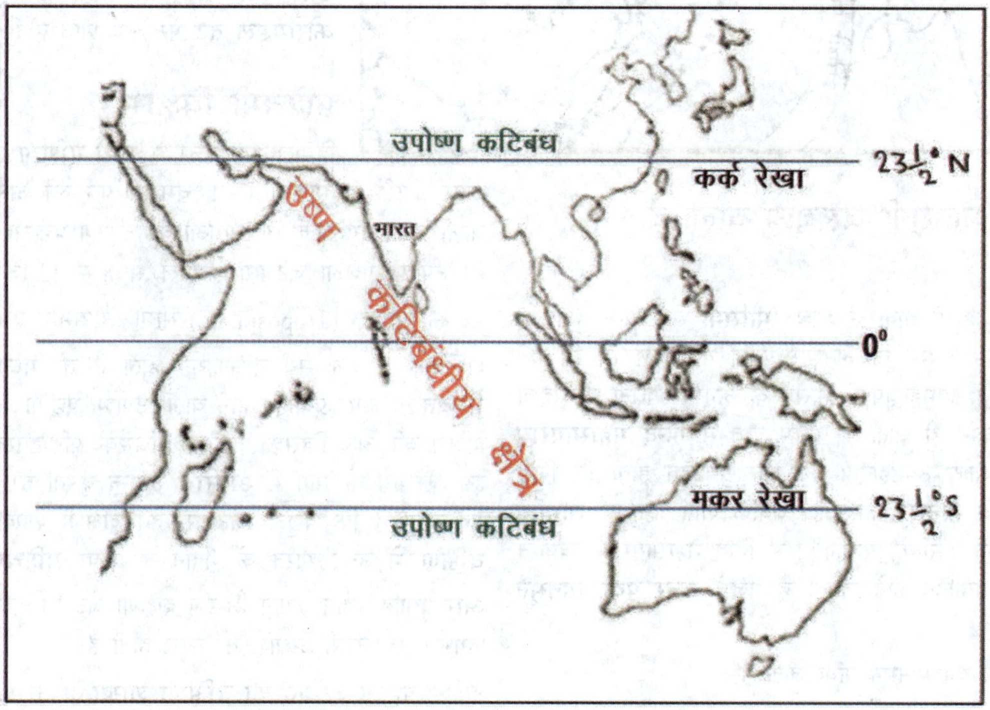

1. भारत की उत्तरी सीमा पर स्थित हिमालय पर्वत शीतऋतु में साइबेरिया से चलने वाली **अतिशीतल ध्रुवीय पवनों** (Polar Winds) को भारत में प्रवेश करने से रोक देता है, जिस कारण भारत में वास्तविक शीतऋतु नहीं पाई जाती। अत: कर्क रेखा भारत में जलवायु विभाजक (Climate Separator) की भूमिका नहीं निभा पाती है। बल्कि भारत में **हिमालय जलवायु विभाजक** की भूमिका निभाता है, जिसके उत्तर में **शीतोष्ण जलवायु** और दक्षिण में **उष्ण जलवायु** पायी जाती है।

2. ग्लोब पर सामान्यत: **कर्क और मकर रेखाओं** के मध्य स्थित क्षेत्रों में ही अधिक वर्षा होती है, क्योंकि इन क्षेत्रों में महासागरीय जल गर्म होने के कारण हवाएँ आर्द्रता से युक्त होती हैं। हिन्द महासागर की आर्द्र हवाएँ जब **दक्षिणी-पश्चिमी मानसून** के रूप में भारतीय उपमहाद्वीप में प्रवेश करती हैं तो हिमालय इन पवनों को आगे बढ़ने से रोक देता है, जिस कारण **दिल्ली** में भी वर्षा होती है, जोकि **कर्क रेखा के उत्तर में** स्थित है।

अत: हिमालय के दक्षिण में स्थित संपूर्ण भारत उष्णकटिबंधीय इकाई की भाँति व्यवहार करता है।

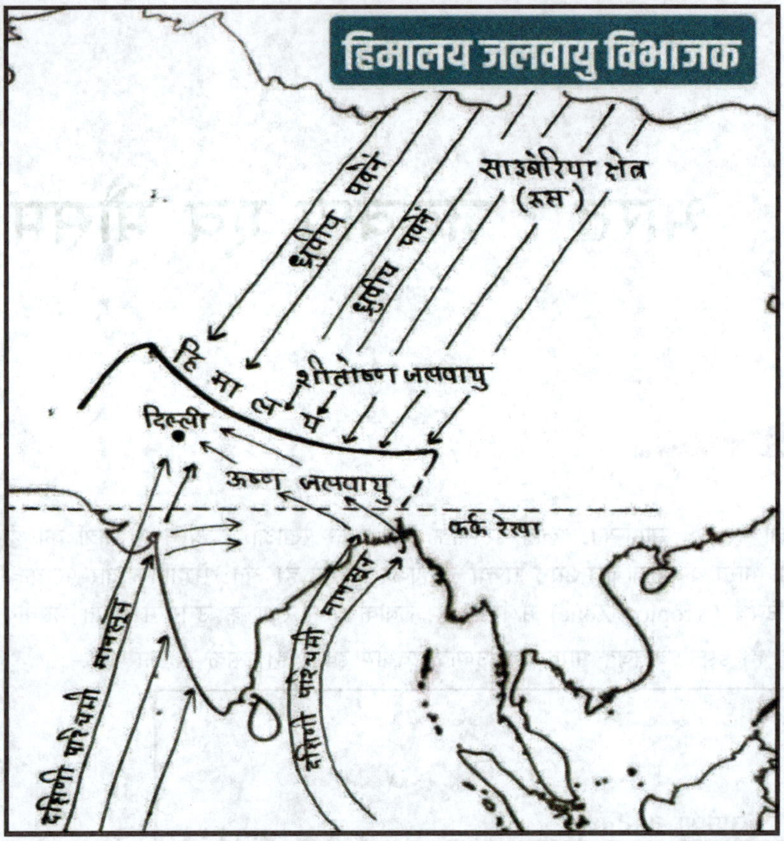

भारत एक मानसूनी जलवायु वाला देश है, क्यों?

'मानसून' शब्द अरबी भाषा के शब्द **'मौसिम'** से उत्पन्न हुआ है, जिसका अर्थ है- मौसम के अनुसार पवनों की दिशा में विपरीत परिवर्तन। भारतीय उपमहाद्वीप में मौसम के अनुसार पवनों की दिशा में विपरीत परिवर्तन हो जाता है। ग्रीष्म ऋतु में **हिन्द महासागरीय आर्द्र पवनें** भारतीय उपमहाद्वीप की ओर प्रवाहित होती हैं, जिसे **दक्षिण-पश्चिमी मानसून** कहते हैं। जबकि शीत ऋतु में **सामान्य व्यापारिक पवनें** भारतीय उपमहाद्वीप से हिन्द महासागर में विषुवत रेखा की ओर प्रवाहित होने लगती हैं, जिसे **उत्तर-पूर्वी मानसून** कहते हैं।

भारत में दो तरह का मानसून पाया जाता है-

A. उत्तर-पूर्वी मानसून

B. दक्षिण-पश्चिमी मानसून

भारत में मानूसन की क्रियाविधि

शीतऋतु में मानसून की क्रियाविधि

दिसम्बर से फरवरी का महीना- भारत में मध्य दिसम्बर से लेकर फरवरी तक शीतऋतु पाई जाती है, क्योंकि इस समय सूर्य दक्षिणायन रहता है। इन महीनों में हवाएँ ठण्डी होकर धरातल पर अवतलित (Concave) होती हैं, जिस कारण **पश्चिमोत्तर भारत में उच्च वायुदाब क्षेत्र** का विकास होने लगता है। शीतऋतु में भारत में दो तरह की पवनों से वर्षा होती है- **पश्चिमी विक्षोभ** और **उत्तर-पूर्वी मानसून**। इनके वर्षा क्षेत्र भी अलग होते हैं।

ऊपरी वायुमण्डल में प्रवाहित होने वाली उपोष्ण **पछुआ जेटधारा** यूरोप के दक्षिण में स्थित **भूमध्य सागर** (Mediterranean Sea) में बनने वाले **शीतोष्ण चक्रवातों** (Temperate Cyclone) को बहाकर भारत में लाती है। भूमध्य सागर से आर्द्रता लेकर जब ये शीतोष्ण चक्रवात पश्चिमोत्तर भारत में प्रवेश करते हैं तो इन्हें **पश्चिमी विक्षोभ** (Western Disturbance) कहते हैं। पश्चिमी विक्षोभ पवनों द्वारा शीतऋतु में उत्तर भारत के **पर्वतीय और मैदानी भागों में** वर्षा प्राप्त होती है। जबकि शीतऋतु में **उत्तर-पूर्वी मानसूनी पवनों** द्वारा **तमिलनाडु के कोरोमंडल तट** पर वर्षा प्राप्त होती है।

पश्चिमी विक्षोभ

हिमालय के उत्तर में **मध्य एशिया** तथा **तिब्बत** के ऊपर ऊपरी वायुमण्डल में पश्चिम से पूर्व की ओर प्रवाहित होने वाली प्रबल वेग वाली वायुधाराओं को उपोष्ण **पछुआ जेटधारा** कहते हैं। उपोष्ण पछुआ जेटधारा धरातल से 8 से 12 किमी. की ऊँचाई पर क्षोभमण्डल (Troposphere) सीमा के समीप प्रवाहित होती है। शीतऋतु में जब सूर्य दक्षिणायन होता है तो **मध्य एशिया** और **तिब्बत** के ऊपर प्रवाहित होने वाली उपोष्ण पछुआ जेटधारा भी कुछ दक्षिण की ओर खिसक जाती है, जिसके परिणामस्वरूप **हिमालय** इस जेटधारा के मार्ग में **अवरोध उत्पन्न** करता है। इसका परिणाम यह होता है कि पछुआ जेटधारा की दक्षिणी शाखा **हिमालय के दक्षिण में** उत्तर भारत के मैदान के ऊपर **पश्चिम से पूर्व की ओर** प्रवाहित होने लगती है। इस दक्षिणी जेट धारा की माध्य स्थिति लगभग 25^0 उत्तरी अक्षांश के ऊपर होती है।

उपोष्ण पछुआ जेटधारा की **दक्षिणी शाखा** अपने साथ **भूमध्यसागर** के ऊपर बनने वाले **शीतोष्ण चक्रवातों** को बहाकर **उत्तर भारत** में लाती है। भूमध्यसागर के ऊपर बनने वाले ये शीतोष्ण चक्रवात मार्ग में **कालासागर और कैस्पियन सागर** से नमी की अच्छी खासी मात्रा ग्रहण कर लेते हैं। पर्याप्त आर्द्रता से युक्त ये शीतोष्ण चक्रवात जब **भारत में प्रवेश** करते हैं तो इसे ही **पश्चिमी विक्षोभ (Western Disturbance)** कहा जाता है। उत्तर भारत में रात्रि के तापमान में अचानक वृद्धि इन विक्षोभों के आगमन का सूचक होता है।

शीतऋतु में जनवरी से लेकर मार्च महीने तक उत्तर भारत के **पर्वतीय और मैदानी भागों** में होने वाली वर्षा के लिए इसी **पश्चिमी**

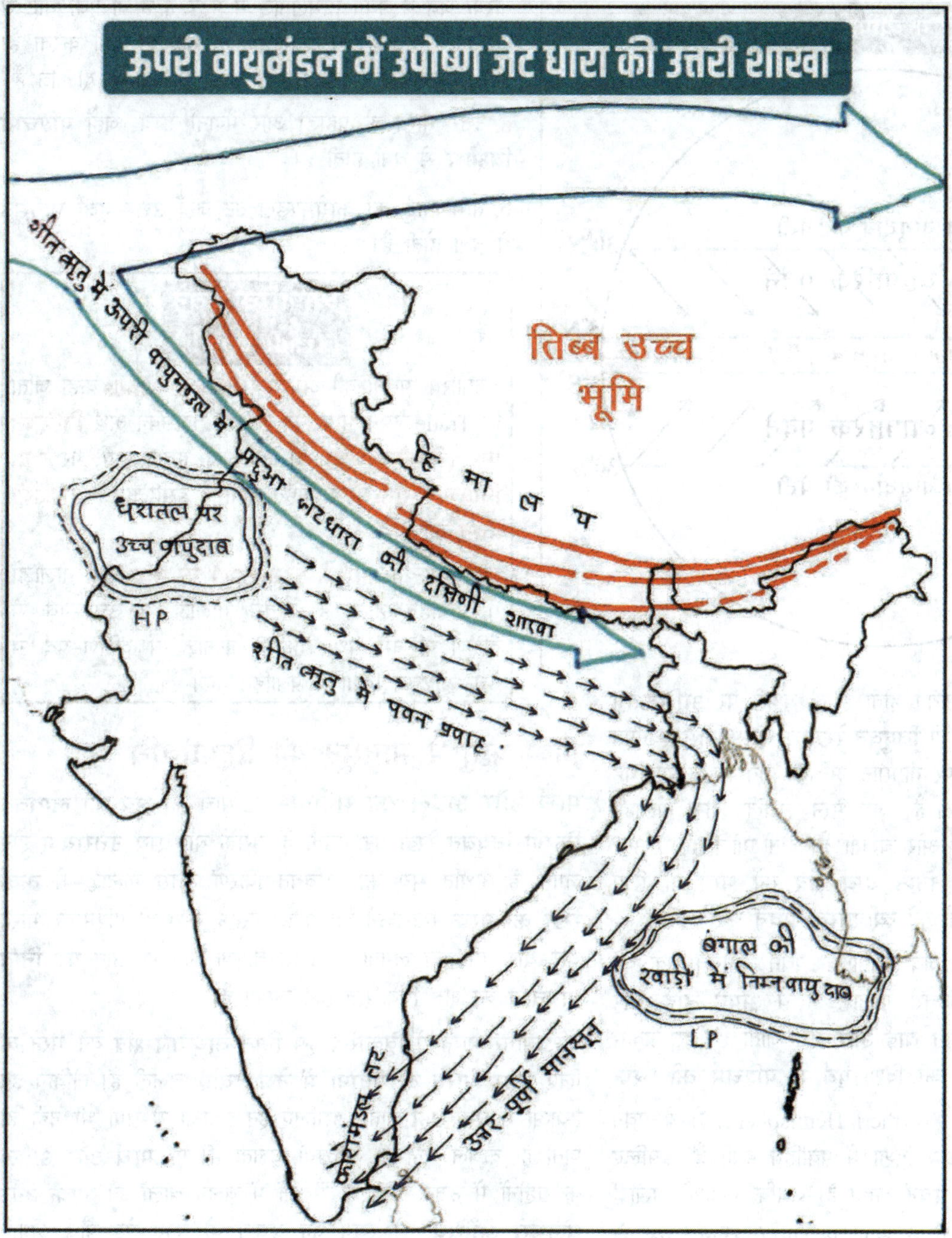

विक्षोभ पवनों को उत्तरदायी माना जाता है। इस शीतोष्ण चक्रवात से उत्तर भारत के पर्वतीय राज्यों **(जम्मू कश्मीर, हिमाचल प्रदेश और उत्तराखण्ड)** में **हिमपात** (Snow) होता है, जबकि मैदानी राज्यों **(पंजाब, हरियाणा और उत्तर प्रदेश)** में **जलबूंदों** के रूप में वर्षा होती है। पश्चिमी विक्षोभ से होने वाली वर्षा भारत में **पश्चिम से पूरब की तरफ** घटती जाती है।

यदि किसी वर्ष इन पवनों में नमी की मात्रा अधिक होती है तो इनसे पश्चिमी **बिहार राज्य** में भी वर्षा होती है। शीतऋतु में प्राप्त होने वाली ये वर्षा पर्वतीय राज्यों में **सेब की फसल** के लिए तथा मैदानी राज्यों में **रबी की फसल** (गेहूँ, चना, सरसों) के लिए काफी लाभदायक होती है। पर्वतीय राज्यों में होने वाले हिमपात के कारण उत्तर भारत में **कड़ाके की ठण्ड** पड़ने लगती है, जिससे **पश्चिमोत्तर भारत में उच्च वायुदाब** का क्षेत्र और प्रबल हो जाता है।

पछुआ जेटधारा ऊपरी क्षोभमण्डल में ठण्डी हवाओं का स्तम्भ होती है जो सतह पर ठण्डी पवनों को धकेलती है। इससे पश्चिमोत्तर भारत में धरातल पर ठण्डी पवनों का अवतलन होने लगता है और **धरातल पर उच्च वायुदाब** का विकास हो जाता है।

वहीं बंगाल की खाड़ी में तापमान अपेक्षाकृत अधिक होने के कारण **निम्न वायुदाब** की स्थिति रहती है। अत: शीतऋतु में पश्चिमोत्तर भारत में विकसित उच्च वायुदाब क्षेत्र से हवाएँ बंगाल की खाड़ी की तरफ प्रवाहित होने लगती हैं। इस कारण **दिल्ली से लेकर पटना** तक पूरा उत्तर भारत शीत लहर के प्रभाव में आ जाता है। जब ये हवाएँ बंगाल की खाड़ी में प्रवेश करती हैं तो फेरल के नियम के अनुसार अपने दाहिने ओर मुड़कर **उत्तर-पूर्वी मानसून** के रूप में विषुवत रेखा की ओर प्रवाहित होने लगती हैं। सागरीय क्षेत्र से प्रवाहित होने के कारण उत्तर-पूर्वी मानसून पर्याप्त आर्द्रता ग्रहण कर लेता है और पूर्वी घाट पर्वत से टकराकर **कोरोमण्डल तट** (तमिलनाडु) पर शीतऋतु में वर्षा करता है।

उत्तर-पूर्वी मानसून

शीतऋतु में भारतीय स्थलखण्ड उत्तर-पूर्वी मानसूनी पवनों के प्रभाव में होता है। इन पवनों से **तमिलनाडु के कोरोमण्डल तट** पर वर्षा होती है।

दोनों गोलार्द्धों में व्यापारिक पवनों की पेटी

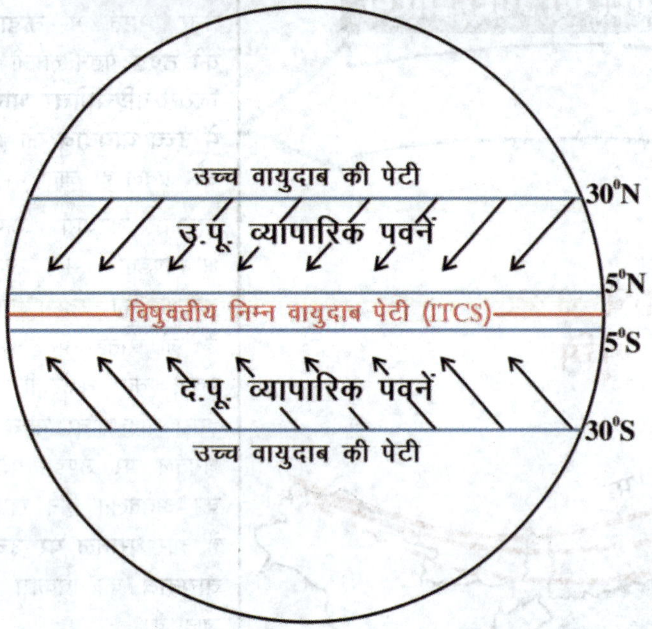

शीतऋतु में जब सूर्य दक्षिणायन होता है तो पृथ्वी पर **अधिकतम तापमान की पेटी (ITCZ)** भी **विषुवत रेखा** के आस-पास स्थापित हो जाती है। विषुवत रेखा पर तापमान अधिक होने के कारण यह **निम्न वायुदाब का क्षेत्र** होता है, जिसे भरने के लिए दोनों गोलार्द्धों में हवाएँ **विषुवत रेखा** की ओर चलती हैं। दोनों गोलार्द्धों में 30^0 अक्षांश से **विषुवत रेखीय निम्न दाब क्षेत्र** को भरने के लिए प्रवाहित होने वाली इन पवनों को **व्यापारिक पवनें** कहते हैं।

फेरल के नियम के अनुसार जब व्यापारिक पवनें विषुवत रेखा की तरफ अग्रसर होती हैं तो उत्तरी गोलार्द्ध में ये **अपने दाईं ओर** तथा दक्षिणी गोलार्द्ध में **अपने बाईं ओर** मुड़ जाती हैं। इस प्रकार दोनों गोलार्द्धों में इन पवनों की दिशा **पूर्व से पश्चिम की तरफ** हो जाती है। उत्तरी गोलार्द्ध (Northern Hemisphere) में ये पवनें **उत्तर-पूर्व से दक्षिण-पश्चिम** दिशा में प्रवाहित होती हैं, इसलिए इन्हें **उत्तर-पूर्वी व्यापारिक पवनें** कहते हैं। जबकि दक्षिणी गोलार्द्ध (Southern Hemisphere) में ये व्यापारिक पवनें **दक्षिण-पूर्व से उत्तर-पश्चिम** दिशा में प्रवाहित होती हैं, इसलिए इन्हें **दक्षिण-पूर्वी व्यापारिक पवनें** कहते हैं।

शीतऋतु में उत्तरी गोलार्द्ध में विषुवत रेखीय निम्नदाब क्षेत्र की ओर प्रवाहित होने वाली **उत्तर-पूर्वी व्यापारिक पवनों** को ही भारत में **उत्तर-पूर्वी मानसून** कहते हैं। चूँकि भारत में ये पवनें स्थलखण्ड से होकर समुद्र की तरफ प्रवाहित होती हैं, इसलिए इनमें आर्द्रता (Humidity) नहीं होती और न ही भारत में इन पवनों से वर्षा होती है। लेकिन **'उत्तर-पूर्वी मानसून'** का वह भाग जो **पूर्वोत्तर भारत से विषुवत रेखा की तरफ** प्रवाहित होता है, **बंगाल की खाड़ी** से पर्याप्त आर्द्रता ग्रहण कर लेता है। **बंगाल की खाड़ी** को पार करके जब ये पवनें तमिलनाडु में पहुँचती हैं तो पूर्वी घाट से टकराकर शीतऋतु में **कोरोमण्डल तट** पर वर्षा करती हैं। अत: स्पष्ट है कि शीतऋतु में भारत में वर्षा के दो क्षेत्र हैं-

a. उत्तर भारत के पहाड़ी और मैदानी राज्य, जहाँ **पश्चिमी विक्षोभ** से वर्षा होती है।

b. तमिलनाडु का कोरोमण्डल तट जहाँ **उत्तर-पूर्वी मानसून** से वर्षा होती है।

व्यापारिक पवनें (Trade Winds)

व्यापारिक पवनों को अंग्रेजी में **Trade winds** कहा जाता है। Trade जर्मन भाषा का शब्द है, जिसका अर्थ **निश्चित पथ (निर्दिष्ट पथ)** है। अत: ये हवाएँ वर्ष भर **एक निश्चित मार्ग** पर प्रवाहित होती हैं इसीलिए इन्हें **स्थायी पवन** कहते हैं।

यह सामान्यत: **30^0 से 5^0 अक्षाशों के मध्य** दोनों गोलार्द्धों में प्रवाहित होती है। उत्तरी गोलार्द्ध में उत्तर-पूर्व से दक्षिण-पश्चिम तथा दक्षिणी गोलार्द्ध में दक्षिण-पूर्व से उत्तर पश्चिम दिशा में प्रवाहित होती है।

ग्रीष्म ऋतु में मानसून की क्रियाविधि

मार्च और अप्रैल का महीना- 22 मार्च को **सूर्य की लम्बवत किरणें विषुवत रेखा पर** पड़ती हैं। इसके बाद **सूर्य उत्तरायण** होने लगता है अर्थात् सूर्य की लम्बवत किरणें उत्तरी गोलार्द्ध में **कर्क रेखा की तरफ** खिसकने लगती हैं। इसके साथ ही पश्मिोत्तर भारत धीरे-धीरे गर्म होने लगता है, जिस कारण यहाँ **धरातल पर निम्न वायुदाब** का क्षेत्र विकसित होने लगता है।

पश्चिमोत्तर भारत में विकसित इस **निम्न वायुदाब क्षेत्र** को भरने के लिए **उत्तर भारत के मैदानों में तेज हवाएँ** चलती हैं। लेकिन इन हवाओं में नमी नहीं होती, इसलिए इन हवाओं से वर्षा भी नहीं हो पाती है, केवल धूलभरी आँधियाँ चलती हैं। पूरे **मार्च और अप्रैल** के महीनों में उत्तर भारत के मैदानों में चलने वाली इन **शुष्क और धूलभरी आँधियों** से स्वयं को बचाने के लिए पेड़-पौधे अपनी पत्तियाँ गिरा देते हैं।

मई का महीना- विषुवत रेखा पर **वर्षभर उच्च तापमान** पाया जाता है, जिस कारण यहाँ तापीय निम्न वायुदाब की पेटी पाई जाती है। जहाँ व्यापारिक पवनें अभिसरित होकर ऊपर उठती हैं। लेकिन **22 मार्च के बाद** सूर्य के उत्तरायण होने के साथ **ITCZ** (अंतरा उष्णकटिबंधीय अभिसरण क्षेत्र) भी **विषुवत रेखा के उत्तर की तरफ** खिसकने लगता है और **मई महीने** के प्रारंभ में ITCZ **भारतीय** प्रायद्वीपीय के दक्षिणी छोर में प्रवेश कर जाता है। चूँकि ITCZ तापीय निम्न वायुदाब का क्षेत्र होने के कारण हवाओं के **अभिसरण (Convergence) का क्षेत्र** है, इसलिए प्रायद्वीपीय भारत

में **हवाएँ अभिसरित** (Converge) होकर ऊपर उठती हैं। दक्षिण भारत में समुद्र तट समीप होने के कारण हवा में नमी की पर्याप्त मात्रा होती है, इसलिए अभिसरित होकर ऊपर उठती हवाओं से यहाँ वर्षा होती है।

अंतरा उष्णकटिबंधीय अभिसरण क्षेत्र (Inter Tropical Convergence Zone-ITCZ)

सूर्यातप की सर्वाधिक मात्रा विषुवत रेखा पर प्राप्त होती है, जिस कारण विषुवत रेखीय क्षेत्रों में वर्ष भर हवाएँ गर्म होकर ऊपर उठती हैं। हवाओं के गर्म होकर ऊपर उठने से **निम्न वायुदाब क्षेत्र** का विकास होता है। विषुवतीय निम्न वायुदाब क्षेत्र को भरने के लिए दोनों गोलार्द्धों से **हवाएँ (व्यापारिक पवनें)** चलती हैं जो विषुवत रेखीय क्षेत्रों में **अभिसरित होकर (टकराकर)** ऊपर उठ जाती हैं और वर्षा होती है। हवाओं के **अभिसरण के इसी क्षेत्र को अंतरा उष्णकटिबंधीय अभिसरण क्षेत्र** (ITCZ) कहते हैं। लेकिन ITCZ वर्षभर विषुवत रेखा पर स्थिर नहीं होता है। सूर्य के उत्तरायण और दक्षिणायन होने के साथ **ग्लोब** पर अधिकतम तापमान की पेटी भी **उत्तरी और दक्षिणी गोलार्द्ध में विचलन** करती है, परिणामस्वरूप हवाओं के अभिसरण का क्षेत्र (ITCZ) भी विषुवत रेखा के **उत्तर और दक्षिण में दोलन** करता है। चूँकि **दक्षिणी गोलार्द्ध में महासागरों की प्रधानता** है, इसलिए सूर्य के दक्षिणायन होने की स्थिति में ITCZ विषुवत के दक्षिण में नहीं जा पाता। क्योंकि महासागर **देर** से और **कम** मात्रा में गर्म हो पाते हैं। जबकि महाद्वीपीय क्षेत्र शीघ्र और अधिक मात्रा में गर्म हो जाते हैं। चूँकि **उत्तरी गोलार्द्ध में महाद्वीपों की प्रधानता** है, इसलिए सूर्य के **उत्तरायण** होने की स्थिति में अधिकतम तापमान की पेटी के साथ-साथ ITCZ भी स्वयं को **भारतीय उपमहाद्वीप पर कर्क रेखा के आस-पास** स्थापित कर लेता है। अत: ITCZ का संबंध निम्न वायुदाब क्षेत्रों में हवाओं के अभिसरण से है।

पश्चिमोत्तर भारत में मानसून गर्त का विकास

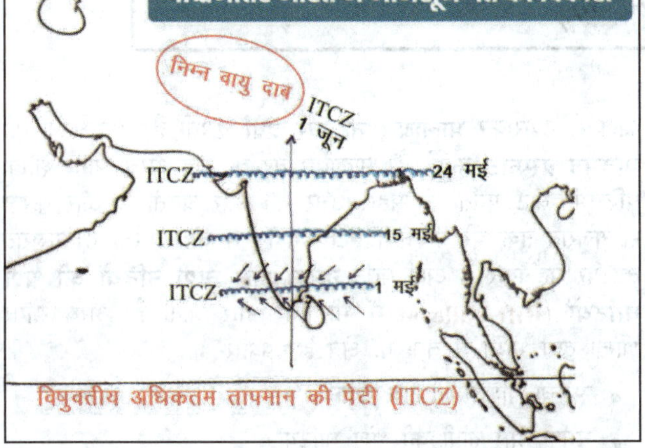

मई के महीने में दक्षिण भारत में होने वाली इस वर्षा को **'मानसून पूर्व फुहार'** कहते हैं। केरल में इसे **आम्र वर्षा**, कर्नाटक में **कॉफी वर्षा** एवं **चेरीब्लासम** तथा ओडिशा में इसे **नार्वेस्टर** जैसे स्थानीय नामों से भी जाना जाता है। मानसून के आने से पहले होने वाली यह वर्षा यहाँ की फसलों के लिए लाभदायक होती है।

मई महीने के अंत तक **अंतरा उष्ण अभिसरण क्षेत्र** (ITCZ) जब उत्तर की ओर खिसकते हुए कर्क रेखा के आस-पास स्थापित हो जाता है तो **पश्चिम बंगाल** मौसमी हलचल का केंद्र बन जाता है। पश्चिम बंगाल में ITCZ के सहारे उत्तर भारत की शुष्क हवाओं एवं समुद्री आर्द्र हवाओं के अभिसरण से भयंकर तूफानी वर्षा होती है, जिसे **काल वैशाखी** कहते हैं। इस समय चलने वाली तेज आँधियों से पश्चिम बंगाल में जनजीवन ठप हो जाता है। काल वैशाखी का प्रभाव **पश्चिम बंगाल से असम तक** होता है। असम में इन तूफानों को **बारदोली छीड़ा और चाय वर्षा** भी कहते हैं। ये पवनें चाय, पटसन और चावल के लिए अच्छी मानी जाती हैं।

ग्रीष्म ऋतु में आने वाले कुछ प्रसिद्ध स्थानीय तूफान

आम्र वर्षा- ग्रीष्म ऋतु के खत्म होते-होते **मानसून पूर्व बौछारें** पड़ती हैं, जो **केरल व तटीय कर्नाटक** में एक आम बात है। स्थानीय तौर पर इस तूफानी वर्षा को **आम्र वर्षा** कहा जाता है, क्योंकि यह आमों को जल्दी पकने में सहायता देती है।

फूलों वाली बौछार- मई महीने में इस वर्षा से केरल व निकटवर्ती कहवा उत्पादक क्षेत्रों में **कहवा के फूल** खिलने लगते हैं।

काल वैशाखी- असम और पश्चिम बंगाल में वैशाख (मई) के महीने में शाम को चलने वाली ये **भयंकर व विनाशकारी वर्षायुक्त पवनें** हैं। इनकी कुख्यात प्रकृति का अंदाजा इनके स्थानीय नाम **काल वैशाखी** से लगाया जा सकता है, जिसका अर्थ है- वैशाख के महीने में आने वाली तबाही। चाय, पटसन व चावल के लिए ये पवनें अच्छी हैं। असम में इन तूफानों को **'बारदोली छीड़ा'** कहा जाता है।

लू- उत्तर भारत के मैदान में मई-जून महीनों में पंजाब से बिहार तक चलने वाली ये **शुष्क, गर्म व पीड़ादायक पवनें** हैं। दिल्ली और पटना के बीच इनकी तीव्रता अधिक होती है।

जून का महीना- आप पढ़ चुके हैं कि कर्क रेखा भारत के बीचेंबीच 8 राज्यों से होकर गुजरती है। यद्यपि सूर्य की लम्बवत् किरणें **कर्क रेखा पर 21 जून** को पहुँचती हैं लेकिन चूँकि स्थलखण्ड शीघ्र गर्म हो जाते हैं, इसलिए ITCZ लगभग 1 जून को ही स्वयं को **पश्चिमोत्तर भारत** में (25^0 उत्तरी अक्षांश के पास) स्थापित कर लेता है। इसके चलते **पश्चिमोत्तर भारत में तापीय निम्न वायुदाब** का केंद्र और अधिक शक्तिशाली हो जाता है, जिसे **मानसून निम्नदाब द्रोणी** या **मानसून गर्त** कहते हैं। इस निम्नदाब केंद्र को भरने के लिए जून माह में उत्तर भारत के मैदानों में तेज गति से **गर्म और शुष्क हवाएँ** चलती हैं, जिनमें नमी की मात्रा बिल्कुल नहीं होती है। इन गर्म शुष्क हवाओं को ही **'लू'** (Loo) कहते हैं। जबकि दक्षिण भारत में ग्रीष्म ऋतु उत्तर भारत की अपेक्षा मृदु होती है। दक्षिण

भारत की प्रायद्वीपीय स्थिति के कारण यहाँ लू पवनों का विकास नहीं हो पाता है।

दक्षिणी-पश्चिमी मानसून

पश्चिमोत्तर भारत में बढ़ते तापमान के साथ तापीय निम्न वायुदाब का केंद्र (मानसून द्रोणी) जब अत्यधिक शक्तिशाली हो जाता है तो यह हिन्द महासागर से **दक्षिणी गोलार्द्ध की व्यापारिक पवनों** (दक्षिणी-पूर्वी व्यापारिक पवन) को भी अपनी तरफ आकर्षित करने लगता है। जब ये पवनें उत्तरी गोलार्द्ध में प्रवेश करती हैं तो **फेरल के नियम** के अनुसार अपने **दाईं ओर मुड़ जाती हैं** और इनकी दिशा **दक्षिण-पश्चिम से उत्तर-पूर्व** की तरफ हो जाती है, जिससे इन पवनों का रुख भारतीय उपमहाद्वीप की तरफ हो जाता है। हिन्द महासागर के ऊपर से आने वाली ये आर्द्रतायुक्त पवनें भारत में दक्षिण-पश्चिम दिशा से प्रवेश करती हैं। महासागर के ऊपर से आने के कारण इन पवनों में आर्द्रता की मात्रा काफी अधिक होती है, इसलिए इसे **'दक्षिणी-पश्चिमी मानसून'** कहते हैं। भारत में 80% वर्षा इन्हीं पवनों के द्वारा होती है। दक्षिणी-पश्चिमी मानसून सबसे पहले **1 जून को केरल तट पर** पहुँचता है और पश्चिमी घाट पर्वत से टकराकर मालाबार तट पर भयंकर वर्षा करता है। इसे **मानसून प्रस्फोट** (Monsoon Burst) **या मानसून का फटना** कहते हैं।

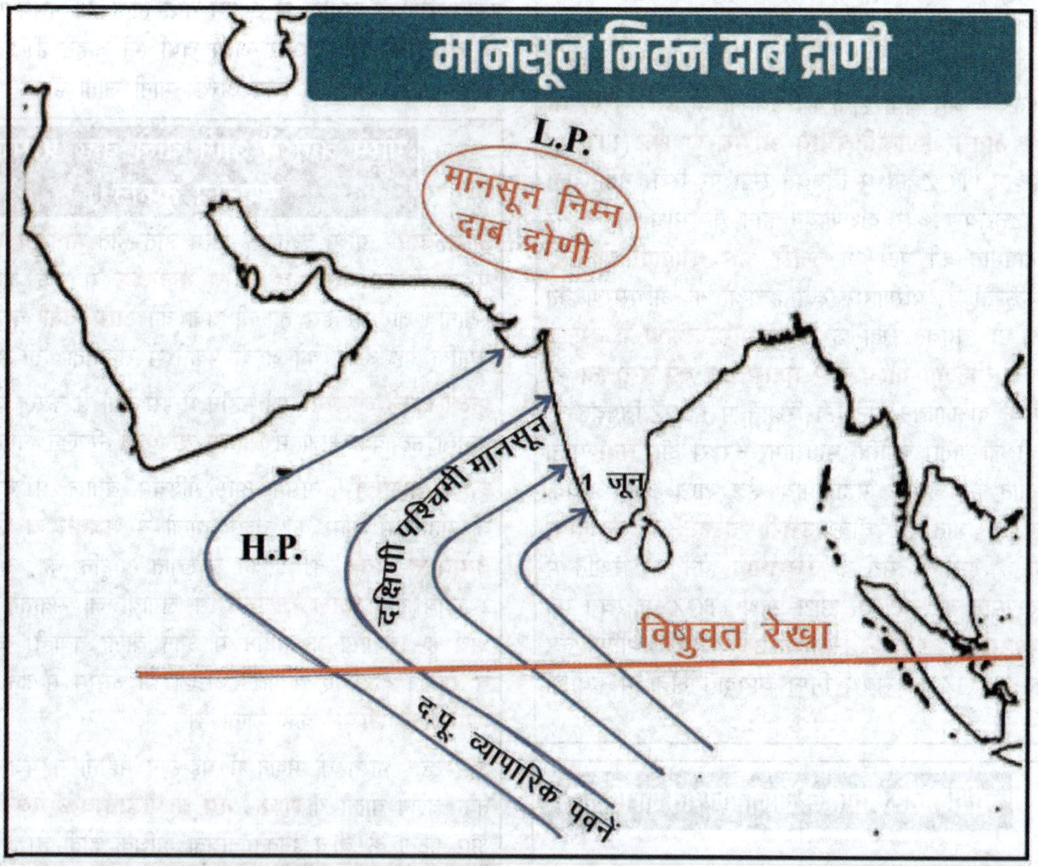

15 जुलाई आते-आते पूरा भारतीय उपमहाद्वीप इन मानसूनी पवनों के प्रभाव में आ जाता है। भारत में दक्षिणी-पश्चिमी मानसून से होने वाली वर्षा **1 जून को प्रारंभ** होती है और लगभग **15 सितम्बर तक** चलती रहती है।

भारत में दक्षिणी-पश्चिमी मानसून दो शाखाओं के रूप में प्रवेश करता है-

a. अरब सागर शाखा **b.** बंगाल की खाड़ी शाखा

a. अरब सागर शाखा

दक्षिणी-पश्चिमी मानसून की **अरब सागर शाखा 1 जून को सर्वप्रथम केरल** पहुँचती है और पश्चिमी घाट पर्वत के पश्चिमी ढाल से टकराकर **मालाबार तट पर वर्षा** करती है। इस घटना को **मानसून प्रस्फोट** कहते हैं। मालाबार तट के बाद अरब सागर शाखा पश्चिमी घाट पर्वत के सहारे उत्तर की ओर बढ़ती है और केरल से गुजरात तक पूरे पश्चिमी तटीय मैदान में वर्षा करती है। गुजरात तट पर पहुँचकर ये आर्द्र पवनें **नर्मदा और तापी नदियों की भ्रंश घाटियों** (**Rift Valleys**) **में** भी प्रवेश कर जाती हैं। अरब सागर शाखा द्वारा भारत में वर्षा के क्षेत्र इस प्रकार हैं-

- समूचा पश्चिमी तटीय मैदान
- नर्मदा और तापी की भ्रंश घाटियाँ
- गुजरात तट और गुजरात की पहाड़ियों के दक्षिणी ढाल
- अरावली पर्वत का दक्षिणी भाग (माउण्ट आबू)

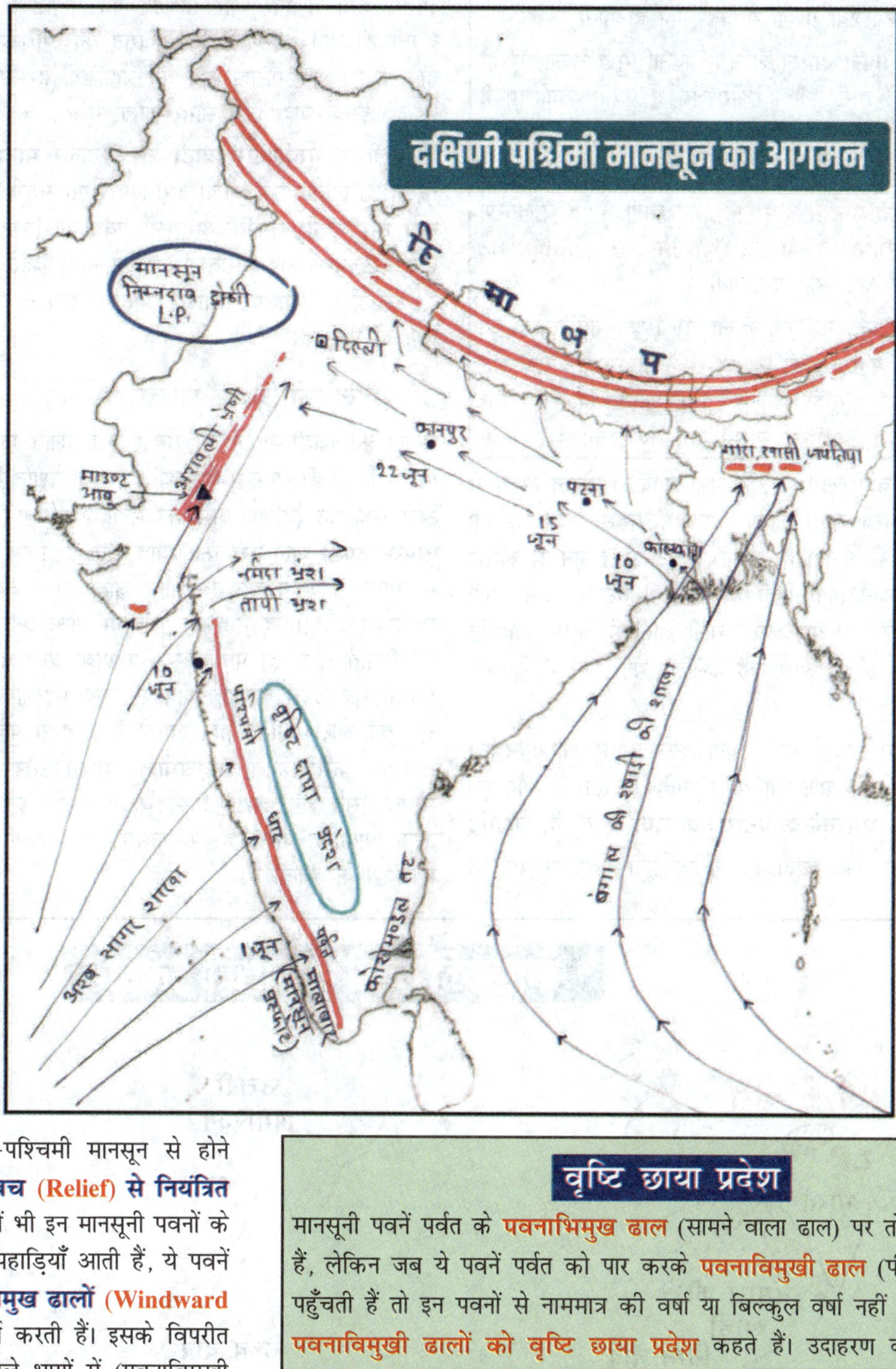

भारत में दक्षिणी-पश्चिमी मानसून से होने वाली वर्षा **उच्चावच (Relief) से नियंत्रित** होती है। जहाँ कहीं भी इन मानसूनी पवनों के मार्ग में पर्वत या पहाड़ियाँ आती हैं, ये पवनें पर्वतों के **पवनाभिमुख ढालों (Windward Slopes) पर** वर्षा करती हैं। इसके विपरीत पर्वतों के पीछे वाले भागों में (पवनाविमुखी ढाल) वर्षा नहीं हो पाती, जिसे **वृष्टि छाया प्रदेश** कहा जाता है। यही कारण है कि केरल के मालाबार तट पर वर्षा ऋतु में भयानक वर्षा होती है, जो बाढ़ लाने का कारण बन जाती है। जबकि पवनाविमुखी ढाल पर स्थित तमिलनाडु का **कोरोमण्डल तट शुष्क** रह जाता है।

वृष्टि छाया प्रदेश

मानसूनी पवनें पर्वत के **पवनाभिमुख ढाल** (सामने वाला ढाल) पर तो खूब वर्षा करती हैं, लेकिन जब ये पवनें पर्वत को पार करके **पवनाविमुखी ढाल** (पीछे का ढाल) पर पहुँचती हैं तो इन पवनों से नाममात्र की वर्षा या बिल्कुल वर्षा नहीं हो पाती। इसलिए **पवनाविमुखी ढालों को वृष्टि छाया प्रदेश** कहते हैं। उदाहरण के लिए भारत में दक्षिणी-पश्चिमी मानसून की अरब सागर शाखा पश्चिमी घाट पर्वत के पवनाभिमुख ढाल (पश्चिमी ढाल) से टकराकर मालाबार तट पर लगभग **250 सेमी. वार्षिक** से भी अधिक वर्षा करती है। लेकिन जब यही पवनें पश्चिमी घाट पर्वत को पार कर इसके पूर्वी ढाल पर उतरती हैं तो **महाराष्ट्र, कर्नाटक और तेलंगाना** के आंतरिक पठारी क्षेत्रों में इनसे बिल्कुल भी वर्षा नहीं हो पाती। इसलिए पूर्वी ढाल पर स्थित ये क्षेत्र **वृष्टि छाया प्रदेश** कहलाते हैं।

दो कारणों से वृष्टि छाया प्रदेशों में वर्षा नहीं हो पाती है-

i. मानसूनी पवनें अपनी अधिकांश नमी पवनाभिमुख ढालों पर ही वर्षा के रूप में गिरा देती हैं और जब ये पवनें पवनाविमुखी ढालों पर उतरती हैं तो इनमें नमी कम हो जाती है।

ii. पवनाविमुखी ढालों के सहारे नीचे उतरने पर दबाव के कारण हवाओं में **एडियाबेटिक ताप वृद्धि** हो जाती है, जिस कारण इन पवनों की **सापेक्षिक आर्द्रता (Relative Humidity)** घट जाती है और ये वर्षा नहीं कर पाती हैं।

भारत में पश्चिमी घाट के पूर्वी ढालों पर स्थित तमिलनाडु का **कोरोमण्डल तट**, महाराष्ट्र का **विदर्भ क्षेत्र, तेलंगाना पठार** और **उत्तरी कर्नाटक पठार** वृष्टि छाया प्रदेश के अंतर्गत आते हैं, जिस कारण यहाँ **50 सेमी. वार्षिक** से भी कम वर्षा होती है।

भारत में सर्वाधिक वर्षा (लगभग 250 सेमी. वार्षिक) **केरल राज्य में** होती है, क्योंकि अरब सागर शाखा केरल में सबसे पहले पहुँचती है और सबसे बाद में लौटती है। मालाबार तट पर **1 जून से लेकर 15 सितम्बर तक** वर्षा होती रहती है। पश्चिमी तट पर होने वाली वर्षा दक्षिण से उत्तर की ओर घटती चली जाती है। चूँकि **सह्याद्रि** के दक्षिणी भाग की ऊँचाई अधिक है, इसलिए यहाँ वर्षा भी अधिक होती है।

पश्चिमी तट पर वर्षा करने के पश्चात अरब सागर शाखा **नर्मदा और तापी नदियों** की भ्रंश घाटियों में प्रवेश करती है और पूर्व की तरफ बढ़ते हुए **अमरकंटक पठार तक वर्षा** करती है। **सह्याद्रि के सहारे** उत्तर की ओर बढ़ती हुई ये मानसूनी पवनें गुजरात के सौराष्ट्र क्षेत्र में गिर और माण्डव की पहाड़ियों से टकराकर वर्षा करती हैं। यही कारण है कि गुजरात का अधिकतर भाग सूखाग्रस्त होने के बावजूद सौराष्ट्र क्षेत्र की पहाड़ियाँ हरे-भरे जंगलों से ढकी हुई हैं। इसके बाद अरब सागर शाखा गुजरात को पार करके दक्षिणी अरावली के **गुरुशिखर चोटी** से टकराकर **माउण्ट आबू** में वर्षा करती है। लेकिन यह शाखा अरावली समेत समूचे **राजस्थान में वर्षा नहीं कर पाती**, क्योंकि अरावली पर्वत का विस्तार उत्तर-दक्षिण में होने के कारण यह अरावली के समानांतर बहते हुए निकल जाती है। इस प्रकार **'माउण्ट आबू'** अंतिम पड़ाव है, जहाँ इस शाखा से वर्षा हो पाती है।

b. बंगाल की खाड़ी शाखा

बंगाल की खाड़ी शाखा का संबंध पूर्वी प्रशांत महासागर की तापीय परिस्थिति से है। सामान्य परिस्थिति में पूर्वी प्रशांत महासागर में **चिली और पेरू तट** (दक्षिण अमेरिका महाद्वीप पश्चिमी तट) पर **हम्बोल्ट नामक ठण्डी जलधारा** का प्रवाह होता है, जिस कारण पूर्वी प्रशांत महासागर में उच्च वायुदाब पाया जाता है। जबकि पश्चिमी प्रशांत महासागर और हिन्द महासागर क्षेत्र में ग्रीष्म ऋतु में निम्न वायुदाब की स्थिति रहती है। परिणामस्वरूप ग्रीष्म ऋतु में पवनें पूर्वी प्रशांत महासागरीय उच्च वायुदाब क्षेत्र से हिन्द महासागरीय निम्न वायुदाब क्षेत्र की ओर प्रवाहित होने लगती हैं। जब ये पवनें हिन्द महासागर में प्रवेश करती हैं तो **पश्चिमोत्तर भारत और तिब्बत उच्चभूमि** में विकसित शक्तिशाली निम्न वायुदाब क्षेत्र इन पवनों को अपनी तरफ आकर्षित करता है, परिणामस्वरूप ये पवनें बंगाल की खाड़ी में प्रवेश कर जाती हैं।

बंगाल की खाड़ी शाखा की उत्पत्ति

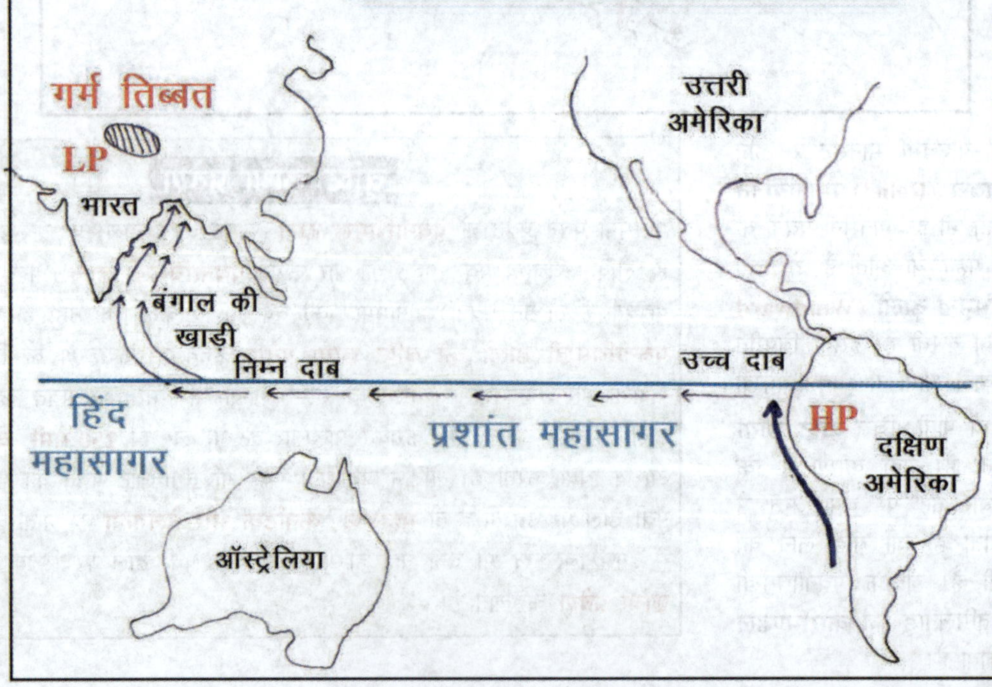

प्रशांत और हिन्द महासागर से होकर आने वाली ये हवाएँ अत्यधिक आर्द्रता से युक्त होती हैं। इसे ही दक्षिणी-पश्चिमी मानसून की **'बंगाल की खाड़ी शाखा'** कहते हैं।

बंगाल की खाड़ी में उत्तर दिशा में प्रवाहित होने के कारण ये पवनें **पूर्वी घाट पर्वत** से टकरा नहीं पातीं और उसके समानांतर प्रवाहित होते हुए **मेघालय पठार की तरफ** निकल जाती हैं। यही कारण है कि दक्षिणी-पश्चिमी मानसून काल में **कोरोमण्डल तट** (तमिलनाडु) समेत पूर्वी तटीय मैदान में वर्षा नहीं हो पाती है। 1 जून के बाद जहाँ एक तरफ **मालाबार तट** पर कई महीनों तक मूसलाधार वर्षा होती है, वहीं इन्हीं महीनों में कोरोमण्डल तट बिल्कुल सूखा और शांत रहता है। बंगाल की खाड़ी शाखा द्वारा भारत में वर्षा के क्षेत्र इस प्रकार हैं-

a. मेघालय पठार

b. ब्रह्मपुत्र नदी की घाटी

c. उत्तर भारत का मैदान (अरावली तक)

d. शिवालिक का दक्षिणी ढाल और तराई क्षेत्र

e. अंडमान एवं निकोबार द्वीप समूह

बंगाल की खाड़ी शाखा पूर्वी घाट पर्वत के समानांतर उत्तर की तरफ प्रवाहित होते हुए सर्वप्रथम मेघालय पठार से टकराती है, जहाँ **गारो, खासी और जयंतिया पहाड़ियों** पर अधिक वर्षा होती है। मेघालय पठार पूर्वोत्तर भारत में सर्वाधिक वर्षा वाला क्षेत्र है। खासी पहाड़ी पर स्थित **मासिनराम और चेरापूंजी** में 1080 सेमी. वार्षिक से भी अधिक वर्षा होती है। ये दुनिया में सर्वाधिक वर्षा वाले क्षेत्र हैं। **शिलांग पठार** (मेघालय पठार) से टकराने के बाद यह शाखा **असम की सूरमा घाटी** (त्रिपुरा के उत्तर में स्थित) से होकर **ब्रह्मपुत्र नदी की घाटी** में प्रवेश कर जाती है। ब्रह्मपुत्र की रैम्प घाटी तीन तरफ से पहाड़ियों से घिरी हुई है, जिस कारण यहाँ भी वर्षा की अच्छी मात्रा प्राप्त होती है।

शिलांग पठार से टकराने के बाद बंगाल की खाड़ी शाखा की एक उपशाखा **हुगली नदी के मुहाने** से होकर **उत्तर भारत के मैदान** में प्रवेश कर जाती है और क्रमशः **कोलकाता, पटना, प्रयागराज (इलाहाबाद) तथा कानपुर होते हुए दिल्ली तक** पहुँचती है।

उत्तर भारत के मैदान में होने वाली वर्षा **पूर्व से पश्चिम की तरफ** घटती जाती है, क्योंकि पश्चिम में जाने पर इन मानसूनी पवनों में नमी की मात्रा क्रमशः कम होती जाती है। उदाहरण के लिए कोलकाता में 119 सेमी., पटना में 100 सेमी., प्रयागराज में 90 सेमी., दिल्ली में 56 सेमी. और बीकानेर में 20 सेमी. वार्षिक वर्षा दर्ज की जाती है। **दिल्ली अंतिम स्थल है,** जहाँ बंगाल की खाड़ी शाखा वर्षा करती है। इससे आगे बढ़ने पर इन पवनों से वर्षा नहीं होती है। राजस्थान में अरावली पर्वत से टकराकर इन पवनों से वर्षा होनी चाहिए, लेकिन दो कारणों से अरावली क्षेत्र और राजस्थान में इन पवनों से वर्षा नहीं हो पाती है-

i. दिल्ली से आगे बढ़ने पर इनमें नमी की मात्रा बहुत घट जाती है।

ii. ITCZ का क्षेत्र होने के कारण **राजस्थान अत्यधिक गर्म** हो जाता है और जब ये हवाएँ यहाँ पहुँचती हैं तो गर्म होकर इनकी सापेक्षिक आर्द्रता घट जाती है, जिस कारण ये हवाएँ वर्षा नहीं कर पातीं। इस प्रकार स्पष्ट है कि राजस्थान में न तो अरब सागर शाखा वर्षा कर पाती है और न ही बंगाल की खाड़ी शाखा। अतः राजस्थान एक **सूखाग्रस्त राज्य** है।

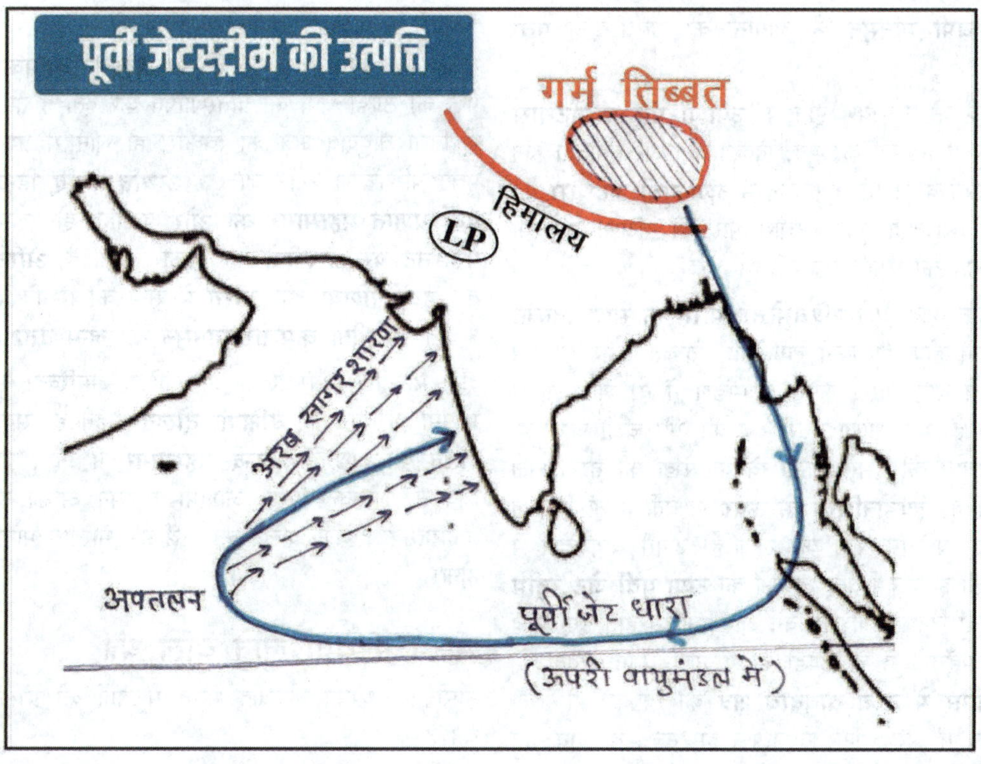

फेरल के नियमानुसार उत्तरी गोलार्द्ध में हवाएँ अपने दाईं ओर मुड़ जाती हैं। अतः बंगाल की खाड़ी शाखा जब उत्तर भारत के मैदान में प्रवेश करती है तो **शिवालिक श्रेणी की तरफ** मुड़ने का प्रयास करती है। परिणामस्वरूप ये हवाएँ शिवालिक के दक्षिणी ढालों पर लगभग **1500 मीटर की ऊँचाई तक** अच्छी खासी वर्षा करती हैं। जबकि गंगा घाटी के दक्षिण में स्थित **बुन्देलखण्ड पठार बिल्कुल सूखा** रह जाता है।

कोटेश्वर का जेट स्ट्रीम सिद्धांत

भारत में मानसून की उत्पत्ति के संदर्भ में प्रतिपादित किए गए सिद्धांतों में कोटेश्वर का जेटधारा सिद्धांत विशेष महत्त्व रखता है। ऊपरी वायुमण्डल में 10 से 15 किमी. ऊँचाई पर क्षोभमण्डल सीमा के पास चलने वाली प्रबल वेग वाली वायु धाराओं को **'जेटधारा'** कहते हैं। विषुवत रेखा से ध्रुवों की ओर कई जेटधाराएँ पाई जाती हैं। ये धाराएँ पृथ्वी के चारों ओर अक्षांश रेखाओं के समानांतर आवरण के रूप में प्रवाहित होती हैं। यद्यपि ये धाराएँ ऊपरी वायुमण्डल में प्रवाहित होती हैं, लेकिन ये निचले वायुमण्डल में तापमान और वायुदाब को भी प्रभावित करती हैं।

भारतीय जलवायु पर दो तरह की जेटधाराएँ प्रभाव डालती हैं। इनमें से एक **मध्य एशिया और तिब्बत के ऊपर** प्रवाहित होने वाली **उपोष्ण पछुआ जेटधारा** है, जो शीतऋतु में सूर्य के दक्षिणायन होने पर हिमालय के दक्षिण में प्रवाहित होने लगती है और अपने साथ **भूमध्य** सागरीय शीतोष्ण चक्रवात (पश्चिमी विक्षोभ) को बहाकर भारत में लाती है। जबकि दूसरी जेटधारा **उष्णकटिबंधीय पूर्वी जेटधारा** है, जो ग्रीष्मकाल में उत्पन्न होती है। भारत में ग्रीष्मकाल में **दक्षिणी-पश्चिमी मानसून** के आगमन का संबंध इसी **पूर्वी जेटधारा** से है।

ग्रीष्मकाल में सूर्य के उत्तरायण होने पर **उपोष्ण पछुआ जेटधारा** हिमालय के उत्तर में खिसक कर पुनः तिब्बत के ऊपर प्रवाहित होने लगती है और भारत के ऊपरी वायुमंडल में **उष्ण पूर्वी जेटधारा** की स्थापना हो जाती है। यही पूर्वी जेटधारा भारत में दक्षिणी-पश्चिमी मानसून के आगमन को प्रभावित करती है।

जून के महीने तक आते-आते **पश्चिमोत्तर भारत के साथ तिब्बत उच्चभूमि** भी गर्म होकर धधकने लगती है। तिब्बत पठार पर गर्म होकर उठने वाली वायु-धाराएँ ऊपरी वायुमंडल में **दो** शाखाओं में विभक्त हो जाती हैं। एक शाखा उत्तरी ध्रुव की ओर चली जाती है। जबकि गर्म वायुधारा की दूसरी शाखा विषुवत रेखा की तरफ चल देती है और जब यह **इण्डोनेशिया के ऊपर** पहुँचती है तो विषुवत रेखा के समानांतर पश्चिमी रुख कर लेती है। ऊपरी वायुमंडल में प्रवाहित होने वाली इन्हीं गर्म वायु धाराओं को **उष्ण पूर्वी जेट स्ट्रीम** कहते हैं। जब पूर्वी जेटधारा पश्चिम की ओर प्रवाहित होते हुए अरब सागर के ऊपर पहुँचती है तो ठण्डी होकर नीचे बैठने लगती है, जिससे **अरब सागर में उच्च वायुदाब क्षेत्र** का विकास हो जाता है। जून के महीने में अरब सागर में उत्पन्न इस उच्च वायुदाब क्षेत्र से हवाएँ **पश्चिमोत्तर भारत में विकसित निम्न वायुदाब क्षेत्र** की तरफ प्रवाहित होने लगती हैं। सामान्यतः इन्हीं पवनों को **दक्षिणी-पश्चिमी मानसून की 'अरब सागर शाखा'** के नाम से जानते हैं। महासागर के ऊपर लम्बी दूरी तय करने के कारण ये हवाएँ अत्यधिक आर्द्रता से युक्त होती हैं और भारत में पर्वतीय ढालों के सहारे वर्षा करती हैं। इसके अलावा पूर्वी जेटधारा ग्रीष्म ऋतु में **बंगाल की खाड़ी में बनने वाले अवदाबों** (निम्न वायुदाब क्षेत्र) को भारत में धकेल देती है, जिस कारण **पूर्वी तट पर उष्ण चक्रवातों** से वर्षा प्राप्त होती है। अतः भारत में दक्षिणी-पश्चिमी मानसून को शक्ति प्रदान करने में पूर्वी जेटधारा की विशेष भूमिका मानी जाती है।

भारतीय मानसून पर अलनीनो का प्रभाव

जलवायु पर अलनीनो के प्रभाव का अध्ययन सर्वप्रथम गिल्बर्ट वाल्कर (अमेरिकी) द्वारा किया गया था। अलनीनों **दिसम्बर के महीने में पेरू तट पर** (पूर्वी प्रशांत महासागर में) उत्पन्न होने वाली मौसमी परिस्थिति है, जो हिन्द महासागर में **कमजोर मानसून** को जन्म देती है।

सामान्य तौर पर **पेरू तट पर शीतल जल धारा** (हम्बोल्ट या पेरू धारा) प्रवाहित होती है, जिस कारण पूर्वी प्रशांत क्षेत्र में उच्च वायुदाब पाया जाता है। जबकि पश्चिमी प्रशांत क्षेत्र में **गर्म जल धारा** प्रवाहित होने के कारण यहाँ निम्न वायुदाब पाया जाता है। इस कारण पवन परिसंचरण (Circulation) पूर्वी प्रशांत से पश्चिमी प्रशांत क्षेत्र और हिन्द महासागर की ओर बना रहता है। इस सामान्य परिस्थिति में **इण्डोनेशिया, वियतनाम, मलेशिया और भारत में** मानसून के मजबूत रहने की संभावना बनी रहती है।

लेकिन जब किसी वर्ष पेरू तट पर **अलनीनो नामक गर्म जल धारा** पेरू की ठण्डी धारा को प्रतिस्थापित कर देती है तो पूर्वी प्रशांत क्षेत्र में निम्न वायुदाब क्षेत्र का विकास हो जाने से प्रशांत महासागर में पवन परिसंचरण उलट जाता है **अर्थात् हवाएँ हिन्द महासागर से पूर्वी प्रशांत महासागर की ओर** प्रवाहित होने लगती हैं। जब भी **पेरू तट पर अलनीनो** का विकास होता है, **ऑस्ट्रेलिया** के पूर्वी तट, **इण्डोनेशिया** और **भारत में** सूखे की स्थिति दर्ज की जाती है अर्थात् **अलनीनो कमजोर मानसून को जन्म देता** है।

दोनों महाद्वीपों (ऑस्ट्रेलिया और दक्षिण अमेरिका) के बीच हुए इस मौसमी परिवर्तन को **दक्षिणी दोलन** कहते हैं। सकारात्मक दक्षिणी दोलन का अर्थ है- **हिन्द महासागर** में निम्न वायुदाब क्षेत्र का विकास, जिसके कारण आगामी मानसून अच्छा होता है। जबकि नकारात्मक दक्षिणी दोलन का अर्थ है- भारतीय मानसून का कमजोर होना।

भारत में वर्षा लाने वाले यंत्र

उपरोक्त अध्ययन के बाद भारत में वर्षा को प्रभावित करने वाले यंत्र हैं-

- ITCZ अर्थात् मानसून निम्न दाब द्रोणी की स्थिति
- उष्णकटिबंधीय पूर्वी जेट स्ट्रीम
- पर्वतों की अवस्थिति
- अलनीनो की स्थापना

मानसून का निवर्तन (लौटता मानसून)

इसका अर्थ है मानसून का लौटना। **23 सितम्बर तक** आते-आते सूर्य की लम्बवत् किरणें उत्तरी गोलार्द्ध से लौटकर **पुनः विषुवत पर** चमकने लगती हैं। इस कारण भारत में वर्षा काल के बाद **शरद ऋतु का आगमन** हो जाता है, जो अक्टूबर से मध्य दिसम्बर तक होता है। शरद ऋतु में पश्चिमोत्तर भारत में स्थापित **मानसून निम्न दाब द्रोणी (ITCZ)** के कमजोर हो जाने से भारतीय उपमहाद्वीप से **मानसून का निवर्तन (लौटना) प्रारम्भ** हो जाता है, जिसे **मानसून का लौटना** भी कहते हैं। दक्षिण-पश्चिम मानसून के लौटते ही उत्तर-पूर्वी मानसून पुनः भारतीय उपमहाद्वीप से विषुवत रेखा की ओर प्रवाहित होने लगता है। दक्षिण-पश्चिम मानसून का आगमन विस्फोटक रूप में होता है, लेकिन इसका निवर्तन (Withdrawal) (लौटना) क्रमिक रूप से धीरे-धीरे होता है। **1 सितम्बर से** मानसून का निवर्तन प्रारंभ हो जाता है और **15 अक्टूबर तक** आते-आते यह पूरे उपमहाद्वीप से लौट चुका होता है।

सितम्बर-अक्टूबर माह में **बादल रहित स्वच्छ आकाश** के कारण धरातल पर वाष्पीकरण की दर अचानक से बढ़ जाती है, जिससे ऊमस भरी गर्मी पड़ने लगती है। इसे **क्वार की ऊमस** कहते हैं।

मानसून का निवर्तन **सबसे पहले राजस्थान से** प्रारंभ होता है अर्थात् मानसून सबसे बाद में राजस्थान में पहुँचता है तथा 1 सितम्बर को सबसे पहले राजस्थान से ही वापस लौटना आरम्भ करता है। इसी कारण से राजस्थान में वर्षा की अवधि सबसे कम होती है। मानसून के निवर्तनकाल में **सर्वाधिक वर्षा पूर्वी तटीय मैदान** पर होती है। शरद ऋतु के दौरान अक्टूबर-नवम्बर में **उत्तरी सरकार तट** (आंध्र प्रदेश) और **ओडिशा तट** पर, जबकि नवम्बर-दिसम्बर में **कोरोमण्डल तट** (तमिलनाडु) पर वर्षा होती है। इसके दो निम्नलिखित कारण हैं-

i. महासागर देर से गर्म होते हैं, इसलिए अक्टूबर माह तक **बंगाल की खाड़ी पर्याप्त गर्म** हो जाती है, जिससे लौटता मानसून पर्याप्त नमी (जलवाष्प) ग्रहण कर लेता है। ये पवनें बंगाल की खाड़ी के ऊपर प्रवाहित होते हुए उत्तर-पूर्वी मानसून के साथ मिलकर **पूर्वी तट पर वर्षा** करती हैं। तमिलनाडु में **अक्टूबर-नवम्बर वर्ष के सबसे अधिक वर्षा वाले महीने** होते हैं।

ii. बंगाल की खाड़ी के गर्म हो जाने से **अक्टूबर-नवम्बर माह में उष्णकटिबंधीय चक्रवातों** की उत्पत्ति के लिए अनुकूल दशाएँ (Favorable Conditions) निर्मित हो जाती हैं। बंगाल की खाड़ी में बनने वाले ये उष्ण चक्रवात पश्चिम दिशा में भ्रमण करते हुए **गोपालपुर तट** (ओडिशा), **विशाखापट्टनम तट** (आंध्र प्रदेश) और **चेन्नई तट** से टकराकर भारी वर्षा करते हैं। वास्तव में भारत में इन चक्रवातों के मार्ग सर्वाधिक वर्षा वाले क्षेत्र हैं। कोरोमण्डल तट पर अधिकांश वर्षा इन्हीं चक्रवातों से होती है।

मानसून विच्छेद

दक्षिणी-पश्चिमी मानसून काल में **वर्षा के गीले दौरों में कुछ सूखे अन्तराल** भी आते हैं, जो कई बार लम्बे समय तक बने रहते हैं। इसे **ही मानसून विच्छेद (Monsoon Break) या वर्षा में विराम** कहते हैं। ऐसी स्थिति में वर्षा ऋतु के बीच में कई सप्ताह तक वर्षा नहीं हो पाती। मानसून विच्छेद कई कारणों से हो सकता है-

i. यदि किसी वर्ष ग्रीष्म काल में हिमालय के दक्षिण में **पश्चिमी जेट प्रवाह की दक्षिणी शाखा** की पुनर्स्थापना हो जाती है तो बादलों का निर्माण नहीं हो पाता और वर्षा नहीं हो पाती है।

ii. यदि वर्षाकाल में मानसून निम्न दाब द्रोणी (ITCZ) की स्थिति कमजोर हो जाती है तो यह महासागरीय पवनों (Ocean Breezes) को आकर्षित नहीं कर पाता है।

iii. जब **सोमाली जलधारा** का विस्तार अरब सागर में हो जाता है तो पश्चिमी तट पर ठण्डी पवनों का आविर्भाव हो जाता है, जिससे वर्षा नहीं हो पाती।

वर्षा प्रतिरूप अथवा वर्षा का वितरण

भारत में औसत वार्षिक वर्षा लगभग **125 सेमी.** है, लेकिन इसमें **क्षेत्रीय विविधताएँ** पाई जाती हैं। वर्षा का वितरण मुख्यतः सागर की निकटता एवं पर्वत विज्ञान की विशेषताओं पर निर्भर करता है। भारत में वर्षा के वितरण पर पश्चिमी घाट पर्वत, मेघालय पठार, उत्तरी-पूर्वी पहाड़ियों तथा हिमालय का प्रभाव निश्चय ही महत्त्वपूर्ण है।

a. अधिक वर्षा वाले क्षेत्र

भारत में सर्वाधिक वर्षा वाले क्षेत्र **पश्चिमी घाट** एवं **उत्तरी-पूर्वी पहाड़ियों** के अंतर्गत सम्मिलित हैं, जहाँ **200 सेमी. से भी अधिक वार्षिक वर्षा** दर्ज की जाती है। इसके अंतर्गत-

(i) **सिलवासा से दक्षिण की ओर तिरुवनंतपुरम** तक पश्चिमी घाट का पश्चिमी ढाल एवं संलग्न तटीय मैदान।

(ii) **ब्रह्मपुत्र नदी की घाटी** एवं **मणिपुर** को छोड़कर समस्त उत्तरी-पूर्वी भारत का क्षेत्र शामिल है। **मेघालय पठार के दक्षिणी भाग में औसत वार्षिक वर्षा 1000 सेमी.** से भी अधिक दर्ज की जाती है। जबकि **ब्रह्मपुत्र घाटी** तथा निकटवर्ती पहाड़ियों में यह घटकर **200 सेमी. या उससे कम** हो जाती है। प्रायद्वीपीय भारत में सबसे अधिक वर्षा **कोंकण तथा मालाबार तट** के किनारे होती है।

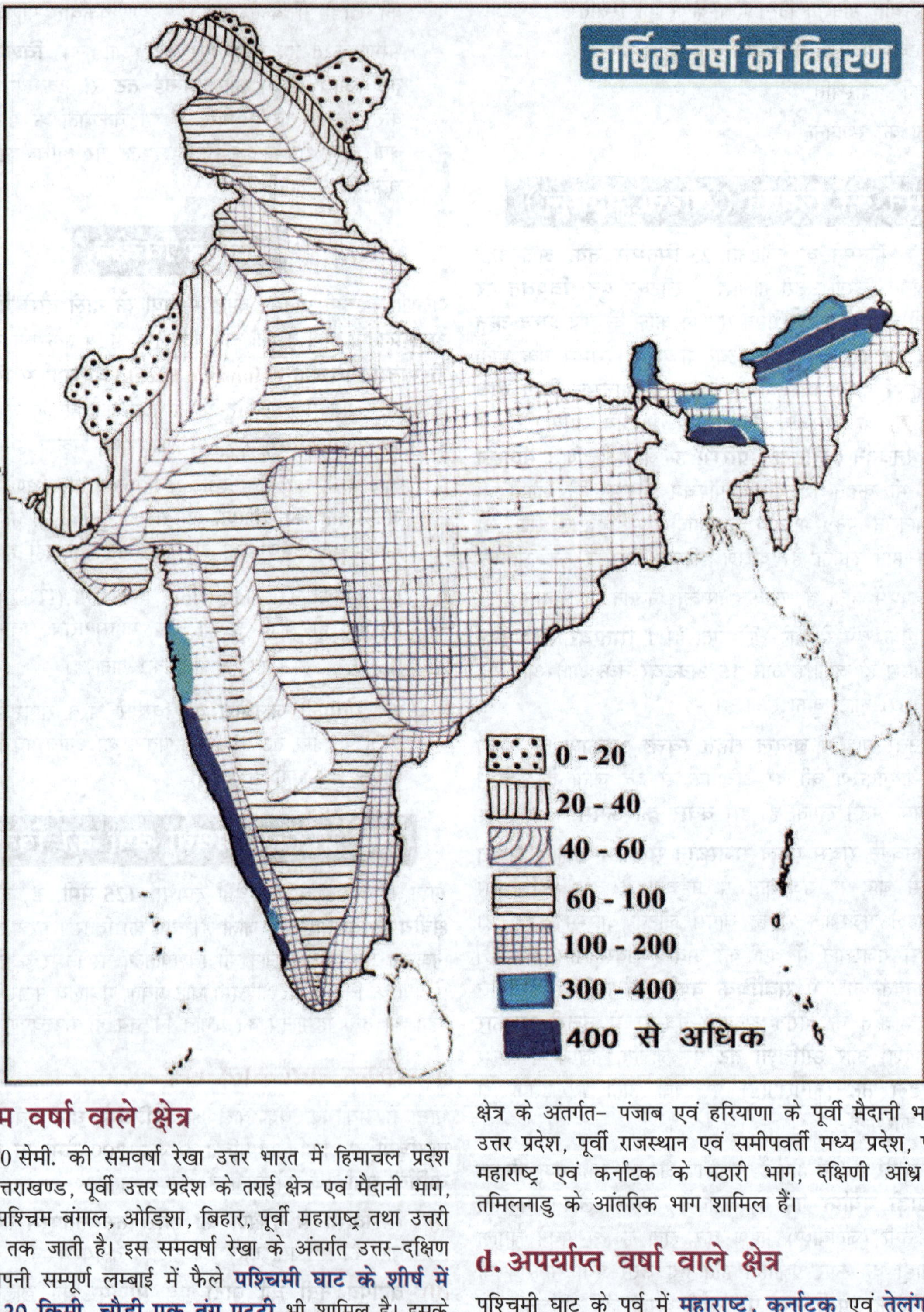

b. मध्यम वर्षा वाले क्षेत्र

100 से 200 सेमी. की समवर्षा रेखा उत्तर भारत में हिमाचल प्रदेश से लेकर उत्तराखण्ड, पूर्वी उत्तर प्रदेश के तराई क्षेत्र एवं मैदानी भाग, झारखण्ड, पश्चिम बंगाल, ओडिशा, बिहार, पूर्वी महाराष्ट्र तथा उत्तरी आंध्र प्रदेश तक जाती है। इस समवर्षा रेखा के अंतर्गत उत्तर-दक्षिण दिशा में अपनी सम्पूर्ण लम्बाई में फैले **पश्चिमी घाट के शीर्ष में समानान्तर 20 किमी. चौड़ी एक तंग पट्टी** भी शामिल है। इसके अतिरिक्त इस क्षेत्र के अंतर्गत पूर्वी तट पर **नेल्लोर से कैलीमर प्वाइंट तक 80 किमी. चौड़ी तंग पट्टी** भी शामिल है, जहाँ तटीय भागों की ओर वर्षा बढ़ती जाती है।

c. न्यून वर्षा वाले क्षेत्र

60 से 100 सेमी. की समवर्षा रेखा **अरावली एवं पश्चिमी घाट के पूर्व** में उत्तरी पंजाब से लेकर कन्याकुमारी तक फैली हुई है। इस क्षेत्र के अंतर्गत- पंजाब एवं हरियाणा के पूर्वी मैदानी भाग, पश्चिमी उत्तर प्रदेश, पूर्वी राजस्थान एवं समीपवर्ती मध्य प्रदेश, पूर्वी गुजरात, महाराष्ट्र एवं कर्नाटक के पठारी भाग, दक्षिणी आंध्र प्रदेश तथा तमिलनाडु के आंतरिक भाग शामिल हैं।

d. अपर्याप्त वर्षा वाले क्षेत्र

पश्चिमी घाट के पूर्व में **महाराष्ट्र, कर्नाटक** एवं **तेलंगाना** के क्षेत्र में स्थित **वृष्टि छाया प्रदेश, लद्दाख क्षेत्र** और **पश्चिमी राजस्थान** के अधिकतर भागों में वर्षा 50 सेमी. से भी कम होती है।

मानसून की विशेषताएँ

1. भारत में **दो प्रकार का मानसून** पाया जाता है। ऐसा मौसम परिवर्तन के साथ वायु की दिशा में परिवर्तन के कारण होता

है। शीतऋतु में **उत्तरी-पूर्वी मानसून** तथा ग्रीष्म काल में **दक्षिणी-पश्चिमी मानसून** चलता है।

2. ग्रीष्म एवं शीत ऋतुओं में हवाएँ अलग-अलग दिशाओं में चलती हैं, जिस कारण से वर्षा के क्षेत्र भी अलग-अलग होते हैं। उत्तरी-पूर्वी मानसून से तमिलनाडु में **कोरोमण्डल तट पर,** जबकि दक्षिणी-पश्चिमी मानसून से पहले पश्चिमी घाट के पश्चिमी ढाल और मालाबार तट पर वर्षा होती है। दक्षिणी-पश्चिमी मानसून की दो शाखाएँ भारत में प्रवेश करती हैं- अरब सागर शाखा और बंगाल खाड़ी की शाखा।

3. **दक्षिणी-पश्चिमी मानसून** से होने वाली वर्षा यद्यपि **मालाबार तट पर प्रस्फोट के रूप** में शुरू होती है, लेकिन भारत में इसका विस्तार क्रमिक रूप से होता है और वापस भी यह क्रमिक रूप से ही होता है, जिसे **मानसून का निवर्तन काल** कहते हैं।

4. **मानसूनी वर्षा** मुख्य रूप में **उच्चावच द्वारा नियंत्रित** होती है। यही कारण है कि यह पश्चिमी घाट की पवनाभिमुखी ढाल पर केरल में **250 सेमी. से अधिक वर्षा** करती है। साथ ही यह केरल को सर्वाधिक दिनों तक प्रभावित रखती है, क्योंकि यहाँ आगमन सबसे पहले एवं प्रस्थान सबसे बाद में होता है। वहीं पश्चिमी घाट के पूर्वी ढाल पर स्थित **वृष्टि छाया प्रदेश** वर्षाविहीन रह जाता है। इसी प्रकार मेघालय पठार और ब्रह्मपुत्र घाटी में होने वाली भारी वर्षा भी गारो, खासी, जयंतिया पहाड़ियों तथा पूर्वी हिमालय द्वारा नियंत्रित होती है।

5. समुद्र से दूरी बढ़ने के साथ **मानसूनी वर्षा में घटने की प्रवृत्ति** पाई जाती है। दक्षिणी-पश्चिमी मानसून अवधि में **कोलकाता में 119 सेमी., पटना में 100 सेमी., प्रयागराज (इलाहाबाद) में 90 सेमी.** तथा **दिल्ली में 56 सेमी. वर्षा** होती है।

भारत की जलवायु को प्रभावित करने वाले कारक

- **भारत की अक्षांशीय स्थिति**- विषुवत रेखा (0^0) निम्न अक्षांश कहलाता है, जहाँ वर्ष भर उच्च तापमान पाया जाता है। जबकि **ध्रुवीय क्षेत्र (90^0) उच्च अक्षांश** कहलाते हैं, जहाँ वर्ष भर निम्न तापमान पाया जाता है। सामान्यत: विषुवत रेखा से दोनों ध्रुवों की ओर तापमान घटता जाता है। ऐसा इसलिए क्योंकि पृथ्वी के गोल होने के कारण ध्रुवों की ओर सूर्य की **किरणों का तिरछापन** बढ़ता जाता है। सूर्य की लम्बवत किरणें दोनों गोलार्द्धों में **केवल कर्क और मकर रेखाओं के मध्य** ही विचलन (Deviation) करती हैं। इसलिए इन दोनों के मध्य स्थित क्षेत्रों को **उष्ण कटिबंध** कहते हैं।

  आप सभी भारत के अक्षांशीय विस्तार से पहले से ही अवगत हैं। भारत का **कर्क रेखा के दक्षिण में स्थित भाग उष्ण कटिबंध में** स्थित होने के कारण प्रायद्वीपीय भारतवर्ष भर उच्च तापमान को प्राप्त करता है।

  यदि अक्षांश ही जलवायु को प्रभावित करने वाला एकमात्र कारक होता तब इस स्थिति में एक ही अक्षांश पर स्थित **आगरा और दार्जिलिंग** का तापमान (मौसम) एक समान होता परंतु ऐसा नहीं। अत: भारत की जलवायु को प्रभावित करने वाले अन्य कारक भी हैं।

- **हिमालय पर्वत**- उत्तर में ऊँचा हिमालय अपने सभी विस्तारों के साथ एक प्रभावी **जलवायु विभाजक की भूमिका** निभाता है। यह ऊँची पर्वतशृंखला भारतीय उपमहाद्वीप को **साइबेरिया और चीन** में चलने वाली उत्तरी पवनों से अभेद्य सुरक्षा प्रदान करती है। जमा देने वाली ये ठंडी पवनें उत्तरी ध्रुव के निकट पैदा होती हैं और मध्य-पूर्वी एशिया में तिब्बत तक आर-पार बहती हैं। इसी प्रकार हिमालय पर्वत ग्रीष्म ऋतु में हिन्द महासागर से आने वाली **दक्षिणी-पश्चिमी मानसूनी पवनों** को रोककर भारतीय उपमहाद्वीप में वर्षा कराने में भी भूमिका निभाता है।

- **जल और स्थल का वितरण**- भारत के दक्षिण में हिन्द महासागर व उत्तर में हिमालय पर्वत श्रेणी है। स्थल की अपेक्षा जल देर से गर्म होता है और देर से ठंडा होता है। जल और स्थल के इस विभेदी तापन के कारण भारतीय उपमहाद्वीप में विभिन्न ऋतुओं में विभिन्न वायुदाब प्रदेश विकसित हो जाते हैं। वायुदाब में भिन्नता मानसून पवनों के उत्क्रमण का कारण बनती है। उदाहरण के लिए ग्रीष्म ऋतु में **भारतीय उपमहाद्वीप** हिन्द महासागर की तुलना में शीघ्र और अधिक मात्रा में गर्म हो जाता है। हवाओं के गर्म होकर ऊपर उठने से **पश्चिमोत्तर भारत में एक तीव्र निम्न वायुदाब का क्षेत्र** विकसित होता है, जो हिन्द महासागर की आर्द्र पवनों को अपनी तरफ आकर्षित करने लगता है। हिन्द महासागर से भारतीय उपमहाद्वीप में प्रवेश करने वाली इन्हीं पवनों को **दक्षिणी-पश्चिमी मानसून** कहते हैं। जबकि शीत ऋतु में भारतीय स्थलखण्ड के अत्यधिक ठण्डा होने पर **पश्चिमोत्तर भारत में उच्च वायुदाब का क्षेत्र** विकसित हो जाता है, जिस कारण हवाएँ उत्तर भारत के मैदानों से समुद्रों की ओर प्रवाहित होने लगती हैं।

- **समुद्र तट से दूरी**- लंबी तटीय रेखा के कारण भारत के **तटीय प्रदेशों में समकारी जलवायु (Equalizing Climate)** पाई जाती है। भारत के अंदरूनी भाग समुद्र के समकारी प्रभाव से वंचित रह जाते हैं। ऐसे क्षेत्रों में विषम जलवायु पाई जाती है। यही कारण है कि **मुंबई तट** के निवासी तापमान की विषमता और ऋतु परिवर्तन का अनुभव नहीं कर पाते। दूसरी ओर समुद्र तट से दूर देश के आंतरिक भागों में स्थित **दिल्ली, कानपुर और अमृतसर** में मौसमी परिवर्तन पूरे जनजीवन को प्रभावित करते हैं।

- **समुद्र तल से ऊँचाई**- क्षोभमण्डल में ऊँचाई के साथ तापमान घटता है। विरल वायु के कारण पर्वतीय प्रदेश मैदानों की तुलना में अधिक ठंडे होते हैं। उदाहरणत: **आगरा और दार्जिलिंग** एक ही अक्षांश पर स्थित हैं, लेकिन जून महीने में दार्जिलिंग का अधिकतम तापमान 26^0C जबकि आगरा का अधिकतम तापमान 40^0C तक पहुँच जाता है।

- **उच्चावच**- भारत का **भौतिक स्वरूप (उच्चावच)** तापमान, वायुदाब, पवनों की गति, दिशा तथा वर्षा की मात्रा और वितरण को प्रभावित करता है। उदाहरणत: जून और जुलाई के बीच **पश्चिमी घाट पर्वत के पवनाभिमुखी (पश्चिमी) ढाल** अधिक वर्षा प्राप्त करते हैं, जबकि इसी दौरान पश्चिमी घाट के पूर्व में स्थित पठार भारत में पवनाविमुखी स्थिति के कारण कम वर्षा प्राप्त करता है।

भारत में दक्षिणी-पश्चिमी मानसून से होने वाली वर्षा की मात्रा सामान्यत: **दक्षिण से उत्तर की ओर तथा पूरब से पश्चिम की ओर** क्रमश: घटती जाती है।

6. मानसूनी वर्षा में स्थानिक-कालिक भिन्नता पाई जाती है। यह अलग-अलग क्षेत्रों को अलग-अलग मात्रा में प्रभावित करता है, जो **12 सेमी. से 250 सेमी.** से अधिक वर्षा के रूप में होता है। गारो पहाड़ियों में स्थित **तुरा (Tura)** में एक ही दिन में उतनी वर्षा होती है, जितनी जैसलमेर में **10 वर्षों** में। मानसून के प्रभाव में रहते हुए भी पूरे भारत में कहीं वर्षा होती है, कहीं सूखा पड़ता है। साथ ही वर्षा की बारम्बारता में भी अंतर होता है। एक ही स्थान पर गीले दौरों में कुछ सूखे अंतराल भी आते हैं, जो कई बार लंबे समय तक बने रहते हैं। इसे मानसून विभंग या मानसून विच्छेद कहते हैं। कई बार वर्षा सामान्य समय से काफी पहले समाप्त हो जाती है।
7. देश में होने वाली कुल वर्षा का **तीन-चौथाई भाग दक्षिण-पश्चिम मानसून** से प्राप्त होता है। अत: भारतीय कृषि प्रधान अर्थव्यवस्था में मानसून का अत्यधिक महत्त्व है।

भारत मौसम विज्ञान विभाग (IMD)

भारत मौसम विज्ञान विभाग (IMD) भारत सरकार के पृथ्वी विज्ञान मंत्रालय की एक संस्था है। यह मौसम संबंधी अवलोकन, मौसम पूर्वानुमान और भूकंप विज्ञान के लिए जिम्मेदार प्रमुख संस्था है। इसकी स्थापना 1875 में हुई थी। आईएमडी का मुख्यालय दिल्ली में है और यह पूरे भारत और अंटार्कटिका में सैकड़ों अवलोकन केंद्र संचालित करता है।

कोपेन का जलवायु वर्गीकरण

कोपेन ने चार बार जलवायु वर्गीकरण की योजना प्रस्तुत की और इसे अनेक बार संशोधित करके अंतत: 1936 में जलवायु वर्गीकरण का अंतिम प्रारूप प्रस्तुत किया। कोपेन की जलवायु वर्गीकरण योजना मुख्यत: तीन चरों पर आधारित है-

a. प्राकृतिक वनस्पति b. औसत तापमान

c. औसत वर्षा

कोपेन ने स्वीकार किया कि प्राकृतिक वनस्पति और जलवायु में घनिष्ठ संबंध है। ये जलवायु प्रदेशों की ऐसी सीमाएँ निर्धारित करना चाहते थे, जो प्रमुख वनस्पति प्रदेशों की सीमाओं से मेल खाते हों। कोपेन महोदय ने सभी महाद्वीपों से **तापमान, वर्षा और प्राकृतिक वनस्पति** पर जलवायु के प्रभावों से संबंधित आँकड़ों का संग्रह किया और उसके आधार पर अपनी वर्गीकरण योजना प्रस्तुत की।

उपर्युक्त कारकों के आधार पर इन्होंने भारत को **पाँच मुख्य जलवायु प्रदेशों** में विभाजित किया है। कोपेन ने विभिन्न जलवायु प्रदेशों के लिए अंग्रेजी के संकेताक्षरों (A, B, C, D तथा E) का प्रयोग किया है। वर्षा एवं तापमान के वितरण प्रतिरूप में मौसमी भिन्नता के आधार पर इन पाँच मुख्य जलवायु प्रकारों को कोपेन ने पुन: नौ उप-प्रकारों में विभाजित किया है। इन उप-प्रकारों के लिए कोपेन ने अंग्रेजी के छोटे वर्णों m, w, s, h, g, f, c का प्रयोग किया है। भारत को इन्होंने निम्नलिखित जलवायु प्रदेशों में बाँटा है-

1. लघु शुष्क ऋतु सहित मानसूनी जलवायु (Amw प्रकार)

ऐसी जलवायु पश्चिमी घाट के पश्चिमी ढाल और पश्चिमी तटीय क्षेत्रों में पाई जाती है। इन क्षेत्रों में ग्रीष्म ऋतु में दक्षिण-पश्चिमी मानसून से (250-300 सेमी. से अधिक) वर्षा होती है। इस जलवायु प्रदेश के अंतर्गत मुख्य क्षेत्र निम्नवत हैं-

- गोवा के दक्षिण में कोंकण एवं मालाबार तट
- पश्चिमी घाट पर्वत का पश्चिमी ढाल
- अंडमान-निकोबार द्वीप समूह

2. उष्णकटिबंधीय सवाना जलवायु प्रदेश (Aw प्रकार)

यह जलवायु कर्क रेखा के दक्षिण में प्रायद्वीपीय भारत के अधिकांश भागों में पाई जाती है। पठारी भारत के अधिकांश आंतरिक भागों में यही जलवायु (सवाना प्रकार) पाई जाती है। इस प्रकार के प्रदेश में ग्रीष्मकाल में दक्षिण-पश्चिम मानसून से लगभग 75 सेमी. वर्षा होती है, जबकि शीतकाल शुष्क रहता है।

3. शुष्क ग्रीष्म ऋतु एवं आर्द्र शीत ऋतु मानसून वाली जलवायु (As प्रकार)

भारत में यह जलवायु तटीय तमिलनाडु (कोरोमण्डल तट) और आंध्र तट में पाई जाती है। भारत में ऐसे जलवायु प्रदेशों में शीत ऋतु में उत्तर-पूर्वी मानसून और लौटते हुए मानसून से अधिकांश वर्षा होती है। यहाँ शीतकाल में वर्षा होती है जबकि ग्रीष्म ऋतु शुष्क रहती है। यहाँ शीत ऋतु में लगभग 75-100 सेमी. होती है।

4. अर्द्ध शुष्क स्टेपी जलवायु (BShw प्रकार)

भारत में मध्यवर्ती राजस्थान, पश्चिमी पंजाब, हरियाणा, गुजरात के सीमावर्ती क्षेत्र एवं पश्चिमी घाट के वृष्टि छाया प्रदेश में ग्रीष्मकाल में 30-60 सेमी. वर्षा होती है। इन क्षेत्रों में स्टेपी प्रकार की वनस्पति पाई जाती है। यहाँ शीतकाल में वर्षा का अभाव पाया जाता है।

5. उष्ण मरुस्थलीय जलवायु (BWhw प्रकार)

राजस्थान के पश्चिमी क्षेत्र, हरियाणा के दक्षिणी भागों और उत्तरी गुजरात में वर्षा की मात्रा घटकर 30 सेमी. से भी कम हो जाती है। इन क्षेत्रों में तापमान काफी अधिक रहता है और प्राकृतिक वनस्पति कम पाई जाती है। यहाँ केवल काँटेदार मरुस्थलीय वनस्पतियाँ पाई जाती हैं।

6. शुष्क शीत ऋतु की मानसूनी जलवायु (Cwg प्रकार)

गंगा के अधिकांश मैदानी भाग, पूर्वी राजस्थान, असम और मालवा के पठारी भाग इस जलवायु प्रदेश के अंतर्गत आते हैं। यहाँ गर्मी में तापमान 40^0C तक बढ़ जाता है और शीतकाल में तापमान गिरकर 25^0C तक पहुँच जाता है। इस प्रदेश में वर्षा मुख्यत: ग्रीष्म ऋतु में होती है जबकि शीतकाल शुष्क रहता है।

7. लघु ग्रीष्मकाल युक्त शीत आर्द्र जलवायु (Dfc प्रकार)

इस प्रकार की जलवायु हिमालय के पूर्वी भागों में सिक्किम, अरुणाचल प्रदेश और असम में पाई जाती है। यहाँ शीतकाल कठोर एवं लंबी अवधि का होता है। शीतकाल में तापमान 20^0C तक होता है।

8. टुण्ड्रा तुल्य जलवायु (ET प्रकार)

भारत में टुण्ड्रा तुल्य जलवायु उत्तराखण्ड के पर्वतीय क्षेत्रों, कश्मीर, लद्दाख एवं हिमाचल प्रदेश के 3000 से 5000 मी. ऊँचाई वाले क्षेत्रों में पाई जाती है। यहाँ तापमान वर्षभर 10^0C से कम पाया जाता है। शीतकाल में हिमपात के रूप में वर्षा होती है।

9. ध्रुवीय तुल्य जलवायु (E प्रकार)

पश्चिमी हिमालय के 5000 मी. से अधिक ऊँचाई वाले क्षेत्रों (जम्मू-कश्मीर एवं हिमाचल प्रदेश) में ध्रुवीय तुल्य जलवायु पाई जाती है। ये हिमाच्छादित क्षेत्र हैं जहाँ तापमान वर्षभर 0^0C से कम रहता है।

कोपेन की योजना के अनुसार, भारत के जलवायु प्रदेश

जलवायु के प्रकार	वर्ण संकेत	क्षेत्र
लघु शुष्क ऋतु	Amw	मुम्बई के दक्षिण में भारत का पश्चिमी तट
शुष्क ग्रीष्म ऋतु	As	तमिलनाडु का कोरोमण्डल तट
उष्णकटिबंधीय सवाना	Aw	कर्क रेखा के दक्षिण में प्रायद्वीपीय पठार का अधिकांश भाग
अर्द्ध शुष्क स्टेपी जलवायु	BShw	उत्तर-पश्चिमी गुजरात, पश्चिमी राजस्थान और पंजाब के कुछ भाग
उष्ण मरुस्थलीय जलवायु	BWhw	राजस्थान का सबसे पश्चिमी भाग
शुष्क शीत ऋतु	Cwg	गंगा का मैदान, पूर्वी राजस्थान, उत्तरी मध्य प्रदेश, उत्तर-पूर्वी भारत का अधिकतर प्रदेश
लघु ग्रीष्म तथा शीत आर्द्र ऋतु	Dfc	अरुणाचल प्रदेश
ध्रुवीय प्रकार	E	जम्मू-कश्मीर, हिमाचल प्रदेश और उत्तराखण्ड

वर्षा तथा तापमान के वितरण प्रतिरूप में मौसमी भिन्नता के आधार पर प्रत्येक प्रकार को उप-प्रकारों में बाँटा गया है। कोपेन ने अंग्रेजी के बड़े अक्षरों S को अर्द्ध-मरुस्थल के लिए और W को मरुस्थल के लिए प्रयोग किया है। इसी प्रकार उप-विभागों को व्यक्त करने के लिए अंग्रेजी के निम्नलिखित छोटे अक्षरों का प्रयोग किया है-

- f - पर्याप्त वर्षण
- m - शुष्क मानसून होते हुए भी वर्षा वन
- w - शुष्क शीत ऋतु
- h - शुष्क और गर्म
- c - चार महीनों से कम अवधि में औसत तापमान 10^0C से अधिक
- g - गंगा का मैदान

भारत की ऋतुएँ (Seasons of India)

भारतीय परंपरा के अनुसार वर्ष को द्विमासिक छः ऋतुओं में बाँटा जाता है। उत्तरी और मध्य भारत में लोगों द्वारा अपनाए जाने वाले इस ऋतुचक्र का आधार उनका अपना अनुभव और मौसम के घटक का प्राचीन काल से चला आया ज्ञान है। लेकिन ऋतुओं की यह अवस्था दक्षिण भारत की ऋतुओं से मेल नहीं खाती, क्योंकि दक्षिण भारत की अपेक्षा उत्तर भारत में ऋतु परिवर्तन अधिक प्रभावशाली है।

ऋतु	भारतीय कैलेंडर के अनुसार महीने	अंग्रेजी कैलेंडर के अनुसार महीने
वसंत	चैत्र-बैसाख	मार्च-अप्रैल
ग्रीष्म	ज्येष्ठ-आषाढ़	मई-जून
वर्षा	श्रावण-भाद्र पद	जुलाई-अगस्त
शरद	आश्विन-कार्तिक	सितंबर-अक्टूबर
हेमंत	मार्गशीष-पौष	नवंबर-दिसंबर
शिशिर	माघ-फाल्गुन	जनवरी-फरवरी

8 भारत : प्राकृतिक वनस्पति

विशिष्ट जलवायु क्षेत्रों में प्राकृतिक रूप से उगने वाले पेड़-पौधों के समूह को प्राकृतिक वनस्पति (**Natural Vegetation**) कहते हैं। भारत एक जलवायविक विविधता वाला देश है, इसलिए यहाँ **सदाबहार वर्षा वनों** (Evergreen Rain Forest) से लेकर **टुण्ड्रा वनस्पतियाँ** भी पाई जाती हैं।

भारत में 'वन' वर्षा का अनुसरण करते हैं। यहाँ **पश्चिमी घाट** (सह्याद्रि), **शिलांग पठार**, **अंडमान-निकोबार** द्वीप समूह जैसे अधिक वर्षा वाले क्षेत्रों **में उष्णकटिबंधीय वर्षा वन** (Tropical Rain Forest) पाए जाते हैं। इन्हें **सदाबहार वन** भी कहते हैं, क्योंकि नमी की पर्याप्तता के कारण ये वन अपनी पत्तियाँ किसी विशेष मौसम में नहीं गिराते हैं और सालभर हरे-भरे रहते हैं।

जबकि राजस्थान और प्रायद्वीपीय पठार के वृष्टिछाया वाले प्रदेशों में जहाँ 50 सेमी. से भी कम वार्षिक वर्षा होती है, **कंटीले वन** और **झाड़ियाँ** पाई जाती हैं। चूँकि इन क्षेत्रों में जल की कमी है, इस कारण यहाँ की वनस्पतियों ने पारिस्थितिकी अनुकूलन दर्शाते हुए अपनी पत्तियों को काँटों में तब्दील कर दिया है, ताकि वाष्पोत्सर्जन (Transpiration) से बचा जा सके। इन क्षेत्रों में **नागफनी** और **कैक्टस** जैसी काँटेदार मांसल वनस्पतियाँ भी पाई जाती हैं, जो लम्बे समय के लिए जल और ऊर्जा को संचित करके रखती हैं।

हिमालय के दक्षिण में उत्तर प्रदेश से लेकर तमिलनाडु तक और मध्य प्रदेश से लेकर पूर्व में झारखण्ड तक **मौसमी वर्षा** होती है। शीत ऋतु के बाद तथा ग्रीष्म ऋतु के आगमन के पहले इन क्षेत्रों में शुष्कता काफी बढ़ जाती है, इसलिए मार्च और अप्रैल के महीनों में इन क्षेत्रों की वनस्पतियाँ वाष्पोत्सर्जन से बचने के लिए अपनी पत्तियाँ गिरा देती हैं। ऐसे वनों को **पतझड़ वन** (**Autumn Forest**) या **पर्णपाती वन** कहते हैं।

भारत की प्राकृतिक वनस्पतियों को कई वर्गों में विभाजित किया जा सकता है-

उष्णकटिबंधीय सदाहरित वन

200 सेमी. से अधिक वार्षिक वर्षा वाले तथा उच्च तापमान (22^0C से अधिक) वाले क्षेत्रों में **उष्णकटिबंधीय सदाबहार वन** पाए जाते हैं। अधिक वर्षा होने के कारण ये वन अत्यंत सघन और उच्च जैव-विविधता (High Biodiversity) का क्षेत्र होता है। भारत में ये वन मुख्यत: **सह्याद्रि** (**पश्चिम घाट**) **के पश्चिमी ढाल, मेघालय पठार, अंडमान-निकोबार द्वीप समूह** तथा **लक्षद्वीप** में पाए जाते हैं।

भारत के 8 वानस्पतिक क्षेत्र

	क्षेत्र		विस्तार
1.	पश्चिमी हिमालयी क्षेत्र	-	कश्मीर से कुमाऊँ तक
2.	पूर्वी हिमालयी क्षेत्र	-	सिक्किम से पूर्व दार्जिलिंग
3.	असम क्षेत्र	-	ब्रह्मपुत्र व सुरमा घाटियाँ
4.	सिंधु का मैदानी क्षेत्र	-	पंजाब, पश्चिमी राजस्थान और उत्तरी गुजरात के मैदान
5.	गंगा का मैदानी क्षेत्र	-	कछारी मैदान
6.	दक्कन क्षेत्र	-	भारतीय प्रायद्वीप समग्र भूमि
7.	मालाबार क्षेत्र	-	प्रायद्वीपीय तट
8.	अंडमान क्षेत्र	-	अंडमान द्वीप

विषुवतीय वर्षा वनों की भाँति इन वनों की लकड़ियाँ भी कठोर होती हैं, जिस कारण इन वनों की आर्थिक उपयोगिता कम होती है। यहाँ 60 मी. से भी अधिक ऊँचे वृक्ष पाए जाते हैं। इन वनों में भूमि के नजदीक झाड़ियाँ और लताएँ उगती हैं, इनके ऊपर छोटे कद वाले पौधे और सबसे ऊपर लम्बे वृक्ष दिखाई देते हैं। सघनता के कारण सूर्य प्रकाश धरातल पर नहीं पहुँच पाता इसलिए धरातल से ऊपर उठने के लिए वृक्षों और लताओं में प्रतिस्पर्द्धा होती है। यहाँ वृक्षों में पत्ते झड़ने और फूल लगने का समय अलग-अलग होता है, इसलिए ये वन वर्ष भर हरे-भरे दिखाई देते हैं। **उत्तरी सह्याद्रि** (महाराष्ट्र) में इन वनों को **शोलास** कहते हैं। उष्ण वर्षा वनों की सबसे बड़ी विशेषता यह है कि ये **जैव-विविधता की दृष्टि से सम्पन्न** होते हैं।

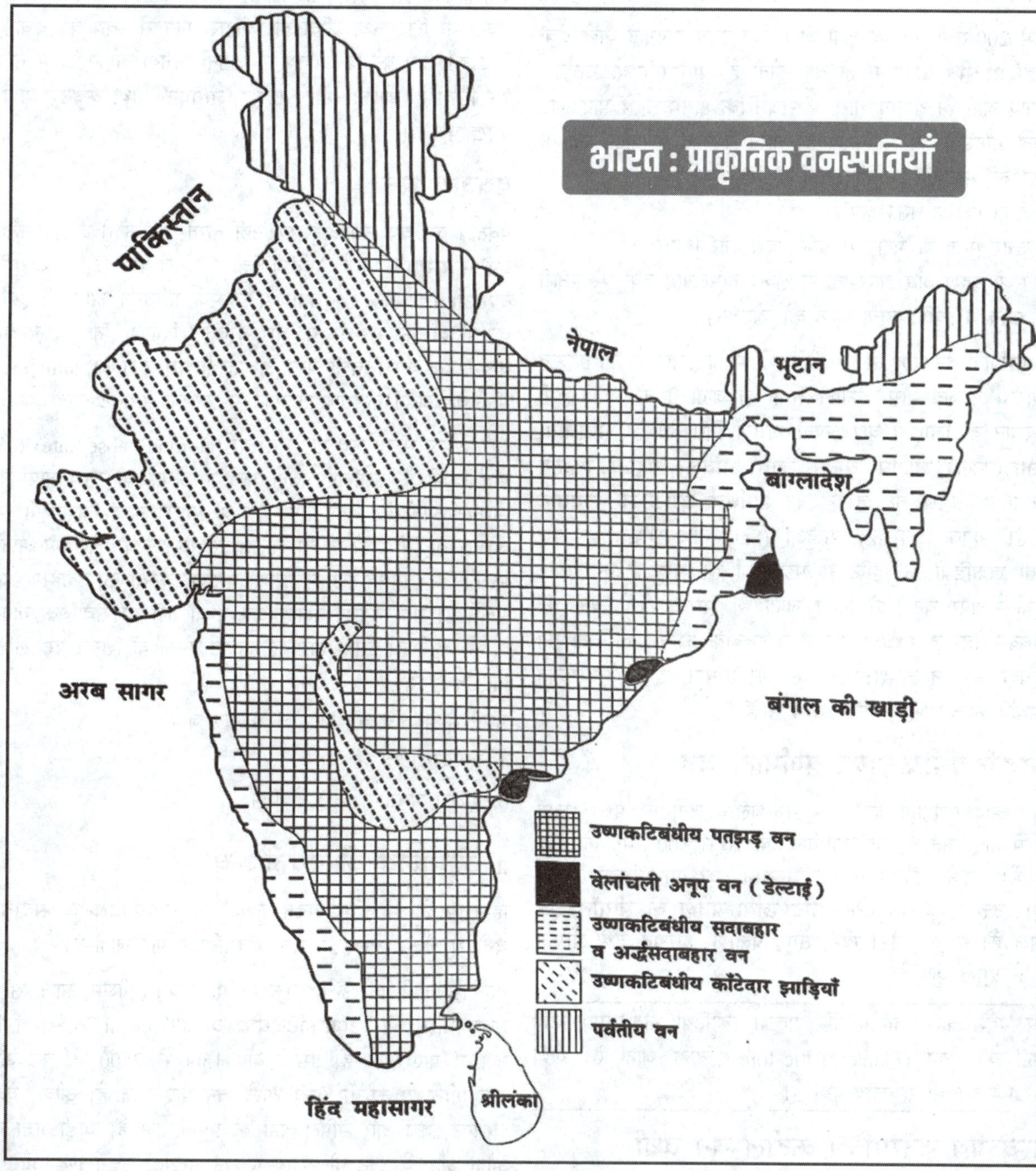

आबनूस, महोगनी, एबोनी, रोजवुड, बांस, बेंत, रबड़ तथा **सिनकोना** इन वनों में पाए जाने वाले प्रमुख वृक्ष हैं। **रबड़** और **सिनकोना के वृक्ष** दक्षिणी सह्याद्रि (केरल) और अंडमान निकोबार द्वीप समूह में मिलते हैं। बाँस के सर्वाधिक वन असम राज्य में हैं। **मसालों के पौधे** भी इन्हीं वनों में पाए जाते हैं।

अर्द्धसदाबहार वन

उष्ण कटिबंधीय क्षेत्रों में जहाँ वर्षा की मात्रा अपेक्षाकृत (200 सेमी. से कम) कम होती है, वहाँ अर्द्ध सदाबहार वन पाए जाते हैं। यह सामान्यतः पर्णपाती और सदाबहार वनों के मिश्रित रूप होते हैं। इनके अंतर्गत **साइडर, होलक** एवं **कैल वनस्पतियाँ** शामिल हैं।

उष्णकटिबंधीय आर्द्र पर्णपाती वन

100 से 200 सेमी. वार्षिक वर्षा वाले तथा उच्च तापमान वाले क्षेत्रों में जहाँ **मानसून काल** में ही वर्षा होती है, **पर्णपाती या पतझड़ वन** पाए जाते हैं। ये वन भारत में **सर्वाधिक क्षेत्रफल में** पाए जाते हैं। इन्हें मानसूनी वन भी कहते हैं। भारत में आर्द्र पर्णपाती वनों के विस्तार को मोटे तौर पर तीन क्षेत्रों में देख सकते हैं–

a. हिमालय का तराई क्षेत्र
b. उत्तर भारत के मैदान में उत्तर प्रदेश और बिहार
c. मध्य प्रदेश और झारखण्ड से लेकर तमिलनाडु तक पूरे पठारी भारत में (वृष्टि छाया प्रदेश को छोड़कर)

अतः पर्णपाती वन **देश के भीतरी भागों** में पाए जाते हैं। ग्रीष्म ऋतु के प्रारम्भ में जब मौसम काफी शुष्क हो जाता है तो अपनी नमी को बचाने के लिए ये वृक्ष अपनी पत्तियाँ गिरा देते हैं। **सागवान, सखुआ** (साल), **शीशम, चन्दन, आम, आँवला, महुआ, शहतूत** इन वनों के प्रमुख वृक्ष हैं। ये वन **आर्थिक दृष्टि से मूल्यवान** होते हैं। सागवान (Teak), सखुआ (Sal) और शीशम के वृक्ष इमारती लकड़ियों की दृष्टि से महत्त्वपूर्ण हैं। **सखुआ** का प्रयोग रेल के स्लीपर बनाने में किया जाता है। **सागवान** के वनों का सर्वाधिक क्षेत्रफल **मध्य प्रदेश** में है, जबकि **चन्दन** के वनों का सर्वाधिक क्षेत्रफल क्रमशः **कर्नाटक** और **तमिलनाडु** में है। शहतूत के सर्वाधिक वन भी कर्नाटक राज्य में हैं।

उष्णकटिबंधीय शुष्क पर्णपाती वन

ये वन आर्द्र पर्णपाती वनों और मरुस्थलीय वनों के मध्य स्थित क्षेत्रों में पाए जाते हैं, जहाँ वार्षिक वर्षा 70 से 100 सेमी. के मध्य होती है। इसके अंतर्गत **पूर्वी राजस्थान, दक्षिण-पश्चिम उत्तर प्रदेश, उत्तरी गुजरात** तथा **वृष्टि छाया प्रदेश के सीमांत क्षेत्र** शामिल हैं। **बबूल, बेर, खैर, तेंदू, पलाश, बरगद** तथा **पीपल** यहाँ के प्रमुख वृक्ष हैं।

> उत्तर प्रदेश का राजकीय पुष्प पलाश (ब्यूटिया मोनोस्पर्मा) को जंगल की आग (Flame of the forest) कहा जाता है। यह झारखण्ड का भी राजकीय पुष्प है।

मरुस्थलीय वनस्पति (कंटीले वन तथा झाड़ियाँ)

मरुस्थलीय जलवायु वाले क्षेत्रों में जहाँ 70 सेमी. से भी कम वार्षिक वर्षा होती है, वहाँ **कंटीले वनों** तथा **झाड़ियों** की प्रधानता पाई जाती है। भारत में इन वनस्पतियों के मुख्यतः दो क्षेत्र हैं–

i. पश्चिमी भारत में **पंजाब, राजस्थान** तथा **गुजरात**।
ii. पश्चिमी घाट के पूर्वी ढाल पर स्थित **वृष्टि छाया प्रदेश**।

मध्य प्रदेश के इंदौर से लेकर आंध्र प्रदेश के कर्नूल तक ये वन **अर्द्ध चंद्राकार पेटी** में पाए जाते हैं। चूँकि ये शुष्क क्षेत्र हैं, इसलिए यहाँ के वृक्षों की जड़ें काफी गहरी होती हैं, ताकि गहराई से जल अवशोषित (Absorb) कर सकें। इसके अलावा अपनी नमी को बचाने के लिए तथा जीवों का आहार बनने से स्वयं को बचाने के लिए इन क्षेत्रों की वनस्पतियों ने अपनी पत्तियों को काँटों में तब्दील कर लिया है। **बबूल, खैर, खजूर, नागफनी** तथा **कैक्टस** यहाँ के प्रमुख वृक्ष हैं।

पर्वतीय वन

पर्वतीय वन वर्षा का अनुसरण नहीं करते, बल्कि ये **ढाल** (ऊँचाई) **का अनुसरण** करते हैं। पर्वतीय क्षेत्रों में ऊँचाई बढ़ने पर **जलवायुविक दशाओं** (तापमान एवं वर्षा) में क्रमिक परिवर्तन आते हैं, इसलिए वनस्पतियों के स्वरूप में भी परिवर्तन दिखाई देता है। दरअसल वायुमण्डल की निचली परत अर्थात् **क्षोभमण्डल (Troposphere)** में ऊँचाई बढ़ने के साथ तापमान में क्रमिक गिरावट आती है।

क्षोभमण्डल में सामान्य ताप ह्रास दर (Normal Lapse Rate) 6.5^0C प्रति किमी. है, इसलिए पर्वतों पर भी ऊँचाई के साथ तापमान में गिरावट आती है। अपने इसी गुण के कारण पर्वत किसी भी स्थान की जलवायु में संशोधन ला देते हैं। इसे समझने के लिए हम अफ्रीका महाद्वीप में विषुवत रेखा पर स्थित **माउण्ट केन्या** का उदाहरण भी ले सकते हैं। यह विषुवत रेखीय क्षेत्र पृथ्वी तल पर सर्वाधिक तापमान के क्षेत्र होते हैं। इसके बावजूद माउण्ट केन्या के शिखर पर ग्लेशियर पाए जाते हैं।

भारत में पर्वतीय वन दो क्षेत्रों में पाए जाते हैं–

a. हिमालय क्षेत्र में
b. दक्षिण भारत में कुछ क्षेत्रों में

a. हिमालय के पर्वतीय वन

हिमालय क्षेत्र में ऊँचाई बढ़ने के क्रम में **उष्णकटिबंधीय सदाबहार वनों** से लेकर **अल्पाइन वनस्पतियाँ** तक पाई जाती हैं।

यहाँ 1500 मी. की ऊँचाई तक **पर्णपाती वन** (शीशम, साल, सागौन, सवाई घास) और **उष्णकटिबंधीय वन** (Tropical Forest) मिश्रित रूप में पाए जाते हैं। इसके बाद 1500 से 2500 मी. की ऊँचाई तक **शीतोष्ण चौड़ी पत्ती वाले वन** पाए जाते हैं। ओक, देवदार चेस्टनट, बर्च और मैपिल यहाँ के प्रमुख वृक्ष हैं। चौड़ी पत्ती वाले ओक और चेस्टनट के सदाबहार वन मुख्यतः उत्तराखण्ड और पूर्वी भारत की पहाड़ियों पर पाए जाते हैं। हिमालय पर 2500 से 3600 मी. की ऊँचाई तक **कोणधारी** (शंकुधारी) **सदाबहार वन (Angled Evergreen Forest)** मिलते हैं। इन वनों में चीड़, ब्लूपाइन, स्प्रूस

जैसे मुलायम लकड़ी के वृक्ष मिलते हैं। इन वृक्षों की पत्तियाँ नुकीली होती हैं।

बहुमूल्य देवदार के वृक्ष केवल पश्चिमी हिमालय (विशेषकर हिमाचल प्रदेश) में ही पाए जाते हैं। देवदार की लकड़ी मजबूत किंतु हल्की और सुगंधित होती है। इससे **सुगंधित तेल** निकाला जाता है। इसे देवदारू का वृक्ष भी कहते हैं। चिनार और बालन के वृक्ष कश्मीर में प्रचुर मात्रा में पाए जाते हैं, जिनका उपयोग कश्मीरी हस्तशिल्प में होता है। 3600 से 4800 मी. की ऊँचाई पर **अल्पाइन वनस्पति (Alpine Vegetation)** मिलती है। सिल्वरफर, जुनीपर इसके मुख्य वृक्ष हैं। जबकि 4800 से 5100 मी. की ऊँचाई पर घास, काई और कुछ फूल वाले पौधे ही मिलते हैं, जिन्हें **टुण्ड्रा वनस्पति** कहते हैं। हिमालय का उत्तरी ढाल शुष्क होने के कारण यहाँ कम वनस्पतियाँ पाई जाती हैं। अधिक वर्षा वाले दक्षिणी ढालों पर अधिक वनस्पतियाँ पाई जाती हैं।

पश्चिमी हिमालय की अपेक्षा पूर्वी हिमालय में अधिक वर्षा की मात्रा प्राप्त होती है, इसलिए पूर्वी भाग में वनस्पति रेखा (Tree Line) अधिक ऊँचाई तक पाई जाती है। पश्चिमी हिमालय अपेक्षाकृत शुष्क है, इस कारण यहाँ वनस्पतियाँ कम ऊँचाई तक ही पाई जाती हैं।

b. दक्षिण भारत के पर्वतीय वन

प्रायद्वीपीय पठार की औसत ऊँचाई लगभग 900 मी. ही है, इसलिए यहाँ पर्वतीय वन केवल **दक्षिणी सह्याद्रि** और उससे लगे हुए **नीलगिरि पर्वतीय क्षेत्रों** में ही पाए जाते हैं, जिनकी औसत ऊँचाई लगभग 1500 मी. है। यहाँ अधिक ऊँचाई पर कुछ पहाड़ियों, जैसे **नीलगिरि, अनामलाई** और **पालनी पहाड़ियों** पर पाए जाने वाले शीतोष्ण वनों को **शोलास** के नाम से जाना जाता है। **लॉरेल, मैग्नेलिया** और **सिनकोना** शोलास के प्रमुख वृक्ष हैं। सतपुड़ा और मैकाल श्रेणियों पर भी ये वन पाए जाते हैं।

ज्वारीय अथवा मैंग्रोव वन

नदियों के डेल्टाई क्षेत्रों, आड़ी-तिरछी संकरी खाड़ियों, ज्वारनदमुखों और सागर तट पर लवणीय दलदली भूमि में उगने वाले वनों को **ज्वारीय (Tidal) या मैंग्रोव (Mangrove) वन** कहते हैं। सागरीय लवणीय जल में डूबे इन दलदली भूमियों में मैंग्रोव, सुंदरी, फोनिक्स, कैसूरीना इत्यादि वृक्ष पाए जाते हैं, जो लवण से प्रभावित नहीं होते हैं। ज्वार के समय इन वनों में सागरीय जल चढ़ता-उतरता रहता है। **गंगा-ब्रह्मपुत्र के डेल्टा** समेत **महानदी, कृष्णा, गोदावरी, कावेरी** नदियों के डेल्टाई क्षेत्रों में तथा **अंडमान-निकोबार द्वीप** समूह में ये वन काफी विकसित हैं। गंगा-ब्रह्मपुत्र डेल्टा का नाम सुंदरी वनों की अधिकता के कारण ही सुंदरवन डेल्टा पड़ा है। भारत में मैंग्रोव वनों का सर्वाधिक क्षेत्रफल क्रमशः पश्चिम बंगाल, गुजरात तथा अंडमान एवं निकोबार द्वीप समूह में पाया जाता है। भारतीय मैंग्रोव वनों की वैश्विक हिस्सेदारी 3% है।

समूह	विभिन्न प्रकार के वन समूहों का वनावरण	प्रतिशत
1	उष्णकटिबंधीय आर्द्र सदाबहार वन (Tropical Wet Evergreen)	2.61
2	उष्णकटिबंधीय अर्द्ध-आर्द्र सदाबहार वन (Tropical Semi-Evergreen)	9.27
3	उष्णकटिबंधीय नम पर्णपाती वन (Tropical Moist Deciduous)	17.65
4	उष्णकटिबंधीय शुष्क पर्णपाती वन (Tropical Dry Deciduous)	40.86
5	उष्णकटिबंधीय काँटेदार वन (Tropical Thorn)	2.72
6	तटीय एवं ज्वारीय वन (Littoral and Swamp)	0.73
7	उष्णकटिबंधीय शुष्क सदाबहार वन (Tropical Dry Evergreen)	0.12
8	उपोष्ण कटिबंधीय चौड़ी पत्तीयुक्त पर्वतीय वन (Subtropical Vroadleaved Hill)	4.26
9	उपोष्ण कटिबंधीय कोणधारी वन (Subtropical Pince)	2.36
10	उपोष्ण कटिबंधीय शुष्क सदाबहार वन (Subtropical Dry Evergreen)	0.02
11	माउण्टेन आर्द्र समशीतोष्ण वन (Mountain Wet Temperate)	2.66
12	हिमालयन नम समशीतोष्ण वन (Himalayan Moist Temperate)	3.35
13	हिमालयी शुष्क समशीतोष्ण वन (Himalaya Dry Temperate)	0.73
14.	उप-अल्पाइन एवं अल्पाइन वन (Sub Alpine and Alpine)	0.47
कुल		100.00

वन उत्पाद और उनकी उपयोगिता

वन भारत जैसे विकासशील देश में एक बड़ी आबादी के लिए आजीविका का स्रोत और अस्तित्व का आधार है। वन **नवीकरणीय संसाधन** हैं, जो आर्थिक विकास में योगदान करते हैं। वन ईंधन, भोजन, ऊर्जा, आवास, लकड़ी तथा उद्योग के लिए कच्चे माल और रोजगार की जरूरतों को पूरा करते हैं। लकड़ी जंगलों से प्राप्त प्रमुख उत्पाद है, जिसका उपयोग इमारती लकड़ी, ईंधन और कागज की लुगदी इत्यादि के उत्पादन में किया जाता है।

वनों से प्राप्त तेल, मोम, लाख, प्राकृतिक गोंद, रंग, रेजिन, बाँस, बेंत, शहद, फल और फूल जैसे वन उत्पाद भी अर्थव्यवस्था में योगदान देते हैं।

- **तेंदू का पत्ता** भारत में मध्य प्रदेश, विंध्याचल की पहाड़ियों, छत्तीसगढ़ और झारखंड से प्राप्त किया जाता है, जिसका प्रयोग बीड़ी बनाने में किया जाता है। **मध्य प्रदेश** तेंदू के पत्ते का सर्वाधिक उत्पादक राज्य है।
- कई प्रकार की उपयोगी घासें भी वनों से प्राप्त होती हैं, जैसे- सबई (सवाई) घास, एलिफेंट ग्रास (असम), पन्नी घास तथा स्पियर घास इत्यादि। कागज निर्माण के लिए प्रयुक्त **सवाई घास** को हिमालय और पठारी भारत के ऊँचे क्षेत्रों से प्राप्त किया जाता है। राजस्थान के भरतपुर और सवाई माधोपुर जिलों में पाई जाने वाली **खसखस घास** से गर्मी के दिनों में ठंडे परदे बनाए जाते हैं।
- **बाँस** एक सदाबहार **बारहमासी फूल** वाला पौधा है। अपने खोखले आंतरिक क्षेत्रों के कारण बाँस अद्वितीय है। क्रमशः **असम और अरुणाचल प्रदेश** सर्वाधिक बाँस (घास की एक प्रजाति) उत्पादक राज्य हैं। असम में वाणिज्यिक बैंबू फार्मिंग को बढ़ावा दिया जा रहा है। जबकि बाँस उत्पादन के अंतर्गत सर्वाधिक क्षेत्रफल (5.93 लाख हेक्टेयर) मध्य प्रदेश में है। पृथ्वी पर सबसे तेजी से बढ़ने वाले इस पौधे (बाँस) से बने उत्पाद किसानों को मुनाफा देने वाले साबित हो रहे हैं। इसका प्रयोग कागज की लुगदी बनाने के लिए भी किया जाता है। यह पौधा पेड़ों के समतुल्य द्रव्यमान की तुलना में लगभग **35% अधिक ऑक्सीजन** छोड़ता है। यह वातावरण से अतिरिक्त कार्बन-डाइऑक्साइड को भी अधिक मात्रा में अवशोषित कर सकता है। बाँस अत्यधिक लचीला होता है और **चरम स्थितियों को सहन** कर सकता है, जो अन्य पौधे नहीं कर सकते। इस कारण **ठंडे पहाड़ों से लेकर उष्णकटिबंधीय क्षेत्रों** तक उगता है। चीन के बाद भारत विश्व का **दूसरा सर्वाधिक बाँस उत्पादक** देश है। यह भारत के कुल वन क्षेत्र के लगभग 13% भाग पर फैला हुआ है।
- कत्था खैर की लकड़ी से प्राप्त किया जाता है। उत्तर प्रदेश का **बरेली जिला** कत्था उद्योग के लिए प्रसिद्ध है। मध्य प्रदेश के **शिवपुरी** में भी कत्थे के कारखाने हैं।
- पौधों और जड़ी-बूटियों का प्रयोग अनेक प्रकार के सुगंधित द्रव्य एवं औषधीय तेल बनाने में भी किया जाता है। औषधीय तेल **तेज सुगंध वाले पौधों** के विभिन्न भागों से प्राप्त होते हैं।
- उदाहरण के लिए- **बीज** (जायफल, जीरा और धनिया), पत्तियाँ (पुदीना, थाइम, तुलसी, अजवाइन), **फल** (अनीस, सौंफ, और नीबू), **फूल** (गुलाब, चमेली, चंपा और मेंहदी), **छाल** (दालचीनी), **लौंग या कलियाँ** (लौंग और लहसुन), **तना** (चंदन) और प्रकंद (अदरक) इत्यादि। सुगंधित कपूर **कंपोर ट्री** की लकड़ी, छाल और पत्तियों से प्राप्त किया जाता है। अपनी एंटीवायरल, मधुमेहरोधी, कैंसररोधी, जीवाणुरोधी और एंटीऑक्सीडेंट (प्रतिउपचायक) क्षमताओं के कारण इन औषधीय तेलों को **आवश्यक तेल** कहते हैं। प्रसिद्ध विद्वान चरक ने हरेक प्रकार के औषधीय पौधों का विश्लेषण करके बीमारियों में उपचार हेतु चरक संहिता की रचना की थी।
- परपोषी वृक्षों जैसे- पलास, पीपल, कुसुम, गूलर एवं बरगद के रस द्वारा पोषित **केरिया लक्का** नाम के कीड़े द्वारा स्रावित पदार्थ से **कच्चा लाख या चपड़ा** प्राप्त किया जाता है। 20000 लाख टन वार्षिक उत्पादन के साथ भारत विश्व में अग्रणी कच्चा लाख उत्पादक देश है। विश्व के कुल लाख उत्पादन का लगभग **80% भारत** में होता है। भारत में **झारखंड सर्वाधिक लाख उत्पादक देश** है। इसके बाद क्रमशः छत्तीसगढ़, मध्य प्रदेश, महाराष्ट्र और ओडिशा सर्वाधिक लाख उत्पादक राज्य हैं।
- 'लाख कीट' नरम शरीर वाला छोटा प्राणी होता है, जो छह महीनों में चार चरणों में अपना जीवन-चक्र पूरा करता है- **अंडा, लार्वा, प्यूपा और वयस्क**। वयस्क **नर लाख कीट** बहुत कम समय जैसे कि 3-4 दिन के लिए जीवित रहते हैं, जबकि **मादा लाख कीट** लंबे समय तक जीवित रहते हैं। जीवन-चक्र के दौरान मादा लाख कीट अपने मुँह से पेड़ की शाखाओं के रस को चूसते हैं और शाखाओं के चारों ओर **बिहन लाख** स्रावित करते हैं।
- लाख का उपयोग चूड़ियाँ, चमकता हुआ कागज, ग्रामोफोन, विद्युतरोधक सामग्री, छपाई और वाटरप्रूफ स्याही तथा डेंटल प्लेट्स के निर्माण में किया जाता है। **पुरातत्व और जूलॉजिकल नमूना** के संरक्षण के लिए भी लाख का इस्तेमाल किया जाता है। विद्युत उद्योग में इन्सुलेटर की कोटिंग, स्पार्क प्लग की कोटिंग, एंटी-ट्रैकिंग इन्सुलेट(दवा उद्योग में गोलियों के ऊपर लेप (कोटिंग) में लाख का उपयोग किया जाता है। कुल लाख उत्पादन का लगभग **आधा हिस्सा ग्रामोफोन उद्योग** में खपत होता था। लकड़ी पॉलिश में छिद्रों को भरने के लिए लकड़ी पर पहली कोटिंग के रूप में उपयोग किया जाता है। लिपस्टिक और जूता पॉलिश के निर्माण में लाख मोम का व्यापक उपयोग किया जाता है।

- **राल या रेजिन** गोंद जैसा हाइड्रोकार्बन द्रव्य होता है, जो वृक्षों की छाल और लकड़ी से निकलता है। हिमालय क्षेत्र में चीड़ और पाइन जैसे कोणधारी वृक्षों से रेजिन अधिक मात्रा में निकलता है। रेजिन का प्रयोग गोंद, लकड़ी की रोगन (वार्निश), सुगंधित पदार्थ, पेंट, साबुन, स्नेहक और अगरबत्तियाँ बनाने के लिए सदियों से होता आया है। रेजिन पारदर्शी, अर्द्ध-ठोस या तरल पदार्थ होते हैं, जिनमें बड़ी संख्या में कार्बन परमाणु होते हैं। ये पानी में घुलनशील नहीं होते हैं, लेकिन अल्कोहल, बेंजीन या ईथर में घुलनशील होते हैं। गर्म होने पर ये नरम हो जाते हैं और अंततः पिघल जाते हैं।
- हिमालय के गिरिपदीय भागों से लेकर दक्षिण में तमिलनाडु तक उगने वाला **सागौन** (टीक) मानसूनी जलवायु का सबसे प्रमुख वृक्ष है। सागौन का **सर्वाधिक क्षेत्रफल मध्य प्रदेश** राज्य में है। सागौन की लकड़ी से उत्तम किस्म के फर्नीचर और दरवाजे इत्यादि बनाए जाते हैं।
- मानसूनी वनों के वृक्ष चन्दन की लकड़ी कठोर एवं सुगंधित होती है। चन्दन के वनों का **सर्वाधिक क्षेत्रफल क्रमशः कर्नाटक एवं तमिलनाडु** में है।
- देश के पूर्वी राज्यों **असम और बिहार** में उगने वाले **सेमल की मुलायम लकड़ी** से प्लाइवुड, माचिस और खिलौने बनाए जाते हैं। जबकि इसके फूल से प्राप्त कोमल रेशों से तकिये और गद्दे बनाए जाते हैं।
- मानसूनी प्रदेश में उगने वाले **हल्दू** की लकड़ी का प्रयोग **नक्काशी और खिलौने** के निर्माण में किया जाता है।
- **शहतूत** की लकड़ी से क्रिकेट बैट, हॉकी, बैडमिंटन और क्रिकेट स्टंप इत्यादि बनाए जाते हैं। शहतूत के वनों का सर्वाधिक क्षेत्रफल कर्नाटक में है। कर्नाटक में सर्वाधिक रेशम कीटों का पालन किया जाता है।
- **पलाश** वृक्ष की पत्तियों पर लाख के कीड़ों का पालन किया जाता है।
- मानसून जलवायु के प्रमुख वृक्ष **अर्जुन** की लकड़ी का उपयोग **कृषि उपकरण** और बैलगाड़ी बनाने में किया जाता है।
- **महुआ** के बीजों का उपयोग तेल निकालने में और इसके फूलों का उपयोग शराब बनाने में किया जाता है।
- असम और मालाबार तट के सदाबहार वनों में उगने वाले **नाहर वृक्ष** की लकड़ी का उपयोग नौका निर्माण तथा रेलवे स्लीपर बनाने में किया जाता है।
- सदाबहार वृक्ष **तेलसुर अथवा इरूपु** की लकड़ी का उपयोग रेलवे स्लीपर, नौका, पुल तथा पाल डालने के लिए इस्तेमाल की जाने वाली **टेक** के निर्माण में किया जाता है।
- पश्चिमी हिमालय (जम्मू-कश्मीर, हिमाचल प्रदेश, उत्तराखण्ड) में पाए जाने वाले **अखरोट** की लकड़ी सूखने पर न तो सिकुड़ती है और न ही फूलती और फटती है। इसलिए इसका उपयोग **बंदूक के कुंदे और वाद्ययंत्र** बनाने के लिए किया जाता है।
- हिमालय पर अधिक ऊँचाई पर पाए जाने वाले **चीड़ और ब्लू पाइन** वृक्षों की लकड़ी से राल, गोंद और तारपीन का तेल प्राप्त किया जाता है। चीड़ की लकड़ी हल्की होती है।
- कश्मीर घाटी में पाए जाने वाले **सफेद भिसा** वृक्ष की लकड़ी से **क्रिकेट के बैट** बनाए जाते हैं।
- हिमालय पर 1500 मी. से 2500 मी. की ऊँचाई पर पाए जाने वाले देवदार वृक्ष की लकड़ी कठोर, सुगंधित एवं टिकाऊ होती है, जिसका प्रयोग दरवाजे, खिड़कियाँ, हल्के फर्नीचर और रेलवे स्लीपर आदि के निर्माण में किया जाता है। इसकी लकड़ी से तेल निकाला जाता है।

OOO

9

भारत : पर्यावरण और जैवविविधता का संरक्षण

वन महत्त्वपूर्ण राष्ट्रीय संसाधन हैं, जिनका देश की अर्थव्यवस्था के अलावा **पर्यावरण एवं पारिस्थितिक** संतुलन बनाए रखने में भी योगदान है। वन अथवा जंगल हजारों जीवन एवं पक्षियों की प्रजातियों को प्राकृतिक आवास प्रदान करके जैवविविधता को बनाए रखते हैं।

वन, वायुमंडल से **कार्बन-डाइऑक्साइड का अवशोषण** करके पृथ्वी के औसत तापमान को संतुलित बनाए रखते हैं तथा इस प्रकार की **आर्द्रता और वर्षा नियंत्रण** में भी प्रभावी भूमिका निभाते हैं। वन वाष्पोत्सर्जन के यंत्र के रूप **में जलचक्र का विनियमन** करते हैं और बाढ़ एवं सूखा जैसे मौसम की चरम दशाओं को संतुलित करके जलवायु को स्थिरता प्रदान करते हैं। वन **अक्षय ऊर्जा (नवीकरणीय)** के स्रोत हैं, जो किसी राष्ट्र की आर्थिक प्रगति में अहम भूमिका निभाते हैं। वन वायुमंडल में ऑक्सीजन की आपूर्ति करते हैं, इसलिए वनों से ढके प्राकृतिक पर्यावरण क्षेत्र स्वास्थ्य की दृष्टि से उत्तम होते हैं।

भारत में जनसंख्या की तीव्र वृद्धि दर नगरीकरण और औद्योगीकरण की प्रक्रिया से वनों का विनाश बढ़ा है। संयुक्त राष्ट्र पर्यावरण कार्यक्रम (UNEP) के अनुसार किसी भी देश में स्वस्थ पर्यावरण के विकास के लिए **33 प्रतिशत भू-भाग** का वनाच्छादित होना आवश्यक है, लेकिन वनों के अंधाधुंध दोहन के चलते भारत में वन आवरण का स्तर 33% से गिरकर **21.71%** (भारत वन स्थिति रिपोर्ट, 2021) पर आ गया है, जिस कारण पर्यावरणीय समस्याएँ बढ़ी हैं।

भारत में वन संरक्षण

भारत में वनों के संरक्षण एवं विकास के लिए **पहला वन अधिनियम** ब्रिटिश काल में वर्ष **1894** में पारित किया गया, जिसके तहत **पहली वन नीति 1894** में घोषित की गई। इसके अंतर्गत सभी प्रांतों में वन विभागों की स्थापना की गई थी।

राष्ट्रीय वन नीति, 1952

स्वतंत्र भारत में पहली वन नीति **1952** में घोषित की गई। इसके अंतर्गत देश के कुल भौगोलिक क्षेत्रफल के **33% (एक-तिहाई) भाग पर वनों का विस्तार** आवश्यक माना गया और इसमें यह स्वीकार किया गया कि पर्वतीय क्षेत्रों में 60% और मैदानी क्षेत्रों में 20% वन आवरण होना चाहिए। लेकिन धीरे-धीरे वनों से अधिकतम आय प्राप्त करना सरकार का मुख्य लक्ष्य हो गया। मैदानी क्षेत्रों में कृषि भूमि का विस्तार करने के लिए और रक्षा, संचार एवं उद्योगों के लिए आवश्यक वन उपज उपलब्ध करवाने के लिए अंधाधुंध वनों की कटाई की गई। वर्ष 1952 से 1882 के बीच कुल बोया गया क्षेत्र 1187 लाख हेक्टेयर से बढ़कर 1429 लाख हेक्टेयर हो गया। फसलों के अंतर्गत 242 लाख हेक्टेयर की यह वृद्धि वनों की कटाई करके प्राप्त की गई थी।

वन महोत्सव

वन नीति, 1952 के तहत् 1952 से 'वन महोत्सव' प्रारंभ किया गया। **वृक्षों के इस त्योहार** का उद्देश्य वृक्षों के महत्त्व और पारिस्थितिकी संतुलन में उनकी भूमिका पर बल देना है। भारत में एक सप्ताह के वृक्षारोपण वन महोत्सव की शुरुआत कन्हैयालाल माणिकलाल मुंशी ने **1950** में की थी। 1952 से यह महोत्सव प्रत्येक वर्ष जुलाई के प्रथम सप्ताह में मनाया जाता है।

राष्ट्रीय वन नीति, 1988

वनों के विनाश को कम करने के लिए 1952 की राष्ट्रीय वन नीति में संशोधन किया गया और **राष्ट्रीय वन नीति, 1988** घोषित की गई। संशोधित वन नीति, 1988 में वनों की सुरक्षा, संरक्षण और विकास को आधार बनाया गया तथा व्यापक लक्ष्य निर्धारित किए गए-

- पारिस्थितिकीय संतुलन कायम रखते हुए पर्यावरणीय स्थिरता को बढ़ावा देना।
- वनों को राष्ट्रीय धरोहर के रूप में संरक्षित करना।
- नदियों, झीलों एवं अन्य जल धाराओं के जलग्रहण क्षेत्रों में भूमि के कटाव, मृदा अपरदन और अनाच्छादन को नियंत्रित करना।
- वृक्षारोपण और सामाजिक वानिकी कार्यक्रम द्वारा वनावरण में वृद्धि करना।
- ग्रामीण-जनजातीय जनसंख्या के लिए ईंधन की लकड़ी, चारा और वन उत्पादों की आवश्यकता की पूर्ति सुनिश्चित करना।
- वनों के संरक्षण हेतु जन सहभागिता प्राप्त करने के लिए प्रयास करना तथा महिलाओं को शामिल करके इन उद्देश्यों की पूर्ति और वनों पर दबाव कम करने के उद्देश्य से जन आंदोलन हेतु प्रयास करना।

वन संरक्षण हेतु अन्य उपाय

- संयुक्त राष्ट्र द्वारा 5 जून, 1972 को स्टॉकहोम में आयोजित पर्यावरण सम्मेलन में भारत सरकार पर्यावरण संरक्षण की ओर उन्मुख हुई। अत: भारत सरकार ने 1976 में संविधान में संशोधन करके दो महत्त्वपूर्ण अनुच्छेद जोड़े- अनुच्छेद 48(क) और अनुच्छेद 51क(छ)। इसके अलावा भारतीय संसद ने **42वें संविधान संशोधन अधिनियम, 1976** द्वारा वन को **समवर्ती सूची** में डाल दिया है, ताकि केंद्र और राज्य दोनों मिलकर वनों का संरक्षण-संवर्द्धन कर सकें।
- 42वें संविधान संशोधन द्वारा ही संविधान के भाग चार में अनुच्छेद 48(क) जोड़ा गया, जिसके तहत् यह प्रावधान है कि ''राज्य देश के पर्यावरण के संरक्षण-संवर्द्धन तथा वन और वन्यजीवों की रक्षा का प्रयास करेगा।''
- 42वें संविधान संशोधन, 1976 द्वारा ही संविधान में अनुच्छेद 51(क) के तहत् मूल-कर्तव्यों की स्थापना की गई, जिसका खंड (छ) स्पष्टत: पर्यावरण संरक्षण से संबंधित है- देश के प्रत्येक नागरिक का यह कर्तव्य है कि वह प्राकृतिक पर्यावरण (वन, नदी, झील और वन्यजीव) की रक्षा एवं संवर्द्धन करें तथा प्राणिमात्र के प्रति दयाभाव रखें।
- भारत में पर्यावरण विभाग का गठन 1980 में हुआ।
- **1980 के वन संरक्षण अधिनियम** के तहत् बिना केंद्र की अनुमति के किसी भी वन भूमि को गैर वनभूमि में नहीं बदला जा सकता।
- वर्ष 2003 में **राष्ट्रीय वन आयोग** का गठन किया गया।

वन अनुसंधान संस्थान-देहरादून

(Forest Research Institute - FRI)

वर्ष **1906** में देहरादून में वन अनुसंधान संस्थान की स्थापना की गई। इसके क्षेत्रीय केंद्र बैंगलुरू, कोयंबटूर, जबलपुर और बुर्नीहाट (मेघालय) में स्थापित किए गए हैं। यह संस्थान वनों और वन उत्पादों से सम्बद्ध अनुसंधान कार्य को बढ़ावा देता है और वन अधिकारियों एवं फॉरेस्ट रेंजर को प्रशिक्षण प्रदान करता है।

भारतीय वन प्रबंधन संस्थान- भोपाल (Indian Institute of Forest Management -IIFM)

1982 में **भारतीय वन प्रबंधन संस्थान** की स्थापना **भोपाल** में अनुसंधान एवं केस स्टडी के लिए की गई। IIFM एक स्वायत्त संस्थान है, जो भारत सरकार के **पर्यावरण, वन एवं जलवायु परिवर्तन मंत्रालय** के अंतर्गत स्थापित किया गया है। यह संस्थान भारतीय वन सेवा, वन विभाग, वन विकास निगम और वन पर आधारित उद्योगों से संबंधित व्यक्तियों को **वानिकी प्रबंधन का प्रशिक्षण** प्रदान करता है। वन प्रबंधन पर स्नातकोत्तर **डॉक्टरेट की उपाधि** प्रदान करने वाला यह भारत का एकमात्र संस्थान है।

भारतीय वनस्पति सर्वेक्षण-कोलकाता

(Botanical Survey of India - BSI)

इसकी स्थापना सर जॉर्ज किंग द्वारा **1890** में की गई थी। BSI का मुख्यालय **कोलकाता** में है। वर्ष 1954 में भारत सरकार द्वारा इसका पुनर्गठन किया गया था। देश के जंगली पादप संसाधनों का अन्वेषण, उनका वर्गीकरण, पुष्प संबंधी अध्ययन एवं खोज तथा पौधों की प्रजातियों के आर्थिक महत्त्व की पहचान करने के लिए **भारतीय वनस्पति सर्वेक्षण** पर्यावरण एवं वन मंत्रालय के अंतर्गत शीर्ष अनुसंधान संगठन है। वर्तमान में यह देश की दुर्लभ एवं संकटग्रस्त पादप प्रजातियों का सूचीकरण एवं उनके संरक्षण के कार्य एवं नीतियों को विकसित करता है।

सामाजिक वानिकी कार्यक्रम, 1978

- सामाजिक वानिकी 'वन विभाग और सामान्य जनता' के सहयोग से **छठी पंचवर्षीय योजना** में प्रारंभ किया जाने वाला एक व्यापक वृक्षारोपण संबंधी बहुद्देशीय कार्यक्रम है।
- इसके अंतर्गत ग्रामीण क्षेत्र के निवासियों-किसानों को चारा, भोजन, लकड़ी, फल-रेशा और जैविक उर्वरक जैसे 5 बुनियादी आवश्यकताओं की पूर्ति वृक्षारोपण के माध्यम से स्थानीय स्तर पर कराए जाने का लक्ष्य रखा गया, ताकि सुरक्षित वनों पर दबाव कम हो, वनावरण और पर्यावरणीय दशाओं में सुधार हो, खेतों में वृक्षों की सुरक्षा पेटी बनाकर फसलों की तूफानों एवं बाढ़ से सुरक्षा हो और स्थानीय समुदायों की जरूरतें भी पूरी हों।
- इसके अंतर्गत स्थानीय जन सहभागिता से बंजर और बेकार भूमि पर व्यापक वृक्षारोपण कार्यक्रम चलाया गया।
- सामाजिक वानिकी हेतु सुझाव सबसे पहले **1976 में राष्ट्रीय कृषि आयोग** द्वारा दिया गया था। इस कार्यक्रम की शुरुआत 1978 में हुई और **1980-81** में यह कार्यक्रम छठीं पंचवर्षीय

योजना का महत्त्वपूर्ण अंग बन गया।

- इसके अंतर्गत बंजर भूमि, बेकार भूमि, सामुदायिक भूमि तथा सड़कों, रेलवे लाइनों के किनारे की भूमि पर व्यापक वृक्षारोपण कार्यक्रम शुरू किया गया।
- सामाजिक वानिकी कार्यक्रम के तीन अंग थे- सामुदायिक वानिकी, कृषि वानिकी और शहरी वानिकी।
- खेजड़ी, रोहिड़ा, बाँस और यूकेलिप्टस सामाजिक वानिकी कार्यक्रम में प्रयुक्त बहुद्देशीय वृक्ष हैं। स्थानीय समुदायों और किसानों ने शहरी कागज मिलों की जरूरतों को पूरा करने एवं धनोपार्जन करने के लिए बड़े पैमाने पर **यूकेलिप्टस** के वृक्ष लगाए। परिणामस्वरूप नई तरह की पारिस्थितिकी समस्या पैदा हुई, क्योंकि यह वृक्ष अधिक मात्रा में भूमिगत नमी का अवशोषण करता है।

भारतीय वन सर्वेक्षण (FSI)

भारत के वन क्षेत्रों और वन संसाधनों से संबंधित सूचना एवं आँकड़े एकत्रित करने के लिए **1 जून, 1981** को **भारतीय वन सर्वेक्षण (FSI)** की स्थापना की गई थी। यह भारत सरकार के **पर्यावरण, वन एवं जलवायु परिवर्तन मंत्रालय** के अंतर्गत कार्य करता है। FSI का मुख्यालय **देहरादून** में है और इसके 4 क्षेत्रीय कार्यालय- शिमला, कोलकाता, बैंगलुरु और नागपुर में हैं। भारतीय वन सर्वेक्षण द्वारा **वर्ष 1987** से **भारत वन स्थिति रिपोर्ट** (India State of Forest Report - ISFR) जारी किया जाता है। इसके द्वारा सुदूर संवेदन उपग्रह के आँकड़ों का डिजिटल विश्लेषण करके प्रत्येक दो वर्ष के अंतराल पर देश के वन क्षेत्रों का मूल्यांकन प्रकाशित किया जाता है।

वन संरक्षण से जुड़े प्रमुख आंदोलन

चिपको आंदोलन

उत्तराखंड के हिमालय क्षेत्र में वृक्षों की गैर-कानूनी कटाई को रोकने और पेड़ों को बचाने के लिए वहाँ की महिलाओं और ग्रामीणों द्वारा **1972-73** में 'चिपको आंदोलन' चलाया गया था। इसकी शुरुआत **चमोली जिले के गोपेश्वर से** हुई थी। तब उत्तराखंड उत्तर प्रदेश का ही एक भाग था। इस आंदोलन में प्रतीकात्मक रूप से पेड़ों से चिपककर गैर-कानूनी कटाई का विरोध किया गया, इसलिए इस शांतिपूर्ण विरोध का नाम चिपको आंदोलन पड़ा। **सुंदरलाल बहुगुणा** और **चंडी प्रसाद भट्ट** के नेतृत्व में चलाए गए इस आंदोलन में महिलाओं ने न सिर्फ गिरफ्तारियाँ दीं, बल्कि गोलियों का भी सामना किया था।

एप्पिको आंदोलन

चिपको आंदोलन ने देशभर में पर्यावरण प्रेमियों को आंदोलित किया था। इससे प्रेरणा लेकर पांडुरंग हेगड़े के नेतृत्व में कर्नाटक में 1983 में 'एप्पिको आंदोलन' प्रारंभ हुआ। इसके अंतर्गत वनों के संरक्षण और उनके विवेकपूर्ण उपयोग को सुनिश्चित करने के लिए पेड़ों से चिपककर उनके प्रति अपनी आत्मीयता व्यक्त की जाती थी।

नर्मदा बचाओ आंदोलन

नर्मदा नदी पर सरदार सरोवर बाँध के निर्माण के विरोध में नर्मदा बचाओ आंदोलन वर्ष 1985 में शुरू हुआ, सबसे शक्तिशाली जन आंदोलन था। सरदार सरोवर बाँध जो कि नर्मदा नदी के सबसे बड़े बाँधों में से एक है, आंदोलन के केंद्र बिंदुओं में से एक था। नर्मदा नदी मध्य प्रदेश, गुजरात और महाराष्ट्र राज्यों से होकर बहती है। शुरू में आंदोलन का उद्देश्य बाँध को रोककर पर्यावरण विनाश तथा इससे लोगों के विस्थापन को रोकना था। बाद में आंदोलन का उद्देश्य बाँध के कारण विस्थापित लोगों को सरकार द्वारा दी जा रही राहत कार्यों की देख-रेख तथा उनके अधिकारों के लिए अदालती लड़ाई लड़ना हो गया। इसके मुख्य कार्यकर्ताओं में **मेधा पाटकर** के अलावा **अनिल पटेल**, बुकर सम्मान से नवाजी गईं **अरुंधति रॉय** तथा **बाबा आम्टे** आदि शामिल हैं।

पर्यावरण संरक्षण से जुड़े महत्त्वपूर्ण तथ्य

- पर्यावरण संरक्षण अधिनियम, 1986 देश में पर्यावरणीय खतरे के संबंध में नीतियों और कार्यक्रमों को लागू करने तथा पर्यावरणीय गुणवत्ता संबंधी मानकों को निर्धारित करने जैसे कार्यों को नियंत्रित एवं निर्देशित करता है।
- भारत में पर्यावरण प्रभाव मूल्यांकन की शुरुआत वर्ष 1978 में की गई।
- 1974 में गठित केंद्रीय प्रदूषण नियंत्रण बोर्ड जल तथा वायु प्रदूषण के निवारण तथा नियंत्रण से संबंधित मामलों पर केंद्र सरकार को सलाह देने के लिए उत्तरदायी है।
- **इकोमार्क (Ecomark):** पर्यावरण एवं वन मंत्रालय के निर्देश पर भारतीय मानक ब्यूरो द्वारा 1991 में इकोमार्क योजना शुरू की गई। इसका उद्देश्य पर्यावरणीय दृष्टि से अनुकूल औद्योगिक उत्पादों को चिह्नित करना है अर्थात् इकोमार्क उन्हीं उत्पादों को दिया जाता है, जो पर्यावरणीय दृष्टि से अनुकूल होते हैं। इसका लोगो मिट्टी का बर्तन है।
- **यूरोमानक:** मोटर वाहनों से निकलने वाले धुएँ से वायु प्रदूषण होता है। वाहनों से निकलने वाली विषैली गैसों पर नियंत्रण के उद्देश्य से वाहन उत्सर्जन मानक यूरो को भारत में जून, 1999 से लागू किया गया। आटोफ्यूल नीति के तहत देशभर में यूरो II, यूरो III और यूरो IV मानकों के समयबद्ध अनुपालन के लिए सीमा निर्धारित की गई। इस क्रम में 1 अप्रैल, 2005 से यूरो II मानक देशभर में लागू किया गया। 2008 से 2010 के मध्य यूरो III मानक को पूरे देश में लागू कर दिया गया। 2017 से यूरो IV मानक को पूरे देश में लागू कर दिया गया है।

भारत वन स्थिति रिपोर्ट, 2021

भारत वन स्थिति रिपोर्ट (India State of Forest Report - ISFR) भारत के वन आवरण, वृक्ष आवरण और अन्य वन संबंधित मापदंडों पर एक **द्विवार्षिक रिपोर्ट** है, जिसे **भारतीय वन सर्वेक्षण** (FSI) द्वारा प्रत्येक 2 वर्ष के अंतराल पर प्रकाशित किया जाता है। भारतीय वन सर्वेक्षण (FSI), भारत सरकार के **पर्यावरण, वन और जलवायु परिवर्तन मंत्रालय** के तहत् कार्य करने वाला एक संगठन है।

पहला वन सर्वेक्षण **1987** में प्रकाशित हुआ था। इस क्रम में **भारत वन स्थिति रिपोर्ट 2021** (ISFR-2021) वन सर्वेक्षण का **17वाँ संस्करण** है। ISFR - 2021 का प्रकाशन जनवरी, 2022 में किया गया। ISFR - 2021 रिपोर्ट के प्रमुख बिंदु इस प्रकार हैं–

- इस रिपोर्ट के अनुसार देश में कुल वन आवरण और वृक्षावरण (Tree and Forest Cover) 8,09,527 वर्ग किमी. है, जोकि देश के कुल भौगोलिक क्षेत्रफल का **24.62%** है। इसमें **कुल वन आवरण 7,13,789 वर्ग किमी.** है जोकि देश के कुल भौगोलिक क्षेत्रफल का **21.71%** है। अर्थात् देश के भौगोलिक क्षेत्रफल का **21.71%** भाग वनाच्छादित है। वहीं कुल वृक्षावरण 95,748 वर्ग किमी. **(2.91%)** है।
- वर्ष, 2019 की रिपोर्ट में कुल वनाच्छादित क्षेत्र **7,12,249 वर्ग किमी.** (21.67%) था, जोकि 2021 की रिपोर्ट में बढ़कर **7,13,789 वर्ग किमी.** (21.71%) हो गया है। इस प्रकार 2019 से 2021 के मध्य भारत के वनाच्छादित क्षेत्र में **1,540 वर्ग किमी.** (0.22%) की वृद्धि दर्ज की गई है।
- क्षेत्रफल की दृष्टि से देश में सर्वाधिक वन आवरण वाला राज्य **मध्य प्रदेश** (77,493 वर्ग किमी) है। देश के कुल वन क्षेत्रफल का **10.85% भाग** मध्य प्रदेश में है। वहीं सर्वाधिक वन आवरण वाला केंद्रशासित प्रदेश अंडमान एवं निकोबार द्वीप समूह (6,744 वर्ग किमी) है।
- जबकि राज्य के कुल भौगोलिक क्षेत्र में वनीय क्षेत्रफल की प्रतिशत (अर्थात् वनों की गहनता) की दृष्टि से शीर्ष वनाच्छादित राज्य **मिजोरम** (84.53% वनाच्छादित) है।
- केंद्रशासित प्रदेशों को शामिल कर लिया जाए तो सर्वाधिक प्रतिशत वन आवरण (वनों की गहनता) वाला राज्य/संघ राज्य क्षेत्र **लक्षद्वीप** (90.33% वनाच्छादित) है।
- न्यूनतम वन अनावरण क्षेत्रफल वाला राज्य **हरियाणा** (1,603 वर्ग किमी.) है। इसके अलावा प्रतिशत क्षेत्रफल की दृष्टि से भी न्यूनतम वन आवरण वाला राज्य **हरियाणा** (केवल 3.63% भाग वनाच्छादित) ही है।

शीर्ष वनावरण क्षेत्र वाले 5 राज्य

राज्य	क्षेत्रफल वर्ग किमी.	देश के कुल वन क्षेत्रफल का %
मध्य प्रदेश	77493	10.85
अरुणाचल प्रदेश	66431	9.30
छत्तीसगढ़	55717	7.80
ओडिशा	52156	7.30
महाराष्ट्र	50798	7.11

स्रोत : 17वीं वन रिपोर्ट : 2021

न्यूनतम वनावरण क्षेत्र वाले 5 राज्य

राज्य	क्षेत्रफल (वर्ग/किमी.)	देश के कुल वन क्षेत्रफल का %
हरियाणा	1603	0.22
पंजाब	1847	0.25
गोवा	2244	0.31
सिक्किम	3341	0.46
बिहार	7381	1.03

स्रोत : 17वीं वन रिपोर्ट : 2021

सर्वाधिक वनावरण प्रतिशत (%) वाले शीर्ष 5 राज्य/केंद्रशासित प्रदेश

राज्य	प्रतिशत
लक्षद्वीप	90.33
मिजोरम	84.53
अंडमान एवं निकोबार द्वीप	81.75
अरुणाचल प्रदेश	79.33
मेघालय	76.00

स्रोत : 17वीं वन रिपोर्ट 2021

न्यूनतम वनावरण प्रतिशत (%) वाले शीर्ष 5 राज्य/केंद्रशासित प्रदेश	
राज्य	% में
हरियाणा	3.63
पंजाब	3.67
राजस्थान	4.87
उत्तर प्रदेश	6.15
गुजरात	7.61
स्रोत : 17वीं वन रिपोर्ट 2021	

सर्वाधिक वनावरण प्रतिशत (%) वाले शीर्ष 5 राज्य	
राज्य	वनावरण (% में)
मिजोरम	84.53
अरुणाचल प्रदेश	79.33
मेघालय	76.00
मणिपुर	74.34
नागालैण्ड	73.90
स्रोत : 17वीं वन रिपोर्ट 2021	

शीर्ष वृक्षावरण वाले 5 राज्य	
राज्य	क्षेत्रफल (किमी.)
महाराष्ट्र	12108
राजस्थान	8733
मध्य प्रदेश	8054
कर्नाटक	7494
उत्तर प्रदेश	7421
भारत	95748 (2.91%)
स्रोत- 17वीं वन रिपोर्ट : 2021	

- वर्ष 2019 की तुलना में ISFR - 2021 की रिपोर्ट का अध्ययन करने पर हम पाते हैं कि **आंध्र प्रदेश** के वन आवरण क्षेत्रफल में सर्वाधिक वृद्धि दर्ज की गई है। वनावरण क्षेत्रफल में वृद्धि दर्ज करने वाले शीर्ष तीन राज्य-आंध्र प्रदेश (647 वर्ग किमी.), तेलंगाना (632 वर्ग किमी.) तथा ओडिशा (537 वर्ग किमी.) हैं।

सर्वाधिक वृक्षावरण प्रतिशत (%) वाले शीर्ष 5 राज्य/केंद्रशासित प्रदेश	
राज्य	वृक्षावरण (%) में
चण्डीगढ़	13.16
दिल्ली	9.91
केरल	7.26
गोवा	6.59
दादरा व नगर हवेली और दमन व दीव	5.48
भारत	2.91
स्रोत- 17वीं वन रिपोर्ट : 2021	

- जबकि 5 पूर्वोत्तर राज्यों में वन क्षेत्र में कमी आई है- अरुणाचल प्रदेश, मणिपुर, मेघालय, मिजोरम और नागालैण्ड। इनमें वन आवरण क्षेत्र में सर्वाधिक कमी **अरुणाचल प्रदेश** राज्य (257 वर्ग किमी.) में दर्ज की गई है।
- ISFR - 2021 रिपोर्ट के अनुसार भारत के 17 **राज्यों/केंद्रशासित प्रदेशों** ने अपने कुल भू-भाग के 33% से अधिक भाग पर वन आवरण का लक्ष्य प्राप्त कर लिया है। मिजोरम, लक्षद्वीप, अंडमान एवं निकोबार, अरुणाचल प्रदेश एवं मेघालय में **75% से भी अधिक** भूभाग वनाच्छादित है।

रिपोर्ट के अनुसार अपने कुल भूभाग के 33% से अधिक क्षेत्रफल पर वनावरण का लक्ष्य प्राप्त करने वाले 17 राज्य और केंद्रशासित प्रदेश इस प्रकार हैं-

a. **पूर्वोत्तर भारत के सात राज्यः** मिजोरम (84.53%), अरुणाचल प्रदेश (79.33%), मेघालय (76.00%), मणिपुर (74.34%), नागालैण्ड (73.90%), त्रिपुरा (73.64%) और असम (36.09%)।

b. **केंद्रशासित प्रदेशः** लक्षद्वीप (90.33%), अंडमान एवं निकोबार द्वीप समूह (81.75%), जम्मू और कश्मीर (39.15%) और दादरा व नगर हवेली तथा दमन व दीव (37.83%)।

c. **पर्वतीय राज्यः** सिक्किम (47.08%) और उत्तराखंड (45.44%।

d. **तटीय राज्यः** गोवा (60.62%), केरल (54.70%) और ओडिशा (33.50%)।

e. **मध्यवर्ती राज्यः** छत्तीसगढ़ (41.21%)।

- ISFR - 2021 रिपोर्ट में वन क्षेत्रों को घनत्व के आधार पर तीन वर्गों - **अति सघन वन, मध्यम सघन वन एवं विरल (खुले) वन** में वर्गीकृत किया गया है। 17वीं वन स्थिति रिपोर्ट, 2021 के अनुसार देश के कुल वन क्षेत्र का **13.97% भाग** अति सघन वनों से, **42.99% भाग** मध्यम सघन वनों से तथा **43.02% भाग** खुले वनों से आच्छादित है।

- **अरुणाचल प्रदेश** में सर्वाधिक सघन वनों का क्षेत्रफल है जबकि **मध्य प्रदेश** में सर्वाधिक 'मध्यम सघन वन' एवं 'खुले वनों' का क्षेत्रफल है।
- भारत के कुल क्षेत्रफल के **0.15% भाग पर मैंग्रोव वन** आच्छादित हैं। मैंग्रोव वनों के क्षेत्रफल में पिछली रिपोर्ट की तुलना में वृद्धि दर्ज की गई है। जहाँ वर्ष 2019 में मैंग्रोव वनों का क्षेत्रफल 4975 वर्ग किमी. था, वहीं 2021 में बढ़कर यह **4992 वर्ग किमी.** हो गया है। अर्थात् मैंग्रोव वनों के क्षेत्रफल में **17 वर्ग किमी.** (0.34%) की वृद्धि दर्ज की गई है।
- मैंग्रोव वनों की वैश्विक हिस्सेदारी में **भारत का योगदान 3%** है। भारत में मैंग्रोव वनों का सर्वाधिक क्षेत्रफल क्रमशः **पश्चिम बंगाल, गुजरात तथा अंडमान एवं निकोबार द्वीप समूह** में पाया जाता है।
- मैंग्रोव वनों के आवरण में वृद्धि करने वाले शीर्ष तीन राज्य क्रमशः- **ओडिशा** (8 वर्ग किमी.), महाराष्ट्र (4 वर्ग किमी.) तथा कर्नाटक (3 वर्ग किमी.) हैं।
- भारत वन स्थिति रिपोर्ट- 2021 के अनुसार भारत का **35.46% वन क्षेत्र** जंगल की आग के प्रति संवेदनशील है। इसमें यह भी दर्शाया गया है कि पूर्वोत्तर भारत के कुछ राज्यों (असम, मेघालय, त्रिपुरा और नागालैण्ड) को छोड़कर अन्य सभी राज्यों के जंगल जलवायु परिवर्तन की दृष्टि से हॉटस्पॉट क्षेत्र हैं। लद्दाख पर सबसे अधिक प्रभाव पड़ने की संभावना है।
- देश के जंगलों में अनुमानित **कार्बन भंडार 7,204 मिलियन टन** है, जिसमें 2019 के बाद से **79.4 मिलियन टन** की वृद्धि हुई है। **वनीय कार्बन स्टॉक** वायुमंडल से पृथक की गई और वन पारिस्थितिकी तंत्र में संगृहीत की गई कार्बन की मात्रा है। वायुमंडल से पृथक्कृत कार्बन स्टॉक आम तौर पर जीवित बायोमास (वृक्षों के जीवित अंग) और मिट्टी के भीतर (जीवित जड़ें) संगृहीत होता है। इसे ही **वनीय कार्बन स्टॉक** कहते हैं। हालाँकि, इसमें कुछ हद तक मृत लकड़ी, लकड़ी के कचरे और मृदा के ह्यूमस (वनस्पतियों के सड़े-गले अंश) को भी शामिल करते हैं।
- विश्व में प्रति व्यक्ति औसत वनों का आकलन 0.6 हेक्टेयर है, जबकि भारत में प्रति व्यक्ति वनों का औसत 0.2 से 0.11 हेक्टेयर है।

शीर्ष 5 मैंग्रोव क्षेत्रफल वाले राज्य/संघ-2021	
राज्य	**क्षेत्रफल (वर्ग किमी.)**
पश्चिम बंगाल	2114
गुजरात	1175
अंडमान एवं निकाबार द्वीप समूह	616
आंध्र प्रदेश	405
महाराष्ट्र	324
भारत	4992
स्रोत- 17वीं वन रिपोर्ट : 2021	

भारत वन स्थिति रिपोर्ट (ISFR) - 2021 की नई विशेषताएँ जो, पहली बार शामिल की गई हैं-

- ISFR - 2021 रिपोर्ट में पहली बार **टाइगर रिजर्व और टाइगर कॉरिडोर (बाघ गलियारों)** में वन क्षेत्र का आकलन किया गया है। एशियाई शेरों का एकमात्र घर **गिर के जंगल** को भी सर्वेक्षण में शामिल किया गया है। रिपोर्ट के अनुसार वर्ष 2011 लेकर 2021 के मध्य **बाघ गलियारों** में वन आवरण में 37.15 वर्ग किमी. (0.32%) की वृद्धि हुई है। लेकिन **टाइगर रिजर्व** (बाघ अभयारण्यों) में वन आवरण में 22.6 वर्ग किमी. (0.04%) की कमी आई है।
- इन 10 वर्षों में 32 बाघ अभयारण्यों में वन क्षेत्र में गिरावट देखी गई है, जबकि 20 बाघ अभयारण्यों में वन क्षेत्र में वृद्धि देखी गई है।
- इन टाइगर रिजर्व में वन क्षेत्र में सर्वाधिक नुकसान देखा गया- **कवल टाइगर रिजर्व (तेलंगाना), भद्रा टाइगर रिजर्व (कर्नाटक)** और **सुंदरवन टाइगर रिजर्व (पश्चिम बंगाल)**।
- इन टाइगर रिजर्व में वन क्षेत्र में वृद्धि देखी गई- **बक्सा (पश्चिम बंगाल), अन्नामलाई (तमिलनाडु)** और **इंद्रावती बाघ अभयारण्य (छत्तीसगढ़)**।
- **पक्के टाइगर रिजर्व** (अरुणाचल प्रदेश) भारत में सर्वाधिक 97% वन आवरण वाला बाघ अभयारण्य है।
- ISFR - 2021 में जंगल की आग की घटनाओं पर एक नया खंड शामिल किया गया है। यह जंगल की आग की संख्या, प्रभावित क्षेत्र और आग के कारणों के बारे में जानकारी प्रदान करता है।
- पहली बार रिपोर्ट में वनों के अलावा अन्य वृक्ष आवरण की जानकारी शामिल है।
- रिपोर्ट में **जंगलों में कार्बन स्टॉक** का आकलन करने के लिए एक नई विधि शामिल है।
- रिपोर्ट में वन विखंडन का एक नया विश्लेषण शामिल है। यह भारत के विभिन्न हिस्सों में वन विखंडन की सीमा और गंभीरता को बताता है।

शीर्ष 3 वनावरण क्षेत्र वाले टाइगर रिजर्व		
टाइगर रिजर्व	राज्य	वनावरण (वर्ग किमी.)
नागार्जुन सागर श्रीसैलम	आंध्र प्रदेश	2932.95
सिमलीपाल	ओडिशा	2562.86
इंद्रावती	छत्तीसगढ़	2377.28

स्रोत : ISFR, 2021

शीर्ष 5 वनावरण क्षेत्र प्रतिशतता वाले टाइगर रिजर्व		
टाइगर रिजर्व	राज्य	वनावरण (% में)
पेके (पक्के)	अरुणाचल प्रदेश	96.83
अचानकमार	मध्य प्रदेश	95.63
सिमलीपाल	ओडिशा	94.17
काली	कर्नाटक	92.45
डंपा	मिजोरम	92.05

स्रोत : ISFR, 2021

शीर्ष 5 बाँस क्षेत्रफल वाले राज्य	
राज्य	क्षेत्रफल (वर्ग किमी.)
मध्य प्रदेश	18394
अरुणाचल प्रदेश	15739
महाराष्ट्र	13526
ओडिशा	11199
असम	10659
भारत	149443

स्रोत- 17वीं वन रिपोर्ट : 2021

शीर्ष 5 अभिलिखित वन क्षेत्रफल वाले राज्य	
राज्य	क्षेत्रफल (किमी वर्ग)
मध्य प्रदेश	94,689
महाराष्ट्र	61652
ओडिशा	61,204
छत्तीसगढ़	59816
अरुणाचल प्रदेश	51,540

स्रोत- 17वीं वन रिपोर्ट : 2021

भारत में वनावरण एवं वृक्षावरण : 2021 (Forest and Tree Cover)		
श्रेणी	ISFR 2021 (संदर्भ वर्ष 2019)	भौगोलिक क्षेत्र (प्रतिशत में)
वनावरण	क्षेत्र (वर्ग किमी.)	
अति सघन वन (Very Dense Forest : VDF)	99779	3.04
मध्यम सघन वन (Moderately Dense Forest : MDF)	306890	9.33
खुले वन (Open Forest : OF)	307120	9.34
कुल वनावरण (Total Forest Cover)	713789	21.71
वृक्षावरण (Tree Cover)	95748	2.91
कुल वनावरण एवं वृक्षावरण (Total Forest Cover and Tree Cover)	809537	24.62
झाड़ियाँ (Scrub)	46539	1.42
गैर-वन (Non-Forest)	2527141	76.87
कुल भौगोलिक क्षेत्र (Total Geographical Area)	3287469	-

वृक्षावरण एवं वनावरण में अंतर

'वृक्षावरण' **वृक्ष आच्छादन (Tree Cover)** भूमि के उस कुल क्षेत्र को संदर्भित करता है, जो वृक्षों द्वारा आच्छादित है, भले ही ये वृक्ष वन पारिस्थितिकी तंत्र का हिस्सा हों या न हों।

दूसरी ओर, वनावरण, विशेष रूप से भूमि के उस क्षेत्र को संदर्भित करता है, जो वन पारिस्थितिकी तंत्र के रूप में शामिल किया जाता है। वन पारिस्थितिकी तंत्र को **10-30%** के न्यूनतम **वितान घनत्व (Canopy Density)** और **0.5 हेक्टेयर** से अधिक क्षेत्र के रूप में परिभाषित किया गया है।

इसलिए सभी **वनावरण वृक्षावरण** हैं, लेकिन सभी वृक्षावरण वनावरण नहीं हैं।

विभिन्न राज्यों/संघशासित प्रदेशों में वनावरण एवं वृक्षावरण (ISFR-2021)

राज्य/संघशासित प्रदेश	कुल भौगोलिक क्षेत्रफल	वनावरण		वृक्षावरण	
		वनावरण क्षेत्रफल	भौगोलिक क्षेत्र का %	वृक्षावरण क्षेत्रफल	भौगोलिक क्षेत्र का %
मध्य प्रदेश	308252	77493	25.14	8054	2.61
अरुणाचल प्रदेश	83743	66431	79.33	1001	1.20
छत्तीसगढ़	135191	55717	41.21	5355	3.96
ओडिशा	155707	52156	33.50	5004	3.21
महाराष्ट्र	307713	50798	16.51	12108	3.93
कर्नाटक	191791	38730	20.19	7494	3.91
असम	78438	28312	36.09	1630	2.08
उत्तराखण्ड	53483	24305	45.44	1001	1.87
आंध्र प्रदेश	162968	29784	18.28	4679	2.87
तमिलनाडु	130060	26419	20.31	4424	3.40
केरल	38852	21253	54.70	2820	7.26
तेलंगाना	112077	21214	18.93	2848	2.54
बिहार	94.163	7381	7.84	2341	2.49
दिल्ली	1483	195	13.15	147	9.91
गोवा	3702	2244	60.62	244	6.59
गुजरात	196244	14926	7.61	5489	2.80
हरियाणा	44212	1603	3.63	1425	3.22
हिमाचल प्रदेश	55673	15443	27.73	675	1.21
झारखण्ड	79716	23721	29.76	2867	3.60
मणिपुर	22327	16598	74.34	169	0.76
मेघालय	22429	17046	76.00	698	3.11
मिजोरम	21.081	17820	84.53	444	2.11
नागालैण्ड	16579	12251	73.90	365	2.20
त्रिपुरा	10486	7722	73.64	228	2.17
सिक्किम	7096	3341	47.08	39	0.55

पंजाब	50362	1847	3.67	1138	2.26
राजस्थान	342239	16655	4.87	8733	2.55
उत्तर प्रदेश	240928	14818	6.15	7421	3.08
पश्चिम बंगाल	88752	16832	18.96	2349	2.65
अंडमान-निकोबार	8249	6744	81.75	23	0.28
चंडीगढ़	114	22.88	20.07	15	13.16
दादरा व नगर हवेली और दमन व दीव	603	227.75	37.83	32	5.48
जम्मू और कश्मीर (SFA-54,624)	222236	21387	39.15	3511	6.43
लद्दाख (SFA-168055)		2272	1.35	954	0.57
लक्षद्वीप	30	27.10	90.33	0.05	0.17
पुदुचेरी	492	53.30	10.88	23	4.69
कुल	**3287469**	**713789**	**21.71**	**95748**	**2.91**

प्रमुख वानिकी शोध संस्थान

	शोध संस्थान	क्षेत्र
1.	**NEERI** (राष्ट्रीय पर्यावरण अभियांत्रिकी अनुसंधान संस्थान)	नागपुर (महाराष्ट्र)
2.	**फॉरेस्ट रिसर्च इंस्टीट्यूट** (वानिकी अनुसंधान संस्थान)	देहरादून
3.	**इंडियन वाइल्डलॉइफ इंस्टीट्यूट** (भारतीय वन्यजीव संस्थान)	देहरादून (उत्तराखण्ड)
4.	**इंडियन इंस्टीट्यूट ऑफ फॉरेस्ट मैनेजमेंट** (भारतीय वन प्रबंध संस्थान)	भोपाल (मध्य प्रदेश
5.	**इकोलॉजी रिसर्च सेंटर** (पारिस्थितिकी अनुसंधान केंद्र)	बंगलौर (कर्नाटक)
6.	**सेंट्रल एरिड जोन रिसर्च इंस्टीट्यूट** (केंद्रीय मरुक्षेत्र अनुसंधान संस्थान)	जोधपुर (राजस्थान)
7.	**रेन फॉरेस्ट रिसर्च इंस्टीट्यूट** (वर्षा वन अनुसंधान संस्थान)	जोरहाट (असम)
8.	**सेंट्रल एग्रोफोरेस्ट्री रिसर्च इंस्टीट्यूट** (राष्ट्रीय कृषि वानिकी अनुसंधान संस्थान)	झाँसी (उत्तर प्रदेश)
9.	**सेंटर ऑफ सोशल फॉरेस्ट्री एंड इको रिहैबिलिटेशन** (पारिस्थितिकी पुनर्वास के लिए वन अनुसंधान)	प्रयागराज (उत्तर प्रदेश)
10.	**हिमालयन फॉरेस्ट रिसर्च इंस्टीट्यूट** (हिमालयन वन अनुसंधान संस्थान)	शिमला (हिमाचल प्रदेश)
11.	**इंस्टीट्यूट फॉर फॉरेस्ट प्रोडक्टिविटी** (वन उत्पादकता संस्थान)	राँची (झारखंड)
12.	**ट्रॉपिकल फॉरेस्ट्री रिसर्च इंस्टीट्यूट** (उष्ण कटिबंधीय वन अनुसंधान संस्थान)	जबलपुर (मध्य प्रदेश)
13.	**इंस्टीट्यूट ऑफ फॉरेस्ट्री रिसर्च एंड ह्यूमन रिसोर्स डेवलपमेंट** (वानिकी अनुसंधान और मानव संसाधन विकास केंद्र)	छिंदवाड़ा (मध्य प्रदेश)

14.	**एडवांस सेंटर फॉर बायोटेक्नोलॉजी एंड मैंग्रोव फॉरेस्ट्स** (जैवप्रौद्योगिकी और मैंग्रोव वनों के लिए उन्नत केंद्र)	हैदराबाद (तेलंगाना)
15.	**इंडियन प्लाइवुड इंडस्ट्रीज रिसर्च एंड ट्रेनिंग इंस्टीट्यूट** (भारतीय प्लाईवुड उद्योग अनुसंधान और प्रशिक्षण संस्थान)	बंगलौर (कर्नाटक)
16.	**इंडियन ग्रासलैंड एंड फॉडर रिसर्च इंस्टीट्यूट** (राष्ट्रीय घास एवं चारा अनुसंधान संस्थान)	झाँसी (उत्तर प्रदेश)
17.	**जी. वी. पी. नेशनल इंस्टीट्यूट ऑफ हिमालयन एनवायरमेंट एंड डेवलपमेंट** (जी.वी.पी. हिमालयी पर्यावरण एवं विकास संस्थान)	अल्मोड़ा (उत्तराखंड)
18.	**इंस्टीट्यूट ऑफ फॉरेस्ट जेनेटिक्स एंड ट्री ब्रीडिंग** (वन आनुवंशिकी एवं वृक्ष प्रजनन संस्थान)	कोयम्बटूर (तमिलनाडु)

वन्य जीवन (Wild Life)

भारत अपनी विशिष्ट भौगोलिक अवस्थिति और उष्णकटिबंधीय जलवायु के कारण जैव-विविधता से समृद्ध देश है। भारत में विश्व के कुल भू-क्षेत्र का मात्र 2.4 प्रतिशत है, लेकिन यहाँ विश्व की वनस्पतियों और जीवों की प्रजातियों का लगभग 7% अधिवासित है। भारत विश्व के **17 सर्वाधिक जैव-विविधता** वाले देशों में शामिल है। पर्यावरण एवं वन मंत्रालय, भारत सरकार की 2009 की रिपोर्ट के अनुसार भारत में वनस्पतियों की 45968 प्रजातियाँ तथा जीवों की 91364 प्रजातियाँ पाई जाती हैं।

भारत में वन्य जीवों के संरक्षण की दिशा में पहला ठोस कदम **1972** में तब उठाया गया, जब **वन्य-जीव संरक्षण अधिनियम** पारित किया गया। इस अधिनियम के तहत ही भारत में वन्यजीवों को संरक्षित करने के लिए राष्ट्रीय उद्यानों (National Parks) और वन्यजीव अभयारण्यों (Wild Life Sanctuaries) की स्थापना की गई। भारत में प्राकृतिक तथा वन क्षेत्रों को राष्ट्रीय उद्यानों एवं वन्य जीवन अभयारण्य के रूप में सुरक्षित रखने के प्रयास के संदर्भ में **वन्य जीव संरक्षण अधिनियम, 1972** के अधीन 1983 में **नेशनल वाइल्ड लाइफ एक्शन प्लान** (राष्ट्रीय वन्य जीव कार्य योजना) की शुरुआत की गई।

इसके तहत कतिपय जैव भौगोलिक क्षेत्रों यथा- **जैवमंडलीय आरक्षित क्षेत्र, राष्ट्रीय उद्यान** और **वन्यजीव अभयारण्य** का गठन किया गया, जो संकटापन्न प्रजातियों को प्राकृतिक आवास संसाधन एवं संरक्षण प्रदान करते हैं।

वर्तमान में देशभर में कुल **18 जैव मंडलीय आरक्षित क्षेत्र, 106 राष्ट्रीय उद्यान** और **564 वन्यजीव अभयारण्य** स्थापित किए जा चुके हैं। 106 राष्ट्रीय उद्यान देश के लगभग 44402 वर्ग किमी. क्षेत्रफल पर फैले हुए हैं, जो देश के भौगोलिक क्षेत्र का 1.35% भाग कवर करता है। 566 वन्यजीव अभयारण्य लगभग 3.2 % क्षेत्रफल पर फैले हुए हैं।

जैवमंडलीय आरक्षित क्षेत्र (Biosphere Reserve)

जैवमंडल आरक्षित क्षेत्रों की स्थापना **संपूर्ण पारिस्थितिकी तंत्र** को संरक्षित करने के उद्देश्य से की जाती है। इसमें वनस्पति, जन्तु, सूक्ष्मजीव एवं अन्य घटक सभी सुरक्षा पाते हैं। जैवमंडलीय आरक्षित क्षेत्र **स्थल और तटीय पारिस्थितिकी** के वे क्षेत्र हैं, जिनको यूनेस्को के **मानव एवं जीवमंडल कार्यक्रम (MAB)** के तहत अंतरराष्ट्रीय मान्यता दी गई है।

जैवमंडलीय आरक्षित क्षेत्रों की स्थापना के निम्नलिखित उद्देश्य होते हैं-

a. जैव-विविधता और पारिस्थितिकी तंत्र को दीर्घकालिक संरक्षण प्रदान करना।

b. वनस्पतियों, जीव-जन्तुओं तथा सूक्ष्म जीवों की विविधता एवं संपूर्णता को बनाए रखना।

c. जैव-विविधता के क्षेत्र में शिक्षण प्रशिक्षण एवं शोध कार्य को प्रोत्साहित करना।

d. स्थानीय समुदायों के विकास की व्यवस्था करना, ताकि जैव संपदा पर उनकी निर्भरता कम हो सके।

बायोस्फीयर रिजर्व की विशेषता यह है कि इनमें न केवल वनस्पतियों और जीवों को संरक्षण प्रदान किया जाता है, बल्कि इन क्षेत्रों में रहने वाले **मानव समुदायों को भी संरक्षण** प्रदान किया जाता है। पर्यावरण एवं वन मंत्रालय बायोस्फीयर रिजर्वों के संरक्षण एवं प्रबंधन के लिए संबंधित राज्य सरकारों को वित्तीय सहायता देने के साथ-साथ अनुसंधान एवं विकास परियोजनाओं को भी सहायता प्रदान करता है।

मानव एवं पर्यावरण के संबंधों को वैज्ञानिक आधार पर मजबूत करने के लिए यूनेस्को (UNESCO) द्वारा 1971 में **मानव एवं जीवमंडल कार्यक्रम** की शुरुआत की गई थी, जिसके तहत भारत सहित संपूर्ण विश्व में ऐसे क्षेत्रों की स्थापना की योजना बनाई गई। भारत में ऐसे क्षेत्र संसदीय विधान द्वारा स्थापित किए जाते हैं।

भारत में **पहला जैवमंडलीय आरक्षित क्षेत्र** (Biosphere Reserve) 1986 में यूनेस्को के सहयोग से **नीलगिरि क्षेत्र** में स्थापित किया गया। इसके बाद 1988 में **नंदादेवी** (उत्तराखंड) में दूसरे जैव मंडलीय आरक्षित क्षेत्र की स्थापना की गई। भारत में अब तक **कुल 18 जैवमंडलीय आरक्षित क्षेत्रों** की स्थापना की जा चुकी है, जोकि कुल 60 हजार वर्ग किमी. क्षेत्रफल में फैले हुए हैं। इनमें से 12 को यूनेस्को के **जैवमंडलीय आरक्षित क्षेत्रों के विश्वनेटवर्क** में मान्यता प्रदान की गई है, जो इस प्रकार हैं-

1.	नीलगिरि	(केरल, तमिलनाडु, कर्नाटक)
2.	मन्नार की खाड़ी	(तमिलनाडु)
3.	सुंदरवन	(पश्चिम बंगाल)
4.	नंदादेवी	(उत्तराखंड)
5.	नोकरेक	(मेघालय)
6.	पंचमढ़ी	(मध्य प्रदेश)
7.	सिमलीपाल	(ओडिशा)
8.	अचानकमार-अमरकण्टक	(मध्य प्रदेश, छत्तीसगढ़)
9.	ग्रेट निकोबार	(अंडमान-निकोबार द्वीप समूह)
10.	अगस्त्यमलाई	(केरल, तमिलनाडु)
11.	कंचनजंघा	(सिक्किम)
12.	पन्ना	(मध्य प्रदेश, 2018 में शामिल)

- **खंगचेंदजोंगा (कंचनजंगा)** भारत का नवीनतम जैवमंडलीय आरक्षित क्षेत्र है, जिसे 2018 में यूनेस्को के विश्व नेटवर्क में शामिल किया गया है।
- 2008 में स्थापित **कच्छ का रन** देश का **सबसे बड़ा बायोस्फीयर रिजर्व** (12454 वर्ग किमी.) है। जबकि मन्नार की खाड़ी दूसरा और सुंदरवन तीसरा सबसे बड़ा बायोस्फीयर रिजर्व है।
- 1997 में स्थापित डिब्रू सैखोवा (असम) देश का **सबसे छोटा** बायोस्फीयर रिजर्व है।
- उत्तराखण्ड में नंदा देवी राष्ट्रीय उद्यान एवं फूलों की घाटी राष्ट्रीय उद्यान दोनों को शामिल करके 1988 में **नंदा देवी जीवमंडल आरक्षित** क्षेत्र की स्थापना की गई है।
- 2009 में स्थापित **शीत मरुस्थल** (कोल्ड डेजर्ट, हिमाचल प्रदेश) भारत का **सबसे उत्तरतम** जैवमंडलीय आरक्षित क्षेत्र है।
- ग्रेट निकोबार भारत का **दक्षिणतम** जैवमंडलीय आरक्षित क्षेत्र है।
- अगस्त्यमलाई जैवमंडल आरक्षित क्षेत्र **कार्डामम पहाड़ियों** के अंतर्गत केरल एवं तमिलनाडु दोनों राज्यों में विस्तृत है। वर्ष 2001 में स्थापित इस जैवमंडल आरक्षित क्षेत्र के अंतर्गत तीन वन्यजीव अभयारण्य-**शेंदुर्नी, पेप्पारा** एवं **नेफ्यार** तथा **मुंडनथुरई टाइगर रिजर्व** शामिल हैं।

बायोस्फीयर रिजर्व को तीन मंडलों में विभक्त किया जाता है-

1. **कोर क्षेत्र (Core Zone):** केंद्रीय भाग में स्थित यह बायोस्फीयर रिजर्व का **सबसे सुरक्षित क्षेत्र** है। इसमें जीवों और वनस्पतियों की संवेदनशील स्थानिक प्रजातियाँ निवास करती हैं। इस क्षेत्र में पर्यावरणीय दशाओं के पर्यवेक्षण और नियमित मॉनिटरिंग के अलावा किसी भी प्रकार की मानवीय गतिविधियों की छूट नहीं है। इस क्षेत्र में वन्यजीव (संरक्षण) अधिनियम, 1972 के तहत संरक्षित राष्ट्रीय उद्यान या वन्य जीव अभयारण्य आते हैं।
2. **मध्यवर्ती क्षेत्र (Buffer Zone):** कोर क्षेत्र के चारों ओर का क्षेत्र बफर क्षेत्र कहलाता है। इस क्षेत्र में सीमित तौर पर पर्यटन, पर्यावरणीय शिक्षा-प्रशिक्षण और चराई आदि कार्यों की अनुमति है। इस क्षेत्र में मानव का प्रवेश कोर क्षेत्र की तुलना में अधिक होता है।
3. **संक्रमण क्षेत्र (Transition Zone)**- यह किसी बायोस्फीयर रिजर्व का सबसे बाहरी हिस्सा होता है। इसमें मानवीय बस्तियाँ, कृषि और मनोरंजन के लिए क्षेत्र तथा अन्य आर्थिक उपयोग क्षेत्र शामिल हैं। इसमें मानवीय गतिविधि की अनुमति उस सीमा तक होती है, जहाँ तक पारिस्थितिकी को पुनः सुधारा जा सके।

भारतीय वन्यजीव बोर्ड

वन्यजीव संरक्षण अधिनियम के तहत 1985 में 'भारतीय वन्यजीव बोर्ड' की स्थापना की गई, जिसकी अध्यक्षता प्रधानमंत्री करते हैं। यह बोर्ड वन्यजीव संरक्षण योजनाओं के क्रियान्वयन की निगरानी और निर्देश देने हेतु शीर्षस्थ सलाहकार एजेंसी है।

भारत के बायोस्फीयर रिजर्व

बायोस्फीयर	स्थापना	राज्य	क्षेत्रफल (वर्ग किमी.)
नीलगिरि बायोस्फीयर रिजर्व	1986	तमिलनाडु, केरल और कर्नाटक	5520
नंदा देवी राष्ट्रीय उद्यान एवं बायोस्फीयर रिजर्व	1988	उत्तराखण्ड	5860
नोकरेक बायोस्फीयर रिजर्व	1988	मेघालय	820
ग्रेट निकोबार बायोस्फीयर रिजर्व	1989	अंडमान और निकोबार द्वीप समूह	885
मन्नार की खाड़ी बायोस्फीयर रिजर्व	1989	तमिलनाडु	10500
सुंदरवन बायोस्फीयर रिजर्व	1989	पश्चिम बंगाल	9630
मानस बायोस्फीयर रिजर्व	1989	असम	2837
सिमलीपाल बायोस्फीयर रिजर्व	1994	ओडिशा	4374
डिब्रू-सैखोवा बायोस्फीयर रिजर्व	1997	असम	765
दिहांग-दिबांग बायोस्फीयर रिजर्व	1998	अरुणाचल प्रदेश	5112
पंचमढ़ी बायोस्फीयर रिजर्व	1999	मध्य प्रदेश	4926.28
कंचनजंघा बायोस्फीयर रिजर्व	2000	सिक्किम	2620
अगस्त्यमलाई बायोस्फीयर रिजर्व	2001	केरल, तमिलनाडु	3500.08
अचानकमार-अमरकंटक बायोस्फीयर रिजर्व	2005	मध्य प्रदेश, छत्तीसगढ़	3835
कच्छ का रन बायोस्फीयर रिजर्व	2008	गुजरात	12454
कोल्ड केजर्ट बायोस्फीयर रिजर्व	2009	हिमाचल प्रदेश	7770
शेषचलम पहाड़ियाँ बायोस्फीयर रिजर्व	2010	आंध्र प्रदेश	4755
पन्ना राष्ट्रीय उद्यान एवं बायोस्फीयर रिजर्व	2011	मध्य प्रदेश	2998.98

जैव मंडलीय आरक्षित क्षेत्रों की विशेषताएँ

नीलगिरि- यह तीन राज्यों **केरल, तमिलनाडु** और **कर्नाटक** में फैला हुआ है, जिसके अंतर्गत 6 राष्ट्रीय उद्यान अरलम, मुदुमलाई, मुकुर्ती, नागरहोल, बांदीपुर और साइलेंट वैली आते हैं। लुप्तप्राय **नीलगिरि ताहर** एवं **सिंह पुच्छ मैकाक** (Loin Tailed Macaque) जैसे जीव यहाँ के प्रमुख आकर्षण हैं। टोडा, कोटा, इरुल्लास, कुरुम्बस, पनियां, अदियां, चेट्टी, अल्लार, मलायन आदि इस रिजर्व में पाई जाने वाली प्रमुख जनजातियाँ हैं।

नंदादेवी- इसे फूलों की घाटी और नंदादेवी राष्ट्रीय उद्यानों को मिलाकर 1988 में बायोस्फीयर रिजर्व घोषित किया गया। फूलों की घाटी उद्यान के मध्य भाग में **पुष्पावती नदी** प्रवाहित होती है। यह एक विशाल हिमनदीय घाटी है, जो नवम्बर से मई तक हिमाच्छादित रहती है। घाटी के निचले ढालों पर ग्रीष्म ऋतु में बर्फ पिघलने पर रंगबिरंगे फूल (जून से सितंबर तक) खिल जाते हैं। फूलों की घाटी को **पिंडर वैली** भी कहते हैं। पिंड का अर्थ हिम होता है। यहाँ भारल या **भड़ल** (नीली भेड़ के नाम से भी जानी जाती है), **हिम तेंदुआ, हिमालयी काला भालू, भूरा भालू, हिमालयन कस्तूरी मृग** जैसी प्रजातियाँ पाई जाती हैं।

मन्नार की खाड़ी- भारत व श्रीलंका के मध्य स्थित यह बायोस्फीयर रिजर्व समृद्ध समुद्री पर्यावरण के लिए प्रसिद्ध है। यह रिजर्व कई प्रकार की संवेदनशील प्रजातियों जैसे व्हेल शार्क, **डुगोंग (समुद्री गाय)**, हरे समुद्री कछुए, समुद्री घोड़े, डॉल्फिन, **हॉक्सबिल कछुए** आदि का प्राकृतिक निवास स्थल है। यहाँ प्रवालों की 117 से भी अधिक प्रजातियाँ दर्ज की गई हैं। यहाँ के स्थानीय निवासियों (द्वीपों पर) में मुख्य रूप से **मारकेयर** प्रमुख हैं, जो मुख्य रूप से मत्स्य पालन करते हैं। हाल ही में इसे **रामसर साईट** के तहत अंतरराष्ट्रीय महत्त्व का आर्द्र भूमि स्थल घोषित किया गया है।

नोकरेक- मेघालय राज्य के पश्चिम में **गारो हिल्स** जिले में स्थित है। इस उद्यान में उल्लेखनीय स्थलों में **नोकेरेक पीक** और **रोंगबैंग डेयर वाटर फॉल** शामिल हैं। संरक्षित जैवमंडल का 90% भाग सदाबहार वनों से आच्छादित है। इस क्षेत्र में स्थित नोकरेक चोटी से **सिम्संग (Simsang)** नदी निकलकर बांग्लादेश में बहती है। इसे सोमेश्वरी नदी के नाम से भी जाना जाता है। प्राणियों की लुप्तप्राय प्रजातियों में **स्लो लोरिस, विशालकाय उड़न गिलहरी, पिग-टेल्ड मैकाक** और **हूलॉक गिब्बन बंदर** शामिल हैं। हूलॉक गिब्बन बंदर भारत के सबसे लुप्तप्राय बंदरों में आते हैं।

डिब्रू सैखोवा- यह जैवमंडलीय क्षेत्र असम राज्य के पूर्वी भाग में ब्रह्मपुत्र नदी के तट पर स्थित है। यह क्षेत्र स्लॉथ बीयर, ढोल (भारतीय जंगली कुत्ता), पिग टेल्ड मकाक, रीसस मकाक, कैप्ड लंगूर, हूलॉक गिब्बन, विशालकाय मलायी गिलहरी, चीनी छिपकली, गांगेय सूंस डॉल्फिन, एशियाई जल- भैंस, बार्किंग डियर जैसी प्रजातियों का आवास है।

दिहांग-देबांग- यह जैवमंडल क्षेत्र अरुणाचल प्रदेश में स्थित है, जो भारत में जैव-विविधता का दूसरा सबसे अधिक हॉटस्पॉट (पूर्वी हिमालय) है। यहाँ पाए जाने वाली प्रजातियों में लाल पांडा, कस्तूरी मृग, बाइसन, हिमालयी काला भालू, भारतीय जंगली कुत्ता (ढोल), लाल लोमड़ी, स्पॉटेड लेपर्ड, क्लाउडेड लेपर्ड, स्नो लेपर्ड, गोल्डन कैट, मार्बल कैट आदि प्रमुख हैं।

मानस- मानस राष्ट्रीय उद्यान असम में स्थित है, जिसे **यूनेस्को विश्व विरासत स्थल** के साथ-साथ एक टाइगर रिजर्व, एक हाथी रिजर्व और एक बायोस्फीयर रिजर्व का भी दर्जा प्राप्त है। यह ब्रह्मपुत्र नदी के उत्तर में हिमालय की तलहटी में स्थित है। **मानस नदी** ब्रह्मपुत्र की एक प्रमुख सहायक नदी है, जो इस राष्ट्रीय उद्यान से होकर गुजरती है। यह पार्क अपने लुप्तप्राय और दुर्लभ स्थानिक वन्यजीवों जैसे हर्पिड खरगोश, **बंगाल "फ्लोरिकन (Bengal Florican), स्वाम्प डियर** और **गोल्डन लंगूर** के लिए प्रसिद्ध है। यह राष्ट्रीय उद्यान अपनी जंगली भैंसों की आबादी के लिए भी प्रसिद्ध है।

सिमलीपाल- यह ओडिशा के मयूरभंज जिले के उत्तरी भाग में सिमलीपाल पठार पर स्थित है। यहाँ **सफेद बाघ** पाए जाते हैं। सेमल के वृक्षों के बहुतायत में पाए जाने के कारण इस जैव मंडल का नाम सिमलीपाल पड़ा। इस क्षेत्र को कई बारहमासी नदियाँ सिंचित करती हैं, जैसे- **वैतरणी** और **सुवर्णरेखा** इत्यादि।

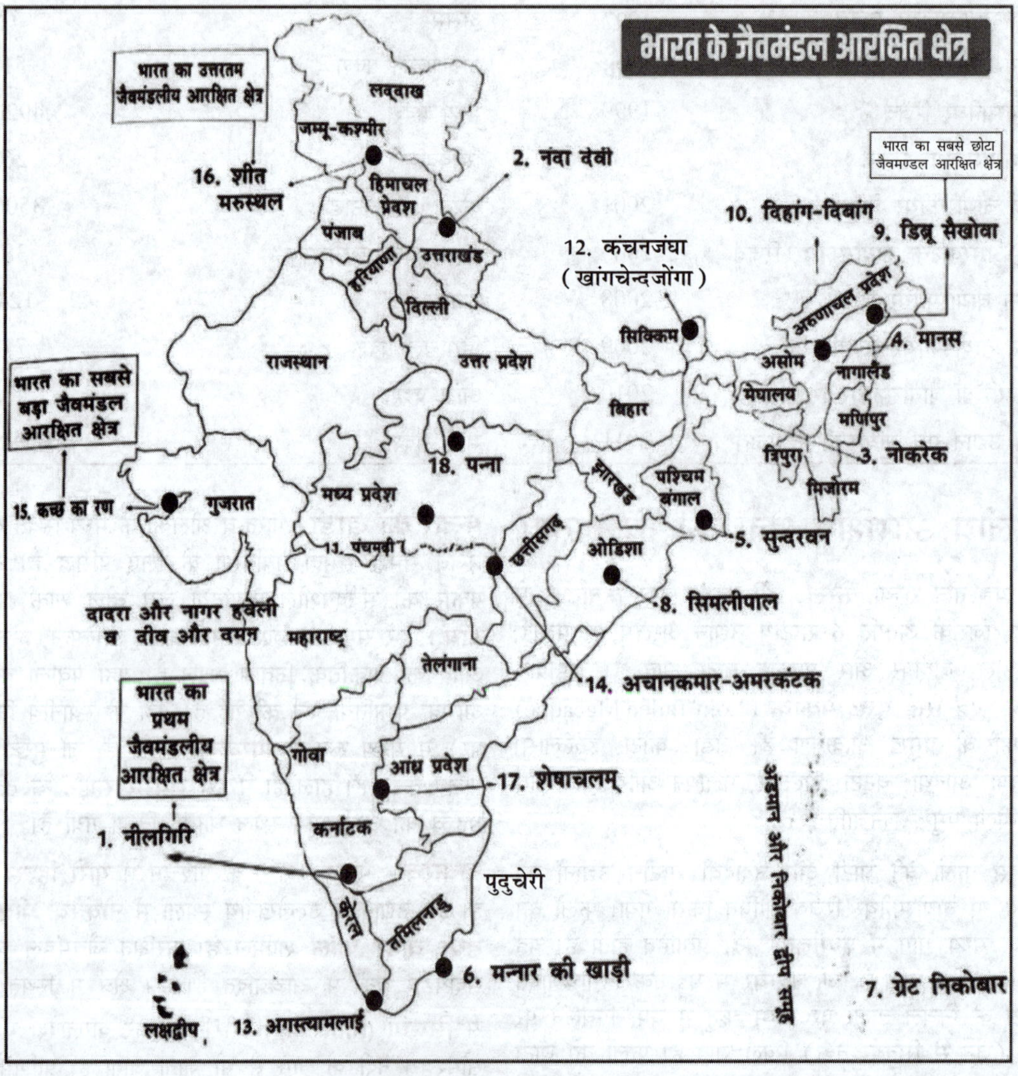

सुंदरवन- यह गंगा-ब्रह्मपुत्र नदी के सुंदरवन डेल्टा क्षेत्र में स्थित एक राष्ट्रीय उद्यान, बाघ संरक्षित क्षेत्र (Tiger Reserve) एवं बायोस्फीयर रिजर्व क्षेत्र है। यह क्षेत्र गरान (Mangrove) के घने जंगलों से घिरा हुआ है और **रॉयल बंगाल टाइगर** का सबसे बड़ा संरक्षित क्षेत्र है। यह विश्व का एकमात्र नदी डेल्टा है, जहाँ बाघ पाए जाते हैं।

अचानकमार अमरकण्टक- इस बायोस्फीयर रिजर्व का लगभग 70% छत्तीसगढ़ में और 30% मध्य प्रदेश राज्य में विस्तृत है। भारत की 2 प्रमुख नदियाँ **नर्मदा** और **सोन** इसी बायोस्फीयर रिजर्व से निकलती हैं।

कच्छ का रन- कच्छ का रन बायोस्फीयर रिजर्व गुजरात राज्य के कच्छ क्षेत्र में फैला हुआ एक नमकीन दलदली क्षेत्र है। क्षेत्रफल की दृष्टि से कच्छ का रन भारत में **सबसे बड़ा बायोस्फीयर रिजर्व** है। इस जैवमंडल क्षेत्र में **जंगली गधा (घुड़खर)** सबसे प्रमुख वन्यजीव है। यह एक लुप्तप्राय प्राणी है, जो पाकिस्तान में भी पाया जाता है।

अगस्त्यमलाई- तमिलनाडु व केरल में विस्तृत और वर्षावनों से समृद्ध यह जैवमंडल क्षेत्र दक्षिणी सह्याद्रि के अंतर्गत **कार्डामम पहाड़ी** पर स्थित है। यहाँ मुंडनथुरई (Kalakad Mundan Thurai) बाघ आरक्षित क्षेत्र भी स्थित है।

कंचनजंघा- सिक्किम राज्य के लगभग **25% क्षेत्र में विस्तृत** इस राष्ट्रीय उद्यान में विश्व की तीसरी सबसे ऊँची चोटी कंचनजंघा स्थित है। यहाँ बर्फ से ढकी पहाड़ियाँ और विभिन्न हिमनद शामिल हैं, जिसमें 26 किलोमीटर लंबी **जेमू हिमनद** प्रसिद्ध है। यह **हिम तेंदुआ, हिमालयी काला भालू, तिब्बती एंटीलोप, कस्तूरी मृग, "लाइंग गिलहरी** और **लाल पांडा** जैसे स्थानिक (Endemic) और संकटग्रस्त पशु प्रजातियों के लिए ये प्राकृतिक आवास है।

पन्ना- पन्ना बायोस्फीयर रिजर्व मध्य प्रदेश के छतरपुर और पन्ना जिले में विंध्य पर्वतश्रृंखला के अंतर्गत फैला हुआ है। **केन नदी** इस उद्यान के मध्य से होकर प्रवाहित होती है। पन्ना राष्ट्रीय उद्यान 1981 में बनाया गया था, जिसे 1994 में भारत सरकार द्वारा टाइगर रिजर्व घोषित किया गया था। **लाल सिर वाला गिद्ध**, बार-हेडेड हंस, हनी बुजार्ड समेत इस क्षेत्र में गिद्ध की 6 प्रजातियाँ पाई जाती हैं।

ग्रेट निकोबार- यहाँ मकैक बन्दर (जो केकड़े खाने के लिए प्रसिद्ध हैं) डुगॉन्ग (समुद्री गाय), निकोबार मेगापोड, सर्प चील, खारे पानी के मगरमच्छ और जालीदार अजगर जैसी लुप्तप्राय प्रजातियाँ पाई जाती हैं। निकोबारी व शोम्पेंन इस क्षेत्र की मुख्य जनजातियाँ हैं, जो आज भी आदिम तरीके से जीवन-यापन करने के लिए जानी जाती हैं।

शेषाचलम- 2010 में शेषाचलम को आंध्र प्रदेश का पहला जैवमंडल आरक्षित क्षेत्र घोषित किया गया। यह आंध्र प्रदेश के शेषाचलम पहाड़ियों को सम्मिलित कर बनाया गया है। यह क्षेत्र **लाल रक्त चंदन के वृक्षों** के लिए प्रसिद्ध है। **पेन्नार** इस जैवमंडल क्षेत्र में बहने वाली मुख्य नदी है। तिरुपति मंदिर भी इस बायोस्फीयर रिजर्व के अंतर्गत आता है।

कोल्ड डेजर्ट- यह हिमाचल प्रदेश में **अत्यंत ऊँचाई पर** स्थित है और बर्फ से आच्छादित रहता है। **पिन वैली नेशनल पार्क** और **चंद्रताल** इसके अंतर्गत आते हैं। हिम तेंदुआ इस क्षेत्र की सबसे प्रमुख जीव प्रजाति है।

राष्ट्रीय उद्यान
(National Park)

जहाँ जैवमंडलीय आरक्षित क्षेत्रों की स्थापना यूनेस्को के सहयोग से **मानव एवं जीव मंडल कार्यक्रम** (1971) के अंतर्गत भारत सहित सम्पूर्ण विश्व में की गई है, वहीं राष्ट्रीय उद्यानों की स्थापना वन्यजीव संरक्षण अधिनियम, 1972 के अंतर्गत की जाती है। 1972 तक भारत में केवल पाँच राष्ट्रीय उद्यान थे।

राष्ट्रीय उद्यानों की स्थापना केंद्र सरकार द्वारा वन्यजीवों **के प्राकृतिक आवास (शरणस्थली) के संरक्षण** के लिए की जाती है, अर्थात् राष्ट्रीय उद्यान **आवास आधारित** होते हैं। यहाँ किसी भी प्रकार के मानवीय हस्तक्षेप, कटाई, चराई एवं प्राकृतिक आवास को नुकसान पहुँचाने वाली किसी भी गतिविधि पर पूर्णत: प्रतिबंध होता है। यहाँ विशेष प्राकृतिक आवास में सभी प्रकार के जीव-जन्तुओं का संरक्षण किया जाता है। राष्ट्रीय उद्यान किसी विशिष्ट संकटापन्न जंगली पशु जैसे बाघ, गैंडा, मगरमच्छ, हिम तेंदुआ, दरियाई घोड़ा, हाथी इत्यादि के संरक्षण एवं प्राकृतिक आवास उपलब्ध कराने के लिए स्थापित किए जाते हैं। ये जंगली जानवरों को **रहने और प्रजनन के लिए एक सुरक्षित वातावरण** प्रदान करते हैं।

राष्ट्रीय उद्यान वर्तमान में 247 से अधिक प्रकार के लुप्तप्राय या संकटग्रस्त पौधों और जानवरों की रक्षा करते हैं।

जिम कार्बेट भारत का **प्रथम राष्ट्रीय उद्यान** है, जिसे 1936 में बंगाल टाइगर के संरक्षण के लिए उत्तराखंड के नैनीताल जिले में **हैली नेशनल पार्क** के नाम से स्थापित किया गया था। यह टाइगर प्रोजेक्ट अभियान के तहत आने वाला पहला राष्ट्रीय उद्यान था।

राष्ट्रीय उद्यान संबंधी प्रमुख तथ्य

- सर्वाधिक 11 राष्ट्रीय उद्यान **मध्य प्रदेश** में घोषित किए गए हैं।
- केंद्रशासित प्रदेश लद्दाख की राजधानी लेह में **स्थित हेमिस हाई (Hemis High)** भारत का **सबसे बड़ा राष्ट्रीय उद्यान** (3350 वर्ग किमी.) है।
- अंडमान में स्थित **साउथ बटन आइलैंड** राष्ट्रीय उद्यान देश का सबसे छोटा राष्ट्रीय उद्यान है। इसे रानी झाँसी मरीन राष्ट्रीय उद्यान के हिस्से के रूप में जाना जाता है।
- मरीन राष्ट्रीय उद्यान अंडमान निकोबार के 15 द्वीपों में फैला हुआ है।
- 1982 में स्थापित **कच्छ की खाड़ी मरीन राष्ट्रीय उद्यान** (गुजरात) भारत का पहला समुद्री राष्ट्रीय उद्यान था। यह कच्छ की खाड़ी के दक्षिण में द्वारका जिले में स्थापित है।

- इंदिरा गाँधी (अन्नामलाई) राष्ट्रीय उद्यान, तमिलनाडु को **टॉप स्लिप** के नाम से भी जानते हैं।
- **सिक्किम राज्य** के क्षेत्रफल का अधिकतम प्रतिशत भाग राष्ट्रीय उद्यानों के अंतर्गत है।
- लाहौल एवं स्पीति जिलों में स्थित **पिन वैली राष्ट्रीय उद्यान** (हिमाचल प्रदेश) बर्फीले क्षेत्रों के जीवों (हिम तेंदुआ, हिम भालू) के संरक्षण के लिए स्थापित किया गया है।
- मध्य प्रदेश का कान्हा राष्ट्रीय उद्यान **बारहसिंघों** के लिए प्रसिद्ध है।
- मणिपुर की लोकटक झील में स्थित केबुल लामजाओ राष्ट्रीय उद्यान विश्व का एकमात्र तैरता हुआ राष्ट्रीय उद्यान है।
- घड़ियालों की सर्वाधिक संख्या **भितरकनिका राष्ट्रीय उद्यान** (ओडिशा) में है।
- विश्व में सर्वाधिक **एक सींग वाले गैंडे** काजीरंगा राष्ट्रीय उद्यान (असम) में पाए जाते हैं। इसके अलावा मानस (असम) और जल्दापाड़ा राष्ट्रीय उद्यान (पश्चिम बंगाल) में भी गैंडे संरक्षित हैं।
- थामिन मृग मणिपुर में, हांगुल मृग दाचीगम राष्ट्रीय उद्यान (जम्मू-कश्मीर) में और ब्लैकबक राजस्थान में पाया जाता है।
- ओलिव रिडले कछुवा भितरकनिका राष्ट्रीय उद्यान में पाया जाता है।
- एशियाई शेर गिर राष्ट्रीय उद्यान (गुजरात) में पाए जाते हैं।
- कुद्रेमुख राष्ट्रीय उद्यान का मुख्य आकर्षण **सिंह पुच्छ बंदर (Lion Tailed Macaque)** है।
- वर्ष 2021 में असम सरकार ने **देहिंग पटकाई वन्य जीव अभयारण्य** को राज्य का **सातवाँ राष्ट्रीय उद्यान** घोषित किया। यह उद्यान देहिंग पटकाई एलीफैंट रिजर्व के भीतर स्थित है।
- जब कोई प्रजाति अपने प्राकृतिक आवास में 40 वर्ष से नहीं देखी गई हो तो उसे विलुप्त माना जाता है।

भारत में राष्ट्रीय उद्यानों का अद्यतन विवरण

राज्य/केंद्रशासित प्रदेश	राष्ट्रीय उद्यान	गठन वर्ष	जिला
मध्य प्रदेश (11)	1. बांधवगढ़ राष्ट्रीय उद्यान	1968	उमरिया
	2. जीवाश्म राष्ट्रीय उद्यान	1983	मण्डला
	3. कान्हा राष्ट्रीय उद्यान	1955	मण्डला, बालाघाट, डिंडोरी
	4. माधव राष्ट्रीय उद्यान	1959	पन्ना, छतरपुर
	5. पेंच (इंदिरा प्रियदर्शिनी) राष्ट्रीय उद्यान	1975	सिवनी, छिंदवाड़ा
	6. संजय राष्ट्रीय उद्यान	1981	सिद्धी
	7. सतपुड़ा राष्ट्रीय उद्यान	1981	पंचमढ़ी
	8. पन्ना राष्ट्रीय उद्यान	1981	पन्ना
	9. वन-विहार राष्ट्रीय उद्यान	1979	भोपाल
	10. डायनॉसोर राष्ट्रीय उद्यान	2011	धार
	11. कूनो राष्ट्रीय उद्यान	2018	श्योपुर, मुरैना
असम (7)	1. काजीरंगा राष्ट्रीय उद्यान	1974	गोलाघाट, नागाँव सोनितपुर
	2. मानस राष्ट्रीय उद्यान	1990	बारपेटा, वोंगाइगाँव
	3. नामेरी राष्ट्रीय उद्यान	1998	सोनितपुर
	4. डिब्रू-सैखोवा राष्ट्रीय उद्यान	1999	तिनसुकिया एवं डिब्रूगढ़
	5. ओरंग राष्ट्रीय उद्यान	1999	दरांग एवं सोनितपुर
	6. रायमोना राष्ट्रीय उद्यान	2021	कोकराझार
	7. देहिंग पटकोई राष्ट्रीय उद्यान	2021	डिब्रूगढ़, तिनसुकिया एवं शिवसागर

अंडमान व निकोबार द्वीप समूह (6)	1. महात्मा गाँधी मरीन राष्ट्रीय उद्यान	1983	अंडमान
	2. माउंट हैरियट (मणिपुर) राष्ट्रीय उद्यान	1987	अंडमान
	3. सैडल पीक राष्ट्रीय उद्यान	1987	अंडमान
	4. कैम्पवेल बे राष्ट्रीय उद्यान	1992	निकोबार
	5. गलाथिया बे राष्ट्रीय उद्यान	1992	निकोबार
	6. रानी झाँसी मरीन राष्ट्रीय उद्यान	1996	अंडमान
केरल (6)	1. इराविकुलम राष्ट्रीय उद्यान	1978	इदुक्की
	2. पेरियार राष्ट्रीय उद्यान	1982	इदुक्की, क्विलोन
	3. साइलैंट वैली राष्ट्रीय उद्यान	1984	पलक्कड़
	4. पम्पादम शोला राष्ट्रीय उद्यान	2003	इदुक्की
	5. अन्नाइमुड़ी शोला राष्ट्रीय उद्यान	2003	इदुक्की
	6. मधिकेट्टन शोला राष्ट्रीय उद्यान	2003	इदुक्की
महाराष्ट्र (6)	1. तदोबा अंधारी राष्ट्रीय उद्यान	1955	चन्द्रपुर
	2. गुगालल राष्ट्रीय उद्यान	1975	अमरावती
	3. नवेगांव राष्ट्रीय उद्यान	1975	गोंडिया
	4. पेंच राष्ट्रीय उद्यान	1975	नागपुर
	5. संजय गाँधी (बोरीवली) राष्ट्रीय उद्यान	1983	थाणे, मुम्बई
	6. चंदोली राष्ट्रीय उद्यान	2004	सांग्ली
उत्तराखण्ड (6)	1. कार्बेट राष्ट्रीय उद्यान	1936	नैनीताल, पौड़ी-गढ़वाल
	2. नंदादेवी राष्ट्रीय उद्यान	1982	चमोली
	3. फूलों की घाटी राष्ट्रीय उद्यान	1982	चमोली
	4. राजाजी राष्ट्रीय उद्यान	1983	देहरादून, पौड़ी गढ़वाल, हरिद्वार
	5. गंगोत्री राष्ट्रीय उद्यान	1989	उत्तरकाशी
	6. गोविन्द पशु विहार राष्ट्रीय उद्यान	1990	उत्तरकाशी
पश्चिम बंगाल (6)	1. सुन्दरवन राष्ट्रीय उद्यान	1984	उत्तरी, दक्षिणी 24 परगना
	2. नेवोरा घाटी राष्ट्रीय उद्यान	1986	दार्जिलिंग
	3. सिंगालीला राष्ट्रीय उद्यान	1986	दार्जिलिंग
	4. बुक्सा राष्ट्रीय उद्यान	1992	जलपाईगुड़ी
	5. गोरूमारा राष्ट्रीय उद्यान	1992	जलपाईगुड़ी
	6. जलदापारा राष्ट्रीय उद्यान	2014	जलदापारा
हिमाचल प्रदेश (5)	1. ग्रेट हिमालयन राष्ट्रीय उद्यान	1984	कुल्लू
	2. पिन वैली राष्ट्रीय उद्यान	1987	लाहुल एवं स्पीति
	3. इंदरकिला राष्ट्रीय उद्यान	2010	कुल्लू
	4. खिरगंगा राष्ट्रीय उद्यान	2010	कुल्लू
	5. सिमबलबारा राष्ट्रीय उद्यान	2010	सिरमौर

कर्नाटक (5)	1. बांदीपुर राष्ट्रीय उद्यान	1974	मैसूर एवं चामराज नगर
	2. बन्नेरघट्टा राष्ट्रीय उद्यान	1974	बैंगलुरु
	3. अंशी राष्ट्रीय उद्यान	1987	उत्तरी कन्नड़
	4. कुद्रेमुख राष्ट्रीय उद्यान	1987	चिकमंगलुर, दक्षिण कन्नड़
	5. नागरहोल राष्ट्रीय उद्यान	1988	कोडागू, मैसूर
राजस्थान (5)	1. सरिस्का राष्ट्रीय उद्यान	1979	अलवर
	2. रणथम्भौर राष्ट्रीय उद्यान	1980	सवाई माधोपुर
	3. केवलादेव घाना राष्ट्रीय उद्यान	1981	भरतपुर
	4. डेजर्ट (मरुस्थल) राष्ट्रीय उद्यान	1992	जैसलमेर, बाड़मेर
	5. मुकुंद्रा हिल्स (दर्राह) राष्ट्रीय उद्यान	2006	कोटा
तमिलनाडु (5)	1. गुइंडी राष्ट्रीय उद्यान	1976	चेन्नई
	2. मन्नार की खाड़ी मरीन राष्ट्रीय उद्यान	1980	रामनाथपुरम, तूतीकोरिन
	3. इंदिरा गाँधी (अन्नामलाई) राष्ट्रीय उद्यान	1989	कोयम्बटूर
	4. मुदुमलाई राष्ट्रीय उद्यान	1990	नीलगिरि
	5. मुकुर्थी राष्ट्रीय उद्यान	1990	नीलगिरि
गुजरात (4)	1. गिर वन राष्ट्रीय उद्यान	1975	जूनागढ़
	2. ब्लैकबक राष्ट्रीय उद्यान	1976	भावनगर
	3. बंसदा राष्ट्रीय उद्यान	1979	नवसारी
	4. मरीन (कच्छ की खाड़ी) राष्ट्रीय उद्यान	1982	जामनगर
जम्मू-कश्मीर (4)	1. दाचीगाम राष्ट्रीय उद्यान	1981	श्रीनगर एवं पुलवामा
	2. किश्तवार राष्ट्रीय उद्यान	1981	किश्तवार एवं डोडा
	3. सिटी फॉरेस्ट (सलीम अली) राष्ट्रीय उद्यान	1992	श्रीनगर
	4. काजीनाग	2007	बारामुला
तेलंगाना (3)	1. मृगावनी राष्ट्रीय उद्यान	1994	रंगारेड्डी
	2. कायसु ब्रह्मानन्द रेड्डी राष्ट्रीय उद्यान	1994	हैदराबाद
	3. महावरी हरिना वनस्थली राष्ट्रीय उद्यान	1994	हंगारेड्डी
आंध्र प्रदेश (3)	1. श्री वेंकटेश्वर राष्ट्रीय उद्यान	1989	चित्तूर एवं कुडप्पा
	2. राजीव गाँधी (रामेश्वरम्) राष्ट्रीय उद्यान	2005	कुडप्पा
	3. पापीकोंडा राष्ट्रीय उद्यान	2008	पूर्व एवं पश्चिम गोदावरी
छत्तीसगढ़ (3)	1. गुरु घासीदास राष्ट्रीय उद्यान	1981	सरगुजा एवं कोरिया
	2. कांगेर घाटी राष्ट्रीय उद्यान	1982	बस्तर
	3. इंद्रावती (कुटरू) राष्ट्रीय उद्यान	1982	दंतेवाड़ा
अरुणाचल प्रदेश (2)	1. नामदा राष्ट्रीय उद्यान	1983	चंगलांग
	2. माउलिंग राष्ट्रीय उद्यान	1986	अपर सियांग
हरियाणा (2)	1. सुल्तानपुर राष्ट्रीय उद्यान	1989	गुरुग्राम (गुड़गाँव)
	2. कालेसर राष्ट्रीय उद्यान	2003	यमुना नगर

मणिपुर (2)	1. केइबुल-लामजाओ राष्ट्रीय उद्यान	1977	बिशनपुर
	2. सिरोही राष्ट्रीय उद्यान	1982	इम्फाल पूर्व
मेघालय (2)	1. बालफक्रम राष्ट्रीय उद्यान	1985	दक्षिणी गारो हिल्स
	2. नॉकरेक रिज राष्ट्रीय उद्यान	1986	पूर्वी गारो हिल्स
मिजोरम (2)	1. मुर्लेन राष्ट्रीय उद्यान	1991	चम्फई
	2. फावंगफुई (ब्लू माउंटेन) राष्ट्रीय उद्यान	1992	लवगतलई
ओडिशा (2)	1. सिमलीपाल राष्ट्रीय उद्यान	1980	मयूरभंज
	2. भीतरकनिका राष्ट्रीय उद्यान	1988	केंद्रपारा
त्रिपुरा (2)	1. बाइसन (राजबरी) राष्ट्रीय उद्यान	2007	दक्षिणी त्रिपुरा
	2. क्लाउडेड लेपर्ड राष्ट्रीय उद्यान	2007	पश्चिमी त्रिपुरा
बिहार (1)	1. वाल्मीकि राष्ट्रीय उद्यान	1989	पश्चिमी चंपारण
गोवा (1)	1. भगवान महावरी मोल्लेम राष्ट्रीय उद्यान	1992	उत्तरी गोवा
लद्दाख (1)	1. हेमिस राष्ट्रीय उद्यान	1981	लेह
झारखण्ड (1)	1. बेतला राष्ट्रीय उद्यान	1986	लातेहार
नागालैण्ड (1)	1. इंटांकी राष्ट्रीय उद्यान	1993	दीमापुर
सिक्किम (1)	1. कंचनजंघा राष्ट्रीय उद्यान	1977	उत्तरी सिक्किम
उत्तर प्रदेश (1)	1. दुधवा राष्ट्रीय उद्यान	1977	लखीमपुर-खीरी

जैवमंडलीय आरक्षित क्षेत्र राष्ट्रीय उद्यान एवं वन्यजीव अभयारण्य में अंतर-

a. जैव-मंडलीय आरक्षित क्षेत्र- ये **संपूर्ण पारिस्थितिकी** को संरक्षित करने के लिए स्थापित किए जाते हैं। इसके कोर क्षेत्र में शोध एवं मॉनिटरिंग के अलावा किसी भी प्रकार के मानवीय गतिविधि (पर्यटन, वाणिज्यिक गतिविधि) पर पूर्णतया प्रतिबंध है। कोर क्षेत्र के बाहर मध्यवर्ती क्षेत्र में पर्यटन, वाणिज्यिक गतिविधि, एवं चराई की अनुमति है।

b. राष्ट्रीय उद्यान- ये प्राकृतिक आवास की सुरक्षा के लिए स्थापित किए जाते हैं और इसकी भौगोलिक सीमा विधिक प्रक्रिया द्वारा स्पष्ट रूप से निर्धारित होती है। यहाँ किसी भी प्रकार के **मानवीय हस्तक्षेप पर पूर्णतः प्रतिबन्ध** है। शिकार, कटाई, चराई या प्राकृतिक आवास को नुकसान पहुँचाने वाली किसी भी गतिविधि पर निषेध लागू है, लेकिन **पर्यटन की अनुमति** होती है।

c. वन्यजीव अभयारण्य- ये **वन्यजीवों और वनस्पतियों** को सुरक्षा प्रदान करने के लिए स्थापित किए जाते हैं। लेकिन यहाँ मानवीय क्रियाकलापों, वाणिज्यिक गतिविधियों (पर्यटन उद्योग), जलावन लकड़ी प्राप्त करने और पशुचारण करने की छूट रहती है। इसकी भौगोलिक सीमा स्पष्ट रूप से निर्धारित नहीं होती।

वर्तमान में भारत के 7 प्राकृतिक स्थल यूनेस्को की विश्व धरोहर स्थलों की सूची में शामिल किए जा चुके हैं-

1.	ग्रेट हिमालयन राष्ट्रीय उद्यान	कुल्लू घाटी, हिमाचल प्रदेश
2.	पश्चिमी घाट	भारत के छह राज्यों में विस्तृत
3.	काजीरंगा राष्ट्रीय उद्यान	असम
4.	मानस राष्ट्रीय उद्यान	असम
5.	नंदा देवी और फूलों की घाटी राष्ट्रीय उद्यान	उत्तराखण्ड
6.	सुंदरवन राष्ट्रीय उद्यान	पश्चिम बंगाल
7.	केवलादेव घाना राष्ट्रीय उद्यान	राजस्थान

वन्य जीव अभयारण्य
(Wild Life Sanctuary)

वर्तमान में भारत में कुल 564 वन्यजीव अभयारण्य घोषित किए गए हैं, जिनमें से सर्वाधिक 96 अभयारण्य अंडमान और निकोबार द्वीप समूह में हैं। कुछ महत्त्वपूर्ण अभयारण्य इस प्रकार हैं-

ओडिशा	1. सतकोसिया
	2. नन्दन कानन (भुवनेश्वर)
	3. चन्दका
	4. चिल्का झील
	5. भीतरकनिका
	6. गहीरमाथा
	7. सिमलीपाल
आंध्र प्रदेश	1. नागार्जुन सागर-श्री शैलम
	2. इटूरनगरम्
	3. कोलेरू
	4. पुलिकट
	5. कोरिंगा
कर्नाटक	1. भद्रा
	2. डांडेली
	3. रंगाथिट्टू
	4. घाटप्रभा
तमिलनाडु	1. वेदांथगल
	2. प्वाइंट कैलीमेरे
	3. मुंडनथुरई
	4. कालाकड़
मध्य प्रदेश	1. बोरी-सतपुड़ा
	2. पंचमढ़ी
	3. राष्ट्रीय चंबल
	4. सोन घड़ियाल
केरल	1. वेनर्द
	2. नय्यर
	3. थट्टेकाड़ पक्षी
	4. इडुक्की
झारखण्ड	1. पलामू
	2. हजारीबाग
	3. डालमा
	4. पारसनाथ
महाराष्ट्र	1. कन्हेरी
	2. मेलघाट
	3. कलसुबाई
	4. बोर
उत्तर प्रदेश	1. चन्द्रप्रभा (वाराणसी)
	2. बखिरा
	3. महावीर स्वामी
	4. ओखला पक्षी
राजस्थान	1. माउंट आबू
	2. ताल छप्पर
	3. सरिस्का
	4. राष्ट्रीय चंबल
असम	1. गरमपानी
	2. दिपोर बील
	3. पूर्वी कार्बी आंगलांग
बिहार	1. गौतमबुद्ध (गया)
	2. कैमूर
	3. भीमबाँध
हिमाचल प्रदेश	1. गोविन्द सागर
	2. शिकारी देवी (मंडी)
पंजाब	1. अबोहर
	2. हरिके झील
अरुणाचल प्रदेश	1. पखुई-बामेरी
गोवा	1. भगवान महावीर
मिजोरम	1. डम्पा

पक्षी अभयारण्य

भारत में पक्षियों का पहला अभयारण्य वेदाथंगल (तमिलनाडु) में स्थापित किया गया। कुछ प्रमुख पक्षी अभयारण्य इस प्रकार हैं–

1.	नालापट्टी पक्षी अभयारण्य	नेल्लौर (आंध्र प्रदेश)
2.	चिल्का पक्षी अभयारण्य	ओडिशा
3.	रंगाथिट्टू पक्षी अभयारण्य	मैसूर (कर्नाटक)
4.	बाँकापुर मोर अभयारण्य	कर्नाटक
5.	डॉ. सलिम अली पक्षी विहार	थट्टेकाड (केरल)
6.	कुमारकोम पक्षी विहार	कुट्टनाडू (कोट्टायम, केरल)
7.	बखिरा पक्षी अभयारण्य	खलीलाबाद (उत्तर प्रदेश)
8.	डॉ. सलिम अली पक्षी विहार	चोराओ (गोवा)

9.	खिजाड़िया पक्षी विहार	जामनगर (गुजरात)
10.	नल सरोवर पक्षी विहार	सानन्द (गुजरात)
11.	चिंतामणि कार पक्षी विहार	नरेन्द्रपुर (चौबीस परगना, पश्चिम बंगाल)
12.	वेदांथगल पक्षी अभयारण्य	चिंगलपुट (तमिलनाडु)
13.	कावर पक्षी अभयारण्य	बेगूसराय (बिहार)
14.	घाना पक्षी अभयारण्य	भरतपुर (राजस्थान)

बाघ परियोजना (Project Tiger)

स्टॉकहोम में आयोजित मानव पर्यावरण सम्मेलन, 1972 के परिप्रेक्ष्य में भारत में **पहली बाघ गणना** 1972 में की गई। इस विलुप्त होती प्रजाति के संरक्षण के लिए 1973 में वर्ल्ड वाइल्ड फंड फॉर नेचर (WWF) की सहायता से जिम कॉर्बेट राष्ट्रीय उद्यान (उत्तराखंड) में प्रोजेक्ट टाइगर की शुरुआत की गई। विश्व में सर्वाधिक बाघों का घनत्व **जिम कॉर्बेट उद्यान** में पाया जाता है। पर्यावरण एवं वन मंत्रालय की रिपोर्ट के अनुसार 1973 में जहाँ भारत में केवल 9 टाइगर रिजर्व थे, वहीं वर्ष 2021 तक देश के **18 राज्यों में कुल 53 टाइगर रिजर्व** स्थापित किए जा चुके हैं। इनमें से सर्वाधिक टाइगर रिजर्व **मध्य प्रदेश** में स्थापित किए गए हैं। बाघों की सर्वाधिक संख्या मध्य प्रदेश में ही पाई जाती है। क्षेत्रफल की दृष्टि से **नागार्जुन सागर श्रीशैलम** आंध्र प्रदेश देश का सबसे बड़ा टाइगर रिजर्व है, जबकि महाराष्ट्र में **बोर** सबसे छोटा टाइगर रिजर्व है।

बाघ गणना रिपोर्ट-2022

विश्व बाघ दिवस (29 जुलाई, 2023) पर केंद्रीय वन एवं पर्यावरण मंत्रालय द्वारा राष्ट्रीय बाघ संरक्षण प्राधिकरण (NTCA) की बाघ गणना **रिपोर्ट-2022** जारी की गई। प्रत्येक चार वर्ष के अंतराल पर देश में बाघों की गणना की जाती है। इससे पूर्व 9 अप्रैल, 2023 को प्रोजेक्ट टाइगर के पचास वर्ष पूरा होने के अवसर पर भारतीय प्रधानमंत्री ने एक अंतरिम रिपोर्ट जारी की थी।

- नवीनतम रिपोर्ट के अनुसार वर्ष 2022 तक देश में **बाघों की संख्या 3682** हो गई है। रिपोर्ट के अनुसार देश में बाघों की संख्या कम से कम 3167 और अधिकतम 3925 हो सकती है। इसलिए बाघों की संख्या 3682 मानी गई है।
- वर्ष 2018 में बाघों की संख्या 2967 थी, इस दृष्टि से 2022 तक (3682) देश में बाघों की संख्या में **715 का इजाफा** हुआ है और इन चार वर्षों में बाघों की आबादी 6.1% प्रति वर्ष की दर से बढ़ी है।
- रिपोर्ट के अनुसार सबसे ज्यादा **785 बाघ** मध्य प्रदेश में हैं। शीर्ष चार बाघों की आबादी वाले राज्य- मध्य प्रदेश (785), कर्नाटक (563), उत्तराखंड (560) और महाराष्ट्र (444) हैं।
- देश के **53 टाइगर रिजर्व** में सबसे ज्यादा 260 बाघ जिम कार्बेट टाइगर रिजर्व में हैं।
- पिछले 16 वर्षों में यानी 2006 से 2022 तक बाघों की संख्या में सर्वाधिक 275% की वृद्धि शिवालिक पर्वत और गंगा के मैदानी क्षेत्रों में हुई है। इसमें उत्तराखंड और उत्तर प्रदेश राज्य का विशेष योगदान रहा। वर्ष 2006 में उत्तर प्रदेश में जहाँ 109 बाघ थे, वहीं 2022 में **उत्तर प्रदेश में बाघों की संख्या बढ़कर 205** हो गई है।
- उत्तर भारत (उत्तराखंड, उत्तर प्रदेश), मध्य भारत (मध्य प्रदेश) और पश्चिमी घाट क्षेत्र में बाघों की संख्या में वृद्धि हुई है। जबकि पूर्वी भारत में ओडिशा, झारखंड, छत्तीसगढ़, आंध्र प्रदेश और तेलंगाना में बाघों की संख्या में कमी दर्ज की गई है।
- विश्व में जंगल में रहने वाले बाघों की 75% आबादी भारत में पाई जाती है।

भारत में बाघ आरक्षित क्षेत्रों की स्थिति

राज्य	बाघ रिजर्व	क्षेत्रफल (वर्ग किमी.)
मध्य प्रदेश	1. कान्हा	2051.791
	2. सतपुड़ा	2133.31
	3. पेंच	1179.63
	4. बांधवगढ़	1536.93
	5. पन्ना	1598.10
	6. संजय डुबरी	1674.50
महाराष्ट्र	1. मेलघाट	2768.52
	2. तदोबा-अंधेरी	1727.59
	3. पेंच	741.22
	4. सह्याद्रि	1165.57
	5. नवेगाँव नागजिरा	1894.94
	6. बोर	816.27
कर्नाटक	1. बांदीपुर	914.02
	2. भद्रा	1064.29
	3. दांदेली-अंशी (काली)	1097.51
	4. नागरहोल	1205.76
	5. बिलीगिरी रंगनाथ मंदिर	574.82

तमिलनाडु	1. कालकड-मुण्डनथुराई	1601.51
	2. अन्नामलाई	1479.87
	3. मुदुमलाई	688.59
	4. सत्यमंगलम्	1408.40
	5. श्रीविल्लिपुथुर मेघलाई	1016.57
छत्तीसगढ़	1. इंद्रावती	2799.07
	2. उदंती-सीतानदी	1842.54
	3. अचानकमार	914.02
	4. गुरु घासीदास	2829
असम	1. मानस	2837.10
	2. नमेरी	464.00
	3. ओरांग	492.46
	4. काजीरंगा	1173.58
राजस्थान	1. रणथम्भौर	1411.29
	2. सरिस्का	1213.34
	3. मुकुंद्रा हिल्स	759.99
	4. रामगढ़ विषधारी	252.79
अरुणाचल प्रदेश	1. नामदफा	2052.82
	2. पक्के	1198.45
	3. कमलांग	783
उत्तर प्रदेश	1. अमनगढ़	80.6
	2. दुधवा (विस्तार)	2201.77
	3. पीलीभीत	730.25
उत्तराखण्ड	1. जिम कॉर्बेट	1288.31
	2. राजाजी नेशनल पार्क	1075.17
ओडिशा	1. सिमलीपाल	2750
	2. सतकोसिया	963.87
पश्चिम बंगाल	1. सुंदरवन	2584.89
	2. बुक्सा	757.90
केरल	1. पेरियार	925
	2. पराम्बिकुलम	643.66
तेलंगाना	1. कवल	2015.44
	2. अमराबाद	2611.39
झारखण्ड	1. पलामू	1129.93
आंध्र प्रदेश	1. नागार्जुन - सागर - श्रीशैलम	3296.31
बिहार	1. वाल्मीकि	899.38
मिजोरम	1. दम्पा	988

जैव-विविधता : विशिष्ट तथ्य

- बोटेनिकल सर्वे ऑफ इंडिया (BSI) तथा जूलॉजिकल सर्वे ऑफ इंडिया (ZSI) दोनों संकटग्रस्त प्रजातियों की सूची तैयार करते हैं।
- जैव-विविधता से संबंधित वैश्विक संधि **कनवेंशन ऑन बायलॉजिकल डाइवर्सिटी (CBD)** में पहली बार जैव-विविधता के सभी पहलुओं पर प्रकाश डाला गया। भारत ने 1992 में इस संधि पर हस्ताक्षर किए। भारत में जैव-विविधता संरक्षण योजना 1992 में लागू हुई।
- मगरमच्छों की सर्वाधिक संख्या **भितरकनिका राष्ट्रीय उद्यान, ओडिशा** में है। भितरकनिका ब्राह्मणी और वैतरणी नदियों के डेल्टा क्षेत्र में स्थित एक मैंग्रोव (गरान) क्षेत्र है। यहाँ खारे पानी वाले मैंग्रोव वनों में मगरमच्छों और भारतीय अजगरों की संख्या सर्वाधिक है। वर्ष 2002 में इसे रामसर स्थल घोषित किया गया है। भितरकनिका के पूर्व में ही ओडिशा तट पर गहिरमाथा समुद्री अभयारण्य स्थित है।
- मगरमच्छ अभयारण्य की सर्वाधिक संख्या आंध्र प्रदेश में है।
- घड़ियालों के संरक्षण एवं सुरक्षित प्रजनन को बढ़ावा देने के लिए घड़ियाल प्रजनन परियोजना (Project Crocodile) की शुरुआत 1975 में **तिकरपाड़ा (ओडिशा)** में की गई थी। इसके अलावा लखनऊ के **कुकरैल अभयारण्य** में भी घड़ियालों का प्रजनन कार्यक्रम चलाया जाता है।
- **ऑलिव रिडले** दक्षिण अमेरिकी कछुओं की प्रजाति है, जो प्रत्येक वर्ष जाड़े के मौसम में अपने **घोंसले बनाने के लिए** भारत के पूर्वी तटों पर प्रवास करते हैं। ये कछुवे ओडिशा तट पर ब्राह्मणी और वैतरणी नदियों के मुहानों के मध्य में स्थित गहीरमाथा बालुका तट पर प्रजनन करते हैं, जोकि एक दलदलीय मैंग्रोव क्षेत्र है।
- **गिर राष्ट्रीय उद्यान** (सौराष्ट्र क्षेत्र) एशियाई शेरों (सिंह) का एकमात्र प्राकृतिक आवास है। अफ्रीका के बाहर शेर प्राकृतिक रूप से केवल भारत में पाए जाते हैं। एशियाई शेर को IUCN की लाल सूची में संकटग्रस्त (Endangered) श्रेणी में रखा गया है। इनके संरक्षण और विकास के लिए 1973 में गिर सिंह परियोजना प्रारंभ की गई थी।
- साइबेरियाई सारस **केवलादेव घाना राष्ट्रीय उद्यान** (भरतपुर, राजस्थान) में प्रजनन के लिए आते हैं। यह भारत का सबसे बड़ा पक्षी विहार भी है।
- एक सींग वाले गैंडे केवल भारत में पाए जाते हैं। काजीरंगा और मानस राष्ट्रीय उद्यान (असम) तथा जलदापाड़ा अभयारण्य (पश्चिम बंगाल) इन गैंडों की प्रमुख शरण स्थली है।

- कस्तूरी मृग के लिए हिमाचल प्रदेश का **शिकारी देवी अभयारण्य** और उत्तराखंड के बद्रीनाथ और केदारनाथ अभयारण्य प्रसिद्ध हैं। कस्तूरी पित्ताशय का हिस्सा होता है और यह केवल **नर मृग** में पाया जाता है।
- राष्ट्रीय प्राणी उद्यान **दिल्ली** में है।
- डॉक्टर सलीम अली प्रसिद्ध पक्षी विज्ञान विशेषज्ञ (Ornithologist) थे। सलीम अली पक्षी विज्ञान केंद्र- **कोयंबटूर** में, सलीम अली पक्षी अभयारण्य- **गोवा** में (मांडवी नदी के मुहाने पर स्थित मैंग्रोव वन में) और सलीम अली राष्ट्रीय उद्यान- **श्रीनगर** (जम्मू और कश्मीर) में है।
- भारत में छह समुद्री राष्ट्रीय उद्यान हैं-
  1. कच्छ की खाड़ी समुद्री राष्ट्रीय उद्यान- गुजरात।
  2. महात्मा गाँधी समुद्री राष्ट्रीय उद्यान- अंडमान और निकोबार द्वीप समूह।
  2. मालवन समुद्री अभयारण्य- महाराष्ट्र के कोंकण क्षेत्र में।
  4. गहिरमाथा समुद्री अभयारण्य- ओडिशा।
  5. मन्नार की खाड़ी समुद्री राष्ट्रीय उद्यान- तमिलनाडु।
  6. रानी झाँसी समुद्री राष्ट्रीय उद्यान- अंडमान और निकोबार द्वीप समूह।
- भारत में लाल पांडा (फायर कैट) **केवल पूर्वी हिमालय** के अंतर्गत कंचनजंघा राष्ट्रीय उद्यान (सिक्किम), नोकरेक राष्ट्रीय उद्यान (खासी पहाड़ी, मेघालय), सिंगालीला राष्ट्रीय उद्यान (दार्जिलिंग, पश्चिम बंगाल), पद्मजा नायडू हिमालयन प्राणी उद्यान (दार्जिलिंग) और नेओरा घाटी राष्ट्रीय उद्यान (कालिम्पोंग, पश्चिम बंगाल) में पाया जाता है।
- गंगा नदी में पाए जाने वाले गांगेय सूँस (नदीय डॉल्फिन) जन्मांध होते हैं। ये मछली नहीं **स्तनधारी जीव** होते हैं। इनका प्रमुख भोजन छोटी मछलियाँ होती हैं। वर्ष 2013 में डॉल्फिन को **नॉन ह्यूमन पर्सन** का दर्जा दिया गया है।
- प्रोजेक्ट टाइगर 1973 में 9 टाइगर रिजर्व की स्थापना के साथ प्रारंभ किया गया था। वर्तमान में 18 राज्यों में कुल 53 टाइगर रिजर्व स्थापित किए जा चुके हैं, जो देश में कुल भौगोलिक क्षेत्र के 2.16% भाग पर विस्तृत हैं।
- केंद्रीय पर्यावरण और वन मंत्रालय द्वारा 2020 में प्रस्तुत एक रिपोर्ट के अनुसार भारत में **तेंदुओं की संख्या** बढ़कर 12800 से अधिक हो गई है। तेंदुओं की सर्वाधिक संख्या मध्य प्रदेश (3421) में है।
- 1948 में स्थापित IUCN (**मुख्यालय- ग्लैंड, स्विट्जरलैंड**) 1969 से **रेड डाटा बुक** जारी कर रहा है। इस पुस्तक में संकटापन्न प्रजातियों की सर्वाधिक संख्या पक्षियों की है। भारत में सर्वाधिक संख्या में संकटापन्न जीव हैं। संकटापन्न जीवों को इस बुक में **गुलाबी पृष्ठ** पर दर्शाया जाता है और जैसे ही उस जीव की संख्या में बढ़ोत्तरी होने लगती है उसे **हरे पृष्ठ** पर स्थानांतरित कर दिया जाता है।
- जब कोई प्रजाति अपने प्राकृतिक आवास में 40 वर्षों से नहीं देखी गई हो तो उसे विलुप्त घोषित कर दिया जाता है।
- 1962 में स्थापित विश्व वन्यजीव कोश (World Wide Fund for Nature - WWF) का मुख्यालय **ग्लैंड** (स्विट्जरलैंड) में है और इसका प्रतीक जाइंट पांडा है। विश्व वन्यजीव कोश विश्व का सबसे बड़ा **स्वतंत्र पर्यावरण संगठन** है, जोकि UNO का भाग न होकर IUCN की सहायक संस्था है।
- **ट्रैफिक (TRAFFIC)** संगठन का संबंध जीवों और वनस्पतियों के अवैध व्यापार को नियंत्रित करने से है।

वन्यजीव संरक्षण परियोजनाएँ

परियोजना	शुभारंभ	संरक्षित क्षेत्र
बाघ परियोजना	1 अप्रैल, 1973	कॉर्बेट नेशनल पार्क
सिंह परियोजना	1972	गिर उद्यान
हांगुल परियोजना	1970	दाचीगम उद्यान
कस्तूरी मृग परियोजना	1970	केदारनाथ अभयारण्य
घड़ियाल प्रजनन परियोजना	1975	तिकरपाड़ा, ओडिशा
कछुआ संरक्षण परियोजना	1975	भितरकनिका, ओडिशा
गैंडा परियोजना	1987	मानस और काजीरंगा राष्ट्रीय उद्यान
लाल पांडा परियोजना	1992	पद्मजा नायडू हिमालयन प्राणी उद्यान
हाथी परियोजना	1992	सिंहभूम जिला

प्रमुख संरक्षित प्रजातियाँ : एक दृष्टि

	प्रमुख संरक्षित क्षेत्र		संरक्षित प्रजातियाँ
1.	केबुल लामजाओ (मणिपुर)	-	संगाई हिरन
2.	मानस (असम)	-	एक सींग वाला गैंडा, हाथी
3.	काजीरंगा (असम)	-	एक सींग वाला गैंडा, हाथी
4.	जलदापाड़ा (पश्चिम बंगाल)	-	एक सींग वाला गैंडा
5.	भितरकनिका (ओडिशा)	-	मगरमच्छ

6.	तिकरपाड़ा (ओडिशा)	–	मगरमच्छ
7.	गहिरमाथा (ओडिशा)	–	ऑलिव रिडले कछुआ
8.	गिर (गुजरात)	–	एशियाई शेर
9.	पद्मजा नायडू प्राणी उद्यान (पश्चिम बंगाल)	–	लाल पांडा
10.	कान्हा (मध्य प्रदेश)	–	बारहसिंगा
11.	दाचीगम (जम्मू-कश्मीर)	–	हांगुल मृग, सफेद भालू
12.	शिकारी देवी (हिमाचल प्रदेश)	–	कस्तूरी मृग
13.	सलीम अली अभयारण्य (गोवा)	–	पक्षी
14.	नंदन कानन (ओडिशा)	–	घड़ियाल
15.	शतकोसिया जार्ज (ओडिशा)	–	घड़ियाल
16.	रंगनाथिट्टू (तमिलनाडु)	–	नागराज पक्षी
17.	पेरियार (केरल)	–	हाथी
18.	डम्पा (मिजोरम)	–	बाघ
19.	कच्छ का रन (गुजरात)	–	जंगली गधा
20.	चिल्का (ओडिशा)	–	फ्लेमिंग चिड़िया

मैंग्रोव वन या कच्छ वनस्पतियाँ (Mangrove Forest)

मैंग्रोव (कच्छ) वनस्पतियाँ उष्ण एवं उपोष्ण कटिबंधीय क्षेत्रों में समुद्र तट के साथ विस्तृत डेल्टा क्षेत्रों, पश्चजल क्षेत्रों (Back waters) नदी मुहानों और ज्वारनदमुखीय (एश्चुअरी) क्षेत्रों में **सागर के लवणीय जल से युक्त दलदली मिट्टी** में उगती हैं। मैंग्रोव क्षेत्रों में जीवों और वनस्पतियों की ऐसी प्रजातियों का संग्रहण देखा जाता है, जिनमें क्षार सहन करने की क्षमता अधिक होती है।

भारत के कुल क्षेत्रफल का **0.15% भाग** मैंग्रोव वनों से आच्छादित है। भारत में विश्व की कुल **3% मैंग्रोव वनस्पतियाँ** पाई जाती हैं। भारतीय वन सर्वेक्षण द्वारा प्रस्तुत 2021 की वनस्थिति रिपोर्ट के अनुसार भारत के तटीय क्षेत्रों में लगभग 4992 वर्ग किमी. क्षेत्र में मैंग्रोव वन फैले हुए हैं। भारत में ये वन पूर्वी और पश्चिमी तटीय

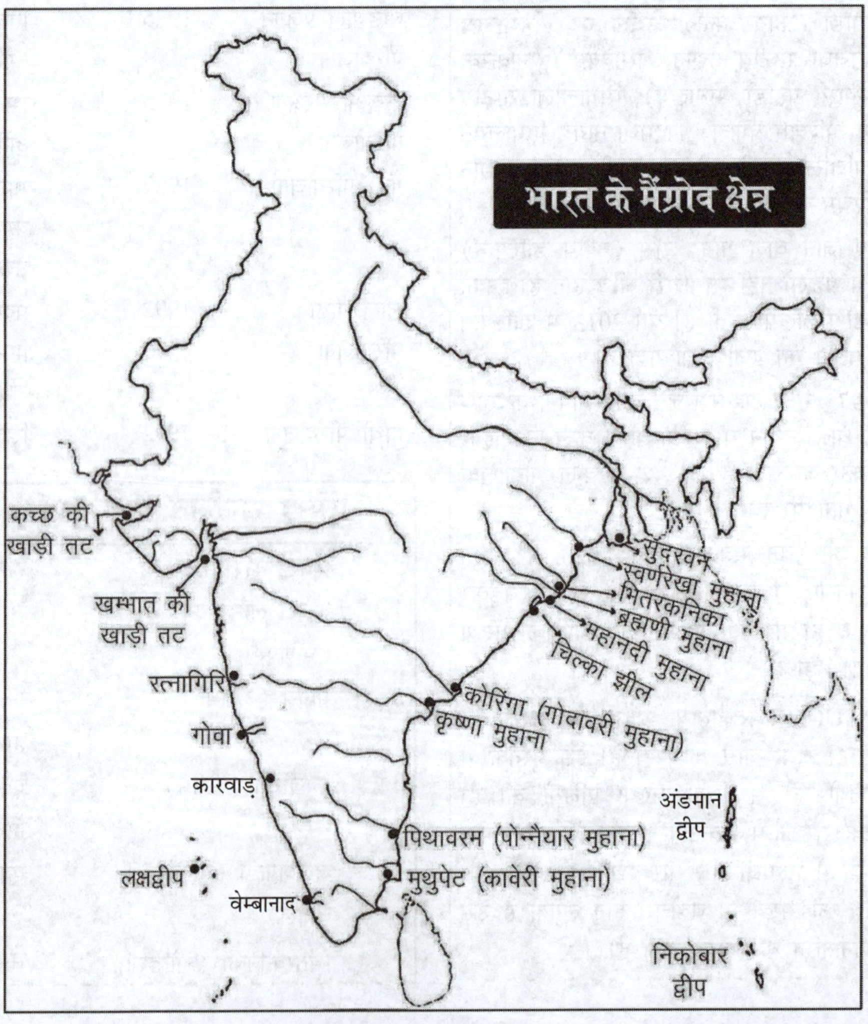

क्षेत्रों में नदी मुहानों पर कच्छ की खाड़ी, खंभात की खाड़ी, अंडमान निकोबार द्वीप समूह और लक्षद्वीप समूह में विस्तृत हैं। लेकिन इनका आधा भाग **पश्चिम बंगाल (42.45%)** में सुंदरवन डेल्टा के अंतर्गत पाया जाता है। पश्चिम बंगाल के बाद सर्वाधिक मैंग्रोव वन गुजरात (23.66%), अंडमान-निकोबार द्वीप समूह (12.39%), आंध्र प्रदेश (8.12%) और महाराष्ट्र (6.44%) में पाए जाते हैं।

ज्वार-भाटा की स्थिति में इन वनों में सागर का लवणीय जल चढ़ता और उतरता रहता है। इन वनस्पतियों की जड़ें खारे जल में डूबे रहने के कारण यहाँ मिट्टी में ऑक्सीजन की कमी रहती है और भोजन निर्माण में बाधा आती है। इसलिए इन कच्छ वनस्पतियों ने प्रतिकूल वातावरणीय दशाओं में विभिन्न अनुकूलन परिस्थितियों को विकसित किया है। इन वनस्पतियों ने **न्यूमोटोफोरस जैसी विशेष जड़ संरचना** विकसित कर ली है। ये जड़ें श्वसन क्रिया के लिए दलदली भूमि में नीचे जाने के बाद पुनः ऊपर की ओर वृद्धि करते हुए धरातल पर निकल आती हैं। इसके अलावा इन वनस्पतियों की जड़ों में **विशिष्ट स्पंदन प्रणाली** पाई जाती है, जो पोषक तत्त्वों और जल को अवशोषित करते हुए अतिरिक्त लवण को पौधों के शेष भागों में प्रवेश करने से प्रतिबंधित करती है।

मैंग्रोव वनों का महत्त्व

- मैंग्रोव वन तटीय भागों में नदी बायोम और समुद्री बायोम के मिश्रित क्षेत्र होने के कारण यहाँ **उच्च जैव उत्पादकता** और उच्च जैवभार पाया जाता है। यह दलदली क्षेत्र **समुद्री जीवों की अनेक प्रजातियों और मछलियों** के प्रारंभिक विकास के लिए नर्सरी का काम करता है, जिस कारण यहाँ जीवों और वनस्पतियों की विविधता अधिक देखी जाती है। ये क्षेत्र सागरीय जीवों और कछुओं के **अनुकूल प्रजनन स्थल** के रूप में काम करते हैं।
- मैंग्रोव वनस्पतियों की जड़ें काफी कठोर एवं सघन होती हैं, जो तटीय क्षेत्रों में मृदा के कटाव को कम करती हैं एवं समुद्री लहरों, तूफानों एवं सुनामी जैसी **प्राकृतिक आपदाओं से तटीय क्षेत्रों को सुरक्षा** प्रदान करती हैं।
- ये वनस्पतियाँ अपने विकास के लिए वायुमंडल से कार्बन डाई ऑक्साइड गैस को अवशोषित कर जैविक पदार्थों का निर्माण करती हैं। अर्थात् ये **कार्बन सिंक** के रूप में काम करती हैं, जिससे वातावरण में कार्बन डाई ऑक्साइड की मात्रा में कमी आती है और भूमंडलीय तापमान संतुलित रहता है।
- इनकी सघन और कठोर जड़ें जल के बहाव को धीमा कर नदी अवसादों और सागरीय अवसादों के जमाव में वृद्धि कर देती हैं, जिससे डेल्टा क्षेत्र सागर की तरफ बढ़ते रहते हैं और तटीय क्षेत्रों में नई भूमि का निर्माण होता है।
- राष्ट्रीय पर्यावरण नीति 2006 के अंतर्गत मैंग्रोव वनस्पतियों को महत्त्वपूर्ण तटीय पर्यावरणीय संसाधन स्वीकार किया गया है।

आर्द्रभूमियाँ
(Wetlands)

छिछले जलग्रस्त क्षेत्रों को, जो स्थायी (वर्ष भर) अथवा अस्थायी (मौसमी) रूप से जलमग्न रहते हैं और जिनकी गहराई **6 मीटर से अधिक नहीं** पाई जाती, उन्हें **आर्द्रभूमि** कहते हैं। आर्द्रभूमियाँ लवणीय या ताजे पानी वाली भी हो सकती हैं।

भारत समेत पूरे विश्व में समुद्र तटीय क्षेत्रों में स्थित डेल्टा क्षेत्रों, ज्वारनदमुखों (एश्चुएरी), मैंग्रोव वन क्षेत्रों तथा अपतटीय मूंगा क्षेत्रों और आंतरिक भागों में दलदली क्षेत्रों, नम घास क्षेत्रों (Wet Grasslands), झीलों एवं नदियों तथा मानव निर्मित धान के खेतों और मछली के तालाबों की पहचान आर्द्रभूमियों के रूप में की गई है।

आर्द्रभूमियों का महत्त्व

- ये विश्व के सबसे उच्च उत्पादकता वाले पारिस्थितिकी तंत्रों में शामिल हैं और पक्षियों, जीव-जन्तुओं, सरीसृपों और पौधों की अनेक प्रजातियों के लिए महत्त्वपूर्ण अधिवास के रूप में हैं। वनस्पतियों और जीवों की अनेक प्रजातियाँ जीवित रखने के लिए इन जलग्रस्त भूमियों पर निर्भर हैं।
- ये मानव समुदाय को ताजे जल की आपूर्ति, भोजन, भूमिगत जल का पुनर्भरण, बाढ़ नियंत्रण और जल-चक्र का नियमन जैसी अनगिनत पारिस्थितिकी तंत्र सेवाएँ प्रदान करती हैं।
- नदियों के मार्ग में स्थित आर्द्रभूमियाँ नदी अवसादों को छानकर गाद के जमाव को कम करती हैं और नदियों को जीवंत बनाए रखती हैं।
- आर्द्रभूमियाँ पारिस्थितिकी तंत्र में पोषक तत्वों के पुनर्निर्माण एवं विषैले तत्वों को निष्क्रिय बनाने में भी योगदान करती हैं, इसलिए इन्हें **प्रकृति का गुर्दा** (Kidney of Nature) भी कहा जाता है। अतः आर्द्रभूमियाँ पृथ्वी पर जीवन के अस्तित्व के लिए महत्त्वपूर्ण हैं।
- इसके बावजूद अध्ययनों से पता चलता है कि मानव के बढ़ते हस्तक्षेप के कारण विश्व की अधिकांश आर्द्रभूमियों के क्षेत्रफल और गुणवत्ता में गिरावट जारी है।

आर्द्रभूमि पारिस्थितिकी तंत्रों के संरक्षण के लिए UNESCO द्वारा 1971 में रामसर शहर (ईरान) में एक महत्त्वपूर्ण बहुपक्षीय अंतरराष्ट्रीय पर्यावरणीय सम्मेलन हुआ, जिसे रामसर समझौता (Ramsar Convention) कहा जाता है। इस सम्मेलन में अंतरराष्ट्रीय महत्त्व की आर्द्रभूमियों के संरक्षण के लिए उन्हें सूचीबद्ध करने का निर्णय लिया गया। ऐसे सूचीबद्ध स्थलों को **रामसर स्थल** (Ramsar Sites) कहा जाता है। पूरे विश्व में अब तक लगभग 2400 आर्द्रभूमियों को रामसर स्थल के रूप सूचीबद्ध किया गया है। भारत में सर्वप्रथम 1 अक्टूबर, 1981 को **चिल्का झील** (उड़ीसा) और **केवलादेव घाना राष्ट्रीय उद्यान** (राजस्थान) को **रामसर साइट**

घोषित किया गया। जबकि भारत इस समझौते में 1 फरवरी, 1982 में शामिल हुआ। पर्यावरण एवं वन मंत्रालय द्वारा अगस्त, 2024 तक भारत में 85 रामसर स्थल घोषित किए जा चुके हैं। भारत दक्षिण एशिया का सर्वाधिक रामसर साइट्स वाला देश है। सुंदरवन आर्द्रभूमि भारत का सबसे बड़ा रामसर साइट (4230 वर्ग किमी.) है। तमिलनाडु में सर्वाधिक 16 रामसर साइट्स हैं। इसके बाद उत्तर प्रदेश में सर्वाधिक 10 रामसर साइट्स हैं।

2 फरवरी, 2021 को रामसर सम्मेलन की 50वीं वर्षगांठ (2 फरवरी – World Wetlands Day) के अवसर पर भारत ने देश के पहले **आर्द्रभूमि संरक्षण और प्रबंधन केंद्र** की स्थापना की थी। इसका प्रबंधन केंद्रीय पर्यावरण वन एवं जलवायु परिवर्तन मंत्रालय द्वारा किया जाता है। वर्तमान में आर्द्रभूमियों का विनियमन आर्द्रभूमि (संरक्षण और प्रबंधन) नियम, 2017 के अंतर्गत किया जाता है।

भारत के प्रमुख रामसर साइट्स

राज्य	रामसर साइटें	पदनाम का वर्ष	क्षेत्रफल (वर्ग किमी.)
तमिलनाडु	चित्रांगुडी पक्षी अभयारण्य	अगस्त, 2022	2.6047
	सुचिंद्रम थेरूर आर्द्रभूमि परिसर	अगस्त, 2022	0.9423
	वडुवुर पक्षी अभयारण्य	अगस्त, 2022	1.1264
	कांजीरंकुलम पक्षी अभयारण्य	अगस्त, 2022	0.9689
	कारिकिली पक्षी अभयारण्य	अप्रैल, 2022	0.58
	पल्लीकरनई मार्श रिजर्व फॉरेस्ट	अप्रैल, 2022	12.48
	पिचावरम मैंग्रोव वन	अप्रैल, 2022	14.79
	मन्नार समुद्री बायोस्फीयर रिजर्व की खाड़ी	अप्रैल, 2022	527
	वेम्बन्नूर आर्द्रभूमि परिसर	अप्रैल, 2022	0.20
	वेलोड पक्षी अभयारण्य	अप्रैल, 2022	0.77
	वेदान्थांगल पक्षी अभयारण्य	अप्रैल, 2022	0.40
	उदयमर्थंडपुरम पक्षी अभयारण्य	अप्रैल, 2022	0.44
	कुंथनकुलम पक्षी अभयारण्य	नवंबर, 2021	0.72
उत्तर प्रदेश	बखिरा अभयारण्य	जून, 2021	28.94
	हैदरपुर आर्द्रभूमि	अप्रैल, 2021	69.08
	सूर सरोवर	अगस्त, 2020	4.31
	समन पक्षी अभयारण्य	दिसंबर, 2019	52.63
	पार्वती अर्ग पक्षी अभयारण्य	दिसंबर, 2019	7.22
	समसपुर पक्षी अभयारण्य	दिसंबर, 2019	79.94
	नवाबगंज पक्षी बिहार	सितंबर, 2019	2.246
	सैंडी पक्षी अभयारण्य	सितंबर, 2019	30.85
	सरसई नवर झील	सितंबर, 2019	16.13
	अपर गंगा नदी	नवंबर, 2005	265.9
जम्मू और कश्मीर	ह्यगम (Hygam) आर्द्रभूमि संरक्षण रिजर्व	अगस्त, 2022	8.01
	शालबुघ वेटलैंड कंजर्वेशन रिजर्व	अगस्त, 2022	16.75
	होकेरा आर्द्रभूमि	नवंबर, 2005	13.75
	सुरिंसर-मानसर झीलें	नवंबर, 2005	3.5

ओडिशा	तमारा झील	अगस्त, 2022	3
	हीराकुंड जलाशय	अगस्त, 2022	654
	अंसुपा झील	अगस्त, 2022	2.31
	सतकोसिया कण्ठ	अक्टूबर, 2021	982
गुजरात	वाधवाना आर्द्रभूमि	अप्रैल, 2021	6.30
	थोल झील	अप्रैल, 2021	6.99
	खिजड़िया वन्यजीव अभयारण्य	अप्रैल, 2021	5.12
	नलसरोवर पक्षी अभयारण्य	सितंबर, 2012	120
मध्य प्रदेश	यशवंत सागर	अगस्त, 2022	8.229
	साख्य सागर	जनवरी, 2022	2.48
	सिरपुर आर्द्रभूमि	जनवरी, 2022	1.61
पंजाब	व्यास संरक्षण रिजर्व	सितंबर, 2019	64.289
	केशोपुर-मियां कम्युनिटी रिजर्व	सितंबर, 2019	3.439
	नंगल वन्यजीव अभयारण्य	सितंबर, 2019	1.16
महाराष्ट्र	ठाणे क्रीक	अगस्त, 2022	65.2108
	नंदूर मदमहेश्वर	जून, 2019	14.37
हिमाचल प्रदेश	चंद्रताल आर्द्रभूमि	नवंबर, 2005	0.49
	रेणुका आर्द्रभूमि	नवंबर, 2005	0.2
हरियाणा	भिंडावास वन्यजीव अभयारण्य	25 मई, 2021	4.11
	सुल्तानपुर राष्ट्रीय उद्यान	25 मई, 2021	1.43
गोवा	नंदा झील	जून, 2022	0.42
कर्नाटक	रंगनाथिट्टू पक्षी अभयारण्य	फरवरी, 2022	5.18
मिजोरम	पाला आर्द्रभूमि	अगस्त, 2021	18.50
लद्दाख	त्सो कार आर्द्रभूमि परिसर	नवंबर, 2020	95.77
उत्तराखण्ड	आसन संरक्षण रिजर्व	जुलाई, 2020	4.44
बिहार	कबरतल आर्द्रभूमि	जुलाई, 2020	26.20
महाराष्ट्र	लोनार झील	जुलाई, 2020	4.27
पश्चिम बंगाल	सुंदरवन आर्द्रभूमि	जनवरी, 2019	4230
त्रिपुरा	रुद्रसागर झील	नवंबर, 2005	2.4

महत्त्वपूर्ण पर्यावरणीय वर्ष

- चिपको आन्दोलन – 1973
- मैत्री आन्दोलन – 1995
- सामाजिक वानिकी आन्दोलन – 1976
- सामाजिक वानिकी कार्यक्रम – 1980-81
- वन्यजीव संरक्षण अधिनियम – 1972
- वन संरक्षण अधिनियम – 1980
- पर्यावरण संरक्षण अधिनियम – 1986
- भारतीय वन्य जीव बोर्ड – 1985
- पहला बायोस्फीयर रिजर्व – 1986
- पर्यावरण विभाग – 1980
- कार्बेट राष्ट्रीय उद्यान – 1936

- बाघ परियोजना (कार्बेट में) – 1 अप्रैल, 1973
- हाथी परियोजना (सिंहभूम में) – 1992
- गिरसिंह परियोजना – 1972
- गैंडा परियोजना – 1987
- कछुआ संरक्षण परियोजना (भितरकनिका में) – 1975
- घड़ियाल प्रजनन परियोजना (तिकरपाड़ा में) – 1975
- प्राकृतिक संरक्षण के लिए अंतरराष्ट्रीय संघ (IUCN) – 1948
- विश्व वन्यजीव कोश (WWF) – 1961
- संयुक्त राष्ट्र पर्यावरण कार्यक्रम (UNEP) – 1972
- केंद्रीय चिड़ियाघर प्राधिकरण – 1992
- भारत में यूरो मानदण्ड – 1992
- एमनेस्टी इंटरनेशनल (लंदन) – 1961
- ग्रीन पीस (एमस्टर्डम) – 1971
- ह्यूमन राइट्स वाच (न्यूयॉर्क) – 1978
- रेडक्रास (जेनेवा) – 1863
- विश्व विरासत संधि – 1972
- कार्टाजेना प्रोटोकाल – 2000
- जैवविविधता संधि (CBD) – 1992
- वन महोत्सव का प्रारम्भ – 1952
- नेशनल वाइल्ड लाइफ एक्शन प्लान – 1983
- राष्ट्रीय वन आयोग का गठन – 2004
- स्वतंत्र भारत की पहली वन नीति – 1952
- संशोधित वन नीति – 1988
- राष्ट्रीय वन आयोग का गठन – 2004
- केंद्रीय मृदा संरक्षण बोर्ड – 1953
- केंद्रीय प्रदूषण नियंत्रण बोर्ड – 1974
- जैविक एवं रासायनिक हथियार-समझौता – 1975
- इकोमार्क का प्रारम्भ – 1991
- गंगा एक्शन प्लान – 1985
- राष्ट्रीय नदी संरक्षण कार्य योजना – 1995
- यमुना एक्शन प्लान – 1993
- राष्ट्रीय गंगा नदी बेसिन प्राधिकरण – 2009
- यूरोमानक का प्रारम्भ – 1999
- राष्ट्रीय हरित न्यायाधिकरण – 2010

पर्यावरण संबंधी अनुसंधान संस्थान

संस्थान		स्थान
राष्ट्रीय जैवविविधता प्राधिकरण	–	चेन्नई
इण्डियन फॉरेस्ट कॉलेज	–	देहरादून
भारतीय वन सर्वेक्षण केंद्र	–	देहरादून
भारतीय वन अनुसंधान संस्थान	–	देहरादून
भारतीय वन्यजीव संस्थान	–	देहरादून
इंडियन फॉरेस्ट रेंजर कॉलेज	–	देहरादून
भारतीय वन्यजीव अनुसंधान संस्थान	–	देहरादून
भारतीय वनस्पति उद्यान	–	कोलकाता
भारतीय प्राणी विज्ञान सर्वेक्षण केंद्र	–	कोलकाता
भारत का सबसे विशाल चिड़ियाघर	–	कोलकाता, अलीपुर
केंद्रीय मृदा संरक्षण संस्थान	–	नई दिल्ली
केंद्रीय मृदा लवणता अनुसंधान संस्थान	–	करनाल
राष्ट्रीय जीवाश्म उद्यान	–	मध्य प्रदेश
सलीम अली पक्षी विज्ञान तथा प्राकृतिक इतिहास केंद्र	–	कोयम्बटूर
प्राकृतिक इतिहास का राष्ट्रीय संग्रहालय	–	नई दिल्ली
केंद्रीय पक्षी शोध संस्थान	–	इज्जतनगर
राष्ट्रीय पर्यावरण अभियंत्रिकी शोध संस्थान -NEERI	–	नागपुर
भारत का सबसे विशाल पक्षी उद्यान	–	भरतपुर
भारतीय प्राणी कल्याण संस्थान	–	बल्लभगढ़ (फरीदाबाद)
केंद्रीय प्रदूषण नियंत्रण बोर्ड	–	नई दिल्ली
बंजर वन अनुसंधान संस्थान	–	जोरहाट
वर्षा वन अनुसंधान संस्थान	–	जोरहाट
लकड़ी विज्ञान और प्रौद्योगिकी संस्थान	–	बेंगलुरू
उष्णकटिबंधीय वर्षा वन संस्थान	–	जबलपुर
वन आनुवंशिकी तथा वृक्ष प्रजनन संस्थान	–	कोयम्बटूर
हिमालयन वन अनुसंधान केंद्र	–	शिमला
वन उत्पादकता केंद्र	–	रांची
सामाजिक वानिकी और पारिस्थितिकी पुनर्स्थापना केंद्र	–	इलाहाबाद (प्रयागराज)

वानिकी अनुसंधान तथा मानव संसाधन विकास संस्थान	-	छिंदवाड़ा
राष्ट्रीय वनस्पति विज्ञान संस्थान	-	लखनऊ
जल प्रबंधन अभियांत्रिकी संस्थान	-	नई दिल्ली
केंद्रीय मृदा संरक्षण संस्थान	-	नई दिल्ली
केंद्रीय मृदा तथा जल संरक्षण अनुसंधान एवं प्रशिक्षण संस्थान	-	देहरादून
उच्च अक्षांश अनुसंधान प्रयोगशाला	-	गुलमर्ग
पर्यावरण शिक्षा केंद्र	-	अहमदाबाद
पारिस्थितिकी विज्ञान केंद्र	-	बेंगलुरु
खनन पर्यावरण केंद्र	-	अहमदाबाद
उष्णकटिबंधीय वनस्पति उद्यान एवं प्राकृतिक इतिहास केंद्र	-	तिरुवनंतपुरम

पर्यावरणीय दिवस व सप्ताह

राष्ट्रीय विज्ञान दिवस	-	28 फरवरी
विश्व प्राकृतिक आवास दिवस	-	3 मार्च
विश्व घरेलू गौरैया दिवस	-	20 मार्च
विश्व वानिकी दिवस	-	21 मार्च
विश्व जल संरक्षण दिवस (विश्व जल दिवस)	-	22 मार्च
विश्व मौसम विज्ञान दिवस	-	23 मार्च
अर्थ ऑवर दिवस	-	मार्च का अंतिम शनिवार
विश्व स्वास्थ्य दिवस	-	7 अप्रैल
जल संसाधन दिवस	-	10 अप्रैल
पृथ्वी दिवस	-	22 अप्रैल
विश्व प्रवासी पक्षी दिवस	-	12 मई
विश्व जैव विविधता दिवस	-	22 मई
तम्बाकू मुक्ति दिवस	-	31 मई
विश्व पर्यावरण दिवस	-	5 जून
विश्व महासागर दिवस	-	8 जून
विश्व भू-गर्भ जल दिवस	-	10 जून
मरुस्थलीकरण एवं अनावृष्टि की रोकथाम हेतु अंतरराष्ट्रीय दिवस	-	17 जून
विश्व जनसंख्या दिवस	-	11 जुलाई
विश्व बाघ दिवस	-	29 जुलाई
विश्व ओजोन दिवस	-	16 सितम्बर
विश्व गैंडा दिवस	-	22 सितम्बर
विश्व वन्यजीव दिवस	-	1 अक्टूबर
वन्य जीव सप्ताह	-	1 से 7 अक्टूबर
नेशनल डॉल्फिन डे	-	14 अप्रैल
विश्व शाकाहार दिवस	-	6 अक्टूबर
विश्व पर्यावास दिवस	-	अक्टूबर माह का प्रथम सोमवार
विश्व आपदा नियंत्रण दिवस	-	13 अक्टूबर
विश्व खाद्य दिवस	-	16 अक्टूबर
संयुक्त राष्ट्र दिवस	-	24 अक्टूबर
राष्ट्रीय पक्षी दर्शन दिवस	-	12 नवम्बर
विश्व पर्यावरण संरक्षण दिवस	-	26 नवम्बर
राष्ट्रीय प्रदूषण रोकथाम दिवस	-	2 दिसम्बर
मानवाधिकार दिवस	-	10 दिसम्बर
राष्ट्रीय ऊर्जा संरक्षण दिवस	-	14 दिसम्बर
वन महोत्सव	-	जुलाई का प्रथम सप्ताह (1 जुलाई - 7 जुलाई तक)

OOO

10 भारत की मृदाएँ

धरातल की ऊपरी उपजाऊ परत जो कृषि कार्य करने के योग्य होती है, मृदा (Soil) कहलाती है। मृदा शब्द की उत्पत्ति 'लैटिन भाषा' के शब्द **सोलम** (Solum) से हुई है, जिसका अर्थ फर्श (Floor) है।

- मृदा एक महत्त्वपूर्ण प्राकृतिक संसाधन है, क्योंकि यह कई तरीकों से पारिस्थितिक तंत्र में हरी पत्ती वाले पौधों (प्राथमिक उत्पादक) की वृद्धि और विकास में सहायता करती है जैसे- जल, खनिज और पोषक तत्त्वों की आपूर्ति करना तथा पौधों की जड़ों को मजबूती से थामे रखना इत्यादि। पौधों की वृद्धि के अलावा यह **कई सूक्ष्म जीवों** के लिए घर भी है।

पेडोलॉजी और एडाफोलॉजी

- मृदा विज्ञान में अध्ययन की दो मुख्य शाखाएँ हैं- पेडोलॉजी और एडाफोलॉजी।
- **पेडोलॉजी** (Pedology) के अंतर्गत प्राकृतिक वातावरण में मृदा की उत्पत्ति, मृदा-आकारिकी, मृदा के वर्गीकरण और मृदा के गुणों का अध्ययन किया जाता है। जबकि **एडाफोलॉजी** (Edaphology) के अंतर्गत जीवों पर मिट्टी के प्रभाव का अध्ययन किया जाता है।

मृदा के घटक (Soil Components)

मृदा में ठोस, द्रव और गैस तीनों अवस्थाएँ विद्यमान होती हैं। मृदा के प्रमुख घटक चट्टानों के कण (खनिज पदार्थ), ह्यूमस (कार्बनिक पदार्थ), जल, वायु तथा सूक्ष्म जीव होते हैं अर्थात् मृदा कार्बनिक पदार्थों (ह्यूमस और सूक्ष्म जीव), खनिजों, गैसों तथा तरल पदार्थों का मिश्रण है।

A. चट्टानों के कण (खनिज पदार्थ)

यह चट्टानों के अपक्षय से प्राप्त होने वाला एक **अकार्बनिक अवयव** है, जो आकार के आधार पर कई प्रकार के हो सकते हैं। मृदा में पाए जाने वाले सबसे बारीक कणों को **कलिलीय मृत्तिका** (Colloidal Clay) कहते हैं। कणों के बढ़ते आकार के आधार पर मृदा कणों को पंक (Mud), चीका (Clay), गाद (Silt), रेत (Sand) और बजरी (Gravel) आदि नामों से जाना जाता है-

a. **पंक**- X-Ray विश्लेषण द्वारा
b. **चीका**- कणों का आकार 0.002 मिमी. से कम
c. **गाद**- कणों का आकार 0.002–0.05 मिमी. तक होता है।
d. **रेत**- कणों का आकार 0.05–2.00 मिमी. तक होता है।
e. **बजरी**- कणों का आकार 2.00 मिमी. व्यास तक होता है।

- इनमें से विभिन्न प्रकार के कणों के मिलने से विभिन्न प्रकार की **दोमट मृदा** का निर्माण होता है। भारत की अधिकांश मृदाएँ दोमट मृदाओं के उदाहरण हैं।

B. ह्यूमस (जीवांश पदार्थ)

- ह्यूमस मिट्टी में **अंतिम कार्बनिक पदार्थ** है, जो मृदा में सूक्ष्म जीवों द्वारा मृत वनस्पतियों और जीवों के सड़े-गले भागों के अपघटन से बनता है। ह्यूमस एक **काले या भूरे** रंग का कार्बनिक पदार्थ है, जो मृदा में नमी और पोषक तत्त्वों को बनाए रखने में मदद करता है। ये सामान्यतः मृदा की निचली परतों में पाए जाते हैं। अलग-अलग मृदाओं में ह्यूमस की मात्रा में भिन्नता पाई जाती है। एक उपजाऊ मृदा की निचली परतों में ह्यूमस की मात्रा 5–10% तक हो सकती है। ह्यूमस मृदा में **नमी धारण करने की क्षमता** को बढ़ाते हैं और जैविक पोषण के द्वारा पौधों के संतुलित विकास में सहायक होते हैं। मृदा में ह्यूमस की मात्रा **मृदा के रंग को भी प्रभावित** करती है।

मृदा के जैविक (कार्बनिक) तत्त्वों और ह्यूमस में अंतर

- मृदा के जैविक (कार्बनिक) पदार्थ और ह्यूमस को सामान्य तौर पर एक ही समझा जाता है, लेकिन इन दोनों में अंतर होता है। मृदा में **कार्बनिक (जैविक) पदार्थ** किसी भी जीवित चीज के अपघटन की प्रक्रिया से प्राप्त होते हैं, जैसे- बैक्टीरिया, कवक, कीड़े, पौधे, जानवर, वनस्पतियाँ और

उनके अपशिष्ट उत्पाद। जबकि ह्यूमस अपघटन के बाद मृत कार्बनिक पदार्थ का अंतिम उत्पाद है, जो पूरी तरह से विघटित हो गया है।

- उदाहरण के लिए उत्तर भारत के मैदानों में पाई जाने वाली जलोढ़ मृदा में **जैविक पदार्थ** प्रचुर मात्रा में पाए जाते हैं। जबकि इसमें ह्यूमस की कमी पाई जाती है।

- मृदा के **जीवित (सूक्ष्म जीव) एवं मृत पदार्थों** (वनस्पतियों और जीवों के सड़े-गले अंश) में पौधों को पोषण देने की क्षमता होती है। वनस्पतियों को पोषण देने की मृदा की प्राकृतिक क्षमता **मृदा की उर्वरता** कहलाती है। मिट्टी में मौजूद ह्यूमस और सूक्ष्म जीव मिट्टी की गुणवत्ता तय करते हैं। इससे मिट्टी छिद्रपूर्ण हो जाती है तथा पानी और हवा को जमीन के अंदर गहराई तक प्रवेश करने में मदद मिलती है।
- मिट्टी की उर्वरता निम्नलिखित बातों पर निर्भर करती है-

  a. मृदा में कार्बनिक पदार्थ और पोषक तत्वों की उपस्थिति।

  b. मृदा की जल एवं वायु धारण करने की क्षमता।
- मिट्टी में जल और वायु की मात्रा भी पर्याप्त होनी चाहिए। जड़ों के श्वसन तथा बीजों के अंकुरण के अलावा **जीवाणु गतिविधियों** के लिए भी जल और वायु की आवश्यकता होती है।

मृदा गठन

बालू, चीका तथा मृतिका कणों के अनुपात को मृदा गठन कहते हैं। मिट्टी के गठन से उसके मोटेपन या महीनता का पता चलता है। अत्यंत महीन **चीका कणों से निर्मित चिकनी मृदा** की सरंध्रता अधिक होने के कारण इसमें जलग्रहण करने की क्षमता अधिक होती है, जबकि इसकी पारगम्यता बहुत ही कम होती है। महीन चीका युक्त मिट्टी थोड़ी मात्रा में जल पाने पर ही चिपचिपी हो जाती है, जबकि शुष्क होने पर इसमें बड़ी-बड़ी दरारें बन जाती हैं। इसके विपरीत **रेतीली मृदा** में बालू कणों का आकार बड़ा होने के कारण सरंध्रता कम होती है और पारगम्यता अधिक होती है, जिससे जल शीघ्र रिसकर भूमिगत हो जाता है और मृदा की ऊपरी परतें शुष्क रह जाती हैं। वहीं **दोमट मृदा** में रेत, सिल्ट और चीका कणों का अनुपात लगभग समान होने के कारण इसकी **सरंध्रता और पारगम्यता** में संतुलन होता है, इसलिए दोमट मिट्टी **कृषि कार्य के लिए सर्वोत्तम** होती है।

अपक्षय (Weathering)

- तापमान परिवर्तन, वायुमंडलीय आर्द्रता, तुषार क्रिया तथा वनस्पतियों, जीवों और मनुष्यों के क्रिया-कलापों के कारण चट्टानों के टूटने-फूटने और क्षय होने की क्रिया अपक्षय कहलाती है। भौतिक अपक्षय तापमान के घटने-बढ़ने से तथा रासायनिक अपक्षय विभिन्न प्रकार की रासायनिक क्रियाओं (जैसे वायुमण्डलीय आर्द्रता) के कारण होता है। जबकि चट्टानों के जैविक अपक्षय में मृदा के **सूक्ष्म जीव, लाइकेन, मॉस** आदि महत्त्वपूर्ण भूमिका निभाते हैं।
- चट्टानों पर रहने वाले **लाइकेन** अम्ल (Acid) का उत्पादन करते हैं। ये अम्ल चट्टानों की सतह को संक्षारित करके मिट्टी की पतली परत बनाते हैं। बाद में ऐसी सतहों पर काई उग जाती है और चट्टानों का और अधिक क्षरण करती हैं। पेड़ों की जड़ें दरारों में प्रवेश करती हैं और समय के साथ ये जड़ें जैसे-जैसे बड़ी होती जाती हैं, दरारों को चौड़ा करती रहती हैं।

मृदा के मूल पदार्थ (Parent Material)

जिन चट्टानों के टूटने-फूटने और अपक्षय से मृदा का निर्माण होता है, उन्हें **मृदा का मूल पदार्थ** (Parent Material) कहते हैं। चट्टानें भौतिक, रासायनिक तथा जैविक अपक्षय (Weathering) के कारण टूटती हैं। जिस चट्टान से जिस प्रकार की मृदा का निर्माण होता है, उसका रासायनिक-संगठन (Chemical Composition) भी वैसा ही होता है। किसी विशेष मिट्टी में पाए जाने वाले खनिज पोषक तत्व उन चट्टानों पर निर्भर करते हैं, जिनसे इसका निर्माण हुआ है।

मृदा परिच्छेदिका (Soil Profile)

सतह से आधारभूत चट्टान तक की ऊर्ध्वाधर काट को मृदा परिच्छेदिका कहते हैं। मृदा परिच्छेदिका को किसी कुएँ की खुदाई या किसी इमारत की नींव खोदते समय देखा जा सकता है। मृदा में विकसित क्षैतिज परतों को मृदा का संस्तर (Horizon) कहते हैं, जिनका भौतिक, रासायनिक एवं जैविक विशेषताओं के आधार पर वर्गीकरण किया जाता है। मृदा को **चार संस्तरों** में बाँटा गया है, जोकि सतह से आधार तक क्रमशः **A, B, C एवं D** हैं।

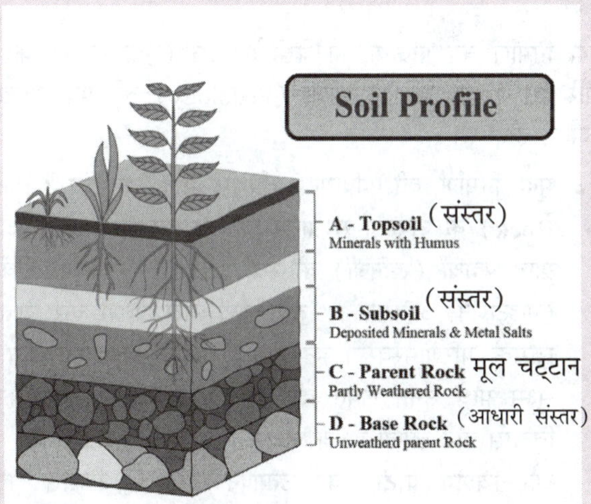

मृदा की सबसे ऊपरी परत अर्थात् **A संस्तर (Topsoil)** में कार्बनिक पदार्थों की अधिक मात्रा पाई जाती है, इसीलिए इसे **जैविक संस्तर** (Biotic Horizon) भी कहते हैं। इसका रंग गहरा होता है। **कार्बनिक पदार्थ (पोषक तत्व, जल, खनिज)** पौधों की वृद्धि एवं विकास के लिए आवश्यक होते हैं। यह संस्तर मृदु, संरंध्र और अधिक जल धारण करने वाली होती है। इसे **शीर्ष मृदा संस्तर (Top Soil Horizon)** भी कहा जाता है।

A संस्तर के नीचे **B संस्तर (Subsoil)** पाया जाता है। B संस्तर को **संक्रमण संस्तर** भी कहा जाता है, क्योंकि इसमें A और C दोनों ही संस्तरों के कुछ **जैव पदार्थों** का प्रभाव देखने को मिलता है। यह संस्तर सामान्यतः अधिक कठोर और अधिक संहत (घना) होता है। इसे **मध्यपरत (Middle Horizon)** भी कहा जाता है।

C संस्तर (Parent Rock) मृदा का मूल पदार्थ है। इस संस्तर में मृदा **निर्माणकारी प्रक्रम (Manufacturing Process)** का आंशिक प्रभाव देखने को मिलता है। ऊपर वाले दोनों संस्तरों का निर्माण इसी से हुआ है।

A, B और C तीनों संस्तरों के नीचे **आधारी संस्तर (Base Horizon)** होता है, जिसे **D संस्तर** (Base Rock) कहा जाता है। कालांतर में D संस्तर C में, C, B में एवं B, A संस्तर में परिवर्तित हो जाता है। इस प्रकार मृदा के संस्तरों की विशेषताएँ परिवर्तनशील होती हैं, जिससे मृदा की मोटाई में वृद्धि होती है।

किसी मृदा में इन सभी संस्तरों का समान रूप से विकास **आदर्श परिच्छेदिका** (Ideal Profile) की विशेषता है।

मृदा प्रक्रम अथवा मृदा निर्माण की प्रक्रियाएँ

मृदा निर्माण की प्रक्रिया को **पेडोजेनेसिस** (मृदा जनन) कहते हैं और इसका अध्ययन पेडोलॉजी (Pedology) की एक शाखा के रूप में होता है।

- मृदा निर्माण की प्रक्रिया सर्वप्रथम **मूल चट्टान (Parent Rock)** के अपक्षय से प्रारंभ होती है। चट्टानों के अपक्षय से प्राप्त पदार्थों (खनिजों) के रंध्रों (छिद्रों) में वायुमंडलीय गैसें (नाइट्रोजन, ऑक्सीजन) तथा वर्षा जल प्रवेश कर जाता है, जिसके परिणामस्वरूप इन रंध्रों में **काई और लाइकेन** जैसे सूक्ष्म पौधे उगने लगते हैं। इन रंध्रों में सूक्ष्म जीवों का भी विकास होने लगता है। ये पौधे और सूक्ष्मजीव **कार्बनिक अम्ल** और **विशेष प्रोटीन** का उत्पादन करते हैं, जिससे चट्टानी खनिजों के अपक्षय की दर तीव्र होने लगती है।
- इसके अलावा इन सूक्ष्म जीवों और पौधों के मृत अवशेष **ह्यूमस निर्माण** में भी योगदान करते हैं। इस प्रारंभिक मृदा में धीरे-धीरे घास और फर्न उगते हैं, जिससे मृदा में जैविक पदार्थों की मात्रा में वृद्धि होती है। बाद में पक्षियों द्वारा लाए गए बीजों से वृक्ष एवं झाड़ियाँ उगने लगती हैं। वृक्षों की जड़ें गहराई में प्रवेश करने लगती हैं।
- बिल बनाने वाले जीव निचले संस्तरों के कणों को ऊपर की ओर लाते रहते हैं, जिससे मिट्टी छिद्रयुक्त और स्पंज की तरह हो जाती है। इस प्रकार जल धारण करने की क्षमता और वायु के प्रवेश से धीरे-धीरे परिपक्व, खनिज युक्त और ह्यूमस युक्त मृदा का निर्माण हो जाता है।

मृदा निर्माण को प्रभावित करने वाले कारक

मिट्टी निर्माण को प्रभावित करने वाले प्रमुख कारक हैं - मूल या अभिभावक पदार्थ (Parent Material), जलवायु, स्थलाकृति (उच्चावच), जैविक क्रियाएँ और कालावधि।

A. मूल पदार्थ (Parent Material)

वे **खनिज पदार्थ** जिनसे मिट्टी बनती है, **मूल पदार्थ** कहलाते हैं। किसी भी चट्टान (आग्नेय, अवसादी, या रूपांतरित) से प्राप्त **चट्टानी मलबा या निक्षेपित पदार्थ** मिट्टी के खनिज पदार्थों के स्रोत हैं।

B. जलवायु (Climate)

मिट्टी के निर्माण को प्रभावित करने वाले प्रमुख जलवायु संबंधी कारक निम्नलिखित हैं-

a. प्रभावी वर्षा और वाष्पीकरण की दर और अवधि

b. वर्षा एवं तापमान में दैनिक तथा मौसमी अंतर

- ये दोनों मूल पदार्थ में रासायनिक, भौतिक और जैविक प्रक्रियाओं की दरों को प्रभावित करते हैं। **मिट्टी के निर्माण में जलवायु प्रमुख कारक** है और मिट्टी उन जलवायु क्षेत्रों की विशेषताओं को दर्शाती है, जिनमें वह निर्मित होती है।
- आर्द्र जलवायु प्रदेशों में जहाँ वर्षा की मात्रा वाष्पीकरण की दर से अधिक होती है, वहाँ मृदा के क्षारीय तत्व जल के साथ घुलकर नीचे की परतों में चले जाते हैं। इसलिए आर्द्र जलवायु प्रदेशों की मिट्टी क्षारीय नहीं होती है। भूमि में नीचे की ओर जल के रिसाव को **अंतःस्पंदन** कहते हैं।
- जबकि अर्द्धशुष्क एवं शुष्क जलवायु प्रदेशों में मृदा के नीचे की परतों में विद्यमान क्षारीय तत्व जल की **कोशिका क्रिया** द्वारा ऊपर की परतों में पहुँच जाते हैं, जिससे मृदा की क्षारीयता बढ़ जाती है।

C. उच्चावच (Relief)

पर्वतीय क्षेत्रों की तुलना में मैदानी क्षेत्रों में मृदा की परत अधिक मोटी एवं उच्च उत्पादकता वाली होती है। पर्वतीय ढालों पर अपरदन के कारण मृदा की मोटाई काफी कम हो जाती है और पोषक तत्व भी बहकर नीचे स्थित घाटियों में जमा हो जाते हैं। इसके परिणामस्वरूप नीचे स्थित समतल घाटियों में मृदा की परत अधिक मोटी एवं पोषक तत्वों से भरपूर होती है।

D. जैविक क्रियाएँ (Organic Process)

- **पौधे, जानवर, कवक, बैक्टीरिया** और **मनुष्य** मिट्टी के निर्माण को प्रभावित करते हैं। विशेष रूप से सूक्ष्मजीव मृदा के जैविक एवं अजैविक घटकों के साथ अभिक्रिया करते हैं।
- मिट्टी बनाने की प्रक्रिया में महत्त्वपूर्ण खनिज परिवर्तनों में सूक्ष्मजीव विशेष रूप से प्रभावशाली होते हैं। इसके अतिरिक्त, कुछ बैक्टीरिया **वायुमंडलीय नाइट्रोजन के स्थिरीकरण** में भाग लेते हैं। कुछ कवक गहरी मिट्टी से फॉस्फोरस निकालने और ग्लोमालिन के रूप में मिट्टी के कार्बन स्तर को बढ़ाने में कुशल होते हैं।
- मृदा में पाए जाने वाले जीव जैसे **दीमक (Termite), चींटी, रोडेंट्स, छछूंदर, गोफर** और **केंचुए** (Earthworm) बिल और छिद्र निर्माण और भोजन के दौरान मिट्टी को मिलाते हैं, जिससे मृदा में नमी और गैसों का स्थानांतरण होता रहता है। इसे **बायोटर्बेशन** कहा जाता है। **केंचुए** मिट्टी के कणों और कार्बनिक अवशेषों को निगल लेते हैं, जिससे उनके शरीर से गुजरने वाले पदार्थों में पौधों के पोषक तत्वों की उपलब्धता बढ़ जाती है। **चींटियाँ** और **दीमक** टीले बनाने की प्रक्रिया में जल और हवा के प्रवेश को सुनिश्चित करते हैं।
- मृदा में ह्यूमस बनने की प्रक्रिया में कुछ जैविक अम्ल निर्मित होते हैं, जो खनिजों के विघटन एवं विनियोजन (Allocation) में सहायता करते हैं।
- गहरी जड़ों वाले पौधे मृदा प्रोफाइल में गहराई से पोषक तत्व प्राप्त करने के लिए कई मीटर तक प्रवेश कर सकते हैं। पौधों की जड़ें महीन होती हैं, जो कार्बनिक यौगिकों (शर्करा, कार्बनिक अम्ल और श्लेष्मा) का उत्सर्जन करती हैं और अपनी कोशिकाओं को नष्ट करके विघटित हो जाती हैं, जिससे मिट्टी में कार्बनिक पदार्थ में वृद्धि होती है।
- जैविक क्रियाओं की गहनता उष्णकटिबंधीय और शीतोष्ण क्षेत्रों में अलग-अलग पाई जाती है। उष्ण एवं आर्द्र क्षेत्रों में मिट्टी में बैक्टीरियल वृद्धि अधिक होती है, जिस कारण वहाँ मृदा में ह्यूमस निर्माण की दर अधिक होती है। जबकि ठंडे और शुष्क क्षेत्रों में जैविक प्रक्रियाएँ मंद हो जाती हैं।

E. कालावधि (Time Period)

- किसी क्षेत्र में मृदा को परिपक्व होने और एक प्रोफाइल विकसित करने में दशकों से लेकर कई हजार सालों तक का समय लगता है।
- मृदा में जैव रासायनिक प्रक्रियाएँ मंद गति से संपन्न होती हैं। अतः मृदा निर्माण में कालावधि का महत्त्वपूर्ण योगदान होता है।

भारत की मृदाओं का वर्गीकरण

भारतीय कृषि अनुसंधान परिषद् (ICAR) द्वारा संरचनात्मक मिट्टी और खनिज, मिट्टी के रंग व संसाधनात्मक महत्त्व को ध्यान में रखते हुए भारतीय मिट्टी को 8 वर्गों में विभाजित किया गया है-

i. जलोढ़ मृदा (Alluvial Soil)
ii. काली मृदा (Black Soil)
iii. लाल और पीली मृदा (Red Soil)
iv. लैटेराइट मृदा (Laterite Soil)
v. शुष्क मृदा (Arid Soil)
vi. लवणीय मृदा (Saline Soil)
vii. पीटमय मृदा (Peaty Soil)
viii. वन मृदा (Forest Soil)

जलोढ़ या दोमट मृदा (Alluvial Soil)

- यह उत्तर भारत के मैदानों और नदी घाटियों में **पंजाब से लेकर असम तक** देश में सर्वाधिक क्षेत्रफल पर फैली हुई मृदा है। इसका निर्माण सिंधु, गंगा और ब्रह्मपुत्र जैसी हिमालयी नदी तंत्रों द्वारा उत्तर भारत के मैदान में **अवसादों के निक्षेपण** से हुआ है। नदियों द्वारा पर्वतों को अपरदित करके मैदानी भागों में लाए गए अवसादों (रेत, कंकड़, गाद, बालू) के निक्षेपण से निर्मित होने वाली मृदा **जलोढ़ मृदा** कहलाती है।
- यह देश का **सबसे बड़ा मृदा वर्ग** है, जो देश के **40% क्षेत्रफल** पर फैला हुआ है और लगभग 15 लाख वर्ग किमी. क्षेत्रफल को कवर करता है।
- **उत्तर भारत के विशाल मैदानों** के अलावा जलोढ़ मृदा के प्रमुख क्षेत्र निम्नलिखित हैं-
  a. पूर्वी तट पर मुहाना बनाने वाली महानदी, गोदावरी, कृष्णा एवं कावेरी नदियों की **घाटियाँ और उनके डेल्टा क्षेत्र**।
  b. पश्चिमी तट पर यह मृदा **नर्मदा और तापी नदी के मुहाने** पर और केरल के **मालाबार तट** पर पाई जाती है।

c. पंजाब के दक्षिण में **राजस्थान बांगर** से होते हुए जलोढ़ मृदा की एक संकरी पट्टी गुजरात के **काठियावाड़ मैदान (सौराष्ट्र क्षेत्र)** तक पाई जाती है।

- प्रायद्वीपीय भारत की अधिकांश लंबी नदियाँ (महानदी, गोदावरी, कृष्णा और कावेरी) पूर्वी तट पर डेल्टा का निर्माण करती हैं। इसलिए पश्चिमी तटीय मैदान की तुलना में **पूर्वी तटीय मैदानों में जलोढ़ मृदा अधिक** पाई जाती है।
- देश के सभी डेल्टा क्षेत्रों में पाए जाने के कारण इसे **डेल्टाई मृदा** भी कहा जाता है।
- इस मृदा का रंग **हल्का भूरा** और राख के समान **धूसर** होता है। अवसादों की गहराई और रंध्रों की अधिकता के कारण इसमें जल धारण करने की क्षमता अधिक होती है, जिस कारण इसमें अधिक पानी की आवश्यकता वाली फसलों **गन्ना, धान, गेहूँ** के साथ-साथ फल और सब्जियों की खेती भी की जाती है।
- उर्वरता अधिक होने के कारण जलोढ़ मृदा वाले क्षेत्रों में जनसंख्या का बसाव सघन रूप में हुआ है।
- जलोढ़ मृदा में पोटाश, फॉस्फोरस अम्ल, चूना और जैविक पदार्थों की प्रचुरता पाई जाती है, लेकिन इसमें **नाइट्रोजन** और **ह्यूमस** कम मात्रा में पाया जाता है। इसलिए यहाँ कृषि कार्य में यूरिया उर्वरक का प्रयोग अधिक किया जाता है, जिसमें नाइट्रेट प्रमुख तत्व होता है।
- गंगा के मैदान में पश्चिम से पूर्व की ओर जाने पर जलोढ़ मृदा में बालू की मात्रा घटती जाती है और चीका तथा मृतिका की मात्रा बढ़ती जाती है।

खादर एवं बांगर जलोढ़

- जलोढ़ मृदा को खादर (नवीन जलोढ़) और बांगर (प्राचीन जलोढ़) में विभाजित किया जाता है। **खादर जलोढ़** नदी के निकट बाढ़ क्षेत्रों में पाई जाती है, जहाँ प्रत्येक वर्ष बाढ़ के दौरान **जलोढ़ का नवीनीकरण** हो जाता है। इसकी उर्वरता अधिक होती है। खादर, सामान्यत: मध्य गंगा मैदान और **निचले गंगा मैदान में बाढ़ द्वारा** निक्षेपित होने वाली नवीन मृदा होती है। चीका (Clay) की मात्रा अधिक होने के कारण इसमें नमी धारण करने की क्षमता अधिक होती है।
- नदी के बाढ़ वाले क्षेत्रों से दूर ऊँचाई वाले भागों में पुराने जलोढ़ का जमाव पाया जाता है, जिसे **बांगर जलोढ़ मृदा** कहते हैं। इसे **कछारी मृदा** भी कहा जाता है, जिसमें कंकड़ तथा **अशुद्ध कैल्सियम कार्बोनेट की ग्रंथियाँ** पाई जाती हैं। उत्तर भारत के मैदान में पश्चिमी शुष्क क्षेत्रों में लवण तथा क्षारीय तत्वों की प्रधानता देखी जाती है, जिससे **रेह अथवा कल्लर** कहते हैं। ये ऊसर क्षेत्र होते हैं।

दोमट मृदा

जलोढ़ मृदा में जब 40% बालू कण, 40% चीका कण और 20% गाद (Silt) की मात्रा पाई जाती है, तो इसे दोमट मृदा (Loam Soil) कहते हैं। जब इसमें बालू का अनुपात अपेक्षाकृत अधिक होता है, तो इसे बलुई दोमट मृदा कहते हैं। बालू की मात्रा अधिक होने के कारण इसमें जल धारण करने की क्षमता सबसे कम होती है।

लाल मृदा (Red Soil)

यह भारत का **द्वितीय विशालतम मृदा वर्ग** है, जो देश के कुल क्षेत्रफल के **18.6% भाग** पर फैली हुई है और 6.1 लाख वर्ग किमी. क्षेत्र को कवर करती है।

- लाल मिट्टी का निर्माण जलवायु परिवर्तन के परिणामस्वरूप **ग्रेनाइट** (रवेदार या आग्नेय) एवं **नीस** (रूपांतरित) जैसी कठोर चट्टानों के विघटन और वियोजन से हुआ है। **लौह ऑक्साइड की प्रधानता** के कारण इसका रंग लाल है, लेकिन निचली परतों में जाने पर यह पीली रंग की दिखाई देती है, इसलिए इसे 'लाल और पीली मृदा' भी कहा जाता है।
- लाल मृदा का विकास **प्रायद्वीपीय भारत के आंतरिक क्षेत्रों** में और विशेष रूप से **दक्कन पठार के पूर्वी और दक्षिणी भागों** में हुआ है, जहाँ वर्षा की कम मात्रा प्राप्त होती है। यह रवेदार आग्नेय चट्टानों का क्षेत्र है।
- इस मृदा का विस्तार तमिलनाडु के पर्वतीय क्षेत्रों से लेकर उत्तर में छोटा नागपुर पठार और बुंदेलखंड पठार तक एक क्रमबद्ध पेटी के रूप में देखा जाता है। मानचित्र में देखने पर लाल मृदाएँ, काली मिट्टी के क्षेत्र (दक्कन पठार) को दक्षिण, पूरब और उत्तर की तरफ से घेरे हुए दिखाई देती हैं।
- लाल मृदा मुख्यत: **पश्चिमी तमिलनाडु, कर्नाटक, दक्षिणी महाराष्ट्र, आंध्र प्रदेश, छत्तीसगढ़, ओडिशा** और **झारखंड** में पाई जाती है।
- इसके अलावा उत्तर प्रदेश के **मिर्जापुर, झाँसी, बाँदा, हमीरपुर** जिलों में; राजस्थान के **उदयपुर, चित्तौड़गढ़, बांसवाड़ा, भीलवाड़ा** जिलों में और पश्चिम बंगाल के **बीरभूम जिले** में भी लाल मिट्टी के क्षेत्र पाए जाते हैं।
- यह अम्लीय प्रकृति की मृदा है, जिसमें चूना, नाइट्रोजन-फास्फोरस-पोटाश (NPK), तथा ह्यूमस की कमी पाई जाती है, जिस कारण इसकी उर्वरता कम होती है।
- तमिलनाडु, कर्नाटक और आंध्र प्रदेश के ऊँचाई वाले क्षेत्रों में यह मृदा पतली परत के रूप में रेत-बजरी युक्त और पथरीली होती है, जहाँ केवल बाजरे की खेती की जाती है। लेकिन निचले क्षेत्रों में और घाटियों में इसकी गहराई और उर्वरता अधिक पाई जाती है, जहाँ कपास, गेहूँ, तम्बाकू, आलू और मोटे अनाजों की खेती की जाती है।

अवशिष्ट मृदा (Residual Soil)- वह मृदा जो अपने निर्मित होने वाले स्थान पर पड़ी रहती हो।

वाहित मृदा (Transported Soil)- वह मृदा जो अपने निर्मित होने वाले स्थान से बहकर आती है।

जलोढ़ मृदा (Alluvial Soil)- वह मृदा जो जल द्वारा बहाकर लाई जाती है।

वातोढ़ मृदा (Eoilan Soil)- वह मृदा जो वायु द्वारा उड़ाकर लाई जाती है।

मृदा वायु (Soil Air)- मृदा कणों के बीच असंख्य छिद्र (Pores) पाए जाते हैं, जिसमें जल एवं वायु विद्यमान होती है। वायु में उपस्थित गैसें ऑक्सीजन, कार्बन डाई ऑक्साइड एवं नाइट्रोजन पौधों में श्वसन एवं उनकी वृद्धि के साथ-साथ मृदा में पाए जाने वाले जीवाणुओं की विभिन्न क्रियाओं के लिए आवश्यक होती हैं।

मृदा जल (Soil Water)- मृदा में जल की उपस्थिति उसमें उपस्थित कणों पर निर्भर करती है। मृदा में जल की मात्रा शून्य से जल जमाव तक हो सकती है।

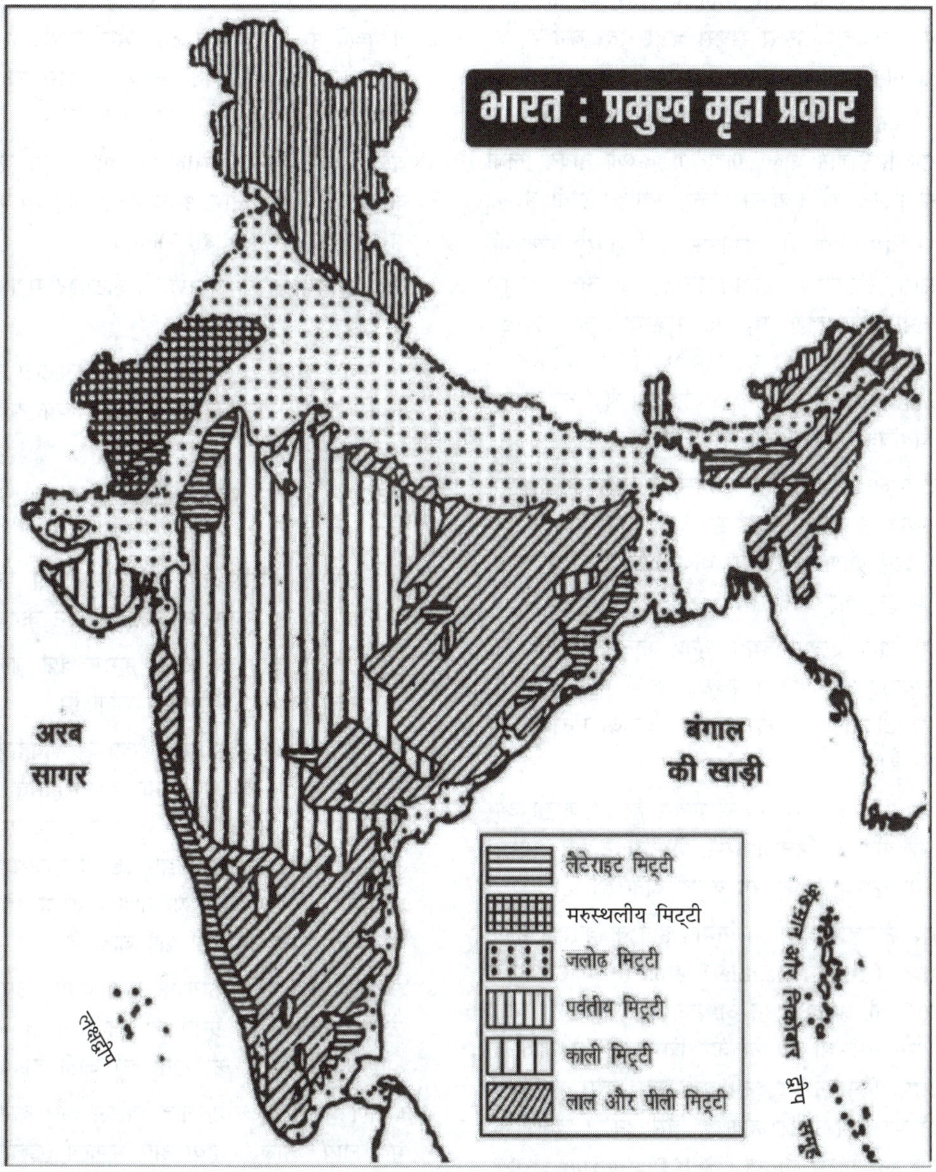

काली मृदा (Black Soil) अथवा रेगुर मिट्टी

भारत में काली मिट्टी के मूल पदार्थ (बेसाल्ट चट्टान) का निर्माण उस समय हुआ, जब प्रायद्वीपीय भारत गोण्डवानालैण्ड से टूटकर अलग हो रहा था। इस महाद्वीपीय विभंजन के दौरान हुए **ज्वालामुखी लावा के दरारी उद्गार** के परिणामस्वरूप पश्चिमी घाट से लगे हुए महाराष्ट्र और आस-पास के क्षेत्रों में लावा के ठंडा होने से **बेसाल्ट चट्टानों का निर्माण** हुआ। एक कालावधि के बाद इन्हीं चट्टानों के अपक्षय (टूटने- फूटने) से **दक्कन ट्रैप में काली मृदा** अथवा **रेगुर मिट्टी** का निर्माण हुआ। इसे **लावा मिट्टी** और **कपासी मिट्टी** के नाम से भी जाना जाता है।

- मुख्य रूप से **दक्कन पठार** और **मालवा पठार** पर पाई जाने वाली काली मृदा देश का **तीसरा सबसे बड़ा मृदा वर्ग** है, जो देश के 16.6% भाग (6.1 लाख वर्ग किमी) पर फैला हुआ है।
- पश्चिमी तट की ओर प्रवाहित होने वाली नर्मदा, तापी और पूर्वी तट की ओर प्रवाहित होने वाली गोदावरी, कृष्णा नदियाँ लंबी दूरी तक काली मिट्टी के क्षेत्रों से होकर प्रवाहित होती हैं।
- इस मृदा का विस्तार उत्तरी कर्नाटक (बीजापुर, गुलबर्गा, धारवाड़, बेल्लारी, चित्रदुर्ग, बेलगाम जिले) से लेकर संपूर्ण महाराष्ट्र, पश्चिमी मध्य प्रदेश, मध्यवर्ती गुजरात (कठियावाड़) और तेलंगाना में पाया जाता है। इन सभी क्षेत्रों में वार्षिक वर्षा 50–75 सेमी. के बीच पाई जाती है अर्थात् इस मृदा के निर्माण में शुष्क जलवायविक दशाओं का प्रभाव है।
- इसके अलावा तमिलनाडु के सलेम, कोयम्बटूर, तथा रामनाथपुरम जिलों में, राजस्थान के कोटा, सवाई माधोपुर, बूँदी और भरतपुर जिलों में तथा उत्तर प्रदेश के झाँसी, बाँदा और हमीरपुर जिलों में भी काली मिट्टी पाई जाती है।
- काली मिट्टी में लोहा, एल्युमिनियम, चूना, कैल्सियम कार्बोनेट, मैगनीशियम कार्बोनेट और पोटाश प्रचुर मात्रा में पाया जाता है। जबकि इसमें **नाइट्रोजन, फास्फोरस और जैविक पदार्थों की कमी** पाई जाती है।
- इन मिट्टियों का रंग **गहरा काला** से लेकर हल्का काला और चेस्टनट की तरह होता है। **टिटेनीफेरस, मैग्नेटाइट और ह्यूमस** की उपस्थिति के कारण इसका रंग काला होता है।
- मृतका और गाद के महीन कणों से निर्मित होने के कारण काली मृदाएँ **अपारगम्य (Impermeable)** होती हैं, जिस कारण इनमें जल धारण की क्षमता बहुत अधिक पाई जाती है। थोड़ी मात्रा में वर्षा होने पर भी ये फूलकर चिपचिपी हो जाती हैं और शुष्क मौसम में सूखने पर इनमें बड़ी-बड़ी दरारें पड़ जाती हैं, जिसे देखने पर ऐसा प्रतीत होता है जैसे इनकी जुताई की गई हो। इसलिए इन्हें **स्वत:-जुताई (Self Ploughing)** वाली मृदा भी कहा जाता है। जल धारण करने की अधिक क्षमता के कारण इस मृदा में लंबे समय तक नमी बनी रहती है, जिस कारण शुष्क मौसम में भी वर्षाधीन फसलों की खेती करने में मदद मिलती है।
- **कपास की खेती का मुख्य क्षेत्र** होने के अलावा इस मृदा में तम्बाकू, मूंगफली, गन्ना, नींबूवर्गीय फलों और सब्जियों की सघन खेती की जाती है।

लैटेराइट मृदा (Laterite Soil)

- लैटेराइट एक लैटिन शब्द Later से लिया गया है, जिसका शाब्दिक अर्थ 'ईंट' (Brick) है। इस मृदा की विशेषता यह है कि भीगने पर ये मक्खन की भाँति मुलायम हो जाती है, लेकिन सूखने पर ईंट की भाँति कड़ी और ढेलेदार हो जाती है।
- ये मृदाएँ **उच्च तापमान और भारी वर्षा** वाले क्षेत्रों में विकसित होती हैं, जहाँ भारी वर्षा के कारण **सिलिका पदार्थ का तीव्र निक्षालन** (Leaching) हो जाता है।
- वर्षा जल के साथ **सिलिका और चूना** का तो निक्षालन हो जाता है, लेकिन **लौह-ऑक्साइड** और **एल्युमिनियम यौगिकों** से भरपूर मृदाएँ शेष रह जाती हैं।
- लौह-ऑक्साइड के कारण ही लैटेराइट मृदा का रंग लाल होता है।
- ये मृदाएँ लोहा, एल्युमिनियम और पोटाश में समृद्ध होती हैं। लेकिन इनमें नाइट्रोजन, चूना एवं जैविक पदार्थों की कमी पाई जाती है।
- लैटेराइट मृदा में ह्यूमस (Humus) की मात्रा दो कारणों से कम पाई जाती है-
  - **a.** ऊष्णार्द्र परिस्थितियों में आसानी से पनपने वाले जीवाणु ह्यूमस की मात्रा को तेजी से नष्ट कर देते हैं।
  - **b.** अधिक वर्षा के कारण ह्यूमस वर्षा जल के साथ घुलकर नीचे की परतों में चला जाता है।
- इस मृदा का विकास मुख्य रूप से प्रायद्वीपीय भारत के ऊँचे क्षेत्रों में हुआ है। ये सामान्यत: **सह्याद्रि के सहारे** केरल, कर्नाटक और महाराष्ट्र में, **पूर्वी घाट के सहारे** तमिलनाडु में, **उड़ीसा उच्चभूमि** पर, झारखंड में **राजमहल पहाड़ियों** पर, **मेघालय की पहाड़ियों** पर तथा **सतपुड़ा और विंध्य पहाड़ियों** के सहारे मध्य प्रदेश में पाई जाती है।
- लैटेराइट मृदा कृषि कार्य के लिए पर्याप्त उपजाऊ नहीं होती है। लेकिन उर्वरकों के प्रयोग से इनमें चावल, गन्ना, चाय, कहवा और काजू इत्यादि की खेती की जाती है।
- दक्षिण भारत के तमिलनाडु, केरल और कर्नाटक राज्यों में यह मृदा चाय, काजू, कहवा और मसालों (इलायची, काली मिर्च) की फसलों के लिए अधिक उपयुक्त है। सिनकोना का औषधीय पौधा भी इसी मृदा में उगता है।

मरुस्थलीय मृदा
(Desert Soil)

- पश्चिमी भारत के **शुष्क और अर्द्ध शुष्क क्षेत्रों** में विकसित होने वाली यह मृदा रेतीली से बजरी युक्त और लवणीय होती है। इसमें **घुलनशील लवणों की मात्रा** अधिक पाई जाती है। जबकि जैविक पदार्थों, ह्यूमस, नाइट्रोजन और नमी की मात्रा कम पाई जाती है।
- भारत में मरुस्थलीय मृदा राजस्थान, दक्षिणी पंजाब, दक्षिणी हरियाणा और गुजरात के सौराष्ट्र तथा कच्छ क्षेत्रों में **1,42,000 वर्ग किमी.** क्षेत्र में फैली हुई है।
- अरावली श्रेणी के पश्चिम में जाने पर इसमें रेत की मात्रा बढ़ती चली जाती है। इस मृदा में नीचे की परतों में जाने पर **कैल्सियम कार्बोनेट की ग्रंथियाँ** (कंकड़) पाई जाती हैं, जो भूमि में जल के अंतःस्पंदन को अवरुद्ध कर देती हैं।
- पर्याप्त सिंचाई व्यवस्था का विकास करके इसे कृषि योग्य बनाया जा सकता है। राजस्थान के मरुस्थलीय मृदा वाले पश्चिमी जिलों (श्रीगंगानगर, बीकानेर और जैसलमेर) को सिंचित करके कृषि योग्य बनाने के लिए सतलुज नदी से **इंदिरा गाँधी नहर** निकाली गई है। यही कारण है कि शुष्क क्षेत्र में स्थित **श्रीगंगानगर जिला** वर्तमान में खाद्यान्नों और कपास का प्रमुख उत्पादक क्षेत्र हो गया है।

लवणीय मृदा
(Saline Soil)

- लवणीय मृदा में **सोडियम, पोटैशियम** एवं **मैग्नीशियम** के लवणों का अनुपात अधिक होने के कारण धरातल पर **नमक की सफेद परत** दिखाई देने लगती है और मृदा अपारगम्य हो जाती है।
- लवणीय मृदा का विकास उन **शुष्क एवं अर्द्ध-शुष्क** क्षेत्रों में होता है, जहाँ अधिक नहरी सिंचाई द्वारा मृदा **जलाक्रांत** हो जाती है। शुष्क जलवायु वाले क्षेत्रों में **वाष्पीकरण दर अधिक** होती है। ऐसे क्षेत्रों में अधिक नहरी सिंचाई के कारण जलाक्रान्त (Water Logging) मृदा में **कोशिका क्रिया** (Calpillary Action) की दर तीव्र हो जाती है, जिसके परिणामस्वरूप सोडियम, पोटैशियम और मैग्नीशियम के लवण ऊपर सतह की ओर चले आते हैं और मृदा की ऊपरी परत में जमा होकर उसे लवणीय बना देते हैं।
- कोशिका क्रिया के परिणामस्वरूप इन अधिक सिंचाई वाले शुष्क और अर्द्धशुष्क क्षेत्रों के धरातल पर **नमक की एक सफेद परत** दिखाई पढ़ने लगती है।
- भारत में लवणीय मृदा का विकास दो रूपों में दिखाई देता है, जिनके क्षेत्र अलग-अलग हैं-

A. देश के **तटीय और डेल्टाई क्षेत्रों** में प्राकृतिक रूप से लवणीय मृदा वाले क्षेत्रों का विकास हुआ है, क्योंकि इन क्षेत्रों में **समुद्र का खारा जल** प्रवेश करता रहता है। विशेष रूप से पश्चिमी गुजरात (कच्छ क्षेत्र), पश्चिम बंगाल के **सुंदरवन क्षेत्र** और **पूर्वी तट के डेल्टा क्षेत्रों** में लवणीय मृदा का प्रसार अधिक देखा जाता है। गुजरात में कच्छ का दलदली क्षेत्र दक्षिण-पश्चिमी मानसून के समय सागरीय जल से जलाक्रान्त हो जाता है और शुष्क ऋतु आने पर पूरे कच्छ क्षेत्र में सतह पर **नमक की सफेद परत** दिखाई देने लगती है। इस कारण गुजरात भारत में सर्वाधिक लवण प्रभावित क्षेत्र है।

B. हरित क्रांति के शुष्क और अर्द्धशुष्क क्षेत्रों में अधिक नहरी सिंचाई के कारण उपजाऊ जलोढ़ मृदाएँ भी लवणीय होती जा रही हैं। **पंजाब, हरियाणा, पश्चिमी उत्तर प्रदेश** और राजस्थान के **श्रीगंगानगर जिलों** में हरित क्रांति का अधिक से अधिक लाभ लेने के लिए बड़े पैमाने पर नहरों का जाल बिछाया गया। नहरों के किनारे रेलिंग नहीं होने और अवैज्ञानिक सिंचाई पद्धति के कारण इन क्षेत्रों में बड़े पैमाने पर कृषि क्षेत्र **जलाक्रांत** हो गए। इन अर्द्धशुष्क क्षेत्रों में जल की कोशिका क्रिया द्वारा बड़े पैमाने पर **रेह अथवा कल्लर** जैसे अनुपजाऊ क्षेत्रों का विकास हुआ है, जहाँ धरातल पर नमक की सफेद परत दिखाई देती है।

नहरी सिंचाई के कारण सर्वाधिक लवणीय मृदा का विकास **उत्तर प्रदेश** में हुआ है।

- लवण प्रभावित मृदा को लवणीय (Saline) और क्षारीय (Alkaline) में विभाजित किया गया है। **लवणीय मृदा** में सोडियम, कैल्सियम और मैग्नीशियम के मुक्त लवण पाए हैं, जबकि **क्षारीय मृदा** में सोडियम क्लोराइड की बहुलता होती है।
- पंजाब और हरियाणा में चूना और जिप्सम के प्रयोग और लवणरोधी फसलों (बरसीम, चावल, गन्ना) की खेती द्वारा लवणीय मृदा में सुधार करने पर बल दिया जा रहा है।

पीटमय एवं दलदली मृदा
(Peaty and Marshy Soil)

- भारी वर्षा वाले और जलभराव वाले तटीय क्षेत्रों में बड़ी मात्रा में **जैविक पदार्थों के अपघटन** से पीट मृदा का निर्माण होता है। यह मृदा उच्च आर्द्रता वाले उन क्षेत्रों में पाई जाती है, जहाँ **बड़े पैमाने पर वनस्पतियाँ** उगती हैं। मृत वनस्पतियों और जैविक पदार्थों की अधिकता के कारण इसे जैविक मृदा भी कहते हैं।
- ये मृदा गहरे काले रंग की और भारी होती है तथा इनमें **जैविक पदार्थों की मात्रा लगभग 45%** तक पाई जाती है।
- ये **अम्लीय प्रकार** की होती हैं, क्योंकि मृत वनस्पतियों और जैविक पदार्थों के पर्याप्त अपघटित नहीं हो पाने के कारण ह्यूमिक अम्ल का निर्माण होता है, जिससे मिट्टी अम्लीय हो जाती है।

- यह मिट्टी वर्षा काल में जल में डूबी रहती है और बाद में इन पर **चावल की खेती** की जाती है।
- यह मुख्यतः मालाबार तट **पर कोट्टायम और अलप्पुझा जिलों** (केरल) में पाई जाती है।
- जबकि दलदली मृदा बिहार के उत्तरी भाग (तराई क्षेत्र), उत्तराखण्ड के दक्षिणी भाग (तराई क्षेत्र), पश्चिम बंगाल के सुंदरवन तटीय क्षेत्र, उड़ीसा के तटीय क्षेत्र और तमिलनाडु में पाई जाती है।

भारतीय कृषि अनुसंधान परिषद् ने संयुक्त राज्य अमेरिका के कृषि विभाग (USDA) के अनुसार भारतीय मृदाओं को **11 गणों** में विभाजित किया-

क्र.	गण संवर्ग	क्षेत्रफल (हजार हेक्टेयर में)	प्रतिशत	भारतीय मृदा का प्रकार
1.	इंसेप्टीसॉल	130372.90	39.74	गंगा, सिंधु, ब्रह्मपुत्र के मैदानी क्षेत्र की मृदाएँ (बांगर)
2.	एंटीसॉल	92131.71	28.08	पैतृक पदार्थ से निर्मित मृदाएँ जैसे राजस्थान की रेगिस्तानी मृदा तथा नवीन जलोढ़ मृदा (खादर)
3.	एल्फीसॉल	4448.68	13.55	लाल एवं लैटेराइटिक मृदा
4.	वर्टीसॉल	27960.00	8.52	दक्षिण भारत की काली मृदा
5.	एरीड़ीसॉल	14069	4.28	शुष्क क्षेत्र (पंजाब, राजस्थान, गुजरात, हरियाणा) की मृदा
6.	अल्टीसॉल	8250.00	2.51	केरल, तमिलनाडु, उड़ीसा में पाई जाने वाली लाल-पीले रंग की मृदा
7.	मॉलीसॉल	1320.00	0.40	उत्तर प्रदेश के तराई क्षेत्र की मृदा, उत्तर प्रदेश, हिमाचल प्रदेश एवं उत्तर-पूर्व हिमालय के जंगलों/वनों की मृदा
8.	स्पोडोसॉल	9503.0	2.92	पॉडजोल एवं भूरी पॉडजोल मृदा
9.	हिस्टोसॉल			पीट एवं दलदली मृदा
10.	एंडीसॉल			ज्वालामुखी के मुहाने पर बनने वाली मृदा
11.	ऑक्सीसॉल			सर्वाधिक अपक्षयित मृदा
			100%	

अम्लीय और क्षारीय मृदा

- मृदा के विलयन में **हाइड्रोजन आयनों** की सांद्रता उसकी अम्लीयता को दर्शाती है। जबकि मृदा में पोटेशियम (K) एवं सोडियम (Na) आयनों की सांद्रता उसकी क्षारीयता को दर्शाती है अर्थात् जब मृदा में **हाइड्रोजन (H)** आयनों की सांद्रता बढ़ जाती है तो मृदा अम्लीय हो जाती है और जब उसमें **सोडियम आयनों** की सांद्रता बढ़ जाती है तो मृदा क्षारीय हो जाती है।
- मृदा की अम्लीयता को pH मान में मापा जाता है। जब मृदा का **pH मान 7 से कम** होता है तो यह **अम्लीय** होती है। चूने अथवा जिप्सम के प्रयोग से मृदा कणों से हाइड्रोजन आयन बाहर निकल आते हैं।
- जब मृदा का **pH मान 7 से अधिक** होता है तो यह **क्षारीय** हो जाती है। पौधों की वृद्धि के लिए 6 से 7.5 pH मान वाली मृदा सर्वोत्तम होती है। इसी pH मान के अंतराल में पौधे अपनी सारी अभिक्रियाएँ करते हैं।
- अम्लीय मृदा का विकास अधिक वर्षा वाले क्षेत्रों में होता है, जहाँ जैविक पदार्थों का पर्याप्त अपघटन नहीं हो पाता और वे सड़ने लगते हैं। जैविक पदार्थों के सड़ने से उत्पन्न कार्बन डाई आक्साइड, जल के साथ मिलकर **कार्बोनिक अम्ल (ह्यूमिक अम्ल)** बनाता है।
- गहरी अम्लीय मृदा **चाय के बागानों** के लिए सर्वोत्तम मानी जाती है।

- जबकि क्षारीय मृदा का विकास **शुष्क क्षेत्रों में और अधिक वाष्पीकरण** वाले क्षेत्रों में होता है। कम वर्षा के कारण यहाँ क्षारीय लवण जल के साथ घुलकर भूमि में नीचे निक्षालित नहीं होते, बल्कि वाष्पीकरण द्वारा ऊपर सतह पर एकत्र हो जाते हैं।
- जब मृदा में सोडियम आयनों की सांद्रता बढ़ जाती है तो मृदा क्षारीय या ऊसर बन जाती है। मृदा की क्षारीयता कम करने के लिए **चूने का प्रयोग** किया जाता है।
- भारत में सर्वाधिक क्षारीय मृदा **उत्तर प्रदेश, पंजाब, हरियाणा** एवं **उत्तरी राजस्थान** के शुष्क क्षेत्रों में पाई जाती है। इन उपजाऊ क्षेत्रों को **रेह, कल्लर, ऊसर** तथा **चोपन** आदि नामों से जाना जाता है।

pH मान के अनुसार मिट्टी की प्रकृति

pH का मान	मिट्टी की प्रकृति
1 से 6	अम्लीय मृदा (Acidic Soil)
7	उदासीन मृदा (Natural Soil)
8 से 6	क्षारीय मृदा (Alkaline Soil)

मृदा : समस्याएँ

मृदा निम्नीकरण अथवा मृदा अवकर्षण (Soil Degradation)

मृदा अवकर्षण अथवा मृदा निम्नीकरण से तात्पर्य मृदा की **गुणवत्ता में गिरावट** और उसकी **उर्वरता में ह्रास** से है। इससे मृदा संसाधन का क्षय प्रारंभ हो जाता है। जिन क्षेत्रों में मृदा के अपरदन और दुरुपयोग के कारण उसकी गहराई कम हो जाती है और पोषण स्तर गिर जाता है, ऐसे क्षेत्रों को **मृदा निम्नीकरण का क्षेत्र** कहते हैं।

- बहते हुए जल और हवा द्वारा मृदा के कटाव के परिणामस्वरूप मृदा की ऊपरी उपजाऊ परत के साथ-साथ कार्बनिक पदार्थ भी बह जाते हैं, जिससे मृदा की गुणवत्ता उपजाऊ क्षमता में गिरावट आती है। उदाहरण के लिए, **राजस्थान, हरियाणा, गुजरात** और **पंजाब** के शुष्क और अर्धशुष्क क्षेत्रों में हवा के कटाव के कारण भूमि का क्षरण हुआ है।
- वन अपनी जड़ों द्वारा मृदा कणों को एक साथ बाँधे रखते हैं और मृत जैविक पदार्थों की आपूर्ति करके मृदा निर्माण और उसकी उर्वरा शक्ति को बढ़ाते हैं। **कृषि क्षेत्रों के विकास, बढ़ते शहरीकरण, औद्योगीकरण और खनन गतिविधियों** के कारण निर्वनीकरण हाल के दशकों में तेजी से बढ़ा है। इससे मृदा अपरदन में वृद्धि हुई है और मृदा की जलधारण करने की क्षमता का ह्रास हुआ है तथा मृदा की जैविक गतिविधियाँ प्रतिकूल रूप से प्रभावित हुई हैं।
- पंजाब, हरियाणा, पश्चिमी उत्तर प्रदेश और उत्तरी राजस्थान जैसे **हरित क्रांति वाले क्षेत्रों** में भूमि का अधिक से अधिक दोहन करने के लिए रासायनिक उर्वरकों, कीटनाशकों और सिंचाई साधनों का अंधाधुंध प्रयोग किया गया है। इन क्षेत्रों में अधिक नहरी सिंचाई के कारण मृदा में **लवणीयता** एवं **क्षारीयता** जैसी समस्याएँ बढ़ी हैं, जिससे बंजर क्षेत्रों का विकास हुआ है।
- रासायनिक उर्वरक और कीटनाशक मृदा के **सूक्ष्मजीव गतिविधि** को प्रभावित करते हैं, जिससे मृदा के प्राकृतिक गुणों का ह्रास होने लगता है और उत्पादन क्षमता कम हो जाती है।
- रासायनिक उर्वरक मृदा के आवश्यक सूक्ष्म खनिजों और पोषक तत्त्वों को विकृत करने के लिए भी जिम्मेदार हैं, जिससे मृदा का निम्नीकरण प्रारंभ हो जाता है।
- औद्योगिक और खनन गतिविधियों से मृदा में असंख्य जहरीले रसायन मिल जाते हैं, जिससे यह किसी अन्य उद्देश्य के लिए अनुत्पादक हो जाती है। जैसे- झारखण्ड की खनिज बेल्ट में खनन गतिविधियों के कारण परित्यक्त भूमि क्षेत्रों (Abandoned Areas) का विकास हुआ है।
- औद्योगिक गतिविधियाँ वायुमंडल, भूमि, नदियों और भूजल में जहरीले अपशिष्ट पदार्थों का विमोचन करती हैं जो अंततः मृदा को प्रदूषित करके उसके प्राकृतिक गुणों का ह्रास कर देते हैं।

मृदा अपरदन (Soil Erosion)

- बहते हुए जल या हवा द्वारा मृदा की ऊपरी परत के कटाव और **मृदा आवरण के विनाश की प्रक्रिया** मृदा अपरदन कहलाती है। प्रकृति में बहते हुए जल और पवन द्वारा **मृदा के अपरदन और उसके निर्माण की प्रक्रिया** साथ-साथ चलती रहती है और सामान्यतः इन दोनों प्रक्रियाओं में संतुलन की स्थिति रहती है। लेकिन कई बार प्राकृतिक अथवा मानवीय कारणों से जब यह संतुलन बिगड़ जाता है तो मृदा अपरदन की दर तीव्र हो जाती है। आधुनिक वैज्ञानिक युग में मानवीय गतिविधियाँ काफी हद तक इस संतुलन को बिगाड़ने और मृदा अपरदन के लिए उत्तरदायी हैं।
- जनसंख्या की तीव्र वृद्धि, शहरीकरण, कृषि क्षेत्रों, औद्योगिक क्षेत्रों तथा परिवहन मार्गों के विकास और खनन क्रियाओं के चलते भूमि की माँग लगातार बढ़ी है और वन क्षेत्रों का तेजी से सफाया हुआ है।
- **बहती हुई पवन और जल** मृदा अपरदन के दो सबसे महत्त्वपूर्ण कारक हैं। पवन द्वारा मृदा अपरदन **शुष्क क्षेत्रों में** अधिक प्रभावी होता है, जबकि जल द्वारा मृदा अपरदन **अधिक वर्षा वाले पर्वतीय क्षेत्रों** में ज्यादा प्रभावी होता है। मानसूनी जलवायु वाला देश होने के कारण भारत में जल अपरदन अपेक्षाकृत अधिक प्रभावी है।

जल अपरदन

- जल अपरदन दो रूपों में होता है- परत अपरदन और अवनालिका अपरदन।
- इनमें से **परत अपरदन** समतल और मैदानी क्षेत्रों में होता है, जबकि **अवनालिका अपरदन** पर्वतीय क्षेत्रों में प्रभावी होता है। समतल क्षेत्रों में मूसलाधार बारिश के बाद मृदा की पतली और अधिक उपजाऊ परत जलधारा द्वारा बह जाती है, जिससे उसकी उर्वरा शक्ति नष्ट होने लगती है।
- जबकि अवनालिका अपरदन के अंतर्गत पर्वतीय क्षेत्रों में वर्षा के बाद जलधाराओं के प्रवाह से ढालों पर चौड़ी अवनालिकाओं का निर्माण हो जाता है, जिससे कृषि क्षेत्र कई टुकड़ों में खंडित होकर कृषि कार्य के लिए अनुपयुक्त हो जाता है।

- **अवनालिका अपरदन** - अवनालिका अपरदन ऐसे **अर्द्धशुष्क क्षेत्रों** में प्रभावी होता है, जहाँ मृदा शुष्क और भुरभुरी होती है। ऐसे क्षेत्रों में जब कभी **आकस्मिक रूप से तीव्र वर्षा** होती है तो ढालदार भू-सतह पर जलधाराओं के कटाव से मृदा बहा ली जाती है और अवनालिकाओं की पंक्तियाँ बन जाती हैं। मालवा पठार पर **चंबल और उसकी सहायक नदियों** ने एक बड़े क्षेत्र में अवनालिका अपरदन द्वारा पूरे क्षेत्र को **बीहड़ अथवा उत्खात** भूमि (खराब भूमि) में परिवर्तित कर दिया है, जिसके अंतर्गत **अनगिनत खड्ड और खाइयाँ** निर्मित हो गई हैं।
- अवनालिकाओं का निर्माण लंबे समय तक चलने वाले **क्षुद्र सरिता अपरदन** के उपरांत होता है। यह मृदा की सबसे तीव्र और क्षति पहुँचाने वाली स्थिति है, जो मृदा को कृषि कार्य के लिए बिल्कुल अनुपयुक्त बना देती है। ऐसी भूमि जोतने योग्य नहीं रहती है।
- भारत में खड्डों और अवनालिकाओं द्वारा **36.7 लाख हेक्टेयर भूमि** खराब हो चुकी है।
- वनों के कटाव के चलते पर्वतीय क्षेत्रों में मृदा अपरदन ने गंभीर रूप धारण कर लिया है। वनस्पतियाँ अपनी जड़ों द्वारा पर्वतीय क्षेत्रों में मृदा कणों को एक साथ बाँधे रखती हैं और अपनी पत्तियाँ एवं टहनियाँ गिराकर मृदा में ह्यूमस और जैविक पदार्थों की मात्रा में वृद्धि करती हैं। लेकिन निर्वनीकरण के कारण भूसतह अनावृत होती है, जिस पर वर्षा जल की बूँदें सीधे प्रहार करके मृदा कणों को ढीला कर देती हैं और मृदा की ऊपरी उपजाऊ परत को बहा ले जाती हैं। निर्वनीकरण के कारण भारी वर्षा वाले और खड़े ढाल वाले प्रदेशों में बहते हुए जल द्वारा मृदा अपरदन गंभीर रूप धारण कर लेता है।
- वनों का विनाश सम्पूर्ण भारत में हुआ है, लेकिन इसके कारण सर्वाधिक मृदा अपरदन देश के पहाड़ी भागों में हुआ है।
- पूर्वोत्तर भारत और पश्चिमी घाट के क्षेत्रों में वन विनाश के कारण मृदा अपरदन का एक दूसरा और अधिक भीषण रूप दिखाई देता है, जिसे **मृदा सर्पण (Soil Creep)** तथा भूस्खलन **(Land Slide)** कहते हैं। वनों के विनाश से पर्वतीय ढालों की सतह अनावृत्त होकर ढीली पड़ जाती हैं। वर्षा काल में भीगने पर ढालों की मृदा धीरे-धीरे नीचे की तरफ गतिमान होने लगती है, इसे **मृदा सर्पण (Soil Creep)** कहते हैं। अनावृत्त ढालदार सतह की चट्टानों में वर्षा जल का अवशोषण अधिक होने लगता है, जिसका परिणाम यह होता है कि वर्षा काल में ये चट्टानें ढीली पड़कर फूल जाती हैं और गुरुत्व बल के कारण अचानक से नीचे की तरफ खिसक जाती हैं और **भूस्खलन (Land Slide)** हो जाता है। इस तरह सैकड़ों वर्षों में निर्मित होने वाली मृदा कुछ पलों में ही नष्ट हो जाती है।
- अवैज्ञानिक कृषि पद्धतियों से भी मृदा अपरदन की प्रक्रिया तीव्र हो जाती है। विशेष रूप से ढालदार पर्वतीय क्षेत्रों में त्रुटिपूर्ण ढंग से की गई जुताई मृदा अपरदन को तीव्र कर देती है। ढालदार भूमि पर समोच्च रेखाओं के समानांतर हल चलाने से ढाल के साथ जल प्रवाह की गति मंद रहती है, इसे **समोच्च कृषि या कंटूर कृषि** (contour farming) कहा जाता है। समोच्च खेती पर्वतीय क्षेत्रों में की जाने वाली एक कृषि पद्धति है, जिसमें बारिश से मिट्टी के कटाव को खेत में रोकने के लिए खेत की ढलानों पर टाइलिंग की जाती है।
- इसके अलावा कई वर्षों तक अनवरत एक ही फसल लगाने से मृदा में विशिष्ट पोषक तत्त्वों की कमी हो जाती है। जबकि फसल चक्रण के अंतर्गत दलहनी फसलों को शामिल करके खाद्यान्नों फसलों के साथ बदल-बदल कर बोने से मिट्टी की उर्वरता में वृद्धि होती है।
- पर्वतीय क्षेत्रों में जनजातियों द्वारा **झूम कृषि** अथवा **चलवासी कृषि** पद्धति से भी मृदा अपरदन में वृद्धि होती है, क्योंकि इसके अंतर्गत वनों को साफ करके कृषि भूमि का निर्माण किया जाता है।

मृदा अपरदन के कारण

- तीव्र मूसलाधार वर्षा
- तीव्र पवन प्रवाह
- निर्वनीकरण
- अधिक पशुचारण
- सड़क मार्ग, रेल मार्ग का विकास
- खनिजों की खुदाई
- अवैज्ञानिक कृषि पद्धति
- अत्यधिक सिंचाई एवं उर्वरकों का प्रयोग
- फसल चक्रण को न अपनाना
- झूम कृषि

मृदा अपरदन का प्रभाव

- मृदा अपरदन विशेष रूप से भारतीय कृषि के लिए एक गंभीर चुनौती के रूप में उभरा है। इसके दुष्प्रभाव अन्य क्षेत्रों में भी दिखाई देते हैं।
- मृदा अपरदन के परिणामस्वरूप नदियों और नहरों में **अधिक मात्रा में अवसाद** जमा होने लगते हैं, जिससे उनकी जल प्रवाह की क्षमता घट जाती है। इससे **बाढ़ आने की संभावना** बढ़ जाती है और पुनः कृषि भूमि को नुकसान पहुँचता है।
- मृदा अपरदन से कृषि भूमि की उपजाऊ क्षमता घट जाती है, जिससे कृषि उत्पादन कम होने लगता है। अपरदन से कृषि योग्य भूमि में भी कमी आने लगती है। अतः मृदा अपरदन **न केवल बाढ़, बल्कि सूखे के प्रकोप में भी वृद्धि** करता है।
- पर्वतीय क्षेत्रों में मिट्टी के कटाव के चलते **भूस्खलन के खतरे** बढ़ जाते हैं।
- मृदा अपरदन और मृदा कटाव वाले क्षेत्रों में **भौम जलस्तर** और **सतही मृदा नमी** में भी गिरावट देखी जाती है।
- मृदा अपरदन वाले क्षेत्रों में **आर्थिक समृद्धि** और **सांस्कृतिक विकास** पर प्रतिकूल प्रभाव पड़ता है; उदाहरण के लिए अवनालिका अपरदन के चलते **बुंदेलखंड पठार क्षेत्र** में आर्थिक प्रगति और विकास अवरुद्ध हुआ है।
- गहरे मृदा अपरदन वाले क्षेत्रों में पुनः वनस्पतियों के उबरने की संभावना कम हो जाती है और प्राकृतिक जल स्रोत भी विलुप्त होने लगते हैं, जिससे इन क्षेत्रों में आबादी का बचाव भी काफी विरल देखा जाता है।
- वनों के नुकसान से **वन्य जीवन** भी दुष्प्रभावित होता है।

मरुस्थलीकरण (Desertification)

- मरुस्थलीकरण से तात्पर्य अर्द्धशुष्क और शुष्क क्षेत्रों में भूमि के लगातार क्षरण से है, जो जलवायु और मानवीय गतिविधियों का परिणाम हो सकती है। यानी मरुस्थलीकरण वह क्षरण प्रक्रिया है, जिसके द्वारा शुष्क और अर्द्धशुष्क क्षेत्रों में एक उपजाऊ भूमि अपनी वनस्पतियों और जीवों को खोकर रेगिस्तान में बदल जाती है। मरुस्थलीकरण **सूखे की पुनरावृत्ति, वनों की कटाई, भौम जलस्तर में गिरावट, अनियंत्रित पशुचारण, जलवायु परिवर्तन या मानवीय गतिविधियों** (अनुचित कृषि पद्धति)के कारण हो सकता है। मरुस्थलीकरण भूमि के निम्नीकरण की प्रक्रिया है। मरुस्थलीकरण तब होता है जब एक विशेष प्रकार का बायोम **रेगिस्तानी बायोम में परिवर्तित** हो जाता है।
- इसके अलावा गैर मरुस्थलीय क्षेत्रों में मरुस्थल के विस्तार को भी मरुस्थलीकरण (Desertification) कहा जाता है।
- थार मरुस्थल भारत में राजस्थान के **16 जिलों** में 1.70 लाख वर्ग किमी क्षेत्रफल पर विस्तृत है।
- भारतीय मरुस्थलों की समस्याओं के अध्ययन के लिए **जोधपुर** में **केंद्रीय शुष्क क्षेत्र अनुसंधान संस्थान** (Central Arid Zone Research Institute) की स्थापना की गई है।

- केंद्रीय मृदा संरक्षण संस्थान - नई दिल्ली
- केंद्रीय मृदा लवणता अनुसंधान संस्थान - करनाल (हरियाणा)
- केंद्रीय मृदा तथा जल संरक्षण अनुसंधान संस्थान- देहरादून (उत्तराखण्ड)।
- **केंद्रीय मरूभूमि अनुसंधान संस्थान (Central Arid Zone Research Institute – CAZRI)**- इसकी स्थापना **1959** में राजस्थान के **जोधपुर** में की गई थी। इसके क्षेत्रीय कार्यालय **बीकानेर, पाली** एवं **जैसलमेर** में हैं। यह मरूभूमि के अनुसंधान से संबंधित शीर्ष संस्था है।
- **केंद्रीय मृदा संरक्षण बोर्ड**- केंद्रीय मृदा संरक्षण बोर्ड की स्थापना भारत सरकार के खाद्य एवं कृषि मंत्रलय द्वारा मृदा अपरदन की समस्या की रोकथाम के लिए वर्ष **1953** में की गई थी, जिसका **मुख्यालय दिल्ली** में है। इस बोर्ड के मुख्य कार्य निम्नवत हैं-

  a. कृषि योग्य भूमि की उर्वरा शक्ति को बनाए रखना।

  b. मरूभूमि एवं मरुस्थलीकरण पर नियंत्रण।

  c. असमतल, परती भूमि एवं बंजर भूमि को कृषि योग्य बनाना।
- **विश्व मरुस्थलीकरण और सूखा रोकथाम दिवस** (World Day to Combat Desertification and Drought)-वर्ष 1994 **से संयुक्त राष्ट्र संघ** द्वारा मरुस्थलीकरण एवं सूखा जैसी समस्याओं से जनता को जागरूक करने के लिए **17 जून** को मरुस्थलीकरण एवं सूखा रोकथाम दिवस मनाया जाता है। **वर्ष 2023 की थीम - 'उसकी भूमि, उसके अधिकार' (Her Land, Her Right)**

मृदा संरक्षण (Soil Conservation)

- मृदा एक जीवित तंत्र की भाँति अपना निर्माण स्वयं करती रहती है। यदि मृदा आवरण के विनाश की दर को कम कर दिया जाए और उसका सही उपचार किया जाए तो धरातल पर मृदा आवरण में फिर से सुधार लाया जा सकता है। मृदा संरक्षण के अंतर्गत उन सभी विधियों को शामिल किया जाता है, जिससे **मिट्टी के अपरदन** (Erosion) और **निम्नीकरण** (Degradation) को रोका जा सके तथा मृदा स्वास्थ्य और उसके प्राकृतिक गुणों को बरकरार रखा जा सके।

- मृदा संरक्षण के दो महत्त्वपूर्ण उद्देश्य हैं-

  1. मृदा अपरदन यानी उसके बहाव को रोकना और

  2. उसके निम्नीकरण (अवकर्षण) में सुधार करना।
- वैज्ञानिक कृषि पद्धति द्वारा और भूमि में मानवीय हस्तक्षेप को यथासंभव कम करके मृदा निम्नीकरण यानी उसके अवकर्षण की रोकथाम और उसका उपचार किया जा सकता है। लेकिन यदि बहते हुए जल और पवन द्वारा मृदा बहा ली गई है तो उसे फिर से स्थापित नहीं किया जा सकता। इसलिए मृदा संरक्षण में सबसे महत्त्वपूर्ण कार्य यही है कि प्रकृति द्वारा निर्मित मृदा अपने स्थान पर ही सुरक्षित बनी रहे। इसके लिए कई महत्त्वपूर्ण उपाय हो सकते हैं-
- बहते हुए जल और पवन द्वारा मृदा अपरदन को रोकने के लिए न केवल वृक्षों की अंधाधुंध कटाई पर प्रभावी रोक लगाने की जरूरत है, बल्कि व्यापक पैमाने पर वृक्षारोपण किए जाने की भी आवश्यकता है। वन भूमि में बहते हुए जल के **अंतःस्पंदन** को भी बढ़ाते हैं, जिससे भूमिगत जल स्तर को भी ऊँचा उठाया जा सकेगा। इसके लिए **नदियों एवं नहरों के किनारों पर, मरुस्थलों की बाहरी सीमाओं पर, बीहड़ क्षेत्रों में** और **बंजर भूमि क्षेत्रों** में भी व्यापक वनरोपण प्रभावी कदम हो सकता है। वनों को **वर्षा लाने वाले 'दूत'** कहा जाता है। इनसे मृदा निर्माण की प्रक्रिया तेज हो जाती है।
- पर्वतीय ढाल वाले क्षेत्रों में मृदा अपरदन मुख्य रूप से **दोषपूर्ण कृषि पद्धतियों** द्वारा बढ़ता है। इसलिए ऐसे क्षेत्रों में सबसे पहले ढालों पर कृषि कार्यों को रोक देना चाहिए। अधिक ढाल प्रवणता वाली भूमि का उपयोग कृषि कार्य के लिए प्रतिबंधित होना चाहिए। ढालदार क्षेत्रों में **समोच्च रेखीय कृषि (Contour Farming)** और **सीढ़ीदार खेती** को अधिक से अधिक प्रोत्साहित किए जाने की जरूरत है। समोच्च कृषि के अंतर्गत ढालों पर जुताई समोच्च रेखाओं के समानांतर (समान ऊँचाइयों पर) की जाती है। इससे ढालों पर वर्षाकाल में जल प्रवाह की गति मंद रहती है। यह विधि वर्षाकाल में पर्वतीय क्षेत्रों में मिट्टी के कटाव को रोकने में काफी हद तक प्रभावी है।

पर्वतीय ढालों पर समोच्च कृषि

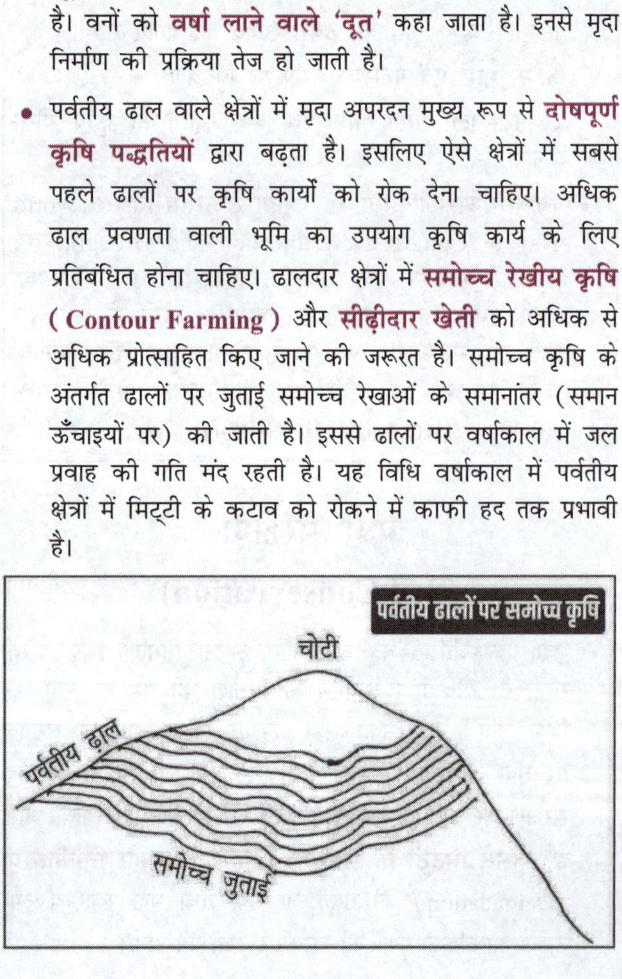

- पर्वतीय ढालों पर मृदा के संरक्षण के लिए **सीढ़ीदार खेत** बनाना एक अन्य विधि है। इसके अंतर्गत ढालों पर ऊपर से नीचे की ओर सीढ़ीदार समतल चबूतरे बना दिए जाते हैं और उसके बाहरी किनारों पर मेड़बंदी कर दी जाती है। इससे वर्षाकाल में जलप्रवाह मंद गति से होता है, साथ ही साथ जल संसाधन का समुचित उपयोग भी होता है। यह खेती उत्तराखंड और हिमाचल प्रदेश में काफी लोकप्रिय है।
- शुष्क प्रदेशों और मरुस्थलीय क्षेत्रों में तेज गति से बहते हुए पवन द्वारा मृदा अपरदन अधिक होता है। इसलिए यहाँ खेतों के चारों तरफ **वृक्षों की रक्षक मेखला** बनाकर पवन से मृदा अपरदन को रोका जाता है।
- मरुस्थलीय क्षेत्रों का कृषि क्षेत्रों की तरफ प्रसार एक अन्य प्रमुख समस्या है। इसके लिए मरुस्थलों के सीमावर्ती भागों में सघन वृक्ष लगाकर रेत को कृषि क्षेत्रों की तरफ बढ़ने से रोका जा सकता है। इस तरह मरुस्थलीय क्षेत्रों की वृद्धि पर अंकुश लगाया जा सकता है। भारत में **थार मरुस्थल** के विस्तार को रोकने के लिए राजस्थान, हरियाणा, गुजरात तथा पंजाब में बड़े पैमाने पर वृक्षारोपण किया जा रहा है।
- भारत में मृदा अपरदन की समस्या काफी हद तक **बाढ़** और **जलभराव** की समस्या से जुड़ी हुई है, जोकि मुख्यतः मौसमी और मूसलाधार वर्षा के कारण उत्पन्न होती है। दूसरी तरफ जब मानसून काल में उत्तर भारत की नदियाँ बाढ़ ग्रस्त होती हैं, तो वहीं दक्षिण भारत में नदियों का जल स्तर अपेक्षाकृत नीचे रहता है। यदि नदियों पर **बाँध बनाकर बड़े जलाशयों का निर्माण** करके उत्तर भारत के अतिरिक्त जल के संग्रहण की व्यवस्था की जाए और **डायवर्जन (Diversion)** वाहिकाओं के माध्यम से इस अतिरिक्त जल को दक्षिण और पश्चिमी भारत के शुष्क क्षेत्रों में स्थापित किया जाए, तो न केवल प्रत्येक वर्ष आने वाली बाढ़ों पर नियंत्रण स्थापित किया जा सकेगा, बल्कि अतिरिक्त जल को दक्षिण और पश्चिमी भारत के सूखाग्रस्त क्षेत्रों में विस्थापित कर सिंचाई और जल विद्युत उत्पादन हेतु इसका प्रयोग किया जा सकेगा। लेकिन इस कार्य में बड़ी संख्या में बाँध, जलाशयों और डायवर्जन वाहिकाओं के निर्माण की जरूरत होगी, जो काफी खर्चीला साबित होगा।

विश्व मृदा दिवस (World Soil Day)

मृदा एक प्राकृतिक संसाधन है। मानव के भोजन की आवश्यकता एवं विभिन्न सूक्ष्म जीवों के उपापचयी क्रियाओं के लिए इसका संरक्षण करने एवं इसके महत्त्व को समझने के लिए **5 दिसम्बर** को **विश्व मृदा दिवस** मनाया जाता है। **वर्ष 2023 के विश्व मृदा दिवस की विषय वस्तु (Theme)- 'मिट्टी और पानी जीवन का एक स्रोत'**।

मृदा स्वास्थ्य कार्ड योजना

मृदा के संरक्षण, उसकी गुणवत्ता एवं कृषि उत्पादकता को बढ़ाने के उद्देश्य से **19 फरवरी, 2015** को **राजस्थान** के **सूरतगढ़** से मृदा स्वास्थ्य कार्ड योजना की शुरुआत की गई।

प्रत्येक **तीन वर्ष** के अन्तराल पर मृदा की **गुणवत्ता** की जाँच की जाती है, जिसका उद्देश्य मृदा में उपस्थित **पोषक तत्व, नमी** एवं **जैविक पदार्थों** की स्थिति का सही पता लगाना है।

ऐसे कृषक जो 40 वर्ष की आयु के हैं, वे मृदा परीक्षण प्रयोगशाला की स्थापना एवं नमूना परीक्षण कर सकते हैं, जिसके खर्च का **75% केंद्र** एवं **25% राज्य** सरकार वहन करेगी।

- मालवा पठार जैसे उत्खात भूमियों में **अवनालिका अपरदन** को नियंत्रित करने के लिए विशेष प्रयास करने की जरूरत है। छोटी अवनालिकाओं में सीढ़ीदार खेती को प्रोत्साहन मिलना चाहिए। इससे उसमें जल प्रवाह मंद हो जाएगा और कृषि उत्पादन भी प्राप्त किया जा सकेगा। बड़ी नलिकाओं में जल के तीव्र प्रवाह को कम करने के लिए प्रतिरोधी बाँधों की शृंखला प्रभावी हो सकती है। इसके अलावा अवनालिकाओं के प्रसार को रोकने के लिए पूरे क्षेत्र में **सीढ़ीदार खेती के साथ-साथ वनारोपण** किया जाना चाहिए।
- वन क्षेत्रों में भेड़ बकरी और अन्य पशुओं द्वारा अनियंत्रित चराई और स्थानांतरणशील कृषि भी मृदा अपरदन के लिए उत्तरदायी है। इनसे प्राकृतिक पर्यावरण को दीर्घकालिक नुकसान पहुँचता है, साथ ही साथ इससे पहाड़ी ढालों की मृदा भी ढीली हो जाती है, जिसे वर्षा जल आसानी से बहा ले जाता है। **जम्मू-कश्मीर, हिमाचल प्रदेश, उत्तराखंड** और **कर्नाटक** जैसे राज्यों में पशुओं की चराई से मिट्टी का अपरदन अधिक होता है। स्थानीय ग्रामवासियों को जागरूक कर, इन नियोजित और नियंत्रित चराई पर बल देकर इन क्षेत्रों में वनस्पति के आवरण को बचाया जा सकता है।
- **केंद्रीय शुष्क भूमि अनुसंधान संस्थान, (जोधपुर)** ने पश्चिमी राजस्थान में बालुका टिब्बों (स्तूपों) के प्रसार को रोकने के लिए वृक्षों की रक्षक मेखला बनाने और वन्य कृषि जैसे प्रयोग किए हैं।
- **केंद्रीय मृदा संरक्षण बोर्ड, (नई दिल्ली)** ने देश के विभिन्न भागों में मृदा संरक्षण पर केंद्रित अनेक योजनाएँ बनाई हैं, जोकि उपरोक्त वर्णित किए गए समाधानों को अमल में लाने से संबंधित हैं।

बंजर भूमि सुधार से संबद्ध संस्थान

1. स्पेस एप्लीकेशन सेंटर – अहमदाबाद
2. नेशनल रिमोट सेन्सिंग एजेन्सी – हैदराबाद
3. सेंटर ऑफ स्टडीज इन रिसोर्स इंजीनियरिंग – मुंबई
4. निस्टैड्स ऑफ काउंसिल ऑफ साइंटिफिक एंड इंडस्ट्रियल रिसर्च – दिल्ली

○○○

11 जल संसाधन एवं बहुउद्देशीय परियोजनाएँ

जल एक संसाधन है, क्योंकि यह मूल मानवीय जरूरत तथा दैनिक जीवन के लिए महत्त्वपूर्ण है। यह प्रकृति में **हाइड्रोजन एवं ऑक्सीजन** का एक मुख्य यौगिक (H_2O) है। जल सामान्य तापमान पर तरल अवस्था में रहता है और 4° सेल्सियस तापमान पर जब यह ठोस होता है तो इसका घनत्व कम होने से यह हल्का हो जाता है। जल के इस विशेष गुण के कारण कम तापमान पर जलाशयों की ऊपरी सतह जमकर ठोस हो जाती है, जिस कारण जलीय जीव-जन्तु और वनस्पतियाँ जलाशय के अंदर जीवित रह पाते हैं।

जल एक संसाधन है क्योंकि यह प्रकृति में **ठोस, द्रव एवं गैस** तीनों रूपों में पाया जाता है। प्रकृति में जल के वाष्पीकरण और स्थानांतरण की प्रक्रिया निरंतर चलती रहती है। इस विशेष गुण के कारण जल कभी भी स्थायी रूप से प्रदूषित नहीं होता है और यह मानव समेत संपूर्ण जीव-जन्तुओं के उपयोग के लिए सदैव उपलब्ध रहता है।

जल प्रकृति में एक अच्छा **घोलक** है। इसकी विशिष्ट ऊष्मा सबसे अधिक होती है। जिस जल का हम प्रयोग करते हैं वह गुणवत्ता और मात्रा में अनेक कार्यों के लिए पर्याप्त होना चाहिए, चाहे वह निजी स्वास्थ्य की बात हो या फिर वृहद् जलविद्युत परियोजनाओं का निर्माण हो।

पृथ्वी की सतह के 71% **भाग पर महासागरीय जल** का विस्तार है, लेकिन खारा होने के कारण यह मानव उपयोग के लिए उपलब्ध नहीं है। पृथ्वी पर उपलब्ध समस्त जल का **केवल** 2.5% **भाग अलवणीय अथवा ताजे जल के रूप में** उपलब्ध है, जोकि ध्रुवीय क्षेत्रों में हिमखंडों तथा महाद्वीपों पर नदियों, झीलों, तालाबों एवं भौमजल के रूप में उपलब्ध है। पृथ्वी पर विद्यमान इस **अलवणीय अथवा ताजे जल का भी** 75% **भाग ध्रुवीय क्षेत्रों में हिमखंडों के रूप में** जमा हुआ है। जबकि लगभग **22% भाग भौमजल के रूप में** संचित है और शेष भाग महाद्वीपों पर नदियों, झीलों एवं तालाबों में संचित है।

विश्व में मानव के उपयोग योग्य उपलब्ध कुल ताजे जल का केवल 4% भाग भारत में पाया जाता है। भारत में लगभग **1123 बिलियन क्यूबिक मीटर** ताजा जल उपलब्ध है, जिसमें से 690 बिलियन क्यूबिक मीटर धरातलीय जल तथा 433 बिलियन क्यूबिक मीटर भूमिगत जल के रूप में है। ताजा जल दो रूपों में पाया जाता है- धरातलीय अथवा सतही जल के रूप में तथा भूमिगत जल के रूप में।

धरातलीय अथवा सतही जल संसाधन

धरातलीय जल नदियों, झीलों, तालाबों तथा आर्द्र भूमियों के रूप में पाया जाता है। धरातलीय जल और भूमिगत जल दोनों का **मुख्य स्रोत वर्षा जल** है। भारत में कुल वर्षा की मात्रा लगभग **400 मिलियन हेक्टेयर मीटर** है, जिसमें से 215 मिलियन हेक्टेयर मीटर जल भूमिगत हो जाता है और 180 मिलियन हेक्टेयर मीटर सतही प्रवाह के रूप में उपलब्ध होता है।

देश के कुल धरातलीय प्रवाह का लगभग दो-तिहाई भाग तीन नदियों- सिन्धु, गंगा और ब्रह्मपुत्र में प्रवाहित होता है। जबकि गंगा और ब्रह्मपुत्र नदियों का अपवाह क्षेत्र देश के कुल अपवाह क्षेत्र का लगभग एक-तिहाई है।

भारत में बहने वाली नदियों में **सर्वाधिक वार्षिक वाही** जल (एक वर्ष में जल प्रवाह की मात्रा) **ब्रह्मपुत्र नदी** में पाया जाता है। परंतु भारत इसके जल का अधिक उपयोग नहीं कर पाता, क्योंकि इसकी अधिकांश लंबाई चीन में है और चीन ने इस पर कई बाँध भी बना रखे हैं। दूसरे ब्रह्मपुत्र नदी असम के मैदानी भागों में बहुत अधिक अवसाद बहाकर लाती है, जिसका भंडारण करना कठिन कार्य है। वार्षिक वाही जल की दृष्टि से **गंगा नदी** दूसरे स्थान पर है, लेकिन भारत में उपयोग योग्य जल भंडार की दृष्टि से यह प्रथम स्थान पर है। जबकि दक्षिण भारत की नदियों में सबसे बड़ा जलग्रहण क्षेत्र **गोदावरी नदी** का और उसके बाद **कृष्णा नदी** का है। भारत में नदी जल का सर्वाधिक उपयोग कृषि क्षेत्र में (78%), ऊर्जा क्षेत्र में (13%), उद्योगों में (3%) एवं घरेलू उपभोग में (6%) किया जा रहा है।

देश के मैदानी भागों में प्रवाहित होने वाली नदियाँ सिंचाई कार्य के लिए अधिक उपयोगी हैं। उदाहरण के लिए उत्तर भारत के मैदान में नदियों द्वारा नहरी सिंचाई का अधिक विकास हुआ है। नहरी सिंचाई के क्षेत्रफल की दृष्टि से **उत्तर प्रदेश** देश का प्रथम राज्य है। जबकि पठारी भारत में नदियों के जल का उपयोग मुख्य रूप से जल विद्युत उत्पादन हेतु किया जाता है। यहाँ विषम धरातल के कारण बहुत से प्राकृतिक जलप्रपातों का निर्माण हुआ है, इसलिए यहाँ जलविद्युत उत्पादन करना आसान है। इसके अलावा यहाँ पर कठोर चट्टानी संरचना होने के कारण कृषि योग्य भूमि कम पाई जाती है।

भूमिगत जल संसाधन

भूमिगत जल भंडार का संग्रह दो रूपों में होता है। कुल वर्षा जल का आधे से अधिक भाग रिसकर प्रत्यक्ष भूमिगत हो जाता है। इसके अलावा सतही जल (नदी, झील, तालाब) में भी रिसाव की प्रक्रिया चलती रहती है। भारत भूमिगत जल संसाधन के मामले में धनी है, लेकिन इसका स्थानिक वितरण असमान है। भूमिगत जल की उपलब्धता वर्षा की मात्रा एवं अवधि, चट्टानों की प्रकृति एवं सतही ढाल पर निर्भर करती है।

भौमजल जल के भंडार एवं दोहन की दृष्टि से **सतलुज -गंगा-ब्रह्मपुत्र का मैदान, तटीय मैदान** और **नर्मदा-ताप्ती नदियों की भ्रंश घाटियाँ** अधिक संपन्न हैं। जबकि प्रायद्वीपीय भारत एवं हिमालय के पर्वतीय भागों में भूमिगत जल की कमी और इसके दोहन में कठिनाई देखी जाती है। राजस्थान के मैदान में वर्षा की कमी के कारण भूमिगत जल अधिक गहराई में और कम मात्रा में प्राप्त होता है। वहीं पूर्वोत्तर भारत के पर्वतीय क्षेत्रों में अधिक वर्षा होने के बावजूद ढालदार भूमि होने के कारण अधिकांश जल बह जाता है। इसलिए यहाँ भी भौमजल स्तर काफी नीचे पाया जाता है।

संगठन	मुख्यालय	स्थापना वर्ष
केंद्रीय जल आयोग	नई दिल्ली	1945
केंद्रीय जल और विद्युत अनुसंधान केंद्र	खड़गवासला (पुणे)	1916
केंद्रीय भू-जल बोर्ड	फरीदाबाद	1970
गंगा बाढ़ नियंत्रण आयोग	पटना	1972
राष्ट्रीय जल विज्ञान संस्थान	रुड़की (उत्तराखंड)	1978
केंद्रीय जल विकास एजेंसी	दिल्ली	1980

गंगा ब्रह्मपुत्र मैदान- देश में भूमिगत जल संसाधन का लगभग **45% भाग गंगा-ब्रह्मपुत्र के मैदान में** संचित है। गंगा का मैदान विश्व के सबसे बड़े जलभृतों (मुलायम और रंध्रयुक्त चट्टानी संरचना) में से एक है। मुलायम मिट्टी होने के कारण यहाँ का धरातल वर्षा एवं नदी जल के लिए सोखते (स्पंज) का काम करता है, जिसमें जल आसानी से रिसकर भूमिगत हो जाता है।

यहाँ मिट्टी में छोटे-छोटे रंध्र पाए जाते हैं, जिनमें जल सदैव विद्यमान रहता है। जब ग्रीष्मऋतु में उत्तर भारत के मैदानों में नदी का जलस्तर नीचे होने लगता है, तब नदी घाटी के दोनों पार्श्वों (Side) से भूमिगत जल का नदी में रिसाव होने लगता है, जिससे नदी में जलस्तर बना रहता है।

प्रायद्वीपीय भारत में चट्टानी संरचना के कारण भूमिगत जल कम पाया जाता है। यहाँ भौमजल धरातलीय चट्टानों के मध्य पाई जाने वाली दरारों में संचित रहता है, जो आपस में जुड़ी हुई हैं। यहाँ पाए जाने वाले कुओं में इन्हीं दरारों से रिसकर पानी आता है। भारत के पूर्वी एवं पश्चिमी तटीय मैदान भी भूमिगत जल भंडार की दृष्टि से संपन्न हैं, लेकिन यहाँ कृषि कार्यों हेतु भूमिगत जल के अत्यधिक दोहन से समुद्री खारे जल के अंतर्भेदन का खतरा बढ़ रहा है। तमिलनाडु के कुडालोर में ट्रियासिक युग की बालुका चट्टानों में अच्छी खासी मात्रा में भूमिगत जल पाया जाता है।

जल संकट एवं समस्याएँ

वर्षा की स्थानिक और कालिक (मौसमी) भिन्नता के कारण जल संसाधन की उपलब्धता में स्थान और मौसम के अनुसार अंतर पाया जाता है। भारत जैसे विशाल देश में कहीं बहुत अधिक वर्षा होती है तो कहीं सूखे का प्रकोप रहता है। लेकिन वर्तमान जल संकट के मूल्य में जल संसाधन का अत्यधिक शोषण, जल प्रदूषण और उचित जल प्रबंधन का न होना है। भारत में विश्व की लगभग **17% आबादी** निवास करती है, जबकि यहाँ विश्व के कुल ताजे जल का केवल **4% भाग** ही पाया जाता है। यह तथ्य देश में जल के कुशल और विवेकपूर्ण उपयोग तथा जल प्रबंधन की ठोस रणनीतियों की ओर ध्यान आकर्षित करता है।

भारत की तेजी से बढ़ती जनसंख्या के कारण प्रति व्यक्ति जल की उपलब्धता में लगातार कमी आई है। वर्ष 1951 में प्रति व्यक्ति वार्षिक जल की उपलब्धता लगभग 5177 घनमीटर (क्यूबिक मीटर) थी, जोकि वर्ष 2021 तक आते-आते घटकर लगभग **1480 घनमीटर** ही रह गई है। नीति आयोग द्वारा प्रस्तुत **समग्र जल प्रबंधन सूचकांक** रिपोर्ट के अनुसार देश में लगभग 60 करोड़ लोग गंभीर रूप से जल की कमी का सामना कर रहे हैं। रिपोर्ट में यह भी अनुमान लगाया गया है कि वर्ष 2030 तक देश की लगभग 40% आबादी की पीने के पानी तक पहुँच नहीं होगी।

भारत विश्व में **सबसे ज्यादा भूमिगत जल का उपभोग** करता है। यह विश्व के दूसरे और तीसरे सबसे बड़े भूमिगत जल के उपभोगकर्ता चीन और संयुक्त राज्य अमेरिका के सम्मिलित उपभोग से भी अधिक भूमिगत जल का दोहन करता है। भारत में भूमिगत जल का **सर्वाधिक 80% भाग सिंचाई कार्य** में प्रयोग किया जाता है। जल संसाधनों का अति दोहन करके ही बढ़ती जनसंख्या की खाद्य आवश्यकताओं को पूरा करने के लिए सिंचित क्षेत्रों को बढ़ाया जा सकता है।

इसके अलावा 21वीं सदी में बढ़ते शहरीकरण और औद्योगिकीकरण से भी जल का अति दोहन और बर्बादी बढ़ी है। शीतल पेय और खाद्य प्रसंस्करण से संबंधित बहुराष्ट्रीय कंपनियों की बढ़ती संख्या के कारण ताजे जल संसाधनों पर दबाव निरंतर बढ़ता जा रहा है। शहरी जीवनशैली में ग्रामीण क्षेत्रों की तुलना में अधिक जल की बर्बादी होती है। ग्रामीण क्षेत्रों से शहरों की ओर बड़ी संख्या में प्रवासियों के स्थानांतरण ने शहरों में जल के प्रति व्यक्ति खपत में वृद्धि कर दी है।

भूमिगत जल का अधिक दोहन करने से जल स्तर नीचे चला जाता है। पंजाब, हरियाणा जैसे राज्यों में बड़ी संख्या में पंप सेटों का प्रयोग

कर कृषि क्षेत्र में अविवेकपूर्ण ढंग से जल का दोहन किया गया है। तटीय क्षेत्रों में भूमिगत जल के दोहन से कुछ स्थानों, जैसे- मेहसाना (गुजरात) में भूमिगत जलस्तर इतना नीचे चला गया है कि समुद्री खारे पानी का अंतर्भेदन हो गया है।

प्रकृति भूमिगत जल के भंडार के पुन:पूरण (Recharge) में स्वयं सक्षम है। सघन वनस्पति आवरण वाले क्षेत्रों में वर्षा जल और सतही जल का भूमि में अंत:स्यंदन स्वयं होता है। वनस्पतियाँ पानी को भूमि में बाँधने का काम करती हैं और भूमि की अंत:स्यंदन क्षमता में वृद्धि करती हैं। लेकिन पर्वतीय क्षेत्रों में निर्वनीकरण के कारण सतही वाह में वृद्धि हो जाती है, जिससे पानी रिसकर भूमि में नहीं जा पाता और भूमिगत जल की पुन:पूर्ति में बाध उत्पन्न होने लगती है। इसके अलावा निर्वनीकरण और सतही प्रवाह के तीव्र हो जाने से नदी घाटियों में भूमि का अपरदन तीव्र गति से होने लगता है, जिससे नदी-तल में गाद की मात्रा बढ़ने लगती है और उसकी जल धारण क्षमता कम हो जाती है। इन कारणों से भूमिगत जल का स्तर लगातार नीचे गिर रहा है।

जल संकट जल की खराब गुणवत्ता से भी जुड़ा हुआ है। बढ़ते प्रदूषण के कारण जल की खराब गुणवत्ता इसके उपयोग को प्रतिबंधित कर देती है। घरेलू सीवेज और जहरीले औद्योगिक अपशिष्टों के विमोचन के कारण भारत में अधिकांश नदियों का जल प्रत्यक्ष रूप से पीने और नहाने लायक नहीं रह गया है। भारत की महत्त्वपूर्ण नदी यमुना औद्योगिक अपशिष्ट और शहरी सीवेज का पानी गिराए जाने के परिणामस्वरूप कुछ स्थानों पर नाले के रूप में तब्दील हो गई है। कृषि कार्य में रासायनिक उर्वरक और कीटनाशकों के बढ़ते प्रयोग से रिसाव द्वारा भूमिगत जल का प्रदूषण भी बढ़ा है। इन कारणों के चलते जल से जुड़ी हुई बीमारियों का प्रकोप भी बढ़ता जा रहा है। इसके अलावा जल प्रदूषण से **पादप सुपोषण या यूट्रोफिकेशन** (Eutrophication) की स्थिति बन सकती है। इसके अंतर्गत कृषि कार्य में प्रयोग किए जाने वाले रासायनिक उर्वरक एवं अन्य रसायन जब वर्षा जल द्वारा प्रवाहित होकर नदियों, झीलों एवं तालाबों में पहुँच जाते हैं तो अवांछित जलीय पादपों में तीव्र वृद्धि होने लगती है, जिससे जल में ऑक्सीजन की कमी के चलते **बायोलॉजिकल ऑक्सीजन डिमांड** (BOD) बढ़ जाती है, जो जलीय पारिस्थितिक तंत्र को गंभीर रूप से प्रभावित कर सकती है।

जल (प्रदूषण निवारण और नियंत्रण) अधिनियम, 1974 जल गुणवत्ता के मानकों को बनाए रखने के लिए जल प्रदूषण के निवारण और नियंत्रण हेतु संस्थागत संरचना की स्थापना का प्रावधन करता है। जल (प्रदूषण निवारण और नियंत्रण) अधिनियम, 1974 के तहत 1974 में गठित केंद्रीय प्रदूषण नियंत्रण बोर्ड (Central Pollution Control Board – CPCB) एक सांविधिक संगठन है।

भारतीय संविधान में जल **राज्य सूची का विषय** है। राज्य सरकारें अपने क्षेत्र से होकर बहने वाली नदियों के नियोजन, विकास एवं वितरण पर पूर्ण नियंत्रण रखती हैं। परन्तु भारत की ज्यादातर नदियाँ एक से अधिक राज्यों से होकर प्रवाहित होती हैं, जिस कारण नदी जल के अधिकतम उपयोग को लेकर राज्यों के मध्य नदी जल विवाद होते रहते हैं।

कुछ प्रमुख अंतर्राज्यीय नदी जल विवाद हैं-

- **महानदी**- उड़ीसा, छत्तीसगढ़ के मध्य।
- **कृष्णा नदी**- महाराष्ट्र, कर्नाटक, आंध्र प्रदेश, तेलंगाना के मध्य।
- **कावेरी नदी**- केरल, कर्नाटक, तमिलनाडु और पुदुचेरी के मध्य।
- **पेरियार नदी**- तमिलनाडु और केरल के मध्य।
- **नर्मदा नदी**- मध्य प्रदेश, गुजरात, महाराष्ट्र और राजस्थान के मध्य।
- **वंशधारा नदी**- ओडिशा और आंध्र प्रदेश के मध्य।
- भारत न केवल अपने राज्यों के मध्य, बल्कि अपने पड़ोसी देशों के साथ भी नदी जल विवादों का सामना कर रहा है। उदाहरण के लिए-
- **ब्रह्मपुत्र नदी**- भारत और चीन के मध्य।
- **तीस्ता नदी**- भारत और बांग्लादेश के मध्य।

संघ सूची की प्रविष्टि 56 के अंतर्गत केंद्र सरकार को अंतर्राज्यीय नदियों और नदी घाटियों को उस सीमा तक विनियमित और विकसित करने का अधिकार है, जहाँ तक संसद द्वारा व्यापक जनहित में इसे उचित निर्धारित किया जाए।

सरकार द्वारा बहुउद्देशीय परियोजनाओं का निर्माण

स्वतंत्रता के पश्चात भारत सरकार ने **पहली पंचवर्षीय योजना** (1951–56) में देश के विकास में नदी जल का सही उपयोग एवं प्रबंधन करने के लिए बहुउद्देशीय परियोजनाओं की शुरुआत की और 2.2 मिलियन क्यूबिक मीटर की क्षमता वाले लगभग 2000 से अधिक बाँधों और जलाशयों का निर्माण किया। इससे वर्षा काल में बाढ़ नियंत्रण, शुष्क क्षेत्रों में नहरी सिंचाई, नहरी परिवहन, शहरों में पेयजल की आपूर्ति और मछली पालन जैसे उद्देश्यों की पूर्ति समेत जल विद्युत का उत्पादन भी प्रारंभ हुआ। लेकिन बाद के वर्षों में इन परियोजनाओं के कुछ दोष भी उभरने लगे-

a. नदी जल का बहुउद्देशीय उपयोग करने के लिए पर्वतीय क्षेत्रों में नदी के मार्ग में कंक्रीट की दीवार बनाकर उसके प्रवाह को रोक दिया जाता है, जिससे बाँध के पीछे की नदी घाटी में विशाल जलाशय का निर्माण हो जाता है। उदाहरण के लिए सतलुज नदी के जल को रोककर भाखड़ा नांगल बाँध के पीछे **गोविन्द सागर जलाशय** (हिमाचल प्रदेश) का निर्माण किया

गया है। जलाशय का जलस्तर ऊँचा होने के कारण नदी घाटी के आस-पास का हजारों वर्ग किमी. का क्षेत्र हमेशा के लिए बाढ़ग्रस्त हो जाता है, जिस कारण वन क्षेत्र जलमग्न हो जाते हैं और **जैव-विविधता का ह्रास** हो जाता है। विशाल वन क्षेत्रों के जलमग्न हो जाने से स्थानीय आबादी के **विस्थापन एवं पुनर्वास की समस्या** उभर जाती है।

b. इन बाँधों को **स्ट्रेट कंक्रीट ग्रेविटी डैम** (Straight Concrete Gravity Dam) कहते हैं, जो अत्यधिक वजनी होने के कारण स्थानीय भूगर्भीय चट्टानों को कमजोर कर देते हैं जिसके चलते एक समय अंतराल के बाद भूकंप उत्पन्न होने का खतरा रहता है। इसे **जलाशय प्रेरित भूकंपनीयता** कहते हैं।

c. जल विद्युत का उत्पादन करने के लिए इन बाँधों से ऊँचाई से जल विद्युतजनित्र (जनरेटर) पर गिराया जाता है। इसके बाद उपयोग किए गए जल को नहरों के माध्यम से खेतों तक पहुँचाया जाता है। लेकिन भारत में जलाशयों से जो नहरें निकाली गई, उनसे केवल आस-पास के खेतों को ही पानी मिल पाया। क्यारियों के अभाव में अंदरूनी क्षेत्रों तक पानी नहीं पहुँच पाया। लगभग 200 हेक्टेयर में से केवल 20 हेक्टेयर खेतों को ही पानी मिल पाया और 180 हेक्टेयर खेत सिंचाई से वंचित रह गए। जागरूकता और जानकारी के अभाव में किसान नहर के पानी का समुचित उपयोग नहीं कर पाए।

d. सरकार ने जलाशयों से पंजाब, हरियाणा, पश्चिमी उत्तर प्रदेश और पश्चिमी राजस्थान जैसे राज्यों में दूर तक नहरें तो निकाल दीं लेकिन इनके जल को नियंत्रित करने के लिए नहरों के किनारे लाइनिंग नहीं की गई, जिस कारण वर्षाकाल में नहर के किनारे स्थित बड़े क्षेत्र जलाक्रान्त हो गए और शुष्क ऋतु में केशिका क्रिया द्वारा मृदा में लवणीकरण की समस्या उभरने लगी।

कमान क्षेत्र विकास कार्यक्रम (Command Area Development Programme – CADP)

पहली पंचवर्षीय योजना में प्रारंभ बहुउद्देशीय परियोजनाओं की सिंचाई क्षमता का पर्याप्त विकास एवं उपयोग करने में सफलता हासिल नहीं हो पाई थी। अत: **पाँचवीं पंचवर्षीय योजना** की अवधि में केंद्र सरकार ने 1974-75 में एक नई परियोजना लागू करते हुए **कमान क्षेत्र विकास कार्यक्रम** का श्रीगणेश किया।

इस कार्यक्रम का उद्देश्य वृहद्, मध्यम एवं लघु परियोजनाओं की **सिंचाई क्षमता का तीव्र एवं निश्चित उपयोग** करना था, ताकि किसानों के खेतों तक पानी पर्याप्त रूप में और समय पर उपलब्ध हो सके। किसानों की सामाजिक आर्थिक-स्थिति में सुधर लाने के लिए भूमि और पानी की प्रति यूनिट दक्षता और फसलों की उत्पादकता में वृद्धि लाना इस कार्यक्रम का अंतर्निहित लक्ष्य था।

इस कार्यक्रम के अंतर्गत जलाशयों के आस-पास के क्षेत्रों में जहाँ तक संभव हो सके नहरों का जाल बिछाया गया। कुल मिलाकर एक वर्ष में एक हेक्टेयर खेत को सींचने के लिए 53,000 रुपए के व्यय का भार उठाया गया, जोकि धन का अपव्यय था। अप्रैल 2004 से कमान क्षेत्र विकास कार्यक्रम (CADP) को पुनर्गठित करके **कमान क्षेत्र विकास तथा जल प्रबंधन कार्यक्रम** (CADWM) नाम दिया गया है।

छठी पंचवर्षीय योजना (1980–85) में सरकार ने खाद्यान्न उत्पादन बढ़ाने के लिए सिंचाई व्यवस्था के प्रति अपनी नीति में परिवर्तन किया। अब तक भूमिगत जल संसाधनों का सर्वेक्षण किया जा चुका था और सरकार के पास **भूमिगत जल संसाधन की मात्रा एवं गुणवत्ता** की जानकारी थी। अत: सरकार ने **भूमिगत जल के दोहन** के लिए सिंचाई के विकेंद्रीकरण की योजना बनाई। इसके लिए सरकार ने ग्रामीण विद्युतीकरण योजना द्वारा पूरे देश में बिजली पहुँचाना प्रारंभ किया, ताकि किसान स्वयं पंपसेट लगाकर नलकूप से पानी निकाल सकें। 1982 में सरकार ने किसानों को पंपसेट स्थापित करने हेतु ऋण उपलब्ध कराने के लिए **राष्ट्रीय कृषि एवं ग्रामीण विकास बैंक** (NABARD) की स्थापना की। 1986 में सरकार ने कपार्ट (Council for Advancement of People's Action Rural Technology) नामक संस्था के माध्यम से कुएँ खोदने की तकनीक का प्रसार किया। कपार्ट ने कुओं का डिजाइन तैयार कर लोगों तक पहुँचाया।

राष्ट्रीय जल नीति

जल संसाधनों के नियोजन, विकास और उनके इष्टतम उपयोग को नियंत्रित करने के लिए भारत सरकार के **जल संसाधन मंत्रालय** द्वारा पहली राष्ट्रीय जल नीति 1987 में अपनाई गई थी। वर्ष 2002 और बाद में 2012 में इसकी समीक्षा और संशोधन किया गया था।

- वर्ष 2002 में केंद्र सरकार द्वारा प्रायोजित **राष्ट्रीय जल नीति** देश में जल संसाधनों के समुचित उपयोग, प्रबंधन एवं संरक्षण पर बल देती है। राष्ट्रीय जल नीति के तहत देश में जल संसाधन के उचित प्रबंधन एवं उपयोग के लिए एक **राष्ट्रीय जल ग्रिड** के निर्माण का प्रस्ताव दिया गया ताकि जलाधिक्य वाले क्षेत्रों से अतिरिक्त जल को सूखाग्रस्त एवं जलाभाव वाले क्षेत्रों में स्थानांतरित किया जा सके। अत: राष्ट्रीय जल नीति **जल के अंतर-बेसिन स्थानांतरण** की एक राष्ट्रीय योजना का प्रस्ताव करता है।
- राष्ट्रीय जल नीति-2002 का उद्देश्य अपवाह बेसिन जैसी जल वैज्ञानिक इकाइयों के आधर पर देश के सतही जल संसाधन का नियोजन करना है ताकि जल का सर्वोत्तम उपयोग हो सके। राष्ट्रीय जल नीति सिंचाई, उद्योगों एवं घरेलू कार्यों में जल की बढ़ती माँग को ध्यान में रखकर देश के जल संसाधनों के समुचित प्रबंधन एवं संरक्षण हेतु समुचित उपायों पर बल देती है ताकि जल संचयन के साथ जल के वितरण में होने वाली क्षति को कम किया जा सके।

- यह नीति जल प्रदूषण को कम करने, प्रदूषित जल को साफ करने एवं उसे इस्तेमाल हेतु पुनः उपयोगी बनाने के लिए उपयुक्त कार्यवाहियों पर बल देती है। नदी प्रदूषण के लिए जिम्मेदार व्यक्ति अथवा संस्था से क्षतिपूर्ति लेने का प्रस्ताव भी इस नीति का अंग है।
- राष्ट्रीय जल नीति जनजातीय क्षेत्रों, सूखाग्रस्त क्षेत्रों तथा समाज के आर्थिक रूप से पिछड़े क्षेत्रों के लिए नई परियोजनाओं को प्राथमिकता के आधर पर तैयार करने हेतु विस्तृत सर्वेक्षण एवं अन्वेषण का सुझाव देती है।
- यह नीति भौमजल संसाधनों के विस्तृत सर्वेक्षण, वैज्ञानिक प्रबंधन तथा पुनर्भरण हेतु कारगर उपायों का सुझाव देती है।
- राष्ट्रीय जल नीति जलाक्रांति, लवणीकरण, उपजाऊ कृषि क्षेत्रों के अवकर्ष (Degradation), जल की गुणवत्ता में ह्रास, भौमजल के अति दोहन तथा विकास परियोजनाओं के कारण परिवारों के स्थानांतरण संबंधी समस्याओं के समाधान हेतु समुचित रणनीति तैयार करने पर भी ध्यान केंद्रित करती है।

लेकिन पंजाब और हरियाणा जैसे क्षेत्रों में पंपसेट के जरिए भूमिगत जल का अत्यधिक और अविवेकपूर्ण दोहन किया गया, जिस कारण इन क्षेत्रों में भूमिगत जलस्तर काफी नीचे चला गया।

राष्ट्रीय जल ग्रिड

गंगा-कावेरी लिंक नहर के रूप में भारत की नदियों को जोड़ने का विचार सर्वप्रथम 1972 में **डॉ. के. एल. राव** ने दिया था। राष्ट्रीय जल ग्रिड नदियों पर बाँध बनाकर डायवर्जन वाहिकाओं (नहरों) के माध्यम से **उत्तर भारत की नदियों को दक्षिण भारत की नदियों से** जोड़ने की एक योजना है, ताकि जलाधिक्य वाले क्षेत्रों से अतिरिक्त जल को जलाभाव वाले क्षेत्रों की तरफ स्थानांतरित किया जा सके।

उत्तर भारत की अधिकांश नदियाँ सदानीरा हैं, वहीं दक्षिण भारत की नदियाँ शुष्क ऋतु में या तो सूख जाती हैं या उनमें जल की मात्रा काफी घट जाती है। इसके अलावा भारत का सामान्य ढाल **पश्चिम से पूर्व** की तरफ है, जिस कारण मानसून काल में पूर्वी भारत बाढ़ग्रस्त हो जाता है और पश्चिमी भारत में सूखे की स्थिति रहती है। कहने का आशय यह है कि उत्तरी और पूर्वी भारत **जलाधिक्य वाले क्षेत्र** हैं, जबकि दक्षिणी और पश्चिमी भारत तुलनात्मक रूप से **जलाभाव वाले क्षेत्र** हैं। वर्षाकाल में प्रत्येक वर्ष आने वाली बाढ़ों से न केवल जन-धन का नुकसान होता है, बल्कि बड़ी मात्रा में उपयोग योग्य ताजा जल समुद्रों में चला जाता है। जबकि शुष्क ऋतु में देश के कई भागों में पानी की कमी देखी जाती है।

राष्ट्रीय जल ग्रिड द्वारा देश की विभिन्न नदियों को जोड़कर और उनके जल को एक बेसिन से दूसरे नदी बेसिन में स्थानांतरित करके इस समस्या का समाधान किया जा सकता है। यदि उत्तर और पूर्वी भारत की नदियों पर बाँध बनाकर इनके अतिरिक्त जल का संग्रहण (जलाशय निर्माण) किया जाए और डायवर्जन (Diversion) वाहिकाओं अर्थात् नहरों के माध्यम से इन नदियों के अतिरिक्त जल को दक्षिण भारत के **वृष्टि छाया प्रदेश** और पश्चिमी भारत (राजस्थान, गुजरात) के **शुष्क क्षेत्रों** में स्थानांतरित किया जाए तो न केवल प्रत्येक वर्ष आने वाली बाढ़ों पर नियंत्रण स्थापित किया जा सकेगा, बल्कि अतिरिक्त जल को सूखाग्रस्त क्षेत्रों में विस्थापित कर सिंचाई और जल विद्युत उत्पादन हेतु इसका प्रयोग किया जा सकेगा। उदाहरण के लिए- **गंगा नदी पर पटना के निकट बाँध** बनाकर मानसून काल में अतिरिक्त जल का संग्रह किया जाए और नहरों द्वारा इस अतिरिक्त जल को पहले **नर्मदा और सोन नदियों** में और फिर वहाँ से अतिरिक्त जल को **गोदावरी, कृष्णा** और **कावेरी नदियों** में पहुँचाया जाए तो भारत में न केवल बाढ़ और सूखा जैसी आपदाओं पर नियंत्रण स्थापित होगा बल्कि वर्षभर सिंचाई, आंतरिक जल परिवहन का विकास और पेयजल की आपूर्ति के साथ-साथ उद्योगों को भी पर्याप्त मात्रा में जलापूर्ति संभव हो सकेगी।

केंद्रीय जल शक्ति मंत्रालय द्वारा राष्ट्रीय जल ग्रिड की संकल्पना तैयार की गई है। इसके दो घटक हैं-

a. जल का पूर्वी तट से पश्चिमी तट की ओर प्रवाह।

b. जल का उत्तर भारत की सदाबहार नदियों से प्रायद्वीपीय नदियों की ओर प्रवाह।

लेकिन नदी जल के स्थानांतरण के इस विचार को केंद्रीय जल आयोग ने धन आवंटन के मुद्दों और तकनीकी अव्यवहार्यता के कारण खारिज कर दिया था। 1980 में सरकार ने जल संसाधन विकास के लिए इस परिप्रेक्ष्य में योजना तैयार की और जुलाई 1982 में **राष्ट्रीय जल विकास एजेंसी (NWDA)** का गठन किया। राष्ट्रीय जल विकास एजेंसी के गठन का मुख्य उद्देश्य **नेशनल वाटर नेटवर्क** की पहचान करना था। राष्ट्रीय जल विकास एजेंसी ने उत्तर भारत के नदी बेसिनों को दक्षिण भारत के नदी बेसिनों से जोड़ने तथा पूर्वी भारत के नदी बेसिन को पश्चिम के नदी बेसिन से जोड़ने की व्यावहारिक रणनीति बनाने पर काम किया। NWDA द्वारा अंत तक 30 ऐसी नदियों की पहचान की गई, जिन्हें **राष्ट्रीय जल ग्रिड** निर्माण हेतु आपस में जोड़ा जाना है। इसके अंतर्गत 14 हिमालयी तथा 16 प्रायद्वीपीय नदियाँ शामिल हैं।

लंबे समय के बाद राष्ट्रीय जल ग्रिड के विचार को 2003 में फिर से पुनर्जीवित किया गया लेकिन धन आवंटन और तकनीकी कठिनाइयों के कारण नदियों को आपस में जोड़ने की प्रक्रिया काफी मंद गति से आगे बढ़ रही है।

राष्ट्रीय जल ग्रिड के सकारात्मक पक्ष

1. राष्ट्रीय जल ग्रिड योजना के पूरा होने के बाद उत्तर भारत में **गंगा घाटी** (उत्तर प्रदेश, बिहार और बंगाल), **ब्रह्मपुत्र नदी घाटी** (असम), **कृष्णा-गोदावरी नदियों के डेल्टा क्षेत्र और**

मालाबार तट (केरल) में प्रत्येक वर्ष आने वाली बाढ़ों पर नियंत्रण स्थापित किया जा सकेगा और **पश्चिमी राजस्थान, उत्तरी गुजरात** तथा प्रायद्वीपीय भारत के **वृष्टि छाया प्रदेश** (महाराष्ट्र का विदर्भ क्षेत्र, उत्तरी कर्नाटक एवं तेलंगाना) में **सूखे की समस्या का निदान** संभव हो सकेगा।

2. गंगा घाटी में प्राप्त होने वाले अतिरिक्त वर्षा जल के स्थानांतरण से पश्चिमी और दक्षिणी भारत के **शुष्क क्षेत्रों में सिंचाई क्षमता में वृद्धि** होगी, जिससे इन क्षेत्रों में बहुफसली कृषि को बढ़ावा मिलेगा और सामाजिक व आर्थिक प्रगति में तेजी आएगी।
3. उत्तर भारत से दक्षिण भारत तक नदियों पर जिन बाँधों एवं जलाशयों का निर्माण होगा, उनसे **पर्याप्त जल विद्युत उत्पादन** संभव हो सकेगा। जलविद्युत उत्पादन क्षमता में वृद्धि से स्थानीय औद्योगिक क्षेत्र एवं कृषि क्षेत्र का विकास होगा तथा शहरी एवं ग्रामीण ऊर्जा आवश्यकताओं की पूर्ति संभव होगी।
4. गंगा से लेकर दक्षिण में कावेरी तक नदियों को जोड़ने के लिए सैकड़ों डायवर्जन वाहिकाओं (नहरों) के निर्माण से अंतर्देशीय जलमार्ग का विकास होगा, जिसका उपयोग सस्ती नौवहन सुविधा के लिए किया जा सकेगा। इससे रेल और सड़क यातायात पर भार कम होगा।
5. सैकड़ों बाँधों एवं जलाशयों के विनिर्माण से **मत्स्यपालन और पर्यटन उद्योग** को भी प्रोत्साहन मिलेगा।
6. शुष्क क्षेत्रों में भूमिगत जल पर बढ़ते दबाव को कम किया जा सकेगा और इसका संरक्षण और पुनर्भरण संभव हो पाएगा।

राष्ट्रीय जल ग्रिड के नकारात्मक पक्ष

1. कई पर्यावरणविदों ने नदियों को आपस में जोड़े जाने का विरोध किया है। दरअसल इतने बड़े पैमाने पर नदी जल के स्थानांतरण से **कई सारी परिस्थितिकीय समस्याओं का जन्म** होने की आशंका है। प्रत्येक नदी का अपना जीवनचक्र और पारिस्थितिक तंत्र होता है, जिसमें **विशेष जलीय-जीव और वनस्पतियाँ** अपना विकास करती हैं। नदी जल के साथ **जलीय जीवन का भी दूसरी नदियों में स्थानांतरण और हस्तक्षेप** होगा, जिससे नदियों के पारिस्थितिक तंत्र पर नकारात्मक असर पड़ेगा। इसके अलावा प्रत्येक नदी का अपना अपवाह मार्ग और जल स्तर होता है। जलाधिक्य वाली नदियों के जलस्तर में कमी आने से भी जलीय जीवों एवं वनस्पतियों पर प्रतिकूल प्रभाव पड़ेगा।
2. इतने बड़े पैमाने पर नदी जल का स्थानांतरण करने से नदी का विशेष स्थान पर जो जैविक स्वरूप होता है, वह समाप्त हो सकता है।
3. प्रत्येक वर्ष आने वाली बाढ़ के माध्यम से नदियाँ बाढ़ क्षेत्रों में अवसादों का नवीनीकरण करती हैं। बड़ी संख्या में बाँध बना देने से **बाढ़ के मैदान का नवीनीकरण रुक जाएगा** और खादर भूमियों में मिट्टी की उर्वरता पर नकारात्मक प्रभाव पड़ेगा।
4. राष्ट्रीय जल ग्रिड परियोजना के निर्माण से बहुत **अधिक धन का अपव्यय** होगा जिससे दूसरे विकास कार्यों पर भार बढ़ सकता है।
5. बड़े पैमाने पर नदी जल के स्थानांतरण से **राज्यों के बीच जल विवाद** और अधिक गहराने की आशंका है। इसके अलावा देश की सबसे बड़ी नदी गंगा के प्रवाह को कम कर देने से बांग्लादेश समस्या उत्पन्न कर सकता है।

राष्ट्रीय नदी संरक्षण योजना

- 1985 में **केंद्रीय गंगा प्राधिकरण** का गठन किया गया तथा **गंगा एक्शन प्लान** (GAP) **के प्रथम चरण** की शुरुआत की गई। गंगा कार्ययोजना का प्रथम चरण (GAP–1) 1985-1993 तक चला, जिसके अंतर्गत **ऋषिकेश से कोलकाता तक** गंगा नदी को प्रदूषण मुक्त करने की योजना थी। प्रथम चरण का शुभारंभ पूर्व प्रधानमंत्री राजीव गाँधी ने वाराणसी के राजेंद्र प्रसाद घाट से किया था। इस कार्यक्रम को शत प्रतिशत (100%) केंद्र पोषित योजना के रूप में शुरू किया गया था और इसका मुख्य उद्देश्य गंगा नदी के प्रदूषण को रोकना व उसके पानी की गुणवत्ता में सुधर करना था। नदियों को प्रदूषणमुक्त करने के इस कार्यक्रम में बाद में दो अलग-अलग योजनाओं गंगा एक्शन प्लान-द्वितीय चरण (GAP–2) तथा राष्ट्रीय नदी संरक्षण योजना (NRCP) के तहत देश की अन्य प्रमुख नदियों के लिए बढ़ा दिया गया था।
- राष्ट्रीय नदी संरक्षण योजना (NRCP) की शुरुआत 1995 में की गई थी। वर्ष 2000 में गंगा एक्शन प्लान-द्वितीय चरण को राष्ट्रीय नदी संरक्षण योजना में मिला दिया गया। **राष्ट्रीय नदी संरक्षण योजना** (NRCP) के अंतर्गत मुख्य रूप से गंगा, यमुना, दामोदर और गोमती नदियों को प्रदूषण मुक्त करने की योजना बनाई गई थी। लेकिन **गंगा एक्शन प्लान-द्वितीय चरण** के NRCP में विलय के बाद अब इस विस्तृत कार्ययोजना के अंतर्गत राज्यों की 27 नदियों के किनारे बसे 152 शहरों को शामिल कर लिया गया है।

राष्ट्रीय गंगा नदी बेसिन प्राधिकरण - NGRBA

- पर्यावरण संरक्षण अधिनियम-1986 के अंतर्गत वर्ष 2009 में प्रधानमंत्री की अध्यक्षता में **राष्ट्रीय गंगा नदी बेसिन प्राधिकरण** का गठन किया गया। गंगा नदी देश के जिन पाँच राज्यों से होकर प्रवाहित होती है उनके मुख्यमंत्री NGRBA के सदस्य हैं। राष्ट्रीय गंगा नदी बेसिन प्राधिकरण को गंगा नदी के संरक्षण के लिए एक अधिकार प्राप्त प्राधिकरण के रूप में गठित किया गया है और पर्यावरण संरक्षण अधिनियम-1986 इस प्राधिकरण को गंगा की धारा को अविरल बनाने और इसके संरक्षण के लिए मजबूत नियामक और नियंत्रक शक्तियाँ प्रदान करता है।

नदी बेसिन विकास कार्यक्रम

नदी बेसिन विकास कार्यक्रम किसी नदी के संपूर्ण अपवाह क्षेत्र में जल के उपयोग हेतु बनाई जाने वाली परियोजना होती है।

कई नदियाँ उद्‌गम स्रोत से लेकर मुहाने तक अलग-अलग उच्चावच वाली भू-आकृतियों (पर्वत, पठार, मैदान) से होकर प्रवाहित होती हैं। उदाहरण के लिए कावेरी नदी पर्वतीय, पठारी एवं मैदानी तीनों क्षेत्रों से होकर प्रवाहित होती है। यदि कावेरी नदी बेसिन के उपयोग संबंधी योजना बनाई जाए तो केरल एवं कर्नाटक के पर्वतीय भागों में जल अधिक ऊँचाई से गिरने के कारण **जल विद्युत परियोजनाओं** का विकास अधिक लाभदायक रहेगा। इसी प्रकार नदी के अपवाह मार्ग में आने वाले कर्नाटक के पठारी भागों में **पशुपालन एवं जलाशयों** का विकास तथा तमिलनाडु के मैदानी भागों में **नहरी सिंचाई एवं कृषि** का विकास किया जाएगा।

इस प्रकार 'नदी बेसिन विकास कार्यक्रम' से नदी के संपूर्ण अपवाह क्षेत्र में रहने वाले लोगों को लाभ मिलेगा। इसलिए वर्तमान में कमान क्षेत्र के स्थान पर 'नदी बेसिन विकास कार्यक्रम' अधिक प्रचलित है।

लेकिन नदी बेसिन कार्यक्रम की सबसे बड़ी समस्या यह है कि अनेक नदियाँ कई राज्यों से होकर प्रवाहित होती हैं। चूँकि **जल संसाधन राज्य सूची का विषय** है, इसलिए जल संसाधनों के बँटवारे एवं उसके उपयोग के तरीकों को लेकर राज्यों के मध्य विवाद बढ़ सकते हैं। राज्य अपनी वर्तमान एवं भविष्य की आवश्यकताओं को देखते हुए नदी के अपवाह मार्ग में अपनी प्राथमिकताओं के आधर पर योजनाओं का निर्माण करना चाहते हैं। अतः **नदी बेसिन विकास कार्यक्रम** प्रभावी ढंग से तभी लागू हो सकता है, जब नदी-जल को केंद्र सूची का विषय बनाया जाए।

देश में कुल 23 वृहद् नदी बेसिन एवं 200 लघु नदी बेसिन हैं, जिनके अपवाह मार्ग में विकास योजनाएँ बनाई जा सकती हैं।

जलसंभर प्रबंधन (Watershed Management)

जलसंभर (वाटरशेड) वस्तुतः नदी बेसिन के अंतर्गत ही छोटी इकाई है, जिसमें औसतन 500 हेक्टेयर भूमि शामिल की जाती है। जलसंभर प्राकृतिक सीमाओं से घिरा हुआ एक ऐसा लघु बेसिन (थालानुमा) भूक्षेत्र होता है, जिसमें समस्त वर्षा जल निम्नतम (सबसे निचले) बिंदु पर आकर इकट्ठा होता है। किसी भी क्षेत्र में नदी जल भी इसी निम्नतम बिंदु (सबसे निचला क्षेत्र) से होकर प्रवाहित होता है। एक जलसंभर दूसरे जलसंभर से प्राकृतिक सीमा के जरिए अलग होता है, जिसे **जल विभाजक** (Ridge Line) कहा जाता है।

विशिष्ट तथ्य

- सामान्य रूप से जल की गुणवत्ता का निर्धारण जैव ऑक्सीजन माँग (BOD), रासायनिक ऑक्सीजन माँग (COD), घुलित ऑक्सीजन (DO) तथा pH मान के आधर पर किया जाता है।
- पेयजल में विभिन्न तत्त्वों की अधिकता से होने वाले रोग-

  नाइट्रेट की अधिकता से- ब्लूबेबी सिंड्रोम

  कैडमियम की अधिकता से- इटाई-इटाई

  आर्सेनिक की अधिकता से- ब्लैक फुट

  पारे की अधिकता से- मिनिमाटा

  एस्बेस्टस की अधिकता से- कैंसर

  फ्लोराइड की अधिकता से- फ्लोरोसिस

  सीसा की अधिकता से- प्लंबिज्म
- भूमिगत जल में **फ्लोराइड एवं आर्सेनिक** जैसे प्रदूषक प्राकृतिक रूप से पाए जाते हैं। जमीन के नीचे विद्यमान ये प्रदूषक भौमजल में घुल जाते हैं।
- आर्सेनिक सफेद पाउडर की तरह विषैला पदार्थ है, जिसे हिन्दी में **संखिया** कहते हैं। भूमिगत जल में संखिया प्रदूषण पश्चिम बंगाल में अधिक पाया जाता है।
- नियंत्रक महालेखा परीक्षक (CAG) के निर्देश पर पर्यावरण शोध प्रयोगशाला (लखनऊ) ने जल की गुणवत्ता के आधर पर इसे पाँच श्रेणियों A, B, C, D और E में विभक्त किया है। एनवॉयरमेंट रिसर्च लैबोरेटरी (लखनऊ) ने गंगा और यमुना के जल को वर्ग-D के अंतर्गत रखा है, जिसका अर्थ है कि यह पीने और नहाने लायक नहीं रह गया है, जबकि मत्स्य पालन एवं वन्य जीवों के उपयोग के लायक है। स्नान करने लायक होने के लिए गंगा और यमुना का जल वर्ग-B में होना चाहिए।
- गंगा नदी में **बैक्टीरियोफेज** नामक वायरस पाए जाते हैं, जो बैक्टीरिया को खा जाते हैं।

- पादप पोषण (यूट्रोफिकेशन) के कारण यमुना में शैवाल और सूक्ष्म हरे पौधों की वृद्धि के कारण यमुना के पानी में हरापन नजर आता है।
- पर्यावरण एवं वन मंत्रालय ने 9 उद्योगों की पहचान जल प्रदूषक उद्योगों के रूप में की है- मद्य (शराब), कीटनाशक, उर्वरक, पेट्रो-रसायन, दवा, तेलशोधन, चर्म, कागज तथा चीनी उद्योग।
- 1974 में स्थापित **केंद्रीय प्रदूषण नियंत्रण बोर्ड** जल तथा वायु प्रदूषण निवारण एवं नियंत्रण से संबंधित मामलों पर केंद्र सरकार को सलाह देने के लिए उत्तरदायी संस्था है।

जलसंभर प्रबंधन (Watershed Management) के अंतर्गत किसी क्षेत्र विशेष में जल के सभी संभव उपयोग के लिए जल के संचयन, भूमिगत जल के पुनर्भरण के साथ-साथ भूमि एवं वन जैसे अन्य प्राकृतिक संसाधनों के संरक्षण के लिए योजना बनाई जाती है। वन संरक्षण के बिना जल संरक्षण संभव नहीं है, क्योंकि वनस्पतियाँ ही पानी को भूमि में बाँधकर उसके अंत:स्यंदन को बढ़ाती हैं।

वाटर शेड मैनेजमेंट के अंतर्गत जलसंभर क्षेत्र में समोच्च बंधों और चेक डैम का निर्माण करके बहते हुए जल को रोकने, बाढ़ क्षेत्र में खेतों तक नालियों का निर्माण, भूमिगत जल के भंडार को बढ़ाने के लिए रिचार्ज कुओं, खेत तालाबों, तालों (जोहड़) आदि का निर्माण करके जल का संग्रह करने, घरों में रेन वॉटर हार्वेस्टिंग जैसी तकनीकों को बढ़ावा देने के साथ-साथ भूमि एवं वन जैसे प्राकृतिक संसाधनों के संरक्षण एवं उनके विवेकपूर्ण उपयोग पर बल दिया जाता है। जलसंभर प्रबंधन से न केवल जल-संग्रह के लिए, बल्कि कृषि विकास के लिए भी भूमि का अधिकतम उपयोग संभव हो पाता है।

जलसंभर विकास जमीनी स्तर पर आर्थिक विकास को बढ़ावा देता है और संबंधित क्षेत्र में गरीबों और वंचित लोगों के जीवन स्तर को सामाजिक और आर्थिक रूप से बेहतर बनाने में भी मदद करता है। संबंधित क्षेत्र में चेक डैम, नालियों, खेत, तालाबों, गड्डों, रेनवाटर हार्वेस्टिंग तकनीकों के निर्माण, वनीकरण और कृषि विकास इत्यादि से रोजगार में वृद्धि होती है। इससे मनुष्यों और वनस्पतियों पर सूखे और प्राकृतिक जलवायु समस्याओं का प्रभाव भी कम हो जाता है। जलाक्रान्त और लवणीय भूमि की समस्या में कमी आती है और कृषि उत्पादकता में वृद्धि होती है। प्राकृतिक संसाधनों (जैसे, भूमि, जल और वनस्पति आवरण) का उपयोग, संरक्षण और विकास करके पारिस्थितिक संतुलन बहाल करने में मदद मिलती है।

लेकिन जलसंभर विकास की सफलता सामुदायिक सहयोग पर निर्भर करती है। जलसंभर (वाटरशेड) की सीमाएँ अक्सर राजनीतिक सीमाओं से परे फैली होती हैं। इसीलिए, किसी जलसंभर के प्रभावी प्रबंधन के लिए जलसंभर में आने वाले सभी समुदायों को शामिल करते हुए योजना बनाने की आवश्यकता होती है। जलसंभर विकास से संबंधित क्षेत्र एक गाँव या कई गाँवों का समूह हो सकता है और इस क्षेत्र में न केवल कृषि योग्य भूमि, बल्कि बंजर भूमि, वन आदि प्रकार की भूमियाँ शामिल हो सकती हैं।

जलसंभर प्रबंधन कार्यक्रम (Watershed Management Programme) की व्यवस्थित शुरुआत **8वीं पंचवर्षीय योजना** में की गई। इस कार्यक्रम में पारिस्थितिक संतुलन बनाए रखने के लिए जल, भूमि एवं वन के समन्वित प्रबंधन पर बल दिया गया। नदी बेसिन को विभिन्न जलसंभर क्षेत्रों में बाँटने और उसके अनुरूप योजना बनाने का काम शुरू किया गया। जलसंभर प्रबंधन कार्यक्रम (Watershed Management Programme) को देश में अंत:प्रादेशिक एवं अंतर-प्रादेशिक सामाजिक-आर्थिक विषमताओं को कम करने तथा ग्रामीण रोजगार सृजन द्वारा गरीबी निवारण की दिशा में प्रभावी माना गया।

केंद्र और राज्य सरकारों ने देश में अनेक जलसंभर विकास कार्यक्रम चलाए हैं। 10वीं पंचवर्षीय योजना में राष्ट्रीय स्तर पर शुरू किया गया **हरियाली** नामक कार्यक्रम **जलसंभर प्रबंधन** से ही जुड़ा हुआ है। इसके अलावा आंध्र प्रदेश में **नीरू-मीरु (जल और आप) कार्यक्रम** तथा राजस्थान के अलवर जिले में चलाया गया **पानी संसद कार्यक्रम** भी पर्याप्त सफल रहे हैं। इन कार्यक्रमों में स्थानीय जन समुदायों के सहयोग से विभिन्न प्रकार की जल संग्रहण संरचनाओं (कुएँ, तालाब, जोहड़ इत्यादि) की खुदाई की गई और छोटे बाँधों का निर्माण किया गया। इसी प्रकार महाराष्ट्र के अहमदनगर जिले में **रालेगण सिद्धि** गाँव ने पूरे देश में जलसंभर प्रबंधन का आदर्श मॉडल प्रस्तुत किया है।

जल संग्रहण

यह ग्रामीण क्षेत्रों में स्थानीय गड्ढों, तालों, पोखरों, भूमिगत टैंकों और रिचार्ज कुओं के माध्यम से वर्षा जल के संचयन की तकनीक है, जो भारत में प्राचीन काल से ही लोकप्रिय रही है। इन तरीकों द्वारा एकत्रित वर्षा जल का उपयोग खेतों में सिंचाई एवं पेयजल के रूप में किया जाता रहा है और साथ ही इससे भूमिगत जल का स्तर भी ऊँचा बना रहता है।

प्राचीनकाल में भूमिगत जल के तीव्र दोहन की तकनीकें उपलब्ध नहीं थीं। केवल परंपरागत कुओं द्वारा ही भूमिगत जल तक पहुँचा जा सकता था। इसलिए प्राचीनकाल में वर्षा जल को संरक्षित करने के लिए **पोखरी** (खेत के मध्य स्थित जलाशय), **झालर** (धार्मिक प्रयोजन हेतु कृत्रिम टैंक), **जोहड़** (खेत में चेक डैम अथवा ताल), **बावड़ी** (सामाजिक कुएँ), **कुंड** (भूगर्भिक टैंक) और **टाँका** (छत से पाइप द्वारा जुड़ा हुआ भूमिगत टैंक) जैसी जलसंभरण पद्धतियाँ विकसित की गई थीं, जिनकी देख-रेख और उपयोग लोगों द्वारा सामूहिक रूप से किया जाता था। इससे पता चलता है कि प्राचीन काल में लोगों को वर्षण, भौम जलस्तर के महत्त्व एवं जल संरक्षण के तरीकों का गहरा ज्ञान था।

शुष्क एवं अर्द्ध शुष्क क्षेत्रों में खेतों के मध्य में वर्षा जल का संचय करने के लिए बड़े गड्डे बना दिए जाते थे, जिसमें संचित जल का उपयोग शुष्क ऋतु में खेतों की सिंचाई करने और पशुओं के लिए पेयजल के रूप में किया जाता था। इन तकनीकों से भूमिगत जल का पुनर्भरण भी होता था और मृदा में नमी की मात्रा भी बनी रहती थी। वर्षा जल संचय के लिए बनाए जाने वाले इन गड्डों को बिहार में **आहर** एवं राजस्थान में **जोहड़** कहा जाता है, जिन्हें आज भी अपनाया जा रहा है।

राजस्थान के घरों में वर्षा जल को एकत्रित करने के लिए जमीन के नीचे भूमिगत टैंक बनाए जाते थे, जो पाइप द्वारा ढालदार छतों से जुड़े हुए होते थे। घर में आँगन के नीचे बनाए जाने वाले इन भूमिगत टैंकों को **टाँका** कहा जाता था, जिनका आकार किसी बड़े कमरे जितना होता था। इसमें संचित वर्षा जल का उपयोग पीने के लिए किया जाता था। राजस्थान में टाँका **छत वर्षा जल संग्रहण तंत्र** का अभिन्न हिस्सा हुआ करता था।

कृषि एवं पेयजल के लिए वर्षा जल के अधिकतम उपयोग एवं भूमिगत जल स्तर को ऊँचा बनाए रखने के लिए ग्रामीण भारत में इन तकनीकों का पुनः प्रसार किए जाने की आवश्यकता है। जहाँ पर भी लोगों ने इस प्रकार की पद्धतियों को अपनाया है, उसमें खुशहाली है, क्योंकि यह उनके अपने नियंत्रण में हैं। लेकिन इस प्रकार की पद्धतियाँ बड़े पैमाने पर तभी सफल हो सकती हैं, जब सभी लोग मिलकर सामाजिक पूँजी के रूप में परिवर्तित हो जाएँ।

भारत में सिंचाई

स्वतंत्रता प्राप्ति के पश्चात भारत खाद्यान्नों के मामले में आत्मनिर्भर नहीं था। देश में खाद्यान्न संकट को दूर करने के लिए पश्चिमी देशों से खाद्यान्नों का आयात किया जा रहा था। अतः भारत सरकार द्वारा **प्रथम एवं द्वितीय पंचवर्षीय योजनाओं** में कृषि विकास पर बल दिया गया, जिसके अंतर्गत **सिंचित क्षेत्रों को बढ़ाने पर बल** दिया गया।

प्रथम पंचवर्षीय योजना में ही **भाखड़ा-नांगल एवं हीराकुंड बाँध** समेत अनेक सिंचाई परियोजनाओं का विकास करके सिंचित क्षेत्र को बढ़ाने का प्रयास किया गया। इसके परिणामस्वरूप देश में सिंचित क्षेत्रफल में अत्यधिक विस्तार हुआ है। 1951 में जहाँ भारत का कुल सिंचित क्षेत्र केवल 226 लाख हेक्टेयर था, वहीं वर्ष 2016-17 में यह बढ़कर **686.5 लाख हेक्टेयर** हो गया। वर्तमान में देश के शुद्ध बोए गए क्षेत्र का लगभग **एक-तिहाई भाग सिंचित** है।

- भारत में सिंचाई के लिए **कुआँ, नलकूप, तालाब** तथा **नहर** जैसे सिंचाई साधनों का प्रयोग मुख्य रूप से किया जाता है।
- 1951 तक नहरें भारत में सिंचाई का मुख्य साधन थीं और देश के कुल सिंचित क्षेत्र में नहरों का योगदान लगभग 40% था। प्रथम पंचवर्षीय योजना के बाद नहरों द्वारा सिंचित क्षेत्र में तो लगभग दोगुनी वृद्धि हुई है, लेकिन सिंचाई के अन्य साधनों के विकास से कुल सिंचित क्षेत्र में नहर सिंचाई का अनुपात लगातार घटा है। वर्तमान में देश के कुल सिंचित क्षेत्र में **नहर सिंचाई का अनुपात लगभग 24.54%** है।
- देश में कुल सिंचित क्षेत्र में **सर्वाधिक योगदान नलकूपों तथा कुओं** का है। हरित क्रांति के बाद से ही सरकार द्वारा ग्रामीण विद्युतीकरण एवं सस्ते ऋण की सुविधा के कारण पंपसेटों द्वारा भूमिगत जल का दोहन बढ़ता गया। वर्तमान में **नलकूप एवं कुओं द्वारा कुल सिंचित क्षेत्र का 61.58% भाग सिंचित** है।
- **तालाब सिंचाई** जोकि मुख्यतः दक्षिण भारत में प्रचलित है, उसके प्रयोग में लगातार कमी आई है। जहाँ 1952 में कुल सिंचित क्षेत्र में तालाबों की भागीदारी 17% थी, वहीं वर्तमान में इसकी **भागीदारी 2.97% तक सीमित** हो गई है।
- देश में कुल सिंचित क्षेत्र के **10.91% भाग पर अन्य साधनों द्वारा सिंचाई** की जाती है।
- यदि नहर, नलकूप और कुओं द्वारा सिंचित क्षेत्रफल को अलग-अलग रखा जाए तो इनका क्रमशः घटता हुआ क्रम इस प्रकार है- **नलकूप** (सर्वाधिक), नहर और कुआँ।
- भारत में सर्वाधिक सिंचित क्षेत्रफल वाले पाँच राज्य क्रमशः - **उत्तर प्रदेश,** मध्य प्रदेश, राजस्थान, गुजरात एवं पंजाब हैं।
- कुल क्षेत्रफल के **प्रतिशत की दृष्टि से सर्वाधिक सिंचित राज्य पंजाब** है, जहाँ लगभग 98% क्षेत्रफल पर सिंचाई की सुविधा उपलब्ध है।
- भारत में सर्वाधिक असिंचित क्षेत्रफल वाले पाँच राज्य क्रमशः **महाराष्ट्र,** राजस्थान, मध्य प्रदेश, कर्नाटक एवं आंध्र प्रदेश हैं।
- वहीं कुल क्षेत्रफल की **प्रतिशत की दृष्टि से न्यूनतम सिंचित राज्य मिजोरम** है, जहाँ केवल 7.3% क्षेत्र पर ही सिंचाई सुविधा उपलब्ध है।

सिंचाई की आवश्यकता

- भारत के अधिकांश हिस्सों में **ऊष्ण जलवायु** पाई जाती है, जिस कारण अत्यधिक वाष्पोत्सर्जन होता है। इससे पानी की खपत अधिक होती है।
- भारतीय कृषि मानसून पर अत्यधिक निर्भर है, लेकिन **मानसूनी वर्षा में स्थानिक-कालिक भिन्नता** पाई जाती है। मानसून के प्रभाव में रहते हुए भी पूरे भारत में कहीं बहुत अधिक वर्षा होती है तो कहीं सूखा पड़ता है। जहाँ पश्चिमी राजस्थान में वार्षिक वर्षा **20 सेमी. से भी कम** होती है, वहीं मालाबार तट पर **250 सेमी. से भी अधिक वार्षिक वर्षा** होती है। मेघालय की गारो पहाड़ियों पर स्थित **तुरा** में एक ही दिन में इतनी वर्षा होती है, जितनी **जैसलमेर** में 10 वर्षों में होती है। अतः कम वर्षा वाले क्षेत्रों में सिंचाई सुविधाओं का विकास आवश्यक हो जाता है।
- इसके अलावा मानसूनी वर्षा की बारंबारता में भी अंतर होता है। एक ही स्थान पर गीले दौरों में कुछ सूखे अंतराल भी आते हैं, जो कई बार लंबे समय तक बने रहते हैं। कई बार वर्षा सामान्य

समय से काफी पहले समाप्त हो जाती है। अत: मानसून काल में भी सिंचाई साधनों का विकास आवश्यक हो जाता है।

- भारत में लगभग **तीन-चौथाई वर्षा दक्षिणी पश्चिमी मानसून** से खरीफ फसल ऋतु में होती है। इसलिए शेष महीनों में फसलें लेने के लिए भारतीय कृषि प्रधान अर्थव्यवस्था में सिंचाई का महत्त्व बढ़ जाता है।
- भारत की कुछ मिट्टियों में पानी की अधिक खपत होती है, जैसे- रेतीली मिट्टी में। सिंचाई सुविधाओं का विकास करके अधिक पानी की खपत वाली मिट्टियों में भी फसलों को उगाया जा सकता है। उदाहरण के लिए पश्चिमी राजस्थान के शुष्क जिलों में भी **इंदिरा गाँधी नहर** द्वारा सघन खेती संभव हो पाई है।

प्रधानमंत्री कृषि सिंचाई योजना-PMKSY

भारत में सिंचाई के महत्त्व को देखते हुए केंद्रीय कैबिनेट की आर्थिक मामलों की मंत्रिमंडलीय समिति ने 2 जुलाई, 2015 को **प्रधानमंत्री कृषि सिंचाई योजना** को स्वीकृति दी।

इस योजना का उद्देश्य सिंचाई सुविधाओं को प्रभावशाली बनाते हुए **हर खेत को पानी की सुविधा** उपलब्ध कराना है, जिससे **प्रति बूँद अधिक फसल** (Per Drop More Crop) का लक्ष्य प्राप्त किया जा सके। इस उद्देश्य को पूरा करने के लिए योजना के अंतर्गत अगले पाँच वर्षों (2015–20) के लिए 50,000 करोड़ रुपए आवंटित किए गए थे। बाद में इस योजना को 93,000 करोड़ रुपए परिव्यय के साथ वर्ष 2026 तक के लिए बढ़ाया गया है। राष्ट्रीय स्तर पर इस योजना की निगरानी **अंतर मंत्रालयी राष्ट्रीय संचालन समिति** द्वारा की जाती है, वहीं जिला स्तर पर जिला समिति द्वारा की जाती है।

इस योजना में तीन केंद्रीय मंत्रालय- **कृषि मंत्रालय, जल संसाधन मंत्रालय तथा ग्रामीण विकास मंत्रालय** शामिल हैं। इसमें कृषि मंत्रालय पर **सूक्ष्म सिंचाई** की सुविधाओं के विकास का दायित्व है तथा ग्रामीण विकास मंत्रालय पर **वर्षा जल संरक्षण से जुड़ी सुविधाओं** के विकास का दायित्व है। इसके साथ ही जल संसाधन, नदी विकास और गंगा संरक्षण मंत्रालय को **जल वितरण प्रणालियों के विकास का दायित्व** सौंपा गया है।

सिंचाई के साधन	कुल सिंचित क्षेत्र में इनका प्रतिशत	
	वर्ष 1950-51	वर्ष 2014-15
नहर	39.9%	23.66%
कुआँ एवं नलकूप	29.7%	62.82%
तालाब	17%	2.52%
अन्य	13.4%	11.0%

नहर सिंचाई

- नहर सिंचाई को **वृहद् सिंचाई परियोजनाओं** के अंतर्गत शामिल किया जाता है, जिन्हें नदियों पर बनाए गए बड़े बाँधों से निकालकर दूर स्थित खेतों तक पहुँचाया जाता है।
- यह भारत में सिंचाई का दूसरा प्रमुख साधन है, जिसके द्वारा **कुल सिंचित क्षेत्र के 24.54% भाग** पर सिंचाई होती है।
- नहरों द्वारा सिंचित क्षेत्र का लगभग आध भाग **उत्तर भारत के विशाल मैदान** में स्थित है। उत्तर भारत की मुलायम जलोढ़ मृदा में नहरों का जाल बिछाना अपेक्षाकृत अधिक आसान रहा है। यही कारण है कि सतलुज-गंगा के मैदान में नहरों द्वारा व्यापक रूप से सिंचाई की जाती है।
- जबकि दक्षिण भारत की कठोर चट्टानी संरचना में नहरों का निर्माण एक जटिल प्रक्रिया है। इस कारण पठारी भारत में नहर सिंचाई का सीमित विकास हुआ है। प्रायद्वीपीय भारत में नदियों के **डेल्टाई क्षेत्रों में** ही नहर सिंचाई का अधिक विकास हो पाया है। उदाहरण के लिए गोदावरी-कृष्णा नदियों के डेल्टा क्षेत्रों में सिंचाई अधिक प्रचलित है।
- नहरों द्वारा सर्वाधिक सिंचित क्षेत्रफल वाले चार राज्य (क्रमश: घटते क्रम में)- उत्तर प्रदेश, राजस्थान, आंध्र प्रदेश और पंजाब हैं।
- दक्षिण भारत में नहरों द्वारा सर्वाधिक सिंचाई **आंध्र प्रदेश** राज्य में की जाती है। यहाँ गोदावरी, कृष्णा और पेन्नार नदियों से अनेक नहरें निकाली गई हैं। यही कारण है कि **आंध्र प्रदेश नहर सिंचाई में तृतीय स्थान** रखता है।
- कुल सिंचित क्षेत्र के प्रतिशत की दृष्टि से सर्वाधिक नहर सिंचाई वाला राज्य/केंद्रशासित प्रदेश **जम्मू-कश्मीर** (87.91%) है।

नलकूप एवं कुआँ सिंचाई

- वर्तमान में ये भारत में सिंचाई के सर्वप्रमुख साधन हैं। देश के कुल सिंचित क्षेत्र के 61.58% भाग की सिंचाई कुओं तथा नलकूपों से होती है।
- उत्तर भारत के जलोढ़ मैदान में पंजाब, हरियाणा, उत्तर प्रदेश, बिहार एवं पश्चिम बंगाल में नलकूप तथा कुओं की अधिकता पाई जाती है।
- पश्चिमी भारत में राजस्थान, गुजरात तथा महाराष्ट्र में भी ये सिंचाई के प्रमुख साधन हैं।
- कुल सिंचित क्षेत्र के प्रतिशत की दृष्टि से नलकूप तथा कुओं द्वारा सर्वाधिक सिंचित चार राज्य (क्रमश: घटते क्रम में)- **उत्तर प्रदेश (81%)**, गुजरात (78%), राजस्थान (73%) और पंजाब (71%) हैं।
- नलकूपों की सर्वाधिक संख्या **उत्तर प्रदेश** में है।

तालाब सिंचाई

- दक्षिण भारत की पठारी संरचना और ऊबड़-खाबड़ पथरीली भूमि के कारण यहाँ प्राचीन काल से ही **तालाब सिंचाई का विशेष** महत्त्व रहा है। यहाँ की पथरीली भूमि पर नहरों का विकास करना दुष्कर कार्य है और यदि किसी तरह यहाँ नहरें बना भी दी जाएँ तो यहाँ सतह पर दरारें पाई जाती हैं जिनसे रिसकर नहरों का जल भूमिगत हो जाता है।
- इसके अलावा दक्षिण भारत की नदियाँ मौसमी हैं और इनमें मानसून काल में ही पर्याप्त जल रहता है, इसलिए यहाँ नहरों से विशेष लाभ नहीं होगा। दूसरी ओर यहाँ कुएँ खोदना भी अत्यंत दुष्कर है।
- उबड़-खाबड़ धरातल होने के कारण पठारी भारत में थालानुमा स्थलाकृतियों (प्राकृतिक गड्ढे) का विकास हुआ है, जिनमें स्वयं वर्षा जल का संग्रह हो जाता है। अपारगम्य कठोर सतह होने के कारण इन प्राकृतिक तालाबों में जल का भूमिगत रिसाव भी नहीं होता है और लंबे समय तक जल बनता है, जिसका उपयोग शुष्क ऋतु में सिंचाई कार्य में किया जाता है। इसके अलावा यहाँ जलधाराओं के मार्ग में बाँध बनाकर भी कृत्रिम जलाशयों का निर्माण किया गया है। यहाँ जलधाराओं के मार्ग में ऐसे क्षेत्र जो तीन तरफ से पहाड़ियों से घिरे हैं, वहाँ एक तरफ के खुले भाग में कंक्रीट की दीवार बना देने से तालाबों का निर्माण आसानी से हो जाता है।

राज्य	नहर	किस नदी से निकाली गई है
राजस्थान	बीकानेर नहर	सतलुज नदी (फिरोजपुर के समीप हुसैनीवाला से)
	कालीसिन परियोजना	कालीसिन नदी
	गम्भीरी परियोजना	गम्भीर नदी (चित्तौड़गढ़)
	बाँकली परियोजना	सूकर नदी
	पार्वती परियोजना	पार्वती नदी
	गूढ़ा परियोजना	मेजा नदी
	मोरेल परियोजना	मेजा नदी
	घग्गर परियोजना	घग्गर नदी
	इंदिरा नहर	सतलुज एवं व्यास नदियों के संगम पर स्थित हरिके बैराज
आंध्र प्रदेश	गोदावरी डेल्टा की नहरें	गोमती, गोदावरी तथा विशिष्ट गोदावरी (डेल्टा क्षेत्र में गोदावरी की शाखाएँ)
	कृष्णा डेल्टा की नहरें	कृष्णा नदी
	कृष्णा सिंचाई योजना की नहरें	कृष्णा नदी (एलीकेट से 18 मील ऊपर)
	रामपद सागर परियोजना	गोदावरी नदी (पोलावरम नामक स्थान)
	तुंगभद्रा परियोजना	तुंगभद्रा नदी (कृष्णा की सहायक नदी)
	कृष्णा-पेन्नार परियोजना	कृष्णा तथा पेन्नार नदी
उत्तर प्रदेश एवं उत्तराखंड	पूर्वी यमुना नहर	यमुना नदी
	आगरा नहर	यमुना नदी
	ऊपरी गंगा नहर	गंगा नदी (हरिद्वार के समीप)
	निचली गंगा नहर	गंगा नदी (नरौरा, बुलन्दशहर)
	शारदा नहर	शारदा नदी
	बेतवा नहर	बेतवा नदी (झाँसी के समीप परिच्छा नामक स्थान से)
पंजाब	सरहिन्द नहर	सतलुज नदी
	ऊपरी बारी दोआब नहर	रावी नदी
	नांगल बाँध नहर	सतलुज नदी
	बिस्त दोआब नहर	सतलुज नदी
	भाखड़ा नहर	सतलुज नदी
	पूर्वी नहर	रावी नदी

राज्य	नहर	किस नदी से निकाली गई है
महाराष्ट्र	गोदावरी नहर	गोदावरी नदी (बेल झील के समीप)
	मूठा नहर	फाइफ झील (खड़कवासला)
	भण्डारदरा बाँध की नहरें	प्रवीरा नदी (पश्चिम घाटी पर्वत)
	मूला परियोजना	मूला नदी
	वीर परियोजना	नीरा नदी
तमिलनाडु	कावेरी डेल्टा नहर	कोलेरून नदी (कावेरी नदी की शाखा)
	पेरियार परियोजना	पेरियार नदी
	मैटूर परियोजना	कावेरी नदी
	निचली भवानी नहर	भवानी नदी (कावेरी की सहायक नदी)
बिहार	पूर्वीसोन नहर	सोन नदी
	पश्चिमी सोन नहर	सोन नदी
	त्रिवेणी नहर	गण्डक नदी
	गण्डक बाँध योजना	दो नहरें (तिरहुत नहर तथा सारन नहर)
केरल	मालमपुजा बाँध की नहरें	मालमपुजा नदी (मालाबार जिला)
	बलायर यलाशल की नहरें	बलायर नदी (पेरियार नदी की सहायक)
	मंगलम योजना की नहरें	मालाबार जिला
पश्चिम बंगाल	मिदनापुर नहर	कोसी नदी
	एडन नहर	दामोदर नदी
	तिलपाड़ा बाँध की नहरें	मयूराक्षी नदी (वीरभूम जिला)
हरियाणा	पश्चिमी यमुना नहर	यमुना नदी
	गुड़गाँव नहर	यमुना नदी

- भारत में तालाबों द्वारा सर्वाधिक सिंचाई **आंध्र प्रदेश** में की जाती है। भारत में कुल तालाब सिंचाई में **आंध्र प्रदेश का योगदान 29%** है। गोदावरी तथा इसकी सहायक नदियों के जलग्रहण क्षेत्र में तालाबों की अधिकता पाई जाती है। नेल्लोर जिले में मुख्यत: तालाब द्वारा ही सिंचाई होती है।
- कुल सिंचित भूमि के प्रतिशत की दृष्टि से तालाबों द्वारा सर्वाधिक सिंचित राज्य तमिलनाडु (13.50%) है। इसके बाद केरल, आंध्र प्रदेश, तेलंगाना और कर्नाटक का स्थान है।
- तमिलनाडु में छोटे-बड़े तालाबों की संख्या लगभग 30,000 से भी अधिक है। यहाँ प्राचीन तालाबों को **इरी** कहा जाता है। तमिलनाडु में **तिरुचिरापल्ली** जिले में सर्वाधिक तालाब पाए जाते हैं।

योजना आयोग ने भारत में सिंचाई परियोजनाओं को तीन भागों में विभाजित किया है-

वृहद् सिंचाई परियोजना

इसके अंतर्गत उन सिंचाई परियोजनाओं को शामिल किया जाता है जो **10 हजार हेक्टेयर या उससे अधिक** कृषि क्षेत्रों को सिंचित करती हैं। देश की बड़ी **नदी घाटी बहुद्देशीय परियोजनाओं** (जैसे- भाखड़ा-नांगल, बगलिहार और टिहरी परियोजना) तथा इन बाँधों से निकाली गई **बड़ी नहरों** को इसके अंतर्गत शामिल किया जाता है।

मध्यम सिंचाई परियोजना

ऐसी सिंचाई परियोजनाएँ जो **2 हजार हेक्टेयर या उससे अधिक और 10 हजार हेक्टेयर से कम** क्षेत्रफल को सिंचित करती हैं, उन्हें मध्यम सिंचाई परियोजना के अंतर्गत रखा जाता है। इसके अंतर्गत **छोटे बाँधों** और इनसे निकाली गई **छोटी नहरों** को शामिल किया जाता है।

लघु सिंचाई परियोजना

2000 हेक्टेयर से कम कृषि क्षेत्रों को सिंचित करने वाली परियोजनाओं को लघु सिंचाई परियोजना के अंतर्गत शामिल किया जाता है। उदाहरण के लिए- **नलकूप, कुआँ, तालाब, जलाशय** और **ड्रिप सिंचाई** लघु सिंचाई परियोजना के अंग हैं।

देश के कुल सिंचित क्षेत्रफल के आधे से अधिक भाग पर **लघु सिंचाई परियोजनाओं** (नलकूप, कुआँ, तालाब, जलाशय, ड्रिप सिंचाई पद्धति) द्वारा सिंचाई की जाती है।

बहुउद्देशीय नदी घाटी परियोजनाएँ

पर्वतीय क्षेत्रों में नदियों के मार्ग में बाँध (Dam) बनाकर जिन बड़े जलाशयों का निर्माण किया जाता है उन्हें हम बहुउद्देशीय परियोजनाएँ (Multi Purpose Project) कहते हैं। ये बहुउद्देशीय होती हैं क्योंकि इनसे बहुत सारे उद्देश्यों की पूर्ति की जाती है, जैसे–

- नहर सिंचाई
- जलविद्युत उत्पादन
- नहरी परिवहन
- नगरों को पेयजल की आपूर्ति
- उद्योगों को जलापूर्ति
- बाढ़ तथा सूखा नियंत्रण इत्यादि।
- मछली पालन
- पर्यटन विकास

इन परियोजनाओं के अंतर्गत नदियों का पानी उपयोग में लाने के लिए उनके मार्ग में एक विशाल कंक्रीट की दीवार खड़ी कर दी जाती है और नदियों का पानी रोक दिया जाता है। परिणामस्वरूप बाँध के पीछे नदी घाटी का जलस्तर बाँध की ऊँचाई के बराबर ऊपर उठ जाने से सैकड़ों वर्ग किमी. का क्षेत्र डूब जाता है और विशाल झील या जलाशय का निर्माण हो जाता है।

1. दामोदर नदी घाटी परियोजना

- दामोदर नदी छोटा नागपुर पठार से निकलकर पूरब दिशा में प्रवाहित होते हुए **हुगली नदी** में मिल जाती है। यह नदी दो राज्यों **झारखंड एवं पश्चिम बंगाल** में बहती है।

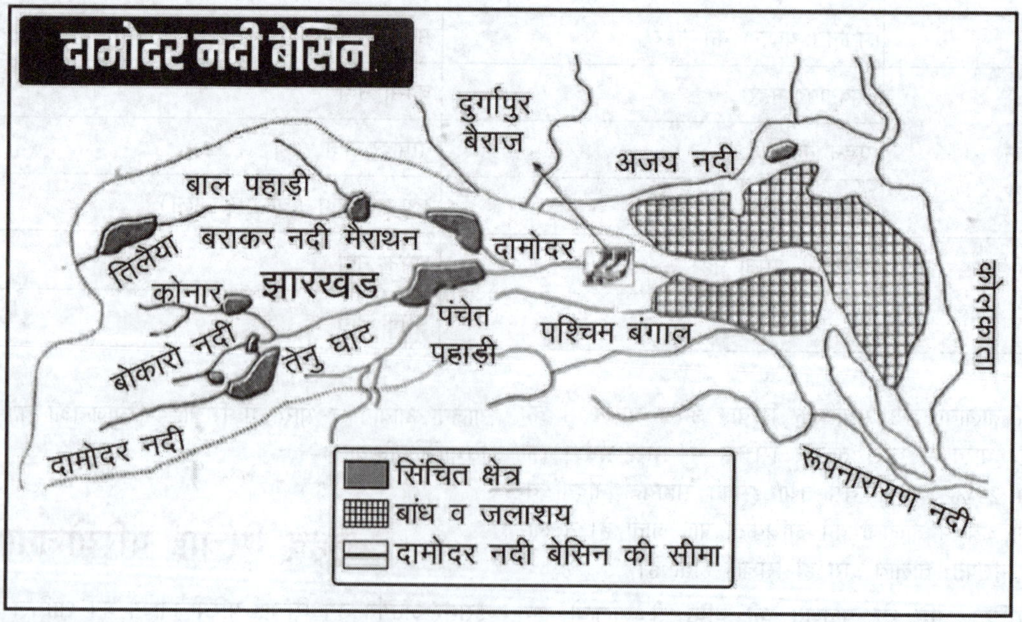

- दामोदर घाटी परियोजना के निर्माण के पहले मानसून काल में जब छोटा नागपुर पठार पर बरसात होती थी, तो दामोदर नदी के निचले भागों अर्थात् पश्चिम बंगाल में भीषण बाढ़ उत्पन्न हो जाती थी। इसलिए दामोदर नदी को **बंगाल का शोक** कहा जाता था।
- इस समस्या को दूर करने के लिए 1948 में **दामोदर घाटी निगम** (Damodar Valley Carporation – DVC) की स्थापना की गई और इसे दामोदर घाटी परियोजना के संचालन की जिम्मेदारी सौंपी गई। DVC ने **दामोदर घाटी परियोजना** के अंतर्गत पश्चिम बंगाल को बाढ़ की समस्या से बचाने के लिए कुल 8 बाँध बनाए, जिनमें से चार प्रमुख हैं–

a. **कोनार बाँध**- दामोदर की सहायक नदी पर बनाए गए इस बाँध से बोकारो ताप विद्युत संयंत्र को जल उपलब्ध कराया जाता है।

b. **तिलैया बाँध**- यह दामोदर की सहायक बराकर नदी पर हजारीबाग जिले में निर्मित है।

c. **मैथन बाँध**- यह बराकर और दामोदर नदियों के संगम पर हजारीबाग जिले में निर्मित है।

d. **पंचेतहिल बाँध**- यह दामोदर नदी पर धनबाद जिले में निर्मित है।

- 1948 में निर्मित दामोदर घाटी परियोजना **स्वतंत्र भारत की पहली बहुउद्देशीय परियोजना** है, जो अमेरिका के **टेनेसी घाटी परियोजना** की तर्ज पर निर्मित की गई है। इस परियोजना के अंतर्गत उपरोक्त बाँधों के अलावा **बोकारो, दुर्गापुर, चंद्रपुर** तथा **पतरातू** में चार ताप विद्युत गृहों का निर्माण भी किया गया है, जो दामोदर वैली कार्पोरेशन को विद्युत आपूर्ति करते हैं।

2. भाखड़ा-नांगल परियोजना

- पंजाब में सतलुज नदी पर **भाखड़ा** और **नांगल** नामक स्थानों पर दो बाँध बनाए गए हैं, जिन्हें संयुक्त रूप से **भाखड़ा-नांगल बाँध** कहते हैं। भाखड़ा बाँध के पीछे जिस विशाल जलाशय का निर्माण हुआ है, उसकी अवस्थिति हिमाचल प्रदेश में है। इसे **गोविन्द सागर झील** कहते हैं।
- भाखड़ा बाँध विश्व का **सबसे ऊँचा गुरुत्वीय बाँध** है, जिसकी ऊँचाई 226 मीटर है।
- भाखड़ा बाँध एशिया का दूसरा सबसे ऊँचा बाँध है। एशिया का सर्वाधिक ऊँचाई वाला बाँध **टिहरी परियोजना** (उत्तराखंड) के अंतर्गत निर्मित है।
- यह पंजाब और हिमाचल प्रदेश में सतलुज नदी पर निर्मित **देश की सबसे बड़ी बहुउद्देशीय परियोजना** है, जिससे पाँच राज्य लाभान्वित (सिंचाई, पेयजल और जलविद्युत आपूर्ति) हो रहे हैं- हिमाचल प्रदेश, पंजाब, हरियाणा, राजस्थान और नई दिल्ली।

3. टिहरी बाँध परियोजना

- यह उत्तराखंड राज्य के टिहरी गढ़वाल जिले में भागीरथी (गंगा की सहायक) और भिलंगना नदियों के संगम पर निर्मित किया गया है। भिलंगना, भागीरथी की सहायक नदी है। टिहरी बाँध के पीछे निर्मित जलाशय को स्वामी रामतीर्थ सागर जलाशय कहते हैं।

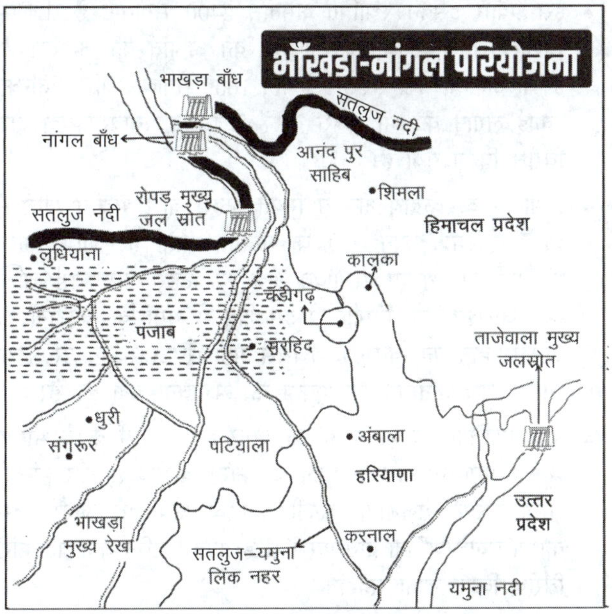

- टिहरी बाँध की ऊँचाई 261 मीटर है, जो एशिया का सबसे ऊँचा बाँध और विश्व का पाँचवाँ सबसे ऊँचा बाँध बनाता है।
- टिहरी बाँध परियोजना पर केंद्र सरकार ने 75% व राज्य सरकार ने 25% धन व्यय किया है।

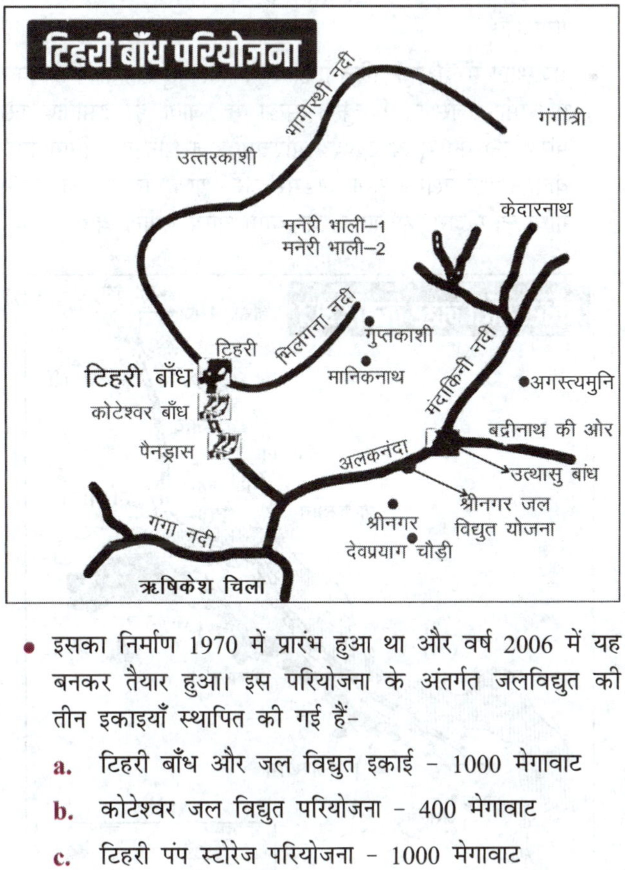

- इसका निर्माण 1970 में प्रारंभ हुआ था और वर्ष 2006 में यह बनकर तैयार हुआ। इस परियोजना के अंतर्गत जलविद्युत की तीन इकाइयाँ स्थापित की गई हैं-

a. टिहरी बाँध और जल विद्युत इकाई - 1000 मेगावाट

b. कोटेश्वर जल विद्युत परियोजना - 400 मेगावाट

c. टिहरी पंप स्टोरेज परियोजना - 1000 मेगावाट

- इस प्रकार इसकी स्थापित क्षमता- 2400 मेगावाट है, जिससे विशाल जनसंख्या को जल विद्युत की आपूर्ति की जा रही है। इसके अलावा केंद्र सरकार ने यहाँ 1000 मेगावाट की अतिरिक्त इकाई लगाने की भी मंजूरी दी है, जिसका पर्यावरणविदों द्वारा विरोध किया गया है।
- हिमालय के केंद्रीय क्षेत्र में स्थित टिहरी बाँध **भूकंप जोन - IV** (सीस्मिक जोन -5) के अंतर्गत आता है, जोकि भारत में सर्वाधिक भूकंप संभावित क्षेत्र है। टिहरी जैसे बड़े बाँधों और जलाशयों के निर्माण से इस क्षेत्र में भूगर्भिक चट्टानों के अस्थिर होने का खतरा है, जिससे यहाँ रिक्टर स्केल पर 8 या उससे अधिक तीव्रता के भूकंप की संभावना बनी हुई है।
- पर्यावरणविदों का मानना है कि अगर इस क्षेत्र में कभी भीषण भूकंप आया तो बाँध के टूटने के कारण ऋषिकेश और हरिद्वार समेत राष्ट्रीय राजधानी दिल्ली तक के क्षेत्र डूब जाएँगे। इस कारण पर्यावरणविदों द्वारा प्रारंभ से ही टिहरी परियोजना का भारी विरोध किया जाता रहा है।

4. इंदिरा गाँधी नहर परियोजना

- इंदिरा गाँधी नहर परियोजना विश्व की सबसे बड़ी सिंचाई परियोजना और सबसे बड़ी नहर प्रणाली है, जिसका उद्घाटन 1958 में तत्कालीन गृहमंत्री गोविंद बल्लभ पंत द्वारा किया गया था।
- राजस्थान में दक्षिणी पश्चिमी मानसून नहीं पहुँच पाता, विशेषकर पश्चिमी राजस्थान बिल्कुल सूखा रह जाता है। इसलिए इस परियोजना का मुख्य उद्देश्य पश्चिमी राजस्थान के श्रीगंगानगर, बीकानेर, जैसलमेर तथा बाड़मेर जैसे शुष्क जिलों को इंदिरा गाँधी नहर द्वारा सिंचित करके कृषि योग्य बनाना था।

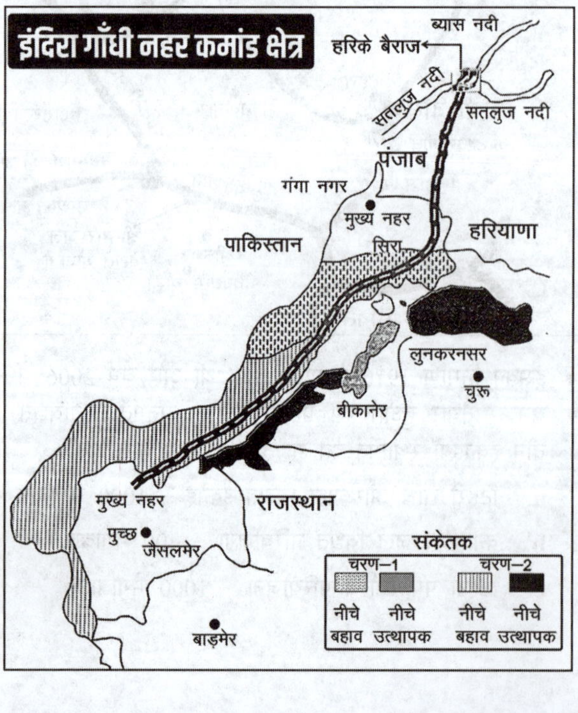

- इसके लिए इस परियोजना द्वारा रावी और व्यास नदियों का जल मोड़कर पहले सतलुज नदी में लाया जाता है। सतलुज और व्यास नदियों के संगम पर कपूरथला के निकट **हरिके बैराज नामक विशाल जलाशय** बनाया गया है। हरिके बैराज से **राजस्थान फीडर नहर** निकाली गई है। राजस्थान फीडर नहर ही इंदिरा गाँधी नहर (राजस्थान नहर) को जलापूर्ति करती है।
- इंदिरा गाँधी नहर भारत का सबसे बड़ा कमान क्षेत्र (Command Area) विकसित करती है। यह पश्चिमी राजस्थान के जिलों में 14.5 हेक्टेयर भूमि को सिंचित करती है।
- 649 किमी. लंबी यह नहर पश्चिमी राजस्थान के 7 जिलों से होकर गुजरती है- श्रीगंगानगर, हनुमानगढ़, जोधपुर, बीकानेर, जैसलमेर और बाड़मेर।
- इस नहर को राजस्थान की मरू गंगा भी कहा जाता है, क्योंकि इसने थार मरुस्थल को हरियाली में परिवर्तित कर दिया है।

5. नर्मदा घाटी परियोजना

- नर्मदा नदी भारतीय उद्गम स्रोत वाली देश की **पाँचवीं** (गंगा, गोदावरी, कृष्णा, और यमुना के बाद) **सबसे लंबी** नदी है तथा गोदावरी एवं कृष्णा के बाद यह **दक्षिण भारत की तीसरी सबसे लंबी नदी** है।
- इसके अलावा यह अरब सागर में जल गिराने वाली भारतीय उद्गम वाली सबसे लंबी नदी भी है।
- इसका जलग्रहण क्षेत्र तीन राज्यों में (मध्य प्रदेश, महाराष्ट्र एवं गुजरात) फैला हुआ है। इसका **86% जलग्रहण क्षेत्र मध्य प्रदेश** में, 12% गुजरात में और केवल 2% महाराष्ट्र में है।
- अपनी भ्रंश घाटी में तीव्र ढाल के सहारे प्रवाहित होने वाली नर्मदा नदी के जल का प्रयोग करने के लिए मध्य प्रदेश सरकार ने 1985 में नर्मदा घाटी विकास प्राधिकरण का गठन किया, जिसके अंतर्गत बहुत से बाँधों का निर्माण किया गया। इनमें चार प्रमुख हैं-

   i. नर्मदा सागर परियोजना
   ii. माहेश्वर परियोजना
   iii. ओंकारेश्वर परियोजना
   iv. सरदार सरोवर परियोजना

इनमें से पहली तीन परियोजनाएँ मध्य प्रदेश में और सरदार सरोवर परियोजना गुजरात राज्य में स्थित है।

सरदार सरोवर परियोजना

सरदार सरोवर परियोजना चार राज्यों- मध्य प्रदेश, गुजरात, महाराष्ट्र एवं राजस्थान की संयुक्त परियोजना है, जिसके अंतर्गत नर्मदा नदी पर गुजरात राज्य में **163 मीटर ऊँचे** एवं **1210 मीटर लंबे** बाँध का निर्माण किया गया है।

- टिहरी के बाद सरदार सरोवर भारत का **दूसरा सबसे बड़ा बाँध** है। नर्मदा नदी पश्चिम में मालवा पठार को पार करने के बाद एक लंबे गार्ज का निर्माण करती है, जिसका विस्तार गुजरात के नर्मदा जिले तक है। इसी गार्ज में (नर्मदा जिला, गुजरात) सरदार सरोवर बाँध का निर्माण किया गया है।
- इस परियोजना का उद्देश्य पश्चिमी गुजरात और राजस्थान के सूखाग्रस्त इलाकों को पानी पहुँचाकर सूखे की समस्या से निजात दिलाना है। इसके अलावा इस बाँध से मध्य प्रदेश को बिजली प्राप्त हो रही है।
- सरदार सरोवर बाँध से निकाली गई नर्मदा नहर के माध्यम से गुजरात के सूखा प्रभावित क्षेत्रों को सिंचाई और पेयजल हेतु पानी की आपूर्ति की जा रही है।
- सरदार सरोवर परियोजना का सर्वाधिक लाभ गुजरात को मिल रहा है, क्योंकि उसके सूखाग्रस्त इलाकों को पर्याप्त सिंचाई और पेयजल की आपूर्ति हो रही है। जबकि इस परियोजना से मध्य प्रदेश राज्य को नुकसान हुआ है, क्योंकि इस बाँध के बन जाने से उसके पीछे मध्य प्रदेश में स्थित घाटी में काफी बड़े वन क्षेत्र और कई गाँव जलमग्न हो गए और इसने एक बहुत बड़े भू-भाग को बाढ़ की चपेट में ले लिया। चूँकि मध्य प्रदेश का अधिकांश क्षेत्र वनाच्छादित है, इसलिए जल स्तर ऊँचा उठ जाने से पर्यावरणीय संकट उत्पन्न हुआ है और जैवविविधता का भी ह्रास हुआ है।
- इसके अलावा सरदार सरोवर परियोजना के पूर्ण हो जाने के बाद **मध्य प्रदेश एवं गुजरात** राज्यों के मध्य जलाशय में जलस्तर को लेकर अक्सर विवाद होते रहते हैं।
- गुजरात राज्य को इस परियोजना से अधिक से अधिक पानी की आवश्यकता है, इसलिए वह चाहता है कि जब तक जलाशय पूरा भर नहीं जाता, तब तक जलविद्युत उत्पादन हेतु जल नहीं गिराया जाए, क्योंकि गुजरात को बिजली से ज्यादा पेयजल और सिंचाई की जरूरत है। जबकि गुजरात की यह माँग मध्य प्रदेश के लिए चिंता का विषय है, क्योंकि जलाशय के पूरा भर जाने से मध्य प्रदेश के अधिक क्षेत्रों के जलमग्न होने का खतरा है।
- नर्मदा नदी पर बनने वाले 25 बाँधों में से सरदार सरोवर बाँध सबसे बड़ी संरचना है। इस्तेमाल किए गए कंक्रीट के मामले में अमेरिका की कोलंबिया नदी पर ग्रैंड कौली बाँध के बाद यह दुनिया का दूसरा सबसे बड़ा कंक्रीट बाँध है।

नर्मदा बचाओ आंदोलन

नर्मदा नदी पर बनने वाले 30 बाँधों में सरदार सरोवर और महेश्वर दो सबसे बड़ी बाँध परियोजनाएँ हैं और इनका लगातार विरोध होता रहा है। 163 मी. ऊँचे सरदार सरोवर बाँध का निर्माण 1987 में शुरू हुआ, लेकिन इस बाँध के बन जाने से उसके पीछे मध्य प्रदेश में स्थित घाटी में जल स्तर ऊँचा होने से बहुत बड़े वन क्षेत्र के डूबने का खतरा था, जिससे जैवविविधता के ह्रास समेत लाखों स्थानीय लोगों के विस्थापन की भी आशंकाएँ थीं। इसके अलावा इस बाँध के बनकर पूरा हो जाने के बाद यदि इसमें किसी प्रकार की विकृति होती है तो इससे 200 गाँव की डूबने, कमान क्षेत्र में लाखों लोगों के विस्थापित होने तथा 39000 हेक्टेयर भूमि के जलमग्न होने की भी आशंका है। अतः इसे देखते हुए पर्यावरणविदों और सामाजिक कार्यकर्ताओं द्वारा इस परियोजना के विरोध में 1990 के दशक में **नर्मदा बचाओ आंदोलन** की शुरुआत हो गई। **मेधा पाटकर, बाबा आमटे (डॉ. मुरलीधर देवीदास आमटे)** और **अरुंधति रॉय** नर्मदा बचाओ आंदोलन के प्रमुख नेता थे। इस पृष्ठभूमि में 1995 में सर्वोच्च न्यायालय ने इस परियोजना पर रोक लगाने का आदेश भी दिया था। अंततः बाँध का उद्घाटन 2017 में प्रधानमंत्री नरेंद्र मोदी द्वारा किया गया था।

6. केन-बेतवा लिंक परियोजना

यह परियोजना **अमृत क्रांति** के नाम से 25 अगस्त, 2005 को **प्रायद्वीपीय नदी विकास योजना** के अंतर्गत शुरू की गई।

- केन-बेतवा लिंक परियोजना महत्त्वाकांक्षी **नदी जोड़ो परियोजना** की दिशा में ही पहला कदम है, इसके अंतर्गत केन नदी के अतिरिक्त जल को नहर के माध्यम से बेतवा नदी में स्थानांतरित किया जाएगा, ताकि दोनों राज्यों के सूखाग्रस्त इलाकों में पेयजल एवं सिंचाई के लिए पर्याप्त जल उपलब्ध हो सकें।
- केन एवं बेतवा दोनों यमुना की सहायक नदियाँ हैं, जो **बुंदेलखंड पठार पर** मध्य प्रदेश एवं उत्तर प्रदेश में प्रवाहित होती हैं। इन दोनों नदियों के मध्य का क्षेत्र बुंदेलखंड का सूखाग्रस्त क्षेत्र है। दोनों नदियों को नहर के माध्यम से इस प्रकार जोड़ा जाएगा ताकि बुंदेलखंड क्षेत्र में सिंचाई सुविधा और कृषि का विस्तार हो सकेगा।
- इस परियोजना के अंतर्गत मध्य प्रदेश के **छतरपुर जिले के दौधन गाँव** में केन नदी पर 70 मीटर ऊँचे बाँध का निर्माण किया जाएगा और वहाँ से 230 किलोमीटर लंबी नहर निकालकर बेतवा नदी पर बने **बरुआ सागर जलाशय** में मिलाई जाएगी।
- इस परियोजना से प्रति वर्ष लगभग 10 लाख हेक्टेयर भूमि की सिंचाई एवं जल विद्युत उत्पादन संभव हो पाएगा। इस परियोजना से मध्य प्रदेश के 9 जिले एवं उत्तर प्रदेश के 4 जिले (झाँसी, ललितपुर, महोबा, बाँदा) लाभान्वित होंगे।

- केन नदी **पन्ना टाइगर रिजर्व** (मध्य प्रदेश) से होकर प्रवाहित होती है। पर्यावरणविदों द्वारा इस परियोजना का विरोध किया जा रहा है, क्योंकि केन नदी के जल को स्थानांतरित करने से **पन्ना टाइगर रिजर्व** के वन क्षेत्र में कमी आएगी, जिससे बाघों के प्राकृतिक आवास को क्षति पहुँचेगी।
- भारत सरकार ने दिसंबर 2021 में 39317 करोड़ रुपए के केंद्रीय समर्थन के साथ इस परियोजना के कार्यान्वयन को मंजूरी प्रदान की।

7. रिहंद बाँध परियोजना

रिहंद सोन की सहायक नदी है। रिहंद नदी पर उत्तर प्रदेश और मध्य प्रदेश की सीमा पर **सोनभद्र जिले में पिपरी** नामक स्थान पर 91.46 मीटर ऊँचा और 934.45 मीटर लंबा कंक्रीट का बाँध बनाया गया है।

- रिहंद बाँध के पीछे 466 वर्ग किलोमीटर क्षेत्र में **गोविंद बल्लभ पंत सागर** नामक एक कृत्रिम झील का निर्माण हो गया है, जोकि भारत की सबसे बड़ी मानव निर्मित झील है।
- रिहंद बाँध से जल विद्युत उत्पादन करने के लिए बाँध के नीचे **ओबरा में जल विद्युत संयंत्र** स्थापित किया गया है।

8. कोसी परियोजना

- कोसी नदी **तिब्बत पठार** से निकलती है और नेपाल को पार करके दक्षिण में बिहार राज्य में प्रवाहित होकर भागलपुर जिले में गंगा नदी से मिलती है।
- कोसी नदी हिमालय पर्वत से बड़ी मात्रा में अवसाद बहाकर लाती है और बिहार के मैदानी भागों में अवसादों के जमाव से ***अपना ही मार्ग अवरुद्ध*** कर लेती है। इसके परिणामस्वरूप कोसी नदी अपना मार्ग बदल देती है, जिससे अचानक से बाढ़ आ जाती है। मानसून काल में कोसी नदी बाढ़ग्रस्त होकर रातों-रात एक जिले को छोड़कर दूसरे जिले में प्रवाहित होने लगती है।
- बिहार का शोक कही जाने वाली कोसी नदी की बाढ़ की समस्या से निजात पाने के लिए नेपाल और बिहार राज्य की यह संयुक्त परियोजना पूरी की गई है। इस परियोजना के अंतर्गत कोसी नदी पर **हनुमान नगर बैराज** का निर्माण करके वहाँ से मुख्य नहर निकाली गई है, ताकि अतिरिक्त जल को स्थानांतरित किया जा सके।
- पर्वतीय क्षेत्रों में नदियों का प्रवाह-वेग इतना तीव्र होता है कि वे सब कुछ बहाकर ले जाती हैं, लेकिन मैदानी क्षेत्रों में जब प्रवाह वेग में कमी आती है तो नदियाँ पर्वतों से लाए गए अवसादों को अपने ही मार्ग में जमा करने लगती हैं। इसके परिणामस्वरूप **नदी विसर्पण** और **मार्ग परिवर्तन** की संभावना बढ़ जाती है।

9. चंबल परियोजना

- चंबल नदी मालवा पठार **महू** नामक स्थान (जानापाव पहाड़ी) से निकलकर मध्य प्रदेश और राजस्थान राज्य में प्रवाहित होने के बाद उत्तर प्रदेश में **इटावा के समीप** यमुना नदी से मिलती है।
- चंबल नदी के पानी का उपयोग करने के लिए राजस्थान एवं मध्य प्रदेश राज्य की संयुक्त परियोजना के रूप में 1954 से प्रारंभ करके इस नदी पर चार बाँध बनाए गए हैं, जिनमें से एक मध्य प्रदेश में और तीन राजस्थान में स्थित हैं-

a. गाँधी सागर बाँध- यह मध्य प्रदेश के विदिशा जिले में स्थित है।

b. राणा प्रताप सागर बाँध- यह राजस्थान के चित्तौड़गढ़ जिले में रावतभाटा में बनाया गया है। रावतभाटा परमाणु ऊर्जा संयंत्र को विद्युत एवं जल की प्राप्ति इसी बाँध से होती है। चंबल नदी पर चूलिया जलप्रपात रावतभाटा के समीप ही स्थित है।

c. जवाहर सागर बाँध- यह राजस्थान के कोटा जिले में निर्मित है।

d. कोटा बैराज- यह कोटा जिले (राजस्थान) में सिंचाई के उद्देश्य से निर्मित किया गया है।

10. जम्मू और कश्मीर की परियोजनाएँ

- केंद्रशासित प्रदेश जम्मू और कश्मीर में बगलीहार, दुलहस्ती और सलाल परियोजनाएँ **चिनाब नदी** पर; किशनगंगा, तुलबुल और उरी परियोजनाएँ **झेलम नदी** पर तथा निम्बोबाजगो परियोजना **सुरू नदी** पर निर्मित है।

- पाकिस्तान, भारत में जम्मू और कश्मीर प्रदेश में सिंधु नदी तंत्र की नदियों पर निर्माणाधीन अथवा निर्मित हो चुकी सभी परियोजनाओं का विरोध करता है और वह इन बाँधों के निर्माण को वर्ष 1960 के **सिंधु जल समझौते** का उल्लंघन मानता है।
- वर्ष 1960 में विश्व बैंक की मध्यस्थता से भारत और पाकिस्तान के मध्य सिंधु जल समझौता हुआ था। इसके अंतर्गत सिंधु नदी तंत्र की सभी नदियों को शामिल किया गया था और यह तय हुआ था कि पश्चिम की 3 नदियों सिंधु, झेलम और चिनाब के 80% जल का उपयोग पाकिस्तान करेगा और दक्षिण-पूर्व की तीन नदियों रावी, व्यास और सतलुज के 80% जल का प्रयोग भारत करेगा।
- पाकिस्तान यह आरोप लगाता रहा है कि भारत आवश्यक सीमा से अधिक ऊँचे बाँधों का निर्माण करके अतिरिक्त जल रोकने का प्रयास करता है। पाकिस्तान की आपत्ति हमेशा जम्मू और कश्मीर में बाँधों की ऊँचाई को लेकर होती है।
- पाकिस्तान को संशय है कि भारत झेलम एवं चिनाब जैसी नदियों पर अधिक ऊँचे बाँधों का निर्माण करके इनके जल को रोक सकता है, जिससे पाकिस्तान में सूखा की स्थिति उत्पन्न हो सकती है। पाकिस्तान को यह भी डर है कि यदि युद्धकाल में भारत इन बाँधों को अचानक से खोल दे तो पाकिस्तान में भीषण बाढ़ आ जाएगी। ये दोनों संशय उसे बाँधों का विरोध करने पर बाध्य करते हैं।

11. हीराकुंड परियोजना

- उड़ीसा के संबलपुर जिले में उड़ीसा का शोक कही जाने वाली **महानदी** पर हीराकुंड बाँध का निर्माण किया गया है।

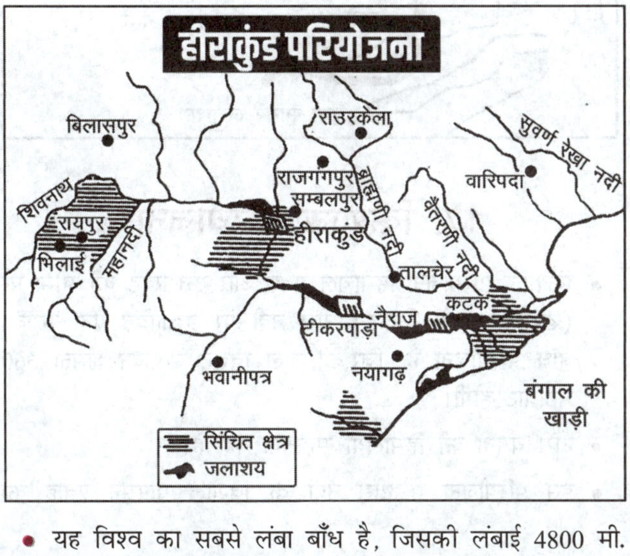

- यह विश्व का सबसे लंबा बाँध है, जिसकी लंबाई 4800 मी. और ऊँचाई 61 मी. है। बाँध की सुरक्षा के लिए इस बाँध के एक तरफ 10 किमी. लंबा और दूसरी तरफ 11 किमी. लंबा मिट्टी का बाँध बनाया गया है। अत: इस बाँध की **सम्मिलित लंबाई 25.8 किमी.** है।

12. नागार्जुन सागर परियोजना

- नागार्जुन सागर बाँध परियोजना आंध्र प्रदेश और तेलंगाना राज्य की सीमा पर हैदराबाद से 150 किमी. दूर **कृष्णा नदी** पर निर्मित है। इसका नामकरण बौद्ध विद्वान नागार्जुन के नाम किया गया है।
- तेलंगाना के शुष्क क्षेत्रों को सिंचित करने के लिए इस बाँध को बनाने की परिकल्पना सर्वप्रथम हैदराबाद के निजाम ने ब्रिटिश राज में 1903 में की थी। लेकिन इस बाँध का निर्माण कार्य वर्ष 1955 में तत्कालीन प्रधानमंत्री पंडित जवाहर लाल नेहरू के समय प्रारंभ हुआ था और 1966 में यह बनकर पूरा हुआ था।
- नागार्जुन सागर बाँध भारत की सबसे पुरानी बहुउद्देशीय परियोजनाओं में से एक है, जिसका निर्माण सिंचाई और जल विद्युत उत्पादन के लिए किया गया है। इस बाँध से मुख्य रूप से गुंटूर, नालगोंडा, कृष्णा, खम्माम और पश्चिमी गोदावरी जिलों के किसानों को सिंचाई का लाभ मिलता है।
- इस बाँध के पीछे नागार्जुन सागर झील दुनिया की तीसरी सबसे बड़ी मानव निर्मित झील है। विश्व की सबसे बड़ी कृत्रिम झील गोविन्द वल्लभ पंत सागर झील है।

13. पोलावरम परियोजना

- पोलावरम परियोजना आंध्र प्रदेश में **गोदावरी नदी** पर उस स्थान पर निर्मित है, जहाँ गोदावरी नदी पूर्वी घाट पर्वत को पार करके पूर्वी तटीय मैदान में **पश्चिमी गोदावरी जिले** में प्रवेश करती है। यह परियोजना पोलावरम मंडल (पश्चिमी गोदावरी जिला) में स्थित है।
- पोलावरम परियोजना नदियों को आपस में जोड़ने की महत्त्वाकांक्षी परियोजना का ही भाग है, जिसके अंतर्गत गोदावरी-कृष्णा नदियों को आपस में जोड़ा जाएगा। दक्षिण भारत में गोदावरी जल अधिशेष वाली नदी है, जबकि कृष्णा नदी में जल की कमी है। इसलिए पोलावरम बाँध के माध्यम से गोदावरी नदी के अतिरिक्त जल को कृष्णा नदी में स्थानांतरित किया जाएगा।
- इसे **इंदिरा सागर बाँध परियोजना** भी कहते हैं। पोलावरम बाँध के पीछे स्थित विशाल जलाशय 150 किमी. दूर उड़ीसा और छत्तीसगढ़ की सीमा में चला गया है।
- यह परियोजना आंध्र प्रदेश के पूर्वी गोदावरी, पश्चिमी गोदावरी और कृष्णा जिलों में सिंचाई, जल विद्युत और पेयजल सुविधाएँ प्रदान करने के लिए गोदावरी नदी पर बहुउद्देश्यीय प्रमुख टर्मिनल जलाशय परियोजना है। इस परियोजना से 2.91 लाख हेक्टेयर क्षेत्र में सिंचाई सुविधा प्राप्त होगी और 960 मेगावाट क्षमता की जलविद्युत स्थापित होगी।
- यह पूर्वी और पश्चिमी गोदावरी जिलों में पर्यटन क्षेत्र को बड़ा बढ़ावा देगा, क्योंकि इसका जलाशय प्रसिद्ध पापिकोंडा राष्ट्रीय उद्यान (आंध्र प्रदेश) को कवर करता है।

14. मुल्ला पेरियार बाँध

- यह बाँध केरल के **इदुक्की जिले** में पेरियार और मुल्लायर नदियों के संगम पर निर्मित है। मुल्ला पेरियार बाँध केरल में है, जबकि बाँध के पीछे स्थित जलाशय का सिंचाई हेतु उपयोग तमिलनाडु राज्य के किसानों द्वारा किया जाता है।
- इस बाँध को लेकर केरल और तमिलनाडु राज्यों के मध्य विवाद चल रहा है। दरअसल यह बाँध काफी पुराना होने के कारण कमजोर हो गया है और इसके टूटने की आशंका है। 54 मी. ऊँचे इस बाँध को वर्ष **1895 में** बनाया गया था। अगर यह टूटा तो केरल के निचले भागों में रहने वाली लगभग 25 लाख आबादी का जीवन संकट में पड़ सकता है। इसलिए केरल नया बाँध बनाने के पक्ष में है।
- जबकि तमिलनाडु सरकार का मानना है कि बाँध को स्थानांतरित कर देने से तमिलनाडु के लगभग 25 लाख किसानों पर प्रतिकूल प्रभाव पड़ेगा।
- इस बाँध को टूटने से बचाने का एक तरीका यह है कि इसमें जल स्तर को घटाकर नीचे कर दिया जाए। वर्ष 2018 में सुप्रीम कोर्ट ने किसी संभावित आपदा से बचने के लिए जलाशय में जलस्तर **142 फीट की मानक सीमा** से घटाकर 3 फीट नीचे (139 फीट) रखने पर सहमति व्यक्त की थी।

15. कोयना परियोजना

- कोयना बाँध (Koyna Dam) महाराष्ट्र राज्य के सतारा जिले में **कोयना नदी** पर निर्मित परियोजना है। बाँध के पीछे स्थित जलाशय को **शिवसागर सरोवर** के नाम से जाना जाता है।
- कोयना जलविद्युत परियोजना टिहरी बाँध परियोजना के बाद भारत का दूसरा सबसे बड़ा जलविद्युत संयंत्र है।
- यह परियोजना चार बाँधों से मिलकर बनी एक जटिल परियोजना है, जिनमें प्रमुख योगदानकर्ता **कोयना बाँध** और **कोलकेवाड़ी बाँध** हैं।
- इस परियोजना में बिजली उत्पादन के चार चरण हैं। सभी विद्युत जनरेटर पश्चिमी घाट के पहाड़ों के अंदर खोदे गए भूमिगत बिजलीघरों में स्थित हैं। इस परियोजना की कुल जल विद्युत क्षमता 1960 मेगावाट है।
- परियोजना की बिजली उत्पादन क्षमता के कारण ही कोयना नदी को महाराष्ट्र की जीवन रेखा कहा जाता है। मुंबई पुणे औद्योगिक क्षेत्र को इस परियोजना से बिजली प्राप्त होती है।

16. पंचेश्वर बहुउद्देशीय परियोजना

- यह उत्तराखंड के पिथौरागढ़ जिले में **काली नदी** पर निर्मित भारत-नेपाल की संयुक्त परियोजना है, जिसकी जल विद्युत उत्पादन क्षमता **6480 मेगावाट** होगी।
- **बड़े पैमाने पर जलविद्युत उत्पादन** के अलावा उत्तर प्रदेश में आने वाली बाढ़ों पर नियंत्रण और सिंचाई के उद्देश्य से 40 हजार करोड़ रुपए की लागत वाली इस परियोजना को 2026 तक पूरा किया जाना सुनिश्चित किया गया है।
- बनकर तैयार होने के बाद यह विश्व में दूसरा सबसे ऊँचा बाँध होगा, जिसकी **ऊँचाई 315 मीटर** होगी।
- इस परियोजना की कुल लागत का 62.5% भारत सरकार द्वारा और 37.5% नेपाल सरकार द्वारा वहन किया जाएगा।

पंचेश्वर बहुउद्देशीय परियोजना

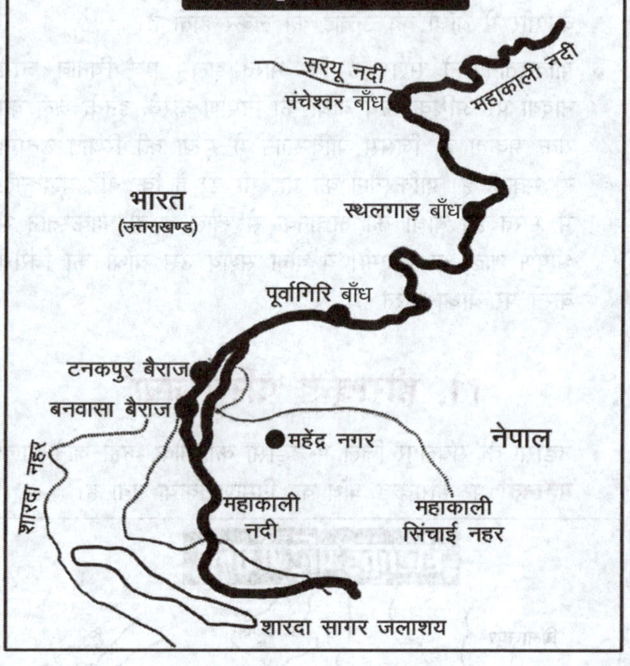

17. किशाऊ परियोजना

- किशाऊ परियोजना हिमाचल प्रदेश और उत्तराखंड की सीमा पर (डाकपत्थर के निकट) टोंस नदी पर प्रस्तावित एक संयुक्त बाँध परियोजना है, जिसकी जल विद्युत उत्पादन क्षमता 660 मेगावाट होगी।
- टोंस यमुना की हिमालयी सहायक नदी है।
- इस परियोजना में टोंस नदी के विशाल मानसून प्रवाह का

संग्रहण और दोहन करने के लिए 236 मीटर ऊँचे कंक्रीट ग्रेविटी बाँध का निर्माण किया जाएगा।

- राष्ट्रीय परियोजना होने के कारण केंद्र सरकार इस परियोजना का 90% व्यय और दोनों राज्य सरकारें 10% व्यय वहन करेंगी।

18. रेणुकाजी बाँध परियोजना

- यह हिमाचल प्रदेश में यमुना की सहायक गिरी नदी पर प्रस्तावित परियोजना है, जिसे केंद्रीय पर्यावरण एवं वन मंत्रालय की वन सलाहकार समिति ने 2014 में स्वीकृति दी थी।
- हिमाचल प्रदेश के सिरमौर जिले में गिरी नदी पर प्रस्तावित इस परियोजना की लागत 36000 करोड़ रुपए होगी।
- इस परियोजना के अंतर्गत 148 मीटर ऊँचा बाँध बनाया जाएगा, जिससे हिमाचल प्रदेश को 40 मेगावाट जल विद्युत की प्राप्ति होगी और दिल्ली तथा उत्तराखंड जैसे राज्यों को 23 क्यूसेक जल की आपूर्ति की जाएगी। इस परियोजना को लेकर लंबे समय से पर्यावरणीय एवं आदिवासियों के वन अधिकारों को लेकर विवाद चल रहा था।

19. कावेरी नदी जल विवाद

- दक्षिण भारत में कावेरी नदी कर्नाटक में पश्चिमी घाट पर्वत से निकलती है और केरल तथा तमिलनाडु में प्रवाहित होते हुए पुदुचेरी के कराईकल जिले में पूर्वी तट पर बंगाल की खाड़ी में गिरती है।
- इस नदी का ऊपरी जल ग्रहण क्षेत्र **कर्नाटक एवं केरल** राज्य में तथा निचला जलग्रहण क्षेत्र **तमिलनाडु एवं केंद्रशासित प्रदेश पुदुचेरी** में स्थित है।
- कावेरी नदी जल विवाद 150 वर्ष पुराना है, जिसके अंतर्गत ब्रिटिश राज के दौरान मद्रास प्रेसिडेंसी (वर्तमान तमिलनाडु) एवं मैसूर प्रेसिडेंसी (वर्तमान कर्नाटक) के मध्य यह समझौता हुआ था कि कावेरी नदी पर किसी भी प्रकार का बाँध या जलाशय बनाने से पहले ऊपरी राज्यों को निचले राज्यों से अनुमति लेना अनिवार्य होगा। उदाहरण के लिए यदि नदी के ऊपरी जलग्रहण क्षेत्र में स्थित कर्नाटक राज्य नदी का जल रोकने के लिए बाँध का निर्माण करना चाहता है तो उसे तमिलनाडु राज्य की अनुमति लेनी होगी।
- स्वतंत्रता पश्चात कावेरी नदी के जल को लेकर पहला विवाद 1974 में उस समय हुआ जब कर्नाटक ने तमिलनाडु से सहमति लिए बिना कावेरी नदी के प्रवाह को मोड़ने का प्रयास किया। इस विवाद को हल करने के लिए वर्ष 1990 में कावेरी नदी विवाद न्यायाधिकरण की स्थापना की गई।
- इस न्यायाधिकरण ने वर्ष 2007 में नदी में सामान्य वर्ष में 740 हजार मिलियन क्यूबिक (TMC) जल की उपलब्धता के आधर पर चारों राज्यों के मध्य कावेरी बेसिन के जल का आवंटन किया, जिसके अंतर्गत नदी जल पर सर्वाधिक अधिकार कर्नाटक राज्य (404.25 TMC) को दिया गया। इसके बाद क्रमशः तमिलनाडु, केरल एवं पुदुचेरी को जल आवंटित किया गया।

प्रमुख जल विवाद : एक दृष्टि

जल विवाद न्यायाधिकरण	गठन	जुड़े राज्य
महानदी	मार्च, 2018	ओडिशा, छत्तीसगढ़
कृष्णा	अप्रैल, 2004	आंध्र प्रदेश, तेलंगाना, कर्नाटक, महाराष्ट्र
वंशधारा	फरवरी, 2010	ओडिशा, आंध्र प्रदेश
मंडोवी/महादायी	नवंबर, 2010	गोवा, कर्नाटक, महाराष्ट्र
व्यास एवं रावी	1986	पंजाब, राजस्थान, हरियाणा
गोदावरी	अप्रैल, 1969	आंध्र प्रदेश, कर्नाटक, मध्य प्रदेश, ओडिशा, महाराष्ट्र
नर्मदा	अक्टूबर, 1969	गुजरात, महाराष्ट्र, राजस्थान, मध्य प्रदेश

बहुउद्देशीय परियोजना (बाँध): एक दृष्टि में

परियोजना का नाम	संबंधित क्षेत्र राज्य	नदी
सरदार सरोवर परियोजना	गुजरात	नर्मदा
ओंकारेश्वर परियोजना	मध्य प्रदेश	नर्मदा
रामगंगा परियोजना	उत्तराखंड	रामगंगा
फरक्का	पश्चिम बंगाल	हुगली
मयूराक्षी (उपनाम कनाडा बाँध)	झारखंड एवं पश्चिम बंगाल	मयूराक्षी
कंसावती	पश्चिम बंगाल	कंसावती एवं कुंआरी
दामोदर घाटी परियोजना	पं. बंगाल व झारखंड	दामोदर
रंजीत सागर बाँध	पंजाब	रावी
भाखड़ा नांगल बाँध परियोजना	पंजाब, हरियाणा, राजस्थान	सतलुज
व्यास परियोजना	पंजाब, हरियाणा, राजस्थान	व्यास
चमेरा परियोजना	हिमाचल प्रदेश	रावी
शरावती परियोजना	कर्नाटक	शरावती
काली परियोजना	कर्नाटक	काली

बहुउद्देशीय परियोजना (बाँध): एक दृष्टि में		
पल्लीवासल परियोजना	केरल	मदिरा पूजा
ढिकरोंग परियोजना	अरुणाचल प्रदेश	रंगा नदी
अपरलोहित परियोजना	अरुणाचल प्रदेश	लोहित
रातले परियोजना	जम्मू एवं कश्मीर	चिनाब नदी
तुलबुल परियोजना	जम्मू और कश्मीर	झेलम
पनाम	गुजरात	पनाम
पंचेतहिल बाँध	झारखंड	दामोदर
कोसी परियोजना	बिहार	कोसी
उकाई परियोजना	गुजरात	ताप्ती
साबरमती परियोजना	गुजरात	साबरमती
करजन	गुजरात	करजन
ऊपरी कृष्णा	कर्नाटक	कृष्णा
घाटप्रभा	कर्नाटक	घाटप्रभा
मालप्रभा	कर्नाटक	मालप्रभा
तवा	मध्य प्रदेश	तवा
चंबल	मध्य प्रदेश व राजस्थान	चंबल
रविशंकर सागर	मध्य प्रदेश	महानदी
हसदो बांगो	छत्तीसगढ़	हसदो
बार्गी	मध्य प्रदेश	बार्गी
दोयांग परियोजना	नागालैण्ड	दोयांग
लोकटक परियोजना	मणिपुर	खुंगा एवं इम्फाल
कोयना परियोजना	महाराष्ट्र	कोयना
रिहन्द परियोजना	उत्तर प्रदेश एवं मध्य प्रदेश	रिहन्द
माताटीला बाँध	उत्तर प्रदेश एवं मध्य प्रदेश	बेतवा
लक्ष्मीबाई सागर बाँध परियोजना	उत्तर प्रदेश	बेतवा
नागार्जुन सागर	आंध्र प्रदेश व तेलंगाना	कृष्णा
तुंगभद्रा परियोजना	आंध्र प्रदेश व कर्नाटक	तुंगा एवं भद्रा (संगम पर)
पोचमपाद परियोजना	तेलंगाना व आंध्र प्रदेश	गोदावरी
गण्डक परियोजना	बिहार एवं उत्तर प्रदेश	गण्डक

बहुउद्देशीय परियोजना (बाँध): एक दृष्टि में		
पार्वती परियोजना	हिमाचल प्रदेश, राजस्थान, हरियाणा, गुजरात, दिल्ली	पार्वती नदी
संजय सरोवर परियोजना	मध्य प्रदेश	वेनगंगा नदी
थांवर सिंचाई परियोजना	मध्य प्रदेश	थांवर नदी
रानी अवन्तिबाई सागर	मध्य प्रदेश	दरगी नदी
दुलहस्ती परियोजना	जम्मू कश्मीर	चिनाब नदी
काठी बाँध	उत्तराखंड	रामगंगा
गोविन्दबल्लभ पंत सागर	उत्तर प्रदेश	रिहन्द
औराई परियोजना	राजस्थान	औराई
गिरना परियोजना	महाराष्ट्र	गिरना
भामा-I परियोजना	महाराष्ट्र	पवाना
भामा-II परियोजना	महाराष्ट्र	पवाना
जायकवाड़ी परियोजना	महाराष्ट्र	गोदावरी
कुकंाडी परियोजना	महाराष्ट्र	कुकांडी
छोम बाँध	महाराष्ट्र	कृष्णा
ऊपरी पेनगंगा	महाराष्ट्र	कृष्णा
हीराकुण्ड	ओडिशा	महानदी
इंदिरा गाँधी नहर परियोजना	राजस्थान, पंजाब, हरियाणा	सतलुज, व्यास, रावी
तिलैया बाँध मैथान बाँध	झारखंड	बराकर
पैरम्बईकूलम अलीयर बाँध	तमिलनाडु व केरल	पैरम्बईकूलम
इडुक्की	केरल	पेरियार
टिहरी बाँध	उत्तराखंड	भागीरथी
कोयलकारो परियोजना	झारखण्ड	कोयलकारो
उरी परियोजना	जम्मू-कश्मीर	झेलम
बगलिहार परियोजना	जम्मू-कश्मीर	चिनाब
शिवसमुद्रम	कर्नाटक	कावेरी
मैटूर	तमिलनाडु	कावेरी
श्रीशैलम	आंध्र प्रदेश	कृष्णा
अल्माटी बाँध	कर्नाटक	कृष्णा
चुटक पनबिजली	कारगिल	सुरू नदी

बहुउद्देशीय परियोजना (बाँध): एक दृष्टि में		
निम्बोबाजगो पनबिजली परियोजना	लद्दाख	सिंधु नदी
पूर्णा परियोजना	महाराष्ट्र	पूर्णा
थीन बाँध परियोजना	पंजाब	रावी
काकरापार परियोजना	गुजरात	ताप्ती
पोंग बाँध परियोजना	हिमाचल प्रदेश	व्यास
कोलडेम परियोजना	हिमाचल प्रदेश	सतलुज
नाथपा झाकरी परियोजना	हिमाचल प्रदेश	सतलुज
सलाल परियोजना	जम्मू एवं कश्मीर	चिनाब
सबरीगिरि परियोजना	केरल	पम्बा और कम्मी
कालागढ़ बाँध	उत्तराखंड	रामगंगा
मेजा बाँध	राजस्थान	कोठारी
मलम पुझा	केरल	मलम पुझा
कुण्दा परियोजना	तमिलनाडु	कुण्दा
मुचकुण्ड परियोजना	आंध्र प्रदेश, ओडिशा	मुचकुण्ड
हिडकल परियोजना	कर्नाटक	घाटप्रभा
कालिन्दी परियोजना	कर्नाटक	कालिन्दी
स्वर्ण रेखा परियोजना	ओडिशा, झारखंड	स्वर्ण रेखा
दुर्गापुर बैराज परियोजना	पश्चिम बंगाल, झारखंड	दामोदर
बाण सागर परियोजना	मध्य प्रदेश, उत्तर प्रदेश, बिहार	कंगसावती
राजघाट परियोजना	मध्य प्रदेश, उत्तर प्रदेश	बेतवा
सोन परियोजना	बिहार	सोन
शारदा परियोजना	उत्तर प्रदेश	शारदा
तीस्ता परियोजना	सिक्किम	तीस्ता
महाकाली नदी घाटी	भारत, नेपाल	महाकाली
उरी पनबिजली परियोजना	बारामुला (जम्मू-कश्मीर)	झेलम नदी
कल्पसर परियोजना	गुजरात	खम्भात की खाड़ी
पाम्पा परियोजना	आंध्र प्रदेश	पाम्पा नदी
दमन गंगा परियोजना	गुजरात एवं दादरा नगर हवेली	दमन गंगा नदी

बहुउद्देशीय परियोजना (बाँध): एक दृष्टि में		
सुइल परियोजना	हिमाचल प्रदेश	सुइल नदी
काल्पोंग जलविद्युत परियोजना	अंडमान निकोबार	काल्पोंग
बालिमेला परियोजना	ओडिशा	सिलेरू
निजाम सागर परियोजना	तेलंगाना	मंजरा (गोदावरी की सहायक नदी)
रामगुण्डम परियोजना	तेलंगाना	गोदावरी
भद्रा परियोजना	कर्नाटक	भद्रा
पापनाशम परियोजना	तमिलनाडु	ताम्रपर्णी
पायकारा परियोजना	तमिलनाडु	कुण्दा
रंगा नदी परियोजना	अरुणाचल प्रदेश	रंगा
कामेंग परियोजना	अरुणाचल प्रदेश	कामेंग
तिपाईमुख परियोजना	मणिपुर	बराक नदी
चेरुथानी बाँध	केरल	पेरियार
अहरौरा	उत्तर प्रदेश	गरई

परियोजना	संबंधित देश	नदी
संकोश परियोजना	भारत-भूटान	संकोश
चुखा परियोजना	भारत-भूटान	वांग्चू
पंचेश्वर परियोजना	भारत-नेपाल	महाकाली
टनकपुर परियोजना	भारत-नेपाल	महाकाली
कोसी परियोजना	बिहार-नेपाल	कोसी
शारदा बैराज	भारत-नेपाल	कालीनदी
ताला परियोजना	भूटान-भारत	वांग्चू

भारत-पाक विवादित जल विद्युत परियोजनाः एक दृष्टि में	
परियोजना	संबंधित नदी
1. बगलिहार बाँध	चिनाब नदी
2. दुलहस्ती जलविद्युत	चिनाब नदी
3. सलाल परियोजना	चिनाब नदी
4. किशन गंगा परियोजना	किशन गंगा नदी
5. किरथई बाँध	चिनाब नदी
6. सावालकोट बाँध	चिनाब नदी
7. पाकल दुल बाँध	चिनाब नदी

भारत-पाक विवादित जल विद्युत परियोजना: एक दृष्टि में	
परियोजना	**संबंधित नदी**
8. उड़ी पन विद्युत परियोजना	झेलम नदी
9. निम्बोबाजगो	सिंधु नदी
10. दुमखर परियोजना	सिंधु नदी
11. बुरसुर परियोजना	बुरसुर नदी
12. चुटक परियोजना	सुरु नदी
13. रातले परियोजना	चिनाब नदी

नदियों के संबंध में पड़ोसी देशों के साथ समझौते		
नदी समझौता	**पड़ोसी देश**	**संधि की प्रकृति**
शारदा (महाकाली) संधि	नेपाल	1996 की महाकाली संधि जिसमें पंचेश्वर बहुउद्देशीय परियोजना शामिल है।
कोसी समझौता	नेपाल	नेपाल में कोसी बैराज के निर्माण के संबंध में 1954 का समझौता (1966 में संशोधित)
गंडक समझौता	नेपाल	नेपाल में गंडक बैराज निर्माण के संबंध में 1959 का समझौता।
गंगा (फरक्का)	बांग्लादेश	फरक्का में गंगा जल की भागीदारी के संबंध में 1996 की भारत -बांग्लादेश संधि।
सिंधु जल संधि झेलम, चिनाब, रावी, व्यास, सतलुज और उनकी सहायक नदियों को शामिल करते हुए नदियों की सिंधु प्रणाली	पाकिस्तान	नदियों की सिंधु प्रणाली के जल के सार्थक एवं संतोषजनक उपयोग के लिए सिंधु जल संधि 1960

जल संसाधन के संगठन संस्थानों का विवरण			
संगठन संस्थान	**वर्ष**	**स्थान**	**विवरण**
केंद्रीय जल तथा विद्युत अनुसंधान केंद्र	1916	खड़गवासला (पुणे)	जल और ऊर्जा संसाधन विकास व जल परिवहन जैसे क्षेत्र में विभिन्न प्रकार की परियोजनाओं के लिए व्यापक अनुसंधान एवं विकास सहायता उपलब्ध कराना।
बाण सागर नियंत्रण बोर्ड	1976	रीवा (मध्य प्रदेश)	यह मध्य प्रदेश, उत्तर प्रदेश और बिहार की सरकारों के मध्य एक नियंत्रण बोर्ड है, जिसका उद्देश्य सोन नदी पर बाण सागर परियोजना को कारगर ढंग से शीघ्र पूरा करना है।
गंगा बाढ़ नियंत्रण आयोग	1972	पटना (बिहार)	गंगा नदी प्रणाली के बाढ़ प्रबंध की योजनाएँ तैयार करना विभिन्न योजनाएँ लागू करने के लिए तकनीकी आर्थिक दृष्टि से चरणबद्ध कार्यक्रम तैयार करना। बाढ़ प्रबंधन योजनाओं की निगरानी करना, रेल और सड़क पुलों के अंतर्गत जलमार्गों की उपयुक्तता का मूल्यांकन एवं बेसिन राज्यों को अन्य तकनीकी मार्गदर्शन उपलब्ध कराना।
बेतवा नदी बोर्ड	1976	झाँसी (उत्तर प्रदेश)	मध्य प्रदेश और उत्तर प्रदेश का संयुक्त उद्यम राजघाट बाँध का नाम बदलकर रानी लक्ष्मीबाई सागर रखा गया।
राष्ट्रीय जल विज्ञान संस्थान	1978	रूड़की (उत्तराखंड)	जल विज्ञान के सभी पहलुओं में व्यवस्थित और वैज्ञानिक कार्य प्रारंभ करना, उन्हें बढ़ावा देना और उनमें समन्वय स्थापित करना।
राष्ट्रीय जल विकास एजेंसी	1982	दिल्ली	जल विज्ञान के सभी पहलुओं में व्यवस्थित और वैज्ञानिक कार्य शुरू करना, उन्हें बढ़ावा देना और उनमें समन्वय स्थापित करना।
तुंगभद्रा बोर्ड	1953	बेल्लारी (कर्नाटक)	तुंगभद्रा परियोजना को पूरा करना और इसका संचालन एवं रखरखाव करना, बोर्ड को तुगंभद्रा परियोजना के उस हिस्से को पूरा करने का दायित्व सौंपा गया है, जो कर्नाटक और आंध्र प्रदेश का साझा हिस्सा है।

12

भारत में कृषि

कृषि भारतीय अर्थव्यवस्था की रीढ़ है। देश में 140 करोड़ से अधिक आबादी की खाद्य सुरक्षा सुनिश्चित करने के साथ ही यह देश की 58% आबादी के लिए प्रत्यक्ष एवं अप्रत्यक्ष रूप से आजीविका का प्रमुख स्रोत भी है।

कृषि एक प्राथमिक क्रिया है, जिसके अंतर्गत फसल उत्पादन के साथ **पशुपालन, वानिकी, मछली पालन, कुक्कुट पालन, रेशम कीट पालन, बागवानी** आदि शामिल किए जाते हैं। भारत के कुल भौगोलिक क्षेत्रफल के लगभग 51% भाग पर कृषि कार्य किया जाता है।

1950-51 में देश के सकल घरेलू उत्पाद में कृषि क्षेत्र का योगदान 53.1% था, जोकि वर्ष 2021-22 में घटकर 18.8% हो गया है।

भूमि उपयोग

भारत में भूमि उपयोग संबंधी आँकड़े 9 वर्गों में उपलब्ध हैं। देश में कुल भूमि का 46.6% भाग शुद्ध बोया गया क्षेत्र है। 21.67% भाग वनों से आच्छादित है, 5% भाग बंजर भूमि है, 7.6% भाग परती भूमि है और 4% भाग पर स्थाई चरागाह हैं।

कृषि योग्य या कृषीय भूमि (Agricultural Land) - इसके अंतर्गत शुद्ध बोया गया क्षेत्र और परती भूमि दोनों को शामिल किया जाता है।

परती भूमि (Follow Land) - ऐसी भूमि जिसमें **1 से लेकर 5 वर्षों** तक कोई फसल न उगाई गई हो।

बंजर भूमि (Barren Land) - एक ऐसी भूमि जो कृषि करने योग्य न हो। दोषपूर्ण एवं अवैज्ञानिक कृषि विधियों से भी कृषि योग्य भूमि बंजर में तब्दील हो सकती है।

भूमि सुधार

भूमि सुधार से तात्पर्य भू-स्वामित्व का उचित एवं न्यायपूर्ण वितरण है। औपनिवेशिक काल में **जमींदारी, रैयतवाड़ी और महालवाड़ी** जैसी कृषि पद्धतियों के चलते बड़े पैमाने पर किसान भूमि से बेदखल हुए और भूमि के असमान वितरण के चलते भूमिहीन मजदूरों की संख्या काफी बढ़ गई। स्वतंत्रता के बाद भारत में भूमि सुधार की दिशा में कई कदम उठाए गए-

a. **हदबंदी कानून**- इसके द्वारा एक व्यक्ति के अधिकार में रखी जाने वाली **अधिकतम भूमि की सीमा निर्धारित** की गई और अतिरिक्त भूमि को भूमिहीनों में वितरित करने का लक्ष्य रखा गया। देश में **कृषि भूमि का 48% भाग केवल 10% किसानों** के पास है और अधिकतर किसान भूमिहीन (Landless) हैं। इस विषमता को दूर करने के लिए सरकार ने 1954 में सभी राज्यों को भूमि हदबंदी संबंधी कानून बनाने के निर्देश दिए। इस दिशा में सर्वप्रथम प्रयास **जम्मू-कश्मीर** में किया गया।

b. **चकबंदी**- भारत में तेजी से बढ़ती जनसंख्या और उत्तराधिकार कानून के कारण कृषि जोतों का आकार छोटा होता गया। देश में **59% भू-जोतों का आकार 1 हेक्टेयर से भी कम** है, जिसे **'सीमांत जोत'** (Marginal Holdings) कहते हैं और एक हेक्टेयर से छोटे भू-जोत वाले किसान को **'सीमांत कृषक'** (Marginal Farmers) कहते हैं। केवल 1.6% भू-जोतों का आकार 10 हेक्टेयर से अधिक है, जिसे **'बड़ी जोत'** कहते हैं। 1970-71 से लेकर 1990-91 के दौरान देश में भू-जोतों का औसत आकार 2.28 हेक्टेयर से घटकर 1.5 हेक्टेयर तक पहुँच गया। अत: किसानों के **छोटे-छोटे भूखंडों को एकत्रित करके किसी क्षेत्र में पुनः नियोजित करने के उद्देश्य** से 1980 के दशक में सभी राज्यों में चकबंदी कानून बनाए गए। लेकिन इस दिशा में ठोस सफलता केवल हरित क्रांति के क्षेत्रों- **पंजाब, हरियाणा** और **पश्चिमी उत्तर प्रदेश** में ही मिल पाई। बिहार और पश्चिम बंगाल जैसे राज्यों में इसे आज तक लागू नहीं किया जा सका है।

औपनिवेशिक काल में भू-राजस्व व्यवस्था

- भारत में अंग्रेजी शासन काल में राजस्व वसूली की तीन विधियाँ थीं-
- **जमींदारी व्यवस्था**- इसके अंतर्गत अंग्रेजी शासकों ने परंपरागत राजस्व संग्रहकर्ताओं (जमींदारों) को ही भूमि का स्वामी मान लिया। अंग्रेजों ने किसानों से संपर्क न करके जमींदारों को राजस्व वसूली का अधिकार दे दिया। **लार्ड कार्नवालिस** द्वारा 1793 में लागू इस व्यवस्था को **स्थायी बंदोबस्त** भी कहा जाता है। स्थायी बंदोबस्त व्यवस्था **बंगाल, बिहार, ओडिशा, पूर्वी उत्तर प्रदेश** और **उत्तरी कर्नाटक**

में लागू की गई थी और **ब्रिटिश भारत का लगभग** 19% **भूभाग** इस व्यवस्था के अंतर्गत शामिल था।

- **रैयतवाड़ी व्यवस्था**- इस व्यवस्था के अंतर्गत **काश्तकारों (रैयत) को भूमि का मालिकाना हक** दिया गया और वे व्यक्तिगत रूप से सरकार को लगान अदा करते थे। सर्वप्रथम **1820 में थॉमस मुनरो** द्वारा लागू इस व्यवस्था को **बम्बई, मद्रास** और **असम** के कुछ भागों में लागू किया गया था। ब्रिटिश भारत का सर्वाधिक 51% **भूभाग रैयतवाड़ी व्यवस्था** के अंतर्गत शामिल था।
- **महालवाड़ी व्यवस्था**- इस व्यवस्था के अंतर्गत लगान चुकाने का उत्तरदायित्व **ग्राम समुदाय** (महाल) के मुखिया को था। ग्राम प्रधान काश्तकारों से लगान की वसूली करके सरकार तक पहुँचाता था। यह व्यवस्था **पंजाब, उत्तर प्रदेश** (आगरा) और **मध्य प्रांत** में लागू थी। इस व्यवस्था के अंतर्गत ब्रिटिश भारत का लगभग 30% भूभाग शामिल था।

देश में भू-जोतों का औसत आकार सर्वाधिक **राजस्थान** में और उसके बाद **पंजाब** में है, जबकि केरल में यह न्यूनतम है।

c. **बिचौलियों का अंत**- 1950-53 के दौरान पूरे देश में जमींदारी उन्मूलन कानून बनाकर बिचौलियों का अंत किया गया और काश्तकारों को भूमि का स्वामित्व दिया गया। 2 करोड़ किसानों को काश्तकारी अधिकार और 1 करोड़ किसानों को भूमि का स्वामित्व प्रदान कर **60 लाख हेक्टेयर जमीन** भूमिहीन किसानों में बाँटी गई। लेकिन मौखिक व्यवस्था होने के कारण इसे पूरी तरह से लागू नहीं किया जा सका।

d. **काश्तकारी सुधार**- इसके तहत यह स्वीकार किया गया कि भूमि पर स्वामित्व उसी का होना चाहिए, जो उसे जोते-बोए। लेकिन इस संदर्भ में कोई सरल कानून न होने के कारण पट्टेदारी और बँटाईदारी व्यवस्था बड़े पैमाने पर जारी रही। **केवल पश्चिम बंगाल** में इसके लिए कानून बनाया गया है। वहाँ **काश्तकारों अथवा बँटाईदारों को तब तक जोत का अधिकार दिया गया है जब तक कि भूस्वामी स्वयं खेती न करने लगे।** भूस्वामी यदि जमीन बेचना चाहे तो उसे पहली प्राथमिकता बँटाईदार को देनी होगी। इस कानून में यह भी प्रावधान है कि कृषि उत्पादन का 10वाँ हिस्सा बँटाईदार को और 6वाँ हिस्सा भूस्वामी को मिलेगा।

भूदान आंदोलन

भूदान अर्थात् स्वेच्छा से भूमि का दान करना। देश में अतिरिक्त भूमि का स्वैच्छिक दान द्वारा अधिग्रहण करने के लिए **आचार्य विनोबा भावे** ने भूदान आंदोलन का प्रारंभ **18 अप्रैल, 1951** को **आंध्र प्रदेश के 'पोचमपल्ली' ग्राम** से किया। 1956 तक भूदान आंदोलन से 40 लाख एकड़ भूमि का अधिग्रहण किया गया। लेकिन आंदोलन और प्रशासन में तालमेल नहीं होने के कारण प्रदान की गई भूमि दान प्राप्तकर्ताओं को प्राप्त नहीं हो सकी, परिणामस्वरूप भूमि का असमान वितरण बना रहा।

कृषि विधियाँ

चक्रीय कृषि (Circular Agriculture)- भूमि में खाद्यान्न फसल उगाने के बाद मृदा में **विशेष पोषक तत्वों की कमी** हो जाती है और पोषण मान बढ़ाने के लिए भूमि को कुछ समय के लिए परती छोड़ना पड़ता है। कृषि भूमि को परती छोड़ने से बचने के लिए फसलें चक्रीय रूप से लगाई जाती हैं, ताकि विशेष पोषक तत्त्व की अत्यधिक कमी न हो। इसके अंतर्गत दो खाद्यान्न फसलों के बीच की अवधि में खेत में **फलीदार पौधे (दलहन फसलें)** लगा दिए जाते हैं, जो मृदा में **नाइट्रोजन का स्थिरीकरण** करते हैं। चक्रीय कृषि से मृदा में पोषक तत्व बने रहते हैं।

मिश्रित कृषि (Mixed Farming)- इस विधि के अंतर्गत कई फसलों को मिश्रित करके लगाया जाता है, ताकि एक फसल द्वारा मिट्टी से लिए गए पोषक तत्वों की पूर्ति दूसरी फसल द्वारा हो जाए।

द्विफसली कृषि (Double Crop Agriculture)- जिन क्षेत्रों में सिंचाई की पर्याप्त व्यवस्था होती है, वहाँ कृषि भूमि में दो फसलें एक साथ ही उगा दी जाती हैं। इसका उद्देश्य मिट्टी की उर्वरता को बनाए रखना होता है इसलिए सामान्यतया **दूसरी फसल** नाइट्रोजन स्थिरीकरण करने वाली **(दलहन फसलें)** होती है।

बहुफसली कृषि (Multicrop Agriculture)- सिंचित क्षेत्र में कम समय में तैयार होने वाले बीजों और रासायनिक उर्वरकों की मदद से **वर्ष में तीन फसलों को उगाने की प्रवृत्ति तेजी** से बढ़ रही है, जिसे **बहुफसली कृषि** कहते हैं। बहुफसली कृषि से शस्य गहनता में वृद्धि होती है।

रिले कृषि (Relay Agriculture)- जब एक तैयार फसल के नीचे किसी अन्य फसल को बोया जाता है तो उसे **रिले क्रॉपिंग** कहते हैं।

कृषि पद्धतियाँ

1. **वाणिज्यिक कृषि (Commercial Agriculture)**- यह बड़े-बड़े फर्मों की स्थापना करके व्यापारिक उद्देश्य से की जाने वाली कृषि है। इसके अंतर्गत विशेष प्रकार की **नकदी फसलों का उत्पादन** मुनाफा कमाने के लिए किया जाता है। वाणिज्यिक कृषि उच्च उत्पादकता वाले बीज, रासायनिक उर्वरक, कीटनाशकों और मशीनीकरण पर आधारित होती है। अधिक निवेश और बड़े भू-जोत की आवश्यकता के कारण यह **पंजाब, हरियाणा** और **पश्चिमी उत्तर प्रदेश** के क्षेत्रों में अधिक प्रचलित है।
2. **शुष्क कृषि (Dry Farming)**- शुष्क भूमि कृषि या बारानी खेती (Dryland farming) उन क्षेत्रों में की जाती है, जहाँ वर्षा बहुत कम होती है। यह शुष्क क्षेत्रों में सिंचाई के बिना ही कृषि करने की वैज्ञानिक और आधुनिक तकनीक है।

इस कृषि में नमी का एकमात्र स्रोत वर्षा जल होता है, इसलिए इसे **'वर्षा पोषित कृषि'** (Rain Fed Agriculture) भी कहते हैं। इसके अंतर्गत उन क्षेत्रों में **जहाँ वर्षा 75 सेमी. से कम** होती है, मृदा में नमी की मात्रा को बनाए रखने के लिए विविध वैज्ञानिक तरीके अपनाए जाते हैं और कम **वर्षा से प्राप्त सीमित नमी को मृदा में संचित करके** फसलें उगाई जाती हैं। उदाहरण के लिए शुष्क क्षेत्रों में पहली वर्षा से पहले खेतों की गहरी जुताई की जाती है और वर्षा के बाद भूमि को समतल कर दिया जाता है, ताकि मिट्टी में नमी लंबे समय तक बनी रहे। वाष्पीकरण को रोकने के लिए विभिन्न तरीके भी अपनाए जाते हैं। शुष्क कृषि पद्धति में **कम समय में तैयार होने वाली फसलें** तैयार जाती की हैं, जैसे- **मोटे अनाज** (मक्का), **दलहन फसलें** (चना, मसूर, मूँग)।

केंद्रीय शुष्क क्षेत्र फसल अनुसंधान संस्थान (Central Arid Zone Research Institute) **जोधपुर (राजस्थान)** में स्थापित किया गया है।

3. **झूम कृषि**- पूर्वोत्तर भारत में इसे 'स्थानांतरणशील' कृषि (Shifting Agriculture) भी कहते हैं। यह एक प्रकार की **आदिम कृषि** है, जिसके अंतर्गत वनों को जलाकर एवं काटकर भूमि को साफ किया जाता है और उसके बाद **राख युक्त मिट्टी में मोटे अनाज की खेती** की जाती है। 2 से 3 वर्षों तक फसलें उगा लेने के बाद जब भूमि की उर्वरा शक्ति कम हो जाती है तो किसान नई वनभूमि को साफ करते हैं। इसे **काटो और जलाओ** (Cut and Burn) अथवा **बुश फैलो कृषि** भी कहते हैं।

'झूम कृषि' भारी वर्षा और वनस्पति के तीव्र पुनर्जनन वाले क्षेत्रों में की जाने वाली खेती है। कृषि भूमि के स्थानांतरण से प्राकृतिक प्रक्रियाओं से भूमि कुछ वर्षों में पुनः उपजाऊ हो जाती है, लेकिन इससे वनों का नुकसान होता है।

झूम कृषि को क्षेत्रवार अलग-अलग नामों से जाना जाता है -

क्षेत्र	स्थानांतरणशील कृषि
पूर्वोत्तर भारत	झूम कृषि
ओडिशा	कमान, धावी, वींगा
मध्य प्रदेश, बुंदेलखंड	बीवर, दहियार
पश्चिमी घाट पर्वत	कुमारी
केरल तट	पोनम
छत्तीसगढ़, बस्तर पठार	दीपा
आंध्र प्रदेश	पोडू
दक्षिण भारत, नीलगिरि	जारा, एरका
राजस्थान	बत्रा
झारखंड	कुरूल
हिमालय	खिल

देश	स्थानांतरणशील कृषि
वियतनाम	रे
इंडोनेशिया, जावा द्वीप	हुमा, लदांग
फिलीपींस	कईगिन
म्यांमार	तुग्या
थाईलैंड	तमराई
मेडागास्कर	तावी
श्रीलंका	चेना
कांगो, जायरे नदी	मसोले
भूमध्य रेखीय अफ्रीकी देश	फंग
पश्चिमी अफ्रीका	लोगन
मैक्सिको, मध्य अमेरिका	कोमील
ग्वाटेमाला	मिल्पा
ब्राजील	रोका
वेनेजुएला	कोनुको

4. **विशिष्ट कृषि (Specialized Agriculture)**- ऐसी कृषि जो अपनी कुल आय का कम से कम 50% किसी एक ही फसल से प्राप्त करे, (जैसे- कहवा, रबड़, चाय, गन्ना इत्यादि) उसे विशिष्ट कृषि कहते हैं।

5. **रैचिंग कृषि (Ratching Agriculture)**- इस प्रकार की कृषि में फसलों का उत्पादन नहीं किया जाता, बल्कि प्राकृतिक वनस्पति पर मवेशियों जैसे भेड़, बकरी इत्यादि को चराया जाता है। भारत के **पर्वतीय और पठारी भागों** में यह कृषि की जाती है। ऑस्ट्रेलिया में भेड़ों को चराने वालों को **रैचर** कहा जाता है।

6. **ट्रक फार्मिंग (Truck Farming)**- औद्योगिक क्षेत्रों के समीप **फल, फूल और सब्जियों** की खेती 'ट्रक फार्मिंग' कहलाती है। औद्योगिक क्षेत्रों में इन उत्पादों की दैनिक आपूर्ति ट्रकों द्वारा होती है, इसलिए इसे **ट्रक फार्मिंग** कहते हैं।

7. **संविदा या अनुबंध कृषि (Contract Agriculture)**- जब खुदरा बिक्री करने वाली कंपनियाँ (रिलायंस फेश, बिग एप्पल, स्पेंसर) या खाद्य प्रसंस्करण संबंधी फर्म किसानों के उत्पादों (फल, सब्जियों) को दैनिक रूप से प्राप्त करने के लिए उनसे **निश्चित अवधि का अनुबंध** कर लेते हैं तो इसे **संविदा खेती (कांट्रैक्ट फार्मिंग)** कहते हैं। इस पद्धति में किसानों और बहुराष्ट्रीय कंपनियों दोनों को फायदा होता है, क्योंकि पूर्व और उचित मूल्य निर्धारण से किसान बाजार की अनिश्चितता से मुक्त होकर वर्षों तक कृषि कार्य कर पाते

हैं और साथ ही किसानों को इन कंपनियों से बेहतर उत्पादन तकनीक भी प्राप्त होती है। वहीं खुदरा व्यापार करने वाली बहुराष्ट्रीय कंपनियों को फल-सब्जी जैसे उत्पादों की दैनिक आपूर्ति में बाधा नहीं आती है।

8. **गहन कृषि (Intensive Farming)**- जिन देशों में जनसंख्या घनत्व अधिक होता है परंतु कृषि भूमि की कमी रहती है, वहाँ कृषि भूमि की प्रत्येक इकाई पर अधिक पूँजी और श्रम के प्रयोग द्वारा निश्चित अवधि में फसलों का अधि कतम उत्पादन किया जाता है। इसे ही **'गहन कृषि'** कहते हैं। इसके अंतर्गत जापान, जर्मनी, कोरिया, फ्रांस और इजराइल जैसे देशों में रासायनिक उर्वरकों, उन्नत बीजों, कीटनाशकों, सिंचाई और नवीन कृषि तकनीकों के अधिकतम प्रयोग द्वारा अधिकतम उत्पादन प्राप्त किया जाता है।

9. **पारिस्थितिकीय कृषि (Ecological Agriculture)**- इसके अंतर्गत मृदा के प्राकृतिक गुणों और पारिस्थितिकी तंत्र को हानि पहुँचाए बिना कृषि की जाती है। इसके अंतर्गत मृदा निम्नीकरण (Soil Degradation), पर्यावरण निम्नीकरण (Environmental Degradation) और जल प्रदूषण (Water Polution) को रोकने के लिए रासायनिक उर्वरकों और कीटनाशकों के बजाय **जैविक खाद (वर्मी कम्पोस्ट, गोबर खाद)** और **जैविक कीटनाशकों (नीम खली) का प्रयोग** किया जाता है। इसे **'जैविक कृषि'** (Organic Farming) भी कहते हैं। सिक्किम भारत का **प्रथम पूर्ण जैविक राज्य** (Organic State) है, क्योंकि वहाँ रासायनिक उर्वरकों की बिक्री और उपयोग को पूरी तरह से प्रतिबंधित कर दिया गया है।

10. **जीरो फार्मिंग (Zero Farming)**- बढ़ती जनसंख्या की खाद्य जरूरतों को पूरा करने के लिए कृषि भूमि में रासायनिक उर्वरकों, कीटनाशकों इत्यादि का प्रयोग बढ़ता जा रहा है, जिससे मिट्टी के प्राकृतिक गुणों और मृदा पारिस्थितिकी का लगातार ह्रास होता जा रहा है। इस समस्या से बचने के लिए **जीरो इनपुट फार्मिंग** पर बल दिया जा रहा है। इसके अंतर्गत कृषि भूमि में किसी भी प्रकार के उर्वरक और कीटनाशक का प्रयोग नहीं किया जाता, जिससे कृषि उत्पाद अधिक पोषण मान वाले होते हैं। लेकिन जीरो इनपुट फार्मिंग को प्रारंभ करने से पहले ही तीन साल तक जैविक खेती की प्रक्रिया अपनाई जाती है। इससे मृदा धीरे-धीरे **जीरो फार्मिंग** के लिए तैयार हो जाती है।

प्रमुख खाद्यान्न फसलें

चावल (Rice)

चावल **उष्णकटिबंधीय मानसूनी जलवायु (Tropical Mansoon Climate)** की एशियाई फसल है। इसे 25°C से अधिक तापमान और 100 सेमी. से अधिक वार्षिक वर्षा वाले क्षेत्रों में बोया जाता है। भारत में **चावल कुल कृषि योग्य भूमि के 32% क्षेत्रफल** पर बोया जाता है और कुल खाद्यान्न उत्पादन में इसका हिस्सा **42%** है। विश्व का लगभग 21% चावल उत्पादित कर भारत चावल उत्पादन में **चीन के बाद दूसरा स्थान** रखता है।

भारत में चावल की तीन मौसमी किस्में पाई जाती हैं-

i. **अमन**- यह **शीतकालीन फसल** है, जिसे **मुख्यत: उत्तर भारत के मैदानों में** पश्चिम बंगाल से पंजाब तक **मानसून के आगमन पर जुलाई में** रोपा जाता है और नवम्बर-दिसंबर तक इसकी कटाई की जाती है। इसे **अगहनी** भी कहते हैं। भारत में लगभग **80% चावल अमन के अंतर्गत** बोया जाता है।

ii. **बोरो**- यह **ग्रीष्मकालीन फसल** है। मौसम की प्रतिकूलता के कारण भारत में यह सबसे कम क्षेत्रफल में उगाई जाती है।

iii. **ओस**- यह **शरदकालीन फसल** है, जिसे **कुँआरी** भी कहते हैं।

- **पश्चिम बंगाल, असम और तमिलनाडु** में जलवायु अनुकूलता के कारण चावल की ये तीनों किस्में (अमन, ओस, बोरो) उगाई जाती हैं।
- भारत में सर्वाधिक चावल उत्पादन करने वाले राज्य क्रमश: (घटते क्रम में) **पश्चिम बंगाल, उत्तर प्रदेश, पंजाब, आंध्र प्रदेश** हैं।
- जबकि चावल की प्रति हेक्टेयर सर्वाधिक उत्पादकता वाले राज्य क्रमश: **पंजाब** और **तमिलनाडु** हैं।
- यद्यपि पश्चिम बंगाल चावल उत्पादन में प्रथम राज्य है, लेकिन चावल की खेती के अंतर्गत सर्वाधिक क्षेत्रफल **उत्तर प्रदेश** में है।
- देश में **पूर्वी तट की नदी घाटियों** और **उनके डेल्टाई क्षेत्र** में चावल की खेती बड़े पैमाने पर की जाती है। कृष्णा-गोदावरी डेल्टा क्षेत्र (आंध्र प्रदेश) और छत्तीसगढ़ में महानदी बेसिन को **धान का कटोरा** कहा जाता है। तमिलनाडु में **कावेरी नदी की घाटी में** चावल की खेती प्रमुखता से की जाती है।

गेहूँ (Wheat)

गेहूँ **शीतोष्ण जलवायु (Temperate Climate)** की फसल है, इसलिए विश्व में इसका उत्पादन मध्य अक्षांशीय देशों यथा- संयुक्त राज्य अमेरिका, कनाडा, फ्रांस, यूक्रेन और चीन जैसे **शीतोष्ण जलवायु वाले देशों** में किया जाता है। भारत में गेहूँ शीतऋतु में बोया जाता है।

- चावल के बाद **गेहूँ** भारत की **दूसरी सबसे प्रमुख खाद्यान्न फसल** है। गेहूँ देश में कुल कृषि योग्य भूमि के **14% भाग** पर बोया जाता है। विश्व का **13%** गेहूँ उत्पादित कर भारत गेहूँ उत्पादन में चीन के बाद दूसरा स्थान रखता है।

फसलों के प्रकार

भारत में मुख्यत: तीन प्रकार की फसलों की बुआई की जाती है-

रबी की फसल- यह **शीतकालीन** फसल है। इसकी अक्टूबर-नवम्बर में बुआई और मार्च-अप्रैल में कटाई की जाती है। इसके अंतर्गत **गेहूँ, जौ, चना, मटर, सरसों और मसूर** उगाई जाती है।

जायद की फसल- यह **ग्रीष्मकालीन** फसल है। इसकी मार्च-अप्रैल में बुआई और मई-जून में कटाई की जाती है। इसके अंतर्गत **सब्जियाँ, खीरा, ककड़ी, तरबूज और खरबूजे** का उत्पादन किया जाता है।

खरीफ की फसल- यह **वर्षाकालीन** फसल है। इसकी जून-जुलाई में बुआई और अक्टूबर-नवम्बर मे कटाई की जाती है। इसके अंतर्गत **चावल, कपास, मक्का, ज्वार, बाजरा, अरहर, मूंगफली, मूंग, तिल और सोयाबीन** आदि का उत्पादन किया जाता है।

- गेहूँ की कृषि के लिए सामान्यत: **15°C तापमान और 70 सेमी. औसत वार्षिक वर्षा** अनुकूल मानी जाती है। गेहूँ की फसल को वृद्धि काल में मध्यम तापमान जबकि कटाई के समय अधिक तापमान (धूप) की जरूरत होती है।
- देश का लगभग **85% गेहूँ उत्तर भारत के विशाल मैदान की जलोढ़ मिट्टी में** उगाया जाता है। उत्तर भारत के मैदानों में गेहूँ की फसल सामान्यत: नवम्बर माह में बोई जाती है और अप्रैल माह में काट ली जाती है। दक्षिण भारत में जलवायु गर्म होने के कारण गेहूँ की फसल शीघ्र पक जाती है, जिस कारण दोनों की गुणवत्ता अच्छी नहीं होती है।
- भारत में सर्वाधिक गेहूँ उत्पादक राज्य क्रमश: (घटते क्रम में) **उत्तर प्रदेश, पंजाब, मध्य प्रदेश, हरियाणा** है।
- **उत्तर प्रदेश** सर्वाधिक गेहूँ उत्पादक और गेहूँ की खेती के लिए सर्वाधिक क्षेत्रफल वाला राज्य है। गेहूँ की प्रति हेक्टेयर सर्वाधिक उत्पादकता **पंजाब** में पाई जाती है।

खाद्यान्न : विशिष्ट तथ्य

- चावल और गेहूँ दोनों फसलें **ग्रेमिनी कुल के सदस्य** हैं। चावल का वानस्पतिक नाम- **ओराइजा सेठाइवा** और गेहूँ का वानस्पतिक नाम- **ट्रिटिकम सटाइवम** है। ट्रिटिकम सटाइवम प्रजाति (मैक्सिको में) के विकास का श्रेय **कृषि वैज्ञानिक नार्मन बोरलॉग** को है, जोकि नार्वे मूल के नागरिक थे। भारत में गेहूँ की इसी प्रजाति की खेती होती है।
- धान के खेतों में प्रयुक्त जैव उर्वरक- **नीलहरित शैवाल** और **एजोला** हैं।
- **धान के खेतों** में प्रयुक्त होने वाला **खरपतवारनाशी प्रोपेनिल** है और **गेहूँ के खेतों में** प्रयुक्त होने वाला खरपतवारनाशी **आइसोप्रोटयूरान** है।
- भारत में धान की रोपाई की **श्री विधि** प्रचलित है।
- विश्व में उत्पादित समस्त खाद्यान्न फसलों में क्षेत्रफल और उत्पादन दोनों ही दृष्टि से **धान का प्रथम स्थान** है।
- चावल में 6% प्रोटीन और गेहूँ में 10-15% प्रोटीन की मात्रा होती है।
- धान की प्रमुख प्रजातियाँ- **जया, रत्ना, लूनी श्री, कावेरी, गोबिन्द, पूसा 1460, धनराशि, धानु** इत्यादि हैं।
- कृषि निदेशालय द्वारा विकसित **धान की पहली बौनी प्रजाति जया** है। जबकि केंद्रीय धान अनुसंधान संस्थान (कटक) द्वारा विकसित धान की अधिकतम उत्पादन देने वाली किस्म **लूनी श्री** है। **पूसा-1460** दुनिया का पहला सुपरफाइन अनाज है। गोल्डन धान में **विटामिन-A (बीटा कैरोटीन)** की सर्वाधिक मात्रा होती है।
- चावल को धुलने पर सामान्यत: **विटामिन-B_1 (थायमीन)** नष्ट हो जाता है। यही कारण है कि पॉलिश किए हुए चावल का सेवन करने वाले क्षेत्रों में लोग **बेरी-बेरी रोग** से पीड़ित हो जाते हैं।
- गेहूँ की प्रमुख प्रजातियाँ- **नोरिन-10, मैकरोनी, लरमा रोजो, सोनारा, पूसा बेकर, HS-420, गंगा, गंगोत्री, गोमती, कौशांबी, शिवालिक, ऊर्जा** इत्यादि हैं।
- भारत में गेहूँ की उत्पादकता बढ़ाने के लिए कृषि वैज्ञानिकों ने गेहूँ की अनेक बौनी प्रजातियाँ विकसित की हैं, जैसे- **लर्मा रोजो-64, सोनारा-63 और सोनारा-64**। **'नोरिन-10'** गेहूँ में बौनेपन का जीन है, जिसे जापान में नोरिन सीरीज वाले गेहूँ प्रजातियों से प्राप्त किया गया था।
- गेहूँ में **ग्लूटेन नामक प्रोटीन** पाया जाता है।
- गेहूँ देश में हरित क्रांति की प्रमुख फसल है। हरित क्रांति का सर्वाधिक लाभ गेहूँ की फसल को मिला था।

मोटे अनाज

मोटे अनाजों के अंतर्गत ज्वार, बाजरा, मक्का, जौ और रागी भारत में प्रमुख रूप से बोए जाते हैं। इनकी विशेषता यह है कि ये **कम वर्षा वाले अर्द्धशुष्क क्षेत्रों (Semi Arid Zone) में** और अपेक्षाकृत कम उपजाऊ मृदा में उगाए जाने के बावजूद पोषक तत्वों से समृद्ध होते हैं। उदाहरण के लिए रागी में प्रचुर मात्रा में **लोहा, कैल्सियम** एवं **सूक्ष्म पोषक तत्व** मिलते हैं।

राजस्थान मोटे अनाजों का सर्वाधिक उत्पादक राज्य होने के साथ मोटे अनाजों की खेती के अंतर्गत सर्वाधिक क्षेत्रफल वाला राज्य भी है। देश में कुल बोए गए क्षेत्र के **16.5% भाग** पर मोटे अनाजों की खेती की जाती है।

ज्वार (Sorghum)

मोटे अनाजों में ज्वार सर्वप्रमुख फसल है, क्योंकि क्षेत्रफल और उत्पादन दोनों ही दृष्टि से चावल और गेहूँ के बाद ज्वार देश की **तीसरी महत्त्वपूर्ण खाद्यान्न फसल** है। यह देश में कुल बोए गए क्षेत्र के लगभग 5.50% भाग पर बोया जाता है।

- भारत में ज्वार का उत्पादन दक्षिण और मध्य भारत के **अर्द्धशुष्क क्षेत्रों** में किया जाता है। ज्वार कम वर्षा वाले क्षेत्रों में बिना सिंचाई की मदद के उगाया जाता है। इस फसल का उत्पादन वर्षा पर निर्भर है और **50-60 सेमी.** की वर्षा इसके लिए पर्याप्त होती है।
- उत्तर भारत में **ज्वार खरीफ की फसल** है, जबकि पठारी भारत में यह खरीफ तथा रबी दोनों ऋतुओं में बोई जाती है।
- भारत में सर्वाधिक ज्वार उत्पादक राज्य क्रमशः (घटते क्रम में) **महाराष्ट्र, कर्नाटक, तमिलनाडु** हैं।
- देश में 38% ज्वार का उत्पादन अकेले **महाराष्ट्र** राज्य में होता है।

बाजरा (Millet)

गरीबों का आहार कहे जाने वाले बाजरा का उत्पादन **30-50 सेमी.** वर्षा वाले शुष्क क्षेत्रों में भी किया जा सकता है। बाजरा की खेती ज्वार से भी अधिक **शुष्क जलवायविक दशाओं** में की जा सकती है।

- सूखा प्रतिरोधी फसल होने के कारण राजस्थान में बाजरा का अत्यधिक उत्पादन (44%) किया जाता है।
- सर्वाधिक बाजरा उत्पादन वाले राज्य क्रमशः (घटते हुए क्रम में) **राजस्थान, उत्तर प्रदेश, हरियाणा, महाराष्ट्र** हैं।

मक्का (Corn)

मक्का खाद्य फसल होने के साथ चारा फसल भी है, जिसे **अर्द्धशुष्क क्षेत्रों में** और निम्न कोटि की मिट्टी में भी आसानी से उगाया जा सकता है। इसलिए पूर्वी और पूर्वोत्तर भारत को छोड़कर यह देश के सभी हिस्सों में उगाई जाती है। इसके उत्पादन के लिए **50-100 सेमी.** वार्षिक वर्षा पर्याप्त होती है।

देश के दक्षिणी राज्यों में मक्का का उत्पादन अधिक है। **कर्नाटक** मक्का का शीर्ष उत्पादक राज्य है। मक्का में **व्हाइट बड (White Bud)** नामक रोग जस्ता (Zn) की कमी के कारण होता है।

- सर्वाधिक मक्का उत्पादन वाले राज्य क्रमशः (घटते हुए क्रम में) **कर्नाटक, मध्य प्रदेश, बिहार** और **तमिलनाडु** हैं।

जौ (Barley)

जौ उत्पादन के लिए आवश्यक तापमान, वर्षा और मृदा संबंधी दशाएँ लगभग गेहूँ के लिए आवश्यक दशाओं की भाँति ही हैं। गेहूँ की भाँति जौ उत्पादन के लिए भी लगभग **15°C औसत तापमान, 70-80 सेमी. वार्षिक वर्षा** एवं मध्यम उर्वरता वाली दोमट मिट्टी की आवश्यकता होती है। गेहूँ की तरह जौ का प्रयोग भी आटे के रूप में होता है। शीतकालीन रबी मौसम की फसल होने के कारण जौ की फसल अक्टूबर में बोई जाती है और अप्रैल में काटी जाती है। क्रमशः राजस्थान एवं उत्तर प्रदेश जौ के शीर्ष उत्पादक राज्य हैं।

प्रमुख फसल एवं उनकी प्रजातियाँ

	फसल	प्रजातियाँ
1.	धान	गोविंद, शुष्क सम्राट, मही सुगंधा, बारानी दीप, पूसा RH-10 (बासमती की संकर प्रजाति), पूसा सुगंधा-5, जया, पद्मा, कृष्णा, हसा, जामुनी, करुणा, अमन, कांची, जगन्नाथ कावेरी, विजय, अन्नपूर्णा बाला, रत्ना
2.	गेहूँ	लर्मा रोजो 64-A, सोनारा 64, राज 3077, सोनालिका, पूसा सिंधु, गंगा, UP 308, कल्याण सोना, अर्जुन, कुंदन
3.	सरसों	वरुणा, पूसा बोल्ड, पीताम्बरी, पूसा जय किसान
4.	अरहर	पारस, मालवीय चमत्कार, बहार, अमर, आजाद, मालवीय विहार, UPAS 120
5.	मटर	प्रकाश, रचना, अपर्णा (पत्तीविहीन प्रजाति)
6.	आँवला	कंचन, कृष्णा, बनारसी
7.	आम	सिंधु, तोतापुरी, केशर, हिमसागर, बंगपाली या सफेदा, नीलम, दशहरी 51, कपूरी, बादामी, अल्फ्रांसो (भारत की सबसे उन्नत और महँगी किस्म है।), गबरजीत
8.	अमरुद	ललित, बनारसी
9.	लौकी	काशी गंगा
10.	खरबूजा	काशी गंगा
11.	अंगूर	गुलाबी, काली चम्पा, सुल्ताना, अनाव-ए-शाही
12.	अलसी	नीलम
13.	चना	राधे

रागी (Ragi)

भारत में कम वर्षा वाले पर्वतीय क्षेत्रों में रागी का उत्पादन किया जाता है। यह **लाल, काली, बलुई** और **दोमट मिट्टी** में उगाया जाता है।

- **कर्नाटक** रागी का शीर्ष उत्पादक राज्य है। इसके अलावा हिमाचल प्रदेश, उत्तराखण्ड, सिक्किम, झारखंड और अरुणाचल प्रदेश राज्य में इसका उत्पादन किया जाता है।

दलहनी फसलें

भारत विश्व का सबसे बड़ा दाल उत्पादक (वैश्विक उत्पादन का 25%), उपभोक्ता (वैश्विक खपत का 27%) और सबसे बड़ा आयातक (13%) देश भी है।

- विश्व में कुल दाल उत्पादन का **25% भारत में** पैदा किया जाता है। देश में कुल बोए गए क्षेत्र के लगभग 11% भाग में दलहन फसलों की खेती की जाती है।
- **चना, अरहर, उड़द, मूंग, मटर, मसूर, खेसारी और मोठ** आदि दलहनी फसलें हैं। अरहर और मूंग **(खरीफ सीजन)** और चना, मटर, उड़द, मसूर **(रबी सीजन)** की फसलें हैं। हालाँकि उड़द और मूंग, रबी एवं खरीफ दोनों सीजन में उगाई जाती हैं।
- दाल के कुल उत्पादन में **रबी सीजन में उत्पादित दालों का योगदान 60%** है। शुष्क भागों में बोए जाने के कारण एवं वर्षा आधारित फसल होने के कारण दलहनी फसलों की उत्पादकता कम है। भारत में दालों की प्रति व्यक्ति उपलब्धता भी कम है।

प्रमुख फसल एवं रोग

	फसल	रोग
1.	गन्ना	लाल सड़न रोग (रेडरॉट)
2.	धान	खैरा, झूठकंड, झुलसा
3.	अरहर	उक्ठा (विल्ट)
4.	आलू	झुलसा
5.	बाजरा	अर्गट
6.	मटर	बुकनी (पाउडरी मिल्डयू), किट
7.	चना	उक्ठा (विल्ट)
8.	बाजरा	हरित बाली
9.	सरसों	सफेद गेरुई
10.	बाजरा	कंडुवा
11.	मूंगफली	टिका
12.	गेहूँ	काला किट (हरदा), पीला किट, भूरा किट
13.	मक्का	शीथ ब्लाइट
14.	उड़द एवं मूंग	मोजैक तथा पीला मोजैक, जालीदार अंगमारी
15.	सोयाबीन	किट (हरदा)

- दलहन **लेग्यूमिनस कुल** के फलीदार पौधे होते हैं। ये पौधे **प्रोटीन से समृद्ध** होते हैं। इस कारण इन्हें अधिक मात्रा में नाइट्रोजन की आवश्यकता होती है। इसके लिए ये स्वयं वायुमंडलीय नाइट्रोजन का मिट्टी में स्थिरीकरण करते हैं। दलहनी फसलों की जड़ों की ग्रंथियों में **राइजोबियम नामक बैक्टीरिया** पाया जाता है, जो मिट्टी में वायुमंडलीय नाइट्रोजन का स्थिरीकरण करने में सक्षम होता है। इस प्रकार दलहनी पौधे मृदा में **प्राकृतिक रूप से नाइट्रोजन** की मात्रा बढ़ाकर उर्वरा शक्ति को बढ़ाते हैं। इन्हें नाइट्रेट उर्वरक की आवश्यकता नहीं होती। दलहनी फसलों के लिए **कोबाल्ट** एक आवश्यक तत्व है, जो राइजोबियम जीवाणु द्वारा **नाइट्रोजन स्थिरीकरण** करने में सहायक होता है।
- **मध्य प्रदेश** देश का सर्वाधिक दाल उत्पादक राज्य है, जोकि देश के **कुल उत्पादन का 33%** दाल अकेले उत्पादित करता है।
- सर्वाधिक दाल का उत्पादन करने वाले चार राज्य क्रमशः (घटते हुए क्रम में) **मध्य प्रदेश** (33%), **राजस्थान** (15%), **उत्तर प्रदेश** (10%), **महाराष्ट्र** (9%) हैं।
- दाल के प्रति हेक्टेयर उत्पादन की दृष्टि से भी **मध्य प्रदेश अव्वल राज्य** है।
- चना **उपोष्ण कटिबंधीय (Sub Tropical) पौधा** है। कुल बोए गए क्षेत्रफल और उत्पादन दोनों ही दृष्टि से चना **सर्वप्रमुख दलहनी फसल** है। यह मुख्यतः **रबी मौसम** की फसल है, जो गेहूँ के साथ ही बोया जाता है। लेकिन पंजाब, हरियाणा और पश्चिमी उत्तर प्रदेश के क्षेत्रों में हरित क्रांति की शुरुआत के बाद गेहूँ की उत्पादकता बढ़ाने पर ही अधिक बल दिया गया। इससे चने के अंतर्गत बोए गए क्षेत्र और उत्पादकता दोनों में कमी आई।
- **मध्य प्रदेश** सर्वाधिक चना उत्पादक राज्य है, जोकि अकेले **45% चना** का उत्पादन करता है।
- चना के बाद **अरहर (तूर) दूसरी प्रमुख दलहनी फसल** है। दलहनी फसलों में चना के बाद सर्वाधिक कुल बोया गया क्षेत्र अरहर के अंतर्गत ही है।
- **कर्नाटक** सर्वाधिक **27% अरहर** का उत्पादन कर प्रथम स्थान पर है।

विशिष्ट तथ्य

- खाद्यान्न फसलों में कार्बोहाइड्रेड (80%) और स्टार्च की सर्वाधिक मात्रा **मक्का** में होती है। इसलिए इसका प्रयोग **बायोडीजल उत्पादन** हेतु किया जाता है। मक्का को **तीनों ऋतुओं** (खरीफ, रबी और जायद) के अंतर्गत उगाया जा सकता है।
- **बाजरा** (Millets) में सर्वाधिक सूखा सहने की क्षमता होती है। यह **सूखा प्रतिरोधी** फसल है, इसलिए इसे बड़ी आसानी से **राजस्थान** के पश्चिमी शुष्क जिलों में उगाया जाता है।
- फसल चक्र में दलहनी फसलें सर्वाधिक महत्त्वपूर्ण हैं, क्योंकि ये मिट्टी की उर्वरता को बढ़ाती हैं। इनमें **नाइट्रेट** नहीं डालना पड़ता।
- **'आशा'** अरहर की और **'अपर्णा'** मटर की लोकप्रिय किस्में हैं।

पौधा	–	उत्पत्ति केंद्र (मूल स्थान)
धान	–	इण्डोचाइना, भारत
गेहूँ	–	मध्य एशिया, फिलिस्तीन
मक्का	–	मैक्सिको
ज्वार	–	भारत
उड़द, मूंग	–	भारत
सोयाबीन, चाय	–	चीन
अरहर	–	अफ्रीका
मूंगफली	–	ब्राजील
सूर्यमुखी	–	यू.एस.ए.
कपास	–	भारत
जूट	–	भारत
गन्ना	–	भारत
तम्बाकू	–	दक्षिण अमेरिका (ब्राजील)
रबड़	–	अमेजन (ब्राजील)
कहवा		अमेजन (ब्राजील)

- **मध्य प्रदेश** सर्वाधिक 41% मसूर उत्पादक राज्य है।
- **राजस्थान** सर्वाधिक मूंग उत्पादक राज्य है।
- **उत्तर प्रदेश** सर्वाधिक उड़द उत्पादक राज्य है।

तिलहनी फसलें (Oil Seads)

भारतीय कृषि उत्पादों में खाद्यान्नों के बाद तिलहन का उत्पादन सर्वाधिक किया जाता है। देश के कुल कृषि योग्य भूमि के **14% भाग** पर तिलहनी फसलें उगाई जाती हैं।

- तिलहन उत्पादन में संयुक्त राज्य अमेरिका, चीन और ब्राजील के बाद **भारत चौथे स्थान पर** है। भारत विश्व के लगभग 20% तिलहन का उत्पादन करता है।
- तिलहन वसा का प्रमुख स्रोत है। इसका प्रयोग खाद्य तेल के रूप में किया जाता है। **मूंगफली, सोयाबीन, सरसों, सूर्यमुखी, तिल, तोरिया और अरंडी** इत्यादि प्रमुख तिलहनी फसलें हैं।
- तिलहन **शुष्क जलवायु** (Dry Climate) में उगाई जाने वाली फसलें हैं। अधिकांश तिलहनी फसलों के उत्पादन के लिए **40-70 सेमी. वार्षिक वर्षा** पर्याप्त होती है। इसलिए भारत में अधिकतर तिलहन फसलों का उत्पादन **राजस्थान, गुजरात, मालवा पठार, बुंदेलखण्ड पठार और कर्नाटक पठार के शुष्क भागों में** किया जाता है।
- देश में मध्य प्रदेश (28%) सर्वाधिक तिलहन उत्पादक राज्य है।
- सर्वाधिक तिलहन उत्पादक 4 राज्य क्रमशः (घटते क्रम में) **मध्य प्रदेश, राजस्थान, महाराष्ट्र, गुजरात** हैं।

पौधा		कुल
चावल, गेहूँ, गन्ना	–	ग्रेमिनी
दलहन	–	लेग्यूम
मूंगफली	–	लेग्यूम
सूर्यमुखी	–	कम्पोजिटी
सरसों	–	क्रूसीफेरी
कपास	–	मालवेसी
तम्बाकू	–	सोलेनेसी
जूट	–	टिलिएसी

मूंगफली

- मूंगफली **पौधे की जड़ से प्राप्त** होती है। इसमें **42% तेल** का अंश होता है। देश को लगभग 50% खाद्य तेल की प्राप्ति मूंगफली से होती है। इसमें प्रोटीन **(30%)** की मात्रा भी भरपूर होती है।
- गुजरात और राजस्थान के शुष्क क्षेत्रों में मूंगफली खरीफ फसल है, लेकिन तमिलनाडु में सिंचाई की मदद से इसे रबी सीजन (शीतऋतु) में उगाया जाता है।
- **भारत,** चीन के बाद मूंगफली का दूसरा **सबसे बड़ा उत्पादक देश** है और विश्व का लगभग 20% मूंगफली उत्पादन भारत में होता है।
- भारत में क्रमशः **गुजरात (सर्वाधिक 36%) राजस्थान, तमिलनाडु** इसके अग्रणी उत्पादक राज्य हैं।
- गुजरात को **मूंगफली का राज्य** कहते हैं।

सोयाबीन

सोयाबीन में प्रोटीन और खाद्य तेल प्रचुर मात्रा में पाए जाते हैं। खाद्य फसलों में **सर्वाधिक (45%) प्रोटीन की मात्रा सोयाबीन** में होती है।

- इसे शुष्क क्षेत्रों में **खरीफ की फसल** के रूप में मानसून आगमन के 15 दिन पहले (जून में) बोया जाता है।
- 40-60 सेमी. की वार्षिक वर्षा और अम्लीय दोमट मिट्टी (6 से 6.4 pH) सोयाबीन की फसल के लिए अच्छी होती है।
- देश में सोयाबीन के अंतर्गत सर्वाधिक 51% **क्षेत्रफल मध्य प्रदेश** (सोया स्टेट) में है।
- क्रमशः **मध्य प्रदेश (52%), महाराष्ट्र और राजस्थान** सोयाबीन के सबसे बड़े उत्पादक राज्य हैं।

विशिष्ट तथ्य

- भारत में 70% तिलहनी फसलों की **शुष्क क्षेत्रों में वर्षाधीन खेती** की जाती है। भारत में सबसे ज्यादा उगाई जाने वाली तिलहनी फसल **सोयाबीन** है। सोयाबीन एक **अल्पप्रकाश पेक्षी पौधा** है।
- मूंगफली एक स्वपरागित फसल है। भारत में तिलहन में **सोयाबीन के बाद सबसे ज्यादा पैदावार मूंगफली** की होती है। **कौशल** मूंगफली की एक उत्तम किस्म है।
- सूर्यमुखी के तेल में **64% लाइनोलिक अम्ल** पाया जाता है, जो रक्त में **कोलेस्ट्रॉल** साफ करता है।
- सरसों में तीखापन **आइसोथायोसाइनेट** के कारण होता है।

तोरिया एवं सरसों

इसके अंतर्गत सरसों, तोरिया और राई आदि तिलहनों को शामिल किया जाता है। ये **उपोष्ण कटिबंधीय (Subtropical Zone) फसलें** हैं और इन्हें रबी की फसल के अंतर्गत उत्तर-पश्चिम और उत्तर भारत के मैदानी भागों में बोया जाता है। ये फसलें पाला सहन नहीं कर सकतीं।

- देश में सरसों उत्पादन का लगभग आधा भाग **राजस्थान** (45%) में उत्पादित होता है। हरियाणा दूसरा सर्वाधिक उत्पादक राज्य है।

फसलों में पोषण स्तर

1. **चावल** - 6% प्रोटीन, 76% कार्बोहाइड्रेट
2. **गेहूँ** - 10.15% प्रोटीन, 65% कार्बोहाइड्रेट
3. **मक्का** - 80% कार्बोहाइड्रेट
4. **सोयाबीन** - 45% प्रोटीन, 20% तेल।
5. **उड़द** - 25% प्रोटीन
6. **मूंगफली** - 30% प्रोटीन

सूर्यमुखी

भारत में सूर्यमुखी की खेती मुख्य रूप से पठारी भारत के वृष्टि छाया प्रदेश (Rain Shadow Region) के अंतर्गत कर्नाटक पठार पर की जाती है। देश में आधे से अधिक सूर्यमुखी का उत्पादन (53%) कर्नाटक राज्य में होता है।

तिल

तिल का सर्वाधिक उत्पादन क्रमशः **पश्चिम बंगाल** (26%) और **मध्य प्रदेश** (23%) में होता है।

पेय फसलें

चाय

भारत में चाय के बागान लगाने की दिशा में पहला प्रयास **1834 में लॉर्ड विलियम बैंटिक** ने किया था। इसके बाद 1840 के दशक में असम के **कछार क्षेत्र** में, पश्चिम बंगाल के **दार्जिलिंग** में और तमिलनाडु के **नीलगिरि पर्वतीय क्षेत्र** में चाय के बागान लगाए गए थे।

चाय एक उष्ण और उपोष्ण जलवायु का झाड़ीदार पौधा है। यह **गर्म और आर्द्र जलवायविक परिस्थितियों** में उगता है। चाय के बागान वहीं लगाए जा सकते हैं, जहाँ तापमान उच्च (25°C से 30°C) हो और न्यूनतम **150 सेमी. से अधिक वार्षिक वर्षा** होती हो। ये ऐसे क्षेत्र होते हैं, जहाँ प्रत्येक सप्ताह में एक-दो बार वर्षा हो जाती है। चाय के बागान **पहाड़ी ढलानों** पर ही लगाए जाते हैं, क्योंकि इसकी जड़ों में पानी ठहरने पर खराब होने लगते हैं। ऊँचाई पर उगाई गई चाय का स्वाद और सुगंध बेहतर होती है। **छिद्रयुक्त अम्लीय मृदा** चाय की खेती के लिए सर्वोत्तम होती है। चाय की रोपड़ कृषि और ताजी पत्तियों की चुनाई (वर्ष में 4-5 बार) के लिए सस्ते श्रम की आवश्यकता होती है।

- **भारत,** चीन के बाद विश्व का **दूसरा सबसे बड़ा चाय उत्पादक और उपभोक्ता देश** है। भारत विश्व के 21.5% चाय का उत्पादन करता है। नकदी फसलों में भारत चाय के निर्यात से सर्वाधिक विदेशी मुद्रा अर्जित करता है। क्रमशः **केन्या, चीन और श्रीलंका के बाद भारत चौथा सबसे बड़ा चाय निर्यातक देश** है।
- असम देश का **सबसे बड़ा चाय उत्पादक राज्य** है। चाय बागानों के क्षेत्रफल और उत्पादन दोनों ही दृष्टि से असम का पहला स्थान है।
- सर्वाधिक चाय उत्पादक 4 राज्य क्रमशः- असम (53%), पश्चिम बंगाल, तमिलनाडु और केरल हैं।
- भारत में चाय की खेती मुख्यतः तीन क्षेत्रों में की जाती है-

  a. पूर्वोत्तर भारत

  b. दक्षिण भारत

  c. पश्चिमी हिमालय क्षेत्र

a. पूर्वोत्तर भारत- भारत का 80% चाय उत्पादन पूर्वोत्तर भारत में **असम, पश्चिम बंगाल** और **मेघालय** राज्यों के अन्तर्गत किया जाता है।

असम के कुल शस्य क्षेत्र के **53% भाग पर चाय की खेती** की जाती है और यह देश का सर्वाधिक (53%) चाय उत्पादक राज्य है। यहाँ **ब्रह्मपुत्र घाटी** और **सुरमा घाटी** प्रमुख चाय उत्पादक क्षेत्र हैं।

पश्चिम बंगाल के उत्तरी पहाड़ी क्षेत्र में दार्जलिंग, जलपाइगुड़ी और कूच बिहार प्रमुख चाय उत्पादक क्षेत्र हैं। **दार्जिलिंग की चाय** विश्वप्रसिद्ध है। पश्चिम बंगाल का चाय उत्पादन में **दूसरा स्थान (27%)** है।

b. **दक्षिण भारत**- दक्षिण भारत में चाय के बागान नीलगिरि पर्वत के निचले ढालों के सहारे **तमिलनाडु, केरल** और **कर्नाटक** तक फैले हुए हैं। देश के 18% चाय का उत्पादन इन्हीं तीन राज्यों में होता है, जिसमें से सर्वाधिक 13% योगदान तमिलनाडु का है। **नीलगिरि पर्वत के अलावा अन्नामलाई और कार्डामम पहाड़ियों पर** भी चाय की खेती की जाती है।

c. **पश्चिमी हिमालय क्षेत्र**- इस क्षेत्र में हिमाचल प्रदेश **(मंडी, कांगड़ा घाटी, धर्मशाला)** और उत्तराखंड **(कुमाऊँ, देहरादून)** में चाय की खेती होती है।

चाय बोर्ड : कोलकाता

भारत में चाय बोर्ड की स्थापना वर्ष 1903 में भारतीय चाय उपकर विधेयक के पारित होने के बाद हुई थी। परंतु वर्तमान चाय बोर्ड की स्थापना 1 अप्रैल, 1954 को चाय अधिनियम, 1953 की धारा 4 के अंतर्गत हुई। यह भारत सरकार के वाणिज्य एवं उद्योग मंत्रालय के अधीन एक सांविधिक निकाय है। चाय बोर्ड का **प्रधान कार्यालय कोलकाता** (पश्चिम बंगाल) में है। चाय बोर्ड के दुबई (यूएई) और मास्को (रूस) में विदेशी कार्यालय थे। वर्तमान में केवल मास्को में विदेशी कार्यालय है।

कहवा (कॉफी)

भारत में कहवा की वाणिज्यक खेती (Commercial Farming) सर्वप्रथम औपनिवेशिक काल में 1826 में **बाबाबूदन पहाड़ियों के अंतर्गत चिकमंगलूर (कर्नाटक) में** की गई थी। इसके बाद केरल के वायनाड और तमिलनाडु के **नीलगिरि क्षेत्र** में कहवा के बागान लगाए गए।

कहवा **'उष्ण एवं आर्द्र जलवायु'** का पौधा है। कहवा की खेती के लिए आवश्यक जलवायविक दशाएँ चाय के समान ही हैं। 16°C से 28°C तापमान, **150 सेमी. से अधिक वार्षिक वर्षा वाले क्षेत्र और 1500 मी. ऊँचाई वाले सुप्रवाहित पहाड़ी ढाल** कहवा की खेती के लिए आदर्श होते हैं। अधिक गर्मी, अधिक ठंडी (पाला) और सूखे अंतराल कहवा की खेती के लिए नुकसानदायक होते हैं। पश्चिमी घाट के सहारे कर्नाटक में पाई जाने वाली **लैटेराइट मिट्टी** कहवा की खेती के लिए सर्वोत्तम है।

- विश्व में सर्वाधिक कहवा का उत्पादन **ब्राजील** में किया जाता है। भारत विश्व के केवल 3.7% कॉफी का उत्पादन करता है। लेकिन उत्तम स्वाद के कारण विदेशों में **भारतीय कहवा (अरेबिका)** की माँग अधिक है।
- भारत में कहवा उत्पादन में **कर्नाटक राज्य का लगभग एकाधिकार** है। वर्तमान में लगभग **दो-तिहाई कहवा** का उत्पादन अकेले **कर्नाटक राज्य** (72%) में होता है। इसके बाद केरल का दूसरा (20%) और तमिलनाडु का तीसरा (5%) स्थान है।
- **कहवा की तीन किस्में हैं**- अरेबिका, रोबस्टा और लिबेरिका। इनमें से **अरेबिका सबसे उत्तम किस्म** है, जो अधिक ऊँचाई पर **(750 से 1500 मी.)** उगता है। जबकि रोबस्टा कहवा निचले ढालों पर **(300-600 मी.)** उगाया जाता है।
- भारत में कुल कहवा क्षेत्र के लगभग 60% भाग पर अरेबिका कहवा की खेती की जाती है, जिसकी अंतरराष्ट्रीय बाजार में माँग अधिक है।

विशिष्ट तथ्य

- चाय एवं कहवा **उद्दीपक फसलों** के अंतर्गत आते हैं। **उद्दीपक** उन औषधियों को कहा जाता है, जो मनुष्य की कार्यशीलता को बढ़ाती हैं। इनका सेवन करने से सतर्कता बढ़ती है एवं नींद कम आती है।
- **राष्ट्रीय बागवानी बोर्ड** की स्थापना वर्ष 1984 में एक स्वायत्त सोसाइटी के रूप में की गई है। इसका **मुख्यालय गुरुग्राम (गुड़गाँव)** में है।

रेशेदार फसलें

कपास

कपास मूलतः भारतीय पौधा है। यह एक उष्णकटिबंधीय और अर्द्धशुष्क जलवायु का पौधा है। कपास को उच्च तापमान के साथ पर्याप्त चमकीली धूप की आवश्यकता होती है। **50-75 सेमी. वार्षिक वर्षा** कपास की खेती के लिए पर्याप्त होती है। इसलिए **महाराष्ट्र और गुजरात के अर्द्धशुष्क क्षेत्रों** में कपास की पैदावार अच्छी होती है। इसके अलावा कपास की जड़ों में पानी नहीं लगना चाहिए, इसलिए भूमि ढालदार होनी चाहिए। कपास के पौधे में फूल आने के समय आकाश स्वच्छ और बादल रहित होना चाहिए। कपास को पक कर तैयार होने में 7-8 महीने लगते हैं।

कपास एक प्राकृतिक रेशा होता है। यह कपास के पौधे के बीज से प्राप्त होता है, जो **सेल्यूलोज** का बना होता है। भारतीय कपास के रेशे की लंबाई आम तौर पर 1.5 से 2 सेमी. होती है।

परंपरागत रूप से भारत में कपास की खेती दक्कन लावा पठार (महाराष्ट्र, गुजरात, तेलंगाना) के अर्द्धशुष्क क्षेत्रों में की जाती है। लावा पठार की काली मिट्टी कपास के लिए सबसे अनुकूल मानी जाती है, इसलिए इसे **कपासी मिट्टी** भी कहते हैं।

भारत में छोटे रेशे वाली (भारतीय) और लंबे रेशे वाली (अमेरिकन) कपास दोनों का उत्पादन किया जाता है। सिंचाई की मदद से लंबे रेशे वाली (अमेरिकन) कपास का उत्पादन पंजाब, हरियाणा और उत्तरी राजस्थान में किया जाता है। पंजाब में लंबे रेशे वाली कपास को **'नरमा'** कहते हैं।

- **भारत विश्व में सर्वाधिक कपास उत्पादन** करने वाला देश है। देश में कुल शस्य क्षेत्र के 4.8% भाग पर ही कपास की खेती की जाती है।
- भारत में **महाराष्ट्र सर्वाधिक कपास उत्पादक** (25%) राज्य है। इसके बाद गुजरात का दूसरा (21%) और तेलंगाना का तीसरा (14%) स्थान है।

जूट

जूट एक उष्णकटिबंधीय पौधा है। इसे उच्च तापमान और अधिक वर्षा **(125-200 सेमी. वार्षिक वर्षा)** वाली जलवायु दशाओं में उगाया जाता है। जूट की खेती नदी के बाढ़ वाले क्षेत्र में की जाती है, जहाँ प्रत्येक वर्ष नई उपजाऊ मिट्टी जमा हो जाती है। इसका रेशा तने की छाल के नीचे से प्राप्त किया जाता है। जूट की फसल को पकने में 8-10 माह का समय लगता है।

भारत विश्व का **सर्वाधिक जूट उत्पादक** (56%) देश है। भारत में जूट की खेती पश्चिम बंगाल में हुगली नदी की घाटी में और असम में ब्रह्मपुत्र नदी की घाटी में की जाती है। देश के कुल उत्पादन का तीन-चौथाई भाग **(74%) पश्चिम बंगाल** में पैदा किया जाता है। पश्चिम बंगाल के बाद क्रमशः बिहार और असम सर्वाधिक जूट उत्पादक राज्य हैं। 'केंद्रीय जूट अनुसंधान संस्थान' **बैरकपुर (पश्चिम बंगाल)** में है।

अन्य फसलें

तम्बाकू

तम्बाकू 16वीं सदी में पुर्तगाली व्यापारियों द्वारा भारत में लाया गया था। सिगरेट, सिगार, बीड़ी, चुरुट, हुक्का इत्यादि उत्पाद तम्बाकू की पत्तियों से बनते हैं। भारत में **तंबाकू की खेती के लिए आदर्श जलवायु गुजरात में** पाई जाती है, क्योंकि इनकी खेती गर्म और शुष्क क्षेत्रों में की जाती है। 50 सेमी. की वार्षिक वर्षा तम्बाकू की खेती के लिए पर्याप्त है।

- भारत में आधे से अधिक तम्बाकू (54%) का उत्पादन गुजरात राज्य में होता है। तम्बाकू उत्पादन में आंध्र प्रदेश (19%) का दूसरा और उत्तर प्रदेश (11%) का तीसरा स्थान है। गुजरात में **खेड़ा जिला** और आंध्र प्रदेश में कृष्णा नदी के डेल्टा में स्थित **गुंटूर जिला** तम्बाकू की खेती के लिए प्रसिद्ध है।
- **वर्जीनिया और डेलक्रेस्ट** आंध्र प्रदेश में पैदा की जाने वाली तम्बाकू की उत्तम किस्में हैं।
- भारत, चीन के बाद दूसरा सर्वाधिक तंबाकू उत्पादक और पाँचवाँ सबसे बड़ा तम्बाकू निर्यातक देश है।
- केंद्रीय तम्बाकू अनुसंधान संस्थान **राजमुंदरी (आंध्र प्रदेश)** में स्थित है।

गन्ना

भारत गन्ने के पौधे का मूल स्थान है। यह उष्णकटिबंधीय जलवायु का पौधा है और इसे उगाने के लिए उच्च तापमान के साथ **150 सेमी. वार्षिक वर्षा** की आवश्यकता होती है।

भारत में गन्ने का **सर्वाधिक उत्पादन उत्तर भारत के मैदानी राज्यों में** किया जाता है। जबकि तटीय क्षेत्रों की आर्द्र जलवायु गन्ने की फसल के लिए सबसे उत्तम होती है। उदाहरण के लिए **महाराष्ट्र और कर्नाटक जैसे भारत के तटीय राज्यों में** उगने वाला गन्ना अधिक मोटा होता है और उसमें शर्करा एवं रस की मात्रा भी अधिक होती है। जबकि उत्तर भारत में शुष्क ऋतु लंबी होने के कारण गन्ने का रस सूखने लगता है। दक्षिण भारत के राज्यों में गन्ने की प्रति हेक्टेयर उत्पादकता भी अधिक होती है।

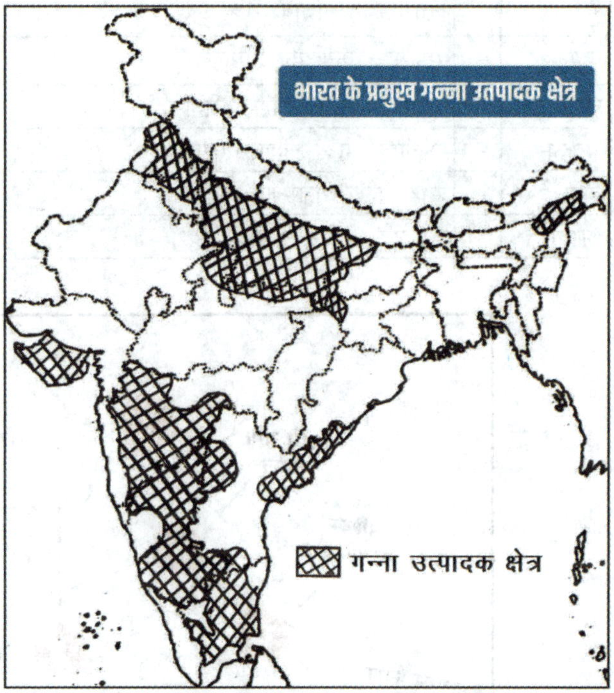

- भारत विश्व में गन्ना और चीनी दोनों के उत्पादन में **ब्राजील के बाद दूसरा स्थान** रखता है।
- देश में गन्ने का प्रयोग चीनी (60%) और गुड़ बनाने के लिए किया जाता है।
- भारत में **गन्ना सर्वाधिक सिंचित फसल** है। देश में गन्ने के अंतर्गत कुल बोए गए क्षेत्र का **92% भाग सिंचित** है।
- उत्तर प्रदेश देश का सर्वाधिक (45%) गन्ना उत्पादक राज्य है। गन्ने की खेती के अंतर्गत सर्वाधिक भूमि भी उत्तर प्रदेश में ही है।
- गन्ना उत्पादन में महाराष्ट्र का द्वितीय (25%) और कर्नाटक का तृतीय (10%) स्थान है। गन्ने के प्रति हैक्टेयर उत्पादन की दृष्टि से तमिलनाडु का प्रथम स्थान है।
- **केंद्रीय गन्ना अनुसंधान केंद्र**- कोयम्बटूर।
- **भारतीय गन्ना अनुसंधान संस्थान**- लखनऊ।
- **इंडियन इंस्टीट्यूट ऑफ सुगर टेक्नोलॉजी**- कानपुर।

फसल उत्पादन में प्रथम तीन राज्य (क्रमशः)	
कुल फसल	**तीन शीर्ष राज्य (क्रमशः घटते क्रम में)**
कुल खाद्यान्न	उत्तर प्रदेश, मध्य प्रदेश, पंजाब
कुल दलहन	राजस्थान, मध्य प्रदेश, महाराष्ट्र
कुल तिलहन	राजस्थान, गुजरात, मध्य प्रदेश
कुल मोटे अनाज	राजस्थान, कर्नाटक, मध्य प्रदेश

फसल		तीन सर्वाधिक उत्पादक राज्य (घटते क्रम में)
चावल	–	पश्चिम बंगाल, उत्तर प्रदेश, पंजाब
गेहूँ	–	उत्तर प्रदेश, पंजाब, मध्य प्रदेश
ज्वार	–	महाराष्ट्र, कर्नाटक, तमिलनाडु
बाजरा	–	राजस्थान, उत्तर प्रदेश, हरियाणा
मक्का	–	कर्नाटक, मध्य प्रदेश, तेलंगाना
चना	–	मध्य प्रदेश, राजस्थान, महाराष्ट्र
अरहर	–	कर्नाटक, महाराष्ट्र, मध्य प्रदेश

फसल		तीन सर्वाधिक उत्पादक राज्य (घटते क्रम में)
मूंगफली	–	गुजरात, राजस्थान, तमिलनाडु
सरसों	–	राजस्थान, हरियाणा, उत्तर प्रदेश
सोयाबीन	–	मध्य प्रदेश, महाराष्ट्र, राजस्थान
सूर्यमुखी	–	कर्नाटक, ओडिशा, बिहार
कपास	–	महाराष्ट्र, गुजरात, तेलंगाना
जूट	–	पश्चिम बंगाल, बिहार, असम
चाय		असम, पश्चिम बंगाल, तमिलनाडु
कहवा		कर्नाटक, केरल, तमिलनाडु
गन्ना		उत्तर प्रदेश, महाराष्ट्र, कर्नाटक
तम्बाकू		गुजरात, आंध्र प्रदेश, उत्तर प्रदेश
रबड़		केरल, त्रिपुरा, कर्नाटक
आलू		उत्तर प्रदेश, पश्चिम बंगाल, बिहार
प्याज		महाराष्ट्र, मध्य प्रदेश, गुजरात

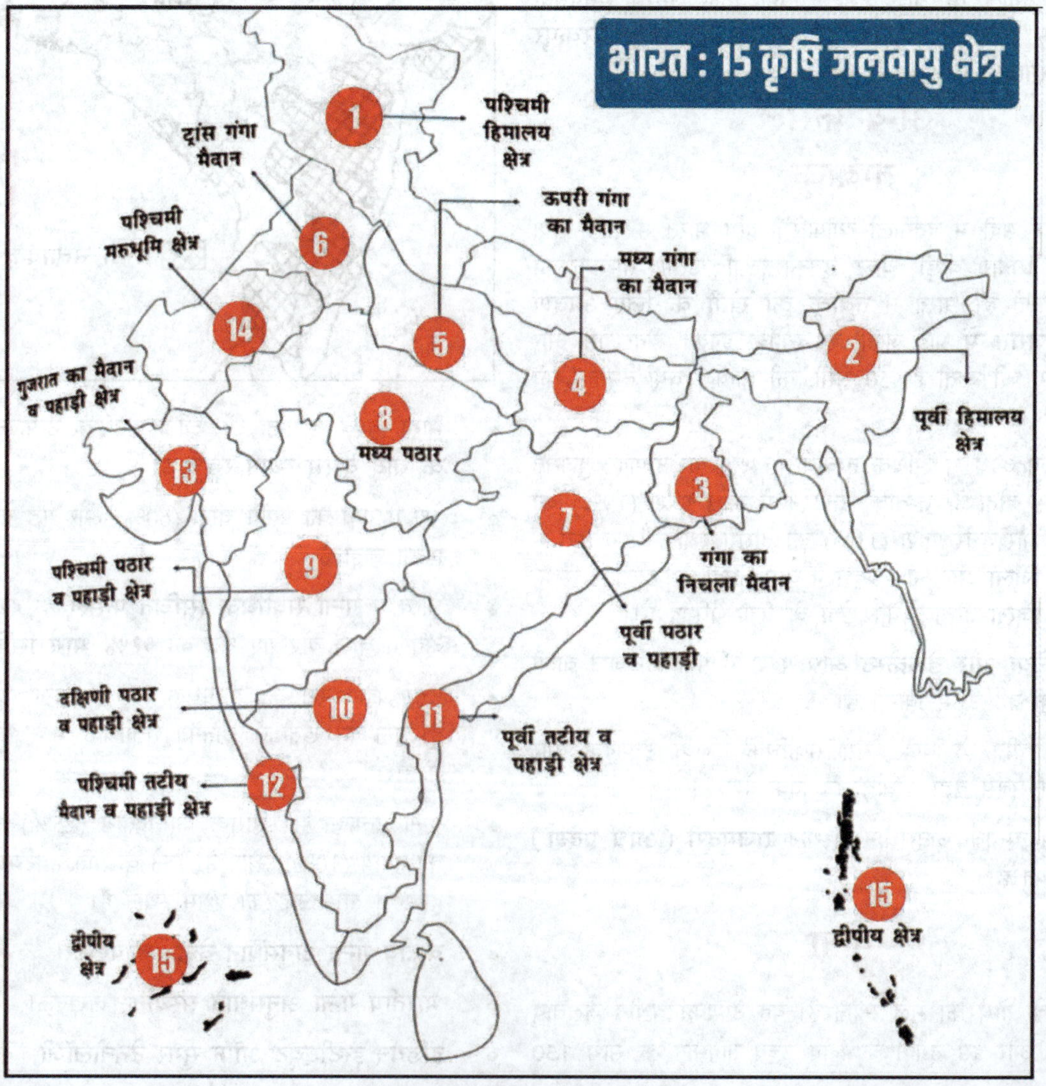

भारत के 15 कृषि जलवायु क्षेत्र

1. पश्चिमी हिमालय
2. मध्यगंगा का मैदान
3. पूर्वी पठारी व पहाड़ी क्षेत्र
4. दक्षिणी पठार व पहाड़ी क्षेत्र
5. पश्चिमी शुष्क प्रदेश
6. पूर्वी हिमालय
7. ऊपरी गंगा का मैदान
8. मध्य पठार व पहाड़ी क्षेत्र
9. पूर्वी तटीय मैदान व पूर्वी घाट
10. गुजरात का मैदानी व पहाड़ी भाग
11. निम्न गंगा का मैदान
12. ट्रांस गंगा मैदान
13. पश्चिमी पठार व पहाड़ी क्षेत्र
14. पश्चिमी तटीय मैदान व पश्चिमी घाट
15. द्वीपीय प्रदेश (लक्षद्वीप, अण्डमान–निकोबार)

रबड़

रबड़ अमेजन घाटी (ब्राजील) में जंगली रूप से उगने वाला पौधा है। यह भूमध्य रेखीय (विषुवतीय) गर्म और आर्द्र जलवायु में उगने वाला पौधा है। यह भारी वर्षा **(250 सेमी. से अधिक)** वाले क्षेत्रों में निचले पहाड़ी ढालों पर यह भलीभाँति विकसित होता है।

भारत में रबड़ के पौधे के विकास की आदर्श परिस्थितियाँ **मालाबार तट** (केरल में) पर पाई जाती हैं। सर्वप्रथम 19वीं शताब्दी में केरल के पहाड़ी ढालों पर ही रबड़ के बागान लगाए गए थे। भारत में केरल का रबड़ उत्पादन में लगभग एकाधिकार है। लगभग 90% रबड़ का उत्पादन इसी राज्य में किया जाता है। यहाँ **एर्नाकुलम, कोट्टायम, कोझिकोड** और **कोल्लम** प्रमुख रबड़ उत्पादक जिले हैं। इसके अलावा त्रिपुरा, कर्नाटक, तमिलनाडु और अंडमान निकोबार में भी कुछ मात्रा में रबड़ का उत्पादन होता है।

- **भारत** क्रमश: थाईलैंड, इंडोनेशिया और वियतनाम के बाद **प्राकृतिक रबड़ का चौथा सबसे बड़ा उत्पादक देश** है।
- भारतीय रबड़ शोध संस्थान **कोट्टायम** (केरल) में स्थित है।

मसाले

मसाले पौधों के फल, बीज, कली, छाल, पत्ते, जड़, तना और अन्य विविध अंगों से प्राप्त सुगंधित और औषधीय उत्पाद हैं। अधिकतर मसाले उष्णकटिबंधीय गर्म और आर्द्र जलवायु दशाओं में उगते हैं। भारत में उष्णकटिबंधीय जलवायु में उगने वाले **लौंग, काली मिर्च** और **इलायची** से लेकर शीतोष्ण कटिबंधीय **केसर** तक की खेती की जाती है।

भारत मसालों का सबसे बड़ा उत्पादक, उपभोक्ता और निर्यातक देश है। केरल प्राचीन काल से ही गरम मसालों के उत्पादन और निर्यात के लिए प्रसिद्ध है। भारत में सर्वप्रथम आने वाले **यूरोपीय-पुर्तगाली व्यापारी** मसालों के व्यापार के लिए ही **मालाबार तट** पर आए थे।

- वर्ष 2023 के आँकड़ों के अनुसार **मध्य प्रदेश सर्वाधिक मसाला उत्पादक राज्य** है। इसके बाद राजस्थान का दूसरा और गुजरात का तीसरा स्थान है।
- काली मिर्च उष्ण एवं आर्द्र परिस्थितियों में उगने वाली एक **लतानुमा झाड़ी** है। इसकी खेती मुख्यत: दक्षिण भारत में केरल, कर्नाटक और तमिलनाडु राज्य में की जाती है। **केरल** परम्परागत रूप से सर्वाधिक काली मिर्च उत्पादक राज्य था, लेकिन वर्ष 2023 के आँकड़ों के अनुसार 50% काली मिर्च का उत्पादन कर **कर्नाटक प्रथम उत्पादक राज्य** बन गया है।
- लौंग सदाबहार वृक्ष की पुष्प कलिका (Flower Bud) है। एक बार लगाने के बाद यह वृक्ष 60 वर्षों तक फल देता है। परम्परागत रूप से लौंग का उत्पादन दक्षिणी राज्यों केरल, तमिलनाडु, कर्नाटक में किया जाता है। वर्ष 2023 के आँकड़ों के अनुसार **तमिलनाडु (82%) सर्वाधिक लौंग उत्पादक राज्य** है।
- दालचीनी को पौधे की छाल से प्राप्त किया जाता है।
- हल्दी और अदरक पौधे का प्रकंद (Plant Rhizome) (भूमिगत तना) है।
- केसर पुष्प के वर्तिकाग्र (Stigma) से प्राप्त किया जाता है।

मसाला		सर्वाधिक उत्पादक राज्य
काली मिर्च	-	कर्नाटक (50%)
लाल मिर्च	-	आंध्र प्रदेश
लौंग	-	तमिलनाडु (82%)
इलायची	-	केरल (66%)
दालचीनी	-	केरल
हल्दी	-	आंध्र प्रदेश (60%)
अदरक	-	मध्य प्रदेश
केसर	-	जम्मू-कश्मीर क्षेत्र
सुपारी	-	कर्नाटक
पान पत्ता	-	उत्तर प्रदेश

- भारतीय मसाला अनुसंधान संस्थान- **कोझिकोड (केरल)**।
- भारतीय इलायची शोध संस्थान- **मिलाडुम्पारा (केरल)**।

उद्यान विज्ञान (Horticulture)

उद्यान विज्ञान का आशय फल, शाक-सब्जी एवं अलंकृत पौधे उगाने से है। हार्टिकल्चर को **4 भागों** में बाँटा जाता है-

1. फल उत्पादन (Pomology)
2. सब्जी उत्पादन (Olericulture)
3. पुष्प उत्पादन (Floriculture)
4. सब्जी एवं फल संरक्षण (Vegetable & Fruit Preservation)

विशिष्ट तथ्य

- चावल, गेहूँ, कपास और गन्ना इन चारों फसलों के अंतर्गत **विश्व में सर्वाधिक क्षेत्रफल भारत में** है।
- चावल और गेहूँ उत्पादन में भारत का चीन के बाद दूसरा स्थान एवं गन्ना उत्पादन में भारत का ब्राजील के बाद दूसरा स्थान है।
- चीन कुल खाद्यान्न उत्पादन में एवं चावल, गेहूँ, तिलहन, मूंगफली, कपास, चाय तथा तम्बाकू उत्पादन में विश्व में प्रथम स्थान पर है।
- कपास, चाय और कहवा इन तीनों फसलों के लिए पाला हानिकारक है। कहवा का पौधा पाला और अधिक धूप दोनों सहन नहीं कर पाता, इसलिए इसके आस-पास छायादार वृक्ष लगाए जाते हैं।
- सरकार द्वारा गन्ना किसानों के लिए निर्धारित **'उचित व लाभकारी मूल्य'** वह न्यूनतम मूल्य है, जो चीनी मिल मालिकों को गन्ना किसानों को चुकाना अनिवार्य है।
- गन्ना, आलू, जौ और मक्का को **एनर्जी क्रॉप्स (Energy Crops)** कहते हैं, क्योंकि इन्हें द्रव रूप में ऊर्जा प्राप्त करने के उद्देश्य से उगाया जाता है।
- अधिक उपजाऊ मिट्टी तम्बाकू की फसल के लिए ठीक नहीं होती, क्योंकि इससे **पत्तियाँ मांसल** हो जाती हैं।
- चाय, कहवा, रबड़ और मसालों की खेती के लिए **लैटेराइट मृदा** सर्वोत्तम होती है।
- चाय उत्पादन में चीन के बाद भारत का दूसरा स्थान है लेकिन काली चाय के उत्पादन में भारत प्रथम स्थान पर है।

राष्ट्रीय मृदा सर्वेक्षण एवं भूमि उपयोग नियोजन ब्यूरो, नागपुर ने भारत को 20 प्रमुख कृषि पारिस्थितिकी प्रदेशों (Agro-Ecological Regions) में बाँटा है-

पारिस्थितिकी तंत्र	कृषि पारिस्थितिकी प्रदेश
शुष्क पारिस्थितिकी तंत्र (Arid Ecosystem)	1. पश्चिमी हिमालय (शीत शुष्क) संपूर्ण लद्दाख, जम्मू-कश्मीर एवं हिमाचल प्रदेश के कुछ क्षेत्र 2. पश्चिमी मैदान एवं कच्छ प्रायद्वीप 3. दक्कन का पठार
अर्द्ध शुष्क पारिस्थितिकी तंत्र (Semi Arid Ecosystem)	4. उत्तरी मैदान (ऊपरी गंगा मैदान) 5. उत्तरी मैदान (राजस्थान उच्च भूमि एवं गुजरात का मैदान) 6. उत्तरी मैदान (मध्य गंगा का मैदान) 7. दक्कन का पठार (मालवा पठार, गुजरात का मैदान एवं काठियावाड़ प्रायद्वीप) 8. दक्कन का पठार (मिश्रित लाल एवं काली मृदा) 9. दक्कन का पठार (लाल बलुई मृदा)
उपार्द्र पारिस्थितिकी तंत्र (Subhumid Ecosystem)	10. पूर्वी पठार (सतपुड़ा श्रृंखला एवं महानदी बेसिन) 11. पूर्वी पठार (बुंदेलखण्ड उच्च भूमि) 12. पूर्वी पठार (लाल एवं लैटेराइट मृदा) 13. उत्तरी मैदान (निचली गंगा मैदान) 14. पश्चिमी हिमालय (जम्मू और कश्मीर उष्ण क्षेत्र, हिमाचल प्रदेश, उत्तराखण्ड) 15. बंगाल बेसिन
आर्द्र-पराआर्द्र पारिस्थितिकी तंत्र (Humid-Perhumid Ecosystem)	16. असम एवं उत्तरी बंगाल मैदान 17. पूर्वी हिमालय 18. पूर्वांचल पहाड़ियाँ (पूर्वोत्तर पहाड़ियाँ)
तटीय पारिस्थितिकी तंत्र (Coastal Ecosystem)	19. पूर्वी तटीय मैदान एवं अंडमान निकोबार द्वीप समूह 20. पश्चिमी घाट (तटीय मैदान एवं पश्चिमी पहाड़ियाँ)

देश में बागवानी फसलों पर 'शोध और अनुसंधान' को बढ़ावा देने के लिए कई संस्थान स्थापित हैं-

a. भारतीय बागवानी अनुसंधान संस्थान (Indian Institute of Horticultural Research)- **हैसरघट्टा (बेंगलुरु)**।

b. राष्ट्रीय शुष्क क्षेत्र बागवानी अनुसंधान संस्थान (National Research Centre for Arid Horticulture)- **बीकानेर**।

c. केंद्रीय उपोष्णकटिबंधीय बागवानी संस्थान (Central Institute for Subtropical Horticulture)- **लखनऊ**।

d. केंद्रीय बागवानी संस्थान- **मेजिफेमा (नागालैण्ड)**।

विश्व में कुल फलोत्पादन का लगभग **13% भाग** भारत में उत्पादित होता है। फलों के उत्पादन में भारत का **चीन के बाद दूसरा स्थान** है। भारत में सर्वाधिक फल उत्पादन **महाराष्ट्र राज्य** में होता है। फलों के अंतर्गत सर्वाधिक क्षेत्रफल भी **महाराष्ट्र राज्य** में है।

- देश में **शीर्ष क्षेत्रफल वाला फल आम** है, लेकिन देश में **सर्वाधिक उत्पादन केले** का होता है। केले का उत्पादन वर्ष भर होता है, जबकि आम की पैदावार ग्रीष्म ऋतु में ही होती है।
- आम उत्पादन में भारत का विश्व में **प्रथम स्थान** (60%) है। भारत में आम का सर्वाधिक उत्पादन **उत्तर प्रदेश** राज्य में होता है। आम का **वानस्पतिक नाम** (Botanical Name) **मेंजीफेरा इंडिका** है।
- भारत कई फलों का विश्व में सर्वाधिक उत्पादक देश है- **आम, केला, अनार, अमरूद, आँवला, पपीता, सपोता** (चीकू) आदि।
- भारत में सर्वाधिक मात्रा में उत्पादित किए जाने वाले तीन फल क्रमशः **केला, आम** और **नीबू वर्ग** हैं।
- भारत में महाराष्ट्र, सर्वाधिक नारंगी (संतरा) उत्पादक राज्य है। यहाँ **नागपुर** प्रमुख संतरा उत्पादक जिला है। नीबू वर्गीय फलों के उत्पादन के लिए **अम्लीय मृदा** सर्वोत्तम होती है।
- भारत **काजू का सबसे बड़ा उत्पादक,** उपभोक्ता और निर्यातक देश है। विश्व के 45% काजू उत्पादन के साथ भारत काजू का **सबसे बड़ा उत्पादक देश** है। देश में काजू का सर्वाधिक उत्पादन **महाराष्ट्र राज्य** में किया जाता है।
- उत्तर प्रदेश राज्य **आम और आँवला** उत्पादन में देश में **प्रथम स्थान** रखता है।
- सेब शीतोष्ण कटिबंधीय क्षेत्रों में उगने वाला पौधा है। भारत में सेब की खेती **जम्मू-कश्मीर, हिमाचल प्रदेश** और **उत्तराखंड** राज्य में की जाती है। कश्मीर घाटी में अनंतनाग, बारामूला, पुलवामा और शोपियां जैसे जिलों में सेब के बागान बहुतायत में पाए जाते हैं।

फलों में पाए जाने वाले अम्ल

अम्ल		फल
साइट्रिक अम्ल	–	नीबू वर्गीय
एस्कॉर्बिक अम्ल	–	आँवला
मैलिक अम्ल	–	सेब
टार्टरिक अम्ल	–	इमली, अंगूर
कैल्सियम	–	लीची
फास्फोरस	–	बादाम
लाइनोलिक अम्ल	–	सूरजमुखी
आक्जेलिक अम्ल	–	पालक
फार्मिक अम्ल	–	चींटी
एसीटिक अम्ल	–	सिरका
एरूसिक अम्ल	–	सरसों

फलों का खाया जाने वाला भाग

फल		भाग
आम	–	मध्यफलभित्ति (Mesocarp)
सेब	–	मांसल पुष्पासन
नारियल	–	एण्डोस्पर्म
अनार	–	रसदार टेस्टा

आभासी फल (False fruit)

सामान्यतः पुष्प के अण्डाशय के परिवर्धित भाग को फल कहते हैं। परन्तु जब फल का विकास अण्डाशय से नहीं, बल्कि पुष्पासन वाह्यदल से होता है तो ऐसे फल को ही आभासी फल कहते हैं। जैसे- **सेब, नाशपाती, अनन्नास, कटहल, लीची** आदि।

जब फल का निर्माण अण्डकोशिका से बिना निषेचन के हो जाता है, तो ऐसे फलों को **अनिषेक फल** कहते हैं। जैसे- **केला, अंगूर, पपीता**। इनमें बीज का विकास नहीं हो पाता है।

विशिष्ट तथ्य

- संतुलित आहार के लिए एक व्यक्ति को **92 ग्राम प्रतिदिन फल सेवन** की संस्तुति की गई है। विटामिन D को छोड़कर सभी विटामिन फलों में पाए जाते हैं।
- विटामिन A – आम, पपीता।
- विटामिन B_1 (थायमिन)- काजू, अखरोट बादाम।
- विटामिन B_2 (राइबोलेविन)- बेल
- विटामिन C – बारबाडोस चेरी, आँवला
- प्रोटीन- काजू
- वसा- अखरोट
- आयरन- करौंदा और खजूर

- सेब को **आभासी फल या झूठा फल** भी कहते हैं।
- फलों में सर्वाधिक विटामिन C **बारबाडोस चेरी** में पाया जाता है।

प्रमुख फल		सर्वाधिक उत्पादक राज्य
आम	–	उत्तर प्रदेश
केला	–	आंध्र प्रदेश
अंगूर	–	महाराष्ट्र
सेब	–	जम्मू-कश्मीर
लीची	–	बिहार
संतरा	–	महाराष्ट्र
अनार	–	महाराष्ट्र
आँवला	–	उत्तर प्रदेश
अखरोट	–	जम्मू-कश्मीर
काजू	–	महाराष्ट्र
नारियल	–	तमिलनाडु
वर्ष 2022-23 के आँकड़ों के आधार पर		

सब्जी उत्पादन

सब्जी उत्पादन में **भारत का चीन के बाद दूसरा स्थान** है। देश में सब्जी उत्पादन में **पश्चिम बंगाल अग्रणी राज्य** है।

- भारत में आलू **17वीं सदी में पुर्तगालियों द्वारा** लाया गया था। आलू उत्पादन में भारत का चीन के बाद दूसरा स्थान है। **उत्तर प्रदेश** देश का सर्वाधिक आलू उत्पादक राज्य है।
- भारत, चीन के बाद प्याज का दूसरा सबसे बड़ा उत्पादक देश है। देश में सर्वाधिक **(35%) प्याज का उत्पादन महाराष्ट्र** राज्य में होता है।
- सब्जियाँ मुख्यत: **विटामिन** और **खनिज की स्रोत** मानी जाती हैं।
- हरी पत्ती वाली सब्जियाँ **फोलिक एसिड** का उत्तम स्रोत होती हैं। फलों और सब्जियों में सर्वाधिक मात्रा में पाया जाने वाला खनिज **पोटेशियम** है।
- सब्जियों में **सर्वाधिक कैल्सियम करी पत्ता** में पाया जाता है।

भारत का पहला कृषि विश्वविद्यालय जीबी पंत कृषि और प्रौद्योगिकी विश्वविद्यालय पंतनगर (तत्कालीन उत्तर प्रदेश) में स्थापित किया गया था। इसका उद्घाटन 17 नवंबर, 1960 को भारत के पहले प्रधनमंत्री जवाहर लाल नेहरू ने किया था।

प्रमुख कृषि बोर्ड एवं मुख्यालय

बोर्ड	मुख्यालय
कॉफी बोर्ड	बंगलुरु
रबर बोर्ड	कोट्टायम
चाय बोर्ड	कोलकाता
तम्बाकू बोर्ड	गुंटूर
मसाला बोर्ड	कोच्चि
राष्ट्रीय मांस व पोल्ट्री बोर्ड	नई दिल्ली
भारतीय अंगूर प्रसंस्करण बोर्ड	पुणे
राष्ट्रीय मांस एवं कुक्कुट प्रसंस्करण बोर्ड	नई दिल्ली

प्रमुख कृषि संगठन एवं शोध संस्थान

संस्थान	स्थान
भारतीय कृषि अनुसंधान परिषद	नई दिल्ली
केंद्रीय कृषि अनुसंधान संस्थान	पोर्ट ब्लेयर
राष्ट्रीय पादप जैव प्रौद्योगिकी संस्थान	नई दिल्ली
अंतरराष्ट्रीय आनुवंशिक इंजीनियरिंग और जैव प्रौद्योगिकी संस्थान	नई दिल्ली
राष्ट्रीय फसल जैव प्रौद्योगिकी अनुसंधान केंद्र	नई दिल्ली
केंद्रीय शुष्क क्षेत्र अनुसंधान संस्थान	जोधपुर
अंतरराष्ट्रीय आर्थिक शुष्क क्षेत्र फसल अनुसंधान संस्थान (ICRISAT)	हैदराबाद
राष्ट्रीय फसल आनुवंशिक संसाधन ब्यूरो	नई दिल्ली
राष्ट्रीय चावल शोध संस्थान	कटक
भारतीय दलहन अनुसंधान संस्थान	कानपुर
भारतीय गन्ना प्रजनन संस्थान	कोयम्बटूर
केंद्रीय कॉफी अनुसंधान संस्थान	चिकमंगलूर
भारतीय गन्ना अनुसंधान संस्थान	लखनऊ
केंद्रीय औषधीय एवं सुगंधित पादप अनुसंधान संस्थान	लखनऊ
केंद्रीय तम्बाकू अनुसंधान संस्थान	राजमुंद्री
भारतीय मसाला शोध संस्थान	कोझिकोड
भारतीय रबर शोध संस्थान	कोट्टायम
केंद्रीय आलू अनुसंधान संस्थान	कुफरी (शिमला)
जूट कृषि अनुसंधान संस्थान	बैरकपुर
भारतीय डेयरी अनुसंधान संस्थान	करनाल
केंद्रीय समुद्री मत्स्य अनुसंधान संस्थान	कोच्चि
विवेकानंद पर्वतीय कृषि अनुसंधान शाला	अल्मोड़ा
राष्ट्रीय पौध संरक्षण एवं प्रशिक्षण संस्थान	हैदराबाद
समेकित कीट प्रबंधन राष्ट्रीय केंद्र	नई दिल्ली

प्रमुख कृषि संगठन एवं शोध संस्थान	
टिड्डी चेतावनी केंद्र	जोधपुर
राष्ट्रीय कृषि एवं ग्रामीण विकास बैंक	मुंबई
राष्ट्रीय जैव उर्वरक विकास केंद्र	गाजियाबाद

कृषि से संबंधित महत्त्वपूर्ण क्रांतियाँ	
क्रांति	**फसल/उत्पाद**
हरित क्रांति	खाद्यान्न उत्पादन
सुनहरी (स्वर्ण) क्रांति	फल एवं सब्जी उत्पादन, बागवानी (उद्यान) कृषि
श्वेत क्रांति	दुग्ध उत्पादन
कृष्ण (काली) क्रांति	खनिज तेल (पेट्रोलियम) के क्षेत्र में आत्म-निर्भरता
नीली क्रांति	मत्स्य उत्पादन
गोल क्रांति	आलू उत्पादन
भूरी क्रांति	उर्वरक उत्पादन
पीली क्रांति	तिलहन उत्पादन
रजत क्रांति	अंडा उत्पादन
इन्द्रधनुषी क्रांति	कृषि संबंधी समग्र क्रांति (नवीन कृषि नीति में निर्धारित)
अमृत क्रांति	नदियों को जोड़ने की योजना
सदाबहार क्रांति	कृषि उत्पादन को दोगुना करना, टिकाऊ कृषि
गुलाबी क्रांति	प्याज उत्पादन/झींगा उत्पादन
लाल क्रांति	मांस एवं टमाटर उत्पादन

हरित क्रांति

हरित क्रांति से तात्पर्य 1960 के दशक में कृषि में विज्ञान आधारित निवेश (HYV बीज, रासायनिक उर्वरक, सिंचाई, यंत्रीकरण) से उत्पादन में हुई क्रांतिकारी वृद्धि से है।

हरित क्रांति शब्द का प्रयोग सर्वप्रथम अमेरिका के **विलियम गैड** ने किया था। विश्व में हरित क्रांति का **जनक नॉर्मन बोरलॉग** को माना जाता है। बोरलॉग ने मैक्सिको में गेहूँ की अधिक उपज वाली और अधिक रोग प्रतिरोधी बौनी किस्म वाली प्रजातियों का विकास किया, जिससे मैक्सिको और भारत सहित अनेक देशों में गेहूँ का उत्पादन **तीन गुना** हो गया। भारत में हरित क्रांति की शुरुआत 1966-67 में हुई जब 1966 के सूखे के बाद भारत में गेहूँ की इन उन्नत किस्मों का प्रवेश हुआ। भारत में हरित क्रांति को लाने का श्रेय **डॉक्टर एम. एस. स्वामीनाथन** को जाता है, क्योंकि इन्हीं के नेतृत्व में भारतीय जलवायु के अनुकूल गेहूँ की उच्च उत्पादक प्रजातियों **(लरमा रोजो, सोनारा-64)** का विकास किया गया।

स्वतंत्रता प्राप्ति के बाद भारत खाद्यान्नों की भारी कमी से जूझ रहा था। वर्ष 1947 में देश को स्वतंत्रता मिलने से पहले **बंगाल में भीषण अकाल** पड़ा था, जिसमें 20 लाख से अधिक लोगों की मौत हुई थी। वर्ष 1947 में देश की जनसंख्या लगभग 30 करोड़ थी। लेकिन खाद्यान्न उत्पादन कम होने के कारण उतने लोगों तक भी अनाज की आपूर्ति (Supply) नहीं हो पा रही थी। वर्ष 1960 के मध्य में स्थिति तब और भी दयनीय हो गई जब पूरे देश में अकाल की स्थिति बनने लगी। सर्वप्रथम वर्ष **1960-63** के दौरान देश के 7 राज्यों के 7 चयनित जिलों में HYV बीजों का प्रयोग किया गया और इसे **गहन कृषि जिला कार्यक्रम (Intensive Agriculture District Programme - IADP)** नाम दिया गया। इस प्रयोग की सफलता के बाद वर्ष 1966-67 में भारत में हरित क्रांति को औपचारिक तौर पर अपनाया गया।

गेहूँ की उच्च उत्पादकता वाली प्रजातियों को अधिक मात्रा में रासायनिक खाद और सिंचाई की जरूरत थी। उर्वरक उसी अवस्था में लाभदायक होते हैं, जब सिंचाई की पर्याप्त सुविधाएँ उपलब्ध हों। चूँकि **पंजाब, हरियाणा, पश्चिमी उत्तर प्रदेश** और **राजस्थान** के **श्रीगंगा नगर** जिले में नहरी सिंचाई का विकास किया जा चुका था और उच्च उत्पादकता वाले बीजों के लिए यह क्षेत्र पारिस्थितिकीय दृष्टि से अनुकूल भी था। अत: हरित क्रांति का प्रयोग सर्वप्रथम इन्हीं क्षेत्रों में किया गया। पंजाब, हरियाणा के किसान अपेक्षाकृत समृद्ध होने के कारण अधिक निवेश का भार उठाने को तैयार थे। साथ ही देश के पश्चिमोत्तर भाग में जोतों का आकार भी अपेक्षाकृत बड़ा है। अत: इन क्षेत्रों में मशीनीकरण भी संभव था। कृषि का मशीनीकरण उन्हीं क्षेत्रों में लाभदायक होता है, जहाँ भू-जोतों का आकार बड़ा होता है। इन परिस्थितियों में पंजाब, हरियाणा और पश्चिमी उत्तर प्रदेश के किसानों ने नई टेक्नोलॉजी को अपनाने का जोखिम उठाया और सरकार ने भी **विद्युतीकरण, सब्सिडाइज्ड पंपसेट, खोदने की तकनीक** तथा **नाबार्ड** के माध्यम से ऋण उपलब्ध कराकर उन्हें हर प्रकार से प्रोत्साहित किया। परिणामस्वरूप वर्ष **1970** तक आते-आते पंजाब, हरियाणा, पश्चिमी उत्तर प्रदेश और राजस्थान के श्रीगंगा नगर जिले हरित क्रांति के प्रतीक बन गए। ये क्षेत्र देश के प्रमुख खाद्यान्न आपूर्तिकर्ता के रूप में उभरे।

प्रारंभ में HYVs का प्रयोग **गेहूँ, चावल, ज्वार, बाजरा** और **मक्का** में ही किया गया, गैर खाद्यान्न फसलों को इसमें शामिल नहीं किया गया। परिणामस्वरूप भारत में अनाज उत्पादन में अत्यंत वृद्धि हुई। हरित क्रांति के प्रथम चरण में भारत ने सर्वाधिक प्रगति गेहूँ उत्पादन में की।

लेकिन हरित क्रांति के प्रथम चरण (1966-67 से प्रारंभ) में पूर्वी भारत और पठारी भारत में हरित क्रांति का प्रसार नहीं हो पाया। **1987** के सूखे के बाद पूर्वी भारत, पठारी भारत और तटवर्ती क्षेत्रों में हरित क्रांति के प्रसार पर ध्यान दिया गया। पठारी भारत में **दलहन** और **तिलहन** उत्पादन को प्राथमिकता दी गई। जबकि संकर बीजों की उपलब्धता के चलते पूर्वी और तटीय भारत में चावल उत्पादन को प्राथमिकता दी गई।

चूँकि पूर्वी भारत और पठारी भारत में अधिकतर किसान छोटे हैं एवं जोतों का आकार भी छोटा है, इसलिए पूर्वी भारत में **टयूबवेल सिंचाई** का विकास किया गया। HYV बीजों और उर्वरकों को छोटे पैकेटों में सब्सिडाइज्ड मूल्यों पर उपलब्ध कराया गया। द्वितीय चरण में चावल के उत्पादन को बढ़ाया जा सका।

हरित क्रांति का सकारात्मक प्रभाव

- देश ने खाद्यान्न उत्पादन में आत्मनिर्भरता प्राप्त की। 1966 की तुलना में खाद्यान्नों के उत्पादन में 175% की वृद्धि हुई। विशेषकर गेहूँ के उत्पादन में वर्ष 2000 तक आते-आते 6 गुना वृद्धि देखी गई। इस अवधि में चावल के उत्पादन में भी तीन गुना वृद्धि हुई।
- कृषि क्षेत्र में मशीनीकरण को तेजी से बढ़ावा मिला, जिससे कम समय और कम श्रम में अधिक उत्पादन प्राप्त हुआ।
- किसानों की आय में वृद्धि हुई, संबंधित क्षेत्र में रोजगार बढ़ा और लोगों के जीवन स्तर में सुधार आया, जिससे स्थानीय स्तर पर माँगों में वृद्धि हुई और ग्रामीण बाजारों का विकास हुआ।
- हरित क्रांति की सफलता से **कृषि मशीनों, हाइब्रिड बीजों, रासायनिक उर्वरकों** और **कीटनाशकों** की माँग में तेजी से वृद्धि हुई, जिससे इन क्षेत्रों में कृषि आधारित उद्योगों का विकास हुआ और रोजगार के अवसर बढ़े।
- हरित क्रांति की सफलता के फलस्वरूप कृषि विकास के लिए आवश्यक अवसंरचना जैसे- परिवहन सुविधा हेतु सड़कें, टयूबवेल सिंचाई, ग्रामीण विद्युतीकरण, भंडारण केंद्रों और अनाज मंडियों का विकास हुआ।
- अधिक उत्पादन हेतु किसानों को प्रोत्साहित करने के लिए न्यूनतम समर्थन मूल्य और अन्य सब्सिडी सेवाओं की शुरुआत इसी समय हुई, ताकि किसानों को उनके उत्पादों का उचित मूल्य मिल सके।

हरित क्रांति के नकारात्मक प्रभाव

- हरित क्रांति की परिणामस्वरूप प्रादेशिक विषमता में वृद्धि हुई। हाइब्रिड बीजों के लिए **जलवायविक अनुकूलता** और **सिंचाई विकास** के कारण पंजाब, हरियाणा और पश्चिमी उत्तर प्रदेश के किसानों ने हरित क्रांति का लाभ उठाया और ये क्षेत्र कृषि विकास में आगे निकल गए। जबकि जलवायविक प्रतिकूलता और जोतों का छोटा आकार होने के कारण पूर्वी भारत और पठारी भारत हरित क्रांति का पर्याप्त लाभ नहीं उठा पाए, जिस कारण ये क्षेत्र कृषि विकास में पीछे रह गए।
- पंजाब, हरियाणा के क्षेत्रों में भी केवल बड़े और समृद्ध किसान ही हरित क्रांति का लाभ उठा पाए। छोटे किसान जिनके पास निवेश क्षमता कम थी, इसका लाभ नहीं उठा पाए।
- पूँजीवादी कृषि को बढ़ावा मिला, जिसमें भारी निवेश की जरूरत होती है।
- सिंचित और असिंचित क्षेत्रों के किसानों के मध्य तनाव में वृद्धि हुई, क्योंकि असिंचित क्षेत्रों के किसान हरित क्रांति के लाभ से वंचित रह गए। इससे विभिन्न क्षेत्रों के किसानों के मध्य आय में विषमता बढ़ी और ग्रामीण विकास में भी विषमताएँ बढ़ीं।
- बड़े किसान और अधिक समृद्ध होकर पूँजीपति बन गए, जिससे श्रमिकों का शोषण बढ़ा और वर्ग संघर्ष की स्थिति पैदा हुई।
- बड़े पैमाने पर नई मशीनों के प्रयोग से परंपरागत कृषि श्रमिक बेरोजगार होने लगे, जिससे शहरों की तरफ पलायन बढ़ा।
- हरित क्रांति के क्षेत्रों में पर्यावरणीय समस्याएँ भी उभरी हैं। नहरी सिंचाई वाले क्षेत्रों में जल जमाव के कारण मृदा का लवणीकरण बढ़ा। **पंजाब, हरियाणा** के क्षेत्रों में बड़े पैमाने पर **टयूबवेल सिंचाई** के कारण भौम जलस्तर नीचे चला गया।
- परम्परागत फसलों की तुलना में HYV फसलों में 4.5 गुना अधिक रासायनिक उर्वरकों का प्रयोग करना पड़ता है। देश के पश्चिमोत्तर भाग के किसानों ने हरित क्रांति का अधिकतम लाभ लेने के लिए रासायनिक उर्वरकों का अंधाधुंध प्रयोग किया, जिससे मृदा में **नाइट्रोजन, फास्फोरस** एवं **पोटाश** (NPK) का आदर्श अनुपात बिगड़ गया। मृदा में NPK का आदर्श अनुपात **4 : 2 : 1** है। लेकिन रासायनिक उर्वरकों के प्रयोग से यह अनुपात बिगड कर **4.6 : 2.7 : 1** का हो गया। इससे मृदा में **नाइट्रोजन विषाक्तता** बढ़ने लगी और रिसाव के कारण भौमजल भी विषाक्त होने लगा। परिणामस्वरूप पश्चिमोत्तर भारत में मृदा निम्नीकरण (Soil Degradation) के क्षेत्रों में वृद्धि होने लगी।

13 भारत : पशु प्रसाधन

पशुधन (Livestock) के अंतर्गत उन पशुओं (Animals) को शामिल किया जाता है, जिन्हें मनुष्य द्वारा दुग्ध, मांस, रेशा, चमड़ा, अंडा एवं जैविक खाद जैसे उत्पादों को प्राप्त करने के लिए फार्मों में रखा जाता है और जो अपने उत्पाद एवं श्रम द्वारा मनुष्य को आर्थिक लाभ पहुँचाते हैं। इसके अंतर्गत सभी पालतू मवेशियों जैसे- गौवंश पशु, भैंस, भेड़, बकरी, सुअर, ऊँट, घोड़ा, याक, खच्चर, मिथुन (गयाल), टट्टू, गधा और हाथी को शामिल किया जाता है।

20वीं पशुधन गणना (2018)

- वर्ष 2018 में प्रस्तुत देश की **20वीं पशुधन गणना** के अनुसार **भारत विश्व में सर्वाधिक मवेशियों की संख्या** वाला देश है। भारत में मवेशियों की संख्या लगभग 5 करोड़ 35 लाख से अधिक है।
- विश्व का लगभग 14% गोवंश तथा 57% भैंसें भारत में पाई जाती हैं। मवेशियों की संख्या की दृष्टि से भारत के बाद क्रमशः **ब्राजील** का दूसरा और **चीन** का तीसरा स्थान है।
- 20वीं पशुधन गणना (2018) के अनुसार भारत के कुल पशुधन में गोवंश (गाय, बैल, साँड़) का अनुपात 36%, भैसों का अनुपात लगभग 21%, बकरियों का अनुपात 28% तथा भेड़ों का अनुपात 14% है।
- इस गणना के अनुसार भारत में गोवंश के मवेशियों की संख्या 1 करोड़ 92 लाख से अधिक है तथा भैसों की कुल संख्या 1 करोड़ 10 लाख से अधिक है।
- सर्वाधिक कुल पशुधन संख्या (Livestock) वाले चार राज्य (क्रमशः घटते क्रम में)- उत्तर प्रदेश, राजस्थान, मध्य प्रदेश और बिहार।
- सर्वाधिक गोवंश की संख्या वाले चार राज्य (क्रमशः घटते क्रम में)- पश्चिम बंगाल, उत्तर प्रदेश, मध्य प्रदेश और महाराष्ट्र।
- सर्वाधिक भैंसों की संख्या वाले चार राज्य (क्रमशः घटते क्रम में)- उत्तर प्रदेश, राजस्थान, गुजरात और मध्य प्रदेश।
- भारत में पशुधन गणना वर्ष 1919 में प्रारंभ की गई थी। प्रत्येक 5 वर्ष के अंतराल पर यह गणना की जाती है।

विशिष्ट तथ्य

- **होल्स्टीन फ्रीजियन** गायों की अंतरराष्ट्रीय नस्लों का समूह है। इसकी दुग्ध उत्पादन क्षमता विश्व में अन्य गायों की तुलना में सर्वाधिक है। यह दुनिया भर में औद्योगिक डेयरी फार्मिंग में प्रमुख नस्ल है। इसे कई नामों से जाना जाता है, जैसे- होल्स्टीन, फ्रीजियन और ब्लैक एंड व्हाइट।
- भारत में **तमिलनाडु** (6.44 मिलियन टन) गाय के दुग्ध उत्पादन में अग्रणी राज्य है, जबकि उत्तर प्रदेश (6.14 मिलियन टन) का दूसरा स्थान है।
- **कांकरेज** गायों की सबसे प्रसिद्ध भारवाही नस्ल है।
- विश्व की आधे से अधिक भैंसें (57%) भारत में पाई जाती हैं। भारतीय नस्ल की भैंसें विश्व में सर्वोत्तम मानी जाती हैं।
- भैंसों से सर्वाधिक दुग्ध उत्पादन **उत्तर प्रदेश** (16.80 मिलियन टन) में होता है, जबकि आंध्र प्रदेश का दूसरा स्थान है।
- केंद्रीय भैंस अनुसंधान संस्थान- हिसार (हरियाणा)।

भारतीय अर्थव्यवस्था में योगदान

- भारतीय पशुपालन और डेयरी विभाग की 2023 की रिपोर्ट के अनुसार देश के **सकल मूल्य वर्धन (GVA) में पशुधन क्षेत्र का योगदान 5.73%** था।
- डेयरी एक ऐसी कृषि वस्तु है, जो राष्ट्रीय अर्थव्यवस्था में 5% से अधिक का योगदान देती है और 8 करोड़ से अधिक किसानों को प्रत्यक्ष रोजगार देती है।
- 2021-22 में कृषि और संबद्ध क्षेत्र में सकल मूल्य संवर्धन (GVA) में पशुधन क्षेत्र का योगदान 30.19% हो गया है।
- 2022-23 में **230 मिलियन टन दुग्ध** उत्पादन (वार्षिक) के साथ **भारत दुग्ध उत्पादन में विश्व में पहले स्थान** पर है और वैश्विक दुग्ध उत्पादन में भारत का योगदान **24.64%** है।

- वर्ष 1950-51 में भारत में प्रति व्यक्ति प्रतिदिन दुग्ध उपलब्धता केवल 124 ग्राम थी, जबकि 2022-23 के आँकड़ों के अनुसार भारत में **प्रति व्यक्ति (प्रतिदिन) दुग्ध उपलब्धता 459 ग्राम** हो गई है, जबकि विश्व में प्रति व्यक्ति औसत 322 ग्राम प्रतिदिन है।
- भारत में सर्वाधिक प्रति व्यक्ति दुग्ध उपलब्धता वाला राज्य **पंजाब** है, जबकि हरियाणा का दूसरा स्थान है।
- देश में उत्तर प्रदेश सर्वाधिक दुग्ध उत्पादक राज्य है। सर्वाधिक दुग्ध उत्पादक चार राज्य (क्रमशः घटते क्रम में)- उत्तर प्रदेश, राजस्थान, मध्य प्रदेश और आंध्र प्रदेश।
- सर्वाधिक मांस उत्पादक चार राज्य (क्रमश: घटते क्रम में)- उत्तर प्रदेश, राजस्थान, मध्य प्रदेश और आंध्र प्रदेश।
- देश में मांस उत्पादन 2014-15 में 6.69 मिलियन टन था, जो 2022-23 में बढ़कर **9.77 मिलियन टन** हो गया।
- 2022-23 में देश में अंडा उत्पादन 138.38 अरब है, जबकि अंडे की प्रति व्यक्ति उपलब्धता 101 अंडे प्रति वर्ष है।
- सर्वाधिक अंडा उत्पादक तीन राज्य (क्रमशः घटते क्रम में)- आंध्र प्रदेश, तमिलनाडु और तेलंगाना।
- मुर्गी का अंडा प्रोटीन का सबसे सस्ता एवं प्रचुर स्रोत होता है। एक अंडे में **7 ग्राम प्रोटीन** पाया जाता है। अंडे का पोषण मान दुग्ध से अधिक होता है।

विशिष्ट तथ्य

- **स्टॉक फार्मिंग** से तात्पर्य पशुओं के प्रजनन से है।
- भारत, चीन के बाद **दूसरा सर्वाधिक भेड़ों की संख्या** वाला देश है। इनका पालन दुग्ध, मांस और ऊन उत्पादन के लिए किया जाता है। एक भेड़ से औसतन 1 से 1.5 किलो ग्राम ऊन प्रतिवर्ष प्राप्त किया जाता है।
- **हस्साडेल** और **कोरियाडेल** भारत में विकसित की गई भेड़ की वर्णसंकर नस्लें हैं। भेड़ की **चोकला नस्ल** को भारत की मेरिनो कहा जाता है। भेड़ की सर्वाधिक दुग्ध देने वाली नस्ल **लोही** है।
- केंद्रीय भेड़ प्रजनन संस्थान- हिसार (हरियाणा)
- भेड़ पालन पहाड़ी एवं पठारी क्षेत्र में किया जाता है। देश की लगभग 25% भेड़ें **राजस्थान** राज्य में पाई जाती हैं।
- **राजस्थान** देश का अग्रणी ऊन उत्पादक राज्य है। इसके बाद जम्मू-कश्मीर और तेलंगाना का स्थान है।
- भारत विश्व में सर्वाधिक बकरियों की संख्या वाला देश है। इसे **गरीबों की गाय** भी कहा जाता है। **जमुनापारी** (उत्तर प्रदेश) सर्वाधिक दुग्ध देने वाली बकरी है।
- कश्मीर की **पश्मीना बकरी** ऊन उत्पादन के लिए प्रसिद्ध है, जबकि **अंगोरा ऊन** खरगोश से प्राप्त किया जाता है।
- बकरी के दुग्ध में आयरन की मात्रा गाय की तुलना में 10 गुना अधिक होती है।
- केंद्रीय बकरी अनुसंधान संस्थान- खादर (मथुरा)।
- भारत में सर्वाधिक मुर्गीपालन **आंध्र प्रदेश** में होता है। इसके बाद तमिलनाडु एवं महाराष्ट्र का स्थान है।
- **लेगहॉर्न** विश्व में सर्वाधिक अंडे देने वाली मुर्गी की नस्ल है।
- राष्ट्रीय मांस एवं कुक्कुट प्रसंस्करण बोर्ड- नई दिल्ली।
- राष्ट्रीय ऊँट अनुसंधान केंद्र- बीकानेर।

- देश में दुग्ध व्यवसाय के प्रशिक्षण एवं जानकारी के लिए तीन प्रशिक्षण केंद्र खोले गए हैं-
  - **a.** राष्ट्रीय डेयरी अनुसंधान संस्थान (NDRI)- करनाल
  - **b.** मान सिंह इंस्टीट्यूट ऑफ ट्रेनिंग- मेहसाना
  - **c.** जी. देसाई ट्रेनिंग इंस्टीट्यूट- पालनपुर

देश में सात केंद्रीय पशु प्रजनन फार्म स्थापित किए गए हैं-

i. हैसरघट्टा - बंगलुरु (कर्नाटक)
ii. अल्माड़ी- तमिलनाडु
iii. सूरतगढ़ - गुजरात
iv. सुनबेड़ा- ओडिशा
v. चिपलीमा- ओडिशा
vi. धमरोड- गुजरात
vii. अंदेश नगर- लखीमपुर खीरी (उत्तर प्रदेश)

- केंद्रीय प्रशीतित वीर्य उत्पादन एवं प्रशिक्षण संस्थान - **हैसरघट्टा** (बंगलुरु)।

इस संस्थान की स्थापना ऊँची नस्ल की गायों और भैंसों को वीर्य उपलब्ध कराने के लिए की गई है।

ऑपरेशन फ्लड (श्वेत क्रांति)

- भारत में दुग्ध उत्पादन को बढ़ाने के लिए भारत सरकार के कृषि एवं सहकारिता विभाग द्वारा 1970 के दशक में गुजरात के **खेड़ा जिले** (वर्तमान में आनंद जिला) से **ऑपरेशन फ्लड की शुरुआत** की गई थी। इसके परिणामस्वरूप दुग्ध उत्पादन में हुई क्रांतिकारी वृद्धि को **श्वेत क्रांति** (White Revolution) कहा जाता है।
- ऑपरेशन फ्लड दुग्ध सहकारिताओं (Milk Cooperation) पर आधारित एक समेकित दुग्ध विकास कार्यक्रम है।
- इसके अंतर्गत पूरे देश में दुग्ध उत्पादकों से दुग्ध एकत्र करने के लिए ग्राम, ब्लॉक, जिला स्तर पर दुग्ध सहकारिताओं की चेन बनाकर उन्हें 700 से अधिक शहरों और कस्बों के उपभोक्ताओं से जोड़कर **राष्ट्रीय दुग्ध ग्रिड** (National Milk Grid) का निर्माण किया गया है।

ऑपरेशन फ्लड के निम्नलिखित उद्देश्य हैं -

a. पशुपालकों को सतत लाभकारी मूल्य प्रदान करके दुग्ध उत्पादन बढ़ाने के लिए प्रोत्साहित करना।

b. दुग्ध उत्पादन और उसके मूल्य में मौसमी और क्षेत्रीय विभिन्नता को समाप्त करना।

c. बिचौलियों की भूमिका समाप्त करके दुग्ध उत्पादन का अधिकतम मूल्य उत्पादकों को प्रदान करना।

d. पूरे देश के शहरों और कस्बों में दुग्ध की सतत आपूर्ति सुनिश्चित करना।

e. भारत को विश्व का सबसे बड़ा दुग्ध उत्पादक देश बनाना।

- भारत में दुग्ध क्रांति की शुरुआत 1946 में ही हुई थी, जब **आनंद नगर** (खेड़ा जिला) के दुग्ध उत्पादकों ने एक सहकारी संघ की स्थापना की और खेड़ा जिले के समग्र उत्पादित दुग्ध को एकत्र कर अपने प्रसंस्करण संयंत्र **अमूल** (Anand Milk Federation Union Limited) में भेजना प्रारंभ किया। अमूल की सफलता को देखते हुए सरकार ने 1965 में **राष्ट्रीय डेयरी डेवलपमेंट बोर्ड** (NDDB) का गठन डॉ. वर्गीज कुरियन की अध्यक्षता में किया। NDDB ने पूरे देश में सहकारी समितियों के माध्यम से दुग्ध उत्पादन को बढ़ाने का प्रयास शुरू किया।

ऑपरेशन फ्लड को तीन चरणों में चलाया गया-

प्रथम चरण- 1970-80 तक चले पहले चरण में 10 राज्यों में दुग्ध सहकारी समितियों की स्थापना करने और देश के चारों महानगरों (दिल्ली, कोलकाता, चेन्नई, मुंबई) को दुग्ध आपूर्ति का लक्ष्य निर्धारित किया गया।

द्वितीय चरण- 1981-1985 तक चले द्वितीय चरण में 18 राज्यों को कवर किया गया और एक लाख से अधिक आबादी वाले शहरों को भी दुग्ध आपूर्ति के लिए चुना गया।

तृतीय चरण- 1985-1996 तक चले तीसरे चरण के अंतर्गत देश के सभी राज्यों एवं केंद्रशासित प्रदेशों को कवर किया गया। इस चरण में **प्रतिदिन एक करोड़ लीटर** दुग्ध उत्पादन का लक्ष्य रखा गया, जिसके परिणामस्वरूप भारत ने दुग्ध उत्पादन में विश्व में प्रथम स्थान प्राप्त किया। वर्तमान में भारत अकेले **विश्व का** 24.64% **दुग्ध** उत्पादन करता है।

मछली उत्पादन (Piscisulture)

सी फूड (Sea Food) के रूप में किसी भी खाद्य पदार्थ की तुलना में मछली में प्रोटीन की सर्वाधिक मात्रा पाई जाती है। इसलिए किसी भी देश के तटीय क्षेत्रों में रहने वाले समुदायों के लिए यह भोजन और रोजगार का महत्त्वपूर्ण भाग होता है।

भारतीय अर्थव्यवस्था में मत्स्य पालन उद्योग का काफी महत्त्व है। वर्ष 2022-23 में **175.45 लाख टन** मछली उत्पादन के साथ चीन और इंडोनेशिया के बाद **भारत दुनिया का तीसरा सबसे बड़ा मछली उत्पादक** देश है और वैश्विक मछली उत्पादन में भारत का योगदान 8% है। इसके अलावा भारत चीन के बाद **दूसरा सबसे बड़ा एक्वाकल्चर (जल कृषि) उत्पादक** देश भी है। ताजे जल की मछली उत्पादन में भी भारत का चीन के बाद दूसरा स्थान है। देश के 9 तटीय राज्यों और 2 केंद्रशासित प्रदेशों में 3,288 समुद्री मछली पकड़ने वाले गाँव और 1,511 समुद्री मछली लैंडिंग केंद्र हैं।

देश के सकल मूल्यवर्धन (GVA) में मछली उत्पादन का योगदान 1.09% है। देश के कुल निर्यात में मत्स्य क्षेत्र का योगदान लगभग 10% है। 7516.6 किमी. लंबी तटरेखा वाले भारत में 2 करोड़ 80 लाख से अधिक लोग समुद्री और अंतर्देशीय मत्स्य पालन रोजगार में लगे हुए हैं। केरल में कोयिलैंडी बंदरगाह एशिया में मछली पकड़ने का सबसे बड़ा बंदरगाह है।

- वर्तमान में देश के कुल मछली उत्पादन में अंतर्देशीय ताजे जल (नदी, झील, तालाब) का हिस्सा लगभग 70% तथा समुद्री मात्स्यिकी का हिस्सा लगभग 30% है
- समुद्री मछलियाँ- हिल्सा, सार्डीन, मैकरेल, सालमन, हैरिंग, टूना, कॉड, कैटफिश इत्यादि।
- ताजे जल की मछलियाँ- रोहू, कतला, टेंगरा, हिल्सा, कॉर्प इत्यादि।
- देश में **आंध्र प्रदेश 29% उत्पादन के साथ कुल मछली उत्पादन में प्रथम राज्य** है। जबकि समुद्री मछली उत्पादन में गुजरात और ताजे जल की मछली उत्पादन में **आंध्र प्रदेश** प्रथम स्थान पर है।
- भारत के चार सर्वाधिक मछली उत्पादक राज्य (क्रमशः घटते क्रम में)- आंध्र प्रदेश, पश्चिम बंगाल, गुजरात और तमिलनाडु।
- चार सर्वाधिक समुद्री मछली उत्पादक राज्य (क्रमशः घटते क्रम में)- गुजरात, आंध्र प्रदेश, तमिलनाडु और महाराष्ट्र।
- चार सर्वाधिक ताजे जल की मछली उत्पादक राज्य (क्रमशः घटते क्रम में)- आंध्र प्रदेश, पश्चिम बंगाल, उत्तर प्रदेश और बिहार।
- देश के समुद्री खाद्य निर्यात में सर्वाधिक योगदान झींगा का है। **आंध्र प्रदेश सर्वाधिक झींगा उत्पादक** राज्य है। यहाँ झींगा का सर्वाधिक उत्पादन **नेल्लोर जिले** में होता है। भारत से निर्यात होने वाले ब्लैक टाइगर झींगे की विदेशों में अधिक माँग है।
- देश में मत्स्य उत्पादन में वृद्धि लाने के लिए सातवीं पंचवर्षीय योजना (1985-1990) उत्तर में **नीली क्रांति (Blue Revolution)** की शुरुआत की गई। इस दौरान भारत में मछली पकड़ने की सुविधा वाले बंदरगाहों की स्थापना की गई, जैसे- विशाखापट्टनम, कोचीन, चेन्नई, पारादीप, रायचौक, सुसानडॉक (मुंबई), कांडला, पोरबंदर इत्यादि।
- केंद्रीय मत्स्य अनुसंधान केंद्र- मुंबई।
- केंद्रीय मत्स्यपालन और समुद्री इंजीनियरिंग प्रशिक्षण संस्थान- कोच्चि।

14

भारत : खनिज संसाधन

भारत खनिज संपदा की दृष्टि से संपन्न देश हैं। यहाँ अधिकतर खनिजों का भंडारण **प्रायद्वीपीय भारत** की आग्नेय (Igneous) और कायांतरित चट्टानों (Metamorphic Rock) में पाया जाता है, जोकि पूर्व-पुराजीवी काल (प्री पेल्योजोइक एज) में उद्‌गमित हुए। जबकि उत्तर भारत का विशाल मैदानी क्षेत्र बहुमूल्य खनिज संसाधनों से वंचित है। प्रत्येक खनिज विशिष्ट भूगर्भिक संरचना से जुड़ा होता है, इसलिए अलग-अलग भूगर्भिक संरचनाओं में भिन्न प्रकार के खनिज पाए जाते हैं। उदाहरण के लिए भारत में धात्विक खनिज (Metallic Minerals) **धारवाड़** और **कुडप्पा चट्टानों** के अंतर्गत पाए जाते हैं, जबकि **कुडप्पा** और **विंध्यन** शैल समूहों के अंतर्गत चूना पत्थर, जिप्सम, डोलोमाइट इत्यादि खनिज पाए जाते हैं। वहीं पेट्रोलियम खनिज टर्शियरी संरचना में पाए जाते हैं।

खनिज किसी भी राष्ट्र की प्राकृतिक संपदा है। भारतीय संविधान के अनुसार खनिजों पर **राज्य का अधिकार** है और खनन कानूनों के क्रियान्वयन की जिम्मेदारी राज्य सरकारों की है। वहीं **'खान और खनिज (विनियमन व विकास) अधिनियम, 1957'** के अंतर्गत अपतटीय क्षेत्रों में खनिजों के विनियमन का अधिकार केंद्र सरकार का है। भारत में लगभग **95 खनिजों** का उत्पादन होता है, जो इस प्रकार हैं -

10 धात्विक खनिज

23 अधात्विक खनिज

4 ईंधन खनिज

3 आणविक खनिज और

55 लघु खनिज (भवन व अन्य सामग्री)।

अयस्क (Ore)

खनिज सामान्यत: अयस्कों के रूप में पाए जाते हैं। अयस्क उन चट्टानों को कहते हैं, जिनमें धात्विक खनिज उपस्थित होते हैं। खनन के बाद इन अयस्कों का शुद्धीकरण करके खनिजों की प्राप्ति की जाती है।

धात्विक खनिज (Metallic Minerals)

जिन खनिजों में धातु का अंश पाया जाता है, उन्हें धात्विक खनिज कहते हैं। धात्विक खनिज भी दो प्रकार के होते हैं- लौह (लोहांश) खनिज और अलौह (अलोहांश) खनिज। लोहा, मैंगनीज, निकेल, क्रोमियम, कोबाल्ट और टंगस्टन आदि धात्विक खनिजों को लौह खनिज के अंतर्गत रखा जाता है, क्योंकि इन सभी में लोहे का अंश पाया जाता है।

जबकि साना, चाँदी, ताँबा, पीतल, कांसा, टिन, एल्युमिनियम, सीसा, प्लेटिनम और जिंक आदि धात्विक खनिजों को अलौह खनिज के अंतर्गत रखा जाता है।

अधात्विक खनिज (Non-Metallic Minerals)

इसके अंतर्गत चूना पत्थर, बालुका पत्थर, संगमरमर, एस्बेस्टस, अभ्रक, हीरा, पाइराइट, नमक, जिप्सम, नाइट्रेट इत्यादि को शामिल किया जाता है।

भारत के प्रमुख खनिज क्षेत्र

भारत में अधिकांश धात्विक खनिज प्रायद्वीपीय पठार के आग्नेय एवं रूपांतरित चट्टानों से प्राप्त होते हैं।

उत्तरी-पूर्वी प्रायद्वीपीय पेटी भारत का सबसे महत्त्वपूर्ण खनिज क्षेत्र है। इसे भारतीय खनिज का **हृदय स्थल (Heartland of Minerals)** कहते हैं। इस क्षेत्र के अंतर्गत झारखंड का छोटा नागपुर पठार, ओडिशा का पठार (गढ़जात पहाड़ी), छत्तीसगढ़ का उत्तरी भाग (रामगढ़ पहाड़ी) और बिहार का दक्षिणी भाग शामिल है। इस खनिज पेटी में धात्विक और अधात्विक खनिजों के भंडार विविधता के साथ पाए जाते हैं। कोयला, लौह अयस्क, अभ्रक, क्रोमाइट, बाक्साइट, फास्फेट और ताँबा इस पेटी में पाए जाने वाले प्रमुख खनिज हैं।

इस पेटी को भारत की **लौह एवं इस्पात पेटी** भी कहा जाता है, क्योंकि अधिकांश स्टील प्लाट्स (जमशेदपुर, दुर्गापुर, बोकारो, राउरकेला इत्यादि) इसी पेटी में स्थित हैं। छोटा नागपुर पठार भारत का समृद्धतम खनिज क्षेत्र है। यह झारखंड, छत्तीसगढ़, ओडिशा तथा पश्चिम बंगाल तक फैला हुआ है।

छोटा नागपुर पठार के अंतर्गत ही हजारीबाग पठार (कोडरमा, गिरिडीह, हजारीबाग की खानें) पर अभ्रक के विश्व के विशालतम भंडार पाए जाते हैं। इस उत्तरी-पूर्वी पठारी प्रदेश के अंतर्गत **धारवाड़** एवं **गोण्डवाना** समूह की चट्टानें पाई जाती हैं। धारवाड़ शैल समूह से लोहे की प्राप्ति होती है और गोण्डवाना शैल समूहों से कोयले की प्राप्ति होती है।

भारत में कोयले का लगभग 97% भाग गोण्डवाना कालीन चट्टानों से प्राप्त किया जाता है। प्रायद्वीपीय पठार के अंतर्गत झारखंड और पश्चिम बंगाल में दामोदर नदी घाटी, मध्य प्रदेश में सोन नदी घाटी, ओडिशा में महानदी घाटी और गोदावरी नदी घाटियों में गोण्डवाना कालीन चट्टानों में कोयले का विशाल भंडार संचित है।

राजस्थान में अरावली क्षेत्र की धारवाड़ चट्टानें सीसा, ताँबा और जस्ता से समृद्ध हैं। देश में सीसे, जस्ते और ताँबे का अधिकतम भंडार अरावली क्षेत्र में ही संचित है। इसके अलावा अरावली क्षेत्र में संगमरमर (मकराना), जिप्सम और ग्रेनाइट के निक्षेप भी पाए जाते हैं। देश में सर्वाधिक जिप्सम का उत्पादन राजस्थान क्षेत्र में होता है।

दक्षिणी खनिज पेटी के अंतर्गत कर्नाटक, केरल और तमिलनाडु के क्षेत्रों में सोना, लोहा, मैंगनीज, बाक्साइट, क्रोमाइट और लिग्नाइट के समृद्ध भंडार हैं। लेकिन दक्षिणी खनिज पेटी में कोयला, अभ्रक और ताँबा की उपलब्धता नगण्य है। कर्नाटक राज्य के धारवाड़, बेल्लारी और शिमोगा जिलों में धारवाड़ क्रम की चट्टानें पाई जाती हैं।

धारवाड़ क्रम की चट्टानें धात्विक खनिजों से सर्वाधिक समृद्ध होती हैं। कर्नाटक का धारवाड़ जिला धात्विक खनिजों के दृष्टिकोण से सर्वाधिक संपन्न क्षेत्र है। स्वर्ण खनिज से समृद्ध **कोलार** और **हट्टी की खानें** कर्नाटक में इन्हीं चट्टानों के अंतर्गत स्थित हैं। वहीं तमिलनाडु के जावादी, शेवाराय और पालनी पहाड़ियों के अंतर्गत बाक्साइट के भंडार मौजूद हैं।

पेट्रोलियम और प्राकृतिक गैस का भंडार टर्शियरी चट्टानों के अंतर्गत पाया जाता है। **टर्शियरी चट्टानें** अपतटीय क्षेत्रों में पाई जाती हैं। पेट्रोलियम का निर्माण अपतटीय क्षेत्रों में तलछट के जमाव के परिणामस्वरूप समुद्री जीवों के अस्थिपंजरों (Skeletons) के दब जाने से हुआ है।

भारत में पेट्रोलियम और प्राकृतिक गैस के भंडार अरब सागर में महाराष्ट्र और गुजरात के अपतटीय क्षेत्रों, बंगाल की खाड़ी में **रावा (RAVVA) अपतट** और असम राज्य में पाए जाते हैं।

प्रमुख लौह खनिज

लोहा, मैंगनीज, क्रोमाइट और टंगस्टन इत्यादि धात्विक खनिजों को लौह खनिज की श्रेणी में रखा जाता है। लौह खनिजों के भंडारण और उत्पादन दोनों ही दृष्टि से भारत अग्रणी राष्ट्र है।

लौह अयस्क

लौह अयस्क एक आधारभूत खनिज है, जिसे आधुनिक औद्योगिक विकास की रीढ़ माना जाता है। लौह-अयस्क उत्पादन में भारत का विश्व में **चौथा स्थान** है। भारत में लौह अयस्क का कुल संचित भंडार 33000 मिलियन टन से अधिक है। कुल संचित भंडार में क्रमशः **ओडिशा, झारखंड, छत्तीसगढ़** और **कर्नाटक** शीर्ष स्थान पर हैं।

भारत में लौह अयस्क की प्राप्ति **धारवाड़** एवं **कुडप्पा क्रम** की आग्नेय चट्टानों से होती है, लेकिन धारवाड़ क्रम की चट्टानें लौह अयस्क से सर्वाधिक समृद्ध हैं। भारत में मुख्य रूप से चार प्रकार के लौह अयस्क पाए जाते हैं- मैग्नेटाइट, हेमेटाइट, लिमोनाइट और सिडेराइट। इनमें से मैग्नेटाइट और हेमेटाइट मुख्य लौह अयस्क हैं।

मैग्नेटाइट- यह काले रंग का होता है। मैग्नेटाइट **सर्वोत्तम किस्म** का चुंबकीय लौह अयस्क है, जिसमें धातु की मात्रा 72% तक पाई जाती है। लेकिन भारत में यह बहुत कम मात्रा में पाया जाता है। विशेषकर देश के दक्षिणी राज्यों जैसे- कर्नाटक (बेलारी, धरवाड़ और शिमोगा जिला), तमिलनाडु (सलेम जिला), केरल (कोझीकोड) और गोवा में ही मैग्नेटाइट लोहा पाया जाता है। भारत में मैग्नेटाइट का 70% भंडार कर्नाटक में मिलता है।

मैग्नेटाइट भण्डारक शीर्ष राज्य

क्र.सं.	राज्य	भण्डार %
प्रथम	कर्नाटक	70%
द्वितीय	आंध्र प्रदेश	14%
तृतीय	राजस्थान	5%
चतुर्थ	तमिलनाडु	-

स्रोत- IMBY-2020

हेमेटाइट- यह **द्वितीय कोटि** का लौह अयस्क है, जोकि लाल और भूरे रंग का होता है। इसमें धातु की मात्रा 60-70% के बीच पाई जाती है। देश में कुल लौह अयस्क भंडार का लगभग 80% हेमेटाइट के रूप में ही पाया जाता है। देश में छोटा नागपुर पठार से लगे हुए पूर्वी भारत के राज्यों जैसे- ओडिशा, झारखंड और छत्तीसगढ़ में हेमेटाइट की प्राप्ति होती है।

हैमेटाइट भण्डारक शीर्ष राज्य

क्र.सं.	राज्य	भण्डार %
प्रथम	ओडिशा	33%
द्वितीय	झारखण्ड	18%
तृतीय	छत्तीसगढ़	26%
चतुर्थ	आंध्र प्रदेश	11%

स्रोत- IMBY-2020

लिमोनाइट- यह **तृतीय कोटि** का लौह अयस्क है, जिसमें धातु की मात्रा 40-50% तक पाई जाती है। लिमोनाइट एक **जलयोजित (Water Added)** लौह अयस्क (हाइड्रेटेड आयरन ऑक्साइड) है, जिसकी प्राप्ति अवसादी शैलों से होती है। यह पीले रंग का होता है।

सिडेराइट- यह भूरे रंग का और सबसे निम्नतम दर्जे का लोहा होता है, जिसमें धातु का अंश केवल 30-40% तक पाया जाता है। इसमें लोहा और कार्बन का मिश्रण पाया जाता है।

प्रमुख लौह-अयस्क उत्पादक क्षेत्र

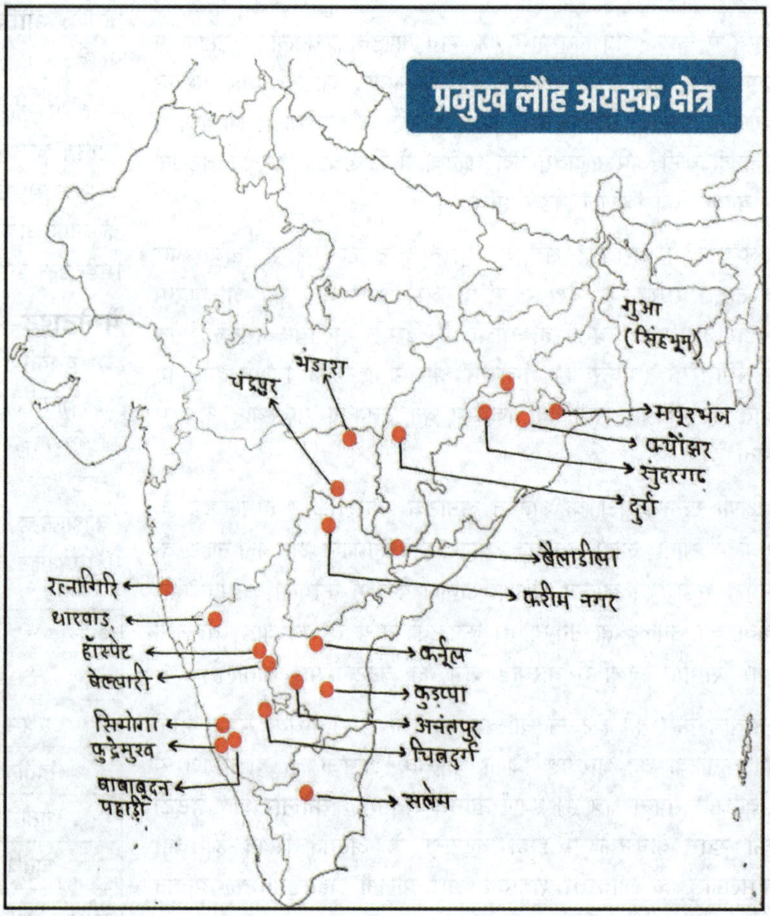

ओडिशा-

1. गुरुमहिसानी, सुलेपत, बादाम पहाड़ (मयूरभंज जिला)।
2. क्योंझर जिला।
3. बोनाई (सुंदरगढ़ जिला)।

छत्तीसगढ़-

1. डल्ली राजहरा पहाड़ी (दुर्ग जिला)।
2. बैलाडीला (दंतेवाड़ा जिला)।

छत्तीसगढ़ की **'बैलाडीला खान'** एशिया की सबसे बड़ी यंत्रीकृत लौह अयस्क की खान है। बैलाडीला पहाड़ी में उच्च कोटि का हेमेटाइट लोहा पाया जाता है। इसमें इस्पात बनाने के लिए सर्वश्रेष्ठ भौतिक गुण मौजूद होते हैं। यहाँ का लौह अयस्क विशाखापट्टनम बंदरगाह से **जापान** और **कोरिया** को निर्यात कर दिया जाता है।

गोवा- गोवा में अदुलमासे, सतारी, संग्यूम, बिचोलिम इत्यादि प्रमुख लौह अयस्क क्षेत्र हैं।

झारखंड- नोवामुंडी, किरुबुरु (सिंहभूम जिला)

कर्नाटक-

1. कुद्रेमुख क्षेत्र और बाबाबूदन पहाड़ी (चिकमंगलूर जिला)।
2. संदुर पहाड़ी, बेल्लारी- हॉस्पेट (बेल्लारी जिला)।
3. शिमोगा जिला।

कर्नाटक की **कुद्रेमुख खान** से निकाला गया शत-प्रतिशत लौह अयस्क पश्चिमी एशिया के देशों को निर्यात कर दिया जाता है। कुद्रेमुख निक्षेप को विश्व के सबसे बड़े लौह निक्षेपों में से माना गया है।

तमिलनाडु-

1. तीर्थमलाई पहाड़ी (सलेम जिला)।
2. किल्ली मलाई (नीलगिरि पर्वतीय क्षेत्र)।

महाराष्ट्र- यहाँ चंद्रपुर, रत्नागिरि और भंडारा जिलों में लौह अयस्क का उत्पादन होता है।

आंध्र प्रदेश- यहाँ कुर्नूल, कुडप्पा और अनंतपुर जिले में लौह अयस्क का उत्पादन होता है।

तेलंगाना- करीमनगर और वारंगल जिला।

देश का सबसे प्रमुख लौह अयस्क क्षेत्र **बारामजादा समूह** है। यह लौह अयस्क से संपन्न एक चट्टानी समूह है, जोकि झारखंड और ओडिशा राज्यों के सीमावर्ती जिलों में फैला हुआ है। ओडिशा का **क्योंझर** जिला और झारखंड का **सिंहभूम जिला** बारामजादा समूह के अंतर्गत ही स्थित हैं। भारत विश्व में लोहे के प्रमुख निर्यातक देशों में से एक है।

लौह अयस्क के कुल उत्पादन का लगभग आधा भाग जापान, दक्षिण कोरिया, पूर्वी यूरोप और खाड़ी के देशों को निर्यात किया जाता है। ओडिशा के मयूरभंज, बादाम पहाड़ और क्योंझर का लौह अयस्क **पारादीप बंदरगाह** से, छत्तीसगढ़ के बैलाडीला का लौह अयस्क

विशाखापट्टनम बंदरगाह से, महाराष्ट्र के रत्नागिरि और भंडारा जिलों का लौह अयस्क **मरमुगाओ बंदरगाह** से और कर्नाटक के कुद्रेमुख का लौह अयस्क **मंगलोर** बंदरगाह से निर्यात किया जाता है।

लौह अयस्क उत्पादक शीर्ष राज्य (2021-22)		
क्र.सं.	**राज्य**	**मात्रा %**
प्रथम	ओडिशा	53.82%
द्वितीय	छत्तीसगढ़	16.27%
तृतीय	कर्नाटक	15.88%
चतुर्थ	झारखण्ड	9.74%
स्रोत- IMBY-2020		

मैंगनीज

मैंगनीज एक काला, कठोर और **लोहे के समान** धातु है। लौह अयस्क के प्रगलन (Smelting) के लिए मैंगनीज एक महत्त्वपूर्ण कच्चा माल है। इसका उपयोग लोहे और मैंगनीज का मिश्रधातु बनाने, जंगरोधी इस्पात बनाने, शुष्क बैटरियों के निर्माण, चमड़ा उद्योग, माचिस उद्योग एवं काँच को रँगने में किया जाता है। देश में 90% **मैंगनीज** की प्राप्ति **धारवाड़ क्रम** की चट्टानों से की जाती है। धारवाड़ क्रम की चट्टानों में यह **साइलोमैलीन** और **ब्रोनाइट** अयस्क के रूप में पाया जाता है। 90% मैंगनीज की प्राप्ति इन्हीं दोनों अयस्कों से होती है। इसके अलावा पाइरोलुसाइट और मैंगेनाइट मैंगनीज के अन्य अयस्क हैं।

विश्व में दक्षिण अफ्रीका के बाद भारत के पास दूसरा सबसे बड़ा मैंगनीज अयस्क का भंडार है। देश में मध्य प्रदेश और महाराष्ट्र की सीमा पर सबसे महत्त्वपूर्ण मैंगनीज पेटी स्थित है, जोकि मध्य प्रदेश के **बालाघाट** और **छिंदवाड़ा जिलों** से लेकर महाराष्ट्र के **भंडारा जिले** तक विस्तृत है। ये दोनों राज्य मिलकर देश के लगभग 60% मैंगनीज का उत्पादन करते हैं। अकेले मध्य प्रदेश में देश का लगभग 33.50% मैंगनीज उत्पादित होता है।

प्रमुख मैंगनीज उत्पादक क्षेत्र

ओडिशा- केंदुझर, बोनाई, कालाहांडी और बोलनगीर जिला।

मध्य प्रदेश- बालाघाट, छिंदवाड़ा और झबुआ जिला।

महाराष्ट्र- नागपुर, भंडारा और रत्नागिरि जिला।

आंध्र प्रदेश- श्रीकाकुलम जिला।

कर्नाटक- धारवाड़, बेल्लारी (संदुर पहाड़ी), शिमोगा, चित्रदुर्ग और तुमकुर जिला।

तेलंगाना- आदिलाबाद जिला।

राजस्थान- उदयपुर और बाँसवाड़ा जिला।

मैंगनीज उत्पादक शीर्ष राज्य		
क्र.सं.	**राज्य**	**मात्रा %**
प्रथम	मध्य प्रदेश	33.50%
द्वितीय	महाराष्ट्र	27.14%
तृतीय	ओडिशा	19.01%
चतुर्थ	कर्नाटक	13.80%

मैंगनीज भण्डारक शीर्ष राज्य		
क्र.सं.	**राज्य**	**मात्रा %**
प्रथम	ओडिशा	34%
द्वितीय	कर्नाटक	24%
तृतीय	मध्य प्रदेश	12%
चतुर्थ	महाराष्ट्र	12%
स्रोत- IMBY-2020		

धात्विक खनिज और प्रमुख अयस्क	
धात्विक खनिज	**अयस्क**
लौह अयस्क	मैग्नेटाइट, हेमेटाइट, लिमोनाइट, सिडेराइट, लैटेराइट
मैंगनीज	मैग्नेटाइट, साइलोमैलीन, ब्रोनाइट, पाइरोलुसाइट
ताँबा	क्यूप्राइट, मैचेलाइट, एजुराइट, चेल्कोपाइराइट, चेल्कोसाइट, ब्रोनाइट
क्रोमाइट	सर्पेन्टाइट, ड्यूनाइट
सीसा	गैलेना
जस्ता	स्फेलेराइट, जिंकाइट, कैलेमीन, विलेमाइट, जिंकसल्फाइड
यूरेनियम	पिचब्लैंड, सामरस्काइट, थोरिया नाइट
एंटीमनी (सूरमा)	स्टिबनाइट
पारा	सिनेबार
अभ्रक	पिग्माटाइट, मस्कोबाइट, बायोटाइट, फ्लोगोबाइट।
टिन	कैसीटेराइट।

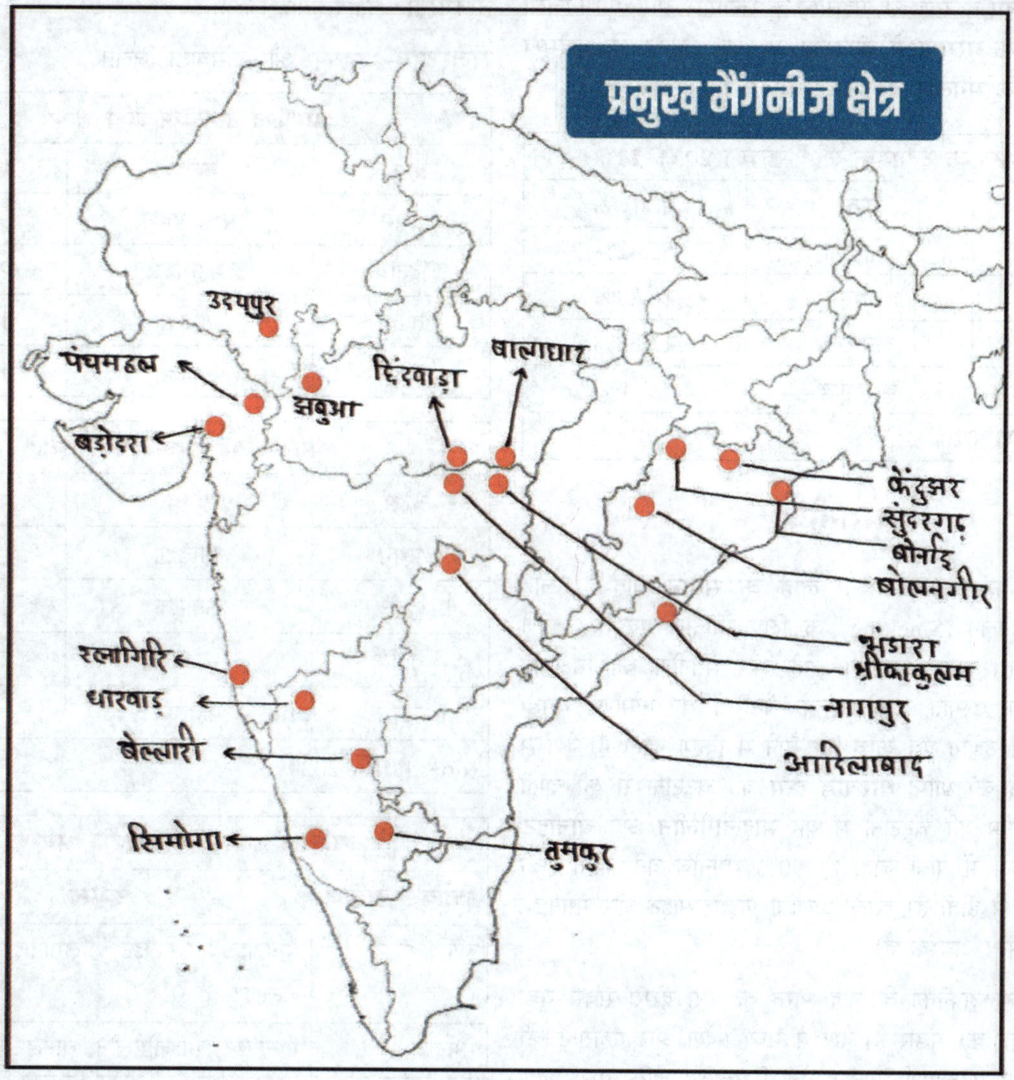

क्रोमाइट

भारत में क्रोमाइट का लगभग 95% भंडार **ओडिशा राज्य** में संचित है। ओडिशा के जाजपुर जिले में स्थित **सुकिंदा घाटी** क्षेत्र उच्च कोटि के क्रोमाइट उत्पादन के लिए प्रसिद्ध है। क्रोमियम धातु के उत्पादन के लिए क्रोमाइट सबसे महत्त्वपूर्ण अयस्क है। क्रोमाइट की प्राप्ति **डयूनाइट** तथा **सर्पेंटाइट** जैसी आग्नेय चट्टानों से होती है। वर्तमान में लगभग 99% क्रोमाइट उत्पादन ओडिशा राज्य में होता है। इसके अलावा महाराष्ट्र के भंडारा जिले में भी क्रोमाइट का उत्पादन किया जाता है।

टंगस्टन

भारत में टंगस्टन धातु का सर्वाधिक संचित भंडार **कर्नाटक** (42%) एवं **राजस्थान** (27%) राज्यों में है। राजस्थान का **डेंगाना क्षेत्र** टंगस्टन उत्पादन के लिए प्रसिद्ध है। टंगस्टन का उपयोग विद्युत बल्ब बनाने में किया जाता है। टंगस्टन एक ऐसी धातु है जिसमें एक निश्चित धारा प्रवाहित होने पर यह जलने लगता है, परंतु पिघलता नहीं है। इसलिए बल्ब में टंगस्टन का प्रयोग किया जाता है।

अलौह खनिज

बॉक्साइट, ताँबा, सोना, चाँदी, सीसा, अयस्क, जस्ता, टिन इत्यादि धात्विक खनिजों को अलौह खनिज की श्रेणी में रखा जाता है।

बॉक्साइट

बॉक्साइट, एल्युमिनियम का ऑक्साइड है। इसका प्रयोग एल्युमिनियम के निर्माण में किया जाता है और इसकी प्राप्ति मुख्य रूप से टर्शियरी युग में निर्मित लैटेराइट शैलों से होती है। बॉक्साइट में एल्युमिनियम की मात्रा 55-65% होती है। एल्युमिनियम एक हल्की, तन्य, जंग प्रतिरोधी एवं विद्युत की सुचालक (Cunductor) धातु होने के कारण सबसे उपयोगी धातुओं में से एक है। इसलिए इसका उपयोग विद्युत

उपकरण, स्वचालित वाहन और बर्तनों के निर्माण में किया जाता है। भारत में **ओडिशा** बॉक्साइट का सर्वाधिक उत्पादक राज्य है।

प्रमुख बॉक्साइट उत्पादक क्षेत्र

ओडिशा-कोरापुट जिले में पंचपतमाली पहाड़ी, कालाहांडी जिला, बोलंगीर जिला।

झारखंड- राँची, पलामू और लोहरदगा जिला।

मध्य प्रदेश- कटनी, जबलपुर, अमरकंटक और शहडोल जिला।

गुजरात- भावनगर, जामनगर जूनागढ़ और पोरबंदर जिला।

छत्तीसगढ़- अमरकंटक पठार और बिलासपुर जिला।

तमिलनाडु- शेवाराय हिल (सलेम जिला), जावादी हिल और नीलगिरि जिला।

महाराष्ट्र- कोलाबा और रत्नागिरि जिला।

बॉक्साइट भण्डारक शीर्ष राज्य

क्र.सं.	राज्य	मात्रा %
प्रथम	ओडिशा	51%
द्वितीय	आंध्र प्रदेश	16%
तृतीय	गुजरात	9%
चतुर्थ	झारखण्ड	6%

स्रोत- IMBY-2020

बॉक्साइट उत्पादक शीर्ष राज्य

क्र.सं.	राज्य	मात्रा %
प्रथम	ओडिशा	73.13%
द्वितीय	गुजरात	8.97%
तृतीय	झारखण्ड	8.04%
चतुर्थ	छत्तीसगढ़	4.30%

स्रोत- IMBY-2020

ताँबा

भारत में ताँबे का सर्वाधिक संचय अरावली पहाड़ी क्षेत्र में धारवाड़ संरचना के अंतर्गत हुआ है। अरावली क्षेत्र में झुंझुनू जिले (राजस्थान) में **खेतड़ी की खान** सैंधव काल से ही ताँबा उत्पादन के लिए प्रसिद्ध रही है। यह धारवाड़ क्रम की आग्नेय, अवसादी और रूपांतरित तीनों प्रकार की चट्टानों में **शिराओं** यानी **नसों** (Veins) के रूप में पाया जाता है। लचीला, तन्य और विद्युत का सुचालक होने के कारण ताँबे का प्रयोग बिजली के तार, ट्रांसफार्मर और जेनरेटर बनाने और इलेक्ट्रॉनिक्स उद्योग में किया जाता है। आभूषणों को मजबूत बनाने के लिए इसे स्वर्ण के साथ भी मिलाया जाता है। 24 कैरेट गोल्ड से कम शुद्धता वाले स्वर्ण आभूषणों में ताँबे का ही मिश्रण किया जाता है।

क्यूप्राइट, एजुराइट, चेल्कोपाइराइट और **मैचेलाइट** ताँबे के प्रमुख अयस्क हैं। भारत में ताँबे के कुल संचित भंडार में राजस्थान (53.81%) का प्रथम स्थान है। जबकि उत्पादन में मध्य प्रदेश (52%) का प्रथम स्थान है। हिन्दुस्तान कॉपर लिमिटेड (HCL) द्वारा सर्वाधिक ताँबे का उत्पादन किया जाता है।

मानव द्वारा उपयोग में लाई जाने वाली पहली धातु ताँबा ही है। भारत में जिन संस्कृतियों ने ताँबे का सर्वप्रथम प्रयोग किया, उन्हें ताम्र-पाषाणिक संस्कृतियाँ कहते हैं। पाषाण काल के बाद हड़प्पा सभ्यता के निवासियों ने ताँबे को टिन के साथ मिश्रित करके पहली बार **कांस्य धातु** का निर्माण किया।

प्रमुख ताँबा उत्पादक क्षेत्र

मध्य प्रदेश- मलाजखंड क्षेत्र (बालाघाट जिला)।

राजस्थान- खेतड़ी (झुंझुनू जिला), खो-दरीबा (अलवर जिला) और भीलवाड़ा जिला।

झारखंड- मोसाबानी, सोनामाखी, घाटशिला और पथरगोड्डा

सिक्किम- रंगपो, भोटांग और पाचेयखानी।

आंध्र प्रदेश- अग्निगुंडाला क्षेत्र (गुंटूर जिला), खम्माम।

महाराष्ट्र- चन्दरपुर।

कर्नाटक- हासन।

भारत में ताँबे के भंडार सीमित हैं, जबकि इसकी उपयोगिता काफी अधिक है। ताँबे अयस्कों में धातु का प्रतिशत कम मात्रा में होता है, इसलिए ताँबे का खनन एक खर्चीला कार्य है। चूँकि ताँबे का उत्पादन हमारी आवश्यकता से कम होता है, इसलिए भारत को संयुक्त राज्य अमेरिका, कनाडा और मैक्सिको से ताँबे का आयात करना पड़ता है।

ताँबा उत्पादक शीर्ष राज्य

क्र.सं.	राज्य	मात्रा %
प्रथम	मध्य प्रदेश	52%
द्वितीय	राजस्थान	42%
तृतीय	झारखण्ड	6%

स्रोत- IMBY-2020

ताँबा भण्डारक शीर्ष राज्य

क्र.सं.	राज्य	मात्रा %
प्रथम	राजस्थान	53.81%
द्वितीय	झारखण्ड	19.54%
तृतीय	मध्य प्रदेश	18.75%

स्रोत- IMBY-2020

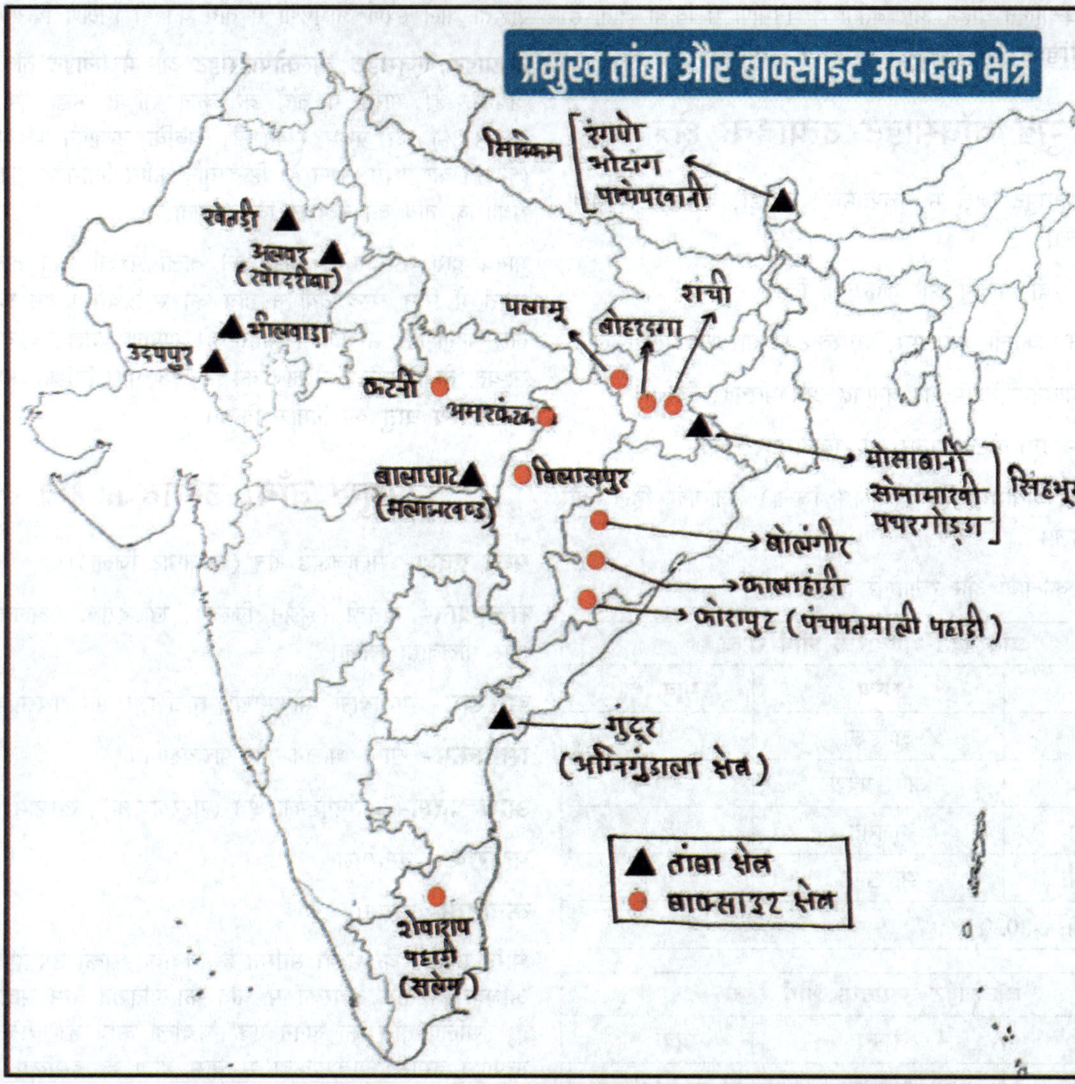

सोना

भारत में अधिकतर सोना (Gold) **धारवाड़ संरचना** के अंतर्गत आग्नेय और कायांतरित चट्टानों में नसों (Veins) के रूप में पाया जाता है। इसके अलावा भारत में सोना कुछ मात्रा में कणों के रूप में नदियों के रेत में भी पाया जाता है। नदी के अवसादी निक्षेप या बालू से प्राप्त सोने को **प्लेसर भंडार** या जलोढ़ सोना कहते हैं। झारखंड राज्य **(सिंहभूम जिला)** की **स्वर्णरेखा नदी** में प्लेसर सोना मिलता है। नदी में बालू से सोना निकालने की प्रक्रिया को पैनिंग (Panning) कहा जाता है।

'स्वर्ण अयस्क' अशुद्ध होता है और इसमें चाँदी एवं अन्य धातुएँ मिली रहती हैं। भारत में सोने के भंडारण और उत्पादन (99%) में **कर्नाटक** प्रथम राज्य है। कर्नाटक में सोने का उत्पादन **कोलार** (मैसूर जिला) और **हट्टी** (रायचूर जिला) की खानों से होता है। इसके अलावा आंध्र प्रदेश में अनंतपुर जिले में **रामगिरि की खान** से भी कुछ सोना प्राप्त होता है। हट्टी गोल्ड माइन कंपनी भारत की एकमात्रा सोना उत्पादक कंपनी है। इसे अंतरराष्ट्रीय मुद्रा भी कहा जाता है। आभूषण बनाने के अलावा स्वर्ण का उपयोग बैंकिंग लेन-देन में भी किया जाता है।

सोना भण्डारक शीर्ष राज्य	
क्र.सं.	**राज्य**
प्रथम	कर्नाटक (99%)
द्वितीय	राजस्थान
तृतीय	आंध्र प्रदेश
चतुर्थ	बिहार
स्रोत– IMBY-2020	

चाँदी

भारत में चाँदी की स्वतंत्र खानें नहीं हैं। यह सीसा और जस्ता के साथ या सोने के साथ मिश्रित रूप में पाई जाती है। भारत में चाँदी

का 99% उत्पादन **राजस्थान राज्य** में होता है। राजस्थान में चाँदी का उत्पादन उदयपुर जिले के **जावर क्षेत्र** और चित्तौड़गढ़ जिले की जस्ता खानों से किया है। इसके अलावा कर्नाटक में कोलार और हट्टी की खानों से आंध्र प्रदेश में कुडप्पा, गुंटूर एवं कुर्नूल जिलों से तथा झारखंड में सिंहभूम जिले से भी चाँदी का उत्पादन किया जाता है।

चाँदी उत्पादक शीर्ष राज्य		
क्र.सं.	**राज्य**	**मात्रा %**
प्रथम	राजस्थान	99%
द्वितीय	कर्नाटक	0.04%
स्रोत- IMBY-2020		

सीसा अयस्क

देश में सीसे का शत-प्रतिशत उत्पादन **राजस्थान राज्य** में होता है। यह परतदार चट्टानों के रंध्रों में **गैलेना अयस्क** के रूप में प्राप्त किया जाता है। सीसा प्राकृतिक अवस्था में जस्ता और चाँदी के साथ मिश्रित रूप में पाया जाता है। उदाहरण के लिए राजस्थान के **जावर क्षेत्र** से सीसा, जस्ता और चाँदी तीनों धातुएँ प्राप्त की जाती हैं।

सीसे का सर्वाधिक उपयोग **लौह-इस्पात उद्योग** में किया जाता है। सीसा अम्ल प्रतिरोधी और ऊष्मा की कुचालक धातु है। इस पर वायुमंडलीय क्षरण का भी प्रभाव नहीं पड़ता है। इसलिए लोहे की चादरों पर लेपन करने में भी इसका प्रयोग किया जाता है। ऊष्मा और विद्युत का कुचालक (Insulator) होने के कारण बहुत से उद्योगों में इसका प्रयोग किया जाता है।

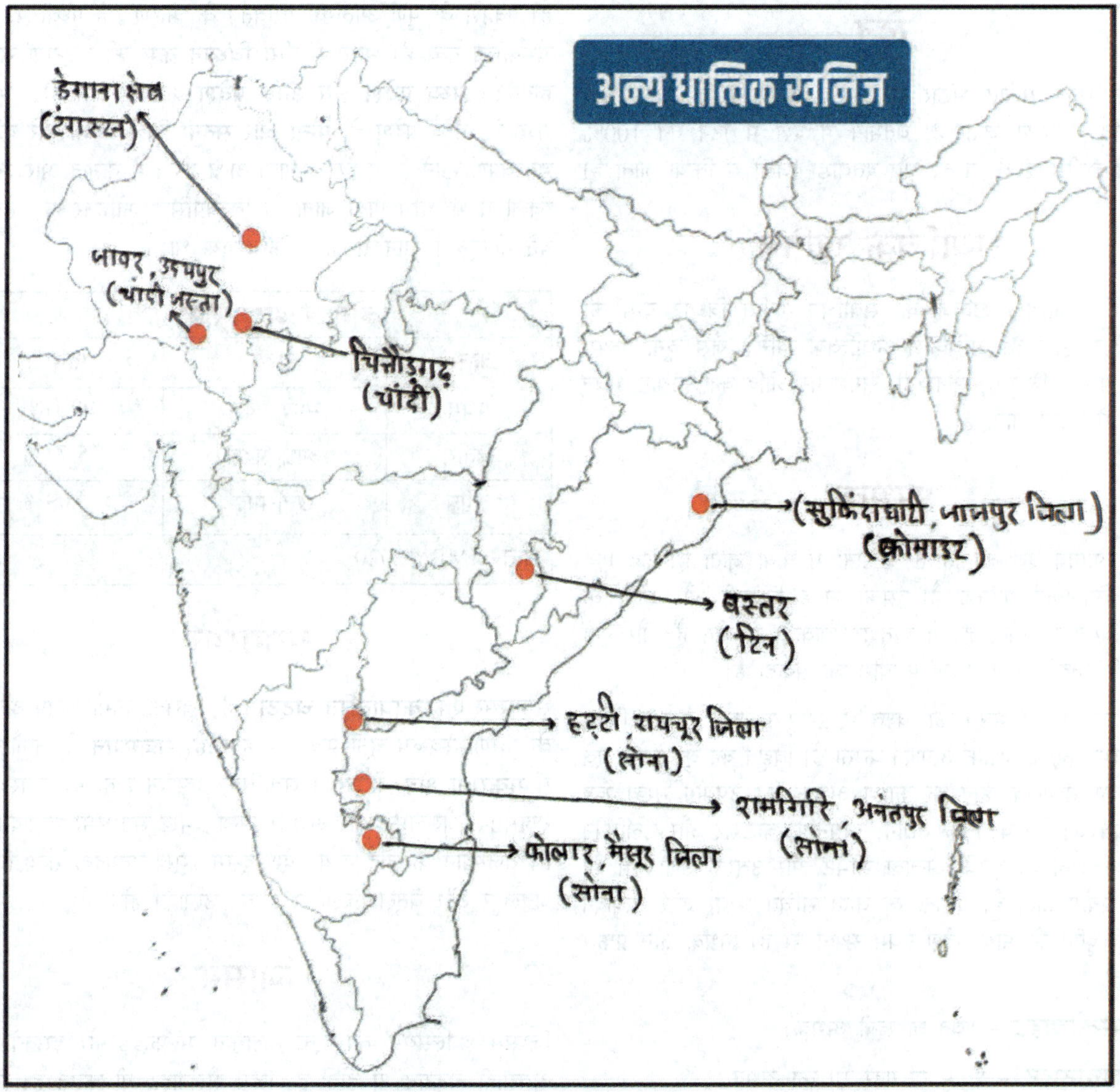

जस्ता

भारत में जस्ते का संपूर्ण उत्पादन (99%) **राजस्थान राज्य** के उदयपुर जिले में **जावर खान** से होता है। इसके अलावा उदयपुर जिले में ही मोछिया-मगरा क्षेत्र और चित्तौड़गढ़ जिला जस्ता उत्पादन के लिए प्रसिद्ध है। सीसा और जस्ता को **जुड़वा खनिज** कहा जाता है। जस्ता का प्रमुख स्रोत **स्फेलेराइट अयस्क** है, जोकि जिंक सल्फाइड, केलेमीन, जिंकाइट और विलेमाइट और गैलेना आदि अयस्कों के साथ मिश्रित रूप में पाया जाता है। जस्ते का सर्वाधिक उपयोग लोहे को जंगरोधी बनाने के लिए पालिश करने, मिश्र धातु (Metal Alloys), मोटर उपकरण, शुष्क बैटरियों और माचिस के निर्माण में किया जाता है। जस्ते को ताम्र के साथ मिलाने पर पीतल तैयार होता है।

जस्ता + ताँबा + निकिल = जर्मन सिल्वर

टिन

टिन के कुल संचित भंडार का 64% हरियाणा में और 36% छत्तीसगढ़ में पाया जाता है। वर्तमान में देश में टिन का 100% उत्पादन छत्तीसगढ़ के बस्तर और दंतेवाड़ा जिलों में किया जाता है।

अधात्विक खनिज

भारत में अधात्विक खनिजों की सर्वाधिक प्राप्ति विंध्यन क्रम की चट्टानों से होती है। अधिकांश अधात्विक खनिज जैसे चूना पत्थर, बलुआ पत्थर, जिप्सम, सेलखड़ी, संगमरमर आदि का उपयोग भवन निर्माण में किया जाता है।

अभ्रक

अभ्रक आग्नेय एवं कायांतरित चट्टानों में पाया जाता है। यह एक जटिल सिलिकेट यौगिक है। इसकी सतह चिकनी और मोती के समान चमकदार होती है। ये परतदार आकृति में होते हैं और इन्हें बहुत ही पतली-पतली परतों में चीरा जा सकता है।

अभ्रक उत्पादन में भारत का विश्व में प्रथम स्थान है। भारत विश्व का लगभग 60% अभ्रक उत्पादन करता है। विद्युत का कुचालक एवं ऊष्मा का सुचालक होने के कारण अभ्रक का उपयोग मुख्य रूप से विद्युत और इलेक्ट्रॉनिक उद्योग, डायनेमो, कंडेसर और टेलीफोन में किया जाता है। इसके अलावा सीमेंट और उर्वरक उद्योग में भी इसका प्रयोग होता है। अभ्रक के कुल संचित भंडार और उत्पादन दोनों ही दृष्टि से आंध्र प्रदेश प्रथम स्थान पर है। अभ्रक तीन प्रकार का होता है-

1. **मस्कोवाइट** - श्वेत या रूबी अभ्रक।
2. **बायोटाइट** - श्याम या गहरे रंग का अभ्रक।
3. **फ्लोगोवाइट** - पीला (पीत) अभ्रक।

प्रमुख अभ्रक उत्पादक क्षेत्र

झारखंड- झारखंड में **कोडरमा, गिरिडीह** और **हजारीबाग** जिलों में अभ्रक का उत्पादन होता है।

बिहार- झारखंड के कोडरमा क्षेत्र से सटे हुए **गया** और **नवादा** क्षेत्र में अभ्रक का उत्पादन होता है।

आंध्र प्रदेश- आंध्र प्रदेश के **नेल्लोर जिले** में सर्वोत्तम किस्म के अभ्रक का उत्पादन होता है।

राजस्थान- **जयपुर, उदयपुर** और **भीलवाड़ा** जिला।

हीरा

हीरा एक मूल्यवान खनिज और कार्बन का **अपरूप** है। यह कार्बन का सबसे **शुद्धतम** रूप और प्रकृति का सबसे कठोर तत्व माना जाता है। प्रकाश के पूर्ण आंतरिक परावर्तन के कारण यह पृथ्वी पर सबसे चमकीला तत्व है। भारत में हीरा **विंध्यन क्रम** की चट्टानों से प्राप्त होता है। **मध्य प्रदेश** और **आंध्र प्रदेश** क्रमशः शीर्ष हीरा भंडारक राज्य हैं। मध्य प्रदेश के **पन्ना** और **सतना** जिले में भी हीरे की कई महत्त्वपूर्ण खानें हैं। इसके अलावा आंध्र प्रदेश में कर्नूल और अनंतपुर जिलों में भी हीरा पाया जाता है। विश्वप्रसिद्ध कोहिनूर हीरा तेलंगाना की गोलकुंडा खान से प्राप्त किया गया था।

हीरा भण्डारक शीर्ष राज्य		
क्र.सं.	**राज्य**	**मात्रा :**
प्रथम	मध्य प्रदेश	90.18%
द्वितीय	आंध्र प्रदेश	5.72%
तृतीय	छत्तीसगढ़	4.09%
स्रोत- IMBY-2020		

संगमरमर

संगमरमर एक **कायांतरित चट्टान** है, जिसका निर्माण ताप और दाब के परिणामस्वरूप चूना पत्थर से हुआ है। **राजस्थान** के नागौर जिले में **मकराना क्षेत्र** में इसका सर्वाधिक उत्पादन होता है। राजस्थान में राजसमंद, जैसलमेर और अजमेर अन्य प्रमुख संगमरमर उत्पादक क्षेत्र हैं। राजस्थान के बाद मध्य प्रदेश दूसरा प्रमुख उत्पादक राज्य है। यहाँ जबलपुर और बैतूल जिलों में इसका उत्पादन होता है।

जिप्सम

जिप्सम कैल्सियम का एक जलकृत सल्फाइड है। इसकी प्राप्ति अवसादी चट्टानों में होती है, जिसे सैलेनाइट भी कहते हैं। जिप्सम का उपयोग मुख्यतः **उर्वरक निर्माण, सीमेंट निर्माण** और **प्लास्टर**

ऑफ पेरिस के निर्माण में किया जाता है। देश में जिप्सम का 99% उत्पादन **राजस्थान राज्य** में होता है। जम्मू-कश्मीर का जिप्सम उत्पादन में द्वितीय स्थान है।

प्रमुख जिप्सम उत्पादक क्षेत्र

राजस्थान- बीकानेर, जैसलमेर, बाड़मेर, नागौर और गंगानगर जिला।

जम्मू-कश्मीर- बारामूला, उरी और डोडा जिला।

तमिलनाडु- कोयम्बटूर और तिरुचिरापल्ली जिला।

जिप्सम उत्पादक शीर्ष राज्य	
क्र.सं.	**राज्य**
प्रथम	राजस्थान (99%)
द्वितीय	गुजरात
स्रोत- IMBY-2020	

डोलोमाइट

डोलोमाइट एक किस्म का चूना पत्थर होता है, जिसमें मैग्नीशियम का मिश्रण 10% से अधिक होता है। इसका उपयोग मुख्य रूप से **लौह-इस्पात उद्योग** में किया जाता है। डोलोमाइट का सर्वाधिक संचित भंडार **आंध्र प्रदेश** में है, जबकि वर्तमान में इसका सर्वाधिक 36% उत्पादन **छत्तीसगढ़** में किया जा रहा है।

प्रमुख डोलोमाइट उत्पादक क्षेत्र

आंध्र प्रदेश- कुडप्पा, कर्नूल और अनंतपुर जिला।

ओडिशा- कोरापुट और संभलपुर जिला।

छत्तीसगढ़- विलासपुर और दुर्ग जिला।

चूना पत्थर

चूना पत्थर का निक्षेप **अवसादी चट्टानों** में पाया जाता है। गोण्डवाना क्रम की चट्टानों को छोड़कर यह भारत में सभी शैल समूहों में पाया जाता है। चूना पत्थर के सर्वाधिक निक्षेप **कुडप्पा** एवं **विंध्यन** शैल समूहों में मिलते हैं। भारत में उत्पादित चूना पत्थर का सर्वाधिक 75% उपयोग **सीमेंट उद्योग** में किया जाता है। इसके बाद इसका दूसरा सर्वाधिक उपयोग **लौह-इस्पात उद्योग** में लौह-प्रगलन भट्टियों में किया जाता है।

चूना पत्थर के निक्षेप भारत के लगभग सभी राज्यों में पाए जाते हैं, लेकिन इसका सर्वाधिक संचित भंडार क्रमशः **कर्नाटक** (27%), **आंध्र प्रदेश** और **राजस्थान** (दोनों में 12%) में पाया जाता है।

चूना पत्थर उत्पादक शीर्ष राज्य		
क्र.सं.	**राज्य**	**मात्रा %**
प्रथम	राजस्थान	20.0%
द्वितीय	मध्य प्रदेश	13.0%
तृतीय	आंध्र प्रदेश/छत्तीसगढ़	12.0%
चतुर्थ	कर्नाटक	10.0%
स्रोत- IMBY-2020		

एस्बेस्टस

अग्नि के प्रति प्रतिरोधक शक्ति एस्बेस्टस का विशेष गुण है। इसका मुख्य उपयोग अग्निरोधी वस्तुएँ बनाने के लिए किया जाता है। **राजस्थान** एस्बेस्टस का सबसे बड़ा उत्पादक है। देश के कुल एस्बेस्टस उत्पादन में राजस्थान की भागीदारी 95% प्रतिशत है।

ग्रेफाइट

ग्रेफाइट को **काला सीसा** एवं **प्लम्बगो** भी कहा जाता है। कायांतरित शैलों से मिलने वाली कार्बनिक संरचना में ग्रेफाइट प्राप्त होता है। यह कार्बन से बना हुआ खनिज है। इसमें कार्बन अणुओं का बंध कमजोर होने के कारण यह आसानी से घिस जाता है। ग्रेफाइट का उपयोग **पेंसिलों की लेड** बनाने तथा **परमाणु रिएक्टरों** में मंदक के रूप में किया जाता है। **झारखंड** और **ओडिशा** ग्रेफाइट के मुख्य उत्पादक राज्य हैं, जबकि इसका सर्वाधिक संचित भंडार क्रमशः **अरुणाचल प्रदेश** (37%) एवं **जम्मू-कश्मीर** (32%) में है।

फास्फेट खनिज या रॉक फास्फेट

फॉस्फेट खनिज को **उर्वरक** के रूप में प्रयोग किया जाता है। इसका सर्वाधिक 92% उत्पादन **राजस्थान** राज्य में होता है। जबकि फास्फेट का सर्वाधिक संचित भंडार क्रमशः **झारखंड** (34%), **राजस्थान** (31%) और **मध्य प्रदेश** (19%) में पाया जाता है।

प्रमुख फास्फेट उत्पादक क्षेत्र

राजस्थान - उदयपुर। **मध्य प्रदेश** - झबुआ और छतरपुर।

उत्तर प्रदेश - ललितपुर। **उत्तराखण्ड** - देहरादून।

रॉक फॉस्फेट उत्पादक शीर्ष राज्य		
क्र.सं.	**राज्य**	**मात्रा %**
प्रथम	राजस्थान	92.0%
द्वितीय	मध्य प्रदेश	7.13%
स्रोत- IMBY-2020		

वैश्विक खनिज उत्पादन में भारत (2019-20) का स्थान		
खनिज	भारत का स्थान	विश्व उत्पादन में योगदान (% में)
लौह अयस्क	चतुर्थ	8.09
कोयला एवं लिग्नाइट	द्वितीय	9.1
कच्चा तेल	26वाँ	0.71
मैंगनीज अयस्क	7वाँ	5.13
एल्युमिनियम (प्राथमिक)	तृतीय	5.78
ताँबा (रिफाइंड)	13वाँ	1.69
बॉक्साइट	पाँचवाँ	6.29
एल्युमिना	चतुर्थ	5.12
क्रोमाइट	तृतीय	10.18

वैश्विक खनिज उत्पादन में भारत (2019-20) का स्थान		
खनिज	भारत का स्थान	विश्व उत्पादन में योगदान (% में)
बाइराइट	द्वितीय	13.40
जिंक	चतुर्थ	3.82
स्टील (कच्चा/द्रव)	द्वितीय	5.89
सीमेंट	द्वितीय	8.29
ग्रेफाइट (प्राकृतिक)	द्वितीय	-
रॉक फॉस्फेट/एपेटाइट	16वाँ	0.62
सीसा (Refined)	चतुर्थ	4.79
मैग्नेसाइट	17वाँ	0.33

कायनाइट

यह एक तापरोधी और गलनरोधी खनिज तत्व है, जिसका प्रयोग **तापरोधक उपकरणों** के अलावा सीसा, सीमेंट एवं चीनी मिट्टी उद्योग में किया जाता है। भारत, अमेरिका के बाद कायनाइट का **दूसरा सबसे बड़ा उत्पादक देश** है। कायनाइट का सर्वाधिक संचित भंडार **तेलंगाना** (46%) में है। इसके अलावा **झारखंड** (सिंहभूम जिला) एवं **महाराष्ट्र** में भी इसके संचित भंडार हैं।

कुछ अन्य खनिज भण्डार एवं उनके उत्पादक क्षेत्र (2019-20)			
खनिज	मुख्य भण्डार	मुख्य उत्पादक	क्षेत्र
निकेल	ओडिशा, झारखण्ड एवं नागालैण्ड	ओडिशा एवं झारखण्ड	कटक (सुकिण्डा क्षेत्र), क्योंझर
फ्लोराइट	गुजरात, राजस्थान एवं छत्तीसगढ़	गुजरात एवं महाराष्ट्र	गुजरात एवं राजस्थान
गार्नेट	तमिलनाडु, आंध्र प्रदेश एवं ओडिशा	आंध्र प्रदेश एवं ओडिशा	गंजम (ओडिशा), श्रीकाकुलम
एपेटाइट	पश्चिम बंगाल, झारखण्ड एवं मेघालय	पश्चिम बंगाल	विशाखापट्टनम (आंध्र प्रदेश), पुरुलिया (पश्चिम बंगाल)
फेल्सपार	राजस्थान, तेलंगाना एवं आंध्र प्रदेश	राजस्थान एवं तेलंगाना	
सल्फर	जम्मू एवं कश्मीर	ओडिशा, केरल एवं हरियाणा	
फायरक्ले (अग्नि सह-मिट्टी)	गोण्डवाना तथा टर्शियरी कोयला संस्तरों में	गुजरात, आंध्र प्रदेश एवं महाराष्ट्र	झरिया (झारखण्ड) एवं रानीगंज (पश्चिम बंगाल)
पाइराइटस	बिहार, राजस्थान एवं कर्नाटक	बिहार एवं राजस्थान	
सिलीमेनाइट	तमिलनाडु एवं ओडिशा	आंध्र प्रदेश एवं ओडिशा	
पाइरोफाइलाइट	मध्य प्रदेश, ओडिशा एवं उत्तर प्रदेश	आंध्र प्रदेश एवं राजस्थान	
एंडेलुसाइट	उत्तर प्रदेश एवं झारखण्ड	उत्तर प्रदेश	
टॉल्क/सॉपस्टोन/ स्टीयटाइट	राजस्थान, उत्तराखण्ड एवं आंध्र प्रदेश	राजस्थान एवं आंध्र प्रदेश	

सिलिमेनाइट

यह तापरोधी खनिज है। इसका उपयोग आटोमोबाइल उद्योग, सीसा उद्योग और सीमेंट उद्योग में **तापरोधक सामग्री** बनाने हेतु किया जाता है। आर्थिक दृष्टि से उपयोगी सिलिमेनाइट खनिज के निक्षेप केवल भारत में ही मिलते हैं। इसके उत्पादन में **भारत का प्रथम स्थान** है। भारत में इसका सर्वाधिक (50%) उत्पादन **ओडिशा** राज्य में होता है।

स्टेटाइट या सेलखड़ी

स्टेटाइट (Steatite) को **सेलखड़ी** या **घीयापत्थर** भी कहते हैं। चीन के बाद **भारत** विश्व में स्टेटाइट का **दूसरा सबसे बड़ा उत्पादक देश** है। भारत में इसका सर्वाधिक संचित भंडार **राजस्थान** राज्य में पाया जाता है।

लवण

नमक यानी सोडियम क्लोराइड की प्राप्ति दो रूपों में होती है-

a. चट्टानों से सेंधा नमक के रूप में।

b. समुद्री जल या खारे पानी वाले झील से सौर्यिक वाष्पीकरण द्वारा।

गुजरात, महाराष्ट्र और तमिलनाडु सागरीय जल से नमक उत्पादन के प्रमुख तटवर्ती क्षेत्र हैं। इसके अलावा राजस्थान में जयपुर की **सांभर झील**, जोधपुर की **डीडवाना** और **पंचप्रदा झील**, बीकानेर की **लूणकरणसर** की नमकीन झीलों से भी नमक का उत्पादन किया जाता है। वर्ष 2021-22 में देश में 266 लाख टन नमक का उत्पादन किया गया था। इसमें से **सर्वाधिक** 85% नमक का उत्पादन **गुजरात राज्य** में हुआ था। 17.2% नमक उत्पादन के साथ **तमिलनाडु** राज्य का दूसरा स्थान है, जबकि 16.90% नमक उत्पादन के साथ **राजस्थान** का तीसरा स्थान है।

रॉक साल्ट (सेंधा नमक) हिमाचल प्रदेश के **मंडी जिले** से निकाला जाता है। देश में उत्पादित नमक का 70% भाग खाने के लिए प्रयोग किया जाता है और शेष विभिन्न उद्योगों में इस्तेमाल होता है।

बाइराइट्स

बाइराइट्स या बेराइट बेरियम सल्फेट का खनिज है। दुनिया भर में बेराइट का 90% उत्पादन **पेट्रोलियम कुओं की ड्रिलिंग** के समय काम में आता है। विश्व के 13.50% बेराइट उत्पादन के साथ **भारत** विश्व में **दूसरे स्थान** पर है। भारत में बेराइट का लगभग 94% संचित भंडार अकेले **आंध्र प्रदेश** में है। आंध्र प्रदेश के कडप्पा जिले में स्थित **मंगमपेट भंडार** विश्व का विशालतम बेराइट भंडार है।

देश की प्रमुख खानें और खनिज

प्रमुख खानें		खनिज
केन्दुझर, बोनाई, कालाहाण्डी	-	मैंगनीज
बालाघाट जिला (मध्य प्रदेश)	-	मैंगनीज, ताँबा
भण्डारा जिला (महाराष्ट्र)	-	मैंगनीज, लोहा
नागपुर जिला (महाराष्ट्र)	-	मैंगनीज
श्रीकाकुलम (आंध्र प्रदेश)	-	मैंगनीज
संदुर पहाड़ी (बेलारी)	-	मैंगनीज, लोहा
गोवा	-	मैंगनीज, लोहा
मलाजखण्ड (बालाघाट)	-	ताँबा
खेतड़ी, खोदरीबा	-	ताँबा (अलवर जिला)
झुंझनू, अलवर, भीलवाड़ा	-	ताँबा
उदयपुर	-	ताँबा
मोसाबानी (सिंहभूम)	-	ताँबा
भोटांग, पाचेयखानी (सिक्किम)	-	ताँबा
रंगपो (सिक्किम)	-	ताँबा
तटवर्ती केरल, नीलगिरि क्षेत्र	-	थोरियम
कांगड़ा (हिमाचल)	-	एंटीमनी (स्टिबनाइट)
मुरी (झारखंड)	-	बाक्साइट
कोरापुट (ओडिशा)	-	बाक्साइट
पंचपतमाली पहाड़ी (ओडिशा)	-	बाक्साइट
अमरकंटक (मध्य प्रदेश)	-	बाक्साइट
शहडोल, सरगुजा (मध्य प्रदेश)	-	बाक्साइट
रांची, पलामू, लोहरदगा	-	बाक्साइट
पालनी, जावादी, शेवाराय की पहाड़ियाँ (तमिलनाडु)	-	बाक्साइट
सलेम (तमिलनाडु)	-	मैग्नेटाइट, बाक्साइट
रत्नागिरि (महाराष्ट्र)	-	लोहा, बाक्साइट
किरिबुरु (झारखण्ड)	-	लौह अयस्क
भण्डारा जिला (महाराष्ट्र)	-	लौह अयस्क
भड़ौच (गुजरात)	-	चाँदी
जावर क्षेत्र (उदयपुर जिला)	-	सीसा-जस्ता-चाँदी
रामगिरि की खान (आंध्र प्रदेश)	-	सोना
सुकिन्दा घाटी (ओडिशा)	-	क्रोमाइट

बस्तर जिला (छत्तीसगढ़)	–	टिन
पन्ना और सतना जिले	–	हीरा
कर्नूल जिला (आंध्र प्रदेश)	–	हीरा
हजारीबाग, सिंहभूम और कोडरमा	–	अभ्रक
नेल्लोर (आंध्र प्रदेश)	–	अभ्रक
जावर क्षेत्र	–	सीसा-जस्ता
भोटांग-पाचेयखानी (सिक्किम)	–	सीसा-जस्ता
रामपुरा-आगूचा (राजस्थान)	–	सीसा-जस्ता
हनुमानगढ़, बीकानेर, जैसलमेर	–	जिप्सम
डोडा जिला (जम्मू)	–	जिप्सम
कोयंबटूर, चिंगलपेट	–	जिप्सम
तिरूनेवेल्ली (तमिलनाडु)	–	ग्रेफाइट
कालाहाण्डी	–	ग्रेफाइट
जादूगोड़ा (सिंहभूम)	–	यूरेनियम
बगजाता (झारखण्ड)	–	यूरेनियम
भीलवाड़ा, बूंदी, उदयपुर	–	यूरेनियम

खनन उद्योग की समस्याएँ
(Problems of Mining Industry)

खनिज संपदा में समृद्ध होने के बावजूद भारत में खनन उद्योग अनेक समस्याओं से ग्रसित हैं, जोकि निम्नलिखित हैं-

- देश में खनिजों के **निष्कर्षण और प्रसंस्करण करने की समुचित नीति का अभाव** है। अनेक पट्टेदार अधिक लाभ कमाने के लोभ में खनन की अवैज्ञानिक तकनीकों का इस्तेमाल करते हैं, जिससे खनिजों का अपव्यय (Wastage) अधिक होता है और साथ में पर्यावरण को भी नुकसान पहुँचता है।
- देश में खनिजों को निकालने और उनका प्रसंस्करण करने में जिस प्रौद्योगिकी का प्रयोग किया जाता है, वह काफी पुरानी और पिछड़ी हुई है। भारत जैसे देश में तकनीकी शिक्षा की पर्याप्त व्यवस्था न होने से यहाँ **खनन उद्योग में प्रशिक्षित श्रमिकों की कमी** है। इससे खनिजों का उत्पादन अपेक्षाकृत कम और नुकसान अधिक होता है। खनन में दुर्घटना की संभावना भी बढ़ जाती है।
- देश में **खनिजों का स्थानिक वितरण** समान नहीं है। खनिज पेटियाँ कुछ सीमित क्षेत्रों में ही संकेन्द्रित हैं। उदाहरण के लिए देश के आधारभूत ऊर्जा स्रोत के रूप में कोयला केवल उत्तर-पूर्वी संसाधन प्रदेश में ही पाया जाता है। अतः इन खनिजों को संबंधित उद्योगों तक पहुँचाने में परिवहन लागत बढ़ जाती है।
- औपनिवेशिक काल से ही कच्चे खनिजों को विदेशी बाजारों में भेजकर लाभ कमाने का उद्देश्य रहा है। खनिजों को अशुद्ध रूप में निर्यात करने से न केवल अंतरराष्ट्रीय बाजार में उनका कम मूल्य मिलता है, बल्कि देश खनिज प्रसंस्करण से उत्पन्न लाभों और रोजगार आदि से भी वंचित रह जाता है।

अधिकांश खनिज संसाधन समाप्त होने योग्य हैं, क्योंकि इनके निर्माण में काफी लंबा समय लगता है। खनिजों के मूल्य और उनकी मात्रा में विपरीत संबंध है। अच्छे गुण और मूल्य वाले खनिज बहुत कम मात्रा में पाए जाते हैं, साथ ही इन खनिजों के क्षेत्र बिखरे हुए हैं। इसलिए इनका निष्कर्षण आर्थिक रूप से तभी लाभदायक होता है, जब वे पर्याप्त मात्रा में उपलब्ध हों और इनका निष्कर्षण करना अधिक खर्चीला न हो।

भारत में अधिकांश खनिज पेटियाँ केवल दक्षिणी भारत और उत्तर-पूर्वी संसाधन प्रदेश में ही पाई जाती हैं। यद्यपि हिमालय में विभिन्न प्रकार के शैल समूह पाए जाते हैं, जो धात्विक और अधात्विक खनिजों से समृद्ध हैं। लेकिन हिमालय की भूवैज्ञानिक संरचना जटिल होने के कारण, किसी एक अवस्थिति पर केवल थोड़ी मात्रा में खनिज मिलने के कारण तथा दुर्गम क्षेत्र होने के कारण यहाँ खनिजों का दोहन आर्थिक दृष्टि से लाभदायक नहीं है।

- यहाँ खनिजों के संरक्षण (Conservation) और उनके अपव्यय (Wastage) को रोकने पर कम ध्यान दिया जाता है, जिससे देश के आर्थिक हितों का नुकसान होता है।
- भारत में अधिकतर कोयला खदानें 'विवृत्त खदानें' (खुली हुई) हैं, जिससे समूचा क्षेत्र ही बीहड़ भूमि में परिवर्तित हो जाता है। खनन उद्योग में पर्यावरण संबंधी मानकों को कड़ाई से लागू नहीं किया जाता है। अधिकांश खदानें भ्रष्ट खननकर्ताओं द्वारा खनन समाप्त होने के बाद बिना समतल किए और बिना पर्याप्त उपचार किए ही छोड़ दी जाती हैं, जिसे परित्यक्त भूमि (Abandoned Area) कहते हैं, जोकि पर्यावरण विनाश का कारण बनता है। यदि समतलीकरण और सिंचाई द्वारा वनारोपण के माध्यम से इसका उपचार नहीं किया गया तो इससे मृदा प्रदूषण, भूमिगत जल प्रदूषण एवं वन क्षेत्रों में आग लगने जैसी समस्याएँ उत्पन्न होंगी।

खनिज संसाधनों का संरक्षण
(Conservation of Mineral Resources)

खनिजों के उपभोग की तुलना में भूगर्भ में इनके निर्माण की प्रक्रियाएँ इतनी धीमी हैं कि उन्हें दोबारा निर्मित होने में लाखों वर्षों का समय

लग सकता है। इसलिए खनिज संसाधन समाप्त होने योग्य अर्थात् **अनवीकरणीय संसाधन** हैं। खनिजों का भंडार समाप्त हो जाने के बाद उन्हें दोबारा उत्पन्न नहीं किया जा सकता। खनिज संसाधनों पर वर्तमान पीढ़ी के साथ-साथ भावी पीढ़ियों का भी अधिकार है। अतः इनके दुरुपयोग को रोकना एवं भावी पीढ़ियों के लिए इनका संरक्षण करना हमारा नैतिक एवं सामाजिक कर्तव्य है।

- खनन क्रिया में अपव्यय को रोकना और अपशिष्ट पदार्थों का समुचित उपयोग करना संरक्षण की दिशा में आवश्यक कदम है। खनन क्षेत्र में ऐसी प्रौद्योगिकी को विकसित किए जाने की आवश्यकता है, जिससे खनिजों के अपव्यय को रोका जा सके।
- **धातुओं का पुनर्चक्रण** खनिजों को संरक्षित करने की दिशा में प्रभावी कदम हो सकता है। कुछ धातुओं जैसे लोहा, एल्युमिनियम, ताँबा और टिन आदि के पुनर्चक्रण से खनिजों को संरक्षित करने और उनके अपशिष्ट पदार्थों को घटाने में मदद मिल सकती है। जापान इसका एक अच्छा उदाहरण प्रस्तुत करता है। वह दूसरे देशों से स्क्रैप लोहे (रद्दी लोहा) को खरीद लेता है और अपने लौह-इस्पात उद्योग के लिए उसका पुनर्चक्रण करता है। **वस्तुतः बचाए हुए संसाधन ही निर्मित संसाधन** हैं।
- दुर्लभ खनिजों को बचाने के लिए एक उपाय यह हो सकता है कि उनके स्थान पर अन्य मिलते-जुलते खनिजों को जो बहुलता से पाए जाते हैं, उनको उपयोग में लाया जाए। नए शोधों द्वारा ऐसे दुर्लभ खनिजों के **प्रतिस्थापन खनिजों** (Substitute) को खोजने और विकसित करने की आवश्यकता है। इससे दुर्लभ खनिजों को संरक्षित करने में मदद मिलेगी।
- एक ही खदान में गहराई तक खनिजों के लगातार उत्खनन से लागत बढ़ती जाती है, क्योंकि खदानों की गहराई बढ़ने के साथ खनिजों की गुणवत्ता और उनका मूल्य घटता जाता है।
- हमारी पदार्थ आधारित सभ्यता का जीवित रहना इस बात पर निर्भर है कि प्रकृति को मूल रूप से बनाए रखने और अपने संसाधनों को संरक्षित रखने की हमारी क्षमता कितनी है।

OOO

15

भारत : ऊर्जा संसाधन

ऊर्जा आधुनिक औद्योगिक और आर्थिक विकास का आधार है। सूर्य ऊर्जा का सबसे प्रधान स्रोत है। सौर्यिक ऊर्जा ही पृथ्वी पर जीवन को संचालित करती है। पृथ्वी पर ऊर्जा के जितने भी स्रोत विद्यमान हैं, वे सभी प्रत्यक्ष-परोक्ष रूप से सौर्यिक ऊर्जा के ही रूप हैं।

पृथ्वी के भीतर दबे हुए **जीवाश्म ईंधन** (Fossil Fuel) **जैसे- कोयला, पेट्रोलियम और प्राकृतिक गैस** सौर्यिक ऊर्जा (Solar Energy) के ही परिवर्तित रूप हैं। बहते हुए जल और पवन ऊर्जा का कारण भी सूर्य है। नाभिकीय ऊर्जा (Nuclear Energy) को छोड़ दिया जाए तो पृथ्वी पर ऊर्जा के जितने भी रूप और स्रोत विद्यमान हैं, वे सभी सूर्य के कारण ही हैं। पृथ्वी पर विद्यमान ऊर्जा स्रोतों को कई आधारों पर वर्गीकृत किया गया है-

परंपरागत और गैर परंपरागत ऊर्जा स्रोत

ऊर्जा संसाधन

- **परंपरागत ऊर्जा संसाधन**
  - कोयला
  - पेट्रोलियम
  - प्राकृतिक गैस
  - परमाणु ऊर्जा
  - जल ऊर्जा
- **गैर परंपरागत ऊर्जा संसाधन**
  - सौर ऊर्जा
  - पवन ऊर्जा
  - ज्वारीय ऊर्जा
  - तरंग ऊर्जा
  - भूतापीय ऊर्जा
  - बायो गैस ऊर्जा
  - बायोमास ऊर्जा
  - लघु पनबिजली ऊर्जा
  - समुद्र तापीय ऊर्जा

प्रदूषणकारी ऊर्जा संसाधन

अप्रदूषणकारी ऊर्जा संसाधन

कोयला, पेट्रोलियम, प्राकृतिक गैस, परमाणु ऊर्जा तथा जल शक्ति को **परंपरागत ऊर्जा स्रोत** (Traditional Energy Sources) के अंतर्गत रखा जाता है। इनमें से जल शक्ति को छोड़ दिया जाए तो **कोयला, पेट्रोलियम और प्राकृतिक गैस** जैसे जीवाश्म ईंधन प्रदूषण के कारक हैं और पर्यावरण को विषाक्त बनाते हैं। रेडियोधर्मी गुण के कारण **परमाणु ईंधन** भी पर्यावरण के लिए बड़ा खतरा है, लेकिन इसके बावजूद आज भी पृथ्वी के भीतर दबे हुए जीवाश्म ईंधन विश्व में ऊर्जा के प्रधान स्रोत बने हुए हैं। भारत में विद्युत की कुल स्थापित क्षमता का लगभग **58% तापविद्युत** के रूप में जीवाश्म ईंधनों से ही प्राप्त हो रहा है।

जबकि सौर ऊर्जा, पवन ऊर्जा, लघु बिजली, ज्वारीय ऊर्जा, भूतापीय ऊर्जा, तरंग ऊर्जा, समुद्र तापीय ऊर्जा, बायोमास ऊर्जा इत्यादि को **गैर परंपरागत ऊर्जा स्रोत** (Non-Traditional Energy Sources) के अंतर्गत रखा जाता है। ये सभी स्वच्छ ऊर्जा के रूप हैं, क्योंकि इनके उत्पादन और उपभोग से प्रदूषण का खतरा नहीं होता है। ऊर्जा के गैर परंपरागत स्रोत भी पृथ्वी पर पहले से विद्यमान हैं, लेकिन वाणिज्यिक रूप से इनका दोहन आधुनिक वैज्ञानिक विकास के कारण संभव हो सका है।

इसी प्रकार ऊर्जा संसाधनों को नवीकरणीय और अनवीकरणीय स्रोतों के रूप में भी विभाजित किया जाता है-

ऊर्जा संसाधन

- **नवीकरणीय संसाधन**
  - सौर ऊर्जा
  - पवन ऊर्जा
  - भूतापीय ऊर्जा
  - ज्वारीय ऊर्जा
  - जलविद्युत ऊर्जा
- **अनवीकरणीय संसाधन**
  - कोयला
  - पेट्रोलियम
  - प्राकृतिक गैस
  - परमाणु ऊर्जा

नवीकरणीय ऊर्जा स्रोत (Renewable Energy Sources) - ऐसे ऊर्जा स्रोत जिनका सतत् रूप से इस्तेमाल किया जा सकता है और जो कभी समाप्त नहीं होंगे उन्हें 'नवीकरणीय ऊर्जा' स्रोत कहते हैं। इन्हें अक्षय ऊर्जा (Renewable Energy) स्रोत भी कहते हैं। जैसे- **सौर ऊर्जा, पवन ऊर्जा, जलविद्युत, बायोगैस, ज्वारीय ऊर्जा, तरंग ऊर्जा, समुद्र तापीय ऊर्जा** और **भू-तापीय ऊर्जा।**

अनवीकरणीय ऊर्जा स्रोत (Non-Renewable Energy Sources)- ऐसे ऊर्जा स्रोत जो पृथ्वी पर सीमित मात्रा में विद्यमान हैं और भविष्य में कभी भी समाप्त हो सकते हैं, उन्हें **'अनवीकरणीय ऊर्जा'** स्रोत या **'समाप्य ऊर्जा'** संसाधन कहते हैं। उदाहरण के लिए कोयला, पेट्रोलियम, प्राकृतिक गैस जैसे- **जीवाश्म ईंधन** और **परमाणु ईंधन।**

कोयला (Coal)

कोयला मुख्यतः हाइड्रोकार्बन से निर्मित एक ठोस जीवाश्म खनिज है, जिसका प्रयोग ईंधन के तौर पर किया जाता है। इसे **'काला हीरा'** भी कहते हैं। भारत में कोयला मुख्य रूप से गोण्डवाना और टर्शियरी काल की शैलों में पाया जाता है।

- भारत **विश्व का तीसरा सबसे बड़ा** कोयला उत्पादक देश है जबकि कोयला भंडार में भारत विश्व में पाँचवें स्थान पर है। कोयला भारत में **वाणिज्यिक ऊर्जा** का सबसे प्रमुख साधन है और वर्तमान में यह देश की ऊर्जा आवश्यकताओं का अधिकांश भाग पूरा करता है।
- देश में उत्पादित कोयले का सर्वाधिक **70% भाग ताप विद्युत गृहों** में खपत किया जाता है। ताप विद्युत के रूप में देश की वाणिज्यिक ऊर्जा खपत में कोयले का योगदान लगभग **58%** है।
- ताप विद्युत गृहों के बाद कोयले का दूसरा सर्वाधिक उपयोग **लौह इस्पात** उद्योग में कोक के रूप में किया जाता है। इस्पात बनाने की पूरी प्रक्रिया कोयले पर आधारित है। कोयले में विद्यमान वाष्पशील गैसों को कोयला शोधनशालाओं में जलाकर उच्च दहन क्षमता वाला **कोकिंग कोयला** प्राप्त किया जाता है, जिसका इस्तेमाल लौह-इस्पात कारखानों में होता है।

विशिष्ट तथ्य

- देश में आधुनिक तरीके से कोयला निकालने का प्रथम प्रयास 1744 ई. में **रानीगंज कोयला क्षेत्र** (पश्चिम बंगाल) में किया गया। उन्नीसवीं शताब्दी में भारत में रेलवे के विस्तार से कोयला खदानों में वृद्धि हुई।
- 1956 में कोयला उत्खनन (Excavation) प्रक्रिया को आधुनिक बनाने के लिए 'राष्ट्रीय कोयला विकास निगम' की स्थापना की गई, लेकिन भारत में कोयला उत्पादन में वास्तविक वृद्धि तब हुई जब 1972 में कोयला खदानों का **राष्ट्रीयकरण** किया गया और 1975 में **कोल इंडिया लिमिटेड (CIL)** की स्थापना की गई।
- कोयले का निर्माण भूगर्भीय हलचलों के कारण वनस्पतियों के पृथ्वी के भीतर दबने और लाखों वर्षों तक **ताप** और **दाब** के कारण उनकी संरचना में परिवर्तन के कारण हुआ है। इसलिए कोयले की गहराई, संपीडन की मात्रा और अवसादीकरण की अवधि के आधार पर कोयला अलग-अलग रूपों में पाया जाता है।

- देश में उत्पादित कोयले के 5% भाग का उपयोग सीमेंट उद्योग में किया जाता है। इसके अलावा कोयला **नेफ्था** और **अमोनिया** का भी एक महत्त्वपूर्ण स्रोत है।
- कोयला एक अत्यधिक प्रदूषणकारी जीवाश्म ईंधन है, जो वायु प्रदूषण और ग्रीन हाउस गैसों के उत्सर्जन (GHG) में वृद्धि करता है। कोयला दहन से भारी मात्रा में कार्बन-डाई-ऑक्साइड, सल्फर-डाई-ऑक्साइड, नाइट्रोजन ऑक्साइड और कणिका पदार्थ का उत्सर्जन (Emissions) होता है, जो जलवायु परिवर्तन, अम्ल वर्षा, धूम्र कोहरा (Smog) और श्वसन रोग के लिए उत्तरदायी हैं।
- कोयले की ऊष्मीय क्षमता **कार्बन की मात्रा** पर निर्भर करती है। कोयले में कार्बन की मात्रा जितनी अधिक होगी उसकी **ऊष्मीय क्षमता** और **गुणवत्ता** उतनी ही अधिक होगी और जलने के बाद राख की मात्रा कम होगी। कोयले में कार्बन की मात्रा में कमी आने पर **ऊष्मीय क्षमता** घट जाती है और धुएँ तथा राख की मात्रा बढ़ जाती है।
- पृथ्वी के भीतर कोयला जितनी ही अधिक गहराई में दबा होगा वह उतना ही अधिक तापमान से प्रभावित होगा, जिस कारण उसमें नमी की मात्रा कम होगी और **ऊष्मीय मान** (Caloritic Value) अधिक होगा।

कार्बन की मात्रा के आधार पर कोयला चार प्रकार का होता है-

1. **एन्थ्रासाइट-** यह **सर्वोत्तम कोटि** वाला कठोर कोयला है, जिसमें कार्बन की मात्रा **80-95%** तक होती है। इसमें नमी तथा वाष्पशील पदार्थ की मात्रा बहुत कम होती है। यह लंबे समय तक जलता है और दहन के बाद राख भी कम बचती है। इस कोयले में ऊष्मीय मान अधिक होने के कारण यह **नीली रोशनी** के साथ जलता है, लेकिन यह भारत में बहुत कम मात्रा में पाया जाता है। भारत में उपलब्ध कुल कोयला भंडार में एन्थ्रासाइट का हिस्सा केवल 2% है। एन्थ्रासाइट कोयला भारत में **टर्शियरी क्रम** की चट्टानों के अंतर्गत कश्मीर क्षेत्र के **कालाकोट** में पाया जाता है।
2. **बिटुमिनस कोयला-** यह द्वितीय कोटि का कोयला है, जिसमें कार्बन की मात्रा **55-70%** तक होती है। भारत में कुल कोयला भंडार का 98% **गोण्डवाना संरचना** में पाया जाता है और गोण्डवाना संरचना का कोयला मुख्य रूप से **बिटुमिनस** प्रकार का ही है अर्थात बिटुमिनस कोयला भारत में सर्वाधिक मात्रा में पाया जाता है।
3. **लिग्नाइट कोयला-** यह निम्न कोटि का भूरा कोयला होता है, जिसमें कार्बन की मात्रा **45-55%** तक होती है। यह मुलायम होता है, लेकिन पीट कोयला की तुलना में अधिक सघन होता है। नमी की मात्रा अधिक होने के कारण यह धुआँ अधिक देता है और लाल रोशनी के साथ जलता है। भारत में लिग्नाइट कोयले का **सर्वाधिक भंडार तमिलनाडु** राज्य के **नेवेली** में संचित है। तमिलनाडु के अर्काट जिले में **नेवेली लिग्नाइट संयंत्र** से इस कोयले का उत्पादन किया जाता है। तमिलनाडु में लिग्नाइट का प्रयोग मुख्य रूप से सलेम इस्पात संयंत्र के द्वारा किया जाता है।

4. **पीट कोयला**- यह सबसे **घटिया कोयला** है। इसमें नमी की मात्रा सर्वाधिक होती है, जिस कारण जलने पर अधिक धुआँ और कम ताप उत्पन्न करता है। इसमें कार्बन की मात्रा लगभग 30% होती है। पृथ्वी के भीतर **कम गहराई में** पाएँ जाने के कारण इसमें नमी की मात्रा अधिक होती है। पीट कोयला, कोयला निर्माण के पहले चरण को दर्शाता है। यह प्राय: **दलदली क्षेत्र** में पाया जाता है।

भारत के प्रमुख कोयला क्षेत्र

भारत में कोयले के कुल संचित भंडार का लगभग **98% कोयला गोण्डवाना क्रम की चट्टानों में** पाया जाता है, जिसका निर्माण मुख्यत: कार्बोनिफेरस एवं पर्मियन युग में हुआ है। शेष **2% कोयला टर्शियरी संरचना** के अंतर्गत पाया जाता है। गोण्डवाना कोयला क्षेत्र भारत की निम्नलिखित नदी घाटियों में पाया जाता है-

- दामोदर नदी घाटी (झारखंड और पश्चिम बंगाल)।
- सोन नदी घाटी और नर्मदा नदी घाटी (मध्य प्रदेश)।
- महानदी घाटी (छत्तीसगढ़ और ओडिशा)।
- गोदावरी नदी घाटी (तेलंगाना)।
- वर्धा नदी घाटी (महाराष्ट्र)।

दामोदर घाटी कोयला क्षेत्र- दामोदर घाटी देश का **सबसे बड़ा कोयला** क्षेत्र है। इसका विस्तार झारखंड और पश्चिम बंगाल राज्यों में है-

झारखंड- धनबाद जिले में **झरिया** गोण्डवाना क्रम के अंतर्गत देश का सबसे बड़ा कोयला क्षेत्र है। इसके बाद पश्चिम बंगाल के **रानीगंज** का स्थान आता है। देश के अधिकांश कोकिंग कोयले का भंडार झरिया में ही स्थित है। इसके अलावा झारखंड में **गिरिडीह, बोकारो** और **करनपुर** से कोयले का खनन किया जाता है।

कोयला उत्पादक क्षेत्र

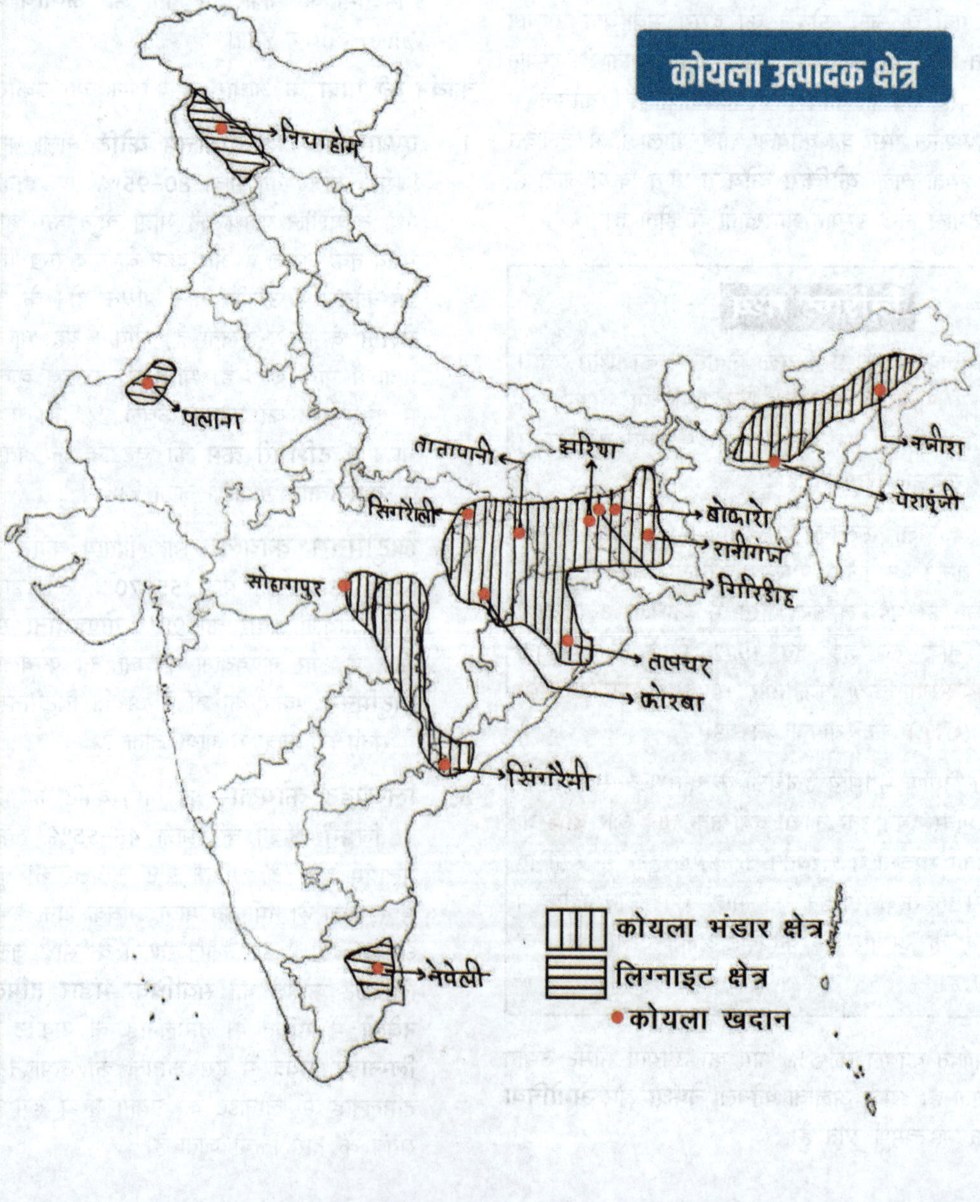

पश्चिम बंगाल- यहाँ **रानीगंज** सबसे बड़ा कोयला क्षेत्र है। देश में सर्वप्रथम कोयले का खनन **1774 में रानीगंज** से ही प्रारंभ हुआ था। यह देश का सबसे प्राचीन कोयला क्षेत्र है।

सोन घाटी कोयला क्षेत्र- सोन घाटी कोयला क्षेत्र का विस्तार तीन राज्यों में है- मध्य प्रदेश, छत्तीसगढ़ और उत्तर प्रदेश। सोन घाटी के अंतर्गत प्रमुख कोयला क्षेत्र इस प्रकार हैं-

- सिंगरौली, सोहागपुर, शहडोल - मध्य प्रदेश।
- तातापानी, रामकोला - छत्तीसगढ़।

इस क्षेत्र के अंतर्गत मध्य प्रदेश में **सिंगरौली** सबसे बड़ा कोयला क्षेत्र है। सिंगरौली को मध्य प्रदेश की **कोयला राजधानी** कहते हैं। यहाँ के कोयले को उत्तर प्रदेश में स्थित ओबरा ताप विद्युत गृह में भेजा जाता है।

महानदी घाटी कोयला क्षेत्र- इस कोयला क्षेत्र का विस्तार छत्तीसगढ़ और ओडिशा राज्यों में है। छत्तीसगढ़ में **कोरबा, झिलमिली** और **चिरमिरी** प्रमुख कोयला खनन क्षेत्र हैं। कोरबा छत्तीसगढ़ का सबसे महत्त्वपूर्ण कोयला क्षेत्र है। ओडिशा में ब्राह्मणी नदी घाटी में **तलचर** प्रमुख कोयला उत्पादक क्षेत्र है।

गोदावरी नदी घाटी कोयला क्षेत्र- इसका विस्तार मुख्यत: **तेलंगाना राज्य** में है। इस कोयला क्षेत्र के अंतर्गत **सिंगरैनी** (तेलंगाना) सबसे महत्त्वपूर्ण कोयला क्षेत्र है। तेलंगाना में **करीमनगर, वारंगल** और **आदिलाबाद** अन्य महत्त्वपूर्ण कोयला उत्पादक क्षेत्र हैं।

वर्धा घाटी कोयला क्षेत्र- यह कोयला क्षेत्र मुख्यत: **महाराष्ट्र** में है। यहाँ चंद्रपुर, नागपुर और यवतमाल प्रमुख कोयला खनन क्षेत्र हैं।

इसके अलावा मध्य प्रदेश में महापानी (नरसिंहपुर जिला) घोरबारी (कान्हन घाटी) और पाथरखेड़ा (बैतूल जिला) प्रमुख कोयला खनन केंद्र हैं। झारखंड में ललमटिया अन्य प्रमुख खनन केंद्र है।

शीर्ष कोयला भण्डारक राज्य	शीर्ष कोयला उत्पादक राज्य (2022-23)
ओडिशा	ओडिशा (24.52%)
झारखण्ड	छत्तीसगढ़ (20.70%)
छत्तीसगढ़	झारखण्ड (17.52%)
पश्चिम बंगाल	मध्य प्रदेश (16.35%)
कुल उत्पादन - 893190 मिलियन टन	

प्रमुख कोयला उत्पादक क्षेत्र	
झारखण्ड	झरिया, बोकारो, करनपुर, गिरिडीह, धनबाद
पश्चिम बंगाल	रानीगंज, बरजोरा, वीरभूमि
ओडिशा	तलचर, संबलपुर, इब नदी घाटी
मध्य प्रदेश	उमरिया, सिंगरौली, सोहागपुर
छत्तीसगढ़	कोरबा, सोनहट, सेन्दुरगढ़, मांद-रायगढ़, विश्रामपुर
तेलंगाना	गोदावरी घाटी, सिंगरौली
महाराष्ट्र	वर्धा घाटी, काम्पटी बांदेर

कोयले का उपभोग (उद्योग में) (वर्ष 2018-19)

उद्योग	खपत
बिजली	87.05%
लोहा एवं इस्पात	2.40%
स्पंज आयरन	1.66%
सीमेंट	1.20%
उर्वरक	0.24%
अन्य	7.41%
कुल	100%

टर्शियरी कोयला- यह कोयला तृतीयक युग के ओलिगोसीन काल (अधिनूतन काल) की चट्टानों में पाया जाता है। भारत के कुल कोयला भंडार का केवल 2% टर्शियरी चट्टानों में संचित है। इस कोयले के प्रमुख क्षेत्र इस प्रकार हैं-

- राजस्थान में पलना (लिग्नाइट)
- असम में माकूम (लिग्नाइट)
- कश्मीर में कारगिल (एंथ्रासाइट)
- तमिलनाडु में नेवेली (लिग्नाइट)

भारत में लिग्नाइट कोयले का सर्वाधिक भंडार **तमिलनाडु** और **राजस्थान** में पाया जाता है।

खनिज तेल (पेट्रोलियम)

- पेट्रोलियम टर्शियरी काल की जलज **अवसादी चट्टानों** में प्राप्त होने वाला एक जीवाश्म ईंधन है, जो **हाइड्रोकार्बन** यौगिकों का मिश्रण होता है। प्राकृतिक रूप से यह कीचड़नुमा काले और गाढ़े द्रव के रूप में प्राप्त होता है, जिसे कच्चा तेल (Crude Oil) कहते हैं।
- कोयले की तरह पेट्रोलियम का निर्माण भी अवसादीकरण के परिणामस्वरूप समुद्री जीवों के अस्थिपंजरों की चट्टानों के नीचे दब जाने तथा उच्च दाब एवं ताप पर अपघटित (Decompose) होने के कारण होता है।

पेट्रोलियम का निर्माण

पेट्रोलियम या तो **अपतटीय क्षेत्रों** (Offshore Area) में पाया जाता है या समुद्री उत्पत्ति वाली तलछटीय चट्टानों में। भारत में असम जैसे राज्य में खनिज तेल का पाया जाना इस बात को प्रमाणित करता है कि ब्रह्मपुत्र घाटी का क्षेत्र अतीत में टेथिस सागर में जलमग्न रहा होगा। पेट्रोलियम एक **जैविक उत्पाद** होता है, जिसका निर्माण अवसादीकरण के परिणामस्वरूप समुद्री जीवों के निक्षेपों (Deposits) के लाखों वर्षों तक दबे रहने और उनके क्रमिक क्षय और अपघटन से हुआ है। अवसादी चट्टानों में वलन (Folding) की क्रिया के कारण पेट्रोलियम अपनतीय (Anticlinal) भागों में पाए जाते हैं।

- भारत में कोयले के बाद ऊर्जा का दूसरा प्रमुख साधन **पेट्रोलियम** या **खनिज तेल** है। कीचड़ सदृश दिखने वाला पेट्रोलियम एक बहुत ही मूल्यवान पदार्थ है, क्योंकि तेल शोधनशालाओं में शोधन करने के बाद इससे कई प्रकार के तरल ईंधन **(पेट्रोल, डीजल, कैरोसिन)** और दूसरे बहुमूल्य पदार्थ **(इंजन ऑयल, स्नेहक, मोम, पेट्रोलियम जेली और तारकोल इत्यादि)** प्राप्त होते हैं। तारकोल पेट्रोलियम शोधन की प्रक्रिया में प्राप्त होने वाला अंतिम पदार्थ है, जिसका प्रयोग सड़क बनाने में किया जाता है। बहुमूल्य होने के कारण पेट्रोलियम को **काला सोना** भी कहते हैं।

पेट्रोलियम उत्पाद

विमान का ईंधन, पेट्रोल, डीजल, केरोसिन, इंजन ऑयल, लुब्रिकेंट ऑयल, पैराफिन मोम, ग्रीस, पेंट, तारपीन, पेट्रोलियम जेली, गैसोलीन, बेंजीन-मीथासोल, विस्फोटक, फोटोग्राफी में प्रयुक्त फिल्म, कृत्रिम रबड़, कृत्रिम रेशा, थर्मोप्लास्टिक, पॉलिस्टर, डिटर्जेंट, ब्लैक कार्बन, खाद्य एवं अखाद्य रंग, पिगमेंट, छपाई की स्याही और कॉस्मेटिक।

- भारत में पेट्रोलियम के मुख्य उत्पादक क्षेत्र असम में **डिग्बोई,** महाराष्ट्र के अपतटीय क्षेत्र में **मुंबई हाई** तथा कृष्णा-गोदावरी नदियों के डेल्टा क्षेत्र हैं।
- सर्वाधिक कच्चा तेल **अपतटीय क्षेत्रों** में पाया जाता है। भारत में **कुल पेट्रोलियम उत्पादन में अपतटीय क्षेत्र का योगदान लगभग 66%** है।
- भारत में पेट्रोलियम का भंडार **587 मिलियन टन** है। भारत में कुल खनिज तेल भंडार का **37.33% हिस्सा केवल पश्चिमी अपतट क्षेत्र (मुंबई हाई और बसीन) में संचित** है। जबकि भारत के खनिज तेल भंडार में संपूर्ण (पूर्वी और पश्चिमी) अपतटीय क्षेत्र का हिस्सा लगभग 45% होने का अनुमान लगाया गया है।
- भारत में पेट्रोलियम सर्वप्रथम **मार्गेरिये** में 1860 ई. में खोजा गया, लेकिन देश में पहली बार सफलतापूर्वक खनिज तेल की खुदाई 1867 में असम के **माकूम क्षेत्र** से की गई, लेकिन यह छोटे स्तर पर था। माकूम के बाद 1889 में असम के **डिग्बोई** में तेल निकाला गया। भारत में पेट्रोलियम उद्योग की शुरुआत **1989** में **डिग्बोई** में तेल उत्पादन से मानी जाती है।
- **असम** देश का सबसे पुराना तेल उत्पादक क्षेत्र है। असम के बाहर देश का पहला तेल कुआँ 1960 में गुजरात के **अंकलेश्वर** में खोदा गया। भारत के अपतटीय क्षेत्र में पहली बार तेल कुएँ की ड्रिलिंग गुजरात के **अलियाबेट द्वीप** (खंभात की खाड़ी में स्थित) में की गई। देश के सबसे बड़े तेल उत्पादक क्षेत्र **मुंबई हाई** (अरब सागर में मुंबई के निकट अपतटीय क्षेत्र) में तेल की खोज 1975 में की गई। मुंबई हाई क्षेत्र से कच्चे तेल का उत्पादन 1976 में प्रारंभ हुआ।
- देश में खनिज तेल के संभावित क्षेत्रों का पता लगाने और उसके भंडारों का सर्वेक्षण करने के लिए 1956 में **'तेल एवं प्राकृतिक गैस निगम'** (ONGC) की स्थापना की गई। इसके साथ ही सोवियत रूस, कनाडा, फ्रांस और अमेरिका की मदद से देश में पेट्रोलियम खोजने का काम तेज हुआ।

विशिष्ट तथ्य

- 1959 में असम एवं अरुणाचल प्रदेश में तेल की खोज और उत्पादन के लिए ऑयल इंडिया लिमिटेड (OIL) की स्थापना की गई।
- ONGC ने 1961 में गुजरात के खम्भात क्षेत्र और 1975 में मुंबई हाई तेल क्षेत्र की खोज की।
- 1964 में इंडियन रिफाइनरी लिमिटेड और इंडियन ऑयल कंपनी लिमिटेड का विलय करके इंडियन ऑयल कॉरपोरेशन (IOC) की स्थापना की गई।

भारत में प्रमुख रूप से चार पेट्रोलियम उत्पादक क्षेत्र हैं-

a. ब्रह्मपुत्र घाटी (असम)

b. गुजरात तट

c. पश्चिमी अपतटीय क्षेत्र

d. पूर्वी अपतटीय क्षेत्र

a. असम में ब्रह्मपुत्र घाटी क्षेत्र

असम में ब्रह्मपुत्र घाटी भारत का सबसे पुराना तेल क्षेत्र है. इसके अंतर्गत प्रमुख तेल क्षेत्र हैं-

डिग्बोई- डिग्बोई तेल क्षेत्र डिब्रूगढ़ जिले में स्थित है। यहाँ का तेल डिग्बोई रिफाइनरी में परिष्कृत किया जाता है। **1954** तक यह देश का अकेला पेट्रोलियम उत्पादक क्षेत्र था।

नहर कटिया- यहाँ से निकाले गए कच्चे तेल का शोधन करने के लिए **नूनामाटी** (असम) और **बरौनी रिफाइनरी** (बिहार) में लाया जाता है।

हुगरीजन-मोरान- यहाँ से तेल का शोधन करने के लिए **बरौनी रिफाइनरी** (बिहार) भेजा जाता है।

ब्रह्मपुत्र घाटी के अन्य तेल क्षेत्र-

- **सूरमा घाटी**
- **रुद्र सागर लकवा (शिवसागर जिला)**
- **अमगुरी**
- **नुमालीगढ़**

b. गुजरात तट

गुजरात के पेट्रोलियम क्षेत्र खंभात की खाड़ी के आस-पास स्थित हैं। यहाँ **अंकलेश्वर, खंभात** और **लुनेज** प्रमुख तेल क्षेत्र हैं-

अंकलेश्वर- गुजरात में **भरूच जिले** (भड़ौच) में स्थित अंकलेश्वर गुजरात का सबसे पुराना एवं सबसे बड़ा तेल क्षेत्र है। यहाँ के तेल को शोधन के लिए **कोयली** (गुजरात) और **ट्राम्बे** (मुंबई) रिफाइनरी में भेजा जाता है।

लुनेज और खंभात क्षेत्र- ये दोनों तेल क्षेत्र खंभात की खाड़ी के उत्तरी सिरे पर **आनंद जिले** में हैं।

इसके अलावा गुजरात में **कलोल, मेहसाना, सानंद** और **नवागाँव** अन्य प्रमुख तेल क्षेत्र हैं। खंभात की खाड़ी में **अलियाबेट द्वीप** के निकट भी तेल के बड़े भंडार संचित हैं।

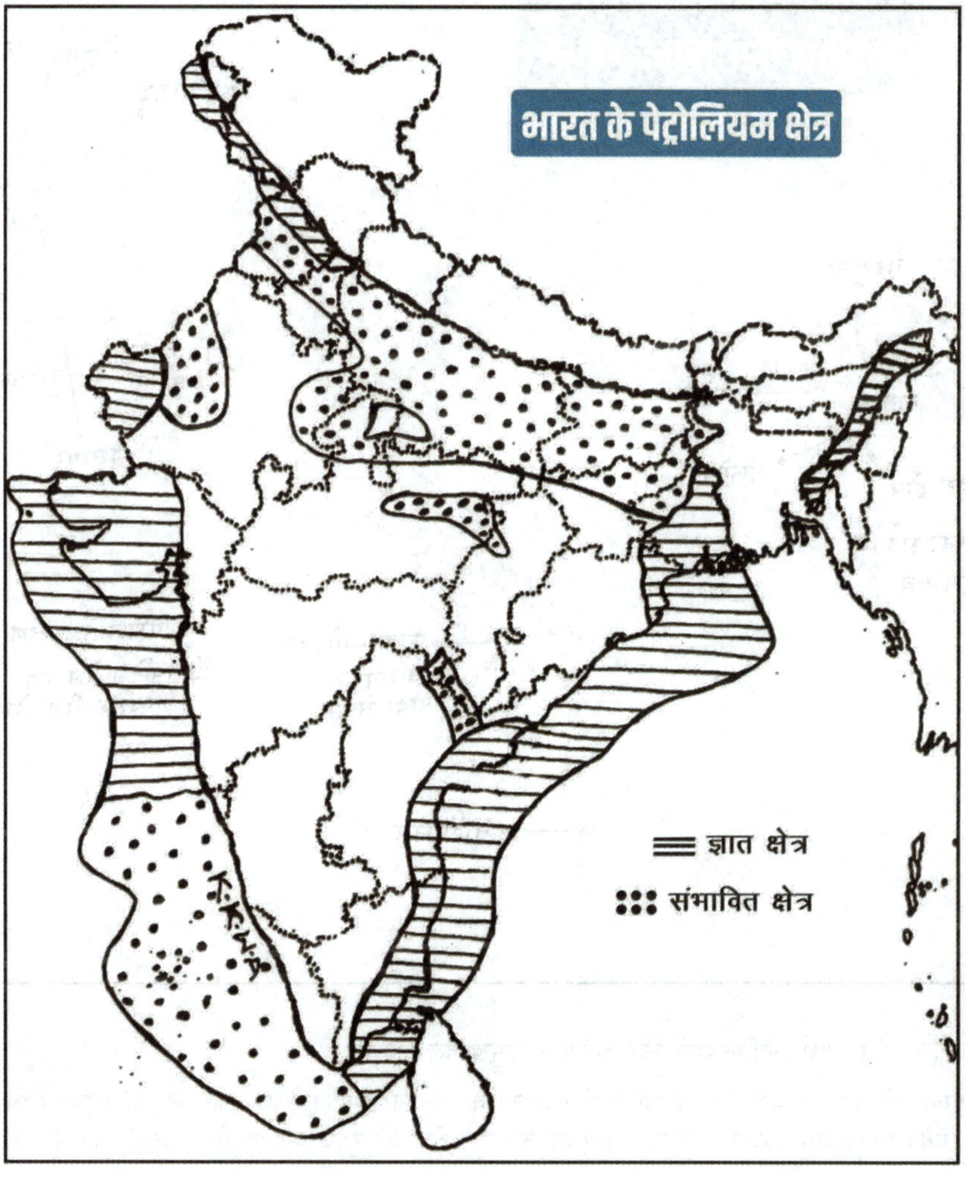

c. पश्चिमी अपतटीय क्षेत्र

इसके अंतर्गत **मुंबई हाई, बसीन** और **अलियाबेट** प्रमुख तेल क्षेत्र हैं-

मुंबई हाई तेल क्षेत्र- यह अरब सागर में मुंबई से 176 किलोमीटर दूर पश्चिम में स्थित है। यह **देश का सबसे बड़ा तेल उत्पादक क्षेत्र** है। देश के कुल तेल उत्पादन में 60% योगदान मुंबई हाई क्षेत्र का है। ONGC ने इस तेल क्षेत्र की खोज 1975 में की। 1976 में यहाँ से तेल का उत्पादन प्रारंभ हुआ।

बसीन क्षेत्र- यह अरब सागर में **मुंबई हाई** के दक्षिण में स्थित है।

अलियाबेट क्षेत्र- यह तेल क्षेत्र गुजरात के भावनगर से 45 किलोमीटर दूर **खंभात की खाड़ी** में स्थित है।

d. पूर्वी अपतटीय क्षेत्र

इसके अंतर्गत कृष्णा, गोदावरी और कावेरी नदियों के डेल्टा क्षेत्र में अपतटीय (Offshore) और अभितटीय (तटीय मैदान) दोनों भागों में पेट्रोलियम के भंडार पाए जाते हैं-

कृष्णा-गोदावरी नदी बेसिन तेल क्षेत्र- भारत के नवीन तेल क्षेत्रों में यह सबसे महत्त्वपूर्ण है। यहाँ अपतटीय (Offshore) और अभितटीय (Onshore) दोनों क्षेत्रों में तेल पाया जाता है। इस क्षेत्र में लगभग 25 स्थानों पर पेट्रोलियम पाए जाने की संभावना है। यहाँ कृष्णा-गोदावरी नदियों के मुहाने पर **रावा अपतट** (RAVVA) सबसे महत्त्वपूर्ण तेल क्षेत्र है। इसके अलावा यहाँ **अमलापुर** अन्य तेल क्षेत्र है।

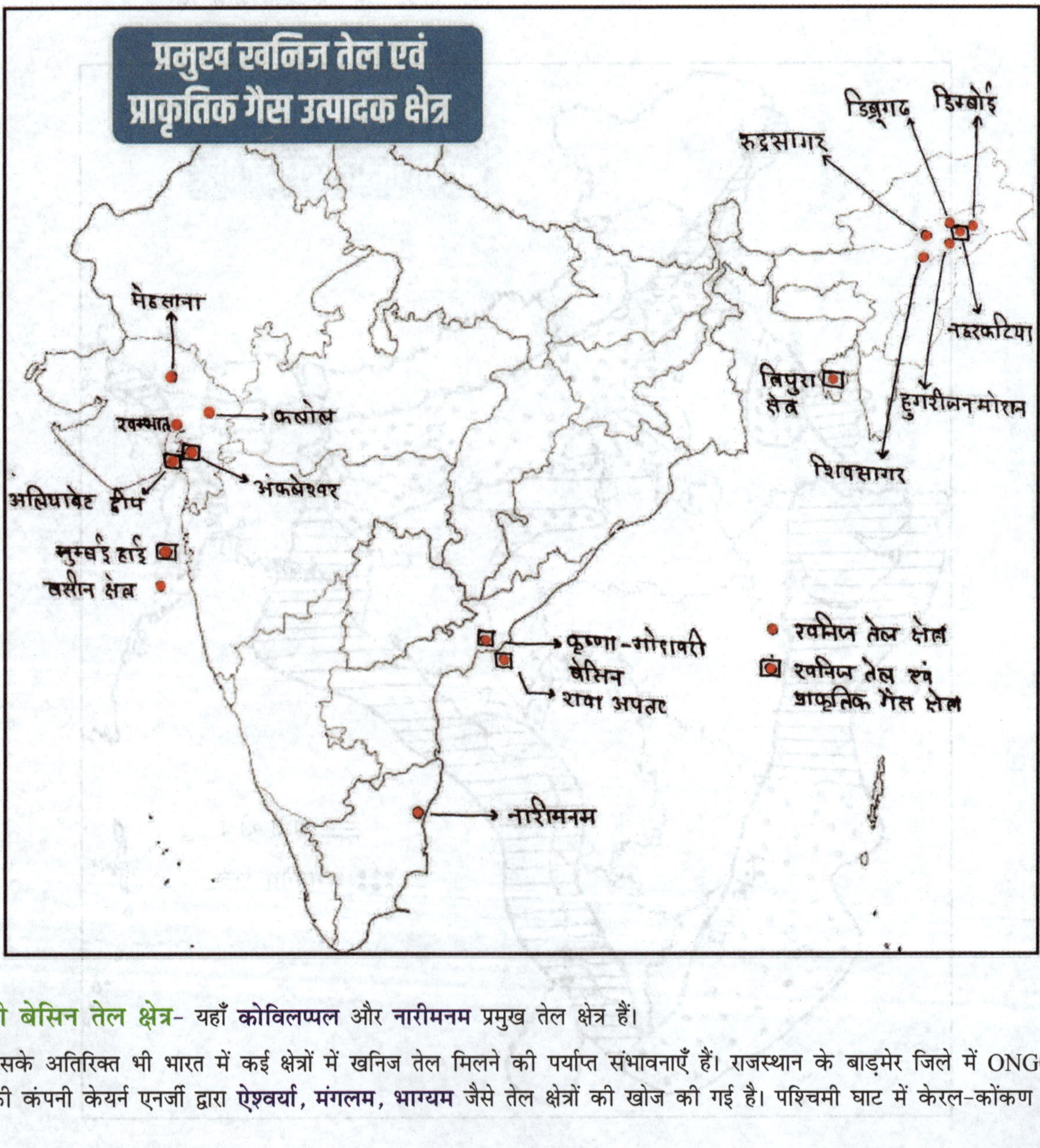

कावेरी बेसिन तेल क्षेत्र- यहाँ **कोविलप्पल** और **नारीमनम** प्रमुख तेल क्षेत्र हैं।

इसके अतिरिक्त भी भारत में कई क्षेत्रों में खनिज तेल मिलने की पर्याप्त संभावनाएँ हैं। राजस्थान के बाड़मेर जिले में ONGC और UK की कंपनी केयर्न एनर्जी द्वारा **ऐश्वर्या, मंगलम, भाग्यम** जैसे तेल क्षेत्रों की खोज की गई है। पश्चिमी घाट में केरल-कोंकण तटवर्ती

क्षेत्र (K.K.W.A), राजस्थान के जैसलमेर और बीकानेर क्षेत्र, गंगा घाटी क्षेत्र, हिमालय का तराई क्षेत्र और अंडमान निकोबार द्वीप के अपतटीय क्षेत्र तेल के संभावित क्षेत्रों में प्रमुख हैं।

देश के **अपतटीय क्षेत्र, महाद्वीपीय ढाल** (Coptinental Slope) और **अनन्य आर्थिक क्षेत्र** (Exclusive Economic Zone – EEZ) जैसे समुद्री क्षेत्रों से तेल निकालने का अधिकार केंद्र सरकार के पास है।

> अमेरिका और चीन के बाद भारत **दुनिया का तीसरा** सबसे बड़ा खनिज तेल का उपभोगकर्ता देश है। भारत में लगभग 5 मिलियन बैरल तेल की खपत प्रतिदिन हो रही है। भारत खनिज तेल की अपनी **कुल आवश्यकता का केवल 20%** घरेलू उत्पादन से पूरा करता है। जबकि भारत अपनी जरूरत का **80 फीसदी तेल आयात करता** है। भारत चीन के बाद विश्व का **दूसरा सबसे बड़ा तेल आयातक** (Importer) देश है। भारत अपनी जरूरत का सर्वाधिक तेल **इराक से आयात** करता है। भारत में पेट्रोलियम का भंडार **587 मिलियन टन** है। विश्व में क्रमशः अमेरिका, सऊदी अरब और रूस कच्चे तेल के सबसे बड़े उत्पादक देश हैं।

भारत में तेल परिष्करण

खनिज तेल के परिष्करण के लिए देश में पहली तेल शोधनशाला (रिफाइनरी) **असम के डिग्बोई** में **1901** ई. में स्थापित की गई थी। वर्तमान में भारत में सर्वाधिक 4 तेल शोधनशालाएँ (डिग्बोई, गुवाहाटी, बोंगईगाँव और नुमालीगढ़) असम राज्य में ही स्थित हैं।

वर्तमान में भारत में कुल **23 तेल शोधन संयंत्र** (रिफाइनरी) हैं, जिनमें से 18 सार्वजनिक क्षेत्र में, 3 **निजी क्षेत्र** में और 2 संयुक्त उपक्रम के तहत स्थापित हैं। सार्वजनिक क्षेत्र के 18 रिफाइनरी में से सर्वाधिक 9 का स्वामित्व इंडियन ऑयल कॉरपोरेशन (IOC) के पास है। अर्थात् **इंडियन ऑयल कॉरपोरेशन के पास सर्वाधिक तेल शोधन क्षमता** है। निजी क्षेत्र के 3 रिफाइनरी में से 2 रिफाइनरी का स्वामित्व **रिलायंस पेट्रोलियम लिमिटेड** के पास और 1 रिफाइनरी का स्वामित्व **एस्सार ऑयल लिमिटेड** के पास है। रिलायंस पेट्रोलियम लिमिटेड की दोनों रिफाइनरियाँ गुजरात के जामनगर में और एस्सार ऑयल लिमिटेड की रिफाइनरी गुजरात के वादीनार में है। रिलायंस पेट्रोलियम लिमिटेड की जामनगर रिफाइनरी भारत की सबसे बड़ी तेल रिफाइनरी है।

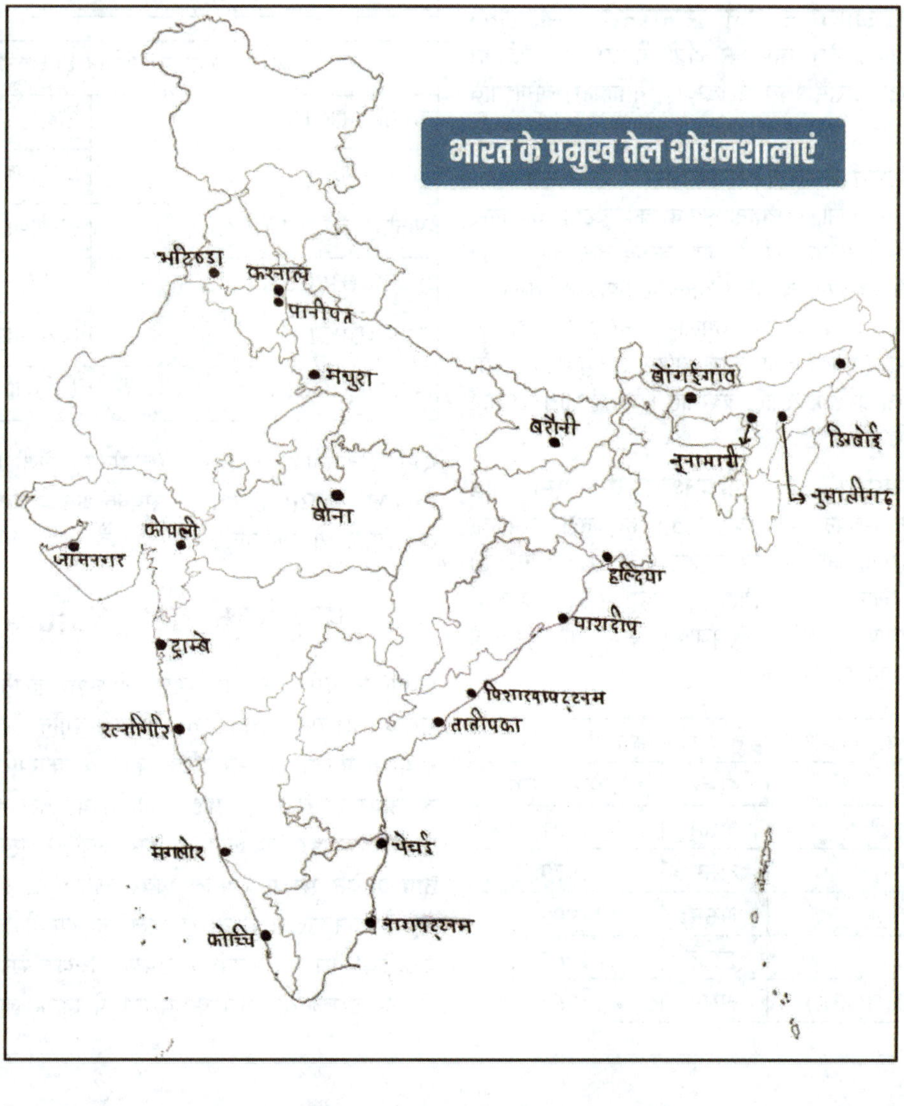

भारत में कच्चे पेट्रोलियम का क्षेत्रवार संचित भंडार (01.04.2021)	
प्रदेश	प्रतिशत
पश्चिमी अपतटीय क्षेत्र (बॉम्बे हाई क्षेत्र)	37.33%
असम	36.05%
पूर्वी अपटतटीय क्षेत्र	7.2%
राजस्थान	5.9%

भारत में कच्चे पेट्रोलियम का क्षेत्रवार उत्पादन (2020-21)	
प्रदेश	प्रतिशत
अपतटीय क्षेत्र	50.47%
राजस्थान	19.3%
गुजरात	15.2%
असम	12.7%

भारत में तेल शोधन संयंत्र की स्थापना तीन आधारों पर की गई है-

1. **कच्चा माल आधारित तेल रिफाइनरी**- ऐसे शोधन संयंत्र की स्थापना तेल उत्पादक क्षेत्रों में ही की गई है। उदाहरण के लिए असम राज्य में डिग्बोई, गुवाहाटी, बोंगाईगांव और नुमालीगढ़ और गुजरात में कोयली इत्यादि शोधनशालाएँ।
2. **बंदरगाह आधारित तेल रिफाइनरी**- ऐसी तेल शोधनशालाओं की स्थापना परिवहन लागत को घटाने के लिए ऐसे बंदरगाह क्षेत्रों में की गई है, जहाँ कच्चे तेल का आयात किया जाता है। उदाहरण के लिए हल्दिया (पश्चिम बंगाल), विशाखापट्टनम (आंध्र प्रदेश), मंगलोर (कर्नाटक), कोच्चि (केरल), ट्रॉम्बे (मुंबई), जामनगर, वादीनार (गुजरात) और तातीपाका (आंध्र प्रदेश) इत्यादि बंदरगाह क्षेत्रों में शोधनशालाएँ स्थापित की गई हैं।
3. **बाजार आधारित तेल शोधनशालाएँ**- ऐसी शोधनशालाओं की स्थापना माँग को देखते हुए तेल उत्पादक क्षेत्रों और बंदरगाह क्षेत्रों से दूर बाजार क्षेत्रों में की गई है। उदाहरण के लिए बरौनी (बिहार), मथुरा (उत्तर प्रदेश), पानीपत (हरियाणा), भटिंडा (पंजाब) और बीना (मध्य प्रदेश) में स्थापित शोधन संयंत्र।

कच्चा माल आधारित तेल शोधनशाला		
संयंत्र	राज्य	उत्पादन वर्ष
डिग्बोई (IOCL)	असम	1901
बोंगाईगाँव (BRPL)	असम	1979
नुमालीगढ़ (BPCL)	असम	1999
कोयली (IOCL)	गुजरात	1965
नूनामती (गुवाहाटी) (IOCL)	असम	1962

बंदरगाह आधारित तेल शोधनशाला (आयातित कच्चे तेल पर आधारित)		
विशाखापट्टनम (HPCL)	आंध्र प्रदेश	1957
हल्दिया (IOCL)	पश्चिम बंगाल	1975
मंगलौर (MRPL)	कर्नाटक	1998
कोच्चि (KRL, BPCL)	केरल	1966
ट्रॉम्बे (मुम्बई) (HPCL)	महाराष्ट्र	1954
ट्रॉम्बे (मुम्बई) (BPCL)	महाराष्ट्र	1955
जामनगर (RPL)	गुजरात	1999
चेन्नई (CPCL)	तमिलनाडु	–
नागपट्टनम् (CPCL)	तमिलनाडु	1993
वादीनार (Essar)	गुजरात	2006
तातीपाका (ONGC)	आंध्र प्रदेश	2001
रत्नागिरि (महाराष्ट्र) तेल शोधनशाला ओमान देश की मदद से स्थापित की जा रही है।		

बाजार आधारित तेल शोधनशाला		
बरौनी (IOCL)	बिहार	1964
मथुरा (IOCL)	उत्तर प्रदेश	1982
पानीपत-करनाल (IOCL)	हरियाणा	1998
भटिंडा (HPCL)	पंजाब	2008
बीना (BPCL)	मध्य प्रदेश	2009
पाराद्वीप (IOCL)	ओडिशा	2010

RPL (जामनगर) व Essar (वादीनार) निजी क्षेत्र के एवं HPCL (भटिंडा) व BPCL (बीना) संयुक्त क्षेत्र के उपक्रम हैं। बाकी सभी तेल रिफाइनरी सार्वजनिक क्षेत्र की हैं।

प्राकृतिक गैस (Natural Gas)

प्राकृतिक गैस एक महत्त्वपूर्ण **जीवाश्म ईंधन** और स्वच्छ ऊर्जा संसाधन है। यह अधिकांशतः टर्शियरी युगीन शैलों में खनिज तेल के साथ ही मिलती है और हल्की होने के कारण **खनिज तेल भंडारों के ऊपर** ही तैरती हुई पाई जाती है। यह तेल के कुओं की ड्रिलिंग के समय बाहर निकलती है। इसे ऊर्जा के एक साधन के रूप में **ताप शक्ति संयंत्रों** (थर्मल पावर प्लांट) में, उर्वरक संयंत्रों में तथा पेट्रो रसायन उद्योग में कच्चे माल के रूप में प्रयोग किया जाता है। प्राकृतिक गैस का सर्वाधिक उपयोग **विद्युत संयंत्रों** (पावर प्लांट्स) में और उसके बाद **उर्वरक संयंत्रों** में किया जाता है।

प्राकृतिक गैस कई हाइड्रोकार्बन गैसों जैसे मिथेन, एथेन, प्रोपेन, ब्यूटेन और पेण्टेन इत्यादि का मिश्रण है जिसमें सर्वाधिक 80-90% तक **मिथेन गैस** पाई जाती है। यह करोड़ों वर्ष पूर्व धरती के भीतर दबे हुए जीवों के सड़े गले अवशेषों से मिलकर बनी है। कार्बन डाई ऑक्साइड का कम उत्सर्जन करने के कारण नेचुरल गैस को पर्यावरण अनुकूल माना जाता है इसलिए यह वर्तमान शताब्दी का ईंधन है। वाहनों में तरल ईंधन के विकल्प के रूप में संपीडित प्राकृतिक गैस (CNG) का प्रयोग इस समय लोकप्रिय हो रहा है।

भारत में प्राकृतिक गैस की खोज और उत्पादन ऑयल एंड नेचुरल गैस कॉर्पोरेशन (ONGC) तथा ऑयल इंडिया लिमिटेड (OIL) द्वारा किया जाता है। जबकि प्राकृतिक गैस का शोधन और वितरण करने वाली कम्पनी **गैस अथॉरिटी ऑफ इंडिया लिमिटेड** (GAIL) है। इसकी स्थापना **1984** में हुई थी।

भारत में प्राकृतिक गैस का **विशालतम संचित भंडार अपतटीय क्षेत्र** (64%) में पाया जाता है। देश में प्राकृतिक गैस के कुल संचित भंडार में पूर्वी अपतटीय क्षेत्र का हिस्सा लगभग 41% है। भारत में प्राकृतिक गैस का सबसे बड़ा भंडार **कृष्णा-गोदावरी बेसिन** (KG बेसिन) के D-6 ब्लॉक (पूर्वी अपतटीय क्षेत्र) में अनुमानित है, जोकि गोदावरी डेल्टा के पास **यनम-काकीनाड़ा** तट के समीप है। जबकि इसका सर्वाधिक उत्पादन **मुंबई हाई** में (पश्चिमी अपतटीय क्षेत्र, अरब सागर) होता है।

वर्तमान में प्राकृतिक गैस का उत्पादन निम्नलिखित क्षेत्रों में किया जा रहा है-

- मुंबई हाई (अरब सागर, पश्चिमी अपतट)।
- अंकलेश्वर (गुजरात)।
- खंभात की खाड़ी (गुजरात)।
- रावा अपतट (कृष्ण गोदावरी बेसिन,पूर्वी अपतट)।
- नहरकटिया (असम)।
- हूगरीजन-मोरान (असम)।
- पेरानगुलम (तमिलनाडु)।

पाइपलाइन (Pipeline)

पाइपलाइन **पेट्रोलियम, पेट्रोलियम उत्पादों** तथा **प्राकृतिक गैस** जैसे तरल एवं गैसीय पदार्थों के लंबी दूरी तक परिवहन के लिए सर्वाधिक सुविधाजनक, सबसे किफायती और सबसे उपयुक्त माध्यम है। लेकिन भारत में पाइपलाइनों के माध्यम से चूर्ण के रूप में ठोस खनिजों का परिवहन भी किया जा रहा है। कुद्रेमुख से प्राप्त लौह अयस्क विदेशों को निर्यात करने के लिए **न्यू मंगलौर बंदरगाह तक पाइपलाइन द्वारा** पहुँचाया जाता है।

नहरकटिया-नूनामाटी-बरौनी पाइपलाइन

- यह पाइपलाइन (1167 किमी.) न केवल भारत की, बल्कि एशिया की पहली पाइपलाइन है। इसे **1962** में असम के **नहरकटिया तेल क्षेत्र से नूनामाटी तेल शोधक संयंत्र तक** कच्चा तेल पहुँचाने के लिए बिछाया गया था। 1964 में इसे **बरौनी रिफाइनरी** (बिहार) तक विस्तारित किया गया।
- वर्तमान में इसे **कानपुर** (उत्तर प्रदेश) तक विस्तृत कर दिया गया है। बरौनी-कानपुर पाइपलाइन द्वारा बरौनी रिफाइनरी से पेट्रोलियम उत्पादों का परिवहन कानपुर तक किया जाता है।

हजीरा-विजयपुर-जगदीशपुर (HVJ) पाइपलाइन

पश्चिमी अपतटीय क्षेत्र से उत्तर भारत में प्राकृतिक गैस के परिवहन के लिए इस पाइपलाइन का निर्माण गैस अथॉरिटी ऑफ इंडिया लिमिटेड (गेल) द्वारा किया गया है। यह **विश्व की सबसे लम्बी भूमिगत पाइपलाइन** है, जो अरब सागर में मुंबई हाई तेल और प्राकृतिक गैस क्षेत्र को उत्तर भारत के ताप विद्युत गृहों और उर्वरक संयंत्रों से जोड़ती है। 1750 किमी. लंबी यह गैस पाइपलाइन गुजरात के **हजीरा** से प्रारंभ होकर **विजयपुर** (मध्य प्रदेश) और **जगदीशपुर** (उत्तर प्रदेश) तक जाती है।

ऑयल इण्डिया लिमिटेड (OIL)

सार्वजनिक क्षेत्र का उपक्रम **ऑयल इंडिया लिमिटेड** (OIL) पेट्रोलियम एवं प्राकृतिक गैस मंत्रालय के अधीन देश में पेट्रोलियम एवं प्राकृतिक गैस के **अन्वेषण, उत्पादन** और **परिवहन** के लिए उत्तरदायी है। इसकी स्थापना 1959 में की गई थी।

प्रमुख तेल/प्राकृतिक गैस पाइपलाइन

	पाइपलाइन	लम्बाई (किमी.)
1.	हजीरा-विजयपुर-जगदीशपुर	1750
2.	सलाया-कोयली-मथुरा-पानीपत	1870
3.	कांडला-भटिंडा	1331
4.	मुंबई-पुणे-मनमाड	1389
5.	दुलियाजान-बांगाई गाँव-बरौनी	1405
6.	नहरकटिया-नूनामाटी-बरौनी	1167
7.	मुंद्रा-पानीपत	1174
8.	बरौनी-हल्दिया	943
9.	बरौनी-पटना-कानपुर	743
10.	चेन्नई-त्रिची-मदुरै	683
11.	जामनगर-लोनी (LPG)	1269
12.	कोच्चि मंगलुरू	450

- इस पाइपलाइन द्वारा **कुल 6 उर्वरक संयंत्रों** जिनमें से उत्तर प्रदेश के 4 उर्वरक संयंत्रों तथा मध्य प्रदेश एवं राजस्थान के एक-एक उर्वरक संयंत्र को प्रतिदिन 18 मिलियन क्यूबिक मीटर **प्राकृतिक गैस** पहुँचाई जाती है, ये उर्वरक संयंत्र हैं-
  - **a. उत्तर प्रदेश के चार उर्वरक संयंत्र**- जगदीशपुर, शाहजहाँपुर, आँवला और बबराला।
  - **b. मध्य प्रदेश**- विजयपुर।
  - **c. राजस्थान**- सवाई माधोपुर।
- इनमें से प्रत्येक उर्वरक संयंत्र की क्षमता प्रतिदिन 1,350 टन अमोनिया उत्पादन करने की है।
- इसके अलावा इस पाइपलाइन द्वारा **3 ताप विद्युत संयंत्रों** (Thermal Plants) को भी **प्राकृतिक गैस** की आपूर्ति की जाती है। ये हैं-
  - a. औरैया (उत्तर प्रदेश)
  - b. अन्ता (राजस्थान)
  - c. कावस (गुजरात)
- यह पाइपलाइन एक अद्वितीय इंजीनियरिंग का उदाहरण है, जोकि 343 किमी. लंबे चट्टानी क्षेत्र, 56 किमी. लंबे वन क्षेत्र, 29 रेलवे क्रॉसिंग और 75 बड़ी और छोटी-नदियों को पार करके गुजरती है। **गुजरात, मध्य प्रदेश, राजस्थान** और **उत्तर प्रदेश** की अर्थव्यवस्था में HVJ पाइपलाइन से बड़ा बदलाव आया है। अब इसे दिल्ली तक विस्तारित कर दिया गया है, ताकि राजधानी की प्राकृतिक गैस की बढ़ती माँग को पूरा किया जा सके।

मुंबई हाई-मुंबई-अंकलेश्वर-कोयली पाइपलाइन

- यह पाइपलाइन मुंबई हाई और गुजरात के तेल क्षेत्रों को **कोयली शोधनशाला** (गुजरात) से जोड़ती है। इसके पहले भाग के रूप में 210 किमी. लंबी दोहरी पाइपलाइन **मुंबई हाई को मुंबई नगर** से जोड़ती है। यह मुंबई हाई से कच्चे तेल और प्राकृतिक गैस के परिवहन की सुविधा प्रदान करती है।
- इसके दूसरे भाग के रूप में **अंकलेश्वर-कोयली पाइपलाइन** अंकलेश्वर तेल क्षेत्र से कोयली रिफाइनरी तक कच्चे तेल का परिवहन करती है।

सलाया-कोयली-मथुरा पाइपलाइन

- गुजरात के सलाया से उत्तर भारत में मथुरा (उत्तर प्रदेश) तक बिछाई गई यह पाइपलाइन **कोयली** और **मथुरा** की रिफाइनरियों को कच्चे तेल की आपूर्ति करती है। मथुरा से आगे इसे पानीपत तेल रिफाइनरी (हरियाणा) और जालंधर तक बढ़ा दिया गया है।

जगदीशपुर-हल्दिया-बोकारो-धामरा प्राकृतिक गैस पाइपलाइन (जेएचबीडीपीएल)

- पूर्वी भारत की ऊर्जा आवश्यकताओं को पूरा करने के लिए निर्माणाधीन इस परियोजना को **प्रधानमंत्री ऊर्जा गंगा पाइपलाइन परियोजना** या **एनर्जी हाईवे** के नाम से भी जाना जाता है। यह एक **प्राकृतिक गैस पाइपलाइन** परियोजना है, जो पूर्वी भारत की ऊर्जा आवश्यकताओं को पूरा करेगी।
- गेल इंडिया लिमिटेड द्वारा कार्यान्वित की जा रही इस परियोजना के अंतर्गत **HVJ प्राकृतिक गैस पाइपलाइन** को पूर्वी भारत तक विस्तारित किया जाएगा। इसके अंतर्गत उत्तर प्रदेश के **जगदीशपुर से हल्दिया (पश्चिम बंगाल)** तक 3174 किमी. लंबी पाइपलाइन का निर्माण किया जाएगा, जिसमें 160 अरब रुपए की लागत आएगी। यह परियोजना हजीरा - विजयपुर - जगदीशपुर (HVJ) पाइपलाइन के विस्तार के रूप में क्रियान्वित की जा रही है।
- जगदीशपुर से हल्दिया तक जाने वाली यह पाइपलाइन बिहार और झारखंड राज्यों से होकर गुजरेगी और इसकी एक उपशाखा बोकारो (झारखंड) से धामरा (ओडिशा) तक जाएगी।
- इस एनर्जी हाईवे से उत्तर प्रदेश, बिहार, झारखंड, पश्चिम बंगाल और ओडिशा राज्यों को पर्याप्त और पर्यावरण अनुकूल ईंधन मिल सकेगा।
- उत्तर प्रदेश के जगदीशपुर से पूर्वी भारत की ओर इस पाइपलाइन के विस्तार से **गोरखपुर** (उत्तर प्रदेश), **बरौनी** (बिहार), **सिंदरी** (झारखंड) की उर्वरक इकाइयाँ लाभान्वित होंगी। इसके अलावा **बरौनी और हल्दिया स्थित तेल शोधनशालाओं** (Refineries), पूर्वी भारत के ताप विद्युत गृहों और अन्य छोटे एवं मध्यम उद्योगों को प्राकृतिक गैस की निर्बाध आपूर्ति सुनिश्चित की जाएगी।
- इसके अलावा पूर्वी भारत के 17 मुख्य शहरों में घरों तक पहुँचने वाला **गैस वितरण नेटवर्क** स्थापित किया जाएगा और इन शहरों में लाखों घरों को **पाइप नेचुरल गैस** (PNG) सीधे प्राप्त हो सकेगी।

लेकिन पाइपलाइन परिवहन में एक समस्या यह है कि इसे बिछाने के बाद इनकी क्षमता में वृद्धि नहीं की जा सकती है। पाइपलाइनों की सुरक्षा व्यवस्था को बनाए रखना भी एक चुनौती होती है। भूमिगत पाइपलाइनों की आसानी से मरम्मत नहीं की जा सकती है और रिसाव होने पर पता लगाना भी मुश्किल होता है।

भारत में आण्विक खनिज

कोयला, पेट्रोलियम और प्राकृतिक गैस जैसे जीवाश्म ईंधनों का भंडार सीमित है। ये समाप्य ऊर्जा संसाधन हैं। देश में विद्युत शक्ति

का उत्पादन भी आवश्यकता के अनुरूप नहीं है, इसलिए नाभिकीय ऊर्जा उत्पादन के लिए अणुशक्ति वाले खनिजों पर विशेष ध्यान दिया जा रहा है। आण्विक खनिज (Molecular Minerals) **गैर जीवाश्म ऊर्जा स्रोत** है, जिसके अंतर्गत विशिष्ट नाभिकीय ऊर्जा वाले खनिजों का कम मात्रा में प्रयोग करके अत्यधिक ऊर्जा प्राप्त की जा सकती है।

आण्विक खनिज प्री कैम्ब्रियन युग के आर्कियन चट्टानों और धारवाड़ क्रम की स्लेट चट्टानों में पाए जाते हैं। आण्विक खनिजों में यूरेनियम, थोरियम, बेरेलियम, मोनाजाइट, जिरकॉन और एंटीमनी आदि प्रमुख हैं।

a. **यूरेनियम**- नाभिकीय ऊर्जा वाले खनिजों में यूरेनियम सबसे महत्त्वपूर्ण है। इसे **'मेटल ऑफ होप'** भी कहा जाता है। यूरेनियम के प्रमुख अयस्क हैं- **पिचब्लेंड, सामरस्काइट** और **थोरियानाइट।** भारत में यूरेनियम धारवाड़ तथा आर्कियन क्रम की चट्टानों, पैग्मेटाइट्स, मोनाजाइट बालू और चेरालाइट में प्राप्त होता है।

झारखंड- झारखंड के सिंहभूम जिले में स्थित **'जादूगोड़ा की खान'** भारत में यूरेनियम के लिए सर्वाधिक महत्त्वपूर्ण है। जादूगोड़ा खान से देश का **80% यूरेनियम** निकाला जाता है।

आंध्र प्रदेश- जादूगोड़ा के बाद आंध्र प्रदेश का **'नेल्लोर जिला'** दूसरा प्रमुख उत्पादक क्षेत्र है।

राजस्थान- 'उदयपुर और अजमेर' यूरेनियम उत्पादक क्षेत्र हैं।

इसके अलावा महाराष्ट्र के भंडारा जिला, हिमाचल प्रदेश के कुल्लू जिला और मेघालय के जयंतिया पहाड़ी से भी यूरेनियम की प्राप्ति होती है।

b. **थोरियम**- प्रकृति में थोरियम स्वतंत्र रूप से प्राप्त नहीं होता है, बल्कि यह मुख्य रूप से **मोनाजाइट बालू** में और कुछ मात्रा में इल्मेनाइट बालू में भी प्राप्त होता है। मोनाजाइट बालू का निर्माण प्री कैम्ब्रियन युग की चट्टानों के अपक्षय (Weathering) से हुआ है।

विश्व में मोनाजाइट बालू का **सर्वाधिक भंडार भारत** में ही पाया जाता है। भारत में मोनाजाइट बालू से **केरल** और **महाराष्ट्र** के 'तटीय क्षेत्रों' में प्राप्त होता है।

केरल- कोल्लम, पलक्कड़ जिला और त्रावणकोर की पहाड़ी।

महाराष्ट्र- तटीय क्षेत्र और रत्नागिरि जिला।

c. **मोनाजाइट**- यह यूरेनियम, थोरियम, लैंथेनम और सीरियत का मिश्रण है और यह मुख्य रूप से मोनाजाइट बालुका निक्षेपों से प्राप्त होता है, जिसका निर्माण प्री-कैम्ब्रियन काल की चट्टानों के अपक्षय से हुआ है। भारत में मोनाजाइट बालुका निक्षेप मुख्य रूप से **केरल के तटवर्ती भागों** में पाया जाता है।

d. **बेरीलियम**- आग्नेय चट्टानों में पाया जाने वाला बेरीलियम का सर्वाधिक उपयोग मिश्र धातुओं के निर्माण में किया जाता है। इसका प्रयोग वायुयान के कार्बोरेटर, **नियान-सिग्नल्स,** साइक्लोट्रॉन, **फ्लूरोसेंट टयूब** और विस्फोटक पदार्थ बनाने के लिए किया जाता है।

e. **एंटीमनी अथवा सुरमा**- यह हिमाचल प्रदेश में **स्टिबनाइट** नामक खनिज से प्राप्त होता है। इसका प्रयोग बंदूक के **कारतूसों** के निर्माण में, **टूथपेस्ट** का टयूब बनाने में और विद्युत तार बनाने में किया जाता है।

f. **मॉलिब्डेनम**- इसका प्रयोग विशेष प्रकार का इस्पात बनाने में किया जाता है।

g. **जिरकॉन**- जिरकोनियम अयस्क में पाया जाने वाला जिरकॉन का प्रयोग अणुशक्ति के विकास के अलावा सिरेमिक उद्योग में भी किया जाता है।

h. **वैनेडियम**- यह मैग्नेटाइट अयस्क के रूप में प्राप्त होता है और इसका उपयोग कई प्रकार के मिश्रित स्टील का निर्माण करने में किया जाता है।

ooo

16 भारत : ऊर्जा परिदृश्य

आधुनिक, औद्योगिक और वैज्ञानिक युग में 'विद्युत ऊर्जा' ऊर्जा का सर्वाधिक तीव्र और प्रभावकारी माध्यम है। देश में विद्युत उत्पादन के लिए सर्वप्रथम 19वीं शताब्दी के अंतिम दशक में **जल शक्ति का प्रयोग (दार्जिलिंग में)** किया गया। वर्तमान समय में देश में विद्युत उत्पादन ताप विद्युत, जल विद्युत, परमाणु विद्युत और नवीकरणीय ऊर्जा के रूप में किया जा रहा है।

- भारत में विद्युत की कुल स्थापित क्षमता में ताप विद्युत (जीवाश्म ईंधन आधारित) का योगदान सर्वाधिक है और जलविद्युत के योगदान में लगातार कमी आई है। वर्ष 2023 तक भारत में विद्युत की **कुल स्थापित क्षमता 416059 मेगावाट** है। भारत में विद्युत की कुल स्थापित क्षमता में **ताप विद्युत** (जीवाश्म ईंधन आधारित) का योगदान **57.7%** है। देश में ताप विद्युत की कुल स्थापित क्षमता **237269 मेगावाट** है। 1950-51 में जहाँ विद्युत की कुल स्थापित क्षमता में जलविद्युत की भागीदारी 49% थी, वहीं वर्ष 2023 तक यह लगभग 11.3% रह गई है।
- भारत में विद्युत उत्पादन क्षेत्र में अभी भी जीवाश्म ईंधनों (कोयला, डीजल, प्राकृतिक गैस) का प्रभुत्व है। देश में लगभग तीन चौथाई बिजली उत्पादन अभी भी जीवाश्म ईंधनों को जलाकर किया जा रहा है, जिसे **ताप विद्युत (Thermal Power)** कहते हैं। ताप विद्युत की स्थापित क्षमता में भी कोयले का **योगदान सर्वाधिक 50.9%** है। ताप विद्युत उत्पादन में कोयले के बाद प्राकृतिक गैस का सर्वाधिक प्रयोग किया जा रहा है।
- वर्ष 2023 तक भारत में **गैर जीवाश्म ईंधन स्रोतों** (नवीकरणीय ऊर्जा, जल विद्युत, परमाणु विद्युत) से **1,72,000 मेगावाट** विद्युत की स्थापित क्षमता प्राप्त की जा चुकी है। देश में विद्युत की कुल स्थापित क्षमता में गैर जीवाश्म स्रोतों का योगदान लगभग 40.7% है। सरकार द्वारा वर्ष 2030 तक विद्युत की कुल स्थापित क्षमता में गैर जीवाश्म स्रोतों का योगदान बढ़ाकर 44.7% करने का लक्ष्य रखा गया है। देश में विद्युत उत्पादन में नवीकरणीय ऊर्जा का योगदान लगातार बढ़ रहा है।

2023 तक बिजली की कुल स्थापित क्षमता में (%) योगदान		
1.	**ताप विद्युत (जीवाश्म ईंधन)**	**57.7%**
	a. कोयला	50.9%
	b. प्राकृतिक गैस	6.0%
	c. डीजल	0.1%
2.	**गैर जीवाश्म ईंधन**	**40.7%**
	a. जल विद्युत	11.3%
	b. पवन विद्युत	10.2%
	c. सौर विद्युत	16.1%
	d. परमाणु विद्युत	1.6%

- 'आरईएन अक्षय 2022 वैश्विक स्थिति' रिपोर्ट के अनुसार भारत नवीकरणीय ऊर्जा (जलविद्युत सहित) की स्थापित क्षमता में **विश्व में चौथे स्थान पर** है। इसी प्रकार **पवन ऊर्जा** और **सौर ऊर्जा** की स्थापित क्षमता में भी भारत विश्व में चौथे स्थान पर है।
- भारत में **औद्योगिक क्षेत्र** विद्युत का सबसे बड़ा उपभोगकर्ता है। इसके बाद सर्वाधिक विद्युत खपत आवासीय क्षेत्र और कृषि क्षेत्र के अंतर्गत होती है। भारत में कुल विद्युत की क्षेत्रवार खपत इस प्रकार है-

आवासीय क्षेत्र	25.77%
औद्योगिक क्षेत्र	41.16%
कृषि क्षेत्र	17.67%
व्यावसायिक क्षेत्र	8.29%

- देश में आजादी के बाद से अब तक विद्युत उपभोग के पैटर्न में भी काफी बदलाव आया है। वर्ष 1950-51 में जहाँ कुल विद्युत की सर्वाधिक 63% खपत उद्योगों में हो रही थी, वहीं वर्ष 2023 तक यह 42% तक आ गई है। 1950-51 में कृषि क्षेत्र में विद्युत खपत मात्रा 4% थी, जो वर्ष 2023 तक बढ़कर लगभग 18% हो गई है।

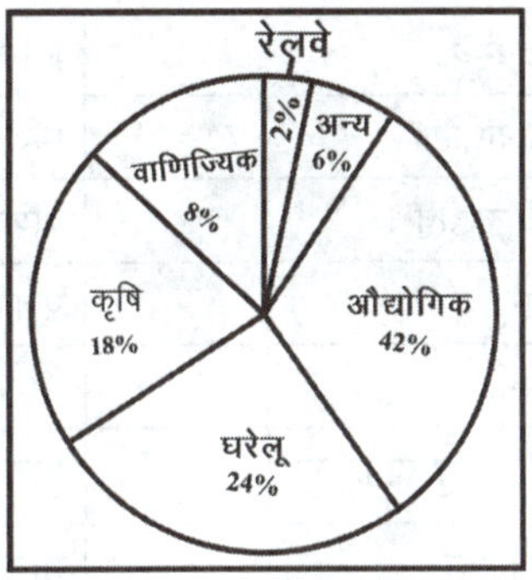

- सरकार द्वारा सतत रूप से नवीकरणीय ऊर्जा स्रोतों के विकास का प्रयास किया जा रहा है, जिस कारण देश के कुल विद्युत उत्पादन में **नवीकरणीय ऊर्जा (Renewable Energy)** (बड़ी जलविद्युत परियोजनाओं समेत) स्रोतों का प्रतिशत लगातार बढ़ रहा है। देश में ऊर्जा आवश्यकताओं को पूरा करने के लिए विद्युत उत्पादन में जीवाश्म ईंधनों का प्रयोग भी बढ़ता जा रहा है, लेकिन देश के कुल विद्युत उत्पादन में जीवाश्म ऊर्जा स्रोतों का अनुपात लगातार घटता जा रहा है।
- देश में **पहली जल विद्युत** की स्थापना **1897** में दार्जिलिंग नगर के अंतर्गत **सिद्रापोंग** में की गई थी। अर्थात देश में सबसे पहले बिजली की सप्लाई दार्जिलिंग के सिद्रापोंग में की गई थी।
- भारत में 1960 के दशक में क्षेत्रीय आधार पर ग्रिड प्रबंधन का उपयोग शुरू किया गया। अलग-अलग राज्य ग्रिडों को आपस में जोड़कर कुल पाँच क्षेत्रीय ग्रिड बनाए गए, जो भारत की मुख्य भूमि को कवर करते हैं- पूर्वी ग्रिड, पश्चिमी ग्रिड, उत्तरी ग्रिड, दक्षिणी ग्रिड और उत्तर-पूर्वी ग्रिड। इन क्षेत्रीय ग्रिडों की स्थापना प्रत्येक क्षेत्र में राज्यों के बीच अधिशेष (Surplus) बिजली के संचरण को सक्षम बनाने के लिए की गई थी।

भारत में बिजली की कुल स्थापित क्षमता	
क्षेत्र	**प्रतिशत**
राज्य सरकार के अधीन	27.7%
केंद्र सरकार के अधीन	25%
निजी क्षेत्र के अधीन	47.3%
स्रोत-31.12.2020 को भारत सरकार, विद्युत मंत्रालय के अनुसार	

ताप विद्युत

भारत में ताप विद्युत की कुल स्थापित क्षमता **237269 मेगावाट** है। विद्युत की कुल स्थापित क्षमता में ताप विद्युत का योगदान सर्वाधिक **57.7%** है। ताप विद्युत उत्पादन के अंतर्गत वर्तमान में सर्वाधिक 50.9% कोयला आधारित और 6.0% प्राकृतिक गैस आधारित है। ताप विद्युत के अंतर्गत विद्युत उत्पादन के लिए जीवाश्म ईंधनों (कोयला, डीजल और प्राकृतिक गैस) का उपयोग किया जा रहा है।

- देश में निजी क्षेत्र के अंतर्गत **अडानी पावर समूह** सर्वाधिक ताप विद्युत उत्पादक इकाई है। ताप विद्युत उत्पादन में **महाराष्ट्र** का प्रथम स्थान है। इसके बाद क्रमशः **उत्तर प्रदेश, गुजरात** और **पश्चिम बंगाल** में सर्वाधिक ताप विद्युत उत्पादन होता है। 2018 तक देश के सभी गाँवों तक बिजली पहुँचाई जा चुकी है। मणिपुर के सेनापति जिले का लीसांग गाँव 2018 में राष्ट्रीय पावर ग्रिड से जुड़ने वाला देश का अंतिम गाँव था।
- ताप विद्युत उत्पादन को बढ़ावा देने के लिए 'राष्ट्रीय ताप विद्युत निगम' - **NTPC** की स्थापना **1975** में की गई थी। वर्तमान में NTPC देश की सबसे बड़ी तापीय ऊर्जा उत्पादक कंपनी है। NTPC द्वारा संचालित ताप विद्युत केंद्र इस प्रकार हैं-

NTPC के कोयला आधारित ताप विद्युत केंद्र		
1.	ऊँचाहार	रायबरेली, उत्तर प्रदेश
2.	रिहंद	सोनभद्र, उत्तर प्रदेश
3.	सिंगरौली	सोनभद्र, उत्तर प्रदेश
4.	तालचेर	अंगुल, ओडिशा
5.	रामागुंडम	करीम नगर, तेलंगाना
6.	कोरबा	छत्तीसगढ़
7.	बदरपुर	दिल्ली
8.	विंध्याचल	मध्य प्रदेश
9.	फरक्का	पश्चिम बंगाल
10.	बाढ़	बिहार
11.	कहलगाँव	भागलपुर, बिहार
12.	सिम्हाद्रि	विशाखापट्टनम, आंध्र प्रदेश
13.	यमुना नगर	हरियाणा
NTPC के गैस आधारित ताप विद्युत केंद्र		
1.	औरैया	उत्तर प्रदेश
2.	दादरी	गौतम बुद्ध नगर, उत्तर प्रदेश
3.	अन्ता	बाराँ, राजस्थान
4.	कायमकुलम	अल्लपूजा, केरल
5.	कवास	सूरत, गुजरात
6.	गान्धार	भरूच, गुजरात
7.	फरीदाबाद	हरियाणा

दीनदयाल उपाध्याय ग्राम ज्योति योजना (DDUGJY)

केंद्रीय विद्युत मंत्रालय द्वारा जुलाई 2015 में प्रारम्भ इस योजना का उद्देश्य 2022 तक देश के प्रत्येक ग्रामीण परिवार को निर्बाध विद्युत आपूर्ति सुनिश्चित करना है। ग्रामीण विद्युतीकरण के लिए पहले से चल रही **राजीव गांधी ग्रामीण विद्युतीकरण योजना (RGGVY)** को इस नई योजना में शामिल कर लिया गया है। इसके अंतर्गत ग्रामीण क्षेत्र में विद्युत इकाइयों की स्थिति सुधारने के लिए कृषि एवं गैर कृषि गतिविधियों के लिए अलग-अलग फीडर होंगे।

NTPC के अतिरिक्त अन्य प्रमुख ताप विद्युत केंद्र			
1.	नामरूप	–	असम
2.	बोगाई गाँव	–	असम
3.	लकवा	–	असम
4.	अमगुड़ी	–	असम
5.	रामागुंडम	–	आंध्र प्रदेश
6.	कोठागुडम	–	आंध्र प्रदेश
7.	विजयवाड़ा	–	आंध्र प्रदेश
8.	ओबरा	–	उत्तर प्रदेश
9.	परीछा	–	उत्तर प्रदेश
10.	हरदुआगंज	–	उत्तर प्रदेश
11.	पनकी	–	उत्तर प्रदेश
12.	तालचेर	–	ओडिशा
13.	बालीमेला	–	ओडिशा
14.	उकाई	–	गुजरात
15.	धुवरम	–	गुजरात
16.	वानकबाड़ी	–	गुजरात
17.	पम्पोर	–	जम्मू-कश्मीर
18.	पतरातू	–	झारखण्ड
19.	चन्द्रपुरा	–	झारखण्ड
20.	चांडिल	–	झारखण्ड
21.	एन्नौर	–	तमिलनाडु
22.	नेवेली	–	तमिलनाडु
23.	तूतीकोरिन	–	तमिलनाडु
24.	इन्द्रप्रस्थ	–	दिल्ली
25.	कोलाघाट	–	पश्चिम बंगाल
26.	संथालडीह	–	पश्चिम बंगाल
27.	रोपड़	–	पंजाब
28.	बरौनी	–	बिहार
29.	काँटी, मुजफ्फरपुर	–	बिहार
30.	लोकटक	–	मणिपुर
31.	उरण	–	महाराष्ट्र
32.	परली	–	महाराष्ट्र
33.	चंद्रपुर	–	महाराष्ट्र
34.	कोरड़ी	–	महाराष्ट्र
35.	भुसावल	–	महाराष्ट्र
36.	कोटा	–	राजस्थान
37.	पानीपत	–	हरियाणा

अल्ट्रा मेगा पावर प्रोजेक्ट (UMPP)

'अल्ट्रा मेगा पावर प्रोजेक्ट' के तहत कोयला आधारित 4000 मेगावाट या इससे अधिक क्षमता वाली बड़ी विद्युत परियोजनाओं की शुरुआत की गई है। इस परियोजना के तहत उच्च स्तरीय ईंधन क्षमता प्राप्त करने के लिए सुपर क्रिटिकल प्रौद्योगिकी का इस्तेमाल किया जा रहा है, जिससे ईंधन की बचत होगी और ग्रीन हाउस गैसों में कमी आएगी। बड़े पैमाने पर विद्युत उत्पादन से परियोजना लागत में कमी आएगी। परियोजना के तहत आयातित कोयले का प्रयोग करने के लिए तटवर्ती क्षेत्रों में भी ताप विद्युत संयंत्र लगाए जाएँगे। अल्ट्रा मेगा विद्युत परियोजना के तहत 9 विभिन्न राज्यों में 9 स्थानों पर ताप विद्युत संयंत्र स्थापित करने की योजना है। इनमें से 5 संयंत्र तटीय क्षेत्रों में हैं और 4 कोयला क्षेत्रों (पिटहेड) में हैं।

तटीय परियोजना		
मुंद्रा	–	गुजरात
कृष्णापट्टनम	–	आंध्र प्रदेश
ताद्री	–	कर्नाटक
चेय्यूर	–	तमिलनाडु
गिरे	–	महाराष्ट्र

पिटहेड परियोजना (कोयला क्षेत्रों के समीप स्थित)		
सासन	–	मध्य प्रदेश
सुंदरगढ़	–	ओडिशा
तिलैया बाँध	–	झारखण्ड
अकलतारा	–	छत्तीसगढ़

- देश का **पहला अल्ट्रामेगा पावर प्रोजेक्ट** गुजरात के **'मुंद्रा'** में स्थापित किया गया है। 'मुंद्रा अल्ट्रामेगा पावर प्लांट' का संचालन टाटा पावर द्वारा किया जा रहा है। मध्य प्रदेश के **'सासन'** में देश का पहला घरेलू कोयला आधारित 'सासन अल्ट्रा मेगा पावर प्लांट' का संचालन रिलायंस पावर द्वारा किया जा रहा है।
- ताप विद्युत की अच्छी बात यह है कि यह कोयले का परिवहन करके उन क्षेत्रों में भी उत्पादित किया जा सकता है, जहाँ जल विद्युत का उत्पादन संभव नहीं है। ताप विद्युत उत्पादन पर प्रतिकूल मौसम का भी कोई प्रभाव नहीं पड़ता है। लेकिन ताप विद्युत उत्पादन की प्रक्रिया में कार्बन डाइऑक्साइड एवं अन्य विषैली गैसों का उत्सर्जन होने के कारण यह पर्यावरण के अनुकूल नहीं है और भारी मात्रा में वायुमंडल को प्रदूषित करता है। इसके अलावा ताप विद्युत जीवाश्म ईंधनों (Fossil Fuel) पर आधारित है, जिनका भंडार सीमित है।
- अधिकांश तापविद्युत उत्पादन कोयला आधारित हैं। कोयले के साथ कुछ विशिष्ट समस्याएँ हैं। यह केवल उत्तर-पूर्वी संसाधन प्रदेश में ही पाया जाता है। इस कारण विद्युत केंद्रों तक परिवहन व्यय अधिक हो जाने के कारण ताप विद्युत महँगी ऊर्जा हो जाती है। इसके अलावा कोयला जितना भारी होता है, उतनी उसमें ऊर्जाधारिता एक नहीं होती। 1 टन यूरेनियम की ऊर्जाधारिता 1 लाख टन कोयले की ऊर्जाधारिता के बराबर होती है।

जल विद्युत

यह एक नवीकरणीय योग्य संसाधन है। जल विद्युत के प्रयोग से जीवाश्म ईंधनों की रक्षा होती है साथ ही प्रदूषण रहित होने के कारण यह पर्यावरण के अनुकूल होता है। इसे **हरित ऊर्जा** और **श्वेत कोयला** भी कहा जाता है।

- भारत की नदियों में अभिज्ञात जलविद्युत क्षमता 145000 मेगावाट है। देश का 50% जलशक्ति विभव हिमालय क्षेत्र में विद्यमान है, लेकिन दुर्गम क्षेत्र होने के कारण यहाँ जलविद्युत का सीमित विकास हुआ है।
- **ब्रह्मपुत्र नदी** की बेसिन में देश का **सर्वाधिक जलशक्ति विभव** मौजूद है। इसके बाद दूसरा सर्वाधिक जलशक्ति विभव प्रायद्वीपीय भारत की पूर्व की ओर बहने वाली नदियों में पाया जाता है।
- भारत में पहला जलविद्युत संयंत्र 1897 में पश्चिम बंगाल के **सिद्रापोंग (दार्जिलिंग)** में स्थापित किया गया था। इसके बाद दूसरे जल विद्युत संयंत्र की स्थापना 1902 में कावेरी नदी पर शिवसमुद्रम (कर्नाटक) में की गई थी। स्वतंत्रता के बाद भारत में अनेक बहुउद्देशीय नदी घाटी परियोजनाएँ स्थापित की गईं; जैसे भाखड़ा नांगल बाँध परियोजना।
- 1975 में जल विद्युत विकास के लिए **राष्ट्रीय जल विद्युत निगम - NHPC** की स्थापना की गई।
- भारत में विद्युत की कुल स्थापित क्षमता (416059 मेगावाट) में जल विद्युत का योगदान **11.3%** है। केंद्रीय विद्युत प्राधिकरण - CEA के अनुसार वर्ष 2023 तक भारत में जल विद्युत की कुल स्थापित क्षमता **46865 मेगावाट** थी। भारत में शीर्ष जल विद्युत की स्थापित क्षमता वाला राज्य **आंध्र प्रदेश** है।
- भारत में हिमालय पर स्थित राज्यों जैसे- अरुणाचल प्रदेश, हिमाचल प्रदेश, जम्मू एवं कश्मीर केंद्रशासित प्रदेश, उत्तराखण्ड, सिक्किम तथा मेघालय और केरल जैसे राज्यों में जल विद्युत ऊर्जा का प्रमुख स्रोत है और यह इन राज्यों की 90% ऊर्जा की आवश्यकता को पूरा करता है।
- पर्वतीय एवं पठारी क्षेत्र में नदियों पर निर्मित **जल विद्युत परियोजनाओं** को बहुउद्देशीय नदी घाटी परियोजना भी कहते हैं, क्योंकि जलविद्युत उत्पादन के अलावा इन परियोजनाओं के अन्य उद्देश्य भी होते हैं। अधिक वर्षा वाले क्षेत्रों में बाढ़ को नियंत्रित करना, शुष्क क्षेत्रों में जलापूर्ति करना, नहरी परिवहन का विकास करना तथा मत्स्यपालन और पर्यटन को बढ़ावा देना इत्यादि उद्देश्य इन बाँध परियोजनाओं द्वारा पूरे किए जाते हैं।
- जलविद्युत उत्पादन से जुड़ी सबसे बड़ी समस्या यह है कि जिन जगहों पर भी जलविद्युत का उत्पादन किया जा सकता है, वे सभी स्थान नियत (Fix) हैं। इसका उत्पादन केवल वहीं हो सकता है, जहाँ जल का बारहमासी प्रवाह हो और जल किसी ऊँचे स्थान से गिरता हो।

जल विद्युत उत्पादन कैसे होता है?

बहते हुए जल में गतिज ऊर्जा होती है, जिसको टरबाइन के माध्यम से यांत्रिक ऊर्जा में रूपांतरित करके **विद्युत उत्पादन** किया जाता है। जल विद्युत उत्पादन के लिए पर्वतीय क्षेत्रों में बाँध (कंक्रीट की दीवार) बनाकर नदियों का बहाव रोककर बाँध के पीछे विशाल **ऊँचे जलाशय** का निर्माण किया जाता है और जल को नियंत्रित रूप से ऊँचाई से गिराकर नीचे स्थित टरबाइन को घुमाया जाता है, जोकि विद्युत जनित्र से जुड़ा होता है। विद्युत जनित्र घूमने से बिजली उत्पन्न होती है। जब विद्युत जनित्र को घुमाने के लिए कोयला शक्ति का प्रयोग किया जाता है तो उसे **ताप विद्युत** और जब जलशक्ति का प्रयोग किया जाता है तो उसे **जल विद्युत** कहते हैं।

विद्युतीकरण से सम्बद्ध संस्थान

	संस्थान	मुख्यालय	वर्ष
1.	ऑयल इंडिया लिमिटेड - OIL	नोएडा	1956
2.	तेल एवं प्राकृतिक गैस निगम - ONGC	नई दिल्ली	1956
3.	इंडियन ऑयल कॉर्पोरेशन - IOC	नई दिल्ली	1964
4.	राष्ट्रीय विद्युत प्रशिक्षण संस्थान-NPTI	फरीदाबाद	1965

5.	ग्रामीण विद्युतीकरण निगम लिमिटेड - REC	नई दिल्ली	1969
6.	राष्ट्रीय ताप विद्युत निगम - NTPC (महारत्न कंपनी)	नई दिल्ली	1975
7.	राष्ट्रीय पन बिजली निगम - NHPC (मिनीरत्न कंपनी)	फरीदाबाद	1975
8.	भारतीय गैस प्राधिकरण लिमिटेड - GAIL	दिल्ली	1984
9.	भारतीय विद्युत ग्रिड लिमिटेड - PGCIL	गुरुग्राम	1989
10.	भारतीय विद्युत व्यापार निगम लिमिटेड - PTCIL	नई दिल्ली	1999
11.	ऊर्जा दक्षता ब्यूरो	नई दिल्ली	2002

परमाणु (नाभिकीय) ऊर्जा (Nuclear Energy)

देश में वर्तमान में ताप विद्युत (57.7%), जल विद्युत (11.3%) एवं नवीकरणीय ऊर्जा (25%) स्रोतों के बाद **परमाणु विद्युत** विद्युत उत्पादन का चौथा प्रमुख स्रोत है। वर्ष 2023 तक देश में परमाणु विद्युत की कुल स्थापित क्षमता **7480 मेगावाट** हो चुकी है, जोकि देश में विद्युत की कुल स्थापित क्षमता का 1.8% है। सरकार ने वर्ष 2032 तक परमाणु ऊर्जा की स्थापित क्षमता को बढ़ाकर 27500 मेगावाट करने का लक्ष्य रखा है।

नाभिकीय विखंडन

- परमाणु ऊर्जा प्रकृति में पाए जाने वाले यूरेनियम और थोरियम जैसे रेडियोएक्टिव पदार्थों (Radioactive Substance) के परमाणुओं के नाभिक में संगृहीत ऊर्जा से प्राप्त की जाती है। जब नाभिकीय रिएक्टरों में यूरेनियम और थोरियम जैसे रेडियो सक्रिय पदार्थों का विखंडन कराया जाता है, तो इनके नाभिक से ऊष्मा के रूप में विशाल मात्रा में ऊर्जा मुक्त होती है, जिसका उपयोग विद्युत उत्पादन में किया जाता है। अर्थात् यूरेनियम और थोरियम का प्रयोग परमाणु ऊर्जा के उत्पादन हेतु ईंधन के रूप में किया जाता है।
- भारत में यूरेनियम के निक्षेप धारवाड़ शैलों के अंतर्गत झारखंड और राजस्थान में पाए जाते हैं। लेकिन भारत में यह अल्प मात्रा में उपलब्ध है, इसलिए भारत अपनी यूरेनियम आवश्यकता के लिए दूसरे देशों से आयात पर निर्भर है। जबकि थोरियम भारत में पर्याप्त मात्रा में पाया जाने वाला परमाणु खनिज है। भारत में थोरियम मुख्यत: केरल के तटीय क्षेत्रों में मोनोजाइट बालू निक्षेपों में पाया जाता है।

- वर्तमान में भारत में कुल **21 नाभिकीय रिएक्टर** सक्रिय हैं, जिनकी कुल उत्पादन क्षमता 7480 मेगावाट है। ये 21 नाभिकीय रिएक्टर देशभर में 7 परमाणु ऊर्जा केंद्रों पर कार्यरत हैं- महाराष्ट्र में **तारापुर**, तमिलनाडु में **कलपक्कम** एवं **कुडानकुलम**, गुजरात में **काकरापार**, राजस्थान में कोटा के निकट **रावतभाटा,** कर्नाटक में **कैगा** और उत्तर प्रदेश में **नरौरा।**

भारत में परमाणु ऊर्जा के कार्यशील केंद्र एवं रिएक्टरों की संख्या

केंद्र	रिएक्टर्स	कुल क्षमता (MW)
कैगा (कर्नाटक)	220×4	880
काकरापार (गुजरात)	220×2	440
कलपक्कम् (तमिलनाडु)	220×2	440
नरौरा (उत्तर प्रदेश)	220×2	440
रावतभाटा (राजस्थान)	100×1 200×1 220×4	1180
तारापुर (महाराष्ट्र)	160×2 540×2	1400
कुडनकुलम (तमिलनाडु)	1000×1 1000×1	2000
योग (कुल 21 रिएक्टर)		**6780**

- भारत में **प्रथम परमाणु विद्युत केंद्र** की स्थापना 1969 में महाराष्ट्र के **तारापुर** में अमेरिका के सहयोग से की गई थी। तारापुर संयंत्र में अमेरिकी तकनीक से परिष्कृत (Refined) यूरेनियम का प्रयोग ईंधन के रूप में किया गया था। तारापुर परमाणु विद्युत केंद्र में **बॉयलिंग वॉटर रिएक्टर** का प्रयोग किया गया था, जिसमें कूलेंट अथवा मंदक (Retarder) के रूप में साधारण जल का प्रयोग किया गया था।
- भारत में दूसरे परमाणु विद्युत केंद्र की स्थापना 1972 में कनाडा के सहयोग से राजस्थान के **रावतभाटा** (कोटा के निकट राणाप्रताप सागर बाँध के समीप) में की गई। 'रावतभाटा परमाणु विद्युत केंद्र' में पहली बार दाबित **भारी जल रिएक्टर** (PHWRs) का प्रयोग किया गया था।
- भारत में **'तीसरे परमाणु विद्युत स्टेशन'** की स्थापना 1984 में तमिलनाडु के पूर्वी तट पर **कलपक्कम** में (चेन्नई के दक्षिण में) की गई। कलपक्कम भारत में **स्वदेशी तकनीक** पर आधारित पहला परमाणु विद्युत केंद्र था। इसके बाद निम्नलिखित परमाणु विद्युत केंद्रों की स्थापना की गई–

नरौरा- 1989 में उत्तर प्रदेश के **बुलंदशहर** में,

काकरापार- 1993 में गुजरात के **सूरत** में (तापी नदी के किनारे),

कैगा- 1999 में कर्नाटक के **कारवार** में और

कुडानकुलम- 2013 में तमिलनाडु के **तिरुनेलवेली** जिले में परमाणु विद्युत केंद्रों की स्थापना की गई। कुडानकुलम संयंत्र में 1000 मेगावाट के 2 रिएक्टर कार्यरत हैं। देश का 21वाँ परमाणु रिएक्टर कुडानकुलम में ही लगाया गया है।

- भारत में परमाणु ऊर्जा उत्पादन करने वाले अधिकांश रिएक्टर **दाबित भारी जल रिएक्टर** (Pressurized Heavy Water Reactor - PHWR) हैं। इन रिएक्टरों में मंदक अथवा कूलेंट के रूप में भारी जल (गुरु जल) का प्रयोग किया जाता है। भारी जल का रासायनिक नाम **ड्यूटीरियम आक्साइड (D_2O)** है। भारत में पहला दाबित भारी जल रिएक्टर **पंजाब के नांगल** में 1962 में स्थापित किया गया था।
- वर्तमान में भारत में आठ दाबित भारी जल रिएक्टर कार्यरत हैं-

गुरुजल संयंत्र		स्थान
नांगल	–	पंजाब
वडोदरा	–	गुजरात
तूतीकोरिन	–	तमिलनाडु
कोटा	–	राजस्थान
तालचेर	–	ओडिशा
थाल	–	महाराष्ट्र
हजीरा	–	गुजरात
मानगुरु	–	तेलंगाना

- भारत में परमाणु शक्ति के विकास के लिए अनेक अनुसंधान रिएक्टर बनाए गए हैं। इनमें अप्सरा (1956), साइरस (1960, अब बन्द), जरलीना (1961), पूर्णिमा-I (1972), पूर्णिमा-II (1984), ध्रुव (1985), कामिनी तथा पूर्णिमा-III (1990) सम्मिलित हैं।
- इनमें से अप्सरा (1956) देश का प्रथम अनुसंधान रिएक्टर था।
- विश्व में परमाणु ऊर्जा के चार सबसे बड़े उत्पादक देश क्रमशः संयुक्त राज्य अमेरिका, फ्रांस, जापान और रूस हैं।
- भारत में परमाणु ऊर्जा कार्यक्रम के शुभारंभ का श्रेय **डॉ. होमी जहाँगीर भाभा** को जाता है। इन्हीं के प्रयासों से 1948 में **परमाणु ऊर्जा आयोग** की स्थापना हुई। परमाणु ऊर्जा विभाग की स्थापना 1954 में की गई। 1954 में ही महाराष्ट्र के ट्राम्बे (मुंबई) में **'परमाणु ऊर्जा संस्थान'** की स्थापना की गई, जिसका नाम बदलकर 1967 में **भाभा परमाणु अनुसंधान केंद्र (BARC)** कर दिया गया।

यूरेनियम संवर्द्धन और मंदक

प्राकृतिक यूरेनियम में 99.3% मात्रा U^{238} की होती है, जबकि U^{235} मात्रा 0.7% पाया जाता है। वहीं नाभिकीय विखण्डन के लिए U^{235} अधिक उपयोगी होता है, क्योंकि इसका नाभिक क्षणभंगुर होता है। यूरेनियम रिएक्टर में विशेष प्रक्रियाओं द्वारा U^{235} की मात्रा 0.7% से बढ़ाकर 2.34% तक की जाती है। इस प्रक्रिया को यूरेनियम संवर्द्धन कहते हैं। संवर्द्धित यूरेनियम में U^{235} की मात्रा 2.34% तक होती है।

परमाणु रिएक्टर में विखण्डन से उत्पन्न न्यूट्रानों की गति कम करने के लिए मंदक का प्रयोग किया जाता है। मंदक दो प्रकार के होते हैं-

1. **नियंत्रक छड़**- यह न्यूट्रान को अवशोषित करने वाले पदार्थों यथा- बेरीलियम या ग्रेफाइड से बनाया जाता है।
2. **गुरूजल (Heavy Water)**- इसका रासायनिक नाम ड्यूटीरियम ऑक्साइड (D_2O) है। भारतीय रिएक्टरों में मंदक के रूप में अधिकांशतः गुरूजल का ही प्रयोग किया जाता है। ऐसे रिएक्टरों को **दाबित भारी जल रिएक्टर** कहते हैं।

- **भारतीय परमाणु विद्युत निगम लिमिटेड** - NPCIL की स्थापना 1987 में की गई। यह भारत सरकार के स्वामित्व वाली सार्वजनिक क्षेत्र की कंपनी है और भारत में परमाणु विद्युत केंद्रों के निर्माण और रख-रखाव के लिए उत्तरदायी है। NPCIL का प्रशासन **परमाणु ऊर्जा विभाग** द्वारा किया जाता है। इसका मुख्यालय मुंबई में है।
- पूर्वोत्तर विद्युत ऊर्जा निगम लिमिटेड (NEEPCO) की स्थापना 1975 में की गई।

गैर-परंपरागत ऊर्जा संसाधन (Renewable Energy)

गैर परंपरागत ऊर्जा के अंतर्गत सौर ऊर्जा, पवन ऊर्जा, समुद्र की ज्वारीय एवं तरंग ऊर्जा, OTEC ऊर्जा, भूतापीय ऊर्जा और बायोमास ऊर्जा को शामिल किया जाता है। यह प्रदूषण रहित, पर्यावरण हितैषी और अक्षय ऊर्जा स्रोत है, जो कभी समाप्त नहीं होगी। इसे नवीकरणीय ऊर्जा भी कहा जाता है।

- भारत में **गैर परंपरागत ऊर्जा स्रोत विभाग** की स्थापना **1982** में की गई थी। 'नवीन और नवीकरणीय ऊर्जा मंत्रालय' अक्षय ऊर्जा से संबंधित भारत सरकार का शीर्ष मंत्रालय है। मंत्रालय का लक्ष्य देश में ऊर्जा संबंधी आवश्यकताओं की पूर्ति के लिए गैर परंपरागत ऊर्जा का विकास करना है।

- देश में विद्युत की कुल स्थापित क्षमता में गैर परंपरागत ऊर्जा का योगदान लगभग 27% है। फरवरी 2022 तक देश में गैर परंपरागत ऊर्जा की कुल स्थापित क्षमता लगभग **105000 मेगावाट** है। इसमें **पवन ऊर्जा** का योगदान सर्वाधिक 42000 मेगावाट और इसके बाद **सौर ऊर्जा** का योगदान 39000 मेगावाट है।
- भारत गैर परंपरागत ऊर्जा उत्पादन में विश्व में चौथे स्थान पर है।

सौर ऊर्जा (Solar Energy)

फोटोवोल्टिक सेलों द्वारा सूर्य की किरणों को विद्युत ऊर्जा में परिवर्तित किया जा सकता है, जिसे सौर ऊर्जा कहते हैं। भारत एक **उष्णकटिबंधीय जलवायु (Tropical Climate)** वाला देश है। यहाँ वर्ष में लगभग 300 दिन सूर्य का प्रकाश प्राप्त होता है, जिस कारण यहाँ सौर ऊर्जा के विकास की असीम संभावनाएँ हैं। यहाँ **राजस्थान** और **गुजरात** जैसे शुष्क क्षेत्र सौर ऊर्जा के विकास हेतु आदर्श स्थल हैं, क्योंकि यहाँ वर्षभर आकाश लगभग स्वच्छ रहता है।

- भारत विश्व में सौर ऊर्जा की स्थापित क्षमता में **चौथे स्थान** पर है। देश में सौर विद्युत की कुल स्थापित क्षमता **39000 मेगावाट** है और विद्युत की कुल स्थापित क्षमता में सौर ऊर्जा का योगदान **16.1%** है।
- देश में सर्वाधिक सौर ऊर्जा क्षमता **राजस्थान** राज्य में है। इसके बाद क्रमशः **लद्दाख समेत जम्मू-कश्मीर** क्षेत्र, **महाराष्ट्र** और **मध्य प्रदेश** का स्थान आता है।
- वर्ष 2020 तक विद्युत ग्रिड को उपलब्ध कराए गए कुल सौर विद्युत में सर्वाधिक हिस्सा क्रमशः कर्नाटक (7274 मेगावाट) और राजस्थान (4844 मेगावाट) का था।
- वर्तमान में सौर ऊर्जा का प्रयोग दो माध्यमों से किया जा रहा है–
  1. फोटोवोल्टिक प्रौद्योगिकी द्वारा और
  2. सौर तापीय प्रौद्योगिकी द्वारा।
- फोटोवोल्टिक प्रौद्योगिकी (Technology) द्वारा सूर्य की किरणों को सीधे विद्युत में परिवर्तित किया जाता है। देश में सौर विद्युत का उत्पादन फोटोवोल्टिक प्रौद्योगिकी से ही संभव हो रहा है। भारत विश्व के उन छह देशों में शामिल है, जिन्होंने **पॉली सिलिकन** के निर्माण की प्रौद्योगिकी विकसित की है। पॉली सिलिकन का प्रयोग फोटोवोल्टिक सेल के निर्माण में किया जाता है।
- राजस्थान के जोधपुर जिले के **'मथानियाँ गाँव'** में **सौर तापीय ऊर्जा केंद्र** की स्थापना की गई है। हरियाणा में **ग्वाल पहाड़ी** (गुड़गाँव जिला) नामक स्थान पर **सौर ऊर्जा अनुसंधान केंद्र** की स्थापना की गई है।

जवाहर लाल नेहरू राष्ट्रीय सौर मिशन-2010 (JNNSM)

2010 से प्रारम्भ, इस मिशन के अंतर्गत 13 वीं योजना के अन्त तक (2022 तक) 20000 MW सौर विद्युत उत्पादन का लक्ष्य रखा गया है। लक्ष्य (20000 MW) को प्राप्त करने के लिए देश में अनेक सोलर वैलियों का निर्माण किया जाएगा। सोलर वैली ऐसे औद्योगिक क्षेत्र होंगे जहाँ सौर ऊर्जा का इस्तेमाल किया जाएगा।

प्रधानमंत्री सूर्योदय योजना (2024)

इसमें आवासीय उपभोक्ताओं के लिए छतों पर सौर ऊर्जा प्रणाली स्थापित करना शामिल है। इसका लक्ष्य गरीबों और मध्यम वर्ग के बिजली के बिल को कम करने के साथ-साथ भारत को ऊर्जा क्षेत्र में आत्मनिर्भर बनाना है।

अंतरराष्ट्रीय सौर गठबंधन (ISA)

वर्ष 2015 में पेरिस जलवायु सम्मेलन (COP-21) में भारत एवं फ्रांस के सहयोग से कर्क एवं मकर रेखा के मध्य स्थित लगभग 121 देशों का संगठन है। इसका उद्देश्य अंतरराष्ट्रीय स्तर पर सौर ऊर्जा के क्षेत्र में बदलाव लाना है। इस गठबंधन का प्राथमिक लक्ष्य जीवाश्म ईंधन से सौर ऊर्जा में बदलाव में तेजी लाना है। इसका मुख्यालय हरियाणा के गुरुग्राम (गुड़गाँव) में है।

- उत्तर प्रदेश का **रामपुर गाँव** अपना सौर ऊर्जा प्लांट लगाने वाला देश का पहला गाँव है।

भारत का सबसे बड़ा सोलर पार्क

राजस्थान के फलौदी जिले में स्थापित **भड़ला सौर ऊर्जा पार्क** 2021 से विश्व का सबसे बड़ा सौर ऊर्जा पार्क है। यह 14 हजार एकड़ में फैला हुआ है और इसकी कुल क्षमता 2245 मेगावाट विद्युत उत्पन्न करने की है।।

- यह बिजली उत्पादन के मामले में दुनिया का सबसे बड़ा सोलर पावर प्लांट है। **भड़ला** राजस्थान में एक गर्म, रेतीला और शुष्क स्थान है।

पवागड़ा सोलर पार्क (कर्नाटक)

कर्नाटक के पलावल्ली जिले में स्थापित **पवागड़ा सोलर पार्क** भड़ला सोलर पार्क के बाद देश का दूसरा सबसे बड़ा सोलर प्लांट है।

पवन ऊर्जा (Wind Energy)

भारत पवन ऊर्जा उत्पादन में चीन, संयुक्त राज्य अमेरिका तथा जर्मनी के बाद **विश्व में चौथा** और एशिया में दूसरा स्थान रखता है। दिसंबर 2023 तक देश में पवन ऊर्जा की कुल स्थापित क्षमता लगभग **44000 मेगावाट** थी।

- समुद्री पवनों की तीव्र गति के कारण देश के तटीय राज्य ही पवन ऊर्जा उत्पादन में अग्रणी हैं। देश में पवन ऊर्जा की कुल स्थापित क्षमता में **तमिलनाडु** राज्य का पहला स्थान है और उसके बाद क्रमशः **गुजरात** (दूसरा), **महाराष्ट्र** (तीसरा) और **कर्नाटक** (चौथा) का स्थान है।
- तमिलनाडु, गुजरात, महाराष्ट्र, कर्नाटक और आंध्र प्रदेश जैसे देश के तटीय राज्यों में हवाएँ काफी तीव्र गति से चलती हैं, इसलिए तटीय राज्यों में पवन ऊर्जा उत्पादन की काफी संभावनाएँ हैं। पवन ऊर्जा उत्पादन के लिए तटीय क्षेत्रों में हवाओं की गति **5 किमी. प्रति घंटा** से अधिक होनी चाहिए। तीव्र गति से बहती हुई पवन की गतिज ऊर्जा (Kinetic Energy) को टरबाइन (पवनचक्कियों) के माध्यम से विद्युत ऊर्जा में परिवर्तित किया जाता है। ये पवनचक्कियाँ विद्युत जनित्र (जेनरेटर) से जुड़ी होती हैं। पवन ऊर्जा उत्पादित करने के लिए तटीय क्षेत्रों में सैकड़ों पवन चक्कियों के समूह स्थापित किए जाते हैं, जिन्हें **पवन फॉर्म** कहते हैं।
- तमिलनाडु में **कन्याकुमारी के पास मुप्पनडल** में सर्वाधिक पवन टरबाइन स्थापित किए गए हैं। मुप्पनडल (तमिलनाडु) भारत ही नहीं, अपितु एशिया का सबसे बड़ा पवन फॉर्म समूह है। तमिलनाडु में **नागरकोइल से मदुरई** तक पवन ऊर्जा फॉर्म की विशालतम पेटी पाई जाती है।
- गुजरात के **लाम्बा** (कच्छ क्षेत्र) में सुजलान ग्रुप द्वारा एशिया का सबसे बड़ा पवन ऊर्जा संयंत्र लगाया गया है। पवन ऊर्जा विकास के लिए **चेन्नई** में 'पवन ऊर्जा प्रौद्योगिकी केंद्र' (Centre for Wind Energy Technology CWET) की स्थापना की गई है।
- देश में मुप्पनडल (तमिलनाडु), कच्छ (गुजरात), जैसलमेर और फलौदी (राजस्थान), धलगाँव और तुलजापुर (महाराष्ट्र), जैसलमेर (राजस्थान) और चित्रदुर्ग (कर्नाटक) में बड़े पवन ऊर्जा फॉर्म स्थापित किए गए हैं।

ज्वारीय ऊर्जा (Tidal Energy)

देश के तटीय क्षेत्रों में जहाँ समुद्री ज्वार (Tide) की ऊँचाई अधिक होती है, वहाँ ज्वारीय बल का प्रयोग विद्युत उत्पादन हेतु किया जा रहा है। ज्वारीय ऊर्जा उत्पादन के लिए संकरी खाड़ियाँ सर्वाधिक उपयुक्त स्थल होती हैं, क्योंकि यहाँ ज्वार की ऊँचाई सर्वाधिक पाई जाती है।

- देश में गुजरात तट पर **कच्छ की खाड़ी** (कांडला तट) और **खंभात की खाड़ी** तथा पूर्वी तट पर हुगली नदी की **एश्चुअरी** और **दुर्गादुआनी क्रीक** (सुंदरवन, पश्चिम बंगाल) ज्वारीय ऊर्जा उत्पादन के लिए सर्वाधिक महत्त्वपूर्ण हैं। विशेषकर खंभात की खाड़ी ज्वारीय ऊर्जा उत्पादन के लिए सर्वाधिक उपयुक्त स्थल है। यहाँ ज्वार की ऊँचाई 8.11 मी. तक पाई जाती है।
- देश में ज्वार के उठने और गिरने से विद्युत उत्पादन की संभावित क्षमता लगभग 9000 मेगावाट है और सर्वाधिक 7000 मेगावाट की संभावित क्षमता अकेले खंभात की खाड़ी में विद्यमान है।

तरंग ऊर्जा (Wave Energy)

समुद्री जल में तरंगें पवन प्रवाह के कारण उत्पन्न होती हैं। तरंगों से बिजली बनाने के लिए तट पर एक पक्का चैम्बर तैयार किया जाता है, जिसमें टरबाइन लगता है। देश का पहला तरंग ऊर्जा संयंत्र केरल तट पर **विझिंगम** गाँव (तिरुवनंतपुरम) में लगाया गया है। इसके अलावा निकोबार द्वीप समूह के अंतर्गत **मूस प्वाइंट** में भी तरंग ऊर्जा संयंत्र स्थापित किया गया है।

समुद्र तापीय ऊर्जा रूपांतरण (OTEC)

समुद्री जल **OTEC (Ocean Thermal Energy Conversion) ऊर्जा** का भी स्रोत है। भारत जैसे उष्णकटिबंधीय देश में जहाँ समुद्री जल का तापमान 25.27 डिग्री सेल्सियस तक रहता है, वहाँ OTEC प्रणाली से ऊर्जा उत्पादन की काफी संभावनाएँ हैं। भारत में 'लक्षद्वीप एवं अंडमान निकोबार द्वीप समूह' OTEC ऊर्जा के लिए सर्वाधिक उपयुक्त क्षेत्र हैं। तमिलनाडु के **कुलशेखरपट्टनम** में OTEC प्रणाली से ऊर्जा उत्पादन के लिए अनुसंधान कार्य चल रहा है।

लघु पनबिजली (Small Hydro Power)

25 मेगावाट से कम क्षमता वाले पनबिजली परियोजनाओं को **लघु जलविद्युत परियोजना** के अंतर्गत रखा जाता है। लघु पनबिजली परियोजनाओं के विकास की जिम्मेदारी **नवीन एवं नवीकरणीय ऊर्जा मंत्रालय** की है। देश में लघु पनबिजली की सर्वाधिक स्थापित क्षमता **कर्नाटक राज्य** में है। लघु जलविद्युत परियोजनाओं को दूरदराज के उन स्थानों में स्थापित किया जा सकता है, जिनको मुख्य ग्रिड से बिजली देना बहुत खर्चीला हो।

भू-तापीय ऊर्जा (Geo Thermal Energy)

इसके अंतर्गत गर्म पानी के प्राकृतिक स्रोतों (**गीजर** या **हॉट स्प्रिंग**) का प्रयोग विद्युत उत्पादन हेतु किया जाता है। पृथ्वी के भीतर उत्पन्न ऊष्मा के कारण देश के कई क्षेत्रों में गर्म जल के प्राकृतिक स्रोत पाए जाते हैं। यहाँ से निकलने वाले जलवाष्प से विद्युत उत्पादन के प्रयास जारी हैं।

- लद्दाख क्षेत्र में **पूगाघाटी**, हिमाचल प्रदेश में **मणिकर्ण** (पार्वती नदी की घाटी), छत्तीसगढ़ में **तातापानी** तथा झारखंड में **सूरजखण्ड** भूतापीय ऊर्जा के संभावित क्षेत्र हैं। हिमाचल प्रदेश के मणिकर्ण में एक प्रायोगिक (Experimental) भू-तापीय ऊर्जा संयंत्र स्थापित किया गया है।

जैव ऊर्जा (Biomass Energy)

जैविक उत्पादों जैसे कृषि अवशेषों (पुआल, धान की भूसी, गन्ने की खोई) पेड़ों, पौधों, गोबर, नगरपालिका अपशिष्ट इत्यादि जैविक

वस्तुओं (बायोमास) में निहित ऊर्जा को **जैव ऊर्जा** कहते हैं। इनका प्रयोग करके ऊष्मा या विद्युत उत्पन्न की जा सकती है।

- धरातल पर विद्यमान सम्पूर्ण वनस्पति और जन्तु पदार्थ को **'बायोमास'** कहते हैं। पौधे **प्रकाश संश्लेषण** की प्रक्रिया के द्वारा सौर ऊर्जा को **जैव ऊर्जा** में बदलते हैं, जोकि हमें विभिन्न जैविक उत्पादों (Organic Production) के रूप में प्राप्त होता है। उदाहरण के लिए पशुओं को चारा, जिसके बदले हमें गोबर प्राप्त होता है।
- भारत में जैव ईंधन की ऊर्जा संभाविता 16000 मेगावाट है। जीवाश्म ईंधन की तुलना में यह एक स्वच्छ ईंधन है।

देश में ऊर्जा संकट और समाधान

- भारत में **जीवाश्म ईंधनों** (कोयला, पेट्रोलियम, प्राकृतिक गैस) का सीमित भंडार मौजूद होने के कारण यह लगभग **40% ऊर्जा आवश्यकताओं की पूर्ति के लिए आयात पर** निर्भर है। देश में पेट्रोलियम के सीमित भंडार होने के कारण भारत अपनी **कुल कच्चे तेल की जरूरत का लगभग 80% से अधिक विदेशों से आयात** करता है। वर्तमान में भारत के कुल आयात बिल में ऊर्जा आयात (कोयला, कोक, कच्चा तेल, LNG एवं LPG) का योगदान लगभग 40% तक पहुँच गया है।
- देश में तीव्र जनसंख्या वृद्धि दर आने वाले वर्षों में ऊर्जा आवश्यकताओं को और उसके परिणामस्वरूप देश पर ऊर्जा आयात के भार को और अधिक बढ़ाएगा। देश में प्रत्येक वर्ष पिछले वर्ष की तुलना में कच्चे तेल के आयात में लगभग 40-50% की वृद्धि हो रही है।
- विभिन्न अनुमान प्रकट करते हैं कि दिसंबर 2026 तक देश का ऊर्जा आयात बिल **1 ट्रिलियन अमेरिकी डॉलर** से भी अधिक हो जाएगा।
- इसके साथ ही देश में स्वच्छ ऊर्जा के विकास के लिए जरूरी वस्तुओं (जैसे फोटोवोल्टिक सेल और लिथियम आयन बैटरी) का आयात मूल्य इस संकट को और गंभीर बनाएगा। हालाँकि भारत नए तेल क्षेत्रों की खोज को बढ़ावा देकर और कोयले के उत्पादन को बढ़ाकर अपने ऊर्जा आयात बिल में कुछ कटौती कर सकता है।
- हाल के वर्षों में कोविड-19 जैसी महामारी और वैश्विक भू-राजनीतिक तनाव (यूक्रेन पर रूस के आक्रमण के बाद अमेरिका ने उस पर वैश्विक ऊर्जा प्रतिबंध अधिरोपित कर दिया था) ने वैश्विक तेल आपूर्ति श्रृंखला में व्यवधान उत्पन्न किया है, जिससे भारत के समक्ष ऊर्जा आत्मनिर्भरता को हासिल करने और वैकल्पिक ऊर्जा स्रोतों के तीव्र विकास का दबाव बढ़ता जा रहा है।
- हालाँकि देश ने वैकल्पिक नवीकरणीय ऊर्जा स्रोतों के विकास में पिछले दशक में काफी प्रगति की है, लेकिन इसके बावजूद देश के **कुल वाणिज्यिक ऊर्जा खपत में नवीकरणीय स्रोतों का योगदान लगभग 40%** ही है।
- विकसित देशों में उच्च मुद्रास्फीति की स्थिति आने वाले वर्षों में निश्चित रूप से तेल, कोयले और अन्य ऊर्जा स्रोतों की कीमतों में वृद्धि करेगी। इससे भारत सहित पूरी दुनिया में तेल की कीमतों में वृद्धि होगी, जिससे भारत की क्रय शक्ति प्रभावित होगी।
- देश में **कुल वाणिज्यिक ऊर्जा खपत में कोयले का योगदान लगभग 50%** है, लेकिन देश के कोयला भंडार निम्न गुणवत्ता के हैं। देश में ताप विद्युत गृह में इस्तेमाल होने वाले **कोकिंग कोयले की भारी कमी** होने के कारण उच्च गुणवत्ता वाले कोक का विदेशों से आयात करना पड़ता है, जिससे ताप विद्युत काफी महँगा पड़ता है। इसके अलावा कोयले के निष्कर्षण एवं उपयोग से अनेक पर्यावरणीय समस्याएँ बढ़ती हैं, जो देश की पर्यावरणीय लागत को बढ़ाती हैं।
- अतः गहराते ऊर्जा संकट के अलावा पर्यावरणीय दृष्टि से भी भारत ऊर्जा वैकल्पिक स्रोतों की तलाश कर रहा है, जैसे कि सौर ऊर्जा, पवन ऊर्जा और जलविद्युत।
- देश में बिजली की बढ़ती माँग को पूरा कर सकने के लिए ऊर्जा अवसंरचना अपर्याप्त है। यह बार-बार बिजली जाने और लंबे समय तक कटौती (Black Out) की समस्या से ग्रस्त है। कमजोर ऊर्जा अवसंरचना देश के ग्रामीण क्षेत्रों के विकास को भी प्रभावित कर रही है, जहाँ बहुत से लोगों के पास बिजली की सुविधा नहीं है।

ऊर्जा संकट का समाधान

- ऊर्जा क्षेत्र के बुनियादी ढाँचे में सुधार और ऊर्जा क्षमता को बढ़ाने के लिए अधिक निवेश की आवश्यकता है। लेकिन सरकार और निजी क्षेत्र ऊर्जा क्षेत्र में पर्याप्त निवेश नहीं कर रहे हैं। इसका एक कारण यह भी है कि भारत में प्रति व्यक्ति निम्न आय के कारण लोग बिजली का मूल्य नहीं चुकाना चाहते और यहाँ बिजली चोरी भी एक बड़ी समस्या है।
- भारत को ऊर्जा उत्पादन बढ़ाने के लिए नए हाइड्रोकार्बन भंडार की संभावना वाले द्वितीय श्रेणी के अवसादी बेसिन/अपतटीय क्षेत्रों को विकसित करने की आवश्यकता है। सरकार को इन क्षेत्रों में निवेश आकर्षित करने के लिए प्रोत्साहन प्रदान करना चाहिए। भारत नए तेल क्षेत्रों की खोज को बढ़ावा देकर और कोयले के उत्पादन को बढ़ाकर अपने ऊर्जा आयात बिल में भी कुछ कटौती कर सकता है।
- भारत में नवीकरणीय ऊर्जा स्रोतों **(सौर ऊर्जा, पवन ऊर्जा और जलविद्युत)** के विकास की अपार संभावना है। सरकार को प्रोत्साहन राशि और सब्सिडी के माध्यम से नवीकरणीय ऊर्जा परियोजनाओं में निवेश को प्रेरित करना चाहिए।
- देश में उत्पादित विद्युत का एक बड़ा भाग इसके पारेषण और वितरण में नष्ट हो जाता है।

- देश में ऊर्जा के पारेषण और वितरण को बेहतर करने के लिए अपनी ऊर्जा अवसंरचना के विकास में निवेश करना चाहिए।
- भारत को कोयले के आयात को कम करने पर भी ध्यान देना चाहिए। कोकिंग कोल के आयात को कम करने की पर्याप्त गुंजाइश नहीं है, क्योंकि भारत के पास इसका पर्याप्त भंडार नहीं है, लेकिन थर्मल कोयले के आयात को प्रबंधित किया जा सकता है।
- विद्युत क्षेत्र के पिछड़ेपन का एक महत्त्वपूर्ण कारण बिजली बिल की पर्याप्त और समय पर अदायगी न हो पाना है। इससे विद्युत क्षेत्र घाटे में रहता है और उसका आधुनिकीकरण प्रभावित होता है। अत: विद्युत क्षेत्र के आधुनिकीकरण और उत्पादन क्षमता को बढ़ाने के लिए इसका निजीकरण कर देना चाहिए। कृषि क्षेत्र और कम आय वाले क्षेत्रों के लिए विद्युत बिल पर सब्सिडी योजनाएँ प्रारंभ की जानी चाहिए

OOO

17 भारत : औद्योगिक विकास

किसी विशेष क्षेत्र में कच्चे माल का मूल्यवर्द्धन करके बड़े पैमाने पर उपयोगी वस्तुओं के निर्माण को **उद्योग** (Industry) कहते हैं। जैसे- गन्ने से चीनी का निर्माण, कपास से कपड़े का निर्माण और लौह अयस्क से लौह-इस्पात का निर्माण।

औपनिवेशिक काल में औद्योगिक विकास

औपनिवेशिक काल में भारतीय उद्योगों का पर्याप्त विकास नहीं हो पाया। अंग्रेज ब्रिटिश हितों का पोषण करने के लिए भारत में शासन कर रहे थे। इसलिए मूल्यवर्द्धन का लाभ लेने के लिए वे भारत से **कच्चे माल को ब्रिटेन में निर्यात** करते थे और वहाँ से विनिर्मित वस्तुओं को लाकर भारत में बेचते थे। इसी प्रक्रिया से भारत से धन का निष्कासन हो रहा था, इसलिए औपनिवेशिक काल में भारत में केवल दो प्रकार के उद्योगों का विकास हुआ-

i. वैसे उद्योग जिनके कच्चे माल को ब्रिटेन ले जाना लाभकारी नहीं था जैसे- **चीनी उद्योग** और **जूट उद्योग।**

ii. वे उद्योग जिनकी भारतीय बाजार में माँग काफी ज्यादा थी, लेकिन ब्रिटिश कारखाने उनकी पूर्ति करने में असमर्थ थे (जैसे- **वस्त्र उद्योग** और **सीमेंट उद्योग।**

भारत में आधुनिक उद्योगों की स्थापना **1854** में हुई **जब मुंबई में सूती वस्त्र कारखाने की स्थापना** कावस जी डाबर द्वारा की गई। इसके बाद 1855 में कोलकाता के निकट **रिशरा में जूट कारखाने की स्थापना** हुई। 1874 में **पश्चिम बंगाल के कुल्टी में लौह इस्पात** का पहला सफल कारखाना लगाया गया। **1907 में जमशेदपुर में टाटा लौह-इस्पात कारखाने** की स्थापना से देश में औद्योगिक विकास को नई दिशा मिली।

स्वतंत्रता पश्चात औद्योगिक विकास

देश की आजादी के बाद औद्योगिक विकास को तेज करने के लिए 6 अप्रैल, 1948 को प्रथम औद्योगिक नीति की घोषणा की गई, जिसके अंतर्गत **मिश्रित अर्थव्यवस्था** (Mixed Economy) की संकल्पना पर बल दिया गया। इसके बाद 30 अप्रैल, 1956 को दूसरी औद्योगिक नीति की घोषणा की गई, जिसके अंतर्गत समाजवादी आर्थिक उद्देश्य तय किए गए। 24 जुलाई, 1991 को सरकार ने औद्योगिक क्षेत्र में उदारीकरण (Liberalization) की शुरुआत की।

प्रमुख उद्योग

लौह-इस्पात उद्योग

लौह-इस्पात उद्योग एक **आधारभूत उद्योग** है, क्योंकि यह बहुत से **उद्योगों को कच्चा माल** प्रदान करता है; जैसे- ऑटोमोबाइल उद्योग कच्चे माल के लिए लौह-इस्पात उद्योग पर निर्भर है।

लौह-इस्पात उद्योग एक **भारह्रासी उद्योग** (Transportation Costs) है अर्थात् इसमें विनिर्मित माल (स्टील) का वजन कच्चे माल के कुल वजन (लौह अयस्क, कोयला, चूना पत्थर, मैंगनीज) से काफी कम होता है। इसलिए भारह्रासी होने के कारण **लौह-इस्पात उद्योग** की स्थापना **कच्चे माल के क्षेत्र में** ही की जाती है ताकि परिवहन लागत न्यूनतम रखी जा सके।

लौह अयस्क एवं **कोकिंग कोयला** इस उद्योग के दो प्रमुख कच्चे माल हैं। इसके अलावा चूना पत्थर, मैंगनीज, डोलोमाइट इत्यादि अन्य कच्चे माल हैं। कच्चे लोहे में मैंगनीज मिलाकर इस्पात (स्टील) बनाया जाता है।

देश में **पहला लौह-इस्पात कारखाना 1874 में 'बराकर'** नदी के किनारे **कुल्टी (आसनसोल, पश्चिम बंगाल)** नामक स्थान पर स्थापित किया गया था, जिसका नाम **बंगाल आयरन वर्क्स** था। 1907 में स्वर्णरेखा नदी के किनारे साकची (जमशेदपुर) नामक स्थान पर **'टाटा आयरन एंड स्टील कंपनी'** (TISCO) की स्थापना की गई। **जमशेद जी टाटा** द्वारा निजी क्षेत्र में स्थापित यह देश का पहला बड़ा लौह-इस्पात कारखाना था, जिसमें इस्पात का उत्पादन 1913 में प्रारंभ हुआ।

वर्ष **1908 में हीरापुर** (आसनसोल, पश्चिम बंगाल) में लौह-इस्पात कारखाना खोला गया। **1918 में बर्नपुर** (पश्चिम बंगाल) में इंडियन आयरन एंड स्टील कंपनी (IISCO) की स्थापना की गई। 1936 में कुल्टी और हीरापुर कारखानों को IISCO में मिला दिया गया। 1923 में कर्नाटक के भद्रावती में **विश्वेश्वरैया आयरन एंड स्टील लिमिटेड** की स्थापना की गई।

देश की आजादी के बाद **द्वितीय पंचवर्षीय योजना के अंतर्गत** सार्वजनिक क्षेत्र में तीन बड़े इस्पात संयंत्रों की स्थापना की गई–

1. रूस के सहयोग से भिलाई (छत्तीसगढ़) में।
2. ब्रिटेन के सहयोग से दुर्गापुर (पश्चिम बंगाल) में।
3. जर्मनी के सहयोग से राउरकेला (ओडिशा) में।

इसके बाद **तीसरी पंचवर्षीय योजना** में रूस के सहयोग से **बोकारो (झारखण्ड)** तथा **चतुर्थ योजना में सलेम (तमिलनाडु), विजयनगर (कर्नाटक) एवं विशाखापट्टनम (आंध्र प्रदेश)** में इस्पात उद्योग की स्थापना की गई। 1970 का दशक सरकारीकरण का दशक रहा, जिसमें विभिन्न उद्योगों एवं खनन केंद्रों का सरकारीकरण किया गया। सरकार ने 1973 में लोहा-इस्पात उद्योग पर नियंत्रण के लिए **स्टील अथॉरिटी ऑफ इंडिया लिमिटेड (SAIL)** की स्थापना की और इसी क्रम में 1976 में इंडियन आयरन एंड स्टील कंपनी (IISCO) के अंतर्गत कार्यरत तीनों इस्पात कारखानों **(कुल्टी, बर्नपुर तथा हीरापुर)** पर सरकार ने SAIL का नियंत्रण स्थापित कर दिया। वर्तमान में बर्नपुर (IISCO), दुर्गापुर, भिलाई, राउरकेला, बोकारो, भद्रावती, सलेम और विजय नगर के कारखाने SAIL के अंतर्गत कार्यरत हैं।

सूक्ष्म, लघु एवं मध्यम उद्योग (MSMEs)

MSMEs का विनियमन **सूक्ष्म, लघु और मध्यम उद्योग विकास अधिनियम, 2006** के अंतर्गत किया जाता है। वर्ष 2020 में सरकार ने MSMEs की परिभाषा में बदलाव करते हुए अब सूक्ष्म, लघु और मध्यम उद्योगों को परिभाषित करने के लिए तीनों में निवेश (Investment) के साथ-साथ टर्नओवर (Turnover) के अलग-अलग मापदंड शामिल किए हैं।

सूक्ष्म उद्योग के अंतर्गत अब वह उद्यम आते हैं, जिनमें एक करोड़ रुपए तक का निवेश (मशीनरी वगैरह में) और टर्नओवर 5 करोड़ तक हो।

लघु उद्योग के अंतर्गत वे उद्योग आते हैं, जिनमें 10 करोड़ रुपए तक का निवेश और टर्नओवर 50 करोड़ रुपए तक है।

मध्यम उद्योग के अंतर्गत वे उद्यम आते हैं, जिनमें 50 करोड़ रुपए तक का निवेश और टर्नओवर 250 करोड़ रुपए तक है।

निवेश और टर्नओवर के ये मापदंड विनिर्माण और सेवा क्षेत्र दोनों पर समान रूप से लागू हैं।

कुटीर उद्योग

कुटीर या घरेलू उद्योग **विनिर्माण की सबसे छोटी इकाई** है, जिसके अंतर्गत दस्तकार स्थानीय कच्चे माल का उपयोग करते हुए वस्तुओं का निर्माण हाथ से करते हैं। इसके अंतर्गत साधारण उपकरणों द्वारा परिवार के सदस्य मिलकर दैनिक जीवन के उपभोग की वस्तुएँ बनाते हैं। उदाहरण के लिए मिट्टी के बर्तन, बांस की टोकरियों का निर्माण, कागज के थैले, अचार, पापड़ इत्यादि।

लोहा इस्पात कारखानों को अवस्थिति के आधार पर चार भागों में बाँटा जा सकता है -

1. **कोयला एवं लौह-अयस्क क्षेत्रों के मध्य अवस्थित संयंत्र (आदर्श अवस्थिति)**- जमशेदपुर।
2. **लौह अयस्क क्षेत्र में स्थित संयंत्र**- भिलाई (छत्तीसगढ़), राउरकेला (ओडिशा), भद्रावती (कर्नाटक), सलेम (तमिलनाडु) और विजयनगर (कर्नाटक)।
3. **कोयला क्षेत्र में स्थित संयंत्र**- बर्नपुर-हीरापुर-कुल्टी (IISCO), दुर्गापुर और बोकारो।

   तीनों कारखाने दामोदर नदी घाटी क्षेत्र से कोयला प्राप्त करते हैं।
4. **तटीय क्षेत्र में स्थित संयंत्र**- विशाखापट्टनम (आंध्र प्रदेश) और गोपालपुर (ओडिशा)।

भारत के लौह-इस्पात कारखानों की अवस्थिति			
स्थान	**लौह अयस्क की प्राप्ति**	**कोयले की प्राप्ति**	**जल की प्राप्ति**
लौह अयस्क क्षेत्र एवं कोयला क्षेत्र के मध्य स्थित संयंत्र			
जमशेदपुर	ओडिशा की गुरुमहिसानी व मयूरभंज की नोआमुंडी खानों में	झरिया की खानों में	स्वर्णरेखा नदी, खरकई नदी
कोयला क्षेत्र में स्थित संयंत्र			
दुर्गापुर	छोटानागपुर पठार तथा ओडिशा से	बराकर और झरिया क्षेत्रों से DVC तापीय केंद्र	दामोदर नदी
बोकारो	ओडिशा से (लौटते खाली वैगनों द्वारा)	स्थानीय कोयला झरिया, करनपुर भी समीप ही है	दामोदर नदी
बर्नपुर	छोटानागपुर पठार से। ओडिशा के क्योंझर से भी।	झरिया व रानीगंज की खानों से	दामोदर और बराकर नदियों से

लौह अयस्क क्षेत्र में स्थित संयंत्र			
भिलाई	डल्ली-राजहरा क्षेत्र से	उत्तम कोयला झरिया व बोकारो से। कोबरा तापीय केंद्र	तंदुला नहर और गोंदली जलाशय से
भद्रावती	बाबाबूदन पहाड़ी से	वनों की लकड़ी (काष्ठ कोयले) से तथा पश्चिमी घाट से प्राप्त जल विद्युत से	भद्रा नदी से
राउरकेला	ओडिशा (क्योंझर, बोनाई क्षेत्र से)	झरिया व तलचर खानों से हीराकुंड से जलविद्युत	ब्राह्मणी नदी से व शंख नदी पर बने बाँध से
विशाखापट्टनम	बैलाडिला की खानों से	ऑस्ट्रेलिया से आयात	

स्वतंत्रता पूर्व स्थापित लौह-इस्पात के कारखाने				
क्र.	**स्थान**	**राज्य**	**स्थापना वर्ष**	**विशेषता**
1.	कुल्टी	पश्चिम बंगाल	1874 ई.	यह बाद में बंगाल लोहा व इस्पात उद्योग में बदल गया।
2.	साकची	झारखण्ड	1907 ई.	यह जमशेदजी टाटा द्वारा स्थापित किया गया था। भारत में आधुनिक लौह-इस्पात कारखाना की शुरुआत यहीं से मानी जाती है।
3.	हीरापुर	पश्चिम बंगाल	1908 ई.	इसका नाम भारतीय लौह इस्पात कंपनी था।
4.	भद्रावती	कर्नाटक	1823 ई.	पहले इसका नाम मैसूर आयरन एंड स्टील कंपनी था, परंतु बाद में इसका नाम बदलकर विश्वेश्वरैया आयरन एंड स्टील कंपनी कर दिया गया। यह सार्वजनिक क्षेत्र की प्रथम इकाई थी।
5.	बर्नपुर	पश्चिम बंगाल	1937 ई.	यह स्टील कॉरपोरेशन ऑफ बंगाल के नाम से स्थापित की गई थी, किन्तु बाद में इंडियन आयरन एंड स्टील कंपनी में इसका विलय कर दिया गया।

प्रमुख लौह-इस्पात संयंत्र

a. **टाटा आयरन एंड स्टील कंपनी जमशेदपुर (TISCO)** – जमशेदपुर इस्पात संयंत्र लौह अयस्क एवं कोयला क्षेत्र के मध्य स्थित है, जोकि इस उद्योग की स्थापना के लिए सबसे आदर्श अवस्थिति मानी जाती है। टाटा लोहा-इस्पात कंपनी **मुंबई-कोलकाता रेलवे मार्ग** के काफी नजदीक होने के कारण यहाँ से उत्पादित इस्पात को निर्यात के लिए कलकत्ता बंदरगाह भेजना काफी आसान है। यहाँ **लौह अयस्क** सिंहभूम जिले की नोआमुंडी खान एवं ओडिशा के बादाम पहाड़ी से और **कोकिंग कोयला** झरिया क्षेत्र (झारखण्ड) से मँगाया जाता है। **चूना पत्थर** एवं **डोलोमाइट** ओडिशा के वीरमित्रपुर से और **मैंगनीज** सिंहभूम क्षेत्र से मँगाया जाता है। **स्वर्णरेखा** और **खरकई नदी** के संगम पर स्थित होने के कारण जमशेदपुर इस्पात संयंत्र को जलापूर्ति (Water Supply) डिमना बाँध से हो जाती है।

b. **भिलाई इस्पात संयंत्र (छत्तीसगढ़)**- इसकी स्थापना **पूर्व सोवियत संघ** के सहयोग से छत्तीसगढ़ के दुर्ग जिले में की गई है। इस संयंत्र को लौह अयस्क **'डल्ली राजहरा खानों'** (दुर्ग जिला) से और कोयला **कोरबा खान से** प्राप्त होता है। यहाँ ताप विद्युत की आपूर्ति कोरबा थर्मल प्लांट से होती है। भिलाई संयंत्र में उत्पादित इस्पात की खपत विशाखापट्टनम स्थित **'हिंदुस्तान शिपयार्ड'** में होती है।

c. **राउरकेला इस्पात संयंत्र (ओडिशा)**- इसकी स्थापना **जर्मनी के सहयोग से** 1959 में उड़ीसा (आधुनिक ओडिशा) के सुंदरगढ़ जिले में **शंख और कोयल नदियों के संगम पर** की गई थी। झारखण्ड का झरिया कोयला क्षेत्र और ओडिशा के क्योंझर एवं सुंदरगढ़ लौह अयस्क क्षेत्रों के नजदीक होने के कारण इस संयंत्र को सुगमता से कच्चे माल की आपूर्ति हो जाती है। इस संयंत्र को जल विद्युत की आपूर्ति **हीराकुण्ड परियोजना** (ओडिशा) से होती है।

d. **बोकारो इस्पात संयंत्र (झारखण्ड)**- इस संयंत्र की स्थापना **रूस के सहयोग** से 1964 में बोकारो कोयला क्षेत्र में **दामोदर नदी के किनारे** की गई थी। बोकारो इस्पात संयंत्र को कोयला की प्राप्ति बोकारो की खानों से और लौह अयस्क की प्राप्ति ओडिशा के क्योंझर खान से होती है। इस संयंत्र की स्थापना परिवहन लागत न्यूनीकरण के सिद्धान्त पर की गई थी, जिसके अंतर्गत जिस मालगाड़ी के डिब्बे में **बोकारो (छत्तीसगढ़) से कोयला** भरकर ओडिशा के **राउरकेला संयंत्र** को भेजा जाता है वापसी में उसी मालगाड़ी डिब्बे में **क्योंझर की खानों से लौह अयस्क** भरकर **बोकारो संयंत्र** पहुँचाया जाता है। दामोदर नदी घाटी परियोजना से इस संयंत्र को जल और जलविद्युत की आपूर्ति होती है।

e. **विश्वेश्वरैया आयरन एंड स्टील लिमिटेड (भद्रावती, कर्नाटक)**- इस संयंत्र की स्थापना कर्नाटक के शिमोगा जिले में **भद्रा नदी** के तट पर की गई थी। भद्रावती इस्पात संयंत्र के स्थानीकरण पर **बाबाबूदन की पहाड़ियों** में केमानगुंडी से मिलने वाले लौह अयस्क का सर्वाधिक प्रभाव है। इस संयंत्र को जल विद्युत की आपूर्ति **जोग जल विद्युत परियोजना** से की जाती है।

f. **सलेम इस्पात संयंत्र (तमिलनाडु)**- यह स्टेनलेस स्टील बनाने वाला विशेष संयंत्र है। सलेम इस्पात संयंत्र लिग्नाइट आधारित है, जिसकी प्राप्ति **नेवेली** (तमिलनाडु) की खानों से होती है। जबकि **लौह अयस्क** की प्राप्ति **तमिलनाडु** के **शेवाराय पहाड़ी** से होती है।

g. **दुर्गापुर इस्पात संयंत्र (पश्चिम बंगाल)**- इस संयंत्र की स्थापना ब्रिटेन के सहयोग से पश्चिम बंगाल के **बधमान जिले** में दामोदर नदी के किनारे की गई थी। दुर्गापुर संयंत्र के स्थानीकरण पर **रानीगंज-झरिया कोयला पेटी** का विशेष प्रभाव पड़ा है। इस संयंत्र को लौह अयस्क की प्राप्ति **नोआमुंडी** (सिंहभूम, झारखण्ड) की खान से होती है, जबकि जल विद्युत की आपूर्ति दामोदर नदी घाटी परियोजना (DVC) से होती है।

स्टील अथॉरिटी ऑफ इंडिया लिमिटेड (SAIL)

भारत सरकार द्वारा 1973 में स्थापित **भारत इस्पात प्राधिकरण लिमिटेड** को भिलाई, दुर्गापुर, बोकारो, राउरकेला, बर्नपुर, सलेम एवं विश्वेश्वरैया इस्पात संयंत्रों के संचालन की जिम्मेदारी सौंपी गई है।

वर्ष 2019 में **भारत**, चीन के बाद विश्व का **दूसरा सबसे बड़ा इस्पात उत्पादक देश** है। वहीं **स्पंज आयरन** के उत्पादन में भारत का विश्व में प्रथम स्थान है। **स्क्रैप आयरन** के उत्पादन में भारत का विश्व में प्रथम स्थान है। इसका निर्माण **पुराने लोहे** अथवा **लोहे के कबाड़** से होता है।

छठी पंचवर्षीय योजना के दौरान स्थापित विशाखापट्टनम इस्पात संयंत्र देश का पहला **तटवर्ती इस्पात संयंत्र** है। यह बंदरगाह आधारित इस्पात संयंत्र है। **बैलाडीला** (छत्तीसगढ़) से निकाले गए लौह अयस्क का निर्यात **विशाखापट्टनम बंदरगाह** से किया जाता है, जबकि इस बंदरगाह पर **ऑस्ट्रेलिया से कोकिंग कोयले** का आयात कर लिया जाता है। अत: कच्चे माल की सुविधा को ध्यान में रखकर **विशाखापट्टनम इस्पात संयंत्र** की स्थापना की गई है।

चतुर्थ पंचवर्षीय योजना के दौरान दक्षिण भारत में स्थापित तीन संयंत्र कच्चे माल के स्रोत से दूर हैं-

i. विजाग इस्पात संयंत्र, आंध्र प्रदेश।
ii. विजयनगर इस्पात संयंत्र, कर्नाटक।
iii. सलेम इस्पात संयंत्र, तमिलनाडु।

गोपालपुर (ओडिशा), पाराद्वीप (ओडिशा), मरमुगाओ (गोवा) में नए इस्पात संयंत्रों की स्थापना की जा रही है।

भारत में निजी क्षेत्र के इस्पात संयंत्र

a. टिस्को (TISCO), जमशेदपुर।
b. ESSAR स्टील लिमिटेड, हजीरा (सूरत जिला)।
c. इस्पात (ISPAT), इंडस्ट्रीज लिमिटेड (IIL) रायगढ़, महाराष्ट्र। IIL का विलय अब जिंदल ग्रुप की कंपनी JSW Steel Ltd. में हो गया है।
d. जिंदल विजयनगर स्टील लिमिटेड (JVSL), बेल्लारी-हास्पेट क्षेत्र, कर्नाटक।

एल्युमिनियम उद्योग

लोहा-इस्पात के बाद यह **दूसरा सर्वाधिक महत्त्वपूर्ण** धातु शोधन उद्योग है। एल्युमिनियम एक हल्की, जंग प्रतिरोधी, ऊष्मा एवं विद्युत की सुचालक और लचीली धातु है। **एल्युमिनियम उद्योग** के लिए सस्ती विद्युत की उपलब्धता जरूरी है, इसलिए इस उद्योग की स्थापना उन क्षेत्रों में की जाती है जहाँ **सस्ती विद्युत** उपलब्ध हो।

भारत में एल्युमिनियम का पहला कारखाना 1937 में पश्चिम बंगाल के जयनगर या जे. के. नगर में स्थापित किया गया था। जबकि **हिंडाल्को** (हिंदुस्तान एल्युमिनियम कंपनी) की स्थापना 1958 में **उत्तर प्रदेश के रेणुकुट** (सोनभद्र) में की गई थी।

एल्युमीनियम बनाने वाली प्रमुख कंपनियाँ

1. **हिन्दुस्तान एल्युमिनियम कंपनी लिमिटेड (HINDALCO)**- उत्तर प्रदेश के रेणुकुट (सोनभद्र जिला) में स्थापित **हिंदुस्तान एल्युमिनियम कंपनी (हिंडाल्को)** को बाक्साइट की प्राप्ति झारखण्ड के राँची, पलामू एवं लोहरदगा की खदानों से होती है। जबकि सोनभद्र में स्थापित **रिहंद जलविद्युत परियोजना** से हिंडाल्को को सस्ती बिजली प्राप्त होती है।

2. **इंडियन एल्युमिनियम कंपनी लिमिटेड (INDALCO)**- INDALCO के कारखाने भारत में चार स्थानों पर हैं- मुरी (झारखण्ड), अल्वाय (केरल), बेलूर (पश्चिम बंगाल), हीराकुंड (ओडिशा) और बेलगाँव (कर्नाटक)।

3. **भारत एल्युमिनियम कंपनी लिमिटेड (BALCO)**- बाल्को के कारखाने **कोरबा** (छत्तीसगढ़) और कोयना (महाराष्ट्र) में स्थापित हैं-

कोरबा एल्युमिनियम संयंत्र- कोरबा एल्युमिनियम संयंत्र को बाक्साइट **अमरकंटक पहाड़ी** से प्राप्त होता है और विद्युत NTPC के कोरबा संयंत्र से प्राप्त होती है।

कोयना एल्युमिनियम संयंत्र- इसे जल विद्युत की प्राप्ति **कोयना परियोजना** से होती है।

4. **नेशनल एल्युमिनियम कंपनी लिमिटेड (NALCO)**- नाल्को के दोनों कारखाने ओडिशा के दामनजोड़ी (कोरापुट) और **अंगुल** (धेनकनाल) में स्थापित हैं। इन दोनों को बाक्साइट की प्राप्ति **कोरापुट** जिले के **पंचपतमाली पहाड़ी** से होती है। ओडिशा के झारसुगुड़ा में **वेदांता एल्युमिनियम लिमिटेड** का कारखाना है।

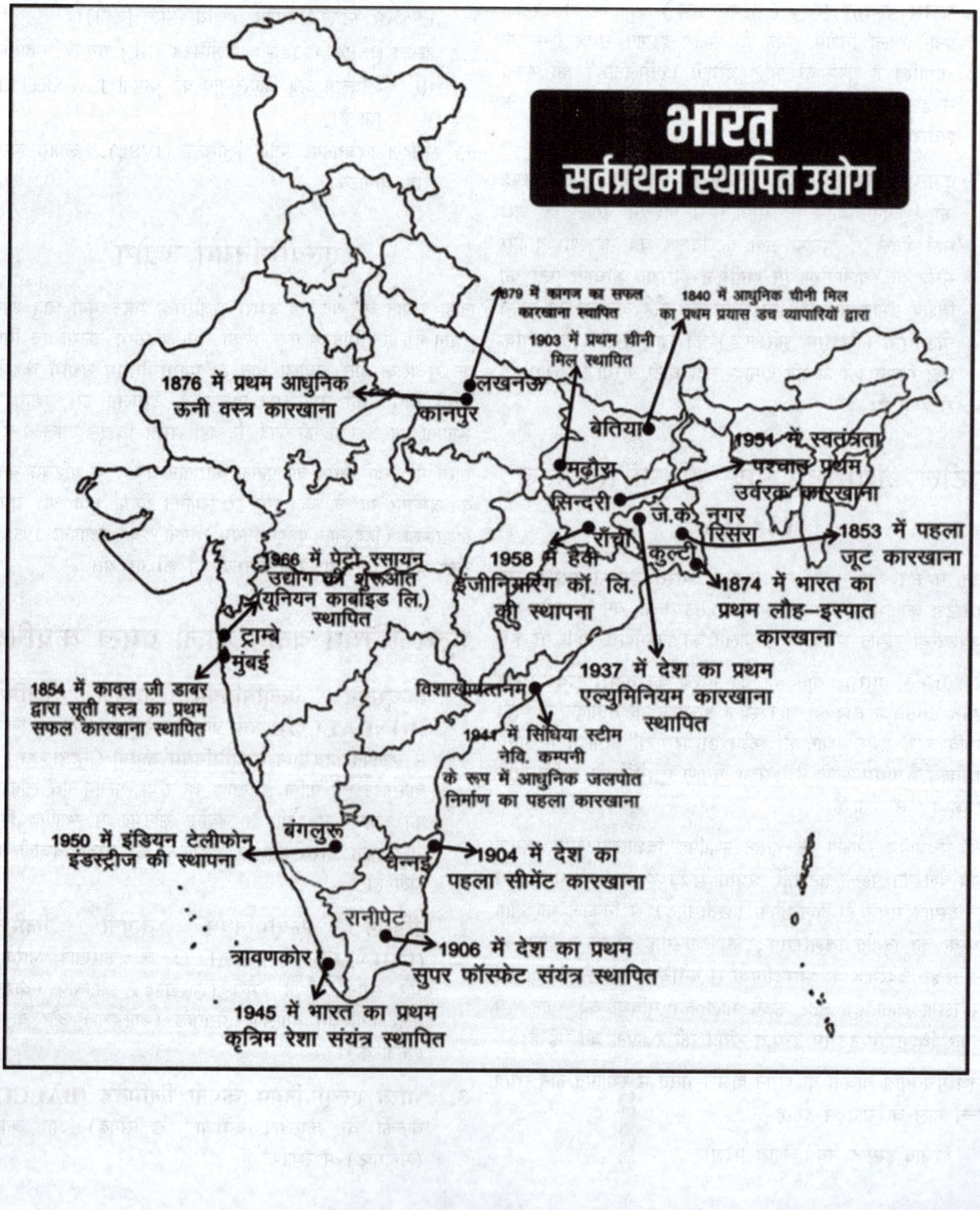

प्रमुख एल्युमिनियम कंपनियाँ एवं उनके प्रमुख केंद्र				
कंपनियाँ	**स्थापना वर्ष**	**सहायक देश**	**प्रमुख केंद्र**	**बॉक्साइट केंद्र**
HINDALCO	1958	संयुक्त राज्य अमेरिका	रेणुकूट (उत्तर प्रदेश)	झारखण्ड
INDALCO	1965	कनाडा	जे. के. नगर (प. बंगाल) मुरी (झारखण्ड) हीराकुण्ड (ओडिशा) आलुवा (केरल)	स्थानीय आपूर्ति कर्नाटक (बेलगाँव)
BALCO	1965	सोवियत संघ	कोरबा (छत्तीसगढ़) रत्नागिरि (महाराष्ट्र)	अमरकंटक पठार कोल्हापुर व सतारा
MALCO	1965	इटली	चेन्नई, मेट्टूर, सलेम (तमिलनाडु)	शेवराय व जवादी पहाड़ियाँ
NALCO	1981	फ्रांस	दामनजोड़ी (ओडिशा) अंगुल (ओडिशा)	पंचपतमाली (कोरापुट)
VEDANTA	2001	जर्मनी	झारसुगुडा (ओडिशा)	झारखण्ड

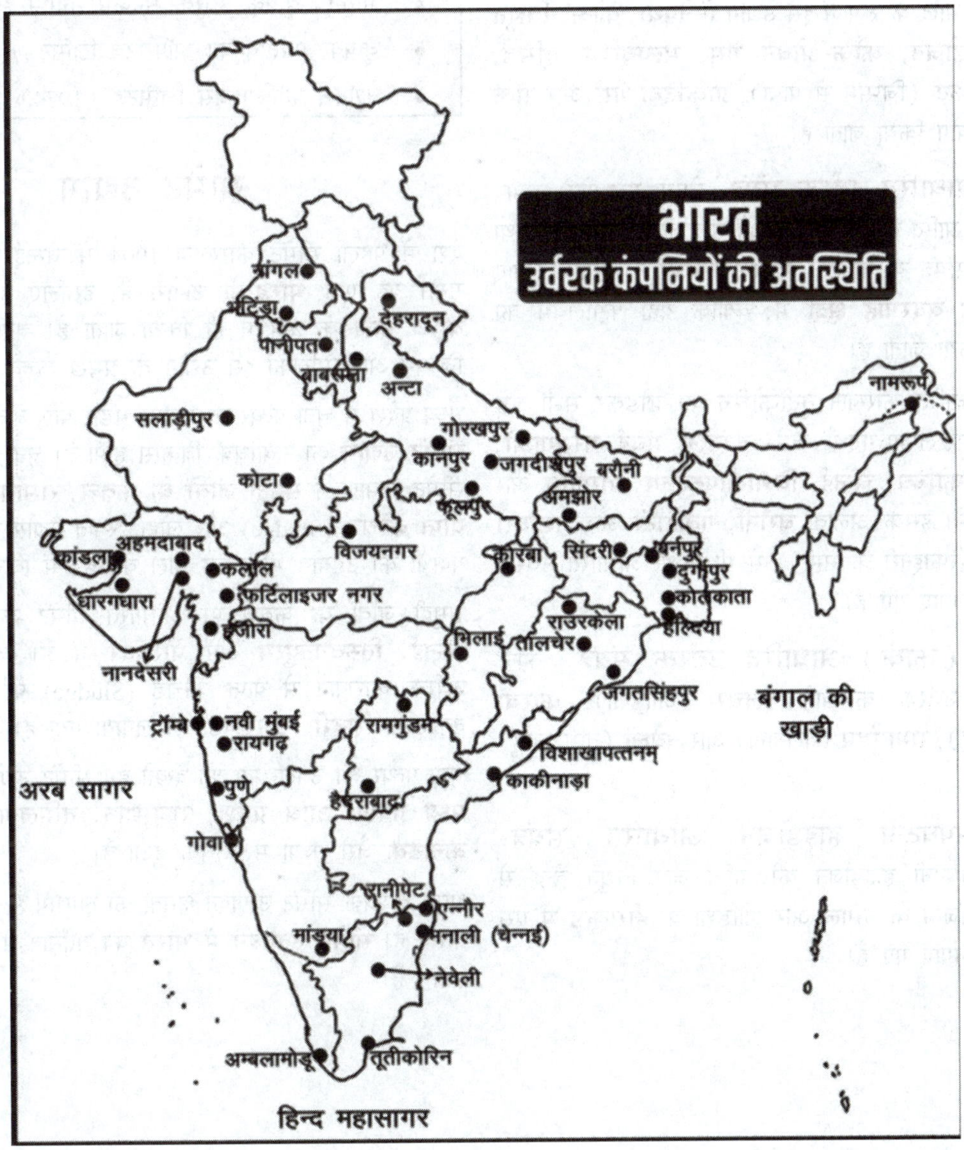

रासायनिक उर्वरक उद्योग

भारत रासायनिक उर्वरकों का **तीसरा सबसे बड़ा उत्पादक देश** है। देश में सुपर फास्फेट उर्वरक का पहला कारखाना 1906 में तमिलनाडु के **रानीपेट** में स्थापित किया गया। स्वतंत्रता के पश्चात पहला उर्वरक कारखाना 1951 में **सिंदरी** (झारखण्ड) में लगाया गया, जोकि सार्वजनिक क्षेत्र का **पहला उर्वरक कारखाना** था।

कृषि प्रधान देश होने के कारण भारत में उर्वरकों का तेजी से विकास हुआ है। इसके अंतर्गत तीन प्रकार के उर्वरकों का उत्पादन किया जाता है- **नाइट्रोजनी** (यूरिया), **फास्फेटिक** (DAP) और **पोटाशिक।** उत्तर भारत की जलोढ़ मृदा में नाइट्रोजन की कमी के कारण यहाँ नाइट्रोजन उर्वरकों की खपत और उत्पादन सबसे अधिक है। जबकि पोटाश उर्वरक के लिए भारत पूरी तरह से आयात पर निर्भर है।

रासायनिक उर्वरक उद्योग के स्थानीकरण पर कच्चे माल का विशेष प्रभाव है। कच्चे माल के रूप में इस उद्योग में **नेफ्था, कोक, विद्युत अपघटनी हाइड्रोजन, कोक-ओवन गैस, सल्फ्यूरिक एसिड, अमोनियम सल्फेट** (जिप्सम से प्राप्त), **प्राकृतिक गैस** और **रॉक फास्फेट** का प्रयोग किया जाता है।

1. **नेफ्था आधारित उर्वरक संयंत्र**- नेफ्था एक पेट्रो उत्पाद है। इसकी प्राप्ति तेल शोधनशालाओं से होती है। इसलिए नेफ्था आधारित संयंत्र या तो **तेल शोधनशालाओं** के समीप लगाए गए हैं या **बंदरगाह क्षेत्रों** में, क्योंकि यहाँ पेट्रोलियम का आयात किया जाता है।

   नेफ्था आधारित कारखाने **तूतीकोरिन** को छोड़कर सभी बड़े बंदरगाहों पर लगाए गए हैं, जैसे- **कांडला, मुंबई, मरमूगाओ, मंगलौर, कोच्चि, चेन्नई, विशाखापट्टनम, पाराद्वीप** और **हल्दिया** में। इसके अलावा **बरौनी, गुवाहाटी** और **बड़ोदरा** (कोयली रिफाइनरी के समीप) में भी नेफ्था आधारित उर्वरक कारखाने लगाए गए हैं।

2. **कोयला (कोक) आधारित उर्वरक संयंत्र**- कोक आधारित उर्वरक कारखाने **तलचर** (ओडिशा), **कोरबा** (छत्तीसगढ़), **रामागुंडम** (तेलंगाना) और **नवेली** (तमिलनाडु) में हैं।

3. **विद्युत-अपघटनी हाइड्रोजन आधारित संयंत्र**- विद्युत-अपघटनी हाइड्रोजन की प्राप्ति जल विद्युत केंद्र से होती है। पंजाब के **नांगल** और ओडिशा के **हीराकुंड** में ऐसे कारखाने लगाए गए हैं।

4. **कोक-ओवन गैस आधारित संयंत्र**- कोक-ओवन गैस आधारित उर्वरक कारखाने **सिंदरी, जमशेदपुर** (झारखण्ड), **राउरकेला** (ओडिशा), **भिलाई** (छत्तीसगढ़) और **दुर्गापुर** (पश्चिम बंगाल) में हैं।

5. **प्राकृतिक गैस आधारित उर्वरक संयंत्र**- हजीरा-विजयपुर -जगदीशपुर (HVJ) पाइप लाइन द्वारा प्राकृतिक गैस का परिवहन देश के आंतरिक भागों में किया जाता है। अत: इस पाइप लाइन के किनारे उर्वरक संयंत्र लगाए गए हैं- **विजयपुर** (मध्य प्रदेश), **सवाई माधोपुर** (राजस्थान) और उत्तर प्रदेश के **जगदीशपुर, शाहजहाँपुर, आँवला** और **बबराला** में।

6. **रॉक फास्फेट आधारित संयंत्र**- रॉक फास्फेट आधारित संयंत्र **खेतड़ी** और **उदयपुर** (राजस्थान) में हैं।

- भारतीय उर्वरक निगम लिमिटेड (1961)
- हिंदुस्तान उर्वरक कॉरपोरेशन लिमिटेड (1978)
- भारतीय कृषक उर्वरक सहकारी निगम-इफको (1967)
- कृषक भारतीय को-ऑपरेटिव लिमिटेड (1980)
- नेशनल फर्टिलाइजर्स लिमिटेड (1974)

सीमेंट उद्योग

देश में पहला सीमेंट कारखाना 1904 में चेन्नई में स्थापित किया गया। यह एक **भारह्रासी उद्योग** है, इसलिए इसका स्थानीकरण **कच्चे माल** के क्षेत्र में ही किया जाता है। चूना पत्थर, कोयला, जिप्सम और सिलिका इस उद्योग के प्रमुख कच्चे माल हैं।

मध्य प्रदेश में चूना पत्थर के पर्याप्त भंडार पाए जाते हैं, इसलिए यहाँ **सीमेंट उद्योग** का सर्वाधिक विकास हुआ है। चूना पत्थर के अलावा सीमेंट निर्माण में **समुद्री जीवों के कवच, रासायनिक उर्वरकों से प्राप्त कीचड़** (Sludge) और लोहा इस्पात उद्योग से प्राप्त अवशिष्ट पदार्थों का उपयोग भी कच्चे माल के रूप में किया जा रहा है।

समुद्री जीवों के कवच पर आधारित सीमेंट कारखाना **द्वारिका, चेन्नई, तिरुवनंतपुरम** और **पोरबंदर** में हैं। जबकि रासायनिक उर्वरक कारखाने से प्राप्त कीचड़ (Sludge) पर आधारित सीमेंट कारखाना **सिंदरी** (झारखण्ड) में लगाया गया है।

चूना पत्थर की उपलब्धता को देखते हुए सीमेंट उद्योग का केंद्रीकरण **मध्य प्रदेश, आंध्र प्रदेश, राजस्थान, तमिलनाडु, बिहार** और **कर्नाटक** जैसे राज्यों में अधिक हुआ है।

भारत वैश्विक सीमेंट उत्पादन क्षमता का लगभग 8% सीमेंट उत्पादित करता है। **सीमेंट उत्पादन** में **भारत** का वर्तमान में **विश्व में दूसरा स्थान** है।

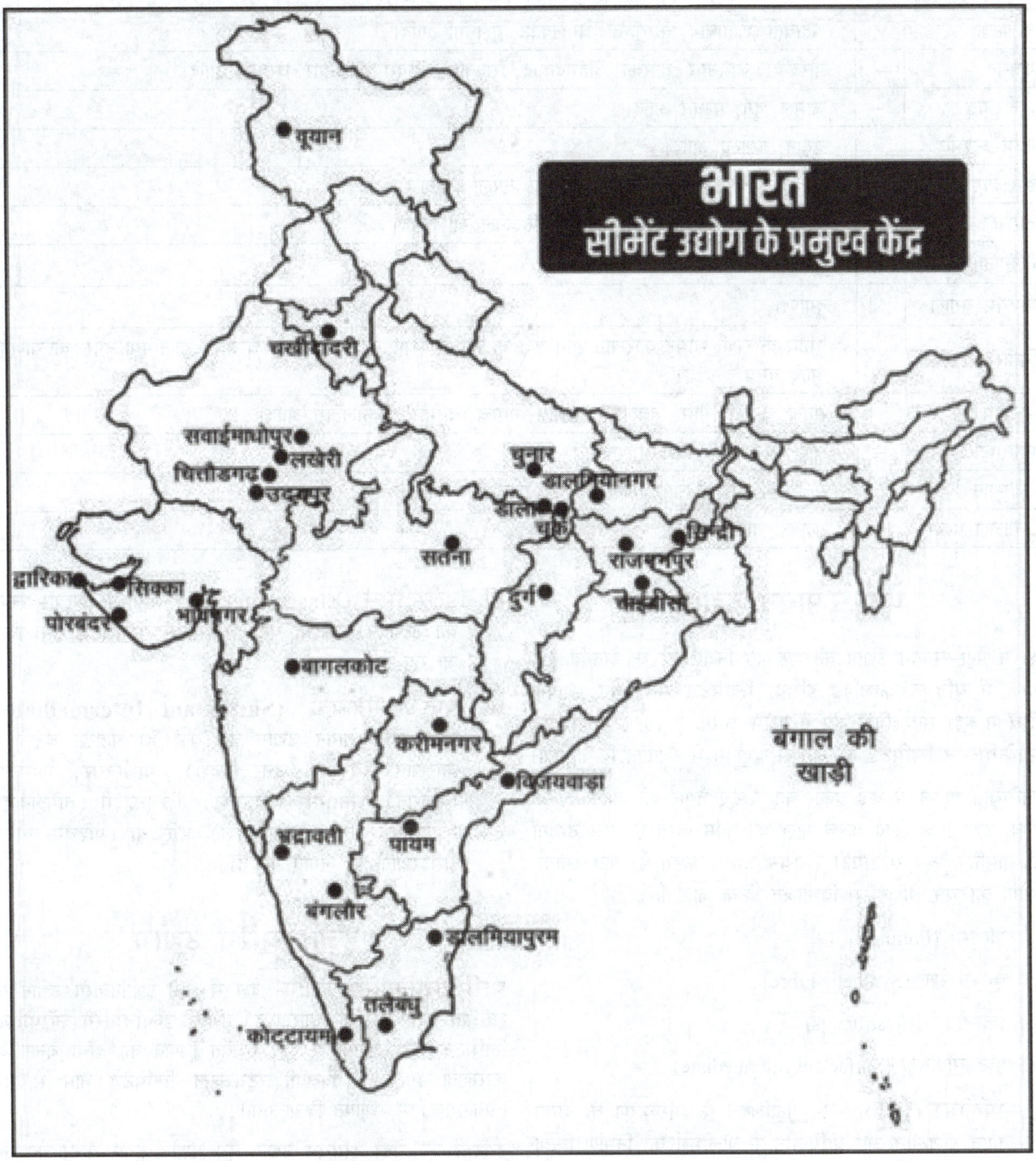

प्रमुख सीमेंट उत्पादक राज्य एवं केंद्र		
असम	–	बोकाजन।
आंध्र प्रदेश	–	विजयवाड़ा, कृष्णा, गुंटूर, कुर्नूल, विशाखापट्टनम आदि।
उत्तर प्रदेश	–	चुर्क, डाल्ला, चुनार आदि।
हरियाणा	–	सूरजपुर, चर्खीदादरी आदि।
उत्तराखंड	–	देहरादून।
ओडिशा	–	राजगंगपुर, हीराकुंड आदि।

प्रमुख सीमेंट उत्पादक राज्य एवं केंद्र		
कर्नाटक	–	भद्रावती, शाहाबाद, कुरकुन्ता, बगलकोट, गुलबर्गा आदि।
गुजरात	–	पोरबन्दर, जामनगर, द्वारिका, अहमदाबाद, सिक्का, बड़ोदरा, भावनगर, वेरावल आदि।
छत्तीसगढ़	–	जामुल, दुर्ग, मन्धार आदि।
जम्मू-कश्मीर	–	बुयान, बसोली आदि।
झारखण्ड	–	सिंदरी, झींकपानी (चाईबासा), खेलारी, जपला (पलामू) आदि।
तमिलनाडु	–	तुलुकापट्टी, डालमियापुरम, थलैयुथु, तिरूनेलवेली आदि।
तेलंगाना	–	आदिलाबाद।
पश्चिम बंगाल	–	दुर्गापुर।
बिहार	–	बिहार के सभी सीमेंट कारखाने सोन नदी के किनारे स्थापित किए गए हैं। बन्जारी, डालमिया नगर, कल्याणपुर आदि मुख्य केंद्र हैं।
मध्य प्रदेश	–	सतना, कटनी, मैहर, जबलपुर, रतलाम, नीमच, बनमोर, अकालतारा आदि।
महाराष्ट्र	–	चांदा, रत्नागिरि, सेवरी, मणिकगढ़ आदि।
राजस्थान	–	सवाई माधोपुर, उदयपुर, लखेरी, चुरू, चित्तौड़गढ़ आदि।
हिमाचल प्रदेश	–	राजबन, गागल आदि।

पेट्रो-रसायन उद्योग

देश में पेट्रो-रसायन उद्योग की शुरुआत निजी क्षेत्र के अंतर्गत हुई। 1966 में **यूनियन कार्बाइड इंडिया लिमिटेड** संयंत्र की स्थापना **ट्रॉम्बे** में हुई। सार्वजनिक क्षेत्र में प्रथम कारखाना 1969 में **इंडियन पेट्रोकेमिकल लिमिटेड** के नाम से बड़ोदरा में स्थापित किया गया।

अपरिष्कृत पेट्रोल से कई प्रकार की वस्तुएँ तैयार की जाती हैं, जो अनेक उद्योगों के लिए कच्चे माल का काम करते हैं। ऐसे उद्योगों को सामूहिक रूप से **सेपेट्रो रसायन उद्योग** कहते हैं। पेट्रो रसायन उद्योगों को चार श्रेणियों में विभाजित किया जाता है-

i. पॉलीमर (Polimer)

ii. कृत्रिम रेशा (Synthetic Fibre)

iii. इलैस्ट्रोमर्स (Elastromers)

iv. पृष्ठ संक्रियक (Surfactant Intermediate)

i. पॉलीमर (Polimer)- पेट्रोलियम के परिष्करण के दौरान प्राप्त **इथिलीन** और **प्रोपिलीन** से पॉलीमर्स का निर्माण किया जाता है। पॉलीमर्स का उपयोग **प्लास्टिक उद्योग** में होता है।

ii. कृत्रिम रेशा (Synthetic Fibre)- नायलॉन, पॉलिएस्टर, रेयान और **एक्रिलिक** प्रमुख कृत्रिम रेशे हैं, जिनका **वस्त्र उद्योग** में व्यापक इस्तेमाल होता है। 1960 में पेट्रोलियम शोधनशालाओं से प्राप्त कच्चे माल ने कृत्रिम रेशा उद्योग को संभव बनाया। **नाइलॉन** एवं **पॉलिएस्टर** के रेशे बनाने वाले कारखाने मुंबई, पुणे, नागपुर, उज्जैन, मोदीनगर, कोटा और पिंपरी में लगाए गए हैं। कोटा में **एक्रिलिक कपड़े** बनाए जाते हैं।

iii. इलैस्ट्रोमर्स (Elastromers)- इलैस्ट्रोमर्स (प्रत्यास्थलक) का उत्पादन **हल्दिया पेट्रो केमिकल्स लिमिटेड** द्वारा किया जा रहा है।

iv. पृष्ठ संक्रियक (Surfactant Intermediate)- मुंबई शैल-रसायन उद्योग का केंद्र है। पटाखा बनाने के कारखाने **औरैया** (उत्तर प्रदेश), **गांधीनगर, जामनगर** (गुजरात), **रत्नागिरि** (महाराष्ट्र), **शिवकाशी** (तमिलनाडु), **विशाखापट्टनम** (आंध्र प्रदेश), **हल्दिया** (पश्चिम बंगाल) जैसे स्थानों पर लगाए गए हैं।

इंजीनियरिंग उद्योग

भारी इंजीनियरिंग उद्योग- देश में भारी इंजीनियरिंग उद्योग की शुरुआत 1958 में राँची (झारखण्ड) में **हैवी इंजीनियरिंग कॉरपोरेशन लिमिटेड** की स्थापना से हुई। मजबूत इस्पात का ढाँचा बनाने का कारखाना 1965 में **त्रिवेणी स्ट्रक्चरल लिमिटेड** नाम से **नैनी** (प्रयागराज) में स्थापित किया गया।

उर्वरक एवं **पेट्रो रसायन** उद्योग हेतु मशीनें तैयार करने के लिए भारत हैवी प्लेट एंड वेसल्स लिमिटेड की स्थापना 1966 में विशाखापट्टनम में की गई।

भारी विद्युत मशीनरी- भारी विद्युत उपकरणों के निर्माण के लिए सार्वजनिक क्षेत्र में **भारत हैवी इलेक्ट्रिकल्स लिमिटेड (BHEL)** की स्थापना **1964** में की गई। भेल (BHEL) ऊर्जा, उद्योग तथा बुनियादी सुविधा (अधोसंरचना) के क्षेत्र में भारी विद्युत मशीनरी के निर्माण में कार्यरत देश का सबसे बड़ा इंजीनियरिंग एवं विनिर्माण उद्यम है। भेल के संयंत्र **भोपाल, हैदराबाद, तिरुचिरापल्ली, हैदराबाद, बेंगलुरु, रानीपेट** एवं **जमशेदपुर** में हैं।

सूचना प्रौद्योगिकी तथा इलेक्ट्रॉनिक उद्योग

इसे ज्ञान आधारित उद्योग भी कहते हैं, क्योंकि इसमें उत्पादन के लिए विशेष ज्ञान, उच्च प्रौद्योगिकी और निरंतर शोध एवं अनुसंधान की आवश्यकता रहती है। विशेष ज्ञान ही इस उद्योग का **कच्चा माल** है।

इस उद्योग के अंतर्गत रेडियो, ट्रांजिस्टर, टेलीविजन, टेलीफोन, रेडार, टेलीकॉम, अंतरिक्ष उपकरण तथा कंप्यूटर के हार्डवेयर एवं सॉफ्टवेयर का उत्पादन शामिल है। 1948 में **बेंगलुरु** में **इंडियन टेलीफोन इंडस्ट्रीज** की स्थापना की गई। भारत इलेक्ट्रॉनिक्स लिमिटेड (BEL) की स्थापना भी बेंगलुरु में ही की गई, जो सेना, आकाशवाणी और मौसम विज्ञान से संबंधित इलेक्ट्रॉनिक उपकरण ों का निर्माण करता है।

बेंगलुरु सूचना प्रौद्योगिकी उद्योग का केंद्र है। बेंगलुरु को इलेक्ट्रॉनिक उद्योग की राजधानी और सिलिकॉन वैली के नाम से भी जाना जाता है। कच्चे माल पर आधारित न होने के कारण कंप्यूटर सॉफ्टवेयर एवं इलेक्ट्रॉनिक उद्योग को स्वच्छंद (Foot Loose) उद्योग भी कहते हैं। कच्चे माल पर आधारित नहीं होने के कारण **स्वच्छंद उद्योग** की स्थापना किसी भी स्थान पर की जा सकती है। सूचना प्रौद्योगिकी उद्योग में श्रमिकों की आवश्यकता कम होती है और उत्पादन भी कम मात्रा में होता है।

रेल इंजन और रेल कोच बनाने का कारखाना

वर्तमान में रेल इंजन निर्माण के दो प्रमुख कारखाने हैं-

a. पश्चिम बंगाल में 1950 में स्थापित चितरंजन लोकोमोटिव वर्क्स में बड़ी लाइन वाले विद्युत इंजन का निर्माण किया जाता है।

b. उत्तर प्रदेश में 1961 में स्थापित डीजल लोकोमोटिव वर्क्स (वाराणसी) में डीजल इंजन का निर्माण किया जाता है।

रेल कोच (सवारी डिब्बों) के निर्माण के लिए इंटीग्रल कोच फैक्ट्री, **पेरामबुर** (तमिलनाडु) और रेल कोच फैक्ट्री, **कपूरथला** (पंजाब) की स्थापना की गई है। इसके अलावा भारत अर्थ मूवर्स लिमिटेड, **बेंगलुरु** द्वारा भी रेल कोच (सवारी डिब्बों) का निर्माण किया जाता है।

बिहार के **मधेपुरा** में **विद्युत रेल इंजन कारखाना** लगाने की घोषणा की गई है।

जलपोत निर्माण उद्योग

भारत में आधुनिक जलपोत निर्माण का पहला कारखाना 1941 में **सिंधिया स्टीम नेविगेशन** कंपनी द्वारा विशाखापट्टनम में स्थापित किया गया था। 1952 में इस कंपनी का राष्ट्रीयकरण करके इसका नाम **हिंदुस्तान शिपयार्ड लिमिटेड** (विशाखापट्टनम) कर दिया गया। जहाँ जलपोतों के निर्माण एवं मरम्मत का कार्य होता है उसे **शिपयार्ड** या **डॉकयार्ड** कहते हैं। इस समय देश में जलपोत निर्माण के लिए सार्वजनिक क्षेत्र में पाँच प्रमुख शिपयार्ड हैं- **विशाखापट्टनम, कोलकाता, गोवा, कोच्चि** और **मझगाँव।** बड़े आकार वाले जलपोतों का निर्माण कोच्चि और विशाखापट्टनम में होता है। मझगाँव डॉक लिमिटेड भारतीय नौसेना के लिए जलपोतों के निर्माण हेतु बनाया गया है।

हिंदुस्तान शिपयार्ड लिमिटेड (विशाखापट्टनम)- यहाँ अधिक क्षमता वाले मालवाहक पोत तैयार किए जाते हैं।

गार्डन रीच शिपबिल्डर्स एंड इंजीनियर्स लिमिटेड (कोलकाता)- हुगली नदी के तट पर स्थापित कोलकाता शिपयार्ड में यात्री जलयान बनाए जाते हैं।

मझगाँव डॉक लिमिटेड (मुंबई)- यहाँ भारतीय नौसेना के लिए फ्रिगेट पोतों का निर्माण किया जाता है।

कोचिन शिपयार्ड लिमिटेड (कोच्चि)- यह देश का सबसे बड़ा शिपयार्ड है। यहाँ बड़े आकार के मालवाहक पोत निर्माण, मरम्मत और समुद्र इंजीनियरिंग प्रशिक्षण (Training) का कार्य होता है।

गोवा शिपयार्ड लिमिटेड (वास्कोडिगामा, गोवा)- यहाँ भारतीय नौसेना, कोस्ट गार्ड और यात्री जलपोतों का निर्माण एवं मरम्मत की जाती है।

वायुयान निर्माण उद्योग

1940 में बेंगलुरु में हिंदुस्तान एयरक्राफ्ट लिमिटेड की स्थापना के साथ भारत में वायुयान निर्माण का काम प्रारंभ हुआ। एयरक्राफ्ट मैन्युफैक्चरिंग डिपो, कानपुर में भी वायुयान निर्माण का कार्य किया जा रहा था। 1964 में हिंदुस्तान एयरक्राफ्ट लिमिटेड (बेंगलुरु) को एयरक्राफ्ट मैन्यफैक्चरिंग डिपो (कानपुर) और एयरोनॉटिक्स इंडिया लिमिटेड के साथ मिलकर बेंगलुरु में हिंदुस्तान एयरोनॉटिक्स लिमिटेड (HAL) की स्थापना की गई। जिसकी 6 इकाइयाँ हैं- **बेंगलुरु, हैदराबाद, कोरापुट, नासिक, लखनऊ** और **कानपुर।** इन सभी स्थानों पर वायुयान के अलग-अलग हिस्सों पर उपकरणों और पुर्जों के निर्माण का कार्य किया जाता है।

कानपुर और नासिक में विमान के ढाँचे तैयार किए जाते हैं। **कोरापुट** (ओडिशा) में विमान के इंजन तैयार किए जाते हैं। हैदराबाद में विमान संचार व्यवस्था (नेविगेशन) संबंधित पुर्जे एवं उपकरण (इलेक्ट्रॉनिक्स) बनाए जाते हैं। लखनऊ के **'कोरवा'** में वायुसेना और नौसेना के लिए विशिष्ट संचार उपकरण तैयार किए जाते हैं। बेंगलुरु में विमानों की एसेम्बलिंग का कार्य होता है।

मोटर गाड़ी उद्योग

इसे विकास उद्योग भी कहा जाता है। इस उद्योग की शुरुआत भारत में 1928 में **जनरल मोटर्स कंपनी** की स्थापना के साथ हुई। 1930 में **फोर्ड कंपनी** ने चेन्नई में अपना कारखाना खोला। 1944 में कोलकाता के **उत्तरपाड़ा** में हिंदुस्तान मोटर्स लिमिटेड की स्थापना की गई। प्रसिद्ध **अम्बेसडर कार** का निर्माण उत्तरपाड़ा में ही होता था। जबकि शुरुआत में विदेशों से आयात किए गए पुर्जों को जोड़कर ही भारत में गाड़ियों का निर्माण किया जाता था। इस समय भारत में मोटर गाड़ी निर्माण की कई इकाइयाँ कार्यरत हैं-

- **चेक गणराज्य की कंपनी स्कोडा**- औरंगाबाद और पुणे (महाराष्ट्र)
- **टाटा इंजीनियरिंग एंड लोकोमोटिव कंपनी**- जमशेदपुर
- **मारुति उद्योग लिमिटेड**- गुरुग्राम (हरियाणा)
- **हिंदुस्तान मोटर्स**- उत्तरपाड़ा (कोलकाता)
- **प्रीमियर आटोमोबाइल लिमिटेड**- मुंबई
- **टाटा नैनो कार**- सानंद (गुजरात)
- **महिंद्रा एंड महिंद्रा कंपनी**- पुणे
- **जर्मन कंपनी वॉक्सवैगन**- पुणे
- **अशोक लेलैंड**- चेन्नई

काँच उद्योग

देश में काँच का निर्माण कुटीर उद्योग एवं कारखाना उद्योग दोनों रूपों में दिखाई देता है। कुटीर उद्योग के अंतर्गत इसका सर्वाधिक विकास **फिरोजाबाद** (उत्तर प्रदेश) और **बेलगाँव** (कर्नाटक) में हुआ है। देश में काँच उद्योग का सर्वाधिक विकास **उत्तर प्रदेश, पश्चिम बंगाल** और **महाराष्ट्र** में हुआ है। उत्तर प्रदेश में **फिरोजाबाद, शिकोहाबाद, मुरादाबाद, नैनी** और **हाथरस** काँच उद्योग के प्रमुख केंद्र हैं।

प्रमुख केंद्र

- **उत्तर प्रदेश**- फिरोजाबाद, शिकोहाबाद, बहजोई (मुरादाबाद), नैनी (इलाहाबाद) और हाथरस। फिरोजाबाद काँच की चूड़ियों के निर्माण के लिए प्रसिद्ध है। बहजोई एवं नैनी में काँच की चादरें बनाई जाती हैं।
- **महाराष्ट्र**- मुम्बई, तलेगाँव (पुणे), ओगलेवाड़ी (सतारा), कोल्हापुर और नागपुर। यहाँ मुख्यत: बोतल, फ्लास्क, बीकर, लैम्प तथा काँच की चादरें बनाई जाती हैं।
- **पश्चिम बंगाल**- कोलकाता, बेलूर, रिसड़ा, रानीगंज, आसनसोल, दमदम, बेलगछिया और बेलघरिया।
- **गुजरात**- भरूच, बड़ोदरा और पंचमहल क्षेत्र।
- **तमिलनाडु**- सेलम, चेन्नई और कोयम्बटूर।
- **हरियाणा**- अम्बाला और फरीदाबाद।
- **राजस्थान**- धोलपुर और जयपुर।
- **मध्य प्रदेश**- जबलपुर।
- **दिल्ली**- शाहदरा।
- **केरल**- अल्वाई।

औषधि निर्माण उद्योग

इंडियन ड्रग्स एंड फार्मास्यूटिकल्स लिमिटेड देश की सबसे महत्त्वपूर्ण औषधि निर्माण वाली कंपनी है। इसकी उत्पादन इकाइयाँ **गुड़गाँव** (हरियाणा), **ऋषिकेश** (उत्तराखंड), **हैदराबाद** (तेलंगाना), **चेन्नई** (तमिलनाडु) और **मुजफ्फरपुर** (बिहार) में लगाई गई हैं।

पेनिसिलिन, एंटीबायोटिक्स आदि दवाइयों का निर्माण करने के लिए हिंदुस्तान एंटीबायोटिक्स लिमिटेड (HAL) की स्थापना पुणे के **पिंपरी** में की गई है।

1981 में स्थापित बंगाल केमिकल्स एंड फार्मास्यूटिकल्स लिमिटेड की इकाइयाँ **माणिकतला** एवं **पानीहाटी** (पश्चिम बंगाल), **कानपुर** और **मुंबई** में लगाई गई हैं।

कृषि आधारित उद्योग

सूती वस्त्र उद्योग, जूट (पटसन) उद्योग और चीनी उद्योग को कृषि आधारित उद्योग के अंतर्गत शामिल किया जाता है, क्योंकि इन्हें कच्चा माल कृषि क्षेत्र से प्राप्त होता है।

सूती वस्त्र उद्योग

यह भारत का सबसे बड़ा उद्योग है। सूती वस्त्र उद्योग कृषि के बाद दूसरा सर्वाधिक रोजगार प्रदान करने वाला क्षेत्र है। भारत में कुल औद्योगिक श्रमिकों का 20% से अधिक हिस्सा सूती वस्त्र उद्योग में कार्यरत है। सूती वस्त्र उत्पादन में **भारत** का चीन के बाद **विश्व में दूसरा स्थान** है।

वर्तमान में यह सबसे बड़ा संगठित उद्योग है, जो सकल घरेलू उत्पाद में 2% और कुल औद्योगिक उत्पादन में 7% का योगदान देता है। वर्तमान में भारत में सूती वस्त्र का 70% उत्पादन असंगठित क्षेत्र के अंतर्गत और 30% उत्पादन संगठित क्षेत्र के (सूती वस्त्र मिलों में) अंतर्गत होता है। असंगठित क्षेत्र के अंतर्गत **हैण्डलूम** (हथकरघा), **पावरलूम** (बिजली करघा) तथा **खादी** को शामिल किया जाता है। हथकरघा क्षेत्र में अधिक श्रमिकों की आवश्यकता होती है और यहाँ अर्द्धकुशल श्रमिकों को रोजगार प्राप्त होता है।

भारत में **काली मिट्टी** का एक बड़ा क्षेत्र होने के कारण सूती वस्त्र

निर्माण में प्राचीन काल से ही भारत का एकाधिकार रहा है। मुगल काल में सूती वस्त्र सबसे बड़ा उद्योग था तथा गुजरात और बंगाल सूती वस्त्र उत्पादन के प्रमुख केंद्र थे।

आधुनिक काल में सूती वस्त्र उद्योग की स्थापना सर्वप्रथम 1818 में कोलकाता के निकट **फोर्ट ग्लोस्टर** में की गई। लेकिन कच्चे माल (कपास) के क्षेत्र से दूर होने के कारण इसे शीघ्र ही बंद करना पड़ा।

सूती वस्त्र का पहला सफल कारखाना 1854 में बंबई में **कवासजी डाबर** द्वारा स्थापित किया गया। औपनिवेशिक काल में स्वदेशी आंदोलन के समय बड़े पैमाने पर विदेशी वस्त्रों के बहिष्कार ने स्वत: ही भारत में इस उद्योग को प्रोत्साहित किया। इसके बाद प्रथम विश्वयुद्ध कालीन परिस्थितियों में अंतरराष्ट्रीय व्यापार के बाधित होने और पूरे विश्व में **सूती पट्टी** की माँग अचानक से बढ़ जाने से भारतीय सूती वस्त्र उद्योग को तेजी से फलने-फूलने का अवसर मिला। 1947 में देश के विभाजन से कपास उत्पादन का एक बड़ा क्षेत्र पाकिस्तान में चला गया, जिसका दुष्प्रभाव भारतीय मिलों पर पड़ा।

सूती वस्त्र उद्योग का वितरण

वर्तमान में अधिकांश सूती वस्त्र मिलें **महाराष्ट्र, गुजरात, उत्तर प्रदेश, तमिलनाडु** और **राजस्थान** में संकेंद्रित हैं। प्रारंभिक वर्षों में सूती वस्त्र उद्योग का कच्चा माल (कपास) काली मिट्टी के क्षेत्र में ही संकेंद्रित रहा, इसलिए इस उद्योग का प्रारंभिक विकास **महाराष्ट्र** और **गुजरात** के क्षेत्रों में हुआ। कच्चे माल के अलावा वस्त्र उपभोग के लिए बड़ा बाजार, निर्यात के लिए बंदरगाहों की उपलब्धता, ताप विद्युत एवं जल विद्युत के रूप में ऊर्जा की उपलब्धता और धागों के निर्माण के लिए **आर्द्र जलवायु** (Humid Climate) की उपलब्धता ने भी इन राज्यों में सूती वस्त्र उद्योग के प्रारंभिक विकास में योगदान दिया।

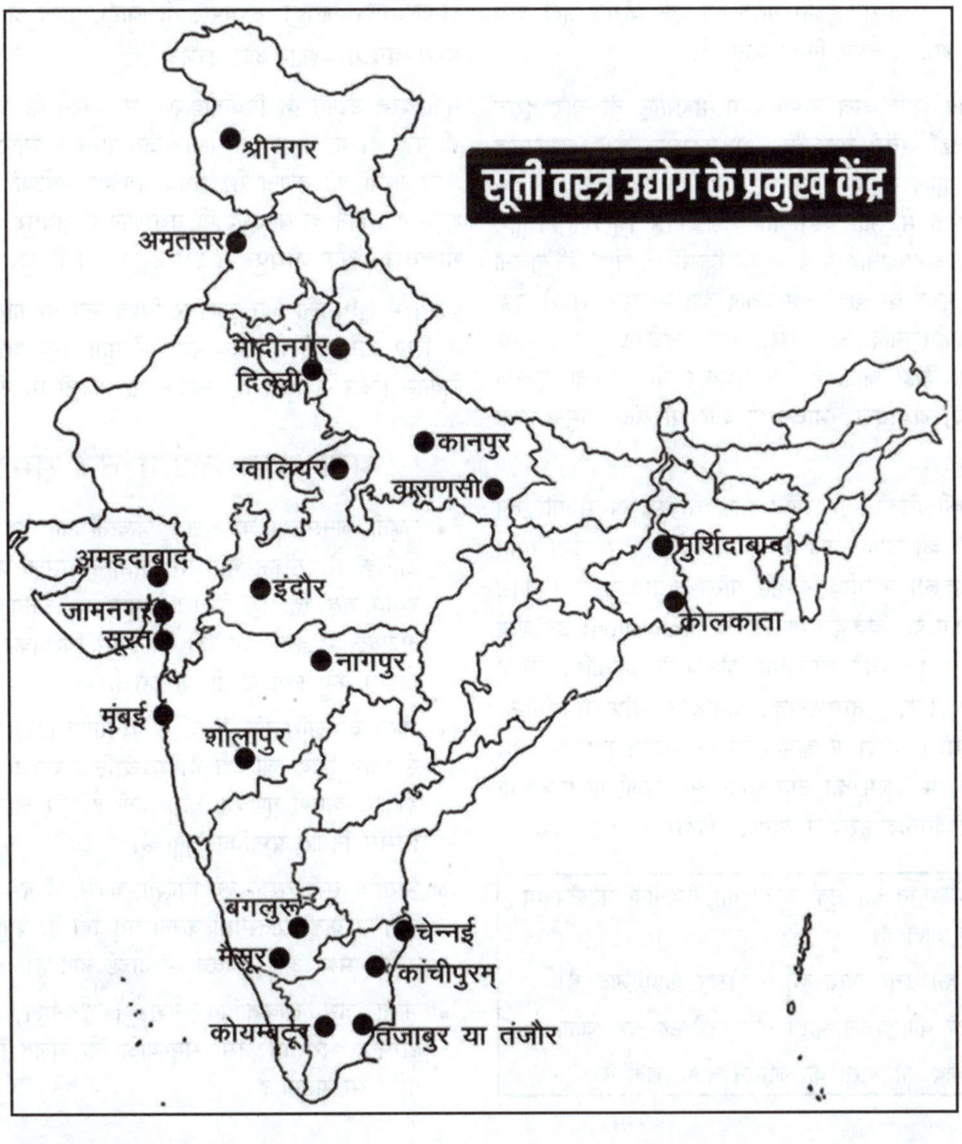

महाराष्ट्र- यह सबसे बड़ा सूती वस्त्र उत्पादक राज्य है। यहाँ लगभग 150 से अधिक मिलें कार्यरत हैं। मुंबई देश में सूती वस्त्र उद्योग का सबसे बड़ा केंद्र है। देश के लगभग **एक-चौथाई सूती वस्त्र** का उत्पादन मुंबई में किया जाता है। मुंबई के अलावा महाराष्ट्र में **पुणे, जलगाँव, सांगली, अकोला, नागपुर, शोलापुर, कोल्हापुर** और **वर्धा** प्रमुख सूती उत्पादक केंद्र हैं।

महाराष्ट्र भारत में काली मिट्टी का सबसे बड़ा क्षेत्र है। महाराष्ट्र के तटीय क्षेत्रों में अंतरराष्ट्रीय बंदरगाहों (मुंबई, न्हावाशेवा) का विकास हुआ है, इसलिए विदेशों से लंबे रेशे के कपास का आयात भी संभव हुआ। यहाँ **पारसी समुदाय** ने बड़े पैमाने पर इस उद्योग में पूँजी का निवेश किया।

महाराष्ट्र की तटीय आर्द्र जलवायु सूती धागे के निर्माण के लिए अनुकूल रहती है। मुंबई के पास टाटा **हाइड्रो प्रोजेक्ट, कोयना परियोजना** और **ट्रॉम्बे परमाणु ऊर्जा** केंद्र की स्थापना से यहाँ ऊर्जा की कमी नहीं है। मुंबई में देशभर से आए लाखों कुशल श्रमिकों की भी उपलब्धता है। अतः **मुंबई सूती राजधानी** (कॉटनोपोलिस ऑफ इंडिया) के रूप में विकसित हुआ। भारत का एक चौथाई सूती वस्त्र मुंबई महानगरीय क्षेत्र में तैयार किया जाता है।

गुजरात- गुजरात सूती वस्त्र उत्पादन में महाराष्ट्र के बाद दूसरा बड़ा राज्य है, जहाँ सबसे बड़ा केंद्र **अहमदाबाद** है। अहमदाबाद और सूरत मध्य काल से ही हथकरघा द्वारा सूती वस्त्र उत्पादन के केंद्र रहे हैं। गुजरात में सूती वस्त्र की कुल **118 मिलें** हैं, जिनमें **67 मिलें** अकेले अहमदाबाद में हैं जोकि किसी भी नगर की तुलना में सर्वाधिक है। मुंबई के बाद अहमदाबाद देश में दूसरा सबसे बड़ा सूती केंद्र है। अहमदाबाद को **'भारत का मैनचेस्टर'** और **'पूर्व का बोस्टन'** भी कहा जाता है। अहमदाबाद के अलावा गुजरात में **सूरत, भरूच, बड़ोदरा, भावनगर** और **पोरबंदर** प्रमुख सूती उत्पादन केंद्र हैं।

धीरे-धीरे तकनीकी विकास ने कच्चे माल के स्वरूप में परिवर्तन किया और कपास की जगह धागा कच्चे माल के रूप में उभर गया। कच्चे माल के स्वरूप में परिवर्तन और परिवहन साधनों के विकास से सूती वस्त्र उद्योग का विकेंद्रीकरण (Decentralization) उन क्षेत्रों में होने लगा, जहाँ बाजार की उपलब्धता थी। बाजार आधारित उद्योगों का विकास **उत्तर प्रदेश, तमिलनाडु, कर्नाटक, पश्चिम बंगाल, राजस्थान** और **मध्य प्रदेश** में हुआ। इसके अलावा महाराष्ट्र और गुजरात के बाहर सस्ते श्रम की उपलब्धता और ऊर्जा परियोजनाओं के विकास ने भी विकेंद्रीकरण में योगदान दिया।

- मुंबई को भारत की सूती वस्त्रों की राजधानी के उपनाम से जाना जाता है।
- कानपुर को उत्तर भारत का मैनचेस्टर कहा जाता है।
- कोयम्बटूर को दक्षिण भारत का मैनचेस्टर कहा जाता है।
- अहमदाबाद को भारत का बोस्टन कहा जाता है।

उत्तर प्रदेश- देश में सर्वाधिक जनसंख्या वाला राज्य होने के कारण यहाँ सूती वस्त्र के लिए एक बड़ा बाजार उपलब्ध है। जैसे ही कच्चे माल के स्वरूप में परिवर्तन हुआ, उत्तर प्रदेश में **कानपुर 'उत्तर भारत के मेनचेस्टर'** के रूप में उभर गया। उत्तर प्रदेश में **कानपुर** के अलावा **हाथरस, आगरा, लखनऊ, सहारनपुर** और **मोदीनगर** प्रमुख सूती केंद्र हैं।

तमिलनाडु- दक्षिण भारत में यह सूती वस्त्र मिलों की सर्वाधिक संख्या वाला राज्य है। अधिकांश मिलों में **सूत की कताई** (धागा निर्माण) की जाती है। कोयम्बटूर पूरे दक्षिण भारत में इस उद्योग का सबसे बड़ा केंद्र है। इसे **'दक्षिण भारत का मेनचेस्टर'** कहते हैं। इसके अलावा **चेन्नई, मदुरई, तंजावुर, तिरूनेलवेली** और **तूतीकोरिन** अन्य प्रमुख सूती केंद्र हैं।

पश्चिम बंगाल- कोलकाता के आस पास।

कर्नाटक- बेंगलुरु, मैसूर और हुबली।

तेलंगाना- हैदराबाद, सिकंदराबाद और वारंगल।

पंजाब- अमृतसर, लुधियाना और जालंधर।

राजस्थान- जयपुर, उदयपुर, भीलवाड़ा, पाली और जोधपुर।

मध्य प्रदेश- इंदौर और उज्जैन।

सूती वस्त्र उद्योग के विकेंद्रीकरण पर पर्यटन के विकास का प्रभाव भी पड़ा है। यह प्रभाव राजस्थान जैसे राज्य में स्पष्ट है। राजस्थान में अन्य राज्यों की तुलना में अधिक विदेशी पर्यटक आते हैं। इसलिए शुष्क क्षेत्र होने के बावजूद भी राजस्थान में **जयपुर, उदयपुर, पाली, भीलवाड़ा** और **जोधपुर** में इस उद्योग का विकास हुआ है।

पंजाब में लुधियाना और जालंधर विश्व स्तर पर गारमेंट्स एवं होजरी के लिए जाने जाते हैं। मध्य प्रदेश में सूती वस्त्र उद्योग का सर्वाधिक विकास **इंदौर** में हुआ है, क्योंकि यह काली मिट्टी का क्षेत्र है।

सूती वस्त्र उद्योग की समस्याएँ

- बढ़ती जनसंख्या की खाद्य जरूरतों को पूरा करने के लिए अधिक से अधिक भूमि पर खाद्यान्न फसलों को लाए जाने का दबाव बढ़ रहा है, जिससे कपास के अंतर्गत कुल बोए गए क्षेत्रफल में कमी आ रही है। इससे विशेषकर **लंबे रेशे** वाली कपास की कमी बढ़ती जा रही है।
- भारत के अधिकांश मिलों में परंपरागत (Traditional) मशीनों से काम लिया जा रहा है। **स्वचालित करघे** केवल 18% ही हैं। इस कारण गुणवत्ता कम होती है और लागत बढ़ जाती है, जिससे निर्यात प्रभावित होता है।
- भारतीय सूती वस्त्रों को विदेशी बाजारों में दूसरे देशों विशेषकर चीन से कड़ी प्रतिस्पर्धा करनी पड़ रही है, क्योंकि इन देशों के उत्पाद सस्ते और गुणवत्ता में अच्छे होते हैं।
- भारत जैसे लोकतांत्रिक देश में **हड़ताल, तालाबंदी** और **श्रमिक असंतोष** जैसी समस्याओं के चलते मिलों में उत्पादन पर असर पड़ता है।

जूट (पटसन) उद्योग

भारत में सूती वस्त्र के बाद जूट उद्योग दूसरा महत्त्वपूर्ण वस्त्र उद्योग है। भारत में **प्रत्यक्ष** एवं **अप्रत्यक्ष** रूप से लगभग **45 लाख** लोग इस उद्योग से जुड़े हुए हैं।

सर्वप्रथम 1853 में पश्चिम बंगाल के **रिसरा** नामक स्थान पर आधुनिक जूट उद्योग की स्थापना की गई थी, जिसमें **1855** से उत्पादन प्रारंभ हुआ। देश के विभाजन ने इस उद्योग को सर्वाधिक प्रभावित किया, क्योंकि 80% जूट उत्पादक क्षेत्र **पूर्वी पाकिस्तान** (बांग्लादेश) में चले गए।

जूट (पटसन) के रेशे की प्राप्ति पौधे के तने से होती है। इसे **सुनहरा रेशा** (Golden Fiber) भी कहते हैं। गोल्डन फाइबर क्रांति का संबंध **जूट उत्पादन** से है। यह वजन ह्रास उद्योग है, इसलिए इसकी स्थापना कच्चे माल के क्षेत्र (जूट उत्पादक क्षेत्र) में ही होती है। कच्चे जूट और जूट से बने सामान के उत्पादन में **भारत विश्व में प्रथम स्थान** (57%) रखता है। जूट से बने सामानों (विशेषकर जूट की बोरियों) के निर्यात में बांग्लादेश के बाद भारत का दूसरा स्थान है।

जूट उद्योग का स्थानीयकरण

पश्चिम बंगाल- जूट फसल का उत्पादन **उष्ण-आर्द्र जलवायु** और **जलोढ़ मृदा** वाले क्षेत्रों में ही किया जा सकता है। यह वजन ह्रास उद्योग है इसलिए इस उद्योग की स्थापना कच्चे माल के क्षेत्र (जूट उत्पादक क्षेत्र) में ही होती है। यही कारण है कि भारत में जूट उद्योग का सर्वाधिक केंद्रीकरण **पश्चिम बंगाल** राज्य में हुआ है। देश के 77 जूट कारखानों में से 69 कारखाने पश्चिम बंगाल में ही स्थित हैं।

जूट की खेती के लिए सस्ते श्रमिक चाहिए जोकि **कोलकाता** एवं **हुगली** प्रदेश में उपलब्ध हैं। बांग्लादेश से आए शरणार्थी सस्ते श्रमिक के रूप में उपलब्ध होते हैं। जूट उद्योग के लिए बहते हुए जल का स्रोत उपलब्ध होना चाहिए यही कारण है कि पश्चिम बंगाल में हुगली नदी के दोनों किनारों पर 98 किमी. लंबी और 3 किमी. **संकीर्ण मेखला** में जूट कारखानों की स्थापना की गई है। यहाँ हुगली नदी के किनारे **टीटागढ़, हावड़ा, सेरामपुर, बजबज, नौहाटी, रिसरा** और **बाँसबेरिया** प्रमुख जूट उत्पादक केंद्र हैं।

डायमंड हार्बर और **हल्दिया** बंदरगाहों के माध्यम से इन जूट कारखानों को विश्व बाजारों से जोड़ा गया है। मयूराक्षी और दामोदर घाटी परियोजनाओं से पश्चिम बंगाल में ऊर्जा की आपूर्ति की जाती है।

आंध्र प्रदेश- आर्द्र जलवायु और जलोढ़ मिट्टी की परिस्थितियाँ होने के कारण आंध्र प्रदेश के तटीय क्षेत्रों में **विशाखापट्टनम** और **गुंटूर** में भी इस उद्योग की स्थापना की गई है।

उत्तर प्रदेश- चीनी उद्योग को पैकेजिंग के लिए जूट पैकेटों की आवश्यकता होती है। इसलिए उत्तर प्रदेश में चीनी उद्योग ने जूट उद्योग का विकास किया है। यहाँ **कानपुर, सहजनवाँ** (गोरखपुर) और **शाहजहाँपुर** में जूट कारखाने हैं।

बिहार- बिहार में पूर्णिया, दरभंगा, सहरसा और कटिहार में जूट कारखाने हैं।

जूट उद्योग की समस्याएँ

- अंतरराष्ट्रीय स्तर पर पैकेजिंग के लिए **सिंथेटिक बोरियों** का इस्तेमाल जूट उद्योग के लिए एक बड़ी समस्या है, क्योंकि सिंथेटिक बोरों से पैकेजिंग जूट की अपेक्षा सस्ता और टिकाऊ भी होता है। **चीनी** और **सीमेंट उद्योग** ने अपने उत्पादों को सुरक्षित रखने के लिए प्लास्टिक के पैकेजिंग को जमकर बढ़ावा दिया है।
- पश्चिम बंगाल घनी आबादी वाला राज्य है। खाद्य आवश्यकताओं को पूरा करने का दबाव बढ़ता जा रहा है। इस कारण जूट के अंतर्गत कुल बोए गए क्षेत्रफल में लगातार कमी आ रही है।
- पश्चिम बंगाल में इस उद्योग का सर्वाधिक केंद्रीकरण हुआ है, जबकि इस राज्य में **औद्योगिक अशांति** और **ट्रेड यूनियन** का दबाव जूट उद्योग को प्रतिकुल रूप से प्रभावित कर रहा है।

चीनी उद्योग

भारत में चीनी उद्योग सूती वस्त्र उद्योग के बाद देश का दूसरा सबसे बड़ा कृषि आधारित उद्योग है, जिसमें लगभग **4 लाख** लोगों को रोजगार मिला है।

भारत ब्राजील के बाद विश्व का **दूसरा सबसे बड़ा चीनी उत्पादक देश** है।

भारत में चीनी का मुख्य स्रोत गन्ना है। 100 टन गन्ने से केवल 10 टन चीनी प्राप्त होती है। अत: भारह्रासी उद्योग होने के कारण चीनी मिलें गन्ना उत्पादक क्षेत्रों में ही स्थापित की जाती हैं, ताकि परिवहन लागत को न्यूनतम रखा जा सके। **उत्तर प्रदेश, बिहार, महाराष्ट्र, तमिलनाडु, कर्नाटक** आदि प्रमुख गन्ना उत्पादक राज्य हैं। इन्हीं राज्यों में चीनी उद्योग का अधिक विकास हुआ है।

इसके अलावा गन्ने की कटाई और पिराई में समय का अधिक अंतर नहीं होना चाहिए, क्योंकि रस सूखने लगता है। इसलिए चीनी मिलें गन्ना उत्पादक क्षेत्रों में ही लगाई जाती हैं।

उत्तर प्रदेश- सर्वाधिक गन्ना उत्पादक राज्य होने के बावजूद चीनी उत्पादन में उत्तर प्रदेश का **महाराष्ट्र** के बाद **दूसरा स्थान** है। उत्तर प्रदेश में सबसे पहले देवरिया जिले के **प्रतापपुर** में **1903** में चीनी मिल स्थापित की गई थी। उत्तर प्रदेश में चीनी उद्योग के दो क्षेत्र हैं- **गंगा-यमुना दोआब** और **पूर्वी तराई क्षेत्र।**

गंगा-यमुना दोआब के अंतर्गत सहारनपुर, मुजफरनगर, मेरठ, गाजियाबाद में सबसे ज्यादा चीनी मिलें स्थापित की गई हैं।

जबकि तराई क्षेत्र के अंतर्गत **गोरखपुर, देवरिया, बस्ती, सीतापुर, फैजाबाद** और **गोंडा** प्रमुख चीनी उत्पादक जिले हैं।

इसके अलावा मुरादाबाद, बिजनौर, बरेली और शाहजहाँपुर भी चीनी उत्पादक जिले हैं। देश में कुल चीनी उत्पादन में उत्तर प्रदेश का 22% योगदान है।

बिहार- यहाँ **सारण, चम्पारण, मुजफ्फरपुर, पटना, सिवान, भोजपुर, भागलपुर** और **दरभंगा** में चीनी मिलें हैं।

महाराष्ट्र- महाराष्ट्र देश का **सर्वाधिक 35%** (एक-तिहाई से अधिक) चीनी उत्पादन करने वाला राज्य है। देश में सर्वाधिक चीनी मिलें महाराष्ट्र में ही स्थापित की गई हैं।

महाराष्ट्र में **गोदावरी, कृष्णा** और **प्रवरा** नदियों द्वारा सिंचित काली मिट्टी के क्षेत्र में गन्ने की अच्छी पैदावार होती है। समुद्री जलवायु के कारण यहाँ के गन्ने में **शुक्रोज की मात्रा** अधिक होती है, जिससे चीनी उत्पादन अधिक होता है।

यहाँ उत्तर में **मनमाड** से लेकर दक्षिण में **कोल्हापुर** तक एक सँकरी पट्टी में 120 चीनी मिलें कार्यरत हैं। अधिकतर मिलें सहकारी क्षेत्र में हैं। महाराष्ट्र में **अहमदनगर** सबसे बड़ा चीनी उत्पादक केंद्र है। इसके अलावा **कोल्हापुर, शोलापुर, पुणे, नासिक** और **सतारा** अन्य प्रमुख चीनी उत्पादक केंद्र हैं।

तमिलनाडु- समुद्री प्रभाव के कारण तमिलनाडु में भी गन्ने में रस और प्रति हेक्टेयर उत्पादन सर्वाधिक है। यह **तीसरा** सबसे बड़ा चीनी उत्पादक राज्य है। यहाँ **कोयम्बटूर** सर्वाधिक चीनी उत्पादक जिला है। इसके अलावा **तिरुचिरापल्ली** और **अर्काट** प्रमुख चीनी उत्पादन जिले हैं।

कर्नाटक- बेलगाँव, बीजापुर, शिमोगा और बेल्लारी।

गुजरात- यहाँ सूरत में सर्वाधिक चीनी मिलें हैं।

पंजाब- अमृतसर, जालंधर और गुरुदासपुर।

हरियाणा- यमुनानगर, रोहतक और फरीदाबाद।

प्रारंभ में चीनी मिलें उत्तर भारत के **जलोढ़ मृदा** वाले क्षेत्रों (उत्तर प्रदेश, बिहार) में ही संकेंद्रित थीं, किन्तु धीरे-धीरे चीनी उद्योग का विकेंद्रीकरण दक्षिण भारत की ओर हुआ। इसके कई कारण थे-

1. दक्षिण भारत में उष्ण कटिबंधीय आर्द्र जलवायु के कारण यहाँ का गन्ना अधिक मोटा तथा अधिक रस वाला होता है।
2. दक्कन पठार क्षेत्र में पाई जाने वाली काली मिट्टी में लंबे समय तक नमी धारण करने की क्षमता होती है, जोकि गन्ने की फसल के लिए अनुकूल है। गन्ने की फसल को अधिक सिंचाई की जरूरत होती है।
3. दक्षिण भारत में उष्ण-आर्द्र जलवायु के कारण यहाँ गन्ने का पेराई सत्र अपेक्षाकृत लंबा होता है।
4. महाराष्ट्र क्षेत्र में अधिकतर चीनी मिलें सहकारिता के अंतर्गत लगाई गई हैं, जिससे गन्ना और चीनी उत्पादन के प्रति किसानों का जुड़ाव बढ़ा है।

चीनी उद्योग की समस्याएँ

- मौसमी उद्योग होने के कारण चीनी मीलें चार-पाँच महीने ही काम करती हैं, जिससे उत्पादन लागत बढ़ जाती है और बेरोजगारी की समस्या भी पैदा होती है।
- भारत में गन्ने का प्रति हेक्टेयर उत्पादन कम है।
- गन्ने के लिए अनुकूल जलवायु दक्षिण भारत में पाई जाती है, जबकि अधिकांश चीनी मिलें उत्तर भारत में हैं।
- किसान हित को ध्यान में रखकर सरकार गन्ने का 'उचित और बाध्यकारी मूल्य' अधिक तय करती है, जिससे चीनी मिल मालिक हतोत्साहित होते हैं।

वन आधारित उद्योग

कागज उद्योग, रेशम उद्योग, दियासलाई उद्योग और लकड़ी के खिलौने बनाने वाले उद्योग वन आधारित उद्योग हैं, क्योंकि इन्हें कच्चा माल वनों से प्राप्त होता है।

कागज उद्योग

देश में कागज का पहला आधुनिक कारखाना 1832 में **सेरामपुर** (पश्चिम बंगाल) में लगाया गया। जबकि कागज का प्रथम सफल कारखाना 1870 में कोलकाता में **हुगली नदी** के किनारे **बाली** नामक स्थान पर लगाया गया। इसके बाद 1882 में **टीटागढ़** (पश्चिम बंगाल) में कागज उद्योग स्थापित किया गया।

> कागज की खोज और इसका प्रयोग सबसे पहले चीन में प्रारंभ हुआ था। वर्तमान में चीन दुनिया में सर्वाधिक कागज उत्पादक देश है। भारत में कागज निर्माण सर्वप्रथम 13वीं शताब्दी में अरब व्यापारियों द्वारा किया गया था। भारत में कागज बनाने का पहला कारखाना 15वीं शताब्दी में कश्मीर में **सुल्तान जैनुल आबिदीन** ने लगवाया था।

भारत में अखबारी कागज का उत्पादन सीमित स्तर पर है और इसके केवल 6 कारखानें- **दीमापुर** (नागालैण्ड), **नेपानगर** (मध्य प्रदेश), **बल्लारपुर, सांगली** (महाराष्ट्र), **भद्रावती** (कर्नाटक) और **वेल्लूर** (तमिलनाडु) में हैं। जबकि सामान्य कागज का उत्पादन कुछ बेहतर अवस्था में है। देश में कागज उत्पादन को बढ़ावा देने के लिए सार्वजनिक क्षेत्र में **'हिंदुस्तान कागज कंपनी'** की स्थापना की गई है।

कागज उद्योग का स्थानीयकरण

कागज एक भारह्रासी उद्योग है। चूँकि एक टन कागज का उत्पादन करने के लिए लगभग 30 टन कच्चे माल की आवश्यकता होती है, इसलिए इस उद्योग की स्थापना कच्चे माल के क्षेत्र में ही की

जाती है। भारत में कागज उत्पादन के लिए **बाँस, सवाई घास, गन्ने की खोई** (बगासी) और **मुलायम लकड़ी** का प्रयोग कच्चे माल के रूप में किया जाता है। इसके अलावा **चावल की भूसी, यूकेलिप्टस, रद्दी कागज** और **रद्दी कपड़ों** का प्रयोग भी कागज निर्माण में होता है।

बाँस- यह घास की एक प्रजाति और सदाबहार वनस्पति है। बाँस भारत में कागज उद्योग का सर्वप्रमुख कच्चा माल है। देश में 70% कागज उत्पादन बाँस पर आधारित है। देश में सर्वाधिक कागज कारखाने बाँस उत्पादक राज्यों में ही लगे हैं। जैसे- महाराष्ट्र, कर्नाटक, आंध्र प्रदेश, असम और मेघालय।

सवाई घास- भारत में लगभग 15% कागज उत्पादन में सवाई घास की भूमिका है। इसका उत्पादन हिमालय के तराई क्षेत्र और पठारी भारत के ऊँचे भागों में किया जाता है। सवाई घास के रेशे गुणवत्ता में अच्छे होने के कारण इसमें रसायनों का कम इस्तेमाल होता है। इसलिए इससे उच्च गुणवत्ता वाला कागज तैयार किया जाता है।

गन्ने की खोई (बगासी)- कागज उत्पादन में गन्ने की खोई का प्रयोग गन्ना उत्पादक राज्यों (उत्तर प्रदेश, महाराष्ट्र, कर्नाटक, बिहार) में किया जाता है। लेकिन इसका प्रयोग अभी सीमित स्तर पर है।

मुलायम लकड़ी- मुलायम लकड़ी कागज उत्पादन के लिए सर्वोत्तम कच्चा माल है। भारत में यह हिमालय के दुर्गम ऊँचे इलाकों में पाई जाती है। लेकिन दोहन और चुनाव की समस्या तथा पर्यावरणीय आंदोलनों (Environmental Movements) के चलते इसका उपयोग सीमित स्तर पर है।

भारत में कागज उद्योग के प्रमुख केंद्र

उत्तर प्रदेश- मेरठ, सहारनपुर और मोदीनगर।

महाराष्ट्र- बल्लारपुर, सांगली, अकोला, गोरेगाँव, कांपटी और जलगाँव। महाराष्ट्र देश में सर्वाधिक 22% कागज का उत्पादन करता है।

पश्चिम बंगाल- कोलकाता, नौहाटी, बांसबेरिया और हावड़ा।

महाराष्ट्र के बाद दूसरा सर्वाधिक कागज उत्पादक राज्य पश्चिम बंगाल है।

मध्य प्रदेश- नेपानगर, होशंगाबाद और शहडोल।

आंध्र प्रदेश- तिरुपति, राजमुंद्री और शिवपुर।

कर्नाटक- भद्रावती, मैसूर और डांडेली।

तेलंगाना- सिरपुर और कागजनगर।

बिहार- डालमिया नगर।

ओडिशा- ब्रजनगर।

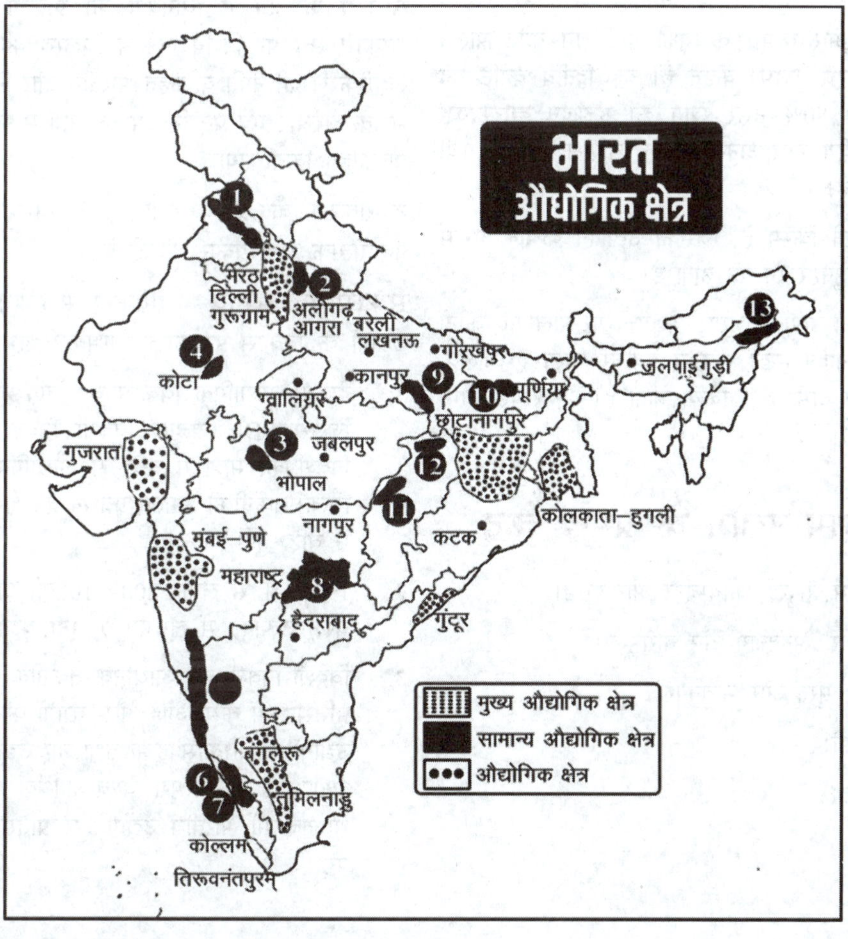

रेशम उद्योग

रेशम उद्योग की दो अवस्थाएँ हैं- पहला, रेशम प्राप्त करने के लिए रेशम कीट पालन और दूसरा, रेशमी वस्त्रों का निर्माण।

रेशम कीट पालन- रेशम कीट से प्राप्त किया जाता है। रेशम कीटों का पालन मुख्य रूप से **शहतूत की पत्तियों** पर किया जाता है। रेशम कीट पालन की परंपरा **सर्वप्रथम चीन** में शुरू हुई थी। रेशम कीटों का पालन **'सेरीकल्चर'** (Sericulture) कहलाता है। भारत में रेशम की सभी चार किस्मों- शहतूती, एरी, टसर और मूंगा का उत्पादन होता है। इनमें से **मूंगा रेशम उत्पादन** (मुख्यतः असम में) में भारत को एकाधिकार प्राप्त है।

कर्नाटक रेशम उत्पादन में **प्रथम राज्य** है। यहाँ देश के लगभग 30% कच्चे रेशम और 45% रेशमी धागे का उत्पादन होता है। रेशम उत्पादन में आंध्र प्रदेश द्वितीय स्थान पर है।

शहतूत के पेड़ से प्राप्त होने वाले रेशम को **'शहतूती रेशम'** कहते हैं। यह सर्वोत्तम गुणवत्ता वाला रेशम होता है। देश में 70% से अधिक रेशम शहतूत के पेड़ों से प्राप्त किया जाता है। शहतूती रेशम के प्रमुख केंद्र इस प्रकार हैं-

कर्नाटक- बेंगलुरु, मैसूर और तुमकुर।

पश्चिम बंगाल- बर्धमान, मिदनापुर और मुर्शिदाबाद।

जम्मू-कश्मीर- बारामूला, अनंतनाग, श्रीनगर और उधमपुर।

महुआ, पलाश, साल और कुसुम के वृक्षों पर रेशम कीट पालन से प्राप्त रेशम को **'टसर रेशम'** कहते हैं। यह द्वितीय कोटि का रेशम होता है। देश में 80% टसर रेशम का उत्पादन **झारखण्ड** राज्य में होता है। 'केंद्रीय टसर अनुसंधान एवं प्रशिक्षण केंद्र' राँची (झारखण्ड) में स्थित है।

'मूंगा रेशम' एक जंगली किस्म है, जिसका उत्पादन केवल **असम** राज्य में होता है। यह सुनहरे रंग का होता है।

एरी (अरण्डी) रेशम का उत्पादन अरण्ड के पत्तों पर पाले गए कीटों से होता है। इसका उत्पादन मुख्य रूप से पूर्वोत्तर भारत (मेघालय, मणिपुर, नागालैण्ड और असम) में किया जाता है। यह सबसे निम्न कोटि का रेशम होता है।

भारत में रेशम उद्योग के प्रमुख केंद्र

तमिलनाडु- कांजीवरम, मदुरई, कोयम्बटूर और इरोड।

जम्मू-कश्मीर- श्रीनगर, अनंतनाग और बारामूला।

गुजरात- अहमदाबाद, सूरत और भावनगर।

उत्तर प्रदेश- वाराणसी।

आंध्र प्रदेश- तिरुपति।

कर्नाटक- बेंगलुरु।

बिहार- भागलपुर।

क्र.	संस्थान	स्थान
1.	केंद्रीय रेशम अनुसंधान एवं प्रशिक्षण संस्थान	मैसूर एवं ब्रह्मपुर
2.	केंद्रीय ईरी अनुसंधान केंद्र	मेन्दीपाथर (मेघालय)
3.	केंद्रीय टसर अनुसंधान व प्रशिक्षण केंद्र	राँची (झारखण्ड)

उदारीकरण के दौर में उद्योगों का विकास

भारतीय अर्थव्यवस्था की सीमाओं को खोलने, भारतीय बाजार को वैश्विक बाजार से जोड़ने, भारतीय उद्योगों पर से सरकारी नियंत्रण एवं नियमन को न्यूनतम करने, निजी क्षेत्र में उद्योगों को प्रोत्साहन देने और लाभ से प्रेरित बाजार की शक्तियों को काम करने का अवसर देने के लिए **24 जुलाई, 1991** को उदारीकरण की प्रक्रिया शुरू की गई। **16 उत्पादों** को छोड़कर अन्य सभी को लाइसेंसिंग की अनिवार्यता से मुक्त कर दिया गया। प्रत्यक्ष **विदेशी निवेश** (Foreign Direct Investment - FDI) के द्वार खोलकर संरक्षण एवं वित्तीय सहायता को समाप्त कर दिया गया।

आयात-निर्यात पर लगे नियंत्रण को कम किया गया। उद्योग जगत में **सरकारी भागीदारी** को 51% तक सीमित किया गया एवं **सार्वजनिक क्षेत्र** में विनिवेश की प्रक्रिया शुरू की गई, जिससे सरकारी स्तर पर निर्णय लेने में विलम्ब की संभावना कम हो गई। उदारीकरण की नीति के तहत भारतीय और निजी उद्यमियों को **ऊर्जा, सड़क, संचार** एवं **पेट्रोलियम** के क्षेत्रों में सक्रिय भाग लेने के लिए प्रोत्साहित किया गया।

उदारीकरण के प्रभाव हमारी अर्थव्यवस्था पर सकारात्मक और नकारात्मक दोनों प्रकार के रहे हैं।

सकारात्मक प्रभाव- उदारीकरण से हमारी अर्थव्यवस्था विशेषकर उद्योगों के विकास पर काफी लाभकारी प्रभाव पड़े हैं-

1. देश में औद्योगिक विकास के लिए **अनुकूल वातावरण** बना, जिससे FDI (प्रत्यक्ष विदेशी निवेश) में काफी वृद्धि हुई। निवेश की मात्रा में वृद्धि से औद्योगिक विकास को प्रोत्साहन मिला। तकनीकी क्षमता, प्रबंधन की क्षमता और कार्य-कुशलता में वृद्धि हुई।
2. 1990-91 से लेकर 2009-10 की अवधि में GDP (सकल घरेलू उत्पाद) में लगभग **9 गुना** वृद्धि हुई।
3. विदेशी निवेश तथा आधुनिक तकनीक के प्रयोग से **औद्योगिक प्रतिसार** में कमी आई और उद्योगों को **नवजीवन** मिला। पुराने उद्योगों का विकास हुआ तथा नए उद्योगों का आविर्भाव हुआ। 2007-08 में जब पूरा विश्व आर्थिक मंदी के दौर से गुजर रहा था तब भी भारतीय उद्योगों पर प्रतिसार का बहुत कम असर पड़ा।

4. उदारीकरण में **आधारभूत ढाँचे** यथा- परिवहन, ऊर्जा, संचार का द्रुत गति से विकास हुआ, जिससे औद्योगिक विकास को और बल मिला।
5. औद्योगिक विकास से **रोजगार** और **निर्यात** को बढ़ावा मिला जिससे विदेशी मुद्रा भण्डार का आकार बढ़ा।

नकारात्मक प्रभाव- यद्यपि उदारीकरण ने भारतीय अर्थव्यवस्था और उद्योगों के विकास में अभूतपूर्व सहयोग दिया, फिर भी इसके कुछ नकारात्मक प्रभाव भी पड़े हैं, जो इस प्रकार हैं-

1. उदारीकरण की प्रक्रिया ने **प्रतिस्पर्द्धात्मक वातावरण** के माध्यम से औद्योगिक विकास को तो बल प्रदान किया, लेकिन इसने **प्रादेशिक आर्थिक विषमताओं** को बढ़ा दिया। देश में सभी क्षेत्रों का विकास समान रूप से नहीं हुआ।

   भारतीय और विदेशी निवेशकों ने केवल उन्हीं क्षेत्रों में अधिक पूँजी निवेश किया, जो पहले से औद्योगिक एवं आर्थिक रूप से विकसित थे। अधिकांश निवेश पश्चिमी एवं दक्षिणी भारत के राज्यों यथा- गुजरात, महाराष्ट्र, कर्नाटक, आंध्र प्रदेश, तमिलनाडु एवं पश्चिम बंगाल में हुआ। जबकि उत्तरी एवं पूर्वी भारत के अधिकतर राज्य पिछड़े रह गए। इस कारण इन क्षेत्रों में अनेक सामाजिक, आर्थिक एवं राजनीतिक समस्याएँ बढ़ी हैं।
2. औद्योगिक विकास में प्रादेशिक विषमताओं (Regional Disparities) के चलते आधारभूत ढाँचे के विकास में भी प्रादेशिक विषमताएँ बढ़ी हैं। देश में अनेक राज्य परिवहन एवं ऊर्जा संबंधी विकास में पिछड़े रह गए हैं।
3. लाभ से प्रेरित बाजार की शक्तियों को प्रोत्साहित करने एवं बहुराष्ट्रीय कंपनियों के भारतीय अर्थव्यवस्था में प्रवेश से **लघु एवं कुटीर** उद्योगों को भारी क्षति पहुँची। क्योंकि 'श्रम' आधुनिक प्रौद्योगिकी और पूँजी से प्रतिस्पर्द्धा में पिछड़ गया।
4. उदारीकरण ने **श्रम** को हतोत्साहित करके आधिकारिक **मशीनीकरण** को प्रोत्साहित किया। इससे समय, श्रम एवं लागत में कमी आई, लेकिन बेरोजगारी में वृद्धि हो गई।
5. **कम प्रत्यक्ष निवेश-** विदेशी निवेशक प्रत्यक्ष निवेश के बजाय **'पोर्टफोलियो निवेश'** अधिक करते हैं, जिसे कभी भी वापस लिया जा सकता है। अतः वैश्विक संकट की स्थिति में औद्योगिक अर्थव्यवस्था पर नकारात्मक प्रभाव पड़ने का खतरा बना रहता है।
6. **मुद्रास्फीति-** उदारीकरण के दौर में मुद्रास्फीति (Inflation) के सदैव उच्च स्तर पर बने रहने की प्रवृत्ति देखी गई है, जिससे आम आदमी की समस्याएँ बढ़ जाती हैं।
7. उदारीकरण की प्रक्रिया में केवल औद्योगिक विकास पर बल दिया गया, जबकि **कृषि क्षेत्र** की उपेक्षा की गई। वर्तमान में सरकार कृषि क्षेत्र की उपेक्षा कर ग्रामीण-नगरीय पलायन नीति पर चल रही है, ताकि विनिर्माण क्षेत्र को सस्ते श्रम की सुविधा मिल सके। इससे नगरों में प्रदूषण, भीड़भाड़, नगरीय अवसंरचना पर दबाव तथा मलिन बस्तियों की समस्या बढ़ी है। कृषि भारतीय अर्थव्यवस्था की रीढ़ है, जिससे 60% आबादी आज भी आजीविका पाती है। लेकिन सरकार द्वारा कृषि की उपेक्षा करके केवल उद्योगों को बढ़ावा देने की नीति से अर्थव्यवस्था में असंतुलन और असंतोष बढ़ रहा है।

बहुराष्ट्रीय कंपनियाँ (MNCs)

बहुराष्ट्रीय कम्पनियाँ ऐसी **विशाल फर्म** हैं जिनका **मुख्यालय** तो किसी एक देश में होता है, परंतु **उनका व्यापार** बड़े देशों में फैला होता है। सामान्य स्वीकृत परिभाषा के अनुसार एक बहुराष्ट्रीय कंपनी अपने कुल वैश्विक निर्गत का कम से कम 25% अपने मूल देश से बाहर उत्पादित करती है।

ईस्ट इण्डिया कंपनी पूर्व औपनिवेशिक काल (Colonial Period) की ऐसी ही बहुराष्ट्रीय कंपनी थी, जिसने **कच्चे माल** और **बाजार** की तलाश में अपने देश की सीमाओं को पार कर **सभी महाद्वीपों** में अपना प्रभाव क्षेत्र फैलाया। इससे विश्व में नई आर्थिक-राजनीतिक प्रणाली का जन्म हुआ, जिसे **उपनिवेशवाद** कहते हैं।

द्वितीय विश्व युद्ध के बाद धीरे-धीरे अधिकांश उपनिवेश स्वतंत्र हो गए और उनकी अर्थव्यवस्था विकसित होने लगी। संयुक्त राज्य अमेरिका विश्व की महान औद्योगिक शक्ति के रूप में उभरा और इसकी बहुराष्ट्रीय कंपनियाँ प्रत्यक्ष विदेशी निवेश के द्वारा अपने कार्य क्षेत्र को दूसरे देशों में विस्तृत करने लगीं। परिणामस्वरूप USA उत्पादों के निर्यातक के स्थान पर सबसे बड़ा निवेशक राष्ट्र बन गया। इस नीति के समर्थक इसे विकासशील देशों की **पूँजी और प्रौद्योगिकी के स्थानांतरण** का माध्यम मानते हैं। जबकि विरोधी इसे विकासशील देशों में **नव उपनिवेशवाद** (Neo-Colonialism) स्थापित करने के एक कुचक्र के रूप में देखते हैं।

वर्तमान में **माइक्रोसॉफ्ट, फेसबुक, गूगल, एप्पल, बोइंग, सैमसंग, रैनबेक्सी, पोस्को, नेस्ले, पेप्सिको, सोनी, विप्रो, टी.सी.एस. (TCS), रेडबुल, बी.एम.डब्ल्यू (BMW), डॉबर, डिजनी, होण्डा, हिताची, एल.जी. (LG)** इत्यादि विश्व की कुछ बड़ी बहुराष्ट्रीय कंपनियाँ हैं, जिन्होंने विश्व के सभी प्रमुख बाजारों में अपना व्यापार फैला रखा है।

इन बहुराष्ट्रीय निगमों की आर्थिक शक्ति का अंदाजा इस तथ्य से लगाया जा सकता है कि वर्तमान में विश्व की 200 बड़ी बहुराष्ट्रीय कंपनियों की **कुल बिक्री** वैश्विक GDP का लगभग 35% है।

प्रभावः बहुराष्ट्रीय कंपनियों के प्रभाव अच्छे और बुरे दोनों ही प्रकार के पड़े हैं। उदाहरण के लिए स्वतंत्रता के समय भारत में अधिकांश उद्योग उपभोक्ता वस्तुओं से ही संबंधित थे। उस समय 3 लौह इस्पात संयंत्रों को छोड़कर **पूँजीगत उद्योगों** का पूर्ण अभाव था।

लेकिन आज भारत में हर प्रकार के उद्योग विकसित हो चुके हैं, जोकि विदेशी पूँजी, तकनीक और प्रबंधकीय कार्यकुशलता के बिना संभव नहीं था। परंतु इसके बावजूद MNCs दोष रहित नहीं हैं। जैसे-

1. इन विदेशी कंपनियों ने भारत जैसे देश के **प्राकृतिक संसाधनों** का दोहन करने के लिए प्रारम्भिक अवस्था में कुछ पूँजी निवेश तो किया, किन्तु अधिकांश विदेशी कंपनियों ने अपने **वित्तीय संसाधन** (Financial Resources) भारत से ही जुटाए हैं और वास्तविक विदेशी निवेश बहुत कम हुआ है।
2. विदेशी कंपनियों द्वारा लाई गई **कुशल प्रौद्योगिकी** के इस्तेमाल से उत्पादन क्षमता में सुधार तो हुआ है, लेकिन यह पूर्वधारणा कि MNCs के आने से देश में अत्याधुनिक प्रौद्योगिकी का हस्तांतरण होगा, मिथ्या सिद्ध हुई है।
3. भारतीय अर्थव्यवस्था में MNCs के प्रवेश से लघु एवं कुटीर उद्योगों को भारी क्षति हुई, क्योंकि वे विशाल पूँजी एवं प्रौद्योगिकी से प्रतिस्पर्धा नहीं कर सके। देश में मशीनीकरण बढ़ने से बेरोजगारी बढ़ी है।
4. MNCs के माध्यम से प्रतिवर्ष बहुत बड़ी धनराशि विदेशों में चली जाती है।

भारत में विशेष आर्थिक क्षेत्र (SEZ)

विशेष आर्थिक क्षेत्र ऐसा **विशिष्ट भौगोलिक क्षेत्र** है, जहाँ पर **आर्थिक कानून** देश के अन्य क्षेत्रों के आर्थिक कानूनों की तुलना में लचीले और अधिक उदार होते हैं। इस प्रकार के क्षेत्र में कई अन्य प्रकार के क्षेत्र शामिल होते हैं यथा- मुक्त व्यापार क्षेत्र (Free Trade Zone), निर्यात संसाधन क्षेत्र (Export Processing Zone), मुक्त क्षेत्र, औद्योगिक क्षेत्र तथा मुक्त बंदरगाह इत्यादि आते हैं।

SEZ की विशेषताएँ

- कर प्रोत्साहन।
- वस्तुओं-सेवाओं का शुल्क रहित संचालन।
- विश्वस्तरीय आधारभूत ढाँचा।
- निर्माण की गहन प्रकृति।
- निर्यात को प्रोत्साहन।
- विदेशी पूँजी की मुक्त उपलब्धता।
- विशिष्ट आर्थिक प्रबंधन।
- स्थापना के लिए कम से कम 1000 हेक्टेयर भूमि होना आवश्यक है।

SEZ के उद्देश्य

1. औद्योगिक विकास हेतु विदेशी एवं घरेलू निवेश के लिए उपयुक्त वातावरण का सृजन करना।
2. विदेशी व्यापार को प्रोत्साहित करना।
3. रोजगार के अधिक अवसर पैदा करना।
4. औद्योगीकरण तथा नगरीकरण को बढ़ावा देना।
5. क्षेत्रीय विषमताओं को कम करना।

देश की आर्थिक चुनौतियों में सबसे बड़ी चुनौती उसका **व्यापार घाटा** है, जोकि बढ़ता जा रहा है। विशेष आर्थिक क्षेत्र (SEZ) का मुख्य उद्देश्य निर्यात को बढ़ाकर न केवल **व्यापार घाटे** को कम करना है, बल्कि मैन्यूफैक्चरिंग (विनिर्माण) क्षेत्र के विकास को भी तीव्र करना है। निर्यात की सम्भावनाएँ बढ़ाने के लिए एवं व्यावसायिक गतिविधियों को प्रोत्साहन देने के लिए विशेष आर्थिक क्षेत्र में देश के आर्थिक नियमों से अलग नियम कानून लागू किए जाते हैं; करों एवं शुल्कों में छूट एवं रियायतें प्रदान की जाती हैं, ताकि उत्पादन लागत कम हो सके और निवेश की सम्भावनाएँ बढ़ सकें। विशेष आर्थिक क्षेत्रों में औद्योगिक विकास हेतु विश्व स्तरीय आधारभूत सुविधाएँ स्थापित की जाती हैं।

भारत एशिया का पहला देश है, जिसने निर्यात संसाधन क्षेत्र की महत्ता को स्वीकार करते हुए **1965** में कांडला में निर्यात संसाधन क्षेत्र (EPZ) की स्थापना की। इसके बाद 7 अन्य EPZ स्थापित किए गए। परंतु लाइसेंस राज और सरकारों के क्रियाकलाप में उलझ जाने के कारण EPZ का परिणाम सुखद नहीं निकल पाया। EPZ की त्रुटियों को दूर करते हुए तथा कुछ नए तत्वों को जोड़कर निर्यात-आयात नीति, 2000 के तहत SEZ नीति की घोषणा की गई, जिसकी मुख्य विशेषताएँ थीं-

- एक निर्दिष्ट शुल्क मुक्त क्षेत्र, जिसे शुल्क एवं तट कर के लिए विदेशी क्षेत्र माना जाए।
- आयात के लिए लाइसेंस की आवश्यकता नहीं।
- विनिर्माण तथा सेवा गतिविधियों की अनुमति।
- शुल्क रहित निर्यात।
- कस्टम द्वारा आयात-निर्यात की नियमित जाँच नहीं।
- केंद्रीय बिक्री कर और सेवा कर से छूट।

सभी 8 EPZ को SEZ में परिवर्तित किया गया। ये थे- कांडला, सान्ताक्रूज, नोएडा, फाल्टा, चेन्नई, कोचीन और विजाग। SEZ व्यवस्था को स्थाई बनाने के लिए 'SEZ अधिनियम 2005' को 10 फरवरी, 2006 को लागू किया गया। वर्तमान में देश में कुल 272 SEZ कार्य कर रहे हैं और 500 से अधिक पर विचार किया जा रहा है।

SEZ के कई फायदे गिनवाए जाते रहे हैं, मसलन निवेश में वृद्धि, रोजगार में इजाफा, निर्यात में वृद्धि, राज्य की GDP में बढ़त, आधारभूत संरचना का विकास अन्य मैन्यूफैक्चरिंग यूनिटों के लिए काम, राज्य की वैट व स्टाम्प ड्यूटी से कमाई, शहरीकरण, महानगरों में अतिरिक्त जनसंख्या दबाव से मुक्ति तथा संसाधनों का बेहतर उपयोग आदि। लेकिन SEZ के विरुद्ध भी कई सारे पक्ष उभरकर आ रहे हैं, जिसमें राजस्व हानि और जबरन भूमि अधिग्रहण दो प्रमुख पक्ष हैं। SEZ में कई प्रकार के शुल्कों और करों को त्याग देने के कारण सरकार को राजस्व की हानि हो रही है। SEZ स्थापना के लिए आवश्यक भूमि का अधिग्रहण भी एक समस्या के रूप में उभर रहा

है। जबरन भूमि अधिग्रहण किए जाने से सरकार और किसानों के मध्य तनाव में वृद्धि हुई।

मेक इन इंडिया

देश के औद्योगिक विकास, वैश्विक निवेश व रोजगार को बढ़ावा देने के लिए 25 सितम्बर, 2014 को 'मेक इन इंडिया' अभियान का शुभारम्भ किया गया। इसके अंतर्गत नए आविष्कारों व नई प्रौद्योगिकियों के क्षेत्र में अग्रणी घरेलू कंपनियों की पहचान कर उन्हें विश्व स्तर पर प्रतिस्पर्धी बनाना है। इसका संचालन औद्योगिक नीति एवं संवर्द्धन विभाग द्वारा किया जाएगा। मेक इन इंडिया के अंतर्गत एक निवेश भारत का गठन किया गया है, जो विदेशी निवेशकों को नियामक व नीति संबंधी जानकारी देगा।

स्टार्टअप इंडिया अभियान

स्टार्टअप इंडिया देश में स्टार्टअप्स और नए विचारों को बढ़ावा देने हेतु एक मजबूत पारिस्थितिकी तंत्र का निर्माण करने के लिए भारत सरकार द्वारा 16 जनवरी, 2016 को शुरू की गई एक प्रमुख पहल है, जो आर्थिक विकास को बढ़ावा देगी और बड़े पैमाने पर रोजगार के अवसर पैदा करेगी।

स्टार्टअप क्या होता है?

स्टार्टअप एक ऐसी कंपनी है, जो व्यवसाय के प्रारंभिक चरण में है। संस्थापक आमतौर पर अपने स्टार्टअप को वित्तपोषित करते हैं और जमीन पर उतरने से पहले बाहरी निवेश को आकर्षित करने का प्रयास कर सकते हैं।

फंडिंग स्रोतों में परिवार और दोस्त, उद्यम पूँजीपति, क्राउडफंडिंग और ऋण शामिल हैं।

स्टार्टअप उच्च जोखिम के साथ आते हैं, क्योंकि विफलता बहुत संभव है लेकिन वे बड़े लाभ, नवाचार पर ध्यान केंद्रित करने और सीखने के महान अवसरों के साथ काम करने के लिए बहुत ही अनोखी जगह भी हो सकते हैं।

स्टैंडअप इंडिया अभियान

आर्थिक सशक्तीकरण और रोजगार सृजन को केंद्र में रखते हुए जमीनी स्तर पर उद्यमिता को बढ़ावा देने के लिए 5 अप्रैल, 2016 को वित्त मंत्रालय द्वारा स्टैंडअप इंडिया योजना शुरू की गई थी। इस योजना को वर्ष 2025 तक के लिए बढ़ा दिया गया है।

स्टैंडअप इंडिया योजना का उद्देश्य प्रत्येक बैंक शाखा द्वारा कम से कम एक अनुसूचित जाति या अनुसूचित जनजाति के उधारकर्ता और एक महिला उधारकर्ता को नई (ग्रीनफील्ड) परियोजना की स्थापना के लिए रु. 10 लाख से रु. 1 करोड़ के बीच बैंक ऋण प्रदान करना है। ये उद्यम विनिर्माण, सेवा या व्यापार क्षेत्र से संबंधित हो सकते हैं। गैर-व्यक्ति उद्यम के मामले में, 51% शेयरधारिता व नियंत्रक हिस्सेदारी अनुसूचित जाति/अनुसूचित जनजाति या महिला उद्यमी के पास होनी चाहिए।

महारत्न, नवरत्न व मिनीरत्न कंपनियों हेतु आवश्यक शर्तें

क्र.	मानक	महारत्न	नवरत्न	मिनीरत्न-1	मिनीरत्न-2
1.	शर्तें	1. 3 वर्षों तक 2500 करोड़ रुपए से अधिक का औसत वार्षिक लाभ। 2. विगत 3 वर्षों तक वार्षिक परिसंपत्ति औसतन 15,000 करोड़ रुपए।	1. 6 निर्धारित प्रदर्शन मानकों में से 60 स्कोर प्राप्त किया हो। 2. मिनीरत्न-1 का दर्जा प्राप्त हो।	विगत 3 वर्षों में लगातार लाभ या विगत 3 वर्षों में औसत लाभ 30 करोड़।	विगत 3 वर्षों तक लगातार लाभ तथा सकारात्मक प्रदर्शन।
2.	निवेश लाभ	किसी परियोजना में निवेश हेतु 1000-5000 करोड़ रुपए की अथवा अपनी परिसंपत्ति की 15% की छूट।	एकल परियोजना में 1000 करोड़ रुपए परिसंपत्ति की 15% तक निवेश छूट।	500 करोड़ रुपए तक या अपनी परिसंपत्ति के बराबर निवेश छूट, जो भी कम हो।	300 करोड़ रुपए तक या अपनी परिसंपत्ति की 50% छूट।
3.	संख्या	11 कंपनियाँ	13 कंपनियाँ	61 कंपनियाँ	12 कंपनियाँ

11 महारत्न कंपनियाँ				
क्र.	कंपनी	स्थापना	दर्जा	मुख्यालय
1.	इंडियन ऑयल कार्पोरेशन लिमिटेड	1964	2010	नई दिल्ली
2.	नेशनल थर्मल पॉवर कार्पोरेशन	1975	2010	नई दिल्ली
3.	ऑयल एंड नेचुरल गैस कार्पोरेशन	1956	2010	देहरादून
4.	स्टील अथोरिटी ऑफ इंडियन लिमिटेड	1973	2010	नई दिल्ली
5.	कोल इंडिया लिमिटेड	1975	2011	नई दिल्ली
6.	भारत हैवी इलेक्ट्रॉनिक्स लिमिटेड	1964	2013	नई दिल्ली
7.	गैस अथोरिटी ऑफ इंडिया लिमिटेड	1984	2013	नई दिल्ली
8.	भारत पेट्रोलियम कार्पोरेशन लिमिटेड	1977	2017	मुंबई
9.	पावर ग्रिड कार्पोरेशन लिमिटेड	1989	2019	गुरुग्राम (गुड़गाँव)
10.	हिन्दुस्तान पेट्रोलियम कार्पोरेशन लिमिटेड	1974	2019	मुंबई
11.	पावर फाइनेंस कार्पोरेशन	1986	2021	नई दिल्ली

13 नवरत्न कंपनियाँ		
क्र.	कंपनी	स्थापना
1.	महानगर टेलीफोन निगम लिमिटेड (MTNL)	1986
2.	भारत इलेक्ट्रॉनिक्स लिमिटेड (BEL)	1954
3.	हिन्दुस्तान एयरोनॉटिक्स लिमिटेड (HAL)	1940
4.	राष्ट्रीय खनिज विकास निगम (NMDC)	1958
5.	ग्रामीण विद्युतीकरण निगम लिमिटेड (RECL)	1969
6.	नेशनल एल्युमीनियम कंपनी (NALCO)	1981
7.	भारतीय नौवहन निगम (SCI)	1961
8.	नेवेली लिग्नाइट कार्पोरेशन लिमिटेड (NLC)	1956
9.	ऑयल इंडिया लिमिटेड (OIL)	1959
10.	राष्ट्रीय इस्पात निगम लिमिटेड (RINL)	1982
11.	इंजीनियर्स इंडिया लिमिटेड (EIL)	1965
12.	कंटेनर कार्पोरेशन निगम लिमिटेड (CCIL)	1988
13.	राष्ट्रीय भवन निर्माण कार्पोरेशन लिमिटेड (NBCC)	1960

OOO

18 भारत में परिवहन प्रणाली

- परिवहन प्रणाली किसी भी देश में मनुष्य की गतिशीलता और माल ढुलाई संबंधी मूल आवश्यकताओं को पूरा करने के लिए एक संगठित उद्योग की भाँति कार्य करती है। किसी देश की परिवहन प्रणाली कई कारणों से उसके विकास में अहम भूमिका निभाती है।
- एक अच्छी परिवहन प्रणाली उद्योगों तक कच्चे माल, ईंधन और मशीनरी आदि की आवाजाही को आसान बनाती है और तैयार माल को देश के बाजारों तक पहुँचाकर बाजार का विस्तार भी करती है।
- परिवहन सुविधाओं के बढ़ने के साथ ऑटो मोबाइल, लोकोमोटिव, जहाजों आदि की माँग भी बढ़ती है, जिससे इन उद्योगों का तेजी से विकास होता है। परिवहन और व्यापार एक-दूसरे के पूरक हैं। आधुनिक अर्थव्यवस्था के संचालन, तीव्र सामाजिक आर्थिक विकास के साथ-साथ देश के प्रतिरक्षा को मजबूत बनाने के लिए भी सघन परिवहन प्रणाली की आवश्यकता होती है।
- जिन क्षेत्रों में परिवहन सुविधाओं का विकास होता है वहाँ साक्षरता दर में भी वृद्धि देखी जाती है, जिससे क्षेत्र के समग्र विकास को बल मिलता है।
- परिवहन व्यवस्था के चार अंग हैं- सड़क परिवहन, रेल परिवहन, जल परिवहन तथा वायु परिवहन। इन चारों परिवहन माध्यमों की अपनी खूबियाँ और कमियाँ हैं और ये परस्पर प्रतिस्पर्धा करते रहते हैं। इनमें से जल परिवहन आवागमन एवं माल ढुलाई का सबसे प्राचीन माध्यम रहा है, जबकि हवाई परिवहन नवीनतम माध्यम है।

सड़क परिवहन (Road Transport)

- देश के आर्थिक एवं सामाजिक विकास में सड़क परिवहन एक महत्त्वपूर्ण अवसंरचना है।
- यह विकास की गति, संरचना और उसके पैटर्न को प्रभावित करता है। इसके अंतर्गत राष्ट्रीय राजमार्ग, एक्सप्रेसवे, राज्य राजमार्ग, जिला सड़कें और ग्राम सड़कें शामिल हैं।
- चाहे देश के पहाड़ी इलाके हों या दूर-दराज के क्षेत्र हों, सड़क परिवहन इन सभी क्षेत्रों की आबादी को देश के विकसित हिस्सों से जोड़ने का प्रमुख माध्यम है। सामान, माल अथवा संसाधनों के परिवहन की बात हो या लोगों को एक स्थान से दूसरे स्थान तक ले जाने की बात हो, सड़क नेटवर्क के बिना आज भी परिवहन की कल्पना नहीं की जा सकती।
- सड़क नेटवर्क परिवहन के दूसरे साधनों- रेलवे, पोत परिवहन और हवाई यातायात के लिए भी एक फीडर सेवा के रूप में भी कार्य करता है यानी सड़क परिवहन के माध्यम से ही हम अन्य परिवहन सुविधाओं तक पहुँच पाते हैं।
- भारतीय सड़क नेटवर्क विश्व के विशालतम सड़क नेटवर्क में से एक है। लगभग 6371847 लाख किमी. लंबाई (वार्षिक रिपोर्ट- 2021-22) के साथ भारत का सड़क नेटवर्क विश्व में संयुक्त राज्य अमेरिका के बाद दूसरा सबसे बड़ा सड़क नेटवर्क है। भारतीय सड़क नेटवर्क प्रतिवर्ष लगभग 9 अरब यात्रियों और 980 मिलियन टन से अधिक माल (कार्गो) का परिवहन करता है। भारत में सड़क परिवहन का अत्यधिक महत्त्व है, क्योंकि वर्तमान में 65% माल ढुलाई तथा 87% यात्री परिवहन में सड़क अवसंरचना का प्रयोग किया जाता है।
- भारत में सड़कों की सर्वाधिक लम्बाई वाले राज्य महाराष्ट्र, उत्तर प्रदेश और राजस्थान हैं। यहाँ सड़कों की लम्बाई में राष्ट्रीय राजमार्ग, प्रांतीय राजमार्ग, जिला सड़कें एवं ग्रामीण सड़कें शामिल हैं।

1943 की **नागपुर योजना** के अनुसार निर्माण एवं रख-रखाव के उद्देश्य से भारतीय सड़कों को चार वर्गों में विभाजित किया गया है-

(i) राष्ट्रीय राजमार्ग (National Highways)
(ii) राज्य राजमार्ग (State Highways)
(iii) जिला सड़क (District Roads)
(iv) ग्रामीण सड़क (Rural Roads)

सड़क नेटवर्क (अनंतिम) का कुल विस्तार (स्रोत: वार्षिक रिपोर्ट 2021-22)	
राष्ट्रीय राजमार्ग/एक्सप्रेसवे	1,40,995 किमी.
राज्य राजमार्ग	1,71,039 किमी.
अन्य सड़कें	**60,59,813 किमी.**

i. जिला सड़कें	6,33,383 किमी.
ii. ग्रामीण सड़कें	45,41,631 किमी.
iii. शहरी सड़कें	5,41,636 किमी.
iv. परियोजना सड़कें	3,43,163 किमी.
कुल योग	**63,71,847 किमी.**

राष्ट्रीय राजमार्ग (National Highways)

- ऐसी सड़कें जो एक से अधिक राज्यों से होकर गुजरती हैं तथा जिनके निर्माण, प्रबंधन एवं रख-रखाव की जिम्मेदारी **भारत सरकार** की होती है, उन्हें **राष्ट्रीय राजमार्ग** कहते हैं।
- ये देश की सबसे लंबी सड़कें होती हैं जो राज्यों की राजधानियों, प्रमुख महानगरों एवं बंदरगाहों तथा रेलवे जंक्शनों को जोड़ती हैं।
- अंतर्राज्यीय परिवहन के अलावा **महत्त्वपूर्ण सामरिक क्षेत्रों** तक सैन्य आवागमन के लिए भी राष्ट्रीय राजमार्गों का प्रयोग किया जाता है।

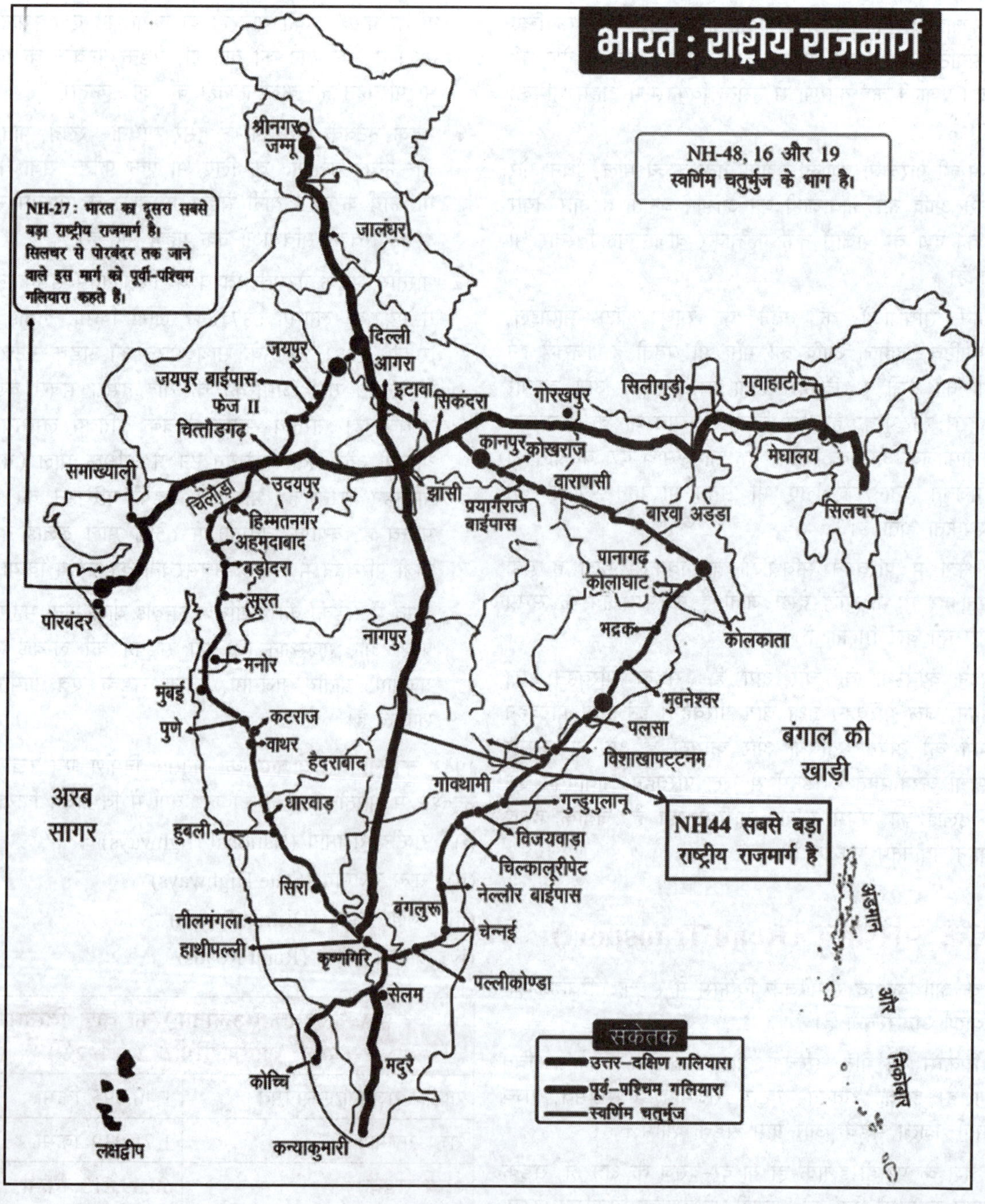

सड़क परिवहन और राजमार्ग मंत्रालय

- 'सड़क परिवहन और राजमार्ग मंत्रालय' का गठन वर्ष 2009 में किया गया था। इसका गठन तत्कालीन **जहाजरानी, सड़क परिवहन** और **राजमार्ग मंत्रालय** को दो स्वतंत्र मंत्रालयों, 'सड़क परिवहन और राजमार्ग मंत्रालय' तथा 'जहाजरानी मंत्रालय' में विभाजित करके किया गया था।
- राष्ट्रीय राजमार्गों (NH) के निर्माण और रख-रखाव के साथ-साथ पड़ोसी देशों के साथ वाहनों के आवागमन की व्यवस्था करना और सड़क परिवहन और मोटर वाहन के मानदंडों से संबंधित व्यापक नीतियाँ बनाना भी **सड़क परिवहन एवं राजमार्ग मंत्रालय** के कार्यों और दायित्वों में शामिल है।
- इसके अलावा यह मंत्रालय निम्नलिखित कानूनों का प्रशासन एवं क्रियान्वयन भी करता है-
  - राष्ट्रीय राजमार्ग अधिनियम, 1956
  - भारतीय राष्ट्रीय राजमार्ग प्राधिकरण अधिनियम, 1988
  - राष्ट्रीय राजमार्ग शुल्क (दरों और संग्रह का निर्धारण) नियम, 2008
  - मोटर वाहन अधिनियम, 1988 और
  - केंद्रीय मोटर वाहन नियम, 1989

- भारत सरकार की तरफ से राजमार्गों का नियंत्रण **केंद्रीय लोक निर्माण विभाग (CPWD)** द्वारा किया जाता है।
- राष्ट्रीय राजमार्गों के निर्माण और प्रचालन का दायित्व **भारतीय राष्ट्रीय राजमार्ग प्राधिकरण (NHAI)** को सौंपा गया है। NHAI की स्थापना राष्ट्रीय राजमार्ग अधिनियम, 1988 के तहत 1995 में की गई थी। यह भारत सरकार के सड़क परिवहन और राजमार्ग मंत्रालय के अधीन एक स्वायत्तशासी संस्था है। राष्ट्रीय राजमार्गों की **गुणवत्ता में निरंतर सुधार** के लिए भी भारतीय राष्ट्रीय राजमार्ग प्राधिकरण एक शीर्ष निकाय है।
- सड़क परिवहन एवं राजमार्ग मंत्रालय की वार्षिक रिपोर्ट 2021-22 के अनुसार भारत में राष्ट्रीय राजमार्गों की कुल लंबाई लगभग **1,40,595 किमी.** हो गई है। राष्ट्रीय राजमार्ग भारत के कुल सड़क नेटवर्क (लंबाई) का केवल **2.7%** ही है। लेकिन इनके द्वारा देश के कुल सड़क यातायात का लगभग **40%** भाग कवर किया जाता है।
- देश में राष्ट्रीय राजमार्गों की सर्वाधिक लंबाई क्रमशः **महाराष्ट्र (18459 किमी.), उत्तर प्रदेश** एवं **मध्य प्रदेश** में विकसित की गई है। गोवा में राष्ट्रीय राजमार्ग की लंबाई केवल 293 किमी. है, जोकि सबसे कम है।
- केंद्रशासित प्रदेशों में राष्ट्रीय राजमार्गों की सर्वाधिक लंबाई **अंडमान एवं निकोबार द्वीप समूह** (331 किमी.) में है।

NH	विवरण
NH-1	उरी (जम्मू व कश्मीर), लेह (लद्दाख), वारामूला, श्रीनगर, कारगिल। (NH-1A व NH-1D)
NH-2	**असम के डिब्रूगढ़ से मिजोरम स्थित तुइपांग तक।** डिब्रूगढ़ (असम) - सिबसागर (असम) - कोहिमा (नागालैण्ड) - इम्फाल (मणिपुर) - सीलिंग (मिजोरम) - तुइपांग (मिजोरम)
NH-3	**पंजाब के अटारी से लेह लद्दाख शहर तक।** अटारी (भारत-पाक सीमा) - अमृतसर - जालंधर (पंजाब) - मंडी - कुल्लू - मनाली - केलाँग घाटी (हिमाचल प्रदेश) - लेह (लद्दाख)
NH-4	**अंडमान द्वीप समूह में।** मायाबंदर (मध्य अंडमान) - चिड़ियाटापू (दक्षिण अंडमान) - पोर्टब्लेयर (दक्षिण अंडमान) (पूर्व NH-223)
NH-5	**पंजाब के फिरोजपुर से प्रारम्भ होकर शिपकी-ला दर्रे (हिमाचल-तिब्बत सीमा) तक जाता है।** फिरोजपुर (पंजाब) - मोगा - लुध्यिाना (पंजाब) - चंडीगढ़ - कालका (हरियाणा) - सोलन - शिमला - शिपकी-ला (भारत-तिब्बत सीमा हिमाचल प्रदेश)
NH-6	यह असम, मेघालय तथा मिजोरम राज्यों को जोड़ता है और जोराबाट (असम) से शुरू होकर जोखाट्टार (मिजोरम) तक जाता है।
NH-7	**भारत-पाकिस्तान सीमा पर पंजाब के फजिल्का से माना दर्रा (उत्तराखण्ड) तक।** फजिल्का (भारत-पाक सीमा पंजाब) - भटिंडा - पटियाला (पंजाब) - पंचकुला - पोंटा साहिब (हिमाचल प्रदेश) - देहरादून - ऋषिकेश - बद्रीनाथ - माना (उत्तराखंड)
NH-8	यह राष्ट्रीय राजमार्ग असम के करीमगंज से भारत-बांग्लादेश सीमा पर सबरुम (त्रिपुरा) तक जाता है। पहले इसका नाम NH-44 था।
NH-9	पंजाब के मलोट से पिथौरागढ़ (उत्तराखंड) तक।
NH-10	सिक्किम के गंगटोक से भारत-बांग्लादेश सीमा पर स्थित सिलीगुड़ी (चिकेन नेक) तक। सिलीगुड़ी से गंगटोक तक जाने वाली NH-10 एकमात्र सड़क है, जो सिक्किम राज्य को देश के बाकी हिस्सों से जोड़ती है। पहले इसे ही NH-31 के नाम से जाना जाता था।
NH-11	यह हरियाणा के रेवाड़ी से प्रारम्भ होकर पश्चिमी राजस्थान के झुंझनू, बीकानेर और जैसलमेर जिलों को जोड़ती है।
NH-13	अरुणाचल प्रदेश में तवांग से वाक्रो तक जाती है।
NH-16	यह कोलकाता को चेन्नई से जोड़ती है। पहले इसे NH-5 कहा जाता था। कोलकाता (पश्चिम बंगाल) - खड़गपुर (पश्चिम बंगाल) - भुवनेश्वर (ओडिशा) - राजमुंदरी - विजयवाड़ा - नेल्लोर (आंध्र प्रदेश) - चेन्नई (तमिलनाडु)

NH-19	दिल्ली से कोलकाता तक जाती है। (पूर्व NH-2)
NH-17	पोरबंदर (गुजरात) से सिल्चर (असम) तक जाती है। (इसे पूर्व-पश्चिम गलियारा भी कहते हैं।)
NH-30	सितारगंज (उत्तराखंड) से कोंडापल्ली (आंध्र प्रदेश) तक जाती है।
NH-34	गंगोत्री धाम से सिवनी (मध्य प्रदेश) तक जाती है।
NH-44	श्रीनगर से कन्याकुमारी तक जाने वाला यह देश का सबसे लम्बा राष्ट्रीय राजमार्ग है। पूर्व में NH-7, NH-1, 2, 3, 1 A इसी के भाग थे।
NH-48	यह दिल्ली से मुंबई होते हुए चेन्नई तक जाती है। (पूर्व NH-3, NH-4, NH-8)
NH-52	यह पंजाब के संगरूर से कर्नाटक के अंकोला तक जाती है। यह पंजाब, हरियाणा, राजस्थान, मध्य प्रदेश, महाराष्ट्र और कर्नाटक राज्यों को जोड़ती है।
NH-66	पनवेल (नवी मुंबई) से कन्याकुमारी तक (पूर्व NH-17, NH-47)
NH-129	नुमालीगढ़ (असम) से दीमापुर (नागालैण्ड) (पूर्व NH-39)
NH-134	धरासू से यमुनोत्री तक (उत्तराखंड) (पूर्व NH-94)

राष्ट्रीय राजमार्गों के नाम में परिवर्तन

केंद्र सरकार द्वारा राष्ट्रीय राजमार्गों की पुरानी संख्या को परिवर्तित कर दिया गया और नई संख्या के लिए वैज्ञानिक विधि का उपयोग किया गया है–

a. सभी उत्तर-दक्षिण दिशा वाले राजमार्गों के लिए **सम संख्या** का प्रयोग किया गया जैसे वाराणसी को कन्याकुमारी से जोड़ने वाला **NH-7** का नाम परिवर्तित करके **NH-44** कर दिया गया।

b. उत्तर-दक्षिण दिशा वाले राजमार्गों की संख्या का निधरिण पूर्व से पश्चिम की ओर क्रमशः बढ़ते हुए क्रम में किया जाता है, दूसरे शब्दों में **उच्च देशांतर** के लिए छोटी संख्या और निम्न देशांतर के लिए बड़ी संख्या का उपयोग किया जाता है। उदाहरण के लिए भारत के उत्तर-पूर्वी राज्यों (उच्च देशांतर) में **NH-2** स्थित है, जबकि उत्तर-पश्चिम राज्यों (निम्न देशांतर) में **NH-68** स्थित है।

c. सभी पूर्व पश्चिम दिशा वाले राजमार्गों के लिए **विषम संख्या** का प्रयोग किया जाता है। जैसे कोलकाता को हजीरा से जोड़ने वाला **NH-6** अव हजीरा से देवगढ़ **NH-53** के नाम से जाना जाएगा।

d. पूर्व-पश्चिम वाले राजमार्गों की संख्या का निर्धारण उत्तर से दक्षिण की ओर क्रमशः बढ़ते हुए क्रम में किया जाता है दूसरे शब्दों में **उच्च अक्षांश** के लिए छोटी संख्या तथा **निम्न अक्षांश** के लिए बड़ी संख्या का उपयोग किया जाता है। उदाहरण के लिए जम्मू कश्मीर (उच्च अक्षांश) में **NH-1** स्थित है। जबकि तमिलनाडु (निम्न अक्षांश) में **NH-87** स्थित है।

e. सभी प्रमुख राजमार्गों के लिए एक अंक या दो अंकों की संख्या का उपयोग किया जाता है। मुख्य राजमार्गों की सहायक या उपशाखा मार्ग हेतु तीन अंकों वाली संख्या का प्रयोग किया जाता है, जिसमें पहला अंक शाखा मार्ग के लिए प्रयुक्त होता है। जैसे **NH-248, NH-148** (यहाँ यह मुख्य राजमार्ग 48 का शाखा राजमार्ग **NH-248** एवं **NH-148** है) शाखा राजमार्ग के तीन अंकों में यदि पहला अंक विषम है तो यह माना जाएगा कि वह सड़क पूर्व-पश्चिम दिशा में स्थित है और यदि पहला अंक सम संख्या है तो ऐसा माना जाता है कि वह सड़क उत्तर-दक्षिण दिशा में स्थित है।

सहायक राजमार्गों का भी कोई उप राजमार्ग है तो उसके लिए अंग्रेजी के कैपिटल लेटर (A, B, C, D) का प्रयोग किया जाता है। उदाहरण के लिए NH-148A, NH-148B आदि।

राष्ट्रीय राजमार्ग विकास परियोजना (National Highways Development Project)

भारतीय राष्ट्रीय राजमार्ग प्राधिकरण (NHAI) द्वारा वर्ष 1998 में **राष्ट्रीय राजमार्ग विकास परियोजना (NHDP)** प्रारम्भ की गई, जिसके अंतर्गत बड़े पैमाने पर राष्ट्रीय राजमार्गों की गुणवत्ता में सुधार करने, प्रमुख महानगरों को आपस में जोड़ने तथा उन्हें चौड़ा करके 4 या 6 पथों (Lanes) में परिवर्तित करने का कार्यक्रम शुरू किया गया।

NHDP द्वारा राष्ट्रीय राजमार्गों का विकास अब तक कुल 7 चरणों के अंतर्गत किया गया है, जो इस प्रकार हैं–

चरण	लक्ष्य
पहला	स्वर्णिम चतुर्भुज सड़क मार्ग का निर्माण (5846 किमी.)।
दूसरा	उत्तर-दक्षिण एवं पूर्व-पश्चिम गलियारा का निर्माण (7142 किमी.)।
तीसरा	बनाओ, चलाओ और हस्तांतरित करो (Built Operate and Transfers. -BOT) के आधार पर चार/छह लेन वाली सड़कों में परिवर्तन (6835 किमी.)।

चौथा	चार/छह लेनों वाली सड़कों में परिवर्तन के साथ उनके पक्के किनारों का निर्माण (2054 किमी.)।
पाँचवाँ	लंबे राष्ट्रीय राजमार्गों (6500 किमी.) को चार/छह लेनों वाली सड़कों में बदलना (2359 किमी.)।
छठा	1000 किमी. लंबे एक्सप्रेसवे का निर्माण करना।
सातवाँ	राष्ट्रीय राजमार्गों पर यातायात समस्या के निपटान के लिए फ्लाईओवर, रिंगरोड, बाईपास आदि का निर्माण कार्य (20 किमी.)।
कोष्ठक में दिए गए आँकड़े पूर्ण किए गए कार्य को दर्शा रहे हैं।	

स्वर्णिम चतुर्भुज परियोजना (Golden Quadrilateral Project)

- 1998 में प्रारंभ राष्ट्रीय राजमार्ग विकास परियोजना (NHDP) के प्रथम चरण के अंतर्गत देश के चार बड़े महानगरों **दिल्ली-कोलकाता-चेन्नई-मुंबई** को जोड़ने के लिए स्वर्णिम चतुर्भुज योजना की शुरुआत की गई।
- इसके अंतर्गत चारों महानगरों को जोड़ने के लिए 5846 किमी. लंबे 6 लेन वाले गलियारे का निर्माण किया गया।
- स्वर्णिम चतुर्भुज के निर्माण से इन चारों महानगरों के बीच यातायात में समय, दूरी और लागत तीनों में कमी आई है।

स्वर्णिम चतुर्भुज सड़क मार्ग की चारों भुजाएँ		
चेन्नई से कोलकाता	–	1684 किमी.
दिल्ली से कोलकाता	–	1453 किमी.
दिल्ली से मुंबई	–	1419 किमी.
मुंबई से चेन्नई	–	1290 किमी.

उत्तर-दक्षिण तथा पूर्व-पश्चिम गलियारा (North South and East West Corridor)

- राष्ट्रीय राजमार्ग विकास परियोजना (NHDP) के दूसरे चरण में **श्रीनगर को कन्याकुमारी** से (उत्तर-दक्षिण गलियारा) और **पोरबंदर को सिल्चर** से (पूर्व-पश्चिम गलियारा) जोड़ने वाले 7300 किमी. लंबे चार/छह लेन वाले राजमार्गों का निर्माण शामिल है।
- इनमें से श्रीनगर से कन्याकुमारी तक जाने वाले उत्तर-दक्षिण गलियारे की लंबाई 4000 किमी. है जबकि पूर्व-पश्चिम गलियारे (सिल्चर से पोरबंदर) की लंबाई 3300 किमी. है। देश के 12 राज्यों से गुजरने वाले इन दोनों गलियारों के निर्माण में कुल 35,000 करोड़ रुपए की लागत आएगी।
- ये दोनों गलियारे एक-दूसरे से झाँसी (उत्तर प्रदेश) में मिलते हैं।
- स्वर्णिम चतुर्भुज के जाल का विस्तार करना और देश के अंदरूनी क्षेत्रों से बंदरगाहों तक पहुँच सुनिश्चित करना इस गलियारा का प्रमुख उद्देश्य है। साथ ही यह सुनिश्चित करना कि यह गलियारा प्रमुख औद्योगिक, वाणिज्य और सांस्कृतिक केंद्रों को जोड़ता हो।
- **NHDP तृतीय चरण**- राष्ट्रीय राजमार्ग विकास परियोजना के तीसरे चरण में बनाओ, चलाओ और हस्तांतरित करो के आधार पर 12109 किमी. लंबे 4 लेन राष्ट्रीय राजमार्गों का निर्माण राज्यों की कनेक्टिविटी को ध्यान में रखते हुए करना है।
- **NHDP चतुर्थ चरण**- यह मुख्य रूप से उन राजमार्गों को चौड़ा करने पर केंद्रित है, जो NHDP 1, 2 या 3 का हिस्सा नहीं है। इसके अंतर्गत मौजूदा 20000 किमी. लंबे सिंगल-लेन राजमार्गों को 2 लेन वाले राजमार्गों में परिवर्तित किया जाना है।
- **NHDP पंचम चरण**- पाँचवें चरण में 6500 किमी. लंबे 4 लेन राजमार्गों को 6 लेन में अपग्रेड करने की योजना बनाई गई है।
- **NHDP छठा चरण**- इसके अंतर्गत देश के प्रमुख औद्योगिक नगरों को जोड़ने वाले 1000 किमी. लंबे एक्सप्रेसवे निर्माण की योजना बनाई गई।
- **NHDP सातवाँ चरण**- सातवें चरण में प्रमुख नगरों को राष्ट्रीय राजमार्गों से जोड़ने के लिए रिंग रोड, बाईपास, फ्लाईओवर के निर्माण की योजना है।
- NHDP के अंतर्गत ही **प्रधानमंत्री भारत जोड़ो परियोजना** (2004) और प्रधानमंत्री ग्राम सड़क योजना (2000) भी शामिल हैं। वर्ष 2018 में इन दोनों परियोजनाओं को समाप्त करके भारत माला परियोजना में शामिल कर लिया गया है।

अटल टनल (रोहतांग परियोजना)

- मनाली-लेह राजमार्ग पर पूर्वी पीरपंजाल श्रेणी को काटकर **रोहतांग दर्रे के नीचे अटल टनल** का निर्माण किया गया है। इस टनल की लंबाई 9.02 किमी. है।
- इस परियोजना की सैद्धांतिक मंजूरी वर्ष 2000 में ही दी गई थी। जबकि इस टनल का निर्माण कार्य वर्ष 2010 से 2020 के मध्य संपन्न हुआ।
- पूर्वी पीरपंजाल श्रेणी के दक्षिण में स्थित मनाली (कुल्लू घाटी) को श्रेणी के उत्तर में स्थित लाहौल-स्पीति घाटी से वर्ष भर जोड़े रखने वाली इस सुरंग का निर्माण रोहतांग दर्रे के नीचे किया गया है।
- 10,171 फीट की ऊँचाई पर स्थित यह सुरंग विश्व की सबसे लंबी राजमार्ग सुरंग (World's Longest Highway Tunnel) है। फरवरी 2022 में इसे गिनीज वर्ल्ड रिकॉर्ड में शामिल किया गया।

भूपेन हजारिका सेतु

- मई 2017 में प्रधानमंत्री ने असम में ब्रह्मपुत्र की सहायक लोहित नदी पर निर्मित भूपेन हजारिका सेतु (ढोला-सादिया पुल) राष्ट्र को समर्पित किया।
- यह भारत का सबसे लंबा नदी सेतु (9.15 किमी.) है, जो अरुणाचल प्रदेश के ढोला शहर को असम के सदिया से जोड़ता है। इस नदी सेतु से पूर्वोत्तर भारत में निवेश और औद्योगिक विकास को बढ़ाने में मदद मिलेगी।

अटल सेतु

- मुंबई ट्रांस हार्बर लिंक, जिसे अटल सेतु भी कहा जाता है भारत का सबसे लंबा 6 लेन वाला समुद्री पुल है, जो 21.8 किमी. की दूरी तय करता है, जिसमें से 16.5 किमी. समुद्र के ऊपर (सी लिंक) है।
- यह मुंबई को इसके उपग्रह नगर नवी मुंबई से जोड़ता है। 12 जनवरी, 2024 को प्रधानमंत्री नरेंद्र मोदी द्वारा इसका उद्घाटन किया गया।

राज्य राजमार्ग (State Highways)

- राज्य राजमार्ग का निर्माण राज्यों द्वारा जिला मुख्यालयों को **राज्य की राजधानी** से जोड़ने के लिए किया ज़ाता है। इन सड़कों का निर्माण एवं प्रबंधन राज्य सरकार के अंतर्गत **राज्य लोक निर्माण विभाग (SPWD)** द्वारा किया जाता है।
- ये सड़कें एक राज्य तक सीमित होती हैं और प्रमुख राष्ट्रीय राजमार्गों से जुड़ी रहती हैं।
- वर्ष 2021-22 के आँकड़ों के अनुसार देश में राज्य राजमार्गों की कुल लंबाई लगभग **1,71,039 किमी.** है, जोकि देश के कुल सड़क नेटवर्क का लगभग **4%** है।
- देश में राज्य राजमार्गों की सर्वाधिक लंबाई **महाराष्ट्र** में है और इसके बाद क्रमशः कर्नाटक एवं गुजरात में है।

जिला सड़कें (District Road)

- ये सड़कें एक जिले तक सीमित होती हैं और **जिला मुख्यालय** को जिले के तहसील और ब्लॉक से जोड़ने का काम करती हैं।
- इन सड़कों के निर्माण और प्रबंधन का दायित्व जिला परिषद् तथा लोक निर्माण विभाग का होता है।
- देश में जिला सड़कों की कुल लंबाई लगभग 633383 किमी. है और देश के कुल सड़क नेटवर्क का लगभग **14% भाग** जिला सड़कों के अंतर्गत आता है।

ग्रामीण सड़कें (Rural Roads)

- देश में सड़क मार्गों की कुल लंबाई का लगभग 80% भाग ग्रामीण सड़कों के अंतर्गत शामिल है।
- उच्चावच के प्रभाव के कारण देश के पर्वतीय क्षेत्रों, पठारी भागों तथा मैदानी भागों में ग्रामीण सड़कों के जाल में प्रादेशिक विषमता पाई जाती है।
- देश में ग्रामीण सड़कों की सर्वाधिक लंबाई वाले राज्य क्रमशः **महाराष्ट्र** और **उत्तर प्रदेश** हैं।

प्रधानमंत्री ग्रामीण सड़क योजना (PMGSY)

- वर्ष 2000 में प्रधानमंत्री ग्राम सड़क योजना के अंतर्गत ग्रामीण सड़कों का तेजी से विकास प्रारंभ किया गया।
- PMGSY शत-प्रतिशत केंद्र प्रायोजित परियोजना थी। बाद में इस योजना को वर्ष 2005 में प्रारंभ **भारत निर्माण कार्यक्रम** के 6 घटकों में शामिल कर दिया गया था।
- प्रधानमंत्री ग्राम सड़क परियोजना का उद्देश्य मैदानी क्षेत्रों में कम-से-कम 1000 की आबादी वाले गाँवों को और पहाड़ी एवं जनजातीय क्षेत्रों में कम-से-कम 500 की आबादी वाले गाँव को बारहमासी सड़कों से जोड़ना था।

देश में सड़क घनत्व

- किसी क्षेत्र में सड़क घनत्व मापने के लिए प्रति सौ वर्ग किमी. क्षेत्र में सड़कों की लंबाई ज्ञात की जाती है।
- उत्तर भारत के मैदानी राज्यों और दक्षिण भारत में अधिक नगरीय जनसंख्या वाले राज्यों में सड़कों का घनत्व अधिक पाया जाता है जबकि जटिल उच्चावच और विरल जनसंख्या बसाव के कारण हिमालय के पर्वतीय क्षेत्रों, पूर्वोत्तर भारत और राजस्थान में सड़कों का घनत्व अपेक्षाकृत निम्न हैं।
- देश में सर्वाधिक सड़क घनत्व वाला राज्य **केरल** है। यहाँ 1 हजार वर्ग किमी. क्षेत्रफल में सड़कों की लंबाई 5268 किमी. है।
- जबकि केंद्रशासित प्रदेशों में सर्वाधिक सड़क घनत्व **दिल्ली** में पाया जाता है। यहाँ प्रति हजार वर्ग किमी. क्षेत्रफल में सड़कों की लंबाई लगभग 29000 किमी. है।

सीमा सड़क संगठन (Border Roads Organisation)

- भारत की सीमाओं को सुरक्षित करने के उद्देश्य से उत्तरी सीमाओं और पूर्वोत्तर राज्यों के सीमावर्ती इलाकों में बुनियादी ढाँचे के विकास के लिए 7 मई, 1960 को बीआरओ (BRO) का गठन किया गया था।

- सीमा सड़क संगठन (BRO) भारत सरकार के रक्षा मंत्रालय के अंतर्गत एक वैधानिक निकाय है, जिसे भारत के सीमावर्ती क्षेत्रों और मित्र पड़ोसी देशों में प्रतिकूल परिस्थितियों का सामना करते हुए सड़क मार्गों, पुलों, सुरंगों, हेलीपैड और हवाई पट्टियों के निर्माण का काम सौंपा गया है। बीआरओ (BRO) अपने सड़क नेटवर्क के रख-रखाव के लिए भी उत्तरदायी है।
- इसमें देश के 19 राज्यों और तीन केंद्रशासित प्रदेशों (अंडमान और निकोबार द्वीप समूह सहित) और भूटान, अफगानिस्तान, म्यांमार, ताजिकिस्तान और श्रीलंका जैसे पड़ोसी देशों में बुनियादी ढाँचे का निर्माण शामिल हैं।
- 2022 तक बीआरओ ने 55,000 किमी. से अधिक सड़कें, 44 किमी. से अधिक की कुल लंबाई वाले 450 से अधिक स्थायी पुल और रणनीतिक स्थानों पर 19 हवाई पट्टियों का निर्माण किया था।
- कई स्थानों पर भूस्खलन, हिमस्खलन और बर्फबारी के कारण मार्ग अवरुद्ध हो जाते हैं और उन्हें यथाशीघ्र साफ करने का उत्तरदायित्व भी बीआरओ का है।

भारत माला परियोजना

- भारतमाला परियोजना (Bharatmala Project) एक राष्ट्रीय राजमार्ग विकास परियोजना है, जिसे सड़क परिवहन और राजमार्ग मंत्रालय द्वारा वर्ष 2017-18 से चलाया जा रहा है।
- इसके अंतर्गत **राष्ट्रीय राजमार्ग विकास परियोजना (NHDP)** सहित मौजूदा सभी राजमार्ग परियोजनाओं को समाहित करके नई परियोजनाओं को भी शामिल किया गया है।
- इसके तहत नए राजमार्ग के अलावा उन परियोजनाओं को भी पूरा किया जाएगा, जो अब तक अधूरे हैं।
- इसके अंतर्गत मुख्य आर्थिक कॉरिडोर राष्ट्रीय राजमार्ग, सीमा सड़क, तटवर्ती सड़क, बंदरगाह संपर्क सड़क, एक्सप्रेसवे और राष्ट्रीय गलियारों (नेशनल कॉरिडोर्स) को ज्यादा बेहतर बनाना और राष्ट्रीय गलियारों को विकसित करना भी शामिल है। इसमें सीमा और अंतरराष्ट्रीय संयोजकता वाली विकास परियोजना को भी शामिल किया गया है।

सेतु भारतम् परियोजना

- सड़क परिवहन और राजमार्ग मंत्रालय द्वारा वर्ष 2016 में प्रारंभ की गई इस परियोजना के अंतर्गत राष्ट्रीय राजमार्गों को सुरक्षित बनाने के उद्देश्य से इन्हें **रेलवे क्रॉसिंग से मुक्त** करना है।
- राष्ट्रीय राजमार्गों पर जहाँ रेलवे क्रॉसिंग हैं, वहाँ **रेलवे ओवरब्रिज या रेलवे अंडरब्रिज** बनाकर सड़क परिवहन में आने वाली रुकावटों को समाप्त किया जाएगा। इसके अंतर्गत लगभग 208 रेलवे क्रॉसिंग को चिह्नित किया गया है।

राष्ट्रीय राजमार्गः विशिष्ट तथ्य

- **राष्ट्रीय राजमार्ग 19-** NH-2* का नाम परिवर्तित करके NH-19 कर दिया गया है। NH-19 दिल्ली, आगरा, कानपुर, प्रयागराज, वाराणसी, पटना, आसनसोल एवं कोलकाता से होकर गुजरता है। यह मध्यकालीन जी.टी. (G.T.) रोड का ही एक भाग है। वर्तमान में यह भारत का सबसे व्यस्त राष्ट्रीय राजमार्ग है।
- NH-19 उत्तर प्रदेश से गुजरने वाला सबसे लंबा राष्ट्रीय राजमार्ग भी है।
- शेरशाह सूरी के काल में निर्मित कोलकाता से पेशावर तक जाने वाले शाही राजमार्ग को ब्रिटिश काल में ग्रैंड ट्रंक रोड (GT Road) नाम दिया गया था। NH-44 (पूर्व में दिल्ली से श्रीनगर NH(1) तथा NH-19 (पूर्व में NH-2) GT रोड के ही भाग हैं।
- **राष्ट्रीय राजमार्ग 44-** NH-44 भारत का सबसे लम्बा राष्ट्रीय राजमार्ग है। इसकी लंबाई 3745 किमी. है और यह उत्तर में **श्रीनगर** से प्रारंभ होकर दक्षिण में **कन्याकुमारी** में समाप्त होता है।
- NH-44 भारत के 13 राज्यों/केंद्रशासित प्रदेशों से होकर गुजरता है, जोकि दक्षिण से उत्तर की ओर इस प्रकार हैं- तमिलनाडु, कर्नाटक, आंध्र प्रदेश, तेलंगाना, महाराष्ट्र, मध्य प्रदेश, उत्तर प्रदेश, राजस्थान, दिल्ली, हरियाणा, पंजाब, हिमाचल प्रदेश एवं जम्मू कश्मीर।
- राष्ट्रीय राजमार्गों के पुराने नामों NH-7, NH-26, NH-1 तथा NH-1A को NH-44 में शामिल किया गया है।
- NH-118 और NH-548 ये दोनों भारत के सबसे छोटे राष्ट्रीय राजमार्ग हैं।
- NH-118 झारखंड राज्य में आसनबनी गाँव को जमशेदपुर से जोड़ता है। इसकी लंबाई केवल 5 किमी. है। जबकि NH-548 महाराष्ट्र राज्य को लगभग 5 किमी. की लम्बाई में पार करता है।

हरित राजमार्ग नीति

- राष्ट्रीय राजमार्गों पर हरियाली युक्त वातावरण के विकास को ध्यान में रखते हुए सड़क परिवहन एवं राजमार्ग मंत्रालय द्वारा वर्ष 2015 में हरित राजमार्ग नीति की घोषणा की गई।
- इसके अंतर्गत राजमार्ग परियोजनाओं पर व्यय की जाने वाली राशि का 1% राजमार्गों के किनारे पौधारोपण एवं उसकी देखभाल के लिए खर्च किया जाएगा।
- राजमार्गों पर पौधारोपण का कार्य गैर-सरकारी संगठनों की सरकारी संस्थानों, निजी क्षेत्रों में स्थानीय समुदायों द्वारा किया जाएगा। इसरो द्वारा निर्मित गगन एवं भुवन उपग्रहों के माध्यम से इसकी निगरानी की जाएगी।

चारधाम महामार्ग विकास परियोजना

- सड़क परिवहन एवं राजमार्ग मंत्रालय द्वारा वर्ष 2016 में प्रारंभ इस परियोजना के अंतर्गत हिमालय के दुर्गम क्षेत्रों में स्थित चारधाम स्थलों- **बद्रीनाथ, केदारनाथ, यमुनोत्री** एवं **गंगोत्री** के मध्य सुगम, सुरक्षित एवं तीव्रगामी सडक मार्गों का विकास किया जाएगा।
- इस परियोजना के अंतर्गत दो लेन वाले 900 किमी. लंबे राजमार्ग का विकास किया जाएगा और समय की बचत करने के उद्देश्य से राजमार्ग पर भूमिगत सुरंगें, बाईपास एवं पुलों का निर्माण भी किया जाएगा।

हरित राष्ट्रीय राजमार्ग गलियारा परियोजना (Green National Highways Corridor Project)

- सरकार ने हरित राष्ट्रीय राजमार्ग गलियारा परियोजना (GNHCP) विकसित करने के लिए वर्ष 2020 में विश्व बैंक के साथ 500 मिलियन अमेरिकी डॉलर के ऋण समझौते पर हस्ताक्षर किए थे।
- इस परियोजना के अंतर्गत चार राज्यों- राजस्थान, हिमाचल प्रदेश, उत्तर प्रदेश और आंध्र प्रदेश राज्यों से गुजरने वाले विभिन्न राष्ट्रीय राजमार्गों की लगभग 783 किमी. लंबाई का उन्नयन करके हरित राजमार्ग में परिवर्तित किया जाएगा।
- इसका उद्देश्य राष्ट्रीय राजमार्गों के किनारे पेड़ और झाड़ियाँ लगाकर वायु प्रदूषण और धूल के प्रभाव को कम करना है। ये राजमार्गों के किनारे मिट्टी के कटाव को रोकेंगे और वायु प्रदूषकों के लिए प्राकृतिक सिंक के रूप में कार्य करेंगे।
- सड़क परिवहन और राजमार्ग मंत्रालय ने सितंबर 2015 में 'हरित राजमार्ग नीति' के अंतर्गत **राष्ट्रीय हरित राजमार्ग मिशन** की शुरुआत की थी।
- हरित राष्ट्रीय राजमार्ग गलियारा परियोजना **राष्ट्रीय हरित राजमार्ग मिशन** के क्रियान्वयन और हरित तथा सुरक्षित परिवहन का समर्थन करती है।

रेल परिवहन (Rail Transport)

- भारत में रेलवे देश के आर्थिक जीवन को जोड़ता है और उद्योग तथा कृषि के विकास को गति देता है।
- वर्ष 2020 तक भारतीय रेलवे एशिया की दूसरी सबसे बड़ी और **दुनिया की चौथी सबसे बड़ी रेलवे प्रणाली** है। यह प्रतिवर्ष लगभग 8 अरब यात्रियों और 1.20 बिलियन टन माल की ढुलाई करता है। ब्रॉड गेज, मीटर गेज और नैरो गेज द्वारा कवर किए गए मल्टी-गेज एवं मल्टी-ट्रैकिंग सिस्टम के साथ देश के पास लगभग **64,600 किमी.** लंबा रेल नेटवर्क है।
- 162 साल पुरानी भारतीय रेलवे एक राष्ट्रीय संपत्ति है, जो प्रतिदिन लगभग **22,593 ट्रेनों** का संचालन करती है। इनमें 13,452 यात्री ट्रेनें हैं, जोकि करीब 7,325 स्टेशनों को कवर करती हैं।
- भारतीय रेलवे देश के सबसे बड़े नियोक्ताओं में से एक है और करीब **13 लाख लोगों को रोजगार** देता है।
- भारतीय रेलवे ने भारतीय उद्योगों के विकास में महत्त्वपूर्ण भूमिका निभाई है। **मुंबई में कपड़ा उद्योग** एवं **झारखंड** में कोयला उद्योग के विकास में रेलवे की अहम भूमिका रही है। उत्पादन स्थल तक कच्चे माल पहुँचाने के साथ-साथ तैयार माल को बाजारों तक पहुँचाने में भारतीय रेलवे का काफी योगदान रहा है।
- रेलवे ने कृषि विकास में महत्त्वपूर्ण भूमिका निभाई है। रेलवे की सहायता से ही कृषि का व्यावसायीकरण हो सका। किसान अब अपने कृषि उत्पादों को दूर-दराज के स्थानों पर बेचने के अलावा वैश्विक बाजारों में भी लाभ कमा सकते हैं।
- वित्तीय वर्ष 2021-22 में भारतीय रेलवे का **सकल राजस्व 85,588.96 करोड़ रुपए** का था।
- भारतीय रेलवे ने कोविड-19 संकट के प्रबंधन में भी महत्त्वपूर्ण भूमिका निभाई है। कोविड के समय जब हजारों प्रवासी श्रमिक काम के अभाव में बड़े शहरों से ग्रामीण क्षेत्रों की ओर पैदल जा रहे थे, उस समय भारतीय रेलवे ने उन्हें गंतव्य तक पहुँचाने के लिए कई श्रमिक ट्रेनें चलाईं। इस संकट के समय ऑक्सीजन एवं दवाइयों समेत चिकित्सा आपूर्ति में भी रेलवे फ्रंट आगे रहा। भारतीय स्वास्थ्य सेवाएँ जब कर्मचारियों और बेड की कमी से जूझ रही थीं तो ट्रेन के कोचों को ही चिकित्सा वार्ड में बदला गया था।
- देश में रेलवे नेटवर्क के वितरण पैटर्न पर भौगोलिक, आर्थिक और प्रशासनिक कारकों का महत्त्वपूर्ण प्रभाव पड़ा है। उत्तर भारत के मैदान की विशाल भूमि, घनी आबादी और प्रचुर कृषि संसाधनों ने भारतीय रेलवे के विकास के लिए सर्वोत्तम परिस्थितियाँ प्रदान की हैं।
- जबकि पठारी भारत में रेलवे ट्रैक निचली पहाड़ियों के मध्य अंतरालों और सुरंगों के माध्यम से बनाए जाते हैं।

भारतीय रेलवे एक नजर में		
पहली ट्रेन	:	16 अप्रैल, 1853 को छत्रपति शिवाजी टर्मिनल (मुंबई) से ठाणे के बीच, 21 मील/34 किमी. ट्रेन का नाम- ब्लैक ब्यूटी
मुंबई से थाणे तक रेल लाइन बिछाने वाली कंपनी	:	ग्रेट इंडियन पेनिनसुला रेल कंपनी
प्रथम यात्री ट्रेन	:	15 अगस्त, 1854 को हावड़ा से हुगली तक, दूरी 24 मील/38.6 किमी.
भारतीय रेलवे का मुख्यालय	:	नई दिल्ली
प्रथम रेल कारखाना	:	चितरंजन लोकोमोटिव, (पश्चिम बंगाल, 1950)
रेलवे जोन की संख्या	:	18 (18वाँ: दक्षिणतटीय रेलवे)
सबसे बड़ा रेलवे जोन	:	उत्तर रेलवे (मुख्यालयः नई दिल्ली)
सबसे छोटा रेलवे जोन	:	कोलकाता मेट्रो रेल जोन (2010)
भारत का पहला रेलवे जोन	:	उत्तर रेलवे (1859)
भारत में आधिकारिक रेलवे जोन की स्थापना	:	14 अप्रैल, 1952
विश्व की रेल प्रणालियों में स्थान	:	चौथी सबसे बड़ी
रेल नेटवर्क की लंबाई	:	67956 किमी. (2019 तक)
कुल ट्रेनों की संख्या	:	22593
कुल स्टेशन	:	7325
सबसे लंबी दूरी की ट्रेन	:	विवेक एक्सप्रेस (असम के डिब्रूगढ़ से कन्याकुमारी तक 4273 किमी. दूरी)
सबसे तीव्र (द्रुतगामी) ट्रेन	:	वन्दे भारत एक्सप्रेस
सबसे लंबे रेलवे प्लेटफार्म	:	1. हुबली रेलवे स्टेशन, 1507 मी.(कर्नाटक) 2. गोरखपुर जंक्शन (उत्तर प्रदेश)
कोंकण रेलवे की दूरी	:	महाराष्ट्र के रोहा से मंगलौर (कर्नाटक) तक 760 किमी.
सर्वाधिक राजस्व प्राप्ति	:	माल परिवहन से
भारत में माल परिवहन में रेलवे की हिस्सेदारी	:	27%
पहली मेट्रो रेल सेवा	:	1984 में प्रारंभ (दमदम से टालीगंज तक)
यूनेस्को की सूची में शामिल पहला भारतीय रेल मार्ग	:	दार्जिलिंग हिमालयन रेलवे (टॉय ट्रेन)

राष्ट्रीय रेल योजना-2030

आर्थिक सर्वेक्षण 2022 के अनुसार भारतीय रेलवे राष्ट्रीय विकास के इंजन के रूप में कार्य करेगा। भारतीय रेलवे की योजना वर्ष 2030 तक **'भविष्य के लिए तैयार'** रेलवे सिस्टम बनाने की है। इस उद्देश्य से भारतीय रेलवे ने भारत के लिए एक **राष्ट्रीय रेल योजना, 2030** जारी की है। राष्ट्रीय रेल योजना भविष्य के लिए तैयार रेलवे प्रणाली के निर्माण की परिकल्पना करती है, जो न केवल यात्रियों की माँग को पूरा करने में सक्षम होगी, बल्कि माल ढुलाई में रेलवे की हिस्सेदारी को मौजूदा 26-27% से बढ़ाकर 40-45% तक करने में सक्षम होगी। योजना का लक्ष्य माँग से पहले क्षमता का निर्माण करना है, ताकि यह 2050 तक भविष्य की माँग में वृद्धि को पूरा कर सके और साथ ही रेलवे में वृद्धि भी कर सके। राष्ट्रीय रेल योजना, 2030 के प्रमुख उद्देश्य इस प्रकार हैं-

a. माल ढुलाई में रेलवे की हिस्सेदारी को मौजूदा 27% से बढ़ाकर 45% तक करना।

b. बढ़ते प्रदूषण को देखते हुए कार्बन उत्सर्जन को कम करना।

c. मालगाड़ियों की औसत गति 22 किमी./घंटा से 50 किमी./घंटा करना।

d. हावड़ा-दिल्ली एवं दिल्ली-मुंबई रेल मार्गों पर गति को बढ़ाकर 160 किमी./घंटा करना।

रेलवे गेज (Railway Guage)

ब्रॉड गेज- ब्रॉड गेज में रेल पटरियों की बीच की दूरी 1.676 मी. होती है। भारत में ब्रॉड गेज की कुल लंबाई लगभग 101500 किमी. है।

मीटर गेज- मीटर गेज में पटरियों के बीच की दूरी 1 मी. होती है। देश में मीटर गेज की कुल लंबाई 9290 किमी. है।

नैरो गेज (Narrow Guage)- छोटी (नैरो) गेज में रेल पटरियों के बीच की दूरी 0.762 मी. या 0.610 मी. होती है। देश में इनकी कुल लंबाई 2841 किमी. है।

कोंकण रेलवे (Konkan Railway)

- महाराष्ट्र, गोवा और कर्नाटक राज्यों को जोड़ने वाली कोंकण रेलवे का निर्माण वर्ष **1998** में हुआ था।
- इसके अंतर्गत पश्चिमी घाट पर्वत के समानांतर पश्चिमी तट के साथ-साथ **रोहा** (महाराष्ट्र) से **मंगलौर** (कर्नाटक) तक 760 किमी. लंबे रेल मार्ग का निर्माण किया गया है।

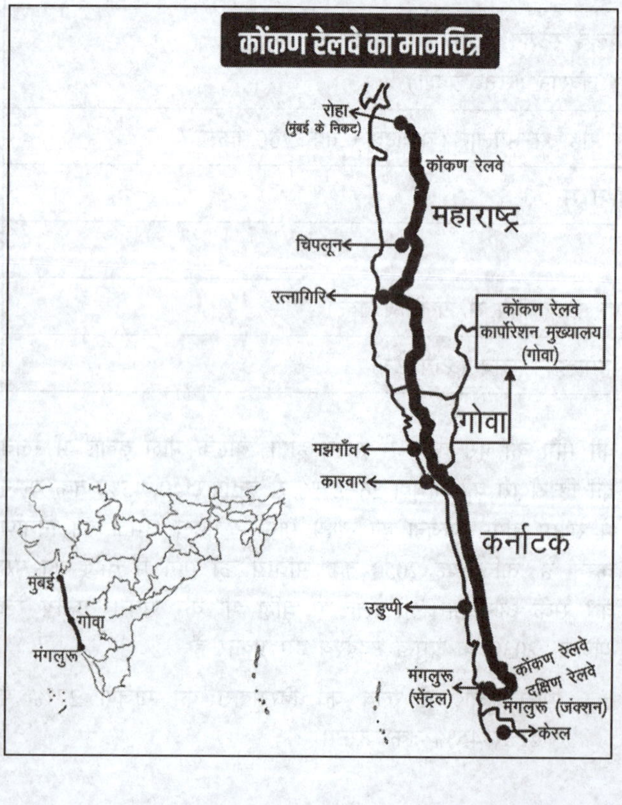

- यह रेलमार्ग 146 नदियों तथा 92 सुरंगों को पार करता है और 56 रेलवे स्टेशनों से होकर गुजरता है। इस रेलमार्ग से केरल को भी अप्रत्यक्ष रूप से लाभ मिलता है, क्योंकि महाराष्ट्र से केरल तक की दूरी अब काफी कम हो गई है।
- कोंकण रेलवे के माध्यम से पश्चिमी तट पर स्थित शहरी क्षेत्रों, कच्चा माल उत्पादन क्षेत्रों, चाय-काफी- मसाला बागानों और व्यावसायिक फसल क्षेत्रों को आपस में अच्छी तरह से जोड़ा गया है।
- कोंकण रेल मार्ग पर रत्नागिरी के नजदीक कार्बुडे में 6.5 किमी. लंबी रेल सुरंग का निर्माण किया गया है।

भारत की रेल सुरंगें

- **पीरपंजाल रेलवे सुरंग** (11.21 किमी.) भारत की सबसे लंबी रेलवे सुरंग है। यह सुरंग उधमपुर-श्रीनगर- बारामूला रेल लिंक पर स्थित है और इसने पीरपंजाल श्रेणी के दोनों तरफ स्थित **काजीगुंड** और **बनिहाल** के बीच यात्रा के समय को काफी कम कर दिया है।
- निर्माणाधीन पातालपानी रेल सुरंग (मध्य प्रदेश) जो 2025 में खुलने वाली है, भारत की सबसे लंबी रेलवे सुरंग होगी। इसकी कुल लंबाई 14 किमी. है। मध्य प्रदेश में इंदौर के पास निर्मित **पातालपानी रेल सुरंग** इंदौर को मुंबई से जोड़ेगी और रेल कार्यक्षमता एक अनूठा संयोजन पेश करेगी।
- वहीं 9.02 किमी. की लंबाई वाली अटल सुरंग, दुनिया की सबसे लंबी राजमार्ग (सड़क) सुरंग है, जो भारत के मनाली को लाहौल-स्पीति घाटी से जोड़ती है।

भारत में सबसे लंबी रेलवे सुरंगें			
मालीगुडा सुरंग	कोरापुट, ओडिशा	4.4 किमी.	1963
नटुवाडी सुरंग	महाराष्ट्र	4.8 किमी.	1963
सवार्दे सुरंग	महाराष्ट्र	3.5 किमी.	1997
बेरदेवाडी सुरंग	महाराष्ट्र	4.0 किमी.	1997
टिक सुरंग	महाराष्ट्र	4.07 किमी.	1997
कार्बुडे सुरंग	काराबुडे, महाराष्ट्र	6.5 किमी.	1997
रापुरु सुरंग	आंध्र प्रदेश	6.6 किमी.	2019
संगलदान रेलवे सुरंग	जम्मू और कश्मीर	7.1 किमी.	2017
त्रिवेन्द्रम बंदरगाह सुरंग	केरल	9.02 किमी.	2022
पीरपंजाल रेलवे सुरंग	जम्मू और कश्मीर	11.21किमी.	2013

- **वन्दे भारत एक्सप्रेस (ट्रेन-18)-** भारत की पहली स्वदेशी सेमी-हाई स्पीड ट्रेन वन्दे भारत एक्सप्रेस 15 फरवरी, 2019 को नई दिल्ली से वाराणसी के मध्य चलाई गई। **नई**

दिल्ली से वाराणसी के मध्य 780 किमी. की दूरी 8 घंटे में तय करने वाली यह भारत की **सर्वाधिक तीव्र गति वाली ट्रेन** है। इस ट्रेन की अधिकतम रफ्तार 160 किमी./घंटा है। वन्दे भारत एक्सप्रेस बिना लोकोमोटिव के संचालित होती है, जो एक प्रणोदन प्रणाली पर आधारित है। इन ट्रेनों का निर्माण इंटीग्रल कोच फैक्ट्री, चेन्नई द्वारा मेक इन इंडिया कार्यक्रम के तहत किया जा रहा है। वर्तमान में देश में 5 मार्गों पर वन्दे भारत एक्सप्रेस ट्रेनों का संचालन किया जा रहा है-

a. नई दिल्ली-वाराणसी
b. नई दिल्ली-कटरा (जम्मू)
c. अहमदाबाद-मुंबई सेंट्रल
d. अम्ब अंदौरा (हिमाचल)-नई दिल्ली
e. मैसूर कर्नाटक-चेन्नई सेंट्रल

विश्व का सबसे ऊँचा चिनाब ब्रिज

- भारतीय रेलवे द्वारा दुनिया के **सबसे ऊँचे रेलवे पुल चिनाब ब्रिज** का निर्माण कार्य अप्रैल, 2021 में पूरा किया गया।
- चिनाब ब्रिज भारत के जम्मू और कश्मीर के 'जम्मू डिवीजन' के रियासी जिले में बक्कल और कौरी के बीच स्थित है और ऊधमपुर-श्रीनगर-बारामूला रेल लिंक परियोजना का भाग है।
- चिनाब ब्रिज 1315 मी. लंबा है और नदी से 359 मी.(1,178 फीट) की ऊँचाई पर बना हुआ एक स्टील आर्च ब्रिज है, जो इसे दुनिया का 'सबसे ऊँचा रेल पुल' बनाता है।
- चिनाब पुल को 120 वर्षों के लिए डिजाइन किया गया है। पुल की कुल लागत 1486 करोड़ रुपए होने का अनुमान है।

- **विवेक एक्सप्रेस-** यह असम के **डिब्रूगढ़ से कन्याकुमारी** तक देश में सबसे लंबी दूरी तय करने वाली ट्रेन है। विवेक एक्सप्रेस नौ राज्यों से होकर 4273 किमी. की दूरी तय करती है।

विशिष्ट तथ्य

- सिक्किम पूर्वोत्तर भारत का एकमात्र राज्य है, जो रेल नेटवर्क से जुड़ा नहीं है। सिक्किम के सबसे समीप स्थित रेलवे स्टेशन सिलीगुड़ी (पश्चिम बंगाल) है। सिलीगुड़ी से गंगटोक (सिक्किम) तक जाने वाली NH-10 एकमात्र सड़क है, जो सिक्किम राज्य को देश के बाकी हिस्सों से जोड़ती है।

भारतीय रेलवे : नेट जीरो उत्सर्जक

- भारतीय रेल मंत्रालय के अनुसार भारतीय रेलवे विश्व का सबसे बड़ा **हरित रेलवे** बनने के लिए मिशन मोड़ में कार्य कर रहा है और इसका लक्ष्य वर्ष 2030 तक **नेट जीरो उत्सर्जन** बनने का है।
- नेट जीरो उत्सर्जन को हम कार्बन तटस्थता या **कार्बन न्यूटैलिटी** के नाम से भी जानते हैं। इसका अर्थ यह नहीं है कि रेलवे अपने कार्बन उत्सर्जन को शून्य के स्तर पर लाएगा, बल्कि यह अपने कार्बन उत्सर्जन की भरपाई वातावरण से **ग्रीन हाउस गैसों के अवशोषण** के माध्यम से करेगा। इसके लिए अधिक से अधिक कार्बन सिंक (जैसे वनरोपण) का निर्माण एवं **कार्बन कैप्चर एवं स्टोरेज** जैसी तकनीकों का इस्तेमाल किया जाएगा।
- अपने इस लक्ष्य को प्राप्त करने के लिए भारतीय रेलवे ने कई हरित पहलों की शुरुआत की है। जैसे भारतीय रेलवे ने हाल ही में निर्णय लिया है कि रेलवे में प्रयोग किए जाने वाले **LHB कोचों** (लिंक हाफमेन बुश कोच) के रख-रखाव और मेंटनेंस के लिए **पिट लाइन्स** का विद्युतीकरण किया जाएगा। पिट लाइन्स एक प्रकार के रेलवे ट्रैक ही होते हैं, जिन पर रेल कोचों को अगली यात्रा के लिए चार्टिंग से पहले मरम्मत एवं रख-रखाव के लिए प्रतिदिन खड़ा किया जाता है। इन पिट लाइनों के विद्युतीकरण के अभाव में अब तक **डीजल जनरेटर** का प्रयोग किया जाता था, जिसमें 1,84,000 लीटर डीजल की प्रतिदिन खपत होती है। देश में कुल 411 पिट लाइन्स हैं, जिनमें से 300 से अधिक का विद्युतीकरण किया जा चुका है। इन पिट लाइंस के विद्युतीकरण से न केवल ऊर्जा लागत में कमी आएगी, बल्कि भारतीय रेलवे के नेट जीरो उत्सर्जक के लक्ष्य को प्राप्त करने में भी मदद मिलेगी।
- वर्तमान में भारतीय रेलवे में लगने वाले **कोच इण्ड ऑन जेनरेशन (EOG) सिस्टम** पर चलते हैं, जहाँ कोच में लगे इलेक्ट्रिकल लोड को पावर सप्लाई किसी एक छोर पर लगे **डीजल सेट** द्वारा दी जाती है। परंतु अब भारतीय रेलवे इसे **हेड ऑन जनरेशन सिस्टम (HOG)** से पूरी तरह बदल रहा है। इसमें ट्रेनों में विद्युत सप्लाई ट्रेन के ऊपर स्थित विद्युत लाइनों से की जाती है। अर्थात् इसमें बिजली से चलने वाले रेल इंजनों का प्रयोग किया जाता है। इससे ट्रेनों में डीजल की जरूरत को पूरी तरह से खत्म किया जा सकेगा।
- भारतीय रेलवे में **डेडिकेटेड फ्रेट कॉरिडोर (DFC)** को 'लो कार्बन ट्रांसपोर्टेशन नेटवर्क' के रूप में विकसित किया जा रहा है, जिससे अधिक ऊर्जा कुशल और कार्बन फेंडली तकनीकों को अपनाया जा सकेगा। भारतीय रेलवे दो **डेडिकेटेड फ्रेट कॉरिडोर (DFC)** को लागू करने जा रहा है-

a. **पूर्वी कॉरिडोर-** पंजाब के साहनेवाल (लुध्याना) से शुरू होकर पश्चिम बंगाल के दनकुनी में खत्म होगा। इसकी लम्बाई 1875 किमी. होगी।

b. **पश्चिमी कॉरिडोर-** उत्तर प्रदेश के दादरी से शुरू होकर महाराष्ट्र के जवाहरलाल नेहरू पोर्ट टर्मिनल में खत्म होगा। इसकी लंबाई 1504 किमी. होगी।

- भारत में पहली हाइड्रोजन संचालित ट्रेन बनकर लगभग तैयार है। हाइड्रोजन ईंधन से चलने वाली यह पहली ट्रेन **जींद-सोनीपत मार्ग** पर संचालित होने वाली है। हाइड्रोजन ईंधन कहीं अधिक पर्यावरण अनुकूल विकल्प है।
- हाइड्रोजन एक गैर विषाक्त गंधहीन और अत्यधिक ज्वलनशील गैस है। ऑक्सीजन के साथ जलने पर यह शून्य उत्सर्जन करता है। हाइड्रोजन ईंधन जलने के बाद निकलने वाला एकमात्र उप उत्पाद पानी होता है। हाइड्रोजन ब्रह्मांड में पाया जाने वाला सबसे प्रचुर मात्रा वाला तत्त्व है। विश्व की **प्रथम हाइड्रोजन संचालित ट्रेन जर्मनी** में प्रारंभ की गई है।
- इन सभी कदमों द्वारा भारतीय रेलवे अपने नेट जीरो उत्सर्जक बनने के लक्ष्य को प्राप्त करने का प्रयास कर रहा है।

विशिष्ट तथ्य

- देश में पहली राजधानी एक्सप्रेस (नई दिल्ली-हावड़ा एक्सप्रेस) 1969 में चलाई गई थी।
- मध्य रेलवे के अंतर्गत मुंबई उपनगर का **माटुंगा रेलवे स्टेशन** देश का पहला रेलवे स्टेशन है, जो जुलाई, 2017 से 24 घंटे सिर्फ महिलाओं द्वारा संचालित किया जा रहा है। इस विशेषता के लिए माटुंगा स्टेशन का नाम लिम्का बुक ऑफ रिकॉर्ड्स में भी दर्ज किया गया है।
- मध्य प्रदेश की राजधानी भोपाल में स्थित **हबीबगंज रेलवे स्टेशन** वर्ष 2017 में निजी रूप से संचालित देश का पहला रेलवे स्टेशन बना। इस स्टेशन को PPP मॉडल पर बनाया गया है। वर्ष 2010 में इसका नाम बदलकर **रानी कमलापति रेलवे स्टेशन** रखा गया था।
- यूनेस्को की विश्व धरोहर सूची में शामिल रेलवे-
- दार्जिलिंग हिमालयन रेलवे, टॉय ट्रेन (1999)
- छत्रपति शिवाजी टर्मिनल, मुंबई (2004)
- नीलगिरि माउंटेन रेलवे, ब्लू माउंटेन टॉय ट्रेन (2005)
- कालका-शिमला रेलवे, टॉय ट्रेन (2008)
- दार्जिलिंग हिमालयन रेल मार्ग पर ही दार्जिलिंग का **घुम रेलवे स्टेशन** भारत का सबसे ऊँचाई पर स्थित रेलवे स्टेशन (2258 मी.) है।
- वर्तमान में कर्नाटक के हुबली जंक्शन का प्लेटफार्म संख्या-9 भारत का सबसे लंबा प्लेटफॉर्म (1507 मी.)है। उत्तर प्रदेश के गोरखपुर रेलवे स्टेशन का प्लेटफार्म दूसरा सबसे बड़ा रेलवे प्लेटफार्म है।
- भारत एवं पाकिस्तान के मध्य **समझौता एक्सप्रेस** का संचालन वर्ष 1976 में और **थार एक्सप्रेस** का संचालन वर्ष 2006 से प्रारंभ हुआ था। समझौता एक्सप्रेस पंजाब के **अटारी बॉर्डर से लाहौर** के मध्य चलाई गई थी। जबकि थार एक्सप्रेस **जोधपुर को कराची** से जोड़ती थी और यह जोधपुर के अंतिम रेलवे स्टेशन मुनाबाव से कराची के अंतिम रेलवे स्टेशन खोखरापार के मध्य चलाई गई थी।

भारतीय रेलवे वित्तीय घाटे में क्यों रहती है?

- भारतीय रेलवे दो परिवहन सेवाएँ प्रदान करती हैं- यात्री परिवहन एवं माल परिवहन।
- भारत में सस्ती परिवहन सुविधा प्रदान करने के लिए यात्रियों को ट्रेन किराये में भारी सब्सिडी प्रदान की जाती है। रेलवे में आमतौर पर यात्री परिवहन का 57% किराया ही यात्रियों से वसूल किया जाता है और शेष 43% किराया रेलवे द्वारा वहन किया जाता है। यात्रियों को अच्छी ट्रेन सुविधा और सेवाएँ प्रदान करने के लिए 43% सब्सिडी को **क्रॉस सब्सिडाइजेशन** के द्वारा पूरा किया जाता है अर्थात क्रॉस सब्सिडाइजेशन के अंतर्गत यात्री सेवा से होने वाले नुकसान की भरपाई रेलवे की फ्रेट सेवाओं (माल परिवहन) से प्राप्त लाभ में से की जाती है। यह इसलिए किया जाता है, ताकि यात्रियों को सस्ती एवं सुविधाजनक परिवहन सेवा प्रदान की जा सके।
- परंतु इससे भारतीय रेलवे को दोनों ही सेवाओं में नुकसान उठाना पड़ता है। इस कारण भारतीय रेलवे भारी वित्तीय घाटे से गुजर रही है। अब चूँकि रेलवे के पास संसाधनों की कमी है, इसलिए बुनियादी सुविधाओं को अपग्रेड करने के लिए यह अलग-अलग स्रोतों से आय प्राप्त करने की कोशिश कर रहा है। जैसे- रेलवे की खाली पड़ी जमीन को लीज पर देना और स्टेशनों तथा ट्रेनों में बुनियादी सुविधाओं को अपग्रेड करने के लिए पब्लिक-प्राइवेट पार्टनरशिप मॉडल का उपयोग करना इत्यादि।

इसके साथ ही भारतीय रेलवे में बुनियादी ढाँचे के उन्नयन और इसे विश्व स्तरीय बनाने के लिए निजीकरण के विचार को ध्यान में रखकर भी कदम उठाए जा रहे हैं।

भारत में मेट्रो परियोजनाएँ (Metro Projects in India)

- वर्तमान में पूरे भारत के पंद्रह शहरों में **रैपिड ट्रांजिट सिस्टम** संचालित हैं, जिन्हें लोकप्रिय रूप से 'मेट्रो लाइन' कहा जाता है। मार्च 2023 तक भारत में 859 किमी. (534 मील) परिचालन वाली मेट्रो लाइनें हैं।
- चीन, अमेरिका और दक्षिण कोरिया के बाद भारत का मेट्रो नेटवर्क दुनिया में चौथा सबसे लंबा नेटवर्क है।
- भारतीय मेट्रो लाइनों में **केवल कोलकाता मेट्रो भारतीय रेलवे द्वारा संचालित** होती है और वर्ष 2010 से यह स्वतंत्र रेलवे जोन भी है। लेकिन कोलकाता मेट्रो के अलावा, अन्य शहरों की **रैपिड ट्रांजिट मेट्रो लाइनें** भारतीय रेलवे द्वारा संचालित नहीं हैं, बल्कि ये अलग स्थानीय प्राधिकरणों अथवा कार्पोरेशन द्वारा संचालित होती हैं।

- कोलकाता मेट्रो भारत की **पहली रैपिड ट्रांजिट सिस्टम** (मेट्रो लाइन) है, जिसका परिचालन 1984 में शुरू किया गया था।
- **दिल्ली मेट्रो** का नेटवर्क देश में सबसे बड़ा होने के साथ-साथ यह सबसे व्यस्त मेट्रो प्रणाली भी है।
- भारत में नवीनतम मेट्रो रेल प्रणाली **नवी मुंबई मेट्रो** है।
- जबकि कानपुर मेट्रो सबसे छोटी मेट्रो रेल प्रणाली है।

कोलकाता मेट्रो रेल सेवा

- कोलकाता मेट्रो परियोजना पर काम 1972 में प्रारंभ हुआ था और इस मेट्रो रेल सेवा का परिचालन 1984 में **दमदम से टालीगंज** के बीच प्रारम्भ किया गया।
- कोलकाता से हावड़ा को जोड़ने के लिए हुगली नदी के नीचे अंडरवाटर मेट्रो लाइन का निर्माण भी किया गया है। इस प्रकार यह भारत की पहली अंतर्जलीय मेट्रो परियोजना बन गई है।
- वर्ष 2010 में कोलकाता मेट्रो को भारतीय रेलवे का 17वाँ जोन बनाया गया था।

दिल्ली मेट्रो रेल सेवा

- दिल्ली मेट्रो की स्थापना प्रसिद्ध भारतीय इंजीनियर ई. श्रीधरन (मेट्रो मैन) के नेतृत्व में दिल्ली मेट्रो रेल कॉर्पोरेशन (डीएमआरसी) द्वारा की गई थी।
- यह देश का पहला मेट्रो है, जिसे ग्रीन हाउस गैसों में कमी लाने के लिए वर्ष 2011 में संयुक्त राष्ट्र के स्वच्छ विकास तंत्र योजना (CDM) के अंतर्गत कार्बन क्रेडिट प्रदान किया गया।
- इसके अलावा दिल्ली मेट्रो, न्यूयॉर्क मेट्रो के बाद ISO-14,001 प्रमाण पत्र प्राप्त करने वाली विश्व की दूसरी मेट्रो रेल सेवा भी है।
- दिल्ली मेट्रो रेल सेवा की शुरुआत वर्ष 2002 में जापान और कोरिया की कंपनियों के सहयोग से हुई थी।

जयपुर मेट्रो रेल सेवा

- इसका परिचालन वर्ष 2015 में प्रारंभ हुआ। जयपुर मेट्रो रेल कॉर्पोरेशन (JMRC) द्वारा इसका परिचालन किया जाता है।

मुंबई मेट्रो रेल सेवा

- मुंबई महानगर क्षेत्र विकास प्राधिकरण (MMRDA), रिलायंस इंफ्रास्ट्रक्चर और वेओलिया ट्रांसपोर्ट के संयुक्त उपक्रम **मुंबई मेट्रो वन प्राइवेट लिमिटेड** (MMOPL) के तहत वर्ष 2014 से मुंबई के **घाटकोपर-अँधेरी-वर्सोवा** के मध्य 11.4 किमी. रेल लाइन पर मेट्रो रेल सेवा का परिचालन किया जा रहा है।

मुंबई मोनोरेल

- मुंबई महानगर में सार्वजनिक परिवहन को सुविधाजनक और तीव्र बनाने के लिए वर्ष 2014 से मुंबई मोनोरेल का परिचालन **चेंबर से वडाला** के मध्य किया जा रहा है।
- यह स्वतंत्र भारत की पहली मोनोरेल परियोजना है।
- मुंबई मोनोरेल में एक समस्या यह है कि यह ट्रैक पर आने वाले मोड़ के दौरान 40 डिग्री तक झुक जाती है।

बेंगलुरु मेट्रो रेल सेवा

- दिल्ली मेट्रो के बाद बेंगलुरु मेट्रो भारत का **दूसरा सबसे बड़ा** परिचालन मेट्रो रेल नेटवर्क है।
- इसका परिचालन **बेंगलुरू मेट्रो रेल कॉरपोरेशन लिमिटेड** द्वारा किया जा रहा है।
- बेंगलुरु मेट्रो को स्थानीय रूप से नम्मा मेट्रो (हमारी मेट्रो) भी कहा जाता है।

हैदराबाद मेट्रो

- दिल्ली मेट्रो और नम्मा मेट्रो के बाद हैदराबाद मेट्रो 57 स्टेशनों के साथ भारत का **तीसरा सबसे लंबा मेट्रो नेटवर्क** है। इसका उद्घाटन वर्ष 2017 में किया गया था।
- हैदराबाद मेट्रो दुनिया की सबसे बड़ी एलिवेटेड मेट्रो रेल प्रणाली है।
- वर्ष 2022 में हैदराबाद मेट्रो अपने ट्रेन के डिब्बों के ओजोन-आधारित स्वच्छता की शुरुआत करने वाली भारत की पहली मेट्रो रेल बन गई।
- इसके अलावा देश में **चंडीगढ़, भोपाल, कोच्चि, लखनऊ, चेन्नई, पुणे, गुड़गाँव, अहमदाबाद** और **कानपुर** नगरों में भी मेट्रो रेल सेवा का परिचालन प्रारंभ हो गया है।
- भारत में **भूमिगत मेट्रो रेल सेवा** कोलकाता मेट्रो, दिल्ली मेट्रो तथा चेन्नई मेट्रो द्वारा प्रदान की जा रही है।

विशिष्ट तथ्य

- वर्ष 2016 में रेल मंत्रालय द्वारा **रामेश्वरम से मनमदुरई के मध्य** देश के पहले ग्रीन रेल कॉरिडोर (हरित रेल गलियारा) का उद्घाटन किया गया। **स्वच्छ रेल-स्वच्छ भारत** पहल के अंतर्गत इस ग्रीन रेल कॉरिडोर में रेलवे ट्रैक को पूर्णत: शौच मुक्त रखने के लिए ट्रैक पर चलने वाली रेलगाड़ियों को **बायो टॉयलेट प्रौद्योगिकी** से सुसज्जित किया गया है।
- 'स्वच्छ रेल-स्वच्छ भारत' अभियान के तहत वर्ष 2022 में देश के रेलवे स्टेशनों पर साफ-सफाई को लेकर हुए एक सर्वे के अनुसार **जयपुर रेलवे स्टेशन** देश का सबसे स्वच्छ रेलवे स्टेशन है।

- भोपाल एक्सप्रेस (भोपाल से दिल्ली) देश की पहली ट्रेन है, जिसे ISO 9001 प्रमाण पत्र प्राप्त हुआ है।
- भारत में मुंबई मेट्रो देश की पहली **कैशलेस मेट्रो सेवा** बन गई है।
- वर्ष 2016 में पहली बार दिल्ली मेट्रो की चालक रहित ट्रेन (Unattended Train Operation - UTO) का शुभारंभ मुकुंदपुर डिपो से किया गया था।
- वर्ष 2017 में दिल्ली मेट्रो अपने सभी प्रमुख भवनों एवं प्रतिष्ठानों के लिए हरित प्रमाण पत्र (Green Certificate) प्राप्त करने वाली **विश्व की पहली ग्रीन मेट्रो प्रणाली** बन गई है।
- भारत सरकार की **देखो अपना देश** पहल के अंतर्गत रेल पर्यटन को बढ़ावा देने के लिए **भारत गौरव ट्रेन योजना** वर्ष 2022 में प्रारंभ की गई थी। भारतीय तीर्थ यात्रियों को तीर्थस्थलों का दर्शन कराने के लिए इस योजना के अंतर्गत भारतीय रेलवे द्वारा किराये में 33% की रियायत दी जा रही है। यह योजना समस्तीपुर रेल मंडल (बिहार) से लागू की गई थी।
- पूर्वोत्तर भारत में अरुणाचल प्रदेश एवं मेघालय राज्य में वर्ष 2013 तक रेल सेवा प्रारंभ नहीं हो पाई थी। सर्वप्रथम वर्ष 2014 में इन दोनों राज्यों में रेल सेवा का विस्तार किया गया।

भारत के रेलवे जोन एवं उनके मुख्यालय

क्र.	जोन	मुख्यालय
1.	मध्य रेलवे (CR)	मुंबई (छत्रपति शिवाजी)
2.	पूर्व रेलवे (ER)	कोलकाता
3.	उत्तर रेलवे (NR)	नई दिल्ली
4.	दक्षिण रेलवे (SR)	चेन्नई
5.	पूर्वोत्तर सीमांत रेलवे (NFR)	मालीगाँव (गुवाहाटी)
6.	पूर्वोत्तर रेलवे (NER)	गोरखपुर
7.	दक्षिण-मध्य रेलवे (SCR)	सिकंदराबाद
8.	दक्षिण-पूर्व रेलवे (SER)	कोलकाता
9.	पश्चिम रेलवे (WR)	मुंबई-चर्चगेट
10.	पूर्व-मध्य रेलवे (ECR)	हाजीपुर
11.	उत्तर-पश्चिम रेलवे (NWR)	जयपुर
12.	पूर्वी तटवर्ती (ECR)	भुवनेश्वर
13.	उत्तर-मध्य रेलवे (NCR)	प्रयागराज
14.	दक्षिण-पश्चिम रेलवे (SWR)	हुबली
15.	पश्चिम-मध्य रेलवे (WCR)	जबलपुर
16.	दक्षिण-पूर्व मध्य रेलवे (SECR)	बिलासपुर
17.	कोलकाता मेट्रो रेलवे (KMR)	कोलकाता
18.	दक्षिणी तटीय रेलवे (SCR)	विशाखापट्टनम

रेल दुर्घटनारोधी तकनीक

कवच प्रौद्योगिकी

'कवच' स्वदेशी रूप से विकसित ऑटोमैटिक ट्रेन प्रोटेक्शन सिस्टम (टक्कर रोधी तकनीक) है। रेलवे के अनुसार, कवच टेक्नोलॉजी ट्रेनों की आपस में भिड़ंत को रोकने का काम करती है। इस तकनीक में सिग्नल जंप करने पर ट्रेन खुद ही रुक जाती है। 'कवच' प्रणाली में हाई फ्रीक्वेंसी के रेडियो कम्युनिकेशन और ग्लोबल पोजिशनिंग सिस्टम का इस्तेमाल किया जाता है। कवच प्रौद्योगिकी की वजह से एक ही पटरी पर आमने-सामने आ रही ट्रेनें आपस में टकराती नहीं हैं और स्वचालित ब्रेक द्वारा लगभग 400 मी. पहले ही रुक जाती हैं।

त्रि-नेत्र प्रणाली

उत्तर भारत में शीतकालीन कोहरे की स्थिति में यात्री ट्रेनों को रद्द करने या देर से चलने के कारण रेलवे को राजस्व हानि हो रही है। कोहरे या बारिश की स्थितियों में भारत में रेल दुर्घटनाओं को रोकने के लिए तीसरी आँख के रूप में **त्रिनेत्र प्रणाली** लगाने की प्रक्रिया प्रारंभ की गई है। त्रिनेत्र तकनीक शून्य दृश्यता स्थितियों- कोहरे, स्मॉग और भारी बारिश में ट्रेनों के लिए दृश्यता की सुविधा प्रदान करता है। त्रिनेत्र जूम सक्षम दृश्य और थर्मल कैमरे के एकीकरण पर आधारित तकनीक है, जो लोको पायलटों की दृष्टि क्षमता को बढ़ाने के लिए ट्रेन इंजनों के अगले भागों में लगाई जाएगी।

रेलवे का निजीकरण

निजीकरण (Privatisation) एक ऐसी प्रक्रिया है, जिसके द्वारा सार्वजनिक क्षेत्र के उपक्रम को निजी कंपनी के हाथों में सौंप दिया जाता है अर्थात् इसमें संस्था का स्वामित्व सरकार के हाथों से निकलकर पूर्ण या आंशिक रूप से निजी व्यक्तियों या समूह के हाथों में चला जाता है। **जापान** और **चीन में रेलवे प्रणाली के निजीकरण** के अध्ययन के बाद भारत में भी रेलवे के निजीकरण की बात की जा रही है। जापान में रेलवे का निजीकरण वर्ष 1987 में और **चीन में 2014** में किया गया था। रेलवे के निजीकरण के निम्नलिखित फायदे हैं-

- भारतीय रेलवे के निजीकरण के परिणामस्वरूप बड़े पैमाने पर **निजी निवेश (Investment) आकर्षित** होगा, जिससे भारतीय रेलवे में स्टेशनों पर और ट्रेनों में आधारभूत ढाँचे को विश्वस्तरीय बनाने में मदद मिलेगी।

- निजीकरण के परिणामस्वरूप भारतीय रेलवे में सभी कंपनियों को एक समान अवसर प्राप्त होंगे, जिससे उत्पन्न प्रतियोगिता से रेल **सेवाओं की गुणवत्ता और अधिक बेहतर** होगी।
- निजीकरण से भारतीय रेलवे में **स्वच्छता और जलापूर्ति की समस्या** को बेहतर ढंग से समाप्त किया जा सकेगा। हवाईअड्डों की भाँति रेलवे प्लेटफार्मों एवं शौचालयों में भीषण गंदगी और दुर्गंध से मुक्ति मिलेगी और स्वच्छ पेयजल की आपूर्ति सुनिश्चित हो सकेगी।
- रेलवे, रेलयात्रियों और माल की सुरक्षा में वृद्धि होगी। निजी क्षेत्र बेहतर जवाबदेही और निरीक्षण को बढ़ावा देंगे, जिससे दुर्घटनाओं की बढ़ती संख्या को और अपराधों को कम करने में मदद मिलेगी।
- निजी प्रतिभागिता से भारतीय रेलवे में आधुनिक प्रौद्योगिकी का समावेश होगा और रेलवे प्रणाली को अधिक दक्ष बनाया जा सकेगा।

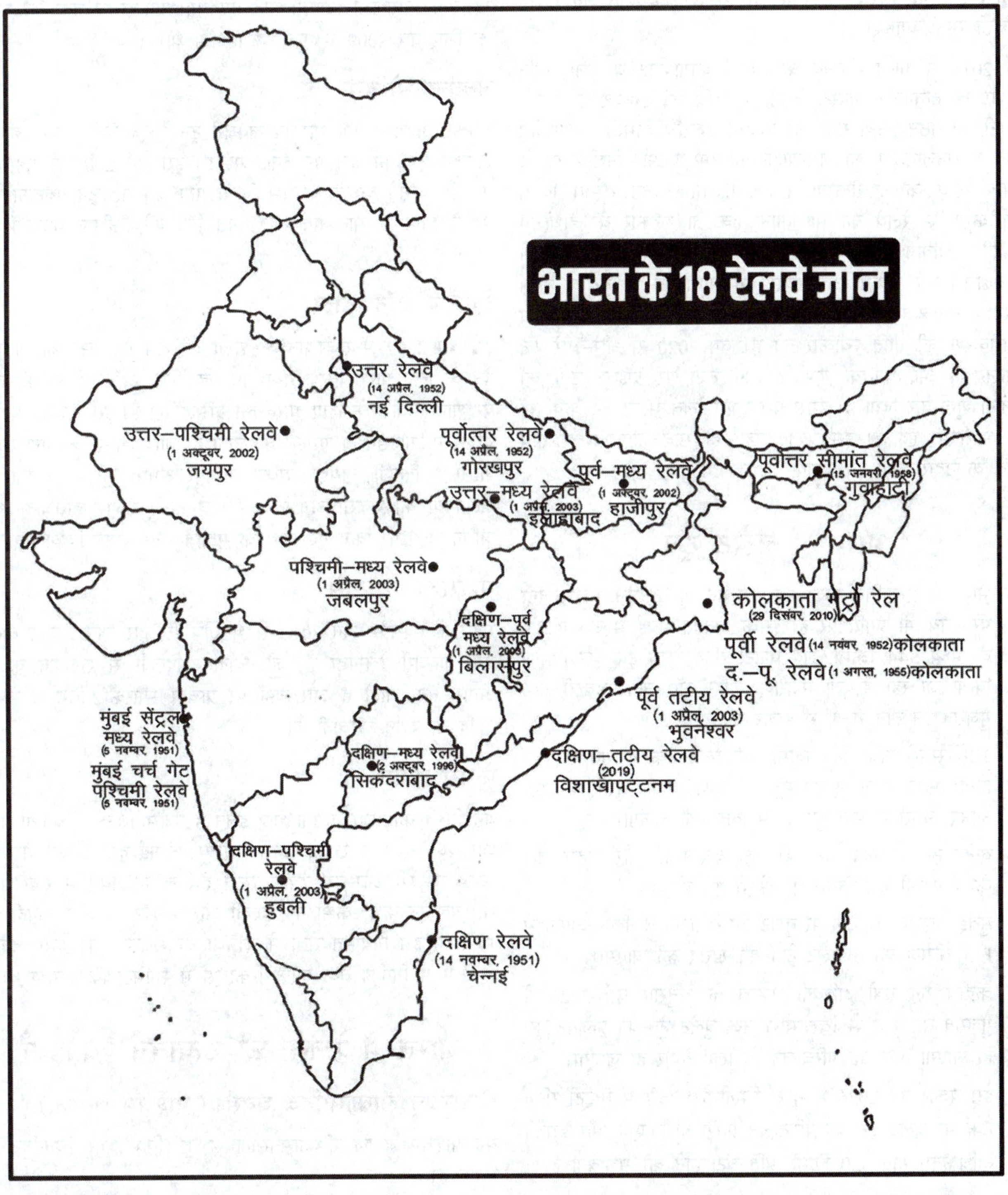

लेकिन अनेक लाभों के बावजूद रेलवे के निजीकरण के विचार का विरोध भी हो रहा है। इसका कारण यह है कि रेलवे के निजीकरण से माल भाड़े के साथ यात्री किराये में बहुत अधिक वृद्धि हो जाएगी, जिससे गरीबों को यह सेवा मिल पाना संभव नहीं हो पाएगा। साथ ही निजीकरण केवल कुछ कॉरपोरेट्स (विशेष कंपनियों) के पक्ष में ही होगा, जो सेवाओं की गुणवत्ता में वृद्धि के नाम पर मनमाने तरीके से किराये में वृद्धि कर सकते हैं।

भारत में एक बड़े वर्ग का मानना है कि **भारतीय रेलवे भारत की संपत्ति है तथा भारत के नागरिकों के लिए है** और यह हमेशा ऐसे ही रहनी चाहिए।

वर्ष 2015 में भारतीय रेलवे के सम्पूर्ण कायापलट के लिए नीति आयोग के तत्कालीन सदस्य **विवेक देवरॉय की अध्यक्षता** में एक कमेटी का गठन किया गया था। **विवेक देवरॉय कमेटी** ने भारतीय रेलवे के निजीकरण की समस्याओं को समझा और निजीकरण के बजाय रेलवे के उदारीकरण (Liberalisation) का सुझाव दिया। उदारीकरण से रेलवे का मालिकाना हक तो सरकार के हाथों में ही रहेगा लेकिन निजी कंपनियाँ रेलवे की सेवाओं और सुविधाओं में बढ़ोत्तरी कर सकेंगी और स्वस्थ प्रतिस्पर्धा को भी बढ़ावा देंगी। भारतीय अर्थव्यवस्था और नागरिकों के फायदे के लिए सरकार ने उदारीकरण की नीति स्वीकार की है। वर्ष 2020 से धीरे-धीरे रेल मंत्रालय ने आधिकारिक रूप से 109 रूटों पर प्राइवेट ट्रेनों को चलाना शुरू कर दिया है। इससे प्रथम बार रेलवे में प्राइवेट कंपनियों की भागीदारी हुई है। इस प्रकार बहुत ही सावधानीपूर्वक भारतीय रेलवे के उदारीकरण को बढ़ाया जा रहा है।

भारत में बुलेट ट्रेन

- भारत में प्रस्तावित **मुंबई-अहमदाबाद बुलेट ट्रेन परियोजना** पर कार्य भी प्रगति पर है। इसके अंतर्गत मुंबई से अहमदाबाद के मध्य **544 किमी.** लंबे गिट्टी रहित रेलवे ट्रैक का निर्माण किया जा रहा है, जो महाराष्ट्र, दादर और नागर हवेली तथा गुजरात इन तीन राज्यों से होकर गुजरेगी।
- इसमें सबसे लंबा 344 किमी. का रेलवे ट्रैक गुजरात राज्य में होगा। भारत में बुलेट ट्रेन मुंबई से ठाणे, वापी, सूरत, बड़ोदरा, आनंद, नगरों से होते हुए अहमदाबाद तक चलेगी।
- बुलेट ट्रेन संचालन प्रारंभ होने के बाद मुंबई और अहमदाबाद के बीच की दूरी केवल 2 घंटे में पूरी होगी।
- मुंबई-अहमदाबाद ट्रैक पर बुलेट ट्रेन संचालन के लिए जापान से E 5 सीरीज की 6 बुलेट ट्रेनों की खरीद की जाएगी।
- केंद्रीय रेल मंत्री अश्विनी वैष्णव के अनुसार वर्ष 2026 में गुजरात के **सूरत से बिलीमोरा तक** बुलेट ट्रेन का प्रोजेक्ट पूरा हो जाएगा और वह परिचालन के लिए तैयार हो जाएगी।
- इस प्रकार वर्ष 2026 में **सूरत-बिलीमोरा खंड** में गिट्टी रहित ट्रैक पर बुलेट ट्रेन का परिचालन प्रारंभ हो जाएगा और इसकी अधिकतम गति 320 किमी. प्रति घंटा होने की संभावना है।

प्रमुख पर्यटन आधारित ट्रेन

पैलेस ऑन व्हील्स

वाष्प इंजन से चलने वाली इस ट्रेन को **राजस्थान की यात्रा** के लिए सर्वप्रथम 26 जनवरी, 1982 को प्रारंभ किया गया था।

रॉयल राजस्थान ऑन व्हील्स

इसे सफदरगंज से राजस्थान के प्रमुख पर्यटक स्थलों समेत क्रमशः खजुराहो, वाराणसी, आगरा होते हुए पुनः सफदरगंज तक की यात्रा के लिए वर्ष 2009 में शुरू किया गया था।

डेक्कन ओडिसी

डेक्कन ओडिसी एक भारतीय लक्जरी ट्रेन है, जो पैलेस ऑन व्हील्स लक्जरी ट्रेन की तर्ज पर बनाई गई है। इसे वर्ष 2004 में महाराष्ट्र की सैर कराने के लिए प्रारंभ किया गया था। यह ट्रेन पर्यटकों को पूरे महाराष्ट्र में सात रात और आठ दिन की विभिन्न यात्राओं पर ले जाती है।

हेरिटेज ऑन व्हील्स

इसे वर्ष 2007 में राजस्थान के शेखावाटी क्षेत्र में पर्यटन को बढ़ावा देने के लिए प्रारंभ किया गया था। यह पैलेस ऑन व्हील्स की तर्ज पर शाही सवारी के लिए भारत की प्रसिद्ध रेल है। इस रेल का पहला यात्राक्रम 'गोल्डन ट्रायएंगल' कहलाता है, जोकि भारत के तीन प्रमुख शहरों - दिल्ली, जयपुर, सवाई माधोपुर आगरा की सैर करता है। सैलानियों को राजसी अनुभव कराने के लिए राजा-महाराजाओं की जीवन शैली पर किए गए शोध के मुताबिक इसे तैयार किया गया है।

महाराजा एक्सप्रेस

महाराजा एक्सप्रेस वर्ष 2010 से भारतीय रेल द्वारा चलाई जाने वाली एक लक्जरी रेलगाड़ी है, जो ज्यादातर दिल्ली से शुरुआत करके आगरा तक जाती है और वहाँ पर प्राचीन स्मारकों, विरासत स्थल आदि के दर्शन करवाती है।

फेयरी क्वीन

यह विश्व का सबसे पुराना भाप इंजन है, जिसे 1855 में बनाया गया था। वर्ष 1997 में लोको वर्क्स पेराम्बूर, चेन्नई द्वारा इसकी मरम्मत कराई गई थी और इसे रेवारी रेलवे हेरिटेज म्यूजियम में रखा गया था। यह ट्रेन कभी-कभी नई दिल्ली और अलवर के बीच चलती है। 1998 में इसे नियमित सेवा में **दुनिया के सबसे पुराने भाप इंजन** के रूप में गिनीज बुक ऑफ रिकार्ड्स में शामिल किया गया था।

भारत में रेलवे की उत्पादन इकाइयाँ

चित्तरंजन लोकोमोटिव वर्क्स, (पश्चिम बंगाल)

यह पश्चिम बंगाल में आसनसोल से 32 किमी. दूर चितरंजन में स्थित है।

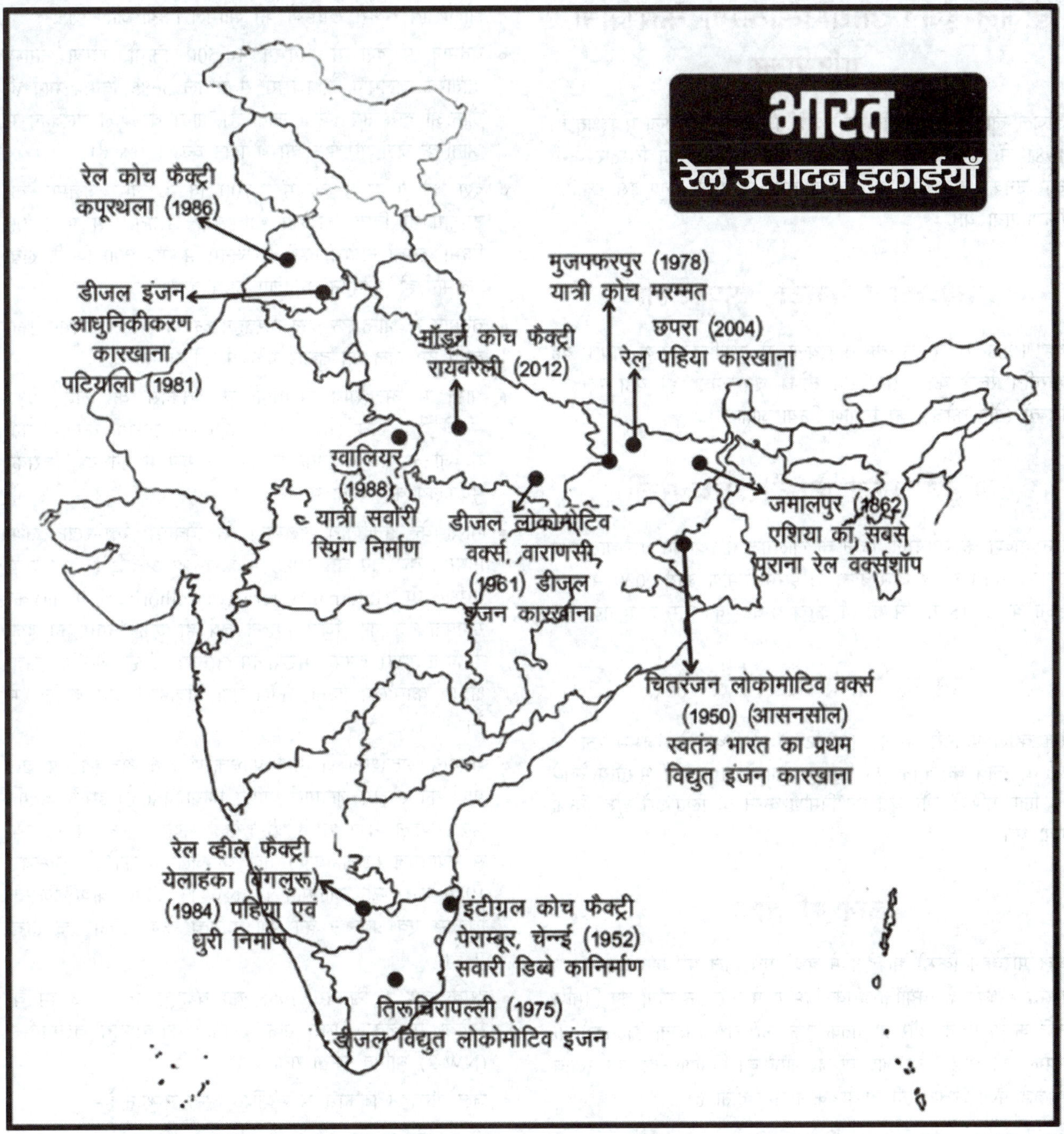

इसमें उत्पादन 26 जनवरी, 1950 को शुरू हुआ था और यह **भारतीय रेलवे की सबसे पुरानी** और विश्व की सबसे बड़ी **लोकोमोटिव उत्पादन** इकाई है। यहाँ विद्युत इंजनों का निर्माण होता है।

इंटीग्रल कोच फैक्ट्री, पेराम्बूर (चेन्नई)

चेन्नई के पेराम्बूर में 1955 में स्थापित इंटीग्रल कोच फैक्ट्री **स्वतंत्र भारत का पहला** उच्च आधुनिकीकृत **कोच कारखाना** है, जहाँ आधुनिक तकनीकों से कोच का उत्पादन किया जाता है। यह फैक्टरी विश्व का सबसे बड़ा रेल कोच निर्माता है। भारत की सबसे तेज सेमी हाई स्पीड ट्रेन **वंदे भारत (ट्रेन -18)** को इंटीग्रल कोच फैक्ट्री, पेराम्बूर में विकसित किया गया है।

डीजल लोकोमोटिव वर्क्स, वाराणसी

उत्तर प्रदेश के वाराणसी में डीजल लोकोमोटिव वर्क्स (DLW) भारतीय रेलवे के स्वामित्व वाली एक उत्पादन इकाई है, जो **डीजल-इलेक्ट्रिक इंजन** और अतिरिक्त पुर्जों का निर्माण करती है। यह भारत का सबसे बड़ा डीजल-इलेक्ट्रिक लोकोमोटिव निर्माता है। इसकी स्थापना 1961 में की गई थी।

डीजल इंजन आधुनिकीकरण कारखाना, पटियाला

डीजल-लोको आधुनिकीकरण वर्क्स, पंजाब के पटियाला में स्थित है। 1981 में भारतीय रेल के डीजल इंजनों के सेवा का विस्तार करने और उनकी उपलब्धता के स्तर में वृद्धि करने के लिए इसे स्थापित किया गया था।

रेल कोच फैक्ट्री, कपूरथला

यह 1985 में पंजाब के कपूरथला में स्थापित किया गया। यह भारतीय रेलवे का **दूसरा रेल कोच कारखाना** है। यहाँ रेल के डिब्बों (रेल कोच) का निर्माण किया जाता है।

मॉडर्न कोच फैक्ट्री, रायबरेली

उत्तर प्रदेश के रायबरेली जिले के लालगंज में स्थापित यह भारत का **तीसरा रेलवे कोच कारखाना** है। इसमें निर्माण कार्य 2009 में शुरू हुआ था। 2015 में इसे **मॉडर्न कोच फैक्ट्री** का नाम दिया गया था।

रेल व्हील फैक्टरी, बेंगलुरु

रेल व्हील फैक्टरी बेंगलुरु (कर्नाटक) में स्थित है, जिसमें रेल के पहिये, रेलवे के वैगनों का निर्माण होता है। 1984 में भारतीय रेलवे के लिए पहियों और धुरों का निर्माण करने के लिए इसे शुरू किया गया था।

जल परिवहन

जल परिवहन किसी भी देश में यात्री एवं माल परिवहन हेतु **सबसे सस्ता माध्यम** है, क्योंकि इसके निर्माण में परिवहन मार्गों का निर्माण नहीं करना पड़ता और प्राकृतिक ट्रैक का लाभ मिलता है। नहरों के मामले को छोड़ दिया जाए तो जलमार्गों का निर्माण और रख-रखाव में बड़े पूँजी निवेश की आवश्यकता नहीं होती है।

इसके अलावा यह **पर्यावरण हितैषी** परिवहन माध्यम है। यह भारी सामग्री के परिवहन के लिए सर्वाधिक उपयुक्त है और किसी भी प्रकार के परिवहन की तुलना में यह लंबी दूरी तक भारी सामान ले जाने के लिए सबसे उपयुक्त है। हमारे देश में आन्तरिक एवं सामुद्रिक दोनों प्रकार का जल परिवहन किया जाता है। भारत में प्राचीनकाल से ही नदियों का प्रयोग आंतरिक जल परिवहन के रूप में किया जाता था। हालाँकि भारत में जल परिवहन के विकास की गति अपेक्षाकृत धीमी है।

- जल परिवहन को **आंतरिक जलमार्ग** और **समुद्री जलमार्ग** में बाँटा जाता है। आंतरिक जलमार्गों के अंतर्गत नदियों, नहरों, झीलों एवं सकरी खाड़ियों को शामिल किया जाता है।
- वर्तमान में देश में लगभग 14,500 किमी. लम्बा नौगम्य आंतरिक जलमार्ग है, जिसमें से केवल 5685 किमी. मार्ग ही नौकाओं द्वारा तय किया जाता है। भारत के कुल परिवहन में आंतरिक जल परिवहन का योगदान केवल 1% है।
- देश की प्रमुख नदियों में 3,700 किमी. लम्बे जलमार्ग का उपयोग ही किया जा रहा है। इसके अलावा देश में 4,300 किमी. लम्बी नौगम्य नहरें हैं, जिनमें से मात्र 900 किमी. लंबा जलमार्ग ही परिवहन के लिए उपयुक्त है।
- वर्तमान में आन्तरिक जल परिवहन के माध्यम से लगभग 160 लाख टन माल की ढुलाई प्रतिवर्ष की जा रही है।
- भारत में अंतर्देशीय जलमार्गों के विकास के लिए 1987 में **केंद्रीय अंतर्देशीय जल परिवहन निगम** की स्थापना सार्वजनिक क्षेत्र के एक संस्थान के रूप में की गई, जिसका मुख्यालय कोलकाता में है।
- भारत के अंतर्देशीय जलमार्गों के विकास, रख-रखाव तथा नियमन के लिए वर्ष 1986 में **भारतीय अंतर्देशीय जलमार्ग प्राधिकरण** (Internal Waterways Authority of India) की स्थापना की गई, जिसे पिछले वर्ष ही एक निगम का दर्जा दे दिया गया। इसका मुख्यालय **नोएडा** में है, जबकि इसके क्षेत्रीय कार्यालय पटना, कोलकाता, गुवाहाटी और कोच्चि में हैं।
- भारतीय अंतर्देशीय जलमार्ग प्राधिकरण द्वारा अंत:स्थलीय जल मार्गों को राष्ट्रीय जलमार्ग घोषित किया गया है। इसके अंतर्गत सबसे पहले **गंगा-भागीरथी-हुगली** नदी प्रणाली में हल्दिया से प्रयागराज (इलाहाबाद) तक के जलमार्ग को 27 अक्टूबर, 1986 को राष्ट्रीय जलमार्ग-1 (NW-1) घोषित किया, जिसके विकास एवं प्रबन्धन का पूर्ण दायित्व केंद्र सरकार के हाथों में है।
- इसके बाद 1 सितंबर, 1988 को ब्रह्मपुत्र नदी में असम के सदिया से लेकर धुबरी तक जलमार्ग को राष्ट्रीय जलमार्ग-2 (NW-2) घोषित किया गया।
- जल परिवहन विकास से संबंधित अन्य संस्थान हैं-
  - राष्ट्रीय अंतर्देशीय नौवहन संस्थान - पटना
  - केंद्रीय जल परिवहन निगम- कोलकाता
  - राष्ट्रीय जल क्रीड़ा संस्थान- गोवा
- राष्ट्रीय जलमार्ग अधिनियम, 2016 पारित होने के बाद इसके अंतर्गत उपर्युक्त 5 राष्ट्रीय जल मार्गों को शामिल करते हुए **कुल 111 राष्ट्रीय जलमार्गों** की घोषणा की गई है। इनमें से राष्ट्रीय जलमार्ग संख्या-6 (NW-6) असम में ब्रह्मपुत्र की सहायक नदी आई (Aai) की जलधारा में विकसित किया जाएगा और वहीं राष्ट्रीय जलमार्ग संख्या -111 (NW-111) गोवा की जुआरी नदी में विकसित होगा।

भारत के राष्ट्रीय जलमार्ग				
जलमार्ग	**लंबाई (किमी. में)**	**विशिष्टता**	**राज्य**	**घोषणा तिथि**
राष्ट्रीय जलमार्ग संख्या-1	1620	गंगा-भागीरथी-हुगली नदी प्रणाली (हल्दिया-प्रयागराज)	उत्तर प्रदेश, बिहार, झारखण्ड और पश्चिम बंगाल	27 अक्टूबर, 1986
राष्ट्रीय जलमार्ग संख्या-2	891	ब्रह्मपुत्र नदी (धुबरी- सादिया)	असम	27 अक्टूबर, 1988
राष्ट्रीय जलमार्ग संख्या-3	205	बेस्ट कोस्ट नहर (कोट्टापुरम-कोल्लम), चंपाकारा और उद्योगमंडल नहरें	केरल	1 नवम्बर, 1991
	107	पश्चिमी तट नहर (कोट्टापुरम कोझीकोड)		
राष्ट्रीय जलमार्ग संख्या-4	50	काकीनाड़ा नहर (काकीनाड़ा से राजमुंदरी)		
	171	गोदावरी नदी (भद्राचलम से राजमुंदरी)		
	139	एलुरु नहर (राजमुंदरी से विजयवाड़ा)	कर्नाटक, तमिलनाडु, पुदुचेरी, छत्तीसगढ़ और महाराष्ट्र	24 नवम्बर, 2008
	157	कृष्णा नदी (वजीराबाद से विजयवाड़ा)		
	113	कम्मूद नहर (विजयवाड़ा से पेद्दागजम)		
	316	उत्तर बकिंघम नहर (चेन्नई के सेंट्रल स्टेशन से पेद्दागंजम)		
	110	दक्षिण बकिघम नहर (चेन्नई का सेंट्रल स्टेशन से मरक्कानम)		
	22	कालूवेली टैंक के माध्यम से मरक्कानम से पुदुचेरी		
	1202	गोदावरी नदी (भद्राचलम-नासिक) महाराष्ट्र, तेलंगाना, आंध्र प्रदेश और छत्तीसगढ़		
	636	कृष्णा नदी (वजीराबाद-गलागली) कर्नाटक, तेलंगाना और आंध्र प्रदेश		
राष्ट्रीय जलमार्ग संख्या -5	256	पूर्वी तट नहर और मताई नदी	ओडिशा और पश्चिम बंगाल	24 नवम्बर, 2005
	265	ब्राह्मणी-खरसुआ-धामरा नदियाँ		
	67	महानदी डेल्टा नदियाँ (हसुआ नदी, नुनानाला, गोब्रिनाला खरनासी नदी और महानदी नदी से मिलकर)		

राष्ट्रीय जलमार्ग-1

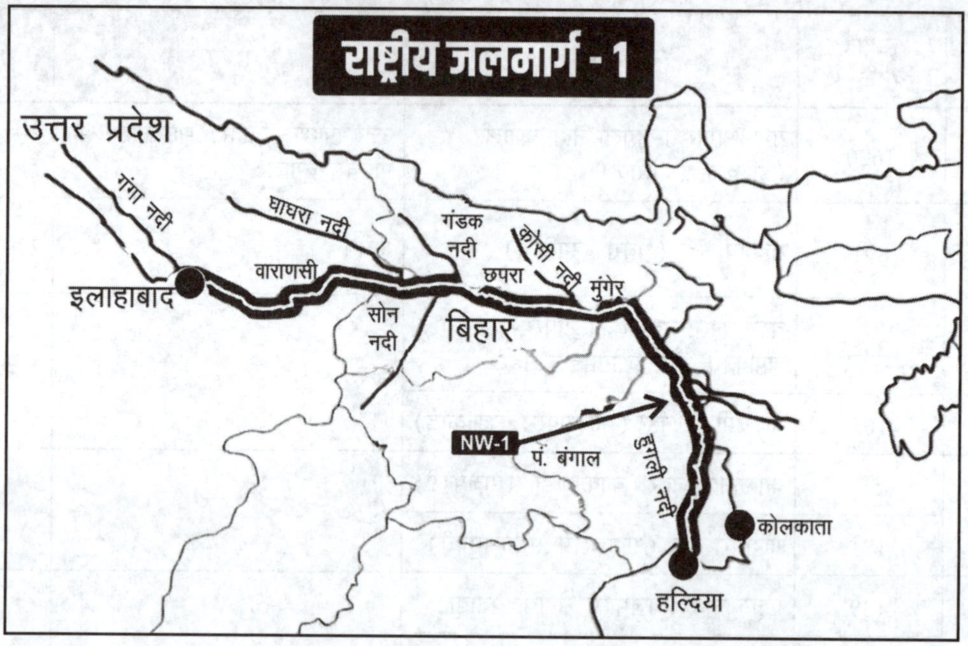

- गंगा-भागीरथी-हुगली नदी तंत्र के अंतर्गत **प्रयागराज (इलाहाबाद) से हल्दिया तक** के जलमार्ग को 1986 में राष्ट्रीय जलमार्ग-1 घोषित किया गया था। इस जलमार्ग की लंबाई 1620 किमी. है और यह भारत का सबसे लंबा जलमार्ग है।
- यह जलमार्ग क्रमशः उत्तर प्रदेश, बिहार, झारखंड के साहेबगंज और पश्चिम बंगाल से होकर जाता है। सुविधा के लिए इसे तीन खंडों में विभाजित किया गया है-
  - हल्दिया से फरक्का- 560 किमी.
  - फरक्का से पटना- 460 किमी.
  - पटना से प्रयागराज- 600 किमी.

राष्ट्रीय जलमार्ग-2

- ब्रह्मपुत्र नदी में **असम के सदिया से धुबरी तक** के जलमार्ग को 1988 में राष्ट्रीय जलमार्ग-2 घोषित किया गया था। इस जलमार्ग की लंबाई 891 किमी. है। यह जलमार्ग केवल असम राज्य से संबंधित है।

राष्ट्रीय जलमार्ग-3

- 1993 में घोषित राष्ट्रीय जलमार्ग-3 पश्चिमी तटीय क्षेत्र में **केरल राज्य से संबंधित** है। इसकी लंबाई 205 किमी. है। इसके अंतर्गत पश्चिमी तट की तीन नहरों को शामिल किया जाता है-

  i. पश्चिमी तट नहर (कोट्टापुरम से कोल्लम तक)

  ii. चंपकारा नहर (कोच्चि से पाथमल सेतु)

  iii. उद्योगमंडल नहर (कोच्चि से अंबलामुगल)
- यह भारत का पहला ऐसा राष्ट्रीय जलमार्ग है, जो अपने पूरे विस्तार में 24 घंटे नौगम्य है।

राष्ट्रीय जलमार्ग-4

- वर्ष 2008 में घोषित यह राष्ट्रीय जलमार्ग पूर्वी तटीय मैदान पर **आंध्र प्रदेश, तमिलनाडु** और **पुदुचेरी** में स्थित है।
- यह जलमार्ग गोदावरी नदी के मुहाने पर स्थित **काकीनाड़ा से लेकर दक्षिण में पुदुचेरी तक** विस्तृत है। इस जलमार्ग के अंतर्गत गोदावरी और कृष्णा नदी के अलावा काकीनाड़ा से पुदुचेरी तक जाने वाली नहर को शामिल किया गया है।
- तीन अलग-अलग खंडों में विभाजित इस जलमार्ग की कुल लंबाई 1095 किमी. है।
- राष्ट्रीय जलमार्ग-4 के अंतर्गत मुख्य रूप से तीन जलमार्गों को शामिल किया गया है-

  i. भद्राचलम से राजमुंदरी तक गोदावरी नदी

  ii. वजीराबाद से विजयवाड़ा तक कृष्णा नदी

  iii. काकीनाड़ा से पुदुचेरी तक जाने वाली 767 किमी. लंबी बकिंघम नहर।
- पूर्वी तट पर बकिंघम नहर भारत की सबसे लंबी नौकागम्य नहर है। आंध्र प्रदेश और तमिलनाडु राज्यों में यह नहर कृष्णा डेल्टा से लेकर चेन्नई के 100 किमी. दक्षिण में स्थित मरक्कानम तक निकाली गई है।

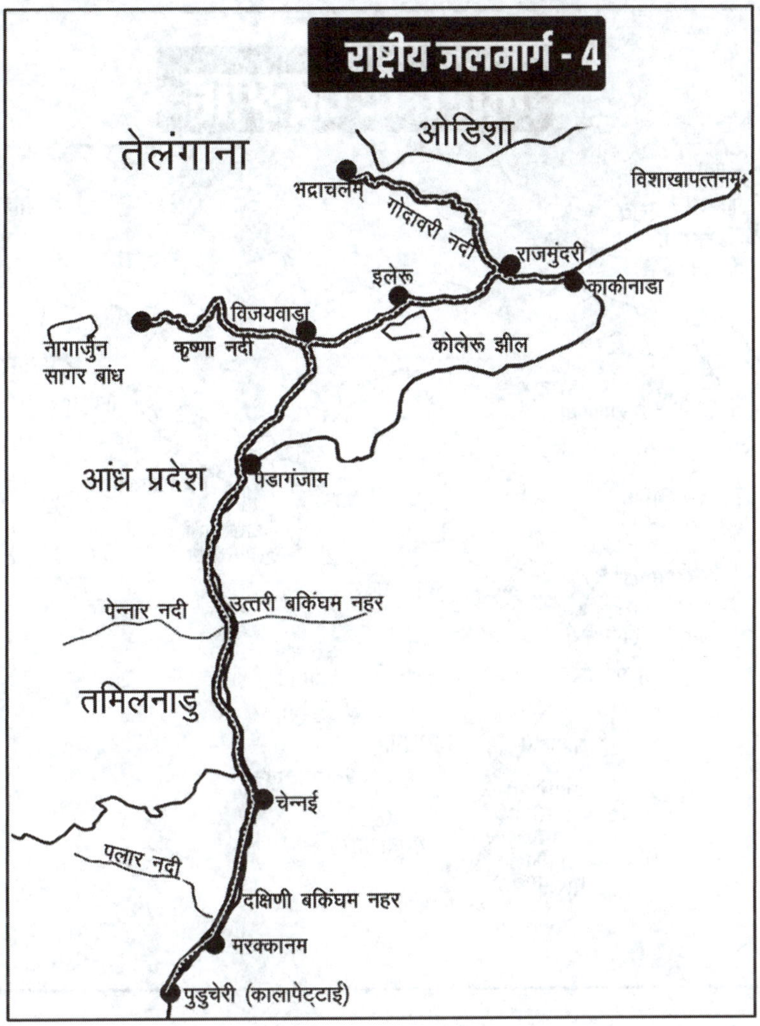

राष्ट्रीय जलमार्ग-5

वर्ष 2008 में घोषित यह जलमार्ग **ओडिशा और पश्चिम बंगाल** राज्यों से संबंधित है। इसका अधिकतर भाग ओडिशा राज्य में है। इस जलमार्ग के अंतर्गत चार जलमार्गों को शामिल किया गया है-

i. पश्चिम बंगाल के जियोनखली से चारबतिया (ओडिशा) तक पूर्वी तटीय नहर।

ii. चारबतिया से धमरा (ओडिशा) तक माताई नदी।

iii. ओडिशा में तलचर से धामरा तक ब्राह्मणी और धमरा नदी तंत्र।

iv. ओडिशा में मंगलगढ़ी से पाराद्वीप तक महानदी डेल्टा तंत्र।

भारत के बंदरगाह

भारी और बड़े सामानों के परिवहन के लिए किसी भी परिवहन माध्यम की तुलना में जल परिवहन सबसे प्रभावी माध्यम है। इसलिए किसी भी देश में बड़े पैमाने पर आयात-निर्यात के लिए **समुद्री जलमार्गों** का प्रयोग किया जाता है। इसे **जहाजरानी परिवहन** भी कहते हैं। समुद्री व्यापार के लिए भारत के तटीय क्षेत्रों में अनेक बंदरगाहों (Harbour) का विकास किया गया है। देश का लगभग 70% विदेश व्यापार जहाजरानी परिवहन के माध्यम से किया जाता है।

देश के **7516.6 किमी. लंबी तटरेखा** पर **13 बड़े एवं 185 छोटे एवं मध्यम बंदरगाहों** का विकास हुआ है। 13 बड़े बंदरगाहों में से 12 देश की मुख्य भूमि की तट रेखा पर स्थित हैं और 1 अंडमान-निकोबार द्वीप समूह (पोर्ट ब्लेयर) में स्थित है। भारत में बड़े बंदरगाहों का स्वामित्व केंद्र सरकार के पास है। जबकि छोटे एवं मध्यम बंदरगाह संविधान की समवर्ती सूची (Concurrent List) में शामिल हैं और इनका प्रबंधन एवं प्रशासन संबंधित राज्य सरकारों द्वारा किया जाता है।

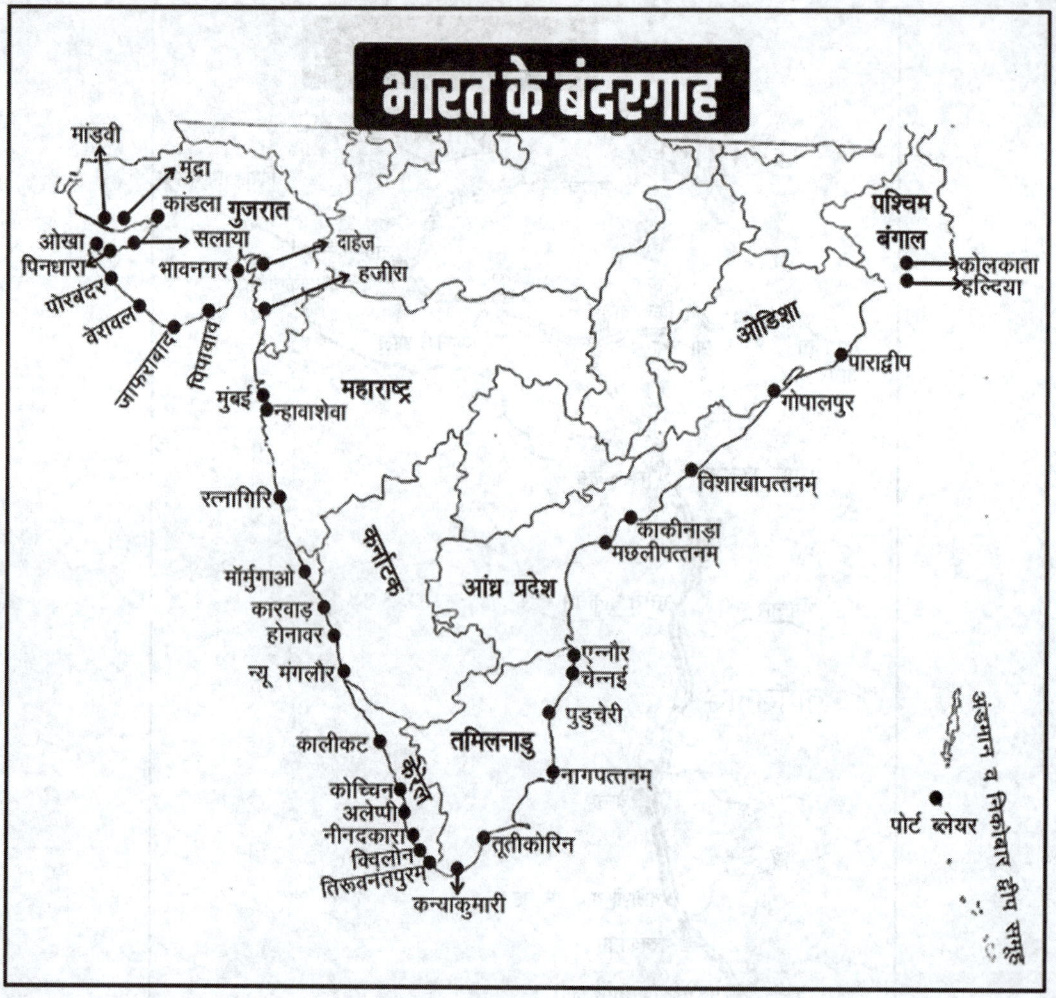

भारत के 13 बड़े बंदरगाह

1. कांडला पत्तन (Kandla port)

- यह गुजरात में **कच्छ की खाड़ी** के पूर्वी सिरे पर स्थित एक ज्वारीय बंदरगाह है। कांडला देश के बड़े बंदरगाहों में कार्गो हेन्डलींग सबसे बड़ा है।
- विशेष रूप से पेट्रोलियम उत्पादों के आयात के लिए इस बंदरगाह को विकसित किया गया है। यहाँ से आयातित पेट्रोलियम को पाइप लाइनों के माध्यम से उत्तर भारत के क्षेत्रों में पहुँचाया जाता है।
- यह भारत का सबसे **पहला मुक्त व्यापार क्षेत्र** (1965) भी है, अर्थात् इसे आयात-निर्यात शुल्क से मुक्त कर दिया गया था। भारत और एशिया का पहला विशेष आर्थिक क्षेत्र, जिसे **एक्सपोर्ट प्रोसेसिंग जोन (EPZ)** नाम दिया गया था, कांडला में ही स्थापित किया गया था।
- कांडला बंदरगाह का प्रशासन **कांडला पोर्ट ट्रस्ट** के हाथ में है, जिसका पूरा नियंत्रण भारत सरकार के जहाजरानी मंत्रालय के हाथ में है।
- कांडला का नाम बदलकर अब **दीनदयाल बंदरगाह** कर दिया गया है।

2. मुंबई (Mumbai)

- भारत के पश्चिमी प्रवेश द्वार के रूप में जाना जाने वाला यह बंदरगाह **सालसेट द्वीप** पर स्थित है। यह **देश का सबसे बड़ा** और पूरे वर्ष खुला रहने वाला प्राकृतिक एवं गहरा बंदरगाह है। इस बंदरगाह का आधिकारिक नाम Front Bay (फ्रंट बे) है।
- मुंबई बंदरगाह पूर्व और उत्तर में कोंकण तट की मुख्य भूमि और पश्चिम में मुंबई शहर से घिरा हुआ है, जबकि दक्षिण में यह अरब सागर की ओर खुलता है। यह बंदरगाह **उल्हास नदी** के मुहाने पर स्थित है।
- मुंबई बंदरगाह से चमड़े का सामान, इंजीनियरिंग सामान, कंटेनर सेवा, मोटरें, मशीन, ऊनी और सूती कपड़े, मैंगजीन आदि वस्तुएँ निर्यात की जाती हैं।
- मुंबई बंदरगाह के निकट ही न्हावाशेवा बंदरगाह (जवाहर पोर्ट) का विकास हो जाने से अब मुंबई बंदरगाह पर निरंतर जहाजों का दबाव घटा है।

- एलिफेंटा का ऐतिहासिक द्वीप इस बंदरगाह के अंतर्गत आने वाले छह द्वीपों में से एक है।

3. न्हावाशेवा (Nhava Shewa)

- न्हावाशेवा महाराष्ट्र में मुंबई के दक्षिण में **नवी मुंबई** में स्थित एक कृत्रिम या मानव निर्मित बंदरगाह है। इसका निर्माण मुंबई बंदरगाह पर यातायात के दबाव को कम करने के लिए किया गया है।
- यह भारत में **प्रमुख कंटेनर हैंडलिंग पोर्ट** है, साथ ही भारत के प्रमुख बंदरगाहों में कुल कंटेनरीकृत कार्गो वॉल्यूम का लगभग 50% हैंडलिंग करता है।
- न्हावाशेवा भारत का सबसे बड़ा कंटेनर बंदरगाह है, जहाँ मुख्य रूप से मालवाहक जहाजों का आवागमन होता है।
- यह भारत में **सबसे आधुनिक और कंप्यूटरीकृत बंदरगाह** है, जिसका संचालन जवाहरलाल नेहरू पोर्ट ट्रस्ट द्वारा किया जाता है।

4. मर्मुगाओ (Mormugao)

- यह गोवा में जुआरी नदी के ज्वारनदमुख में स्थित बंदरगाह है, जिसका पोताश्रय प्राकृतिक और सुरक्षित है।
- इस बंदरगाह का विकास **गोवा के लौह-अयस्क के निर्यात** के लिए किया गया था। लेकिन वर्तमान में यहाँ से लौह-अयस्क के अलावा मैंगनीज, सीमेंट, उर्वरक, काजू, नारियल, कॉफी तथा मछलियों इत्यादि का निर्यात भी किया जाता है।

5. न्यू मंगलौर (New Mangalore)

- कर्नाटक में स्थित इस बंदरगाह से कुद्रेमुख की खान से निकाले गए लौह अयस्क के अलावा मछली, चंदन, काजू, कहवा इत्यादि का निर्यात किया जाता है।
- न्यू मंगलौर बंदरगाह, मर्मुगाओ और कोचीन बंदरगाहों के मध्य स्थित है और इसका आकार अपेक्षाकृत छोटा है।
- राष्ट्रीय राजमार्ग 17 और रेल लाइन के माध्यम से इसे मुंबई और कोचीन बंदरगाह से जोड़ा गया है।

6. कोचीन या कोच्चि (Kochi)

- यह मालाबार तट (केरल) पर वेम्बनाद कयाल के मुहाने पर **वेलिंगटन द्वीप** में स्थित **एक प्राकृतिक बंदरगाह** है।
- पुर्तगाली यात्रियों ने इसे **पूर्व का वेनिस** नाम दिया था। पुर्तगाली यात्री वास्कोडिगामा सर्वप्रथम इसी बंदरगाह पर आया था।
- कोचीन बंदरगाह को हिंद महासागरीय व्यापार मार्ग (मलक्का जलडमरू मध्य से लेकर हॉर्मुज जलसंधि तक का भी लाभ मिलता है।
- कोच्चि बंदरगाह के समीप भी कोचीन शिपयार्ड और कोच्चि पेट्रोलियम रिफाइनरी स्थित है।

7. तूतीकोरिन (Tuticorin)

- यह तमिलनाडु राज्य के दक्षिण-पूर्वी छोर पर स्थित **भारत का दक्षिणतम** और खुला (उथला) बंदरगाह है। जलमग्न तट उथला होने के कारण जलयान यहाँ से कुछ दूरी पर खड़े किए जाते हैं।

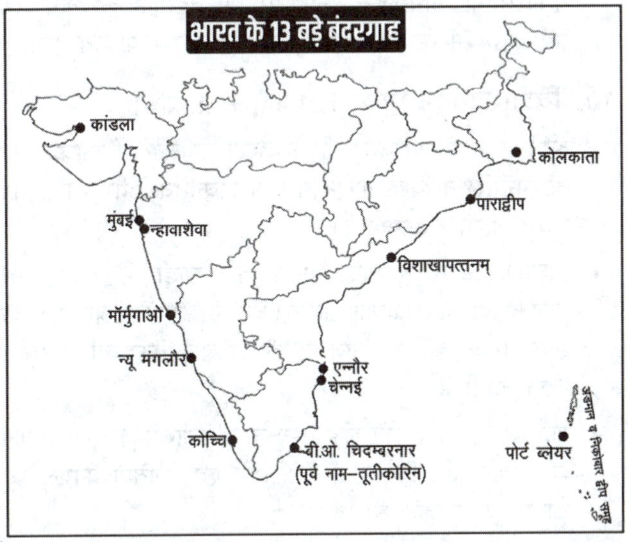

- वर्ष 2011 में तूतीकोरिन पोर्ट ट्रस्ट का नाम बदलकर **वी ओ चिदंबरनार पोर्ट ट्रस्ट** कर दिया गया था।
- सर्वप्रथम वी ओ चिदंबरनार ने वर्ष 2006 में तूतीकोरिन से कोलंबो के बीच **प्रथम स्वदेशी भारतीय नौवहन सेवा** प्रारंभ की थी।

8. चेन्नई (Channai)

- चेन्नई पूर्वी तट का सबसे बड़ा एवं मुंबई के बाद **भारत का दूसरा सबसे बड़ा बंदरगाह** है।
- यह एक **मानव निर्मित कृत्रिम बंदरगाह** है और भारत के प्राचीनतम बंदरगाहों में से एक है, जिसे 1875 में बनाया गया था।
- चेन्नई के समीप जलमग्न तट छिछला होने के कारण पहले बड़े जलयान तट तक नहीं आ पाते थे, जिस कारण बाद में तट को कृत्रिम रूप से गहरा किया गया। इसके अलावा खुला सागरीय बंदरगाह होने के कारण सागरीय लहरों से होने वाली क्षति को रोकने के लिए यहाँ तट से तीन किलोमीटर दूर एक अवरोधक दीवार का निर्माण भी किया गया है।
- आंध्र प्रदेश की **बकिंघम नहर** से जुड़ा होने के कारण चेन्नई बंदरगाह आंतरिक परिवहन की दृष्टि से भी महत्त्वपूर्ण है।

9. एन्नौर (Ennore)

- यह तमिलनाडु में चेन्नई से 24 किमी. उत्तर में स्थित **देश का सबसे बड़ा कंप्यूटराइज्ड और नवीनतम बंदरगाह** है, जिसे एशियाई विकास बैंक द्वारा स्थापित किया गया था। इसका परिचालन वर्ष 2001 में शुरू हुआ था।

- यह **भारत का प्रथम निजी क्षेत्र में स्थापित** होने वाला बंदरगाह है। इसे चेन्नई का सहायक बंदरगाह भी कहते हैं, क्योंकि चेन्नई बंदरगाह पर पड़ने वाले दबाव को कम करने के लिए ही इसे विकसित किया गया था।
- तमिलनाडु के पूर्व मुख्यमंत्री और स्वतंत्रता संग्राम सेनानी कुमारस्वामी कामराज के नाम पर इस बंदरगाह का नामकरण वर्ष 2014 में **कामराज पोर्ट लिमिटेड** कर दिया गया था।

10. विशाखापट्टनम (Visakhapattanam)

- आंध्र प्रदेश में गोदावरी नदी के डेल्टा के उत्तर में **काकीनाड़ा तट पर स्थित** विशाखापट्टनम **एक प्राकृतिक और भारत का सबसे गहरा बंदरगाह** है।
- विशाखापट्टनम बंदरगाह बंगाल की खाड़ी में आने वाले उष्णकटिबंधीय चक्रवातों से सुरक्षित है, क्योंकि बंदरगाह के सामने स्थित डॉल्फिन नोज पहाड़ी इसे प्राकृतिक रूप से सुरक्षा प्रदान करती है।
- यहाँ से दंतेवाड़ा के लौह अयस्क (छत्तीसगढ़) का जापान को निर्यात और विदेशों से पेट्रोलियम एवं कोकिंग कोयले का आयात किया जाता है।
- बंदरगाह के समीप ही विशाखापट्टनम पेट्रोलियम रिफाइनरी और शिपयार्ड स्थित हैं।

11. पारादीप (Paradip)

- यह ओडिशा तट पर कटक के उत्तर में महानदी के डेल्टा में स्थित एक निर्यात प्रधान बंदरगाह है। यहाँ से मयूरभंज और बादाम पहाड़ के **लौह अयस्क** और झारखंड के **कोयले** का निर्यात किया जाता है।
- यहाँ से सर्वाधिक आयात-निर्यात जापान देश को किया जाता है।

12. कोलकाता-हल्दिया (Kolkata-Haldia)

- कोलकाता बंदरगाह बंगाल की खाड़ी तट पर स्थित न होकर तट से 128 किमी. अंदर **हुगली नदी के किनारे स्थित** एक नदी बंदरगाह है। मुंबई बंदरगाह की भाँति कोलकाता बंदरगाह का विकास भी अंग्रेजों द्वारा किया गया था। इसे भारत के पूर्वी प्रवेश द्वार की संज्ञा दी जाती है।

सागरमाला परियोजना

- सागरमाला परियोजना केंद्र सरकार द्वारा **बंदरगाह के बुनियादी ढाँचे** को विकसित करने के लिए वर्ष 2017 में प्रारंभ की गई है, जिसके अंतर्गत **बंदरगाहों का आधुनिकीकरण** किया जाएगा और बंदरगाहों के आस-पास के क्षेत्रों को प्रत्यक्ष-अप्रत्यक्ष रूप से विकसित किया जाएगा।
- इस परियोजना की परिकल्पना सर्वप्रथम तत्कालीन प्रधानमंत्री अटल बिहारी वाजपेयी द्वारा वर्ष 2003 में प्रस्तुत की गई थी।
- इस योजना के अंतर्गत देश के **7516 किमी. लंबी तटरेखा** के साथ **बंदरगाहों के इर्द-गिर्द प्रत्यक्ष और अप्रत्यक्ष विकास** को प्रोत्साहन देने के लिए बड़े तटवर्ती शहरों को बेहतर सड़क नेटवर्क, वायु नेटवर्क तथा समुद्री मार्ग से जोड़ा जाएगा। इसके अलावा देश के आंतरिक क्षेत्रों से बंदरगाह तक माल की आवाजाही के लिए त्वरित और कुशल बुनियादी सुविधा का विकास किया जाएगा।
- भीतरी क्षेत्रों से बंदरगाहों तक तथा बंदरगाहों से भीतरी क्षेत्रों तक माल निकासी व्यवस्था को सुगम और तीव्र बनाने पर जोर दिया जाएगा।
- देश की अर्थव्यवस्था में बंदरगाह क्षेत्रों का योगदान बढ़ाने के लिए नए बंदरगाहों की स्थापना की जाएगी और पुराने बंदरगाहों का आधुनिकीकरण किया जाएगा।
- इस योजना में 12 स्मार्ट शहर तथा विशेष आर्थिक जोन को शामिल किया गया है।
- योजना के अंतर्गत 8 तटीय राज्यों को चिह्नित किया गया है, जिनमें गुजरात, महाराष्ट्र, गोवा, कर्नाटक, केरल, तमिलनाडु, आंध्र प्रदेश तथा पश्चिम बंगाल शामिल हैं।
- केंद्रीय जहाजरानी मंत्रालय को इस योजना के क्रियान्वयन के लिए नोडल एजेंसी के रूप में नियुक्त किया गया है।
- देश के सकल घरेलू उत्पाद में बंदरगाहों का हिस्सा केवल 1% के आस-पास है। सागरमाला परियोजना द्वारा बंदरगाहों का विकास कर देश के औद्योगीकरण को बढ़ावा देते हुए तटीय संभावनाओं का दोहन किया जाएगा। परियोजना के माध्यम से मछुआरों एवं तटीय समुदायों के लिए भी नए अवसर सृजित होंगे।

- हुगली नदी में अवसादों के जमाव के कारण बड़े जलयान कोलकाता तक नहीं पहुँच पाते हैं, इसलिए पश्चिम बंगाल तट पर **डायमंड हार्बर** का निर्माण किया गया है। डायमंड हार्बर से छोटे जलयान हुगली नदी के रास्ते कोलकाता तक पहुँचते हैं।
- कोलकाता का मुख्य पोताश्रय **खिदिरपुर** है। उच्च ज्वार की स्थिति में बड़े जलयान भी खिदिरपुर तक पहुँच पाते हैं, इसलिए कोलकाता बंदरगाह को ज्वारीय बंदरगाह भी कहते हैं।
- हल्दिया बंदरगाह कोलकाता का ही वाह्य बंदरगाह है। पश्चिम बंगाल में **हुगली नदी के मुहाने** पर हल्दिया बंदरगाह का विकास कोलकाता बंदरगाह पर बढ़ते दबाव को कम करने के लिए किया गया था। अतः हल्दिया एक नदी पत्तन भी है। कांडला की भाँति हल्दिया भी एक ज्वारीय बंदरगाह है।

13. पोर्ट ब्लेयर (Port-Blair)

- अंडमान-निकोबार द्वीप समूह के **दक्षिणी अंडमान द्वीप** पर स्थित पोर्ट ब्लेयर बंदरगाह को वर्ष 2010 में बड़े बंदरगाहों की

श्रेणी में शामिल किया गया, जिससे बड़े बंदरगाह की कुल संख्या 13 हो गई है।

वायु परिवहन (Air Transport)

- यह परिवहन का सबसे तीव्र साधन है, जो भौगोलिक बाधाओं (पर्वतों, मरुस्थलों, घने जंगलों, नदियों और समुद्रों) को पार करके सुगमता के साथ गंतव्य तक पहुँच जाता है।
- भारत में प्रायोगिक तौर पर पहली बार हवाई परिवहन का प्रारंभ वर्ष 1911 में हुआ था, जब इलाहाबाद से नैनी तक 10 किमी. की पहली उड़ान द्वारा डाक ले जाई गई थी।
- 1922 में टाटा सन्स लिमिटेड ने घरेलू उड़ान सेवा की शुरुआत की।
- 1932 में JRD TATA ने **टाटा एयरलाइन्स** के रूप में **एयर इंडिया** की स्थापना की। 1946 में टाटा एयरलाइंस को एयर इंडिया के नाम से पब्लिक लिमिटेड कंपनी बनाई। एयर इंडिया वर्ष 1948 से घरेलू यातायात के साथ-साथ अंतरराष्ट्रीय हवाई परिवहन सेवा का भी संचालन कर रही है।
- भारत में वायु परिवहन का वास्तविक विकास स्वतंत्रता प्राप्ति के बाद हुआ, जब वर्ष 1953 में एयर इंडिया का राष्ट्रीयकरण कर दिया गया और 1953 में ही सार्वजनिक क्षेत्र में **इंडियन एयरलाइंस कंपनी** की स्थापना की गई, जोकि घरेलू वायु परिवहन सेवा प्रदान करने वाली देश की सबसे बड़ी कंपनी थी।
- वर्ष 2007 में सरकार के नियंत्रण वाली (सार्वजनिक क्षेत्र) दोनों विमानन कंपनियों **एयर इंडिया** एवं **इंडियन एयरलाइंस** का विलय कर दिया गया। इन दोनों कंपनियों का संचालन अब नेशनल एविएशन कंपनी ऑफ इंडिया लिमिटेड (NACIL) के नाम से किया जा रहा है। NACIL का ब्रांड नेम **एयर इंडिया** है।
- वर्तमान में एयर इंडिया (Air India) भारत की ध्वज वाहक विमान सेवा है, जिसका मुख्यालय **नई दिल्ली** में है। एयर इंडिया काफी उतार-चढ़ाव के दौर से गुजरती रही है, लेकिन टाटा की स्वामित्व वाली कंपनी टाटा सन्स द्वारा एयर इंडिया के अधिग्रहण के बाद से इसमें काफी सारे परिवर्तन देखने को मिल रहे हैं। आज एयर इंडिया की बाजार में हिस्सेदारी मात्र 14% है।
- वर्तमान में भारत में 7 घरेलू एयरलाइंस संचालित हैं- एयर इंडिया, एयर इंडिया एक्सप्रेस, एयरएशिया इंडिया, गो फर्स्ट, इंडिगो, स्पाइसजेट और विस्तारा। इनमें से **विस्तारा** भी टाटा समूह की कंपनी टाटा सन्स के स्वामित्व वाली एयरलाइंस है।
- भारत की सबसे बड़ी एयरलाइन **इंटरग्लोब एविएशन लिमिटेड** है, जिसे **इंडिगो** के नाम से जाना जाता है। इंडिगो एक कम लागत वाली एयरलाइन है, जिसका मुख्यालय गुड़गाँव (गुरुग्राम) में है। अप्रैल 2024 तक 60.6% घरेलू बाजार हिस्सेदारी के साथ, यात्रियों और बेड़े के आकार के आधार पर यह भारत की सबसे बड़ी एयरलाइन है।
- इंडिगो 74 घरेलू हवाई अड्डों पर उड़ान भरता है और 20 अंतरराष्ट्रीय गंतव्यों के लिए भी उड़ान भरता है।

भारतीय वायुपत्तन प्राधिकरण

1 अप्रैल, 1995 को भारतीय वायुपत्तन प्राधिकरण (Airport Authority of India) की स्थापना की गई थी, जोकि भारतीय वायु क्षेत्र में सुरक्षित वायु परिवहन सेवाएँ एवं विमान संचार सेवाएँ प्रदान करने के लिए उत्तरदायी है। भारतीय वायुपत्तन प्राधिकरण 137 विमानपत्तनों (Airport) का प्रबंधन करता है, जिसमें 23 अंतरराष्ट्रीय एयरपोर्ट, 81 घरेलू एयरपोर्ट, 23 सिविल एन्क्लेव तथा 10 सीमा शुल्क एयरपोर्ट शामिल हैं।

ग्रीनफील्ड (Greenfield) हवाई अड्डा

- जब किसी शहर में पुराने एयरपोर्ट से दूर किसी नई जगह पर नई एयरपोर्ट का निर्माण किया जाता है, जहाँ पहले से कोई निर्माण न किया गया हो तो उसे ग्रीनफील्ड एयरपोर्ट कहते हैं। ग्रीनफील्ड एयरपोर्ट किसी खाली और अविकसित जमीन पर ही बनाया जाता है। ग्रीनफील्ड एयरपोर्ट को किसी शहर में पहले से मौजूद एयरपोर्ट पर भीड़ को कम करने के उद्देश्य से बनाया जाता है। आमतौर पर ऐसे ग्रीनफील्ड एयरपोर्ट को शहर से काफी दूर बनाया जाता है, जिससे शहर के अंदर ट्रैफिक के भार को भी कम किया जा सके।
- देश में वर्तमान में 21 ग्रीनफील्ड एयरपोर्ट का निर्माण कार्य प्रगति पर है। इनमें से 10 ग्रीनफील्ड एयरपोर्ट सक्रिय रूप से कार्य कर रहे हैं। दुर्गापुर (पश्चिम बंगाल), कुशीनगर (उत्तर प्रदेश), मोपा (गोवा), शिरडी (महाराष्ट्र), सिंधुदुर्ग (महाराष्ट्र), ओरावकल (आंध्र प्रदेश) और होलंगी (अरुणाचल प्रदेश) आदि प्रमुख ग्रीनफील्ड एयरपोर्ट हैं।

देश के प्रमुख अंतरराष्ट्रीय हवाई अड्डे	
इंदिरा गाँधी अंतरराष्ट्रीय हवाई अड्डा	नई दिल्ली
छत्रपति शिवाजी अंतरराष्ट्रीय हवाई अड्डा	मुंबई
नेताजी सुभाश चन्द्र बोस अंतरराष्ट्रीय हवाई अड्डा	कोलकाता
अन्ना अंतरराष्ट्रीय हवाई अड्डा	चेन्नई
बाबा साहेब अम्बेडकर अंतरराष्ट्रीय हवाई अड्डा	नागपुर
सरदार बल्लभभाई पटेल अंतरराष्ट्रीय हवाई अड्डा	अहमदाबाद
गोपीनाथ बारडोली अंतरराष्ट्रीय हवाई अड्डा	गुवाहाटी
चौधरी चरण सिंह अंतरराष्ट्रीय हवाई अड्डा	लखनऊ
श्री गुरु रामदास जी अंतरराष्ट्रीय हवाई अड्डा	अमृतसर
त्रिवेन्द्रम् अंतरराष्ट्रीय हवाई अड्डा	तिरुवनंतपुरम

देश के प्रमुख अंतरराष्ट्रीय हवाई अड्डे	
कालीकट अंतरराष्ट्रीय हवाई अड्डा	कोझीकोड
शेख अलआलम अंतरराष्ट्रीय हवाई अड्डा	श्रीनगर
राजीव गाँधी अंतरराष्ट्रीय हवाई अड्डा	हैदराबाद
कोचीन अंतरराष्ट्रीय हवाई अड्डा	कोच्चि
वीर सावरकर अंतरराष्ट्रीय हवाई अड्डा	पोर्ट ब्लेयर
डैबोलिम अंतरराष्ट्रीय हवाई अड्डा	गोवा
कैम्पेगोडा अंतरराष्ट्रीय हवाई अड्डा	बेंगलुरु
मंगलौर अंतरराष्ट्रीय हवाई अड्डा	मंगलुरु
देवी अहिल्याबाई होल्कर अंतरराष्ट्रीय हवाई अड्डा	इंदौर
जयपुर अंतरराष्ट्रीय हवाई अड्डा	जयपुर
कोयम्बटूर अंतरराष्ट्रीय हवाई अड्डा	कोयम्बटूर
तिरुचिरापल्ली अंतरराष्ट्रीय हवाई अड्डा	तिरुचिरापल्ली
लाल बहादुरशास्त्री अंतरराष्ट्रीय हवाई अड्डा	वाराणसी

उड़ान (UDAN)

- वायु परिवहन को सुगम बनाने एवं आम जन तक इसकी पहुँच सुनिश्चित करने के लिए वर्ष 2017 में देश के प्रधानमंत्री ने उड़े देश का आम नागरिक (Ude Desh ka Aam Nagarik (UDAN) नामक क्षेत्रीय संपर्क योजना का शुभारंभ किया।
- उड़ान योजना का उद्देश्य क्षेत्रीय हवाई सम्पर्क को बेहतर बनाना, क्षेत्रीय उड्डयन बाजार को विकसित करना एवं वायु मार्ग को किफायती तथा आर्थिक रूप से व्यवहार्य बनाना है। इस योजना में राज्य सरकारों की हिस्सेदारी 20% तथा केंद्र शासित प्रदेशों एवं पूर्वोत्तर राज्यों की हिस्सेदारी 10% होगी। उड़ान योजना 10 वर्षों तक जारी रहेगी।

OOO

19 भारत की जनसंख्या

- किसी भी देश के आर्थिक विकास के लिए उस देश में मानव संसाधनों का विकास भी आवश्यक है। जनसंख्या किसी भी देश की अर्थव्यवस्था को सकारात्मक या नकारात्मक दोनों रूपों में प्रभावित कर सकती है।
- प्राकृतिक संसाधनों के उत्पादन और उपयोग में जनसंख्या के आकार के साथ-साथ जनसंख्या की गुणवत्ता की भी महत्त्वपूर्ण भूमिका होती है। यदि कोई देश प्राकृतिक संसाधनों से संपन्न है और उसकी जनसंख्या भी कम है, फिर भी यदि वहाँ की जनसंख्या का अधिकांश भाग अकुशल और निरक्षर है तो वह देश निर्धन ही रहेगा। लेकिन यदि उस देश की जनसंख्या कुशल एवं उच्च शिक्षित है तो अधिक जनसंख्या के होते हुए भी देश में जीवन स्तर ऊँचा रहेगा।
- किसी भी देश में जनसंख्या की उच्च वृद्धि दर उसके आर्थिक विकास के लाभों को निष्प्रभावी बना देती है। आर्थिक विकास के परिणामस्वरूप राष्ट्रीय आय में वृद्धि तो होती है, लेकिन **जनसंख्या की तीव्र वृद्धि दर के कारण प्रति व्यक्ति आय निम्न बनी रहती है और गरीबी का स्तर ऊँचा बना रहता है।** इस प्रकार जनसंख्या की उच्च वृद्धि दर देश के आर्थिक विकास में बाधक हो जाती है।
- सामान्यत: **किसी देश में आर्थिक विकास के स्तर और जनसंख्या वृद्धि में विपरीत संबंध पाया जाता है** अर्थात् अधिक आर्थिक विकास वाले देशों में जनसंख्या वृद्धि दर कम पाई जाती है और निम्न आर्थिक विकास वाले देशों में जनसंख्या की उच्च वृद्धि दर देखी जाती है।
- वर्ष 2011 की जनगणना के अनुसार **भारत की कुल जनसंख्या 121 करोड़ से अधिक थी, जोकि विश्व की कुल जनसंख्या का 17.5% है।** जबकि **भारत का क्षेत्रफल विश्व के कुल क्षेत्रफल की केवल 2.42%** ही है।
- 2011 की जनसंख्या के अनुसार भारत, चीन के बाद दूसरा सर्वाधिक आबादी वाला देश है और भारत की जनसंख्या **उत्तरी अमेरिका, दक्षिणी अमेरिका** तथा **ऑस्ट्रेलिया** की सम्मिलित जनसंख्या (83.5 करोड़) से भी अधिक है।

विश्व जनसंख्या स्थिति रिपोर्ट-2023

- संयुक्त राष्ट्र जनसंख्या कोष (UNFPA) द्वारा प्रत्येक वर्ष **विश्व जनसंख्या स्थिति रिपोर्ट** जारी की जाती है।
- UNFPA द्वारा वर्ष 2023 में जारी की गई रिपोर्ट के अनुसार वर्ष 2023 के मध्य में भारत की जनसंख्या **142 करोड़** है और यह चीन को पछाड़ते हुए **विश्व का सर्वाधिक आबादी वाला देश** हो गया है।

- वर्ष 2011 में भारत में जनसंख्या की **दशकीय वृद्धि दर 17.7%** थी। जनसंख्या की उच्च वृद्धि दर और बड़े आकार के कारण देश में जनसंख्या विस्फोट की स्थिति बन चुकी है। जब किसी देश में **जन्मदर में तीव्र वृद्धि** और **मृत्युदर में कमी** के कारण बहुत ही कम समय में जनसंख्या तेजी से बढ़ने लगती है तो देश में उपलब्ध संसाधनों पर दबाव बढ़ने लगता है और देश की अर्थव्यवस्था को संभालना मुश्किल होने लगता है, इसे ही **जनसंख्या विस्फोट** की स्थिति कहते हैं। भारत में आर्थिक विकास की गति की तुलना में जनसंख्या की वृद्धि दर अधिक है।

भारत में जनसंख्या वृद्धि की प्रवृत्तियाँ

- भारत में **नियमित जनगणना 1872** में प्रारंभ हुई। 1872 की जनगणना को शामिल करते हुए वर्ष 2011 तक देश में **कुल पंद्रह बार जनगणना** की जा चुकी है। इनमें से 1911-1921 के दशक को छोड़ दिया जाए तो 1872 से लेकर अब तक भारत की जनसंख्या में निरंतर वृद्धि दर्ज की गई है। 1911-1921 के दशक में बीमारियों से बड़े पैमाने पर मृत्यु होने के कारण जनसंख्या में तीव्र गिरावट आई थी, जिसे 1921 की जनगणना में दर्ज किया गया था।
- 20वीं सदी के आरंभ में (जनगणना-1901) भारत की जनसंख्या **23.8 करोड़** थी जोकि 21वीं सदी के आरंभ में बढ़कर **102.8 करोड़** (जनगणना-2001) हो गई। अर्थात् 1901 से 2001 तक

100 वर्षों की अवधि में जनसंख्या में चार गुना से भी अधिक की वृद्धि देखी गई।

- 1901-1951 की अवधि में भारत की जनसंख्या में केवल **डेढ़ गुना की वृद्धि** (1901 में 28.8 करोड़ से बढ़कर 1951 में लगभग 36.1 करोड़) देखी गई, जबकि 1951-2001 के बीच पचास वर्षों की अवधि में जनसंख्या में **तीन गुना की वृद्धि** दर्ज की गई। वर्ष 2001 में भारत की जनसंख्या 102.8 करोड़ तक पहुँच गई। अर्थात् 1901-1951 की अवधि में जनसंख्या में सामान्य दर से वृद्धि हुई, जबकि 1951-2001 की अवधि में जनसंख्या में तीव्र वृद्धि हुई।
- 20वीं सदी में भारतीय जनसंख्या वृद्धि को चार चरणों में बाँटा जा सकता है-

a. स्थिर जनसंख्या की अवधि (1921 से पहले)

- 20वीं सदी के प्रारंभ में **जन्मदर एवं मृत्युदर दोनों उच्च** एवं समान होने के कारण कुल जनसंख्या स्थिर रही। सांस्कृतिक और धार्मिक प्रभाव तथा साक्षरता का स्तर निम्न होने के कारण इस अवधि में जन्मदर तो उच्च थी ही, साथ में दुर्भिक्ष और महामारियों के प्रसार के कारण मृत्युदर भी उच्च स्तर पर थी। इस कारण 1921 की जनगणना तक जनसंख्या में कोई विशेष वृद्धि नहीं देखी गई, बल्कि 1921 की जनगणना में **0.31% की ऋणात्मक वृद्धि** दर्ज की गई, इसका मुख्य कारण यह था कि 1911-1921 के दशक में प्लेग, हैजा और चेचक जैसी महामारियों के चलते मृत्युदर में तेजी आ गई थी। अत: 1921 के वर्ष को भारत के जनसांख्यिकीय इतिहास में **महान विभाजक वर्ष** (Demographic Divide Year) कहते हैं। इस अवधि में भारत जनांकिकीय संक्रमण के प्रथम चरण से गुजर रहा था।

b. सामान्य वृद्धि की अवधि (1921-1951)

- 1921-1951 की अवधि को जनसंख्या में **सामान्य वृद्धि का युग** कहा जाता है। इस अवधि में देश की जनसंख्या में स्थिर दर से सामान्य वृद्धि हुई। वास्तव में यह **मृत्यु प्रेरित वृद्धि दर** (Mortality Induced Growth) का काल था। 1921 के बाद देश में स्वास्थ्य सेवाओं का विस्तार हुआ, जिससे प्लेग एवं चेचक जैसी महामारियों से होने वाली मौतों में कमी आई और परिवहन साधनों के विस्तार से खाद्यान्न आपूर्ति के परिणामस्वरूप दुर्भिक्षों से होने वाली मौतों में भी कमी आई, अर्थात् इस अवधि में मृत्युदर में कमी आई। जबकि जन्मदर उच्च बनी रही, परिणामस्वरूप **इस अवधि में जनसंख्या में सामान्य वृद्धि हुई।** 1951 में जनसंख्या वृद्धि दर में अचानक गिरावट आई, जिसका मुख्य कारण देश का विभाजन था।

c. अति तीव्र वृद्धि की अवधि (1951-1981)

- जनसंख्या में सामान्य वृद्धि के काल के बाद 1951-81 की अवधि में जनसंख्या में **अति तीव्र वृद्धि** देखी गई जोकि **प्रजनन प्रेरित वृद्धि दर** (Fertility Induced Growth) का परिणाम था। इस अवधि में जनसंख्या की **वृद्धि दर** एवं **निवल वृद्धि** (Net Growth) आश्चर्यजनक रूप से काफी अधिक रही। इस अवधि में जनसंख्या में होने वाली तीव्र वृद्धि 'उच्च जन्मदर' के अलावा मृत्युदर में उल्लेखनीय कमी का भी परिणाम थी। तीव्र आर्थिक विकास दर, हरित क्रांति के कारण खाद्यान्न उत्पादन में आत्मनिर्भरता तथा स्वास्थ्य सेवाओं के विस्तार के कारण मृत्युदर में कमी आई। इसके परिणामस्वरूप इन 30 वर्षों की अवधि में भारत की जनसंख्या लगभग दोगुनी हो गई। 1951 में 36.1 करोड़ से बढ़कर 1981 में भारत की जनसंख्या 68.3 करोड़ हो गई। **1971 का वर्ष** भारत के जनांकिकीय इतिहास में **सर्वाधिक 24.8% वृद्धि दर** वाला जनगणना वर्ष रहा है। हालाँकि 1981 में 24.6% के साथ वृद्धिदर में कुछ कमी आई।
- इसके अलावा इस अवधि में तिब्बत, नेपाल एवं बांग्लादेश से भारत में होने वाला अंतरराष्ट्रीय प्रवास भी जनसंख्या वृद्धि का एक प्रमुख कारण था।

d. वृद्धि दर में निरंतर गिरावट के साथ तीव्र वृद्धि (1981-2011)

- यद्यपि इस अवधि में भी वृद्धि दर ऊँची बनी रही, लेकिन इसमें लगातार गिरावट दर्ज की गई है जोकि जनांकिकीय इतिहास में नए परिवर्तनों का द्योतक है। 1981 में वृद्धि दर **24.6%** थी जोकि 1991 में 23.8%, 2001 में **21.3%** और 2011 में घटकर **17.64%** रह गई है। परंतु जनसंख्या के विशाल आकार के कारण कुल जनसंख्या वृद्धि पर इसका कोई विशेष प्रभाव नहीं पड़ा है। मात्र 2001-2011 की दस वर्षों की अवधि में जनसंख्या में लगभग **18 करोड़** की वृद्धि हुई है।

भारत की जनसंख्या तथा उसकी वृद्धि दर (1901-2011)						
जनगणना वर्ष	जनसंख्या	दशकीय वृद्धि (%)	ग्रामीण जनसंख्या	शहरी जनसंख्या (%)	साक्षरता दर (1951-2011)	लिंग अनुपात
1901	23,83,96,327	–	89.20	10.84	–	972
1911	25,20,93,390	5.75	89.70	10.29	–	964
1921	25,13,21,213	-0.31	88.80	11.18	–	955
1931	27,89,77,238	11.00	88.00	11.99	–	950
1941	31,86,60,580	14.22	86.10	13.86	–	945
1951	36,10,88,090	13.31	82.70	17.29	18.33	946
1961	43,92,34,771	21.64	82.00	17.97	28.30	941
1971	54,81,59,652	**24.80**	80.10	19.91	34.45	930
1981	68,33,29,097	24.66	76.70	23.34	43.57	934
1991	83,85,83,988	23.87	74.30	25.72	52.21	927
2001	1,02,87,37,436	21.54	72.20	27.81	64.84	933
2011	1,21,08,54,977	17.72	68.85	31.16	73.00	943

भारत की जनगणना-2011

- जनगणना के अंतर्गत देश में लोगों की संख्या, समय के साथ जनसंख्या में होने वाली वृद्धि **(वृद्धि दर), जनघनत्व, ग्रामीण एवं शहरी अनुपात, विभिन्न जातीय एवं धार्मिक समूहों की संख्या** के अलावा जनसंख्या की संरचनात्मक विशेषताओं, जैसे- **लिंगानुपात, साक्षरता, आयु संरचना, जीवन प्रत्याशा तथा कार्यशील एवं निर्भर जनसंख्या** का अध्ययन किया जाता है।
- भारत में जनगणना का प्रचलन प्राचीन काल से ही रहा है। मौर्यकालीन **कौटिल्य के अर्थशास्त्र** में राज्य की आर्थिक गतिविधियों एवं जन कल्याण हेतु बनने वाली नीतियों के सुचारु रूप से संचालन के लिए जनगणना को आवश्यक बताया गया है। मुगल काल में अबुल फजल के **आईने अकबरी** में जनगणना कार्य कराए जाने का उल्लेख मिलता है।
- भारत में पहली आधुनिक जनगणना सर्वप्रथम **लॉर्ड मेयो** के शासनकाल में **1872** में कराई गई थी। दूसरी जनगणना लार्ड रिपन के शासनकाल में 1881 में कराई गई। वर्ष 1881 से ही भारत में **दशकीय जनगणना** का प्रचलन प्रारंभ हुआ और तब से प्रत्येक 10 वर्ष के अंतराल पर इसे कराए जाने की घोषणा की गई।
- 1872 की जनगणना को शामिल करते हुए वर्ष 2011 की जनगणना **भारत की 15वीं और स्वतंत्र भारत की 7वीं जनगणना थी।**
- भारतीय संविधान में जनगणना संघसूची (Union List) का विषय है। केंद्र सरकार **अनुच्छेद 246** के तहत प्रत्येक दस वर्ष के अंतराल पर जनगणना कराती है।
- जनगणना को सुचारु रूप से कराने के लिए 1961 में गृह मंत्रालय के अंतर्गत **जनगणना विभाग** (Census Department) का गठन किया गया था। **महापंजीयक एवं जनगणना आयुक्त** (Registrar General and Census) इस विभाग का शीर्ष अधिकारी होता है।
- 21वीं सदी की दूसरी जनगणना अर्थात् जनगणना-2011 के अंतरिम आँकड़े महापंजीयक एवं जनगणना आयुक्त **सी. चंद्रमौली** की उपस्थिति में 31 मार्च, 2011 को जारी किए गए थे। 2011 की जनगणना का शुभंकर (Mascot) एक प्रगणक शिक्षिका को बनाया गया था और इसका थीम था - **हमारी जिंदगी हमारा भविष्य** (Our Census Our Future)।
- वर्ष 2011 की जनगणना के अनुसार 1 मार्च, 2011 को भारत की कुल जनसंख्या 1,21,08,54,977 (121 करोड़ 8 लाख 54 हजार 9 सौ सतहत्तर) थी, जोकि विश्व की कुल जनसंख्या का 17.5% है।

- 2011 की जनगणना के अनुसार देश में महिलाओं की कुल आबादी 58 करोड़ 75 लाख तथा पुरुषों की कुल आबादी 62 करोड़ 32 लाख है।
- भारत की जनसंख्या **संयुक्त राज्य अमेरिका, ब्राजील, इंडोनेशिया, पाकिस्तान, बांग्लादेश** और **जापान** की सम्मिलित जनसंख्या के बराबर है।

दशकीय वृद्धि दर

- 2011 की जनगणना का सबसे उल्लेखनीय पक्ष यह है कि इसमें पिछले दशक (1991-2001) की तुलना में **दशकीय वृद्धि दर में गिरावट दर्ज** की गई है। जहाँ वर्ष 1991-2001 की अवधि में भारत की जनसंख्या में **21.54%** की वृद्धि दर्ज की गई थी, वहीं 2011 की जनगणना में दशकीय वृद्धि (2001-2011) घटकर **17.64%** रह गई है।
- वर्ष 2001 में भारत की जनसंख्या 102,87,37,436 थी। वर्ष 2011 में **17.64%** की दशकीय वृद्धि के कारण 2001-2011 के दौरान भारत की **जनसंख्या में 18.18 करोड़ की वृद्धि** हुई है।
- देश में पुरुषों की आबादी में 17% और महिलाओं की आबादी में 18% की बढ़ोत्तरी हुई है।
- भारत में जनसंख्या की वृद्धि दर में अत्यधिक प्रादेशिक विषमताएँ हैं। वर्ष 2001-2011 के दशक में सर्वाधिक वृद्धि दर वाला राज्य **मेघालय** (27.95%) है। जबकि न्यूनतम वृद्धि दर वाला राज्य **नागालैण्ड** (-0A58%) है।
- **नागालैण्ड देश का एकमात्रा राज्य है, जहाँ जनसंख्या वृद्धि दर नकारात्मक रही है** अर्थात् इस दशक में नागालैण्ड में जनसंख्या वृद्धि में ह्रास हुआ है। जबकि पिछले दशक (1991-2001) में नागालैण्ड सर्वाधिक जनसंख्या वृद्धि दर वाला राज्य था।

जनगणना-2011 जनसंख्या-आकार के अनुसार राज्य तथा केंद्रशासित प्रदेश क्रमशः घटते क्रम में

2011 में क्रम	राज्य/केंद्रशासित प्रदेश	2011 में जनसंख्या			भारत की कुल जनसंख्या का प्रतिशत (2011)
		कुल जनसंख्या	दशकीय वृद्धि (%)	वार्षिक वृद्धि (%)	
1.	उत्तर प्रदेश	19,98,12,341	20.09	–	16.50
2.	महाराष्ट्र	11,23,74,333	15.99	–	9.28
3.	बिहार	10,40,99,452	25.07	–	8.60
4.	पश्चिम बंगाल	9,12,76,115	13.93	–	7.54
5.	आंध्र प्रदेश	8,45,80,777	11.10	–	6.99
6.	मध्य प्रदेश	7,26,26,809	20.30	–	6.00
7.	तमिलनाडु	7,21,47,030	4.9	–	5.96
8.	राजस्थान	6,85,48,737	21.44	–	5.66
9.	कर्नाटक	6,10,95,297	15.67	–	5.05
10.	गुजरात	6,04,39,692	19.17	–	4.99
11.	ओडिशा	4,19,74,218	13.97	–	3.47
12.	केरल	3,34,06,061	4.85	–	2.76
13.	झारखण्ड	3,29,88,134	22.34	–	2.72
14.	असम	3,12,05,576	16.93	–	2.58
15.	पंजाब	2,77,43,338	13.73	–	2.29
16.	छत्तीसगढ़	2,55,45,198	22.59	–	2.11

जनगणना-2011 जनसंख्या-आकार के अनुसार राज्य तथा केंद्रशासित प्रदेश क्रमशः घटते क्रम में					
2011 में क्रम	राज्य/केंद्रशासित प्रदेश	2011 में जनसंख्या			भारत की कुल जनसंख्या का प्रतिशत (2011)
		कुल जनसंख्या	दशकीय वृद्धि (%)	वार्षिक वृद्धि (%)	
17.	हरियाणा	2,53,51,462	19.90	–	2.09
18.	दिल्ली	1,67,87,941	21.96	–	1.39
19.	जम्मू-कश्मीर	1,25,41,302	23.71	–	1.04
20.	उत्तराखण्ड	1,00,86,292	18.81	–	0.83
21.	हिमाचल प्रदेश	68,64,602	12.81	–	0.57
22.	त्रिपुरा	36,73,917	14.75	–	0.30
23.	मेघालय	29,66,889	27.95	–	0.24
24.	मणिपुर	27,31,756	18.65	–	0.25
25.	नागालैण्ड	19,78,502	-0.6	–	0.16
26.	गोवा	14,58,545	8.07	–	0.12
27.	अरुणाचल प्रदेश	13,83,727	25.92	–	0.11
28.	पुदुचेरी	12,47,953	27.72	–	0.10
29.	मिजोरम	10,97,206	22.78	–	0.09
30.	चंडीगढ़	10,55,450	17.10	–	0.09
31.	सिक्किम	6,10,577	12.36	–	0.05
32.	अंडमान-निकोबार	3,80,581	6.58	–	0.03
33.	दादरा एवं नगर हवेली	3,43,709	55.50	–	0.03
34.	दमन एवं दीव	2,43,247	53.54	–	0.02
35.	लक्षद्वीप	64,473	6.23	–	0.01
भारत		1,21,08,54,977	17.7	1.64	100

जनगणना-2011 - लिंगानुपात व साक्षरता के अनुसार राज्यों तथा केंद्रशासित प्रदेशों का क्रम						
2011 में क्रम	राज्य/केंद्रशासित प्रदेश	जनघनत्व	लिंगानुपात	साक्षरता दर		
				पुरुष	महिलाएँ	कुल
1.	उत्तर प्रदेश	829	912	77.28	57.18	67.68
2.	महाराष्ट्र	365	929	88.38	75.87	82.34
3.	बिहार	1106	918	71.20	51.50	61.80
4.	पश्चिम बंगाल	1028	950	81.69	70.54	76.26
5.	आंध्र प्रदेश	308	993	74.88	59.15	67.02

जनगणना-2011 - लिंगानुपात व साक्षरता के अनुसार राज्यों तथा केंद्रशासित प्रदेशों का क्रम						
2011 में क्रम	राज्य/केंद्रशासित प्रदेश	जनघनत्व	लिंगानुपात	साक्षरता दर		
				पुरुष	महिलाएँ	कुल
6.	मध्य प्रदेश	555	996	86.77	73.44	80.09
7.	तमिलनाडु	236	931	78.73	59.24	69.32
8.	राजस्थान	200	928	79.2	52.12	6.11
9.	कर्नाटक	319	973	82.5	68.1	75.4
10.	गुजरात	308	919	85.8	69.7	78.03
11.	ओडिशा	270	979	81.6	64.01	72.9
12.	केरल	860	1084	96.11	92.1	94.00
13.	झारखण्ड	414	949	76.84	55.42	66.41
14.	असम	398	958	77.85	66.3	72.2
15.	पंजाब	551	895	80.44	70.73	75.84
16.	छत्तीसगढ़	573	879	84.1	65.94	75.6
17.	हरियाणा	189	991	80.3	60.24	70.3
18.	दिल्ली	11320	868	90.94	80.8	86.21
19.	जम्मू-कश्मीर	124	889	76.8	56.43	67.2
20.	उत्तराखण्ड	189	963	87.40	70.01	78.82
21.	हिमाचल प्रदेश	123	972	89.53	75.93	82.80
22.	त्रिपुरा	350	960	91.53	82.73	87.22
23.	मेघालय	128	985	86.1	72.4	79.2
24.	मणिपुर	132	989	75.95	70.89	74.43
25.	नागालैण्ड	119	931	82.75	76.11	79.55
26.	गोवा	394	973	92.65	84.66	88.70
27.	अरुणाचल प्रदेश	17	938	72.55	57.70	65.38
28.	पुदुचेरी	2547	1037	91.26	80.67	85.85
29.	मिजोरम	9258	818	89.99	81.19	86.05
30.	चंडीगढ़	52	976	93.35	89.27	91.33
31.	सिक्किम	86	890	86.55	75.61	81.42
32.	अंडमान-निकोबार	46	876	90.37	82.43	86.63
33.	दादरा एवं नगर हवेली	698	774	85.17	64.32	76.24

जनगणना-2011 - लिंगानुपात व साक्षरता के अनुसार राज्यों तथा केंद्रशासित प्रदेशों का क्रम						
2011 में क्रम	राज्य/केंद्रशासित प्रदेश	जनघनत्व	लिंगानुपात	साक्षरता दर		
				पुरुष	महिलाएँ	कुल
34.	दमन एवं दीव	2191	618	91.54	79.55	87.10
35.	लक्षद्वीप	2149	946	95.56	87.95	91.85
भारत		382	943	82.14	65.46	73.04

दशकीय वृद्धि दर वाले शीर्ष 5 राज्य/केंद्रशासित प्रदेश	
राज्य/केंद्रशासित प्रदेश	वृद्धि दर (प्रतिशत में)
दादरा और नगर हवेली	55.88
दमन और दीव	53.76
पुदुचेरी	28.08
मेघालय	27.95
अरुणाचल प्रदेश	26.03

न्यूनतम दशकीय वृद्धि दर वाले शीर्ष 5 राज्य/केंद्रशासित प्रदेश	
राज्य/केंद्रशासित प्रदेश	वृद्धि दर (प्रतिशत में)
नागालैण्ड	- 0.58
केरल	4.91
लक्षद्वीप	6.30
अंडमान और निकोबार द्वीप	6.86
गोवा	8.23

भारत में जनसंख्या का वितरण

- जनसंख्या की दृष्टि से देश के **5 सबसे बड़े राज्य** क्रमशः:- उत्तर प्रदेश, महाराष्ट्र, बिहार, पश्चिम बंगाल तथा आंध्र प्रदेश हैं। देश की **आधी जनसंख्या केवल इन 5 राज्यों में** निवास करती है।
- सर्वाधिक जनसंख्या वाले राज्य उत्तर प्रदेश (19.9 करोड़) में देश की **16.5% आबादी** बसी हुई है जबकि इसका क्षेत्रफल देश के कुल क्षेत्रफल का केवल 7.25% ही है।
- क्षेत्रफल की दृष्टि से सबसे बड़े राज्य राजस्थान और मध्य प्रदेश हैं, लेकिन उत्तर प्रदेश की जनसंख्या इन दोनों राज्यों की कुल जनसंख्या से भी अधिक है।
- उत्तर प्रदेश की जनसंख्या पड़ोसी देश पाकिस्तान से भी अधिक है, जोकि जनसंख्या की दृष्टि से **विश्व का छठा सबसे बड़ा देश** है।
- जनसंख्या की दृष्टि से **दूसरे सबसे बड़े राज्य महाराष्ट्र** में देश की 9.2% आबादी निवास करती है। लेकिन महाराष्ट्र का क्षेत्रफल भी देश के कुल क्षेत्रफल का लगभग 9% ही है।
- देश की एक-चौथाई (25% से अधिक) आबादी केवल दो राज्यों **उत्तर प्रदेश और महाराष्ट्र** में निवास करती है।
- जनसंख्या की दृष्टि से **तीसरे सबसे बड़े राज्य बिहार** में 8.6% आबादी रहती है, जबकि बिहार का क्षेत्रफल मात्रा 2.8% ही है। 1991 की जनगणना में बिहार पाँचवें स्थान पर था, लेकिन राज्य के विभाजन के बावजूद यह वर्ष 2001 में ही जनसंख्या की दृष्टि से तीसरा सबसे बड़ा राज्य बन गया है।
- भारत के बीस (20) राज्य ऐसे हैं, जिनकी जनसंख्या एक करोड़ से अधिक है। केंद्रशासित प्रदेश दिल्ली की आबादी भी एक करोड़ से अधिक है।
- जबकि छह (6) राज्य/केंद्रशासित प्रदेश ऐसे हैं, जहाँ जनसंख्या दस (10) लाख के आँकड़े से भी कम है। राज्यों में सबसे कम जनसंख्या **सिक्किम** (6 लाख) में है, जबकि केंद्रशासित प्रदेशों में सबसे कम आबादी **लक्षद्वीप** (64 हजार) में है।
- अत: स्पष्ट है कि उत्तर भारत के मैदान और तटीय मैदानों में सर्वाधिक जनसंख्या का संकेद्रण है। मालाबार तट एवं कोरोमंडल तट घनी आबादी वाले क्षेत्र हैं। पठारी भारत में जनसंख्या का संकेद्रण मध्यम दर्जे का है। जबकि देश के मरुस्थलीय भाग, गुजरात के अर्धशुष्क क्षेत्र एवं हिमालय के ऊँचे पर्वतीय क्षेत्र जनसंख्या से लगभग वंचित हैं।

जनसंख्या की दृष्टि से शीर्ष पाँच राज्य	
राज्य	जनसंख्या (करोड़ में)
उत्तर प्रदेश	19.981 (16.51%)
महाराष्ट्र	11.237 (9.28%)
बिहार	10.409 (8.60%)
पं. बंगाल	9.127 (7.54%)

जनसंख्या की दृष्टि से शीर्ष पाँच राज्य	
राज्य	जनसंख्या (करोड़ में)
आंध्र प्रदेश	8.458 (6.99%)

जनसंख्या की दृष्टि से छोटे राज्य	
सिक्किम	6.1 लाख
अरुणाचल प्रदेश	13 लाख
गोवा	14.5 लाख
नागालैण्ड	19 लाख

जनसंख्या की दृष्टि से केंद्रशासित प्रदेशों का घटता हुआ क्रम	
केंद्रशासित प्रदेश	जनसंख्या (करोड़ में)
दिल्ली	1,67,87,941
जम्मू-कश्मीर	1,25,41,302
पुदुचेरी	12,47,953
चंडीगढ़	10,55,450
अंडमान एवं निकोबार	3,80,581
दादरा एवं नगर हवेली	3,43,709
दमन और दीव	2,43,247
लक्षद्वीप	64,473

जनघनत्व (Population Density)

- सामान्यत: किसी देश या क्षेत्र विशेष में **प्रति वर्ग किमी. क्षेत्र में निवास करने वाले व्यक्तियों की संख्या** को **जनघनत्व** कहा जाता है। जनघनत्व किसी क्षेत्र विशेष में जनसंख्या के दबाव का परिचायक है।
- भारत विश्व के सर्वाधिक सघन जनसंख्या वाले देशों में से एक है। देश का क्षेत्रफल स्थिर होने एवं जनसंख्या में निरंतर वृद्धि होने के परिणामस्वरूप यहाँ जनघनत्व लगातार बढ़ता जा रहा है।
- वर्ष 2001 में जहाँ भारत का जनघनत्व 325 व्यक्ति प्रति वर्ग किमी. था, वहीं 2011 में भारत का जनसंख्या घनत्व **382 व्यक्ति प्रति वर्ग किमी.** हो गया है। अर्थात् वर्ष 2001-2011 के दशक में **जनघनत्व में 57 की वृद्धि** दर्ज की गई है। वर्ष 2001-2011 के मध्य जनघनत्व में 17.5% की वृद्धि हुई है।
- उत्तर भारत के मैदान में स्थित क्रमशः **बिहार (1106)** और **पश्चिम बंगाल (1028)** सर्वाधिक जनघनत्व वाले राज्य हैं। इसके बाद सर्वाधिक जनघनत्व मालाबार तट पर स्थित **केरल राज्य** में पाया जाता है।
- वहीं देश के पर्वतीय क्षेत्रों में स्थित अरुणाचल प्रदेश, मिजोरम तथा सिक्किम जैसे राज्यों में जनघनत्व 100 से भी कम पाया जाता है। देश में **न्यूनतम जनघनत्व वाला राज्य अरुणाचल प्रदेश** है, जहाँ प्रति वर्ग किमी. क्षेत्र में केवल 17 लोग निवास करते हैं।
- केंद्रशासित प्रदेशों में सर्वाधिक जनघनत्व दिल्ली में है, जहाँ प्रति वर्ग किमी. क्षेत्रफल में 11,320 व्यक्ति निवास करते हैं। जबकि न्यूनतम जनघनत्व वाला केंद्रशासित प्रदेश अंडमान एवं निकोबार (46) है।
- वर्ष 1901 से 2011 तक भारत के जनघनत्व में लगातार वृद्धि देखी गई है। केवल 1921 में महामारी एवं दुर्भिक्ष के कारण जनघनत्व में 1 व्यक्ति प्रति वर्ग किमी. की कमी दर्ज की गई थी।

जनगणना वर्ष	घनत्व (व्यक्ति/वर्ग किमी.)	संख्या वृद्धि	वृद्धि प्रतिशत
1901	77	-	-
1911	82	05	6.5
1921	81	(-) 01	(-) 1.2
1931	90	09	11.1
1941	103	13	14.4
1951	117	14	13.6
1961	142	25	21.4
1971	177	35	24.6
1981	216	39	22
1991	267	51	23.6
2001	325	58	21.7
2011	382	57	17.5

शीर्ष पाँच जनघनत्व वाले राज्य	
राज्य	प्रतिशत
बिहार	1106
पश्चिम बंगाल	1028
केरल	860
उत्तर प्रदेश	829
हरियाणा	573

न्यूनतम पाँच जनघनत्व वाले राज्य	
राज्य	प्रतिशत
अरुणाचल प्रदेश	17
मिजोरम	52

न्यूनतम पाँच जनघनत्व वाले राज्य	
राज्य	प्रतिशत
सिक्किम	86
नागालैण्ड	119
हिमाचल प्रदेश	123

जनघनत्व की दृष्टि से केंद्रशासित राज्यों का घटता क्रम	
प्रदेश	जनघनत्व/वर्ग किमी.
राष्ट्रीय राजधानी क्षेत्र दिल्ली	11320
चण्डीगढ़	9258
पुदुचेरी	2547
दमन एवं दीव	2191
लक्षद्वीप	2149
दादरा एवं नगर हवेली	700
अंडमान एवं निकोबार	46

सर्वाधिक जनघनत्व वाले दो जिले		
जिले	राज्य	जनघनत्व
उत्तर-पूर्वी दिल्ली	दिल्ली	37346
चेन्नई	तमिलनाडु	26903

न्यूनतम जनघनत्व वाले दो जिले		
जिले	राज्य	जनघनत्व
दिवांग घाटी	अरुणाचल प्रदेश	1
सम्बा	जम्मू कश्मीर	2

जनसंख्या की संरचनात्मक विशेषताएँ अथवा जनांकिकीय गुण

जनसंख्या की संरचनात्मक विशेषताएँ बताने वाले चरों को जनांकिकीय चर कहा जाता है। जनसंख्या की संरचनात्मक विशेषताओं के अंतर्गत सामान्य तौर पर 6 चरों को शामिल किया जाता है–

1. लिंगानुपात
2. साक्षरता
3. आयु संरचना
4. जीवन प्रत्याशा
5. कार्यशील जनसंख्या
6. निर्भर जनसंख्या

इन 6 चरों की विशेषताएँ ही किसी देश में मानव संसाधन की गुणवत्ता का निर्धारण करती हैं।

लिंगानुपात (Sex Ratio) – 2011

- भारत में **प्रति 1000 पुरुषों की तुलना में स्त्रियों की संख्या** को लिंगानुपात के रूप में व्यक्त किया जाता है। 1000 से कम लिंगानुपात से आशय है कि पुरुषों की तुलना में स्त्रियों की संख्या कम है।
- जनगणना-2011 के अनुसार **देश का लिंगानुपात 943** है अर्थात् देश में 1000 पुरुषों के मुकाबले महिलाओं की संख्या 943 है।
- अपवाद स्वरूप 1951 के वर्ष को छोड़ दिया जाए तो 1901 से लेकर 1991 तक लिंगानुपात में निरंतर कमी आई है। वर्ष 1951 में लिंगानुपात में पिछले दशक के मुकाबले एक अंक की वृद्धि दर्ज की गई थी। **21वीं सदी की दोनों जनगणना (2001 और 2011) में लिंगानुपात में निरंतर सुधार हुआ** है।
- जहाँ वर्ष 1991 में भारत का कुल लिंगानुपात **927** था, वहीं वर्ष 2001 में यह बढ़कर **933** और 2011 की जनगणना में यह बढ़कर **943** हो गया है, जोकि वर्ष 1961 के बाद सर्वाधिक है। लिंगानुपात में 10 अंकों की यह वृद्धि एक सकारात्मक प्रवृत्ति है।

भारत में लिंग संरचना			
वर्ष	लिंगानुपात	वर्ष	लिंगानुपात
1901	972	1961	941
1911	964	1971	930
1921	955	1981	934
1931	950	1991	927
1941	945	2001	933
1951	946	2011	943

- पिछले दशक की तुलना में वर्ष 2001-2011 के दशक में 29 राज्यों एवं केंद्रशासित प्रदेशों में लिंगानुपात में सुधार हुआ है, लेकिन **बिहार, गुजरात** और **जम्मू-कश्मीर में लिंगानुपात में गिरावट आई** है।
- 2011 की जनगणना के अनुसार क्रमशः **केरल (1084), तमिलनाडु (996)** एवं **आंध्र प्रदेश (993)** सर्वाधिक लिंगानुपात वाले राज्य हैं।
- केवल दो राज्यों/केंद्रशासित प्रदेशों में महिलाओं की संख्या पुरुषों से अधिक है अर्थात यहाँ लिंगानुपात 1000 से अधिक है- केरल (1084) एवं पुदुचेरी (1037)
- राज्यों में सबसे कम लिंगानुपात **हरियाणा (879)** में दर्ज किया गया है।
- जबकि केंद्रशासित प्रदेशों में सबसे कम लिंगानुपात **दमन एवं दीव (618)** और **चंडीगढ़ (818)** में दर्ज किया गया है।

- हरियाणा (879) और चंडीगढ़ (818) में पिछले 110 वर्षों में सबसे बेहतर महिला अनुपात दर्ज किया गया है। लेकिन यह अब भी देश में सबसे निचले स्तर पर है, जो इस बात की पुष्टि करता है कि इन दोनों राज्यों में कन्या भ्रूण हत्याएँ अब भी उच्चतम स्तर पर हैं।
- वर्ष 2011 की जनगणना में हरियाणा का लिंगानुपात केवल 861 था अर्थात् यहाँ लिंगानुपात में 18 अंकों की वृद्धि दर्ज की गई है।
- भारत में लड़कियों की तुलना में लड़कों को वरीयता देने एवं कन्या भ्रूण हत्या की प्रवृत्ति कम लिंगानुपात का मुख्य कारण है।
- कन्या भ्रूण हत्या के लिए कुख्यात हो चुके **हरियाणा, पंजाब, दिल्ली** और **चंडीगढ़** में पुरुषों की तुलना में महिलाओं की संख्या का बढ़ना एक सुखद स्थिति है। परंतु इसे कन्या भ्रूण हत्या में कमी से जोड़कर देखना तर्कसंगत नहीं लगता है, क्योंकि अगर इन राज्यों में लिंगानुपात में सुधार कन्या भ्रूण हत्या में कमी के कारण होता तो बाल लिंगानुपात में भी अपेक्षित वृद्धि होनी चाहिए थी। लेकिन वर्ष 2011 की जनगणना में 0-6 **आयु वर्ग के बच्चों में लिंगानुपात** 927 से घटकर 919 हो गया है।

शीर्ष लिंगानुपात वाले राज्य

राज्य	लिंगानुपात
केरल	1048
तमिलनाडु	996
आंध्र प्रदेश	993
छत्तीसगढ़	991
मेघालय	989

न्यूनतम लिंगानुपात वाले राज्य

राज्य	लिंगानुपात
हरियाणा	879
जम्मू-कश्मीर	889
सिक्किम	890
पंजाब	895
उत्तर प्रदेश	912

लिंगानुपात की दृष्टि से केंद्रशासित राज्यों का घटता क्रम

प्रदेश	लिंगानुपात
पुदुचेरी	1037
लक्षद्वीप	947
अंडमान एवं निकोबार	876
दिल्ली	868
चण्डीगढ़	818
दादरा एवं नगर हवेली	774
दमन एवं दीव	618

सर्वाधिक लिंगानुपात वाले 2 जिले

माहे (पुदुचेरी)	-	1176
अल्मोड़ा (उत्तराखण्ड)	-	1139

न्यूनतम लिंगानुपात वाले 2 जिले

दमन व दीव	-	533
लेह (लद्दाख) (जम्मू कश्मीर)	-	583

बाल-लिंगानुपात

- 0.6 आयु वर्ग में लिंगानुपात में कमी आई है वर्ष 2011 में यह 919 है जबकि 2001 में 927 था।
- वर्ष 2011 की जनगणना में 0-6 आयु वर्ग के बच्चों का लिंगानुपात स्वतंत्रता के पश्चात् सबसे निचले स्तर पर पहुँच गया है। भारत में बाल लिंगानुपात में यह गिरावट वर्ष 1961 से 2011 तक क्रमिक रूप में दर्ज की जा रही है।
- वर्ष 2001 में जहाँ बच्चों में 1000 लड़कों पर 927 लड़कियाँ थीं, वहीं 2011 में यह संख्या घटकर 919 रह गई है।
- 0-6 आयु वर्ग में अधिकतम बाल लिंगानुपात वाला राज्य **अरुणाचल प्रदेश (972)** है, जबकि न्यूनतम बाल लिंगानुपात वाला राज्य **हरियाणा (834)** है।

वर्ष	लिंगानुपात 0.6 आयु वर्ग में	कुल औसत लिंगानुपात
1961	976	941
1971	964	930
1981	962	934
1991	945	927
2001	927	933
2011	919	943

0.6 आयु वर्ग के शीर्ष पाँच लिंगानुपात वाले राज्य

राज्य	लिंगानुपात
अरुणाचल प्रदेश	972
मिजोरम/मेघालय	970
छत्तीसगढ़	969
केरल	964
असम	962

0.6 आयु वर्ग में न्यूनतम पाँच लिंगानुपात वाले राज्य	
हरियाणा	834
पंजाब	346
जम्मू-कश्मीर	862
राजस्थान	888
उत्तराखण्ड	890

0.6 आयु वर्ग में शीर्ष लिंगानुपात वाले दो केंद्रशासित प्रदेश	
केंद्रशासित प्रदेश	**लिंगानुपात**
अंडमान एवं निकोबार	968
पुदुचेरी	967

0.6 आयु वर्ग में न्यूनतम लिंगानुपात वाले दो केंद्रशासित प्रदेश	
केंद्रशासित प्रदेश	**लिंगानुपात**
दिल्ली	871
चण्डीगढ़	880

साक्षरता दर (Literacy Rate)

- जनसंख्या को मानव संसाधन में परिवर्तित करने में शिक्षा की अहम भूमिका होती है और साक्षरता, शिक्षा का न्यूनतम मानक होती है। सामाजिक-आर्थिक विकास में साक्षरता की महत्त्वपूर्ण भूमिका होती है। इसलिए इसे **मानव विकास सूचकांक** के 3 चरों में भी शामिल किया गया है।
- भारतीय जनगणना में 7 वर्ष या इससे अधिक उम्र के ऐसे लोगों को साक्षर माना गया है, जो किसी भाषा में संदेश को पढ़ने, लिखने और समझने में सक्षम हों।
- भारत में 1951 के बाद तीव्र जनसंख्या वृद्धि के साथ-साथ निरक्षर लोगों की संख्या में भी लगातार वृद्धि होती गई। लेकिन भारत सरकार द्वारा चलाए गए व्यापक साक्षरता अभियान के कारण वर्ष 1991-2001 के दशक में निरक्षर लोगों की संख्या में उल्लेखनीय कमी आई। इसलिए 1991-2001 के दशक को साक्षरता दशक नाम दिया गया।
- 2001 की जनगणना में भारत में कुल साक्षरता दर 64.83% थी, जोकि 2011 की जनगणना में बढ़कर 74.04% हो गई। इस प्रकार 2001-2011 के दशक में कुल साक्षरता दर में **9.21 प्रतिशत की वृद्धि** देखी गई, जोकि एक महत्त्वपूर्ण उपलब्धि है।
- 2011 की जनगणना में पुरुषों में साक्षरता दर 82.16% तथा **महिलाओं में साक्षरता दर 65.46%** दर्ज की गई है। इस प्रकार महिला एवं पुरुष साक्षरता दर में **16.7%** का अंतर विद्यमान है।

साक्षरता की दिशा में प्रयास

- भारत में साक्षरता दर में सुधार करने के लिए सरकार, गैर सरकारी संगठनों (NGO) एवं अंतरराष्ट्रीय संस्थाओं द्वारा राष्ट्रीय साक्षरता मिशन (1988), राजीव गांधी साक्षरता मिशन, सर्वशिक्षा अभियान (2001), मध्यान्ह भोजन कार्यक्रम (1995) जैसे अनेक कार्यक्रमों एवं योजनाओं का क्रियान्वयन किया गया है।
- वर्ष 2009 में भारत में छह से चौदह वर्ष तक के बच्चों को निःशुल्क एवं अनिवार्य शिक्षा के अधिकार को विधिक अधिकार के रूप में मान्यता प्रदान की गई।
- महिला साक्षरता में सुधार हेतु वर्ष 2015 में **बेटी बचाओ बेटी पढ़ाओ** अभियान शुरू किया गया।
- **राष्ट्रीय साक्षरता मिशन (NLM)**- राष्ट्रीय साक्षरता मिशन की स्थापना भारत सरकार द्वारा 5 मई, 1988 को की गई। यह एक राष्ट्रीय स्तर का कार्यक्रम है, जिसका उद्देश्य **15 से 35 वर्ष आयुवर्ग के युवा वयस्कों** को कार्यात्मक साक्षरता प्रदान कर देश से निरक्षरता का उन्मूलन करना है। 8 सितंबर, 2009 को **अंतरराष्ट्रीय साक्षरता दिवस** के अवसर पर राष्ट्रीय साक्षरता मिशन की पुनर्संरचना करके इसे **साक्षर भारत कार्यक्रम** के नाम से प्रारंभ किया गया। साक्षर भारत कार्यक्रम का मुख्य उद्देश्य कुल साक्षरता दर को बढ़ाकर **80%** तक करना और महिला पुरुष साक्षरता के बीच के अंतराल को कम करना है।
- **सर्व शिक्षा अभियान (SSA)**- सर्व शिक्षा अभियान भारत सरकार का एक प्रमुख कार्यक्रम है, जिसकी शुरुआत 2001 में **प्राथमिक शिक्षा के सार्वभौमिकरण** के लिए की गई थी। इसकी शुरुआत भारत के पूर्व प्रधानमंत्री अटल बिहारी वाजपेयी ने की थी। इसका उद्देश्य 6 से 14 आयु वर्ग के सभी बच्चों को प्रारंभिक शिक्षा प्रदान करना है। सर्व शिक्षा अभियान का आदर्श वाक्य- **सभी के लिए शिक्षा** था। SSA में लड़कियों की शिक्षा और विशेष आवश्यकता वाले बच्चों पर विशेष ध्यान दिया गया है।
- **86वाँ संशोधन अधिनियम 2002**- इसे बच्चों को निःशुल्क और अनिवार्य शिक्षा का अधिकार (RTE) अधिनियम भी कहा जाता है। इस संशोधन के तहत देश में **6 से 14 वर्ष तक के सभी बच्चों** के लिए निःशुल्क एवं अनिवार्य शिक्षा के अधिकार को मौलिक अधिकार का दर्जा प्रदान करने के लिए अनुच्छेद-21 के अंतर्गत **अनुच्छेद 21A** की स्थापना की गई।

अनुच्छेद 21A के अंतर्गत, 6-14 वर्ष की आयु वाले सभी बच्चों को संतोषजनक और समान मानक वाली पूर्णकालिक प्राथमिक शिक्षा प्राप्त करने का मौलिक अधिकार है। अनुच्छेद 21A में कहा गया है कि राज्य 6 से 14 वर्ष की आयु के सभी बच्चों के लिए नि:शुल्क और अनिवार्य शिक्षा प्रदान करेगा। यह नि:शुल्क और अनिवार्य शिक्षा प्रदान करने की जिम्मेदारी राज्य सरकारों पर आती है।

- 2011 में साक्षरता दर में एक उल्लेखनीय सुधार यह हुआ है कि पुरुषों के मुकाबले **महिला साक्षरता दर में अत्यंत तीव्र वृद्धि** दर्ज की गई है। वर्ष 2001-2011 के दशक में पुरुष साक्षरता दर में जहाँ केवल **7% की वृद्धि** हुई, वहीं महिलाओं की साक्षरता दर में **12% की वृद्धि दर्ज** की गई।
- **94.4%** साक्षरता के साथ भारत में **केरल राज्य** की साक्षरता दर सर्वाधिक है। केरल **महिला एवं पुरुष साक्षरता** की दृष्टि से भी भारत में सबसे आगे हैं।
- कुल साक्षरता दर की दृष्टि से केरल के बाद **लक्षद्वीप** (91.8%) एवं **मिजोरम** (91.3%) का क्रमश: दूसरा एवं तीसरा स्थान है।
- पुरुष साक्षरता की दृष्टि से भी केरल के बाद **लक्षद्वीप** एवं **मिजोरम** का क्रमश: दूसरा एवं तीसरा स्थान है।
- जबकि महिला साक्षरता की दृष्टि से केरल के बाद **मिजोरम का दूसरा** और लक्षद्वीप का तीसरा स्थान है।
- भारत में सबसे कम साक्षरता **बिहार राज्य** में है, जहाँ केवल 61.8% लोग साक्षर हैं। बिहार राज्य न केवल कुल साक्षरता दर, बल्कि पुरुष साक्षरता दर एवं **महिला साक्षरता** दर तीनों में ही भारत में सबसे पीछे है। लेकिन एक सकारात्मक पक्ष यह है कि पिछले दशक (2001-2011) में साक्षर जनसंख्या में सर्वाधिक वृद्धि करने वाला राज्य भी बिहार है।
- न्यूनतम साक्षरता दर वाले राज्यों में बिहार के बाद अरुणाचल प्रदेश और राजस्थान का क्रमश: दूसरा एवं तीसरा स्थान है।
- भारत में न्यूनतम महिला साक्षरता दर वाले तीन राज्य क्रमश: **बिहार, राजस्थान** एवं **झारखंड** हैं।
- ग्रामीण क्षेत्रों में सर्वाधिक महिला साक्षरता वाला राज्य केरल (90.7%) है, जबकि **ग्रामीण क्षेत्रों में न्यूनतम महिला साक्षरता वाला राज्य राजस्थान** है। राजस्थान के ग्रामीण क्षेत्रों में महिला साक्षरता की दर केवल **46.25%** है।
- स्त्री-पुरुष साक्षरता में सर्वाधिक अंतर वाला राज्य **राजस्थान** और केंद्रशासित प्रदेश **दादरा एवं नगर हवेली** है। जबकि स्त्री पुरुष साक्षरता में न्यूनतम अंतर वाला राज्य मेघालय है।
- 80% से अधिक साक्षरता दर वाले राज्य केरल, मिजोरम, गोवा, त्रिपुरा, हिमाचल प्रदेश, महाराष्ट्र, सिक्किम और तमिलनाडु हैं।
- जम्मू-कश्मीर एवं लद्दाख को छोड़कर **सभी केंद्रशासित प्रदेशों में साक्षरता दर 80% से अधिक** है।
- दक्षिण भारत के राज्यों और अधिकांश केंद्रशासित प्रदेशों में उच्च नगरीकरण, औद्योगीकरण तथा सामाजिक आर्थिक विकास के कारण साक्षरता दर अपेक्षाकृत अधिक पाई जाती है।
- वहीं उत्तर भारत के मैदान में स्थित **उत्तर प्रदेश, मध्य प्रदेश, राजस्थान** एवं **बिहार** तथा पर्वतीय राज्य अरुणाचल प्रदेश में साक्षरता 70 प्रतिशत से भी नीचे है।

शीर्ष साक्षरता दर वाले राज्य

राज्य	प्रतिशत
केरल	94.4
मिजोरम	91.3
गोवा	88.7
त्रिपुरा	87.2
हिमाचल प्रदेश	82.8

न्यूनतम साक्षरता दर वाले राज्य

राज्य	प्रतिशत
बिहार	61.8
अरुणाचल प्रदेश	65.4
राजस्थान	66.1
झारखण्ड	66.4
आंध्र प्रदेश	67.0

साक्षरता की दृष्टि से केंद्रशासित राज्यों का घटता क्रम

प्रदेश	प्रतिशत
लक्षद्वीप	91.8
दमन व दीव	87.1
अंडमान निकोबार द्वीप समूह	86.6
दिल्ली	86.2
चण्डीगढ़	86.0
पुदुचेरी	85.8
दादरा एवं नगर हवेली	76.2

पुरुष साक्षरता वाले पाँच शीर्ष राज्य/केंद्रशासित प्रदेश

राज्य	प्रतिशत
केरल	96.1
लक्षद्वीप	95.6
मिजोरम	93.3
गोवा	92.6
त्रिपुरा	91.5

महिला साक्षरता वाले पाँच शीर्ष राज्य/केंद्रशासित प्रदेश	
राज्य	प्रतिशत
केरल	92.1
मिजोरम	89.3
लक्षद्वीप	87.9
गोवा	84.7
त्रिपुरा	82.7

न्यूनतम पुरुष साक्षरता वाले पाँच राज्य	
राज्य	प्रतिशत
बिहार	71.2
अरुणाचल प्रदेश	72.6
आंध्र प्रदेश	74.90
मेघालय	76.0
जम्मू-कश्मीर/झारखंड	76.8

न्यूनतम स्त्री साक्षरता वाले पाँच राज्य	
राज्य	प्रतिशत
बिहार	51.5
राजस्थान	52.1
झारखंड	55.4
जम्मू-कश्मीर	56.4
उत्तर प्रदेश	57.2

भारत में निम्न साक्षरता के लिए उत्तरदायी कारक

- वर्तमान में विश्व की सर्वाधिक निरक्षर जनसंख्या भारत में निवास करती है और विकसित देशों की तुलना में भारत में साक्षरता की दर काफी नीचे है। इसके लिए उत्तरदायी कारक देश की सामाजिक-आर्थिक पृष्ठभूमि से जुड़े हुए हैं।
- भारत में एक लंबे समय से जाति प्रथा के तहत निचली जातियों को शिक्षा प्राप्त करने के अधिकार से वंचित रखा गया, जोकि भारत में शैक्षणिक पिछड़ेपन का सर्वप्रमुख कारण है।
- आज भी देश की लगभग 60% आबादी आजीविका के लिए कृषि पर निर्भर है। चूँकि कृषि क्षेत्र निरक्षर लोगों को भी समायोजित करने और रोजगार प्रदान करने में सक्षम है, इसलिए यहाँ शिक्षा के प्रति पर्याप्त जागरूकता नहीं देखी जाती है।
- भारतीय समाज में विद्यमान लैंगिक भेदभाव के कारण देश की आधी आबादी यानी महिलाओं की शिक्षा की उपेक्षा हुई है। यहाँ प्राचीन सामाजिक मान्यता रही है कि लड़कियों को शिक्षा का समान अवसर प्रदान करने से वे स्वतंत्र हो जाएँगी और उन पर पितृसत्तात्मक परिवारों का नियंत्रण ढीला हो जाएगा। यही कारण है कि सरकारी स्तर पर महिलाओं की शिक्षा पर जोर दिए जाने के बावजूद आज भी जहाँ पुरुष साक्षरता दर 82.16% है, वहीं महिला साक्षरता दर केवल 65.46% है। लड़कियों का कम आयु में विवाह भी महिलाओं में कम साक्षरता के लिए प्रमुख उत्तरदायी कारक है, जोकि इसी पितृसत्तात्मक मानसिकता का परिणाम है।
- तीव्र आर्थिक विकास के बावजूद विकास का लाभ समाज के हाशिए पर खड़े लोगों तक पर्याप्त रूप से नहीं पहुँच पा रहा है, जिस कारण विश्व की सर्वाधिक गरीब जनसंख्या भारत में निवास करती है। गरीब जनसंख्या शिक्षा को पूँजी नहीं, बल्कि एक विलासिता की वस्तु मानती है। चूँकि गरीबी और अधिक गरीबी को जन्म देती है, इसलिए तमाम प्रयासों के बावजूद ऐसे लोग निरक्षरता के दलदल से उबर नहीं पा रहे हैं।
- इसके अलावा भारत में 1951 के बाद से तीव्र जनसंख्या विस्फोट, शिक्षा पर सीमित व्यय, शिक्षा हेतु बुनियादी सुविधाओं की कमी तथा राजनीतिक-प्रशासनिक प्रतिबद्धता के अभाव के कारण भी भारत में साक्षरता दर निम्न स्तर पर बनी हुई है।
- भारत में ग्रामीण और नगरीय क्षेत्रों की साक्षरता दर में भी काफी अंतर दिखाई देता है। देश में जहाँ **नगरीय साक्षरता दर 84.1% है, वहीं ग्रामीण साक्षरता दर केवल 67.8%** ही है।
- भारत में बौद्ध, जैन, ईसाई तथा पारसी समुदायों की तुलना में मुस्लिम जनसंख्या अनुसूचित जातियों एवं जनजातियों में साक्षरता का स्तर नीचे है।

आयु संरचना

- किसी व्यक्ति की आयु उसकी तार्किक शक्ति, कार्य क्षमता तथा सामाजिक एवं राजनैतिक पहलुओं को संदर्भित करती है।

बाल आयु वर्ग (Child Age Group)

- 0 से 14 वर्ष तक के बच्चों को **बाल आयु वर्ग** में शामिल किया जाता है। बाल आयु वर्ग की संख्या जन्मदर पर निर्भर करती है। जन्मदर उच्च होने पर बाल आयु वर्ग की संख्या अधिक होगी। जब किसी देश में बाल आयु वर्ग की संख्या 40% से अधिक होती है तो उसे **प्रगतिशील जनसंख्या** कहते हैं।
- बाल आयु वर्ग को **आश्रित जनसंख्या** (Dependent Population) भी कहते हैं, क्योंकि इनकी उत्पादकता शून्य होने के कारण ये ऊपर के आयु वर्ग पर निर्भर करते हैं।

- 2011 की जनगणना के अनुसार भारत की जनसंख्या में **बाल आयुवर्ग (0-14) का अनुपात लगभग 31%** है।

> - 2011 की जनगणना में जन्मदर में गिरावट आई है। कुल जनसंख्या में **0-6 आयु वर्ग के बच्चों का अनुपात** 2001 में 15.9% से गिरकर 2011 में 13.6% हो गया, जो भारत में घटती प्रजनन दर का सूचक है। मतलब 2011 की जनगणना में 0-6 वर्ष तक के बच्चों की संख्या घटी है।

प्रौढ़ आयु वर्ग (Mature Age Group)

- **15-59 वर्ष की जनसंख्या** को प्रौढ़ आयु वर्ग वर्ग के अंतर्गत शामिल करते हैं। यह देश का **कार्यशील आयु वर्ग** कहलाता है। इस वर्ग में 15.39 आयु वर्ग की जनसंख्या को युवा आयु वर्ग भी कहते हैं, जोकि सर्वाधिक क्रियाशील एवं उत्पादकता वाला आयु वर्ग है।
- बाल आयु वर्ग एवं वृद्ध आयु वर्ग के भरण पोषण की जिम्मेदारी **प्रौढ़ आयु वर्ग** पर ही होती है।
- **2011 की जनगणना के अनुसार** भारत की जनसंख्या में प्रौढ़ आयु वर्ग **(15-59)** का अनुपात लगभग 60% है।

वृद्ध आयु वर्ग (Old Age Group)

- **60 या उससे अधिक वर्ष** की जनसंख्या को वृद्ध आयु वर्ग के अंतर्गत शामिल करते हैं। 2011 में इस आयु वर्ग की संख्या 10.3 करोड़ थी।
- 60 वर्ष या उससे अधिक आयु वाले लोगों की सर्वाधिक जनसंख्या **केरल (12.6%)** में है। जबकि इस आयु वर्ग की न्यूनतम जनसंख्या **अरुणाचल प्रदेश** में है।

आयु पिरामिड

- आयु संरचना के विश्लेषण की सबसे प्रभावी विधि **आयु पिरामिड** है। भारत में निम्न आयु वर्ग से उच्च आयु वर्ग की ओर जाने पर व्यक्तियों की संख्या क्रमशः कम होती जाती है, जिसे ज्यामितीय रूप से प्रदर्शित करने पर पिरामिड की आकृति बन जाती है।
- विशेषज्ञों ने भारत की आयु संरचना को **भारी आधार वाला आयु पिरामिड** कहा है। यह इस बात का प्रमाण है कि भारत में कम आयु की निर्भर जनसंख्या अधिक है, जोकि जनसंख्या विस्फोट की स्थिति को दर्शाता है। 0-14 आयु वर्ग की जनसंख्या प्रजनन अवस्था में पहुँचने पर जनसंख्या में प्राकृतिक रूप से वृद्धि करेगी। 2011 में भारतीय जनसंख्या का आयु पिरामिड इस प्रकार है–

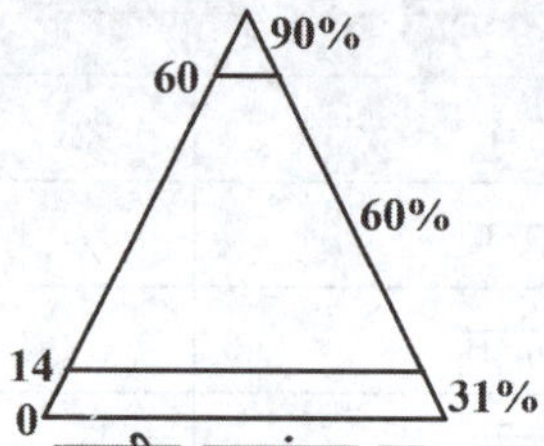

भारतीय जनसंख्या का आयु पिरामिड

अनुसूचित जाति (Schedule Caste)

- अनुसूचित जाति शब्द का प्रयोग सर्वप्रथम **भारत सरकार अधिनियम, 1935** में किया गया है। भारतीय संविधान के **अनुच्छेद-341** में अनुसूचित जातियों के विषय में उपबंध किया गया है।
- वर्ष 2011 की जनगणना के अनुसार देश की जनसंख्या में अनुसूचित जातियों का अनुपात **16.6%** है। 2011 में इनकी कुल जनसंख्या लगभग **20 करोड़ 13 लाख** से कुछ अधिक थी।

आयु संरचना का विश्लेषण

1971 के बाद से जनसंख्या में **बाल आयु वर्ग (0-14 वर्ष)** के अनुपात में निरंतर कमी आई है, जोकि 1971 के 42% से गिरकर 2011 में 31% पर आ गई। इसका मुख्य कारण यह है कि जन्मदर में गिरावट आई है। इससे भविष्य में जनसंख्या वृद्धि दर को कम करने में मदद मिलेगी।

1971 के बाद से युवाओं अर्थात क्रियाशील जनसंख्या (15-59 वर्ष) के अनुपात में निरंतर वृद्धि हुई है, जोकि 2011 में बढ़कर लगभग 60% से अधिक हो गई है। इसका अर्थ यह है कि निकट भविष्य में वृद्धों की जनसंख्या में विस्फोटक वृद्धि होगी।

1961 के बाद से 60 वर्ष से अधिक आयु के वृद्धों के अनुपात में भी निरंतर वृद्धि दर्ज की गई है। भारत की जनसंख्या में बाल आयु वर्ग के प्रतिशत में कमी तथा युवाओं एवं वृद्धों के प्रतिशत में वृद्धि इस बात की ओर संकेत करती है कि भारत में जीवन प्रत्याशा में निरंतर वृद्धि हो रही है। जनसाधारण के जीवन स्तर में सुधार तथा चिकित्सा सेवाओं के प्रसार से मृत्युदर में कमी आई है और जीवन प्रत्याशा बढ़ी है। जहाँ 1951 में भारत में **जीवन प्रत्याशा मात्रा 32 वर्ष** थी, वहीं वर्ष 2012 में यह बढ़कर **66 वर्ष** हो गई। एक महत्त्वपूर्ण परिवर्तन यह देखने में आया है कि 1980 के बाद से **जीवन प्रत्याशा स्त्रियों के पक्ष में** हो गई। 2012 में जहाँ पुरुषों में जीवन प्रत्याशा 64 वर्ष थी, वहीं **महिलाओं में यह 68 वर्ष** थी। इससे स्पष्ट है कि उच्च आयु वर्ग में महिलाएँ, पुरुषों की अपेक्षा अधिक समय तक जीवित रहती हैं। परिणामतः वृद्ध पुरुषों की अपेक्षा वृद्ध महिलाओं की संख्या तेजी से बढ़ रही है।

- अनुसूचित जातियों का संकेंद्रण **ग्रामीण क्षेत्रों में अधिक** हुआ है। इनकी कुल जनसंख्या का लगभग 15 करोड़ 38 लाख ग्रामीण क्षेत्रों में, जबकि 4 करोड़ 75 लाख शहरी क्षेत्रों में निवास करता है।
- वर्ष 2001-2011 के दौरान अनुसूचित जातियों की जनसंख्या में **20.8% की दशकीय वृद्धि हुई,** जोकि भारत के कुल जनसंख्या की दशकीय वृद्धि (17.64%) से अधिक है।
- देश में अनुसूचित जाति की सर्वाधिक जनसंख्या वाला राज्य **उत्तर प्रदेश** है। उत्तर प्रदेश के बाद क्रमशः पश्चिम बंगाल, बिहार एवं तमिलनाडु में अनुसूचित जातियों की सर्वाधिक जनसंख्या निवास करती है।
- जबकि अनुसूचित जाति की सर्वाधिक प्रतिशत जनसंख्या वाला राज्य **पंजाब (31%)** है। पंजाब के बाद अनुसूचित जातियों की सर्वाधिक प्रतिशत जनसंख्या क्रमशः हिमाचल प्रदेश (25.2%), पश्चिम बंगाल (23.5%) एवं उत्तर प्रदेश (20.7%) में पाई जाती है।
- अनुसूचित जाति की न्यूनतम जनसंख्या वाला राज्य **मिजोरम** है। इसके अलावा अनुसूचित जाति की न्यूनतम प्रतिशत जनसंख्या वाला राज्य भी **मिजोरम** ही है।
- अरुणाचल प्रदेश, नागालैण्ड, अंडमान-निकोबार एवं लक्षद्वीप में अनुसूचित जातियाँ नहीं पाई जाती हैं।
- वर्ष 2011 की जनगणना में अनुसूचित जाति का **लिंगानुपात 945** था, जोकि राष्ट्रीय लिंगानुपात 943 से 2 अंक अधिक है।
- अनुसूचित जातियों में सर्वाधिक लिंगानुपात केरल राज्य (1057) में है, जबकि न्यूनतम लिंगानुपात मिजोरम (509) में है।
- 2011 की जनगणना के अनुसार अनुसूचित जातियों में साक्षरता दर 66.1% है, जोकि राष्ट्रीय साक्षरता दर 74.04% से कम है।

अनुसूचित जनजाति (Schedule Tribe)

- पंद्रहवीं जनगणना, 2011 के अनुसार भारत में अनुसूचित जनजातियों की जनसंख्या **लगभग 10 करोड़ 42 लाख** है और देश की कुल जनसंख्या में इनका अनुपात **8.6%** है।
- भारत में अनुसूचित जनजाति की सर्वाधिक जनसंख्या **मध्य प्रदेश** में पाई जाती है। मध्य प्रदेश की कुल जनसंख्या का **21.1% भाग** अनुसूचित जनजातियाँ हैं।
- मध्य प्रदेश के बाद अनुसूचित जनजाति की सर्वाधिक जनसंख्या वाले राज्य क्रमशः **महाराष्ट्र, ओडिशा** और **राजस्थान** हैं।
- केंद्रशासित प्रदेशों में अनुसूचित जनजाति की सर्वाधिक जनसंख्या **दादरा एवं नगर हवेली** में निवास करती है।
- अनुसूचित जनजाति की सर्वाधिक प्रतिशत जनसंख्या वाला राज्य **मिजोरम (94.4%)** है। जबकि अनुसूचित जनजाति की सर्वाधिक प्रतिशत जनसंख्या वाला केंद्र शासित प्रदेश **लक्षद्वीप (94.8%)** है।
- पंजाब, हरियाणा, चंडीगढ़, दिल्ली और पुदुचेरी में अनुसूचित जनजातियाँ नहीं पाई जाती हैं।
- जनजातियों की सामाजिक व्यवस्था महिला प्रधान होने के कारण उसमें लिंगानुपात पुरुषों के लगभग समान पाया जाता है। भारत में अनुसूचित जनजातियों में लिंगानुपात 990 है, जोकि राष्ट्रीय लिंगानुपात से 47 अंक अधिक है।
- जनजातियों में सर्वाधिक लिंगानुपात गोवा (1046) में है, जबकि सबसे कम लिंगानुपात जम्मू-कश्मीर (924) में है।

धर्म आधारित जनगणना-2011

- भारत **हिन्दू, सिख, बौद्ध** और **जैन** चार धर्मों का उद्भव स्थल है। इसके अलावा ऐतिहासिक काल में **इस्लाम, ईसाई** तथा **पारसी** धर्म के अनुयायी भी भारत में आकर बस गए और धीरे-धीरे अपना प्रसार किया। इस प्रकार आज भारत में कुल 7 प्रमुख धर्मों के अनुयायी निवास करते हैं और भारतीय संस्कृति के अभिन्न अंग हैं।
- भारत में **पहली धर्म आधारित जनगणना वर्ष 2001** में कराई गई थी। भारत के महापंजीयक और जनगणना आयुक्त ने अगस्त 2015 में वर्ष 2011 की धार्मिक जनगणना के आँकड़े प्रस्तुत किए, जोकि भारत की **दूसरी धार्मिक जनगणना** है।

जनसंख्या शब्दावली

अशोधित जन्मदर (Birth Rate)

एक वर्ष में प्रति 1000 जनसंख्या पर जीवित जन्मों की जनसांख्यिकी माप को अशोधित जन्मदर कहते हैं। 2011 की जनगणना में भारत की अशोधित जन्मदर **20.6 प्रति हजार** थी।

कुल प्रजनन दर (Total Fertility Rate)

- स्त्री के प्रजनन काल में जन्म लेने वाले बच्चों की औसत संख्या कुल प्रजनन दर कहलाती है।
- 2020 के नवीनतम आँकड़ों के अनुसार भारत में **कुल प्रजनन दर (TFR) 2.0** है।
- भारत में स्त्रियों में 15 वर्ष से 49 वर्ष के मध्य की आयु को प्रजनन काल कहते हैं।

अशोधित मृत्युदर (Death Ratio)

- एक वर्ष में प्रति 1000 जनसंख्या पर कुल मौतों की जनसांख्यिकी माप को अशोधित मृत्युदर कहते हैं।
- पंद्रहवीं जनगणना के अनुसार भारत में **मृत्युदर 7.43 प्रति हजार** है।

शिशु मृत्युदर (Child Mortality Rate)

- किसी एक वर्ष में जीवित जन्मे बच्चों की संख्या और उसी वर्ष में 5 वर्ष से कम आयु वाले मृत बच्चों की संख्या के अनुपात को शिशु मृत्युदर कहते हैं।

$$\frac{\text{किसी वर्ष में पाँच वर्ष से कुल आयु वाले मृत बच्चों की संख्या}}{\text{उसी वर्ष में जीवित जन्मे बच्चों की संख्या}} \times 100$$

दशकीय वृद्धि दर (Decadal Growth Rate)

जनगणना दशक (10 वर्ष) में जनसंख्या में होने वाली प्रतिशत वृद्धि को दशकीय वृद्धि दर कहा जाता है।

$$\frac{\text{वर्तमान जनसंख्या - पूर्व जनसंख्या}}{\text{पूर्व जनसंख्या}} \times 100$$

जनसंख्या घनत्व (Major Density)

- क्षेत्र विशेष में प्रति वर्ग किमी क्षेत्रफल में निवास करने वाले व्यक्तियों की संख्या को जनसंख्या घनत्व कहते हैं। यह क्षेत्र विशेष में जनसंख्या के दबाव का परिचायक है।

जनसंख्या जाल (Population Trap)

- जब किसी देश में जनसंख्या की वृद्धि दर संभाव्य आर्थिक संवृद्धि दर से अधिक हो जाए तो आर्थिक संवृद्धि दर धनात्मक होने के बावजूद भी प्रति व्यक्ति आय में गिरावट होती है। इस स्थिति को ही जनसंख्या जाल कहते हैं।

जनसंख्या प्रक्षेपण (Polpulation Projection)

- किसी देश अथवा क्षेत्र विशेष में प्रजनन मृत्यु तथा प्रवास की प्रवृत्तियों के आधार पर किसी भावी वर्ष में जनसंख्या के संभावित आकार का अनुमान लगाना जनसंख्या प्रक्षेपण कहलाता है।

- भारत में हिंदुओं और मुस्लिमों के बाद **ईसाई तीसरा सबसे बड़ा धार्मिक** समुदाय है। इसके बाद सिख **चौथा,** बौद्ध **पाँचवाँ,** जैन **छठा** और पारसी **सातवाँ** सबसे बड़ा धार्मिक समुदाय है।
- आँकड़ों के अनुसार देश की 121.08 करोड़ आबादी में विभिन्न धर्मों को मानने वालों की जनसंख्या तथा कुल आबादी में उनका अनुपात इस प्रकार है–

हिन्दू	96.63 करोड़ (79.8%)
मुस्लिम	17.22 करोड़ (14.2%)
ईसाई	2.78 करोड़ (2.3%)
सिख	2.08 करोड़ (1.7%)
बौद्ध	84 लाख (0.7%)
जैन	45 लाख (0.4%)
पारसी	कुल संख्या केवल 69601

- जनगणना 2011 के अनुसार भारत में हिन्दू धर्म को मानने वालों का अनुपात सर्वाधिक 79.8% है। **हिंदुओं के बाद जनसंख्या में सर्वाधिक 14.2% अनुपात मुस्लिम धर्म के अनुयायियों की है।**
- वर्ष 2001 के मुकाबले वर्ष 2011 में हिन्दुओं की जनसंख्या प्रतिशत में **0.7% की गिरावट** और मुस्लिमों की जनसंख्या प्रतिशत में **0.8% की वृद्धि दर्ज** की गई है।
- वर्ष 2001.2011 के दशक में हिन्दुओं की दशकीय जनसंख्या वृद्धि दर 16.8% रही जबकि **मुस्लिमों की दशकीय जनसंख्या वृद्धि दर सर्वाधिक 24.6 % रही।**
- मुस्लिमों के बाद सर्वाधिक दशकीय जनसंख्या वृद्धि दर **ईसाइयों (15.5%)** की रही।
- हिंदुओं की सबसे अधिक प्रतिशत आबादी वाला राज्य/केंद्रशासित प्रदेश **हिमाचल प्रदेश** (95.2% हिंदू) है। जबकि सबसे कम प्रतिशत आबादी वाला राज्य/केंद्रशासित प्रदेश **मिजोरम** (2.7% हिंदू) है।
- मुस्लिमों की सबसे अधिक प्रतिशत आबादी वाला राज्य/केंद्र शासित प्रदेश **लक्षद्वीप** (96.6% मुस्लिम) है तथा सबसे कम प्रतिशत आबादी वाला राज्य/केंद्रशासित प्रदेश **मिजोरम** (1.4%) है।
- जम्मू और कश्मीर को केंद्रशासित प्रदेश बनाए जाने के बाद मुस्लिमों की सर्वाधिक प्रतिशत आबादी वाला राज्य **असम** (34.22%) है।

- ईसाइयों की सर्वाधिक प्रतिशत आबादी वाला राज्य/केंद्रशासित प्रदेश **नागालैण्ड** (87.9% ईसाई) है, अर्थात् नागालैण्ड की 87.9% जनसंख्या ईसाई है तथा न्यूनतम प्रतिशत आबादी वाला राज्य/केंद्रशासित प्रदेश **बिहार** (0.12%) है।
- लेकिन भारत में ईसाइयों की कुल जनसंख्या का लगभग 29% **भाग केरल** में रहता है। अर्थात् केरल में ईसाइयों की आबादी सर्वाधिक है।
- सिखों की सर्वाधिक प्रतिशत आबादी वाला राज्य/केंद्रशासित प्रदेश **पंजाब** (57.6%) है।
- बौद्ध अनुयाइयों की सर्वाधिक प्रतिशत आबादी वाला राज्य/केंद्रशासित प्रदेश **सिक्किम** (27.39%) है। लेकिन भारत में कुल बौद्ध जनसंख्या का **सर्वाधिक 79% भाग महाराष्ट्र** में रहता है। बाबा साहेब भीमराव अम्बेडकर की प्रेरणा से महाराष्ट्र के अनेक लोग **बौद्ध धर्म** में परिवर्तित हो गए हैं।
- जैन अनुयायियों की सर्वाधिक प्रतिशत आबादी वाला राज्य/केंद्रशासित प्रदेश **महाराष्ट्र** (1.25%) है। भारत में जैन धर्म की कुल जनसंख्या के **28.80% लोग महाराष्ट्र** में ही रहते हैं। महाराष्ट्र के बाद सर्वाधिक जैन धर्म के लोग क्रमशः राजस्थान और गुजरात में रहते हैं।
- पारसी भारत का सबसे छोटा धार्मिक समुदाय है। भारत में इनकी जनसंख्या केवल 69601 है। ये लोग अधिकतर महाराष्ट्र और गुजरात में रहते हैं।
- विभिन्न धर्मों में **सर्वाधिक लिंगानुपात ईसाइयों (1023)** में जबकि **निम्नतम लिंगानुपात सिख समुदाय (903)** में दर्ज किया गया है। विभिन्न धर्मों में लिंगानुपात की स्थिति इस प्रकार है-

हिन्दू	939
मुस्लिम	951
ईसाई	1023
सिख	903
बौद्ध	965
जैन	954

- हिन्दू और मुस्लिम दोनों समुदायों में सर्वाधिक लिंगानुपात वाला राज्य/केंद्रशासित प्रदेश केरल है।

भारत में जनसंख्या नियंत्रण एवं जनसंख्या नीति

- भारत दुनिया का पहला देश है जिसने **1952 में परिवार नियोजन कार्यक्रम** को अपनाया।
- देश की **पहली जनसंख्या नीति 1976** में **घोषित** की गई, जिसके अंतर्गत जनसंख्या पर नियंत्रण स्थापित करने के लिए परिवार नियोजन जैसे मात्रात्मक लक्ष्यों को हासिल करने पर अत्यधिक जोर दिया गया था। इस समय तक भारत में परिवार कल्याण और खुशहाल परिवार की अवधारणा विकसित नहीं हुई थी।
- 1976 की जनसंख्या नीति के अंतर्गत जनसंख्या नियंत्रण को बाध्यकारी बनाने का प्रयास किया गया, जिसके विरुद्ध तीखी प्रतिक्रिया हुई और लक्ष्य के विपरीत जन्मदर में तीव्र वृद्धि दर्ज की गई।

नई जनसंख्या नीति, 2000

- डॉक्टर एम. एस. स्वामीनाथन की अधयक्षता में गठित एक विशेषज्ञ दल की रिपोर्ट के आधार पर सरकार ने **राष्ट्रीय जनसंख्या नीति, 2000** की घोषणा की। यह नीति परिवार नियोजन के साथ-साथ परिवार कल्याण की अवधारणा पर आधारित है और इसके अंतर्गत जनसंख्या नियंत्रण हेतु मात्रात्मक उपायों के स्थान पर **जनसंख्या में गुणात्मक सुधार** लाने की बात की गई। इस नीति के अंतर्गत जनसंख्या संबंधी लक्ष्यों को तीन भागों में बाँटा गया-

1. **तात्कालिक लक्ष्य-** इस नीति का तात्कालिक उद्देश्य प्रजनन (गर्भ धारण से जन्म तक) एवं शिशु की देख-भाल हेतु समुचित सेवा प्रणाली की स्थापना करना तथा गर्भनिरोधकों एवं स्वास्थ्य सेवाओं की सर्वव्यापी उपलब्धता सुनिश्चित करना है।
2. **मध्यकालीन लक्ष्य-** इस नीति के मध्यकालिक उद्देश्य के अंतर्गत वर्ष 2010 तक कुल प्रजनन दर (Total Fertility Rate-TFR) को **2.1 के प्रतिस्थापन स्तर** (प्रति दम्पती 2.1 बच्चे) पर लाने का लक्ष्य बनाया गया था। इस लक्ष्य को प्राप्त करने के लिए **हम दो हमारे दो** की तर्ज पर छोटे परिवार का मानक अपनाने हेतु प्रोत्साहन प्रदान करने के लिए 16 उपायों की घोषणा की गई। इन उपायों के तहत BPL परिवारों के युवकों को 21 वर्ष के बाद विवाह करने, दो बच्चों का मानक अपनाने और उसके बाद नसबंदी कराने पर प्रोत्साहन एवं पुरस्कार की नीति अपनायी गई। इसके अलावा चूँकि देश में पहले बच्चे के जन्म के 50% मामलों में महिला की आयु 18 वर्ष से कम होती है, अतः 19 वर्ष के बाद पहले बच्चे को जन्म देने वाली ग्रामीण क्षेत्र की महिलाओं को 500 रुपये नगद पुरस्कार की घोषणा की गई।
3. **दीर्घकालीन उद्देश्य-** इस नीति के दीर्घकालीन उद्देश्य के अंतर्गत **वर्ष 2045 तक स्थिर जनसंख्या** को प्राप्त करने का लक्ष्य रखा गया। इस लक्ष्य में जनसंख्या को सामाजिक-आर्थिक विकास तथा पर्यावरण संरक्षण के अनुरूप स्थिर करने की बात की गई।

- नई जनसंख्या नीति के अनुसार भारत के नौ राज्यों की 20% जनसंख्या ने TFR (प्रति दम्पती 2.1 बच्चे) के लक्ष्य को प्राप्त कर लिया है और इन राज्यों की 33.5% जनसंख्या इस लक्ष्य की प्राप्ति की ओर अग्रसर है। परंतु शेष राज्यों एवं केंद्रशासित प्रदेशों की 55 प्रतिशत जनसंख्या इस लक्ष्य की प्राप्ति से काफी दूर है।

राष्ट्रीय जनसंख्या नीति, 2000 के मुख्य बिंदु

- प्रजनन और शिशु स्वास्थ्य की देख-भाल के लिए एक समुचित सेवा-प्रणाली विकसित करना।
- प्रति हजार जीवित बच्चों पर **शिशु मृत्युदर** को 30 से कम पर लाना।
- मातृ मृत्युदर को 1 लाख बच्चों के जन्म पर **100 से कम** पर लाना।
- 18 वर्ष से कम आयु में लड़कियों के विवाह को निषेध करना तथा विवाह की आयु को 20% वर्ष से ऊपर ले जाना।
- गर्भधारण को नियंत्रित करने हेतु सूचना तंत्र को सर्वव्यापी बनाना एवं परिवार नियोजन से संबंधित वैकल्पिक सेवाएँ और आधारभूत सुविधाएँ प्रदान करना।
- एड्स और प्रजनन अंग संबंधी रोगों पर नियंत्रण स्थापित करना।
- संस्थागत प्रसव को बढ़ावा देना। 80% से भी अधिक प्रसव चिकित्सक की देख-रेख में संपन्न कराना तथा इस कार्य हेतु प्रशिक्षित लोगों को नियुक्त करना।
- प्राथमिक शिक्षा का सार्वभौमिकरण करना। 14 वर्ष तक के बच्चों के लिए स्कूली शिक्षा को नि:शुल्क और अनिवार्य बनाना तथा स्कूली बच्चों के ड्रॉपआउट रेट को 20% से कम करना।
- सार्वभौमिक टीकाकरण के माध्यम से बच्चों को बीमारी से सुरक्षा प्रदान करना।
- जन्म-मृत्यु, विवाह और गर्भ का शत-प्रतिशत **पंजीकरण** सुनिश्चित करना।
- सरकार के सामाजिक क्षेत्र के कार्यक्रमों को परिवार नियोजन के साथ समन्वित करना।

इस नीति में परिवार कल्याण एवं जनसंख्या नियंत्रण में राज्यों की सहभागिता सुनिश्चित करने के लिए **लोकसभा में सीटों की संख्या और उसकी संरचना को 2026 तक परिवर्तित नहीं करने का निर्णय लिया गया। यह निर्णय** इसलिए लिया गया ताकि राज्यों को जनसंख्या वृद्धि से होने वाले राजनीतिक लाभ नहीं मिल सकें और जनसंख्या वृद्धि को प्रभावी रूप से नियंत्रित करने वाले राज्यों को राजनीतिक दृष्टि से नुकसान नहीं उठाना पड़े। राष्ट्रीय जनसंख्या नीति, 2000 के क्रियान्वयन की निगरानी एवं समीक्षा के लिए प्रधानमंत्री की अध्यक्षता में **राष्ट्रीय जनसंख्या आयोग** का गठन किया गया है।

जनांकिकीय लाभांश

- जनांकिकीय लाभांश से तात्पर्य कुल जनसंख्या में **कार्यशील जनसंख्या** (15-64 वर्ष) का प्रतिशत सर्वाधिक होने की स्थिति से है।
- संयुक्त राष्ट्र के जनसंख्या कोष के अनुसार जनसांख्यिकीय लाभांश वह आर्थिक विकास क्षमता है, जो जनसंख्या की आयु संरचना में बदलाव के परिणामस्वरूप प्राप्त हो सकती है। इसके अनुसार जब किसी देश में **कार्यशील जनसंख्या** (15-64 आयु वर्ग) का अनुपात बाल आयु वर्ग (0-15 वर्ष) और वृद्ध जनसंख्या (64 वर्ष से अधिक) से अधिक होता जाता है तो आर्थिक विकास की क्षमता अधिक हो जाती है, जिसे **जनांकिकीय लाभांश** कहते हैं।
- जबकि आर्थिक समीक्षा, 2012-13 के अनुसार 15-59 आयु वर्ग की जनसंख्या कार्यशील जनसंख्या कहलाती है।
- जनांकिकीय लाभांश की स्थिति में निर्भर जनसंख्या (बाल और वृद्ध जनसंख्या) के अनुपात में कमी की प्रवृत्ति देखी जाती है। साथ ही जनांकिकीय लाभांश की स्थिति **उत्पादन में वृद्धि की संभावना** उत्पन्न करती है।
- जनांकिकीय लाभांश, जनांकिकीय संक्रमण की दूसरी अवस्था में घटित होता है। सामान्यत: प्रत्येक देश को इस अवस्था से गुजरना होता है। इस अवस्था में जन्मदर उच्च होने और मृत्युदर निम्न स्तर पर होने से कार्यशील जनसंख्या का अनुपात अधिक हो जाता है और जनांकिकीय लाभांश की स्थिति उत्पन्न होती है। अधिक कार्यशील जनसंख्या का संबंध अधिक युवा श्रमिक, अधिक उत्पादन, अधिक आय, अधिक बचत, प्रति श्रमिक अधिक पूँजी और अधिक संवृद्धि दर से है। इसके अलावा निर्भर जनसंख्या के अनुपात में कमी भी **आर्थिक संवृद्धि में सहायक** होती है।

भारत में जनांकिकीय लाभांश की स्थिति

- संयुक्त राष्ट्र के एक अनुमान के अनुसार आगामी तीन दशकों के दौरान चीन और रूस जैसे बड़े देशों की कार्यशील जनसंख्या में 20 प्रतिशत की कमी होने वाली है। लेकिन इसी अवधि में भारत की कार्यशील जनसंख्या में लगभग एक-तिहाई वृद्धि होने की संभावना है।
- आर्थिक समीक्षा, 2012.13 के अनुसार वर्ष 2011 में भारत में कार्यशील जनसंख्या का अनुपात 58% था। जबकि संयुक्त राष्ट्र जनसंख्या कोष की 2023 की रिपोर्ट के अनुसार वर्ष 2023 **तक भारत में कार्यशील जनसंख्या (15-64 वर्ष) का अनुपात** 68% हो चुका है। इससे कार्यशील आयु वर्ग में लगभग 7 करोड़ नए लोगों के जुड़ने की संभावना है।

- वर्ष 2020 तक **भारत में लोगों की औसत आयु 29 वर्ष** थी, जबकि अमेरिका और चीन में औसत आयु 37 वर्ष तथा पश्चिमी यूरोप में यह लगभग 45 वर्ष थी। अतः जनांकिकीय दृष्टि से भारत एक युवा देश है। 65% से अधिक कार्यशील आबादी के साथ भारत एक आर्थिक महाशक्ति के रूप में उभर सकता है, जो आने वाले दशकों में एशिया के आधे से अधिक कार्यबल की आपूर्ति कर सकता है।

भारत में जनसांख्यिकीय लाभांश से संबद्ध चुनौतियाँ

- जनांकिकीय, लाभांश एक अवसर भी है और चुनौती भी। कार्यशील जनसंख्या की शारीरिक और मानसिक क्षमता में वृद्धि और परिणामस्वरूप उत्पादन में वृद्धि तभी होगी, जब हम बढ़ती हुई कार्यशील जनसंख्या को पर्याप्त शिक्षा और बेहतर स्वास्थ्य सुविधाएँ उपलब्ध करा पाएँगे। लेकिन भारत में शिक्षा और स्वास्थ्य संबंधी आधारभूत ढाँचा अभी भी पिछड़ा हुआ है।
- कार्यशील जनसंख्या, आर्थिक संवृद्धि और उत्पादकता को बढ़ाने में तभी सक्षम होती है, जब गुणवत्तापूर्ण तकनीकी शिक्षा और प्रशिक्षण द्वारा उसे मानव संसाधन में परिवर्तित किया जाए। जनांकिकीय लाभांश के बेहतर परिणाम तभी प्राप्त होंगे जब कार्यशील जनसंख्या को पर्याप्त कौशल एवं प्रशिक्षण प्रदान किया जाएगा।
- भारत के 95% से अधिक बच्चे प्राथमिक विद्यालय जाते हैं। राष्ट्रीय परिवार स्वास्थ्य सर्वेक्षण की रिपोर्ट के अनुसार सरकारी स्कूलों में खराब अवसंरचना, कुपोषण, प्रशिक्षित शिक्षकों की कमी और अधिक शिक्षक-छात्र अनुपात के कारण बच्चों को गुणवत्तापूर्ण शिक्षा और शैक्षणिक वातावरण नहीं मिल पा रहा है।
- शिक्षा में लैंगिक असमानता भी चिंता का विषय है। यहाँ लड़कों की तुलना में लड़कियों के माध्यमिक और उच्च शिक्षण संस्थानों में नामांकित होने की संभावना कम ही रहती है।
- संयुक्त राष्ट्र विकास कार्यक्रम (UNDP) द्वारा जारी होने वाला **मानव विकास सूचकांक (HDI)** विश्व भर में मानव विकास का तुलनात्मक अध्ययन करता है। मानव विकास सूचकांक 2020 में भारत **131वें स्थान** पर है, जोकि चिंता का विषय है।
- इस प्रकार भारत में जनांकिकीय लाभांश की संभावनाओं का दोहन करने के लिए बढ़ती कार्यशील जनसंख्या हेतु शिक्षा एवं स्वास्थ्य संबंधी मानकों में पर्याप्त सुधार करने की आवश्यकता है। इसके अलावा उपरोक्त कदमों से अर्थव्यवस्था को लाभ तभी मिल पाएगा, जब पर्याप्त संख्या में रोजगार के बेहतर अवसरों का सृजन किया जाएगा। लेकिन जिस तरह से तकनीकी विकास बढ़ता जा रहा है, उससे आशंका है कि भविष्य की आर्थिक वृद्धि रोजगार-विहीन वृद्धि का परिदृश्य उत्पन्न करेगी।
- NSSO की 2017-18 की रिपोर्ट के अनुसार, भारत की श्रमशक्ति में 15-59 आयु वर्ग की भागीदारी लगभग 53% है, अर्थात् कार्यशील आबादी का लगभग आधा भाग बेरोजगार है।
- किसी भी देश में जनसांख्यिकीय लाभांश की स्थिति हमेशा नहीं बनी रहती है। जीवन प्रत्याशा में वृद्धि के परिणामस्वरूप वर्तमान में जो बढ़ती कार्यशील जनसंख्या है वह भविष्य में निर्भर जनसंख्या (वृद्ध आबादी) में परिवर्तित हो जाएगी। अतः जनांकिकीय लाभांश भविष्य के लिए एक चुनौती भी है।

जनसंख्या सिद्धान्त

जनसंख्या यदि प्रकृति के नियमों से संचालित हो तो कोई समस्या नहीं है। लेकिन जब मानव नियमों में हस्तक्षेप करता है तो यह समस्या बन जाती है। 18वीं शताब्दी में यूरोप में औद्योगिक क्रांति के परिणामस्वरूप जनसंख्या में तीव्र उछाल आया, जिसका प्रभाव दूसरे देशों पर भी पड़ा। 18वीं सदी के अंत तक जनसंख्या का आकार लगभग दोगुना हो गया। चूँकि यूरोप में कृषि भूमि सीमित थी और भूमि पर दबाव बढ़ रहा था, इसलिए जनसंख्या वृद्धि को नियंत्रित करने के लिए अनेक विचारों का उद्‌भव हुआ। इन विचारों में **माल्थस का जनसंख्या वृद्धि सिद्धान्त** काफी लोकप्रिय हुआ।

माल्थस का जनसंख्या वृद्धि मॉडल

माल्थस का विचार था कि यदि जनसंख्या को नियंत्रित नहीं किया गया तो मानव कल्याण में कमी आ जाएगी। इनके अनुसार मनुष्य की पहली जैविक आवश्यकता खाद्य आपूर्ति है और इसके साथ ही यौन इच्छाओं की पूर्ति भी आवश्यक है। माल्थस के अनुसार खाद्य आपूर्ति की सीमाएँ हैं, जबकि यौन इच्छाएँ असीमित हैं। इससे भयावह स्थिति उत्पन्न हो सकती है। असीमित यौन के कारण जनसंख्या बढ़ती चली जाएगी, जबकि उत्पादन एक सीमा तक ही बढ़ेगा। अतः दोनों के बीच सामंजस्य बैठाना जरूरी है।

माल्थस के अनुसार कृषि उत्पादन में क्रमिक वृद्धि होती है जैसे- 1, 2, 3, 4। जबकि जनसंख्या में होने वाली वृद्धि ज्यामितीय होती है जैसे- 1, 2, 4, 8, 16, 32। यदि जनसंख्या को अनियंत्रित छोड़ दिया जाए तो इसे दोगुनी होने में मात्रा 25 वर्ष लगेंगे। जबकि इस अवधि में कृषि उत्पादन में वृद्धि एक सीमा तक ही हो सकती है। अतः जनसंख्या को नियंत्रित किया जाना चाहिए, ताकि लोगों के उपभोग स्तर में कमी न आए।

माल्थस ने जनसंख्या नियंत्रण हेतु दो उपायों पर विचार किया। a. गर्भ निरोधक उपाय और b. धनात्मक नियंत्रण।

माल्थस नें गर्भनिरोधक उपायों का विरोध किया है और **धनात्मक नियंत्रण का समर्थन** किया है। इसके अंतर्गत माल्थस नें कहा है कि **लोगों को अपनी काम भावनाओं पर नियंत्रण रखना चाहिए।** ऐसा नहीं होने पर जनसंख्या बढ़ती चली जाएगी और अंततः दुर्भिक्ष,

भुखमरी, संक्रामक बीमारियाँ एवं युद्ध जैसी समस्याएँ बढ़ेंगी अर्थात प्रकृति स्वयं ही जनसंख्या को नियंत्रित कर लेगी।

ह्रासमान उत्पादकता का नियम- माल्थस के अनुसार कृषि भूमि के विस्तार और उत्पादकता को बढ़ाने की एक सीमा होती है। एक सीमा के बाद भूमि और उत्पादकता को बढ़ाना संभव नहीं होता है, जिससे कृषि उत्पादन में वृद्धि दर घटने लगती है। जबकि जनसंख्या में विस्फोटक वृद्धि जारी रहती है, इस कारण उत्पादन जनसंख्या की उपभोग आवश्यकताओं से कम होने लगता है और असंतुलन की स्थिति उत्पन्न हो जाती है। ऐसी स्थिति में प्रकृति स्वयं जनसंख्या को नियंत्रित करने लगती है। इसे ही **ह्रासमान उत्पादकता का नियम** कहते हैं।

अनुकूलतम जनसंख्या की संकल्पना

अनुकूलतम जनसंख्या की संकल्पना का प्रतिपादन **ब्रिटिश अर्थशास्त्री कैनन** ने वर्ष 1888 में किया था। कैनन के अनुसार, किसी देश में बढ़ती जनसंख्या का वह स्तर जो अधिकतम प्रति व्यक्ति आय प्राप्त कर लेता है, तो वही अनुकूलतम जनसंख्या कहलाती है। कैनन के अनुसार, **अनुकूलतम जनसंख्या** वह जनसंख्या है जो अधिकतम राष्ट्रीय उत्पादन को संभव बनाती है। इस स्थिति में जनसंख्या तथा संसाधनों में समन्वय स्थापित हो जाता है और इससे कम या अधिक जनसंख्या होने पर प्रति व्यक्ति आय कम हो जाती है।

कैनन के अनुसार, यदि किसी देश में संसाधन अधिक हैं और जनसंख्या कम है, तो ऐसी स्थिति में वह देश संभाव्य विकास के स्तर को प्राप्त नहीं कर सकेगा, जैसे- ऑस्ट्रेलिया एवं कनाडा आदि। इसके विपरीत यदि किसी देश में जनसंख्या का आकार संसाधन से अधिक है तो ऐसी स्थिति में भी विकास अवरुद्ध हो जाता है, जैसे- बांग्लादेश, नेपाल आदि।

अनुकूलतम जनसंख्या वह है, जहाँ संसाधन और जनसंख्या दोनों का स्तर एक-दूसरे के अनुकूल हो, जैसे- ग्रेट ब्रिटेन।

कैनन के अनुसार, अनुकूलतम जनसंख्या एक गत्यात्मक संकल्पना है और इसकी कोई निश्चित सीमा रेखा नहीं होती, क्योंकि अनुकूलतम जनसंख्या संसाधनों के उपयोग पर निर्भर करती है और संसाधनों का उपयोग किसी भी समाज में तकनीकी विकास के स्तर पर निर्भर करता है। अतः समान संसाधनों की उपलब्धता वाले दो देशों में तकनीकी विकास के अंतर के कारण अनुकूलतम जनसंख्या का आकार अलग-अलग हो सकता है। जब कोई समाज तकनीकी विकास द्वारा संसाधनों का लगातार विकास करता है तो अनुकूलतम जनसंख्या का आकार भी बढ़ता जाता है।

जब माल्थस ने अपना जनसंख्या वृद्धि मॉडल प्रस्तुत किया था तो उस समय ब्रिटेन का जनसंख्या घनत्व 150 व्यक्ति/वर्ग किमी. से भी कम था, लेकिन यही जनसंख्या घनत्व माल्थस के लिए एक समस्या था। जबकि वर्तमान समय में अधिकतर पश्चिमी यूरोप के देशों में जनसंख्या घनत्व 200 व्यक्ति/वर्ग किमी. से भी अधिक है लेकिन इसके बावजूद पश्चिमी यूरोप के अनेक देशों में जनसंख्या नियंत्रण के बजाय जनसंख्या वृद्धि की नीति अपनाई जाती है, क्योंकि तकनीकी विकास उच्च होने के कारण वहाँ प्रति व्यक्ति आय अधिक है। इसी कारण इन देशों का अनुकूलतम जनसंख्या स्तर भी ऊँचा है। इसके विपरीत अधिकतर मध्य अफ्रीकी देशों में जनसंख्या घनत्व 100 व्यक्ति/वर्ग किमी. से कम होने के बावजूद वहाँ जनसंख्या खाद्य समस्या से ग्रसित है, क्योंकि तकनीकी विकास का स्तर पिछड़ा हुआ है। अतः इन देशों में जनसंख्या नियंत्रण के कार्यक्रमों को अपनाया जा रहा है। इस प्रकार अनुकूलतम जनसंख्या एक सापेक्षिक संकल्पना है और सभी देशों के लिए समान घनत्व अनुकूलतम जनसंख्या का आधार नहीं हो सकता।

OOO

20

भारत में नगरीकरण

भारत में नगरीकरण की प्रवृत्ति

नगरीकरण से आशय नगरीय जनसंख्या की वृद्धि से है जो दो प्रक्रियाओं पर आधारित है- **पुराने नगरीय केंद्रों का विस्तार** और **नए नगरों का उदय।** भारत में नगरीकरण की तीव्र वृद्धि का मुख्य कारण ग्रामीण क्षेत्रों से नगरों की ओर स्थानांतरण रहा है, जिस कारण नगरीय केंद्रों का विस्तार होता गया।

1901 में भारत में नगरीय जनसंख्या केवल 2.6 करोड़ थी और अगले पचास वर्षों में यानी 1951 तक इसमें मात्रा दोगुने से कुछ अधिक (6.2 करोड़) की ही वृद्धि हुई।

लेकिन 1951 के बाद भारत में नगरीकरण की विस्फोटक प्रवृत्ति रही है। 1951 में 6.24 करोड़ के स्तर से बढ़कर **भारत की नगरीय जनसंख्या वर्ष 2011 में 37.7 करोड़ हो गई, जोकि देश की कुल जनसंख्या का 31.16%** है। यानी 1901 लेकर 1951 तक भारत की नगरीय जनसंख्या में जहाँ केवल दोगुने से कुछ अधिक की वृद्धि हुई थी, वहीं 1951 लेकर 2011 तक के 60 वर्षों में भारत की नगरीय जनसंख्या में छह गुना की वृद्धि दर्ज की गई। देश की नगरीय जनसंख्या में सर्वाधिक 46% की दशकीय वृद्धि **1971-81 के दशक** में हुई थी।

वर्ष 2001 में भारत की कुल नगरीय जनसंख्या 28.61 करोड़ थी। अत: वर्ष 2011 में **37.71 करोड़** के साथ भारत की नगरीय जनसंख्या में **31.2% की दशकीय वृद्धि** हुई।

वर्ष 2011 में नगरों की कुल संख्या भी बढ़कर लगभग 5200 हो गई है। 1901 में **कोलकाता 10 लाख से अधिक जनसंख्या वाला एकमात्र महानगर** (मेट्रोपॉलिटन सिटी) था। 1951 में भारत में 10 लाख से अधिक जनसंख्या वाले केवल 5 महानगर थे- **दिल्ली, मुंबई, कोलकाता, चेन्नई** और **हैदराबाद।** जबकि 2011 की जनगणना में 10, लाख से अधिक की जनसंख्या वाले महानगरों अर्थात् मेट्रोपॉलिटन सिटीज की संख्या बढ़कर **तिरपन (53)** हो गई है। ऐसे नगरों को मिलियन प्लस सिटी (Million Plus Cities) भी कहते हैं। इन महानगरों में बड़े पैमाने पर जनसंख्या का संकेंद्रण हुआ है। भारत के इन 53 दस लाखी मेट्रोपॉलिटन शहरों में भारत की कुल नगरीय जनसंख्या का लगभग **42%** भाग निवास करता है।

इन 53 मेट्रोपॉलिटन से में से **8 मेगा सिटी** (Mega Cities) भी हैं, जिनकी जनसंख्या 50 लाख से भी अधिक है- **दिल्ली, मुंबई, कोलकाता, चेन्नई, बेंगलुरु, हैदराबाद, अहमदाबाद** और **पुणे।** इन आठ विराट नगरों अर्थात् मेगा सिटी में देश की नगरीय जनसंख्या का लगभग 25% भाग निवास करता है। इनमें से दिल्ली, मुंबई और कोलकाता की आबादी **1 करोड़ से भी अधिक** है। 1.64 करोड़ की नगरीय जनसंख्या के साथ **वृहद्तर मुंबई देश का सबसे बड़ा महानगर** है।

वर्तमान में देश तीव्र नगरीकरण के दौर से गुजर रहा है, जिसका मुख्य कारण ग्रामीण क्षेत्रों से आजीविका की तलाश में नगरीय क्षेत्रों की ओर होने वाला प्रवास है। परिणामस्वरूप नगरीय जनसंख्या, नगरों की संख्या और उनके आकार में लगातार वृद्धि हो रही है।

इसके बावजूद भारत की गणना मध्यम नगरीकृत देशों में की जाती है। भारत की केवल 31.16% आबादी नगरों में रहती है, जबकि **विश्व की औसतन 50 फीसदी आबादी नगरों में** निवास करती है। लेकिन वैश्विक औसत से कम नगरीकरण के बावजूद भारत की कुल नगरीय जनसंख्या (37.7 करोड़) चीन को छोड़कर विश्व के सभी देशों की जनसंख्या से अधिक है।

भारत में नगरीकरण की प्रवृत्ति (1901-2011)				
वर्ष	नगरीय जनसंख्या करोड़ में	कुल जनसंख्या में नगरीय जनसंख्या का प्रतिशत	दशक में नगरीय जनसंख्या में वृद्धि दर प्रतिशत में	नगरीय जनसंख्या में वार्षिक प्रतिशत वृद्धि दर
1901	2.59	10.84	–	–
1911	2.59	10.29	0.35	0.03
1921	2.81	11.18	8.27	0.79
1931	3.35	11.99	19.12	1.75

भारत में नगरीकरण की प्रवृत्ति (1901-2011)				
वर्ष	नगरीय जनसंख्या करोड़ में	कुल जनसंख्या में नगरीय जनसंख्या का प्रतिशत	दशक में नगरीय जनसंख्या में वृद्धि दर प्रतिशत में	नगरीय जनसंख्या में वार्षिक प्रतिशत वृद्धि दर
1941	4.42	13.86	31.97	2.77
1951	26.24	17.29	26.41	2.34
1961	7.89	17.97	26.41	2.34
1971	10.91	19.91	38.23	3.21
1981	15.95	23.34	46.14	3.83
1991	21.72	25.72	36.19	3.09
2001	28.61	27.81	31.72	3.13
2011	37.37	31.16	31.2	3.18

नगरीकरण का प्रादेशिक वितरण

- भारत में नगरीकरण के प्रादेशिक वितरण प्रतिरूप में काफी विषमताएँ हैं। उत्तर भारत की अपेक्षा दक्षिण भारत के राज्यों में नगरीकरण का स्तर अधिक ऊँचा है। यहाँ नगरीकरण से आशय राज्य की कुल जनसंख्या में नगरीय जनसंख्या के प्रतिशत से है। देश में **गोवा सर्वाधिक नगरीकृत राज्य** है, जहाँ 62% लोग नगरों में रहते हैं। गोवा के बाद यद्यपि **मिजोरम देश का दूसरा सर्वाधिक नगरीकृत राज्य** (52% नगरीय जनसंख्या) है, लेकिन नगरीकरण के मामले में तीसरे, चौथे और पाँचवें पायदान पर स्थित क्रमशः **तमिलनाडु** (48%), **केरल** (47%) और **महाराष्ट्र** (45%) जैसे बड़े राज्य दक्षिण भारत में ही स्थित हैं।
- देश में **सर्वाधिक तीव्र नगरीकरण मिजोरम में** हुआ है। मिजोरम नगरीकरण की दृष्टि से 1981 में 15वें स्थान पर था। जबकि केवल 20 वर्ष बाद 2001 में यह **गोवा के बाद दूसरे स्थान पर** काबिज हो गया।

शीर्ष 5 शहरी जनसंख्या % वाले राज्य	
राज्य	नगरीकरण % में
1. गोवा	62.2
2. मिजोरम	52.1
3. तमिलनाडु	48.4
4. केरल	47.7
5. महाराष्ट्र	45.2

- भारत में सबसे कम नगरीकृत राज्य **हिमाचल प्रदेश** है, जहाँ केवल 10% आबादी नगरों में रहती है। सबसे कम नगरीकरण के मामले में हिमाचल प्रदेश के बाद क्रमशः बिहार (11%), असम (14%) और उड़ीसा (16%) हैं।
- जम्मू-कश्मीर और लद्दाख जैसे नये केंद्रशासित प्रदेशों को छोड़कर देश के अन्य सभी केंद्रशासित प्रदेशों में नगरीकरण का प्रतिशत राष्ट्रीय औसत (31.16%) से काफी अधिक है। **दिल्ली देश का सर्वाधिक नगरीकृत केंद्रशासित प्रदेश** है, जहाँ 97.5% जनसंख्या शहरी क्षेत्र में रहती है। जबकि **सबसे कम नगरीकृत केंद्रशासित प्रदेश दादरा एवं नगर हवेली** में **47%** आबादी नगरों में रहती है।

नगरीय जनगणना : 2011 के अंतिम आँकड़े				
क्र.	राज्य/केंद्रशासित प्रदेश	कुल जनसंख्या	नगरीय जनसंख्या	नगरीय जनसंख्या का %
1.	जम्मू और कश्मीर	1,25,41,302	34,33,242	27.4
2.	हिमाचल प्रदेश	68,64,602	6,88,552	10.0
3.	पंजाब	2,77,43,338	1,03,99,146	37.5
4.	चंडीगढ़	10,55,450	1026,459	97.3
5.	उत्तराखण्ड	1,00,86,292	30,49,338	30.2
6.	हरियाणा	2,53,51,462	88,42,103	34.9

नगरीय जनगणना : 2011 के अंतिम आँकड़े				
क्र.	राज्य/केंद्रशासित प्रदेश	कुल जनसंख्या	नगरीय जनसंख्या	नगरीय जनसंख्या का %
7.	दिल्ली	1,67,87,941	1,63,68,899	97.5
8.	राजस्थान	6,85,48,437	1,70,48,085	24.9
9.	उत्तर प्रदेश	19,98,12,341	4,44,95,063	22.3
10.	बिहार	10,40,99,452	1,17,58,016	11.3
11.	सिक्किम	6,10,577	1,53,578	25.2
12.	अरुणाचल प्रदेश	13,83,727	3,17,369	22.9
13.	नागालैण्ड	19,78,502	5,70,966	28.9
14.	मणिपुर	28,55,794	8,34,154	29.2
15.	मिजोरम	10,97,206	5,71,771	52.1
16.	त्रिपुरा	36,73,917	9,61,453	26.2
17.	मेघालय	29,66,889	5,95,450	20.1
18.	असम	3,12,05,576	43,98,542	14.1
19.	पश्चिम बंगाल	9,12,76,115	2,90,93,002	31.9
20.	झारखण्ड	3,29,88,134	79,33,06	240.
21.	ओडिशा	4,19,74,218	70,03,656	16.7
22.	छत्तीसगढ़	2,55,45,198	59,37,237	23.2
23.	मध्य प्रदेश	7,26,26,809	2,00,69,405	27.6
24.	गुजरात	6,04,39,692	2,57,45,083	42.6
25.	दमन और दीव	2,34,247	1,82,851	75.2
26.	दादरा एवं नगर हवेली	3,43,709	1,60,595	46.7
27.	महाराष्ट्र	11,23,74,333	5,08,18,259	45.2
28.	आंध्र प्रदेश	8,45,80,777	2,82,19,075	33.4
29.	कर्नाटक	6,10,95,297	2,36,25,962	38.7
30.	गोवा	14,58,545	9,06,814	62.2
31.	लक्षद्वीप	64,373	50,332	78.1
32.	केरल	3,34,06,061	1,59,34,926	47.7
33.	तमिलनाडु	7,21,47,030	3,49,17,440	48.4
34.	पुदुचेरी	12,47,953	8,52,753	68.3
35.	अंडमान एवं निकोबार	3,80,581	1,43,488	37.7
	भारत	**1,21,08,54,977**	**37,71,06,125**	**31.16**

संघीय क्षेत्र	नगरीकरण
1. दिल्ली	97.5
2. चंडीगढ़	97.3
3. लक्षद्वीप	78.1
4. दमन और दीव	75.2

- देश की आधी से भी अधिक नगरीय आबादी केवल पाँच राज्यों में रखती है- **महाराष्ट्र, उत्तर प्रदेश, तमिलनाडु, पश्चिम बंगाल** और **आंध्र प्रदेश।**
- देश में **सर्वाधिक नगरीय जनसंख्या वाला राज्य महाराष्ट्र** है, जहाँ 5 करोड़ से अधिक लोग शहरों में रहते हैं। महाराष्ट्र के बाद सर्वाधिक नगरीय जनसंख्या क्रमश: **उत्तर प्रदेश, तमिलनाडु, पश्चिम बंगाल** और **आंध्र प्रदेश** में पाई जाती है।
- जबकि देश की शेष आधी नगरीय आबादी शेष 28 राज्यों और 8 केंद्रशासित प्रदेशों में निवास करती है।
- रोचक बात यह है कि **उत्तर प्रदेश केवल 20% नगरीकृत राज्य** होने के बावजूद कुल नगरीय जनसंख्या के मामले में महाराष्ट्र के बाद दूसरे स्थान पर है।

नगरीय बस्तियाँ (Urban Settlements)

- नगरीय बस्तियाँ आर्थिक, प्रशासनिक एवं राजनीतिक गतिविधियों के लिए आदर्श केंद्र के रूप में होती हैं। नगरीय क्षेत्रों की परिभाषा के अनुसार नगरीय क्षेत्र सघन जनसंख्या वाले ऐसे क्षेत्र होते हैं, जिसकी अधिकांश जनसंख्या गैर-कृषि कार्यों जैसे- व्यापार- वाणिज्य, उद्योग, प्रबंधन तथा प्रशासनिक कार्यों में संलग्न रहती है। नगरीय क्षेत्रों में अधिकतर श्रम बल द्वितीयक (उद्योग) तथा तृतीय (सेवा) क्षेत्रों में लगा रहता है।
- नगर आर्थिक प्रगति के संचालक क्षेत्र होते हैं। भारत जैसे विकासशील देश में सकल घरेलू उत्पाद में नगरों का योगदान लगभग 80% है।
- भारत में नगरों को परिभाषित करने के लिए जनसंख्या आकार, **जनसंख्या घनत्व, व्यावसायिक संरचना** तथा **प्रशासनिक संरचना** को आधार बनाया गया है।
- भारत की जनगणना 2001 में अपनाई गई नगरीय क्षेत्र की परिभाषा के अनुसार दो प्रकार के नगरों की पहचान की गई है-

  A. संवैधानिक नगर- भारत में वही बस्ती नगर कहलाती है, जहाँ नगर पालिका या नगर निगम या कैंटोनमेंट बोर्ड या नोटिफाई टाउन एरिया कमेटी हो।

  B. जनगणना नगर- ऐसी सभी बस्तियाँ जो निम्नलिखित 3 शर्तों को एक साथ पूरा करती हों-

  i. जहाँ जनसंख्या कम से कम **5000** हो।

  ii. जहाँ जनसंख्या घनत्व न्यूनतम **400 व्यक्ति/वर्ग किमी.** हो।

  iii. जहाँ कम से कम **75% पुरुष कामगार गैर-कृषि कार्यों** में संलग्न हों।

नगरीय बस्तियों का वर्गीकरण

कस्बा (Town)

- 5000-9999 की जनसंख्या वाली नगरीय बस्तियों को कस्बा कहते हैं। यह **नगरीय अधिवास की सबसे छोटी इकाई** होती है और यहाँ बहुसंख्यक लोग गैर कृषि क्रियाकलापों जैसे- खुदरा और थोक व्यापार आदि में लगे होते हैं।

नगर (City)

- भारत में **10 हजार से अधिक और 1 लाख से कम जनसंख्या** वाली बस्तियों को नगर कहा जाता है। नगरों में क्षेत्रीय प्रशासनिक कार्यालय, प्रमुख वित्तीय संस्थाएँ और प्राय: परिवहन साधनों के अंतिम स्टेशन होते हैं।

भारत के 10 लाख से अधिक जनसंख्या वाले महानगर : जनगणना 2011

राज्य/केंद्रशासित प्रदेश		महानगर (जनसंख्या)
1.	उत्तर प्रदेश (7)	1. कानपुर (29,20,067)
		2. लखनऊ (29,01,474)
		3. आगरा (17,46,467)
		4. गाजियाबाद (23,58,525)
		5. वाराणसी (14,35,113)
		6. मेरठ (24,24,908)
		7. प्रयागराज (12,16,719)
2.	केरल (7)	1. कोच्चि (21,17,990)
		2. कोझिकोड (20,30,519)
		3. त्रिशूर (18,58,783)
		4. मल्लापुरम् (16,98,645)
		5. तिरुवनंतपुरम् (16,87,406)
		6. कन्नूर (16,42,892)
		7. कोल्लम (11,10,005)
3.	महाराष्ट्र (7)	1. वृहत मुंबई (11,84,14,288)
		2. नागपुर (24,97,777)
		3. पुणे (50,49,968)
		4. नासिक (16,62,769)
		5. बसई विरार सिटी (12,21,233)
		6. औरंगाबाद (11,89,376)
		7. पीमरीचिचवाढ़ (17,27,692)

राज्य/केंद्रशासित प्रदेश		महानगर (जनसंख्या)
4.	तमिलनाडु (4)	1. चेन्नई (86,96,010)
		2. कोयम्बटूर (21,51,466)
		3. मदुरै (14,62,420)
		4. तिरुचिरापल्ली (10,21,717)
5.	मध्य प्रदेश (4)	1. इंदौर (21,67,447)
		2. भोपाल (18,83,381)
		3. जबलपुर (12,67,564)
		4. ग्वालियर (11,01,981)
6.	गुजरात (4)	1. अहमदाबाद (63,52,254)
		2. सूरत (45,85,367)
		3. बड़ोदरा (18,17,191)
		4. राजकोट (13,90,933)
7.	झारखण्ड (3)	1. जमशेदपुर (13,37,131)
		2. धनबाद (11,95,298)
		3. राँची (11,26,441)
8.	राजस्थान (3)	1. जयपुर (30,73,350)
		2. जोधपुर (11,37,815)
		3. कोटा 0
9.	आंध्र प्रदेश (2)	1. विशाखापट्टनम (17,30,320)
		2. विजयवाड़ा (14,91,202)
10.	पश्चिम बंगाल (2)	1. कोलकाता (1,41,12,536)
		2. आसनसोल (12,43,008)
11.	पंजाब (2)	1. लुधियाना (16,18,879)
		2. अमृतसर (11,83,705)
12.	तेलंगाना (1)	1. हैदराबाद (77,49,334)
13.	दिल्ली (1)	1. दिल्ली (1,63,14,838)
14.	कर्नाटक (1)	1. बेंगलुरु (84,99,399)
15.	बिहार (1)	1. पटना (20,46,652)
16.	हरियाणा (1)	1. फरीदाबाद (14,04,653)
17.	चंडीगढ़ (1)	1. चंडीगढ़ (10,25,682)
18.	जम्मू-कश्मीर (1)	1. श्रीनगर (12,73,312)
19.	छत्तीसगढ़ (1)	1. रायपुर (10,10,087)

महानगर (Metropolis)

- 10 लाख से 49,99,999 की जनसंख्या वाले नगरों को **महानगर** कहते हैं। वर्तमान में भारत में ऐसे नगरों की **संख्या 53** हो गई है। इन्हें **मिलियन सिटी** भी करते हैं।

सन्नगर अथवा नगरमाल (Conurbation)

- सन्नगर अथवा नगरमाल अति नगरीकरण का परिणाम होते हैं और इनका विकास प्रमुख राजमार्गों के सहारे होता है। जब दो या दो से अधिक नगर **प्रमुख राजमार्गों के सहारे बाहर की ओर से फैलते हुए आपस** में मिल जाते हैं तो एक विस्तृत नगरीय क्षेत्र का निर्माण हो जाता है, ऐसे विस्तृत नगरीय क्षेत्र को **सन्नगर** कहते हैं। **प्रमुख राजमार्गों के सहारे विकसित** सन्नगर दो या दो से अधिक नगरों को आपस में जोड़ने का काम करता है।
- उदाहरण के लिए- दिल्ली, फरीदाबाद, गुरुग्राम, नोएडा इत्यादि नगरों के मध्य सन्नगरों अथवा नगरमाल का विकास हुआ है।
- सन्नगर शब्द का प्रयोग सबसे पहले पैट्रिक गेडीज ने लंदन के विशाल नगरीय समूह के लिए किया था।

मेगा सिटी (Mega City)

- मेगा सिटी ग्रीक भाषा के शब्द **मेगालोपोलिस** (Megalopolois) से निकला है। मेगालोपोलिस, नगर विकास की चरम अवस्था को कहते हैं।
- जब कोई महानगर अपने फैलाव के कारण आस-पास के नगरों एवं उपनगरों को भी अपने अंदर समाहित कर लेता है तो उसे **मेगा सिटी या विराट नगर** कहते हैं। मेगा सिटी को **50 लाख से अधिक लोगों की कुल आबादी वाले शहरी समूह** के रूप में परिभाषित किया जा सकता है। इसमें मुख्य नगर एवं अन्य नगर कार्यात्मक रूप से आपस में जुड़े हुए होते हैं।
- भारत में मुंबई, दिल्ली, कोलकाता, बेंगलुरु इत्यादि मेगा सिटी के उदाहरण हैं।

अनुषंगी नगर (Satellite city)

- अनुषंगी नगरों का विकास मुख्य नगर (मेट्रोपोलिस) के समीप उसके बढ़ते जनसंख्या दबाव को कम करने के लिए तथा मेट्रो नगरों की गतिविधियों को केंद्रित करने के लिए किया जाता है। अनुषंगी नगर मुख्य रूप से **आवासीय नगर** होते हैं। इन नगरों की एक बड़ी जनसंख्या अपनी आजीविका के लिए प्रतिदिन मुख्य नगर की यात्र करती है और रात को वापस लौट आती है।
- अनुषंगी नगरों का विकास मुख्य नगरों के कारण होता हैं, लेकिन इनकी अपनी विशेष पहचान होती है। इन नगरों को **उपग्रह नगर** भी कहते हैं।
- मुख्य नगर में बढ़ते जनसंख्या दबाव, वायु प्रदूषण, जमीन और आवास की कीमतों में वृद्धि और बंद वातावरण के कारण बड़ी संख्या में लोग अनुषंगी नगरों में आकर बस जाते हैं। धीरे-धीरे अनुषंगी नगरों में सेवा क्षेत्र, परिवहन साधनों, स्वास्थ्य, शिक्षा एवं मनोरंजन सुविधाओं का विकास हो जाता है।

- अनुषंगी नगर तीव्र और आधुनिक **परिवहन साधनों द्वारा मुख्य नगर से जुड़े** हुए होते हैं।
- उपग्रह नगर का विकास इस प्रकार नियंत्रित होता है कि यह अपने पैतृक नगर का प्रतियोगी कभी नहीं बन सकता।
- नोएडा, फरीदाबाद, गुड़गाँव, पानीपत इत्यादि नगरों का विकास **दिल्ली के अनुषंगी नगर** के रूप में हुआ है। इसी प्रकार चंडीगढ़ के साथ **पंचकुला** तथा **मोहाली** का विकास उपग्रह नगरों के रूप में हुआ है।

नगरीय प्रभाव क्षेत्र (Umland)

- प्रत्येक नगर का अपने चारों ओर के देहाती क्षेत्र (Rural Area) से गहरा आर्थिक तथा सांस्कृतिक संबंध होता है। यह संबंध नगर के परिधि क्षेत्र से जितनी दूर होता है, उस क्षेत्र को नगर का **अमलैण्ड या नगरीय प्रभाव क्षेत्र** कहते हैं।
- नगरीय प्रभाव क्षेत्र एक तरफ शिक्षा, स्वास्थ्य और परिवहन जैसी नगरीय सुविधाओं का लाभ उठा रहा होता है तो वहीं दूसरी तरफ अपने केंद्र में स्थित नगर को शाक-सब्जी, अनाज, दूध, फल जैसी वस्तुएँ भी प्रदान करता है।
- नगरीय प्रभाव क्षेत्र, अपने केंद्र में स्थित नगर के सामाजिक-आर्थिक एवं राजनीतिक कार्यों से प्रभावित होता है और स्वयं भी अपनी सेवाओं से नगरीय जीवन को प्रभावित करता है। किसी भी नगर का विकास इस बात पर निर्भर करता है कि उसके प्रभाव क्षेत्र का कितना विकास हुआ है।

नगरों का कार्यात्मक वर्गीकरण (Functional Classification of Cities)

लगभग सभी नगरों में कई तरह के व्यवसाय किए जाते हैं, फिर भी प्रत्येक नगर का एक विशिष्ट कार्य होता है और यही विशिष्टताएँ नगरों के कार्यात्मक वर्गीकरण का आधार हैं। उदाहरण के लिए- चंडीगढ़ एक प्रशासनिक नगर है, फरीदाबाद एक औद्योगिक नगर है, जबकि वाराणसी एक धार्मिक एवं शैक्षणिक नगर है। कार्य के आधार पर भारतीय नगरों का वर्गीकरण इस प्रकार किया जा सकता है-

- **प्रशासनिक नगर-** सभी राज्यों की राजधानियाँ प्रशासनिक नगर हैं। इसके अलावा कुछ विशेष प्रशासनिक नगरों का विकास भी किया गया है जैसे-गाँधीनगर, चंडीगढ़, दिसपुर इत्यादि।
- **औद्योगिक नगर-** दुर्गापुर, राउरकेला, भिलाई, बोकारो, जमशेदपुर, अहमदाबाद और गाजियाबाद।
- **व्यापारिक नगर-** मुंबई, कोलकाता, चेन्नई।
- **धार्मिक नगर-** हरिद्वार, मथुरा, वाराणसी, अजमेर, अमृतसर, द्वारका, पुरी।
- **शैक्षणिक नगर-** वाराणसी, अलीगढ़, रुड़की।
- **बंदरगाह नगर-** कांडला, विशाखापट्टनम, हल्दिया।
- **रेलवे जंक्शन नगर-** मुगल सराय, सिकंदराबाद, इटारसी।
- **पर्यटन नगर-** शिमला, मनाली, दार्जिलिंग, ऊटी, मसूरी, नैनीताल, कोडईकनाल।
- **खनन नगर-** कोयला क्षेत्र में झरिया, रानीगंज, पेट्रोलियम क्षेत्र में अंकलेश्वर, डिगबोई ताम्र क्षेत्र में खेतड़ी। **छावनी नगर-** अंबाला, जालंधर, मेरठ, फिरोजपुर।
- **पर्यटन नगर-** शिमला, मनाली, नैनीताल, दार्जिलिंग, ऊटी, मसूरी, कोडईकनाल।

भारत में नगरीकरण की प्रमुख विशेषताएँ

- 20वीं सदी के मध्य तक भारत में नगरीकरण की प्रक्रिया धीमी थी, लेकिन **स्वतंत्रता के पश्चात् नियोजन काल** में जब आर्थिक गतिविधियों में तेजी आई तो नगरीकरण में भी तेजी आई।
- भारत में नगरीकरण, नगरीय जनसंख्या की **प्राकृतिक वृद्धि का परिणाम न होकर ग्रामीण क्षेत्रों से नगरीय केंद्रों की ओर जनसंख्या के प्रवास का परिणाम** है। रोजगार, शिक्षा तथा उच्च जीवन स्तर की तलाश में ग्रामीण क्षेत्रों से बड़े पैमाने पर नगरों की ओर लोगों के प्रवास के कारण नगरीय जनसंख्या में तीव्र वृद्धि हो रही है।
- पाश्चात्य देशों की भाँति भारत में **नगरीकरण, औद्योगीकरण का सहगामी नहीं** है। यहाँ औद्योगिकरण के अभाव में भी तीव्र नगरीकरण हो रहा है और यह **मुख्यतः तृतीयक क्रियाओं जैसे- व्यापार, परिवहन, प्रशासन, पर्यटन, शिक्षा आदि के विकास पर आधारित** है।
- भारत में महानगरीकरण की प्रवृत्ति अधिक तीव्र है, अर्थात यहाँ बड़े नगरों में जनसंख्या वृद्धि अधिक तेजी से हो रही है और छोटे नगरों की वृद्धि अपेक्षाकृत मंद है। 2011 की जनगणना के अनुसार **10 लाख से अधिक जनसंख्या वाले 53 महानगरों की जनसंख्या** कुल नगरीय जनसंख्या का लगभग 42 प्रतिशत है। बड़े नगर महानगर बनने को उद्यत हैं, जबकि मुंबई, दिल्ली, कोलकाता जैसे महानगर मेगापोलिस (1 करोड़ से अधिक जनसंख्या) बन गए हैं।
- भारतीय नगरों में **जनसंख्या का संकेन्द्रण उपलब्ध नगरी सुविधाओं और श्रम की माँग के अनुरूप नहीं हो रहा है,** जिस कारण ग्रामीण क्षेत्रों से आए हुए लोग आधारभूत सुविधाओं के अभाव में ग्रामीण जीवन से भी निम्न जीवन स्तर व्यतीत कर रहे हैं।

- भारत में नगरीकरण कुछ विशिष्ट क्षेत्रों में ही हुआ है। यहाँ उच्च नगरीकरण की दो प्रमुख पेटियाँ हैं-

A. **प्रायद्वीपीय भारत का पश्चिमी भाग और सुदूर दक्षिण भारत,** जिसका विस्तार गुजरात से लेकर केरल और तमिलनाडु तक है। इस पेटी में अहमदाबाद, सूरत, मुंबई, पुणे, बेंगलुरु, कोच्चि, चेन्नई जैसे महानगर हैं।

B. **उत्तर भारतीय पेटी, जो पंजाब हरियाणा से लेकर पश्चिम बंगाल तक विस्तृत** है। इस पेटी में पश्चिमी क्षेत्र (दिल्ली, चंडीगढ़) तथा पूर्वी क्षेत्र (कोलकाता, हावड़ा, आसनसोल, हल्दिया) तो उच्च नगरीकृत हैं, लेकिन मध्यवर्ती भाग (उत्तर प्रदेश, बिहार) में नगरीय केंद्र बिखरे हुए हैं।

भारत में नगरीकरण की समस्याएँ

- सबसे बड़ी समस्या ग्रामीण-नगरीय स्थानांतरण की है। जिस गति से नगरों की ओर ग्रामीण लोगों का प्रवास हो रहा है, उसकी तुलना में **नगरों में रोजगार के अवसर उत्पन्न नहीं हो पा रहे हैं।** विशेषकर शिक्षित बेरोजगारों की संख्या नगरों में बढ़ती जा रही है।
- तीव्र नगरीकरण के कारण **नगरीय जनसंख्या नगरों की क्षमता से भी अधिक** हो गई है। परिणामस्वरूप आधारभूत सुविध ाओं यथा-परिवहन, स्वास्थ्य, पेयजल, विद्युत आपूर्ति इत्यादि पर दबाव निरंतर बढ़ता जा रहा है।
- नगरों में बाहरी जनसंख्या के अनियंत्रित प्रवेश के कारण **आवास और भूमि की समस्या** भी बढ़ती जा रही है।
- समस्या इसलिए और बढ़ जाती है, क्योंकि **ग्रामीण क्षेत्रों से आने वाली आबादी अकुशल श्रमिकों की होती है** जो रोजगार और आवास के अभाव में मलिन बस्तियों में रहते हैं। इन बस्तियों में बुनियादी सुविधाओं का अभाव होता है और लोग एक या दो कमरों के झोपड़-पट्टियों में रहते हैं। देश के **सभी महानगर और नगर अनधिकृत मलिन बस्तियों की समस्या से जूझ रहे हैं।** भारत में लगभग 25% नगरीय आबादी मलिन बस्तियों में रहती है। ये मलिन बस्तियाँ नगरों में सार्वजनिक भूमि, रेल लाइनों के किनारे, सड़कों एवं नहरों के किनारे प्रदूषण युक्त वातावरण में विकसित होती हैं। अत्यधिक प्रदूषित होने के कारण इन बस्तियों में मानव-जीवन एवं स्वास्थ्य के लिए अनुकूल दशाओं का अभाव होता है। मलिन बस्तियाँ सम्पूर्ण नगरीय पारिस्थितिकी के समक्ष गंभीर चुनौती बनी हुई हैं।
- औद्योगिक इकाइयों एवं परिवहन साधनों द्वारा निकलने वाले धुएँ और जहरीले अपशिष्टों के कारण नगरों में जल प्रदूषण, वायु प्रदूषण, मृदा प्रदूषण की समस्याएँ गंभीर रूप धारण कर चुकी हैं। दिल्ली जैसे महानगरों में परिवहन साधनों द्वारा CO_2 के विमोचन से स्थानीय जलवायु में परिवर्तन हुआ है। वहाँ धूम्र और स्मॉग के कारण स्वास्थ्य संबंधी रोगों की संख्या बढ़ रही है। भारी मात्रा में उत्पन्न होने वाले घरेलू कचरों तथा इलेक्ट्रॉनिक अपशिष्ट के निपटान की उचित व्यवस्था नहीं होने के कारण **पर्यावरण प्रदूषण तथा बीमारियों की समस्या विकराल रूप धारण कर रही है।** नगरीय क्षेत्रों से होकर बहने वाली नदी नालों में तब्दील हो चुकी है, जिससे नदियों के अस्तित्व पर भी खतरा मंडरा रहा है। अत्यधिक दोहन के कारण जल स्तर भी खतरनाक रूप से नीचे चला गया है।
- विभिन्न सांस्कृतिक पृष्ठभूमि से आने वाले लोगों के कारण नगरों में सामाजिक-सांस्कृतिक तनाव भी बढ़ रहा है। बेरोजगारी, उपभोक्तावाद, प्रतिस्पर्धा, आर्थिक विषमताओं और पहचान के संकट के कारण **नगरी जीवन में तनावग्रस्त वातावरण का निर्माण हो रहा है।** मानसिक विकृति एवं अवसाद के कारण अपराध और आत्महत्या की घटनाओं में वृद्धि हुई है। सामाजिक मूल्यों में गिरावट के चलते मादक पदार्थों का सेवन एवं महिलाओं के प्रति बढ़ता अपराध एक गंभीर समस्या के रूप में उभर चुका है। विशेष रूप से मलिन बस्तियाँ आपराधिक गतिविधियों के लिए उर्वर भूमि प्रदान करती हैं।

भारत में मलिन बस्तियाँ

- नगरीय सीमा में मलिन बस्तियों का उदय आधुनिक नगरीकरण का परिणाम है। तीव्र ग्रामीण-शहरी स्थानांतरण और भारतीय नगरों की जनसंख्या में विस्फोटक वृद्धि के परिणामस्वरूप मलिन बस्तियों की संख्या और आकार में वृद्धि होती गई। वर्तमान में **नगरीय जनसंख्या का लगभग 30% मलिन बस्तियों** में रहता है। 2011 की जनगणना के अनुसार **देश की लगभग 10% आबादी (12 करोड़) मलिन बस्तियों में रहती है।**
- प्रति वर्ष भारतीय नगरों में जनसंख्या वृद्धि का एक तिहाई भाग ग्रामीण-नगरीय प्रवास का परिणाम होता है। रोजगार और आजीविका की लालसा में ग्रामीण क्षेत्रों से महानगरों की ओर स्थानांतरण करने वाले ये लाखों ग्रामीण गरीब और अकुशल श्रमिक मलिन बस्तियों के फैलाव का सबसे बड़ा कारण है।
- गंदी बस्तियों में रहने वाली **आबादी की दृष्टि से महाराष्ट्र प्रथम** स्थान पर है, जहाँ 1 करोड़ से अधिक लोग गंदी बस्तियों में रहते हैं। मुंबई महानगर की लगभग 44% जनसंख्या का निवास विभिन्न भागों में बिखरी हुई मलिन बस्तियों में है।
- इसके अलावा कोलकाता महानगर, दिल्ली महानगर तथा चेन्नई महानगर में भी एक बड़ी जनसंख्या मलिन बस्तियों में निवास करती है। मुंबई में इन मलिन बस्तियों को **झोपड़पट्टी,** दिल्ली में **झुग्गी झोपड़ी,** चेन्नई में **चेरी** और कानपुर में **कटारा** या **अहाता** के नाम से जाना जाता है।

मलिन बस्तियों की विशेषताएँ

- महानगरों में आवास और भूमि की कमी के कारण मलिन बस्तियाँ सामान्यत: सार्वजनिक खाली जमीन पर, रेलवे लाइनों, सड़कों, नहरों और नालों के किनारे अथवा कचरे के विशाल ढेर के आस-पास विकसित होती हैं।
- मलिन बस्तियों में निवास करने वाले व्यक्तियों का जीवन स्तर अत्यधिक निकृष्ट और पर्यावरण अस्वास्थ्यकर होता है। इन मलिन बस्तियों में लोग बुनियादी सुविधाओ के अभाव में एक या दो कमरों के झुग्गी झोपड़ियों में रहते हैं। ये झुग्गी झोपड़ियाँ अति सघन एवं अव्यवस्थित रूप में काफी दूर तक फैली हुई होती हैं।
- इन बस्तियों में गलियाँ संकरी होती हैं और नालियाँ गंदी, खुली और अवरुद्ध होती हैं, जिनमें सदैव जलजमाव की समस्या होती है। शौचालय एवं जल निकास आदि की उचित व्यवस्था नहीं होने के कारण आस-पास गंदगी एवं दुर्गंध फैली रहती है। दूषित जल के प्रयोग एवं यहाँ-वहाँ फैले कचरों और मल के ढेर के कारण यह संक्रामक बीमारियों का क्षेत्र होता है।
- बेरोजगारी, कम आय और निरक्षरता के कारण मलिन बस्तियों में नशीले पदार्थों का सेवन, जुआ, वेश्यावृत्ति, बाल अपराध, चोरी आदि सामाजिक बुराइयाँ फैली होती हैं। असामाजिक तत्वों की संगति में कम उम्र के बालक तथा किशोर भी अपराधी बन जाते हैं और नैतिक पतन होता है।

OOO

21

भारत की प्रजातियाँ एवं जनजातियाँ

सर हर्बर्ट रिजले, हैडन, हटन तथा डॉ. वी. एस. गुहा जैसे विद्वानों ने भारत की मानव प्रजातियों के वर्गीकरण का प्रयास किया है। **डॉ. वी. एस. गुहा** ने शारीरिक लक्षणों के आधार पर तार्किक ढंग से समस्त भारतीय जनसंख्या को 6 प्रमुख प्रजातियों में वर्गीकृत किया है। **जनसंख्या में प्रजातीय तत्व** नाम से इसका प्रकाशन 1949 में हुआ–

A. नीग्रिटो

B. आद्य अथवा प्रोटो आस्ट्रलॉयड

C. मंगोलॉयड

D. भूमध्यसागरीय

E. ब्रैकिसेफेलिक (चौड़े सिर वाले)

F. नार्डिक

A. नीग्रिटो

- डॉ. गुहा ने केरल में **त्रावणकोर तथा कोचीन** के काडर एवं इरुला जनजातियों के साथ **अंडमान निकोबार** की जनजातियों को इनका प्रतिनिधि माना है। नीग्रिटो **भारत का सबसे पहला प्रजाति समूह** था।
- छोटा कद, काली त्वचा, छोटा चेहरा, मोटे होंठ और आगे की ओर निकला हुआ ललाट इस प्रजाति से संबंधित लोगों की सामान्य विशेषताएँ हैं।

B. आद्य अथवा प्रोटो आस्ट्रलॉयड

- नीग्रिटो के बाद भारत में **आने वाली यह दूसरी प्रजाति** थी। मुख्यत: मध्य भारत में **अरावली पर्वत श्रेणी से लेकर राजमहल पहाड़ी तक** और दक्षिण भारत में फैली हुई जनजातियाँ प्रोटो आस्ट्रलॉयड से ही संबंधित हैं।
- इसके अंतर्गत **भील, संथाल, मुंडा, गोंड, उराँव, चेंचू (आंध्र प्रदेश), कुरुम्बा (कर्नाटक, तमिलनाडु), मलायन (केरल)** आदि जनजातियाँ शामिल हैं।
- प्रायद्वीपीय भारत में निवास करने वाली अधिकांश प्रजातियाँ इस समूह की ही हैं।
- ये सामान्यत: छोटे कद, लंबे सिर, काली त्वचा, घुँघराले बाल, चपटी नाक और उभरे ललाट वाले होते हैं।
- मोहनजोदड़ो एवं हड़प्पा की खुदाई में प्रोटो आस्ट्रलॉयड प्रजाति के अवशेष मिले हैं।

C. मंगोलॉयड

भारत में इस प्रजाति से संबंधित लोग **पूर्वोत्तर भारत में** पाए जाते हैं। मुख्यत: पूर्वी एशिया एवं दक्षिण पूर्वी एशिया में पाए जाने वाली इस प्रजाति के लोगों के **पैर छोटे, रंग पीला, शरीर पर बालों की कमी,** सिर चौड़ा, चेहरा सपाट, नाक चपटी और **आँखें आधी खुली** हुई होती हैं।

भारत में मंगोलॉयड के दो वर्ग पाए जाते हैं– पुरा मंगोलॉयड और तिब्बती मंगोलॉयड।

1. **पुरा मंगोलॉयड–** यह भारत में आने वाली सबसे प्राचीन मंगोलॉयड प्रजाति है, जिसमें सारे लक्षण विकसित नहीं होते हैं। यह प्रजाति पूर्वोत्तर भारत में असम और उसके निकटवर्ती क्षेत्रों में पाई जाती है।
2. **तिब्बती मंगोलॉयड–** यह प्रजाति मुख्यत: हिमालय के सहारे पश्चिमी हिमालय, सिक्किम तथा भूटान में निवास करती है। इस प्रजाति में सभी लक्षण पाए जाते हैं। इनके शरीर पर बालों का लगभग अभाव होता है। केवल सिर पर ही बाल विकसित होते हैं। त्वचा का रंग हल्का पीला तथा नेत्र तिरछे होते हैं।

D. भूमध्यसागरीय प्रजाति

पश्चिमी एशिया से भारत में आने वाली भूमध्यसागरीय प्रजाति को तीन वर्गों में बाँटा जाता है–

I. **पुरा भूमध्यसागरीय प्रजाति–** यह भूमध्य सागरीय प्रजाति का भारत में आने वाला सबसे पहला समूह है जो उत्तर-पश्चिम भारत में बसे और कृषि कार्य प्रारंभ किया। यह भूरी त्वचा वाली मध्यम कद की जाति है। वर्तमान में यह प्रजाति दक्षिण भारत में तेलुगु एवं तमिल ब्राह्मणों में मिलती है।

II. भूमध्यसागरीय प्रजाति- यह प्रजाति भारत में पंजाब से बंगाल तक, मध्य प्रदेश एवं महाराष्ट्र में पाई जाती है।

III. पूर्वी भूमध्यसागरीय प्रजाति- यह भूमध्य सागरीय प्रजाति का विकसित रूप है। पंजाब, हरियाणा, राजस्थान तथा पश्चिमी उत्तर प्रदेश में इस प्रजाति की लोगों की संख्या अधिक है।

E. ब्रैकिसेफेलिक

(चौड़े सिर वाली प्रजाति)

- यह भारत में मंगोलॉयड के अतिरिक्त चौड़े सिर वाली दूसरी प्रजाति है। इस प्रजाति के लोग पूरे भारत में फैले हुए हैं। इसके अंतर्गत अल्पाइनाइड, दिनारिक और आर्मीनाइड शामिल हैं।

F. नॉर्डिक प्रजाति

- यह **भारत में आने वाली सबसे अंतिम प्रजाति** है, जोकि पश्चिमोत्तर भारत में पंजाब, हरियाणा, राजस्थान तथा जम्मू-कश्मीर में पाई जाती है।
- **पंजाब एवं हरियाणा की उच्च जातियाँ** इसी वर्ग से संबंधित हैं।
- इस प्रजाति से संबंधित लोगों का रंग गोरा, सिर लंबा, नाक नुकीली तथा शरीर सुगठित एवं छरहरा होता है। ये आर्य परिवार से संबंध रखते हैं।

भारत की जनजातियाँ

- भारत में कुल 461 जनजातियाँ हैं, जिनमें से 424 अनुसूचित जनजाति के अंतर्गत शामिल हैं।
- जनजातियों के लिए **आदिवासी शब्द** का प्रयोग सर्वप्रथम **ठक्कर बापा** ने किया था।
- भारतीय संविधान के **अनुच्छेद-342** में इन्हें **अनुसूचित जनजाति** कहा गया है।
- प्रथम संविधान की 5वीं अनुसूची में अनुसूचित जनजाति शब्द का प्रयोग किया गया था।
- 1960 में चंदा समिति ने किसी भी जाति या समुदाय को अनुसूचित जनजाति के अंतर्गत शामिल करने के लिए पाँच मानक निर्धारित किए थे-
  - a. उसमें आदिम लक्षण हों।
  - b. वे भौगोलिक रूप से अलग-थलग रहते हों।
  - c. उनकी संस्कृति अलग तरह की हो।
  - d. वे मुख्य विकास की मुख्यधारा से अलग तथा आर्थिक रूप से पिछड़े हुए हों।
  - e. वे सामान्य समुदाय के लोगों से मिलने-जुलने में संकोच करते हों।

भारत के प्रमुख जनजातीय क्षेत्र

पश्चिमी हिमालय

- इसके अंतर्गत पश्चिमी हिमालय (जम्मू कश्मीर, लद्दाख, उत्तराखंड, हिमाचल प्रदेश) की **गद्दी, बक्करवाल, गुज्जर, जौनसारी, बुक्सा, थारू, लेपचा** एवं **भोटिया** जनजातियाँ शामिल हैं।

ठक्कर बापा

इनका पूरा नाम **अमृतलाल विट्ठलदास ठक्कर** (1869-1951) था। इन्होंने गुजरात में जनजातीय लोगों के उत्थान के लिए कार्य किया था। उन्हें प्राय: 'ठक्कर बापा' के नाम से जाना जाता है। वे वर्ष 1905 में गोपाल कृष्ण गोखले द्वारा स्थापित **सर्वेन्ट्स ऑफ इंडिया सोसायटी** के सदस्य बने। 1922 में उन्होने **भील सेवा मण्डल** की स्थापना की। 1932 में वे महात्मा गाँधी जी द्वारा स्थापित हरिजन सेवक संघ के महासचिव बनाए गए। इनके प्रयास से ही 1948 में **भारतीय आदिमजाति सेवक संघ** की स्थापना की गई। वे भारतीय संविधान सभा के भी सदस्य थे। राष्ट्रभाषा हिन्दी के प्रश्न पर उन्होंने कहा था कि "इस मसले पर मैं गाँधी जी का उसी तरह अनुसरण करूँगा जैसे मालिक के पीछे कुत्ता"। महात्मा गाँधी इन्हें प्यार से 'बापा' कहकर पुकारते थे।

- उत्तरी क्षेत्र की जनजातियों में **मंगोलॉयड प्रजाति** के लक्षण मिलते हैं।

पूर्वोत्तर भारत

- पूर्वोत्तर भारत की जनजातियाँ भी **मंगोलॉयड प्रजाति** से संबंधित हैं। इसके अंतर्गत अरुणाचल प्रदेश में **डफला, मिरी, अबोर, मिश्मी;** सिक्किम एवं दार्जिलिंग में **लेपचा** असम में **रेंगमा, चकमा;** असम और मणिपुर के सीमावर्ती क्षेत्र में **हमार** जनजाति; मेघालय में **गारो, खासी, जयंतिया** (नागालैण्ड में **नागा** जनजाति, मणिपुर में **कुकी** तथा मिजोरम में **लुशाई** जनजातियों को शामिल किया जाता है।
- अरुणाचल प्रदेश का **तवांग क्षेत्र** मोनपास और शेरदुकपेंस जैसी बौद्ध जनजातियों का आश्रय स्थल है।
- मंगोलॉयड प्रजाति से संबंधित होने के कारण पूर्वोत्तर भारत की जनजातियाँ तिब्बती, चीनी एवं बर्मी भाषा समूह की भाषाएँ बोलती हैं।
- यहाँ की अधिकतर जनजातियों द्वारा **झूम अथवा चलवासी कृषि** की जाती है। खाद्य संग्रहण एवं शिकार भी इनका मुख्य पेशा होता है।

मध्य भारत

- इसके अंतर्गत मध्य प्रदेश, छत्तीसगढ़, पश्चिमी राजस्थान एवं उत्तरी आंध्र प्रदेश की जनजातियों को शामिल किया जाता है।
- इस क्षेत्र की जनजातियाँ प्रोटो आस्ट्रलॉयड प्रजाति से संबंधित हैं और इनके अंतर्गत गोंड, बैगा, भील, मुंडा, बिरहोर, मारिया एवं अबूझमारिया जनजातियों को शामिल किया जाता है।

पूर्वी भारत

- इसके अंतर्गत **झारखंड** (हो, बिरहोर, मुंडा, उराँव, संथाल), **उड़ीसा** (भूमिज खोंड, खरिया), **पश्चिम बंगाल** (संथाल, भुइया, बैगा, कोली) तथा **बिहार** (संथाल, बैगा, भूमिज, बिरहोर) के क्षेत्रों में निवास करने वाली जनजातियाँ शामिल हैं।
- पूर्वी भारत की जनजातियाँ भी **प्रोटो आस्ट्रलॉयड** प्रजाति से संबंधित हैं।

पश्चिमी भारत

- इसके अंतर्गत मुख्यत: राजस्थान, गुजरात, महाराष्ट्र एवं पश्चिम मध्य प्रदेश की जनजातियाँ शामिल हैं।
- इसके अंतर्गत **राजस्थान** की मीना सहारिया, गरसिया, बंजारा और भील; **गुजरात** की महादेव, बाली, डबला और कोली; **महाराष्ट्र** की भील, नायक, परधान और ओराँव जनजातियों को शामिल किया जाता है।
- इस क्षेत्र की जनजातियाँ भी प्रोटो आस्ट्रलॉयड प्रजाति से संबंधित हैं।

दक्षिण भारत

- इसके अंतर्गत दक्षिणी सह्याद्री तथा नीलगिरि पर्वत क्षेत्र के आस-पास स्थित जनजातियों को शामिल किया जाता है, जो मुख्य रूप से आंध्र प्रदेश, कर्नाटक, केरल एवं तमिलनाडु में निवास करती हैं।
- दक्षिण भारत के अंतर्गत **टोडा, कुरुम्बा, कादर, पनियान (पनियण), चेचूँ, कमार, पलियार, अल्लार, चेट्टी** जनजातियाँ निवास करती हैं।
- नीलगिरि क्षेत्र में निवास करने वाली टोडा, बदागा और कोटा प्रमुख जनजातियाँ हैं।
- दक्षिण भारत की जनजातियाँ नीग्रिटो प्रजाति से संबंधित हैं और इनका ब्लड ग्रुप A है।
- इस क्षेत्र की जनजातियाँ द्रविड़ भाषा समूह में आती हैं।

द्वीपीय क्षेत्र

- अंडमान निकोबार में **शोम्पेन, ओंग, जारवा** तथा **सेंटिनली** जनजातियाँ निवास करती हैं और ये सभी नीग्रिटो प्रजाति से संबंधित हैं। नारियल की खेती और मछली पकड़ना इनका मुख्य पेशा है।

महत्त्वपूर्ण जनजातियाँ

थारू जनजाति

- थारू जनजाति मुख्य रूप से **उत्तराखंड, उत्तर प्रदेश** तथा **नेपाल** के अंतर्गत हिमालय के तराई क्षेत्रों में घने जंगलों में निवास करती है। थारु उत्तर प्रदेश और उत्तराखंड **दोनों राज्यों की सबसे बड़ी जनजाति** है।
- यह जनजाति **किरात वंश** से संबंधित है। थारू लोग अपने आप को सिसोदिया वंशीय राजपूत कहते हैं।
- थारू जनजाति में संयुक्त परिवार की प्रथा काफी प्रबल है। कुछ परिवारों में सदस्यों की संख्या 500 तक भी होती है।
- ये लोग हिन्दू धर्म को मानते हैं तथा हिंदुओं के सभी त्योहार मनाते हैं, लेकिन **दीवाली को ये लोग शोक पर्व** के रूप में मनाते हैं। थारू लोग अपनी आदिवासी देवी को **भुइयाँ या भूमिसेन** (भूमि का देवता) कहते हैं।
- दशैन, तिहार, बरना और माघी इनके अन्य त्योहार हैं, जिन्हें ये धूमधाम से मनाते हैं।
- नेपाल की कुल जनसंख्या के लगभग 6.6% लोग थारू जनजाति से हैं। इसके अलावा बिहार के **चम्पारण जिले** में भी ये निवास करते हैं।

बुक्सा जनजाति

- बुक्सा या भोकसा मुख्य रूप से उत्तराखंड के **पौड़ी, गढ़वाल, नैनीताल** तथा **देहरादून** जिलों में निवास करने वाली जनजाति है। उत्तर प्रदेश के **बिजनौर जिले** में भी ये पाए जाते हैं। बुक्सा लोग पवार राजपूत घरानों से संबंधित माने जाते हैं।
- बुक्सा लोग हिन्दू धर्म को मानते हैं तथा हिन्दी भाषा बोलते हैं। इनमें शराब सेवन का प्रचलन अत्यधिक है। पहले इन लोगों के पास काफी जमीनें हुआ करती थीं, लेकिन शराब सेवन की लत के चलते अधिकांश जमीनें बिक गईं।
- थारू, बुक्सा, भोटिया, जौनसारी तथा राजी उत्तराखंड की प्रमुख जनजातियाँ हैं। उत्तराखंड के नैनीताल जिले में जनजातीय की संख्या सर्वाधिक है। जौनसारी जनजाति में **बहुपति विवाह प्रथा** पाई जाती है।

भोटिया जनजाति

- उत्तराखंड के **पिथौरागढ़, चमोली** और **अल्मोड़ा जिलों** में निवास करने वाले भोटिया लोग स्वयं को खस राजपूत कहते हैं। हिमाचल प्रदेश में इन्हें **भोट** कहते हैं।
- भोटिया लोगों का मुख्य पेशा व्यापार होता है और यह अन्य जनजातियों की तुलना में समृद्ध होते हैं।
- भोटिया लोगों में पितृ सत्तात्मक व्यवस्था पाई जाती है और संपत्ति का बँटवारा पिता के जीवित रहते ही हो जाता है।

खरवार जनजाति

- यह उत्तर प्रदेश के **मिर्जापुर, गाजीपुर** और **सोनभद्र जिले** में निवास करने वाली अत्यंत **खूँखार प्रवृत्ति की बलिष्ठ** जनजाति है।
- **सिंगबोंगा** खरवार लोगों के मुख्य देवता हैं और सरहुल, सोहराई, जीतिया, दुर्गापूजा, दीवाली, रामनवमी इनके मुख्य त्योहार हैं।

बकरवाल जनजाति

- यह मुख्य रूप से **जम्मू-कश्मीर** और **लद्दाख** में निवास करने वाली जनजाति है। इसके अलावा यह **हिमाचल** और **हरियाणा** में पाई जाती है।
- बकरवाल लोगों का मुख्य व्यवसाय भेड़ और बकरी पालन है और चराई करने के लिए ये पहाड़ी ढालों पर रहते हैं।
- बकरवाल सबसे बड़ी मुस्लिम जनजाति है।

गुज्जर जनजाति

- स्थानीय उच्चारण के अनुसार गुज्जर समुदाय को गूजर, गुर्जर तथा गूर्जर इत्यादि नामों से भी जाना जाता है। गुर्जर मुख्यत: उत्तर भारत, पाकिस्तान और अफगानिस्तान में पूर्व मध्यकाल से बसे हैं। इस जाति का नाम अफगानिस्तान के राष्ट्रगान में भी आता है।
- मुगलों और अंग्रेजों के विरुद्ध युद्ध करने के कारण इनकी आर्थिक स्थिति दयनीय हो गई तो ये लोग अपनी जीविका चलाने के लिए खेती और पशुपालन से जुड़े।
- भारत में ये राजस्थान, हरियाणा, हिमाचल प्रदेश, जम्मू कश्मीर जैसे राज्यों में फैले हुए हैं। सामान्यतः गुर्जर हिन्दू, सिख, मुस्लिम आदि सभी धर्मों में देखे जा सकते हैं।

गद्दी जनजाति

- ये जनजाति मुख्य रूप से **हिमाचल प्रदेश में धौलाधार श्रेणी** के निचले भागों में चम्बा एवं कांगड़ा जिलों में पाई जाती है।
- ये एक गड़ेरिया जनजाति है। ये लोग ग्रीष्म ऋतु में अपनी भेड़-बकरियों के साथ पर्वतों के ऊपरी ढलानों पर निवास करते हैं और शीत ऋतु में नीचे स्थित घाटियों में चले जाते हैं। पर्वतों पर चढ़ने और उतरने के कारण इनके पैर कुछ मुड़े और मांसपेशियाँ कठोर हो जाती हैं।
- गद्दी लोग हिंदू धर्मावलंबी हैं और भगवान शिव एवं माँ पार्वती की पूजा विविध रूपों में करते हैं।

गोंड जनजाति

- **गोंड भारत का सबसे बड़ा आदिवासी समूह** है, जो मध्य प्रदेश, छत्तीसगढ़, आंध्र प्रदेश, महाराष्ट्र, ओडिशा, बिहार और पश्चिम बंगाल में निवास करती है।
- गोंड मध्य प्रदेश और छत्तीसगढ़ की सबसे पुरानी और सबसे अधिक आबादी वाली जनजाति है। मध्य प्रदेश में ये कई शताब्दियों से अमरकंटक, विंध्य और सतपुड़ा पर्वतों के घने जंगलों में निवास करते आए हैं।
- इनकी त्वचा का रंग काला, बाल काले, होंठ मोटे, नाक बड़ी व फैली हुई होती है। ये अलिखित भाषा गोंडी बोली बोलते हैं, जिसका संबंध द्रविड़ भाषा से है। यह जनजाति प्राक् द्रविड़ प्रजाति से संबंधित है।
- हिन्दू धर्म का पालन करने वाले गोंड लोग **बारादेव की पूजा** करते हैं, जिनका अन्य नाम स्वयंभू महादेव है। कुछ गोंड रावण और कुपार लिंगों की पूजा भी करते हैं।

कोरबा जनजाति

- कोरबा जनजाति छत्तीसगढ़ के बिलासपुर सरगुजा, रायगढ़ और कोरबा जिलों में निवास करती है।
- इसके अलावा छत्तीसगढ़ एवं झारखंड के सीमावर्ती क्षेत्रों में भी कोरबा जनजाति पाई जाती है।
- कोरबा जनजाति मुख्य रूप से शिकार तथा जंगली कंदमूल पर निर्भर करती है। कुछ कोरबा लोग खेती भी करते हैं, जिसे **झुंबा कृषि** (निर्वाह कृषि) कहा जाता है।
- इली या हँडिया (चावल से बनी शराब) इनका पारंपरिक पेय पदार्थ है।
- कोरबा स्त्रियाँ अपना शारीरिक सौंदर्य बढ़ाने के लिए शरीर पर **हाथी, फूल** तथा **तारे के चित्र** गुदवाती हैं।
- कोरबा लोग **सिंगबोंगा** (सूर्य देवता) की पूजा करते हैं।

बैगा जनजाति

- बैगा जनजाति मध्य प्रदेश, छत्तीसगढ़ और झारखंड में पाई जाती है। मध्यप्रदेश के बालाघाट एवं मंडला जिलों में यह जनजाति सघन रूप में पाई जाती है।

- सरहुल, रसनावा इनके पारंपरिक त्योहार हैं। रसनावा नामक पर्व 9 वर्षों के अंतराल पर मनाया जाता है।
- बैगा लोग कृषि में हल का प्रयोग नहीं करते हैं, क्योंकि उनका मानना है कि हल चलाने से धरती माँ की छाती पर घाव होगा और उन्हें पीड़ा होगी।

मुंडा जनजाति

- भारत में मुंडा जनजाति मुख्य रूप से झारखंड में छोटा नागपुर पठार पर पाई जाती है। इसके अलावा यह जनजाति छोटा नागपुर पठार से लगे हुए उड़ीसा और पश्चिम बंगाल के कुछ क्षेत्रों में भी पाई जाती है।
- 18वीं शताब्दी के बिरसा मुंडा जिन्होंने स्वयं को भगवान द्वारा भेजा गया दूत घोषित करके अंग्रेजों के खिलाफ युद्ध की घोषणा कर दी थी, उन्हें मुंडा आदिवासियों का भगवान कहा जाता है।
- मुंडाओं का सर्वश्रेष्ठ और सर्वशक्तिमान देवता **सिंगबोंगा** है, जोकि एक निराकार देवता है। इसका कोई आकार-प्रकार नहीं है। सिंगबोंगा का अर्थ **सूर्य देवता** से है, लेकिन मुंडा लोग ऐसा नहीं मानते हैं। उनका मानना है कि सिंगबोंगा निराकार और अदृश्यमान देवता है, जो सबका लेखा-जोखा रखता है और बुरे कर्मों की सजा देता है। मुंडाओं का यह भी मानना है कि पहले सिंगबोंगा दिखाई देते थे, लेकिन तब लोग पवित्र हुआ करते थे। लेकिन अब समाज में पापियों की संख्या बढ़ गई है। मुंडा लोग सिंगबोंगा को ही इस **सृष्टि का रचनाकार** और **पालनकर्ता** मानते हैं।
- मुंडाओं के लिए भारतीय जाति व्यवस्था विदेशी है।
- **सरहुल** मुंडा लोगों का मुख्य त्योहार है। सरहुल त्योहार मनाने से पहले गोबर खाद काटना तथा खेत जोतना मना होता है। सरहुल के अलावा **करमा** और **सोहराई** इनके अन्य त्योहार हैं। सोहराई त्योहार के अन्तर्गत **मवेशियों की पूजा** की जाती है।

बिरसा मुंडा

छोटा नागपुर पठार क्षेत्र में औपनिवेशिक राज के खिलाफ घुसपैठ करके **1899-1900** के मध्य मुंडा आदिवासियों के विद्रोह का नेतृत्व **बिरसा मुंडा** ने किया था। मुंडा आदिवासियों में सामूहिक खेती का प्रचलन था, लेकिन जागीरदारों, लगान वसूलने वाले ठेकेदारों और सूदखोरों ने सामूहिक खेती की परंपरा पर हमला बोला, जिसके परिणामस्वरूप मुंडा लोगों की जमीनें हाथ से निकलती गई और वे धीरे-धीरे किसान से खेत मजदूर बनकर रह गए।

1895 में बिरसा ने अपने आपको भगवान का दूत घोषित कर दिया। उन्होंने मुंडा आदिवासियों को औपनिवेशिक घुसपैठ और बाहरी लोगों के खिलाफ विद्रोह में एकजुट होने का आह्वान किया। लोगों के भय को दूर करने के लिए बिरसा ने यह दावा भी किया कि ईश्वरीय कृपा से उसके पास जादुई ताकत है, जिससे वे दुश्मन की गोलियों को भी बेअसर कर सकते हैं। इससे मुंडा आदिवासियों में विश्वास की ऐसी लहर फैली कि वे आखिरी साँस तक अपने नेता के साथ लड़ने-मरने को तैयार हो गए।

1899 में क्रिसमस के ठीक पहले बिरसा ने मुंडा जाति का शासन स्थापित करने के लिए ठेकेदारों, जागीरदारों और ईसाइयों का कत्ल करने का आह्वान किया। उन्होंने घोषणा की कि **"दिकुओं (गैर आदिवासियों) के खून से जमीन इस तरह लाल होगी जैसे लाल झंडा।"**

वर्ष 1900 के शुरू में बिरसा गिरफ्तार कर लिए गए और उसी वर्ष जेल में उनकी मृत्यु हो गई। विद्रोह कुचल दिया गया, लेकिन बिरसा अमर हो गए।

मुंडा जनजाति के लोग अपने मृतकों की हड्डियों को दफनाने से पहले मिट्टी के बर्तन में जमा करते हैं। हड्डियों को दफनाने की प्रथा को **जाँगटोपा अनुष्ठान** कहते हैं। इस अनुष्ठान के अंतर्गत मृतकों की अस्थियों को **दफन पत्थर** के समीप रखते हैं, जहाँ पूर्वजों की अस्थियाँ भी मौजूद हैं। जब तक जाँगटोपा अनुष्ठान नहीं होता तब तक मृतकों की हड्डियों को मिट्टी के बर्तन में रखा जाता है। दफन पत्थर (ससन्दीरी) उनकी वंशावली का प्रतीक है। यह पत्थर सुलाकर धरती पर रखा जाता है, लेकिन कब्र के रूप में चिह्नित नहीं होता है। उनके दफनाए गए पूर्वज परिवार के अभिभावक के रूप मे याद किए जाते हैं।

संथाल जनजाति

- संथाल झारखंड (छोटा नागपुर पठार) की सबसे बड़ी जनजाति है, जो मुख्य रूप से राँची, हजारीबाग, धनबाद, सिंहभूम और संथाल परगना जिलों में निवास करती है।
- इसके अलावा संथाल लोग पश्चिम बंगाल, असम और उड़ीसा राज्यों में भी निवास करते हैं।
- सोरेन, मुर्मू, मरांडी और बेसरा इत्यादि उपनाम संथालों की ही उपजातियाँ हैं।
- संथाल गाँव का मुखिया **माँझी** कहलाता है और गाँव की पंचायत जिस स्थान पर बैठती है, उसे **माँझीथान** कहते हैं। **सिंगबोंगा** संथालों के मुख्य देवता और **जाहेर एरा** इनके ग्राम देवता हैं। भगवान को सामान्य भाषा में ये ठाकुर भी कहते हैं।
- ब्राह्मण, सोहराई और सकरात संथालों के मुख्य पर्व हैं।
- संथाल लोग **मुंडा भाषा** बोलते हैं। संथालों की स्वयं की मान्यता प्राप्त लिपि **ओल-चिकी** कहलाती है।
- इनके सुन्दर ढंग के मकान होते हैं, जिनमें खिड़कियाँ नहीं होती हैं।
- झारखंड में लुगुबुरु पहाड़ी पर स्थित **लुगुबुरु घंटाबाड़ी** संथालों का एक प्रमुख धार्मिक स्थल है, जहाँ देश-विदेश से संथाल समाज के लोग पूजा करने पहुँचते हैं।
- भारत की वर्तमान राष्ट्रपति श्रीमती द्रौपदी मुर्मू, पूर्व मुख्यमंत्री शिबू सोरेन और बाबूलाल मरांडी, मुख्यमंत्री हेमंत सोरेन,

स्वतंत्रता सेनानी सिद्धू और कान्हू ये सभी लोग संथाल समाज से ही संबंधित हैं।

असुर जनजाति

- असुर जनजाति मुख्य रूप से झारखंड के **सिंहभूम जिले** में निवास करती है। इसके अलावा ये लोग उड़ीसा एवं पश्चिम बंगाल में भी पाए जाते हैं।
- असुर जनजाति के लोग स्वयं को **महिषासुर का वंशज** मानते हैं। चूँकि महिषासुर का वध माँ दुर्गा ने किया था, इसलिए ये लोग **दुर्गा पूजा को शोक पर्व** के रूप में मनाते हैं।
- ये लोग मुंडा वर्ग की **मालेटा भाषा** बोलते हैं। सिंगबोंगा इनके सबसे प्रमुख देवता हैं।
- एक समय **लोहा गलाना** ही इनका मुख्य पेशा था। वर्तमान में लोहा गलाने के अलावा, शिकार करना, मछली पकड़ना, कंदमूल संग्रहण करना एवं कृषि इनका मुख्य व्यवसाय है।

उराँव जनजाति

- उराँव झारखंड की प्रमुख जनजाति है, जो मुख्यत: संथाल परगना एवं रोहतास जिलों में निवास करती है।
- उराँव आदिवासी **कुरुख भाषा** बोलते हैं, जो मुंडा भाषा से मिलती-जुलती है।
- मुंडा आदिवासियों की भाँति उराँव आदिवासियों का भी मुख्य त्योहार **सरहुल** है। सरहुल त्योहार तब मनाया जाता है, जब शाल के पेड़ों पर फल आ जाते हैं। इसके अलावा धान के पौधों में दाने पड़ने के अवसर पर ये लोग **काला लोटा** नामक पर्व भी मनाते हैं। ये लोग बसंत ऋतु के आगमन पर **जादुर नृत्य** का आयोजन करते हैं।
- इनके गाँव के मुखिया को महतो कहते हैं।
- झारखंड के उराँव, हो एवं मुंडा आदिवासियों में धार्मिक पुरुष को पाहन कहते हैं।

मीणा जनजाति

- यह जनजाति मुख्य रूप से **राजस्थान एवं मध्य प्रदेश** के कुछ क्षेत्रों में निवास करती है। मीणा जनजाति **राजस्थान की सबसे बड़ी जनजाति** है।
- राजस्थान में मीणा जनजाति के लोग **अरावली पर्वत के पूर्वी भाग में स्थित जिलों,** जैसे- जयपुर, भरतपुर, सवाईमाधोपुर, उदयपुर, चित्तौड़गढ़, कोटा बूँदी, अलवर और डूंगरपुर में निवास करते हैं।
- पौराणिक कथाओं के अनुसार मीणा जनजाति का संबंध भगवान विष्णु के **मत्स्य अवतार** से है।
- इनके गाँव को **ढाणी** या **थोक** कहते हैं। प्रत्येक ढाणी या थोक का मुखिया **पटेल** कहलाता है, जोकि वँशानुगत होता है।
- मीणा जनजाति शिव एवं शक्ति की उपासना करती है।
- राजस्थान के सीकर में **भूरिया बाबा का मेला** आयोजित किया जाता है, जो आदिवासियों का सबसे बड़ा मेला है।

भील जनजाति

- भील राजस्थान की दूसरी सबसे बड़ी और सबसे प्राचीन जनजाति है, जो मुख्य रूप से **दक्षिणी अरावली श्रेणी के पूर्वी भाग में स्थित** उदयपुर, चित्तौड़गढ़, बाँसवाड़ा, डूंगरपुर, भीलवाड़ा और सिरोही जिलों में निवास करती है।
- ये लोग स्वयं को महादेव की संतान मानते हैं। इनका कद छोटा, आँखें लाल और जबड़ा बाहर निकला हुआ होता है।
- भील का अर्थ **धनुषधारी** है। तीर कमान में निपुण होने के कारण ही इन्हें भील कहा गया।
- भील बाहुल्य क्षेत्र को **भोमट,** इनके घर को **टापरा,** धार्मिक संस्कार संपन्न करने वाले व्यक्ति को **भगत,** झाड़ फूँक करने वाले को **भोपा** कहते हैं।
- भील समाज में विवाह के अवसर पर वर पक्ष द्वारा कन्या पक्ष को मूल्य चुकाने की प्रथा को **दापा** कहते हैं।
- **भराड़ी** भीलों की लोक देवी और **टोटम** इनके कुल देवता हैं।
- डूंगरपुर का **बेणेश्वर मेला** और बाँसवाड़ा का **घोटिया अम्बा का मेला** भीलों का प्रमुख मेला है।

गरसिया जनजाति

- मीणा और भील जनजाति के बाद गरसिया राजस्थान की तीसरी सबसे बड़ी जनजाति है।
- ये लोग मुख्यत: दक्षिणी राजस्थान में उदयपुर, डूंगरपुर, पाली, सिरोही एवं बाँसवाड़ा जिलों में निवास करते हैं।
- ये लोग राजस्थान में चौहान राजपूतों के वंशज हैं।

> **सरना धर्म**
>
> आदिवासियों में मुंडा, संथाल, भूमिज, उराँव, भील, गोंड, खोंड इत्यादि सरना धर्म का पालन करते हैं। यह आदिवासियों का आदि धर्म है। सरना धर्म के लोग प्रकृति पूजा (आकाश, भूमि, जल, अग्नि, वृक्ष, इत्यादि) करते हैं। लेकिन इस धर्म के बारे में ज्यादा जानकारी न होने के कारण बहुत से आदिवासी हिन्दू, इस्लाम, ईसाई और बौद्ध धर्म को अपना रहे हैं।

टोडा जनजाति

- टोडा जनजाति तमिलनाडु में **नीलगिरि पहाड़ी** के शोलास वनों में निवास करती है।

- ये लोग भूमध्यसागरीय प्रजाति से संबंधित होने के कारण गठीले शरीर वाले एवं गोरे होते हैं।
- ये लोग **टोडा भाषा** बोलते हैं, जोकि कन्नड़ वर्ग की भाषा है। पर्वतीय क्षेत्रों में निवास करने के कारण **पशुचारण इनका मुख्य पेशा** है। टोडा लोग शाकाहारी होते हैं। दूध-चावल इनका मुख्य भोजन होता है।
- टोडा जनजाति में **बहुपति विवाह प्रथा** प्रचलित है।

चेंचू जनजाति

- आंध्र प्रदेश में **नल्लामाला (नल्लामलाई) पहाड़ी** चेंचू जनजाति का प्रमुख निवास स्थल है। इसके अलावा ये लोग तेलंगाना, कर्नाटक और केरल राज्य में भी पाए जाते हैं।
- ये लोग नल्लामाला के घने जंगलों में वन्यजीवों के साथ रहते हैं और शिकार तथा खाद्य संग्रहण पर निर्भर रहते हैं। शिकार के लिए ये लोग धनुष बाण एवं छोटे चाकुओं का प्रयोग करते हैं।
- जंगलों में बीड़ी के पत्ते, महुआ के फूल, कंद मूल, वृक्षों की जड़ें इत्यादि एकत्रित करके स्थानीय व्यापारियों को बेच देते हैं।
- नल्लामाला के जंगलों में **यूरेनियम की खोज** होने के कारण कुछ चेंचू लोगों को उड़ीसा राज्य में भी विस्थापित होना पड़ा है।

मोपला जनजाति

- 9वीं सदी में अरब क्षेत्र से आने वाले मुस्लिम व्यापारी **मालाबार तट** (केरल) में बस गए। इन्होंने स्थानीय हिन्दू द्रविड़ महिलाओं से विवाह किया। इन्हीं दंपतियों के वंशज कालांतर में मोपला कहलाने लगे।
- मोपला सुन्नी मुसलमान हैं और ये **मलयालम** तथा **हिंदी भाषा** बोलते हैं।
- दुनिया भर के मुसलमान तुर्की के खलीफा को अपना धर्म गुरु मानते थे। जब अंग्रेजों के कारण तुर्की के सुल्तान का पद संकट में पड़ गया और कांग्रेस ने सुल्तान के पक्ष में खिलाफत आंदोलन की शुरुआत की तो मालाबार तट पर अंग्रेजों के खिलाफ मोपला विद्रोह (1921) प्रारंभ हो गया।

गारो जनजाति

- मेघालय की गारो पहाड़ी पर रहने वाली इस जनजाति की आबादी मेघालय की कुल आबादी की एक तिहाई है। गारो जनजाति में **मातृसत्तात्मक समाज** पाया जाता है। समाज और परिवार के अहम फैसले महिलाएँ लेती हैं। परिवार की सबसे छोटी बेटी को सम्पत्ति विरासत में मिलती है।

खासी जनजाति

- मेघालय की खासी एवं जयंतिया पहाड़ियों पर निवास करने वाली यह जनजाति मेघालय की **कुल आबादी का आधा भाग** है। इनमें भी **मातृसत्तात्मक समाज** पाया जाता है।

अंगामी जनजाति

- यह मुख्य रूप से **नागालैण्ड की प्रमुख जनजाति** है, लेकिन मणिपुर के क्षेत्र में भी निवास करती है।
- सुअर का मांस एवं बाँस की कोपल इनका मुख्य भोजन है।
- महिलाएँ विशेष प्रकार का स्कर्ट पहनती हैं, जिसे मेंचला कहते हैं।

अपातानी जनजाति

- यह जनजाति अरुणाचल प्रदेश में **जीरो घाटी** में निवास करती है। ये लोग अपातानी, हिंदी और अंग्रेजी भाषा बोलते हैं।
- अपातानी धान की खेती के साथ जलीय कृषि (Aquaculture) भी करते हैं। इनमें **चावल-मछली** संस्कृति देखने को मिलती है।

अंडमान-निकोबार की जनजातियाँ

- इस द्वीप समूह के विभिन्न द्वीपों में 4 प्रमुख जनजातियाँ निवास करती हैं जिनमें से ओंग, जारवा और सेण्टलीज जनजातियाँ नीग्रिटो प्रजाति से संबंधित हैं। जबकि शोम्पेन जनजाति **मंगोलॉयड प्रजाति** से संबंधित हैं। ये सभी संकटग्रस्त जातियाँ हैं, जिनकी संख्या लगातार घटती जा रही है।
- शौम्पेन- ग्रेट निकोबार
- ओंग- दक्षिणी अंडमान और लिटिल अंडमान
- जारवा- मध्य अंडमान
- सेण्टलीज- उत्तरी सेंटिनल द्वीप
- ग्रेट निकोबार द्वीप पर निवास करने **वाली शौम्पेन जनजाति** की संख्या वर्ष 2011 में लगभग 229 थी। ये शौम्पेन भाषा बोलते हैं।
- दक्षिणी अंडमान और लिटिल अंडमान द्वीप पर रहने वाली **ओंग जनजाति** की संख्या लगभग 101 है।
- मध्य अंडमान एवं दक्षिणी अंडमान में निवास करने वाली **जारवा जनजाति** की संख्या 380 है। इनके निवास क्षेत्र को ट्राइबल रिजर्व एरिया (Tribal Reserve Area) घोषित किया गया है। यह विश्व की सबसे पुरानी जनजाति है, जो आज भी पाषाण युग में जीवन व्यतीत कर रही है। जारवा जनजाति के लोग आज भी वस्त्र नहीं पहनते हैं और **नग्न अवस्था** में रहते हैं। यह शिकारी जनजाति है, जो झुंड में शिकार करती है।
- **सेण्टलीज जनजाति** उत्तरी सेंटिनल द्वीप पर पाई जाती है। इनकी संख्या 50 से भी कम है। भोजन के लिए ये भी शिकार पर निर्भर हैं।

भारत की प्रमुख जनजातियाँ	
1. मध्य प्रदेश	भील, अगरिया, कोल, कारकू, कमार, बींगा, गोंड, हल्या
2. झारखण्ड	संथाल, मुंडा, हो, विरहोर, उरांव, कोरवा, खरिया, माल-पहाडिया, असुर
3. पश्चिम बंगाल	भूमिज, असुर, हो, कोरा, लेपचा, ओरांव, मुंडा, लोधा
4. बिहार	बैगा, असुर, खोंड, उरांव, विरहोर, बेदिया, बंजारा
5. ओडिशा	बगता, भूमिज, खोंड, गांडिया, कोला, कोश, कोया
6. राजस्थान	भील, मीणा, गरासिया, बंजारा, बागड़ी, भटेलिया
7. आंध्र प्रदेश	चेंचू, लंबाडा, यानडि, यालिस, बगाता, धुलिया
8. कर्नाटक	वरदा, चेंचू, मालासार, मालेरू, टोंडा, शोलगा, राथावा, पनियन, कोदागू
9. महाराष्ट्र	बरदा, बावचा, भुंजिया, बिरहुल, धनवार, धोडिया, थोटी, भील, कोल, वरली
10. तमिलनाडु	टोडा, कुरूम्बा, कोटा, इरूला, बड़गा
11. केरल	उल्लाडा, मोपला, नायर, मलकारा, अलार, आदियान, कुरूम्बाज, पानियन, उराली कादर, ईरूला
12. नागालैण्ड	नागा, कोन्याक, सेमा, गारो, कचारी, कूकी, मिकिर, अंगामी
13. मणिपुर	अंगामी, कोम, माओ, मारिंग, तारो, मैकी
14. मिजोरम	मीजो, लाखेर, पावी, चकमा, गारो, कुकी, हाजोंग
15. मेघालय	खासी, गारो, मिकिर, जयंतिया, हाजोंग, हमार लाखेर, सितेंग
16. त्रिपुरा	त्रिपुरा, मोंग, रियांग, हलाम, लुसाई, ओरांग, उचई, जमातिया
17. असम	चकमा, डिमासा, हाजोंग, सिथेंग, लालुंग
18. अंडमान निकोबार	सेंटलीज, ओंग, जारवा, शोम्पेन
19. लक्षद्वीप	मालमिस
20. सिक्किम	लेपचा, भूटिया, शेरपा
21. पंजाब	सांसी
22. जम्मू-कश्मीर	बकरवाल, गुज्जर, मौन, चांग्पा, बाल्टी, गद्दी, सिप्पी
23. हिमाचल प्रदेश	गद्दी, किनौर, जाद, गुज्जर, पंगवाली, स्वांगला
24. छत्तीसगढ़	आगारिया, धनवार, कमार, कोडाकू, मुंडा, खरिया, सौर
25. उत्तराखण्ड/उत्तर प्रदेश	जौनसारी, बुक्सा, भोटिया, थारू, राजी
26. अरुणाचल प्रदेश	अपातानी, डफला, मिश्मी, सिंगफो, अबोर, अका
27. गुजरात	भील, बंजारा, वरदा, बारली, खारी, धोड़िया, कोकना, कोली, पटेलिया, पोमला, चारन
28. दादरा व नागर हवेली	वरली, कथोडी, कोकना, नायकड़ा (नायका)
29. दमन व दीव	धोडिया, सिद्दी, वरली, दुबला
30. गोवा	धोडिया, वरली

जनजातियों की जनसंख्या

- भारतीय संविधान में मूल रूप से 212 जनजातियों को अनुसूचित जनजाति घोषित किया गया था। लेकिन वर्तमान में अनुसूचित जनजातियों की सूची में 550 जनजातियाँ शामिल की जा चुकी हैं।

- पंद्रहवीं जनगणना, 2011 के अनुसार भारत में अनुसूचित जनजातियों की जनसंख्या लगभग **10 करोड़ 42 लाख** है और देश की कुल जनसंख्या में इनका अनुपात **8.6%** है।
- वर्ष 2001-2011 की अवधि में अनुसूचित जनजातियों की दशकीय वृद्धि दर 23.7% थी।
- भारत में अनुसूचित जनजाति की सर्वाधिक जनसंख्या **मध्य प्रदेश** में पाई जाती है। मध्य प्रदेश की कुल जनसंख्या का **21.1% भाग** अनुसूचित जनजातियाँ हैं।
- मध्य प्रदेश के बाद अनुसूचित जनजाति की सर्वाधिक जनसंख्या वाले राज्य क्रमशः **महाराष्ट्र, उड़ीसा** और **राजस्थान** हैं।
- केंद्रशासित प्रदेशों में अनुसूचित जनजाति की सर्वाधिक जनसंख्या **दादरा एवं नगर हवेली** में निवास करती है।
- जनगणना-2011 के अनुसार अनुसूचित जनजाति की सर्वाधिक प्रतिशत जनसंख्या वाले राज्य/केंद्रशासित प्रदेश (क्रमशः घटते क्रम में) - **लक्षद्वीप** (94.8%) > **मिजोरम** (94.4%) > **नागालैण्ड** (86.5%) > **मेघालय** (86.1%) > **अरुणाचल प्रदेश** (68.8%)।
- अनुसूचित जनजाति की न्यूनतम प्रतिशत जनसंख्या वाले राज्य/केंद्रशासित प्रदेश (क्रमशः बढ़ते क्रम में)- **उत्तर प्रदेश** (0.6%) < **तमिलनाडु** (1.1%) < **बिहार** (1.3%) < **केरल** (1.5%)।
- पंजाब, हरियाणा, चंडीगढ़, दिल्ली और पुदुचेरी में अनुसूचित जनजातियाँ नहीं पाई जाती हैं।
- अनुसूचित जनजातियों में लिंगानुपात लगभग पुरुषों के समान पाया जाता है। भारत में अनुसूचित जनजातियों में लिंगानुपात 990 है, जोकि राष्ट्रीय लिंगानुपात (943) से 47 अंक अधिक है।
- जनजातियों में सर्वाधिक लिंगानुपात गोवा (1046) में है, जबकि सबसे कम लिंगानुपात जम्मू कश्मीर (924) में है।

सर्वाधिक तथा न्यूनतम जनजातीय समुदाय की जनसंख्या

जनजातीय समुदाय	जनसंख्या
गोंड	74 लाख (सर्वाधिक)
भील	55 लाख (दूसरा सर्वाधिक)
संथाल	42 लाख (तीसरा सर्वाधिक)
उराँव	20 लाख
ओजें	98
सेंटनेलीज	80 (विलुप्त होने का खतरा)
ग्रेट अंडमानी	29 (विलुप्त होने का खतरा)

(विवाह का स्वरूप)	(जनजाति)
परिवीक्षा विवाह	कूकी
हरण विवाह	गोंड
परीक्षण विवाह	भील
सेवा विवाह	खासी, थारू
दूध लौटावा विवाह	गोंड
राजी खुशी विवाह	हो
चुटकुट्टा	थारू
प्रेत विवाह	न्यूर

भारत में संकटग्रस्त जनजातियाँ

राज्य	जनजाति
अंडमान-निकोबार	ओंग, शोम्पेन, जारवा (ओंग जनजाति अत्यंत संकटग्रस्त है)
उत्तराखंड	राजी
छत्तीसगढ़	कवरढ़ा
तमिलनाडु	कोटा, टोड़ा, उराली
सिक्किम	लेप्चा

जनजातीय विश्वविद्यालय

केंद्र सरकार ने जनजातियों के उत्थान एवं उन्हें मुख्य धारा में लाने के लिए उच्च शिक्षा एवं अनुसंधान शिक्षा की प्राप्ति हेतु दो केंद्रीय जनजातीय विश्वविद्यालयों की स्थापना की है, यथा-

(i) इन्दिरा गाँधी राष्ट्रीय जनजाति विश्वविद्यालय- अमरकंटक (मध्य प्रदेश)

(ii) आंध्र प्रदेश केंद्र जनजातीय विश्वविद्यालय- विजयनगरम्

विशेष प्रावधान

जनजातियों के समेकित विकास के लिए कुछ विशेष अधिनियम भी बनाए गए जो निम्न हैं-

- न्यूनतम मजदूरी अधिनियम, 1948
- सिविल अधिकार संरक्षण अधिनियम, 1955
- सिविल अधिकार संशोधन अधिनियम, 1976
- बंधित श्रम पद्धति उत्पादन अधिनियम , 1976
- बालश्रम प्रतिषेध और विनियमन अधिनियम, 1986
- अनुसूचित जाति एवं अनुसूचित जनजाति अत्याचार निवारण अधिनियम, 1989
- अनुसूचित जाति एवं जनजाति (अत्याचार निवारण) संशोधन अधिनियम, 2016

OOO

22 राज्य एवं केंद्रशासित प्रदेश

1. उत्तर प्रदेश

- **क्षेत्रफल** - 2,40,928 वर्ग किमी.
- **जनसंख्या** - 19,98,12,341
- **दशकीय वृद्धि दर (2001-2011)** - 20.9%
- **देश की जनसंख्या का प्रतिशत** - 16.49%
- **जनसंख्या घनत्व (2011)** - 829 व्यक्ति/वर्ग किमी.
- **लिंगानुपात (2011)** - 912
- **साक्षरता (2011)** - 67.86%
- **वार्षिक वृद्धि दर (2001-2011)** - 1.85%
- **नगरीकरण** - 22.28%
- **क्षेत्रफल की दृष्टि से देश में स्थान** - चौथा
- **जनसंख्या की दृष्टि से देश में स्थान** - पहला
- **सर्वाधिक क्षेत्रफल वाला जिला** - लखीमपुर खीरी
- **न्यूनतम क्षेत्रफल वाला जिला** - हापुड़
- **सर्वाधिक जनसंख्या वाला जिला** - प्रयागराज
- **न्यूनतम जनसंख्या वाला जिला** - महोबा
- **सर्वाधिक जनघनत्व वाला जिला** - गाजियाबाद
- **न्यूनतम जनघनत्व वाला जिला** - ललितपुर
- **सर्वाधिक साक्षर जिला** - गाजियाबाद
- **न्यूनतम साक्षर जिला** - श्रावस्ती
- **सर्वाधिक लिंगानुपात वाला जिला** - जौनपुर
- **न्यूनतम लिंगानुपात वाला जिला** - कानपुर और गौतमबुद्ध नगर
- **सर्वाधिक नगरीकृत जिला** - गाजियाबाद
- **न्यूनतम नगरीकृत जिला** - श्रावस्ती
- **जिलों की संख्या** - 75
- **10 लाख से अधिक जनसंख्या वाले महानगर** - 7 (लखनऊ, कानपुर, प्रयागराज, वाराणसी, आगरा, मेरठ, गाजियाबाद)
- **राष्ट्रीय उद्यान- 1** (दुधवा राष्ट्रीय उद्यान, लखीमपुर खीरी)
- **सर्वाधिक वन प्रतिशत वाला जिला** - सोनभद्र
- **राज्य की विधिक स्थापना** - 24 जनवरी, 1950
- **राजकीय भाषा** - हिन्दी और उर्दू
- **राजकीय पशु** - बारहसिंगा
- **राजकीय पक्षी** - सारस अथवा क्रौंच
- **राजकीय पुष्प** - पलाश (2011 से)
- **राजकीय चिह्न** - एक वृत्त में दो मछली, एक तीर धनुष
- **स्थापना** - 1833 में अंग्रेज शासकों ने उत्तर प्रदेश के जीते गए क्षेत्रों को पश्चिमोत्तर प्रांत नाम दिया। 1856 में अवध राज्य के विलय के बाद इसे आगरा एवं अवध संयुक्त प्रांत नाम दिया गया। 1902 में इसका नाम बदलकर संयुक्त प्रांत रख दिया गया। स्वतंत्रता पश्चात 24 जनवरी, 1950 को संयुक्त प्रांत का नाम उत्तर प्रदेश रखा गया।

2. बिहार

- **क्षेत्रफल** - 94,163 वर्ग किमी.
- **जनसंख्या** - 10,40,99,452
- **दशकीय वृद्धि दर (2001-2011)** - 25.07%
- **देश की जनसंख्या का प्रतिशत** - 8.58%
- **जनसंख्या घनत्व (2011)** - 1106 व्यक्ति/वर्ग किमी.
- **देश में जनसंख्या घनत्व में स्थान** - पहला
- **जनसंख्या की दृष्टि से देश में स्थान** - तीसरा
- **लिंगानुपात (2011)** - 918
- **साक्षरता (2011)** - 61.82%
- **राज्यों में साक्षरता में स्थान** - अंतिम
- **राज्यों में पुरुष साक्षरता में स्थान** - अंतिम
- **राज्यों में महिला साक्षरता में स्थान** - अंतिम

- **सर्वाधिक क्षेत्रफल वाला जिला** - पश्चिमी चंपारण
- **न्यूनतम क्षेत्रफल वाला जिला** - शेखपुरा
- **सर्वाधिक जनसंख्या वाला जिला** - पटना
- **न्यूनतम जनसंख्या वाला जिला** - शेखपुरा
- **सर्वाधिक जनघनत्व वाला जिला** - शिवहर
- **न्यूनतम जनघनत्व वाला जिला** - कैमूर (भभुआ)
- **सर्वाधिक साक्षर जिला** - रोहतास
- **न्यूनतम साक्षर जिला** - पूर्णिया
- **सर्वाधिक लिंगानुपात वाला जिला** - गोपालगंज
- **न्यूनतम लिंगानुपात वाला जिला** - मुंगेर
- **जिलों की संख्या** - 38
- **10 लाख से अधिक जनसंख्या वाले महानगर** - 1 (पटना)
- **राष्ट्रीय उद्यान** - 1 (वाल्मीकि राष्ट्रीय उद्यान, पश्चिमी चंपारण)
- **राज्य की विधिक स्थापना** - 26 जनवरी, 1950
- **स्थापना** - 1 अप्रैल, 1912 को बिहार और उड़ीसा नए प्रांत के रूप में स्थापित हुए थे।

3. झारखण्ड

- **क्षेत्रफल** - 79,716 वर्ग किमी.
- **जनसंख्या** - 3,29,88,134
- **दशकीय वृद्धि दर (2001-2011)** - 22.4%
- **देश की जनसंख्या का प्रतिशत** - 2.73%
- **जनसंख्या घनत्व (2011)** - 414 व्यक्ति/वर्ग किमी.
- **देश में जनसंख्या घनत्व में स्थान** - 8वाँ
- **जनसंख्या की दृष्टि से देश में स्थान** - 14वाँ
- **लिंगानुपात (2011)** - 949
- **साक्षरता (2011)** - 66.40%
- **राज्यों में साक्षरता में स्थान** - 25वाँ
- **सर्वाधिक क्षेत्रफल वाला जिला** - राँची
- **न्यूनतम क्षेत्रफल वाला जिला** - लोहरदगा
- **सर्वाधिक जनघनत्व वाला जिला** - धनबाद (1316)
- **न्यूनतम जनघनत्व वाला जिला** - सिमडेगा (159)
- **सर्वाधिक साक्षर जिला** - राँची
- **न्यूनतम साक्षर जिला** - पाकुड़
- **सर्वाधिक लिंगानुपात वाला जिला** - पश्चिमी सिंहभूम
- **न्यूनतम लिंगानुपात वाला जिला** - धनबाद
- **जिलों की संख्या** - 24
- **10 लाख से अधिक जनसंख्या वाले महानगर** - 3 (राँची, धनबाद और जमशेदपुर)
- **राष्ट्रीय उद्यान - 1** (बेतला राष्ट्रीय पार्क)
- **विधिक स्थापना** - 15 नवम्बर, 2000 को बिहार से पृथक करके की गई।

4. मध्य प्रदेश

- **क्षेत्रफल** - 3,08,252 वर्ग किमी.
- **जनसंख्या** - 7,26,26,809
- **दशकीय वृद्धि दर (2001-2011)** - 20.30%
- **देश की जनसंख्या का प्रतिशत** - 6.0%
- **जनसंख्या घनत्व (2011)** - 236 व्यक्ति/वर्ग किमी.
- **देश में जनसंख्या घनत्व में स्थान** - 18वाँ
- **जनसंख्या की दृष्टि से देश में स्थान** - 5वाँ
- **लिंगानुपात (2011)** - 931
- **साक्षरता (2011)** - 69.3%
- **राज्यों में साक्षरता में स्थान** - 21वाँ
- **सर्वाधिक क्षेत्रफल वाला जिला** - छिंदवाड़ा
- **न्यूनतम क्षेत्रफल वाला जिला** - निवाड़ी
- **सर्वाधिक जनघनत्व वाला जिला** - भोपाल (855)
- **न्यूनतम जनघनत्व वाला जिला** - डिंडोरी (94)
- **सर्वाधिक साक्षर जिला** - जबलपुर
- **न्यूनतम साक्षर जिला** - अलीराजपुर
- **सर्वाधिक लिंगानुपात वाला जिला** - बालाघाट (1021)
- **न्यूनतम लिंगानुपात वाला जिला** - भिंड (837)
- **जिलों की संख्या** - 52
- **10 लाख से अधिक जनसंख्या वाले महानगर** - 4 (इंदौर, भोपाल, जबलपुर और ग्वालियर)
- **राष्ट्रीय उद्यान** - 11 (पन्ना राष्ट्रीय पार्क, कान्हा राष्ट्रीय पार्क, कूनो राष्ट्रीय पार्क, पेंच, संजय गाँधी, सतपुड़ा, वन बिहार, डायनासोर, जीवाश्म, बांधवगढ़, माधव राष्ट्रीय उद्यान इत्यादि)
- **विधिक स्थापना** - 01 नवम्बर, 1956 को स्थापना की गई।

5. छत्तीसगढ़

- **क्षेत्रफल** - 1,35,192 वर्ग किमी.
- **जनसंख्या** - 2,55,45,198
- **दशकीय वृद्धि दर (2001-2011)** - 22.6%
- **देश की जनसंख्या का प्रतिशत** - 2.1%
- **जनसंख्या घनत्व (2011)** - 189 व्यक्ति/वर्ग किमी.
- **देश में जनसंख्या घनत्व में स्थान** - 21वाँ
- **जनसंख्या की दृष्टि से देश में स्थान** - 17वाँ
- **लिंगानुपात (2011)** - 991
- **साक्षरता (2011)** - 70.3%
- **राज्यों में साक्षरता में स्थान** - 20वाँ
- **सर्वाधिक क्षेत्रफल वाला जिला** - सरगुजा
- **न्यूनतम क्षेत्रफल वाला जिला** - कबीरधाम
- **सर्वाधिक जनघनत्व वाला जिला** - जांजगीर चम्पा (420)
- **न्यूनतम जनघनत्व वाला जिला** - नारायणपुर एवं बीजापुर (30)
- **सर्वाधिक साक्षर जिला** - दुर्ग (79.06%)
- **न्यूनतम साक्षर जिला** - बीजापुर (40.86%)
- **सर्वाधिक लिंगानुपात वाला जिला** - बस्तर (1023)
- **न्यूनतम लिंगानुपात वाला जिला** - कोरिया (968)
- **जिलों की संख्या** - 28
- **10 लाख से अधिक जनसंख्या वाले महानगर** - 1 (रायपुर)
- **राष्ट्रीय उद्यान** - 3 (गुरु घासीदास राष्ट्रीय उद्यान, इन्द्रावती और कांगेर राष्ट्रीय उद्यान)
- **विधिक स्थापना** - 01 नवम्बर, 2000 को स्थापना मध्य प्रदेश से पृथक करके की गई।

6. राजस्थान

- **क्षेत्रफल** - 3,42,239 वर्ग किमी.
- **जनसंख्या** - 6,85,48,437
- **दशकीय वृद्धि दर (2001-2011)** - 21.3%
- **देश की जनसंख्या का प्रतिशत** - 5.66%
- **जनसंख्या घनत्व (2011)** - 200 व्यक्ति/वर्ग किमी.
- **देश में जनसंख्या घनत्व में स्थान** - 19वाँ
- **जनसंख्या की दृष्टि से देश में स्थान** - 7वाँ
- **लिंगानुपात (2011)** - 928
- **साक्षरता (2011)** - 66.1%
- **राज्यों में साक्षरता में स्थान** - 26वाँ
- **सर्वाधिक क्षेत्रफल वाला जिला** - जैसलमेर
- **न्यूनतम क्षेत्रफल वाला जिला** - धौलपुर
- **सर्वाधिक जनघनत्व वाला जिला** - जयपुर (595)
- **न्यूनतम जनघनत्व वाला जिला** - जैसलमेर
- **सर्वाधिक साक्षर जिला** - कोटा (76.6%)
- **न्यूनतम साक्षर जिला** - जालौर (54.9%)
- **सर्वाधिक लिंगानुपात वाला जिला** - डूंगरपुर (994)
- **न्यूनतम लिंगानुपात वाला जिला** - धौलपुर (846)
- **जिलों की संख्या** - 33
- **10 लाख से अधिक जनसंख्या वाले महानगर** - 3 (जयपुर, जोधपुर और कोटा)
- **राष्ट्रीय उद्यान** - 5 (रणथम्भौर, केवलादेव राष्ट्रीय उद्यान, राष्ट्रीय मरु उद्यान, सरिस्का, मुकुंद्रा हिल्स राष्ट्रीय पार्क)
- **विधिक स्थापना** - 30 मार्च, 1949

7. हरियाणा

- **क्षेत्रफल** - 44,212 वर्ग किमी.
- **जनसंख्या** - 2,53,51,462
- **दशकीय वृद्धि दर (2001-2011)** - 19.90%
- **देश की जनसंख्या का प्रतिशत** - 2.09%
- **जनसंख्या घनत्व (2011)** - 573 व्यक्ति/वर्ग किमी.
- **देश में जनसंख्या घनत्व में स्थान** - 5वाँ
- **जनसंख्या की दृष्टि से देश में स्थान** - 18वाँ
- **लिंगानुपात (2011)** - 879
- **साक्षरता (2011)** - 75.6%
- **राज्यों में साक्षरता में स्थान** - 15वाँ
- **सर्वाधिक क्षेत्रफल वाला जिला** - सिरसा
- **न्यूनतम क्षेत्रफल वाला जिला** - पंचकुला
- **सर्वाधिक जनघनत्व वाला जिला** - फरीदाबाद (244)
- **न्यूनतम जनघनत्व वाला जिला** - सिरसा (303)
- **सर्वाधिक साक्षर जिला** - गुड़गाँव (गुरुग्राम) (84.7%)

- **न्यूनतम साक्षर जिला** - मेवात (81.7%)
- **सर्वाधिक लिंगानुपात वाला जिला** - मेवात (907)
- **न्यूनतम लिंगानुपात वाला जिला** - गुरुग्राम (854)
- **जिलों की संख्या** - 22
- **राष्ट्रीय उद्यान** - 2 (सुल्तानपुर राष्ट्रीय उद्यान, कालेसर राष्ट्रीय उद्यान)
- **विधिक स्थापना** - 1 नवम्बर, 1966 को स्थापना की गई।

8. उत्तराखण्ड

- **क्षेत्रफल** - 53,483 वर्ग किमी.
- **जनसंख्या** - 1,00,86,292
- **दशकीय वृद्धि दर (2001-2011)** - 18.81%
- **देश की जनसंख्या का प्रतिशत** - 0.83%
- **जनसंख्या घनत्व (2011)** - 189 व्यक्ति/वर्ग किमी.
- **देश में जनसंख्या घनत्व में स्थान** - 20वाँ
- **जनसंख्या की दृष्टि से देश में स्थान** - 19वाँ
- **लिंगानुपात (2011)** - 963
- **साक्षरता (2011)** - 78.82%
- **राज्यों में साक्षरता में स्थान** - 11वाँ
- **सर्वाधिक क्षेत्रफल वाला जिला** - चमोली
- **न्यूनतम क्षेत्रफल वाला जिला** - चंपावत
- **सर्वाधिक जनसंख्या वाला जिला** - हरिद्वार
- **न्यूनतम जनसंख्या वाला जिला** - रुद्र प्रयाग
- **सर्वाधिक जनघनत्व वाला जिला** - हरिद्वार (801)
- **न्यूनतम जनघनत्व वाला जिला** - उत्तर काशी (41)
- **सर्वाधिक साक्षर जिला** - देहरादून (84.25%)
- **न्यूनतम साक्षर जिला** - उधमसिंह नगर (73.10%)
- **सर्वाधिक लिंगानुपात वाला जिला** - अल्मोड़ा (1139)
- **न्यूनतम लिंगानुपात वाला जिला** - हरिद्वार (880)
- **जिलों की संख्या** - 13
- **राष्ट्रीय उद्यान** - 6 (राजाजी, जिम कार्बेट, फूलों की घाटी, नंदा देवी, गंगोत्री एवं गोविंद)
- **विधिक स्थापना** - 9 नवम्बर, 2000 को उत्तर प्रदेश से पृथक करके स्थापना की गई।

9. हिमाचल प्रदेश

- **क्षेत्रफल** - 55,673 वर्ग किमी.
- **जनसंख्या** - 68,64,602
- **दशकीय वृद्धि दर (2001-2011)** - 12.9%
- **देश की जनसंख्या का प्रतिशत** - 0.57%
- **जनसंख्या घनत्व (2011)** - 123 व्यक्ति/वर्ग किमी.
- **देश में जनसंख्या घनत्व में स्थान** - 24वाँ
- **जनसंख्या की दृष्टि से देश में स्थान** - 20वाँ
- **लिंगानुपात (2011)** - 972
- **साक्षरता (2011)** - 82.8%
- **राज्यों में साक्षरता में स्थान** - 5वाँ
- **सर्वाधिक क्षेत्रफल वाला जिला** - लाहौल एवं स्पीति
- **न्यूनतम क्षेत्रफल वाला जिला** - हमीरपुर
- **सर्वाधिक जनघनत्व वाला जिला** - हमीरपुर
- **न्यूनतम जनघनत्व वाला जिला** - लाहौल एवं स्पीति
- **सर्वाधिक साक्षर जिला** - हमीरपुर
- **न्यूनतम साक्षर जिला** - चंबा
- **सर्वाधिक लिंगानुपात वाला जिला** - हमीरपुर (1096)
- **न्यूनतम लिंगानुपात वाला जिला** - किन्नौर (818)
- **जिलों की संख्या** - 12
- **राष्ट्रीय उद्यान** - 4 (पिन वैली, ग्रेट हिमालयन, खिरगंगा एवं इन्दर किला)
- **विधिक स्थापना** - 15 अगस्त, 1948 (केंद्रशासित प्रदेश के रूप में लेकिन 25 जनवरी, 1971 में इसे राज्य का दर्जा दिया गया)

10. अरुणाचल प्रदेश

- **क्षेत्रफल** - 83,743 वर्ग किमी.
- **जनसंख्या** - 13,83,727
- **दशकीय वृद्धि दर (2001-2011)** - 26.03%
- **देश की जनसंख्या का प्रतिशत** - 0.11%
- **जनसंख्या घनत्व (2011)** - 17 व्यक्ति/वर्ग किमी.
- **देश में जनसंख्या घनत्व में स्थान** - अंतिम
- **जनसंख्या की दृष्टि से देश में स्थान** - 26वाँ
- **लिंगानुपात (2011)** - 938

- **साक्षरता (2011)** - 65.4%
- **जिलों की संख्या** - 28
- **राष्ट्रीय उद्यान** - 2 (मौलिंग एवं नामदफा राष्ट्रीय पार्क)
- **विधिक स्थापना** - वर्ष 1972 में केंद्रशासित प्रदेश का दर्जा दिया गया एवं 20 फरवरी, 1987 को पूर्ण राज्य का दर्जा दिया गया।

11. असम

- **क्षेत्रफल** - 78,438 वर्ग किमी.
- **जनसंख्या** - 3,12,00,000
- **दशकीय वृद्धि दर (2001-2011)** - 17.7%
- **देश की जनसंख्या का प्रतिशत** - 2.85%
- **जनसंख्या घनत्व (2011)** - 398 व्यक्ति/वर्ग किमी.
- **देश में जनसंख्या घनत्व में स्थान** - 9वाँ
- **जनसंख्या की दृष्टि से देश में स्थान** - 15वाँ
- **लिंगानुपात (2011)** - 958
- **साक्षरता (2011)** - 72.2%
- **जिलों की संख्या** - 33
- **राष्ट्रीय उद्यान** - 7 (काजीरंगा, मानस, नामेरी, राजीव गाँधी ओरंग, रायमोना, देहिंग पटकोई, डिब्रू सैखोवा)
- **विधिक स्थापना** - 26 अगस्त, 1950 को स्थापना की गई।

12. नागालैण्ड

- **क्षेत्रफल** - 16,579 वर्ग किमी.
- **जनसंख्या** - 19,78,502
- **दशकीय वृद्धि दर (2001-2011)** - (-0.6%)
- **देश की जनसंख्या का प्रतिशत** - 0.16%
- **जनसंख्या घनत्व (2011)** - 119 व्यक्ति/वर्ग किमी.
- **देश में जनसंख्या घनत्व में स्थान** - 25वाँ
- **जनसंख्या की दृष्टि से देश में स्थान** - 24वाँ
- **लिंगानुपात (2011)** - 931
- **साक्षरता (2011)** - 79.6%
- **जिलों की संख्या** - 15
- **राष्ट्रीय उद्यान** - 1 (इंटंकी राष्ट्रीय उद्यान)
- **विधिक स्थापना** - 1957 में इसे केंद्रशासित राज्य बनाकर असम राज्य में शामिल किया गया। 1963 में पूर्ण राज्य का दर्जा दिया गया।

13. मणिपुर

- **क्षेत्रफल** - 22,327 वर्ग किमी.
- **जनसंख्या** - 28,55,794
- **दशकीय वृद्धि दर (2001-2011)** - 24.5%
- **देश की जनसंख्या का प्रतिशत** - 0.22%
- **जनसंख्या घनत्व (2011)** - 128 व्यक्ति/वर्ग किमी.
- **देश में जनसंख्या घनत्व में स्थान** - 23वाँ
- **जनसंख्या की दृष्टि से देश में स्थान** - 23वाँ
- **लिंगानुपात (2011)** - 985
- **साक्षरता (2011) - 79ण्2:**
- **जिलों की संख्या** - 16
- **राष्ट्रीय उद्यान** - 2 (केइबुललामजाओ राष्ट्रीय उद्यान एवं सिरोही राष्ट्रीय पार्क)
- **विधिक स्थापना** - वर्ष 1956 में इसे केंद्रशासित एवं 21 जनवरी, 1972 में पूर्ण राज्य का दर्जा दिया गया।

14. मिजोरम

- **क्षेत्रफल** - 21,081 वर्ग किमी.
- **जनसंख्या** - 10,97,206
- **दशकीय वृद्धि दर (2001-2011)** - 23.5%
- **देश की जनसंख्या का प्रतिशत** - 0.09%
- **जनसंख्या घनत्व (2011)** - 52 व्यक्ति/वर्ग किमी.
- **देश में जनसंख्या घनत्व में स्थान** - 27वाँ
- **जनसंख्या की दृष्टि से देश में स्थान** - 27वाँ
- **लिंगानुपात (2011)** - 976
- **साक्षरता (2011)** - 91.3%
- **राज्यों में साक्षरता में स्थान** - द्वितीय
- **जिलों की संख्या** - 11
- **राष्ट्रीय उद्यान** - 2 (फांवगधुई राष्ट्रीय उद्यान एवं मुर्लेन राष्ट्रीय पार्क)
- **विधिक स्थापना** - 20 फरवरी, 1987 को भारत के 23वें राज्य में रूप में स्थापना की गई।

15. त्रिपुरा

- **क्षेत्रफल** - 10,486 वर्ग किमी.
- **जनसंख्या** - 36,73,917

- **दशकीय वृद्धि दर (2001-2011)** - 14.8%
- **देश की जनसंख्या का प्रतिशत** - 0.30%
- **जनसंख्या घनत्व (2011)** - 350 व्यक्ति/वर्ग किमी.
- **देश में जनसंख्या घनत्व में स्थान** - 12वाँ
- **जनसंख्या की दृष्टि से देश में स्थान** - 21वाँ
- **लिंगानुपात (2011)** - 960
- **साक्षरता (2011)** - 87.2%
- **राज्यों में साक्षरता में स्थान** - चौथा
- **जिलों की संख्या** - 8
- **राष्ट्रीय उद्यान** - 2 (क्लाउडेड लेपर्ड राष्ट्रीय पार्क एवं राजबरी राष्ट्रीय पार्क)
- **विधिक स्थापना** - 21 जनवरी, 1972 को पूर्ण राज्य का दर्जा दिया गया।

16. मेघालय

- **क्षेत्रफल** - 22,429 वर्ग किमी.
- **जनसंख्या** - 29,66,889
- **दशकीय वृद्धि दर (2001-2011)** - 27.9%
- **देश की जनसंख्या का प्रतिशत** - 0.24%
- **जनसंख्या घनत्व (2011)** - 132 व्यक्ति/वर्ग किमी.
- **देश में जनसंख्या घनत्व में स्थान** - 22वाँ
- **जनसंख्या की दृष्टि से देश में स्थान** - 22वाँ
- **लिंगानुपात (2011)** - 989
- **साक्षरता (2011)** - 74.4%
- **जिलों की संख्या** - 12
- **राष्ट्रीय उद्यान** - 2 (नोकरेक राष्ट्रीय उद्यान एवं बालपक्रम राष्ट्रीय उद्यान)
- **विधिक स्थापना** - 21 जनवरी, 1972 को पूर्ण राज्य का दर्जा दिया गया।

17. सिक्किम

- **क्षेत्रफल** - 7,096 वर्ग किमी.
- **जनसंख्या** - 6,10,577
- **दशकीय वृद्धि दर (2001-2011)** - 12.9%
- **देश की जनसंख्या का प्रतिशत** - 0.05%
- **जनसंख्या घनत्व (2011)** - 86 व्यक्ति/वर्ग किमी.
- **देश में जनसंख्या घनत्व में स्थान** - 28वाँ
- **जनसंख्या की दृष्टि से देश में स्थान** - 26वाँ
- **लिंगानुपात (2011)** - 890
- **साक्षरता (2011)** - 81.4%
- **जिलों की संख्या** - 4
- **राष्ट्रीय उद्यान** - 1 (कंचनजंघा राष्ट्रीय पार्क)
- **विधिक स्थापना** - वर्ष 1975 में सिक्किम भारतीय संघ का अंग बना।

18. पश्चिम बंगाल

- **क्षेत्रफल** - 88,752 वर्ग किमी.
- **जनसंख्या** - 9,12,76,115
- **दशकीय वृद्धि दर (2001-2011)** - 13.8%
- **देश की जनसंख्या का प्रतिशत** - 7.55%
- **जनसंख्या घनत्व (2011)** - 1,028 व्यक्ति/वर्ग किमी.
- **देश में जनसंख्या घनत्व में स्थान** - द्वितीय
- **जनसंख्या की दृष्टि से देश में स्थान** - चौथा
- **लिंगानुपात (2011)** - 950
- **साक्षरता (2011)** - 76.3%
- **जिलों की संख्या** - 23
- **10 लाख से अधिक जनसंख्या वाले महानगर** - 2 (कोलकाता एवं आसनसोल)
- **राष्ट्रीय उद्यान** - 6 (बुक्सा, गोरुमारा, नेओरा, सिंगालीला, सुंदरवन एवं जलदापारा)
- **विधिक स्थापना** - 1956 में बिहार के बंगला भाषी क्षेत्र को पश्चिम बंगाल राज्य में समाहित कर दिया गया।

19. ओडिशा

- **क्षेत्रफल** - 1,55,707 वर्ग किमी.
- **जनसंख्या** - 4,19,47,358
- **दशकीय वृद्धि दर (2001-2011)** - 14.0%
- **देश की जनसंख्या का प्रतिशत** - 3.47%
- **जनसंख्या घनत्व (2011)** - 270 व्यक्ति/वर्ग किमी.
- **देश में जनसंख्या घनत्व में स्थान** - 17वाँ
- **जनसंख्या की दृष्टि से देश में स्थान** - 11वाँ
- **लिंगानुपात (2011)** - 979

- **साक्षरता (2011)** - 72.2%
- **जिलों की संख्या** - 30
- **राष्ट्रीय उद्यान** - 2 (सिमलीपाल राष्ट्रीय उद्यान एवं भितरकनिका राष्ट्रीय उद्यान)
- **विधिक स्थापना** - 1 अप्रैल, 1936 को पूर्ण राज्य का दर्जा दिया गया।

20. आंध्र प्रदेश

- **क्षेत्रफल** - 1,60,205 वर्ग किमी.
- **जनसंख्या** - 4,93,86,799
- **दशकीय वृद्धि दर (2001-2011)** - 10.98%
- **देश की जनसंख्या का प्रतिशत** - 4.08%
- **जनसंख्या घनत्व (2011)** - 303 व्यक्ति/वर्ग किमी.
- **देश में जनसंख्या घनत्व में स्थान** - 14वाँ
- **जनसंख्या की दृष्टि से देश में स्थान** - 10वाँ
- **लिंगानुपात (2011)** - 993
- **साक्षरता (2011)** - 67.0%
- **जिलों की संख्या** - 26
- **10 लाख से अधिक जनसंख्या वाले महानगर** - 2 (विशाखापट्टनम एवं विजयवाड़ा)
- **राष्ट्रीय उद्यान** - 3 (पापी कोंडा, राजीव गाँधी एवं श्री वेंकटेश्वर)
- **विधिक स्थापना** - 1 अक्टूबर, 1953 को भाषायी आधार पर गठित पहला राज्य है।

21. तेलंगाना

- **क्षेत्रफल** - 1,12,077 वर्ग किमी.
- **जनसंख्या** - 3,51,93,978
- **देश की जनसंख्या का प्रतिशत** - 2.97%
- **जनसंख्या घनत्व (2011)** - 307 व्यक्ति/वर्ग किमी.
- **देश में जनसंख्या घनत्व में स्थान** - 16वाँ
- **जनसंख्या की दृष्टि से देश में स्थान** - 12वाँ
- **लिंगानुपात (2011)** - 988
- **साक्षरता (2011)** - 66.46%
- **जिलों की संख्या** - 33
- **10 लाख से अधिक जनसंख्या वाले महानगर** - 1 (हैदराबाद)
- **राष्ट्रीय उद्यान** - 3 (कायु ब्रह्मानंद रेड्डी, महावरी हरिना एवं मृगावनी)
- **विधिक स्थापना** - 2 जून, 2014 को भारत के 29वें राज्य के रूप में गठन किया गया।

22. तमिलनाडु

- **क्षेत्रफल** - 1,30,060 वर्ग किमी.
- **जनसंख्या** - 7,21,47,030
- **दशकीय वृद्धि दर (2001-2011)** - 15.61%
- **देश की जनसंख्या का प्रतिशत** - 5.96%
- **जनसंख्या घनत्व (2011)** - 555 व्यक्ति/वर्ग किमी.
- **देश में जनसंख्या घनत्व में स्थान** - 6वाँ
- **जनसंख्या की दृष्टि से देश में स्थान** - 6वाँ
- **लिंगानुपात (2011)** - 996
- **साक्षरता (2011)** - 80.1%
- **जिलों की संख्या** - 32
- **10 लाख से अधिक जनसंख्या वाले महानगर** - 4 (चेन्नई, कोयम्बटूर, मदुरै एवं त्रिरुचिरापल्ली)
- **राष्ट्रीय उद्यान** - 5 (इंदिरा गाँधी, मुदुमलाई, गुंडी, मुकुर्थी एवं मन्नार मरीन)
- **विधिक स्थापना** - 14 जनवरी, 1969 को तमिलनाडु राज्य का गठन किया गया।

23. केरल

- **क्षेत्रफल** - 38,852 वर्ग किमी.
- **जनसंख्या** - 3,34,06,061
- **दशकीय वृद्धि दर (2001-2011)** - 4.9%
- **देश की जनसंख्या का प्रतिशत** - 2.76%
- **जनसंख्या घनत्व (2011)** - 860 व्यक्ति/वर्ग किमी.
- **देश में जनसंख्या घनत्व में स्थान** - तीसरा
- **जनसंख्या की दृष्टि से देश में स्थान** - 13वाँ
- **लिंगानुपात (2011)** - 1084 (सर्वाधिक लिंगानुपात वाला राज्य)
- **साक्षरता (2011)** - 94.0% (सर्वाधिक साक्षरता वाला राज्य)
- **राज्यों में साक्षरता में स्थान** - प्रथम

- **जिलों की संख्या** - 14
- **10 लाख से अधिक जनसंख्या वाले महानगर** - 7 (कोच्चि, कोझिकोड, त्रिशूर, मल्लापुरम, तिरुवनंतपुरम, कन्नूर एवं कोल्लम)
- **राष्ट्रीय उद्यान** - 6 (अन्नामुदी, इरावीकुलम, मथीकेट्टन, पम्पादम, सोला एवं साइलैंट वैली)
- **विधिक स्थापना** - 1 नवम्बर, 1956 को केरल राज्य का गठन किया गया।

24. कर्नाटक

- **क्षेत्रफल** - 1,91,791 वर्ग किमी.
- **जनसंख्या** - 6,10,95,297
- **दशकीय वृद्धि दर (2001-2011)** - 15.60%
- **देश की जनसंख्या का प्रतिशत** - 5.05%
- **जनसंख्या घनत्व (2011)** - 319 व्यक्ति/वर्ग किमी.
- **देश में जनसंख्या घनत्व में स्थान** - 13वाँ
- **जनसंख्या की दृष्टि से देश में स्थान** - 8वाँ
- **लिंगानुपात (2011)** - 973
- **साक्षरता (2011)** - 75.40%
- **जिलों की संख्या** - 30
- **10 लाख से अधिक जनसंख्या वाले महानगर** - 1 (बेंगलुरु)
- **राष्ट्रीय उद्यान** - 6 (बांदीपुर, राजीव गाँधी, नागर होल कुद्रेमुख, बन्नेरघट्टा एवं अंशी राष्ट्रीय उद्यान)
- **विधिक स्थापना** - 1956 में मैसूर राज्य का गठन किया गया एवं 1973 में इसका नाम कर्नाटक कर दिया गया।

25. गोवा

- **क्षेत्रफल** - 3,702 वर्ग किमी.
- **जनसंख्या** - 14,58,545
- **दशकीय वृद्धि दर (2001-2011)** - 8.23%
- **देश की जनसंख्या का प्रतिशत** - 0.12%
- **जनसंख्या घनत्व (2011)** - 394व्यक्ति/वर्ग किमी.
- **देश में जनसंख्या घनत्व में स्थान** - 10वाँ
- **जनसंख्या की दृष्टि से देश में स्थान** - 25वाँ
- **लिंगानुपात (2011)** - 973
- **साक्षरता (2011)** - 88.7%
- **राज्यों में साक्षरता में स्थान** - तीसरा
- **जिलों की संख्या** - 2
- **राष्ट्रीय उद्यान** - 1 (महावीर राष्ट्रीय उद्यान)
- **विधिक स्थापना** - 19 दिसम्बर, 1961 को पुर्तगालियों ने गोवा को मुक्त कर दिया।

26. महाराष्ट्र

- **क्षेत्रफल** - 3,07,713 वर्ग किमी.
- **जनसंख्या** - 11,23,74,333
- **दशकीय वृद्धि दर (2001-2011)** - 16.0%
- **देश की जनसंख्या का प्रतिशत** - 9.28%
- **देश में जनसंख्या घनत्व में स्थान** - 11वाँ
- **जनसंख्या की दृष्टि से देश में स्थान** - द्वितीय
- **लिंगानुपात (2011)** - 929
- **साक्षरता (2011)** - 82.3%
- **जनसंख्या घनत्व** - 365 व्यक्ति/प्रति वर्ग किमी
- **जिलों की संख्या** - 36
- **10 लाख से अधिक जनसंख्या वाले महानगर** - 7 (पिपरी चिंचवाड़, वृहत मुंबई, नागपुर, पुणे, नासिक, बसई विरारसिटी, औरंगाबाद)
- **राष्ट्रीय उद्यान** - 6 (संजय गाँधी, पेंच, तदोबा, गुगालल, नवेगांव एवं चंदोली)
- **विधिक स्थापना** - 1 मई, 1960 को महाराष्ट्र राज्य की स्थापना की गई।

27. गुजरात

- **क्षेत्रफल** - 1,96,244 वर्ग किमी.
- **जनसंख्या** - 6,04,39,692
- **दशकीय वृद्धि दर (2001-2011)** - 19.3%
- **देश की जनसंख्या का प्रतिशत** - 5.0%
- **जनसंख्या घनत्व (2011)** - 308 व्यक्ति/वर्ग किमी.
- **देश में जनसंख्या घनत्व में स्थान** - 15वाँ
- **जनसंख्या की दृष्टि से देश में स्थान** - 9वाँ
- **लिंगानुपात (2011)** - 919
- **साक्षरता (2011)** - 78.0%

- **जिलों की संख्या** - 33
- **10 लाख से अधिक जनसंख्या वाले महानगर** - 4 (अहमदाबाद, सूरत, बडोदरा एवं राजकोट)
- **राष्ट्रीय उद्यान** - 4 (गिर, मरीन, ब्लैक बक एवं वंसदा)
- **विधिक स्थापना** - मुंबई पुनर्गठन अधिनियम, 1960 के अंतर्गत गुजरात का गठन 1 मई, 1960 को किया गया।

28. पंजाब

- **क्षेत्रफल** - 50,362 वर्ग किमी.
- **जनसंख्या** - 2,77,43,338
- **दशकीय वृद्धि दर (2001-2011)** - 13.9%
- **देश की जनसंख्या का प्रतिशत** - 2.30%
- **जनसंख्या घनत्व (2011)** - 551 व्यक्ति/वर्ग किमी.
- **देश में जनसंख्या घनत्व में स्थान** - 7वाँ
- **जनसंख्या की दृष्टि से देश में स्थान** - 16वाँ
- **लिंगानुपात (2011)** - 895
- **साक्षरता (2011)** - 75.8%
- **जिलों की संख्या** - 22
- **10 लाख से अधिक जनसंख्या वाले महानगर** - 2 (अमृतसर एवं लुधियाना)

1. जम्मू और कश्मीर

- **क्षेत्रफल** - 54,624 वर्ग किमी.
- **जनसंख्या** - 1,25,41,302
- **दशकीय वृद्धि दर (2001-2011)** - 23.6%
- **जनसंख्या घनत्व** - 124 व्यक्ति/वर्ग किमी.
- **लिंगानुपात** - 889
- **साक्षरता** - 67.2%
- **जिलों की संख्या** - 20
- **10 लाख से अधिक जनसंख्या वाले महानगर** - 1 (श्रीनगर)
- **राष्ट्रीय उद्यान** - 4 (दाचीगाम, सलीम अली, किश्तवार, काजीनाग)
- **विधिक स्थापना** - महाराजा हरि सिंह ने 26 अक्टूबर, 1947 को कश्मीर राज्य के भारत में विलय के समझौते पर हस्ताक्षर किये। जम्मू-कश्मीर राज्य का संविधान 26 जनवरी, 1957 से लागू हुआ।

2. लद्दाख

- **क्षेत्रफल** - 1,68,055 वर्ग किमी.
- **वर्ष 2019 में जम्मू-कश्मीर से पृथक करके 9वें केंद्रशासित राज्य के रूप में स्थापना की गई।**
- **जिलों की संख्या** - 2 (लेह एवं कारगिल)
- **राष्ट्रीय उद्यान** - हेएमिस

3. चण्डीगढ़

- **क्षेत्रफल** - 114 वर्ग किमी.
- **जनसंख्या** - 10,55,450
- **दशकीय वृद्धि दर (2001-2011)** - 17.20%
- **जनसंख्या घनत्व** - 9258 व्यक्ति/वर्ग किमी.
- **लिंगानुपात** - 818
- **साक्षरता** - 86.0%
- **केंद्रशासित राज्यों में साक्षरता में स्थान** - पाँचवाँ
- **जिलों की संख्या** - 1
- **10 लाख से अधिक जनसंख्या वाले महानगर** - 1 (चण्डीगढ़)
- **विधिक स्थापना** - 1 नवम्बर, 1960 को केंद्रशासित प्रदेश के रूप में स्थापना की गई।

4. दिल्ली

- **क्षेत्रफल** - 1,483 वर्ग किमी.
- **जनसंख्या** - 1,67,87,941
- **दशकीय वृद्धि दर (2001-2011)** - 21.2%
- **जनसंख्या घनत्व** - 11,320 व्यक्ति/वर्ग किमी.
- **लिंगानुपात** - 868
- **साक्षरता** - 86.2%
- **केंद्रशासित राज्यों में साक्षरता में स्थान** - चौथा
- **सर्वाधिक क्षेत्रफल वाला जिला** - उत्तर-पश्चिमी दिल्ली
- **न्यूनतम क्षेत्रफल वाला जिला** - मध्य जिला
- **सर्वाधिक जनघनत्व वाला जिला** - पूर्वोत्तर दिल्ली (37,346 व्यक्ति/वर्ग किमी.)
- **जिलों की संख्या** - 11
- **10 लाख से अधिक जनसंख्या वाले महानगर** - 1 (दिल्ली)

- **विधिक स्थापना** - 1956 में केंन्द्रशासित प्रदेश के रूप में स्थापना की गई।

5. लक्षद्वीप

- **क्षेत्रफल** - 32 वर्ग किमी.
- **जनसंख्या** - 64,473
- **दशकीय वृद्धि दर (2001-2011)** - 6.3%
- **जनसंख्या घनत्व** - 2149 व्यक्ति/वर्ग किमी.
- **लिंगानुपात** - 947
- **साक्षरता** - 91.8%
- **केंद्रशासित राज्यों में साक्षरता में स्थान** - प्रथम
- **जिलों की संख्या** - 1 (लक्षद्वीप)
- **विधिक स्थापना** - 1 नवम्बर, 1960 को केंद्रशासित प्रदेश के रूप में स्थापना की गई।

6. अंडमान निकोबार

- **क्षेत्रफल** - 8,249 वर्ग किमी.
- **जनसंख्या** - 3,80,581
- **दशकीय वृद्धि दर (2001-2011)** - 6.9%
- **जनसंख्या घनत्व** - 46 व्यक्ति/वर्ग किमी.
- **लिंगानुपात** - 876
- **साक्षरता** - 86.6%
- **केंद्रशासित राज्यों में साक्षरता में स्थान** - तीसरा
- **जिलों की संख्या** - 3
- **राष्ट्रीय उद्यान** - 6 (कैम्पवेल, गलाथिया, महात्मा गाँधी, माउण्ट हैरियट, रानी लक्ष्मी बाई, सैण्डलपीक)
- **विधिक स्थापना** - 1 नवम्बर, 1956 को केंद्रशासित प्रदेश के रूप में स्थापना की गई।

7. पुदुचेरी

- **क्षेत्रफल** - 490 वर्ग किमी.
- **दशकीय वृद्धि दर (2001-2011)** - 28.1%
- **जनसंख्या** - 12,48,000
- **जनसंख्या घनत्व** - 2,547 व्यक्ति/वर्ग किमी.
- **लिंगानुपात** - 1037
- **साक्षरता** - 85.8%
- **सर्वाधिक क्षेत्रफल वाला जिला** - पुदुचेरी
- **न्यूनतम क्षेत्रफल वाला जिला** - माहे
- **जिलों की संख्या** - 4
- **विधिक स्थापना** - 1 नवम्बर, 1954 को केंद्रशासित प्रदेश के रूप में स्थापना की गई।

8. दादरा नगर हवेली एवं दमन दीव

- **क्षेत्रफल** - 111 वर्ग किमी.
- **जनसंख्या** - 2,43,247
- **दशकीय वृद्धि दर (2001-2011)** - 53.8%
- **जनसंख्या घनत्व** - 2,191 व्यक्ति/वर्ग किमी.
- **लिंगानुपात** - 618
- **साक्षरता** - 87.1%
- **जिलों की संख्या** - 2

OOO